VON BUBNOFF · FENNOSARMATIA

FENNOSARMATIA

GEOLOGISCHE ANALYSE DES EUROPÄISCHEN KERNGEBIETES

VON

PROF. DR. SERGE VON BUBNOFF

BERLIN

Mit 115 Abbildungen im Text
und auf 4 Tafeln

1952

AKADEMIE-VERLAG · BERLIN

Erschienen im Akademie-Verlag GmbH., Berlin NW 7, Schiffbauerdamm 19
Lizenz-Nr. 202 · 100/61/50
Karten: K 11 · MdI der DDR, am 11. 1. 1952
VIII – K2 – D – VI – 4/52 Nr. 304
Satz und Druck VEB Offizin Haag-Drugulin in Leipzig III/18/38
Bestell- und Verlags-Nr. 5071 · Printed in Germany

VORWORT

Unter dem Namen Fennosarmatia hat HANS STILLE 1926 das Gebiet der Russischen Tafel und ihres nordwestlichen (Baltischer Schild) und südwestlichen (ukrainischer bzw. Asow-podolischer Block) Rahmens bzw. Sockels zusammengefaßt. Die Zusammenfassung ist zweifellos berechtigt, denn der aufsteigende Schild und die sinkende, flach schüsselförmige Tafel gehören zusammen, wie Berg und Tal, oder wie, in wesentlich kleinerem Maßstabe, die Riesengebirgskuppel und das Innersudetische Becken. Die Unterschiede der drei Einzelteile sind im wesentlichen solche des Aufschlußniveaus, und in der unmittelbaren Überlagerung des hochmetamorphen präkambrischen Tiefbaues durch einen schon mit dem Kambrium beginnenden, diagenetisch oft kaum verfestigten Oberbau offenbart sich ein scharfer Gegensatz gegenüber dem viel mannigfaltigeren, in mehrere Stockwerke gegliederten Bau Westeuropas. Faktisch war der Grundplan schon im „algomischen Umbruch" festgelegt und die spätere Geschichte ist nichts als eine Differenzierung und Umgestaltung von Gegebenheiten, keine Neukonstruktion, wie sie in den paläo-, meso- und neoeuropäischen Anbauten im Westen des Kontinents vorliegen.

Aber gerade in der Homogenität Osteuropas, in der großzügigen Einfachheit des Gestaltungsplanes liegt der eminente Erkenntniswert dieses Gebietes. Es ist ja verständlich, daß die Riesenmylonite des westeuropäischen Schollenkomplexes oder die Faltenknäuel der alpidischen Orogene den Forschergeist mehr fesselten und daß hier zahlreiche Monographien zum Ausgangspunkt unserer geotektonischen Grundvorstellungen wurden. Ob das aber für die Entwicklung dieser Grundvorstellungen unbedingt günstig war, kann man bezweifeln. Der Weg von dem Komplizierten zum Einfachen ist ja immerhin nicht der normale, und mancher Irr- und Umweg wäre vielleicht vermieden worden, wenn man den Blick an der einfachen Anatomie kontinentaler Großschollen geschärft hätte, ehe man an Bereiche pathologischer Gestaltung heranging.

Wie dem auch sei, ich empfinde es als Lücke in unserem Schrifttum, daß es zwar zahlreiche Monographien von Orogenen gibt, die ganz offensichtlich als Basis geotektonischer Grundanschauungen gedacht sind, daß aber eine umfassendere Darstellung eines „normalen" Stabilgebietes mit ähnlicher Zielsetzung fehlt. Materialien dafür sind in dem ersten Band meiner Geologie von Europa (1926) enthalten. Aber abgesehen davon, daß die inzwischen enorm entwickelte Forschung, insbesondere in der Sowjetunion, diesen ersten Versuch nach 25 Jahren als weitgehend überholt erscheinen läßt, war die Anlage als Handbuch der oben angedeuteten Blickrichtung nicht konform und es fehlte vor allem ein wichtiger Bestandteil – die eingehendere Analyse des Tiefbaues, deren in den letzten Jahren erzielte Resultate Fennosarmatien zu einem bevorzugten Gebiete für die geschilderte Betrachtungsweise stempeln. Läßt sich doch heute mit ziemlicher Sicherheit sagen, daß der im Baltischen Schild und in dem Ukrainischen Massiv zutage tretende Tiefbau in gleicher Gestaltung auch die Unterlage der Russischen Tafel bildet.

Ich habe mich daher entschlossen, unter Verwendung der noch brauchbaren älteren Ergebnisse eine ganz neue Darstellung des Gebietes zu geben, welche die Zielsetzung in Gestalt der Darstellung eines Stabilgebietes der Erdrinde bewußt in den Vordergrund stellt, ohne allerdings der Hypothese und Theorie allzu breiten Raum zuzubilligen. Wenn ich hierbei im Osten (Ural) über den Rahmen Fennosarmatiens hinausgegangen bin, so ist das vor allem durch die noch vielfach unterschätzte Bedeutung der Uraliden für die Tektonik Sarmatiens zu erklären. Die großen Fortschritte der uralischen Geologie lassen auch das Verhältnis der beiden Großelemente: sarmatischer Schelf und uralische Geosynklinale in neuem Lichte erscheinen.

Von den übrigen Grenzen Fennosarmatiens ist die nördliche durch die Uferlinie des Barentssee-Schelfes bedingt und nur zum Teil von struktureller Bedeutung. Dagegen ist der Nordwestsaum eine Grenze erster Ordnung, da hier der Rand des kaledonischen Gebirges sowohl tektonisch als auch morphologisch zwei Welten scheidet, die erst durch die kaledonische Gebirgsbildung miteinander verschweißt worden sind. Es sei hierbei darauf hingewiesen, daß die Begriffe Fennoskandia und Baltischer Schild nicht identisch sind. Der Begriff des Baltischen Schildes ist geologisch-strukturell und umfaßt den „aufgebeulten" präkambrischen Sockel Fennosarmatiens, welcher nach Süden und Osten flach unter das sarmatische Schelfgebiet einfällt, nach Westen und Norden aber steil unter die kaledonische Geosynklinale absinkt. Der Begriff Fennoskandia ist dagegen geographisch und umfaßt den Baltischen Schild und das im Altpaläozoikum angegliederte kaledonische Faltengebirge. Dieses letztere bleibt hier außerhalb der Betrachtung.

Weniger deutlich ist der Verlauf und Charakter des von den eiszeitlichen Aufschüttungen weitgehend verhüllten Südwestrandes, dem ein kurzer Sonderabschnitt gewidmet ist. Nach meiner Ansicht haben die fortschreitenden Untersuchungen die Annahme einer durchgehenden Trennungslinie Schonen–Lysa-Góra (Tornquistsche Linie) nicht bestätigt. Die Grenze ist nicht einheitlich: der Baltische Schild hat eine bogenförmige, nach Süden konvexe Südgrenze (Schonen–Leba–Finnischer Golf); Sarmatien hat eine bogenförmige, nach Westen konvexe Westgrenze (Scythische Brücke). Beide stoßen im einspringenden Winkel der Ostbaltischen Mulde aneinander. Diese Mulde sinkt axial nach Südwesten ein und erweitert sich damit zum Ostdeutsch-Polnischen Becken, welches faziell und tektonisch Übergänge zwischen dem stabilen Sarmatien und dem mobilen Westeuropa darbietet. Die-

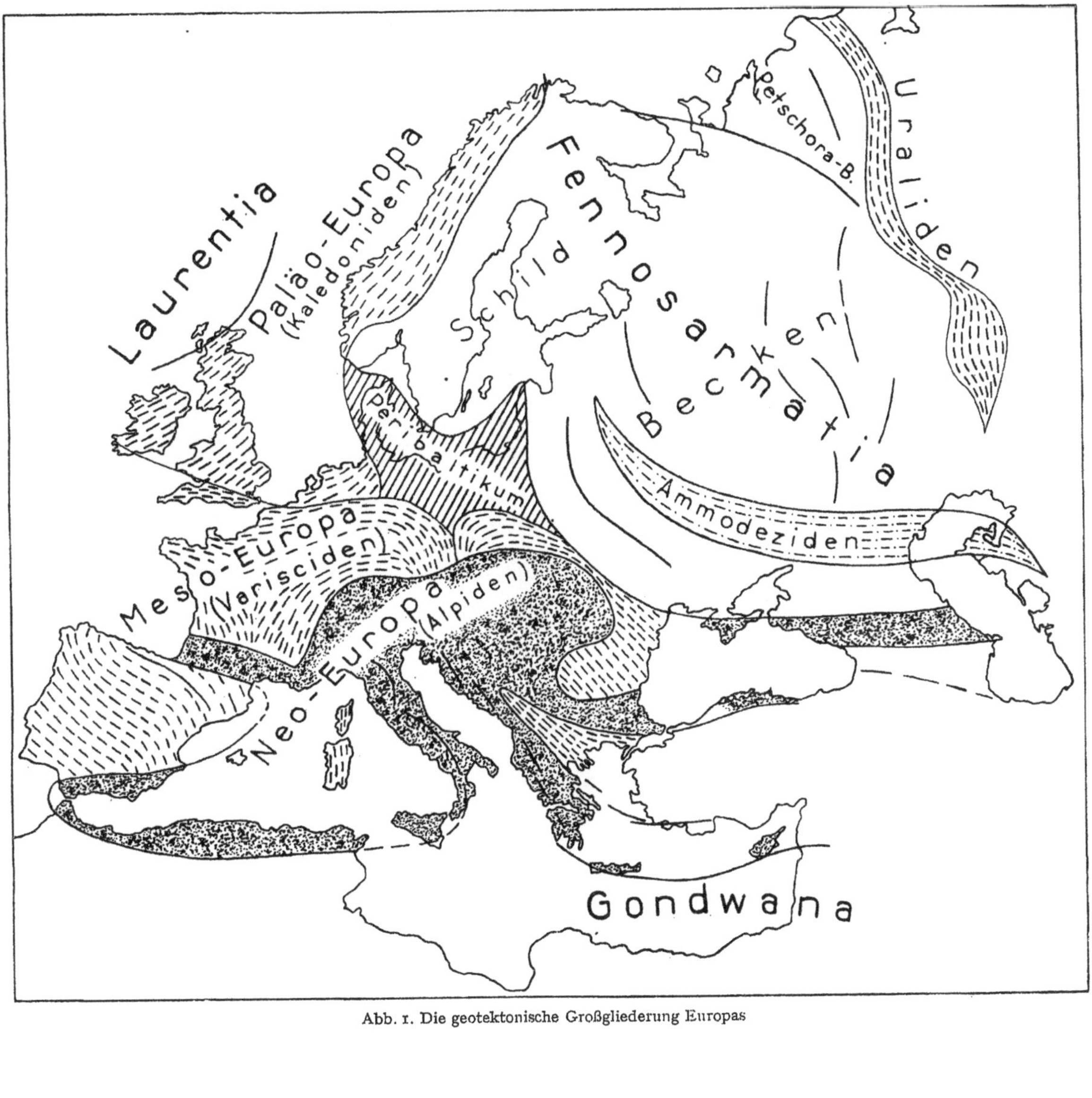

Abb. 1. Die geotektonische Großgliederung Europas

sen Übergangsraum, der sich vielleicht bis zur Lausitz im Süden und bis zur Elbe im Südwesten (Ostelbisches Massiv) erstreckt, kann man mit STILLE als Peribaltikum bezeichnen.

Weiter im Südosten bilden die nach Osten ausklingenden Varisciden des Polnischen Mittelgebirges den Westrand Sarmatiens. Südlich der oberen Weichsel ist die Grenze durch die neogene Vorsenke der Karpathen gegeben, welche auf das ukrainische Massiv übergreift. Eine jungtertiäre Vorsenke bildet auch den Südrand Sarmatiens gegen das Kimmero-Kaukasische Gebirge.

Wo endlich die Grenze im Südosten, im Raume zwischen Kaspi- und Aralsee zu legen ist, steht nicht fest. Auf diese Frage wird am Schlüsse des Buches einzugehen sein.

Der so umgrenzte Raum ist das eigentliche Ureuropa, der stabile Kern, an den dann in der kaledonischen, variscischen und alpidischen Orogenese die paläo-, meso- und neoeuropäischen Bestandteile angegliedert werden, der aber durch die uralische Tektogenese auch mit Angaraland, dem Kern Nordasiens, in feste Verbindung tritt. So durchkreuzen sich hier verschiedene Baupläne, deren zeitliche und räumliche Aufgliederung in dem stabilen Resistenzgebiet trotz der Schwäche der Reaktion leichter durchzuführen ist als in den streng in einen Plan eingeregelten Erweichungsgürteln der Geosynklinalen.

Das Manuskript war in den Grundzügen schon 1947 fertig; einige Nachträge konnten bis 1951 eingefügt werden.

Berlin, im Dezember 1951

Geotektonisches Institut
der Deutschen Akademie der Wissenschaften

INHALTSVERZEICHNIS

Die Sarmatische Tafel

Der Ukrainische (Asow-Podolische) Block

Das Gesamtbild Sarmatiens

Die Eurasiatische Grenzregion

Der Baltische Schild

Als Baltischer Schild wird hier der vorkambrische, von kambrosilurischen Relikten bedeckte Sockel Nordeuropas zusammengefaßt, welcher im NW und N unter die Sedimente der kaledonischen Geosynklinale untertaucht, während er im O und SO sehr flach unter die devonischen und kambrosilurischen Sedimente vom Weißen Meer bis zum Baltikum einsinkt und im Süden und Südwesten durch Brüche von dem labilen Schelf Mitteleuropas abgetrennt wird. Die postsilurische, wohl mehrfach in Aktion tretende schildförmige Aufwölbung gibt diesem Blockgebiet das Gepräge und unterscheidet es strukturell grundsätzlich vom nordwestlich, kaledonisch durchbewegten und angeschweißten norwegischen Anteil Fennoskandias.

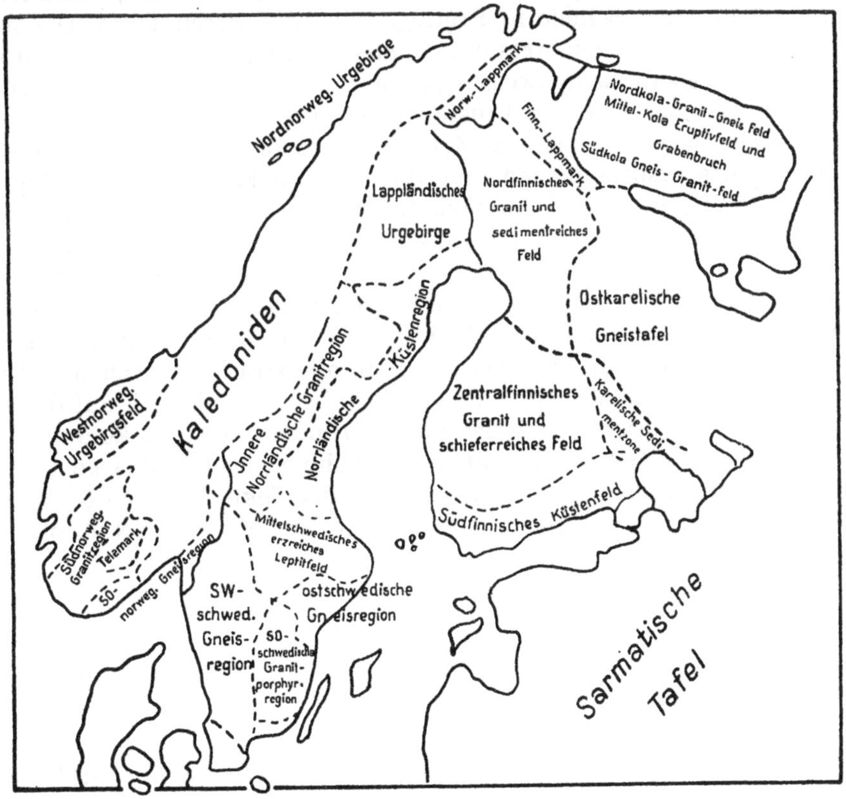

Abb. 2. Die Gliederung Fennoskandias. Nach Högbom, Ramsay u. a.

I. DAS PRÄKAMBRIUM

1. Allgemeines

Das skandinavische Grundgebirge gibt Zeugnis von einer sehr langen und mannigfaltigen Entwicklung, welche mehrere Zyklen der Sedimentation, Tektogenese und Abtragung umfaßt, deren Dauer die spätere, nachkambrische Entwicklung um ein Vielfaches übertrifft. Die Anschauungen über Entstehung und Gliederung dieses Grundgebirges sind heute in einer tiefgehenden Wandlung begriffen, welche die früheren Zusammenfassungen[1] als veraltet erscheinen läßt, andererseits aber noch keine unbedingt sichere endgültige Synthese gestattet, da über viele grundlegende Fragen noch weitgehend divergierende Ansichten vorliegen. Eine Übersicht kann daher heute noch vielfach über eine Problemstellung kaum hinausgehen. Die leitenden Gesichtspunkte seien zunächst kurz berührt.

Für das Verständnis der Genese und Lagerung ist zunächst der Gegensatz von superkrustalen und interkrustalen Gesteinen von Bedeutung. Zu den ersten gehören neben typischen Sedimenten (Konglomeraten, Sandsteinen, Kalken, Dolomiten, Schiefern) Ergußgesteine und deren Tuffe. Die superkrustalen Gesteine setzen stets eine ältere Unterlage voraus (SEDERHOLM), die aber häufig nicht nachzuweisen ist und durch jüngere Intrusionen ersetzt wird (Granitgneise). Die superkrustalen Gesteine sind auch meist mehr oder weniger metamorph, wobei die Metamorphose bis zu einer vollständigen „Tarnung" des ursprünglichen Charakters durch Metasomatose, Migmatisierung, Granitisierung und Anatexis führen kann. Im Endresultat können also superkrustale Gesteine in granitische Produkte umgestaltet werden, und die extremen Vertreter der „Ultrametamorphose" betrachten eigentlich alle Granite als umgewandelte superkrustale Gesteine. Wie dem auch sei, an einer Wiederaufschmelzung innerhalb großer Areale des Grundgebirges ist heute kaum zu zweifeln, und das bringt in alle stratigraphischen Angaben ein Element der Unsicherheit, da diese Angaben sich vielfach auf das relative Alter von Intrusionen gründen und gegründet haben. Es kommt hinzu, daß ein zyklisches Geschehen mit Wiederholung gleicher Phasen und dadurch bedingter konvergenter Entwicklung der Tektogene heute als ziemlich sicher gelten und nach BACKLUND, WAHL und MAGNUSSON in folgendes Phasenschema gebracht werden kann:

Sedimentation (geosynklinal)

I. Granitisierung (Primorogene Granite) und tektonische Hauptphase
   Basische Intrusionen

II. Granitisierung (Serorogene Granite) und tektonische Nachphase

III. Postorogene Granite, Abtragung, detraktive Sedimentation.

[1] A. G. HÖGBOM, Fennoskandia, Handb. der regionalen Geologie IV, 3, H. 13, 1913
S. v. BUBNOFF, Geologie v. Europa, Bd. I, 1926.

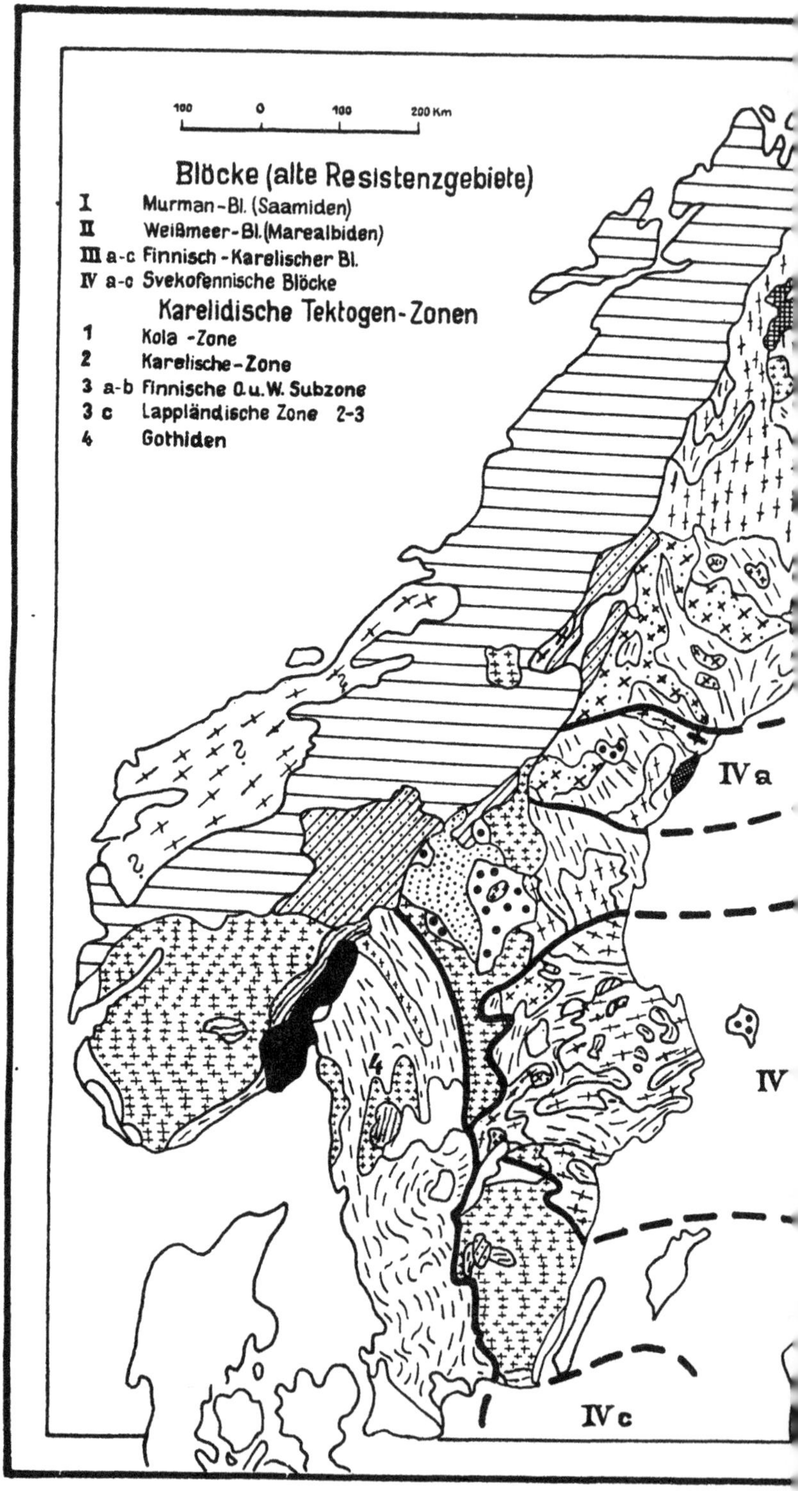

Abb. 3. Die geotektonische Gliederung des Balti

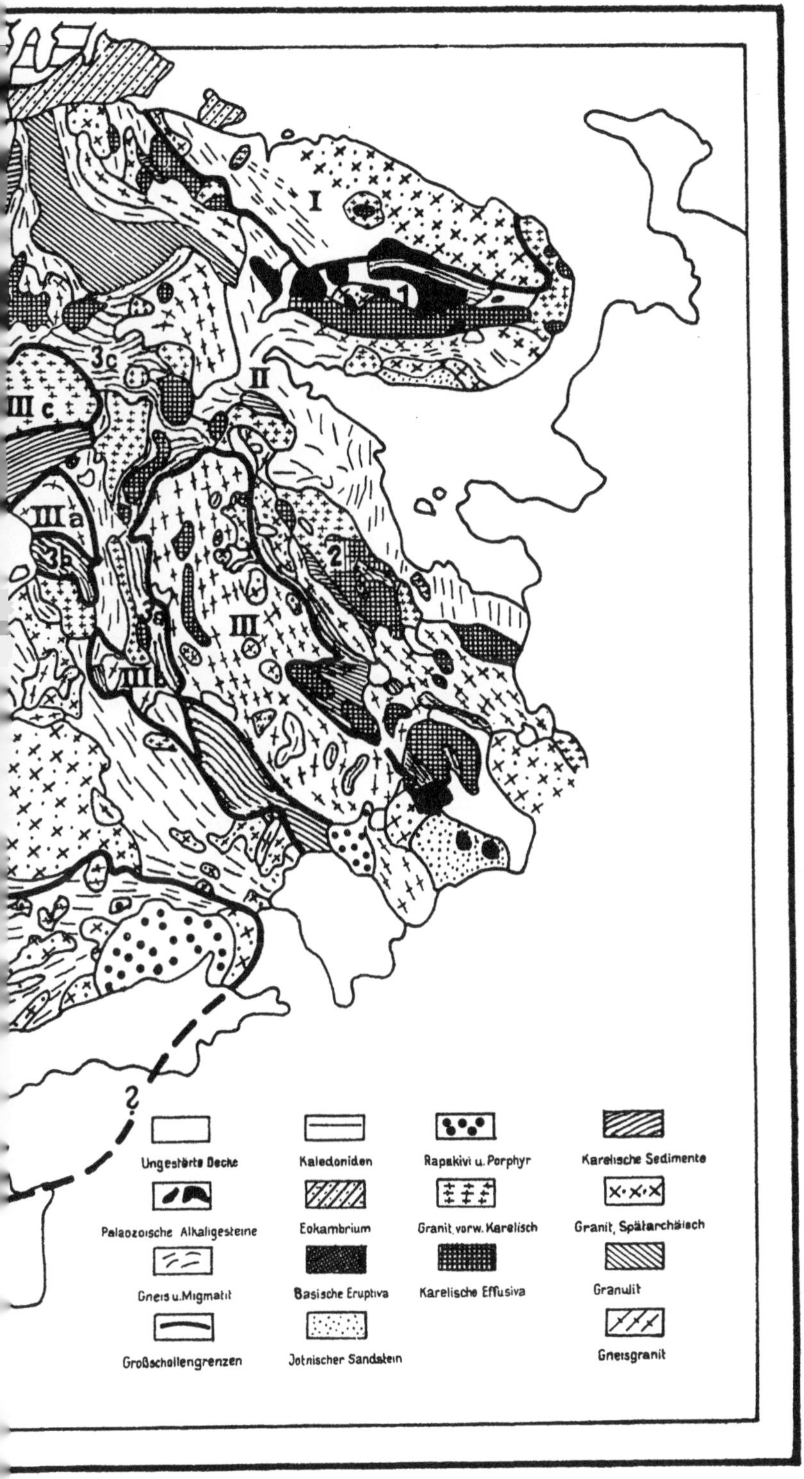

ldes. Nach BACKLUND, POLKANOFF, VÄYRYNEN u. a.

Da dieser Zyklus sich mehrfach (zum mindesten zweimal) wiederholt hat, liegt die Gefahr der Verwechslung gleicher Phasen verschiedener Zyklen nahe und gerade diese Tatsache bedingt bis heute die wichtigsten Unstimmigkeiten und Differenzpunkte in der Deutung des Grundgebirges. Trotzdem dürfte der fruchtbare Zyklengedanke die beste Grundlage für eine Übersichtsdarstellung geben, wobei man regional eine ältere, archäische und eine jüngere algonkische Zyklengruppe unterscheiden kann. Die ältere Gruppe umfaßt den marealbidischen, norwegosaamidischen und svekofennidischen Zyklus, wobei zu bemerken ist, daß die Unterscheidung der beiden ersten heute noch nicht feststeht; die zweite Gruppe umfaßt den gotidischen und karelidischen Zyklus, welche nach BACKLUND zusammenfallen und den langen jungalgonkischen Zeitabschnitt, welcher in Skandinavien durch keine weitere Tektogenese erster Ordnung unterbrochen wird. Die absoluten Zeitangaben lauten:

Marealbiden 1520–1580 (BACKLUND 1941), 1800 (POLKANOFF 1936) bis 2100 Millionen Jahre (LABUNTSOFF 1935)
Svekofenniden ± 1000–1200 Millionen Jahre
Gotokareliden ± 800 Millionen Jahre

Die älteren archäischen Areale bilden heute im allgemeinen „Resistenzgebiete", Vorländer oder Zwischengebirge innerhalb und am Rande des nach BACKLUND außerordentlich breiten gotokarelidischen Orogens, so daß man folgende Einzelgebiete unterscheiden kann (nach POLKANOFF und BACKLUND):

I. Murmanblock (Norwegosaamiden)
II. Weißmeerblock, d.h. Südkola und westliches Ufer des Weißen Meeres (Marealbiden oder Norwegosaamiden)
III. Finnisch-karelischer Block (Svekofenniden?, Marealbiden?)
IV. Svekofennische Zwischengebirge:
   a) Vasa–Härnösand
   b) Mittelschweden–Südfinnland
   c) Blekinge–Bornholm
   d) Südnorwegen (Bambleformation)

Die dazwischen in Synklinorien erhalten gebliebenen Teiläste der Gotokareliden sollen später besprochen werden.

2. Die archäischen Bestandteile

a) Der Murmanblock

Der Block nimmt, mit einer Gesamtorientierung von NW nach SO, die nordöstliche Hälfte der Kolahalbinsel ein. Das Hauptbauelement, zugleich die älteste Folge, sind Granat- und Biotitgneise, welche einer katametamorphen Superkrustalserie entsprechen. Es scheint (n. POLKANOFF), daß die Biotitgneise Kerne stehender enggepreßter Mulden bilden und mithin das jüngere Element sind. Die Granatgneise (Almandin) haben Einlagerungen, in denen Biotit, Sillimanit, Cyanit und Cordierit angereichert sind. Ein Tonerdeüberschuß ist allgemein bemerkenswert und deutet auf tonige Sedimente als Ursprungsgesteine. Die Biotitgneise sind anscheinend teils primäre sandig-tonige Sedimente gewesen, teils primäre Effusivgesteine (Leptite). Innerhalb der Biotitgneise treten konkordante Lager von Magnetitschiefern auf, welche mit basischen Gesteinen in Verbindung stehen. Diese basischen Gesteine bilden kleinere oder größere konkordante Einschaltungen in die Gneisfolge; sie haben heute Amphibolitfazies. In den größeren Komplexen, z. B. am Notosee, sind indessen auch jüngere, wahrscheinlich karelische Elemente mit enthalten (Gabbro-Norite der Anis-Tundra).

Zu dem fundamentalen Komplex gehören schließlich, wenigstens zum Teil, Hypersthen-Dioritgneise von sehr wechselnder petrographischer Zusammensetzung (von Peridotiten bis zu Charnockiten und Apliten), welche ebenfalls mehr oder weniger konkordant den Granatgneisen nördlich vom Notosee eingeschaltet sind. Sie werden von Granat- und Magnetitschiefern begleitet und zeigen Spuren starker Durchbewegung, welche ja auch die vorhergenannten Serien betroffen hat, und einer tektonischen Phase entspricht, welche mit der Intrusion der weit verbreiteten Oligoklasgranite abschließt. Diese Granite besitzen eine deutliche NW-streichende Paralleltextur und sind entsprechend konform und $\pm$ konkordant den besprochenen Gneisen eingelagert. Petrographisch handelt es sich um eine Variationsbreite zwischen sauren Graniten (mit überwiegendem Oligoklas) und quarzführenden bis quarzfreien Dioriten. Die einzelnen Abarten zeigen schlierigen Verband, welcher n. POLKANOFF durch eine Art Bewegungsdifferentiation zustande kommt. Jedenfalls entsprechen die Oligoklasgranite der Hauptfaltung und sind mithin als synorogen oder primorogen zu bezeichnen.

Die Al-reichen Fundamentalgneise gehören mithin zu einer tonigen, monotonen Geosynklinalserie, die Amphibolite könnten dem frühtektonischen Stamm grüner Laven, die Oligoklasgranite den syntektonischen Graniten erster Gruppe (SEDERHOLM) entsprechen. Diese Entwicklung erinnert stark an jene der Svekofenniden, was aber nach unseren heutigen Kenntnissen nicht unbedingt als Altersgleichheit zu werten ist, da es sich um gleiche Phasen verschiedener Zyklen handeln könnte. Die abschließende Faltung, welche POLKANOFF als saamisch bezeichnet, prägt sich in der streifenförmigen Anordnung der geschilderten Gesteinsarten aus. Die Granat- und Biotitgneise bilden anscheinend isoklinale, nach NO übergelegte Falten oder Schuppen, so daß eine Vergenz nach NO wahrscheinlich ist. Bemerkenswert ist eine sigmoidale Verbiegung des regionalen NW–SO-Streichens in der Gegend des Notosees, welche zur Intrusion des oben genannten, sichelstockartigen basischen Massivs geführt hat, aber auch jüngerer Entstehung sein könnte.

Die nachfolgende Zeit birgt noch einige Unklarheiten. POLKANOFF rechnet zum Jungarchaikum die sedimentäre Sydvarangerformation mit ihren quarzgebänderten Erzen, welche angeblich Gerölle der Oligoklasgranite enthält und rote Mikroklingranite, welche diese Serie durchsetzen. Dagegen dürften die geschieferten Amphibolite der Tolp-Keulik-Tundren und die

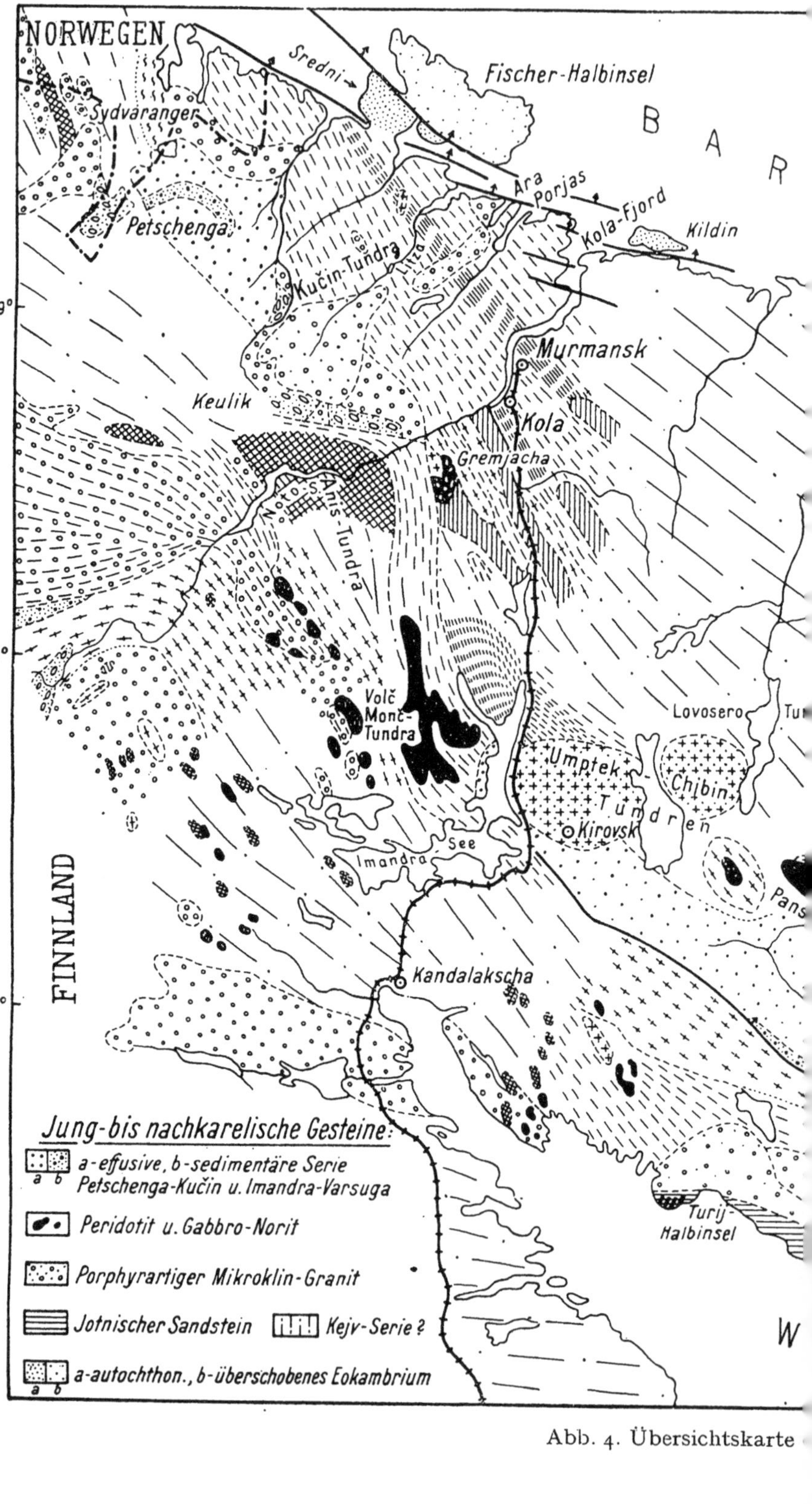

Abb. 4. Übersichtskarte

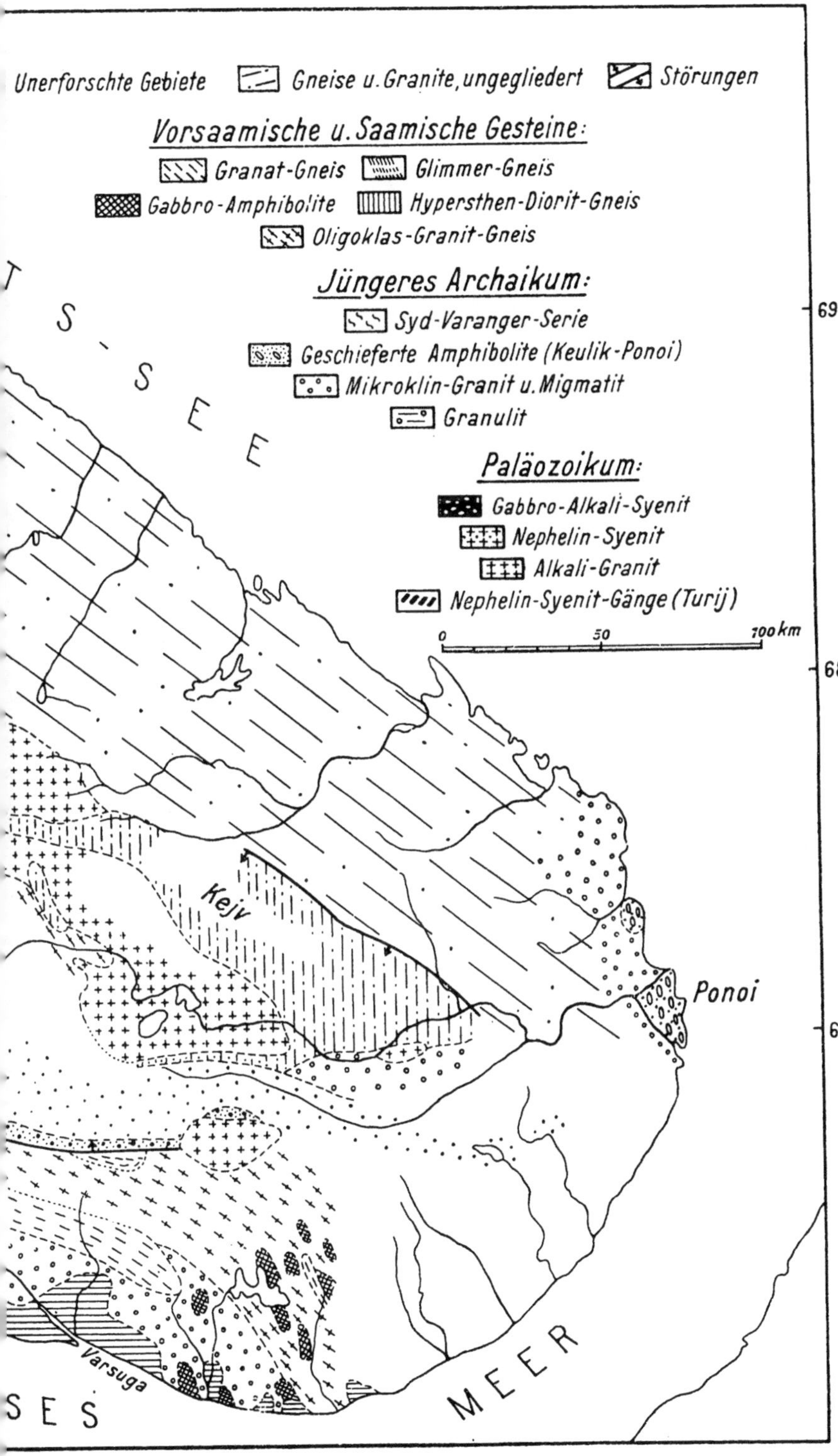

el Nola nach POLKANOFF.

lappländischen Granulite (s. unten), welche er noch 1935 zum Jungarchäikum stellte, wohl sicher jünger sein und dem karelischen Zyklus angehören, zusammen mit einer zweiten Generation von Mikroklingraniten. Indessen ist auch die Stellung der Sydvarangerserie fraglich. Nach SEDERHOLM entspricht sie dem Lapponium Finnisch-Lapplands, ist also nach neuerer Auffassung (MIKKOLA) nicht mehr dem Bottnium Südfinnlands (im Sinne eines svekofennischen Flysch) vergleichbar, sondern ebenfalls den jüngeren karelischen Serien zuzurechnen. Demnach würden auch die meisten Mikroklingranite dem karelischen Zyklus angehören. Gegen eine Zurechnung zum älteren Zyklus spricht auch die abweichende Vergenz der Sydvaranger Serie (W bis SW). Möglich wäre aber, daß die Konglomerate (mit Oligoklasgranitkomponenten), Quarzite und vulkanogenen Gesteine bei Ponoi an der Ostküste, welche nach NNO übergelegte Falten bilden und von Mikroklingranit durchsetzt werden, als „Flysch" des saamischen Zyklus aufzufassen wären.

b) Der Weißmeerblock

Nach POLKANOFF (1937) können die archäischen Gesteine am Westufer des Weißen Meeres (südlich von Kandalakscha-Kontalahti) mit den ähnlichen Gesteinen im Südteil der Kolahalbinsel zu einem Block vereinigt werden, welcher im NW, am Innensaum des später zu besprechenden Granulitbogens an der finnisch-sowjetischen Grenze, sich mit dem Murmanblock vereinigt (infolge axialer Heraushebung). Zwischen beiden Gebieten besteht auch petrographisch eine große Übereinstimmung. Der älteste Teil der Weißmeerfolge besteht aus Gneisen, kristallinen Schiefern und Amphiboliten, unter denen Granat-, Disthen- und Staurolithgneise häufig auftreten. Der Al-Überschuß ist also auch hier, wie in den Fundamentalserien des Murmanblockes vorhanden. Die Gneisschieferserie hat anscheinend eine steilachsige Tektonik; das Streichen ist im Süden NNW, dreht dann weiterhin gegen NO und im Gebiet südlich Kandalakscha in O–W ab, wo das Fallen flacher wird und eine Art antiklinalen Großbaues zeigt. Auf der südlichen Kolahalbinsel herrscht WNW-Streichen und eine Art fächerförmiger Faltenanordnung (POLKANOFF).

Auf diese Fundamentalserie folgt die erste große Intrusion von Granodioriten, welche wohl den Graniten der ersten Gruppe (primorogen) SEDERHOLMs entsprechen und, z. T. unter Migmatitbildung, besonders im Westen des Blockes verbreitet sind und auch einen Hauptbestandteil des ostfinnischen Blockes westlich der ostkarelischen Karelidenzone bilden. Diese Granite haben stets ausgeprägte Gneistextur (Gneisgranite), welche ganz vorwiegend NW–SO streicht und sich auffallend genau dem Streichen der doch wesentlich jüngeren Kareliden anschließt; anscheinend sind diese Gneisgranite im Zusammenhang mit der Karelidenfaltung z. T. neu mobilisiert worden. Auf diese ältesten Gneisgranite folgt – als unterscheidendes Merkmal gegenüber dem Murmanblock – eine weit verbreitete Intrusionsphase $\pm$ konkordanter, hypabyssischer Gabbrodiorite (Drusite FEDOROFFs). Ein sicherer Nachweis jüngerer archäischer Sedimente fehlt bisher, bis auf einige

Gesteine von Segosero, welche vielleicht älter als die karelische Folge, aber jünger als die Gneisgranite sind. Der Zyklus schließt ab mit weit verbreiteten Mikroklin-Plagioklasgraniten, welche viele kleinere Intrusivkörper bilden und mit einer starken Migmatisierung verbunden sind. Auch diese (serorogene?) Granitgruppe ist mit einer Bewegungsphase verknüpft.

Die Unterschiede gegenüber den Saamiden von Murmansk sind höchstens mineralfazieller Natur, d. h. beruhen vorwiegend auf dem Typus der Metamorphose. Es besteht also kein zwingender Grund, den älteren Komplex des Weißmeerblockes als Marealbiden von den Saamiden von Murmansk zu trennen. Auch die Analogien zu den Svekofenniden sind groß, doch spricht das erheblich höhere absolute Alter (1500–1800 Millionen Jahre, an Graniten der zweiten Gruppe gemessen) doch entschieden für einen Sondercharakter des saamidischen Zyklus, der aber vielleicht mit dem marealbidischen zu vereinigen ist[1].

c) Der finnisch-karelische Block

besteht im wesentlichen aus Granodioritgneisen und mit ihnen verknüpften Migmatiten, welche anscheinend den entsprechenden älteren Gesteinen des Weißmeerblockes gleichzustellen sind und auch räumlich (im Gebiete karelidischer Axenkulminationen) direkt mit ihnen verbunden sind. Sie sind also wohl auch dem saamidischen Zyklus zuzurechnen. Das Streichen ist eigentlich durchgehend NW–SO.

d) Die svekofennischen Zwischengebirge

Neben den wesentlich niedrigeren absoluten Alterszahlen ist es das abweichende, überwiegend ostwestliche Streichen, welches die Svekofenniden von den übrigen tektonischen Elementen Fennoskandias abtrennt. Wie schon oben gesagt, lassen sich innerhalb des breiten, von dem gotokarelidischen Orogen eingenommenen Streifen des zentralen Fennoskandias vier svekofennidische Zwischengebirgsblöcke unterscheiden, von denen aber vor allem der Mittelschwedens und Südfinnlands eingehender zu behandeln ist.

Der nördliche Block Vasa–Härnösand ist noch relativ wenig bekannt; nach Backlund handelt es sich um einen „recht diffusen" Abschnitt von vorwiegendem O–W-Streichen, der auch sonst einige charakterstische Merkmale der Svekofenniden aufweisen soll, allseitig von gotokarelidischen Falten umflossen wird und eine Überlagerung von „Innenmolassen" (Trysunda und Nordingrå) zeigt, welche für Zwischengebirgsschollen bezeichnend ist.

Der svekofennidische Hauptabschnitt Mittelschwedens und Südfinnlands bedarf einer ausführlichen Darstellung.

In Südfinnland bilden die archäischen Gesteine eine ONO–WSW streichende Masse zwischen dem Rapakiwimassiv von Wiborg und dem bottnischen Meerbusen. Im wesentlichen handelt es sich um Streifen ältester

[1] Eskola (1948) zweifelt am hohen Alter der Marealbiden und möchte in den zugehörigen Gneisen ein unteres Stockwerk der hier tief denudierten Kareliden sehen.

Superkrustalgesteine – des Svioniums SEDERHOLMS – welche von Graniten der ersten und zweiten Generation ± konkordant intrudiert und bis zur Migmatitbildung metamorphosiert worden sind. Einige Beispiele der Entwicklung seien herausgegriffen.

Im Pellingebiet zwischen dem Wyborg–Rapakiwi im Osten und dem etwas älteren, aber ebenfalls posttektonischen Onasgranit im Westen (Granit dritter Generation) gibt SEDERHOLM aus dem Schärenhof folgende Ereignisfolge an:

An der Basis liegt eine mächtige Folge von Konglomeraten, Leptiten (feinkörnigen, vermutlich tuffogenen oder extrusiven Gesteinen) mit selteneren Kalkeinlagerungen (Sundaröformation), welche von Arkosequarziten (Rabbasquarzit) überlagert wird. Es folgen Intrusionen von Gabbro (Stadsland) und Graniten (Vatskär), wobei letztere durch nachfolgende bzw. gleichzeitige tektonische Bewegungen in Granitgneise umgewandelt wurden. Es ist das die erste Granitgeneration. Nach einer Pause, die anscheinend auch einer tektonischen Ruhezeit entspricht, beginnt eine Periode von intensivem basischem Vulkanismus, der hier durch Uralitporphyrite oder Metabasalte und deren Tuffe vertreten ist. SEDERHOLM unterschied ursprünglich zwei altersverschiedene Gruppen, welche durch eine Granitintrusion (Rysskärgranit) getrennt sein sollten, aber petrographisch große Ähnlichkeiten aufweisen. Die angeblich ältere Pernåformation ist neben normalen Ergußsteinen durch Mandelsteine, Tuffe, agglomeratische Brekzien und Kissenlaven ausgezeichnet, die jüngere Pellingeformation hat petrographisch ähnliche Ergußgesteine und Gänge, enthält aber weniger Tuffe und Agglomerate. SEDERHOLM stellte diese beiden Gruppen basischer Gesteine zur „Bottnischen Formation", der jüngeren Abteilung des Archäikums. Die zeitliche Unterscheidung scheint indessen unberechtigt zu sein.

Es folgt nun die Intrusion der Granite der zweiten Gruppe (Hangötypus oder Küstengranite), welche durch rötliche Farbe und Vorwiegen von Mikroklin ausgezeichnet sind. Diese Intrusion war anscheinend mit einer tiefen Versenkung verbunden, welche zu einer intensiven Mischgesteinsbildung geführt hat, die SEDERHOLM gerade in dem geschilderten Gebiet in klassischer Weise (1923) geschildert hat. Diese Intrusion war mit einem Aufleben der tektogenetischen Bewegungen verknüpft. Nachtektonisch sind die Intrusionen der diskordanten, richtungslos-körnigen Onasgranite und der Rapakiwis, von denen jedenfalls die letzten, vielleicht auch die ersten, einer wesentlich späteren Zeit angehören.

Ein breites, im wesentlichen auch konkordant (d. h. ONO–WSW) verlaufendes Feld von migmatitischen Graniten des Hangötypus trennt das Pellingefeld von dem Schärenhof beiderseits Helsinki, wo wieder die älteren Suprakrustalformationen zu größerer Entwicklung gelangen und durch die tektonischen Studien von WEGMANN und KRANCK grundsätzliche Bedeutung erlangt haben.

Die Stratigraphie entspricht in großen Zügen der des soeben geschilderten Gebietes. Die (svionische) Basalformation besteht vorwiegend aus leptitähnlichen kristallinen Schiefern, die teils sedimentär, teils effusiver Herkunft sind. Man kann zwei Gruppen unterscheiden: in der einen treten neben hellen quarzitischen und dunklen hornblendereichen Schiefern und neben ausgewalzten Konglomeraten porphyrische Schiefer, Amphibolitschiefer und ophiolitische Lagergänge auf; die andere Gruppe besteht aus schön gebänderten Schiefern von etwas grobkörnigerer Textur; die Beteiligung von Kalzit ist bemerkenswert und die übrige Zusammensetzung macht eine primäre Natur als kalkreicher Tuffit wahrscheinlich. Außerdem treten in der Schieferformation auch Kalke auf, die meist durch Einschaltung silikatischer Lagen gebändert sind. Endlich gehören zu dem Basalkomplex noch Kissenlaven, meist stark deformiert und zu Amphibolschiefern ausgewalzt, in der megaskopischen Textur aber noch mehr oder weniger deutlich die primäre Kissenanordnung zeigend.

Alle Gesteine des Basalkomplexes zeigen eine kräftige mechanische Deformation, welche zu einer fast restlosen Vernichtung der mikroskopischen Primärstruktur geführt hat. Mit der Deformation setzen die Intrusionen ein, welche mit Plagioklasporphyren (im Osten) beginnen, mit Gabbros und Dioriten fortsetzen und in der Intrusion der Gneisgranite (Gruppe I) gipfeln. Im westlichen Teil nimmt Kranck nach der Intrusion der Gabbrodiorite eine weitere Absenkungsphase mit neuer Sedimentbildung an; im übrigen ist das westliche Gebiet durch ein Zurücktreten der superkrustalen Teile und Vorherrschen der Gneisgranite ausgezeichnet. Nun setzen die kräftigsten Bewegungen ein, vor allem tangentiale Großbewegungen (Horizontalüberschiebungen und einschaarige Gleitungen), welche stellenweise durch eine Intrusionsphase dunkler Gänge zweigeteilt sind; die jüngere, postintrusive Deformation trägt einen einfacheren Faltungscharakter. Danach setzt die Orogenese mit anderem Charakter fort; bezeichnend ist die Steilerstellung der Scherflächen und die nun beginnende Pegmatitisierung als Vorläufer der Granite der zweiten Generation (Hangögranite), d.h. der vorwiegend roten Mikroklingranite, deren Hauptbildungszeit noch unter dem Einfluß einer kräftigen Deformation stand, welche im W auch die letzten Pegmatite der Hangögranite überdauert hat. Nach Abschluß dieser Bewegungen erfolgte eine starke Abtragung und ein Höherrücken der topographischen Oberfläche, dann die Intrusion der (postorogenen) Onas-Obnäsgranite, eine Brekziierung an Klüften, ferner wieder eine Tieferlegung der Topographie mit Intrusion der jüngeren basischen (Trapp-)Gänge, schließlich eine jüngere Brekziierung.

Die erste Deformation des basalen Gebirges war nach Wegmann die eines Kettengebirges ohne großen Tiefgang. Während der Deformation dringen die synkinematischen Intrusiva von basischen bis zu granodioritischen Gesteinen ein. Die Schieferung geht auf deformative Bewegungen zurück; die Falten sind als Deckfalten aufzufassen. Später geht die flache Bewegung in eine steilere über und konzentriert sich auf gewisse Gebiete zwischen konsolidierten Massen. Damit beginnt die Granitisierung, welche der besten Wegsamkeit folgt. Es ist zu bemerken, daß die Hangögranite vermutlich nie ein geschmolzenes Magma im gewöhnlichen Sinne gebildet haben, sondern n. Wegmann eine mit granitischen Lösungen getränkte Gesteinsmasse darstellen.

Die Bewegung war unten plastisch, oben diskontinuierlich; in der Granitisierungsperiode herrschten oben Hebungen und Senkungen oder breite Wölbungen; die Granitisierungszonen bilden langgezogene Hochgebiete (plis de fond). Große Räume zwischen den bewegten Streifen wurden ohne interne Bewegungen granitisiert. Die Axenkulminationen entsprechen Bewegungen im granitisierten Material. Nach Abschluß der Granitisierung kam das Gebiet durch fortschreitende Hebung und Erosion in das Intrusionsniveau (Intrusion der Onas-Obnäsgranite).

Im östlichen Teilgebiet unterscheidet Wegmann zwei Bogen, in denen aber grundsätzlich die Ereignisfolge ähnlich ist. Die erste Deformation besteht in einem Übereinandergleiten der Schiefer, wobei in Scherzonen die synkinematischen Intrusiva eindringen. Es folgt eine Entspannung und Zerklüftung mit der Bildung dunkler Gänge. Eine Tieferlegung des Felsgrundes (durch Sedimentation oder Überfaltung) führt zu einer Erhöhung der Mobilität und zu kräftigen Horizontalverfrachtungen. Die Bewegung (Vergenz nach N) bleibt gleichsinnig über weite Räume mit wenig veränderter Richtung der Gleitflächenschaaren. Die späteren Episoden gruppieren sich um die mise en place der Pegmatite; die Granitisierung erfolgt teils ohne Bewegung, teils unter kräftigen (vorwiegend Block-) Bewegungen, so im Westbogen einer Aufstapelung der „Helsingforser Falten", der Heraushebung der Nordsjö-Intrusivmasse und ihrer Aufschiebung nach O auf die Schiefer. Seitliche Bewegungen mit steilen Achsen sind z. T. bezeichnend. Die Bewegungen hören aber vor der letzten Kristallisation auf.

Bei Helsinki trennt eine ONO streichende Zone von Hangögranit die geschilderte Zone von dem nächsten westlichen Streifen älterer intensiv deformierter Gesteine. In diesem überdauert die Bewegung die Kristallisation; die Metamorphose ist durchgreifender und die Primärstruktur fast vollkommen verschwunden. Die Tektonik wird auch durch große horizontale Verfrachtungen (nach N) bestimmt, zeigt aber zonar Unterschiede; so ist sie im äußeren Schärenhof einfacher, während im Inneren eine komplizierte spätere (z.Z. der Pegmatite) Schlingentektonik mit steilen Achsen herrscht (Kranck).

Ein weiterer breiter Streifen von Hangögraniten mit allgemeinem WSW bis ONO-Streichen trennt die Schärenzonen des Svioniums von dem gleich streichenden breiten „Leptitfeld" von Orijärvi–Kimito. Sein östlicher Teil, durch das Auftreten der Erze von Orijärvi auch praktisch bedeutsam, ist durch die klassischen Untersuchungen von Eskola berühmt geworden (Abb. 5).

Den Hauptteil des W–O streichenden Streifens bilden gleichkörnige Leptite, d. h. sehr feinkörnige bis aphanitische Gesteine, vorwiegend aus Quarz und Feldspat gebildet, mit wechselndem, aber meist zurücktretendem Gehalt an dunklen Mineralien (Glimmer, Hornblende). Die Gesteine sind meist deutlich gebändert, die Struktur ist hornfelsartig, wird aber in der Nähe der Granitmassive grobkörniger (Leptitgneise). Von Interesse sind gelegentliche Einlagerungen von tonreichen Leptiten mit Cordieritknoten, die oft Lagen mit Anthophyllit enthalten. Ferner sind Einschaltungen von Agglomeraten (leptitische oder andere Fragmente in amphibolitischer Grundmasse), Kalken (oft weitgehend silifiziert), Amphiboliten (sedimentogene Diopsidamphibolite, Lagergänge, Ergüsse, ? Tuffite) und blastoporphyrischen Leptiten bemerkenswert. Dieser Streifen, welcher teils sedimentogenen, teils vulkano- bzw. tuffogenen Ursprungs ist und durchaus dem geschilderten Svionium des südlichen Küstengebietes entspricht, erfährt im Osten, bei Orijärvi, eine erhebliche Verbreiterung durch Einschaltung eines granodioritischen Massivs, welches die Stellung eines Antiklinalbatholithen hat. Die Intrusionen beginnen mit Peridotiten, Hornblenditen, Gabbros und Dioriten und gipfeln in der Platznahme des Oligoklasgranites, eines teils massigen, teils gneisartigen Gesteins, welches durchaus den „Urgraniten", d. h. den Graniten erster Generation innerhalb der Svekofenniden entspricht. Der Oligoklasgranit übte auf seine leptitische Umgebung eine stark umwandelnde Wirkung aus, welche in der Bildung einer „Kontaktaureole" (Eskola) zum Ausdruck kam: aus den Leptiten entstanden (unter starker Metasomatose) Cordierit-Anthophyllitgesteine, aus den Kalken Skarne, aus den Amphiboliten Cummingtonit-Plagioklasgesteine. Nach Eskola handelt es sich vorwiegend um Pneumatolyse, mit metasomatischer Ersetzung von Kalk, Natrium und Kalium durch Eisenoxyde und Magnesia. Eskola bringt auch die Entstehung bzw. Anreicherung der Sulfid- (Kupfer, Blei, Zink) und Oxyd- (Eisen-) Erze mit der Kontaktwirkung des Oligoklasgranites in Zusammenhang, was von anderer Seite bezweifelt wird. Bemerkenswert ist die positionelle und petrographische Ähnlichkeit mit den Erzen von Falun in Schweden. Nach der Intrusion des Oligoklasgranites folgt, wie in den schon geschilderten Gebieten, eine Intrusion von Amphibolitgängen und schließlich die Platznahme der Mikroklingranite (Hangö-Ingagranite = 2. Generation), welche im S und N den Leptitstreifen begleiten.

Nördlich vom Streifen Kimito–Orijärvi liegt ein ausgedehntes Verbreitungsgebiet der Hangö-Inga- (= Mikroklin-) Granite und ihrer Migmatite, in denen die älteren Superkrustalgesteine nur in kleineren Vorkommen zu finden sind, welche im Mikroklingranit zu schwimmen scheinen, aber meist O–W orientierte Streifen bilden.

Zu nennen sind darunter insbesondere die Quarzite von Tiirismaa bei Lahti, hochmetamorphe, meist rötliche Quarzite, oben von einem Konglomerat begleitet, n. Eskola vermutlich dem höheren Teil des Svioniums (nach den grünen Effusivgesteinen von Pernå-Pellinge) angehörend. Ferner sind bemerkenswert die metamorphen Marmore von Pargas bei Turku (Åbo).

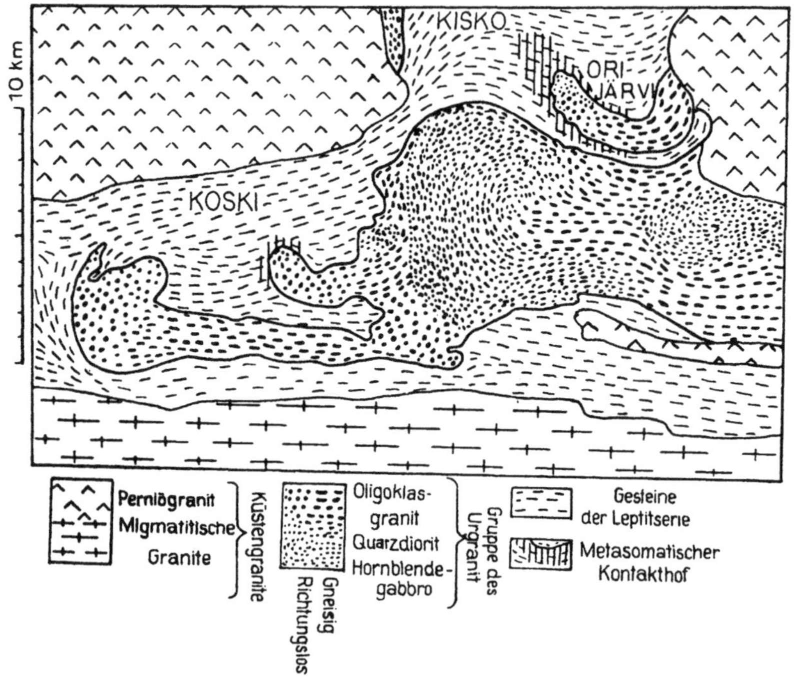

Abb. 5. Übersichtsskizze des Orijärvi-Gebietes nach P. Eskola, 1927.

Der Marmor von Pargas bildet einen WSW–ONO streichenden, bis 200 m breiten Gesteinsgang, welcher migmatitischen Kinzigitgneisen (saure granatführende dichte Gneise) und Leptiten eingeschaltet ist. Daneben treten auch Amphibolite, Kalkgneise und Grossulardiopsidfelse auf. In diese Serie intrudieren, vermutlich in den ersten Stadien der Faltung, Pyroxendiorite und Pyroxengranodiorite, Gesteine von charnockitischem bis noritischem Charakter, die nach Metzger ophiolitischen Habitus haben und hier die primorogenen Urgranite anderer Gebiete ersetzen. Diese erste Faltung, die also im Zusammenhang mit der Intrusion echt magmatischer Gesteine stand, hatte alpinen Stil (Decken) und verhältnismäßig flachen Charakter. Die zweite Phase wird mit der Mobilisierung eines serorogenen, palingenen Migmatitgranites abgeschlossen, der teils der Faltung folgt, teils die Falten durchbricht und überschneidet. Charakteristisch für diese Phase ist n. Metzger die Versteilung der Flanken der Synklinalen unter Beibehaltung der flachen Achsenlage und eine Kleinfältelung der mobilsten Teile (d. h. der Marmore). Metzger bringt den bezeichnenden kinetischen Stil dieser Phase in direkte Verbindung mit der Aufschmelzung, d. h. der Mobilisierung einzelner Elemente des Baues. Hierbei sei nicht nur ein Aufsteigen der Migmatitfront, sondern auch das Einsinken der nicht geschmolzenen Bestände in das palingene Migma zu berücksichtigen. Es scheint, daß dieses Gebiet einem höheren Horizont der Svekofenniden angehört, da die Faltenachsen gegen Osten ansteigen, womit das Fehlen von typischen primorogenen Urgraniten zusammenhängen soll, welche eine tiefere Zone charakterisieren. Es wären also kinematisch zu unterscheiden: Primorogene Faltung alpidischen Baustiles mit Ophiolithen bzw. Urgraniten (postsvionisch); serorogene Bruchfaltung mit Migmatitgraniten (postbottnisch?); anschließende Grundfaltung. Es ist n. METZGER möglich, daß diese Stadien ineinander übergehen und daß insbesondere zwischen Svionium und Bottnium keine scharfe Diskordanz besteht (Abb. 6).

Wesentlich jünger und mit einer Bruchphase verbunden sind die diskordant durchsetzenden Diabase, die vielleicht hoglandisches Alter haben.

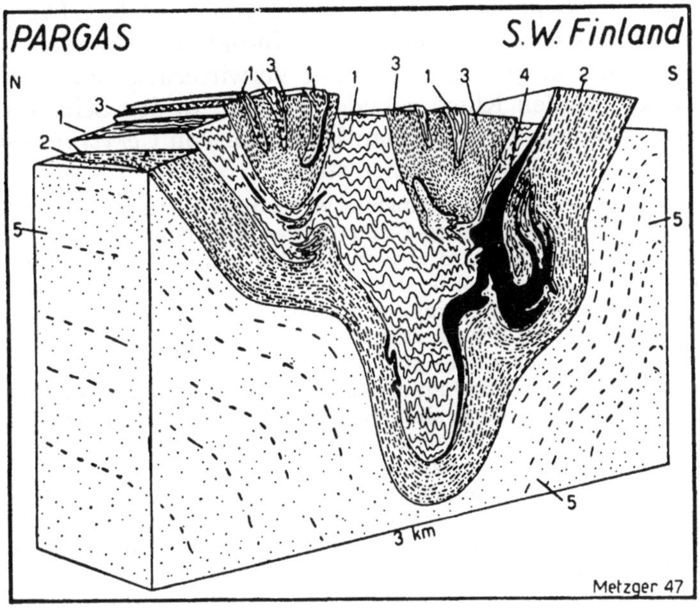

Abb. 6. Blockdiagramm durch die Mulde von Pargas. Nach METZGER, 1947.
1-Kinzigitgneis, 2 u. 3-Amphibolit, 4-Marmor, 5-Palingengranit

Die kinzigitischen Granat-Cordieritgneise sind bei Turku innerhalb der Migmatite der Hangögranite weit verbreitet und stark von diesem Granit injiziert, so daß sie typische Arterite und Venite bilden und auch in homogene Cordieritgranatgranite übergehen. Sie werden von leptitähnlichem, granatführendem Biotitgneis und von effusiven Amphiboliten begleitet und stellten nach BACKLUND primär vorwiegend pelitische Sedimente dar, die ihre Zusammensetzung bewahrt, aber ihr Gefüge verändert haben.

Ein weiterer bemerkenswerter Streifen innerhalb der geschilderten Svekofennidenscholle wird durch die basischen Ergußgesteine (vorwiegend Uralitporphyrite) gegeben, die bei Kalvola–Hämeenelinna (Tawastehus) dem allgemeinen Streichen konform eingelagert sind. Es handelt sich um Ergüsse (z. T. mit Fließtextur), Tuffe und Agglomerate, die z. T. noch deutliche Bomben und Lapilli enthalten. Der Chemismus ist meist recht basisch, z.T. aber treten auch saurere Varietäten auf. Die relativ geringe Metamorphose und das Auftreten von granitischen Komponenten in den Agglomeraten ließen früher ein jüngeres Alter dieser Folge vermuten. Jedoch konnte ESKOLA zeigen, daß die Metamorphose gegen SW schrittweise zunimmt und daß die hochmetamorphen Varietäten sich in nichts von den basischen Gliedern der Leptitserie unterscheiden. Die Zurechnung der Uralitporphyrite zu einer jüngeren, bottnischen Serie ist heute daher kaum mehr gerechtfertigt.

Die „bottnische Serie" bildet einen Streifen von verhältnismäßig wenig metamorphen Sedimenten, welcher in der Tamperegegend den Nordsaum des svekofennidischen Blockes begleitet, gegen die Küste aber nach NW abschwenkt. Die beteiligten Superkrustalgesteine sind Grauwacken und phyllitische Schiefer mit z. T. ausgezeichneter (?klimatischer) Bänderung, Konglomerate mit vorwiegenden Komponenten von basischen Ergußgesteinen und schließlich basische Vulkanite. Nach SEDERHOLM handelt es sich um Sedimente, welche eine geringe chemische Verwitterung und Auslese zeigen, also unter einem kühlen Klima gebildet wurden. In den Schiefern kommen die als Algen gedeuteten organischen Röhrchen von *Corycium enigmaticum* SEDERHOLM vor. Die Gesteine stehen steil.

In der ursprünglichen Deutung SEDERHOLMS ist diese bottnische Formation diskordant der svionischen Folge und den Granodioriten der ersten Generation aufgelagert und also jünger als diese; sie wird aber im Norden von den Graniten des zentralfinnischen Massives durchsetzt, welche der zweiten Granitgeneration gleichgestellt werden (Mikroklingranite = Hangögranite). Demnach würde die bottnische Formation einem jüngeren Abschnitt des Archaikums entsprechen und die svekofennidische Faltung würde in zwei Phasen (prae- und postbottnisch) zerfallen. Nachdem nun aber MÄKINEN nachweisen konnte, daß granodioritische Gneise südlich von Tampere in die bottnischen Schiefer eingedrungen sind, waren die „subbottnische Diskordanz" und das jüngere Alter der bottnischen Formation gegenüber dem Svionium fraglich geworden. Später ist es dann wiederum SEDERHOLM gelungen, westlich von Tampere bei Suodenniemi und Lavia Beweise zum mindesten für eine subbottnische Denudationsphase zu finden. Es handelt sich um Verwitterungserscheinungen in einem Diorit unter auflagerndem „bottnischen" Phyllit (Naarajärvi), um Verwitterungsbrekzien eines Diorits, die in einen Glimmerschiefer von ähnlicher Zusammensetzung wie der Zement der Brekzie übergehen (Jaakkola), um weithin verfolgbare Konglomerate mit gut gerollten Dioritbällen, deren Zement teils als Arkose, teils als Glimmerschiefer ausgebildet ist (Suodenniemi), um zyklisch gebänderte Pelite über granodioritischem Gneisgranit (Kangsaala), um konglomeratische, wenig sortierte Arkosesandsteine von Molassetypus (Suodenniemi). Diese Beobachtungen haben erwiesen, daß jedenfalls zur Zeit des Beginnes der „bottnischen" Formation Denudationsflächen in älteren Gesteinen bis zu den Gneisgraniten der ersten Generation bestanden. Die durchgreifende Bedeutung dieser Diskordanz ist aber nach wie vor fraglich, zumal da sich in Schweden nirgends eine Bestätigung dafür gefunden hat. Zwei Deutungen sind vorgeschlagen worden. Nach einer fällt der „bottnische Hiatus" gerade in die Zeit der svekofennidischen Faltung, wodurch sich die Altersbeziehung zu dem – syntektonischen – Granodiorit (teils älter, teils jünger als die bottnische Serie) erklärt (ESKOLA). Die andere nimmt an, daß es sich um zwei vollkommen altersverschiedene, wenn auch chemisch ähnliche Granodiorite handelt, welche den primorogenen Phasen des svekofennidischen und karelidischen Zyklus angehören. Die Konglomerate von Lavia, Suodenniemi usw. mit den begleitenden Peliten sind Detraktivbildungen (Molassen) des svekofennidischen Zyklus und werden von den primorogenen Granodioriten des nächsten (karelidischen) Zyklus durchsetzt; beide Orogene stoßen in der Tamperezone aneinander. Die in dieser Zone höher oben folgenden gebänderten Phyllite, Konglomerate (mit vorwiegend Effusivgeröllen) und basischen Ergußgesteinen (Näsijärvi) bilden dagegen eine von Norden über das svekofennidische Denudationsgebiet übergreifende Gesteinsfolge des jüngeren (karelidischen) Zyklus, welche von den Graniten Zentralfinnlands durchsetzt werden, die als serorogene Granite des karelidischen Zyklus anzusehen sind. Die genannten Sedimente hätten demnach die Stellung eines karelidischen Flysches oder synorogenen Sedimentes (BACKLUND). Die Bedeutung der Tamperezone als Grenzregion zweier Orogene mit

Anschmiegung der jüngeren Strukturfugen an das ältere Zwischengebirge im Süden wird dadurch unterstrichen.

Eine wertvolle Ergänzung dieser Beobachtungen bildet die posthum von MIKKOLA herausgegebene Arbeit SEDERHOLMS über das Enklingegebiet im östlichen Ålandarchipel. Über einer gefalteten und teilweise migmatisierten Serie von Glimmerschiefern, Quarziten, Kalken und Kissenlaven (mit z. T. noch erkennbarer Pillowstruktur) und den z. T. intrudierten Gneisgraniten der ersten Generation, die z. T. von Fragmenten des Nebengesteins erfüllt sind, liegt eine Serie von z. T. ebenfalls stark metamorphen Glimmerschiefern, Arkosen, Pillowlaven, vulkanischen Agglomeraten und Konglomeraten, welche durch Führung von Gneisgranitkomponenten sich als unzweifelhaft jünger gegenüber der vorher genannten Serie erweisen. Diese Enklingeserie wird von roten Graniten durchsetzt, welche eine starke Metamorphose bis zur Migmatitbildung bewirkt haben und auch jüngere, ungepreßte Granite einer dritten Generation sind vorhanden. SEDERHOLM deutete die Enklingeserie als bottnisch, doch ist sie wohl, auch schon infolge der abweichenden tektonischen Orientierung (NNW–SSO), als Bildung eines jüngeren (karelidischen) Zyklus aufzufassen, und dürfte auch dem Grenzgebiet beider Orogene angehören (BACKLUND). Auffallend ist, daß die Grenzregion im Bereich der Ålandsinseln wesentlich weiter südlich liegt als in der Tamperezone, was n. BACKLUND damit zusammenhängen könnte, daß die Zone ursprünglich ein schwaches nördliches Einfallen hatte, später aber von der nordsüdlichen Querdepression des Ålandgebietes getroffen wurde, auf die noch zurückzukommen sein wird; dadurch ist die Grenzzone im Gebiet dieser Depression nach Süden versetzt worden.

Der mittelschwedische Anteil. WEGMANN hat darauf aufmerksam gemacht, daß die Faltenaxen in SW-Finnland steil nach W einfallen, um jenseits des bottnischen Meerbusens wieder ebenso steil (bis zur Senkrechtstellung) gegen W aufzutauchen. Im Zusammenhang damit ist das regionale O–W-Streichen des Archäikuns an der schwedischen Küste zwischen Utö und Väddö in SSW–NNO, bis S–N abgedreht. Der Bottnische Meerbusen entspricht also tatsächlich einer bedeutenden axialen Depression, auf die soeben schon hingewiesen wurde, und es müssen im W und O jeweils ältere Serien in den heutigen Oberflächenschnitt treten. Entsprechend sollen die Unterschiede in dem Gesteinsinventar zu beiden Seiten des Bottnischen Golfes darauf beruhen, daß in Finnland ein tieferer Schnitt durch die Geosynklinale des Svionikums vorliegt (größere Seltenheit der Erze und Hälleflinten, welche vielleicht an ein höheres Niveau gebunden sind). Immerhin sind die Analogien ziemlich weitgehend, wenn auch gerade in Schweden drei Abschnitte von etwas verschiedener Zusammensetzung zu unterscheiden sind, über deren Beziehung die Ansichten noch auseinandergehen. Es sind das das Gebiet der Sörmlandgneise im SO, das Gebiet des Upsalagranites im NO und das erzreiche Leptitgebiet von Bergslagen im Westen (Abb. 7).

Nach BACKLUND haben die zentralen granat- und cordieritführenden Sörmlandgneise viel mit den oben geschilderten kinzigitischen Gneisen SW-Finnlands gemeinsam. Es sind schieferige, z. T. grobkristalline Adergneise, die z. T. in homogene, palingene graue Gneise übergehen.

Der Gehalt an Granat, Cordierit, Sillimanit, Andalusit spricht für primär hohen Tongehalt, d. h. für eine vorwiegend pelitische Sedimentfolge, die aber auch Vulkanite (sauer und basisch) z. T. mit Erzen und Karbonatgesteine enthält. Im allgemeinen treten die kalk- und erzreichen Leptite peripherisch auf und scheinen einem höheren Niveau anzugehören. Hierzu gehören die Erze von Kantorp-quarzige Hämatite (Blutsteine), welche oft in pegmatitimprägnierte „Schwarzerze" umgewandelt sind und von

Quarz-Anthophylliterzen mit quarzitischem Anthophyllit-Cordieritnebengestein begleitet werden, welches reichlich pegmatitische Durchtrümerung zeigt.

Die Metamorphose war zweimalig: zuerst drangen die „Urgranite" vom Upsalatypus ein, auf die noch zurückzukommen sein wird und die der ersten Generation der Granite entsprechen. Dann erfolgte eine zweite Granitisierung mit reichlicher Pegmatitdurchtrümmerung und Bildung kleinerer, meist rötlich gefärbter Granitmassive (Mallingsbo, fein- und gleichkörnig, mit viel assimiliertem Material, Enkullen mit kleinen Einsprenglingen von Mikroklin, Fellingsbro, mit großen Mikroklinen), auf welche nach MAGNUSSON vor allem die Ultrametamorphose zur heutigen Adergneis- und Granatgneisfazies zurückgeht. Ihre Stellung entspricht also genau der der migmatitbildenden oder granitisierenden Spätgranite (2. Generation) Finnlands.

Im Norden ist die Metamorphose schwächer: die Granite und Pegmatite bilden zunächst gut abgesonderte, mit dem Nebengestein weniger eng verschweißte Vorkommen und werden dann überhaupt seltener; damit tritt man in das große ,ziemlich homogene Gebiet des Upsalagranites in Uppland ein, welches als eine Art Resistenzgebiet (gegenüber der Faltung und Granitisierung) aufgefaßt wird und im N wieder von einem granitisch-pegmatitischen Streifen (Falun–Öregrund) und dann wieder von Adergneisen (Migmatiten) umfaßt wird.

Der Upsalagranit ist ein schwarzweiß gesprenkelter, oft hornblendereicher und ziemlich basischer (= opdalitischer) Granit von ziemlich grobem Korn. Es treten aber auch abweichende Varietäten auf, so der graue porphyrartige (mit Mikroklin) Arnögranit, der rote saure Vängegranit, der porphyrische, einschlußreiche rote Vätogranit (vermutlich jünger, 2. Generation). Der feinkörnige graue Stockholmgranit, welcher innerhalb dieses Bereiches mit vorwiegend N–S-Orientierung einsetzt, ist dagegen nach neuerer Ansicht wesentlich jünger (gotokarelidischer Spätgranit). Innerhalb dieses großen Granitfeldes treten einzelne Streifen superkrustaler Gesteine auf, welche wohl einzelnen, stark abradierten Faltenzügen entsprechen; im W und O bilden sie Bögen, die in N–S gelängt sind und ihre Konvexität nach außen (im W nach W, im O nach O) kehren, während die Leptitvorkommen im Inneren wechselnd, aber vorwiegend O–W streichen und meist als „Bänder" um „Granitkerne" herumlaufen. Hierbei ist es bemerkenswert, daß am Kontakt der Granit Paralleltextur, streng konform dem Streichen der Leptite zeigt, während in weiterer Entfernung vom Kontakt, d. h. im Innern der einzelnen „Granitkuppeln" die Textur massig und richtungslos wird. Im ganzen hat das Granitgebiet den Charakter eines großartigen komplexen Gewölbebaues, dessen Längsachse annähernd O–W streicht (BACKLUND). Der Upsalagranit wird oft mit dem Oligoklasgranit von Orijärvi verglichen, auch hinsichtlich dessen Stellung als „Antiklinalbatholith". BACKLUND betrachtet ihn als Granitisierungsprodukt einer ursprünglichen Sedimentserie, welche im Alter zwischen den Sörmlandgneisen und den Leptiten von Bergslagen steht, und vielleicht etwas jünger als die Orijärviserie ist. Der Wechsel in der chemischen Zusammensetzung und die Gneistextur, welche als Abbildungstextur aufzufassen sei, sollen für diese Deutung sprechen (Abb. 8).

Der westliche Teil des großen svekofennidischen Blockes wird von der charakteristischen Leptitregion von Bergslagen gebildet und ist, dank seiner großen praktisch-bergbaulichen Bedeutung, am eingehendsten untersucht und am besten bekannt. Hier läßt sich auch ein stratigraphisches Schema aufstellen, welches im großen und ganzen für alle gut untersuchten Bergbaugebiete Mittelschwedens gilt. Die tiefste, älteste Abteilung bildet die Leptit-Hälleflintetage, an welche auch die Erze gebunden sind. Es handelt sich um glimmerarme Quarz-Feldspatgesteine von ziemlich dichter Struktur mit Korngrößen unter 0,03 mm bei den Hälleflinten, 0,03–0,1 mm beim Leptit, 0,1–1,0 mm beim Leptitgneis und über 1 mm beim Gneis. SUNDIUS hat 1923 im Grythyttefeld in Hälleflinten Laven- und Tuffstrukturen nachgewiesen und ähnliche Beobachtungen sind auch anderwärts gemacht worden; es wird daher ziemlich allgemein angenommen, daß die Leptite-Hälleflinten

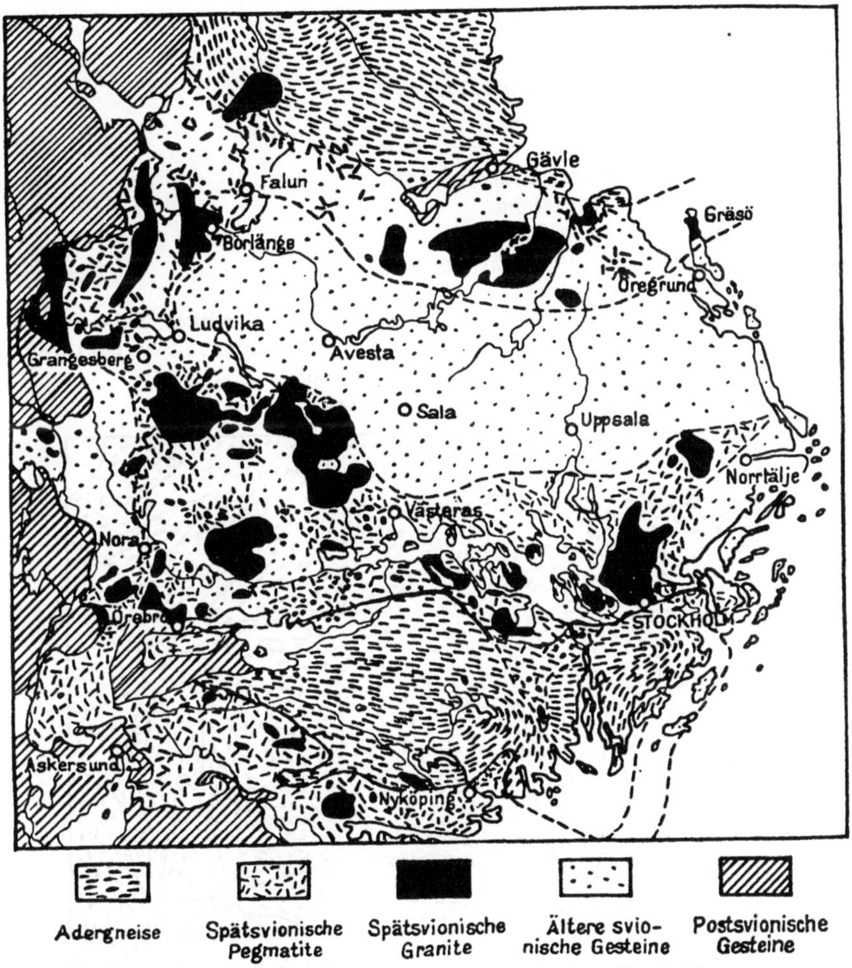

Abb. 7. Karte der mittelschwedischen Leptitregion. Nach MAGNUSSON.

ursprünglich Vulkanite (Laven und Tuffe) darstellten, die ineinandergreifen und seitlich in Sedimente übergehen können. BACKLUND hat neuerdings (1943) diese Deutung bezweifelt und möchte in den Leptiten sandige und sandig-tonige Sedimente der Oszillationsphase einer Geosynklinale sehen, welche ihr heutiges Strukturbild einer starken Metamorphose und Metasomatose verdanken.

Chemisch kann man zwischen extrem natron-, extrem kalireichen und intermediären Leptiten unterscheiden, wobei meistens (aber nicht immer) die natronreichen Leptite einem tieferen Horizont angehören. Die Leptite enthalten oft Zwischenlagen von Kalk, gelegentlich auch von Schiefer und Sandstein, die als sedimentierte Verwitterungsprodukte der Leptite aufgefaßt werden (nach obiger Deutung von BACKLUND wäre das nicht zutreffend). Im hangenden Teil wiegen Dolomite vor, die vielleicht als metasomatische Produkte sulfidischer Lösungen zu deuten sind. Ferner sind Erze an die Leptitformation gebunden. Die Eisenerze bilden Linsen (Skarnerze) oder Flöze bzw. Lager (gestreifte Erze). Es lassen sich nach der Basizität und nach dem CaO–MgO-Gehalt folgende Typen unterscheiden:

Apatitreiche Erze:

1. mit Strahlstein
2. mit Hornblende, Biotit, Quarz
3. mit Quarz, Feldspat

Apatitfreie Erze:

Quarz-Eisenerz. Basizität 0–25%
1. Schuppige „Blutsteine"
2. Quarzgebänderte Eisenerze

Skarn-Eisenerze. Basizität 25–70%
1. Quarzige Skarnerze
2. Metasilikatische Eisenerze (Magnetit) mit Kalksilikat, Talk, Strahlstein
3. Basische Skarnerze (Magnetit) mit Mangan oder mit Serpentin

Karbonatische Eisenerze. Basizität 70–100%
Manganreiche und manganarme Varietäten.

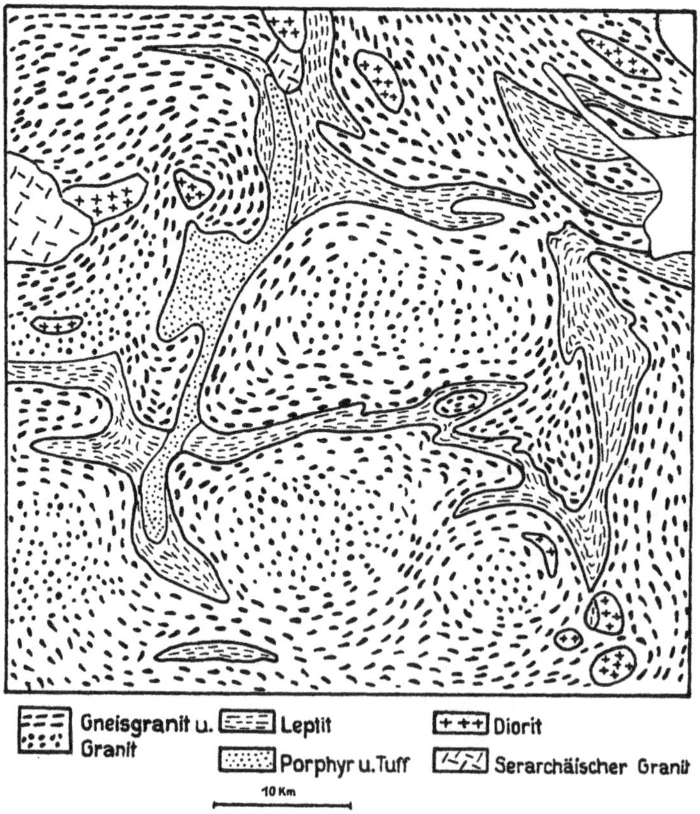

Abb. 8. Kärtchen aus der Leptitregion der Gegend von Upsala. Nach HÖGBOM.

Nach Struktur und Paragenese lassen sich folgende wichtigste Erztypen unterscheiden:

Quarzgebänderte Erze: Hämatit, seltener Magnetit in feiner Wechsellagerung mit Quarz. Die Lagen sind 3 mm, auch 5–10 mm dick. Als Begleitmineralien treten verschiedene Silikate, wie Granat, Aktinolith usw. auf. Diese Erze treten meist im Leptit, vorwiegend in Kalileptit auf.

Skarnerze (und Kalkerze). In den Kalken oder im Skarn (Pyroxen, Amphibol, Granat, Olivin). Die Begleitmineralien sind Diopsid, Aktinolith, auch Tremolit und Humit. Das Erz ist immer Magnetit.

Manganführende Kalkerze. In Kalk und Dolomit, vorwiegend feinkörniger Magnetit mit Karbonaten, reich an Mn (bis 5%); Kieselsäuregehalt gering. Der begleitende Skarn enthält Mangansilikate und bildet die Reaktionszone zwischen Erz und Leptit.

Sulfidische Erze – meist an Dolomite gebunden, späterer Entstehung; sie sind meist mit einer ausgesprochenen Magnesiametasomatose verknüpft, welche als Produkt stärkerer metamorpher Umwandlung aufzufassen ist. Die sulfidischen Erze sind jüngerer Entstehung und es wird später auf sie zurückzukommen sein.

Die Eisenerze sind konkordant den Leptiten und ihren begleitenden Sedimenten eingelagert, werden aber stellenweise von hälleflintartigen Gängen durchsetzt. Sie sind mithin gleichzeitig bzw. z. T. etwas älter als die Leptite. Die genetische Deutung hat „innerhalb eines Menschenalters einen vollständigen Kreisgang beschrieben; sie begann mit der Konzeption einer (? normalen) Sedimentation, wurde dann zeitweilig von der Kontaktmetamorphose beherrscht, war darauf lange durchaus differentiationsmagmatisch (evtl. mit Liquation) betont, um dann Ideen der Pneumatolyse und der Hydrothermalbildung Platz zu machen, und schließlich wurde noch der Metasomatose die Hauptrolle der Erzbildung zuerkannt, auch wenn die Erze zu guter Letzt dem Anschein nach alle primär sedimentogen waren" (Backlund). Die letztere Tatsache dürfte heute ziemlich allgemein anerkannt sein, zumal da den Eisenerzen ein gleiches stratigraphisches Bildungsniveau zuerkannt wird. Die Verknüpfung der phosphorreichen, manganarmen Erze mit Na-betonten Leptiten (? Arkosesandsteine), der phosphorarmen, manganreichen Erze mit K-betonten Leptiten (vielleicht primären Peliten und kalkreichen Sedimenten) sieht Backlund direkt als Analogie zu der heutigen Erzbildung in gut durchlüftetem oder stagnierendem Milieu an. Die quarzgebänderten Erze werden z. T. (Geijer) als Analoga zu den Jaspiliten Nordamerikas aufgefaßt, d. h. als chemische Sedimente, deren Fe- und Si-Gehalt vulkanischen Ursprungs ist und durch Thermen zugeführt wurde; ursprünglich war das Sediment danach ein kolloidaler Schlamm (Chert). Für den heutigen Charakter der Erze sind natürlich daneben noch die meisten oben erwähnten Prozesse der Metamorphose, Metasomatose, Pneumatolyse usw. verantwortlich, die später, im Zusammenhang mit der noch zu besprechenden magmatischen Tätigkeit, auf die Leptitfolge eingewirkt haben.

Es lassen sich mithin in dem ältesten superkrustalen Komplex Bergslagens oder der Leptit-Hälleflintetage zwei Abteilungen unterscheiden; die untere enthält vorwiegend Natronleptite, die obere kalireiche und intermediäre Leptite und darüber Dolomite und Kalke. An diese Leptit-Hälleflintetage sind vor allem die Eisenerze gebunden.

Im Hangenden, jedoch ohne sichtbare Diskordanz, folgt ein meist nur in den Synklinen erhaltener, weniger metamorpher Sedimentkomplex, in dem man zwei Fazies unterscheiden kann. In der westlichen Grythyttefazies läßt sich folgende Stratigraphie erkennen (von oben):

Konglomeratetage:	Konglomerat mit Schiefer- und Hälleflintgeröllen	
Schieferetage:	Graue obere Schiefer Schwarze untere Schiefer	wo stärker metamorph, mit Biotit, Muskovit, Andalusit, Cordierit usw.
Grauwackenetage:	Grauwacke, z. T. konglomeratisch Geschichtete, kalireiche Leptite.	

Effusive Grünsteine sind innerhalb dieser Serien häufig. Dieser Schiefer-Grauwackenfazies (Grythytte) steht die östliche Larsbofazies gegenüber (HJELMQUIST 1938). Über den Leptiten folgen hier zuerst Quarzite und Quarzitkonglomerate, die nach oben in Glimmerschiefer, z. T. mit Graphit, übergehen; höher folgen kalkreiche Gesteine und glimmerreiche Gneise und schließlich Oligoklasgneise, die reich an vulkanischem Material sein sollen. HJELMQUIST deutet die Larsboserie als eine Art Flysch der Leptitformation, d. h. als synorogenes Sediment, was ja dann auch für die, wohl gleichaltrige, weniger gut gesonderte Grythytteserie gilt. Beide haben Analogien zu der bottnischen Serie in der ursprünglichen Fassung SEDERHOLMS, zeigen aber keine basale Diskordanz gegen die Leptitetage.

Aus dem Gesagten geht hervor, daß schon zur Zeit der Bildung des oberen Sedimentkomplexes, der Grythytte-Larsboserie, die Gebirgsbildung begonnen hat, welche dann n. MAGNUSSON in der Zeit der Bildung der Urgranite gipfelte. Diese Urgranite, vermutlich dem Upsalagranit zeitlich und positionell entsprechend, sind auch hier vorwiegend graue Plagioklasgranite mit gneisiger (am Kontakt mit den Leptiten) oder massiger (fern vom Kontakt) Textur. Indessen treten auch saure, rötliche und dann meist kalibetonte Urgranite auf, z. T. vielleicht etwas jünger, aber zur gleichen Generation gehörend.

Auffallend ist, daß der Chemismus der Urgranite oft enge Beziehungen zu dem Chemismus der angrenzenden Leptitfelder aufweist, der Art, daß kalibetonte Granite an K-Leptite, oligoklasbetonte Granite an Na-Leptite grenzen. Zweifellos hat in den Randgebieten eine nicht unbeträchtliche Auflösung des Nebengesteins und Assimilation stattgefunden. Indessen dürften der Zusammenhang und damit die Genese der Urgranite überhaupt noch nicht restlos geklärt sein. Während MAGNUSSON eine Aufschmelzung der Leptite in größerer Tiefe (unter dem heutigen Oberflächenniveau) annimmt, mit nachträglicher Emporpressung bzw. Intrusion des palingen verflüssigten Materials in die Leptitfolge, denkt BACKLUND neuerdings an eine Granitisation in situ, d. h. eine direkte Umwandlung von Teilen der Leptitfolge in Urgranit, ohne vollkommene Verflüssigung der ganzen Folge. Jedenfalls hat die Gebirgsbildung die mise en place oder die Granitisierung überdauert, denn die Urgranite zeigen, wie gesagt, Paralleltexturen, welche dem Streichen der Leptitformation konform sind. P. GEIJER sieht dagegen in den Leptiten und Urgraniten supra- und interkrustale Fazies des gleichen Magmas.

Mit den Urgraniten hängt jedenfalls eine starke Umwandlung der älteren Serien zusammen. Ob die Skarnbildung in diese Zeit fällt (GEIJER), oder auf eine ältere Regionalmetamorphose mit wenig neuen Mineralien (Magnetit, Granat, Pyroxen) zurückgeht (MAGNUSSON), steht noch nicht fest; jedenfalls war aber die Zeit der Granitisierung mit einer weiteren starken Metamorphose, mit der Bildung zahlreicher neuer Mineralien, der Ausscheidung von Magnetit aus eisenreichen Silikaten, Verarmung an CaO, Zufuhr von MgO verbunden. Die „Magnesiametamorphose" spielt hier eine Hauptrolle und geht vermutlich auf die Zufuhr sulfidischer Lösungen zurück. Hiermit ist n. MAGNUSSON wahrscheinlich, daß auch die Sulfiderze (Pyrrhotit, Pyrit, Chalcopyrit, Sphalerit, Bleiglanz u. a.) die meist an Dolomite gebunden sind, mit der Bildung der Urgranite zusammenhängen; die in Begleitung der Sulfiderze auftretenden Skarne haben eine sehr komplexe Zusammensetzung (Diopsid, Aktinolith, Tremolit, Anthophyllit, Spinell, Cummingtonit, Phlogopit, Talk, Olivin, Humit, Serpentin, Fluorit). Auch die Bildung der in Gefolgschaft der Sulfiderze auftretenden Cordieritglimmerschiefer wird mit den Granitemanationen in Verbindung gebracht.

Die Tektonik ist im einzelnen noch nicht aufgeklärt; jedenfalls ist die Leptit-Hälleflint- und Grythytte-Larsboserie zusammen mit den Urgraniten konform intensiv gefaltet worden, wobei teils isoklinale, teils offene Falten vorherrschen, in deren Muldenkernen die jüngere Grauwacken-Schieferetage liegt. Die Faltenachsen stehen aber oft auch steil, und es tritt, wohl im Zusammenhang damit, häufig eine lineare Paralleltextur auf. Das Streichen ist im Osten meist O–W bis ONO–WSW, schwenkt aber gegen W in N–S um, so daß die schon oben erwähnte bogenförmige Anordnung am Westsaum des Upsalagranitmassivs zustande kommt; dadurch entsteht im Westen ein N-S streichender Saum der Leptitformation, welcher die wichtigsten Erzfelder enthält und den Gedanken an ein regionales Achsengefälle des ganzen Großbereiches nach W nahelegt. Auch hierdurch erscheint das Upsalagebiet als Kernteil einer gewaltigen, in sich freilich komplizierten Kuppel.

Nach MAGNUSSON folgt auf die Bildung der Urgranite und auf den Paroxysmus der Faltung eine ruhigere Zeit, in welche die Bildung der basischen, zu Amphiboliten umgeformten Gänge fällt. Diese folgen noch dem alten tektonischen Plan (Gleitflächen und Scherflächen), zeigen aber auch eine der älteren Schieferigkeit parallele Schieferung, so daß vielleicht die Faltung, aber jedenfalls noch nicht die tektonische Beanspruchung der älteren Phase beendet war. Zweifellos werden die Amphibolite von den granitischen Gesteinen der zweiten sauren Intrusion durchsetzt. Diese zweite Granitgeneration ist zwar auch mit einer sehr weitgehenden Migmatitbildung verbunden, trägt aber doch einen etwas anderen Charakter als im Osten, d. h. in Finnland. Es fehlen hier die großen einheitlichen streifenförmigen Areale von Graniten des Hangötypus; statt dessen sieht man: 1. kleinere Massive von kalibetonten Graniten (Fellingsbro, Mallingsbo, Enkullen u. a.), 2. eine mit diesen zusammenhängende Durchtrümerung mit zahllosen Pegmatitgängen (regionale Pegmatisierung), 3. eine mehr diffuse Durchmischung der superkrustalen Gesteine mit granitisch-pegmatitischem Material, welche zur Bildung von Adergneisen führt, wie wir sie im Sörmland schon kennengelernt haben.

Es spricht das vielleicht auch dafür, daß hier in Schweden ein etwas höheres Niveau vorliegt, in dem die Aufschmelzung nicht bis zur Bildung eines mehr oder weniger homogenen Granites gediehen ist. In diesem Sinne faßt MAGNUSSON diese jüngeren „serorogenen" Granite als Produkte einer Anatexis (von Leptit und Urgranit) auf, welche in der Tiefe bis zu einer Homogenisierung vorgeschritten ist, höher oben aber nur den „pegmatitschlierigen" Aufbau der Adergneise bewirkt hat, während im Hangenden das palingene Material in der Form von Pegmatitgängen und kleineren Granitmassiven intrudierte. Dieser Granitisierungsprozeß vollzog sich jedenfalls auch unter tektonischor Beanspruchung, wovon die gelegentliche gneisartige Textur der Mischprodukte spricht, jedoch war der Beanspruchungsplan nicht mehr unbedingt konform mit dem der älteren Phase. MAGNUSSON glaubt, daß diese Beanspruchung mehr den Charakter einer epirogenetischen Bewegung trug, was indessen von anderer Seite bezweifelt wird und für Finnland jedenfalls kaum gilt. Eine starke Metasomatose (Abnahme von SiO_2, Na_2O, K_2O und CaO, Zunahme von FeO + Fe_2O_3, MgO und Al_2O_3) begleitete diesen Granitisierungsprozeß. Der Unterschied beider Granitgenerationen beruht n. MAGNUSSON darauf, daß die Urgranite in einen in Faltung begriffenen, noch nicht konsolidierten Komplex eindrangen, daß ihre Bildung in größerer Tiefe vor sich ging und daß sich der gegenwärtige Anschnitt im Intrusionsniveau befindet, während die jüngere Granitisierung bei einem regionalen Senkungsprozeß in schon konsolidiertem Material vor sich ging und das gegenwärtige Niveau näher zu dem Aufschmelzungsniveau in situ liegt. Durch diese Auffassung ist eine gewisse Annäherung zwischen den beiden entgegengesetzten Standpunkten einer rein differentiationsmagmatischen und einer extrem anatektischen Deutung der Granite geschaffen, wenn auch im übrigen die Ansichten noch weit auseinandergehen. So nimmt Magnusson an, daß die oben geschilderten Sörmlandadergneise mit ihrem pegmatitschlierigen Bau nur eine hochmetamorphe bzw. „granitisierte" Fazies der Leptit-Hälleflintformation Bergslagens darstellen. Das zentrale Resistenzgebiet der „Urgranite" von Upsala (ohne Adergneise, mit wenig Pegmatiten) wird peripherisch umgeben von dem „Intrusionsgebiet", in dem die Leptitformation von scharf begrenzten Granitintrusionen und zahlreichen Pegmatiten durchsetzt wird (nördliche Zone von Norduppland–Gästrikland–Falun, im W gegen Grängersberg–Nora nach S abschwenkend, von dort südliche Zone bis in die Gegend von Stockholm); im N und S folgt drauf eine (tiefere) Zone stärker granitisierter Adergneise, die aber im W in die weniger metamorphe westliche Leptitzone Bergslagens westlich der Linie Grängersberg–Nora übergeht (Grythytte–Saxafeld), welche schon in den höchsten Teilen der Intrusionsniveaus der jüngeren Granitgeneration liegt (s. Abb. 7).

Diese stratigraphische Gleichsetzung der Leptitetage mit den Sörmlandgneisen wird von Backlund bezweifelt, welcher in den einzelnen beschriebenen Serien der Svekofenniden aus chemischen und positionellen Gründen und aus allgemeintektonischen Erwägungen verschiedene stratigraphische Niveaus der geosynklinalen Sedimentfolge sehen möchte. Als ältestes betrachtet er die kinzigitischen, Al-reichen Gneise von Sörmland und Südwestfinnland (Åbo); die pelitisch-kalkige Orijärviserie und die vielleicht etwas jüngere, auch als granitisiertes Sediment betrachtete kalkig-pelitische Urgranitserie von Upsala gehören nach ihm einem etwas höheren Niveau an; die Leptit-Hälleflintserie von Bergslagen (svionische Serie im engeren Sinne) mit großer primärer chemischer Variationsbreite der Sedimente und mit reichlichem Auftreten von Vulkaniten wäre die jüngste Abteilung, welche schon die Merkmale diastrophischer Sedimentation, d. h. eines svekofennidischen „Flysches" trägt.

Damit schließt hier der ältere Zyklus ab; die an der westlichen Grenze als Saum auftretenden Filipstadgranite sind jünger und gehören jedenfalls dem nächsten Zyklus an; noch jünger sind die Järnagranite, welche in den westlichen Teil des Leptitfeldes diskordant eindringen. Schließlich sei nochmals erwähnt, daß der graue feinkörnige Stockholmsgranit, welchen Magnusson noch zu den serorogenen Graniten der Svekofenniden rechnet (= Fellingsbro, Mallingsbo usw.), n. Backlund wesentlich jünger ist, und zum Abschluß des gotokarelidischen Zyklus gehört, wofür auch sein absolutes Alter (± 800 Millionen Jahre) zu sprechen scheint.

e) Das Zwischengebirge von Blekinge–Bornholm

Das Vorhandensein dieses Zwischengebirges und seine Zugehörigkeit zu den Svekofenniden können zwar noch nicht als vollkommen gesichert gelten, besitzen aber einen beträchtlichen Grad der Wahrscheinlichkeit.

In Blekinge wird das Fundament von dem sogenannten Küstengneis gebildet, einem gleichkörnigen, granoblastischen Biotitgneis, der in mancher Hinsicht mit den Leptitgneisen Mittelschwedens vergleichbar ist. Das Streichen ist längs der Südküste von Blekinge ziemlich konstant O–W, biegt aber von Karlshamn westwärts gegen SW, dann gegen S und sogar SO um, wobei das Fallen stets westlich bleibt und gegen Westen immer steiler wird (n. R.

NORIN). Hier im Westen wird der Küstengneis konkordant von der Västanåserie überlagert, einer Folge von Hälleflintgneis (feinkörnig, mit Feldspat-Porphyroblasten), roten Glimmerquarziten und Glimmerschiefern mit Amphibolitlagern, welche die Grenze gegen den jüngeren Eisengneiskomplex Westschwedens bildet. Es bestehen n. NORIN gewisse Analogien zwischen dem Küstengneis und Leptitkomplex Mittelschwedens einerseits, der Västanåserie und der Grythytteserie andererseits; nur der Grad der Metamorphose ist in Blekinge geringer. Von anderen Forschern wird, wohl hauptsächlich infolge des abweichenden Streichens, der Västanåkomplex dem jüngeren gotokarelidischen Zyklus zugewiesen, wogegen seine Konkordanz mit dem Küstengneis sprechen dürfte. Eine Umprägung unter dem Einfluß der gotokarelidischen Faltung ist indessen sehr wahrscheinlich und es fragt sich, ob im Västanåkomplex nicht reichlich metamorphe Diaphtorite der jüngeren Faltungsepoche vertreten sind.

Die Analogie zwischen Blekinge und Mittelschweden geht aber noch weiter. In den Küstengneis intrudiert ein Gneisgranit, welcher durchaus den intermediären (mit Oligoklas und Mikroklin) Urgraniten Mittelschwedens vergleichbar ist. Nördlich vom Küstengneisstreifen nimmt dieser Gneisgranit ein großes Areal ein, wobei es bemerkenswert ist, daß er im Süden, in der Nähe des Kontaktes mit dem Küstengneis, eine sehr deutliche Schieferung zeigt (z. T. mit Kataklase und Mörtelstruktur), welche nach N immer mehr abnimmt und über streifige zu richtungslos-körnigen Texturen überleitet.

Jünger als die Gneisgranite sind zwei Granittypen, welche eine wesentlich geringere tektonische Beanspruchung zeigen: die zahlreichen kleinen Plutone von feinkörnigem, aplitischem Spinkamålagranit und das große Massiv des grobkörnigen, z. T. porphyrartigen Granites von Karlshamn. Dieses mehr oder weniger elliptisch geformte Massiv zeigt eine längere O–W-Achse und ist mithin dem Streichen des Küstengneises konform. Nach NORIN und HABETHA kann es als plattiger bzw. linsenförmiger Körper von flachem N-Fallen aufgefaßt werden. Eine deutliche Paralleltextur ist vorhanden; sie streicht im Hauptteil des Massivs O–W, dreht aber im W in N–S ab. Das Fallen ist meist nach N bzw. nach W gerichtet, so daß eine weitgehende Konkordanz zum Küstengneisrahmen besteht (HABETHA). Aus der Untersuchung der Kleintektonik, des Gefüges und des primären Kluftnetzes folgert HABETHA, daß die Förderzone im N und W (Smålandzone) lag und daß die Intrusion unter Pressung nach Süden oben stattfand, was für die Feststellung der Vergenz innerhalb dieser Scholle von Wichtigkeit ist. Die Intrusion war von einer recht erheblichen Metamorphose des Nebengesteins begleitet, die bis zu einer Migmatitbildung gehen kann; anderwärts zeigt sich am Kontakt allerdings nur Schollenauflösung mit scharfen Grenzen. Zahlreiche Pegmatite stehen mit dieser Intrusion in Verbindung.

Die kleineren Massive vom Spinkamålatypus sind hauptsächlich westlich des Karlshamner Massives verbreitet und mögen mit der nordsüdlichen Grenze der Scholle (Småländer Zone) in Verbindung stehen. NORIN faßt diesen Granit als palingenetisch und älter als den Karlshamnergranit auf.

In bezug auf das Alter bestehen noch Unsicherheiten; NORIN vergleicht den Gneisgranit mit den Växjögraniten Smålands, die aber nach MAGNUSSON jünger als die zweite Generation der Svekofenniden Mittelschwedens sind und mithin heute meist zum jüngeren gotokarelidischen Zyklus gerechnet werden. Dann ist die Altersstellung des Karlshamner Granits aber auch unsicher: einerseits spricht seine Konformität zur svekofennidischen Tektonik für eine Zugehörigkeit zum älteren Zyklus, wobei sein Chemismus und sein Intrusionsverhalten gut zu den serorogenen Graniten passen würden; andererseits ist die Möglichkeit einer wesentlich jüngeren Entstehung nicht aus den Augen zu lassen, zumal da er mit gewissen jungen Graniten Schwedens (Bohusgranit) deutliche Ähnlichkeit aufweist.

Südlich von Blekinge tritt das Grundgebirge nochmals auf Bornholm zutage, wo es den größeren nördlichen Teil der Insel bildet. Der Aufbau ist einfacher, da das (superkrustale) Fundament nicht sichtbar ist und nur Granite an die Oberfläche kommen. Die petrographischen und tektonischen Verhältnisse sind eingehend von CALLISEN und von BUBNOFF dargestellt worden.

Die Hauptmasse bildet der mittelsaure, hornblendeführende Hauptgranit (oder streifige Granit) von großschlierigem Gefüge und mehr oder weniger deutlicher Paralleltextur, die sich in Bewegungszonen bis zur Schlierigkeit steigert, wobei aber die Deformation einem Fließen entsprochen haben muß, da sie von der Erstarrung überdauert wird. Das Streichen der Paralleltextur ist 80–120°, das Fallen meist flach nördlich. Die Vergenz der Bewegung war also nach Süden oben gerichtet, wie das ja auch für Blekinge gilt, doch ist im Laufe der Erstarrung eine Versteilung der Bewegungsflächen eingetreten, die zu einer Hochdehnung des Massivs und zu einer Art Gewölbebildung führte, welche auch durch die Stellung der Pegmatite festgelegt wird. In dem Kern dieses Gewölbes liegen saure, feinkörnige Granitvarietäten. Im Süden, anscheinend das Liegende des Hauptgranites bildend, liegt der dunkle syenitische Rönnegranit mit richtungsloser Textur; im NW, d. h. im Hangenden, liegt der ebenfalls basischere fleckige Vanggranit, der aber n. BUBNOFF Merkmale des Transportes in teilweise verfestigtem Zustande aufweist und anscheinend über den noch plastischen Hauptgranit nach Süden geschoben wurde. Die Grenze ist eine Zone von scharf geregeltem schlierigem Gefüge, in die später, ebenfalls von Norden, der feinkörnig-aplitische Hammergranit eindrang, durch Aufstemmung des Vanggranites einen „Vogelkopf-Pluton" bildend (Abb. 9 und 10).

Im Osten schwenken die Strukturfugen des Hauptgranites in N–S um und der Hauptgranit erhält hier eine Saumzone von scharf geregeltem, aplitschlierigem dunklem Granit (Paradisbakkegranit). Das Streichen ist im Mittel N–S, das Fallen schwankt um die Vertikale, eine lineare Paralleltextur fällt durchweg nach Norden und ist der im Hauptgranit parallel. Der Paradisbakkegranit ist als transversale Verschiebungszone in plastischem Material aufzufassen, längs der die (westliche) Masse von Hauptgranit nach Süden verschoben wurde (v. BUBNOFF und KAUFMANN 1933). In diese Verschiebungszone ist später der (? palingenetische) Svanekegranit eingedrungen, ein grober, oft porphyrischer, richtungslos-körniger Granit, welcher den Osten der Insel bildet. Er ist zweifellos jünger, da er Schollen von Paradisbakke- bzw. Hauptgranit enthält.

Es ist höchst wahrscheinlich, daß der Hauptgranit Bornholms dem Gneisgranit Blekinges entspricht. Dann liegt der Vergleich des Hammergranits mit dem Spinkamålagranit, des Svanekegranits mit dem Karlshamngranit nahe. Die Tektonik weist auch ähnliche Züge auf, wie das vorwiegende O–W-Streichen und die deutliche Vergenz nach Süden. Diese Südbewegung ist, je nach dem Erstarrungsgrad, entweder ein magmatisches Fließen oder ein Schollentransport, d. h. eine Art Schuppung mit Intrusion auf den Bewegungsflächen. Der tektonische Stil und auch die Ereignisfolge legen eine Zugehörigkeit zu den Svekofenniden nahe; es ist aber nicht zu vergessen, daß die Stellung der jüngeren Granite noch nicht restlos geklärt ist.

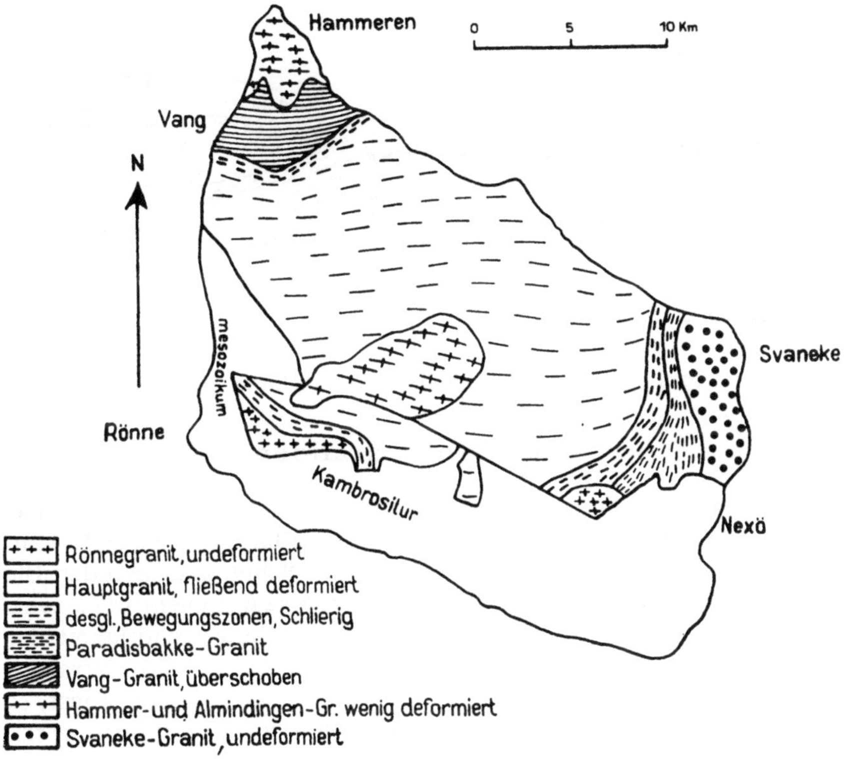

Abb. 9. Karte des Urgebirgsanteiles von Bornholm. Nach CALLISEN.

Von jüngeren Gesteinen enthält diese Zwischengebirgsscholle nun zahlreiche, meist N–S bis NNO–SSW streichende Diabasgänge (Olivin- und Enstatitdiabase, oft mit Quarz, im Karlshamngranit mit Hypersthen), die undeformiert sind und dem jüngeren Präkambrium angehören; sie durchsetzen im N die Almesåkraformation und sind demnach postjotnisch.

f) Das Zwischengebirge Südnorwegens

Zu den Svekofenniden ist vielleicht das kleine Gebiet der sogenannten Bambleformation vom Langesundfjord an der südnorwegischen Küste westlich von Oslo zu rechnen, welches durch abweichendes Streichen (NO–SW bis O–W) von der vermutlich gotokarelidischen Umgebung abweicht und auch absolute Jahreszahlen aufweist, die größenordnungsmäßig zu den Svekofenniden passen. Es handelt sich um eine Folge von Quarziten, Glimmerschiefern, Amphiboliten und Cordieritgranatgneisen, die von einem Granit (Smålenengranit, vermutlich gleich Bohusgranit) und von hyperitischen basischen Gängen durchsetzt werden. Bemerkenswert sind in der Bambleformation aufsetzende Apatitgänge. Die Bambleformation liegt als Sockel und Saum der Kaledoniden Norwegens eigentlich schon außerhalb Fennosarmatiens.

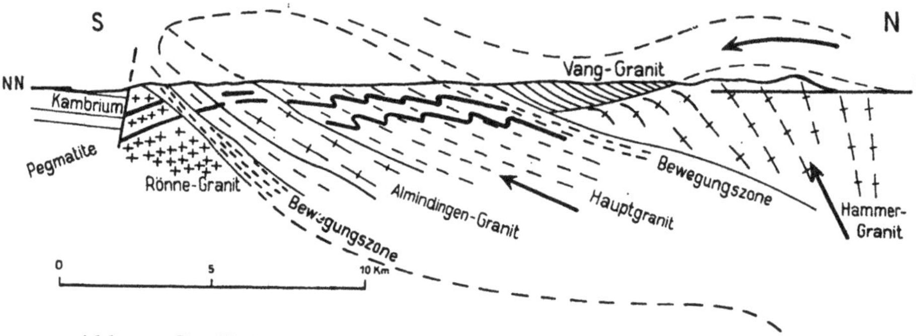

Abb. 10. Profil durch den Bornholmer Granitpluton. Nach v. Bubnoff.

3. Die Gotokareliden

Die Faltenstränge des jüngeren gotokarelidischen Zyklus bilden nach der heute vorherrschenden Auffassung einzelne Bänder bzw. Wurzeln von Synklinorien, welche sich mit NW–SO bis N–S-Streichen zwischen den Blöcken und Zwischengebirgen (Resistenzgebieten) von saamischem oder svekofennidischem Alter hindurchwinden (vgl. Abb. 3). Die Zugehörigkeit der verschiedenen Formationen und Serien zu diesem Zyklus, ihre Stratigraphie und gegenseitigen Altersverhältnisse stehen noch nicht überall fest, so daß die folgende Schilderung vielfach den Charakter eines Provisoriums trägt.

a) Die Kolazone

Ein Streifen anscheinend jüngerer präkambrischer Gesteine ist in den zentralen Teilen der Kolahalbinsel zu beobachten, wo er einen von O–W nach SO–NW geschwungenen Bogen bildet, welcher den Murmanblock vom Weißmeerblock (s. oben) trennt. Dieser Streifen ist nicht ganz einheitlich, da er stellenweise durch die älteren Gneisgranite und Granat-Biotitgneise unterbrochen wird, was anscheinend axialen Kulminationen entspricht. Die wichtigsten Elemente dieser Zone sind (n. Polkanoff) von Osten nach Westen (s. Abb. 4):

1. Die schon oben erwähnte Ponoiserie an der Ostküste, eine Folge von Konglomeraten (mit Oligoklasgranitgeröllen), Quarziten und amphibolitisierten Vulkaniten, die von Mikroklingraniten durchsetzt wird. Die Folge streicht etwa O–W und bildet nach NNO übergelegte steile Falten. Wie schon gesagt, könnte sie auch als „Flysch" des älteren, saamischen Zyklus aufgefaßt werden.

2. Die Serie Imandra–Warsuga an dem gleichnamigen See bzw. Fluß. Sie liegt in einer langen, SO–NW streichenden Senke zwischen älteren Elementen und wird im Süden vom Weißmeerblock überschoben. Im allgemeinen herrscht Südfallen, so daß die älteren Teile (Porphyrite, Diabase, Mandelsteine, Kissenlaven und Tuffe, meist stark verschiefert) im Norden heraustreten und im Süden von einer wenig mächtigen Sedimentserie überlagert sind; diese besteht aus kohlenstoffhaltigen Phylliten, quarzitischen Sandsteinen und Dolomiten (mit Stromatolithen).

3. Die Kejvserie nördlich von der vorgenannten, mit gleichem Streichen, aber umgekehrter Vergenz (vom Murmanblock gegen SW überschoben), bildet den Sockel der paläozoischen Alkaliinstrusionen und liegt den alten Gneisen auf. Es sind sandig-tonige Gesteine mit spärlichen Einlagerungen von Mergel und Kalk, welche durch die jungen Alkaligesteine in Glimmerschiefer, Staurolithschiefer, Cyanitschiefer usw. umgewandelt wurden; auch Quarzite, Granat-Amphibolgesteine, Aktinolithschiefer, Graphitschiefer und kristalline Kalke treten auf. Die Folge wurde früher als paläozoisch betrachtet, hat aber Ähnlichkeit mit den kalevischen Serien Kareliens und könnte n. POLKANOFF eine andere Fazies der Serie Imandra–Warsuga darstellen. Eine starke isoklinale Fältelung mit NO-fallenden Scherflächen ist bemerkenswert und bestätigt die durchgehende Vergenz nach SW, d. h. entgegengesetzt der Serie Imandra–Warsuga. Demnach würde die regionale Tektonik auf eine Annäherung der beiden Resistenzgebiete im NO und SW zurückzuführen sein, mit Überschiebung beider auf die Karelidische Senke.

4. Die Amphibolite der Tolp–Keulik-Tundren. Dieser Komplex besteht vorwiegend aus plagioklashaltigen Amphiboliten, die oft von Mikroklingranit injiziert werden und durch Brüche und Intrusionen in Schollen zerlegt sind. Untergeordnet treten (?sedimentäre) Gneise und Schiefer auf. Das Streichen dreht von OSO–WNW im Osten nach SSO–NNW im Westen ab, bildet also einen nach SW konvexen Bogen. Die Vergenz ist nach N bzw. NO gerichtet, d. h. entsprechend dem Imandra–Warsuga-Gebiet, und ebenso wie dort scheint der südlich angrenzende Biotitgneis auf die Serie nach Norden aufgeschoben zu sein.

5. Die Tunturitformation Petschenga[Petsamo]–Kutschin, welche zwei Gruppen breiter Erhebungen über der Baumgrenze (Tunturi) bildet, die dem sowjetisch-finnischen Grenzgebiet entsprechen. Die sehr mächtige (angeblich 10–15 km) Serie besteht ganz vorwiegend aus basischen grünen Gesteinen, während Sedimente nur 2% ausmachen. Im Bezirk Petschenga (Petsamo) wird folgendes Profil angegeben (von oben):

Andesit
Diabas mit Kissenlaven und Agglomeraten
Schiefer mit Peridotit und sulfidischen Erzen (Magnetkies, Kupferkies, Pentlandit)
Diabas mit Kissenlaven und Agglomeraten
Konglomerat, Arkose und Schiefer
Diabas mit Kissenlaven und Tuffen
Dolomit, Eisenkiesel, Quarzit
Diabas mit Kissenlaven und Mandelsteinen
Grundkonglomerat mit Komponenten von Mikroklingranit.

Östlich davon liegen an der Basis Phyllite und darüber vorwiegend Metadiabase und Amphibolite, die wohl dem unteren Teil der obigen Serie entsprechen. Der ganze Komplex ist stark verschiefert und wird (syntektonisch) von den erzbringenden Peridotiten und (posttektonisch) von jüngeren Mikroklingraniten intrudiert. Nach WEGMANN muß zwischen einer Grundfaltung und einer starken Spezialfaltung unterschieden werden. Die erste Phase der Grundfaltung ist mit der Spezialfaltung synchron und führt zu der axialen Einbiegung eines Zentralstreifens und Heraushebung der Ränder im O und W. Der zweite, vielleicht wesentlich jüngere Akt der Grundfaltung führt zu einer Einkippung der Achse nach S (ohne Durchbewegung). So bildet die Tunturitformation einen nach NO konvexen Bogen und die einzelnen Abteilungen liegen schüsselförmig übereinander. Bei der Faltung glitten die starren Tafeln der Effusivgesteine übereinander, was zu einer Auswalzung der Schiefer und der in sie eindringenden serpentinisierten Peridotite zu spindelförmigen Gebilden führte. Die Vergenz ist n. WEGMANN wechselnd: im westlichen Teil nach W, im östlichen nach O–NO, was auf ein beiderseitig ausgeschupptes Synklinorium deuten würde. VÄYRYNEN nimmt dagegen neuerdings einheitliche Vergenz nach Osten an.

6. Die im NW anschließende Sydvarangerformation bildet ein Synklinorium, dessen Achse nach NNW aufsteigt, nach SSO unter die Tunturitformation einfällt. Sie besteht aus Glimmer- und Hornblendeschiefern, Konglomeraten, seltenen Quarziten und gebänderten Quarz-Magnetitgesteinen und wird von Mikroklingraniten und vier Generationen von Diabasen intrudiert. Ihr Alter steht, wie schon oben erwähnt wurde, nicht fest. Sie scheint jedenfalls älter zu sein, als die Tunturitformation und wurde bisher zu dem älteren Zyklus (als Molasse?) gerechnet, könnte aber, da SEDERHOLM sie mit seinem Lapponium (s. unten) vergleicht, mit diesem in den jüngeren Zyklus rücken. Die Faltung ist recht intensiv, die Vergenz nach W und SW gerichtet, also entsprechend dem Westflügel der Tunturitsynkline und der Granulitformation, aber entgegengesetzt den russischen Elementen der Zone.

7. Bedingt kann noch der lappländische Granulitbogen zur Kolazone der Kareliden gerechnet werden, obwohl er von dem eben geschilderten Streifen durch eine Art schmales „Zwischengebirge“ von älteren Granat-Biotitgneisen getrennt wird. Man hat nämlich den Eindruck, daß die Kolazone zwischen Imandra- und Notosee sich gabelt, bzw. daß – vielleicht infolge eines axialen Anstieges – hier die ältere Unterlage zutage kommt, was mit einer sigmoidalen Verbiegung verknüpft ist, die schon in den älteren Gneisen und den in sie injizierten basischen Intrusiven (Amphibolite vom Notosee und karelidische Intrusionen, von denen noch zu sprechen sein wird) in Erscheinung tritt. Die viel diskutierten lappländischen Granulite bilden einen gewaltigen, nach SW konvexen sichelförmigen Bogen, dessen SO-Rand in umgekehrter Richtung zurückgebogen ist.

Am Außensaum liegen Gneisgranite und granatführende Hornblendegranodiorite, welche eine bis zum Anorthosit führende Differentiationsreihe bilden, die zur Zeit der Granulitbildung verfestigt war, da sie ein Widerlager der Bogenbildung darstellt. Die Zusammensetzung variiert; folgende Abarten werden unterschieden:

Laanilitgranulite: Viel Granat, Quarz, auch Cordierit und Biotit reichlich, Plagioklas vorhanden. Während früher an ein extremes Glied einer Differentiationsreihe gedacht wurde, die zu den Normalgranuliten überleiten sollte, erwägt Mikkola neuerdings eine Entstehung aus Glimmerschiefern, d. h. aus sedimentogenem Material, was übrigens auch für die Normalgranulite gilt.

Normalgranulit: Mineralbestand: Quarz, Oligoklas, K-Feldspat, Granat; Sillimanit tritt oft, Cordierit gelegentlich auf. Eine Entstehung aus quarzitischen Sedimenten wäre möglich.

Plagioklasgranulit: Mineralbestand: ein basischerer Plagioklas, Granat, Quarz seltener, K-Feldspat fehlt.

Charnockitgranulit und Noritgranulit. Zusammensetzung zwischen der von Charnockiten (Hypersthengraniten bis Quarzdioriten) und gabbroiden Noriten wechselnd. Diese beiden Varietäten treten häufig zusammen auf und könnten nach Mikkola synkinematische oder etwas jüngere Intrusionen in die übrige Serie bilden. Sie liegen vor allem im westlichen (äußeren) Saum des Bogens.

Die (am Außensaum besonders scharfe) Paralleltextur fällt außen und im Zentrum mit mittleren bis sehr flachen Winkeln nach innen (d. h. nach OSO, O und ONO) ein, stellt sich aber gegen den Innensaum steiler; diese Großtextur ist sehr einheitlich, indessen zeigen sich im streichenden Verlauf Axialkulminationen und begleitende Depressionen. Es handelt sich also um eine sehr kräftige tangentiale Beanspruchung mit Durchbewegung und Auswalzung bis ins Kleingefüge. Nach Kranck wurde die zunächst inhomogene Masse in einzelne „Schichten" aufgelöst, die durch Bewegungsflächen der mobilsten Mineralien getrennt waren; die Bewegung fand wohl im halbplastischen Zustande statt, hat aber die Erstarrung überdauert (Mylonitbildung); die Bänderung beruht also auf Deformation, nicht auf Gesteinsfließen. Da die Fazies für die Entstehung unter hohem Druck und Temperatur spricht, vermutet Kranck eine Bildung an der unteren Grenze der horizontalen Gleitbewegungen, wahrscheinlich im oberen Teil einer Granitisierungszone, bzw. an der Grenze der gefalteten Sedimentformationen der Geosynklinale zum aktivierten Unterbau (Wegmann). Sahama gibt an, daß auf diese Hauptdurchbewegung noch eine zweite, aus der Quarzgitterregelung ableitbare, folgt, mit Differentialbewegungen mehr oder weniger parallel dem Streichen des Granulitbogens, eine Auffassung, die n. Kranck möglich, aber noch nicht restlos bewiesen ist.

Die Granatgneise und basischen Gesteine am Innensaum des Granulitbogens zeigen stofflich eine weitgehende Übereinstimmung mit den Granulitgesteinen, unterscheiden sich aber durch eine viel geringere Durchbewegung und eine daher ganz abweichende Fazies der Metamorphose. Aus diesem Grunde neigen heute viele Beobachter dazu, den Mineralbestand der Granulite als sekundär anzusehen und in ihnen die Produkte einer hochgradigen Metamorphose unter starker Durchbewegung von z. T. primär sedimentogenem Material zu erblicken. An einer intensiven Bewegung nach W bzw. SW, d. h. einer „Wandertektonik" ist kaum zu zweifeln. Jünger als diese Bewegung sind gewisse durchbrechende und richtungslose Granulite (Nattanen) und Pegmatite; das Verhältnis zu dem älteren Hettagranit, welcher in der Nähe des Granulites diesem konform geschiefert, in einiger Entfernung gegen SW aber richtungslos ist, gibt weitere Auskunft über das Alter der

Granulitbildung, da der Hettagranit die lapponischen (karelischen) Gesteine Lapplands durchbricht. Demnach ist die Granulitbildung nachlapponisch, vermutlich jungkarelidisch (MIKKOLA). In jüngerer Zeit sollen n. MIKKOLA aber weitere Bewegungen mit gleicher Vergenz stattgefunden haben, welche daneben den Granulitbogen in Blöcke zerlegten, aber zu seiner morphologisch ausgeprägten Sondergestalt mit Erhebung bis zu 700 m über die Umgebung führten.

Wie schon gesagt, kann der Granulitbogen als südlicher Ast der Kareliden-zone von Kola aufgefaßt werden, welcher westlich vom Imandrasee vom Hauptast Warsuga–Imandra–Kutschin–Petschenga (Petsamo) abzweigt. Zwischen beiden liegt ein „Zwischengebirge" von Granatgneisen, welches sich gegen NW erweitert, infolge der sigmoidalen Verbiegung des Streichens, auf welches schon bei der Besprechung der älteren Gneise aufmerksam gemacht wurde und welches konform auch vom Nordast der Kareliden mitgemacht wird. Es sei daran erinnert, daß in diesen erweiterten Raum die basischen Gesteine am Notosee und in der Anis-Tundra intrudierten. Die Grenzzonen zwischen dem Zwischengebirge und den angrenzenden karelidisch durchbewegten Streifen sind bedeutende Störungszonen, an die noch weitere basische und ultrabasische Intrusionen gebunden sind. Wie die Peridotite von Petschenga (Petsamo) zeigen, sind diese Intrusionen z. T. sicher jünger, als die karelischen Formationen, zum mindesten als ihr unterer Teil. Kleine Intrusivkörper in perlschnurartiger Anreihung begleiten den Nordsaum des Granulitbogens und sind zwischen ihn und seine Granatgneisnebenmasse eingezwängt. Weiter im SO liegt westlich vom Imandrasee der größere Intrusivkörper der Woltschij-Montsch-Tundra, mit N–S-Streichen konkordant der sigmoidalen Verbiegung der Granatgneise eingeschaltet; noch weiter im SO liegt die große Intrusivmasse der Panski-Tundra, mit NW–SO-Streichen konform der Grenze der Oligoklas-Gneisgranite im N und der Imandra–Warsuga-Serie im S eingeschaltet (vgl. Abb. 4).

Es sind zwei Intrusionsphasen zu unterscheiden: die erste liefert Gabbro-Anorthosite und grobkörnige Gabbros, die zweite eine Folge von Noriten, Pyroxeniten und Peridotiten.

Der Intrusivkörper der Woltschij–Montsch-Tundra bildet eine nach O fallende Platte, die wenig deformiert ist, aber an der Sohle eine Basis von Blastomyloniten aufweist; Mylonitzonen mit parallelem Verlauf treten auch im Inneren auf. Die Gesteine der zweiten Phase sind konform in die hangenden Teile dieser Platte intrudiert, wobei die ultrabasischen Gesteine tiefer, die saureren darüber liegen. Die Bewegung nach W war anscheinend von einer gravitativen Differentiation begleitet.

Man hat mithin den Eindruck, daß die basischen Massive in eine gewaltige Störungszone, eine „Narbe" eindringen, welche im O (Imandra–Warsuga) nach NO überschoben, im W (Petschenga–Imandra) zweiseitig ausgeschuppt ist. So entsteht eine Art „Torsion", welche mit der sigmoidalen Verbiegung der Zone und mit dem Auftauchen des älteren Zwischengebirges bzw. der Zweiteilung der Zone in Verbindung stehen könnte.

b) Die Kareliden Karelens, Ostfinnlands und der finnischen Lappmark

Bei diesem Hauptbereich der Kareliden handelt es sich um mehrere, durch Auftauchen des älteren Untergrundes, d. h. vermutlich durch Zwischengebirge bzw. Resistenzgebiete getrennte Zonen, die im allgemeinen demnach den Charakter von komplex gefalteten Synklinorien tragen. Folgende Hauptstreifen lassen sich unterscheiden (Abb. 3 und 11).

1. Die ostkarelische Zone, welche vom Nordufer des Onegasees mit SO–NW-Streichen bis zum Topo- und Pjavo-See zieht, hier eine Unterbrechung durch ältere (? saamische) Gesteine zeigt, zwischen Pjavosee und dem Fluß Oulanka aber nach W abschwenkt und sich unter komplizierter, noch nicht restlos geklärter Bogenbildung mit der nächsten Zone verbindet.

2. Die ostfinnische Zone. Sie beginnt am Nordufer des Ladogasees, zieht von hier über den Jänisjärvi und Outokumpu nach NW gegen Nurmes, wo sie eine Unterbrechung infolge Achsenkulmination (Wegmann) zeigt; dann erscheint sie im Kainuuer Bezirk mit einem mehr nach NNW abgedrehten Streichen wieder, setzt in zwei Kulissen bis über Puolanka fort, um weiter in N nach O abzudrehen und sich, wie erwähnt, über Kuusamo mit dem ostkarelischen Streifen zu verbinden.

Ein westlicher Ast dieses Streifens ist im SO im wesentlichen nur durch Verschieferungs- und Bewegungszonen gekennzeichnet, wird aber dann von Kuopio gegen NW deutlicher und ist hier durch den granitischen Resistenzblock von Jisalmi vom östlichen Ast getrennt; er zieht dann weiter nach NNW zum Oulujoki und oberen Kiiminginjoki und biegt, diesem annähernd folgend, nach Westen ab, wo er unter dem nördlichen Bottnischen Golf verschwindet.

3. Die Kemijokizone. Sie zieht von Torneå am Nordrand des Bottnischen Golfes gegen Rovaniemi nach ONO und scheint sich weiter im Osten zu teilen: ein Ast zieht weiter nach Osten und steht wohl mit dem Querstreifen Oulanka–Pjavosee in Verbindung; der andere schwenkt nach Norden ab und setzt in der

4. Lappländischen Zone fort, die mit S–N-Streichen über Sodankylä–Kittilä nach dem Porsangergebiet in Norwegen am Eismeer zu verfolgen ist und hier unter den aufgeschobenen Deckschollen der Kaledoniden verschwindet.

Wenn auch jede dieser Zonen stratigraphisch und tektonisch ihre Eigentümlichkeiten besitzt, so zeigen doch die Grundzüge der Entwicklung und des Baues recht große Analogien. Ehemals wurden, im wesentlichen nach dem Vorgang von Sederholm, in diesem Gebiet über dem älteren (saamischen bzw. svekofennidischen) Grundgebirge mit seinen Gneisen und Graniten fünf „Formationen" unterschieden, von unten: ladogisch, kalevisch, jatulisch, onegisch, jotnisch. Dieses Schema hat in den letzten 15 Jahren eine gründliche Wandlung erfahren, indem einige dieser „Formationen" sich als

Faziesabarten erwiesen, für andere aber der Umfang und die Reihenfolge eine Umdeutung erleiden mußten. Wenn wir zunächst von dem – ungefalteten – Jotnium absehen, welches wohl auch einer Untergliederung bedarf, erscheint es zweckmäßig, die älteren, in der Karelidentektogenese intensiv deformierten Glieder nach dem Vorgang von Eskola als karelische Formation zusammenzufassen. Über ihre Stratigraphie ergibt sich im südlichen Teil der ostkarelischen und ostfinnischen (Onegasee Timofejew und Sudowikow, Suojärvi n. Metzger, Soanlahti n. Hausen, zusammenfassend n. Väyrynen 1933) folgendes: Über der weitgehend eingeebneten Abtragungsfläche des älteren svekofennidischen Gebirges liegt stellenweise ein grobes, unsortiertes und ungeschichtetes Konglomerat, welches nach oben gelegentlich in Arkosen und Arkoseschiefer übergeht. Diese Folge, die tillitartigen Charakter trägt, aber wohl eher als Schuttfüllung von Tälern (Eskola) zu gelten hat, wird als sariolische „Formation" oder besser als sariolische Fazies bezeichnet und als unterstes Jatul aufgefaßt. Sie fehlt stellenweise ganz und dann beginnt das Jatul mit einem quarzitischen „Bodenschiefer" und mit Quarziten, welche also entweder unmittelbar auf dem Grundgebirge oder – mit deutlichem Hiatus – auf den sariolischen Arkosen aufliegen. Diese feldspatfreien Quarzite mit grünlichgelbem Serizitzement weisen auf stark veränderte klimatische Bedingungen hin (intensive chemische Verwitterung). Stellenweise enthalten sie ziemlich mächtige Quarzitkonglomerate. Sie sind in allen geschilderten Zonen ziemlich ähnlich entwickelt und werden n. Väyrynen als Kainuufazies des (tieferen) Jatul bezeichnet; in der karelischen SSR ist der Name Segoserostufe gebräuchlich. Die Mächtigkeit schwankt: in Ostkarelien ist sie 200–450 m, in Finnland, d. h. weiter im Westen, erreicht sie 700–800 m; es sei gleich erwähnt, daß die Mächtigkeitszunahme nach W mit einer Zunahme der tektonischen Mobilität d. h. mit dem Übergang zur eigentlichen Geosynklinale der Kareliden Hand in Hand geht. Durch neue Untersuchungen von Eskola und seinen Schülern ist das jüngere Alter des Jatulquarzites gegenüber dem sariolischen Konglomerat im Gegensatz zu der umgekehrten Annahme von Charitonow sichergestellt. Dagegen muß nach denselben die frühere Annahme einer Diskordanz zwischen beiden, welche zur Aufstellung der älteren kalevischen Formation führte, fallengelassen werden, da in dem älteren Komplex Schichtung und Transversalschieferung verwechselt worden sind. Die Schichtung ist in beiden Komplexen konkordant und flach; die steilstehende Schieferung betrifft nur den unteren Komplex und ist n. Eskola eine besondere Form der Deformation (Koikaritisierung), welche nicht auf Biegefaltung, sondern auf eine Aufwölbung (Beulung) zurückgeht, welche sich im ungeschichteten Basalkomplex als Transversalschieferung, in den hangenden, geschichteten Quarziten als Wellung abbildet. In Ostkarelen enthält die Quarzitstufe reichliche Einschaltungen von spilitischen Diabasen, Mandelsteinen, Kissenlaven, Tuffen und Varioliten, die anscheinend als submarine Eruptionen aufzufassen sind.

In Ostkarelien, am Suojärvi und zwischen Ladogasee und Soanlahti geht die Quarzitstufe nach oben durch Übergänge in eine in tieferem Wasser abgelagerte, wohl sicher marine Folge von dolomitischen Gesteinen über, welche erhebliche Mächtigkeiten (etwa 400 m) erreicht und n. METZGER Spuren von stockbildenden Organismen (*Carelozoon*) führt, also vielleicht als primärer Riffkalk aufzufassen ist; nach oben geht sie in Schiefer und Quarzitschiefer mit Hämatit über (20 m), welche ihrerseits von Pelitmergeln (200 m) überlagert werden, die das älteste bekannte Kohlenflöz (Schungit, eine Zwischenstufe zwischen Anthrazit und Graphit) führen. Die Schiefer sind unten schwarz, oben hellgrün, grau oder violett mit Tuffen und verkieselten Tuffiten. Diese oberen Teile des marinen Jatuls werden auch als onegische Stufe bezeichnet.

Über den schwarzen Schiefern, z. T. mit den graugrünen Schiefern wechsellagernd, liegt die Vulkanitserie von Suissari, welche am Nordufer des Onegasees besonders deutlich entwickelt ist, und dem zweiten Paroxysmus vulkanischer Tätigkeit im karelischen System entspricht. Der Hauptbestandteil sind basische Laven (Albit-Pyroxengesteine), welche z. T. eine auffallend poröse, fast bimsteinartige Struktur haben. Es sind vorwiegend Porphyrite und Diabase, oft aphanitisch oder als Mandelsteine ausgebildet, daneben Diabase mit Ophitstruktur und Kugel- (Kissen-) Laven. Daneben treten Tuffe auf und mächtige Agglomerate, wie z. B. die Solomensche Brekzie, mit eckigen Porphyritstücken in einem Zement von Chlorit und Quarz. Die Suissarifolge zeigt zwar keine deutliche Diskordanz zum Liegenden und besitzt auch NW–SO-Streichen, aber die Lagerung ist ruhiger; steiles Fallen tritt nur örtlich auf und eine Schieferung ist selten zu beobachten. Schwach diskordant darüber liegt der eigentlich ganz ungestörte jotnische Sandstein. Ob die Folge noch zum oberen karelischen System, zum Hoglandium SEDERHOLMS oder zum unteren Jotnium zu rechnen ist, soll dahingestellt bleiben. Lapilli und Aschen sollen noch im hangenden Sandstein von Kamennyj Bor auftreten. Der gemischte terrestrisch-subaquatische Charakter und die Beziehung zu den onegischen Schiefern legt eine Zugehörigkeit zu der tieferen Molasse der Kareliden nahe (subsequente Folge im Sinne von STILLE).

Die geschilderte Folge ist typisch für den Südosten des besprochenen Gebietes, d. h. für die (östliche) Saumregion der karelidischen Geosynklinale. Nach Westen und Nordwesten hin erfahren Stratigraphie und Fazies recht bedeutende Veränderungen, die mit dem Problem der sogenannten kalevischen Formation zusammenhängen. Die kalevische Formation wurde ursprünglich als älteres Glied (gegenüber dem Jatul) der karelischen Serien aufgefaßt, und zwar einesteils infolge ihrer oft höheren Metamorphose, anderenteils infolge der Annahme, daß sie von Graniten durchsetzt wird, die in das Jatul nicht eindringen. Beide Punkte haben sich als nicht stichhaltig erwiesen. Es kann heute als erwiesen gelten, daß in den nördlichen Teilen der östlichen finnischen Subzone (Kainuugebiet usw.) diskordant auf alten Gneisgraniten oder auf unterjatulischen Quarziten ein Bodenkonglomerat liegt, welches Gerölle jener Quarzite enthält. Dieses Konglomerat kann gelegentlich in eine ziemlich mächtige Quarzitfolge übergehen (Jaurakkafazies), setzt aber häufiger in einer mächtigen, meist metamorphen Folge von feinschieferigen Phylliten, Kalkphylliten, Graphitphylliten, zuoberst grauen Glimmerschiefern fort, dem Kalev im engeren Sinne. Diese Schiefer werden von reichlichen ophiolithischen Serpentinen begleitet und stellen eine Art Flyschfazies dar. Das Kalev ist demnach jünger als das untere Jatul und durch eine Diskordanz davon getrennt. Es scheint nachweisbar zu sein, daß bei Ablagerung seiner Basalkonglomerate die Oberfläche wesentlich unebener war, als zur Zeit der Bildung der Kainuuquarzite; auch das spricht für Bodenbewegungen zwischen Unterjatul und Kalev. Es wäre durchaus möglich (POLKANOFF), daß das Kalev altersmäßig einem Teil des Neojatuls entspricht und die synorogene (= Flysch) Fazies desselben darstellt, während das Neojatul Karelens die extrageosynklinale, epikontinentale Fazies repräsentiert.

In der westlichen finnischen Subzone liegen die Verhältnisse insofern anders, als hier ein typisches Jatul fehlt und von einer Diskordanz zwischen Jatul und Kalev entsprechend nichts zu sehen ist. Die Folge besteht von unten nach oben aus Quarzit, dolomitischem Kalkstein und Phyllit (ohne Serpentine, aber mit gabbroiden Metabasiten). Die Ablagerungen im Kiiminki- und Kemi-Rovaniemigebiet zeigen manche Anklänge daran, die Entzifferung der Stratigraphie birgt aber noch erhebliche Schwierigkeiten, nicht zuletzt aus dem Grunde, weil in der finnischen Zone mit erheblichen Horizontalverfrachtungen zu rechnen ist und deshalb die westliche Fazies stellenweise als „Allochthon“ in engste Berührung mit der östlichen autochthonen Fazies tritt.

Die Südwestgrenze der kalevischen Schiefer in der ostfinnischen Zone ist nach VÄYRYNEN eine wichtige Schieferungs- und Bewegungszone. Daher ist auch die Beziehung des Kalev zu den südwestlich angrenzenden, metamorphen und z. T. migmatitisch hochmetamorphen, granitdurchsetzten Amphibolschiefern, Kalkschiefern und Phylliten am NW-Ufer des Ladogasees, d. h. zu der ladogischen Formation SEDERHOLMS noch unsicher. SEDERHOLM rechnete sie noch 1932 zum älteren, präkarelischen Zyklus; auch VÄYRYNEN scheint geneigt, sie für älter zu halten, infolge abweichender Charakterzüge, so vor allem infolge des Fehlens der für das Kalev typischen Serpentine. Eine Trennung der ladogischen und kalevischen Schiefer ist aber nicht immer durchführbar und vor allem fehlt n. ESKOLA der Beweis, daß die die ladogischen Schiefer durchsetzenden Granite am Ladogasee tatsächlich vorkalevisch bzw. vorjatulisch sind. Daher wurde von einigen das Ladog als geosynklinale Evolutionsfazies der karelischen Formation aufgefaßt. Nach ESKOLA liegen die ladogischen Schiefer am Ladogasee z. T. normal einem Granit auf, der aber später palingen aufgeschmolzen wurde und in die Schiefer eindrang. Das Problem der ladogischen Formation kann also noch nicht als geklärt gelten.

Ehe auf die lappländische Zone näher eingegangen wird, muß noch kurz die Tektonik der finnisch-karelischen Zonen besprochen werden. Die ostkarelische Zone ist zwischen den Weißmeerblock im NO und den im wesentlichen aus Gneisgraniten von (?) saamischem Alter aufgebauten finnischkarelischen Block im SW eingezwängt. Die Gesteinsfolge trägt in den tieferen Teilen epikontinentalen Charakter, allerdings nur teilweise, da der reichliche Vulkanismus des tieferen Jatul mehr für geosynklinale Bedingungen spricht. Der obere Teil der Schichtenfolge, welcher an Stellen der Achsendepressionen erhalten ist, besitzt überhaupt tieferen Charakter. Insofern ist die Zurechnung der ostkarelischen Zone zu einem „Vorlandstypus" (VÄYRYNEN) nur bedingt gültig. Die recht intensive karelidische Tektonik hat fast durchweg NW–SO-Streichen und ist damit dem Streichen der begrenzenden älteren Resistenzblöcke weitgehend konform. Die Vergenz ist nach NO bzw. O gerichtet; vielleicht lassen sich zwei Phasen der Tektonik unterscheiden (Faltung und Überschiebung). Mit der Faltung sind bedeutende Intrusionen saurer Magmen verbunden, unter denen SUDOWIKOFF unterscheidet: 1. Granodiorite, entstanden durch teilweise Anatexis älterer Granodiorite (s. auch die oben angeführte Ansicht von ESKOLA über die palingene Natur der nachkarelischen Granite am Ladogasee); 2. Mikroklingranite, deren Intrusion von starker Migmatisierung und Metamorphose der karelischen Folge begleitet wird; 3. Postorogener porphyrartiger Granit. Die beiden ersten Phasen dürften ziemlich eng zusammengehören und Charakterisieren die Zeit der Hauptbewegung. Kurz vor deren Maximum fällt das Aufsteigen von Quarzporphyren, welche die karelischen Bildungen durchbrechen.

Der nach W abschwenkende nördliche Ast der Zone (Tikschosero–Oulanka) scheint komplizierteren und abweichenden Bau zu besitzen (NEUSTRUEFF). Es sind hier mehrere Bögen zu unterscheiden, deren innere Tektonik durch Aufschiebungen gekennzeichnet ist und z. T. inkompetenten Charakter trägt. Die Vergenz ist südlich bis südsüdwestlich. Postkarelische Granite und Granosyenite in vorwiegend konkordanten Intrusionen sind auch hier vorhanden.

In dem Gebiet von Suojärvi westlich von der eigentlichen ostkarelischen Zone besteht ein N–S streichendes Synklinorium von jatulischen Schichten (METZGER), die in sich noch ziemlich regelmäßig gefaltet sind (Juratypus, normale Falten). Es ist nicht unwichtig, daß die mittlere Dolomitstufe eine starke Spezialfältelung zeigt, während die Quarzite im Liegenden und die Schiefer im Hangenden diese nicht besitzen, dafür aber eine wechselnd deutliche Schieferung (Streichen N–S, Fallen 80° W) aufweisen (Abb. 12).

Die ostfinnische Zone ist in ihrem alpinotypen Bau durch die tektonische Analyse WEGMANNS (1928) gut bekannt geworden. WEGMANN unterscheidet darin von O nach W: 1. das östliche Vorland mit epikontinentalen Sedimenten, Grundfaltung und Faltung von Jurastil (dazu Suojärvi s. oben); 2. den Kontinentalrand mit epikontinentalen Sedimenten, die nach oben in Flysch (Kalev) übergehen; 3. die Kernzone mit abnehmend epikontinentalem Charakter (= Ladog) und mit kontinuierlicher Deformation; zuerst wurde sie gefaltet und intrudiert, dann auf die vorhergehende Zone geschoben. Die von WEGMANN konstruierten Längsprofile zeigen einen gewellten Verlauf der Faltenachsen mit einer großen Kulmination bei Nurmes, in der das vorkarelische Substrat an der Oberfläche erscheint und mehreren kleineren Kulminationen, welche eine Quergliederung der Kette bedingen. Die Querprofile enthüllen den alpinotypen Bau mit bedeutenden Überschiebungen nach O bzw. ONO, zum Teil mit einer regelrechten Deckenbildung. Der wichtigste

Teil des alten Gebirges lag im W, wo auch zunächst die Faltung begann und von wo die Deformation nach O vorrückte. Die aufgewölbten westlichen Teile wurden dann als Decken nach O verfrachtet; die sedimentären Hüllen glitten weiter als die kristallinen Kerne und überdeckten die Vortiefe. Ab-

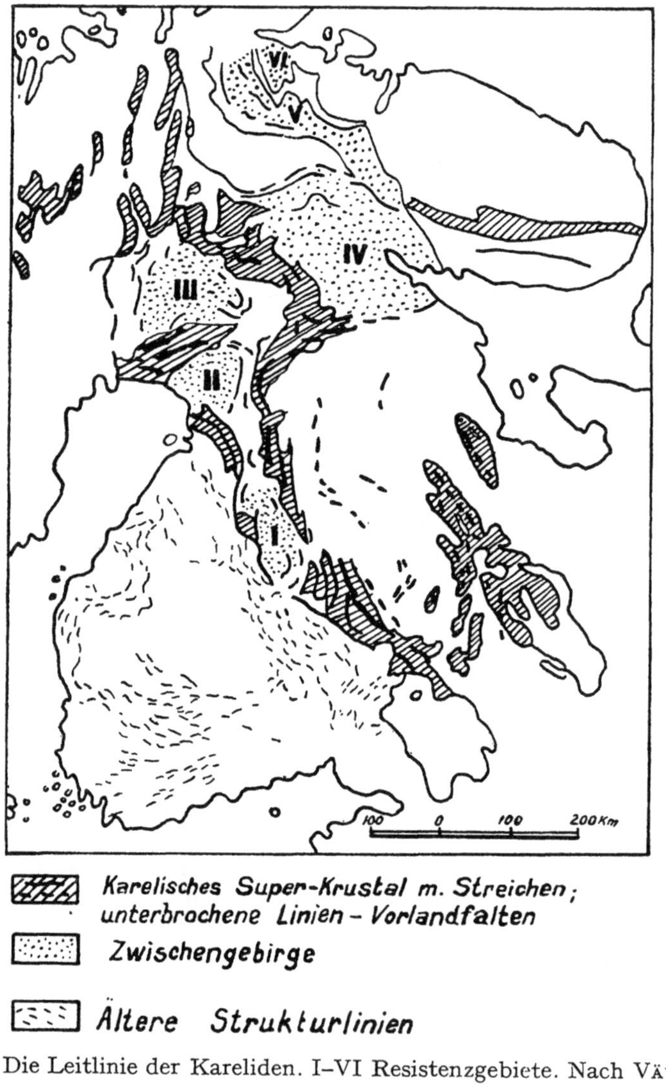

Abb. 11. Die Leitlinie der Kareliden. I–VI Resistenzgebiete. Nach VÄYRYNEN.

scheerungserscheinungen und Einwicklungen sind häufig. Das Verhalten der einzelnen Gesteine ist verschieden: die kalevischen Schiefer zeigen Differentialgleitung zwischen dünnen Schichten oder Scherung, die zu geregelter Brekziierung führt (Bildung von tektonischen „Fischen"). Die Quarzite lösen sich in Schuppen oder Keile auf; auch das Altkristallin reagiert in den äußeren Zonen meist spröde, zeigt innen aber gelegentlich fließende Umformung.

Die Faltung ist mit Intrusionen verbunden. In der Flyschzone dringen während der Dekkenbildung zwischen die Schubmassen Ophiolithe ein. Später erscheinen Granite, unter denen zum mindesten zwei Generationen zu trennen sind. Die einen drangen ein, als das Gebirge noch unter Spannung stand; die anderen zeigen weniger Beziehung zur Lokaltektonik. Immerhin ist auch bei diesen eine Beziehung zu den großen Bewegungsflächen nachweisbar, insbesondere zu der Aufschiebungszone des westlichen Gebirges auf die Flyschzone (Abb. 13).

Das Grundschema von WEGMANN dürfte auch heute noch gelten, trotz der Modifikationen und Berichtigungen, welche die Arbeiten von HAUSEN und vor allem von VÄYRYNEN später eingefügt haben. Aus den Arbeiten von VÄYRYNEN geht hervor, daß die Streichrichtung und damit auch die Bewegungsrichtung nicht so einheitlich war, als zunächst schien, sondern daß, anscheinend unter dem Einfluß eingeschalteter älterer Blöcke, recht bedeutende Abweichungen – zeitlich und örtlich – vorliegen. Dazu gehört z. B. der Block von Iisalmi westlich von der Nurmeskulmination, dessen abgelenkte Bewegung nach SO das abweichende NNO-SSW-Streichen der kalevischen, serpentinführenden Bögen südlich davon bedingt und der zugleich als Scheide der westlichen und östlichen Subzone dient. Nach VÄYRYNEN herrschen in diesem Gebiet sehr bedeutende Deckenverfrachtungen (bis zu mehreren 10 km), mit denen die Mischung von östlicher autochthoner und westlicher allochthoner Fazies zusammenhängt; die Schiefer der letzteren sind mit stark tektonisierten Augengneisen verknüpft. Die Deformation des Iisalmiblockes führte zu bedeutenden Granitintrusionen (bei Kaajana).

Ein weiterer Block (Ii-Block) besteht weiter im Norden am NO-Ufer des Bottnischen Golfes, lenkt die westliche Subzone nach W ab (Kiiminkigebiet) und trennt sie von dem nördlichen, fast rechtwinklig dazu (NO) strei-

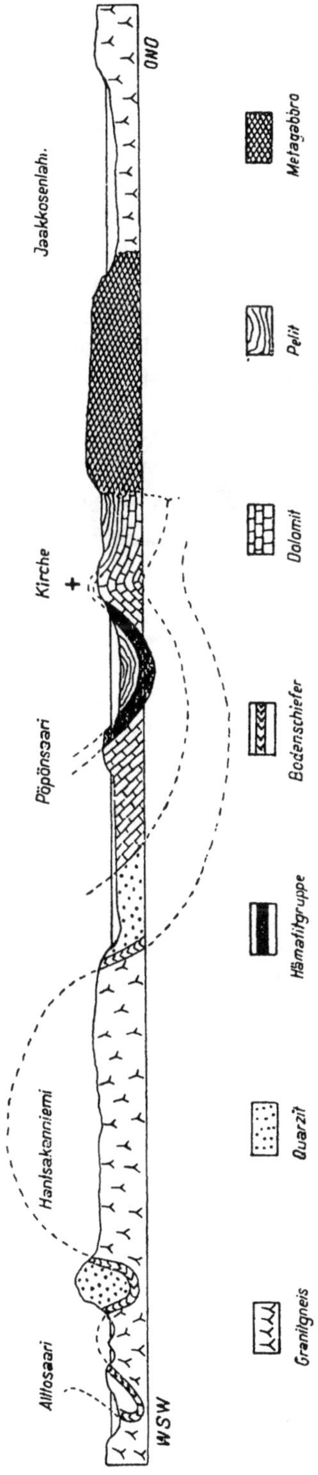

Abb. 12. Profil durch die östlichen Kareliden (Vorlandfalten). Nach METZGER.

chenden Kemijokkistreifen. Sein Ostrand ist nach O aufgeschoben, im SW aber sind die Schiefer des Kiiminkigebietes auf ihn aufgeschoben.

Die auffallend abweichende Richtung der Kemijokkizone scheint schließlich durch einen weiteren Block (Unari) bedingt zu sein, welcher von frühkarelischen oder vorkarelischen Graniten gebildet wird (s. Abb. 11).

Die Kareliden Finnisch-Lapplands zeigen besondere Züge, scheinen aber der ostkarelischen und ostfinnischen Zone zu entsprechen, welche sich ja im Gebiet der Oulanka vereinigen; von hier zieht die Zone nach NW bis Sodankylä am Kitinenfluß, biegt dann nach W aus, um von Kittilä aus wieder nach N, dem Laufe des Ougosjokki folgend abzuschwenken. Die Zone ist also dem im O anschließenden Granulitbogen parallel, welcher als Ganzes auf sie aufgeschoben ist.

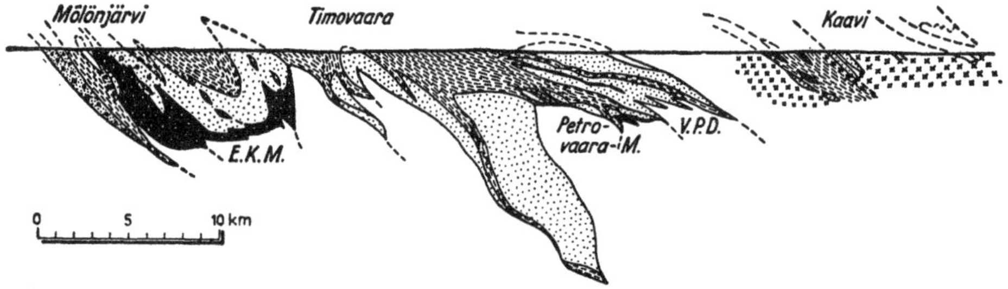

Abb. 13. Profil durch die inneren Kareliden Ostfinnlands. Nach WEGMANN. Osten links.

Signaturen. Weiß: Gneisgranit (Sockel); dicke und feine Punkte: jatulische Quarzite; feine Punkte: kalevische Quarzite; kurze Striche: Phyllit und Glimmerschiefer; schwarz mit weißen Punkten: Grünsteine; Kreuze: jüngere Granite; E.K.M.: Eno-Kontilahtimassiv; V.D.P.: Schuppen von Vesivaara- und Paltamodecke.

Den Sockel der lappländischen Kareliden bildet n. MIKKOLA (1941) die Tuntsa-Savukoskiserie, aus tonerdereichen Gneisen mit Granat, Staurolith und Cordierit und zwischengelagerten Quarziten bestehend; diese Folge wird von konkordanten Gneisgraniten durchsetzt und gleicht damit vollkommen den alten (saamischen) Gneisen von Kola. Während der Bildungszeit der jüngeren Granite sind diese Gesteine weitgehend migmatisiert worden.

Nicht ganz sicher ist das Alter der Sillimanitgneise des westlichen Lappland. Es sind das n. MIKKOLA primär sedimentogene, tonerdereiche Gesteine, in denen der Sillimanit oft in Knollen angereichert ist. Im Norden sind sie stellenweise vollkommen granitisiert, d. h. in palingene Granite umgewandelt (unter Erhaltung der Sillimanitknollen). MIKKOLA hält eine Zugehörigkeit zum tiefsten Lapponium (s. unten) für möglich.

Die lapponische Serie (SEDERHOLM) ist eine mächtige Folge von Quarziten, Glimmerschiefern und Grünsteinen. Die Quarzite sind hell, oft rötlich oder bläulich und meist glimmerreich; sie sind weitgehend granitisiert, daher oft in eine Art Eruptivbrekzie oder sogar in einen ziemlich homogenen aplitischen Granit umgewandelt; im Gegensatz zu den vordem genannten palingenen Graniten fehlt ihnen der Sillimanit. Unter den Glimmerschiefern unterscheidet MIKKOLA graue feldspatführende gutgeschichtete Schiefer, tonreiche Schiefer und schwarze Schiefer. Die massenhaft eingeschalteten Grünsteine und Amphibolite sind vorwiegend vulkanogen, doch kommen gelegentlich auch intrusive Typen (Albitdiabase) vor. Man unterscheidet zwei Typen: die Kittilägrünsteine und basischere Amphibol-Chloritgesteine. Oft treten vulkanische Agglomerate auf. Eng verknüpft mit den basischen Gesteinen sind Jaspisquarzite, jaspilitische Gesteine und quarzgebänderte Eisenerze von chemisch-sedimentärem Ursprung (Porkonen mit etwa 100 Millionen Tonnen mit 34–48% Fe-Gehalt). Die weitgehende Ähnlichkeit dieser Folge mit der von Kiruna in Schwedisch-Lappland wird n. MIKKOLA noch durch das Auftreten von Syenitmassiven unterstrichen, welche mit scharfen Grenzen das Lapponium durchsetzen.

Auch im Hangenden besteht diese Ähnlichkeit. Ohne deutliche Diskordanz liegt auf den lapponischen Schiefern im Osten ein ungeschichtetes Konglomerat (Sirkka), welches sich aber durch Führung von Geröllen der meisten lapponischen Gesteine als jünger erweist; es leitet zu den grobklastischen, violett gefärbten Kumpuquarziten über. Im Westen ist diese Kumpu-Oraniemifolge von einem Granit durchsetzt und weitgehend metamorphosiert, bzw. migmatisiert. Sie ist in vieler Hinsicht der Vakkoformation von Kiruna vergleichbar, zeigt auch in ihrem flyschartigen Charakter deutliche Beziehungen zum Kalev Ostfinnlands.

Jünger, als diese sedimentäre Folge, sind einige Tiefengesteinsintrusionen, und zwar lassen sich drei Typen unterscheiden:

1. Hetta-Granit. Graue, mittel- und gleichkörnige Granite, welche in den NO-Teil des Lapponiums eindringen. Wichtig ist, daß sie hier richtungslos-körnig sind, daß aber gegen Osten, d. h. gegen den Granulitbogen Scheerung und Parallelgefüge bis zur Bildung von extrem geschieferten Typen zunehmen und dem Granulitmassiv konform sind. Man kann daraus schließen, daß diese Granite synkinematisch sind und gleichalterig mit der Platznahme des Granulitmassives, jedenfalls nicht jünger als dieses. Sie scheinen auch jünger als die Kumpu-Oraniemiserie zu sein.

2. Basische Intrusivgesteine. Es handelt sich um Gabbro-, Diorit- und Doleritmassive, welche z. T. schieferig, z. T. richtungslos sind und dem Alter nach den Hettagraniten wohl nahestehen; sie sind also am Ende der nachlapponischen Orogenese bzw. in Begleitung der Faltung der Kumpuserie aufgedrungen. Vielleicht sind zwei Gruppen vorhanden. Es sei erwähnt, daß einige Albitdiabase wohl im Alter zwischen Lapponium und Kumpuserie liegen.

3. Rote, richtungslos-körnige, meist grobkörnige Granite, welche meist diskordant die lapponische und Kumpuserie durchbrechen, zur Migmatitbildung neigen und auch den Granulit durchsetzen. Sie sind spät- bzw. postkinematisch und dem Linagranit des Kirunagebietes vergleichbar.

Ferner treten im Gebiet noch Porphyre und Goldquarzgänge auf, welche n. MIKKOLA in keinem direkten Verhältnis zum Granulit stehen, aber durch seine Zerspaltung bedingt sind.

Die geschilderte Gesteins- und Ereignisfolge erlaubt es wohl (ESKOLA), das Lapponium + Kumpu-Oraniemiserie mit der karelischen Formation zu vergleichen. Faziell sind zwar Unterschiede vorhanden, so in dem massenhaften Auftreten basischer Effusivgesteine in Lappland, welches indessen in Ostkarelien und auf Kola (Imandra–Warsuga) Parallelen besitzt; indessen sind die tieferen Teile der Serien recht ähnlich und auch im Hangenden sind zwischen Kumpuserie und Kalev im „Flyschcharakter" deutliche Analogien vorhanden. Wichtig ist die Feststellung MIKKOLAS, daß zwischen Lapponium und Kumpuserie keine Diskordanz, also auch keine Tektogenese liegt, daß beide also dem gleichen orogenetischen Zyklus angehören. Das ist auch für die Alterseingliederung des Kirunagebietes von Bedeutung.

Wie schon gesagt, dürfte die karelidische Tektogenese in diesem Gebiet eng mit der Entstehung des Granulitbogens verknüpft sein, dessen mise en place vielleicht den letzten Hauptakt dieser Tektogenese darstellt. Auf die Bildung des Granulitbogens ist schon früher eingegangen worden. Die intensive innere Verformung bei zweifellos engen Beziehungen zu den älteren Nebengesteinen und die bedeutende Verfrachtung nach W (zwischen NW, W und SW) stehen außer Zweifel. Wichtig ist, daß der Granulit am Außensaum mit anderen Gesteinen von lapponischem und praelapponischem Alter in Kontakt tritt, bzw. alterniert, welche parallel den Kontakten orientiert und geregelt sind, und daß die Außenzone des Granulites konkordante Einschaltungen von Charnockit-Noritgranuliten enthält, welche als synkinematische bzw. etwas jüngere Einschaltungen zu gelten haben. Der Außenrand wird schließlich von einem durchgehenden Saum granatführender Hornblende-Quarz-Dioritgneise begleitet, welcher auch ein größeres Anorthositmassiv enthält. Diese Serie bildet eine Differentiationsreihe, welche schon verfestigt war zur Zeit der Hauptphase der Granulitbildung, da sie das Widerlager der Bogenbildung darstellt.

Zur allgemeinen tektonischen Disposition des besprochenen Hauptstranges der Kareliden haben sich in letzter Zeit VÄYRYNEN und POLKANOFF geäußert. VÄYRYNEN sieht in dem hier als ostfinnische Zone bezeichneten Strang die Hauptzone der Kareliden, ausgezeichnet durch intensive, ostvergente Deckentektonik, starken Metamorphismus der beteiligten Gesteine (bis zur Anatexis und Bildung palingener Granite) und geosynklinalen bzw. Flyschcharakter der Sedimente. Dieser am NW-Ufer des Ladogasees unter jüngerer Bedeckung auftauchende Faltengürtel zerfällt in zwei Stränge, und zwar durch Einschaltung von alten Resistenzgebieten (Zwischengebirgen), die sich en bloc oder durch Grundfaltung an der tektogenen Massenverfrachtung beteiligt haben. Der zunächst verkümmerte westliche Strang erscheint zum ersten Male deutlicher in der Gegend von Kuopio, wo er im W den Block von Iisalmi umgibt; weiter im NW nähern sich beide Stränge, um dann, den Block von Ii umgebend, weit auseinanderzugehen. Dabei scheint der westliche Strang eine Riesenschleife um diesen Block zu bilden, welche durch die karelischen Streifen von Kiiminki und Kemijokki gegeben ist, die fast normal aufeinander streichen. Dann treten beide Stränge, nun mit W–O-Streichen, bei Kuusamo wieder eng zusammen, wonach wieder eine Trennung erfolgt: Der Weststrang scheint in die lappländische Zone fortzusetzen, der östliche ist weiter über Oulanka bis zum Kukassee zu verfolgen. VÄYRYNEN nimmt an, daß er in irgendeiner Weise mit den Kareliden Westkolas, insbesondere mit der Petschenga- (Petsamo-) Tunturitformation zusammenhängt. Die ostkarelische Zone und die Zone Imandra–Warsuga der Kolahalbinsel gehören nach VÄYRYNEN nicht zum Hauptorogen, sondern sind Vorlandsysteme, ausgezeichnet durch schwächere Faltung ohne große Überschiebungen (Juratypus), geringere Metamorphose und epikontinentale Sedimentation; sie verhalten sich zum Hauptstrang wie die Pyrenäen zu den Alpen (Onegiden und Warsugiden). Man vgl. dazu Abb. 3 und 11.

In etwas abweichender Weise faßt POLKANOFF das ganze Gebiet zwischen den Svekofenniden Südfinnlands im SW und der nördlichen Kolahalbinsel im NO als ein komplexes Orogen auf, welches durch eine Näherung des Blokkes der Svekofenniden und des Murmanblockes entstanden ist. Im Inneren dieses Orogens bestehen Resistenzgebiete (Zwischengebirge), welche die Kareliden in drei Stränge teilen – die ostfinnische, karelische und Kolasubzone. Es bestehen zwar gewisse Unterschiede der Art, daß die erste und letzte Subzone mehr geosynklinalen, die mittlere mehr epikontinentalen Charakter hat, aber an sich sind die drei Subzonen ziemlich gleichwertig. Die Vergenz ist in der finnischen Subzone nordöstlich, in der karelischen Zone im Süden ebenfalls nordöstlich bis östlich, weiter im Norden aber noch wenig bekannt. So nimmt POLKANOFF an, daß die karelische Subzone im NW nach W abschwenkt und zum Kukassee und der Oulanka fortsetzt, was – im Gegensatz zu VÄYRYNEN – eine Verbindung zwischen der ostfinnischen und karelischen Subzone und eine Fortsetzung beider in die lappländische Zone anzeigen würde. Dann findet aber in Nordkarelen Vergenzwechsel statt, da am Kukassee die Vergenz südlich ist. In diesem Falle verbindet sich die ostfinnische Subzone auch nicht mit der Petschenga- (Petsamo-) Tunturitformation, sondern letztere hängt mit der Kolasubzone Imandra–Warsuga zusammen. In dieser ist die Vergenz im SW-Rande nach NO, am NO-Rande nach SW (Kejvserie) gerichtet, während im NW (Petschenga-[Petsamo], Sydvaranger) teilweise ein Vergenzwechsel einzutreten scheint, jedenfalls die Verhältnisse noch nicht restlos klar liegen. Ob ein Ast der Kolakareliden um den Südrand des Granulitmassivs sich mit der lappländischen Zone verbindet (sogenannte Korvagneise), ist noch ungeklärt.

Manche Tatsachen, so die Verbindung der finnischen und karelischen Subzone über Nordkarelen am Kukassee, der zweifellos geosynklinale Charakter der Subzone Imandra–Warsuga mit Überschiebungen und mit dem starken ophiolithischen Vulkanismus, die Beziehung der Imandra–Warsuga-Subzone zu Petschenga (Petsamo), die Vergenz der wohl sicher karelidischen Granulitüberschiebung usw. sprechen vielleicht mehr im Sinne der POLKANOFFschen Deutung. Es sei auch bemerkt, daß die zahlreichen Grünsteine im Jatul Karelens gegen einen rein epikontinentalen Charakter dieser Folge sprechen. Eine endgültige Entscheidung bleibt natürlich der Zukunft vorbehalten. POLKANOFF bemerkt mit Recht, daß diese Konzeptionen insofern sehr schematisch sind, als eine wesentlich intensivere Beteiligung der durch Rheomorphose teilweise mobilisierten zwischengeschalteten Resistenzblöcke am Deformationsbild durchaus im Bereiche der Möglichkeit liegt, zumal da deren Struktur oft der jüngeren Karelidentektonik konform ist und Hinweise auf eine palingene Natur der synkinematischen und spätkinematischen Karelidengranite keineswegs fehlen.

c) Zentralfinnland

Westlich von der ostfinnischen Karelidensubzone liegen konform gefaltete, aber ältere schieferige Gneise; auf diese folgt im Westen das große zentralfinnische Granitmassiv, welches einen großen Teil Mittelfinnlands einnimmt. Dieses riesenhafte Massiv bietet genetisch und intrusionstektonisch noch manches Rätsel. An seinem Südrand intrudiert der Granit in die Konglomerate und Schiefer der Tampere- (Tammerfors-) Zone, wie schon oben, bei der Besprechung der Svekofenniden, erwähnt wurde; er ist also „postbottnisch" im früheren Sinne dieses Wortes und wurde entsprechend den svekofennidischen Graniten der zweiten Generation (Hangögranite) gleichgestellt. Nun wird aber heute angenommen (BACKLUND), daß in der Tampere- (Tammerfors-) Zone „Molassen" der Svekofenniden und jüngere Gesteine (Kareliden-Flysch?) vereinigt sind; auch ist darauf hinzuweisen, daß der Zentralgranit wenig geschiefert ist und viel geringere Neigung zur Migmatitbildung zeigt, als die Hangögranite. WAHL hält es für wahrscheinlich, daß hier überhaupt Granite verschiedener Altersstellung vorkommen und BACKLUND denkt an gotokarelidische Spätgranite bzw. nachkarelidische Granite (= Molassegranite), analog dem Revsund- und Rätangranit in Schweden.

Wenn die Tampere- (Tammerfors-) Zone der Grenze des svekofennidischen Zwischengebirges gegen die Kareliden entspricht, so würde das bedeuten, daß in diesem Gebiet die karelidischen Strukturen akkordant zu dieser Grenze nach O–W ausbiegen, wodurch vielleicht der Raum für die mise en place der zentralfinnischen Granite geschaffen wird. Weiter im W biegt die Tampere- (Tammerfors-) Zone (bzw. die sie fortsetzenden Strukturen) wieder nach NW, NNW und N zurück, umfließt das kleine Zwischengebirge von Vaasa–Härnösand und scheint sich mit dem Gesteinszug des Skellefteåfeldes zu vereinen, in welchem man n. BACKLUND gotokarelidische Elemente Nordschwedens zu sehen hätte.

d) Nordschweden

In der nördlichen Umrahmung des mutmaßlich svekofennidischen Zwischengebirges von Vaasa–Härnösand, wo O–W streichende einförmige graue cordieritreiche Granatgneise, verbunden mit Augengneisen, bzw. hochmetamorphen Gneisgraniten herrschen, liegt das ziemlich mannigfaltige, von vorwiegendem NW–SO-Streichen beherrschte Gebiet Norrlands, in dem man die südöstliche västerbottnische Küstenregion, das Skellefteåfeld und das Piteåfeld im Norden unterscheiden kann. Im Westen wird das Gebiet begrenzt von einem enormen, insgesamt NNO–SSW angeordneten Granitgebiet, von dem zahlreiche Ausläufer nach Osten vorstoßen; man kann dieses ziemlich einheitliche Granitmassiv als Revsundgranit bezeichnen.

In der västerbottnischen Küstenregion herrschen granat- und graphithaltige Gneise mit Einschaltungen von Schiefern vom Typus des gleich zu besprechenden Skellefteågebietes; sie werden von (syntektonischen) Gneisgraniten und (spättektonischen) Revsundgraniten durchsetzt, wobei das Eindringen der letzteren zu ausgesprochener Migmatitbildung geführt hat.

Die Gesteinsfolge der västerbottnischen Küstenregion wird als hochmetamorphe Fazies des im NW anschließenden Skellefteåkomplexes betrachtet, in welchem die regionale Metamorphose nach Westen immer mehr abnimmt, so daß z. B. in dieser Richtung die Phyllite kontinuierlich in Tonschiefer übergehen, welche dann am Kontakt mit dem Revsundgranit in Hornfelse umgewandelt sind. Man muß demnach einen regionalen Axenanstieg nach Osten annehmen: am Bottnischen Golf liegt ein tieferer Schnitt vor, als im Westen. Das stimmt in gewissem Grade mit den Verhältnissen in Mittelschweden überein.

Den ältesten bekannten superkrustalen Teil des Skellefteåfeldes bildet die sogenannte Leptit-Schieferformation. Sie beginnt mit verschieden stark metamorphen Laven und Tuffen bzw. „Leptiten", unter denen geschichtete Natronleptite vorwiegen, wenn auch andere Typen nicht ganz fehlen; Kalkeinlagerungen sind besonders oben häufig und leiten zu der hangenden sedimentären Serie über, welche aus grauen oder auch schwarzen Phylliten besteht. Diese enthalten Grünsteinlager, welche z. T. die (vorwiegend oberen) Teile der Schieferserie ersetzen können. Damit ist der Übergang zu dem oberen Teil des Komplexes gegeben, welcher mit Porphyriten beginnt und mit Porphyren fortsetzt. Zwischen beiden finden sich gelegentlich intraformationale Konglomerate. Diese Folge ist schematisch, da die einzelnen Glieder zum Teil übergreifend liegen, oder sich faziell ersetzen können (n. A. Högbom, 1931).

Die Leptit-Schieferformation wird von älteren syntektonischen Gneisgraniten durchsetzt, mit denen eine stärkere Metasomatose und das Aufsteigen sulfidischer Lösungen verbunden gewesen sein soll, die zur Bildung der Erze vom Typus von Boliden geführt haben, welche diesem Gebiet seine besondere praktische Bedeutung verleihen.

In Boliden handelt es sich um kupfer- und arsenhaltige Schwefelkiese mit Linsen von kupferkies-, gold- und silberhaltigem Arsenkies; die Erze liegen in einem Sericit-Chlorit-Quarzit, welcher wohl als metasomatische Umwandlung der umgebenden Leptite aufzufassen ist. Von anderen Vorkommen seien genannt: Åsen (mit Kupfererzen), Malånåset (Kupfer- und Zinkerze), Mensträsk (Schwefelkies), Rakkejaur (Schwefelkies), Kristineberg (kupferhaltiger Schwefelkies), Vindelgransele (Zink- und Bleierze).

Auf die erste Granitintrusion folgt zunächst das Eindringen von älteren Grünsteingängen und dann die bedeutsame zweite Intrusion der Granite vom Revsundtyp, welche zu einer teilweisen Vergneisung bzw. Migmatisierung der älteren Serie und Amphibolitisierung der älteren Grünsteine geführt hat. Wie schon gesagt, nimmt die Metamorphose nach Osten zu, während im Westen die Revsundgranite scharfe Kontakte mit Kontaktmetamorphose und damit diapiritisches Verhalten zeigen. S. Gavelin sieht in den Revsundgraniten und Västerbottengneisen Produkte der Granitisierung bzw. Vergneisung von Phylliten. Unter tektonisch ruhigen Bedingungen soll eine Homogenisierung zu Granit erfolgt sein, während bei Differentialbewegungen heterogene Adergneise entstanden (1947).

Mit einer deutlichen Diskordanz folgt im Hangenden die Vargforsformation, deren mächtige basale Konglomerate alle älteren Gesteine enthalten.

Darüber liegen Arkosen und kreuzgeschichtete graurote Sandsteine, die z.T. mit Schiefern und Grauwacken wechsellagern. Die Vargforsformation liegt mit NW–SO-Streichen in Synklinalen des zentralen Skellefteåfeldes und hat vollkommen unmetamorphen Charakter. Sie wird von einem jüngeren, pyroxenführenden, granophyrischen Granit durchbrochen (Sorselegranit), welcher wohl als postorogener Granit (Molassegranit BACKLUNDS) der Kareliden aufzufassen und dem Rätangranit im S, dem Linagranit im N vergleichbar ist. Nach dieser Intrusion ist im Gebiet noch eine Phase der Bruchbildung und dann die Bildung von Diabasgängen (Åsbytypus) zu erwähnen.

Im nördlichen Teile des Skellefteåfeldes nehmen bis nach Lappland Porphyre bedeutende Flächen ein. Insbesondere der Arvidsjaureporphyr hat hier große Verbreitung; es ist vorwiegend ein saurer Quarzporphyr mit gut erhaltenen Primärstrukturen, gelegentlich von syenitischen Varietäten, auch von andesitporphyritischen und basaltischen Gesteinen begleitet. Da er in den Basalkonglomeraten des Vargforssystems als Komponente auftritt, ist er jedenfalls älter, als dieses; es scheint nicht ganz festzustehen, ob er zu den Gneisgraniten oder zur Revsundgranitgruppe als Ergußäquivalent gehört. Denkbar erscheint aber auch eine Zugehörigkeit zu den Quarzporphyren der obersten Leptit-Schieferformation, zumal da er in Norrbotten von Graniten durchsetzt wird (GRIP, 1939). Das System zeigt schwache Faltung.

Auch im Norden vom Skellefteåfeld liegt diskordant auf gefalteten Migmatiten, auf Revsundgranit und Vulkaniten des Arvidsjauresystems eine Serie von „detraktiven" Sedimenten und Schiefern mit zwischengelagerten basischen Laven und Tuffen, welche mit einem Konglomerat beginnt, in dem saure und basische Intrusiva und Effusiva, Migmatite und ältere Sedimente auftreten; man bezeichnet diese Folge als Pite- (im O) bzw. Kalix- (im NO) System und kann sie wohl unbedenklich dem Vargforssystem gleichstellen. Sie wird von einem jüngeren Granit (Linagranittypus) durchsetzt und z. T. migmatisiert, wobei die Metamorphose besonders nach Osten stark zunimmt.

Entsprechend der zweifellos bedeutsamen Diskordanz, welche die Vargforsformation von ihrem Substrat trennt, wurde letztere bisher dem Karelium gleichgestellt, während man in der älteren Leptit-Schieferformation des Skellefteågebietes ein Äquivalent der Leptite Mittelschwedens zu sehen meinte. Die neuen Untersuchungen in Lappland, mit welchen das Skellefteåfeld gut vergleichbar ist, machen diese Deutung zweifelhaft. Es ist wohl möglich, ja sogar wahrscheinlich, daß die Leptite Mittelschwedens und die Leptit-Schieferformation des Skellefteåfeldes altersmäßig „um ein Orogen verschieden sind" (BACKLUND), d. h. daß die Leptit-Schieferformation karelisch ist und daß die hangende Diskordanz interformational ist (? Basis des Kalev), bzw. der Grenze gegen die karelidischen „Molassen" entspricht. Darauf wird bei Besprechung des südlicher gelegenen Loos–Hamragebietes noch zurückzukommen sein.

Die geschilderten Gesteinszüge Norrbottens haben anscheinend unmittelbare Verbindung mit der berühmten erzreichen Zone von Kiruna und Gällivare in Schwedisch-Lappland, welche S–N bis SSW–NNO streicht und, wie

Mikkola neuerdings zeigte, mit dem Lapponium Finnisch-Lapplands weitgehend parallelisierbar ist.

Auch hier ist ein superkrustaler Komplex – die Kirunaformation (+ untere Haukiserie) als Ältestes anzusehen. Am Aufbau derselben sind vor allem Vulkanite, daneben aber auch Sedimente (Konglomerate, gelegentlich Karbonate und Graphitschiefer, seltner Quarzite) beteiligt. Bei Kiruna zeigt eine monoklinale Folge dieser Formation folgende Sequenz (von oben):

Unterer Hauki-Komplex, Tuffe und Laven von Syenitporphyr und Quarzporphyr, Quarzführende Porphyre, z. T. agglomeratisch

Syenitporphyre – effusiv im NO, hypabyssisch (Syenite) im SW

Kurravaarekonglomerat und Grauwacke mit vulkanischem Material. Bis 600 m mächtig

Kirunagrünsteine. Oben umgewandelte Diabase mit Sedimenteinlagen, unten umgewandelte Porphyrite und Diabasporphyrite; oft spilitisch, gelegentlich mit deutlicher Kissenstruktur.

Dieses Profil ist zwar wegweisend, aber zeigt örtlich gewisse Modifikationen; so sind die Grünsteine vorwiegend im Norden, die Porphyre (Syenitporphyre, Albitophyre, basische Syenitporphyre, Albitporphyrite, quarzführende Porphyre) vorwiegend im Westen verbreitet. Beide Gruppen stehen in Wechsellagerung und sind z. T. gleichaltrig; nur im großen betrachtet ist die Grünsteingruppe älter. Diese Effusivserien gehen nach Osten, anscheinend unter dem Einfluß des noch zu besprechenden Linagranites, in eine metamorphe Fazies von Leptiten über.

Mit den Porphyren sind die wichtigsten phosphorführenden Erze verknüpft, und zwar bilden sie flachliegende Körper (Lager oder Sills) mit östlichem Fallen, welche vor allem zwischen die Syenitporphyr- und Quarzporphyrgruppe eingeschaltet sind. Diese Haupterze von Kiruna und Gällivare sind vorwiegend Magnetit, welcher von Apatit, Aktinolith und diopsidischem Pyroxen begleitet werden. Sie sind jünger als das Nebengestein und werden als intrusiv ,d. h. magmatisch aufgefaßt (Gänge mit Erzbrekzie im Nebengestein). Stellenweise sind sie reich an flüchtigen Bestandteilen und gehen in Apatitgänge über. Nach Geyer sind es Ausscheidungen eines gasreichen Restmagmas, dessen Muttermagma mit dem der Porphyre (welche eine komplexe Differentiationsreihe bilden) und Syenite identisch ist. Kleinere Erzkörper finden sich auch im Hangenden der Quarzporphyre, an derGrenze gegen den unteren Haukikomplex. Dieser selbst besteht aus Quarzit und Serizitschiefer mit Einlagerung von Tuffen und Laven, welche hydrothermal verändert sind; die Gesteine sind gelegentlich mit Eisenglanz imprägniert.

Es treten ferner innerhalb der Leptit-Porphyrgruppe noch Skarnerze auf, die oft mit Kalk und Dolomitlagen vergesellschaftet sind (Pajala); das Erz ist Magnetit, arm an Phosphor, aber gelegentlich reicher an Sulfiden. Der Skarn besteht aus Aktinolith, Diopsid, Phlogopit u. a.

Endlich wären noch quarzgebänderte Erze (mit Quarz und Grünerit), Titaneisenerze und Kupfererze (Chalkopyrit) in skapolitisierten Leptiten oder mit Granat in schichtigen Leptiten zu nennen; letztere dürften jünger sein und mit den Turmalinpegmatiten des Linagranites in Verbindung stehen.

Auf die Ablagerung der unteren Haukiserie folgt nach Geijer die bedeutsame ältere Intrusionsperiode. Man kann die zugehörigen Gesteine in zwei mehr oder minder vollständige Differentiationsreihen ordnen, welche anscheinend auch mit den etwas älteren Effusiven in Beziehung stehen. Die eine Reihe (Kalkalkalireihe) führt von Gabbros über dioritische Gesteine zu einer Fülle von – vorherrschenden – syenitischen Abarten und schließlich zu quarzführenden Graniten (mit Mikroklin und Oligoklas); diese Reihe ist durch alle Übergänge verknüpft. Die zweite (perthitische) Reihe führt ebenfalls vom Gabbro über Plagioklasperthite zu quarzführenden Perthitsyeniten und zu Perthitgraniten; hier sind die Übergänge nicht vollständig, die einzelnen Glieder bilden gesonderte Körper. Nach GEIJER handelt es sich um eine Kristallisation mit Unterbrechungen infolge von Bewegung von Kristallen und Magma.

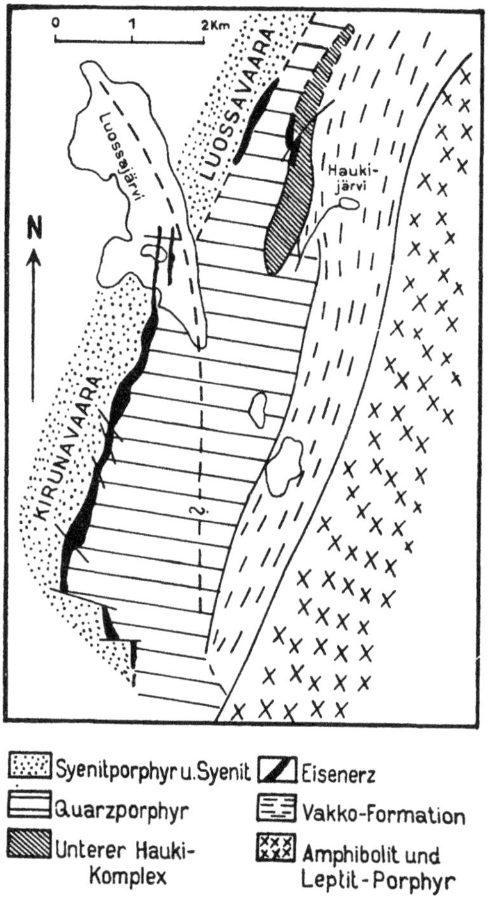

Abb. 14. Karte des Kiruna-Gebietes. Nach P. GEIJER.

Auf diese Intrusionszeit, die wohl mit schwächeren Bewegungen verknüpft war, folgt eine erneute Sedimentbildung. Die schwach diskordant auflagernde Vakkoformation zeigt in vollständigen Profilen basale Konglomerate (mit Erzgeröllen), darüber feineres klastisches Material, dann phyllitische Schiefer und endlich den unmetamorphen quarzitischen Haukisandstein, der gelegentlich große Mächtigkeiten erreicht und zum Hauptglied der ganzen Folge wird, während er anderwärts fehlen kann und dann die Schiefer vorwiegen.

Als jüngstes Glied der Entwicklungsreihe wird heute der Linagranit angesehen, ein mittelkörniger, charakteristisch rot gesprenkelter Biotitgranit von teils richtungsloser, teils mehr oder weniger schieferiger Textur; einige Abarten sind vor allem reicher an Mikroklin, ärmer an Plagioklas. Der Granit wird von einer ungeheuren Menge von Apliten und Pegmatiten (oft mit Muskovit und Turmalin) begleitet, die häufig eine Blatt-für-Blatt-injektion des Nebengesteins herbeiführen. Mit der Intrusion scheint auch die intensive Metamorphose der Kirunaserie im Osten (Umwandlung zu leptitischen Gneisen) verknüpft zu sein.

Die einzelnen Linagranitmassive bilden anscheinend flachliegende, ostfallende Körper, deren Intrusion wohl eng mit der gleich zu besprechenden Faltung zusammenhängt. Die letzte pneumatolytische Phase der Pegmatitbildung führte n. GEIJER zu einer recht bedeutsamen Skapolithisierung der Gesteine der Porphyr-Leptitgruppe, durch Zufuhr von Cl, CO_2 und auch von Fe, Cu und Bor.

Die Bedeutung der Diskordanz zwischen der Kiruna- und Vakkoserie scheint örtlich stark zu wechseln. Es ist aber anzunehmen (GEIJER), daß die Hauptfaltung erst nach Ablagerung der intensiv gestörten Vakkoserie stattfand und daß sie mit der Intrusion der Linagranite verbunden war, welche wohl den letzten Phasen dieser Tektogenese entspricht. Charakteristisch für die Tektonik sind steil bis flach ostfallende Überschiebungs- oder Aufschiebungsflächen, die z. T. auch den Graniten als Intrusionsplan gedient haben. Demnach wäre die Vergenz westlich.

Nach ÖDMAN liegen auch östlich des Kirunagebietes die Verhältnisse ähnlich, indem über den (älteren) Dioriten oder über Syenitporphyr diskordant Konglomerate mit Dioritgeröllen, höher Quarzite mit spärlichen Konglomeraten und Schiefern lagern, welche unzweifelhaft der Vakkoformation entsprechen. Diese Folge hat gelegentlich eine Mächtigkeit bis zu 4500 m, reduziert sich aber anderwärts auf 3–500 m. Über den Sedimenten liegen Grünsteine. Diese Serien werden von jüngeren Intrusiven durchsetzt, unter denen

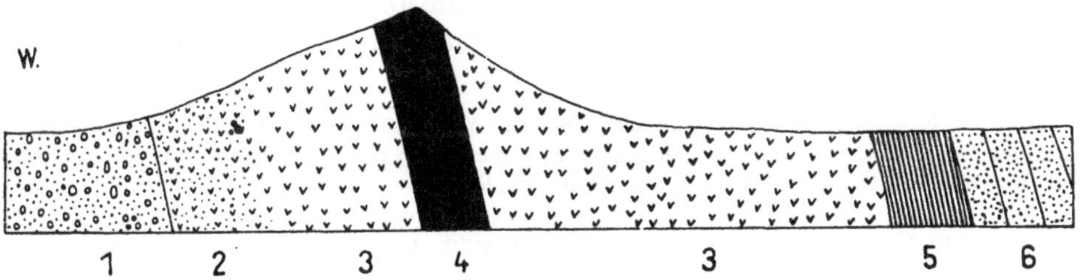

Abb. 15. Profil durch die Lagerstätte von Kiruna. Nach STUTZER, 1906.
1: Kurravaara-Konglomerat – 2: Augitsyenit – 3: Syenitporphyr – 4: Magnetit – 5: Haukischichten – 6: Quarzite.

Gabbro, Syenite und Granite vom Linagranittypus auftreten. Mit letzteren ist eine ziemlich intensive Metamorphose, ja Migmatitbildung auch innerhalb der oberen (= Vakko-) Serie verbunden. Das Gebiet weist zahlreiche Brüche und Überschiebungen auf.

Strukturell kann man n. ÖDMAN Schwedisch-Lappland durch den N–S-Gürtel der Vakkoformation in zwei Teile trennen; im W besteht eine Resistenzzone mit N–NO-Streichen und steilem O-Fallen; im O herrscht starke Faltung und Metamorphose innerhalb einer wohl aktiven Zone mit breiten Synklinorien. Das ganze Gebiet ist als Westast der Gotokareliden aufzufassen.

MIKKOLA hat nachweisen können, daß die Schichtenfolge und auch die magmatische Entwicklung des Kirunagebietes derjenigen in Finnisch-Lappland sehr weitgehend entspricht; die Kirunaserie mit ihren Grünsteinen ist dem Lapponium sehr ähnlich, die Vakkoserie kann mit der Kumpufolge verglichen werden und die dazwischen liegende Intrusionsphase hat auch in den Syeniten Finnisch-Lapplands ein Analogon. Da die finnische Serie heute dem karelidischen Zyklus zugewiesen wird, ist es recht wahrscheinlich, daß auch die Porphyr-Leptitserie von Kiruna dasselbe Alter hat und nicht, wie man früher annahm, den Leptiten Mittelschwedens, d. h. dem svekofennidischen Zyklus entspricht. Die Frage hat auch für einige weitere Gebiete Nordschwedens (Skellefteå, Loos–Hamraregion) entscheidende Bedeutung. Sie wird dadurch erschwert, daß die fraglichen Serien stellenweise hochmetamorph sind, so z. B. zwischen dem Kirunagebiet und Finnisch-Lappland, aber auch, wie wir sahen, in der Küstenregion von Västerbotten.

Auch die Fortsetzung der besprochenen Faltungszone nach Süden bietet noch ungelöste Probleme. Wichtig für deren Lösung ist die grundlegende Arbeit von H. von Eckermann über die Loos–Hamraregion im NW des svekofennidischen Leptitgebietes Mittelschwedens (Bergslagen). Das verhältnismäßig schmale, in NW–NNW gestreckte Feld wird im Osten von höher metamorphen Gneisen begrenzt, verschwindet im W unter der Decke der jungpräkambrischen Dalagesteine (Jotnium) und wird im NW von dem vermutlich jungkarelidischen Rätangranit abgelöst. Im Süden wird eine Verbindung mit den Leptiten Bergslagens angenommen, steht aber wohl noch nicht ganz fest (vgl. Abb. 17).

Die ältesten Gesteine, welche besonders im Osten eine weite Verbreitung besitzen, sind graue Leptitgneise und „Urgranite" mit Schollen von Leptit, alles durchsetzt von rotem und grauem Mansjögranit, welcher oft nur als brekziierendes, pegmatisierendes und migmatisierendes Medium, nicht als geschlossenes Massiv vorliegt.

Nach v. Eckermann handelt es sich um eine Mobilisation der flüchtigen Phasen an der Basis des sinkenden Leptitblockes, d. h. um ein rein palingenes Magma, zeitlich und erscheinungsmäßig dem Stockholmgranit vergleichbar. Durch diese Einwirkung sind die älteren superkrustalen Serien so stark migmatisiert, daß sie nur lokal als Biotitschiefer und Granat-Sillimanitgneise erhalten sind. Die Lagerung ist fast saiger, das

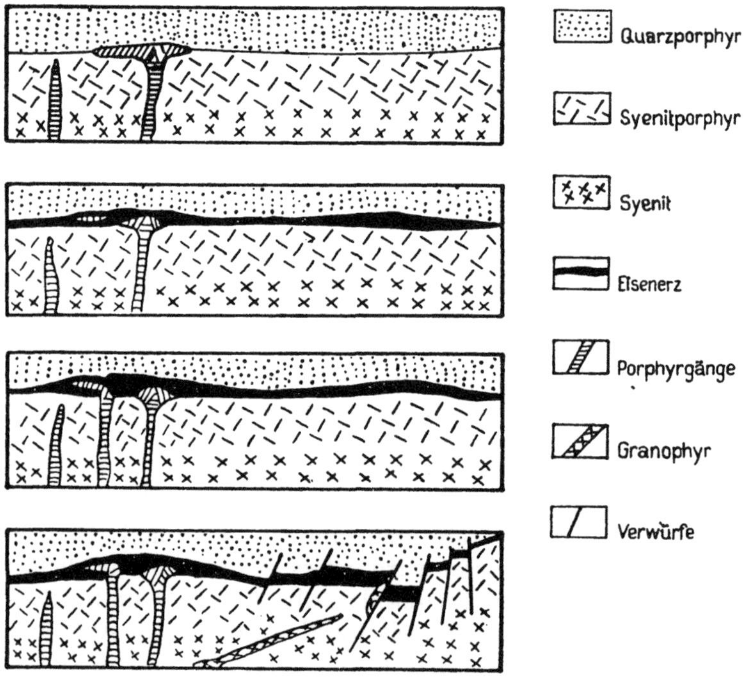

Abb. 16. Entwicklungsschema des Kiruna-Gebietes. Nach P. Geijer, 1931.

Streichen N–S bzw. NW–SO. Eisenerze (quarzgebändert) und spätmagmatische Eulysite treten auf. v. ECKERMANN nimmt gegen Süden einen Übergang in die typischen Leptite Bergslagens an. Abgesehen von dem Streichen, welches auf dem in Bergslagen fast senkrecht steht, ist aber daran zu erinnern, daß nach neueren Anschauungen der Stockholmgranit wesentlich jünger ist, d. h. vielleicht einen gotokarelidischen Spätgranit darstellt (BACKLUND); gilt das auch für den Mansjögranit, so ist das Grundgebirge der Loos–Hamraregion ebenfalls „um ein Orogen jünger", d. h. entspricht den Porphyr-Leptitserien von Skellefteå und Kiruna, wozu das Streichen besser passen würde.

Über dieser Basis entwickelt sich nun im Loos–Hamragebiet eine sehr abwechslungsreiche Folge, deren Grundzüge wie folgt dargestellt werden können (von oben):

Jotnium	Dalaserien. Klastische Sedimente (ausführliche Gliederung später)	Rapakiwi und Diabase
Hoglandium	Subjotnische Konglomerate	Rätangranit
Noppiserie	Quarzitsandstein (gelb-weiß)	
	Quarzgebänderter Schiefer u. Grauwacke	
	Tuffitische Grauwacke	
	Quarzporphyr	
	Quarzit (rötlich-weiß)	
	Sub-Noppikonglomerat mit Quarzit	
Diskordanz		
Obere Loosserie (sedimentär)	Violettgraue Quarzite	
	Schiefer	
	Grauwacke	
	Weißgraue Quarzite	
	Arkose mit Grünsteinkomponenten	
Diskordanz		Daasen-Risberg-granit
Untere Loosserie (vulkanogen)	Porphyrtuff	
	Effusive Porphyre	
	Quarzporphyr	
	Agglomerat	
	Grünsteine	
Diskordanz		
Sub-Loosserie	Cyanit-Andalusit-Cordieritschiefer	
	Weißer Quarzit	
	Cordierit-Andalusitschiefer	
	Biotit-Muskovitphyllit	
	Biotit-Chloritquarzit mit Konglomerat	
	Anthophyllitschiefer	
	Blaugrauer Quarzit	
	Konglomerat	
	Gneisiger Glimmerschiefer	
	Sparagmitquarzit	
Diskordanz		Mansjögranit
	Leptitgneise und Urgranite.	

Zu den einzelnen Teilen dieser Serien ist folgendes zu sagen:

Sub-Loosserie. Es handelt sich um eine primär wohl sehr mächtige Serie, die aber durch spätere Erosion so stark zerstört ist, daß unter den Loosserien meist nur geringe

Reste von ihr erhalten sind. Die primären Texturen sind stark durch Metamorphose verwischt. Die erhaltenen Reste bilden eine schmale Synkline mit NW-Streichen, deren Faltungsgrad nicht sehr bedeutend ist; die Tektonik entspricht eher einer Senkung, die wohl als schwache Fortsetzung der Senkung und Migmatisierung des vorhergehenden Zeitraumes betrachtet werden kann. An der Basis liegt (diskordant gegen die Leptitfolge) ein roter hornfelsartiger „Aplit", der vielleicht als metamorpher, aus säkularer Verwitterung des Liegenden entstandener Sparagmitquarzit zu deuten ist. Die unteren Teile bis zum Konglomerat zeigen bisweilen granitische Blatt-für-Blatt-Injektion; das Konglomerat entspricht einer Unterbrechung der Senkung und einer schwachen Diskordanz.

Untere Loosserie. Zu Beginn ist wohl eine stärkere Hebung mit Abtragung der Sub-Loosserie anzunehmen; mit dieser Hebung dürften auch die Intrusionen der Grünsteine und später der Granite (Risberg) und die Extrusionen der Vulkanite dieser Serie zusammenhängen. Das NW-Streichen biegt gelegentlich in O–W um, anscheinend im Zusammenhang mit den Granitintrusionen. An der Basis scheint eine alte Landoberfläche mit Geröllen und Geschieben zu liegen. Die darüber folgenden Grünsteine sind basaltische Laven, die aus N–S gerichteten Spalten stammen und Zwischenlager von Agglomeraten besitzen; die Mächtigkeit der einzelnen Ströme ist 10–12 Fuß, die Gesamtmächtigkeit 200 Fuß. Eine spätere Phase des Vulkanismus fördert Quarzporphyre, Syenitporphyre und Tuffe; am Schluß steht die Intrusion des ziegelroten Risberggranites und des groben, kalireichen, z. T. schieferigen Daasengranites, der vielleicht etwas älter ist.

Obere Loosserie. Diese Sedimentfolge ist wieder bei fortschreitender Senkung abgelagert; an der Basis liegen Arkosen oder Quarzite, welche umgelagertes Tuffmaterial enthalten, das auch in den hangenden Schiefern noch vorhanden ist. Die Folge ist ziemlich stark gefaltet und vermutlich vom Untergrund abgescheert; die Faltung ist allerdings hauptsächlich in den Schiefern deutlich, die hangenden Quarzite sind weniger gestört (? Inkompetenz). Das Streichen ist NNW, die Schieferung schief dazu NW–SO. Im Norden besteht aber (wie auch in der liegenden Serie) eine quer dazu, O–W streichende Mulde, deren Zustandekommen mit der nach Süden gerichteten Intrusion des Rätangranites zusammenhängen soll.

Noppiserie. Die basalen quarzitischen Arkosen dieser Serie liegen schwach diskordant zum Liegenden und enthalten Gerölle von älterem Quarzit. Es dürfte nun wieder Hebung herrschen, verbunden mit einer Erosion der älteren Serie, da die Noppivulkanite zum Teil diskordant direkt auf den älteren Leptitgneisen aufliegen. Die Noppiserie zeigt keine Faltung, sondern lediglich Schiefstellung mit Fallen nach W; nur eine sekundäre Stauchung konform zu der Intrusion der späteren Dalaporphyre (Streichen N–S) ist gelegentlich sichtbar; die Vergenz ist östlich.

Die Porphyre der Noppiserie durchbrechen die Loosquarzite und stellen Lavaströme mit feinkörnigen oder felsitischen basalen Lagen dar; am Kontakt mit dem Rätangranit werden sie granophyrisch. Auffallend ist ihre Ähnlichkeit mit den Porphyren am Boden des Bottnischen Meerbusens (Bottenmeerporphyre, Ostseeporphyre), die wohl dasselbe Alter besitzen. Bemerkenswert ist der hohe Aluminiumgehalt der Porphyre, welcher durch ein Entweichen der Alkalien mit den gespannten Gasen während der Druckabnahme erklärt wird, welche der Lavenextrusion folgte. Die mit den Porphyren vergesellschafteten Tuffite sind dynamisch zu einer Art „Hälleflinta" verändert. Die begleitenden klastischen Sedimente haben auffallend eckige Komponenten, was auf einen nur kurzen Transport derselben hindeutet.

Am Ende der Noppizeit steht die Intrusion des Rätangranites, welcher die Noppiporphyre durchbricht, die Loosporphyre metamorphosiert. Er ist älter, als das hangende basale Dalakonglomerat und kommt in den unterjotnischen Konglomeraten als Komponente vor, ist also älter als die ersten Dalaporphyre und die Rapakiwis, denen aber dieser grobe, syenitische, z. T. porphyrartige Granit sehr ähnlich sieht. Bei der Intrusion wurden alle älteren Sedimente einschließlich der Noppiserie zusammengestaucht und stark abgetragen. Die hangenden „subjotnischen" Konglomerate und das Jotnium liegen fast horizontal bis höchstens 10–15° nach SW geneigt.

Es hat in diesem Gebiet nach der Faltung der basalen Leptit-Granitgneisserie keine intensivere Faltung stattgefunden, sondern vorwiegend ein Steigen und Sinken von Blöcken an Schwächezonen mit lokalen Spannungsauslösungen im Zusammenhang mit Extrusion und Intrusion. Die Schwächezonen folgen im wesentlichen dem NW-Streichen der Vor- Looszeit, stellenweise überprägt durch den Intrusionsdruck des Rätangranites (O–W-Streichen einiger Mulden). Das NW–SO-Streichen zeigt sich auch noch vorherrschend in der Bruchbildung der früh- bzw. vorjotnischen Zeit, die aber das Jotnium überdauert hat und das Gebiet in schmale Blöcke zerlegt, welche auch morphologisch in Erscheinung treten. Die vertikalen Verschiebungsbeträge erreichen einige 100 m (Abb. 17).

Die stratigraphische Einstufung der Loos-Hamragesteine ist noch nicht endgültig geglückt, da die abweichende Fazies, die geringe Faltung und die Mannigfaltigkeit der Gesteine mit den zahlreichen Diskordanzen einen Vergleich sehr erschweren. Schon die Stellung der ältesten, granitisierten basalen Schichten ist unsicher. Entsprechen sie den Leptiten Bergslagens (v. Eckermann), dann ist der Mansjögranit zu den svekofennidischen spätorogenen Graniten der Gruppe 2 zu rechnen, wobei die Ähnlichkeit mit dem Stockholmgranit allerdings bei der unsicheren Altersstellung des letzteren mißverständlich ist. Nimmt man diese Parallelisierung an, so kann die Sub-Loosserie als eine Art „Molasse" der Svekofenniden aufgefaßt werden und würde dann ganz oder zum mindesten in ihrem unteren Teil (Sparagmitquarzite) dem Bottnium Sederholms, bzw. der Tampere-Suodenniemizone entsprechen. Dann würde die Loosserie karelisch sein (= jatulische Quarzite), desgleichen auch die Noppiserie, da das Konglomerat in ihrem Dach nach v. Eckermann dem Hoglandium, bzw. der Almesåkraserie Westschwedens entspricht, die Noppiserie also als „oberstes Jatul" oder Onegastufe aufzufassen ist. Der Rätangranit ist dann ein spätkarelidischer Granit (älterer Molassegranit n. Backlund). Das „svionische" Alter der basalen Leptitgneise ist indessen wenig sicher; Parallelen mit dem Skellefteåfeld, das abweichende Streichen, die Stellung der Granite lassen es möglich erscheinen, daß diese Folge schon zum karelidischen Zyklus gehört (Backlund); die Noppiformation (vielleicht auch schon Oberloos) ist n. v. Eckermann der Vargfors- bzw. Vakkogruppe vergleichbar, der Rätangranit dem Sorsele-Linagranit. Magnusson zieht diese Serien zum karelischen Flyschzyklus; nach Backlund sind Loos und Vakko gotokarelischer Flysch, Noppi, Vargfors und Dalslandserie untere gotokarelische Molasse, Rätangranit granitisiertes Noppi. In diesem Falle ist die Stellung der Sub-Loos (? und unteren Loos-) Serie unsicher und die Bedeutung der liegenden und hangenden Diskordanzen unklar. Es ist aber zu berücksichtigen, daß die Faltung des Gebietes überhaupt gering, die Diskordanzen daher nur schwach und vielleicht örtlich sind. Die Position des Gebietes ist verschieden von der der bisher betrachteten Gebiete, insbesondere von der der Kareliden Finnlands; es liegt ja tief innerhalb der gotokarelidischen Zone am Rande des svekofennidischen Zwischengebirges. Der Entwicklungstypus der Sedimente und Eruptiva ist ein anderer, als in den Bezirken mit marin beeinflußtem oberen Karelium und erinnert stark an die Fazies von Innensenken, in denen die detraktive Molassesedimentation oft frühzeitig beginnt, die Faltung der späteren tektogenen Phasen gering bleibt, aber eine größere Zahl kleinerer örtlicher Diskordanzen auftritt. Dann könnten Loos- und Noppiserie eine gotokarelidische Innenmolasse sein, altersmäßig dem Neo- und vielleicht schon Mesojatul entsprechend und wären damit als Frühmolassen zu bezeichnen, während die Spätmolassen in den noch zu besprechenden Dalasedimenten und Rapakiwigraniten zu suchen wären.

e) Die Kernzone der Gotiden in Westschweden

Im Südwesten Schwedens und Süden Norwegens breitet sich von Schonen bis zum Oslograben ein ziemlich monotones Gebiet vorwiegend N–S streichender Gneise aus, die als Eisengneise (Järngneise) oder Magnetitgneise bekannt sind. Es sind rötliche, ziemlich grobkristalline Gesteine mit ziemlich deut-

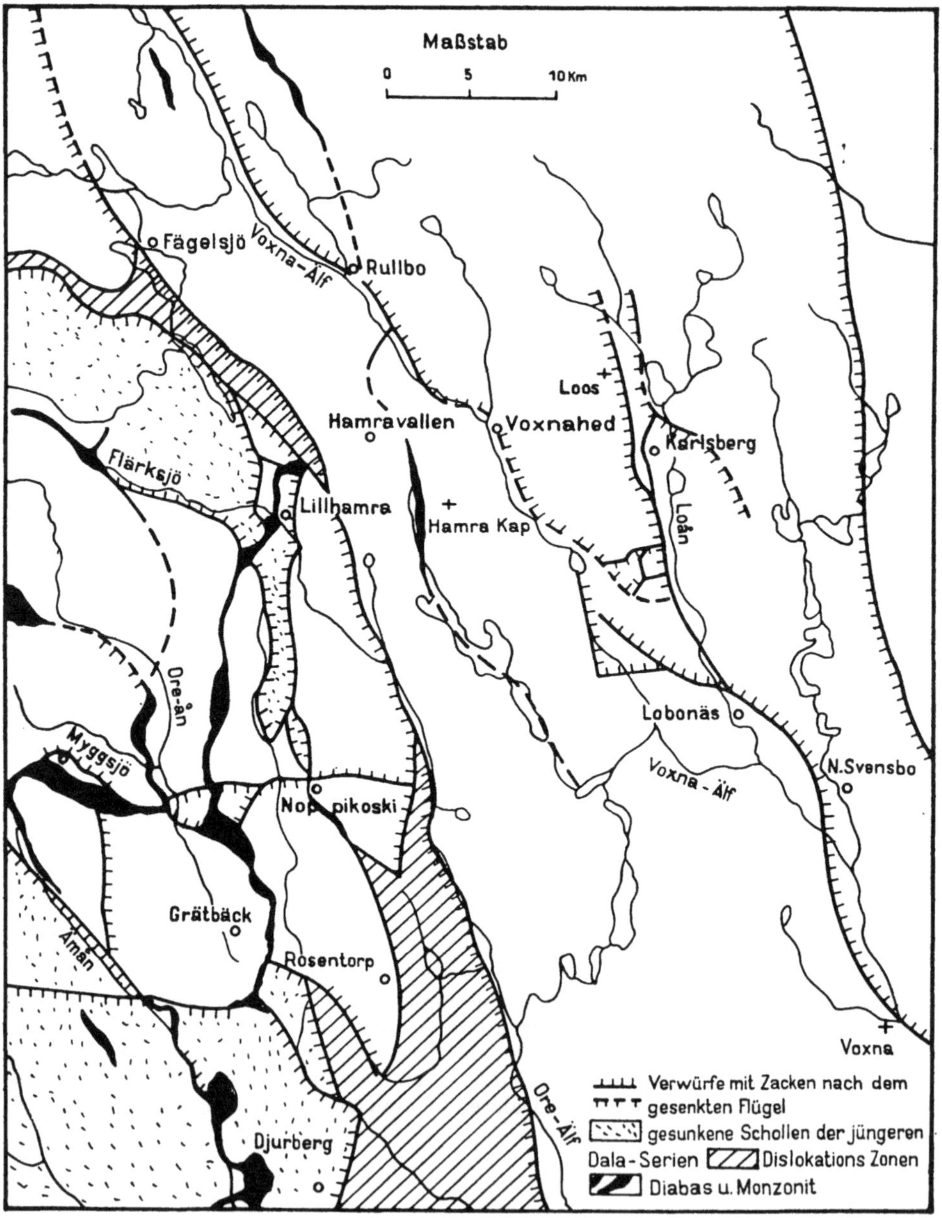

Abb. 17. Tektonische Skizze des Loos–Hamra-Gebietes. Nach H. von Eckermann, 1936.

licher Paralleltextur, in denen neben Mikroklinperthit, saurem Plagioklas und Quarz der Magnetit reichlich vertreten ist, während Glimmer und Hornblende an Menge wechseln; auch syenitische Varietäten treten auf und gelegentlich beobachtet man dichte und schlierige Varietäten. Auch gebänderte graue Zweiglimmergneise und Gneisgranite treten im Verbande besonders im Norden auf. Eingelagert sind Grünsteine von gabbronoritischer und granatpyroxenitischer Zusammensetzung, die meist deutliche Metamorphose und Verschieferung zeigen (Abb. 18).

Die Lagerung ist im Inneren meist flach, an den Rändern, besonders im Osten steil, so daß das Gebiet ein in N–S gestrecktes Großgewölbe bildet, welches aber infolge von Achsenschwankungen in Teilgewölbe zerfällt.

Eingelagert in diese Gneisformation finden sich besonders im östlichen Randgebiet superkrustale Bildungen, welche anscheinend konkordant zu dem Gneiskomplex liegen, aber eine geringere Metamorphose durchgemacht haben. Ob es sich um jüngere Elemente handelt, oder nur um einen geringeren Grad der Deformation, steht wohl nicht ganz fest. Außer der schon früher beim svekofennidischen Komplex genannten Västanåformation in Blekinge gehören dazu die Åmalformation am Vänernsee und die Horrosjöbergformation im nördlichen Wärmland. Porphyritische „Leptite", Tuffe, Porphyritagglomerate, Konglomerate und Quarzite (mit diskordanter Paralleltextur und Wellenfurchen) setzen die Åmalformation zusammen und der Aufbau der anderen Formationen ist ähnlich, so daß ein gleiches Alter wahrscheinlich ist.

Ein jüngeres Alter haben die im wesentlichen an eine schmale Zone des Ostrandes gebundenen Hyperite, welche konkordant zur Schieferung in z. T. flach liegenden Lagern und Linsen die Gneise durchsetzen und auch in die Horrsjöbergformation eindringen. Die Hyperite sind basische, pyroxenreiche Gesteine, strukturell zwischen einem Diabas und einem Gabbro stehend. Am Kontakt gegen den Gneis gehen die sonst oft ophitischen Gesteine in schieferige Varietäten über, die den Charakter von Granat-Amphiboliten annehmen. Durch Konzentration von Titanomagnetit entstehen in den Hyperiten Erzlager (Taberg). Magnusson hat gezeigt, daß bei Jönköping der Barnarpsgranit, eine schieferige Abart der Smålandgranite, nach W in granitoide Gneise und pegmatitschlierige Gneise übergeht, welche zum großen Komplex der südwestschwedischen Gneise gehören. Die durchsetzenden Hyperite gehen im Zusammenhang damit in Hyperitamphibolite über, werden aber von Pegmatitgängen durchsetzt. Man kann daraus schließen, daß die Hyperite jünger sind, als die massigen Gneise, aber älter, als die durchgreifende Metamorphose und Verschieferung des westschwedischen Komplexes. Die Hyperite durchsetzen auch auf Blatt Väse den Kristinehamngranit, eine basische Abart des Filipstadgranites, welcher vom Vänernsee bis Trysil in Norwegen den Ostsaum des Gneisgebietes bildet und altersmäßig ebenfalls den Smålandgraniten Südostschwedens entsprechen soll. Diese Granite wiederum durchbrechen die (ebenfalls noch zu besprechenden) Smålandporphyre, ebenso wie die Åmalformation von Graniten der Filipstadgruppe (Åmal- und Kroppefjeldgranite) durchsetzt wird. Auch daraus ergibt sich, daß die Vergneisung in Südwestschweden jünger, als die Intrusionen der Filipstad-Smålandgranite ist. Da diese wiederum jünger als die Spätgranite der Svekofenniden (Fellingsbro-Hangögranit) sein sollen, hat die Vergneisung Südwestschwedens mit der Metamorphose der mittelschwedischen Leptitregion nichts zu tun, sondern gehört einem jüngeren Zyklus an, den MAGNUSSON und WAHL als Gotidenzyklus ausschieden.

Jünger als die Metamorphose ist der im Küstengebiet Westschwedens ein N–S gestrecktes Massiv bildende Bohusgranit, ein Mikroklingranit, der in zwei Varietäten auftritt: als plagioklas-biotitreicher grauer, gleichkörniger und als saurer, plagioklas-biotitarmer, roter, porphyrartiger Granit. Eine (? fluidale) Paralleltextur ist oft vorhanden und steigert sich am Kontakt zum Gneis bis zu einer ausgesprochenen Bänderung, welche den Strukturfugen des Gneises parallel verläuft. Der Granit durchbricht den Gneis, nimmt Schollen auf und fällt nach Osten flach unter den Gneis ein. Er ist also diskordant, aber weitgehend konform und könnte n. LJUNGNER eine nach Osten einfallende „Zunge" bilden, welche im Zusammenhang mit den (? letzten) Phasen der Tektogenese aufgedrungen ist.

Die Gneise (Järbogneis, Kroppefjellgneisgranit) und die Åmalformation werden im Westen vom Vänernsee diskordant von einem noch jüngeren Superkrustalkomplex überlagert – der Dal – oder Dalslandformation. Die bis 1800 m mächtige Abteilung hat folgende Zusammensetzung (von oben):

Lianeschiefer – Grauwacken und Grauwackenschiefer, z. T. metamorph zu Serizitschiefer umgewandelt. Konglomeratlager sind besonders unten vorhanden. Eine schwache basale Diskordanz ist anscheinend vorhanden. Etwa 400 m.

Quarzitkomplex, weiße, z. T. rötliche Quarzite mit untergeordneten Lagen von Schiefer und Kalk. 430 m.

Schieferkomplex. Tonschiefer und Phyllite, z. T. mergelig, mit Kalklagen, Quarzitsandstein und zwei Lagen von „Chloritstein", d. h. umgewandeltem Diabas bzw. Diabastuff. Bis 800 m.

Bodenschicht. Konglomerat mit Gneis- und Granitgeröllen, z. T. ersetzt durch Quarzsandstein und Grauwacke. An der Grenze gegen die Åmalformation kommen Grauwacken mit Sandsteingrundmasse und Bruchstücken von Leptit, Schiefer und Quarzit vor. 200 m.

Die Dalformation ist auf Abb. 18 weiß gelassen.

H. MARTIN, welcher 1939 die Konformität der Dalslandtektonik mit der nachkarelischen intrajotnischen Tektonik Mittelschwedens nachwies, ist geneigt, im Anschluß an TÖRNEBOHM, die Dalslandserie schon ins Jotnium zu stellen. v. ECKERMANN vergleicht sie mit der Noppiformation von Loos-Hamra; nach BACKLUND stellt sie eine untere Molasse der Kareliden dar. Im Gegensatz zur Noppiformation ist sie aber intensiv gefaltet, wenn auch schwächer als der Åmalkomplex. Sie wird aber von den westlich anschließenden Gneisen auf flacher Bahn überschoben, und zwar scheint diese ostvergente Überschiebung bedeutende Ausmaße zu erreichen. Mit dieser Überschiebung bringt HÖGBOM weit verbreitete Brekzien in Zusammenhang, welche anscheinend diskordant den Dalslandkomplex überlagern und Quarzit- und Schieferkomponenten enthalten. Sie treten vor allem am Überschiebungssaume auf und werden mithin von HÖGBOM als Relikte eines

„Reibungsteppichs“ unter der Gneisdeckscholle gedeutet; es könnten aber auch sedimentäre Brekzien darunter vertreten sein (Abb. 19).

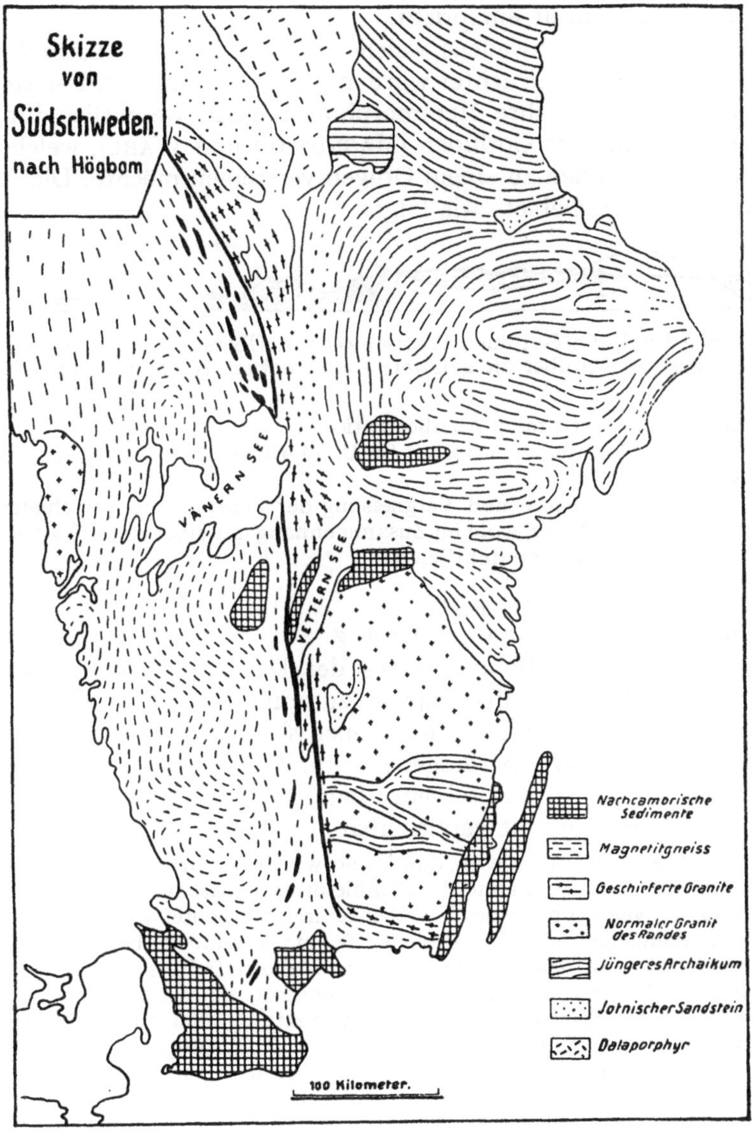

Abb. 18. Übersichtskarte von Südschweden. Nach Högbom.

W. Larsson unterscheidet 1947 in diesem Gebiet vier durch Diskordanzen getrennte Serien: alte Gneise, Åmal-Kroppefjäll,- Kappebo-, Dalformation. Der Bohusgranit ist nach ihm postorogen (postjatulisch).

Die gleiche Folge und Tektonik herrscht auch in Südnorwegen südlich des Oslograbens. Auch dort besteht eine Eisengneisfolge mit Hyperitintrusionen (nickel- und magnetkieshaltig) und eingelagerten Superkrustalkomplexen (Kongsvinger Quarzit und Konglomerat, Nesodden-Leptit und Granatglimmerschiefer). Diese Gesteine werden durchsetzt von dem Smålenengranit, welcher dem Bohusgranit entspricht.

Die Järngneise Westschwedens, welche früher als ältester „katarchäischer" Sockel Fennoskandias betrachtet wurden, sind also nach den Feststellungen Magnussons, soweit es ihre Metamorphose angeht, wesentlich jünger; sie bilden die Kernzone der Gothiden (Magnusson und Wahl), welche Backlund mit den Kareliden zu einem Orogen vereinigen möchte. Die Ereignisfolge wäre in diesem Gebiete wie folgt:

Abb. 19. Profil durch die Gothiden Westschwedens. Überschiebung der Granitgneise (gestrichelt) über die gefaltete Dalformation. Nach Högbom.

1. Bildung der superkrustalen Åmalformation.
2. Intrusion der Granite der Filipstad-Smålandgruppe ohne starke Einwirkung auf die Nebengesteine
3. Intensive Metamorphose und Vergneisung der Zentralzone, Verschieferung der eingedrungenen Granite, wohl im Zusammenhang mit einer ersten Faltungsphase, die in der Åmalformation deutlich ist.
4. Intrusion der Bohusgranite.
5. Bildung der Dalsland-„Molasse".
6. Zweite Faltungsphase und Überschiebung.

Ob die Intrusion des Bohusgranites der Dalslandsedimentation vorangeht oder mit der zweiten Faltungsphase zusammenhängt, ist nicht unmittelbar festzustellen, da beide Gesteinsgruppen sich nicht berühren. Jedenfalls ist der Bohusgranit ein spätorogener Granit der Gotokareliden, was zu seiner Erscheinungsform und seinem Chemismus gut paßt. Vielleicht ist er am besten dem Rätangranit vergleichbar.

Kurz sei noch darauf hingewiesen, daß im norwegischen Grundgebirge westlich vom Oslograben, wie schon oben erwähnt, die Bambleformation des südlichen Küstengebietes von Backlund als svekofennidisches Zwischengebirge betrachtet wird. Dagegen ist die an das Oslograbengebiet im W anschließende, stark gestörte Kongsbergformation, welche N–S streicht, zu den Gotokareliden zu rechnen (? Flysch n. Backlund). Sie besteht aus liegenden quarzhaltigen Amphibolitgneisen, die mit Glimmerschiefern und Chloritschiefern vergesellschaftet sind (Knuteformation), und aus einem hangenden Effusivkomplex, der von Gabbro, älterem Kongsberg- und jüngerem Flaagranit durchsetzt wird. Älter als der Granit sind die stark verschieferten Vinordiabase, gangförmige Intrusionen, welche den Hyperiten zu vergleichen wären.

Der westlich davon lagernde Telemarkkomplex besteht aus leptitischen Gesteinen mit Porphyr, Porphyrit, Quarziten, Konglomeraten und mit intrusiven Grünsteinen. Die Metamorphose ist geringer, die Faltung anscheinend auch, da die Lagerung im Gegensatz zu Kongsberg meist flach ist, wobei eine Konkordanz mit den unterlagernden Gneisen von südnorwegischem Typus zu bestehen scheint. Die Grenzen gegen die älteren Gesteine sind aber meist Störungen, so die über 100 km lange Brekzienzone im Osten, welche den verschieferten Protoginen Westschwedens vergleichbar ist.

Die jüngeren Granite (Flaa- und Telemarkgranit) durchsetzen auch die Telemarkformation (Molassegranit n. Backlund). Die Telemarkformation ist mithin wohl jünger als Kongsberg und vielleicht der Dalsland-Noppigruppe vergleichbar.

f) Die Porphyr-Granitregion Südostschwedens (Småland)

Die Småländer Zone, eine N–S streichende Zone starker Verschieferung (Protoginbildung) und Mylonitisierung, verbunden mit der Intrusion der Hyperite und (im N) der Granite vom Filipstadtypus, trennt die westschwedische Gneisregion von einem östlichen Bereich, in dem man die (bereits beschriebenen) svekofennidischen Zwischengebirgsschollen von Mittelschweden im N und Blekinge im S und die dazwischen liegende Småländer Scholle unterscheiden kann. Die Zwischengebirge zeigen, bis auf den später überprägten Westsaum, vorwiegend O–W-Streichen; in der Småländer Scholle vikariiert dieses mit mehr NW–SO gerichtetem Streichen (Västervik). Jedenfalls steht es in deutlichem Gegensatz zu dem N–S-Streichen in Westschweden (Abb. 17).

Der Charakter der Småländer Bewegungszone ist noch nicht restlos aufgeklärt und vermutlich komplexer Art. Die Strukturfugen fallen im allgemeinen steil nach Westen, und man hat daher teils an Abschiebung nach W (Ostschweden als tieferer Schnitt durch das Orogen), teils an Aufschiebung nach O (entsprechend der allgemeinen Vergenz der Gotokareliden) gedacht. Daneben könnten aber auch, sowohl im Archäikum, als in jüngerer, postkambrischer Zeit, auch Horizontalbewegungen in N–S-Richtung eine Rolle spielen, welche mit der ältesten svekofennidischen Vergenz in Blekinge und auf Bornholm konform sind. Darauf wird noch in anderem Zusammenhange einzugehen sein.

Innerhalb dieses Gebietes tritt als älterer Superkrustalkomplex eine Gruppe porphyrischer Ergußgesteine und Tuffe auf; Quarzporphyre wiegen vor, doch sind auch basischere Porphyrite vertreten. Die Porphyre sind schwach metamorphosiert, aber die primären Strukturen (Sphaerulite, Litophysen, Aschen) und die Fluidaltextur sind wesentlich besser erhalten als bei den Hälleflinten Mittelschwedens, mit denen sie oft verglichen wurden. Innerhalb der Folge treten auch Sedimente auf – Quarzite, Glimmerschiefer und das polymikte Malmbäckskonglomerat mit wechselnd stark ausgewalzten Geröllen von Gneis, Glimmerschiefer, Amphibolit und Granit. Diese superkrustalen Gesteine sind zu vorwiegend W–O streichenden Zügen angeordnet, welche von den – jüngeren – Smålandgraniten durchbrochen und unterlagert werden. Unter diesen Graniten, die als Leitgeschiebe neben den Porphyren eine Bedeutung für das Quartär der norddeutschen Tiefebene besitzen, gibt es sehr zahlreiche Varietäten:

Der graue Växiögranit ist ein an Hornblende und Plagioklas reicher mittelkörniger Granit; der Småländer Augengranit erinnert an den Filipstadgranit, ist aber infolge Hornblendereichtum basischer. Unter den häufigeren sauren Perthit-Quarzgraniten seien genannt: der rote Virbogranit, der hochrote Uthammargranit, der Våneviksgranit mit Blauquarzen, der Götemarsgranit mit rotem Quarz, der mittelkörnige rote Växiögranit mit zwei Feldspäten, der ähnliche, hochrote Tranäsgranit. Außerdem treten Syenite (Vaggesyd), Olivingabbro, Gabbrodiorite und Norite auf.

Die Granite werden zeitlich dem Filipstadgranit gleichgestellt; sie haben durchbrechenden, diapiritischen Charakter, sind aber, wie Backlund und neuerdings Torsten du Rietz zeigen, aus einer Granitisierung von superkrustalen gotidischen Formationen hervorgegangen; das läßt sich insbesondere aus dem Västervikskomplex im Norden des Gebietes ableiten. Hier, an der Grenze gegen die svekofennidischen Gneise Mittelschwedens, tritt ein System von ziemlich reinen Quarziten auf, die basische, amphibolitische Zwischenlagen enthalten und seitlich in mehr pelitische Sedimente übergehen. Das Gesamtstreichen ist NW–SO, aber von einer Kleinfältelung in O–W überprägt. Die pelitischen Varietäten gehen über Arterite, wellblechartige, gefältelte Fleckengneise (Krokögneise) und „Grobporphyre" in Augengranite und Smålandgranite über, wobei die letzten Varietäten konform zur Großtektonik in NW–SO orientiert sind (Grobporphyre als Gewölbekerne, Arterite in den Schenkeln), aber eine Fließtextur in O–W zeigen. Nach Backlund gehört die Großfaltung zu der gotokarelidischen Tektogenese mit Vergenz nach NO bzw. ONO, wobei das Streichen eine Anpassung an die Grenzen der starren Zwischengebirgsschollen zeigt. Die Sedimente wurden zuerst in NW-Falten gelegt; infolge des starren Widerlagers im N erhielt das System ein Drehmoment, wobei von den schon angelegten diagonalen Spalten das O–W-System in Aktion trat, teils als Bewegungsflächen, teils als Dehnung senkrecht zum Streichen; diese Impulse wirkten sich dann auch in der fortschreitenden Granitisierung und der diapiritischen Intrusion der palingenen und syntektonischen Granite aus.

In den Malmbäckskonglomeraten vermutet Backlund detraktive Sedimente (Molassen) am Südrande des svekofennidischen Zwischengebirges, also ein Gegenstück zu der Tamperezone (Bottnium ex parte). Die Porphyrserie Smålands wird von Magnusson dem Åmalkomplex gleichgestellt; die Västerviksquarzite sind vielleicht diastrophische Sedimente (Flysch) des karelidischen Zyklus; die darin enthaltenen Granite, und damit die Smålandgranite überhaupt, „repräsentieren einen späten Abschnitt in der „magmatischen" Entwicklung des betreffenden Gebirgsgrundes, eines relativ hochgelegenen Schnittes der Gotokareliden" (Backlund).

Es sei erwähnt, daß die Verschieferung der Smålandgranite nach Süden zunimmt, was aber wohl kaum als Übergang in die Gneisgranite Blekinges gedeutet werden kann, sondern eher einer zwangsweisen Anpassung an die Umrisse der Zwischengebirge entspricht. In diesem Sinne ist Småland bis zu einem gewissen Grade eine spiegelbildliche Parallele zur „bottnischen" Zone von Tampere.

4. Das Jungpräkambrium

a) Jotnium

Zwischen der karelidischen Faltung des Schildes und der kaledonischen Faltung an seiner nordwestlichen Peripherie besteht im fennoskandischen Raum keine stärkere Tektogenese. Infolgedessen sind alle nachkarelischen Ablagerungen im Raume des Schildes wenig gestört und deformiert und liegen also diskordant auf dem durchbewegten Sockel der Kareliden und ihrer Zwischengebirge. Dieses Jungpräkambrium oder Jotnium tritt im wesentlichen innerhalb eines O–W-Gürtels auf, der im Raume und an der Peripherie des svekofennidischen Zwischengebirges Mittelschwedens und Südfinnlands von Dalekarlien über die Ålandsinseln, Satakunta, Wyborg, zum Ladoga- und Onegasee zieht. Die jotnischen Gesteine sind vor allem klastische, meist rote Sedimente (Oldest red SEDERHOLMS), Granite von dem charakteristischen Rapakiwitypus und Diabase. Die Sedimente tragen den Charakter von Molassen, wobei eine Verbreitung konform zu den Zwischengebirgsgrenzen (O–W), aber nicht zum Streichen der Kareliden (N–S bis NW–SO), auffällt und bisher noch nicht zureichend erklärt ist, ebenso wie die stete Vergesellschaftung der älteren Rapakiwis mit den jüngeren Sandsteinen noch der Erklärung bedarf. Nur die Diabase, soweit sie gangförmig auftreten, sind nicht an den genannten Streifen gebunden, sondern treten z. B. auch in Südschweden auf. Die einzelnen Verbreitungsgebiete zeigen im übrigen Verschiedenheiten und sollen kurz gekennzeichnet werden (Abb. 20).

Im Gebiete des Onegasees, insbesondere an seinem W- und NW-Ufer, kann gezeigt werden, daß der früher besprochene vulkanische Suissarikomplex von Sandsteinen überlagert wird, welche als Sandsteine von Kamennyj-Bor oder Petrosawodsk in der Literatur bekannt sind. Diese Sandsteine sind grau, zuweilen fast schwarz, beginnen gelegentlich mit einem Konglomerat und bestehen vorwiegend aus Quarz mit einer geringen Beimengung von Feldspat. Außerdem treten gelegentlich Fragmente von schwarzem Kieselschiefer und von Diabas auf, wobei letztere nach WAHL infolge ihrer eckigen Umrisse als Lapilli zu deuten wären, d. h. als Beweis dafür angesehen werden könnten, daß die vulkanische Tätigkeit, welche den Suissarikomplex schuf, noch während der Sandsteinbildung andauerte. Andererseits ist die Suissariserie zusammen mit den liegenden karelischen Bildungen recht erheblich gestört, während die Sandsteine nur eine flache, NW–SO streichende Mulde bilden, die höchstens an den Flanken etwas stärkere Störungen aufweist. Die Diskordanz liegt also über den Suissarivulkaniten, welche daher noch zur karelischen Serie zu rechnen sind (POLKANOFF). Im Hangenden gehen die Kamennyj-Bor-Sandsteine in die monogenen, quarzitischen, meist intensiv rot gefärbten Schokschasandsteine über, welche anscheinend noch schwächer deformiert sind. Der Farbumschlag deutet auf Übergang von flach-subaquatischer zu kontinentaler Sedimentation, die rote Farbe weist auf aride Verhältnisse hin.

Rapakiwigranite treten in diesem Gebiete nur in kleineren Massiven auf; sie haben meist keine Oligoklassäume an den Orthoklasen, gehören also zum Typus der Pyterlite. Sie stehen nur mit karelischen bzw. älteren Ablagerungen in unmittelbarem Kontakt und sind daher hier altersmäßig nach oben nicht abzugrenzen.

Weit verbreitet sind innerhalb der Sandsteine Intrusionen von Gabbrodiabasen, welche also das jüngste präkambrische Gestein der Gegend darstellen. Die ziemlich einheitlich ausgebildeten Diabase sind quarzhaltig und führen in den gröberen Varietäten Orthoklas in mikropegmatitischer Verwachsung mit Quarz. Bemerkenswert sind pegmatitische und aplitische

Gänge, vermutlich demselben Magma entstammend, welche den Diabas durchsetzen. Die Diabase, welche auch im westlichen Fennoskandia Analogien besitzen, sind als Swirdiabase bekannt.

Am Nordufer des Ladogasees und bei Wyborg treten die größten Massive von Rapakiwi auf. Es seien bei dieser Gelegenheit die charakteristischen Merkmale dieser von allen älteren abweichenden Granite besprochen (Zusammenstellung n. Backlund).

Wie aus den Arbeiten von v. Eckermann hervorgeht, liegen die Rapakiwis in Schweden als flache, schildförmige Massen über der Denudationsfläche, welche die gestörten Noppisedimente kappt; der früher besonders beachteten Denudationsfläche, welche die Rapakiwis von den jüngeren Teilen des jotnischen Sandsteins trennt, legt man heute geringere Bedeutung bei und rechnet mithin die Rapakiwis zum (tieferen) Jotnium. Charakteristisch ist eine sehr regelmäßige Zerspaltung in zwei aufeinander senkrechten vertikalen und einer horizontalen Richtung. Diese Spalten zeigen keine tektonische Bezogenheit; das horizontale System scheint mit einem gewissen Substanzwechsel verbunden zu sein und tritt besonders durch die eigentümliche Art der Verwitterung in horizontalen „Schichten" von festem und vergrußtem Material (Moroverwitterung) in Erscheinung. Positionell sind die Rapikiwis an die Nähe der Grenze zwischen svekofennidischem Zwischengebirge und Gotokareliden gebunden. Die Vergesellschaftung mit dem postorogenen, meist jüngeren jotnischen Sandstein ist ebenso bemerkenswert wie die Verknüpfung mit einer eigenen Effusivfazies und mit (älteren und jüngeren) Diabasen. Das Fehlen jeder Deformation, d. h. das typische postorogene Auftreten, ist zu betonen. Neuerdings ist, besonders durch v. Eckermann, festgestellt worden, daß es mehrere Generationen von Rapakiwis bzw. der mit ihnen verbundenen Rapakiwigranite gibt, wobei aber eine bestimmte Reihenfolge der einzelnen strukturellen Varietäten sich generell nicht durchführen läßt. Schlieren- und Fließtexturen treten zwar gelegentlich auf, sind aber im allgemeinen nur wenig deutlich ausgebildet; eine lagenweise Anhäufung von Feldspateinsprenglingen ist dagegen nicht selten und ruft gelegentlich direkt den Eindruck einer Schichtung hervor.

Mineralogisch ist im Gegensatz zu allen älteren Graniten das Vorkommen von Orthoklas neben Mikroklin wichtig. Die typischen Varietäten zeigen dabei große, eiförmige Einsprenglinge von Kalifeldspat, sind also porphyrartig, wobei die roten Ovoide gelegentlich eine Schale von grünlichen Oligoklas besitzen (Wyborgit), in anderen Fällen aber einer solchen entbehren (Pyterlit). Der Quarz tritt meist in idiomorphen Kristallen auf, daneben in einer oft granophyrisch ausgebildeten „Grundmasse". Von dunklen Bestandteilen kommen Chlorit, Biotit, Amphibole und Pyroxene vor, wobei eines dieser Mineralien meist die anderen ausschließt. Auch Olivin (Fayalit) ist gelegentlich vertreten. Einige Varietäten sind reich an Flußspat und Topas. Varietäten mit vorherrschendem Plagioklas von schwarz-grüner Farbe (vielleicht durch Einschmelzung von Diabasen entstanden) werden als Tirilite bezeichnet. Gleich- und mittelkörnige Varietäten werden heute als Rapakiwigranite abgetrennt. Chemisch zeigen die einzelnen Gebiete Unterschiede: so sind die schwedischen Vorkommen natronreicher als die finnischen, die Rapakiwi der Ålandsinseln und vor Nystad führen mehr c und fm, als die des Loos-Hammragebietes.

Zweifellos sind die Rapakiwis in einem seichten Niveau unter geringer Decke erstarrt. Den vielen Schwierigkeiten, welche positionell, intrusionstektonisch und petrographisch einer Deutung als intrusive lagerartige Massen entgegenstehen, hat Backlund neuerdings dadurch zu begegnen versucht, daß er die Rapakiwis als Granitisationen der roten jotnischen Sandsteine, d. h. der Molassen, betrachtet, eine Theorie, die z. Z. noch auf lebhaften Widerspruch stößt.

Das Rapakiwimassiv am Nordufer des Ladogasees ist vorwiegend aus porphyrartigen Rapakiwis ohne Oligoklasschalen um die Einsprenglinge (Pyterlit) und aus roten gleichkörnigen Rapakiwigraniten zusammengesetzt. Aplitgranitische Gänge treten auf.

Das Wyborgmassiv ist das größte und nimmt eine sichtbare Fläche von 20000 Quadratkilometer ein. Es hat die Form eines Lakkolithen oder eines fast horizontalen Schildes von anscheinend nicht sehr großer Dicke, da die Unterlage gelegentlich fensterartig hervortreten soll (WAHL). Die einzelnen Varietäten lassen vielleicht eine Altersfolge Tirilit-Wyborgit-Pyterlit zu; als letztes würden gleichkörnige quarzporphyrische Gesteine erscheinen. Die Wiborgite mit oligoklasgesäumten Kalifeldspatovoiden sind hier besonders kennzeichnend. Im Norden besteht ein kleineres Nebenmassiv (Jaala), welches von einem Bogen etwas älterer Gabbro-, Norit- und Labradorfelse umschlossen wird. Im Süden setzt das Massiv noch unter dem Finnischen Golf und – wie man aus geophysikalischen Angaben schließen kann – unter einem Teil Ostestlands und Ingermanlands fort. Auf der Insel Hogland (Suursari) wird ein Quarzporphyr als Aquivalent der Rapakiwis gedeutet; er liegt entweder auf einem Quarzkonglomerat, welches als Zeuge einer älteren, präjotnischen Formation (Hoglandium, vielleicht z. T. = Noppiformation, s. oben) gedeutet wurde (SEDERHOLM), teils auf Grundgebirge, welches von gabbro-anorthositischen Diabasen (Ossipiten) durchsetzt wird, die wohl zu den ältesten jotnischen Intrusionen gehören.

Das vierte, wichtige Verbreitungsgebiet jotnischer Gesteine ist die west-finnische Landschaft Satakunta, in der wieder recht verschiedene Gesteine auftreten. Neben dem typischen Laitila-Rapakiwi (= Nystadt–Rapakiwi), einem pyterlitartigen Gestein, treten hier eine Anzahl anderer Varietäten, insbesondere gleichkörnige Rapakiwigranite auf: der Lellainengranit mit hellrotem Orthoklas und blauem Quarz, der graue Ytogranit mit spärlichen großen Orthoklasen, der braunrote Vehmaagranit, der technisch besonders wertvoll ist, der hornblendereiche Tarkigranit, der Prickgranit mit Flußspat und Flecken von Hornblende und Glimmer, der topasführende Väkkärägranit mit serizitgefüllten miarolithischen Hohlräumen und mit Flußspat. Der letzte Granit stellt wahrscheinlich die jüngsten Intrusionen dar, auf deren Alter noch zurückzukommen sein wird.

Jünger als der typische Rapakiwi ist der im Gebiet weit verbreitete jotnische Sandstein, der hier die typische Entwicklung in Gestalt dickbankiger, meist ziemlich grober roter Sandsteine zeigt; im Hangenden sind die Sandsteine feinkörniger; Trockenrisse, Tongallen, Kreuzschichtung und andere Merkmale rechtfertigen die Bezeichnung als „oldest red". Die Lagerung ist meist ganz flach, nur an Verwerfungen zeigen sich gelegentlich steilere Fallwinkel.

Der Sandstein wird durchsetzt von olivinhaltigen Diabasen des sogenannten Åsbytypus, meist gut ophitisch ausgebildeten mittelkörnigen Gesteinen mit einem braunvioletten Augit und viel Magnetit-Ilmenit. Heute sind von ihnen nur vertikale Gänge erhalten, die aber wohl als Zufuhrspalten von Lagergängen zu gelten haben.

Es ist beobachtet worden, daß Gänge von Granit, zum Väkkärä-Rapakiwigranit gehörend, die Diabase durchsetzen. Sofern es sich nicht um eine Palingenese der Granite handelt, muß angenommen werden, daß ein Teil der gleichkörnigen Rapakiwigranite jünger als die Diabase und mithin jünger als gewisse Abteilungen des jotnischen Sandsteins sind. In gewissem Sinne bestätigt das die noch zu erörternden Ergebnisse v. ECKERMANNS in der Loos-Hamra- und Dalaregion Schwedens.

Die Ålandsinseln zeigen mit die reichste Typenvarietät an Massengesteinen. Vorauszuschicken ist, daß hier schon etwas ältere Granite auftreten (Lemland-, Mosshaga-, Åwagranite), welche SEDERHOLM zu seiner dritten Gruppe rechnete und welche zwar den Rapakiwis in Chemismus, Farbe und Struktur ähnlich sind, aber einen höheren Grad tektonischer Beanspruchung zeigen. Sie enthalten stellenweise große Mengen von Nebengesteinsfragmenten und bilden direkte Eruptivbrekzien. Quarzporphyrische Ergußäquivalente sind bekannt, und ein Zusammenhang mit den Bottenmeerporphyren, welche im allgemeinen nur als Geschiebe bekannt sind, wäre nach SEDERHOLM denkbar. Letztere sind nach v. ECKERMANN mit den Noppiporphyren zu parallelisieren; es ist also wahrscheinlich, daß die – präjotnische – Noppiformation in beträchtlicher Mächtigkeit in der N–S getreckten bottnischen Ålandssenke lagert. Die genannte Parallele würde weiterhin den Vergleich der Lemland-Åwagranite mit dem Rätangranit (älterer Molassegranit der Kareliden) rechtfertigen.

Jünger sind die vorwiegend gangförmig auftretenden Diabase vom Föglötypus, meist als Ossipite bezeichnet; die feinkörnigen Varietäten mit ophitischer Struktur bestehen im wesentlichen aus Labradorit, Enstatit-Augit und Ilmenit. Die grobkörnigen, hellen Abarten sind reich an Plagioklas und können zum Teil schon als Anorthosite oder Labradorite bezeichnet werden.

Die Ossipite werden von Graniten durchbrochen, welche zu den echten Rapakiwis gehören. Es treten hier sowohl typische Wyborgite mit von Plagioklas ummantelten Orthoklasovoiden auf, als auch gleich- und feinkörnige rote Ganggranite (Rapakiwigranite), endlich Quarzporphyre, die als extrusiver Lavamantel um die Rapakiwis anzusehen sind.

Olivindiabase vom Åsbytypus, als jüngste präkambrische Intrusion, sind ebenfalls vertreten.

In Schweden hat das Jotnium Dalekarliens und der anschließenden Loos-Hamraregion in den letzten Jahren durch die Arbeiten v. ECKERMANNS eine besonders eingehende Durchforschung erfahren. Der Genannte hat vor allem gezeigt, daß die frühere Ansicht, nach der die Rapakiwigranite von dem hangenden jotnischen Sandstein durch eine bedeutende Diskordanz und tiefgreifende Abtragung getrennt sind, nicht den Tatsachen entspricht und daß daher diese Granite nicht als „Präjotnium" vom Jotnium getrennt werden dürfen. Die bedeutendere Diskordanz, d. h. die eigentliche subjotnische Abtragungsfläche, liegt unterhalb der tiefsten Dalaporphyre, mit denen die mächtige Dalaserie beginnt, welche mithin als Ganzes dem Jotnium entspricht. Diese Porphyre werden von einem Basalkonglomerat unterlagert, welches im Loos-Hamragebiet vorwiegend aus den liegenden Noppiquarziten besteht (60%) und nur 6% ältere Grundgebirgsgesteine enthält. Die Gerölle dieses Konglomerates sind in die hangende Porphyrdecke eingebettet; das

Konglomerat, welches mit dem Hoglandium parallelisiert wird, war also zur Zeit der Porphyrextrusion noch nicht verfestigt.

Das Jotnium beginnt also mit Effusionen, welche den Charakter übereinander geschichteter Lavaströme haben. Die tieferen sind intermediär, syenitisch, die höheren sauer, quarzporphyrisch (Quarzzahlen von + 10 bis + 268). Die Zufuhr erfolgte anscheinend durch NW- bis NNW-Spalten. Am Ende dieser ersten vulkanischen Periode drang Rapakiwimagma entweder als Sillintrusion ein oder brach vielleicht sogar direkt zur Oberfläche durch. Die Rapakiwis dieses Gebietes tragen insofern einen besonderen Charakter, als die typischen Orthoklasovoide mit oder ohne Plagioklassaum fehlen; die vorhandenen Gesteine sind porphyrische Rapakiwigranophyre von roter (Sandsjötypus) oder grauer (Loberg) Farbe, welche mit den Dalaporphyrströmen durch Übergänge verbunden sind. Der Rapakiwi braucht also nicht tiefer als 200–400 m unter der Oberfläche erstarrt zu sein, und die Erosion, welche ihn freilegte, war also nicht sehr bedeutend.

Anscheinend waren die älteren Ströme von einer Tuffdecke überzogen, doch ist von derselben wenig erhalten, und nur in dem hangenden Sandstein finden sich umgelagerte Tuffreste, die nach oben an Menge abnehmen. Der Erosionsphase folgt also unmittelbar nach der ältesten Eruption eine subaquatische Sedimentation, welche im allgemeinen durch graue Sandsteine gekennzeichnet ist, welche nach oben in rötlichgelbe Sandsteine übergehen, deren Bildungsbedingungen v. Eckermann als Kombination von arider Oxydation, äolischem Transport und subaquatischer Sedimentation auffaßt.

Diese bis zu 200 m mächtige frühjotnische, klastische Folge, der Digerbergsandstein, enthält in Dalekarlien ein mächtiges (30–40 m) Konglomerat, welches sich aus den liegenden, tuffhaltigen Sandsteinen entwickelt, aber auch direkt die älteren Effusiva überdecken kann. Es entspricht einer starken Denudation der das Senkungsfeld umgebenden Räume bei vermutlich extrem aridem Klima. Die Geröllkomponenten sind aber vorwiegend Effusiva der vorhergehenden Periode, so daß die Erosion auch jetzt kaum bis auf den Sockel vorgedrungen war. Dann nimmt die Korngröße bis zur Bildung roter Tone ab.

Die vulkanisch ruhige Zeit schließt mit der ersten Intrusion doleritischer Diabase vom Åsbytypus. Diese sind sehr zahlreich und bilden weit durchstreichende Gänge; Gerölle von ihnen treten in der hangenden, interjotnischen Sedimentserie auf, und sie werden von den grünen Porphyriten des höheren Jotniums durchsetzt. Neben dem normalen Typus mit Olivin, Pyroxen, Plagioklas treten albitische Diabase mit Nephelin, niederer Quarzzahl und hohem Alkaligehalt und saurere monzonitische Typen mit Orthoklas auf.

Nun folgt eine zweite vulkanische Periode, in der die jüngeren Dalaporphyre und -porphyrite gebildet werden. Diese Periode beginnt mit basischen, andesitischen grünen Porphyriten und schreitet über monzonitisch-syenitische rote Porphyrite zu der Extrusion liparitischer Quarzporphyre fort, welche strukturell zu den Rapakiwis gehören. Entsprechend schließt eine zweite Rapakiwiintrusion diesen zweiten vulkanischen Zyklus ab. Die zunehmende Azidität prägt sich in der von + 22 bis + 250 ansteigenden Quarzzahl aus.

Im Hangenden folgt nun wieder eine sehr mächtige (bis 600 m) Sandsteinfolge, die im wesentlichen denselben Charakter trägt wie die untere, d. h. ein Pendeln der Sedimente zwischen Flachwasserbildungen und kontinentalen Absätzen zeigt. Nach v. Eckermann ist der regelmäßige Wechsel am besten durch gelegentliches Trockenlaufen des Beckens, d. h. durch Gezeitenwirkungen erklärbar. Das Klima ist nach wie vor arid, die Umgebung des Flachbeckens dürfte eine rote Windwüste dargestellt haben; erst zum Schluß häufen sich rotgraue Tone und helle Sandsteine, die einen klimatischen Umschwung andeuten.

Diese ruhige Sedimentation wird durch eine neue vulkanische Phase unterbrochen, in der die extrusiven Öjediabase (75–90 m) an die Oberfläche treten. Es ist ein porphyritischer Diabas mit Mandeln von Achat, Chlorit und Chalzedon, der einen – vielleicht subaquatisch ergossenen – Strom darstellt. In tieferem Niveau wird er von Diabasen des Åsbytypus intrudiert; chemisch zeigt er Verwandtschaft sowohl mit den Åsbydiabasen als auch mit den grünen Porphyriten. Seine Förderung entspricht einer Zeit unterbrochener Sedimentation, denn er besitzt erstens eine verwitterte Oberfläche und wird ferner gelegentlich von einem Konglomerat mit Achatmandeln (Achatkonglomerat) überlagert. Er muß also einer Hebungs- und Erosionsphase entsprechen, welche mit dafür verantwortlich ist, daß die ursprünglichen, übrigens anscheinend wenig mächtigen Dachsedimente der Rapakiwiintrusionen so selten erhalten sind. Nach dieser vulkanischen Episode geht die Sedimentation weiter, wobei noch eine Intrusion monzonitischer Gänge zu erwähnen ist.

Den Abschluß des Jotniums bildet eine letzte Diabasintrusion, die der Quarzdiabase vom Särnatypus, welche mithin den Swirdiabasen Karelens entsprechen.

Gangförmige Intrusiva, vor allem Diabase, sind im Mittel- und Südschweden weit verbreitet. So findet man O–W streichende Diabasgänge vom Åsbytypus vielfach von Dalsland bis zum westlichen Bergslagen. Präjotnische Diabase von ähnlichem Typus sind im südlichen Småland, Östergötland und bis zum Mälargebiet bekannt; sie zeigen stärkere Deformation an Spalten und sind meist zu Uralitdiabasen umgewandelt. Oft sind sie von Gangporphyren begleitet (Påskallavik-P., Sjöglö-P.). Bei Norrköpping werden sie von den postjotnischen Hälleforsdiabasen geschnitten, welche nur durch geringeren Verwitterungsgrad vom Åsbytypus abweichen. Diese Typen sind bis Blekinge bekannt, wo sie NNO bis N streichen. Im Westschweden, von Wärmland bis Schonen, sind präjotnische (n. Asklund) Bronzitdiabase mit großen Pyroxenen verbreitet.

Ein größeres Verbreitungsgebiet jungpräkambrischer Gesteine bildet die Almesåkraformation südöstlich vom Vetternsee. Über einem Bodenkonglomerat, welches vorwiegend aus dem Grus des unterlagernden Grundgebirges besteht, liegen rötliche Quarzite, Arkosen und braunrote Schiefer mit unbedeutenden Kalklagen. Diese Folge ist stark verbrochen und vielleicht sogar schwach gefaltet. Mit einer deutlichen Diskordanz folgt darüber ein Konglomerat, aus Quarzitgeröllen in quarzitischer Grundmasse bestehend; die Gerölle treten auch in Diabasgängen auf, welche also jünger als die obere Abteilung sind. Sonst sind Diabase (als steile Gänge und Lager) vorwiegend im unteren Abschnitt verbreitet. Sederholm hat in der Almesåkraformation drei Abteilungen unterschieden und die untere als jungjatulisch angesehen. Die erwähnte Diskordanz macht es nach v. Eckermann nicht unwahrscheinlich, daß die untere Abteilung vorjotnisch ist und an den letzten Phasen der gotidischen Tektogenese teilgenommen hat. Die Almesåkraformation dürfte früher größere Verbreitung gehabt haben, wie Reste eines Konglomerates mit Geröllen dieser Formation zeigen, welche von Östergötland bis Blekinge bekannt sind.

Ein rapakiwiartiger Granit kommt auf der Insel Jungfrun im Kalmarsund vor. Kleinere Reste von jotnischem Sandstein mit Bodenkonglomerat (mit Quarzporphyr und Diabasporphyrit), durchsetzt von Diabasen, sind im Mälargebiet vorhanden.

In den nördlicheren Teilen Schwedens sind es vor allem die Vorkommen von Gävle in Gästrikland, von Nordingrå, Rödö und Alnö an der Norrländischen Küste zwischen Sundsvall und Örnsköldsvik und von Ragunda weiter im Westen zwischen Ångerman- und Indalsfluß, welche für die Gliederung des Jotniums Bedeutung haben.

Bei Gävle tritt ein von Diabasgängen durchsetzter Rapakiwi auf (Strömsbrogranit), welcher strukturell und chemisch mehr den Rapakiwigraniten

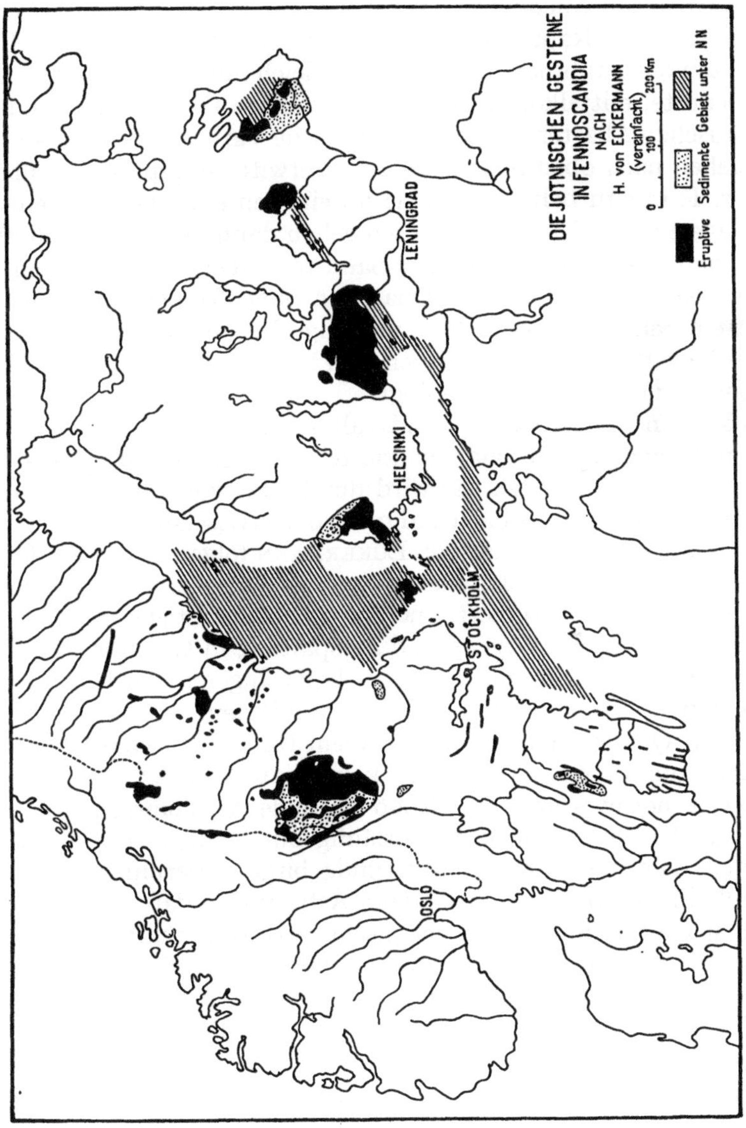

Abb. 20. Verbreitung des Jotniums im mittleren Fennoskandia. Nach H. von Eckermann, 1937.

des Dalagebietes als den finnischen Rapakiwis gleicht. Jünger ist eine in einem Bruchgebiet gelegene, anscheinend ziemlich vollständige Serie von jotnischen Sandsteinen, beginnend mit einem Bodenkonglomerat (mit viel Porphyrgeröllen), fortsetzend mit feinkörnigen, roten, harten Kristallsandsteinen mit Konglomeraten und abschließend mit roten Arkosen und roten und weißen Quarziten mit Wellenfurchen und Tonlagen. Im unteren Teil der Folge liegt ein vermutlich effusiver Diabasmandelstein, höher oben ein Lagergang von Olivindiabas vom Åsbytypus.

Im Nordingrågebiet beginnt die jüngere Folge mit flachen und schildförmigen Intrusionen von olivinfreien Gabbros und Anorthositen, welche von sauren Graniten vom Rapakiwitypus durchbrochen werden. Nach v. ECKERMANN könnten die Gabbroanorthosite altersgleich mit dem Rätangranit sein. Es sind hochrote, mittelkörnige und porphyrartige Granite, verbunden mit quarzsyenitischen Abarten. Auch monzonitische Varietäten treten auf. Diese Gesteine gehen nach oben in arkoseartige Verwitterungsprodukte über, die sich noch z. T. in situ befinden, da sie jeweils den einzelnen Gesteinstypen der Unterlage entsprechen. Die Arkosen gehen dann ihrerseits nach oben in einen bis 60 m mächtigen jotnischen Sandstein über, der aus roten Sandsteinen mit Rippeln und weißen Quarziten ohne Rippeln mit Lagen von grauviolettem Schiefer besteht. Eine mächtige Decke von Olivindiabas vom Åsbytypus liegt über den Sandsteinen und hat ihre Erhaltung als ziemlich hoch emporragende Tafelberge bedingt.

Auf der kleinen Insel Rödö bei Sundsvall ist ein ziegelroter, mittelkörniger Rapakiwi mit idiomorphen Quarzen und relativ basischer, plagioklasreicher Zusammensetzung vorhanden. Er wird durchsetzt von zahlreichen monzonitischen, doleritisch-basaltischen und quarzporphyrischen Gängen, auch von gemischten Gängen, welche nach v. ECKERMANN folgende Ereignisfolge beweisen: Differentiation des Magmas in einen sauren oberen Teil, welcher als Lakkolith in das Dach intrudiert, und einen basischen tieferen Teil, welcher bei der nachfolgenden Erstarrung und Zerspaltung in Gangform in den Rapakiwi eindringt, beginnend mit den basischen Gängen (doleritische Basalte), fortsetzend mit Monzoniten und abschließend mit dem „sauren Restmagma" in Gestalt von Quarzporphyr und von einem Rapakiwi zweiter Generation, welcher sich vom älteren Lakkolithen kaum unterscheidet.

Das unweit nordwestlich von Rödö liegende Vorkommen von Alkaligesteinen auf der Insel Alnö kann vorläufig nur bedingt zum Jotnium gestellt werden, da es nur mit älterem Grundgebirge in Berührung kommt. Es ist jedenfalls jünger als die Diabase vom Åsbytyp, so daß das Mindestalter intra- oder spätjotnisch wäre; die chemische Verwandtschaft mit den Alkaligesteinen von Oslo und Kola hat sogar ein nachkambrisches Alter vermuten lassen, doch bestehen andererseits engere Beziehungen zu den Rapakiwi und Diabasen, so daß ein spätvorkambrisches Alter vielleicht doch die größere Wahrscheinlichkeit hat.

Nach v. ECKERMANN besitzt das Vorkommen den Charakter einer zylindrischen Diatreme, wobei eine Hauptröhre und eine Nebenröhre zu erkennen sind. Die Füllung besteht aus nephelinsyenitischen Gesteinen, welche eine ziemlich große Variationsbreite besitzen und so angeordnet sind, daß die basischen melanokraten Abarten außen, die sauren, leukokraten innen liegen. Vermutlich ist die Form der einzelnen Schalen im allgemeinen konisch, so daß die basischen und ultrabasischen Partien in der Tiefe zunehmen und oben nur als mitgeförderte Bruchstücke vorkommen. Die einzelnen Gesteine bilden zwei Reihen vom sauren zum basischen Pol mit z. T. kontinuierlichen

Übergängen; die eine ist durch reichliche Führung von Natronorthoklas (mit 20–30% Na-Feldspat) ausgezeichnet.

Urtit (Apatit, Nephelin, Pyroxen),
Ijolith (Apatit, Melanit, Nephelin, Pyroxen),
Meltegeit (Apatit, Titanit, Melanit, Pyroxen, Nephelin),
Jacupirangit (Apatit, Pyroxen, Biotit, Amphibol, Nephelin),
Ultrabasischer Jacupirangit (Apatit, Olivin, Titanomagnetit, Pyroxen),
Alkortosit (Natronorthoklas, Aegirin),
Juvit (Apatit, Natronorthoklas, Pyroxen, Nephelin),
Malignit (Apatit, Titanit, Melanit, Natronorthoklas, Pyroxen, Nephelin),
Biotit-Jacupirangit (Apatit, Pyroxen, Biotit, Natronorthoklas, Nephelin).

Im zentralen Teil der Explosionsröhre von Båräng kommen als innerste „hololeukokrate" Zone sogenannte Sövite und Silikatsövite vor, d. h. karbonatische Gesteine von mittelkörniger oder „pegmatitischer" Struktur, die entweder im wesentlichen aus Kalkspat oder aus Kalkspat bzw. Dolomit mit Silikatbeimengungen (Wollastonit, Biotit, Perowskit) bestehen, oder als Alkortosit-Sövite mit 20–30% Natronorthoklas auftreten. Die Struktur des Gesteins ist oft brekziös; sie kommen erstens als zentraler Kegel der Röhre, zweitens als System von konzentrischen, zentripetal geneigten Gängen vor, die also gleichsam eine „cone-in-cone" Anordnung besitzen. Dabei haben die oberen kalzitreichen Gänge (Alvikite) einen flacheren Neigungswinkel, die tieferen, dolomitreichen (Belforsite) einen steileren. v. Eckermann glaubt, sie zwei Explosionen zuordnen zu können, von denen die erste mit kalzitreichen Produkten näher zur Oberfläche, die zweite mit dolomitreichen Produkten in größerer Tiefe wurzelte.

Das Vorkommen von Alnö umfaßt auch eine große Mannigfaltigkeit von Gängen: Karbonatite, Biotitkarbonatite, Apatitkarbonatite, Orthoklaskarbonatite, Biotit-

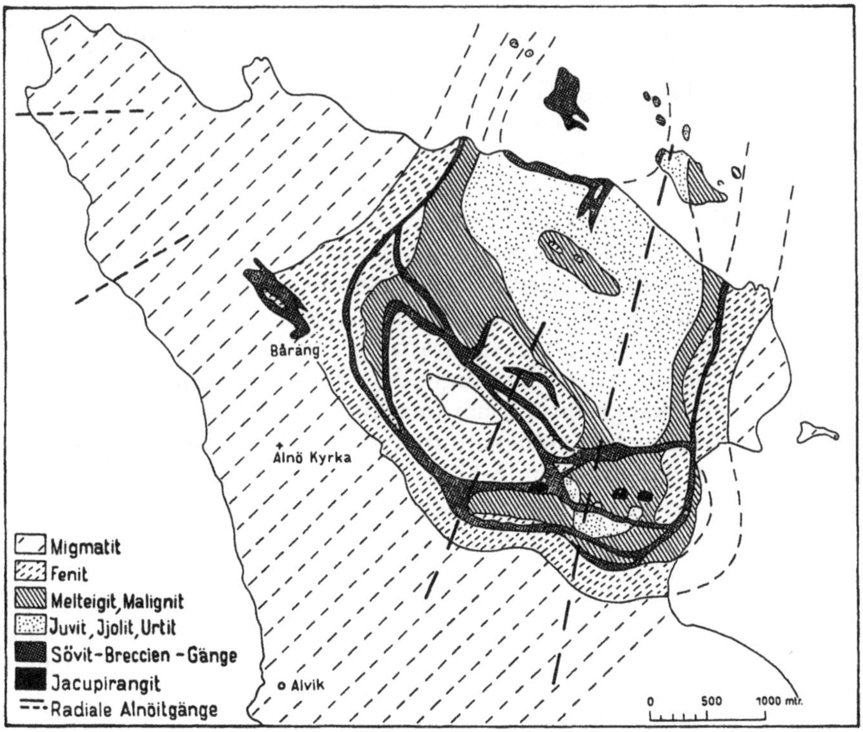

Abb. 21. Karte der Insel Alnö nach v. Eckermann, 1942.

pikrite, Ouachitite, Nephelinite, Tinguaite, Nephelinsyenitporphyre, Ijolitporphyre, Alkaliporphyre, Alnöite (mit Biotit, Melilith, Olivinkalzit, Apatit, Perowskit) und Melilithbasalte.

Was den Alnöer Vorkommen besonderes Interesse verleiht, ist die intensive Einwirkung auf das Nebengestein, d. h. auf ältere Migmatite, welche einer z. T. vollständigen metasomatischen Umwandlung unterworfen worden sind, die, in Analogie zu dem ähnlichen, von Broegger beschriebenen Fengebiet Norwegens als Fenitisierung bezeichnet wird. Es ist dabei bezeichnend, daß die Umwandlung in situ, unter Erhaltung der Texturelemente des Migmatites, vor sich gegangen ist und von außen nach innen einen schrittweisen Übergang zu den Nephelinsyeniten der eigentlichen Röhre zeigt. Der Substanzaustausch innerhalb der Fenitzonen besteht in einer Zufuhr von CO_2, F, H_2O, CaO, K_2O und Fe (Ti) und in einer Fortführung von SiO_2 und Na_2O. Je nach dem Grade der Umwandlung kann man eine äußere, zentrale und innere Fenitzone unterscheiden, wobei die letztere durch zunehmenden Gehalt an Na (Nephelin) zu den eigentlichen Nephelinsyeniten überleitet. Der lange währende Streit über den Ursprung der Kalke (ob magmatischen Ursprungs oder aus eingeschmolzenen Nebengesteinen stammend) scheint sich nach v. Eckermann dahin zu lösen, daß sämtlichen Gesteinen des Vorkommens insofern eine nicht rein magmatische Entstehung zukommt, als sie durch Substanztransport und Substanzaustausch mit dem Nebengestein entstanden sind.

Die chemisch-mineralogischen Verhältnisse lassen eine Verwandtschaft mit dem Rapakiwimagma und eine Abdifferenzierung der „fenitisierenden" Lösungen aus diesem nicht unwahrscheinlich erscheinen, womit das spätjotnische (? nach Diabas) bzw. postjotnische, aber präkambrische Alter der Vorkommen doch am wahrscheinlichsten wird.

In Ragunda, im östlichen Jämtland, besteht ein über die subjotnische Verebnung herausragender Lakkolith von rotem rapakiwiartigem Granit, der einen flachen Schild unter Gneisen bildet und von Quarzdiabasen von essexitischem Typus unterlagert wird, unter denen auch Grundgebirge erscheint. Der Granit hat eine Mächtigkeit von 300–400 m und durchbricht die liegenden Diabase in einem Netzwerk von Gängen, so daß stellenweise eine direkte Diabasbrekzie mit Granitzement zustande kommt. Auffallend ist der ausgesprochen alkalische Charakter der Granite, der direkt zu den Nordmarkiten des Oslofeldes überleitet; infolgedessen wurde gelegentlich eine Zugehörigkeit der Ragundagesteine zu den jüngeren Osloserien erwogen; da aber der nahe verwandte Strömsundrapakiwi im Kambrium als Geröll auftritt, ist das jotnische Alter der Ragundagesteine doch am wahrscheinlichsten. Diese eher alkaligranitisch-nordmarkitischen Gesteine bilden noch ein kleineres, von zahlreichen Gängen durchsetztes Massiv in Nordjämtland.

Es sei erwähnt, daß im Grundgebirge, welches innerhalb des kaledonischen Gebirges zutage tritt, auch tiefjotnische Massengesteine auftreten, so rapakiwiartige Granite im Oldenmassiv und im Trondhjemgebiet und Porphyre im „Fenster" des Mullfjäll.

Jotnischer Sandstein, eine ziemlich unmittelbare Fortsetzung der Dalasandsteine bildend, tritt am Trysilelf nördlich vom Mjösensee in Südnorwegen auf. Er liegt hier unterhalb der subkambrischen Einebnungsfläche und wird vom Kambrium bzw. von den Sparagmiten des Eokambriums diskordant überlagert. Er ist in schwache, N–S streichende Falten gelegt.

Endlich sei noch erwähnt, daß in den südlichen Teilen der Halbinsel Kola

(Turijhalbinsel) in weiter Verbreitung ein roter Sandstein auftritt, welcher faziell durchaus dem jotnischen Sandstein gleicht. Er ist ungefaltet und nur schwach (20° Fallen) nach NNO gekippt. Der Sandstein wird von Gängen durchsetzt, welche zu den Alkaligesteinen Kolas gehören und längs Bruchlinien aufgestiegen sind. Außerdem soll er stellenweise von Mikroklinpegmatiten durchsetzt werden. Die letztere Tatsache spricht für eine Zugehörigkeit zum Jotnium, doch ist festzuhalten, daß ein devonisches Alter nicht vollkommen ausgeschlossen wäre.

Nach dem Vorgang von v. Eckermann wird heute die zu den Rapakiwigraniten gehörende Gruppe der Massengesteine zum Jotnium gerechnet; als Untergrenze gilt die basale Diskordanz, welche z. B. in Dalekarlien die Noppiformation von den hangenden Effusiven und klastischen Gesteinen trennt. Die früher als vorjotnisch angesehene Denudationsphase unter dem jotnischen Sandstein s. str. ist in ihrer Bedeutung stark überschätzt worden und hat höchstens intraformationale Bedeutung. Die ganze Folge des Jotniums, ja schon die vorhergehende Ablagerung der Noppiserie hat den Charakter einer Innenmolasse mit starker vulkanischer und plutonischer Tätig-

Abb. 22. Schema des Lakkolithen von Ragunda. Nach A. Högbom, 1910.

A: Archaikum, G: Granit und Syenit, D: Diabas, x: Gänge.

keit (basisch und sauer) und mit typisch detraktiven roten Sedimenten, wobei die höheren Teile des jotnischen Sandsteins in ihrer fast ungestörten Lagerung als Spätmolassen zu werten sind. Es besteht in fazieller und tektonischer Hinsicht größte Ähnlichkeit nicht nur mit dem Old red des Devons (Kaledonidenmolasse), sondern vor allem auch mit dem Rotliegenden-Buntsandsteinsystem der Variscidenmolassen, eine Ähnlichkeit, die sich auch auf Einzelheiten erstreckt, so z. B. auf die Bindung an zonare Grenzen, auf den Wechsel basischer und saurer Förderung und auf den monomikten Charakter der hangenden Sandsteine im Verhältnis zum polymikten Charakter der tieferen Arkosen. Die einzige Schwierigkeit, die jotnischen Gesteine der karelidischen Molasse zuzuordnen, liegt in ihrer „reneganten" Anordnung quer zum Streichen der gotokarelidischen Faltenzüge. Ob diese Anordnung, die innerhalb der einzelnen Vorkommen oft einer konkordanten Einfügung in die Gotokareliden Platz macht (Trysil, Dala, Almesåkra und andere), durch eine Akkordanz an die alten Grenzen der svekofennidischen Zwischengebirge zureichend erklärt werden kann, soll dahingestellt bleiben.

v. Eckermann betrachtet alle jotnischen Massengesteine, einschließlich der Diabase der zwei oder drei Förderungszeiten, der Rapakiwis, der Alkaligesteine und sogar des präjotnischen Rätangranites als Differentiationsprodukte eines Magmas. Im Gegensatz dazu steht die Auffassung Backlunds, nach der die Rapakiwis keine normalen magmatischen Gesteine sind, sondern Granitisationsprodukte der karelidischen Molasse, d. h. im wesentlichen der jotnischen Sandsteine darstellen, und mit den basischen Förderungen nichts zu tun haben. Letztere Auffassung stößt aber bei der Ausdeutung der lakkolithischen Intrusionsformen in Ragunda und in den anderen nördlichen Rapakiwigebieten noch auf erhebliche Schwierigkeiten.

b) Eokambrium oder Hyperboraeum

Die wichtigsten Vorkommen liegen an der Peripherie und außerhalb des eigentlichen Baltischen Schildes, im Bereiche der kaledonisch durchbewegten Komplexe. Sie sollen daher hier nur kurz erwähnt werden. Dazu gehört vor allem das Sparagmitgebiet in Südnorwegen (s. Geologie von Europa, Bd. II 1, S. 8–10). Ferner sind dazu zu rechnen die Porsanger-Bossekopserien Finmarkens, welche in meiner Gelogie von Europa, Bd. II 1, Seite 27–28 erwähnt wurden, aber daselbst (nach Holtedahl 1918) noch als ordovizisch bezeichnet worden sind, während Holtedahl später (1931) nachweisen konnte, daß diese mächtigen Folgen nicht normal diskordant, sondern aufgeschoben dem Kambrium aufliegen und vermutlich den Sparagmiten Südnorwegens gleich sind, da sie eine ähnliche Stratigraphie mit einer dolomitischen Abteilung und mit Tilliten besitzen. Diese Gesteinsgruppe, die also der kaledonisch gefalteten Randsenke des Schildes angehört, setzt gegen Osten auf die Fischerhalbinsel und die Insel Kildin im Norden von Kola fort.

Bei Beurteilung der Stratigraphie auf der Fischerhalbinsel muß vorausgeschickt werden, daß Polkanoff (nach Beobachtungen von 1925, ausführlich 1934 und 1936) und Wegmann (1928–29) festgestellt haben, daß die Folge im Norden gegen SW auf die Folge der mittleren Halbinsel aufgeschoben ist. Die Folge der mittleren Halbinsel (Srednij) ist autochthon und grenzt im Südwesten entweder durch Auflagerung oder durch Bruch an das Grundgebirge von Nordkola. Ihre südöstliche Fortsetzung bildet die ebenfalls autochthone Folge der Insel Kildin.

Es scheint Übereinstimmung darin zu bestehen, daß die nördliche (allochthone) Folge der Fischerhalbinsel den stratigraphisch tieferen Teil des Komplexes darstellt. Es ist eine nach Tenner bis 4000 m mächtige Folge, die mit Basalkonglomeraten beginnt, mit Sandsteinen fortsetzt, in welche die auch von Varanger bekannten Tillithorizonte eingelagert sind. Höher folgen mächtige Sandsteine mit einzelnen Geröllen (Eisbergablagerungen), dann rhythmisch gebänderte Folgen von Arkosen und dunklen Tonen und schließlich gebänderte Tonschiefer.

Die Folge der mittleren Halbinsel beginnt nach Lupander ebenfalls mit Konglomeraten, über denen eine glaukonitische Sandsteinfolge liegt (1500 m). Dann folgen rote und grüne Tonschiefer mit Dolomiten (60 m) und höher Arkosen (konglomeratisch), Kalkschiefer, Kalksandsteine und Sandsteine mit Chlorit (200 m). Zwei größere Lücken innerhalb dieser Folge (? Erosionsdiskordanzen) werden verzeichnet.

Nach Lupander liegt die Basis dieser Folge unmittelbar dem Grundgebirge auf; die sowjetischen Geologen (Polkanoff) nehmen demgegenüber eine Störung am Südrande der mittleren Halbinsel an. Bei der ersten Auffassung ist keine direkte Parallelisierung mit der in streichender südöstlicher Fortsetzung liegenden Folge von Kildin möglich, wo jedenfalls zwischen Grundgebirge und Eokambrium eine bedeutende Störung vorliegt. Bei der zweiten wäre immerhin ein Vergleich möglich, wenn auch die Kildinserie durch stärkere Beteiligung von Dolomiten und roten Plattenkalken mit Stromatolithen (*Gymnosolen*) eine etwas abweichende Fazies besitzt. Interessant ist in beiden das Vorkommen von Glaukonit, also die Wahrscheinlichkeit mariner Fazies.

Wegmann schildert die paläogeographische Entwicklung wie folgt:

1. Litorale und fluviatile Ablagerung der Basiskonglomerate (autochthone Folge von Varanger, allochthone Folge der Fischerhalbinsel).

2. Transgression des arktischen Meeres mit Driftablagerungen (Schichten mit vereinzelten Geröllen).

3. Vereisung im Süden – Bildung der Tillite und Bändertone.

4. Vertiefung des Meeres, zugleich Besserung der klimatischen Bedingungen: Glaukonit, karbonatische Folge (Autochthon von Srednij und Kildin).

5. Sandige Flachwasserbildungen mit Rippelmarken, oben Tone (Kildin, ? Übergänge zum Kambrium).

Es ist, wie Polkanoff vermutet, die Fazies eines „Borderland", welche in der Arktis weit verbreitet ist. Weiter im Südosten, auf Kanin, könnte die Pajöserie Ramsays, welche diskordant von Gotlandium überlagert wird, hierher gehören (s. unten bei Timan).

Tektonisch handelt es sich um eine Serie von Decken oder Schuppen, die nach S bis SW bewegt wurden. Diabasgänge durchsetzen die Folge und sind z. T. mit verknetet, z. T. erst später eingedrungen (Polkanoff 1936). Diese Deformation ist zweifellos nachalgonkisch; da indessen der Hauptzweig der Kaledoniden am Tanafjord gegen N (Spitzbergen) abschwenkt, das Eokambrium des Varangergebietes aber O–W streicht und auf der Fischerhalbinsel gegen SO abdreht, so ist die schon von Ramsay (1897–99) und Tschernyschew (1902) angenommene Beziehung zum Timan-Kaninzug doch sehr wahrscheinlich. Ob diese Bewegung aber „assyntisch", d. h. vorkambrisch, oder doch vielleicht altkaledonisch, d. h. sardisch oder takonisch (diskordantes Gotlandium von Kanin) ist, kann noch nicht entschieden werden.

Innerhalb des Baltischen Schildes wird heute die Visingsöformation am Vetternsee zum Eokambrium gestellt, nachdem sie früher den verschiedensten Zeitaltern und Aeren bis zur Trias (Keuper) zugerechnet wurde. Nachdem Bruchstücke der Visingsösedimente in ordovizischen Bodenkonglomeraten gefunden worden sind, dürfte das vorkambrische Alter feststehen. Die Visingsöformation liegt ganz vorwiegend in einem Grabenbruch, welcher der NNO–SSW-Senke des Vetternsees folgt; sie lagert in der Mitte horizontal, ist am Ostrande am Kristallin abgebrochen und steil aufgebogen. Ob der Westrand einer Verwerfung (Brotzen) oder einer normalen Auflagerung (Martin) entspricht, steht anscheinend noch nicht fest. Die Stratigraphie zeigt nach der Darstellung von Brotzen (1941) folgendes:

Über dem Grundgebirge liegt eine ziemlich mächtige Verwitterungsfolge desselben, welche nach oben ohne scharfe Grenze in rote Arkosen und Konglomerate (etwa 60 m) übergeht. Darüber folgen rotgrau gefärbte pelitische Tone und Brekzien und rote Sandsteine mit geringem Tongehalt (etwa 120 m). Sie gehen nach oben in gelbe Sandsteine über, welche oben wieder rote Zwischenlager enthalten und in eine oben rote Sandsteinserie mit Konglomeraten von geringer Mächtigkeit (etwa 40 m) übergehen, welche von grüngrauen Tonschiefern mit Grauwacken und Linsen von dolomitischem Kalkstein überlagert wird. In den hangenden Tonschiefern tritt *Chuaria* (*wimanni* Brotzen, vermutlich eine chitinöse Foraminifere) auf, welche den Formen aus der

Chuarformation Nordamerikas gleicht und eine Position unmittelbar unter dem Kambrium wahrscheinlich macht.

Der Grabenbruch muß vorkambrisch sein, da in unmittelbarer Umgebung Kambrium direkt auf dem Grundgebirge liegt, also anscheinend diskordant über die eingebrochene Visingsöformation und das ältere Gebirge übergreift.

II. DIE JÜNGERE ENTWICKLUNG

1. Epirogenetische Geschichte des Baltischen Schildes seit dem Kambrium

a) Kambrium

Es muß nachdrücklich hervorgehoben werden, daß der Baltische Schild im älteren Paläozoikum noch nicht den Charakter eines Blockes, sondern den eines stabilen Schelfes besitzt, da Kambrium und Silur über weite Teile des Landes übergreifen. Die Beziehungen zum ostbaltischen Schelf sind hierbei so enger Natur, daß eine deutliche Sonderung eigentlich erst seit dem Devon einsetzt.

Kambrium. Die subkambrische Oberfläche ist n. K. HANSEN nicht ganz eben gewesen, sondern weist stellenweise eine Gliederung auf, deren Hohlformen z. T. mit kontinentalen Ablagerungen erfüllt sind, die frühkambrisches oder vielleicht sogar eokambrisches Alter haben könnten. Hierzu sind die roten Arkosen und konglomeratischen Sandsteine zu rechnen, die auf Bornholm und in Schonen an der Basis der kambrischen Serie liegen (unterer Nexösandstein Bornholms). Über dieses stark eingeebnete Relief greift dann das unterkambrische Meer von SO (aus der norddeutsch-polnischen Senke) und von NW (aus der kaledonischen Geosynklinale) über. Das läßt sich besonders im SO verfolgen, da die marine Transgression am frühesten auf Bornholm erscheint (quarzitischer oberer Nexösandstein), etwas später in Schonen und auf Öland (*Discinella holsti*-Zone), noch später in Väster- und Östergötland (*Holmia-torelli*-Zone) auftritt und endlich in Dalarne ganz fehlt. Eine Schwelle von Oslo bis ins Siljangebiet trennt im Unterkambrium das baltische Flachbecken von dem neritischen Ostsaum der kaledonischen Geosynklinale (ASKLUND). Die Reduktion der unterkambrischen Serie gegen NW prägt sich auch in den Mächtigkeitszahlen aus: Bornholm und Schonen 100–150 m, Öland 55–60 m, Västergötland 32 m, Siljan 0 m.; entsprechend scheinen die Faziesstreifen ziemlich regelmäßig gegen NW vorzurücken, so daß im Süden im höheren Unterkambrium etwas tiefere und fossilreichere Sedimente liegen. Man kann demnach folgendes Schema aufstellen:

Zonen:	Bornholm	Schonen	Öland	Västergötland
Strenuella linnarssoni	Schwarzer phosphoritischer Sandstein Pyritkonglomerat	Phosphoritkalk	Kalksandstein mit Phosphorit Glaukonitsandstein	Konglomerat

Zonen:	Bornholm	Schonen	Öland	Västergötland
Holmia kjerulfi	Rispebjerg-sandstein Ob. grüne Schiefer	Grauwacken-schiefer Rispebjerg-sandstein	Tonschiefer mit Sandlagen Hellgrauer Sandstein	Linguliden-sandstein
Holmia torelli	Mittlere grüne Schiefer	Glaukonit-sandstein	Konglomerat mit Phosphorit	Gelbgrauer *Mickwitzia*-sandstein
Discinella holsti	Untere grüne Schiefer	Weißer Harde-bergasandstein	Toniger, grauer Scolithen-sandstein	Konglomerat
Unterstes Kambrium	Quarzitischer Nexösandstein	Arkose	rot- und weiß-gestreifter quarzitischer Sandstein	—
? Eokambrium	Rote kontinentale Arkose	—	—	—

Das herrschende Gestein ist ein gelblicher oder grünlichgrauer, quarzitischer Sandstein, der nach oben zu häufig glaukonitreich wird und im Süden nach oben in glaukonitische grüne Schiefer übergeht. Auf Bornholm und in Schonen zeigt dann das Wiederauftreten einer gröberen Fazies in den oberen Zonen eine kurze rückwärtige Verschiebung der Strandlinie an (Rispebjergsandstein). In der Zeit der *Discinella holsti*-Zone hat das Meer auch einen Teil von Westfinnland bedeckt, wie Sandsteingänge im Rapakiwi von Björneborg und auf den Ålandsinseln zeigen, die unterkambrische Fossilien geliefert haben. Solche Sandsteingänge kommen auch am Vänernsee, in Östergötland, Sörmland und auf Bornholm vor. Das nordöstliche Verbreitungsgebiet wurde dann am Ende des Unterkambriums stark eingeengt, indem sich der baltische und finnische Bereich heraushoben und das Meer sich im wesentlichen auf das mittlere und südliche Skandinavien zurückzog.

In Lappland liegen über Sandsteinen des Eokambriums unterkambrische Tone, in denen noch die *Holmia*-Zone vertreten ist. Höher folgen Kalklinsen mit *Strenuella* und *Holmia*, die zur *Protolenus*-Zone gerechnet werden, darüber Schiefer mit Quarzitbändern des Mittelkambriums. Höhere Schichten sind hier unbekannt. Nach Kautsky 1945.

Der aus der kaledonischen Geosynklinale nach SO, gegen Jämtland und Dalarne vordringende unterkambrische Meeresarm zeigt auch eine von SO nach NW zunehmende Mächtigkeit der Sedimente. Nach Asklund weicht die Fazies von dem baltischen Gebiet ab, indem statt der dort kennzeichnenden gelbbraunen Sandsteine schwarze Sandschiefer, unten mit dunklen Blauquarzlagen vorwiegen (wie am Mjösensee). Eine gewisse fazielle Angleichung scheint im nordwestlichen Dalarne und von dort weiter im Norden (Hyolithensandsteine am kaledonischen Überschiebungsrande) stattzufinden, so daß die vom Mjösensee bis Siljan verfolgbare zentralschwedische Schwelle nordwärts untertauchen könnte.

Das mittelschwedische Unterkambrium ist recht fossilarm. In Västergötland kann man die unteren *Mickwitzia*-Sandsteine (mit *Mickwitzia monilifera, Torellella laevigata,*

Medusites lindstroemi, M. favosus, M. radians usw.) und die oberen *Lingula*-Sandsteine mit einer kleinen *Lingula* unterscheiden. Zahlreichere Trilobiten (unten *Holmia torelli,* höher *Holmia kjerulfi, Ellipsocephalus nordenskiöldi, Arionellus primaevus*) stellen sich erst weiter im Süden (Schonen) ein. In den tiefsten marinen Schichten in Schonen und auf Bornholm kommen *Scolithus, Diplocraterion, Lepocraterion* usw. vor. In der *Discinella holsti*-Zone, außer dieser, *Torellella laevigata*; höher seien noch *Acrotreta sagittalis* und *A. eggegrundensis* genannt.

Das mittlere und obere Kambrium ist in Mittelschweden, auf Schonen (40–50 m) und Bornholm vorwiegend als dunkler Alaunschiefer ausgebildet, mit bitumenreichen Lagen (Kolm) und Bänken bzw. Konkretionen von Stinkkalk (Orsten). Die zonare Verteilung der Trilobiten erlaubt eine Gliederung, die hier in den Grundzügen wiedergegeben sei.

Oberkambrium:	Zone der *Acerocare granulatum, A. costatum, A. ecorne.*
(Olenusschiefer)	Zone der *Peltura scarabaeoides* und *Sphaerophtalmus alatus.*
	Zone der *Eurycare angustatum, E. latum.*
	Zone der *Parabolina spinulosa* und *Orusia lenticularis.*
	Zone des *Olenus truncatus, O. gibbosus.*
	Zone von *Beyrichia angelini, B. cornigera, B. holsti.*
	Zone des *Agnostus pisiformis.*
Mittelkambrium:	Subzone der *Orthis exporrecta.*
(Paradoxides-schiefer)	Zone des *Paradoxides forchhammeri* (außerdem *Solenopleura, Agnostus, Dolichometopus*)
	Zone des *Paradoxides tessini, Conocoryphe exsulans* und *Acrothele granulata* (unten), (außerdem *Ellipsocephalus, Agnostus*).
	Zone des *Paradoxides oelandicus* (außerdem *Ellipsocephalus, Solenopleura, Agnostus*).

Von anderen Fossilien kommen vor allem Brachiopoden (*Lingula ferruginea* unten, *Acrothele, Acrotreta, Orthis* und andere), *Hyolithen* und *Beyrichien* vor.

Die gleichmäßige Ausbildung des Mitteloberkambriums als Alaunschiefer gilt vor allem für Mittelschweden und Schonen. Weiter im O wird das Mittelkambrium sandig, und auf der Strecke Bornholm–Öland–Gotland erreicht man eine Litoralzone mit unvollständigen Profilen als Saum gegen das nunmehr herausgehobene ostbaltische Gebiet (s. unten). Das vollständige Profil in Südöland zeigt folgendes:

Oherkambrium:		
	Alaunschiefer mit Orstenbänken, alle Zonen vertreten	etwa 6–7 m
Mittelkambrium:		
	Zone des *Par. forchhammeri*	
	exporrecta-Konglomerat	wenig mächtig
	Dunkler Kalk mit Fossilkonzentrationen	
	Zone des *Par. tessini*	
	Heller Kalksandstein	30 m
	Exsulanskalk	wenig mächtig
	Acrothele-Konglomerat	
	Zone des *Par. oelandicus*	
	Tonschiefer	38–39 m

Dieses vollständige Profil Südölands erleidet nach Norden eine fortschreitende Reduktion, indem zunächst das Oberkambrium (und der *Dictyonema*-Schiefer des Ordoviz) Zone auf Zone auskeilt und dann auch die *forchhammeri*-Zone bis auf das *exporrecta*-Konglomerat verschwindet, so daß bei Borgholm der *Obolus*-Sandstein oder sogar der *Ceratopyge*-Kalk direkt auf den *tessini*-Sandstein, bei Horn sogar auf die *oelandicus*-Zone zu liegen kommt. Weiter im Norden, auf Gotland, ist die *tessini*-Zone zwar wieder vorhanden, liegt aber unmittelbar unter Gotlandium. Seit der *oelandicus*-Zeit macht sich also im Baltikum eine etwa N–S verlaufende Schwelle bemerkbar, welche zunächst in Nordöland aufsteigt, am Ende der *tessini*-Zeit sich bis Gotland und Bornholm erweitert und dann bis ins Tremadoc stationär bleibt, den Litoralsaum des ostbaltischen Hochgebietes bildend. Die Achse der Baltischen Senke verschiebt sich also nach Westen.

Auch Mittel- und Oberkambrium keilen gegen die NNO–SSW orientierte alte Schwelle im schwedisch-norwegischen Grenzgebiet aus, da z. B. bei Siljan Oboluskonglomerat unmittelbar auf dem Grundgebirge lagert. Weiter nach Westen erscheint dann wieder auch das höhere Kambrium als Schelfrandbildung der kaledonischen Geosynklinale und nimmt in dieser Richtung an Mächtigkeit zu, und zwar von 20–60 m im Autochthon bis 100–150 m in den von Westen geförderten Deckschollen (Zahlen für das gesamte Kambrium). Hier ist die *oelandicus*-Zone wenig bekannt, aber wohl z. T. vorhanden, während anderwärts die *tessini*-Zone (*exsulans*-Kalk) als kambrische Basalbildung transgrediert; dann folgt eine erneute Hebung und Denudation, so daß von der *forchhammeri*-Zone gelegentlich nur ein wenig mächtiges *exporrecta*-Konglomerat vorliegt. Die oberkambrischen „Olenidschiefer" scheinen mit allen Zonen vertreten zu sein, werden aber in verschiedener Höhe von dem diskordant auflagernden konglomeratischen Ceratopygekalk abgeschnitten; der *Dictyonema*-Schiefer fehlt. Der Rhythmus der Bewegung ist mithin dem im Baltikum ähnlich.

b) Ordovizium

Das Ordovizium hat im wesentlichen den Charakter eines mäßig tiefen Schelfmeeres, in dem im Osten kalkige Absätze vorherrschen, während im Westen ein teilweiser Ersatz durch Graptolithen- und Brachiopodenschiefer stattfindet. Die Gliederung kann wie folgt dargestellt werden.

Tremadoc. Das unterste Glied des Ordoviziums ist, je nach der Fazies, faunistisch entweder durch *Dictyonema flabelliformis* (schwarze Schiefer) oder durch *Obolus apollinis* (Sandstein oder Konglomerat) charakterisiert. Der Faziesübergang ist in Öland deutlich, die Zone fehlt in einem Teil von Västergötland und Närke.

Die hangenden *Ceratopyge*-Kalke führen unten *Lycophoria laevis*, oben *Ceratopyge forficula*, *Euloma ornatum*, *Cyrtometopus primigenius*, *Niobe insignis*, *Symphisurus angustatus*, *Nileus limbatus*, *Orthis christianiae*, *Triarthrus angelini*, *Shumardia pusilla*. Meist ist er als ein bis 2 m mächtiger Glaukonitkalk ausgebildet, auf Öland und in Östergötland als Glaukonitmergel entwickelt; in Västergötland fehlt er gelegentlich.

Skiddavian-Llandeilo. Der hangende *Phyllograptus*- (untere *Didymograptus*-) Schiefer führt in Västergötland und Dalarne: *Phyllograptus densus*, *Didymograptus extensus*, *D. minutus*, *D. gracilis*, *D. decens*, *Tetragraptus quadribrachiatus*, *T. fruticosus*, *T. curvatus*, *Dichograptus octobrachiatus*; die Trilobitenfauna der eingeschalteten Kalkbänke (mit *Megalaspis planilimbata*, *Niobe breviceps*, *Holometopus limbata*) ist den hangenden unteren Orthocerenkalken recht ähnlich. Mächtigkeit bis 18 m. Auf Öland ist die Stufe wie im Ostbaltikum rein kalkig (*Planilimbata*-Kalk) und nur 2 m mächtig.

In den hangenden Orthocerenkalken kann man in Västergötland und auch im übrigen Mittelschweden sechs Zonen unterscheiden, und zwar von unten nach oben:

Limbatakalk: *Megalaspis limbata, Niobe laeviceps, Nileus armadillo.* Die Zone wird auch als unterer roter Orthocerenkalk bezeichnet.

Asaphuskalk (unterer grauer Orthocerenkalk, unterer Vaginatenkalk). In Västergötland sind häufig: *Phacops sclerops, Cyrtometopus clavifrons, Asaphus raniceps, Megalaspis heros, M. rotundata, M. explanata, Illaenus esmarki, Symphisurus palpebrosus, Ampyx nasutus, Endoceras wahlenbergi, Orthoceras kinnekullense, Esthonioceras proteus, Bathmoceras linnarssoni, Gonionema bicarinatum, Raphistoma gradatum, Sphaeronis pomum, Strophomena jentzschi, Platystrophia biforata.* In Dalarne treten neben einigen der genannten auf: *Asaphus expansus, A. vicarius, Megalaspis polyphemus* var. *törnquisti, Nileus armadillo, Orthis callactis, Orthisina adscendens, Lycophoria nucella, Bucania planorbiformis, Salpingostoma cristatum, Lytospira angelini, Endoceras vaginatum.*

Die hangenden oberen roten Orthocerenkalke Mittelschwedens umschließen zwei Zonen. Unten liegen die Kalke mit *Megalaspis gigas,* oben die mit *Asaphus platyurus.* Sehr häufig sind Cephalopoden (*Endoceras vaginatum, Orthoceras tortum,* oben *Lituites*). In den eingeschalteten Schiefern ist eine etwas abweichende Trilobitenfauna enthalten (*Agnostus, Remopleurides, Cybele* u. a.).

In den hangenden oberen grauen Orthocerenkalken werden ebenfalls zwei Zonen unterschieden: unten Kalke mit *Illaenus centaurus* (Leitform!), *I. chiron, Asaphus tecticaudatus, A. brachyrachis, A. densistrius, Megalaspis formosa, M. patugiata, Nileus armadillo, Ogygia dilatata,* var. *sarsi, Ptychopyge aciculata, Endoceras belemnitiforme.* Die hangende Zone führt *Ancistroceras undulatum, Discoceras teres, Illaenus crassicauda, Asaphus rusticus* u. a.

Der Orthocerenkalk breitet sich als gleichmäßige, etwa 40–50 m mächtige Kalkplatte über die Gebiete verschiedener fazieller Entwicklung aus und entspricht wohl einer Vertiefung des Meeres. Auf Öland ist an der Basis der Asaphuskalke ein Konglomerat (m. *Stroph. jentzschi*) vorhanden. Auf Bornholm und Gotland fehlen die vier oberen Zonen, in Schonen sind sie durch Graptolithenschiefer ersetzt.

Caradoc-Ashgill. In dem hangenden *Chasmops*-Kalk (Beyrichiakalk in Dalarne) unterscheidet man zwei Zonen (Cystideenkalk, *macrurus*-Kalk), deren Fauna indessen nicht sehr verschieden ist (bis auf das Vorkommen von *Asaphus macrurus* und *Isochilina canaliculata* im oberen Teil). Die wichtigsten Formen sind: *Chasmops odini, Ch. maximus, Remopleurides sexlineatus, Ptychopyge glabrata, Ampyx rostratus, A. costatus, Agnostus trinodus, Illaenus linnarssoni, I. parvulus, Asaphus densist., Beyrichia costata, Primitia strangulata, Leptaena convexa, Platystrophia dorsata, Echinosphaerites aurantium, Caryocystis granatum, Monticulipora petropolitana.* Die Ausbildung ist überall ziemlich gleichmäßig; der graue Kalk ist 6–10 m mächtig. In Dalarne ist eine Bryozoenriffazies bekannt (älterer Riff- oder Leptaenakalk), auf Bornholm und in Schonen wird die Subzone durch mittlere Dicellograptusschiefer vertreten.

Trinucleuskalke und -schiefer. Auch hier werden lokal verschiedene Zonen unterschieden, so in Dalarne der unten fossilarme Masurkalk, darüber schwarze Schiefer (mit *Trinucleus seticornis, Calymene trinucleina, Remopleurides radians, Orthis argentea, Leptaena quinquecostata*), darüber graugrüne Kalke und rote Schiefer (mit *Pseudosphaerexochus laticeps, Remopleurides dorsospinifer, Proetus brevifrons, Agnostus trinodus*). In Västergötland findet man neben einigen der Genannten: *Remopleurides radians, Cybele verrucosa, Trinucleus wahlenbergi, Ampyx tetragonus, Dionide euglypha, Staurocephalus clavifrons, Phacops mucronatus, Acidaspis centrina, Phillipsia parabola, Illaenus megalophtalmus.* Die schieferige Ausbildung (unten grauschwarz, oben rot) ist in Mittel- und Westschweden herrschend (120 m), geht aber nach Osten in den massigen weißgelben oder violett geflammten Ostseekalk über, welcher den Wesenbergschichten der Estnischen SSR entspricht.

Brachiopoden- bzw. Leptaenakalk und -schiefer. Faziell etwas wechselnde Gesteine, teils durch Riffkalke (Dalarne), teils durch harte blaue Klingkalke, teils durch Schiefer vertreten. Aus der reichen Fauna seien genannt: *Illaenus linnarssoni,*

I. fallax, I. gigas, Sphaerexochus conformis, S. mirus, Platymetopus planifrons, Lichas laxatus, L. affinis, Cheirurus speciosus, Sphaerocoryphe granulata, Bronteus laticauda, Bumastus nudus, Isocolus sjögreni, Harpes costatus, Pleurotomaria dalecarlica, P. leptaenarum, Euomphalus obtusangulum, E. nitidulus, Cyclonema angulosum, Platyceras harpa, Loxonema dalecarlicum, Subulites nitens, Meristella crassa, Athyris portlockiana, Cumerella angulosa, C. dispar, Orthis concinna, O. verneuiliana, Leptaena schmidti, Favosites forbesi, Proheliolites dubius, Propora conferta, Ptychophyllum craigense, Syringophyllum organum. In Västergötland sind außerdem häufig: *Dalmania mucronata, Homalonotus platynotus, Lichas laciniatus, L. polytomus, Strophomena rhomboidalis, Ptychophyllum linnarssoni.*

Die Trilobiten (119 Arten) hat E. Warburg 1925 beschrieben, die sehr reichen Lamellibranchiaten (143) O. Isberg 1934. Die stratigraphische Stellung ist insofern nicht ganz sicher, als diese Abteilung als Äquivalent des F_2 (Borkholm) von Estland und der Dalmanitesschiefer von Schonen neuerdings von einigen ins Gotlandium gestellt wird.

Die zentralschwedische NNO–SSW-Schwelle, welche den Baltischen Schelf von der kaledonischen Geosynklinale trennt, macht sich auch noch im Ordovizium besonders dadurch bemerkbar, daß die Fazies im Westen und Osten verschieden ist. Es ist außerdem bezeichnend, daß der *Dictyonema*-Schiefer im östlichen Jämtland fehlt und weiter im W zunächst eine gröbere Ausbildung von $^1/_4$–1 m Mächtigkeit hat, um erst in dem Allochthon weiter im W auf 8–10 m zuzunehmen. Der *Ceratopyge*-Kalk greift weiter nach O vor, enthält aber auch noch viel klastisches Material. Der Orthocerenkalk besitzt in Jämtland z. T. konglomeratische (Lockne) oder Kalksandsteinschiefer fazies des Litorals. Nach W zu geht diese Folge in mächtigere schwarze Schiefer mit Stinkkalkellipsoiden über, bzw. in Grauwackenschiefer (*Ogygiocaris*-Schiefer). Der Chasmopskalk entspricht einer weiteren Transgression und greift nach O diskordant über bunten Untergrund über, z. T. mit einem Konglomerat mit Geröllen des Kontinentalrandes beginnend. Nach W folgt eine ähnliche Fazies wie in den *Ogygiocaris*-Schiefern. Der Ufersaum soll z. T. recht deutlich erkennbar sein. Die *Trinucleus*-Stufe ist dagegen überall ziemlich gleichmäßig als schwarzer Graptolithenschiefer ausgebildet. Eine Lücke trennt sie von der hangenden, z. T. schieferigen, z. T. quarzitischen Dalmanitesstufe.

Es ergibt sich aus dieser Übersicht, daß neben der zentralschwedischen Saumschwelle, welche sich bis zur Chasmopsstufe bemerkbar macht, im eigentlichen Baltischen Schild noch weitere Schwellengebiete bestehen, auf die Frebold 1928 aufmerksam gemacht hat. Das eine befindet sich in Västergötland mit zeitweiligem Einschluß des Gebietes von Närke. Hier fehlt z. T. die *Dictyonema*-Zone (Kinnekulle, Närke, Ekedalen, in Östergötland flachlitoral mit Geröllen), die *Ceratopyge*-Zone (Ekedalen, in Östergötland flache Glaukonitmergelfazies), ja z. T. sogar die *Megal. planilimbata*-Zone (Kinnekulle), während das Fehlen von *Asaphus expansus* und ein vikariierendes Auftreten von Cystideenriffen (*Sphaeronis pomum*) für flache Schwellensedimentation spricht. Später geht der Schwellencharakter verloren.

Eine weitere Schwelle, ebenfalls schon seit dem Kambrium bekannt, befindet sich auf Gotland und greift zeitweise nach Nordöland über. So fehlt stellenweise die *Dictyonema*-Zone und ist anderwärts durch wenig mächtige klastische Obolenschichten ersetzt. Auf Gotland (Tiefbohrung) liegt unmittelbar über der *tessini*-Zone ein Glaukonit und Phosphorit führender Kalk, der vielleicht der *Ceratopyge*-Zeit, wahrscheinlicher aber einer späteren ordovizischen Transgression angehört (? *planilimbata*-Zone). Der *Asaphus-expansus*-Kalk ist vielleicht auch auf Gotland vorhanden, zeigt aber oft klastische Beimengungen und Cystideenriffe und beginnt im mittelbaltischen Raum oft mit einem Konglomerat (*Strophomena jentzschi*). Über die Beteiligung des höheren Ordoviziums am Untergrunde Gotlands herrscht noch einige Unsicherheit. Jedenfalls bleibt die Sedimentation bis zum Wenlock lückenhaft. Diese Schwelle persistiert also am längsten.

Der Bewegungsrhythmus der Schwellen ist n. FREBOLD anders als der epirogenetische Totalrhythmus, und dieser scheint wiederum im kaledonischen Saumgebiet und auf dem eigentlichen Schild etwas verschieden zu sein. Die Transgressionszeiten auf dem Schild (mit immer fortschreitender Überflutung) sind: *Dictyonema*-Zone, *Planilimbata*-Zone, *Asaphus*-Kalk (n. FREBOLD). In der kaledonischen Zone und an ihrem Saum scheinen dagegen *Dictyonema*-Zeit, *Ceratopyge*-Zeit und *Chasmops*-Zeit den Haupttransgressionen zu entsprechen (n. ASKLUND). In der *Trinucleus*-Zeit ist dann die Überflutung ziemlich allgemein.

Faziell ist das Vorwalten der Kalke im O und der Schiefer im W wichtig, letzteres besonders in Schonen und im Oslogebiet bemerkenswert. Nur die Orthocerenkalke ,,transgredieren" ziemlich weit nach Westen.

Die Mächtigkeit des Ordoviziums in Mittelschweden beträgt im Durchschnitt 70–120 m, während sie in Schonen auf 200 m, bei Oslo auf 500 m steigt. Darin dürfte sich der abweichende Sedimentationscharakter des Baltischen Schildes auch schon deutlich ausprägen.

c) Gotlandium

Für das Gotlandium Schwedens ist die Schieferfazies mit Graptolithen sehr bezeichnend; sie wird weiter im Osten durch die Korallen-, Stromatoporen- und Brachiopodenkalke Gotlands und des Ostbaltikums ersetzt. Die letzten können wohl sicher als flachneritische Schelfablagerungen angesehen werden, welche den gotlandischen Ufersaum im Osten begleiten. Die Graptolithenschieferfazies entspricht vermutlich einer tieferen Versenkung, wird indessen gegen W wieder durch eine Kalkfazies (Oslo) abgelöst. Da die Schieferfazies nur 50 m mächtig ist, die Kalkfazies im O und W aber einige 100 m Mächtigkeit erreicht, so ist der Faziesunterschied wohl vor allem ein Ausdruck für die schnellere Versenkung des zentralen Streifens, die nicht, wie in den Randgebieten, durch Sedimentation kompensiert wurde. Von einem Schild ist also noch keine Rede; im Gegenteil, das Gebiet erscheint als flache Mulde, parallel der kaledonischen Geosynklinale und wohl durch Bewegungen in derselben bedingt.

Wie schon oben gesagt, wird der Brachiopodenschiefer bzw. Leptaenakalk (Kallholnskalk) Dalarnes heute als basales Gotlandium aufgefaßt. Darüber unterscheidet man in Schweden folgende Abteilungen:

In Västergötland werden die unteren *Rastrites*- und die oberen *Retiolites*-Schiefer innerhalb der Graptolithenfazies unterschieden. Die Zonenfolge ist in den *Rastrites*-Schiefern die gleiche wie in Schonen, doch sind die untersten Zonen (*Diplograptus acuminatus, D. vesiculosus, Monogr. cyphus*) schlecht sichtbar. Die höheren drei Zonen enthalten neben den Leitformen (von unten nach oben: *Monogr. triangulatus, Diplograptus folium, Cephalograptus cometa*): *Monogr. gregarius, M. leptotheca, M. limatulus, M. jaculum, M. attenuatus, M. cygneus, M. lobiferus, M. convolutus, Rastrites hybridus, Climacograptus scalaris, Petalograptus palmeus, Cephalograptus tamariscus.* Die *Rastrites*- und *Retiolites*-Schiefer sind noch in einem Teil von Östergötland und in Dalarne bekannt, während sonst in Schweden die Folge mit dem Ordovizium abschließt.

Höher oben liegt die Zone des *Monograptus sedgwicki* und dann die des *M. runcinatus* (mit *M. nudus, M. discus, M. exiguus, M. priodon, Petalograptus palmeus*). Hierüber liegen noch die Zone des *M. turriculatus* und dann die *Retiolites*-Schiefer mit *Ret. geinitzianus, Monograptus crenulatus, M. priodon, M. cultellus, M. subconicus.*

Im westlichen Jämtland beginnt das Gotlandium in den allochthonen Schollen mit einem Quarzit (mit *Phacops elliptifrons*) und darüber liegenden Krinoidenkalken (mit *Pentamerus oblongus*), über denen dann *Rastrites*-Schiefer folgen. In Västergötland wird das Gotlandium meist von einem mächtigen Diabas (30–100 m) überlagert, welcher zwar im kleinen dem Schichtplan zu folgen scheint, im großen aber den verschiedensten Stufen bis hinab zum *Phyllograptus*-Schiefer auflagern kann und vielleicht effusiv ist. Es kommen Olivindiabase (Kinnediabas) und Quarzdiabase (Hunnediabas) vor. Die Diabasdecke bedingt hier die Erhaltung der paläozoischen „Zeugenberge" wie des Kinnekulle (Abb. 24).

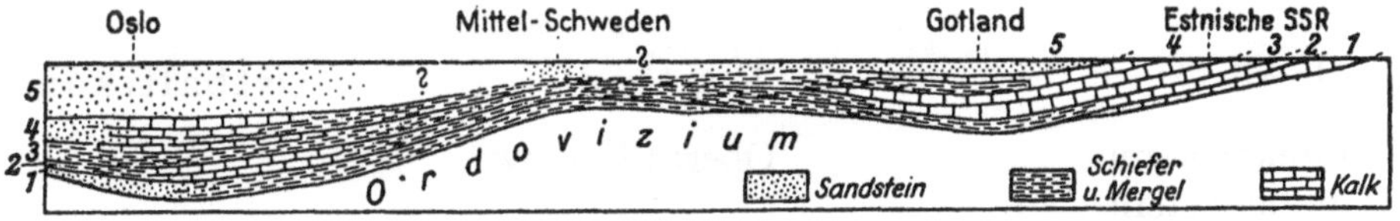

Abb. 23. Schematisches Profil durch das Gotlandium Schwedens.
1 und 2: Valentium – 3: Wenlock – 4: unteres Ludlow – 5: oberes Ludlow.

In Dalarne liegt über dem *Retiolites*-Schiefer, z. T. aber auf ältere Schichten übergreifend, ein fossilfreier roter Sandstein – der Orsasandstein, welcher vielleicht dem oberen Ludlow- (Downton) bzw. dem Öved-Ramsåsasandstein Schonens entspricht.

Die *Rastrites*-Schiefer entsprechen dem Valentium (Llandovery), die *Retiolites*-Schiefer dem Salopium (Wenlock) Englands.

Das Gotländer Obersilur ist lange der Schauplatz mannigfaltiger und mehr oder weniger glücklicher Gliederungsversuche gewesen. Der Grund der Verschiedenheiten beruht auf dem ungeheuren Fazieswechsel, lösen sich doch hier Mergel, Oolithe, gebankte und klotzige Kalke „in kaleidoskopischer Weise" ab, ohne eine deutliche Gesetzmäßigkeit aufzuweisen. Wedekind und Tripp vergleichen die Bildung mit einem Barriereriff. Entsprechend wechselt der faunistische Bestand mit der Fazies, und viele charakteristische Gotländer Formen gehen durch mehrere Zonen hindurch.

Von den häufigeren, aber stratigraphisch weniger bedeutsamen, weil horizontal weitverbreiteten Formen seien genannt:

Kalkalgen: *Sphaerocodium gotlandicum.*

Korallen: *Acervularia ananas, Goniophyllum pyramidale, Rhizophyllum gotlandicum, Heliolites interstinctus-decipiens, Favosites forbesi, Halysites catenularius.*

Bryozoen: *Fenestella mobergi, Ptilodictya lanceolata, Coenites repens.*

Brachiopoden:	*Pholidops implicata, Dalmanella canaliculata, Bilobites biloba, Leptaena rhomboidalis, Chonetes gotlandica, Camarotoechia diodonta, C. nucula, Atrypa reticularis, Spirifer elevatus, Cyrtia exporrecta.*
Muscheln:	*Pterinea demissa, Cypricardinia crispula.*
Gastropoden:	*Pleurotomaria alata, Platyceras cornutum.*
Zephalopoden:	*Orthoceras* sp., u. a.
Ostrakoden:	*Leperditia phaseolus, Beyrichia jonesi, B. spinigera, Primitia reticristata* und zahlreiche andere.
Trilobiten:	*Bumastus barriensis, Calymene tuberculata, Proetus concinnus, Cheirurus conformis, Encrinurus punctatus, Phacops stockesi, Dalmanites vulgaris.*

Neben den riffbildenden Stromatoporen sind diese Tiergruppen jeweils für bestimmte Faziesverhältnisse bezeichnend, so daß eine Parallelisierung oft fast unmöglich erscheint.

1921 hat E. Hede den Versuch gemacht, in dieses Gewirr von Faziesverhältnissen Ordnung zu bringen. Er zerlegt das etwa 500 m mächtige Gotländer Silur in zwölf Gruppen, die sich, entsprechend dem schwachen südöstlichen Fallen, von Nordwest nach Südost ablösen. Die Beziehung zu dem englischen Silur wird auf Grund einer ausführlichen Faunenanalyse wie folgt angegeben:

Gotland	England	Ostbaltikum
Sundrekalkstein	Oberes Ludlow	
Hamrakalkstein		
Burgsviksandstein und Oolith		K
Ekemergel		
Hemsegruppe	Unteres Ludlow	
Klintebergkalk	(Ob. Salopian)	
Muldemergel		
Slitegruppe		
Toftakalk	Wenlock	
Högklintkalk	(Unt. Salopian)	I
Oberer Visbymergel		
Unterer Visbymergel	Ob. Llandovery	

Zur Charakterisierung der einzelnen Gruppen sei folgendes angeführt:

Untere Visbymergel, oft auch *Stricklandinia*-Mergel genannt; blaugraue weiche Mergel in Wechsellagerung mit harten helleren Kalken. Als charakteristisch für die Fauna gibt Hede an: *Palaeocyclus porpita, Orthis davidsoni, Plectambonites transversalis, Brachyprion walmstedti, Stricklandinia lirata, Spirifer marklini, Phragmoceras costatum, Leperditia hisingeri, Bronteus platyactin.* Diese Folge ist oberes Llandovery (ob. Valentium). Tiefes Gotlandium fehlt hier.

Obere Visbymergel. Hier stellen sich, besonders gegen oben, riffbildende Organismen ein. Die oben genannte Fauna ist verschwunden, dagegen treten eine Reihe neuer Formen auf, von denen allerdings die meisten höher hinauf reichen: *Pholidops implicata, Dictyonella capewelli, Plectambonites transversalis, Schuchertella pecten, Scenidium acutum, Rhynchotreta cuneata, Camarotoechia borealis, Atrypa imbricata, Cyrtodonta* cf. *gibbosa, Nucula anglica, Grammysia acadica, G. cingulata, Pleurotomaria alata, Cyclonema delicatulum, Poleumita roemeri, Calymene laevis, C. tuberculata, Proetus granulatus, Encrinurus punctatus.*

Högklintkalk. Grobkristalline Kalke mit Krinoidenlagen; gelegentlich mergelig und oben mit einer dünnen Lage von bituminösem Mergelschiefer. Charakteristisch ist das massenhafte Auftreten von *Sphaerocodium gotlandium.* Einzig auf diese Zone ist *Atrypina angelini* beschränkt. Neu treten auf, sind aber weiter oben auch bekannt: *Ptilodictya lanceolata, Chonetes cingulatus, Camarotoechia nucula, Beyrichia jonesi, Proetus rugulosus.*

Toftakalk. Beginnt mit einer schwachen Diskordanz und einem Konglomerat, über dem in einer dünnen Lage in größerer Menge *Spongiostroma holmi, Leperditia* n. sp., *Solenopora compacta, S. gotlandica* auftreten. Sonst bieten die meist grobkristallinen, gelegentlich mergeligen Kalke paläontologisch wenig Neues.

Slitegruppe. Ein etwa 100 m mächtiger, faziell stark wechselnder Schichtkomplex, in dem Mergel, gebankte Kalke und Riffkalke auftreten. Aus der sehr reichen Fauna seien als besonders bezeichnend erwähnt: *Monograptus dubius, M. priodon, M. flemingi, Megalomus* n. sp., *Ilionia prisca, Conchidium tenuistriatum, Pentamerus gotlandicus, Leperditia baltica.*

Muldemergel. Neben den bezeichnenden *Dictyonema* sp. und *Monograptus dubius* sind als neue Formen wichtig: *Leptostrophia filosa, Cyrtia trapezoidalis, Leperditia phaseolus, Beyrichia bolliana,* die jedoch auch höher hinauf reichen. Auf die Zone beschränkt sind *Gothograptus nassa* und *Modiolopsis nilssoni.* Eine Reihe der in den unteren Zonen genannten charakteristischen Formen ist hier nicht mehr vertreten.

Klintebergkalk. Geschichtete und klotzige Kalke, Krinoidenkalke, Stromatoporenkalke, Mergel, also auch faziell sehr wechselnd. Als charakteristisch erwähnt Hede vor allem: *Conchidium conchidium, Megalomus gotlandicus, Ilionia prisca, Solenopora gotlandica, Hedströmia halimedoidea.* Neu hinzu treten, aber auch weiter oben verbreitet: *Labechia conferta, Fenestella mobergi, Dinorthis rustica, Orthis bouchardi, Platyceras cornutum, Krausella* sp., *Proetus verrucosus.* Die Graptoliten sind ganz verschwunden, aber eine Reihe der bekanntesten, eingangs erwähnten typischen Gotländer Formen schafft eine deutliche Verbindung zum Liegenden und Hangenden; insbesondere ist dabei an die Korallen und Brachiopoden zu denken.

Hemsegruppe. Petrographisch sehr wechselnd. Neben feinsandigen Mergeln und sandigen glimmerhaltigen Schiefern treten, besonders im Nordosten, auch Kalke auf. Mächtigkeit bis 100 m. Als charakteristische Formen seien genannt: *Beyrichia lauensis, B steusloffi, Entomis migrans, Colpos insignis, Acaste downingiae, Posidonomya glabra, Monograptus bohemicus, M. scanicus.* In den unteren Teilen sind noch *Bilobites biloba* und *Beyrichia jonesi* häufig. Weiter oben sind *Daya navicula, Tentaculites* n. sp., *Spirifer schmidti, Beyrichia maccoyana, B. nodulosa,*

Abb. 24. Profil durch den Kinnekulle in Vestergötland.

1: Präkambrium – 2: Kambrium – 3: unteres Ordovizium (bis Orthocerenkalk) – 4: oberes Ordovizium (ab Chasmopskalk) – 5: Gotlandium – 6: Diabas.

Calymene intermedia, Dalmanites obtusus recht wichtig, wenn auch nicht ausschließlich auf die Zone beschränkt.

Ekemergel. Blaugraue, z. T. sandige Mergel. Gelegentlich ist wieder *Sphaerocodium gotlandicum* wichtig. Neu sind: *Atrypa pusilla, Spirifer sulcatus, Retzia baylei, Follmanella mainensis, Cypricardites sinuatus, Homalonotus knighti.* Eine Reihe der älteren Formen ist ausgestorben.

Burgsviksandstein und Oolith. Sandsteine und Schiefer mit Oolithen wechsellagernd. Neu bzw. bezeichnend sind: *Tentaculites annulatus, T. inaequalis, Pteronitella retroflexa, Lucina hisingeri, Grammysia triangulata, Follmanella danbyi, Cornellites sowerby, Aviculopecten reticulatus, Cypricardites sinuatus, Schizodus securiformis, Goniophora cymbaeformis, Dolabra? elliptica, Homalonotus knighti.*

Hamrakalk. Dunkler, oft bituminöser, mergeliger Kalk. Neben durchgehenden Arten (*Sphaerocodium gotlandicum, Pholidops implicata, Camarotoechia nucula, Ilionia prisca* u. a.), die hier aber besonders häufig sind, seien als neu genannt: *Actinopterella? lindströmi, Grammysia rotundata, Tentaculites inaequalis.*

Sundrekalk. Kristalline, z. T. rötliche Kalke (Hoburgsmarmor), die im südlichen Teil der Insel anstehen. Als neue Form tritt eigentlich nur *Atrypa marginalis 5-costata* auf. Sonst sind im wesentlichen nur die auch im Liegenden vorkommenden Formen vertreten.

Abb. 25. Profil durch Gotland. Nach B. Hede.

1 und 2: Visbymergel – 3: Högklintkalk – 4: Toftakalk – 5 und 6: Slitegruppe – 7: Muldemergel – 8: Klintebergkalk – 9: Hemsegruppe – 10: Ekemergel – 11: Burgsviksandstein – 12 und 13: Hamragruppe und Sundregruppe.

Wedekind und Tripp (1930) haben festgestellt, daß der biostratigraphische Faunenwechsel, den die Brachiopoden n. Hede zeigen, sich in den Korallengemeinschaften der Riffkalke nicht nachweisen läßt. Die einzelnen Riffkalke waren also keine durchlaufenden Platten, sondern lokale Einlagerungen in die geschichteten und Mergelkalke, gebildet als Saumriffe bei einer nach SO fortschreitenden Faziesverschiebung. Die ganze Folge wäre entsprechend viel weniger mächtig als Hede angibt. Die Stratigraphie auf der Grundlage der Korallen stellen die Genannten wie folgt dar:

Omphyma-Stufe *Pilophyllum*-Stufe *Pseudomphyma*-Stufe	Entspricht der Hemse- bis Sundregruppe
Zelophyllum-Kodonophyllum-Stufe, in Mergeln *Ketophyllum*-Stufe	Entspricht Toftakalk bis Högklintkalk
Dinophyllum-Chonophyllum-Stufe	Entspricht den Visbymergeln

d) Die nachkaledonische Entwicklung

Aus der langen Zeit vom Devon bis zum Spätquartär sind in dem größten Teil des Baltischen Schildes keine Zeugen übermittelt. Ob hier dauernde Denudation herrschte, deren Resultat aber, nach den erhaltenen Relikten von Kambrosilur zu urteilen, keineswegs groß und der Länge des Zeitraumes keineswegs korrelat war oder ob spätere Ablagerungen wieder entfernt wurden, ist schwer zu entscheiden. Es scheint jedenfalls, daß der Schild während der nachkaledonischen Entwicklung zwar ein Landgebiet darstellte, aber niemals wesentlich höher als heute über NN herausragte.

Eine Ausnahme bildet, neben dem peripherisch am kaledonischen Rande gelegenen Oslograben (Geol. v. Europa, Band II, 1, S. 12–20, 50–56) das Gebiet der Kolahalbinsel, welches mit Oslo gewisse bemerkenswerte Parallelen besitzt. Hier treten jüngere, allerdings nur kontinentale Sedimente und eine komplexe Folge von Alkaligesteinen auf, die wissenschaftlich und praktisch Bedeutung erlangt hat.

Es sind heute 21 Gebiete größerer und kleinerer Vorkommen von Alkaligesteinen bekannt, deren Gleichaltrigkeit, streng genommen, nicht bewiesen, aber doch trotz erheblicher petrographischer Variationsbreite nicht unwahrscheinlich ist. POLKANOFF unterscheidet hierbei zwei Gruppen:

1. Kleinere Spalten- und Bruchfüllungen, die innerhalb des kristallinen Grundgebirges gelegen sind und tiefere Teile der Förderschlote darstellen. Hierzu gehören auch die zahlreichen Pikrit-Porphyritgänge des Kolafjordes.

2. Größere komplexe Körper innerhalb der jungpräkambrischen Decke bzw. an ihrer Grenze gegen das Grundgebirge. Es sind z. T. „Grenzplutone" bzw. höhere Teile der Intrusivkörper, vielleicht besser zum Typus der „Subvulkane" zu stellen.

Unter Verzicht auf Vollständigkeit seien die größten und interessantesten Vorkommen aufgezählt, die sich im zentralen Kola von NW nach SO aufreihen, einer – wohl etwas älteren – grabenartigen Depression folgend.

Massiv Gremjacha (POLKANOFF 1935). Das in NNW gestreckte Massiv von 20 × 6 km Ausdehnung liegt zwischen Granatgneis im Westen und Hypersthendiorit bzw. Oligoklasgranit im Osten. Die Kontakte scheinen im Streichen im allgemeinen konkordant zu sein bis auf den schmalen Südrand.

Im Gegensatz zu anderen Massiven nehmen hier basische Gesteine etwa die Hälfte der Oberfläche ein; im Kartenbild stellen sie gleichsam eine sichelförmige Schale dar, welche die saureren Gesteine im SW, S und SO umfaßt. POLKANOFF unterscheidet mutmaßlich ältere Olivinpyroxenite und Gabbroanorthosite und jüngere Akerit-Pulaskit-Laurvikitgesteine. Die Gesteine haben eine fluidale Bändertextur, die wohl konform zum Kontakt nach WSW fällt, anscheinend etwas flacher als die Schieferung der Gneise. Die Schmelze ist wohl in eine sich öffnende Spalte an der Grenze zweier Grundgebirgskomplexe eingedrungen, ohne eine deutliche Wirkung von Streß zu zeigen.

Im Gegensatz dazu zeigen die beiden anderen Gruppen (Nephelinsyenite und Alkaligranite) zwar gleiches Streichen, aber entgegengesetztes Fallen nach ONO, wobei hier durch Regelung und konkordante Scherflächen, die durch gleiches Magma „verheilt" sind, eine zunehmende Pressung von ONO oder NO sichtbar wird.

Die Nephelinsyenite haben geringere Verbreitung und sind zwischen die Gabbros und Schollen von Gneisgranit eingezwängt. Es sind hier Theralithe, Foyaite und Urtit-Ijolithe verbreitet, daneben auch reine Ägirinite, z. T. mit Riesenägirinen; diese letzteren sind gelegentlich streng eingeregelt, mit Fallen von 22° nach ONO; die Regelung scheint aber fluidal zu sein. Oft fällt eine konkordante streifige Verteilung der einzelnen Varietäten auf.

Die Nordmarkite und Alkaligranite bilden die dritte, weitverbreitete Komponente, mit deutlichen Spuren einer Bewegung von NO nach SW, die in konkordanten, durch das gleiche Magma verheilten Scherflächen in Erscheinung tritt. Die Textur ist gneisartig.

Das Massiv Umptek-Chibinsk. Es ist der komplizierteste, aber zugleich am besten erforschte unter diesen Plutonen (Ramsay 1896, 1899, Fersmann 1923, 1928, 1929, 1931, 1932, Kupletski 1925, 1928, 1932, Vlodavetz 1935). Das Chibinsker Massiv hat bei elliptischer Gestalt einen Durchmesser von 36 × 41 km und bedeckt eine Fläche von 1115 qkm. Es steigt bis zu Höhen von über 1000 m auf und ist tief zerschnitten; die Höhen umgeben in einem nach O offenen Bogen eine Niederung, was dem inneren Bau bis zu einem gewissen Grade entspricht, da die Gesteine eine ring- oder bogenförmige Anordnung haben und das Massiv in einzelne Bögen zerfällt, wobei die äußeren (westlichen) fast senkrecht stehen, während die inneren immer flacher konzentrisch einfallen; das Massiv bildet gleichsam eine riesige Schale (Kupletski), deren Inneres von Nephelinsyenit eingenommen wird.

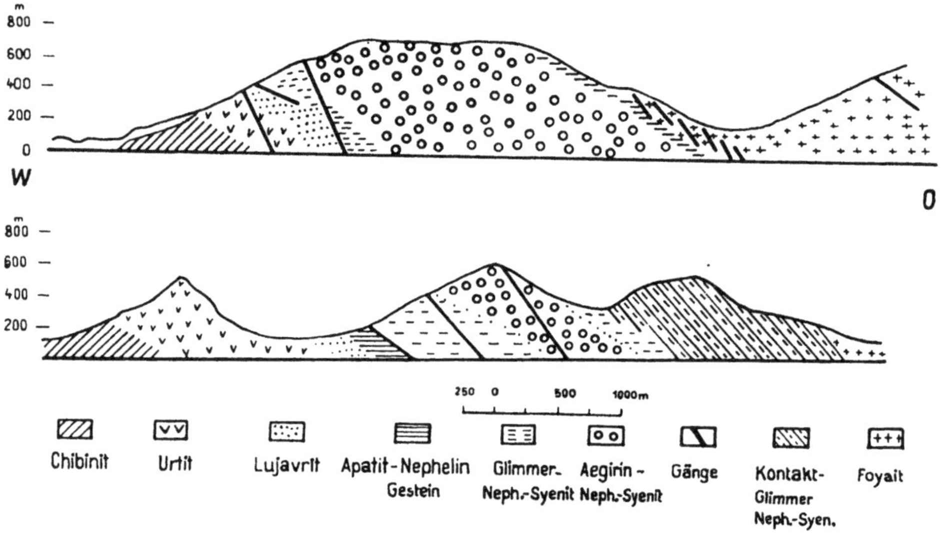

Abb. 26. Profile durch das Chibinamassiv auf Kola. Nach Kupletski, 1932.

Das Nebengestein bildet im Süden und Westen die „Tunturitformation" Imandra-Varsuga, im Norden ist es Granat- und Biotitgneis. Der Kontakt ist steil und z. T. wenigstens nach innen geneigt, so daß der Intrusivkörper zylindrischen oder wahrscheinlicher trichterförmigen Bau besitzt. Polkanoff nimmt an, daß die Schmelze auf einer Störungsfläche zwischen Gneis und Tunturitformation aufgedrungen ist und sich dann in letzterer ausgebreitet hat.

Man kann innerhalb der Gesteine vom westlichen Kontakt nach innen folgende Bögen unterscheiden:

1. Der äußere Bogen von Umptekiten bzw. Alkaligraniten (endokontaktische Aufschmelzung der Nebengesteine) und Chibiniten (Feldspat, Nephelin, Ägirin, Arfvedsonit). Innerhalb der Chibinite wird noch eine Folge: pegmatitischer Chibinit-poikilitischer Nephelinsyenit-trachytoider Chibinit angegeben; doch handelt es sich hierbei z. T. um pegmatitische Lagergänge. Die Textur ist fluidal, parallel dem ± vertikalen Kontakt; zwei senkrecht zueinander stehende vertikale Kluftsysteme wurden beobachtet.

2. Der innere Bogen zeigt deutliche Kristallisationsschieferung. Kupletski unterscheidet:

a) Jjolith-Urtite, Bogengänge von Nephelin-Ägiringesteinen, und zwar: Jacupirangite mit 5–10% Nephelin, Jjolite mit 40–50%, Urtite mit 75–90%. Diese Gesteine sind scharf von den Chibiniten abgetrennt (Kontakt!), nach oben allmählich übergehend in

b) Apaneit und Neapit, d. h. die berühmten Apatiterzkörper, aus Apatit und Nephelin bestehend. Die Zonen a und b fallen mit 30° nach innen und sind in Höhenlagen von 1050–300 m über NN aufgeschlossen. Sie sind 20–200 m mächtig und bilden eine jüngere Einzwängung zwischen Chibinit und Nephelinsyenit.

c) Glimmer-Nephelinsyenit (westl. Bogen).

d) Ägirin-Nephelinsyenit.

e) Glimmer-Nephelinsyenit (östl. Bogen).

f) Helle Foyaite bzw. weiße Lujavrite (Feldspat mit Nephelin in den Zwischenräumen, Alkalihornblende).

Die inneren Zonen haben eine flache bis horizontale Bänderung, welche in Verbindung mit einer ihr parallelen Klüftung fast den Eindruck von Schichtgesteinen hervorruft. Von oben nach unten besteht eine analoge Folge wie von W nach O (Umptekit, Chibinit, Foyait).

Es dürfte feststehen, daß die Wände der Schale aus den ältesten Gesteinen, den Chibiniten, bestehen, während ihr Inneres von den etwas jüngeren Nephelinsyeniten eingenommen wird. Die Urtit-Ijolithgruppe mit dem Apatitkörper bildet dagegen eine spätere Intrusion, welche am Ende der Erstarrung erfolgte. In den älteren Arbeiten haben Fersmann und Kupletski diese drei Stadien schärfer geschieden, während sie ihnen neuerdings nur eine bedingte Gültigkeit zuerkennen; jedenfalls war die Zeitdifferenz gering. Es folgen nach der Erstarrung noch Gangphasen, und zwar:

1. Mikroshonkinit und Nephelinsyenit,
2. Tinguait und Alkalitrachyt,
3. Alkalibasalt und Nephelinit,
4. Theralith und Shonkinit,
5. Monchiquit, Pikritporphyrit,
6. Erz-Pyroxenit,
7. Junge Pegmatite.

Die inneren Bögen zeigen eine zonar bogenförmige Anreicherung einiger Erze und Mineralien; von Osten: Bleiglanz und Zinkblende, Pyrrhotin, Sphen, Lowtschorrit (Titansilikat mit Ca, Ce, Sr, Na), Zeolithe, Apatit.

Die gneisigen leukokraten Gesteine sind reich an flüchtigen Bestandteilen, so daß ihre Intrusion vielleicht mit Explosionen verbunden war. Damit könnten auch die bogenförmigen Bruchzonen des Massives zusammenhängen. Fersmann nimmt deshalb an (1931), daß auf die erste Intrusion und Abkühlung (pegmatitische Randzone) eine Bruchbildung mit Explosionen folgte und dann die Nachschübe entstanden. Von Bedeutung ist die „agpaitische" (Ussing) Ausscheidungsfolge von den leukokraten zu den melanokraten Gliedern.

Der Gesamtkörper wurde als Bysmalith oder Lakkolith bezeichnet. Backlund weist darauf hin, daß er einen zylindrischen oder trichterförmigen Bau besitzt und sich dadurch von echten Lakkolithen unterscheidet. Der Ringbau erinnert stark an die tertiären „ring-dykes" und „cone-sheets" von Mull (Backlund 1932), so daß die Entstehung wohl noch komplexer war als man bisher annahm. Auch Ähnlichkeiten mit dem Alnögebiet sind vorhanden.

Der Pluton von Lovosero (Lujavr-Urt) zeigt einen ähnlichen trichterförmigen Bau, der durch eine trachytoide (fluidale) Textur betont wird, und ist anscheinend auch an der Grenze der Gneisbasis und einer jüngeren Decke gebildet (Hornfelsschollen als eingebrochenes Dach). Er besteht aus Lujavriten (Orthoklas-Nephelinsyenit mit Ägirin), denen spätere Nachschübe von eudialytischen und lamprophyllitischen Lujavriten folgen. Die letzte Phase liefert Augitporphyrite in Lagergängen und Pikrite in Gängen. Die Folge ist also auch agpaitisch. Der Pluton bedeckt eine Fläche von 385 qkm.

Die Alkaligranite der östlichen Kolahalbinsel. Nachdem schon Rippas 1898 auf die Anwesenheit dieser Granite hingewiesen hat und Polkanoff später (1925–26) ihre Zugehörigkeit zum Alkalistamm bestätigte, haben die Untersuchungen von Vorobjeva und Kupletski 1928–29 das Vorhandensein des größten zusammenhängenden Körpers der Alkalireihe im östlichen Kola entdeckt, welcher etwa 3000 qkm umfaßt. Neben dem Hauptmassiv, welches dem Gebiet der Hauptwasserscheide südlich des Bergrückens Kejv entspricht, liegen südlich davon noch drei peripherische kleine Massive.

Das Hauptmassiv hat eine Erstreckung von mindestens 160 km von NW nach SO und wird durch einen Streifen der früher geschilderten Kejvserie in zwei Teile geteilt. Die Intrusion erfolgte in den nach SW überschobenen, mit der Kejvserie erfüllten Graben. Sie folgt z. T. den Randstörungen derselben und wölbt die Kejvserie in die Höhe.

Die kleineren Massive weiter im Süden scheinen auf den Störungen zu liegen, welche die eingesenkte Tunturitformation von dem Grundgebirge trennen. Es ist bezeichnend, daß hier, bei gleichem WNW- bis NW-Streichen, die Schieferung und anscheinend auch die Kontakte nach SW fallen, d. h. konform zur älteren Tektonik der Tunturitformation.

Der Hauptteil des Massives wird von Alkaligraniten mit Ägirin und Arfvedsonit-Riebeckit gebildet. Als deren Abkömmlinge (? Migmatite z. T. nach Swertschkoff) werden hastingsitische Syenite betrachtet. Jünger sind drei Generationen von Pegmatiten, auf welche dann Natrolithsyenite in Gängen und Diabasgänge folgen. Ferner werden noch Laurvikite und Gabbros erwähnt, die Polkanoff, hauptsächlich aus Analogie mit dem Gremjachamassiv und wegen ihres massigen, ungeschieferten Charakters, für die älteste Phase ansieht. Bewiesen ist das noch nicht, und es ist jedenfalls bezeichnend, daß die Syenitgänge jünger als der Granit sind, so daß eine agpaitische Ausscheidungsfolge immerhin nicht ausgeschlossen erscheint. Zu erwähnen ist die starke Metamorphose der Kejvserie.

Die Gänge der Turijhalbinsel und von Kandalakscha in Südkola. Diese Gruppe von vorwiegend NO–SW streichenden gangförmigen alkalischen bis halbalkalischen Gesteinen ist weit nach Westen bis nach Finnland zu verfolgen. Beljankin und Wlodawetz unterscheiden drei Eruptionsperioden mit teilweiser Wiederholung der Eruptionsprodukte:

I. Periode: 1. Alkalibasalte (Monchiquite und Alnöite), 2. kalzinierte Eruptivbrekzien mit Olivineinsprenglingen, 3. marmorartige Kalke.

II. Periode: 1. Ijolite, 2. Turijte (Glimmer, Analcim, Kalzit, Melanit, Apatit) und Turjaite (Nephelin, Biotit, Melilith, Melanit, Magnetit, Perovskit, Apatit), 3. melanokrate Aegirin-Syenite, 4. Calcitite (rein, oder mit Quarzfeldspat oder mit Fluorit).

III. Periode: 1. Alnöite, 2. Augitite, 3. Nephelinite, 4. marmorartige Kalke.

Die reichliche Beteiligung von Calcit erinnert an Alnö; auch die sehr intensive metasomatische Kontakteinwirkung auf die durchbrochenen Sandsteine (Fenitisierung, Eisenzufuhr) bis zur Bildung von syenitisierten migmatischen Sandsteinen erinnert an jene Gegend. Andererseits ist die genetische Beziehung zu den Chibinagesteinen sehr wahrscheinlich, und diese sind sicher jünger.

Für die Altersstellung ist wichtig, daß neuerdings in einer Folge von Tonschiefern, Sandsteinen, Tuffen und Porphyriten, welche die Nephelinsyenite von Lowosero überlagern und von ihnen Kontaktmetamorph und metasomatisch verändert wurden, folgende Pflanzen gefunden wurden: *Psygmophyllum* cf. *williamsoni*, *Archaeopteris* sp., *Rhachiopteris* sp. (n. KRISCHTAFOWITSCH). Das deutet übereinstimmend auf Oberdevon. Dann wären die Alkaliintrusionen frühestens Karbon, womit das auf 300–350 Millionen Jahre veranschlagte Alter übereinstimmt. Damit steigen die Analogien zu den Oslogesteinen, die ja in den letzten Jahrzehnten auch eine Verjüngung erfahren haben, und die Alkaligesteine rücken in den variscischen Zyklus. Auf der Halbinsel Turij durchsetzen die Gänge ein klastisches Gestein, dessen Komponenten aber z. T. durch Turijit verkittet sind. Andererseits treten aber in solchen Konglomeraten schon Gerölle von Alkaligesteinen auf, was auf eine ältere und eine jüngere Eruptionsperiode hindeutet. Nun treten in der Nähe rote Sandsteine mit Schrägschichtung auf, die bisher meist als jotnisch angesehen wurden, aber vermutlich mit den besprochenen Konglomeraten identisch sind und demnach Devon sein könnten. Es ist daher wahrscheinlich, daß die Hauptmenge der Alkaligesteine mit einer variscischen Bruchphase verknüpft ist, welche die Gräben des zentralen Kola und des Golfes von Kandalakscha erzeugte und ein auffallendes, symmetrisch gelegenes Gegenstück zu dem Oslograben schuf. Über die Differentiation und Intrusion der Alkalimassive hat BACKLUND 1932 Erwägungen angestellt, welche diese Sippe in Beziehung zu der Durchbrechung von Kontinentalblöcken unter Benutzung von Spaltenzonen stellen.

In Schweden bilden einige der schon erwähnten Eruptivgesteine, vor allem der Diabase, die einzigen Zeugen der nachkaledonischen paläozoischen Entwicklung des Schildes. Hier sind vor allem die Diabasdecken über dem Silur Västergötlands zu nennen: die olivinführenden Kinnediabase (verknüpft mit monzonitischen Varietäten n. LJUNGNER) am Kinnekulle und die quarzführenden, zwei Pyroxene enthaltenden Hunnediabase am Hunneberg. Insbesondere die letzteren haben Beziehungen zu den auf Schonen auftretenden NW–WNW streichenden Gängen von doleritischem Kongadiabas (quarzführend), welche jedenfalls auch jünger als *colonus*-Schiefer sind, aber bisher im obersten Gotlandium (Öved-Ramsåsagruppe) nicht angetroffen wurden; beweisend für ein gotlandisches Alter der Kongadiabase ist das allerdings bei der geringen Verbreitung der Ramsåsagruppe nicht. Jedenfalls sind sie älter als die gleich streichenden Melaphyre (olivinhaltigen Ödeddiabase) und die noch jüngeren Kullaite (Diabase mit reichlichem Feldspat in Knoten und Einsprenglingen und mit Autometasomatose der Kalipyroxene und Olivine zu Delessit, Epidot und Karbonat). HJELMQUIST möchte die ganze Gruppe als zusammengehörige Folge betrachten und mit der Alkaliserie des Oslogebietes in Beziehung setzen, womit sie in den variscischen Zyklus rücken würde. Jedenfalls sind die Diabase Schonens vorrhätisch (Gerölle in der Kagerödformation Schonens).

Die Eruptivserie des Oslogebietes setzt in vorwiegend N–S streichenden Gängen in das nördliche Bohuslän fort. Vertreten sind: Madeirite (Strömstad) – trachydoleritische Gesteine aus einem essexitischen Magma (mit Olivin, Katophorit, Ägirinaugit, Sanidin, Anorthoklas), Limburgite und jedenfalls jüngere Rhombenporphyre. Auch diese Gänge gehören nach unserer heutigen Kenntnis dem variszischen Zyklus an.

Es muß schließlich erwähnt werden, daß die nördlichen Teile des Schildes (nördlich vom Bottnischen Golf) vielleicht einer kurzen Überflutung in der Zeit des Oberen Jura bzw. der Unteren Kreide unterlagen. Darauf deuten massenhafte große Geschiebe hin, die neuerdings im Schärenhof von Luleå gefunden wurden und auch bei Uleaborg unter Glazialschutt entdeckt wurden. Die Meeresverbindung müßte über Lappland nach dem Mesozoikum der Lofoten gegangen sein. Über die Ausdehnung und Dauer dieser Überflutung läßt sich heute noch nichts aussagen.

e) Die quartäre Überflutung

Eine Überflutung größerer Teile des Baltischen Schildes findet im Spätquartär statt. Diese Überflutung hängt eng mit den Fragen der quartären Vereisung zusammen, deren Rhythmus und Verlauf hier nur kurz gestreift werden können.

Die kontinentalen glazialen Sedimente (Moränen und Fluvioglazial) sind auf dem Baltischen Schild in verhältnismäßig geringer Menge erhalten geblieben, da ja dieses Gebiet dem Vereisungszentrum nahe lag und entsprechend vorwiegend Erosionsgebiet war. Die Grundmoränenreste sind daher wenig mächtig und vorwiegend sandig und grobklastisch, von Endmoränen, Åsern, Drumlins usw. sind nur die in den Rückzugsphasen der letzten Eiszeit gebildeten erhalten. Im Gegensatz dazu sind ja die Zeugen glazialer erosiver Formung außerordentlich reich vertreten (glazialer Schliff, Rundhöcker, Rinnenseen) und geben der Landschaft das Gepräge.

Wie man heute allgemein annimmt, ist die Ursache der späteiszeitlichen Überflutung und der nachfolgenden Niveauschwankungen vor allem in dem isostatischen Ausgleich zu suchen, welchen der Schild infolge der Eisbelastung anstrebte. Das vom Eis niedergedrückte Land wurde nach Freigabe durch den Gletscher zunächst zum Speicherraum der glazialen Schmelzwässer und damit zum Sedimentationsgebiet. Das ist die Zeit des baltischen Eisstausees, in welcher der Eisrand von den Endmoränen Schonens bis zu denen Mittelschwedens und Südfinnlands (Salpausselkä) zurückweicht. Der Eissee ist hoch aufgestaut gewesen, und sein Uferrand steht heute etwa 175 m über NN; die Differenz zwischen dem Spiegel des ersten Eissees und dem des nachfolgenden Yoldiameeres betrug 73–75 m. Der See erstreckte sich über den Süd- und Ostsaum des Schildes von SO-Schweden über die südliche Ostsee, den erweiterten Finnischen Golf, den Ladoga- und Onegasee und die Seenkette Kareliens bis zum Weißen Meer. Im Westen war er zunächst durch einen Streifen höheren Landes auf den dänischen Inseln und in SW-Schweden vom Ozean abgesperrt. Die Drainage erfolgte zuerst durch die Sunde, später, nach dem Eisfreiwerden des niedrigeren Landstriches in der Venernseegegend durch die Billinger Pforte (Abb. 27).

Wie auch in den späteren Abschnitten, sind die Sedimente des Eissees vor allem Bändertone mit rhythmischem Wechsel sandiger Sommer- und toniger

Winterwarven. Die Strandterrassen sind in Südschweden und vor allem am Salpausselkä in Finnland gut entwickelt und erlauben dort acht Stadien mit erheblichen Spiegelschwankungen zu unterscheiden. Heute liegen diese Terrassen infolge nachträglicher Schiefstellung in 135–160 m über NN. Die Sedimente des Eisstausees sind am Eisrande sehr arm an organischen Beimengungen; etwas weiter vom Eisrande (Kalmar) fanden sich aber Süßwasserdiatomeen und Pollen von *Betula* und *Picea*. In den frühen Stadien ist *Dryas* vorherrschend. Auf der ozeanischen Seite dürfte dieser kalten „Ra"-Periode die arktische Fauna einiger Strandterrassen angehören, mit *Saxicava arctica, Yoldia (Portlandia) arctica, Tellina telleri, Tellina loveni, Cylichna scalpata,* Wal- und Robbenresten.

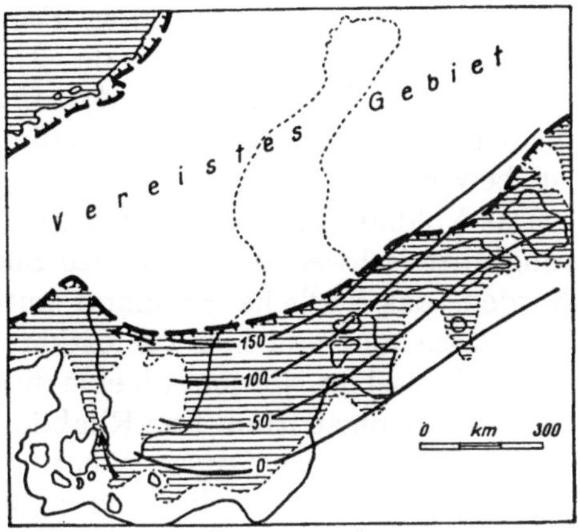

Abb. 27. Der baltische Eisstausee. Nach SAURAMO.

Infolge des Durchbruches durch die Billinger Pforte sank der Spiegel des Stausees bis zum Niveau des damaligen Ozeans um etwa 27 m. Dadurch wurde aber in dem mittelschwedischen Gebiete eine freie Verbindung zum Meer und die Möglichkeit zu einem Eindringen von Salzwasser und von marinen Organismen in das Ostseebecken geschaffen. Es handelt sich vor allem um die Muschel *Yoldia (Portlandia) arctica* und um Salzwasserdiatomeen *(Campylodiscus echineis)*. Auch die in den großen Seen Finnlands noch vorhandenen marinen Tiere, wie *Cottus quadricornis, Idothaea entomon* und *Phoca communis* sind als Relikte jener Zeit zu betrachten. Dem Yoldiameer, welches dem finiglazialen Abschnitt der Eiszeit entspricht, gehören mehrere untereinander folgende Terrassen an, während deren Bildungszeit der Wasserspiegel (im finnischen Gebiet n. SAURAMO) um etwa 38 m sinkt. Diese Strandlinien werden als Y I, Y II, Y III, Y IV = Rho *(Rhoicosphenia)* und Rha *(Rhabdonema)* bezeichnet; letztere, welche dem Schluß der Eiszeit entspricht (6800 Jahre v. Chr.), ist die bestentwickelte Uferlinie des baltischen Gebietes. Auf der ozeanischen Seite entsprechen diesem Stadium marine

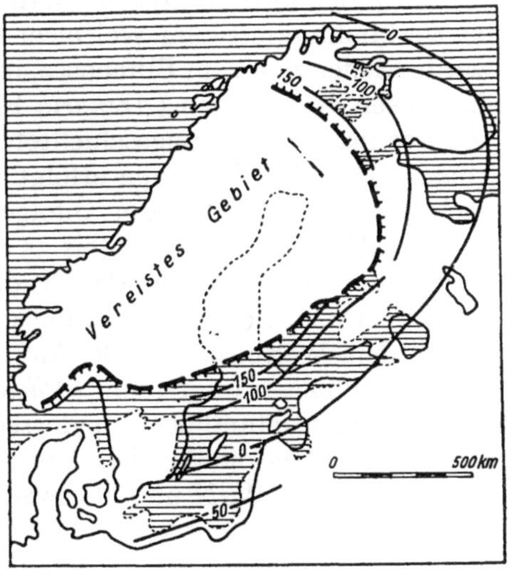

Abb. 28. Das Yoldiameer. Nach SAURAMO

Terrassen mit Wal- und Robbenresten, Krustazeen, *Mya truncata, Pecten islandicus, Arca glacialis, Saxicava arctica, Buccinum groenlandicum, Trophone clathratus.* Das Klima wird aber nun wärmer, wie auch die Fauna des sogenannten Portlandianiveaus (*Cyprina islandica, Zyrphaea crispata, Mytilus edulis, Buccinum undatum, Tellina baltica*; *Portlandia arctica* nunmehr nur verkümmert in der Nähe des Eisrandes) und des sogenannten Litorinaniveaus (mit *Litorina rudis, Aporrhais pespelicani* und wie oben), welches nicht mit dem jüngeren *Litorina-litorea*-Meer des Baltikums zu verwechseln ist, beweisen.

Das Yoldiameer bedeckte zur Zeit seiner größten Verbreitung die Niederung Mittelschwedens, das ganze Südbaltikum bis zu den Ålandsinseln im Norden, das südliche Finnland mitsamt dem Finnischen Golf und dem Ladogasee und von hier die ostkarelische Seenregion bis zum Saume der Kolahalbinsel im Norden; ob eine direkte Verbindung mit dem Weißen Meer bestand, ist umstritten. Das Rhabdonemameer zeigt Umrisse, die sich schon denen der heutigen Ostsee nähern, nur gehörte der Ladogasee noch zum Meeresbecken, und die Verbindung mit der Nordsee erfolgte durch die Billinger Pforte Mittelschwedens. Die Strandlinien sind später stark gekippt, so daß die höchsten heute im N bei etwa + 250 m, in der südlichen Ostsee aber vermutlich bei – 50 m liegen (Abb. 28).

Infolge der fortschreitenden Landhebung wurde dann (um 6500 v. Chr.) die Verbindung mit dem Weltmeer wieder unterbrochen, und das Baltikum wurde wieder zu einem Binnensee, in dem *Ancylus fluviatilis* und Süßwasserdiatomeen vorkommen (*Arenaria*-Flora). Die bisher vorherrschenden Warventone machen nun ungeschichteten oder undeutlich geschichteten grauen Tonen Platz. Die Drainage erfolgt zuerst über den Vänernsee und Närike nach dem Skagerrak, später, infolge Landkippung (Hebung im N, Senkung im S) und Aufstau des Sees (bis 35 m über NN im Süden) durch die heutige Verbindungsstraße der Sunde. Mit dieser neuen Verbindung hängt dann eine nicht unerhebliche neue Senkung des Seespiegels zusammen, der sich nun wieder dem Weltmeer anpaßt. Auf ozeanischer Seite entspricht diesem Stadium die Pholastransgression (*Pholas candida, Arcinella plicata*), die etwas vor dem Höchststand des Ancylussees anzusetzen ist, und eine nachfolgende Regression. Was die Ausdehnung angeht, entspricht der Ancylussee einer insbesondere im W, N und O erweiterten Ostsee, während im S die heutige Uferlinie nicht erreicht wurde (Abb. 29).

Um das Jahr 5000 v. Chr. setzt im ozeanischen Gebiet eine neue Transgression ein, gekennzeichnet durch mächtige Muschelbänke, in denen *Tapes decussatus* die bedeutsamste Leitform ist. Außerdem: *Cardium edule, Corbula gibba, Scrobicularia piperata, Isocardia cor.* Es lassen sich zwei Tapesetagen unterscheiden, welche heute an der schwedischen Westküste bei 27–28 m über NN liegen. Dieses aufgestaute Salzwasser drang nun in die Ostsee ein und brachte marine Tiere und Pflanzen mit; es erscheinen nun in den Strandabsätzen: *Litorina litorea* (namengebend für diese Zeit), *Mytilus edulis, Tellina baltica, Cardium edule, Hydrobia baltica.* Von Diatomeen: *Rhabdonema arcuatum, Rh. minutum, Hyalodiscus scoticus, Grammatophora marina, Campylodiscus clypeus, Mastogloia braunii.* Die letzten beiden sind für die Bestimmung der maximalen Verbreitung des Litorinameeres (Clypeusgrenze) in der nördlichen Ostsee von Bedeutung. Die Uferlinien des Litorinameeres sind infolge der Transgression jener Zeit recht deutlich ausgebildet, und die Ablagerungen überdecken oft die lakustren Torfbildungen der Ancyluszeit. Die Strandlinien liegen im bottnischen Gebiet 105–114 m über NN. Der Höhepunkt der Transgression ist etwa um das Jahr 4000 v. Chr. zu stellen (zwischen 3700 und 4500). Das Klima der Litorinazeit war das wärmste im Postglazial; demgegenüber bedeutet die Einstellung auf das heutige Niveau mit der Einwanderung von *Mya arenaria* eher eine Verschlechterung (Abb. 30).

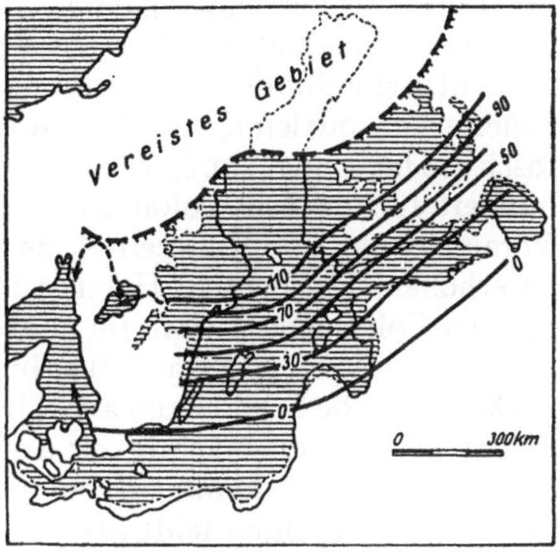

Abb. 29. Der Ancylussee. Nach SAURAMO

Im Verhältnis zu der erstaunlich lang währenden Erosionsperiode Devon-Pliozän ist ihr Resultat überraschend gering. Der höchste Betrag entfällt auf die vorjotnische Abtragungszeit, welche die Grundgebirgspeneplain geschaffen hat. In nachjotnischer Zeit ist vorwiegend der jotnische Sandstein abgetragen worden; in nachsilurischer Zeit sind die kambro-silurischen Sedimente wieder entfernt und die Grundgebirgspeneplain herauspräpariert worden; etwas stärker eingeschnitten wurde sie angeblich nur in Nord- und Südschweden, während sie in der mittelschwedischen Bruchregion zum Teil noch heute erhalten ist. Nach BACKLUND sind aber Reste noch älterer Oberflächen (vor Dalslandformation und vor Åmalformation) vorhanden, und zwar, wenn auch deformiert, so doch im Mittel im heutigen Meeresspiegelniveau, d.h. wenig abweichend von der Lage der übrigen Verebnungsflächen. Diese an sich erstaunliche Tatsache bringt die Vermutung mit sich, daß der Block sich stets ungemein stabil verhalten hat und nie sehr hoch über das Meeresniveau emporgestiegen ist. Danach muß aber auch das Flußsystem zum Teil sehr alte Züge aufweisen, wofür in der Tat verschiedentlich Belege gebracht wurden. Eine stärkere vertikale Deformation erfolgte dann erst nach Abschmelzen des Eises

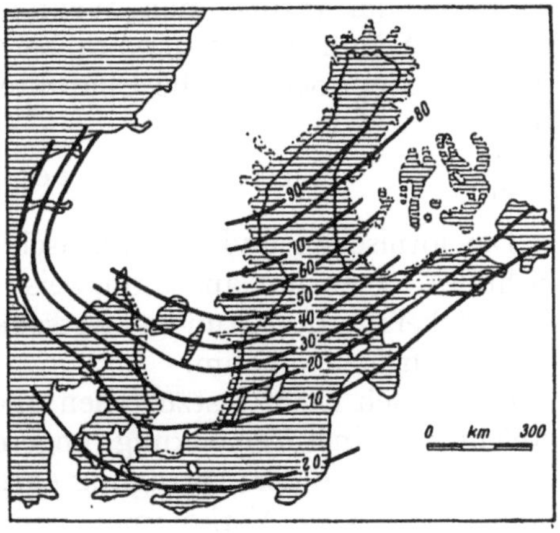

Abb. 30. Das Litorinameer. Nach SAURAMO.

in Form einer Aufwölbung zu einer wahren Schildform, die wohl isostatisch bedingt ist. Ein Maß dieser Aufwölbung gibt die Lage der höchsten Uferlinien, welche zwar in verschiedenen Teilen der nordbaltischen Umrahmung verschiedenen Zeiten angehören (metachrone Isobasen), insgesamt aber eine stärkste Aufwölbung im Gebiet des mittleren Bottnischen Golfes zeigen (bis 280 m). Im Zusammenhang damit zeigen die Uferlinien der einzelnen Stadien (Yoldia, Rhabdonema, Ancylus, Litorina) eine Schiefstellung, d. h. eine konzentrische elliptische Anordnung der synchronen Isobasen mit demselben Scheitel im mittleren bottnischen Gebiet. Die Bewegung war zeitweise sehr rasch; so berechnet LIDÉN für Ångermanland eine Hebung von 13 m im Jahrhundert für die Zeit Yoldia IV – Ancylus und SAURAMO ist geneigt, unter Voraussetzung von Ruhezeiten, sie auf zeitweilig 40–50 m pro Jahrhundert zu erhöhen. Die heutige Hebung beträgt n. WITTING im Norden des Bottnischen Golfes 0,90–1,00 m im Jahrhundert, auf Gotland nur 0,20 m, in der südlichen Ostsee – Rigaer Meerbusen – Wyborg 0 m.

Der Baltische Schild kann auch, in ähnlicher Weise wie die osteuropäischen Schollen, durch die Mächtigkeit der abgelagerten Sedimente gekennzeichnet werden. Natürlich kommt dabei nur die kambro-silurische Folge in Frage, da alles übrige primär fehlt bzw. unsicher ist. Es ergibt sich sofort, daß diese Mächtigkeit äußerst gering ist. Nur in Gotland kann man mit 800–900 m rechnen, also mit einer Zahl, die den nördlichen Teilen der Baltischen Mulde etwa entspricht. Im mittleren Schweden sind kaum mehr als 300–400 m Kambro-Silur anzunehmen. Wenn man bedenkt, daß die gleiche Schichtenfolge auf Schonen 1500–1600 m, bei Oslo 1300–1700 m mächtig ist, so dürfte damit der epirogenetische Charakter des Baltischen Schildes gut definiert sein.

2. Die nachkarelidische Deformation

Die jotnischen und nachjotnischen Sedimente innerhalb des Baltischen Schildes zeigen nur ausnahmsweise Spuren einer Faltung. Dagegen ist die Zerstückelung des Grundgebirgssockels durch Brüche wesentlich intensiver als man früher annahm.

Geologisch leicht festzustellen und seit langem bekannt sind die Brüche, welche von einer Versenkung jüngerer Sedimentschollen begleitet waren, die auf diese Weise der Abtragung entgangen sind. Es wurde schon früher erwähnt, daß viele Vorkommen von jotnischem Sandstein an Bruchgebiete gebunden sind. Aber auch die nachkarelischen vorjotnischen Gesteine, wie die Noppiformation von Loos-Hamra, liegen oft in tektonischen Senken. v. ECKERMANN hat hier ein ganzes System NW bis NNW streichender Horste und Gräben festgestellt, die in der Anlage vorjotnisch sind, aber z. T. in jotnischer und postjotnischer Zeit weiter ausgestaltet wurden (s. Abb. 17). Auch die Silurvorkommen von Västergötland, Östergötland, westlich vom Mälarsee und am Mälarsee sind an Grabenbrüche gebunden, desgleichen die tief versenkte Scholle der Visingsöformation am Vetternsee; das Kambrosilur von Siljan liegt in einer kesselförmigen Senke, in deren Zentrum der basale Granit emporgewölbt ist. Die Bruchbildung hat also noch in nachsilurischer

Zeit angedauert. Die stärkste und intensivste Zerklüfung tritt dabei im zentralen Teile des Landes, in den Provinzen Nordsmåland, Västergötland, Östergötland, Soedermanland und Dalekarlien auf.

Die Orientierung des Bruchspaltennetzes wechselt regional. Infolge des Fehlens einer jüngeren Bedeckung ist es heute noch kaum möglich, überall festzustellen, was auf verschiedenartige Beanspruchung und was auf verschiedenaltrige Baupläne zurückgeht; wenn man damit auch von einer umfassenden Synthese noch sehr weit entfernt ist, so sind doch in einzelnen Gebieten schon wertvolle Spezialstudien vorhanden, welche jedenfalls den Typus und die Folge dieser jüngeren Deformationen zu erkennen erlauben.

In Bohuslän, an der schwedischen Westküste, konnte LJUNGNER durch sorgfältige Analyse des Spaltennetzes und seines Verhältnisses zu den verschiedenen Gangbildungen folgendes feststellen:

Während ein System von Zugspalten (Str. NNO, Fall. 70° oder 40° WNW) und Gleitspalten (Str. NNO, Fall. 40° WNW oder flach O) mit Rutschstreifen im Fallen nur dem jungen Bohusgranit eigen ist, treten sowohl in ihm als auch in dem angrenzenden Gneis Spalten mit horizontalen Rutschstreifen und saigerem Fallen auf, die teils WNW-Streichen und Kalzit führen, teils N–NO streichen und Quarzverkleidung haben. Diese Systeme sind nicht gleichaltrig. Die WNW-Spalten gehen Diabasgängen parallel, welche als epijotnisch (frühestens präjotnisch) aufgefaßt werden; mit ihnen verbindet LJUNGNER eine Reihe von N–NO streichenden Mylonitzonen, die z. T. deutlich den Charakter von Überschiebungen tragen. Es sind das z. T. O-fallende Verschieferungszonen (Kärrsjölinie), z. T. W-fallende Überschiebungen, die besonders im westlichen Vänerngebiet verbreitet sind (Kålland–Värmlandsnäs-Linie, Vänersnäslinie, Varsbottenlinie, Kroppefjällinie), aber auch noch am NW-Rande des Bohusgranites auftreten (Svines und -Kosterfjordüberschiebung n. LARSSON). Diese Bewegungen sind jünger als die Intrusion des Bohusgranites, können aber n. LARSSON einer letzten Phase der gotokarelidischen Faltung entsprechen. Die Mylonite des Vänerngebietes, insbesondere die Kålland–Värmlandsnäslinie sind eine regional weitverbreitete Erscheinung, welche im N bis zum Mjösensee, im S bis Blekinge zu verfolgen ist und auch als Zone der Protoginverschieferung oder Småländer Zone bezeichnet wird. Es sind mehrere mehr oder weniger parallele Mylonitlinien vorhanden, die teils durchgehend sind, teils in einzelne Scharen von kurzen Mylonitplatten zerfallen. Sie entsprechen im ganzen der Grenze von Westschweden gegen das östliche (svekofennidische) Leptitgneis-Granitgebiet, sind aber jünger als die Vergneisung der Magnetitgneise Westschwedens. Andererseits werden sie in Norwegen von dem Paläozoikum und dem eokambrischen Sparagmit überlagert, sind also spätestens postjotnisch bis präkambrisch und damit älter als der Grabenbruch am Vätternsee. Man kann demnach diese Mylonite als Pressungszonen und die WNW-Spalten als Dehnungserscheinungen einer pressenden Beanspruchung in WNW–OSO Richtung zuordnen und das Alter derselben als jotnisch bis nachjotnisch festlegen; vermutlich hängen die Deformationen der Almesåkraformation mit diesem Bauplan zusammen, der als Nachklang der Karelidenfaltung betrachtet werden kann; allerdings steht das Alter der Almesåkraformation nicht fest, und MARTIN läßt die Möglichkeit eines subjotnischen Alters der Protoginverschieferung offen. Wichtig ist die von LJUNGNER festgestellte Tatsache, daß die Richtung der Pressung aus O–W in OSO–WNW bis SO–NW gedreht hat, was auch mit den Beobachtungen LARSSONS am Nordrand des Bohusgranites übereinstimmt (Überschiebungen nach NO und die schon erwähnten, quarzverkitteten NO-Spalten mit horizontalen Rutschstreifen).

Zum Teil haben allerdings die in Bohuslän verbreiteten N–NO-Spalten jüngeres Alter; LJUNGNER stellt ihre Beziehung zu den Gängen von Alkaligesteinen fest, welche aus dem Oslofeld bis nach Bohuslän reichen, und unter denen man die älteren Madeirite (essexitisches Magma), dann Limburgite und schließlich Rhombenporphyre feststellen kann. Diese Gänge streichen vorwiegend N–NNO und scheinen der Spaltenbildung unmittelbar nachzufolgen. Sie deuten auf eine Dehnung in O–W, mit welcher wohl auch die Einsenkung des Skagerrak zusammenhängt. Da die Bildung der Oslo-Mjösenzone heute als variszisch betrachtet wird, wäre also auch für diesen jüngeren Beanspruchungsplan, der auf dem älteren senkrecht steht, ein (? spät-) variszisches Alter anzunehmen. Die horizontalen Rutschstreifen deuten auf Verschiebungen in NNO–SSW-Richtung, wie sie CLOOS auch für das Gebiet des Oslograbens wahrscheinlich gemacht hat.

In Västergötland gehört die NNO–SSW streichende Vätternseesenke der Zeit nach dem Eokambrium an, da die dem letzteren zugerechnete Visingsöformation auf die Senke beschränkt ist; aus der Tatsache, daß das Kambrium östlich davon auf Grundgebirge übergreift, muß geschlossen werden, daß die Senkenbildung jedenfalls vorunterkambrisch begann. Daneben treten aber auch jüngere Bewegungen auf, wie LJUNGNER aus der Zerstückelung der subkambrischen Peneplain und den Unterschieden in der Höhenlage der kambrosilurischen Decke in Västergötland (Kinnekulle, Halleberg, Hunneberg usw.) nachweist. Ob die Monzonite und Diabase (quarzhaltiger Hunnetypus und olivinhaltiger Kinnetypus), welche als Decken über dem Kambrosilur auftreten, zu dieser Bruchphase gehören und ob dieselbe vielleicht als kaledonisch zu betrachten ist, muß dahingestellt bleiben.

Eine besonders starke Zerklüftung tritt in den zentralen Teilen Schwedens, insbesondere in Soedermanland, Östergötland und Nordsmåland auf, in einem Gebiet, welches als mittelschwedische Bruchregion einen eigenartigen, in der Gesamtheit wohl etwas gesenkten Streifen darstellt. Insgesamt wird dieses Gebiet von O–W streichenden Störungen begrenzt und durchzogen, welche postsilurisch sind, aber wohl schon auf etwas älterer Anlage beruhen, da ihnen die vermutlich epijotnischen Hälleforsdiabase in Scharen von großen und kleineren Gängen parallel laufen. Nach ASKLUND und MARTIN haben diese Störungen den Charakter von Aufschiebungen. Daneben aber besteht noch eine intensive Kleinzerstückelung, bei der NW streichende Spalten vorwiegen; ihnen gehen N und NW streichende Gänge von olivinfreiem Bronzitdiabas (n. TÖRNEBOHM Öjediabas) parallel; ASKLUND nimmt subjotnisches

Alter an; es wird gleich auf dieses Spaltensystem zurückzukommen sein. Das O–W-System ist jedenfalls jünger und dadurch bemerkenswert, daß ihm die jotnischen Eruptivgesteine und die erhaltenen jotnischen Sedimente folgen und daß sich diese Zone nach Osten bis zum Wyborger Rapakiwi und dem Jungpräkambrium am Ladoga–Onegasee verfolgen läßt.

In dem südlich anschließenden Gebiet zwischen Söderköping und Västervik hat ASKLUND durch Detailanalyse des Spaltennetzes und der damit verknüpften Morphologie wertvolle Ergebnisse über die Mechanik der Zerstückelung des Blockes erzielt, die später durch MARTIN bestätigt und ergänzt wurden. Eine morphologische Ausdeutung war vor allem dadurch ermöglicht, daß erstens die subkambrische Peneplain weitgehend erhalten ist und daß ferner sehr zahlreiche Täler dieses Gebietes den Hauptspalten folgen, d. h. durch glaziale und fluviatile Ausräumung der mit den Spalten verknüpften Schwächezonen der Gesteine entstanden sind. Das landschaftliche Gepräge wird weitgehend durch diese Spaltentäler bestimmt. Die tektonische Analyse ergibt nun folgendes.

In SO-Schweden zeigen anastomosierende, überaus zahlreiche WNW–NW-Klüfte und NNW–N-Klüfte mit Belegen von Epidot und mit horizontalen Rutschstreifen eine deutliche Beziehung zur Morphologie; sie werden von Bronzitdiabasen begleitet, welche mit ihnen in genetischem Zusammenhang stehen. Horizontale Bewegungsspuren an diesen Klüften zeigen, daß bei den NW-Störungen der NO-Block relativ nach SO, bei den N-Störungen der O-Block relativ nach S verschoben wurde. Vertikale Verschiebungen zeigen sich dagegen an einem System von Klüften, welche rechtwinklig auf den genannten Klüften streichen und durch ein Fehlen von Mineralbestegen und Diabasgängen ausgezeichnet sind. Parallel dazu kann eine großzügige Wellung der Urgebirgspeneplain nachgewiesen werden. Das tektonische Bild ist das von zwei Scherflächenbündeln (NW) und Pressungsklüften (NO); wir haben es also mit einem Zerfall des Blockes in ein Mosaik tektonisch gegeneinander bewegter Schollen zu tun. Das Alter dieser Störungsphase kann nach ASKLUND und MARTIN aus dem Zusammenhang mit den Diabasen als subjotnisch bestimmt werden. Es besteht aber n. MARTIN daneben noch eine jüngere nachjotnische Bewegungsphase mit abgewandeltem Bewegungsbild, bei der Bewegungen (Seitenverschiebungen) an O–W, NO–SW und N–S gerichteten Spalten stattfinden. Mechanisch handelt es sich um eine drehende Verformung, wahrscheinlich hervorgerufen durch Bewegung des südschwedischen Blockes nach Osten. Altersmäßig ergibt sich für diese Phase aus dem Zusammenhang mit den Hällefors (= Åsby-) Diabasen ein jotnisches bis epijotnisches Alter. Eine gewisse Altersunsicherheit entsteht daraus, daß MARTIN geneigt ist, diese jüngere Phase mit der Protoginverschieferung und der Dalslandfaltung zeitlich gleichzusetzen. Vielleicht handelt es sich aber um eine Einstufung relativ zur Noppiformation (altjotnisch i. w. S.).

Die Aufschiebungen mit O–W-Streichen in Mittelschweden und die jüngeren Störungen in N–S bis NNO–SSW sind n. MARTIN mit einer Dilatation in O–W-Richtung verbunden und haben nachkambrisches Alter. Vermutlich sind kaledonische, permische, tertiäre und diluviale (Verbiegung von Yoldiaterrassen) Bewegungen vorhanden gewesen.

Während in den südlichen Teilen Östergötlands und in Nordsmåland die Spaltentäler in N–NW-Richtung eine Folge von gegeneinander liegenden Keilen darstellen, die gleichsam einer von Mohrschen Linien durchsetzten Tafel gleichen (Asklund) und Diabasgänge führen, und während das Bewegungsbild auch in der Phasenfolge und morphologischen Auswirkung n. Björnsson dem eben geschilderten entspricht, zeigt das südliche Småland insofern einen abweichenden Charakter, als hier unter mehreren sich kreuzenden Bruchspaltensystemen eines in ONO–WSW-Richtung hervortritt; mit diesem System sind auch die Uralitdiabase und die mit ihnen verbundenen Porphyrgänge verknüpft. Dagegen sind die jüngeren, postjotnischen ophitischen Pyroxen- und Olivindiabase an N–NNO streichende Spalten gebunden; dieses System von Diabasgängen spielt auch weiter im S, in Blekinge und auf Bornholm, eine bedeutsame Rolle. Hier, in den südlichsten Teilen des Schildes, ist eine alte Anlage der Spaltensysteme, und zwar sowohl der N–S- und O–W-Spalten (orthogonales Netz), als auch der NW–SO- und NO–SW-Spalten (diagonales Netz), durch deren Beziehung zur plastischen Phase der Granitintrusionen sicher (Bubnoff). Andererseits aber läßt sich auf Schonen und Bornholm zeigen, daß diese Spaltensysteme auch in der kambrosilurischen Decke auftreten, deren Deformation also das Spaltennetz des Sockels posthum abbildet. Der Beanspruchungsplan scheint aber hierbei gewechselt zu haben. Aus der Beziehung zu den regionalen Bewegungen und den verschiedenaltrigen Diabasen läßt sich n. Hjelmquist und v. Bubnoff folgendes entnehmen:

Die älteren vorjotnischen Uralitdiabase streichen NNO–SSW; sie sind mit tangentialen Bewegungen in der Streichebene verbunden. Die postjotnischen Hyperitdiabase (zu denen auch die jüngeren Gänge Smålands, Blekinges und Bornholms zu rechnen sind) streichen N–S bis NNO–SSW, scheinen aber vorwiegend mit Vertikalbewegungen verbunden zu sein; daß nunmehr der Beanspruchungsplan wechselt, geht daraus hervor, daß auf Bornholm O–W streichende Sandsteingänge auftreten, welche die genannten Diabase durchsetzen; von einer Kompression in N–S-Richtung kann also zur Zeit der Bildung dieser Gänge nicht die Rede sein. Es scheint also in postjotnischer Zeit ein neuer Mechanismus einzusetzen, welcher zwar die älteren Fugen benützt, aber im wesentlichen aus Vertikalbewegungen, evtl. mit Kippungen um eine NNO–SSW-Achse, besteht. Hierzu gehört dann auch die nachsilurische Zerlegung der Randzone Fennoskandias in ein System von NW–SO bis WNW–OSO streichenden Horsten und Gräben (Schonen und Bornholm) und die Intrusion der nachsilurischen Kongadiabase (Quarzdolerite), Melaphyre und Kullaite in diese Spalten. Nach Hjelmquist gehört sie schon dem variszischen Zyklus an, könnte aber früher angelegt sein. Da die jüngsten von diesen Ganggesteinen, die Kullaite (an Alkalifeldspat reiche Melaphyre), an NNO-Spalten flach versetzt sind und da an den letzten Spalten auch eine Verschiebung der NW–SO-Spaltenzonen stattfand (Weverinck und v. Bubnoff), ergibt sich, daß später wieder Verschiebungen des Blockes in NNO–

SSW-Richtung stattgefunden haben. Diese jungkimmerisch subherzynischen horizontalen Verschiebungen ergeben sich nach v. Bubnoff auch deutlich aus der Tektonik am Südsaum des Schildes, wo derselbe an das mesozoische Vorland angepreßt ist und letzteres in schwache Falten gelegt hat. Dabei hat längs dem Westrand Bornholms, d. h. in der Fortsetzung der Småländer Zone, eine bedeutsame Transversalverschiebung stattgefunden.

Die nachkambrischen Bewegungen ergeben sich auch aus der Zerklüftung der Kambrosilurdecke Gotlands und Ölands, welche einen ungemein regelmäßigen Charakter trägt. Nach Kaufmann besteht hier ein vorherrschendes Kluftsystem in NO–SW- und NW–SO-Richtung, wobei das erste häufiger ist, Kalkspatausfüllungen zeigt und horizontale Rutschstreifen auf den Kluftwänden aufweist. Daß beide Kluftrichtungen zusammengehören, ergibt sich daraus, daß sie gegen Süden in NNO–SSW bzw. WNW–OSO abschwenken, was besonders in der Gegend des Kalmarsundes auf Öland und auf dem Festland zu beobachten ist. Untergeordnet tritt örtlich noch ein Systempaar in N–S- und O–W-Richtung auf.

Die Richtung der Spalten ist somit die gleiche wie im Grundgebirge des Festlandes im W, aber die Funktion der beiden Richtungen ist gleichsam vertauscht, da hier senkrecht zu den NO-Spalten Dilatation, im subjotnischen Plan Smålands n. Asklund aber Kompression herrscht. Die Spalten bilden also zwar das Kluftnetz des Grundgebirges ab, die Bewegung an ihnen gehört aber einem jüngeren Beanspruchungsplan an, für den eine Dilatation in NW–SO und horizontale Verschiebungen in der NO–SW-Ebene kennzeichnend sind (Rutschstreifen). Mit diesen ist auch das Abbiegen der NO-Klüfte nach NNO–SSW im Kalmarsundgebiet in Verbindung zu bringen, welches bis zum Südrand des Schildes (Bornholm) anhält, wo die Verhältnisse analog liegen. Man kann daraus entnehmen, daß das Kalmarsundgebiet auch einer N–S streichenden Bewegungszone entspricht, deren Fortsetzung an der Ostküste Bornholms zu suchen ist. Die eigenartig hohe Lage der Granitinsel Jungfrun im Kalmarsund zeigt, daß hier auch vertikale Verschiebungen stattgefunden haben. Insgesamt bildet das Kambrosilur von Öland und Gotland den Westflügel einer sehr flachen, NNO–SSW streichenden Mulde, deren Gegenflügel im Ostbaltikum zu erkennen ist; diese Mulde liegt z. T. in der alten Schwächezone der bottnisch-åländischen Senke, streicht aber mehr NNO–SSW und könnte daher auf einer kaledonischen Umformung älterer Anlagen beruhen. Es scheint aber, daß auch hier, wie am Südrand des Schildes, der Beanspruchungsplan mehrfach gewechselt hat, worauf auch die Verhältnisse im Ostbaltikum hindeuten.

Die regelmäßige und starke Zerspaltung des Grundgebirges ist auch dem finnischen Teil des Schildes eigen, wo Sederholm diesen Erscheinungen nachgegangen ist und insbesondere ihren Einfluß auf die Gestaltung der Täler und zahllosen schmalen Rinnenseen Finnlands nachgewiesen hat. Der Verschiebungsbetrag und mechanische Charakter dieser Bewegungen ist natürlich hier, wo eine jüngere Decke fehlt, ebenso schwer festzustellen wie das Alter der Bewegungen. Gewisse Anhaltspunkte liefert der südwestfinnische Schärenhof, wo Hausen ältere subjotnische bzw. jotnische Spalten mit Diabasen (vorwiegend NO–SW), subkambrische Spalten mit fossilführendem kambrischem Sandstein und postsilurische Störungen unterscheidet. Letztere zerlegen das Gebiet in die im allgemeinen NW–SO streichenden Einheiten: Ålandblock, mittlerer Graben, Åboblock. Der Ålandblock bzw. Horst wird von N–S streichenden Zerrungsbrüchen durchsetzt und enthält im Inneren den der Umgrenzung subparallele Lumpargraben. Der zentrale Graben enthält einen schiefgestellten N–S streichenden Horstkeil (Kumlinge). Der Åboblock ist viel komplizierter gebaut und wird von zahlreichen NNW–NNO streichenden Gräben und ONO und O streichenden Brüchen durchsetzt. Neben vertikalen Abschiebungen mit bis 200 m Sprunghöhe sind auch Horizontalverschiebungen anzunehmen.

Es erscheint durchaus möglich, daß weiter im Osten Ladoga- und Onegasee Grabenbrüchen entsprechen, ebenso wie die westliche Bucht des Weißen Meeres (Kandalakscha) einen solchen darstellen dürfte. Sicher ist wohl auch, daß die Alkaligesteine Kolas mitsamt den Resten von Devon in einem NW–SO streichenden Grabenbruch liegen. Die Richtung NW–SO ist bei den Spalten und Störungen Finnlands überhaupt vorherrschend. Altersmäßig ist also festzustellen, daß die Bewegungen z. T. jedenfalls nachkambrisch sind, wie Spaltenfüllungen mit kambrischem Sandstein im Gebiet von Björneborg beweisen. Der zentrale Grabenbruch Kolas ist nachdevonisch, vermutlich variszisch. SEDERHOLM vermutet ein sehr junges, vielleicht tertiäres Alter einiger Bewegungen an den Spalten. Es dürften also auch hier Bewegungen zu verschiedenen Zeiten stattgefunden haben. Auch die früher besprochene eiszeitliche und nacheiszeitliche Senkung und Hebung des Schildes, welche epirogenetischen Charakter trägt, könnte sehr wohl mit differentiellen Verschiebungen an den Spalten verbunden gewesen sein.

Dieser kurze Überblick zeigt, daß in nachkarelidischer Zeit das konsolidierte Gebiet des Blockes eine Abbildungstektonik der Art entwickelt, daß, unter weitgehender Benutzung alter Fugen, abwechselnd zwei Mechanismen eingreifen: 1. Eine schon früher (Svekofenniden) erkennbare Bewegung nach SSW, die aber nunmehr nur als geschiente Schollendrift = horizontale Blockverschiebung auftritt; 2. eine vorwiegend vertikale Blockbewegung mit Kippung an NNO–NO streichenden Achsen (v. BUBNOFF, 1943). Es ist möglich, daß letztere Bewegungen mit O–W wirkenden Impulsen (? uralisch) zusammenhängen, so daß, wie schon in vorkambrischer Zeit, meridionale und äquatoriale Bewegungen miteinander alternieren, woraus sich der mechanisch verschiedene Charakter gleichgerichteter Fugen und vielleicht auch die schiefe, diagonale Anlage der baltischen Kambrosilurmulde erklären würde. Das tektonische Bild des Blockes ergibt wertvolle Hinweise auf die Gestaltung des Tiefbaues unter der Russischen Tafel.

Die orogenetischen, tangentialen Impulse der Randgebirge (epijatulische, kaledonische, uralische Falten) werden auch vom starren Block, wenn auch schwach, weitergeleitet. Jedoch faltet er sich nicht, sondern zerbricht in ein Mosaik von Schollen, welche im Streichen keilförmig aufgepreßt werden, senkrecht zum Streichen aber an Transversalverschiebungen verstellt und von Intrusivgängen durchsetzt werden. Im stabilen Schelf (Sowjetunion) reproduzieren sich diese Bewegungen des Sockels in dem nachgiebigen, diagenetisch wenig veränderten Mantel als Wälle. Der Sockel erscheint als Träger der tektonischen Impulse, deren Resultat wir hier schärfer erkennen können, als das bei den Wällen möglich ist. Brüche, Gräben und Transversalverschiebungen sind demnach die charakteristischen Bewegungsformen des starrsten Elementes der Erdrinde. Im nachgiebigen Mantel reproduzieren sie sich jedoch gelegentlich in Form einer schwachen Faltung. Die Bedeutung der primären Anlage läßt sich aber auch später nicht verleugnen. Daß bei einer Durchkreuzung zweier Faltungsrichtungen hierdurch im Untergrunde allseitig begrenzte Keilhorste, im Mantel Brachyantiklinalen entstehen können, bedarf kaum eines Hinweises.

Die Grenzen des Baltischen Schildes sind durch dieses Verhalten recht gut definiert; sie sind scharf gegenüber Westeuropa, weniger klar gegen den Osten, da dort das tektonische Verhalten nicht prinzipiell verschieden ist.

Im Nordwesten bildet die Überschiebungszone des kaledonischen Gebirges in Norwegen eine deutliche Grenze. Wenn sie auch durch die frühdevonische Versteifung und Angliederung der Kaledoniden etwas verwischt wurde, so zeigt doch sogar die heutige Morphologie ein stark abweichendes Verhalten. Im Südwesten bildet die Bruchzone, welche Schonen in NW–SO-Richtung durchsetzt, eine alte, aber immer wieder neu auflebende Grenze; auf diese werden wir noch einzugehen haben. Im Südosten ist viel eher ein kontinuierlicher Übergang, insbesondere zu der ostbaltischen Mulde, vorhanden. Die östliche Grenze gegen das Devon der Weißmeerscholle ist vielleicht mit Abbrüchen verbunden, d. h. stellt einen Bruchrand dar. Im Norden endlich ist die Grenze im Eismeer schwer zu verfolgen. Eine Umgrenzung durch einen Faltengürtel ist indessen höchst wahrscheinlich, wie aus den schwach gefalteten Sandsteinen des Varangergebietes und der Fischerhalbinsel hervorgeht.

Dieser einheitliche Charakter tritt auch in der postglazialen Hebung deutlich hervor. Die stärkste Hebung (275 m) hat im Gebiet des Bottnischen Meerbusens stattgefunden. Der glintartig emporragende Mantel des Schildes, welcher im Süden und Osten durch normale Auflagerung, im Nordwesten durch Überschiebung bedingt ist, wurde in die schwache Hebung der peripherischen Regionen mit einbezogen.

7. Morphologischer Überblick

Den Ausgangspunkt für die Oberflächengestaltung des Baltischen Schildes bildet eine Verebnung, welche vielfach auffallend genau mit der subkambrischen Auflagerungsfläche übereinstimmt und gleichsam eine Herauspräparierung derselben darstellt. Die strukturellen Voraussetzungen sind in einer Zerstückelung dieser – in der Anlage uralten – Verebnung durch Spalten und Brüche zu suchen. In jüngerer Zeit sind es dann vor allem drei Faktoren, welche in stärkerem Maße die morphologische Gestaltung bestimmen: 1. die Gletscher, 2. die jungquartäre Meeresbedeckung, 3. die nachfolgende Hebung.

Die Wirkung der Gletscher ist an den Moränenwällen, den Åsar, Drumlins und an der Polierung der Oberfläche überall zu spüren. Es ist hervorzuheben, daß hier ein glaziales Erosionsrelief, keine glaziale Aufschüttungslandschaft, vorherrscht. Fennoskandia war zur Zeit der größeren Eisverbreitung Abtragungsgebiet, wie die ungeheuren Mengen der bis zum Karpathenrande verfrachteten Geschiebe zeigen; nur die letzten Stadien der Eiszeit haben eine meist nicht sehr mächtige Decke hinterlassen, die gewöhnlich nicht ausreicht, um das gegliederte Grundgebirgsrelief zu verdecken.

Die höchste marine Grenze hat insofern eine bestimmte Bedeutung, als über ihr ein moränenbedecktes Waldland herrscht, während unter ihr die nährstoffreichen Eismeertone ein brauchbares Ackerland abgeben, zwischen dem allerdings die alte Brandung Rücken von Urgebirge freigelegt hat.

Die nach dem Rückgang des Eises begonnene und bis heute andauernde Hebung hat natürlich die Drainageverhältnisse des Landes weitgehend beeinflußt und das im wesentlichen radiale Abflußsystem endgültig bestimmt. Auch die Schärenhöfe der insel- und klippenreichen Uferregion besitzen in dieser Hebung einen Hauptgestalter, indem bei fortschreitender Hebung die Schärenzone immer weiter meerwärts vorrückt. Aber gerade hier zeigt sich, daß diese Hebung nur ein zwar regional wirkender, doch mehr oberflächlicher Faktor ist. Die Modellierung der Schären, d. h. die Schaffung der hügeligen Oberfläche, besorgten vorher die Gletscher, und deren Arbeit war wieder durch Gestein und Tektonik geregelt, indem weichere Gesteinszonen, zerklüftete Partien und Spaltenfüllungen ausgeräumt wurden und so die scheinbar so mannigfaltige, in ihrem Wesen aber geologisch streng bedingte Hügellandschaft entstand. Der oberflächliche Charakter der genannten drei Faktoren tritt bei eingehenderem Studium immer wieder hervor. Die Anlage des Reliefs ist uralt. Der bestimmende Einfluß der subjotnischen und präkambrischen Peneplain ist noch heute ebenso deutlich, wie die Bedeutung der alten Bruchspalten und Diaklase für das Flußnetz. Besonders klar zeigt das das mittelschwedische Bruchgebiet und die finnische Seenplatte.

Morphologisch kann der Baltische Schild nach Högbom wie folgt gegliedert werden (Abb. 31):

1. Die nordschwedische Abdachung (nordschwedisches Hochland) mit ihrer regelmäßigen subparallelen Drainage nach SO; von der hochgelegenen Rumpffläche des skandinavischen Bergrückens, welche in Schweden 2136 m Höhe erreicht, sinkt das Land langsam gegen O und S ab, wobei eine relativ hohe Gestaltung (36% des Landes über 400 m) kennzeichnend ist. Im einzelnen ist die Landschaft allerdings nicht auf die einfache Formel einer nach SO geneigten Platte zurückzuführen. Zweimal durchbrechen die Flüsse einen senkrecht zu ihrem Verlauf, also NO streichenden Riegel.

Das erstemal ist es das kaledonische Hochgebirge, welches durchsägt wird, da seine Kammlinie östlich von der Wasserscheide liegt. Enge Durchbruchtäler sind hier die Regel und zeugen für eine alte Anlage der Flüsse, z. T. auch für eine rückläufige Anzapfung derselben.

Einen zweiten Riegel bildet die Zone, längs der das Jämtländische Silurgebiet im Westen gegen die Grundgebirgsscholle im Osten abgesunken ist. Nach Durchquerung des schmalen, flachen Streifens, welcher hier Silur im Westen und Grundgebirge im Osten trennt und welcher anscheinend der präkambrischen Auflagerungsfläche entspricht, durchbrechen die Flüsse den Steilrand der östlichen Scholle in tief eingeschnittenen Tälern. Die starke nacheiszeitliche Hebung, welche in Norrland 284 m erreicht, ist hierbei zu berücksichtigen.

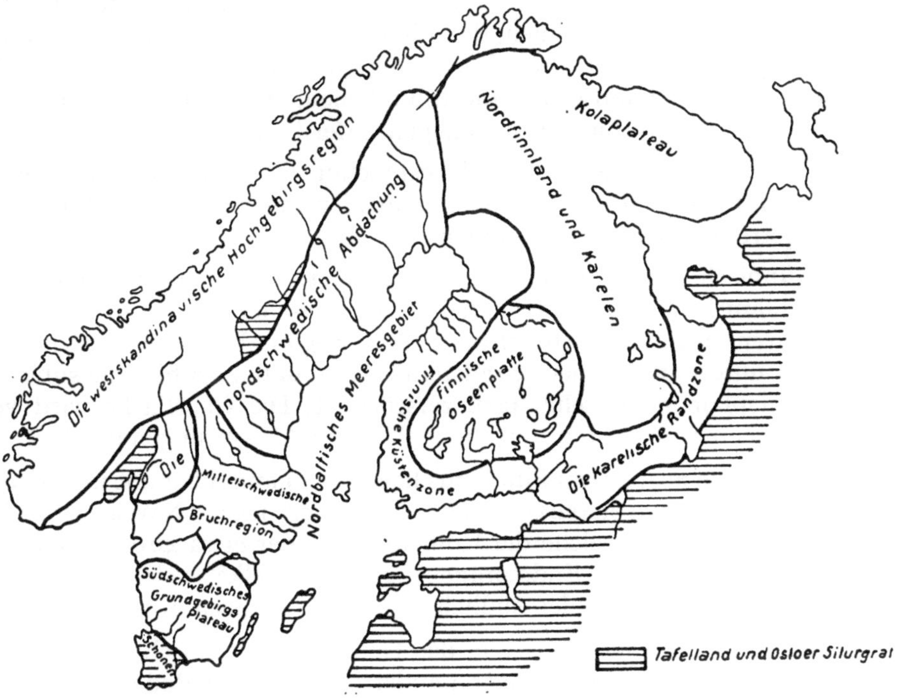

Abb. 31. Die morphologische Gliederung des Baltischen Schildes. Nach Högbom.

Der Landschaftscharakter ist im allgemeinen ruhig; einfache Linien herrschen vor; die Reliefenergie nimmt vom Bottnischen Meerbusen nach W zunächst zu, um sich nachher wieder abzuschwächen, so daß die Berghöhen im W allmählich in die Fjellandschaft des Hochgebirges übergehen. Typisch ist für das Gebiet die „Bergrückenlandschaft" mit ziemlich tief dazwischen eingesenkten Tälern, anscheinend hervorgegangen aus einem „Rautenplateauland" mit durch Erosion herauspräparierten Spaltentälern. Die Bergrücken und Plateaureste weisen noch Spuren der alten (? subjotnischen) Peneplain auf, die hier aber im allgemeinen stärker zerstört ist als sonst.

Im Zusammenhang mit der eiszeitlichen Gestaltung und der jungen Hebung ist das Längsprofil der Täler oft unausgeglichen, mit Talseen, Übertiefungen, Stromschnellen und Wasserfällen.

2. Die mittelschwedische Bruchregion. Dieser Landstrich liegt tiefer im Vergleich zu seiner nördlichen und südlichen Grenze; 64 % des Landes liegen

unter 100 m, 94% unter 200 m. Größere Höhen treten nur in der nördlichen Übergangsregion (bis 500 m) und in dem südlichen Grenzstreifen in Småland (bis 300 m) auf. Mehr als anderswo bestimmen hier die Bruchlinien den geradlinigen Verlauf der Täler und die Konfiguration der zahlreichen Seen, so daß das Gebiet trotz seiner tiefen Lage keineswegs immer den Charakter einer Tiefebene besitzt. Waldige Horstgebiete wechseln hier mit kultivierten Senken ab, in denen die hier besonders weit verbreiteten jungen Eismeertone eine fruchtbaren Boden zurückließen. Aus den zahlreichen Relikten der Sedimenthülle läßt sich entnehmen, daß die subkambrische Fastebene nur wenig abgetragen wurde; aus ihrer Verteilung ergeben sich drei Elemente der mittelschwedischen Landschaft: die Silurebenen, die subkambrische Peneplain, die stärker zerschnittenen Peneplaintafelstücke.

3. Das südschwedische Grundgebirgsplateau bildet wieder eine höhere Ebene mit radialem Abfluß und einer zentralen Seeplatte. Eine starke glaziale Überstreuung ist hier vorhanden.

4. Die finnische Küstenregion ist ein schmaler, bis 100 m über NN hoher Landstrich am Rande des Bottnischen und Finnischen Meerbusens, welcher Ähnlichkeiten mit der mittelschwedischen Region besitzt. Die Kluftfüllungen mit unterkambrischem Sandstein zeigen, daß auch hier die subkambrische Peneplain nicht sehr stark zerstört ist. Die Oberfläche wird von jungen marinen Sedimenten und fluvioglazialen Ablagerungen gebildet.

5. Das zentrale Seeplateau Finnlands liegt auch kaum über 200 m und verdankt seine Gestaltung erstens den zahlreichen, vorwiegend NW streichenden Brüchen und Spalten, welche die Rinnenformen der etwa 40000 Seen präformierten, zweitens dem Endmoränenzug Salpausselkä, welcher, als Staudamm wirkend, den normalen südlichen Abfluß der Seen abriegelte.

6. Die karelische Randzone, d. h. das Gebiet vom Finnischen Meerbusen bis zum Onegasee, ist ein niedriger Landstreifen, dessen Boden von mächtigen quartären Ablagerungen und von Absätzen des Litorinameeres (Strandwälle) gebildet wird. Im Untergrunde lagert z. T. schon Kambrium. Die Verwerfungen, welche auch den Ladoga- und Onegasee begrenzen, spielen eine morphologisch deutliche Rolle.

7. Nordfinnland und Nordkarelen ist ein etwas stärker gehobenes (300 m, im Norden bis 700 m) Bergrückenland von düsterem Charakter, in dem waldige Höhen mit moorigen Senken abwechseln. Die Morphologie wird z. T. von dem Verlauf der karelidischen Gesteinszüge beeinflußt.

8. Die Kolahalbinsel bildet als Ganzes einen Horst, dessen Oberfläche auch einer alten, wohl subkambrischen oder subeokambrischen Verebnungsfläche entspricht. An der NO-Küste liegt sie bei 200–250 m über NN, steigt aber gegen W auf 420 m (an der finnischen Grenze), gegen S auf 400–670 m an. Die letzten Werte gehören dem Nordsaum einer zentralen Depression der Halbinsel an, welche NW–SO streicht, und vielleicht z. T. tektonisch bedingt ist. Im südlichen Teil dieses zentralen Grabenbruches steigen allerdings die Alkaligesteinsmassive bis zu 1200 m an. Die Kleinmorphologie

scheint stark strukturbedingt zu sein, teils durch die NW streichenden Gesteinszüge verschiedener Widerständigkeit, teils wieder durch Brüche und Spalten. Die niedere Waldvegetation steigt bis 200–250 m (Taiga), während höher Tundra und nackter Fels herrschen.

9. Das nordbaltische Meergebiet ist jedenfalls auch als Teil des Baltischen Schildes zu betrachten, da in den Inseln dieselben Bodenformen und Gesteine auftreten. Es wäre also durchaus denkbar, daß die Senken teilweise durch tektonische Störungen bedingt sind.

Das charakteristische Relief Fennoskandias mußte in dem Moment angelegt werden, als die homogene Sedimentdecke entfernt wurde und die Struktur des Urgebirgssockels zutage trat. Da die epirogenetischen Bewegungen zunächst sehr schwach waren, das Land auch wohl stets tief lag, blieb die Tiefenerosion gering und von schwankendem Richtungswechsel verschont. Die Folge davon war eine – man möchte fast sagen – „liebevolle" Herauspräparierung der Strukturzüge, insbesondere der Bruchlinien bis in alle Einzelheiten. Die Bedeutung der Gesteinsinhomogenitäten für die Morphologie ist hier, infolge der unermeßlich langen, gleichsinnigen Arbeit, besonders deutlich. Die zahlreichen Seen zeigen, welche Bedeutung selbst die kleinste Rinne innerhalb der flachen Platte besitzt und mit wie geringer Mühe sie durch stauende Moränen abgedichtet werden kann. Selbst die größte Hebung des Gebietes nach der Eiszeit hat die Seenplatte nicht hoch genug über die Erosionsbasis gehoben, um sie schnell zu entwässern. Auch die große Gleichmäßigkeit der Hebung spiegelt sich in diesen erhaltenen Seenplatten wieder, die in derselben Form in einem tektonisch instabilen Gebiet kaum denkbar wären. Die nicht in Fels, sondern in mächtiges Moränenmaterial eingesenkten Seen (z. B. auf der Masurischen Platte) gehören ja einem ganz abweichendem Typus an.

Die Seen geben den uralten Peneplaincharakter gut wieder, und nur dort, wo eine stärkere Hebung ausdrücklich einsetzt (nordschwedische Abdachung), wird die alte Struktur gleichsam brutal zerstört, ohne daß aber die herauspräparierten Strukturlinien ganz verwischt werden können.

Der Gegensatz gegenüber dem stabilen Schelf Sarmatiens ist denkbar groß:

Dort, im schwach „bruchlos" gefalteten, homogenen Mantel eine intensive Zusammenfassung der Flußnetze zu großen Einheiten, begünstigt durch das Fehlen jeglicher Kleintektonik.

Hier eine sklavische Anpassung eben an die intensive Kleintektonik (Brüche) und daher eine Zersplitterung des Abflusses in zahllose selbständige Einheiten. Sogar wenn man den lokalen Faktoren (Eiszeit, Nähe und Vielgestaltigkeit der Erosionsbasis) Rechnung trägt, kommt man um diesen prinzipiellen Gegensatz nicht herum.

8. Nutzbare Lagerstätten

Es braucht kaum gesagt zu werden, daß die Bodenschätze des Baltischen Schildes grundsätzlich von dem abweichen, was der stabile Schelf der Sowjetunion bietet. Alle sedimentären Lagerstätten treten zurück, während diejenigen, die mit metamorphen und magmatischen Prozessen zusammenhängen, eine beträchtliche wirtschaftliche Bedeutung erlangen. Im Gegensatz zur diffusen Verbreitung prozentual armer Bodenschätze tritt hier eine Konzentration auf wenige, petrographisch gesetzmäßig gebundene und sehr angereicherte Vorkommen auf. Magmatische und kontaktmetamorphe Erzlagerstätten stehen entsprechend im Vordergrund des Interesses.

An erster Stelle müssen dabei die oxydischen Eisenerzlager genannt werden, die sich im wesentlichen auf das schwedische Lappland und auf die mittelschwedische Leptitregion konzentrieren.

Die nordschwedischen Erzberge, im nördlichsten Schweden nördlich vom Polarkreis gelegen, sind an den oberen Teil einer präkambrischen Gesteinsserie gebunden, deren stratigraphische Stellung oben ausführlich besprochen wurde. In der wichtigsten Lagerstätte Kirunavaara tritt das Erz als plattenförmiger Körper auf, zwischen einem Quarzporphyr im Hangenden und einem (gelegentlich mehr keratophyrischen) Syenitporphyr im Liegenden; letzterer geht nach unten in einen Syenit über (Abb. 15). Das Erz dringt in Apophysen in die Nebengesteine ein, ist also jünger als diese. Der 28–145 m mächtige Magnetitkörper bildet einen Berg von 240 m Höhe und kann über 4 km im Streichen verfolgt werden. Die Erzplatte fällt unter 45–80° nach Osten ein. Das Erz enthält 61–71% Eisen und wenig Schwefel, ist aber gelegentlich, besonders in einiger Entfernung vom Kontakt, recht phosphorreich (bis 2,9% Phosphor). Die wahrscheinlichste Deutung (P. Geijer) nimmt eine Entstehung durch Differentiation aus dem Syenitmagma und ein gangförmiges Eindringen in den bereits verfestigten Porphyr an (brekziöse Kontakte). Das Erz bildet also eine magmatische Ausscheidung aus einem gasreichen Restmagma, zeigt aber Übergänge zu pneumatolytischen und hydrothermalen Stadien. Als letztes hat sich der Apatit ($^1/_{10}$–25% Apatit im Erz) ausgeschieden, welcher gelegentlich nach Geijer auch gangförmig auftritt. Der verfügbare Vorrat von Kiruna soll 1 Milliarde t übersteigen; bis 300 m unter Tage stehen 750 Millionen t Erz an.

Einen ganz ähnlichen Charakter besitzen die benachbarten Vorkommen von Luossavaara, Tuollavaara, Mertainen, Painirova, Nakerivaara, Svappvaara, Leveäniemi und Ekströmsberg. Gelegentlich tritt hier der Magnetit als Zement in einer Syenitporphyrbrekzie auf. Zum Teil sind diese Erze phosphorarm. Der Gesamtvorrat dieser kleineren Vorkommen kann auf etwa 133 Millionen t geschätzt werden.

Das große, südöstlich von den genannten gelegene Magnetitvorkommen von Gellivare bildet Linsen von Magnetit und Apatit, die konkordant einem stark umgewandelten, syenitischen Gneis eingelagert sind. An der Grenze von Erz und Nebengestein treten zuweilen Brekzien von Eisenmagnesiasilikaten auf (Skarnbrekzie). Vermutlich handelt es sich auch hier um magmatische Ausscheidungen; doch hat nachträglich eine erhebliche Metamorphose und Umkristallisation von Erz und Gesteinen stattgefunden. An Vorrat werden bis zu 500 m unterhalb des Gipfels (382 m unter der mittleren Oberfläche) 270 Millionen t angegeben. Neben diesem wichtigsten Typus der magmatischen Kirunaerze treten auch Titaneisenerze, Skarnerze (Pajala) und quarzgebänderte Erze (Marjarova, Kaymäjärvi, Masugnsbyn) auf, die aber hier geringere Bedeutung haben. Kupfererze (Chalkopyrit), als Imprägnation in skapolithisierten Leptiten oder in Adern, treten verschiedentlich auf.

Die Eisenerzförderung dieses nordbottnischen Bezirkes betrug 1938 9531000 t. Die Erze werden im Hafen von Luleå am Bottnischen Meerbusen verschifft.

Etwas abseits steht die weiter im Süden gelegene Lagerstätte von Routivare, welche eine große Schliere von Magnetit, Ilmenit und Spinell in einem Labradorit darstellt. Das Erz ist nicht sehr hochwertig, besitzt einen großen Titangehalt und wird bisher nicht ausgebeutet.

Weiter im Norden, nahe der sowjetischen Grenze, treten in Norwegen (Kirkenes) Erzlinsen von Magnetit mit Quarzbändern in einem Gneis der Sydvarangerformation auf, welcher heute dem Lapponium, also vermutlich der karelischen Formationsgruppe, zugerechnet wird (S. 26). Der Eisengehalt ist nicht hoch (35–38%), doch sind die anstehenden Mengen bedeutend; n. BEYSCHLAG können gegen 100 Millionen t durch Tagebau gewonnen werden. Die Förderung erreichte in den letzten Jahren vor dem Kriege fast 1 Million t. Den gleichen Charakter bei ähnlichem Eisengehalt und Vorrat trägt die im Lapponium Nordfinnlands gelegene Lagerstätte von Porkonen. Es handelt sich hier wohl um metamorphe sedimentäre Bildungen (S. 37).

In der als Bergslagen bekannten Leptitregion Mittelschwedens, insbesondere in den Provinzen Wärmland und Dalekarlien, treten überaus zahlreiche und wertvolle Magnetitlagerstätten auf, die meistens konkordante Einlagerungen in den Leptiten und ihnen eingefügten Kalken und Dolomiten darstellen. Man kann hier verschiedene, wohl auch genetisch getrennte Typen unterscheiden:

1. Apatitreiche Magnetiterze (mit zurücktretendem Hämatit). Bis 62% Fe, 1% und mehr Phosphor, verknüpft mit roten Kali- und grauen Albitleptiten. Nach MAGNUSSON Imprägnations- und Intrusionserze, die zur Bildungszeit der Leptite gehören. Die größte Lagerstätte Grängersberg lieferte bis 1938 insgesamt 36 Millionen t; neben dem Erz treten Strahlstein und Apatit auf. In Blötberg wird der Magnetit von Hornblende, Biotit, Feldspat, Quarz begleitet, in Risbergfelt von Quarz, Feldspat, Apatit. Am phosphorreichsten ist Norra Hammasgruvan mit 5–8% P.

2. Quarzreiche und tonerdereiche Eisenerze (vorw. Hämatit). Verschiedene Varietäten: Zum Teil schuppiger Hämatit mit Quarz, Feldspat, Glimmer, Epidot. Lomberg, Pershytte. Zum Teil körniger Hämatit mit Magnetit und Quarz, Feldspat, Glimmer, Amphibol, Epidot. Strassa (35–36% Fe, 0,013 P, 0,04–0,07 S). Basizität 0–25%.

3. Quarzgebänderte Erze (Torrsten), aus einem innigen Gemenge von Hämatit, Magnetit und Quarz bestehend, mit 50–53% Fe und wenig P. Striberg (mit Granat und Epidot), Stripa (mit Epidot, Amphibol, Glimmer), Norberg (mit CaO-reichen Skarnmineralien). Basizität wie bei 2.

4. Skarnerze. Granat, Pyroxen, Hornblende und andere Skarnmineralien

führende Magnetiterze, meist in Leptite eingelagert. Eisengehalt meist über 50%. Basizität 25–70%.

a) Quarzhaltige Skarnerze: Klacka-Lerberg (mit MgO, Mn, FeO-reichem Amphibol; Tuna-Hästberg (mit Granat, Epidot, Hornblende).

b) Metasilikatische Skarnerze mit ausschließlich Magnetit. Källfall-Meling (Kalksilikatarm, mit Anthophyllit, Gedrit, Cummingtonit), Alabama-Rösberg (mit Talk), Dalkarlsberg-Kallmara (mit Strahlstein), Björnberg (mit Hornblende und Pyroxen), Persberg (mit Pyroxen und Granat).

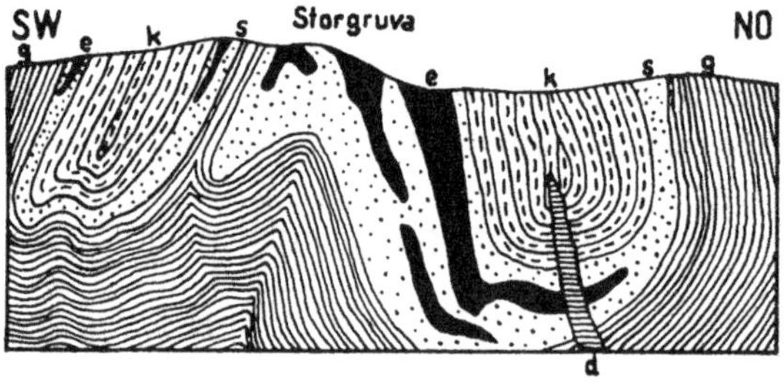

Abb. 32. Eisenerzlagerstätte von Persberg. Nach PETERSSON, 1897.
g: kleinkörniger Biotitgneis – k: Kalk und Dolomit – s: Skarn – e: Erz – d: Diorit.

c) Basische Skarnerze (nur Magnetit): Vikers und Dannemora (manganreich); auch manganarme Serpentinerze.

d) Gemischter Typ (4–5): Skarnerze in Kalk und Dolomit in Leptiten. Skarne durch Regionalmetamorphose gebildet, der eine starke Metasomatose folgte. Nordmark, vier erzführende Horizonte; manganarm. Die Metasomatose führte zu reicher Mineralneubildung (n. MAGNUSSON). Ljusnarberg z. T. (manganreich), mit späterer Zufuhr von Sulfiden (P, Cu, Zn, später Wo und Mo).

5. Karbonateisenerze (nur Magnetit). Basizität 70–100%.

a) Manganreich: Kolningsberg (mit Manganspat), Klackberget (mit manganreichen Karbonaten und wenig Silikat), Langban mit 40% Mn (als Braunit und Hausmannit) in unregelmäßigen länglichen Körpern und späterer Zufuhr von Pb, Sb, As und Baryt.

b) Manganarm: Sikberg (mit Amphibol und Kalzit), Sköttgruve (mit Serpentin und Kalzit).

Einen gemischten Charakter trägt die Lagerstätte von Herräng außerhalb des bisher betrachteten Gebietes. Neben Skarnerzen treten hier in den Leptiten quarzgebänderte Erze und solche auf, die direkt in die Leptite eingelagert sind. Das Erz ist fast stets Magnetit. Die spätere Granitintrusion brachte Sulfide mit.

Zu erwähnen sind noch die Eisenerzgruben von Kantorp und Stavs in Sörmanland. Es handelt sich hier um quarzhaltige Hämatite mit etwas Magnetit, welche ihr besonderes Gepräge durch eine nachträgliche Pegmatitisierung erhalten und entsprechend mit Pegmatitmineralien (Quarz, Feldspat, untergeordnet Glimmer) durchsetzt sind, außerdem oft Sillimanit enthalten. Ziemlich häufig treten neben ihnen Quarz-Antophylliterze auf, die anscheinend durch metasomatische Umwandlung aus den quarzhaltigen Hämatiten hervorgegangen sind und mit quarzitischen Antophyllit-Cordieritgneisen verknüpft sind. Dieser Kantorptypus geht nach MAGNUSSON auf die gleichen Ursprungsgesteine zurück, wie die Bergslagenerze, hat aber eine nachträgliche zusätzliche Metamorphose durchgemacht.

Die genetische Deutung der mittelschwedischen Eisenerze hat mehrfach gewechselt und steht auch heute noch nicht fest; oben, Seite 17, ist schon darauf eingegangen worden. Nach BACKLUND ist eine primär sedimentogene Entstehung bei den meisten wahrscheinlich, wobei aber das primäre Bild durch die in Gefolgschaft der Granitisierung der Nebengesteine stattgefundene Metamorphosierung und Metasomatose vollkommen verändert ist und auch teilweise eine Neumobilisierung der Elemente stattgefunden hat.

Die Vorräte der mittelschwedischen Lagerstätten betragen 160–200 Millionen t. Die Förderung übersteigt 2 Millionen t im Jahre.

Die Gesamtförderung Schwedens betrug 1938 13928000 t (7476000 t im Jahre 1913).

Die finnisch-nordrussischen Lagerstätten von Eisenerz haben einen ähnlichen Charakter. Die wichtigste ist Pitkäranta am Ladogasee, eine Kontaktlagerstätte im ladogischen Kalk an der Grenze gegen Rapakiwi. Der Eisengehalt des auf 12 Millionen t geschätzten Vorkommens ist indessen gering. In der Nähe liegt die Lagerstätte Wälimäki, welche kleine Magnetitausscheidungen in Gabbro darstellt. Einen ähnlichen Charakter trägt die Lagerstätte Pudoschgory im sowjetischen Bezirk Olonez. Eine Hämatitlagerstätte ist bei Tulmosero, an der finnisch-sowjetischen Grenze bekannt. In den Quarziten des Jatulikums treten auch gelegentlich Eisenerze auf, die aber kaum von wirtschaftlicher Bedeutung sind. Im Südwesten Finnlands befindet sich endlich im Schärenhof von Ekenäs eine Lagerstätte von armem Eisenerz in Gneis (Jussarö). Sehr groß sind alle diese Vorräte nicht, und die Förderung kommt bisher kaum in Betracht.

Auf der Halbinsel Kola treten magnetitreiche Schiefer und Magnetitquarzite im Komplex der Glimmergneise auf und werden als kontaktmetasomatisch im Zusammenhang mit der Intrusion der Oligoklasgranite angesehen. Die wirtschaftliche Bedeutung könnte mit der Zeit recht beachtenswert werden.

Wirtschaftliche Bedeutung haben schließlich die ganz jungen Seeeisenerze, welche trotz geringer Mächtigkeit aus zahlreichen Seen Schwedens, Finnlands und des Bezirks Olonez gewonnen wurden.

Neben den oxydischen Lagerstätten treten sulfidische Erze insbesondere in der Leptitregion Schwedens recht häufig auf.

Am bekanntesten ist die uralte Kupfergrube von Falun in Dalarne. Die Erze treten in unregelmäßigen Stöcken auf, die von verrutschten Nebengesteinsmassen umkleidet werden (Skölar). Das Nebengestein ist ein muldenförmig in Urgranite eingelagerter grauer Leptitgneis, von Quarz imprägniert. Die Erze liegen in einem grobkristallinen Quarzit mit Cordierit, Cummingtonit und Anthophyllit. Man kann drei Erzsorten unterscheiden: Weicherz, vorwiegend Schwefelkies, Harterz, ein mit Kupfer- und Schwefelkies imprägnierter Quarzit mit 3–5% Kupfer und Golderz, d. h. Harterz mit Trümern von gediegenem Gold und selenreichem Galenobismuthit. Das Weicherz besitzt einen Silbergehalt von 20 g pro t. Die Bildung der Erze ist nach VOGT epigenetisch. Seit Beginn des Bergbaues (1220) bis 1913 wurden etwa 500000 t Kupfer, 15 t Silber und 1,5 t Gold gefördert. Heute ist die Förderung stark zurückgegangen. (Einige 100 t Cu im Jahre.)

Bei Åmmeberg am Vätternsee (Abb. 83) liegt eine bedeutende Lagerstätte von Zinkblende als „Fahlband“ im Leptitgneis. Eine geringe Beimischung von Bleiglanz ist vorhanden. Der Zinkgehalt steigt bis 50%. Die Genesis der Lagerstätte ist unklar. BEYSCHLAG rechnet sie (1921) zu den kontaktmetamorphen Vorkommen. Bei Sala, westlich von Uppsala, tritt in einem der Leptitformation angehörenden Dolomit in einer Störung silberhaltiger Bleiglanz auf. Der frühere Betrieb war recht bedeutend, doch werden die Erze nach unten ärmer, so daß heute die Grube aufgelassen ist.

Innerhalb der Leptitformation treten noch zahlreiche kleinere Lagerstätten von Kupferkies, Bleiglanz, Zinkblende, Kobaltglanz auf (Kallmora, Dannemora, Riddarhyttan, Håkansbjoda, Kafveltrop, Ljusnarsberg, Oestra-Silfberget, Wena, Åtwidaberg und andere). Charakteristischerweise sind alle diese Vorkommen eben an diesen zentralen Streifen gebunden und fehlen den einheitlichen Gneisgebieten, wo nur sporadische Erze vorkommen (Tunaberg in Södermanland: Kupferkies und Kobaltglanz). Soweit sie mit den Eisenerzen zusammen auftreten, stellen sie eine jüngere Mineralisierung dar, welche nach MAGNUSSON mit den serorogenen Graniten der zweiten Generation innerhalb der Svekofenniden verknüpft sind. In den südschwedischen Graniten tritt gelegentlich Nickel auf (Klefva). Eine wirtschaftliche Bedeutung haben alle die genannten Vorkommen heute kaum mehr.

Dagegen haben die neu entdeckten Lager des Skelefteåfeldes, insbesondere das 1924 durch elektrische Prospektion aufgefundene, unter mächtigen Torf- und Moränenbildungen verborgene Vorkommen von Boliden erhöhte Bedeutung erlangt. Die Vorkommen erinnern an die mittelschwedischen Erzlager, sind aber, wie oben gesagt (S. 42) jünger, d. h. gehören vermutlich dem gotokarelidischen Zyklus an.

Das Vorkommen von Boliden liegt an der Grenze der leptitischen sauren oder intermediären Vulkanite zu den hangenden Phylliten und Grauwacken; diese Grenze ist eine intensive Bewegungszone. Die scherende Bewegung schuf auch die Kanäle, längs denen Lösungen aufsteigen konnten, die einesteils die Vulkanite in Serizitschiefer (später z. T. zu Andalusitfelsen verändert) umwandelten, anderenteils die Vererzung hervorriefen. Diese metasomatischen Prozesse hängen vermutlich mit der Intrusion des Revsundgranites zusammen. ÖDMAN unterscheidet drei Phasen der Mineralisierung, die zugleich den drei Typen der Erze entsprechen: 1. Arsenopyritische Erze, 2. Lamprophyre mit Quarzturmalin und verschiedenen sulfidischen Erzen (Bi, Te, Se, Cr relativ häufig und kennzeichnend), 3. Pyrit. Die Erze sind außerordentlich reich an verschiedenen Mineralien. Sie bilden zwei linsenförmige

Körper, die O–W streichen und axial nach O einfallen; das Fallen geht nach S. Die totale Länge ist etwa 600 m, die maximale Dicke 40 m; die Oberfläche bedeckt etwa 11500 qm. Das Haufwerk enthält 30,8 % Schwefel (z. T. auf Elementarschwefel verarbeitet), 9,4 % Arsenik und 2,2 % Kupfer, daneben 15 g/t Gold und 58,6 g/t Silber. Der Vorrat ist begrenzt – etwa $5^1/_2$ Millionen t Erz. Eine Reihe anderer Vorkommen (29 mit einer Fläche von 90000 qm) ist aber erschlossen worden und wird nach und nach in Betrieb genommen: Laver (produzierte 1938 83000 t Erz mit 1,8 % Cu, Asen (Kupfererze), Malanas (Kupfer bis 4 % und Zink), Mensträsk (Schwefelkies), Rackojaur, Akulla und Adak, Laisvall, Kristineberg (Kupfer- und Schwefelkies), Vindelgransele (Kupfer, Blei, Zink).

Die gesamte Kupferförderung Schwedens erreichte 1939 9600 t, soll aber noch erheblich steigerungsfähig sein (angeblich auf etwa das Dreifache).

In Finnland sind endlich auch Kupferkieslagerstätten bekannt. Eine davon, bei Orijärvi, ist durch die neueren eingehenden Studien ESKOLAs bedeutsam geworden (vgl. Abb. 5, S. 10). Hier treten die Schwefelerze (Chalcopyrit, Sphalerit, Pyrrhotin, Pyrit, Galenit) vor allem in quarzreichen Cordierit-Antophyllitschiefern auf. Diese metamorphen Gesteine sind durch pneumatolytische Prozesse metasomatisch verändert worden, und die Erze dürften auf dieselbe pneumatolytische Stoffzufuhr zurückgehen. Der Prozeß hängt mit der Intrusion des benachbarten Oligoklasgranites zusammen. Das Erzhaufwerk enthält 3 % Cu.

Eine andere, größere Lagerstätte von Kupferkies wurde im ersten Jahrzehnt dieses Jahrhunderts bei Outokumpu (Kuusjärvi, Karelen) unter mächtigen Moränenmassen entdeckt; man fand zunächst nur glazial verschleppte Blöcke von Kupferkies, konnte aber aus der Richtung der Streifen im Untergrund und aus der Kenntnis der Begleitgesteine die Herkunft ableiten. Nach zwei erfolglosen Bohrungen wurde die dritte fündig. Das Erz liegt in einem Quarzit im Liegenden eines serpentinisierten Olivinfelses; zusammen mit dem Quarzit kommen Dolomite und Skarne vor, letztere mit chromhaltigen Mineralien. Die ganze Masse ist in Glimmerschiefer eingebettet. Der Erzkörper ist bis 3,5 km lang und 0,5–17 m dick. Der Inhalt wird auf 20 Millionen t geschätzt. Das Erz ist aus größeren Pyritkristallen in einer Grundmasse von Pyrrhotin und Quarz mit Chalcopyrit in den Zwischenräumen gebildet. Der Pyritgehalt ist durchschnittlich 31,7 %, der Kupfergehalt 4–6 %. Das Eindringen des Erzes geschah längs einer Schieferungsfläche am Schluß der karelidischen Überschiebungsprozesse, aber vor der großen Granitintrusion, da diese metamorphosierend auf das Erz eingewirkt hat (VÄYRYNEN 1939).

Größere Bedeutung kommt schließlich den sulfidischen Erzen in der Tunturitformation Finnisch Lapplands bei Petschenga (Petsamo) zu. Die Erze – Magnetkies, Kupferkies, Pentlandit – bilden eine 2–20 m mächtige Linse, die mit Peridotiten verknüpft ist und enthalten 1,5–3 % Cu und Ni. Der Vorrat soll etwa 5 Millionen t betragen.

Die Kupferförderung Finnlands erreichte 1939 13450 t.

Sulfide von Kupfer und Nickel treten auch im Zusammenhang mit den ultrabasischen karelischen Gesteinen auf der Halbinsel Kola auf (Montschtundra).

Mit dieser Übersicht sind die wichtigsten Erze des Baltischen Schildes genannt; es muß nur noch darauf hingewiesen werden, daß jenseits des kaledonischen Gebirges, bzw. des dazu gehörenden Oslogebietes, im südnorwegischen Grundgebirge, Erze auftreten, die in bezug auf Lagerung und Vorkommen den hier aufgezählten recht ähnlich sind (Arendal, Kongsberg usw.). Das sie beherbergende südnorwegische Grundgebirge ist ja überhaupt ein unmittelbares Analogon zum Baltischen Schilde.

Eine besondere Erwähnung verdienen ferner die apatitreichen Gesteine der Chibinatundren auf der Kolahalbinsel, welche als Phosphatrohstoff Weltbedeutung haben. Die Apatite sind, wie schon oben dargestellt, an die – vermutlich variscischen – Alkaligesteine gebunden und bilden zwei Gürtel, von denen vor allem der östliche von 11,5 km Länge und 10–200 m Mächtigkeit Bedeutung hat. Man kann darin zwei Zonen unterscheiden: die innere, hangende, hat bis 75% Apatit, 15–20% Nephelin und 5–10% Aegirin und Titanomagnetit (sogenannter Apaneit). Die äußere, liegende, ist ärmer an Apatit (25–50%) und reicher an Nephelin (sogenannter Neapit); sie geht allmählich in die liegenden Urtite über. Die Vorräte an Apatiterz werden auf 300–1000 Millionen t geschätzt, bzw. auf über 517 Millionen t Apatit oder über 207 Millionen t P_2O_5 (n. Fersmann 1931). Die Förderung ist schon heute recht bedeutend. Der bei der Flotation abfallende Nephelin findet in der Glasindustrie und als Aluminiumrohstoff Verwendung. Einige Gesteine der Alkaliserie haben ferner einen beachtenswerten Gehalt an seltenen Erden (Lowtschorrit 15–18%).

An Kaustobiolithen ist der Baltische Schild sehr arm. Außer den anthrazitisch-graphitischen Kohlen der jatulischen Formation Ostfinnlands (Schungite), die kaum eine praktische Bedeutung besitzen, und den kambrischen Alaunschiefern, die in Västergötland zu einer geringen Ölproduktion geführt haben, sind nur die ausgedehnten Torfmoore zu nennen, deren Vorräte besonders in Finnland fast unerschöpflich sind.

Von größerer Bedeutung ist die Bau- und Schmucksteinindustrie. Insbesondere die subjotnischen Rapakiwigranite, aber auch die übrigen Tiefengesteine, die Porphyre von Dalarne, die bunten Marmore von Olonez in der UdSSR und die Marmore von Pargas in Südwestfinnland, die als „schwarzer Granit" in den Handel kommenden Hyperite, Diorite und Diabase Schwedens sind nur einige wichtige Beispiele dieses für den Export der nordbaltischen Länder wichtigen Industriezweiges.

9. Literatur zum Baltischen Schild

1. Allgemeines und Präkambrium

Backlund, H., a) Dalformation. Geol. För. Förh. *53*, 1931.
— b) Der „Magmaaufstieg" in Faltengebirgen. C. R. Soc. géol. Finlande. *9*, 1936.
— c) Die Umgrenzung der Svekofenniden. Bull. Geol. Inst. Upsala *27*, 1937.
— d) Svekofennider och Gotokarelider. Geol. För. Förh. *59*, 1937.
— e) The problem of the Rapakiwi granites. Journ. Geol. *46*, 1938.

Backlund, H., f) Zur Granitisationstheorie. Geol. För. Förh. *60*, 1938, und *61*, 1939.
— g) Gesteinsentwicklungen in Fennoskandia. Zeitschr. f. Geschiebeforschung, *17*, 1941.
— h) Einblick in das geologische Geschehen des Präkambriums. Geol. Rundschau *34*, H. 2–6, 1943.
Bubnoff, S. v., a) Die Halbinsel Kola. Geol. Rundsch. *28*, 1937.
— b) Das Gefüge des Hammergranites auf Bornholm. Neues Jahrb. f. Min. usw. B. Beil. Bd. *79*, 1938.
— c) Die älteren Granite Bornholms im Rahmen der svekofennidischen Tektogenese. Daselbst Beil. Bd. *87*, 1942.
— d) Schollentransport und magmatische Strömung. Abh. Preuß. Akad. W. 1941.
— e) Der Südrand Skandinaviens. Geol. Rundschau *34*, 1943.
Callissen, K., Das Grundgebirge von Bornholm. Danm. Geol. Unders. *13*, 1934.
Du Rietz, T., Västervikskvartsitens granitisering. Geol. För. Förh. *71*, 1949.
Eckermann, H. von, a) The Loos-Hamra Region. Geol. För. Förh. *58*, 1936.
— b) The Jotnian Formation and the Sub-Jotnian Unconformity. Geol. För. Förh. *59*, 1937.
— c) The Genesis of the Rapakiwi-granites. Geol. För. Förh. *59*, 1937.
— d) The Genesis of the Jotnian Sediments. Geol. För. Förh. *59*, 1937.
— e) A Contribution to the Knowledge of the Öje Diabase. Geol. För. Förh. *61*, 1939.
— f) Ett preliminärt meddelande om nya forskningsrön inom Alnö alkalina omrade. Geol. För. Förh. *64*, 1943.
Eskola, P., a) On the petrology of the Orijärvi region in southern Finland. Bull. com. géol. Finlande *40*, 1914.
— b) Huvuddragen av Onega-Karelens geologi. Meddel. fr. geol. fören. i Helsingfors 1917–1918.
— c) Petrographische Charakteristik der kristallinen Gesteine von Finnland. Fortschr. Miner. u. Petrogr. *11*, 1927.
— d) Conditions during the earliest geological times. – Ann. Acad. Sc. Fenn. Ser. A. *36*, 1932.
— e) Erkki Mikkola und der heutige Stand der präkambrischen Geologie in Finnland. Geol. Rundschau *32*, H. 4/5, 1942.
— f) Über die Geologie Ostkareliens. Geol. Rundschau *35*, H. 2, 1948.
Gavelin, A. und N. Magnusson, Geologisk översiktskarta över Norden, Skala 1 : 1 Mill. Stockholm 1934.
Gavelin, S., Några synpunkter rörande Revsundgranitens och Västerbottens gnejsernas genetiska problem. Geol. För. Förh. *69*, 1947.
Gejer, P., a) On the intrusion mechanism of the archean granites of central Sweden. Bull. geol. Inst. Upsala, *15*, 1916.
— b) Berggrunden inom malmtrakten Kiruna–Gällivare–Pajala. Sver. geol. Unders. Årsbok 1930.
Grip, E., Pitekonglomeratet och dess älldersställing. Geol. För. Förh. *61*, 1939.
Habetha, E., Tektonische und gefügekundliche Untersuchungen am Karlshamner Granitmassiv. Abh. Geol. pal. Institut Greifswald *16*, 1936.
Hausen, H., a) Geologie des Soanlahtigebietes. Bull. com. géol. Finl. *90*, 1930.
— b) Intryck från en exkursion inom Dalformationen. Bull. com. géol. Finl. *93*, 1931.
Hjelmqvist, S. v., Über Sedimentgesteine in der Leptitformation Mittelschwedens. Sv. Geol. Unders. Ser. C. Årsbok *32*.
Holmquist, P., a) The archean geology of the coast-regions of Stockholm. Geol. För. Förh. *32*, 1910.
— b) Svedish archean structures and their meaning. Bull. geol. Inst. Upsala, *15*, 1916.
— c) Frågan on nytt åldersschema för de Sydsvenska urbergsbildning area. Geol. För. Förh. *55*, 1933.
Högbom, A., a) The igneous rocks of Ragunda, Alnö, Rödö and Nordingrå. Geol. För. Förh. *31*, 1909.
— b) Praecambrian geology of Sweden. Bull. geol. Inst. Upsala, *10*, 1910.

Högbom, A., c) Fennoskandia. Handb. f. regionale Geologie, IV, 3, 1913.
— d) Norr och Västerbottens Urberg. Geol. För. Förh. *53*, 1931.
— e) Am det Svenska urbergets aldersschema. Geol. För. Förh. *55*, 1933.
— f) Skelleftefältet. Sv. Geol. Unders. C. Årsbok *29*, 4, 1937.
Kranck, E., a) Beiträge zur Kenntnis der Svecofenniden in Finnland. III. Bull. com. géol. Finl. *101*, 1933.
— b) Zur Tektonik der lappländischen Granulite. Bull. com. géol. Finl. *115*, 1936.
Kupletski, B., Petrographie der Kolahalbinsel. Ak. d. Wiss. der UdSSR. Ser. I, Lief. 1, 1932 (russ.).
Larsson, W., Nägra resultat av berggrundsgeologiska studier inom Dalformationens pona Gränsomrade. Geol. För. Förh. *69*, 1947.
Magnusson, M., a) Om metaformfosen i det mellansvenska urberget. Geol. För. Förh. *54*, 1932.
— b) Det mellansvenska urbergets åldersschema. Geol. För. Förh. *55*, 1933.
— c) The Evolution of the Lower Archean Rocks in Central Sweden and their iron, manganese and sulphide ores. Quart. Journ. Geol. Soc. London *92*, 1936.
— d) A short comparison between the Evolution of the Svecofennides in Finland and Central Sweden. Bull. com. géol. Finl. *115*, 1936.
— e) Om egkebindelingen i det Svenska urberget. Geol. För. Förh. *58*, 1936.
— f) Die Granitisationstheorie und ihre Anwendung für svionische Gneise Mittelschwedens. Geol. För. Förh. *59*, 1937.
— g) Die Genesis der svionischen Granite. Geol. För. Förh. *60*, 1938.
Magnusson, N. und E. Granlund, Sveriges geologi. Stockholm 1936.
Mäkinen, E., Übersicht über die präkambrischen Bildungen im zentralen Österbotten. Bull. com. geol. Finlande, *47*, 1916.
Metzger, A., Die jatulischen Bildungen von Suojärvi in Ostfinnland. Bull. com. géol. Finlande. *64*, 1924.
Metzger, A. A. T., a) Zur Geologie der Inseln Åland und Kyrklandet in Pargas-Parainen, SW-Finnland. Meddelanden fran Åbo Akademis Geol.-Min. Institut. *27*, 1945.
— b) Zum tektonischen Stil von Palingengranit und Marmor in den Svekofenniden in Finnland. C. R. Soc. geol. de Finlande. XX, 1947.
Mikkola, E. und Th. Sahama, The region to the SW of the Granulite Series in Lapland and its ultrabasics. Bull. com. géol. Finl. *115*, 1930.
Mikkola, E., Erläuterungen zu Bl. B 7–C 7–D 7 (Muonio-Sodankylä-Tuntsajoki). Helsinki 1941.
Neustrueff, J., Die Kareliden Nordkareliens. Rep. XVII. Sess. int. geol. Congr. 1937, Moskau 1939.
Norin, R., Contributions to the Geology of western Blekinge. Medd. Lunds Geol.-Min. Inst. *68*, 1936.
Ödman, O., Urbergsgeologiska Undersöknigar inom Norrbottens län. Sver. Geol. Unders. Ser. C. Årsbok *33*, 1939.
Polkanoff, A., a) Hyperboräische Formation der Fischerhalbinsel und der Insel Kildin. Problems of geology, Leningrad, *6*, 1934 (russ.).
— b) Geolog.-petrograph. Beschreibung des NW-Teiles der Kolahalbinsel. Ak. d. Wiss. der UdSSR. Leningrad 1935 (russ.).
— c) Geolog. Skizze der Kolahalbinsel. Transact. arct. Inst. Leningrad, 1936 (russ.).
— d) Vorquartäre Geologie der Kolahalbinsel und Kareliens. Reports XVII. Session intern. geol. Congr. 1937. Moskau 1939 (russ.).
Ramsay, W., a) Über die geol. Entwicklung der Halbinsel Kola. Fennia, 1910.
— b) Om Hoglands geologiska byggnad. Geol. För. Förh. 1890.
— c) Geologiens grunder. Bd. II, 3. Aufl. Helsingfors 1931.
Sahama, Th. (Sahlstein), a) Struktur und Bewegung in der Granulitformation des finnischen Lapplandes. Bull. com. géol. Finl. *101*, 1933.
— b) Die Regelung von Quarz und Glimmer in den Gesteinen der finnisch-lappländischen Granulitformation. Bull. com. géol. Finl. *113*, 1936.

SAKSELA, M., Über die geolog. Kartierung und die Einteilung der Granite im finnischen Grundgebirge. Bull. com. géol. Finl. *115*, 1936.
SEDERHOLM, I., a) Über eine archäische Sedimentformation im südwestl. Finnland. Bull. com. géol. Finl. *6*, 1897.
— b) Om granit och gneiss, deras upkomst, uppträdande och utbreding inom urberget i Fennoskandia. Bull. com. géol. Finlande, *23*, 1907.
— c) Geol. Übersichtskarte von Fennoskandia. Helsingfors, 1908.
— d) Geol. Übersichtskarte von Finnland 1 : 400000. Sect. Tammerfors, 1911.
— e) On migmatites and associated praecambrian rocks of southwestern Finnland. Bull. com. géol. Finlande, *58*, 1923.
— f) Praequaternary rocks of Finland. Bull. com. géol. Finl. *91*, 1930.
— g) On the sub-bothnian unconformity and on archaean rocks formed by secular weathering. Bull. com. géol. Finl. *95*, 1931.
— h) On the geology of Fennoscandia. Bull. com. géol. Finl. *98*, 1932.
SEDERHOLM, I., i) On migmatites and associated pre-cambrian rocks of southwestern Finland. III. The Åland islands. Bull. com. géol. Finl. *107*, 1939.
SUDOVIKOFF, N., Vorkambrium der karelischen ASSR. Reports XVII. Session intern. geol. congr. 1937, Moskau 1939 (russ.).
SUNDIUS, N., Om Linagranitens aldersställning. Geol. För. Förh. *53*, 1931.
TIMOFEJEFF, W., Petrographie Kareliens. - Akad. d. Wiss. d. UdSSR. Ser. I, Lief. 5, 1935 (russ.).
TÖRNEBOHM, A., Geol. öfversiktskarta öfver sveriges berggrund 1 : 1,5 Mill. Sver. geol. Unders. 1910.
VÄYRYNEN, H., Über die Stratigraphie der karelischen Formationen. Bull. com. géol. Finl. *101*, 1933.
— b) Über die Altersverhältnisse der Granite von Südfinnland und Pohjanmaa. Bull. com. géol. Finl. *115*, 1936.
— c) On the geology and tectonics of the Outokumpu ore field and region. Bull. com. géol. Finl. *124*, 1939.
— d) Über die Tektonik der karelischen Zone. Report XVII. Session Intern. Geol. Congr. Moskau, 1939 (russ.).
WAHL, W., a) The granites of the Finnish Part of the Svecofennian archean mountain chain. Bull. com. géol. Finl. *115*, 1936.
— b) Om granitgrupperna och beijskedjeveckningarna i Sverige och Finland. Geol. För. Förh. *58*, 1936.
WEGMANN, E., a) Über die Tektonik der jüngeren Faltung in Ostfinnland. Fennia *50*, 1928.
— b) Note sur la dépression axiale d'Aland. Bull. soc. géol. Finl. *87*, 1929.
— c) Zur Kenntnis der tektonischen Beziehungen metallogenetischer Provinzen in dem nördlichsten Fennoskandia. Zeitschr. f. prakt. Geol. *37*, 1929.
— und E. KRANCK, Beiträge zur Kenntnis der Svecofenniden in Finnland. I u. II. Bull. com. géol. Finl. *89*, 1931.
WILKMAN, W., Über eine vorkalevische Quarzitformation in den nördlichen Teilen des Kuopiogebietes. Bull. com. géol. Finlande, *49*, 1916.

2. Epirogenetische Geschichte seit dem Kambrium

ANDERSSON, J., Über kambrische und silurische phosphoritführende Gesteine aus Schweden. Bull. geol. Inst. Upsala *2*, 1895.
ASKLUND, B., Hauptzüge der Tektonik und Stratigraphie der mittleren Kaledoniden in Schweden. Sver. geol. Unders. Ser. C. Årsbok *32*, 1938.
BACKLUND, H., On the stability of the earths crust in central Fennoscandia. Fennia *50*, 1928.
BROTZEN, F., Några bidrag till Visingsöformationens stratigrafi och tektonik. Geol. För. Förh. *63*, 1943.

FREBOLD, H., a) Zur Gliederung des Obersilurs in Gotland und im Ostbaltikum usw. Zentralbl. f. Min. usw. 1926.
— b) Zentren epirogener Hebung als Schwellengebiete in den paläozoischen Meeren des Baltischen Schildes und seiner randlichen Teile. N. Jahrb. f. Min. usw. Abt. B. Beil. B. *59*, 1928.
GEER, G. DE, a) Kontinentale Niveauveränderungen im Norden Europas. C. R. 11. intern. Geol. Kongr. Stockholm 1912.
— b) Post-Algonkian Oscillations of Land in Fennoscandia. Geol. För. Förh. *46*, 1924.
— c) Geochronologia Suecica, Principles. Kungl. Svenska Vetenskapsakad. Handl. III Ser. *18*, 6 1940.
HADDING, A., The prae-quaternary sedimentary rocks of Sweden. Lunds Univ. Årsskrift NF. Avd. 2; *23*, Nr. 5, 1927; *25*, Nr. 3, 1929; *28*, Nr. 2, 1932; *29*, Nr. 4, 1933; *37*, Nr. 10, 1941.
HANSEN, K., a) Die Gesteine des Unterkambriums von Bornholm. Danm. geol. Unders. II. R. *62*, 1936.
HANSEN, K., b) Sammenlignende studier over kambriet i Skåne og paa Bornholm. Meddel. Dansk geol. För. *9*, 1937.
HEDE, I. E., Gotlands silur-stratigrafi. Sver. geol. unders. Årsbok *14*, 1920.
— MUNTHE und VON POST, Gotlands Geologi. Årsbok *18*, 1925.
HEDSTRÖM, H., The silurian stratigraphy in the neighbourhood of Visby. Livret-guide Congr. geol. intern. Stockholm 1910, Nr. 20.
HOEPEN, E. VAN, De Bouw van het Silur van Gotland. Delft, 1910.
HOLM, G. und H. MUNTHE, Kinnekulle, dess geologi och den tekniska användningen af dess bergarter. Sv. Geol. Unders. 1901, 172.
ISBERG, O., Studien über Lamellibranchiaten des Leptaenakalkes in Dalarne. Akad. Abh. Lund, 1934.
KAUTSKY, F., Die unterkambrische Fauna von Aistjakk in Lappland. Geol. För. Förh. *67*, 2, 1945.
KRISCHTAFOWITSCH, A., Oberdevonische Pflanzen aus dem NO-Teil der Lowoserotundren der Kolahalbinsel. Isvestija Ak. d. Wiss. UdSSR, 1937 (russ.).
KUPLETSKI, B., Petrographie der Kolahalbinsel. Ak. d. Wiss. UdSSR Ser. I, Lief. 1, 1932 (russ.).
MOBERG, I., a) Guide for the principal silurian districts of Scania. Livret-Guide intern. Géol. Congr. Stockholm 1910.
— b) Historical-stratigraphical Review of the Silurian of Sweden. Sv. Geol. Und. Årsbok, 1910.
MUNTHE, H., a) De geologiska hufvuddragen of Vestgötabergen och deras omgifning. Sv. Geol. Und. 1906, 198.
— b) The sequence of strata in southern Gotland. Livret-guide Congr. géol. intern. Stockholm 1910, Nr. 21.
— c) Om Nordens, främst Baltikums senkvartära utreckling och stenåldersbyggelse. Kungl. Svenska Vet.-Akad. Handl. III, Ser. 19, 1, 1940.
RAMSAY, W., a) On relations between crustal movements and variations of the sealevel during the late quaternary time especially in Fennoscandia. Bull. com. géol. Finl. *66*, 1924.
— b) Changes of sea-level resulting from the increase and decrease of glaciations. Fennia *52*, 1930.
RAYMOND, P., The correlation of the Ordovician strata of the Baltic basin with those of Eastern North America. Bull. Mus. Comp. Zool. Harvard College, *56*, 3, 1916.
ROSEN, S., Konglomeratens vittnesbörd om Visingsöformationens geologiska ålder. Geol. För. Förh. Finl. *47*, 1927.
SAURAMO, M., a) The quaternary geology of Finnland. Bull. com. géol. Finl. *86*, 1929.
— b) Zur spätquartären Geschichte der Ostsee. Bull. com. géol. Finl. *104*, 1934.
— c) Das System der spätglazialen Strandflächen im südlichen Finnland. Soc. Scient. Fennica 1937.

Sauramo, M., d) The mode of the Land upheaval in Fennoscandia during late quaternary time. C. R. Soc. géol. Finlande *13*, 1939.
Westergård, A., Sveriges Olenidskiffer. Sver. geol. unders. Ser. Ca 18, 1922.
Troedsson, G., Försök till jämförelse mellan Sveriges och Nordamerikas ordovikiska graptolitskiffran. Geol. För. Förh. *45*, 1923.
— und G. Roswall, Nya data angaaende gränsen emellan ordovicium och gotlandium. Geol. För. Förh. *48*, 1926.
Warburg, E., a) Geological description of Nittsjö and its environs in Dalarne. Livret-guide Congr. intern. Stockholm 1910, Nr. 21.
— b) Trilobites of the Leptaena limestone in Dalarne. Bull. geol. Inst. Upsala *17*, 1925.
Wedekind, R. und K. Tripp, Die Korallenriffe Gotlands. Centralbl. f. Min. usw. 1930.
Wiman, C., a) Om Ceratopygeregionen inom Siljansområdet. Geol. För. Förh. *28*.
— b) Die Silurbildungen in Västergötland. Livret-guide Congr. géol. intern. Stockholm 1910, Nr. 22.
Witting, R., Über den Ablauf der fennoskandischen postglazialen Landhebung. Fennia *50*, 1928.

3. Tektonik

Asklund, B., Bruchspaltenbildungen im südöstlichen Östergötland. Geol. För. Förh. Stockholm *45*, 1923.
Björnsson, Sv., a) Tektonik och landformer kring sjöarna Sommen och Åsunden. Svensk geogr. Arsbok, *13*, 1937, Lund.
— b) Sommen-Åsundenomradet. Lunds Univ. Geogr. Inst. Avh. IV. 1937.
Bubnoff, S. v., a) Zur Deutung des südbaltischen Kluftnetzes. Geol. Rundschau *22*, 1931.
— b) Bewegungsanalytische Studien. Naturwissenschaften *21*, 1933.
— c) Der Südrand Skandinaviens. Geol. Rundschau, *34*, 1943.
Hausen, H., Die Hauptzüge im spaltentektonischen Bauplan des Schärenhofes von Südwestfinnland. Geol. Rundschau, *31*, 1940.
Hjelmquist, Sv., a) Dalby stenbrott. Meddel. Lunds Geol.-mineral Inst. *46*, 1931.
— b) Some post-silurian dykes in Scania and problems suggested by them. Sver geol. Unders. Ser. C. Årsbok *33*, 1939.
Högbom, A., Studies in the post-silurian thrust-region of Jämtland. Livret-guide Congr. géol. intern. Stockholm. 1910, Nr. 2.
Kaufmann, R., Klufttektonik des Kambrosilurs von Gotland, Öland und dem Kalmargebiet. Geol. Rundschau *22*, 1931.
Larsson, W., Die Svinesund-Kosterfjord-Überschiebung. Sver. geol. Unders. Ser. C. 411, Årsbok *32*, 1938 (1939).
Ljungner, E., Spaltentektonik und Morphologie der schwedischen Skagerrakküste. Bull. geol. Inst. Upsala *21*, 1927.
Magnusson, N., Den centralvärmländska mylonitzonen och dess fortsättning i Norge. Geol. För. Förh. *59*, 1937.
Martin, H., Die Postarchäische Tektonik im südlichen Mittelschweden. N. Jahrb. f. Min. usw. Beil. Bd. *82*, Abt. B. 1939.
Sederholm, I., a) Über Bruchlinien mit besonderer Beziehung auf die Geomorphologie von Fennoskandia. Compte-Rendu XI Congr. intern. 1910.
— b) Weitere Mitteilungen über Bruchspalten. Bull. com. geol. Finlande, *37*, 1912.
Sundius, N., Orogene Erscheinungen im südwestlichen Schweden. Geol. För. Förh. *66*, 1944.

4. Morphologie

Björnsson, Sv., Sommen-Åsundenomradet. Lunds Univ. Geogr. Inst. Avhandl. IV. 1937.
Geer, S. de, Norra Sveriges landformsregionen. Geogr. Ann. *8*, 1926.
Högbom, A., Fennoskandia. Handb. f. region. Geol. Heidelberg, IV, *3*, 1913.
Nordenskjöld, O. und S. de Geer, Führer der morphologischen Exkursion in Mittelschweden. Livret-guide XI. intern. géol. Congr. Stockholm 1910.
Ramsay, W., Geologiens Grunder II. 3. Auflage. Helsinki, 1931.
Tanner, V., Die Oberflächengestaltung Finnlands. Helsingfors 1938.

5. Nutzbare Lagerstätten

Siehe auch 1: Ramsay c, Backlund h, Magnusson a, c, Geijer b, Kupletski, Polkanoff c, v. Bubnoff a, Eskola a

Backlund, H., Zum Werdegang der Erze. Geol. Rundschau *32*, Heft 1/2, 1941.
Fersman, A., Apatit, seine Lagerstätten, Geochemie, Vorräte und Ökonomik. Die Chibina-Apatite III. Leningrad, Staatsverlag 1931.
Friedensburg, F., Die Bergwirtschaft der Erde. Stuttgart 1944.
Gavelin, Sv., Geology and ores of the Malånäs District. Sver. geol. Unders. Ser. C Årsbok *33*, 1939.
Geijer, P., a) Stråssa och Blanka Järnmalmsfält. Sver. geol. Unders. Ser. Ca *20*, 1927.
— b) Gällivare malmfält. Sver. Geol. Unders. Ser. Ca *22*, 1930.
— c) The iron ores of the Kiruna type. Sver. geol. Unders. Serie C. Årsbok *24*, 1931.
— d) Norbergs berggrund och Malmfyndigheter. Sver. geol. Unders. Ser. Ca *24*, 1936.
— e) Stripa Odalfälta Geologi. Sver. geol. Unders. Ser. Ca *28*, 1938.
Magnusson, N., a) Nordmarkens Malmtrakt. Sver. geol. Unders. Ser. Ca *13*, 1929.
— b) Långbans Malmtrakt. Sver. geol. Unders. Ser. Ca *23*, 1930.
— c) Berggrunden inom Kantorps Malmtrakt. Sver. geol. Unders. Ser. C Årsbok *22*, 1936.
— d) Neue Untersuchungen innerhalb des Grängersbergfeldes. Sver. geol. Unders. Ser. C. Årsbok *32*, 1938.
— e) Ljusnarsberg Malmtrakt. Sver. geol. Unders. Ser. Ca *30*, 1940.
— f) Herrängsfältet och dess Järnmalmer. Sver. geol. Unders. Ser. C. Årsbok *34*,1940.
Ödman, O., Geology and ores of the Boliden deposit, Sweden. Sver. geol. Unders. Ser. C. Årsbok, *35*, 1941.
Väyrynen, E., Petrologie des Nickelerzfeldes Kaulatunturi-Kammikivitunturi im Petsamo. Bull. com. géol. Finl. *116*, 1938.
Vogt, J. H. L., On the Genesis of the Iron Ore Deposits of the Kiruna Type. Geol. För Förh. *49*, 1927.

Die Sarmatische Tafel

I. STRATIGRAPHIE

1. Die Unterlage des Paläozoikums

Längs dem Finnischen Meerbusen und weiter nach Osten bis zum Ladogasee taucht der fennoskandische Sockel unter die äußerst flach nach Süden bzw. Südosten fallende Platte des Ostbaltischen Kambrosilurs unter, welche mit einer deutlichen Steilstufe – dem Glint – beginnt. Weiter im NO, bis zum Weißen Meer, greift der devonische Altrotsandstein direkt auf das Grundgebirge über. Über den Aufbau des Sockels im westlichen Teil seien folgende, von A. ÖPIK zur Verfügung gestellten Angaben zitiert[1]:

„Die in Südfinnland und auf den Ålandsinseln noch erkennbare alte vorkambrische Landoberfläche taucht gegen Süden unter den Spiegel des Finnischen Meerbusens und weiterhin im Ostbaltikum unter die kambrosilurische Schichtenfolge ein. Diese alte Landoberfläche unter der paläozoischen Sedimentdecke ist keineswegs eben. Schon im Bereiche der Stadt Tallin (Reval) weist ihre Tiefenlage auf kurzer Strecke Schwankungen von einigen zehn Metern auf. Auch aus den magnetometrischen Messungen in Estland kann vermutet werden, daß das Relief des Urgebirges hier eine Gliederung besitzt. Im Norden des Baltikums, dem Südufer des Finnischen Meerbusens entlang, liegt die vorkambrische Abtragungsfläche 100–200 m (bei Leningrad 187 m) unter dem Meeresspiegel. Sie sinkt dann gegen Süden weiter ab, so daß sie bei Daugavpils (Dünaburg) z. B. in etwa 700 m Tiefe zu erwarten wäre.

Was nun die Zusammensetzung des Urgebirges selbst anbetrifft, so hat man in Estland im Untergrund von Tartu Gneise und helle Granite erbohrt. Östlicher, bei Jewe (unweit Narwa), wurden bei der Suche nach Eisenerzen (Linari) einige hundert Meter des Urgebirges durchteuft, wobei Gneise, Migmatite und Skarne mit mehreren Magnetitlagern angetroffen wurden. Es besteht eine Ähnlichkeit in der Zusammensetzung dieser erbohrten Gesteine und des Erzes mit denjenigen von Jussarö im Schärenhof östlich Hanko (Finnland). Dieser Umstand, gleichwie die magnetometrisch abzuleitenden Hauptrichtungen im kristallinen Untergrund Estlands, haben A. ÖPIK ver-

[1] Prof. A. ÖPIK, gegenwärtig wohl der beste Kenner des ostbaltischen Kambrosilurs, hat 1944 die folgenden drei Kapitel verfaßt und mir für eine Monographie Osteuropas zur Verfügung gestellt, wofür ihm hier herzlich gedankt sei. Inhaltlich ist an seiner Fassung nichts geändert worden. S. v. BUBNOFF.

anlaßt, im ganzen Gebiet südlich des Finnischen Golfes eine Fortsetzung der Svekofenniden zu vermuten.

Rapakiwi und gleichaltrige Gesteine sind bis jetzt in diesem Gebiet nicht erbohrt worden."

Aus den magnetometrischen Messungen scheint indessen hervorzugehen, daß weiter im Osten (östlich vom Peipussee) die Svekofenniden nach S oder SO abschwenken und daß hier die Unterlage von einem Granitmassiv (? Fortsetzung des Wyborger Rapakiwimassivs) und von N–S streichenden karelidischen Faltenzügen gebildet wird. Darauf deuten n. Archangelski auch die vorwiegend in N–S (zwischen NNW und NNO schwankend) streichenden magnetischen Anomalien des Westteiles von Sarmatien hin, welche ebenfalls auf ein Durchstreichen der Kareliden und einen Zusammenhang mit den NW–SO streichenden analogen Gesteinen bei Kursk (Block von Woronesh) und den N–S streichenden Serien von Krivoj Rog (ukrainischer Block) vermuten lassen. Bei Moskau ist der präkambrische Sockel in 1570 m Tiefe erbohrt worden. Er besteht hier aus migmatitischen Gneisen von katazonalem Habitus mit Cordierit, Sillimanit und Granat, zeigt also ähnliche Beschaffenheit wie die „Resistenzblöcke" zwischen den jüngeren Falten Karelens. Weiter im Osten ist die Verteilung der magnetischen Anomalien verwickelter. Die im Norden (Timan) NNW verlaufenden Isogammen schwenken weiter im Süden, im Wolgagebiet, in komplizierten Schleifen in die O–W-Richtung und in das Moskauer Becken ein, um erst weiter südlich wieder die meridionale Richtung zu erlangen. Bohrungen bei Sysran erreichten das Grundgebirge bei 1570 m in Gestalt von Metabasiten, in Tuimasa (180 km westlich Ufa) in 1738–2004 m Tiefe in Gestalt von Granitgneisen. Archangelski hat ursprünglich angenommen, daß hier ein alter Resistenzblock mit O–W-Streichen lagert (Oka-Ufablock), welcher auch das Ufaplateau in seiner ablenkenden Bedeutung für den Ural erklären würde. Später hat er diese Ansicht geändert und ein hypothetisches altpaläozoisches Gebirgssystem, die Timano-Wolgiden konstruiert, welches, von Timan gegen SW abschwenkend, sich zwischen Fennoskandia und den Block von Woronesh einkeilt. Das Eokambrium im Gebiet Fischerhalbinsel–Kanin–Timan scheint für den Norden ein jüngeres (? assyntisches) System in der NO-Umrahmung Sarmatiens anzudeuten. Andererseits sprechen im Bereiche zwischen Wolga und mittlerem Ural die Gesteine in den Bohrungen von Sysran und Tuimasa, die gravimetrischen Daten und das tektonische Verhalten des Urals mit seiner Ausbuchtung am Plateau von Ufa doch mehr im Sinne der älteren Deutung als Resistenzblock von archäischem Alter.

Auf seinen Ostsaum wird erst bei Behandlung des Urals näher einzugehen sein. Im Süden kommt er aber im Block von Woronesh und im ukrainischen (Asow-Podolischen) Massiv mit auffallend ähnlichen petrographischen und strukturellen Merkmalen wieder zutage.

Daraus darf aber nicht auf das Fehlen einer jungalgonkischen Gliederung der Sarmatischen Tafel geschlossen werden. Die Bearbeitung neuer Bohrungen im Bereich des mittleren Rußland, insbesondere im Süden des Leningrader Bezirks und in den Bezirken von Kalinin, Moskau und Kaluga hat nach SCHATSKI (1952) erwiesen, daß hier erstens das Unterkambrium wesentlich weiter nach Osten reicht und daß zweitens dieses Unterkambrium von ziemlich mächtigen, nicht metamorphen Schichten unterlagert wird, welche zunächst fälschlich zum Mitteldevon gerechnet worden sind. Der unterkambrische blaue Ton ist noch bei Kalinin durch 43 m Tone und 12 m liegende Sandsteine vertreten, fehlt aber weiter im Süden bei Moskau ganz. Er wird unterlagert von einer mächtigen Folge unmetamorpher Gesteine, welche bei Moskau unmittelbar von mitteldevonischen Sanden transgressiv überdeckt wird. Diese Serie besteht aus zwei Komplexen. Oben liegen die schon bei Leningrad bekannten (weiter im Westen fehlenden) Laminaritenschichten, welche oben aus feingebänderten bunten Tonen, unten aus einer sandig-tonigen Wechsellagerung bestehen und über 300 m mächtig werden. Unten liegt eine im allgemeinen gröbere Folge, die im Norden (Gdowsker Schichten) grobkonglomeratische Einlagerungen besitzt, im Süden aber nur eine (? eluviale) brekziöse Basis hat, und darüber aus argillitischen Tonen und aus Sanden mit Pyrit und Glaukonit besteht; diese Folge ist bis 100 m mächtig. Die gesamte Serie, welche an der Basis des Estoniums (ÖPIK) im Baltikum zu fehlen scheint, wird von SCHATSKI dem Eokambrium (Ripheikum) zugerechnet, womit also die Auffassung von sedimentären Äquivalenten der jungalgonkischen Abtragung des Baltischen Schildes im gewissen Sinne zurecht besteht, da ja auch die Korngröße der Sedimente nach Süden deutlich abnimmt. Natürlich kann, nach dem heutigen Stande unseres Wissens, der hangende blaue Ton nicht mehr dazu gerechnet werden.

Das Devon greift also bei Leningrad über Ordoviz, bei Kalinin über blauen Ton, bei Moskau und Kaluga über Eokambrium über, während es weiter im Süden, am Rande des Blockes von Woronesh unmittelbar dem kristallinen Grundgebirge aufruht.

Es ergibt sich daraus eine etwa Ost–West streichende Senke, welche schon in unterkambrischer Zeit die Sarmatische Schwelle durchsetzte, sich aber anscheinend gegen Westen heraushob, da ja dort das Unterkambrium unmittelbar auf den kristallinen Sockel übergreift. Damit ist die Moskauer Schüssel schon assyntisch vorgebildet. Das Fehlen des blauen Tones bei Moskau und die große Mächtigkeitszunahme nach Norden scheinen darauf hinzudeuten, daß später, im altpaläozoischen Zyklus, die Achse der Senke sich nach Norden verlagerte, um dann in nachkaledonischer Zeit nach Süden zu wandern.

Aus den Angaben SCHATSKIS geht hervor, daß diese vorkambrische Senke noch weit nach Osten fortsetzt und längs einer Linie Moskau–Saratow einen grabenartigen Charakter mit 700–800 m Sedimentfüllung erhält. Nach SCHATSKI wird dadurch die Fennosarmatische Tafel sehr frühzeitig in die drei Hochgebiete: Baltischer Schild, Ukraine–Woronesh und Wolga–Kama-Block gegliedert, zwischen denen eine Senke mit jungvorkambrischer (beltotyper) Füllung liegt, welche im Westen einheitlich Ost–West verläuft, im Osten aber sich in einen nördlichen und südlichen Ast teilt, welche den Wolga–Kama-Block umfließen und dann wohl mit dem Nord–Süd-Strang der vorkambrischen (ripheischen) Geosynklinale des Urals zusammenfließen

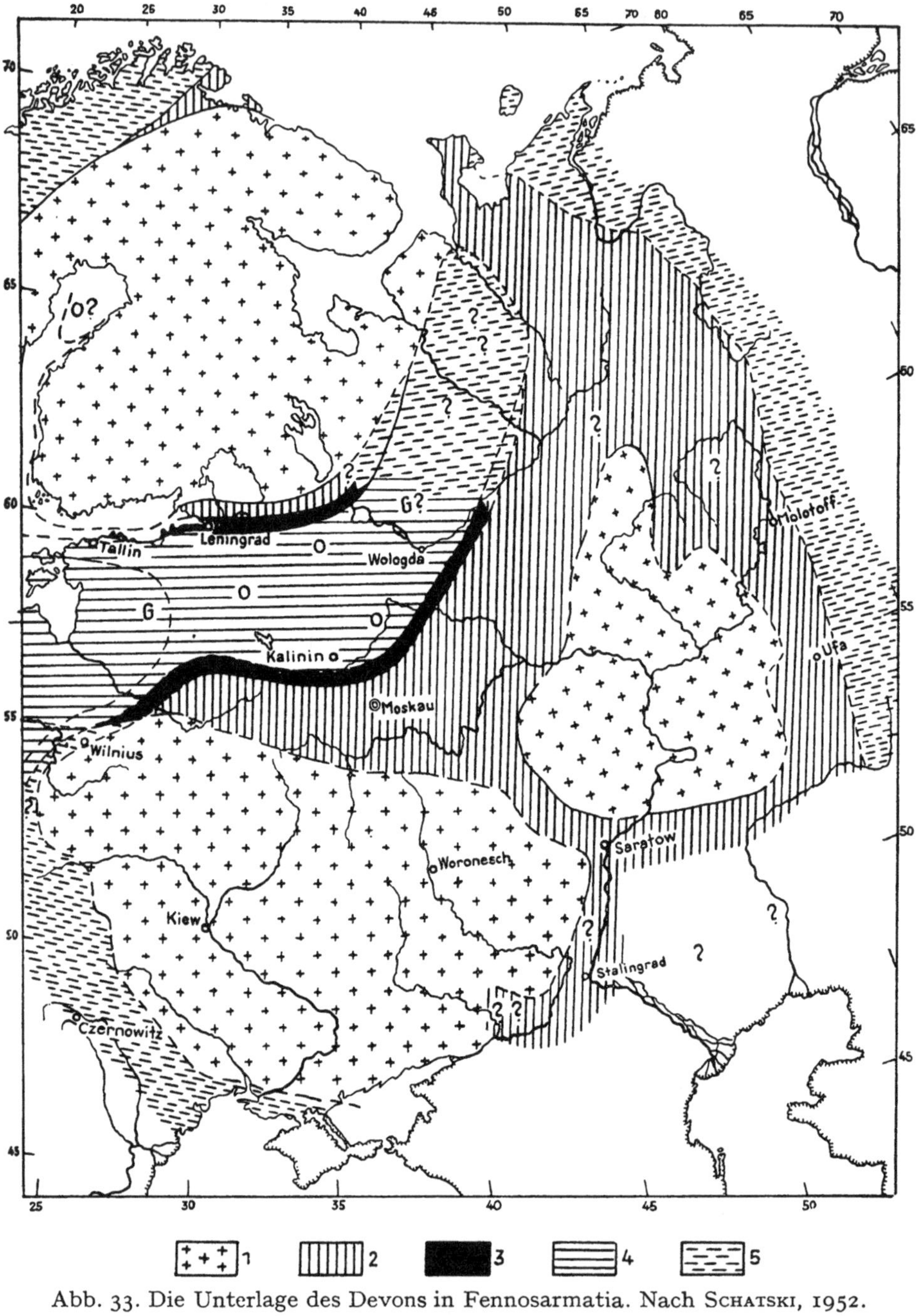

Abb. 33. Die Unterlage des Devons in Fennosarmatia. Nach SCHATSKI, 1952.
1: kristallinisches Grundgebirge – 2: Jungpräkambrium (Eokambrium bzw. Ripheikum) – 3: Unterkambrium – 4: Silur (O = Ordoviz, + = Gotland) – 5: ungegliedertes Kambrosilur.

(s. bei Ural). Es ist sehr bemerkenswert, daß die alte Ost-Westgliederung Europas, welche ich stets betont habe, nun tatsächlich auch quer durch Sarmatien verfolgt werden kann, daß aber die Querwölbung der „Scythischen Brücke“ in dem Auskeilen der eokambrischen Folge zwischen Leningrad und Wilnius schon vorgebildet ist.

2. Das Kambrium (von A. Öpik)

Hangendes:

Unterstes Ordovizium	B_{1a}	Glaukonitsand
	A_2	Dictyonemaschiefer
	A_2	Obolensandstein

Schichtlücke (es fehlen Ober-, Mittel- und der obere Teil des Unterkambriums).

Estonium (im wesentlichen unteres bis mittleres Unterkambrium).

(A_{1d})	Sandsteine (Zone) mit *Diplocraterion lyelli* und *Scolithus* („Fukoidensandstein“)	10–15 m
(A_{1c})	„Eophyton“-Sandstein, und zwar	
	Schichten (Zone) mit *Scenella discinoides* und dem *Mickwitzia*-„Konglomerat“	3–5 m
	Zone (Ton- und Sandsteinschichten nach unten mit zunehmendem Glaukonitgehalt) mit *Volborthella tenuis*	8–9 m
(A_{1b})	„Blauer Ton“ (graugrüner, oft rotflammiger, aber auch violettbrauner Ton) mit *Platysolenites*, gelegentlich Hyolithen, Schnecken, *Lingulella* (*Hyolithus*-Zone)	30–60 m
	Sand mit *Platysolenites*	10–20 m
(A_{1a})	Untere Sandsteine mit Tonlagen und liegende Konglomerate (0–10–30 m)	etwa 70 m

Schichtlücke.

Liegendes: Granite, Gneise, Migmatite.

Wie im „Eophyton“-Sandstein, so finden sich auch im Blauen Ton noch *Mickwitzia monilifera* und *Holmia mickwitzi*, daneben Reste einiger anderen Trilobiten. Im „Eophyton“-Sandstein beobachtet man öfters Wellenfurchen verschiedenster Dimensionen, Spülflächen, Trockenrisse, Ton- und Sandsteingerölle u. dgl.

Die stratigraphische Stellung der Stufen A_{1a} und A_{1b} war eine Zeitlang umstritten, da sie sogar für vorkambrisch, eokambrisch oder eozoisch gehalten wurden. A. Öpik hat eine Reihe von Beweisen angeführt, nach denen das unterkambrische Alter dieser Folge nicht zu bezweifeln ist. Es ist sogar möglich, daß die Unterkante dieser Ablagerungen nicht einmal die untere Grenze des Kambriums erreicht.

Somit handelt es sich im Falle des ganzen Estoniums (A_{1a}–A_{1b}) in der Tat nur um einen allerdings beträchtlichen Abschnitt des Unterkambriums, wie das auch in Norwegen am Mjösen, im Gebiete der Sparagmitformation der Fall ist. Auch hier sind die estnischen Leitformen, *Volborthella tenuis* und *Platysolenites* vorhanden, denen sich noch die tiefere Zone der *Discinella holsti* anschließt. Demgemäß scheint es angebracht, die fraglichen Konglomerate und Sandsteine (A_{1a}) an der Sohle des Unterkambriums in diese *Discinella*-Zone einzureihen.

Was nun das Fehlen von Mittel- und Oberkambrium anbetrifft, so meint RÜGER, daß diese Lücke eine sekundäre sein kann und stützt sich dabei auf leider unsichere Angaben von FR. SCHMIDT und MICKWITZ über einen Fund eines paradoxidenartigen Trilobitenstachels in einem Geröll an der Basis des Obolensandsteins.

Nun gibt es nach ÖPIK im Obolensandstein keinerlei älteres Geröll, welches auf ein ehemaliges Vorhandensein höherer kambrischer Stufen im Ostbaltikum hindeuten könnte. Wohl aber ist es wahrscheinlich, daß in Mittelestland der unterste Teil des Obolensandsteins noch dem alleroberstenTeil der Olenusschichten entsprechen könnte. Demnach wäre hier auch eine primäre Sedimentationsunterbrechung im Mittel- und Oberkambrium wohl denkbar.

Im Westen ist der Blaue Ton auf Gotland erbohrt worden, im Osten kennt man ihn von der Karelischen Landenge und am Glint südlich des Ladogasees. Das südlichste Vorkommen ist Daugavpils (Dünaburg) (KRAUS), wo der Blaue Ton in einer Tiefe von 558 m erbohrt wurde und ebenfalls von Sandsteinen überlagert wird. Über eine weitere Verbreitung der Folge im Bereiche der Russischen Tafel wissen wir nichts (vgl. S. 117, s. v. B.).

Bei Tallin (Reval) ist das ganze Estonium 140–150 m mächtig, die Mächtigkeit dieser Schichtenfolge nimmt aber gegen Osten hin ständig zu, so daß bei Leningrad das Estonium 350 m ausmacht. Der ganze Blaue Ton ist hier fast 250 m mächtig.

Dabei sei erwähnt, daß den unteren Teil des Blauen Tones hier eine graue Tonfolge von 138 m Mächtigkeit bildet, welche als Laminaritenton bezeichnet wird. Die „Laminariten" sind papierdünne Zwischenlagen eines bituminösen, sapropelitartigen dunkleren Tones. Diese Schichten fehlen weiter im W.

Demnach ist es denkbar, daß auch im Osten oder Südosten zur Zeit der Ablagerung des Blauen Tones ein Abtragungsgebiet sich ausdehnte, welches neben Fennoskandia die entsprechenden Sedimente lieferte.

3. Das Ordovizium (von A. ÖPIK)

Im einzelnen ist für das Ordovizium die folgende, von FR. SCHMIDT durchgeführte Gliederung üblich. Diese hat aber durch Arbeiten späterer Autoren (ÖPIK, ORVIKU) eine Wandlung erfahren, indem manche neue Stufe eingefügt, eine weitgehende Zonengliederung und eine Einteilung in vier Serien durchgeführt wurden. Die Mächtigkeit des ganzen Ordoviziums in Estland kann auf 200 m veranschlagt werden.

Gegen Osten hin steigt die Mächtigkeit beträchtlich. Bei Tschudowo ist das Ordovizium nach ASSATKIN 190 m mächtig, wobei an der Oberkante des erbohrten Profils die Kegelstufe auftritt. Demnach müssen die Asaphiden- und die Chasmopsfolge zusammen dreimal so mächtig wie bei Tallin sein. Die Darstellung erfolgt von unten nach oben.

I. Obolidenserie, dem Tremadoc gleichzustellen, 5–24 m mächtig.

A_{2a}. Obolussandstein (3–16 m mächtig).

Das wichtigste Leitfossil ist *Obolus apollinis*, ferner *Obolus triangularis*, *Keyserlingia buchi*, *Helmersenia panderi* und *Dictyonema flabelliforme*. Der Obolensandstein wird von ÖPIK in drei Zonen gegliedert, von denen die unterste eine eigentümliche Fauna (Acrotreten, Lingulellen) führt und vielleicht das oberste Oberkambrium darstellt.

A_3 Dictyonemaschiefer (0–6 m mächtig), mit *D. flabelliforme*, *D. norwegicum*, Conodonten, Lingulellen, *Acrotreta* u. a., enthält zwei Zonen (die *norwegicum*- und die *flabelliforme*-Zone).

$B_{1\alpha}$ Glaukonitsand (0,1–4 m mächtig), Conodonten, *Thysanotus siluricus*, *Lingulella lingulaeformis*, *Schizambon esthonia*.

$B_{1\beta}$ Primigeniuszone (0,1–0,5 m), oberster Glaukonitsand, z. T. Kalk (Mäekülazone ÖPIK).

Krattaspis viridatus, *Protopliomerops primigenius*, *Megalaspides schmidti*, *M. leuchtenbergi*, *Angusticardinia recta*, *Porambonites bröggeri*, mehrere *Plectella*-Arten, *Eoorthis christianiae* u. a.

Die Zone entspricht genau dem skandinavischen Ceratopygekalk und bildet somit den Abschluß des Tremadoc.

II. Asaphidenserie (10–25 m), (Tallinaserie = Revalsche Schicht von EICHWALD, entspricht etwa dem Arenig im weiteren Sinne).

Sie umfaßt die Schichten B_{II}, B_{III} und im wesentlichen auch C_1 von FR. SCHMIDT, wird in neun Zonen eingeteilt, von denen jede durch leitende *Asaphus*-Arten gekennzeichnet ist, und kann dem Arenig im weiteren Sinne gleichgestellt werden. Gegenüber der liegenden tremadocischen Obolidenserie, welche aus Sandsteinen und Schiefern aufgebaut ist, erscheint die Revalserie mit Ausnahme des Kalksandsteins von Rogö (westl. Estnische SSR) aus Kalksteinen und Dolomiten aufgebaut.

($B_{2\alpha}$ bzw. B_{II}), Glaukonitkalk = Megalaspiskalk (z. T. Wolchowstufe RAYMOND), im Liegenden schließt er sich lückenlos der Zone $B_{I\beta}$ („oberster Glaukonitsand", Zone mit *Protopliomerops primigenius*) an.

LAMANSKI unterscheidet hier drei Zonen, welche im Bereich des ganzen baltisch-ladogischen Glintes ihre Gültigkeit haben:

($B_{II\alpha}$) Dolomitische Glaukonitkalke der Zone des *Asaphus priscus* und *Megalaspis planilimbata*.

($B_{II\beta}$) Zone (resp. Glaukonitkalk) mit *Asaphus bröggeri*, *Megalaspis hyorrhina*.

($B_{II\gamma}$) Zone (Glaukonitkalk) mit *Asaphus lepidurus* und *Megalaspis gibba*.
Ferner sind aus den B_{II}-Zonen noch folgende Fossilien zu nennen, deren Häufigkeit und Artenzahl von unten nach oben zunimmt: *Megalaspis limbata*, *Ptychopyge angustifrons*, *P. cincta*, *Niobe laeviceps*, *Niobe lindströmi*, *Illaenus centrotus*, *Illaenus ladogiensis*, *Cyrtometopus clavifrons*, *Cybele bellatula*, *Conchoprimitia gammae*, *C. glauconitica*, *Eurychilina estonula*, *Tetradella grewingki*, *Ceratopsis bocki*, *Antigonambonites planus*, *A. costatus*, *Raunites janischewskii*, *Raunites venustus*, *Apomatella ingrica*, *Paurorthis parva*, *Productorthis obtusa*, *Porambonites reticulatus*, *Acritis antiquissimus*, *Mesocystis pusireffskii*, *Echinoencrinites angulatus*, *Dianulites petropolitanus*, *Dittopara annulata*, *Nicholsonella gibbosa*, *Endoceras glaukoniticum*, und eine Menge weniger bekannter Formen.

B_{2b} ($B_{III\alpha}$) und B_3 = ($B_{III\beta\gamma}$), Vaginatenkalk (im weiteren Sinne) in seinem Hauptteil als Kundastufe (RAYMOND) benannt. Auch diese Stufe wird in drei

Zonen von weiterer Verbreitung gegliedert, wobei die unterste, der Expansuskalk, auch in Skandinavien als solcher vorliegt.

$B_{III\alpha}$ Expansuskalk mit *Asaphus expansus* als weitverbreitete Leitform. Westlich Narwa fehlt diese Zone, einer etwa submarin entstandenen Lücke entsprechend.

$B_{III\beta}$ Zone mit *Asaphus raniceps*. Von Tallin (Reval) gegen Osten hin nimmt die Zone an Mächtigkeit zu. In der Umgebung von Tallin ist sie nur durch wenige Dezimeter bzw. Zentimeter vertreten. Im Westen wird der Kalk durch Sandstein und kukkersithaltigen Kalksandstein (Kalksandstein von Rogö) ersetzt. Wegen eines Gehaltes an Eisenooiden sind die *raniceps*-Schichten in der kalkigen Fazies z. T. als die „untere Linsenschicht" bezeichnet worden.

$B_{III\gamma}$ Zone mit *Asaphus eichwaldi*. Es ist der „echte" Vaginatenkalk FR. SCHMIDTS, so wegen des zahlreichen Auftretens von Nautiloideen benannt. Er ist im ganzen Bereich des baltisch-ladogischen Glintes ausgebildet. Die B_{III} -Folge ist artenreich. Von besser erforschten Fossilien sind zu nennen: *Asaphus acuminatus, A. lamanskii, Pseudasaphus globifrons, Megalaspis acuticauda, Megalaspis heros, Illaenus esmarcki, Illaenus revaliensis, Lichas celorrhin, L. verrucosus, Ceraurus ornatus, Pliomera fischeri, Cybele bellatula, Pterygometopus trigonocephala, Pterygometopus sclerops*, viele Ostrakodenarten, *Clitambonites adscendens, Antigonambonites aequistriatus, Progonambonites inflexus, Lacunarites arcuatus, Orthis calligramma, Ingria nefedjewi, Ingria pakriana, Aktiella baltica, Pseudocrania antiquissima, Lycophoria nucella, Endoceras vaginatum*, und zahlreiche andere Cephalopoden, *Raphistoma qualteriatum, Hyolithus acutus, Batostoma fertile, Dianulites petropolitana, Diplotrypa petropolitana, Dittopara colliculata, Hemiphragma irrasum.*

C_1 Echinosphaeritenkalk FR. SCHMIDT (im weiteren Sinne), und zwar C_{1a} („obere Linsenschicht") = Dubowikistufe RAYMOND (z. T.) = Aseristufe BEKKER (z. T.) und C_{1b} („Echter Echinosphaeritenkalk" FR. SCHMIDT, Revalstufe RAYMOND z. T. = Tallinnastufe BEKKER z. T.). Eingehende Studien (besonders ORVIKU 1940) haben hier eine andere Einteilung notwendig gemacht, da das Schema von FR. SCHMIDT nur annähernd die Stratigraphie der Schichtenfolge widerspiegelt. Die Mächtigkeit der Schichten nimmt von Osten gegen Westen ab, da gegen Westen hin ein Auskeilen einzelner Bänke stattfindet, welches durch submarin entstandene Lücken (Korrosions- und Ablutionsflächen) zustande kommt. Die ganze C_1-Folge ist in vier Fossilzonen gegliedert worden, von denen die unterste ($C_{1\alpha}$) vielleicht sich dem Vaginatenkalk angliedern lassen wird, während die Zone $C_{1\gamma}$ den Beginn der Chasmopszeit ankündigt. Die Gesteine sind Kalksteine, Dolomitkalksteine, mergelige Kalksteine. Die Gliederung gilt in erster Linie für die Estnische SSR, obwohl östlich Narwa und bis zum Ladogasee mit noch vollständigeren Profilen zu rechnen ist.

$C_{1\alpha}$ Zone mit *Asaphus pachyophthalmus minor* und *Megalaspis rudis*. Es ist die basale Zone des Echinosphaeritenkalkes, kann aber auch als der Abschluß von B_{III} gelten.

$C_{1\beta}$ Zone mit *Asaphus platyurus* var. *laticauda* und *Asaphus cornutus*. Es tritt hier zum ersten Male *Echinosphaeritus aurantium* auf. Die Zone entspricht annähernd der Aseristufe verschiedener Autoren, und im Osten kann sie noch in drei Subzonen eingeteilt werden.

$C_{1\gamma}$ Zone mit *Asaphus ornatus* und *Asaphus devexus*. Bankige, z. T. dolomitisierte Kalksteine, individuenarm und artenreich, etwa dem „Echten" Echinosphaeritenkalk von FR. SCHMIDT und der Revalstufe (RAYMOND) oder Tallinnastufe

Bekker entsprechend. Echinosphaeriten sind hier bis jetzt nicht nachgewiesen worden. Ostrakoden fehlen ebenfalls ganz. Die Fauna ist ungenügend bekannt.

Aus den drei eben besprochenen Zonen können noch folgende Fossilien genannt werden, deren Zonenzugehörigkeit noch leider ungenau bekannt ist.

Asaphus cornutus holmi, Asaphus kowalewskii, Asaphus laevissimus, Ogygites lawrowi, Ceraurus gladiator, Ceraurus macrophthalmus, Cybele revaliensis, Illaenus ariensis, Illaenus chiron, Illaenus sinuatus, Hoplolichas furcifer, Illaenus tauricornis, Lichas hübneri, Pterygometopus panderi, Clitambonites adscendens, Christiania oblonga u. a.

Obwohl noch im Hangenden Asaphiden auftreten und sogar Leitformen abgeben, soll hier die Asaphidenserie abgeschlossen werden. In der folgenden ($C_{1\delta}$) Zone nämlich erscheint eine neue, sehr reiche Fauna mit der Trilobitengattung *Chasmops* an der Spitze, weshalb dieser dritte Abschnitt des Ordoviziums als Chasmopsserie bezeichnet werden kann.

III. Chasmopsserie. (Entspricht dem Llandeilo und dem unteren Caradoc), etwa 45–50 m mächtig.

$C_{1\delta}$ Uhakustufe oder Zone mit *Caryocystites aranea*, etwa 5 m mächtig. Diese Schichten wurden von älteren Autoren dem „Echinosphaeritenkalk" zugerechnet und ihre Selbständigkeit ist lange verkannt gewesen. Der größte Teil der in der Literatur aus dem Echinosphaeritenkalk angegebenen Fossilien stammt aus diesen Schichten. Das Gestein ist ein dünnplattiger, z. T. mergeliger Kalkstein. Wegen submariner Korrosion muß auch hier im Westen mit dem Ausfall einiger Teile der Zone gerechnet werden.

Im Hangenden geht die Stufe in die Kukkersitstufe (C_2) über, den Übergang bilden mehrere Meter mergeliger und knolliger kukkersitführender Kalksteine, die nur aus Bohrungen bekannt wurden und daher paläontologisch noch unerforscht sind.

Die Fauna der Uhakustufe ist nur teilweise bekannt: *Asaphus nieszkowskii, Pseudasaphus globifrons, Illaenus crassicauda, Ceraurus exul, Hoplolichas conicotuberculatus, Chasmops odini, Chasmops praecurrens, Leperditella semen, Conchoprimitia tallinnensis, Eurychilina kukersiana, Tallinnella dimorpha, Ceratopsis perpunctata, Tetradella calkeri, Kiesowia pernodosa, Uhakiella coelodesma, Steusloffia rigida, Clitambonites squamatus, Vellamo simplex, Estlandia marginata, Plectambonites radiatus, Plectambonites planissimus, Plectambonites aranea, Palaeostrophomena concava, Leptestia humboldti, Leptestia musculosa, Glossorthis tacens, Platystrophia biforata, Rafinesquina dorsata, Porambonites kukkersensis, Porambonites aequirostris, Dianulites fastigiatus, D. petropolitanus, Diplotrypa petropolitana, Hemiphragma maculatum, Hemiphragma panderi, Orbipora distincta, Hoplocrinus grewingki, Echinosphaerites aurantium*, zahlreiche Gastropoden, Cephalopoden u. a.

C_2–C_3 Kukkersstufe, bis 19 m mächtig, umfassend die Kukkerssche Schicht (C_2) und die Itfersche Schicht (C_3) von Fr. Schmidt. Gliederungsversuche sind von H. Bekker und A. Öpik unternommen worden. Die zu unterscheidenden Zonen aber haben ihre Gültigkeit nur im Bereiche des produktiven Brandschiefers, daher kann hier auf ihre Darstellung verzichtet werden. Man unterscheidet eine normale Fazies aus Kalksteinen und mergeligen Knollenkalken mit wenig Kukkersit und dessen dünnen Einlagerungen und eine produktive Kukkersitfazies mit kukkersithaltigen sogenannten „bituminösen" Kalksteinen und abbauwürdigen Kukkersitlagen. Innerhalb des Faziesgebietes weisen die einzelnen Schichten eine auffallende

Beständigkeit auf. Das wichtigste Vorkommen des Brennschiefers liegt in NW-Estland, außerdem sind Vorkommen bei Weimarn und Gdow und im Osten bei Tschudowo bekanntgeworden. Der früher für einen Sapropelit erklärte Brennschiefer wird jetzt von KREJCI-GRAF als ein Kerogengestein bezeichnet. Das brennbare Mineral – Kukkersit – ist ursprünglich eine marine Alge, die *Gloeocapsamorpha prisca* ZALESSKY. Der Brennschiefer selbst kann als Kerogenmergel bezeichnet werden. Die Schichten sind marin und küstenfern in Halistasen entstanden, wobei durch den Algenreichtum als Nahrungsquelle das üppige Tierleben zu erklären ist. Bis jetzt sind etwa 350 Arten bekanntgeworden, doch ist die Fauna damit noch nicht erschöpft. Dem Alter nach entspricht die Kukkersitstufe dem älteren Chasmopskalk Skandinaviens, dem Llandeilian in England und dem Blake River Amerikas.

Aus der Faunenliste wären zu erwähnen: *Asaphus nieszkowskii, Asaphus robergi, Asaphus fennicus, Pseudasaphus globifrons, Ogygites kukkersianus, Hoplolichas conicotuberculatus, Lichas wimani, Lichas kukkersianus, Ceratocephala kukkersiana, Pharostoma nieszkowskii, Proetus zalesskyi, Chasmops odini, Pterygometopus exilis, Ceraurus aculeatus, Reraspis plautini, Nieszkowskia capitalis, Nieszkowskia ahti, Cybele xiphere, Cybele coronata, Cybele rex, Conchoprimitia tolli, Eurychilina kukkersiana, Eurychilina decumana, Chilobolbina dentifera, Ceratopsis platyceras, Ceratopsis obliquejugata, Ctenonotella elongata, Piretella margaritata, Tetradella calkeri, Clitambonites squamatus, Clitambonites schmidti, Vellamo pyramidalis, Estlandia marginata, Kullervo panderi, Hesperorthis inostranzefi, Schizoramma freija, Cyrtonotella kukkersiana, Glossorthis tacens, Dalmanella navis, Leptestia musculosa, Leptelloidea leptelloides, Leptelloidea musca, Sowerbyella liliifera, Strophomena orta, Leptaena trigonalis, Rafinesquina dorsata, Cliftonia dorsata, Porambonites deformatus, Porambonites bauri, Porambonites teretior, Porambonites laticaudatus, Anolotichia brevipora, Chasmatopora furcata, Diplotrypa bicornis, Graptodictya bonnemai, Hemiphragma panderi, Homotrypa subramosa, Mitoclema mundulum, Pachydictya cyclostomoides, Protocrisina ulrichi, Pseudohornera bifida, Stellipora revaliensis, Echinosphaerites aurantium* var., *Cystoblastus kokeni, Cheirocrinus granulatus, Hoplocrinus grewingki, Hoplocrinus tallinnensis, Achtioconcha auris, Cymbularia galeata, Holopea eichwaldi, Lophospira elliptica, Lophospira inflata, Lophospira raudi, Subulites revaliensis, Kokenospira retifera, Climacograptus bekkeri, Hormograptus sphaericola, Coelosphaeridium kohtlense* u. a.

Für die C_3-Schichten (Itfer) gelten als Leitformen: *Asaphus itferensis, Chasmops, wrangeli, Conolichas triconicus.*

D_1. Jewesche Stufe (etwa 13 m mächtig). Dünnplattige bis bankige, mergelige Kalksteine, im ganzen Ostbaltikum verbreitet.

ASSATKIN beschreibt östlich der Narwe eine dem unteren Teil der Jeweschen Stufe sich anschließende Folge, welche er mit C_4 und resp. Spongienschichten bezeichnet. Da aber auch in der Estnischen SSR in den unteren Schichten der Jeweschen Stufe Spongien auftreten und die übrige Fauna die gleiche ist, so scheinen die Spongienschichten eine Fazies der unteren D_1-Schichten zu sein. Die Fauna der unteren Schichten der Jeweschen Stufe ähnelt in vieler Hinsicht den Kukkersitschichten, auch finden sich hier noch Einlagerungen von Kukkersit. Demgegenüber steht die abweichende Fauna höherer Lagen, was zur Grundlage einer Zonengliederung dienen wird. Die Fossilien sind in der Jeweschen Stufe mehr oder weniger verkieselt, was wohl mit der Häufigkeit von Spongienresten im Zusammenhang steht.

An Fossilien werden häufiger genannt: *Asaphus jewensis, Chasmops marginata, Chasmops bucculenta, Chasmops wenjukowi* (in oberen Schichten), *Cybele grewingki, Cy-*

bele kutorgae, Platylichas st.-mathiae, Illaenus jewensis, Hemisphaerocoryphe pseudohemicranium, Clitambonites schmidti epigonus, Clinambon inflatus, Kullervo aluverensis, Parambonites schmidti, Parambonites wahli, Batostoma granulosum, Constellaria varia, Diplotrypa moniliforme, Eridotrypa aedilis, Hallopora splendens, Rhombopora esthoniae, Hoplocrinus estonus, Ristnacrinus marinus, Protocrinites oviformis, Bothriocidaris pahleni, Temnodiscus accola, Lophospira estona, Aulocopium sp., *Hyalostelia subulare, Mastopora concava*, erste Korallen (*Streptelasma* sp.)

D_2 Kegelsche Stufe (10 m mächtig). Dünnbankige Kalksteine, mergelige Knollenkalke, im Osten Dolomite.

Asaphus kegelensis, Ogygites kegelensis, Leiolichas illaenoides, Conolichas schmidti, Homolichas deflexus, Reraspis rosenthali, Chasmops maxima, Vellamo emarginata, Vellamo magna, Clinambon anomalus, Estlandia pyron silicificata, Strophomena assmussi, Porambonites ventricosus, Mesotrypa egena, Stigmatella massalis, Eridotrypa aaedilis, Dittopora colliculata, Rhinidictya exserta, Hallopora tolli, Cyclocrinites spasskii.

D_3 Wasalemm- (in Westestland) und Oandustufe (östlich Tallin und bis in die RSFSR hinein). Die Kalksteine von Wasalemm (etwa 12 m) wurden früher als eine lokale Fazies der Kegelstufe angesehen. Es sind dickbankige, grobkörnige Kalke, fast ausschließlich aus Pelmatozoenresten aufgebaut (Crinoiden- bzw. Cystideen- bzw. „Trochiten"-Kalke), welche kleinere Bryozoenriffe führen. Die Oandustufe dagegen stellt die normale Fazies dar und ist aus überaus fossilreichen plastischen Tonen mit Mergellagen und Kalken aufgebaut und erreicht eine Mächtigkeit von 2 m.

Die Fauna der beiden Fazies unterscheidet sich beträchtlich von der Fauna der liegenden Kegel- und der hangenden Wesenbergstufe und besteht vorwiegend aus Bryozoen, Brachiopoden und Ostracoden. Trilobiten treten zurück.

Von Fossilien sind zu nennen: *Chasmops musei, Vellamo oandiensis, Ilmarinia dimorpha, Camarella* sp., *Rhynchotrema* sp., *Crepipora incrassata, Stictoporella cribrosa, Phyllodictya varia, Sceptropora francisca, Homotrypa similis, Homotrypella cribrosa, Dekayella praenuntia simplex.* In der Wasalemmfazies kommen *Stromatopora*, Einzelkorallen, *Hemicosmites, Solenopora spongioides* usw. hinzu.

IV. Isotelusserie (etwa 100 m mächtig).

Entspricht etwa dem oberen Caradoc und dem Ashgillian. Obwohl hier noch zwei Chasmopsarten bekanntgeworden sind, soll dem Auftreten neuer Gattungen, wie *Isotelus, Encrinurus*, der *Euargetinae* u. a. der Vorzug gegeben werden, desgleichen dem nun folgenden Aufblühen der Korallen.

E. Wesenberg- (Rakvere-) Stufe (bis 12 m).

Dichter gelblicher oder bläulicher bankiger Kalkstein von lithographischem Aussehen mit dünnen Zwischenlagen von Mergel und Ton.

Isotelus remigium, Proetus wesenbergensis, Homolichas eichwaldi, Hemiarges wesenbergensis, Pharostoma nieszkowskii, Ceratocephala viruana, Encrinurus seebachi, Reraspis sexermis, Sphaerocoryphe atlantiades, Chasmops wesenbergensis, Vellamo wesenbergensis, Omniella wesenbergensis, Crepipora lunatifera, Anolotichia rhombica, Pachydictya elegans, Hallopora goodhuensis, Hallopora wesenbergiana, Murchisonia insignis, mut., *Billingsites* sp., *Protarea* sp., mehrere *Cyclocrinites*-Arten usw.

F_1 Lyckholmstufe (Stufenfolge).

Fr. Schmidt teilte die Folge in eine untere (F_{1a}) und eine obere (F_{1b}) ein. Während früher die Mächtigkeit der Lyckholmstufe auf 20–25 m geschätzt wurde, hat sich bei neuen Bohrungen gezeigt, daß die ganze Folge 85–88 m ausmacht, also der Gesamtmächtigkeit des übrigen Ordoviziums gleichkommt. Von Gesteinen treten vorwiegend mergelige Knollenkalksteine (im oberen Teil) und eine Wechsellagerung derselben mit mächtigen Lagen dichter Kalksteine vom Rakvere- (Wesenberg-) Typus auf. Daneben ist auch eine Dolomitisierung recht verbreitet. Die Überprüfung der mehrere hundert Arten umfassenden Fauna zeigt, daß diese in keiner Weise gleichmäßig über die ganze Folge verteilt sind, sondern daß hier mehrere Stufen mit ausgeprägten Faunenunterschieden vorliegen. Die meisten von KOKEN beschriebenen Gastropoden und die von TROEDSON und TEICHERT beschriebenen Cephalopoden gehören zu den oberen Stufen der Folge, dasselbe gilt auch für die Korallen. Die von FR. SCHMIDT beschriebenen Trilobiten gehören in vielen Fällen den tieferen Teilen der Lyckholmschichten an.

Isotelus platyrachis (F_{1b}), *Isotelus robustus*, *Harpes wegelini*, *Scutellum laticauda* (F_{1b}), *Illaenus roemeri*, *Illaenus maskei*, *Amphilichas lineatus* (F_{1a}), *Platylichas docens*, *Platylichas hamatus*, *Amphilichas laevis* (F_{1a}), *Encrinurus multisegmentatus*, *Sphaerocoryphe granulata*, *Chasmops eichwaldi*, *Pitetella acmaea*, *Vellamo verneuili*, *Ilmarinia sinuata*, *Kullervo complectens*, *Barbarorthis foraminifera* (F_{1b}), *Boreadorthis crassa*, *Boreadorthis sadewitzensis*, *Nicolella actoniae*, *Dinorthis solaris*, *Sowerbyella* cf. *rhombica*, *Rafinesquina semipartita*, *Triplecia insularis*, *Porambonites gigas*, *Sampo hiiensis*, *Graptodictya proava*, *Stellipora constellata*, *Dianulites collifera*, *Pteroteca estona*, *Pteroteca macroderma*, *Subulites gigas*, *Lophospira aista*, *Eunema rupestre*, *Holopea ampullacea*, *Endoceras megastoma*, *Discoceras antiquissimum*, *Nybyoceras bekkeri*, *Protophragmoceras sphinx*, *Leurocycloceras foerstei*, *Ormoceras bekkeri*, *Diestoceras stensjöi*, *Billingsites deforme*, u. a. m., *Halysites catenularia*, *H. escharoides*, *Heliolites dubius*, *Plasmopora conferta*, *Lindströmia dalmani*, *Syringophyllum organon*, *Aulocopium cepa*, *Astylospongia praemorsa*.

Mit der Lyckholmfolge schließt das Ordovizium im Baltikum ab. Nach dem Vorbild von FR. SCHMIDT wurde früher die Borkholmstufe als ordovizisch (untersilurisch) betrachtet, doch sie gehört eher ins Llandovery, wie unten noch ausgeführt werden soll.

Epirogenese im Baltikum während des Ordoviziums

Die tiefsten Schichten des Obolensandsteins ($A_{2\alpha}$, untere *Acrotreta-Lingulella*-Zone ÖPIK) beschränken sich auf Mittelestland, woraus man ersieht, daß das Meer anfangs in meridionaler Richtung einbricht. In der folgenden Zeit breitet es sich nach Westen und Osten aus. Die Sandsteine und Schiefereinlagerungen der obersten Zone des Obolensandsteins sind schon im ganzen Ostbaltikum verbreitet, und hier erscheint auch die kosmopolitische Art *Dictyonema flabelliforme*. Der weitere Gang der Transgression spiegelt sich im Fazieswechsel wider, indem die einander ablösenden Gesteinsfazies in der Reihenfolge: Sandstein – pelitischer Dictyonemaschiefer – Glaukonitsand - Karbonatgesteine eine unzweideutige Abnahme der terrigenen Bestandteile zeigen. Nur bei Narwa, in einer Breite von höchstens einigen zehn Kilometern und vielleicht meridional verlaufend, bleibt bis zum Beginn der *Megalaspis*-Zeit eine Schwelle bestehen, auf welcher der *Dictyonema*-Schiefer und sogar der Glaukonitsand im bewegten Wasser nicht zum Absatz kommen können.

Zur *primigenius*-Zeit ($B_{I\beta}$) ist auch diese Untiefe versunken. Wie KRAUS berichtet, fehlt auch in der Bohrung von Daugavpils (Dünaburg) der *Dictyonema*-Schiefer, und auch ein Obolensandstein war nicht zu erkennen. Leider sind hier keine Deutungen möglich, da auch in der Estnischen SSR der Obolensandstein in manchen Profilen recht arm an Obolen sein kann. Auch könnte der *Dictyonema*-Schiefer bei Daugavpils (Dünaburg) durch eine sandige Fazies vertreten sein. Die über dem Blauen Ton auftretenden Sandsteine in dieser Bohrung, rund 22 m mächtig, könnten ja im oberen Teil zum Ordovizium gehören. Auch betreffend des Fehlens von Glaukonitsand in diesem Profil kann nichts Bestimmtes geäußert werden, da derselbe durch die tonigen Kalkmergel an der Basis des Megalaspiskalkes vertreten sein könnte. In der folgenden Asaphidenzeit treten im Westen des Gebietes wiederholt Korrosions- und Ablutionslücken unter Ausfall von Zonenteilen und ganzen Zonen auf, wobei diese Lücken von Osten gegen Westen hin schrittweise zunehmen. Es sind aber zum größten Teil keine Emersionslücken, sondern subaquatisch entstandene Auflösungserscheinungen von Karbonatgesteinen. Die Ursache kann in Verlagerungen der Meeresströmungen liegen, im Zusammenhang mit andernorts erfolgten Bewegungen des Meeresbodens. Allerdings könnte im westlichen Küstengebiet der Rogökalksandstein (*Asaphus raniceps*-Zone, $B_{III\beta}$) in Verbindung mit dem Ausfall des Expansuskalkes neben einer zweifellosen Verflachung auch stellenweise eine zeitweilige Emersion anzeigen. Dieser Verflachungstendenz in Westestland begegnen wir nochmals in der Wasalemmfazies (D_3), wo sogar Diagonalschichtung und Wellenfurchen gelegentlich zu beobachten sind. Auch ist ähnliches für die unterste Stufe der Llandovery, für den Borkholmkalk in Westestland anzunehmen.

Diese vorübergehenden und auf den Westen beschränkten Anzeichen einer Emersionstendenz ändern nichts am Bilde der fortschreitenden ordovizischen Transgression, welche sich besonders in einem zunehmenden Faunenausgleich bemerkbar macht. Zum Schluß der Tremadocs und in der Asaphidenzeit kann von einer einheitlichen skandinavisch-baltischen Fauna gesprochen werden. In der folgenden *Chasmops*-Zeit besteht schon ein Faunenaustausch mit Amerika über das Polargebiet, wovon uns die praktisch identen Bryozoenfaunen (ÖPIK) überzeugen. In der *Isotelus*-Serie, besonders in der Lyckholmfolge, treffen wir Faunenelemente, welche eine Verbindung mit dem Girvangebiet, mit Antikosti u. a. wahrscheinlich machen. Eine Verbindung mit Südostasien muß schon zur Asaphidenzeit vorhanden gewesen sein.

Wie weit das baltische Ordovizium gegen Osten verbreitet war, kann nicht sicher ermittelt werden. Östlich des Peipussees ist jedenfalls noch mit dem Vorhandensein der unteren Hälfte der Lyckholmstufe zu rechnen, und zwar in einer estländischen küstenfernen Fazies. Demnach muß die Heraushebung des Landes östlich des Tschudskoje- (Peipus-) Sees zur unterdevonischen Zeit größer gewesen sein als im Westen, da im Osten die Abtragung bis in tiefere Lagen hinabreicht (Ober-Lyckholm), während im Westen auch das Gotlandium noch verschont geblieben ist.

4. Das Gotlandium (von A. ÖPIK)

Das Gotlandium ist in der Estnischen SSR nur im Westen des Festlandes und auf den estnischen Inseln aufgeschlossen, weiter im Süden ist es in der Lettischen SSR bei Daugavpils und ferner bei Wilnjus (Wilna) erbohrt worden. Östlich des Tschudskoje- (Peipus-) Sees fehlt das Gotlandium. Die Zonenfolge ist, soweit man heute feststellen kann, lückenlos und vollständig und umfaßt die Spanne vom untersten Llandovery bis zum obersten Ludlow. Ob die Ohesaarestufe, das jüngste Glied des Gotlandiums von Saaremaa (Ösel) schon dem Downton zuzurechnen ist, erscheint fraglich[1]. Die Ausbildung ist durchweg karbonatisch. Die Mächtigkeit des ganzen Gotlandiums beträgt rund 220 m.

Llandovery.

F_2 Borkholmstufe, 10 m mächtig. In Ostestland ist die Stufe durch dickbankige, weiße, hellgraue oder gelbliche Kalke und Dolomite mit Korallen und kleineren Korallen- und Stromatoporenriffen vertreten. Der obere Teil ist ein weißer Quarzsandstein von geringer Mächtigkeit. In Mittelestland treten dagegen dunkelgraue, z. T. dünnplattige Stinkkalke mit Mergelzwischenlagen, reich an Ostrakoden und Bryozoen auf. Im Westen des estnischen Festlandes scheint die Stufe entweder ganz zu fehlen oder so geringmächtig zu sein, daß ihr oberflächliches Auftreten wegen Mangel an Aufschlüssen im Gelände nicht auffindbar ist. Auf der Insel Vohilaid bei Hiumaa (Dagö) erscheint sie wieder in Gestalt dünnplattiger heller Kalke, überreich an *Rafinesquina expansa*. Das Verschwinden der Borkholmstufe im Westen des Festlandes steht räumlich mit derselben Erscheinung innerhalb älterer ordovizischer Stufen in Zusammenhang: die schwache Hebungstendenz Westestlands ist also noch zu Beginn des Gotlandiums spürbar.

Die Stufe wurde, dem Vorbilde FR. SCHMIDTS folgend, gewöhnlich dem Ordovizium zugeteilt. Den Grund dazu gab wohl das Vorhandensein reliktischer ordovizischer Brachiopodengattungen in der Borkholmstufe, was aber wohl mit der lückenlosen Kontinuität des ordovizisch-gotlandischen Meeres erklärt werden kann. Die Fülle gotlandischer Korallen, die Trilobiten, Bryozoen (*Sceptropora facula* z. B.), zeugen von einem gotlandischen Alter der Schichten. Das Hangende der Borkholmstufe ist die Jördenstufe, in welcher neuerdings *Stricklandinia lens* entdeckt wurde, so daß diese Stufe den Abschluß des unteren Llandovery, Borkholm aber den Beginn des letzteren bildet. Somit besteht keine Zonenlücke zwischen dem Gotlandium und Ordovizium im Ostbaltikum, eine solche ist ja auch in den Profilen nicht angedeutet. In den oberen Stufen der ordovizischen Lyckholmfoge wäre dann das Äquivalent der norwegischen Et. 5 (*Meristella crassa*) zu suchen.

Proetus ramisulcatus, Platylichas margaritifer, Platylichas vultuosus, Honeilobargas memoranus, Trochurus mastocephala, Vellamo silurica, Ilmarinia ponderosa, Rafinesquina expansa, Leptaena acutiplicata, Atrypa ? undifera, Bekkerella bekkeri, Phaenopera ensiformis, Ptilodictya? flabellata, Sceptropora facula, Glauconome strigosa, Lichenalia

[1] Die stratigraphische Selbständigkeit des Downton ist ja heute überhaupt zweifelhaft.

concentrica, Fenestella striolata, Helicotoma superba, Straparollus borkholmensis, Murchisonia meyendorfi, Tryblidium esthonum, Pholidophyllum tubulatum, Coelophyllum amalloides, Cyathophyllum middendorfi, Palaeofavosites asper.

Die folgenden Stufen des Llandovery werden sich wohl mit der Zeit in durchgehende Zonen aufspalten lassen. Eine Gliederung ist von TEICHERT und später von ROSENSTEIN versucht worden, doch sind die Untersuchungen noch nicht abgeschlossen und werden hier daher nicht besprochen.

G_1 Jördenstufe (13 m). Zum Teil mergelige Kalke und Dolomite. Stratigraphisch wichtig ist die in letzter Zeit gefundene und nicht seltene *Stricklandinia lens*, das bis jetzt im Ostbaltikum vermißte Zonenfossil des unteren Llandovery Norwegens und Englands. Die nur 13 m messende Jördenstufe soll aber nicht der ganzen *Stricklandinia-lens*-Stufe (Et. 6) Norwegens gleichgestellt werden, welche aus drei Zonen besteht und etwa 100 m mächtig ist; die Jördenstufe geht nämlich lückenlos in die hangende *borealis*-Stufe über, so daß in ihr offenbar nur der obere Teil der *Stricklandinia-lens*-Schichten vorliegt. Da eine Sedimentationslücke zwischen der Jördenstufe und dem liegenden Borkholmkalk auch nicht nachzuweisen ist, so liegt darin eine weiterer Grund, um die Borkholmkalksteine für den unteren Teil der *lens*-Folge zu halten.

Da die übrige Fauna, aus wenigen Trilobiten, mehreren Ostracoden, Brachipoden, Korallen und Stromatoporen bestehend, für eine richtige stratigraphische Verwertung überprüft werden muß, soll hier auf weitere Angaben verzichtet werden.

G_2 Tamsalstufe bzw. Borealisstufe (etwa 12 m mächtig). Kalk mit *Pentamerus borealis*. In Westestland sind hier Kalksteine mit Wellenfurchen bekannt geworden.

Pentamerus borealis, in gesteinsbildender Menge, *Encrinurus kiltsiensis*, Bryozoen, Korallen, Stromatoporen.

G_3 Raiküllstufe, 30 m. *Leperditia keyserlingi*, *Ptilodictya lanceolata*, *Climacograptus estonus*, ferner Trilobiten, Ostracoden, Brachiopoden, Bryozoen, Crinoiden, Korallen und Stromatoporen, deren Bestand überprüft werden muß.

H.-Adaferstufe (bzw. *estonus*-Kalk), etwa 40 m mächtig, Kalksteine, mergelige Kalksteine und Dolomite.

Encrinurus rumbaënsis, Encrinurus pilistverensis, Scutellum estonicum, Calymene frontosa, Illaenus livonicus, Illaenus proles, Leperditia hisingeri et var., *Pentamerus estonus, Pentamerus oblongus, Stricklandinia lirata*, mehrere andere Brachiopoden, Stromatoporen usw.

In fazieller Hinsicht hat das Llandovery in Estland eine ziemlich mannigfaltige Zusammensetzung. Mergelige Kalke, kristalline grobe Kalke, dichte Kalke und Dolomite, fossilleere Folgen und von Versteinerungen überfüllte Schichten wechseln in vertikaler und horizontaler Richtung, wiederholt miteinander ab. Unter der nicht allzureichen Fauna sind es die Korallen, Bryozoen und insbesondere Brachiopodenarten (*Pentamerus borealis* und *estonus*), welche geradezu gesteinsbildend auftreten können. Auch Verflachungserscheinungen sind gelegentlich zu beobachten, so die Wellenfurchen im Borealiskalk von Rohukula südlich Haapsalu (Hapsal). Andererseits verlaufen in Ostestland die Ausstriche der Stufen nicht mehr in W–O, wie das für das Ordovizium die Regel ist, sondern sie schwenken im Bogen nach Südosten ab, und diese Stufen sind daher jenseits des Tschudskoje-(Peipus-) Sees in den Bohrungen nicht mehr angetroffen worden. So entsteht der Eindruck einer beginnenden Emersion im Osten, welche einer Verflachung des Meeres in Estland entspricht. Ob diese Emersion schon jetzt eine Abtragung bereits abgelagerter Stufen des Ordoviziums und des frühen Llandovery einleitete, ist nicht zu ermitteln. Die auftauchenden Karbonatgesteine konnten ja nur ähnliche, karbonatische Sedimente liefern. Das Ausbleiben von Merkmalen einer nahen Küste (Sande, Konglomerate usw.) kann also in diesem Falle nicht zur Entscheidung der Frage herangezogen werden. Eine Lösung der Frage ist nur von einer genauen sedimentpetrographischen und fazieskundlichen Untersuchung des Llandovery im Ostbaltikum zu erwarten.

Was hier über das Abschwenken der Stufenköpfe des Llandovery des Festlandes gegen Südosten gesagt wurde, tritt noch in verstärktem Maße im Verlauf der jüngeren Gotlandstufen hervor. Dem Llandovery folgt die Ösel-Schichtengruppe, deren Mächtigkeit auf 220–250 m zu schätzen ist und dem Wenlock und Ludlow entspricht.

Wenlock.

Wenlock ist durch die sogenannte Untere Öselgruppe vertreten. Die Schichten dieser Gruppe nehmen den Nordteil der Insel Saaremaa (Ösel), die Inseln Muhu (Moon) und Kesselaid ein und setzen sich auf dem Festlande etwa von der Bucht Matsal bis zum Mittellauf des Pärnu- (Pernau-) Flusses fort, wo sie vom devonischen Altrotsandstein überdeckt werden.

Das ganze Gotlandium auf Saaremaa (Ösel) streicht etwa SW–NO, bzw. WSW–ONO, was mit dem Streichen auf Gotland übereinstimmt. Auf dem Festland aber verläuft der Nordrand des Gotlandiums im Bogen gegen SSO und SO und divergiert hier deutlich von der hangenden *estonus*-Stufe. Somit besitzt das Wenlock nur ein kleines Areal im Westen der Estnischen SSR, so daß sich hier der im Llandovery angedeutete Rückzug weiter geltend machte.

Neue Beobachtungen über die Stratigraphie Unterösels hat A. Luha veröffentlicht, dem wir im wesentlichen folgen.

J Unteröselgruppe F. S. Schmidt, St. Johannis bzw. Jaanistufe Twenhofel, Bekker. Bekker hat sie in drei Zonen gegliedert, von denen die beiden oberen von Luha wieder zusammengefaßt wurden, und zwar:

J_1 Jaanimergel (St.-Johannismergel). Auf Nordsaaremaa (-Ösel) sind es bläulichgraue mergelige Kalksteine, östlicher auf Muhu (Moon) und dem Festlande aber Dolomite. Die östliche dolomitische Fazies ist fossilarm. An Versteinerungen können genannt werden:

Encrinurus punctatus, Proetus concinnus osiliensis, Bumastus barriensis, Calymene tuberculata, Otarion elegantulus, Beyrichia buchiana nutans, Paraechmina spinosa, Bythocypris symmetrica, Bilobites bilobus, Dalmanella (*Paurorthis*) *visbyensis* (die bis jetzt irrtümlich immer für *Dalmanella elegantula* gehalten wurde), *Dolerorthis rustica osiliensis, Leptaena rhomboidalis, Strophonella euglypha, Sowerbyella transversalis, Wilsonia wil-*

soni, Atrypa reticularis, Spirifer crispus, Monotrypa gotlandica, Horiostoma discors, Platyceras cornutum, Kionoceras cf. *strix, Cyrtoceras superbum, Cyrtoceras elongatum, Alveolites labechei, Clathrodictyon regulare, Coenites labrosus, Thecia swindernana, Dictyonema crassibasale, Dictyonema desmoides, Thallograptus cervicornis, Monograptus* cf. *priodon* u. a. m.

J_2 Im Westen von Saaremaa (Ösel) J_2W, Pangamägi-Jaagarakukalke. Im Osten Saaremaas (Ösels) und auf dem Festlande J_2O, der Dolomitkomplex von Muhu (Moon) und Kesselaid (LUHA 1930). Wie in der liegenden St.-Johannis-Stufe, so ist auch hier die östliche dolomitische Fazies ärmer an Versteinerungen als die westliche, was vielleicht mit dem oben vermuteten Rückzug des Meeres von Osten gegen Westen bzw. Südwesten zusammenhängen könnte. Riffbildungen sind verbreitet. Der Fossilinhalt ist bedeutend kleiner als in J_1, auch wiederholen sich die Arten, so daß gegenüber J_1 kein leitendes Fossil genannt werden kann.

Ludlow.

Ludlow ist im Ostbaltikum durch die Oberöselschichtengruppe (K) FR. SCHMIDTs vertreten. Die unterste Stufe dieser Gruppe (K_1), die *Eurypterus*-Schichten, ist noch möglicherweise auf dem Festlande westlich Pärnu (Pernau) vorhanden, die oberen dagegen sind nur auf Saaremaa (Ösel) im Süden der Insel entwickelt. Dieses Verhalten des Ludlow ergänzt das Bild des für das ganze Gotlandium Estlands geltenden Zurückweichens der Stufen nach Westen in abnehmender Altersreihenfolge. BEKKER gliederte die Ludlowfolge Saaremaas (Ösels) in vier Zonen, was allgemein anerkannt wird. Weitere Beiträge zur Stratigraphie lieferten HOPPE und LUHA. Die paläontologischen Untersuchungen beschäftigten sich vorwiegend mit den Vertebraten.

K_1 Rootsiküla-Kaarma-Zone, bzw. die *Eurypterus*-Schichten. Dickbankige, feingeschichtete mergelige Dolomite und Kalke, nach oben in eine Wechsellagerung von Kalksteinen, Tonen und Mergel übergehend. Salzkristallhohlräume, Trockenrisse, gelegentliche interformationale Aufspülungskonglomerate zeugen von einer weitflächigen Hebung und örtlichen Emersion. Auch hier nehmen gegen Osten hin die Dolomite überhand, wobei gleichzeitig der Fossilreichtum abnimmt. Die Fauna besteht aus wenigen Wirbellosen und einer Fülle von Merostomen und Vertebraten. Die Sedimente machen den Eindruck einer z. T. sekundären, klastogenen Herkunft, sind also vielleicht aus dem Abtragungsmaterial von Karbonatgesteinen entstanden. Auch von den Resten der Merostomen und Fische wird von mancher Seite angenommen, daß sie in das lagunäre Gebiet des K_1 z. T. eingeschwemmt worden sind.

Thyestes verrucosus, Tremataspis schrenki, Tremataspis simonsoni, T. schmidti' T. mickwitzi, ferner die von PATTEN entdeckten und von ROBERTSON beschriebenen neuen Gattungen *Dartmuthia, Oeselaspis, Rotsiküllaspis, Saaremaaspis, Witaaspis, Phlebolepis elegans* (in prachtvoller Erhaltung), Schuppen verschiedener Art (*Coelolepis, Rytidolepis* u. a.), *Eurypterus fischeri, Eurypterus laticeps, Pterygotus osiliensis, Hughmilleria patteni, Dolichopterus laticeps, Mixopterus simonsoni, Bunodes lunula, Bunodes rugosus, Pseudoniscus aculeatus, Ceratiocaris noetlingi, Leperditia phaseolus, Conchidium conchidium* (bzw. *biloculare*), *Platyschisma helicites*.

K_2 Paadla-Zone (*didyma*-Zone, *Ilionia*-Schichten). Feste körnige fossilreiche Kalke mit reicher mariner Fauna, einer neuen Senkung nach der *Eurypterus*-Emersion entsprechend. Spongiostromabänke, Stromatoporenriffe.

Coelolepis schmidti, Gomphodus sandelensis, Onchus tenuistriatus, Proetus conspersus, Leperditia phaseolus, Leperditia eichwaldi, Leperditia grandis, Rhipidomella hybrida, Chonetes striatella, Spirifer crispus, Spirifer elevatus, Whitfieldiella didyma, Atrypella prunum, Megalomus gotlandicus, Illionia prisca, Armenoceras imbricatum, Thecia swindernana, Labechia conferta u. a. m.

K_3 Kaugatomazone, den Südrand der Insel Saaremaa (Ösel) entlang, und auf der Halbinsel Sõrvemaa (Sworbe) auftretend. Sandige, mergelige, aber auch grobkörnige Kalksteine mit Mergel- und Tonzwischenlagen, sehr fossilreich. Crinoiden- und Korallenbänke.

Gomphodus sandelensis, Onchus tenuistriatus, Proetus conspersus, Calymene intermedia, Calymene spectabilis, Calymene conspicua, Bumastus sulcatus, Acaste downingiae, Beyrichia, Kloedenella, Primitiopsis in mehreren Arten, *Dalmanella* (?) *orbicularis, Leptaena rhomboidalis, Chonetes striatella, Camarotoechia nucula, Atrypella prunum, Spirifer elevatus, Retzia salteri, Crotalocrinus rugosus* u. a.

K_4 Ohesaarezone. Eine nur im Südwesten von Sõrvemaa (Sworbe) aufgeschlossene dünnbankige, dunkle Folge von Kalksteinen, Knollenkalken, sandigen Kalken, Mergeln, Tonen, sehr fossilreich. Besonders zahlreich sind Ostrakoden und Fischschuppen. Sie wird öfters ins Downton gestellt; Säve-Söderbergh stellt sie ins obere Ludlow.

Thelolepis glaber, Th. costata, Th. trilobata, Nostolepis striata, N. dentoides, Gomphodus volborthi, G. globosus, Onchus murchisoni, O. tennistriatus, O. curvatus, O. roemeri, Calymene conspicua, zahlreiche Ostrakoden, *Chonetes striatella, Camarotoechia nucula, Spirifer elevatus, Retzia salteri, Tentaculites annulatus* u. a.

Ausbreitung nach Süden. Von einer Bohrung in Valmiera (Wolmar) berichtet Zans, daß dort unter dem Devon in einer Tiefe von 158 m Kalksteine mit tonigen und mergeligen Zwischenschichten angetroffen wurden, welche als silurisch (obersilurisch) bezeichnet werden. Fossilangaben fehlen. In der Bohrung von Daugavpils (Dünaburg) wurden bunte Tone, Dolomite und Mergel mit Gips angetroffen, welche Kraus für obersilurisch (Oberösel) halten will. Da Fossilfunde fehlen, kann das richtige Alter leider nicht bestimmt werden. Tiefer liegende Kalksteine, Dolomite und Mergel mit Gipsaugen werden von Kraus als Untere Öselschichten gedeutet. Die Angaben über Fossilien reichen leider für eine solche Deutung keineswegs aus. Beachtet man aber mit Kraus den allgemeinen regressiven Charakter des Gotlandiums im Ostbaltikum, so sind die obengenannten Deutungen wohl denkbar. Ein salinares Ludlow paßt in das von uns entworfene Gesamtbild des Rückzuges des ostbaltischen Silurs hinein. Dabei stimmen ja die tieferen Teile des Profils von Daugavpils (Dünaburg) mit den Stufen des Llandovery und des Ordoviziums weiter im Norden faziell überein. Endgültige Beweise sind allerdings erst von der paläontologischen Untersuchung des Profils von Daugavpils (Dünaburg) zu erwarten.

Epirogenese des Gotlandiums. Während des Gotlandiums vollzog sich also neben einer Heraushebung des Baltischen Schildes auch eine solche östlich des Tschudskoje- (Peipus-) Sees, welche sich schrittweise gegen Westen nach Estland hin ausdehnte. Während eine solche Hebung im Osten für das Gotlandium nicht bezweifelt werden kann, könnte aber Ähnliches auch schon für das obere Ordovizium, d. h. für die obere Lyckholmzeit, vermutet werden. Hand in Hand mit dieser Bewegung mußten im Osten und im Westen schon bereits abgelagerte ordovizische Kalksteine der Abtragung verfallen und dem sich zurückziehenden Silurmeer karbonatische Sedimente zuführen.

Nach dem endgültigen Rückzug des Meeres aus dem Ostbaltikum zum Schluß des Gotlandiums blieb eine Landoberfläche zurück, etwa wie sie jetzt in Nordestland unter dem Quartär und im Süden unter dem Devon vorliegt.

Die Stufenausstriche des Silurs sind auf der Landoberfläche nach Nordosten und vermutlich nach Osten ausgebuchtet und verlaufen in konzentrischen Bögen. Sichtbar allerdings ist das nur in der Estnischen SSR, wo die Ausstriche der Stufen des Llandovery und des Wenlock fächerartig divergieren, aber dennoch alle in gleicher Art und Weise von der Ostrichtung gegen Südosten hin abschwenken, um dort vom Devon überdeckt zu werden. Es liegt also das Gotlandium in einer Mulde, wobei deren äußere Umrandung von der Lyckholmfolge gebildet wird. Die übrigen Stufen des Ordoviziums streichen ja östlich des Tschudskoje- (Peipus-) Sees auch wie in Estland W–O und kommen daher für die Umgrenzung dieser Mulde nicht in Betracht. Das Bild dieser gotlandischen Mulde könnte auch so entstanden gedacht werden, daß 1. zunächst auch das Gotlandium konform zum Ordovizium abgelagert wurde und nach Osten fortsetzte; daß dann 2. zum Schluß des Gotlandiums eine Heraushebung dieser ganzen Tafel folgte; daß 3. nach der Heraushebung das Silurgebiet im Westen muldenartig einsank und daß 4. schließlich die höhergestellten Muldenränder abgetragen wurden.

Die im Llandovery, im Wenlock und besonders im Ludlow von Saaremaa (Ösel) vorhandenen Spuren eines schrittweise verlaufenen Rückzuges sprechen aber alle gegen eine solche Deutung.

Das Unterdevon fehlt bekanntlich der Osteuropäischen Tafel ganz, Geokratie zeichnete damals diese weite Fläche der Erdkruste aus. Über die im Mitteldevon wieder sinkende Landoberfläche breitete sich dann das Old Red aus. Falls Fennoskandia im Gotlandium noch keine Sedimente an die Russische Tafel lieferte und selbst vom ordovizischen und frühgotlandischen Meer bedeckt war, so wurde es jetzt so weit gehoben und abgetragen, daß das Urgebirge zum Bezugsgebiet der Sandsteine und Pelite des Altrotsandsteins werden konnte. Als Kompensation der Hebung Fennoskandias bildete sich dabei an dessen Südrande eine Senke, die devonische Baltische Mulde, deren Kern als Lettische Synklinale bezeichnet wird. Der Altrotsandstein liegt diskordant über dem Kambrosilur und streicht gleichsinnig mit dem gegenwärtig sichtbaren Rand des Finnisch-Karelischen Kristallins. Dies ist nun der äußerste Rand der devonischen Baltischen Mulde bzw. Lettischen Synklinale, deren Achse etwa von der Njemenmündung bis zum Welikajafluß zwischen Pskow und Ostrow verläuft. Es ist auch die Richtung der quartären Isobasen, und annähernd stimmt sie mit dem Verlauf der Endmoränengirlanden überein.

Demnach kann man annehmen, daß die endgültige Heraushebung des Baltischen Schildes in spätkaledonischer Zeit ein Abströmen des Magmas aus seiner Peripherie hervorrief, wodurch im Mitteldevon die Baltische Mulde angelegt wurde. Die Hebung des Schildes hat dann später in der Eiszeit die Gestalt der Eiskappe in diesem Bereich bestimmt und die Abflußrichtungen des Eises vorgezeichnet. Auch die Bewegungen der Erdkruste im Quartär und bis in die Gegenwart werden am Rande des Schildes durch den letzteren bestimmt, so daß die Isobasen noch jetzt konform zum Schildrand und zum Streichen der devonischen Schichten verlaufen. Somit regelt der Baltische Schild vom Unterdevon an bis heute das geologische Geschehen seines Randes, insbesondere der Baltischen Mulde.

Der Ausfüllung und Einebnung der oben geschilderten alten gotlandischen Mulde des Baltikums folgte also nach der unterdevonischen Pause ein zweites Nachsacken der Erdkruste im Mittel- und Oberdevon und die Ausbildung der Lettischen Synklinale. Der Kern der Synklinale liegt in der Lettischen SSR, doch die Mulde hat eine größere Ausdehnung. Den einen Flügel bildet das nach Süden einfallende Paläozoikum Estlands, den andern das Old Red und das Gotlandium in Litauen. Der Nordrand der Mulde verläuft der finnischen Südküste entlang und weiter im Bogen bis nach Öland und wurde von GIERE als eine Flexur bezeichnet. Innerhalb dieses Bogens wurde der hier vorliegende Muldebau schon von FR. SCHMIDT erkannt und beschrieben, weitere Beiträge für die Lettische SSR gab DELLE.

Beide Mulden, die alte gotlandische und die spätere, devonische, sind nur westlich des Tschudskoje- (Peipus-) Sees und des Welikajaflusses deutlich entwickelt, ihre Achsen sinken gegen Südwesten ab. Im Osten also hat ein Gebiet mit Hebungstendenz bestanden, wodurch die baltischen Einmuldungen, obwohl zweifellos Teile der Russischen Tafel, von dieser als Sonderstrukturen sich abheben. Die spätere, zur devonischen Zeit entstandene Baltische Mulde, deren Epirognese an die Bewegungen des Baltischen Schildes gebunden ist, kann damit auch als eine Randstruktur des Schildes gelten.

5. Devon

Da unterdevonische Schichten im gesamten Bereich der Russischen Tafel fehlen, entspricht der kaledonischen Faltung Westeuropas eine deutliche Hebungs- und Erosionsphase. Erst im Mitteldevon wird Osteuropa wieder zu einem Sedimentationsraum, und zwar in einem Umfange, welcher den des Silurmeeres noch übertrifft. Wie schon gesagt (S. 117), greift dabei das Devon im Norden und Süden auf kristallines Grundgebirge, im Ostbaltikum und weiter im Osten auf Altpoläozoikum, bei Moskau auf Eokambrium über.

Unter Berücksichtigung der faziellen Verhältnisse lassen sich drei verschiedene Gebiete unterscheiden.

1. Im Norden (Olonezbezirk, Onegasee) herrscht, über Vorkambrium transgredierend, eine klastische kontinentale Fazies, z. T. mit Pflanzenresten,

also ein typisches Old Red, welches anscheinend auch auf die Kolahalbinsel übergreift.

2. Gegen Süden und Südwesten wird die Schichtenfolge mannigfaltiger, der Altrotsandstein verzahnt sich mit karbonatischen Sedimenten, und bald erkennt man die für den Westen der europäischen RSFSR und das Baltikum bezeichnende Dreigliederung: Sandstein–Kalk und Dolomit–Sandstein. Die oberen Sandsteine und die Dolomitstufe gehören dem Oberdevon, die Sandsteine dem Mitteldevon an. Weiter im Süden, in den Bezirken Smolensk und Witebsk, liegt die ähnlich gegliederte Folge des russischen Westfeldes (Devonisches Hauptfeld), in der aber die Zahl der marinen Einschaltungen zunimmt. Denselben Charakter trägt auch die Folge in der Gegend von Moskau, die allerdings nur aus Bohrungen bekannt ist; sie ist aber wesentlich mächtiger, und der obere Teil zeigt eine mehr feinklastisch-salinare Ausbildung.

3. Einen abweichenden Typus stellt das Devon im Süden Mittelrußlands (Orjol–Woronesh) dar, die zentrale Devonachse Rußlands mit ihrer vorwiegend marinen Ausbildung und einem Zurücktreten der klastischen Gesteine. Hier liegt das Devon unmittelbar auf dem Grundgebirge, während im westlichen Hauptfeld und im Baltikum ein kambrosilurischer Sockel vorhanden ist.

Die kontinentale bis flachneritische Entwicklung, faunistisch durch Placodermen, Brachiopoden und Gastropoden gekennzeichnet, unterscheidet das osteuropäische Devon grundlegend von dem Westeuropas und auch von dem diesem sehr ähnlichen Devon des Urals.

Das Devon des Baltikums und des Hauptfeldes im Westen der europäischen RSFSR kann gemeinsam behandelt werden. Das Devon beginnt hier, über verschiedene ältere Horizonte übergreifend, mit den Pernauer Schichten (10 m), kontinentalen roten Sandsteinen mit Trochilisken und einer Psilophytonflora.

Von Fischen treten auf: *Schizosteus heterolepis, Devononchus concinnus, Byssacanthus crenulatus, Actinolepis tuberculata,* ferner spezifisch nicht bestimmte *Pterichthys, Homostius, Porolepis, Osteolepis, Glyptolepis, Dipterus.*

Darüber folgen die Narowaschichten (20–30 m) oder die Zone a_1 (Reliktzone) von Kraus und Delle, graue Mergel und Dolomite mit Gipslagen. Als Leitform bezeichnet Gross *Pterichthys concatenatus.*

Daneben: *Schizosteus striatus, Haplacanthus marginalis, Homacanthus gracilis, Devononchus concinnus, Asterolepis estonica, Byssacanthus dilatatus, Actinolepis tuberculata, Coccosteus orvikui, Glyptolepis quadrata, Dipterus serratus..*

Die hangenden Lugaschichten sind rote Sandsteine mit Peliten, welche petrographisch mit den beiden hangenden Zonen, biostratigraphisch aber, auf Grund des Vorkommens von *Actinolepis tuberculata,* zu den liegenden Schichten (*Asterolepis*-Stufe Gross 1940) gehören. Es sind die a_2-Schichten von Kraus und Delle, bzw. die unteren Upninkaischichten von Dalinkevicius in der Litauischen SSR. Eine Gliederung in zwei Unterabteilungen ist nach Gross möglich, Leitform: *Asterolepis estonica.*

Aus der reichen Fauna seien genannt. *Pycnosteus paläformis, P. tuberculatus, P. imperfectus, Psammolepis gigantea, Ganosteus stellatus, Haplacanthus marginalis, Homacanthus gracilis, Nodocosta pauli, Devononchus concinnus, Asterolepis estonica, A. dellei, Byssacanthus dilatatus, B. cuspidatus, Actinolepis tuberculata, Homostius sulcatus, H. formosissimus, H. latus, Coccosteus orvikui, Heterostius, Porolepis, Osteolepis, Glyptolepis, Dipterus, Hamodus.*

Die folgenden Oredeschschichten (A_3 von KRAUS, obere Upninkaischichten in der Litauischen SSR) sind ebenfalls rote Sandsteine mit Tonlagen. Mit den darüber folgenden Subsnjetogorschichten faßt sie GROSS zu der *Laccognathus*-Stufe zusammen. Leitform: *Asterolepis ornata.*

Fauna: *Psammolepis paradoxa, P. heteraster, Devononchus concinnus, Haplacanthus ehrmanensis, Asterolepis ornata, A. cristata, Cypholepis livonica, Coccosteus livonicus, Panderichthys rhombolepis, Glyptolepis baltica, Laccognathus panderi, Dipterus crassus, Hybosteus mirabilis, Osteolepis.*

Die oberste Mitteldevonzone sind die Subsnjetogorschichten (A_4 n. KRAUS, Sventojschichten Litauens), weiße Sandsteine. Leitform: *Asterolepis radiata.*

Übrige Fauna: *Psammolepis undulata, Psammosteus maeandrinus, Devononchus concinnus, Asterolepis radiata, Bothriolepis prima, B. obrutschewi, Coccosteus, Osteolepis, Panderichthys rhombolepis, Esthenopteron säve-soederberghi, Glyptolepis, Laccognathus panderi, Holoptychius.*

Die Mächtigkeit der Luga, Oredesch und Subsnjetogorschichten wird im russischen Hauptfeld mit 150–200 m, in Litauen mit 150–230 m angegeben.

Im Oberdevon beginnen die marinen Ingressionen von S bzw. SO, so daß eine Wechsellagerung von sandig-tonigen und karbonatischen Schichten einsetzt. Dabei reichen die ältesten Ingressionen am weitesten nach N, so daß im russischen Hauptfeld und bei Moskau das ganze tiefere Oberdevon vorwiegend marin ist, im Baltikum ein mehrfacher Wechsel mit Zunahme der Sandsteine nach oben einsetzt, während im Norden der europäischen RSFSR die ganze Folge sandig-kontinental ist.

Einem Übergang zur marinen Fazies entsprechen die Snjetogorschichten, Dolomite und dolomitische Mergel, zuweilen auch Sande (b_1 n. KRAUS, Jeraschichten in Litauen). Leitend: *Bothriolepis cellulosa.*

Fauna: *Estheria membranacea, Lingula, Bothriolepis tuberculata, B. cellulosa, Psammosteus maeandrinus, Haplacanthus perseensis, Onychodus tricuspis, Osteolepis grewingki, Eusthenopteron säve-soederberghi, Glyptopomus rolandi, Dipterus secans, Aldingeria perforata* u. a.

Die nun folgenden Schichten sind vorwiegend marin; ihre Gliederung in der Litauischen und Lettischen SSR und in der europäischen RSFSR weist noch Unstimmigkeiten auf. Ich gebe zuerst die Gliederung in der Lettischen SSR wieder (n. KRAUS, DELLE und BIELENSTEIN).

b_2 Im W dolomitisch, gegen O (Welikajafazies) in eine Folge von Kalk, Ton und Mergeln übergehend. BIELENSTEIN unterscheidet darin von unten: *Spirifer-Rhynchonella*-Zone, *Stromatopora-concentrica*-Zone, (*Rhynchonella*-) *meyendorfi*-Zone. Mächtigkeit 10–21 m. In der Litauischen SSR als Suosaschichten bekannt.

b_3 Im W Dolomit oder „Fucoidenmergel", im O Kalk. 6–7 m. In der Litauischen SSR Kupiškisschichten. (Unterer Teil.)

b_4 Dolomit und Kalk. 3–13 m. In der Litauischen SSR Kupiškisschichten. (Oberer Teil.)

Die Fauna soll für die ganze Abteilung b zusammen gegeben werden. Bezeichnend sind besonders: *Spirifer muralis, Sp. strigoplocus, Rhynchonella (Camarotoechia) livonica, Rh. (Ladogia) meyendorfi.* Außerdem (n. DELLE): *Chondrites taeniola, Chaetocladus tardesoni, Ch. plumula, Caulespites pennatus, Spirorbis omphalodes, Schizophoria striatula, Atrypa reticularis, Athyris concentrica, Spirifer* aff. *undifer, Streptorhynchus umbraculum, Pleurotomaria voronejensis, Pl. depressa, Natica strigosa, Murchisonia quadricincta, M. decorata, Bellerophon, Holopella, Platyschisma kirchholmiensis, Aviculopecten ingriae, Leptodesma aviculoides.*

c Unten graublaue Mergel mit Gips, höher oft bunte Tone und Mergel mit hellen Sandsteinen. Die Folge entspricht einer lagunären Phase. Mächtigkeit 26–42 m. In der Litauischen SSR: Tatulaschichten.

Fauna: *Bothriolepis maxima, Devononchus laevis, Psammosteus grossi, P. falcatus, Holoptychius nobilissimus, H. giganteus, Panderichthys bystrowi.* Außerdem wird *Lingula* genannt.

d Beginnt mit Plattendolomiten (C_2 bei KRAUS) und setzt mit grobkristallinen Dolomiten fort, entsprechend einem neuen Meeresvorstoß. Mächtigkeit 5–20 m. In der Litauischen SSR Ystraschichten.

Fauna unten: *Rhizocorallium devonicum, Chaetocladus plumula, Lingula, Schizophoria striatula, Spirifer tenticulum, Sp. semgalensis, Leptodesma aviculoides, Phragmoceras orthogaster.* Oben: *Girvanella amplefurcata, Stromatopora concentrica, Favosites cervicornis, Cyathophyllum caespitosum, Spirorbis omphalodes, Streptorhynchus, Spirifer tenticulum, Sp. semgalensis, Platyschisma kirchholmiensis, Pl. uchtensis, Bellerophon tuberculatus, Natica kirchholmiensis, Murchisonia, Pleurotomaria keyserlingi, Gomphoceras, Leptodesma aviculoides, Schizodus devonicus, Schizodus trigonus, Ptychodus ancinatus, Dipterus.*

Im russischen Hauptfeld unterscheidet HECKER über den Snjetogorschichten, die wohl sicher dem b_1 entsprechen:

Untere Folge: Pskowschichten und Tschudowoschichten, vorwiegend marin, transgressiv, etwa 35 m (+ Snjetogorschichten). Leitend: *Spirifer muralis, Sp. fimbriatus, Rhynchonella livonica, Rh. meyendorfi.*

Obere Folge: Schelonschichten – lagunär-regressiv; Svinordschichten (transgressiv-marin), Ilmenschichten (regressiv-lagunär), Buregischichten (transgressiv-marin). Mächtigkeit etwa 50. Leitend: *Productus petini, Atrypa uralica,* ferner noch einige Formen des d-Horizontes und der Semilukschichten des südlichen Devonfeldes (*Crania proavia, Pugnax voroni, Cyrtina demarii, Pentamerus biplicatus* u. a.). Bisher wurden die Pskowschichten dem b_2, die Tschudowoschichten dem b_3–b_4 gleichgestellt, während die Schelonschichten dem c, Svinord bis Buregi dem d des Baltikums zugewiesen wurden. Neuerdings sind zwei abweichende und sich gegenseitig ausschließende Ansichten ausgesprochen worden.

In der Litauischen SSR nimmt DALINKEVICIUS 1939 an, daß die Svinord- bis Buregischichten der europäischen RSFSR, bzw. die Stufe d Lettlands durch kontinentallagunäre Schichten (Pamušis- und Stipinaischichten) ersetzt sind, d. h. daß im Westen die kontinentale Fazies des Oberdevons früher einsetzt.

In Letgallen versucht im Gegensatz dazu BIELENSTEIN (1938) nachzuweisen, daß die Folgen c und d im russischen Hauptfeld schon durch kontinentalen Rotsandstein ersetzt sind, d. h. daß die marine Fazies im Westen länger anhält. Nach ihm entsprechen die Pskowschichten und Tschudowoschichten dem b_2, Schelon-, Svinord- und Ilmenschichten seien keine selbständigen Einheiten (Verwechslung mit Liegendem und Hangendem), die Buregischichten seien dem b_3–b_4 gleichzusetzen. Eine endgültige Lösung der Widersprüche ist noch nicht erfolgt.

Über den Dolomiten der d-Folge liegen in der Lettischen SSR, einer weitgehenden Regression entsprechend, grünlichblaue Tone, dann Sandsteine, Kugelsandsteine und sandige Dolomite litoral lagunärer Fazies (Horizont e/f). Die Mächtigkeit schwankt zwischen 23 und 90 m.

Fauna: *Psammosteus grossi, Devononchus laevis, Bothriolepis maxima, B. spinosa, B. curonica, Taeniolepis speciosa, Panderichthys bystrowi, Holoptychius nobilissimus, H.* cf. *giganteus, Dipterus* cf. *marginalis*. Es ist demnach faunistisch kein scharfer Unterschied gegen den C-Horizont vorhanden.

Im Hangenden folgt wieder ein Dolomit (g), einem erneuten Meeresvorstoß entsprechend. Er ist 14–15 m mächtig und enthält folgende Fauna:

Spirorbis omphalodes, Aulopora serpens, Serpula, Productella subaculeata, Productus sp., *Strophalosia productoides, Camarotoechia livonica, Spirigera concentrica, Spirifer archiaci, Sp. verneuili, Sp. disjunctus, Gomphoceras, Conularia latviensis*. Diese Schicht wird meist als *Productus*-Horizont geführt.

Die hangenden h-Schichten sind wieder vorherrschend sandig mit tonigen Lagen, enthalten aber unten sandige Dolomitmergel mit einer kleinen, wohl lagunären Fauna; sonst sind nur Fische vertreten. Mächtigkeit etwa 20 m.

Protoschizodus balticus, Allorisma borrussium, Bryozoen, Devononchus tenuispinus, Homacanthus sveteensis, Onychodus dellei, Bothriolepis cf. *armata, Coccosteus* sp., *Panderichthys bystrowi, Holoptychius nobilissimus, H. giganteus, Dipterus* u. a.).

In der Litauischen SSR unterscheidet Dalinkevicius in dem oberen Altrotsandstein, der dort viel mächtiger sein soll (95–155 m), mehrere marine Ingressionshorizonte und im Hangenden noch marine Schichten, welche dem oberen Famenne und dem untersten Tournai (?) entsprechen sollen, d. h. einem Meer, welches mit Westeuropa Verbindung hatte. Diese Angaben können n. Gross nicht als gesichert betrachtet werden.

Im russischen Hauptdevonfeld enthält der gegen Osten mächtiger werdende (90–200 m) obere Altrotsandstein mehrere marine (dolomitische) Einlagerungen, von denen die tiefsten am weitesten gegen N und W vorstoßen. Es sind das die Smotin-Lowatserie (mit *Spir. tanaicus*), die Tschimaevskserie (mit *Pleurotomaria subimbricata*) und die Bylovskserie (mit *Spir. ex gr. verneuili*), welche entsprechend mit den Woronesh-, Sadonsk- und Dankowo-Lebedjanskschichten des Südfeldes (s. unten) verglichen werden.

Das Devon der Moskauer Gegend, welches nur aus Bohrungen bekannt ist, zeichnet sich vor allem durch viel größere Mächtigkeit aus. Das Mitteldevon besteht im wesentlichen auch aus bunten Sandsteinen und Tonen, denen aber (wohl entsprechend den Narowaschichten des Hauptfeldes) dolomitische Mergel mit Fischresten und *Lingula* eingelagert sind. Das Obere Devon enthält hier keine Sandsteine mehr, d. h. die einzelnen im Hauptfeld erkennbaren Dolomitlagen sind hier zu einer mächtigen karbonatisch-tonigen Serie zusammengetreten, deren unterer kalkig-mergeliger Teil, den Schichten b–d des Baltikums entsprechend, rein marin ist, während höher oben sich zunehmend lagunär-salinare Einschläge bemerkbar machen (Vorwiegen von Dolomit und Dolomitmergel, Gipslagen). Die Fauna enthält unten noch die typischen Spiriferen (wie im Südgebiet), oben vorwiegend Muscheln und Fische. Die Mächtigkeit der unteren, rein marinen Abteilung ist hier etwa 135 m (gegen 65–85 m im Hauptfeld-Baltikum), der oberen lagunären Serie etwa 380 m (gegen 90–200 m im Hauptfeld-Baltikum). Das Devon bei Moskau hat also die enorme Mächtigkeit von etwa 1300 m. Grundsätzlich ähnlich ist das Profil im Okagebiet (ebenfalls nur aus Bohrungen bekannt), während sich dann weiter im NO (Timan) gewisse Abweichungen insofern bemerkbar machen, als im unteren Teil des Oberdevons die charakteristische Fazies bituminöser Kalke, Mergel und Ölschiefer erscheint, die unter dem Namen Domanikfazies bekannt ist. Über noch unsicherem Unterdevon und mitteldevonischem Altrotsandstein (220–270 m), der im Timan Tuffe und Diabase enthält, liegt dort folgendes Oberdevonprofil (von unten):

Cuboides-Schichten: Ton mit Mergel. *Rhynchonella cuboides*, *Rh. meyendorfi*, etwa 15 m.

Domanikserie: Bituminöse Schichten mit *Gephyroceras syrjanicum*, *G. lebedeffi*, *G. keyserlingi*, *G. uchtense*, *G. auritum*, *G. uralicum*, *G. domanicense*, *G. regale*, *G. tschernyschevi*, *G. bisulcatum*, *Manticoceras backlundi*, *M. retrorsum*, *M. ammon*, *M. intumescens*, *Tornoceras cinctum*, *T. simplex*, *Prolecanites* (?) *timanicus*, *Pr.* (?) *acutus*, *Bactrites subflexuosus*, *Gomphoceras*, *Phragmoceras*. 70 m.

Buchiola-Schichten: Tone und Kalkmergel mit *Buchiola retrostriata*, *Tentaculites* u. a. Bis 300 m.

Uchtaserie: Kalk, Ton, Sandstein mit *Spirifer anossofi*. 110 m.

Ischemserie: Kalke und Mergel, unten mit Gips. *Spirifer archiaci*. 80 m.

Das Oberdevon des Petschorabeckens und des Timan ist also 500–600 m mächtig (maximal 1200 m). Westlich Ufa hat die Bohrung von Tuimasa bei ähnlichem Profil etwa 450 m Oberdevon erschlossen, darunter litorale und flachneritische klastische Schichten in 86 m Mächtigkeit auf dem Kristallin auflagernd. Hier ist das Profil von dem bei Moskau also recht verschieden, während sich Beziehungen zum Ural ergeben. Es ist möglich (Beloussoff), daß zu Beginn des Oberdevon im Uralvorland eine meridional streichende Schwelle bestand, von der die klastischen Komponenten in Devon von Tuimasa stammen.

Der gemischten kontinental-marin-lagunären Fazies Mittelrußlands steht nun die vorwiegend marine, wenn auch flachneritische Entwicklung des zentralen oder südlichen Devonfeldes gegenüber.

Mittleres Devon (Stary-Oskolschichten) ist hier erst neuerdings (1936) durch Bohrungen bekanntgeworden, da es nicht am südlichen Saum des Beckens ausstreicht, sondern übergreifend von Oberdevon überdeckt wird. Gefunden wurde es bei Stary-Oskol und Schtschigry (Kursker Bezirk) in Gestalt grauer Tone und Mergel mit Sandsteinlagen. Die Mächtigkeit beträgt 25–30 m.

Fauna: *Stringocephalus burtini*, *Spirifer pseudopachyrhynchus*, *Sp. aviceps*, *Sp. subumbonus*, *Atrypa* aff. *uralica*, *Cyathophyllum* aff. *bathycalyx*, *Pachypora cervicornis*, *Alveolites suborbicularis*. Es handelt sich demnach um typisches Givet.

Übergreifend auf eine stark verwitterte und kaolinisierte kristalline präkambrische Unterlage liegen darüber die ebenfalls nur aus Bohrungen bekannten Schtschigryschichten, dem tiefsten Oberdevon entsprechend. Es sind Tone mit Mergellagen und einer bisher nur wenig bekannten Fauna. *Spirifer fimbriatus* und *Rhynchonella livonica* erlauben den Vergleich mit den Schichten b_1–b_3 (Snjetogor, Pskow und Tschudowo) des Hauptfeldes. Mächtigkeit bis 70 m.

Semilukschichten: Tonige Kalke und Tone, mit *Spirifer disjunctus* als wichtigster Leitform. Mächtigkeit 38 m.

Daneben wichtig: *Crania proavia, Schizophoria striatula, Strophomena asella, Str. dutertri, Str. fischeri, Productus petini, Cyrtina heteroclita, C. domarii, Atrypa uralica; A. bifidaeformis, A. svinordi, Anathyris helmerseni, Pentamerus biplicatus, Pugnax voroni, Rhynchonella cuboides, Rh. acuminata, Bellerophon tuberculatus.* Diese Folge entspricht den Schelon- bis Buregischichten des Hauptfeldes nach russischer Fassung, dem b_4, vielleicht auch dem c und d des Baltikums.

Im Hangenden folgt eine kurze kontinentale Phase mit bunten tonig-sandigen Sedimenten, die Petinoschichten (mit Pflanzen und *Estheria*), welche aber nur wenig mächtig sind. Die marine Transgression geht dann weiter mit der Bildung der Woroneshschichten. Es sind Tone, Kalke und Kalksandsteine, für die das Zusammenvorkommen von *Spir. anossofi, Spir. tenticulum* und *Spir. tanaicus* bezeichnend ist; *Spir. disjunctus* ist nun verschwunden. Mächtigkeit 20 m.

Außerdem werden genannt: *Arca elytra, Nucula indeterminata, Lucina griffithi, Ptychopteria subtilis, Loxonema nexilis.*

Evlanowschichten. Unten gelbe Mergel und Tone, oben Korallenkalke. Entsprechen wohl der Serie g des Hauptfeldes. *Spirifer anossofi* und *Sp. tenticulum* sind noch vorhanden, Stromatoporen und Korallen bedeutsam. Außerdem ist ein Exemplar von *Manticoceras intumescens* gefunden worden. Mächtigkeit 50 m.

Aus der Fauna seien genannt: *Cyathophyllum hexagonum, C. ceratites, Alveolites suborbicularis, Avicula derupta, Pterinea semiovalis, Mytilus uncinatus, Murchisonia quinquecarinata, M. bilineata, Bellerophon pila, Orthoceras subtriangulare.*

Die genannten tieferen Schichten des Oberdevons haben außer *Spirifer anossofi* (der früher fälschlich als mitteldevonisch angesehen wurde) und einigen der genannten Korallen noch gemeinsam: *Aulopora tubaeformis, Atrypa reticularis, A. desquamata, A. aspera, Terebratula sacculus, Platyschisma uchtensis, Tentaculites tragula.* Man kann diese Folge der Frasnestufe gleichsetzen.

Zum Famenne gehören dann (von unten):

Elezkschichten, an deren Basis noch gelegentlich die Livny- und Zadonskschichten ausgeschieden werden. Kalke, unten mit Tonlagen, im W unten Sande. *Spirifer brodi, Sp. archiaci, Rhynchonella livonica* und viele andere, *Athyris concentrica.* Mächtigkeit 50 m.

Außerdem werden genannt: *Avicula eximia, Posidonomya gibbosa, Modiola sinuosa, Cucculaea kayseri, Conocardium nasutum, Allorisma plicatella, All. amygdaloides, Pleurotomaria crebrireticulata, Pl. pachti, Pl. matyrensis, Porcellia bifida, P. armata, Phanerotinus serpula, Gomphoceras rex, Phragmoceras tanais, Ph. inversum, Ph. poculum, Stromatopora geometrica, St. dentata, St. ungerni*; in tiefere Horizonte gehen:

Productus murchisoni, Pr. subaculeatus, Schizodus centralis, Gomphoceras sulcatulum, G. rotundum, Strophalosia productoides, Str. calva.

Dankowo-Lebedjanskschichten. Kalke und Mergel; gelegentlich dolomitisiert. Wichtig sind: *Arca oreliana, Astarte socialis, Avicula criniata.* Mächtigkeit bis 100 m.

Der Reichtum an Muscheln ist bemerkenswert. Außerdem häufig: *Zaphrentitis noeggerathi, Serpula vipera, Spirorbis omphalotes, Athyris concentrica, Spirifer archiaci, Rhynchonella livonica, Cythere tulensis.*

Malevka-Muraevnastufe, gewöhnlich als Übergangsbildung zwischen Devon und Karbon bezeichnet. ARCHANGELSKI machte darauf aufmerksam, daß immerhin die devonischen Formen bei weitem überwiegen, so daß an der Zugehörigkeit der Stufe zum Devon kein Zweifel bestehen kann. Nach STRUWE kann man fast überall eine untere Abteilung von dünnschichtigen oolithischen Kalken und eine obere von festen Kalken mit Tonlagen und Konglomerat unterscheiden. Die stratigraphische Stellung ist also dem Etroeungt Westeuropas ähnlich. Mächtigkeit 5–10 m.

Als Charakteristikum der Stufe dienen die Cytheren, vor allem *Cythere tulensis*, daneben auch *Bairdia nigrescens*. Die erste Form ist indessen auch in dem übrigen Devon verbreitet. Auch die häufigsten übrigen Formen sind größtenteils devonisch: *Chonetes nana, Spirifer urii, Arca oreliana, Astarte socialis, Orthoceras helmerseni*; *Spiriferina octoplicata* ist eine Form des Productuskalkes; dem Horizont eigentümlich sind: *Loxonema malevkensis* und eine große Reihe von Fischen: *Cladodus simplex, Cl. obtusus, Cl. primigenius, Cl. divaricatus, Orodus tumidus, O. excentricus, O. sublaevis, Helodus aversus, H. gibberulus, H. contractus, Psammodus porosus, P. inflexus, P. linearis, Palaeoniscus peetzi, Osteolepis macrolepidotus.* Außerdem seien von den devonischen, auch aus tieferen Horizonten bekannten Formen genannt: *Aulopora repens, Syringopora caespitosa, Cyathoph. caespitosum, Chaetetes quadrangularis, Serpula devonica, Spirorbis omphalotes, Streptorhynchus umbraculum, Nucula lineata, Schizodus devonicus, Anthracosia antiqua, Megalodon sublongum, Bellerophon striatus, Euomphalus serpens, Orthoceras propinquum.* Demgegenüber sind nur *Cypricardinia angustata, Sedgwickia attenuata, Streptorhynchus crenistria, Euomphalus cochleatus* Formen des Productuskalkes. Zu den karbonischen Typen gehören auch: *Syringopora distans, S. reticulata, Michelinia megastoma, Spirifer ranovensis, Martinia glabra, Athyris pectinata, A. puschiana, A. subpyriformis, Productus fallax, Pr. panderi, Rhynchonella panderi, Retzia tulensis, Aviculopecten helmerseni, Myalina inostranzewi, Allorisma venjukovi.*

Im Donezgebiet sind die Verhältnisse wieder einigermaßen abweichend. Auf den kristallinen Gesteinen des Asovschen Blockes liegt eine Folge von bunten Sandsteinen und Tonen mit Pflanzenresten, die nach SCHMALHAUSEN oberdevonisches Alter besitzen, aber vielleicht etwas älter (? mitteldevonisch) sein könnten. Diese Sandsteine sind stark gestört, z. T. abgetragen und diskordant von grauen Kalken überdeckt, welche nach LEBEDEFF ein Äquivalent der Malevka-Muraevnastufe darstellen. In dieser devonischen Sandsteinserie treten Porphyr und Porphyrtuffe auf. Daraus ergibt sich, daß im Gegensatz zu dem zentralrussischen Areal hier im Mittel-Oberdevon ein Senkungsvorgang, begleitet von Porphyrergüssen, einsetzte. Damit teilt sich das Hochgebiet Südrußlands in zwei kristalline Massive im Norden (Woronesh) und Süden (Asow) und in die dazwischenliegende Donezsenke, welcher von nun ab eine besondere Entwicklungsgeschichte zukommt.

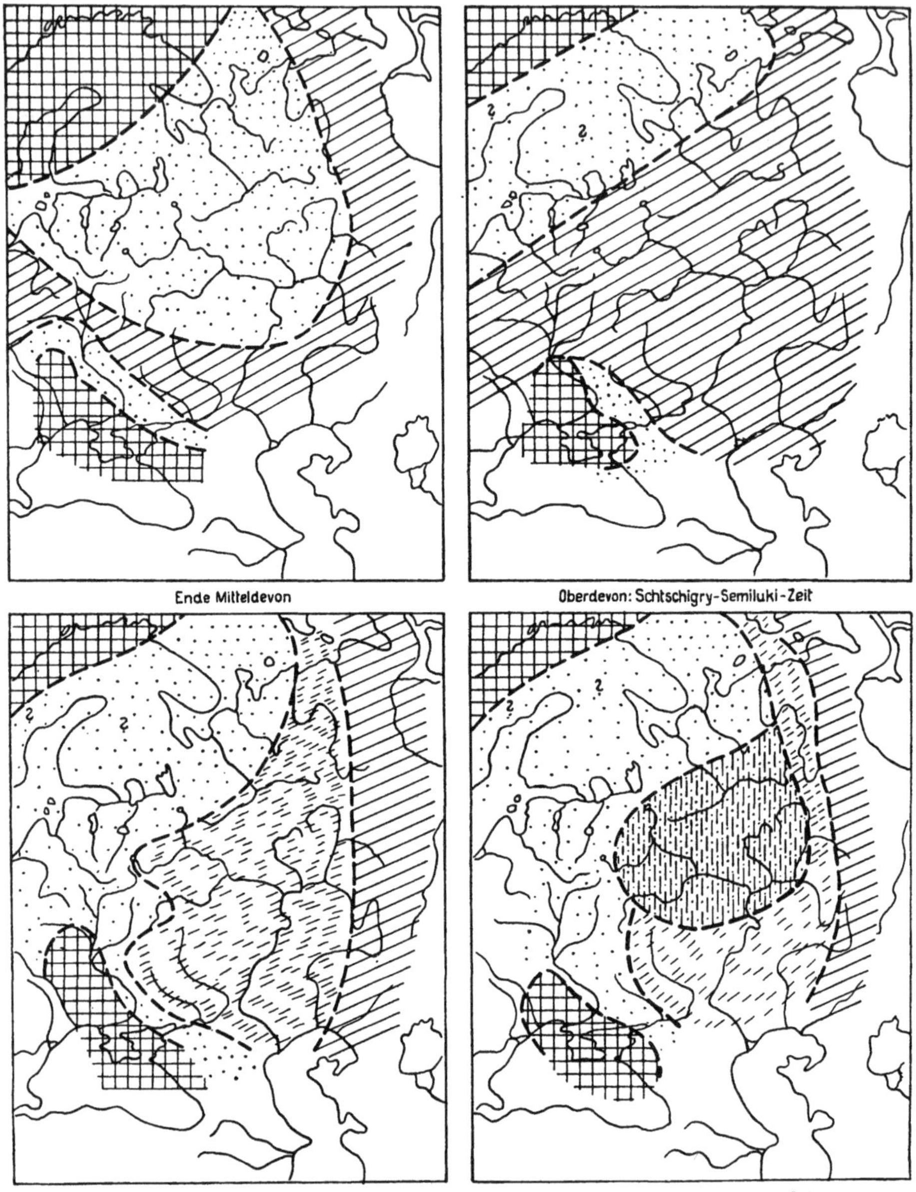

Abb. 34. Palaogeographische Kärtchen des Devons der Sarmatischen Tafel. Nach PISTRAK, 1938.

Epirogenese und Paläogeographie des Devons

Während das zental- bzw. südrussische Devon ganz überwiegend marin ist und nur am Südsaum (Donezbecken) und in der Petinozeit kontinentale

Einschläge besitzt, zeigt das Devon des Baltikums und des Hauptfeldes einen Wechsel der Fazies, welcher, wie KRAUS 1931 betonte, ganz verblüffend an die germanische Trias erinnert. Das Mitteldevon kann hier mit dem Buntsandstein verglichen werden. Das Hauptgestein ist der Altrotsandstein mit seinen roten Pelitzwischenlagen; er ist nach KRAUS aus einer lateritischen Aufbereitung hervorgegangen, welche bei Wechselklima im benachbarten Bereich mit Savannencharakter wirksam war. Daneben treten aber auch fluviatile (Pernauschichten) und lagunäre Flachwasserschichten mit hohem Salzgehalt (Narowaschichten) auf. In letzteren ist eine spärliche Fauna von Schalenkrebsen, Linguliden und Fischen vorhanden, während die ersten eigentlich nur Panzerfische liefern, welche hier, so wie die Stegocephalen im Buntsandstein, den Kampf um die Eroberung des Landes führten. Das sedimentliefernde Hochland lag im kaledonisch herausgehobenen Fennoskandia im NW, so daß die Verhältnisse gegenüber dem Silur sich umgekehrt hatten. Daran schloß sich ein Streifen der kontinentalen Sandsteine, dann ein Streifen lagunärer Flachmeerbildungen, endlich das normale Meer Südrußlands. Zu Beginn der Givetstufe war der Lagunengürtel sehr breit und umfaßte fast ganz Zentralrußland; am Ende des Mitteldevons war er fast ganz durch den von NW nach SO vorgeschobenen „Streukegel" des circum-fesmoskandischen Altrotsandsteins verdrängt. Das freie Meer im Süden könnte eine Verbindung nach W mit dem Devon des polnischen Mittelgebirges gehabt haben.

Der untere Abschnitt des Oberdevons entspricht mit seiner weit ausgreifenden Überflutung dem Muschelkalk. Das ist auch petrographisch-faziell und faunistisch bemerkenswert: randliche Muschelsandsteinbildungen, Dolomite der Flachwasserzone (n. KRAUS in aridem Klima), endlich die Sedimente des Beckeninneren mit ihren Schill-Lagen, Stromatoporen-Kalkalgenbänken, Muschelbrekzien mit angebohrten Geröllen, verhärtetem Kalkschlammboden mit Bohrgängen, fukoidenähnlichen Gebilden usw. liefern durchaus das Bild des flachen Muschelkalkmeeres. Dasselbe ist in bezug auf die Faunengemeinschaft (Brachiopoden, Schnecken, Muscheln, Crinoiden, während Cephalopoden durchaus zurücktreten) zu sagen.

Die Meeresvorstöße dieser Zeit sind nach NW und N gerichtet, wo Dolomite und eine Art Muschelsandstein zur kontinuierlichen Sandsteinfazies des perifennoskandischen Gebietes überleitet. Noch in der Frasnestufe beginnt aber die große Regression: der Westteil, insbesondere der Bereich der westeuropäischen Grenze (Scythischer Wall), hat nun rein kontinental-detritische Sedimente, und sogar im Süden ist die kontinentale Phase (Petinoschichten) vorhanden. Im übrigen ist für diese Übergangszeit eine weite Verbreitung von Schichten kennzeichnend, die n. KRAUS Lettenkohle-, Salzlagunen- und Wattenmeerfazies besitzen. Dieser Grenztypus ist auch ferner verbreitet und trennt das kontinentale NW-Gebiet von dem lagunär-salinaren zentralen und Südostgebiet. Eine Art Keuperfazies mit Steinmergeln, rotem Gipston und (fluviatilen?) hellen Sandsteinen ist nun bezeichnend und vervollständigt den Vergleich mit der germanischen Trias. Das Gebiet Mittelrußlands kann als riesige Salzlagune mit z. T. behinderter Verbindung nach Osten

(Ural) und Süden angesehen werden (Lebedjanskzeit). Das sedimentliefernde Festland lag nun nicht nur im NW, sondern wohl auch im W (Scythischer Wall) und SW (Podolisches Massiv). Bemerkenswert ist im NO (Timan, Wolga) eine bituminöse Fazies im Oberdevon, die auch für eine teilweise Abgeschlossenheit einiger Beckenteile spricht.

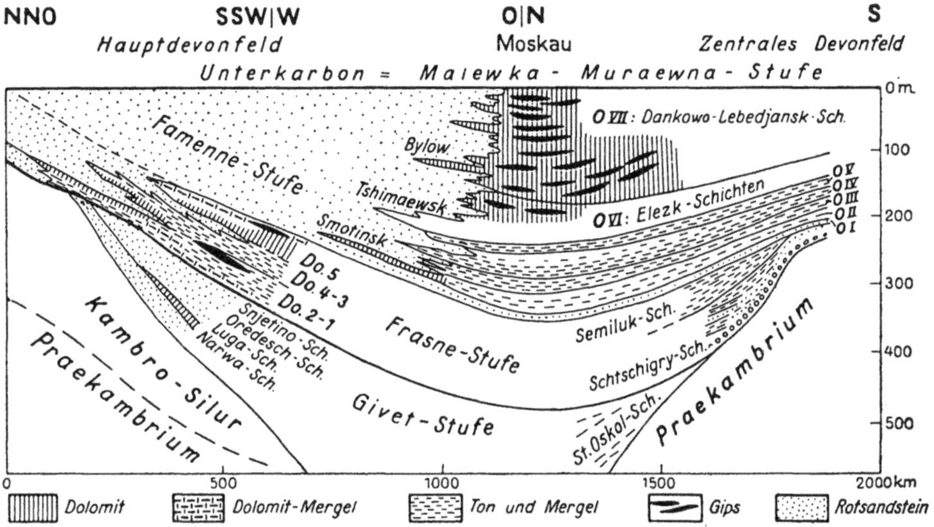

Abb. 35. Stratigraphisches Sammelprofil durch das Devon Sarmatiens.
Nach Hecker, 1934, u. a.

6. Karbon

Die Karbonserie ist in den zentralen Teilen Rußlands am vollständigsten entwickelt und zeigt hier eine große Einheitlichkeit in der Ausbildung. Hier stellen sich auch recht enge Beziehungen zum Ural ein, wenn auch solche zu Polen und zu dem westeuropäischen Kohlenkalk nicht fehlen. Heute besteht keine Verbindung mit dem westeuropäischen Karbon, und die höheren Stufen sind überhaupt nur auf den Osten und Südosten beschränkt. Klebelsberg (Jahrb. österr. geol. Reichanstalt, 1912) glaubte Beziehungen noch zwischen den Ostrauer Schichten und dem Mittelkarbon des Donezbeckens annehmen zu müssen; das schien mir zunächst, in Übereinstimmung mit Lebedeff, wenig wahrscheinlich, doch scheinen neue Funde in Wolhynien und die Untersuchungen Schwarzbachs Klebelsberg in gewissem Sinne recht zu geben.

Für die zentralrussische Entwicklung ist bezeichnend, daß sie mit Kalken der Tournaistufe beginnt, die zwar nur lokal vertreten sind, aber, im Verhältnis zum obersten Devon, eine reichere Fauna enthalten[1].

---

[1] Die Faunenzusammenstellung für Mittelrußland ist an Hand von Archangelski (Mittelrußland, 1922) gegeben. Die Zusammenstellung von Lebedeff (1924), der ich für das Donezbecken folge, nennt im Moskauer Gebiet wesentlich weniger Formen.

Die liegenden Upakalke (10–30 m), welche nur im zentralen Teil verbreitet sind, haben eine dem obersten Devon noch sehr ähnliche Fauna, die aber durch viel größere Individuen gekennzeichnet ist, d. h. einem Meer von normalem Salzgehalt entspricht. Bezeichnend sind: *Productus panderi, Pr. niger, Pr. fallax, Spirifer medius*. Auf den Horizont beschränkt sind: *Brachymetopus uralicus, Orthoceras semenovi, O. planiseptatum, Cyrtoceras gesneri, Euomphalus pentagonalis, E. tuberculatus, E. serpens, E. transiens, Bellerophon striatus, Dielasma bursa, Spirifer ranovensis, Sp. inflatus, Spiriferina (Spirigera?) planosulcata, Sp. pectinata, Rhynchonella fissoarcuata, Retzia tulensis, Chonetes nana, Ch. sarcinulata, Aulopora macrostoma, Syringopora caespitosa, Zaphrentites konincki, Cyathophyllum ceratites*.

Höher hinauf reichen: *Bairdia curta, Pleurotomaria cingulata, Capulus vetustus, Phanerotinus cristatus, Conocardium alaeforme, Orthothetes crenistria, Spiriferina octoplicata, Rhynchonella panderi, Productus fallax, Chonetes cribrosa, Ch. laguessi, Michelinia megastoma*.

Die hangenden Tschernyschinkalke (Obertournai) sind nur im Bezirk von Tula bekannt und dort 7–20 m mächtig. Bezeichnend sind zahlreiche *Gomphoceras*- und *Cyrtoceras*-Arten, *Imitoceras, Pericyclus pulcher, Loxonema lefeburei, Pleurotomaria communis, Euomphalus minutus* u. a., *Platyschisma helicoides, P. helicomorpha, Bellerophon hiulcus, Spirifer centronatus (= tornacensis), Sp. cuspidatus, Syringothyris hannibalensis, Spiriferina partita, Acambona osagensis, Athyris pectinata, A. subpyriformis, Strophomena rhomboidalis, Camarotoechia acutirugata, Productus laevicostatus, P.* cf. *mesolobus, P. semireticulatus*, var. *antiquissima, Chonetes hardrensis, Ch. ornata, Dielasma insignis, Fenestella angusta, Syringopora ramulosa, Caninia cylindrica, Amplexus henslowi, Endothyra parva*.

Diese Vertiefung des Meeres wurde jedoch bald unterbrochen, die abgelagerten Unterkarbonkalke wurden zum Teil wieder abgetragen, so daß die folgende Kohlenserie im Moskauer Gebiet auf Devon übergreift. In dieser Zeit lag das ganze westliche Gebiet über Wasser und bildete nach ZALESSKI eine sumpfige Niederung, deren Kohlenabsätze einen limnischen Charakter tragen. Die Bogheadkohle des Gebietes geht nach ihm auf die Algenvegetation dieser Sümpfe und Seen zurück, während die Cannelkohle der Einschwemmung von Sporen aus den benachbarten Lepidophytenwäldern ihre Entstehung verdankt. Die Begleitgesteine sind Sande und gelbe und grüne Tone, denen stellenweise sedimentäre Eisenerze (Lipezk) und Bauxite (Tichwin) eingelagert sind. Es ist nicht unmöglich, daß am Westrand und am Nordsaum des Moskauer Beckens die Kohlenserie das ganze Unterkarbon unterhalb der Productusstufe vertritt. Hier liegt die Folge z. T. direkt auf Altrotsandstein. An Fossilien ist diese Stufe arm; *Stigmaria ficoides* Brogn. und *Lepidodendron tenerrimum* Tr. sind die häufigsten Reste.

Im Gebiet zwischen Wolga und Ural wird die Kohlenfazies durch sandigtonige marine Ablagerungen ersetzt, die Erdöl führen. Die Foraminiferen (*Archaeodiscus, Endothyra*) und einige Brachiopoden kennzeichnen die Folge als Untervisé. Pflanzenreste kommen noch bei Syzran vor. Die Mächtigkeit ist 20–60 m.

Dann beginnt die Ablagerung der mächtigen karbonischen Kalke, die meist in die Serien Productuskalk, Mosquensiskalk, Gschelstufe, Schwagerinenstufe gegliedert werden, wobei die letzte heute dem Perm (Sakmarastufe) zugeteilt wird; Korallen, Brachiopoden und Foraminiferen bleiben durchweg leitend und bezeugen den flachen Charakter des Meeres. An der Peripherie im SW, W und N enthalten diese Schichten terrigenes Material. Stratigraphisch wichtig sind die Foraminiferen, nach denen man folgende Gliederung vornehmen kann:

Sakmarastufe	Schwagerinenkalk	*Schwagerina princeps*
Stefan	Gschelstufe	*Pseudofusulina verneuili und Quasifusulina longissima*
Westfal	Moskaustufe i. w. S.	*Fusulina cylindrica*
Namur und Ob. Visé	Productuskalk	*Staffella, Endothyra, Archaeodiscus karreri*

Die Fusuliniden spielen hier, im Schelfvorland der Uraliden, die gleiche Rolle, wie später, im Tertiär, die Nummuliten im Vorland der Alpen. Der Vergleich zwischen Moskauer und Pariser Becken drängt sich direkt auf. Zu

Abb. 36. Schematisches Stratigraphisches Profil durch das Unterkarbon südlich von Moskau. Nach Masarowitsch, 1938.

1: Moskaustufe – 2: rote Serie an der Basis des Mittelkarbon – 3: Serpuchowstufe – 4: Okastufe – 5: kohlenführende Serie – 6: Tschernyschinkalk – 7: Upakalk – 8: Malevka Muraevnastufe – 9: Lebedjanskschichten des oberen Devon.

beachten sind zwei anscheinend weitverbreitete, durch rote Tone und Sande bezeichnete Diskordanzen: eine an der Basis der Moskaustufe, die andere an der Basis der Gschelstufe. Diese letztere entspricht einem Rückgang des Meeres, welcher seine Konzentrierung auf den Osten (östlich des Okawalles) zur Folge hatte.

Die schon besprochenen flözführenden Schichten werden mit dem tieferen *Productus*-Kalk zu der Okastufe zusammengefaßt, welche in zwei Unterstufen geteilt wird: Die tiefere enthält die flözführenden Schichten und die tonig-kalkige Tulaserie; sie entspricht dem Frühvisé nnd Mittelvisé. Die höhere, früher oft als *Striatus*schichten bezeichnet, zeigt drei Unterabteilungen und entspricht dem tieferen Obervisé (D_1–D_2). Dem höchsten Visé, nach einigen vielleicht schon dem Unternamur, entspricht dann die Serpuchowstufe.

Die Tulaschichten (10–20 m), früher als Stigmarienschichten bezeichnet, sind z. T. noch sandig-tonig mit Zwischenlagen von Kalk. Die gelegentlich häufigeren Stigmarien (mit gut erhaltenen Wurzelhaaren), welche neben der reichen marinen Fauna auftreten, sprechen für äußerste Flachheit des Beckens.

Die Leitformen sind: *Productus concinnus, Pr. granulosus, Spirifer duplicostatus, S. ovalis.* Außerdem ist diese Unterstufe durch eine ungeheure Fülle von Gastropoden ausgezeichnet (über 100 Arten). Am artenreichsten sind die Gattungen *Naticopsis, Macrocheilus, Actaeonina, Loxonema, Pleurotomaria, Murchisonia, Euomphalus,* daneben noch *Natica, Cylindrites, Polyphemopsis, Anomphalus, Microdoma, Trochus, Ampullacaea, Porcellia, Dentalium.*. Die meisten sind auf diese Unterstufe beschränkt. Von Orthoceren sind einige auch auf diese Unterstufe beschränkt: *O. acuminatum, O. vestitum, O. undatum, O. bicingulatum, Gomphoceras lagena*; von Goniatiten: *Imitoceras* cf. *rotatorius, Goniatites crenistria, G. striato-falcatus, Gyrtioceras burhennei, G. discus.* Von Muscheln sind eigentümlich: *Cypricardia rectangularis* u. a., *Solen siliquoides, Megalodon transversa, Leda leiorhynchus, Arca lacordaereana, Aviculopecten ellipticus* u. a.; die Brachiopoden gehen bis auf die Genannten höher hinauf; desgleichen die Bryozoen und Korallen. Von den Foraminiferen scheint *Spirillina irregularis* nur hier aufzutreten.

Der obere Teil der Okastufe oder die *striatus*-Schichten werden untergegliedert in: Alexinskschicht 12 m (*Spirifer trigonalis, Sp. triangularis, Sp. pinguis, Goniatites truncatus*), Michailovskschicht 12 m (*Spiriferina pectinoides, Sp. wenevi, Sp. insculpta, Cyrtina septosa, Goniatites granosus*) und Wenevschicht 6–20 m (*Spirifer pellaensis, Sp. trigonalis*): Die Ausbildung ist kalkig.

Durch ein Zurücktreten der Gastropoden und Vorherrschen der Korallen ist diese Unterstufe gut gekennzeichnet. Besonders häufig, wenn auch nicht auf diese Unterstufe beschränkt, sind: *Strephoides murchisoni, S. giganteus, Dibunophyllum turbinatum, Lonsdaleia duplicatum, L. truncatum, Caninia rossica, Cyclophyllum thomsoni.* Unter den Brachiopoden sind außer dem Zonenfossil *Prod. striatus* und *Pr. giganteus* (oben) bezeichnend: *Productus semiplanus, Streptorhynchus murchisoni, Spirifer integricostatus, Athyris variabilis, Terebratula sacculus.* Außerdem treten hier häufiger die auch schon im Liegenden vertretenen Formen auf: *Athyris expansa, Camarophoria globulina, Productus elegans, P. fimbriatus, Chonetes comoides, Nautilus bilobatus, N. excentricus, N. tulensis, Cycloceras ornatum.* Das gleiche gilt für die gesteinsbildend auftretenden Foraminiferen *Cribrospira panderi, Endothyra panderi, Spirillina subangulata* u. a.

Serpuchovstufe: Crinoidenkalke und Marmor; 40–45 m. Die Leitform ist *Spirifer trigonalis,* außerdem sind wichtig:

Productus lobatus, Pr. latissimus, Pr. scabriculus, Pr. undatus, Pr. costatus, Atrypa ambigua, Rhynchonella pleurodon, Spirifer multicostatus, Sp. furcatoides, Sp. praebisulcatus, Sp. luzkensis, Sp. gröberi, Sp. glaber, Sp. russiensis, Spiriferina insculpta, Streptorhynchus radiatus. Unter den Korallen sind *Caninia* (*lahuseni, inostranzevi, okensis, juddi* u. a.) und *Lonsdaleia (rossica, muschketowi)* vorherrschend. Die Foraminiferenfauna ist noch ähnlich, aber ärmer. Sehr reich ist die Fischfauna, die tiefer unten kaum vertreten ist, höher oben aber eine ganz andere Zusammensetzung zeigt. Die Gattungen *Myriacanthus, Leptacanthus, Holodus, Cladodus, Psammodus, Lophodus, Ceratodus, Petrodus, Pristicladodus, Hybodus, Plincholepis, Sporolepis, Osteolepis, Ostinaspis* und *Edestus* kommen vor.

Unter den Arten, welche den ganzen Productuskalk durchsetzen, seien genannt: *Brancoceras rotatorium, Nautilus planotergatus, N. clitellarium, N. pentagonus, Natica omaliana, Pleurotomaria griffithi, Allorisma sulcata, Solemya primaeva, Aviculopecten segregatus, Terebratula sulcisinuata, Athyris planosulcata, A. puschiana, A. bloedana, Orthis michelini, Productus giganteus, Pr. longispinus, Pr. punctatus, Chonetes papilionacea, Fenestella formosa* (und zahlreiche andere, die meist auch in die *Mosquensis*-

Stufe übergehen), *Perennitepora pulcherrima, Vincularia approximata, V. muricata* u. a. *Hexaphyllia prismatica, Syringopora gigantea, S. gracilis, Chaetetes radians, Ch. fischeri, Dybowskiella rossica, Amplexus cornutus, Zaphrentoides tulensis, Lophophyllum minimum, L. trautscholdi, Anisophyllum carbonicum, Campophyllum conicum* u. a., *Caninia struwei* u. a., *Lithostrotion caespitosum* u. a., *Lonsdaleia floriformis, L. duplicata, Koninckophyllum rossicum, Cyclophyllum thomsoni* u. a., *Clisiophyllum eichwaldi* u. a., *Dibunophyllum turbinatum, Strephoides giganteus* u. a., *Endothyra bowmanni, E. globulus, Spirillina plana, Cribrostomum eximium* u. a., *Tetrataxis conica, Nodosinella index, Archaeodiscus karreri.*

Die namurische Stufe fehlt bei Moskau, sofern nicht ihre unteren Teile in der Serpuchowstufe enthalten sind. Bei Samara werden dazu 50 m Schichten mit *Spir. bisulcatus* und Staffellen gestellt, die nur aus Bohrungen bekannt sind.

Das Mittelkarbon zeigt eine stark abweichende Fauna. Wichtig sind vor allem die Choristiten, d.h. die Gruppe des *Spirifer mosquensis* im weiteren Sinne. Der untere Teil der Stufe, oder die Baschkirischen Schichten (mit *Spir. bisulcatiformis, Yatsengina baschkirica* usw.), fehlt dem eigentlichen Bereich der Russischen Tafel und erscheint erst im Donezbecken (Kalkhorizonte F,G,H,I) und am Ural.

Nach Rauser-Tschernoussowa ist im Uralvorland das Unternamur durch helle Kalke mit roten Kieselknollen vertreten, welche Korallen, *Striatifera striata, Spirifer bisulcatus* und von Foraminiferen *Eostaffella protvae* und *Bradyina cribrostoma* führen; neben den letzten Viséformen sind hier also schon neue Typen vertreten. Die Sedimentation ist verhältnismäßig ruhig (Mächtigkeit c–a 13–14 m).

Im Obernamur erfolgt ein stärkerer Fazieswechsel: Brekzien, Oolithe, detritische Kalke herrschen vor. Kennzeichnend sind einige Pseudostaffellen (*antiqua, compressa, composita*), daneben *Eostaffella pseudostruvei, Parastaffella bradyi, Bradyina cribrostoma, Archaeodiscus baschkiricus*; selten treten Ozawainellen auf (Mächtigkeit c–a 18 m).

Darüber liegen zwar konkordant, aber doch mit Merkmalen deutlicher Verflachung, Gesteine mit terrigenem Einschlag und mit einer deutlich veränderten Fauna. Typisch sind *Spirifer bisulcatiformis* und Pseudostaffellen, die von *P. antiqua* über *P. gorskyi* zu *P. sphaeroidea* (Moskauer Stufe) mutieren. Die typische Moskauer (Vereisker) Fauna beginnt aber erst 27 m höher in konglomeratischen Sandsteinen, über denen Tone und Kalke folgen. In dem „unteren Mittelkarbon", welches von Semichatowa als Baschkirische Stufe bezeichnet wurde, lassen sich nach Foraminiferen zwei Unterstufen unterscheiden.

Unten liegen bunte Kalke mit folgender Foraminiferenfauna: *Eostaffella pseudostruvei, E. paraprotvae* (namurisch), *E. exilis* (Mittelkarbon), *Pseudostaffella antiqua, P. composita, Parastaffella bradyi, P. moelleri, P. pseudosphaeroidea, Schubertella, Profusulinella staffellaeformis, Bradyina, Archaeodiscus.*

Oben folgen klastisch-organogene und konglomeratische Kalke mit *Ozawainella pararhomboidalis, Parastaffella pseudosphaeroidea, P. struvei, Pseudostaffella antiqua, P. composita, P. compressa, P. latispiralis, P. con-*

fusa, P. gorskyi, Schubertella obscura, Profusulinella parva, P. staffellaeformis, Endothyra, Archaeodiscus.

Nach RAUSER-TSCHERNOUSSOWA zeigen die Foraminiferen dieses unteren Mittelkarbons eine deutliche Etappe an, während die stark veränderlichen Choristiten sich zur Abgliederung weniger eignen. Die Hangendgrenze (27 m über dem Namur) ist deutlich, und zwar sowohl petrographisch (konglomeratische Schicht) als auch biostratigraphisch (*Pseudofusulinella aljutovica, Pseudostaffella subquadrata, Eostaffella mutabilis*). Im Ural scheint der Martianovhorizont FREDERICHS' mehr oder weniger der Baschkirischen Stufe zu entsprechen. Im Donezgebiet gehören die Kalke G, H, J hierher. Sie liegen dort zwischen Namur mit Goniatiten und *Pseudost. antiqua* und Moskauer Stufe im engeren Sinne mit *Pseudostaffella aljutovica, P. subquadrata, Choristites inferus* und *Anthracoceras aegiranum* (in J). Hier ist der Name Kajalische Stufe üblich. Gastrioceraten (*listeri, subcrenatum*) sind bekannt. Im wesentlichen scheint es also Westfal A und B zu sein. Ob die Bezeichnung als Baschkirische (SEMICHATOWA) oder Kajalische (RAUSER-TSCHERNOUSSOWA und andere) Stufe sich durchsetzen wird, steht noch nicht fest, da die biostratigraphische Kennzeichnung noch einer Präzisierung bedarf.

Im Westteil des Moskauer Beckens liegt das obere Mittelkarbon oder die Moskauer Stufe im engeren Sinne unmittelbar auf den Serpuchowschichten. Sande und bunte Tone zeigen die Grenze an. Man unterscheidet vier Abteilungen (von unten):

Wereisk-Schichten: unten schräggeschichtete Sande, dann rote Tone und Kalke. *Choristites inferus, Pseudostaffella aljutovica, Ps. subquadrata.* 15–20 m.

Kaschirschichten: Mergel, Ton, Kalke, oben wieder roter Ton. *Choristites priscus.* 55–60 m.

Podolskschichten (75 m) und Mjatschkowoschichten (22 m): Kalke, unten mit Dolomit, oben Kalkoolithe, Konglomerate, rosa Mergel. *Chor. mosquensis, Ch. ivanovi*; neben diesen feinrippigen Formen beginnen auch die großen, grobrippigen, wie *Chor. trautscholdi.* Auch sonst sehr reiche Fauna (siehe unten).

Im Samaraer Gebiet ist das Mittelkarbon 360–400 m mächtig. Auch hier beginnt es mit Tonen und Sanden (Martjanovhorizont), die bei Sysran ölführend sind (40 m und mehr). Darüber liegen mächtige graue dolomitische Kalke.

Im Dongebiet liegt im Hangenden der Mjatschkowoschichten noch eine Übergangsfolge, die bei Moskau fehlt. Sie enthält eine verarmte Fauna, in der die Leitformen des Mittelkarbons schon fehlen, die typischen Oberkarbonformen aber noch nicht erschienen sind. Man nennt sie die Selesnjeffserie (SEMICHATOWA). 25–30 m.

Die Fauna des Mittelkarbons zeigt folgende Sondermerkmale: Die Fischfauna ist von der des Unterkarbon fast völlig verschieden. Von der übrigen Fauna sind außer den aufgezählten Choristiten zu nennen: *Phillipsia mucronata, P. gruenewaldti, Griffithides globiceps, G. roemeri, Gastrioceras (Pseudoparalegoceras) russiense, Nautilus mosquensis*

u. a. unten fehlende Nautiliden, *Orthoceras compressiusculum, O. sociale, Macrocheilus ampullaceus, M. glabratum, M. globosa, Capulus parasiticus* u. a., *Cerithium* (?) *ignoratum, Euomphalus marginatus, E. pentangulatus, Allorisma elegans, Avicula evanescens, Schizodus wheeleri, S. rossicus, Edmondia nebraskensis, Terebratula hastata, Spirifer fasciger, S. okensis, Spiriferina cristata, Orthis leyelliana, O. juresanensis, Streptorhynchus senilis, Productus aculeatus, Pr. konincki, Pr. semireticulatus, Marginifera timanica, Chonetes pseudovariolata*, ein ganzes Heer von Echinodermen (*Poteriocrinus, Cromyocrinus, Platycrinus, Stemmatocrinus, Forbesiocrinus, Hydriocrinus, Phialocrinus, Synyphocrinus*), *Archaeocidaris rossica, Palechinus, Lepidestes, Calliaster, Paleaster, Stenaster, Fenestella nowlinskyi, Polypora martis, P. dendroides, P. pustulosa, Coscinium, Rhabdomeson, Ceramopora, Stenopora, Synocladia, Chaetetes mosquensis, Ch. radians, Ch. scheremetewi, Cladochonus giganteus, Michelinia pyriformis, Lithostrotionella stylaxis, Botrophyllum conicum* u. a., *Lonsdaleia portlocki, Axophyllum cavum* u. a., *Lophophylloides solare, Rossophyllum novum, Petalaxis kunthi, P. portlocki, Phillipsastraea freieslebeni* u. a.[1] Mit den unteren Stufen sind im wesentlichen nur einige Bryozoen (*Fenestella*), Chaetetiden und die durch das ganze Karbon durchgehenden Brachiopoden: *Reticularia lineata, Martinia glabra, Orthis resupinata, Streptorhynchus crenistria, Productus longispinus, Productus punctatus* gemeinsam.

Das Oberkarbon oder die Gschelstufe wird bei Moskau wie folgt untergeteilt:

Tegulifera-Horizont: Mergel und Tone mit Kalklagen, 45 m, mit *Chonetes uralica, Ch. mesoloba, Ch. carbonifera, Productus subpunctatus, Pr. peruvianus, Pr. cora, Teguliferina rossica, Choristites jegulensis, Ch. supramosquensis* (selten), *Ch. cinctiformis, Ch. subcinctus, Ch. ussensis, Archaeocidaris rossica.*

Omphalotrochus-Schichten: Dolomit und dolomitische Kalke, 75 m, mit *Omphalotrochus whitneyi, Choristites supramosquensis, Ch. ussensis, Ch. cinctiformis, Ch. subcinctus, Ch. ussensis, Productus artiensis.*

Eingehender ist die Gliederung bei Samara, wo folgende Unterabteilungen unterschieden werden (von unten):

C_3^a Korallenschichten (= Zarewokurgan-Schichten): Kalke mit *Syringopora samarensis, S. parallela, Campophyllum volgense, Caninia; Ascopora nodosa, Geinitzella arbuscula, Fenestella; Spirifer fasciger, Sp. condor, Choristites fritschi, Ch. trautscholdi, Meekella gigantea, Camarophoria crumena.* 15–16 m.

C_3^b Horizont mit *Chor. jegulensis.* Fusulinen- und Brachiopodenkalke. Außerdem *Chor. ussensis, Ch. panderi, Ch. subcinctus, Ch. trautscholdi, Ch. pavlovi, Ch. cinctiformis, Spirifer rectangulus, Sp. samarensis, Chonetes uralica, Productus inflatus, Pr. undatus, Pr. pseudoartiensis, Pr. cora, Enteletes lamarcki, Euomphalus pentangulatus, Bellerophon rossicus, Murchisonia nikitini, Poteriocrinus, Archaeocidaris rossica, Syringopora parallela, Pseudofusulina verneuili, Ps. prisca, Quasifusulina longissima.* 35–40 m, z. T. bis 100 m.

C_3^c Horizont mit *Productus konincki*; weiche Gastropoden-Fusulinenkalke, verarmte Fauna ohne große Spiriferen: *Prod. cora, Enteletes lamarcki, Meekella eximia, Spirifer rectangulus, Syringopora parallela, Caninia volgensis, Campophyllum volgense, Murchisonia fischeri, Schizodus rossicus, Astarte permocarbonica, Dasycladaceen.* 40 bis 45 m.

C_3^d Horizont zuckerkörniger Dolomite mit noch mehr verarmter Fauna. *Pseudofusulina* wie C_3, *Syringopora, Productus cora.* 20–50 m.

C_3^e Horizont mit *Productus cancriniformis.* Obere Fusulinenkalke, z. T. dolomitisiert. Außerdem neu *Meekella volgensis*; Fusulinen und Korallen wie C_3. 20–35 m.

[1] Die Fusuliniden sind schon oben genannt.

C_3f Schwagerinenkalk, dürfte heute zum unteren Perm (Sakmarastufe) zu stellen sein. Siehe dort. 10–25 m.

Ohne genauere Horizontierung werden noch aus der Gschelstufe angegeben: *Helicoprion* sp., *Gonioloboceras* cf. *gracellanae*, *Eoasianites angulatus*, *Proshumardites mosquensis*, *Euomphalus canaliculatus*, *Spirifer poststriatus*, *S. ufensis*, *Spiriferina ornata*, *Sp. saranae*, *Athyris royssii*, *Retzia grandicosta*, *R. pseudocardium*, *Rhynchopora nikitini*, *Camarophoria purdoni*, *Chonetes dalmanoides*, *Ch. uralica*, *Ch. geinitzi*, *Dielasma elongatum*, *Orbipora parasitica*, *Gzelia boulleri*, *Zaphrenites nikitini*. Einige Formen sind mit der Moskauer Stufe gemeinsam: *Nautilus nikitini*, *Spirifer incrassatus*, *S. pavlowi*, *S. strangwaysi*, *Productus lineatus*, *Enteletes lamarcki*, *Meekella eximia*, *Syringopora parallela*, *Fistulipora labiata*; *Productus cora* Orb. gilt oft als Leitform dieser Stufe, geht aber gelegentlich tiefer und höher.

Die Gliederung und Verteilung des Karbons in Osteuropa hat eine gewisse prinzipielle Bedeutung. In dieser Zeit vollzieht sich der Übergang von dem großen altpaläozoischen äquatorialen Meer zum meridionalen Meer des

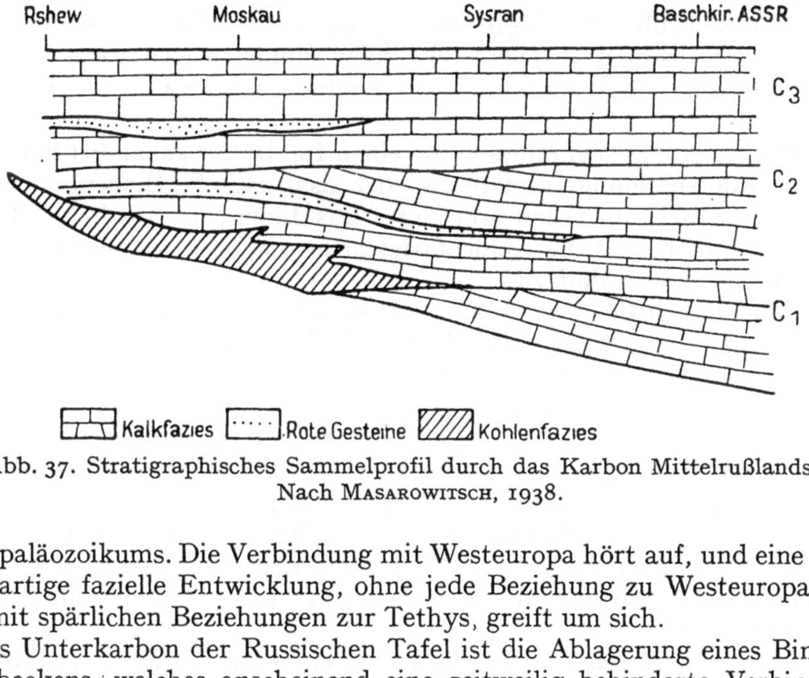

Abb. 37. Stratigraphisches Sammelprofil durch das Karbon Mittelrußlands. Nach MASAROWITSCH, 1938.

Jungpaläozoikums. Die Verbindung mit Westeuropa hört auf, und eine ganz eigenartige fazielle Entwicklung, ohne jede Beziehung zu Westeuropa und nur mit spärlichen Beziehungen zur Tethys, greift um sich.

Das Unterkarbon der Russischen Tafel ist die Ablagerung eines Binnenmeerbeckens, welches anscheinend eine zeitweilig behinderte Verbindung mit dem offenen Meere hatte. Es entwickelte sich im Raume der Riesenlagune des obersten Devons, welche von den kontinentalen Altrotsandsteinen im W und N umsäumt war. Entsprechend liegt das Karbon westlich von Moskau unmittelbar dem bunten terrigenen Oberdevon auf. Im Norden und Nordwesten ist eine enge Verbindung zwischen dem bunten Devon und der Kohlenserie des Untervisé vorhanden; im Onegagebiet besteht sogar das ganze Unterkarbon aus bunten Sandsteinen und Tonen.

Die basalen Tournaischichten haben den Charakter von Flachwasserbildungen; sie fehlen z. T. ganz, was nach RAUSER-TSCHERNOUSSOWA auf nachträgliche Erosion im Untervisé zurückgeht. Dieses scheint demgegenüber gelegentlich primär zu fehlen, und zwar vor allem auf den späteren Wällen (Oka-Zna usw.) und am Südsaum des Moskauer „Golfes". Die Tulaer Stufe greift über. Das bedeutet, daß das Untervisé einer Zeit stärkerer Hebung, Regression und Erosion in den benachbarten Hochgebieten im W und S (Baltikum, Ukraine, Woronesh) entsprach. Das terrigene Material wurde im Süden und Westen des Moskauer Golfes in sublitoral-marinen Deltas abgelagert, z. T. in subaërischer Fazies. Das geschrumpfte Becken war von riesigen Sumpfmoorgebieten umrahmt. Auch weiter im Osten bestanden noch Inseln, und terrigenes Material ist bis in die Wolgagegend nachzuweisen, wo auch noch Pflanzen auftreten. Terrigenes Material und Kohle sind noch in der unteren Tulastufe vorhanden, so daß die Trennung gelegentlich schwierig ist. Im allgemeinen wird aber der Sedimentationscharakter ruhiger und gleichmäßiger, und die eisenreichen und bunten Sedimente sprechen für wärmeres Klima.

Die Bodenunruhe und Regression zu Beginn des Visé hat regionale Bedeutung, wie aus dem Vorhandensein einer ähnlichen Fazies mit Kohle im Ural hervorgeht; sie ist wohl mit einer jungbretonischen Phase in Beziehung zu setzen.

Im Ural dürfte es sich indessen um einen Inselkranz gehandelt haben, an dem die Kohlenbildung ansetzte und der das russische Binnenbecken von dem offenen Meer im Osten abtrennte. Das Innere des russischen Unterkarbonbeckens besitzt die Kohlenfazies nicht, dagegen, wie neuerdings erkannt wurde, eine Erdölfazies.

Die Mächtigkeit des Unterkarbons ist in den zentralen Beckenteilen zwischen Wolga und Ural wesentlich größer als bei Moskau: während dort 120–210 m angegeben werden, beträgt bei Samara die Mächtigkeit 450 bis 480 m, bei Tuimasa (westliche Ufa) 400–430 m. Petrographisch handelt es sich auch dort um Kalke, denen im Untervisé Sandsteine und Tone mit reichlicher Erdölführung eingelagert sind, während Kohlen hier fehlen bzw. stark zurücktreten. Die Tone enthalten z. T. Gips. Es geht also im Inneren des Beckens die litorale Sumpffazies in eine Bitumenfazies über, wobei auch die liegenden und hangenden Kalke oft mit Erdöl getränkt sind. Auch darin äußert sich eine jedenfalls in dieser Zeit stark behinderte Verbindung mit dem Weltmeere.

Das höhere Visé zeigt wieder die Fazies eines offenen Meeres, obwohl in den zentralen Beckenteilen die Vorherrschaft von Dolomiten noch immer auf eine gewisse Behinderung der Weltmeerverbindung hindeutet. Dann erfolgt wieder eine bedeutende Regression: bei Moskau fehlen Namur und Unterwestfal, während weiter im Osten die Lücke kleiner wird und am Westhange des Urals ganz verschwindet. Die roten Tone und Sande an der Basis der Moskaustufe sind ein Kennzeichen dieser rückläufigen Phase, die wohl der erzgebirgischen Phase gleichzusetzen ist (Abb. 37).

Das Mittelkarbon besitzt demgegenüber die Kennzeichen eines zwar offenen, aber sehr flachen Meeres, mit Spuren gelegentlichen Trockenlaufens und starker Wasserbewegung. Im Norden (Weißmeerscholle) greift es auf liegende kontinentale Schichten über. Auch weiter im Süden besteht bei

Moskau eine Lücke (fehlende baschkirische Schichten) an der Basis; im Zusammenhang damit ist die Mächtigkeit hier gering (170–180 m). Südwärts zeigt eine teilweise Dolomitisierung die Annäherung an eine Uferregion an, welche in der Gegend des heutigen Woronesher Massives lag. Die verstärkten Bewegungen innerhalb dieses (ja schon früher bemerkbaren) Hochgebietes bilden sich nach SEMICHATOWA (1949) im Dongebiet in einem Über-

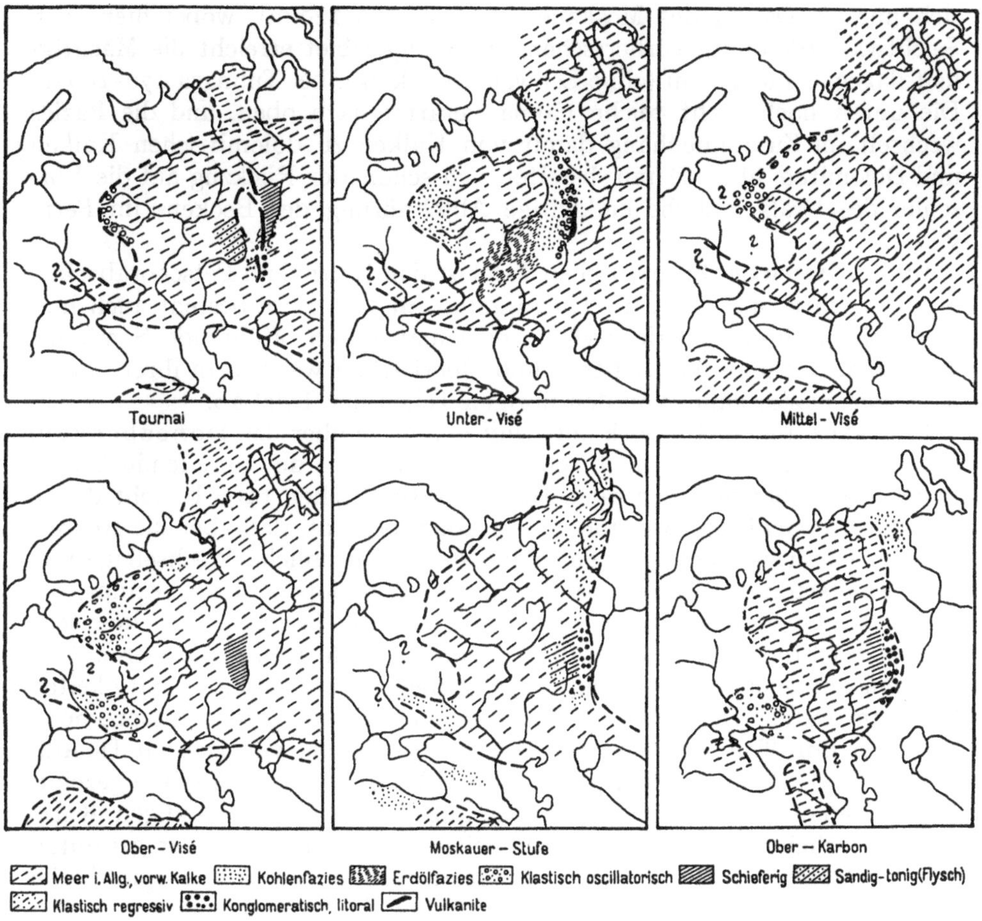

Abb. 38. Paläogeographie des Karbons auf der Sarmatischen Tafel.
Nach BELOUSSOFF, LEBEDEFF u. a.

gang der klastischen unteren (Vereiskstufe) zu einer kalkigen, an terrigenem Material armen oberen (Mjatschkowostufe) Abteilung ab. Daneben weisen hier sedimentäre Rhythmen auch auf Pulsationen niederer Ordnung hin (SEMICHATOWA 1949). Bei Samara erreicht die Mächtigkeit des Mittelkarbons 360–400 m; die basalen Tone und Sande sind hier auch ölhaltig. Die höheren Teile sind hier und westlich von Ufa (Tuimasa), wo die Mächtigkeit nur 260–280 m beträgt, durch fossilreiche Kalke vertreten.

Eine breite Verbindung dieses Beckens mit Westeuropa (BELOUSSOFF 1944) halte ich für unwahrscheinlich. Eine Verbindung mit Gorny Śląsk (Oberschlesien) könnte bis in die namurische Zeit vom Donezbecken über das Bugkarbon bestanden haben. Später fehlen dafür Beweise.

An der Grenze zum Oberkarbon besteht bei Moskau wieder eine Einschaltung von roten terrigenen Schichten. Diese (? asturische) Regression leitet schon den Rückzug des Meeres nach Osten ein. Das Oberkarbon findet sich nur im Ostteil des Moskauer Beckens (80–120 m), wobei hier auch Seichtwasserdolomite vorherrschen. Im Wolgagebiet erreicht die Mächtigkeit dagegen 130–200 m (ohne Schwagerinenkalk), bei Tuimasa 170–180 m. Die unten noch recht reiche Fauna verarmt nach oben, und die Fazies wechselt im Zusammenhang damit von Kalken zu dolomitischen Kalken und Dolomiten über. Damit bereitet sich schon der Rückzug auf die Vorsenke des Urals und die endgültige Abschnürung des Beckens im Perm vor.

Im Nordosten der Sarmatischen Tafel ist das Tournai im Petschorabecken wenig mächtig und fehlt im Timan ganz. Im Untervisé besteht auch hier eine kohlenführende Serie, welche im Timan durch ölführende Sande ersetzt wird. Höheres Visé, Mittel- und Oberkarbon weichen in ihrer karbonatischen Fazies kaum von den übrigen Teilen der Tafel ab.

Eine ganz andere Entwicklung zeigt demgegenüber das Donezbecken. Die Karbonserie ist hier auch sehr vollständig. Der durchgreifende Unterschied gegenüber dem zentralen Teil der sarmatischen Tafel besteht darin, daß die Entwicklung zwar auch mit Kalken beginnt, daß aber die Regression im Untervisé fehlt und daß dann die eigentümliche Wechsellagerung von Schieferton mit Kohle, Sandstein und Brachiopodenkalk beginnt, die bis in das Oberkarbon fortsetzt. Hierbei werden Sedimente in einer sehr großen Mächtigkeit abgelagert; kann man sie doch nach den neueren Aufnahmen auf 7000 m und mehr veranschlagen; die größten Mächtigkeiten liegen im Osten. Die größeren Tiefen lagen auch im Osten; entsprechend herrschen dort Tone und Kalke, im Westen Sandsteine vor. Das hat TSCHIRVINSKI (Z. d. D. g. G. 1925, 77 B., A, 1 H.) durch genaue Analyse gezeigt. Dabei bleiben die sehr dünnen, aber außerordentlich beständigen Kalkbänke spärlich; ihre Gesamtmächtigkeit erreicht kaum 1% der gesamten Schichtenfolge. Die Ingressionen des Meeres bleiben also kurze, episodische Ereignisse. Die Kohlen sind meist autochthon, im paralischen Sumpfgürtel des zurückgehenden Meeres gebildet.

Das Donezkarbon wird, wie das von Mittelrußland, in drei Hauptabteilungen C_1, C_2 und C_3 geteilt, wobei aber zwischen der praktisch-petrographischen Gliederung des Geologischen Komitees (LUTUGIN, STEPANOFF), der paläontologischen Gliederung (LEBEDEFF, LISSITZIN) und der phytopaläontologischen Einteilung (ZALESSKI) noch Unstimmigkeiten bestehen. Hier soll eine kurze Übersicht gegeben werden, die sich auf alle genannten Gliederungen stützt. Es sei noch bemerkt, daß die sehr beständigen Kalklagen im Karbon durchlaufend mit A–P und einem Unterindex (A_1, A_2 usw.) bezeichnet werden.

An der Basis liegt ein grauer Kalk mit devonisch-karbonischer Mischfauna: *Prod. fallax, Rhynchonella multicosta, Monticulipora tumida, Arca oreliana, Cythere tulensis*, entsprechend der Malevka-Muraevnastufe Mittelrußlands.

Die hangende Stufe C_1 (1500–2000 m, vorwiegend Kalke) umfaßt das Unterkarbon und das Namur und wird vom Geologischen Komitee in die Unterstufen C_1^1–C_1^5 gegliedert. Dabei erscheint es aber zweckmäßig, in C_1^1 vier Unterabteilungen zu unterscheiden, die LEBEDEFF wie folgt kennzeichnet (von unten):

C_1^{1a} (Karakubazone). Kalk mit *Spir. medius, Orthothetes crenistria, Chonetes hardrensis, Ch. papilionacea, Productus fallax, Pr. haemisphaericus, Pr. undatus, Rhynchonella multicosta, Martinia glabra, Martiniopsis kalmiusi, Euomphalus catilliformis*. Es ist Untertournai oder Upakalk Mittelrußlands.

C_1^{1b} (Wolnowachazone und Karpowzone n. LISSITZIN). Kalk mit *Prod. semireticulatus, Pr. corrugatus, Pr. elegans, Pr. fallax, Pr. pyxidiformis, Pr. scabriculus, Pr. haemisphaericus, Pr. mesolobus, Pr. sublaevis, Pr. pustulosus, Pr. undiferus, Pr. antiquissimus, Chonetes papilionacea, Ch. hardrensis, Ch. laguessiana, Ch. dalmani, Ch. comoides, Ch. elegans, Ch. variolata, Ch. convoluta, Schizophoria resupinata, Orthothetes arachnoides, Or. crenistria, Or. bituminosa, Rhynchonella domgeri, Rh. multicosta, Dielasma amoenum, D. sacculus, Athyris subtilita, A. royssi, A. ambigua, A. expansa, A. globulina, A. planosulcata, A. squamigera, Spirifer tornacensis, Sp. desinuatus, Sp. cinctus, Sp. centronatus, Sp. conularis, Sp. rostellatus, Sp. stylae, Martinia glabra, Martiniopsis kalmiusi, Reticularia lineata, Spiriferina octoplicata, Cyrtia dorsata, Euomphalus pentangulatus, Straparollus minimus, Aviculopecten semicircularis, Fenestella ucrainae, Syringopora parallela, S. ramulosa, S. reticulata, S. distans, Caninia cylindrica, Lithostrotion aranea, Phillipsia mesotuberculata*. Nach LEBEDEFF Obertournai bzw. Tschernyschinkalk von Moskau.

C_1^{1c} (C_1^{2a} n. LEBEDEFF). Stilazone oder Mariupol- und Stilazone n. LISSITZIN. *Productus semireticulatus, Pr. plicatilis, Pr. pseudonystianus, Pr. punctatus, Pr. pustulosus, Pr. aculeatus, Pr. undiferus, Pr. corrugatus, Pr. elegans. Pr. giganteus* var. *donaicus* (selten), *Pr. sublaevis, Pr. warringtonianus, Chonetes papilionacea, Ch. convoluta, Ch. concentrica, Ch. laguessiana, Ch. variolata, Ch. hardrensis, Orthis michelini, Orthothetes crenistria, Spirifer bisulcatus, Sp. cinctus, Sp. conularis, Sp. roemeri, Reticularia lineata, Martinia glabra, Spiriferina octoplicata, Orbiculoidea nitida, Lingula mytiloides, Aviculopecten duplicicosta, A. megalotis, A. semicircularis, Brachymetopus uralicus, Phillipsia eichwaldi, Zaphrentis konincki, Lithostrotion, Protolonsdaleia*, erste Dibunophyllen. LEBEDEFF verglich diese Zone mit dem Waulsortien Belgiens, welches aber eine Fazies, keine stratigraphische Zone darstellt; man kann also wohl von tiefstem Visé (? und oberstem Tournai) sprechen, entsprechend den kohlenführenden Schichten bei Moskau (n. LISSITZIN auch noch untere Tulaschichten).

C_1^{1d} (C_1^{2b} n. LEBEDEFF). Donezzone. *Prod. semireticulatus, Pr. aculeatus, Pr. concinnus, Pr. striatus, Pr. undiferus, Pr. pustulosus, Pr. pyxidiformis, Pr. giganteus* (häufig), *Pr. medusa, Pr. granulosus, Pr. haemisphaericus, Pr. longispinus, Pr. elegans, Pr. ermineus, Chonetes papilionacea, Ch. elegans, Ch. hardrensis, Schizophoria resupinata, Orthotetes crenistria, Dielasma subtilitum, D. sacculus, Pugnax pugnus, Rhynchonella pleurodon, Camarophoria globulina, Athyris royssi, A. expansa, Spirifer ovalis, Sp. attenuatus, Sp. bisulcatus, Sp duplicicosta, Sp. grimesi, Sp. rostellatus, Sp. trisulcosus, Sp. pinguis, Reticularia lineata, Martinia glabra, Parallelodon bistriatus, Aviculopecten megalotis, Caninia juddi, Dibunophyllum, Lithostrotion affine, L. irregulare, L. junceum, Syringopora parallela*. Es sind typische Productuskalke des unteren Visé = den Tulaschichten bzw. ihrem oberen (Wenev) Horizont (n. LISSITZIN) bei Moskau entsprechend.

C_1^2–C_2^3 (Beschevozone Komitee ex parte = Kalmiuszone C_1^{2c} LEBEDEFF). *Productus giganteus, Pr. latissimus* (von nun an vorherrschend), *Pr. aculeatus, Pr. longispinus, Pr. pustulosus, Pr. punctatus, Orthis michelini, Schizophoria resupinata, Orthotetes crenistria, Spirifer bisulcatus, Sp. grandicostatus, Sp. trigonalis, Sp. trisulcosus, Reticularia lineata, Martinia glabra, Spiriferina octoplicata, Retzia radialis, Dielasma amoenum, Aviculopecten interstitialis, Fenestella polyporata, Syringopora parallela, Lithostrotion irregulare, L. junceum, Zaphrentis konincki*.

Diese Folge enthält die erste Landflora ZALESSKIS: *Asterocalamites scrobiculatus, Sphenophyllum tenerrimum, Lepidodendron veltheimianum, Sphenopteris bermudensiformis, Pecopteris aspera, Diplotmema dissectum, Rhodea goepperti.* ZALESSKI unterscheidet darin vier Subzonen: I. *Neuropteris bulupalganensis*, II. *Demetria amadoca* und *Lepidodendron papastaramense*, III. *Heleniella tschirkoveana* und erste *Pecopteris plumosa*, IV. *Heleniella bellula, Helenia gracillima*, erste *Neuropteris schlehani.* LEBEDEFF zieht durch diese Zone die Grenze Namur–Visé; die Flora entspricht etwa den Wagstädter Schichten in Gorny Ślązk (Oberschlesien), steigt aber mit den wichtigsten Elementen in C_1^4 hinauf. Sie dürfte im wesentlichen Obervisé sein und der Serpuchowstufe angehören.

C_1^4 (Beschewozone Komitee oberer Teil = C_1^{2d} Beschevozone LEBEDEFF). Oben und unten Kalke mit *Prod. latissimus*, in der Mitte Sandsteine und Schiefertone mit den ersten Flözen. *Leptaena sinuata, Orthothetes crenistria, Schizophoria resupinata, Productus latissimus* (?), *Pr. longispinus, Pr. concinnus, Pr. elegans, Pr. punctatus, Pr. medusa, Spiriferina insculpta, Athyris ambigua, A. globularis, A. planosulcata, Rhynchonella reflexa, Dielasma sacculus, D. amoenum, Spirifer trigonalis, Sp. triangularis, Sp. triradialis, Reticularia lineata, Martinia glabra, Phillipsia globiceps, Monopora donaica, Fenestella flabellata, Aviculopecten forbesi, A. interstitialis, Porcellia woodwardi, Turbonitella biserialis, Cravenoceras beshevense.*

Die Flora ist z. T. die gleiche, wie unten; außerdem: *Sphenopteris stangeri, Sph. larischi, Sph. bäumleri, Sph. coralloides, Sph. quercifolia.* Unten: *Alethopteris pristina, Mariopteris pauxilla.* Oben: *Sphenophyllum berestovianum.* Es beginnt *Mixoneura obliqua.* Diese Zone ist vielleicht schon Unternamur. Ob sie noch mit LEBEDEFF und LISSITZIN der Serpuchowstufe zuzurechnen ist, oder schon in den Bereich der bei Moskau vorhandenen großen Lücke fällt, sei dahingestellt.

C_1^5 (Unterer Teil der Kalmiusstufe, Komitee = C_1^{2c}, Mandrykinozone LEBEDEFF). Schiefer, Sandsteine und Kalk mit im wesentlichen gleicher Fauna: *Orthothetes crenistria, Productus giganteus, Pr. longispinus, Pr. semireticulatus, Pr. undiferus, Spirifer duplicicosta, Sp. eximius, Euphemus horieni, Reticuloceras inconstans, R. reticulatum, Homoceras striolatum.* Hier beginnt die zweite Flora ZALESSKIS (die indessen nach seinen Angaben 1938 von der dritten nicht scharf geschieden ist). Wichtig sind: *Mixoneura obliqua. Neuropteris schlehani, Mariopteris beneckei, Lepidophloios scoticus.* Kalke der Abteilung E; nach dem Komitee Unterkarbon, n. LEBEDEFF (1929) Unternamur.

Die Abteilung C_2 (Mittelkarbon) enthält die wichtigsten Flöze. Petrographisch ist der häufige Wechsel von Sandstein, Schieferton, Kohle und Kalk bezeichnend. Faunistisch ist das durchgehende Vorkommen von *Choristites mosquensis* und das Fehlen von *Productus giganteus* und *Pr. latissimus* wichtig. Mächtigkeit 3000–4000 m. Nach neueren Angaben scheint übrigens die Unterstufe C_3^1 des Komitees noch dem Mittelkarbon (= Westfal) anzugehören, was mit der früheren Annahme LEBEDEFFS übereinstimmt. Das Geologische Komitee unterscheidet im Mittelkarbon die Unterstufen C_2^1–C_2^6 bzw. C_3^1, ZALESSKI drei Serien (Kalmius, Bokowo-Rowenki und Krasnokut), LEBEDEFF nur zwei Unterstufen C_2^1 und C_2^2 (Kalke F, G, H, J).

Die Unterstufe C_2^1 LEBEDEFFS entspricht den Abteilungen C_2^1–C_2^4 des Komitees, (Kalke F, G, H, J), wobei C_2^1 und C_2^2 seine Abteilung C_2^{1a} bilden, die er noch ins Namur stellt, was indessen faunistisch nicht ganz gerechtfertigt erscheint, da hier oben schon *Gastrioceras listeri* und *G. sucrenatum* auftreten, also Formen des Westfals A (Vα und Vβ).

Nach LIBROWITSCH (1947) wäre C_2^1 noch Obernamur; es enthält: *Gastrioceras cancellatum, G. martiusi, G. marianum, Reticuloceras superbilingue, Branneroceras branneri, Schartymites barbotanus, Homoceratoides divaricatum.*

C_2^2–C_2^3 (Westfal A) enthalten: *Gastrioceras listeri, G. welleri, G. subcrenatum, G. circumnodosum.*

Außerdem in C_2^1 und C_2^2 bezeichnend: *Profusulinella, Pleuronautilus costatus, Temnocheilus latus, Raphistoma junior, Aviculopecten nobilis, Entolium sowerbyi, Choristites prisca, Spirifer triradialis, Millepora spicularis.*

C_2^3 (Komitee) = C_2^{1b} (LEBEDEFF) enthält vor allem Anthracosien (*Carbonicola acuta, Najadites*).

C_2^1–C_2^3 (Komitee) entsprechen (mit C_1^5) der Kalmiusserie ZALESSKIS (n. LEBEDEFF), für die als bezeichnend gelten: unten neben den bei C_1^5 genannten *Sphenopteris hoeninghausi, Pecopteris aspera, Neuropteris rectinervis, Cardioneura amadoca*; oben *Sphenopteris hoeninghausi, Mariopteris nervosa, M. acuta, Pecopteris plumosa, Neuropteris gigantea, N. heterophylla, N. rarinervis, N. rectinervis, Linopteris münsteri, Alethopteris decurrens.*

C_2^4 (Komitee = C_2^{1c} LEBEDEFF) enthält *Aviculopecten parvus, Carbonicola angulata, Donetzoceras donetzense, Gastrioceras discus, Anthracoceras circumnodosum, Phillipsia kalmiusi.* Hier liegt die vierte Flora ZALESSKIS, welche er schon seiner Chrustalsko-Rovenkiserie zurechnet (1938), welche aber von der liegenden dritten Fauna wenig abweicht; neu hinzu treten: *Sphenopteris domherri, Neuropteris tenuifolia, Phylladoderma zeilleri, Eusarcophyllum amadocum.*

Es ist daher wohl berechtigt (wie das schon LEBEDEFF vermutete), die Zonen C_2^1–C_2^4 des Komitees zu einer Unterstufe zu vereinen, welche zur Zeit im Donezbecken den Namen Kajalische Unterstufe trägt. Unten könnte sie in das Namur hinabreichen oben noch das Westfal B umfassen, da über den Kalken J, welche dem C_2^4 angehören, *Anthracoceras aegiranum*, also eine Form des Westfal C, auftritt. Da die Grenzen nicht feststehen, kann die Kajalische Unterstufe nur ganz allgemein mit den baschkirischen Schichten bzw. mit dem Westfal A gleichgestellt werden.[1] RAUSER-TSCHERNOUSSOWA (1949) möchte daher die endgültigen Entscheidungen über den Namen noch der Zukunft überlassen. Der ganzen Unterstufe C_2^1 sind gemeinsam: *Orthis michelini, Schizophoria juresanensis, S. resupinata, Orthothetes crenistria, Chonetes carbonifera, Productus concinnus* mut., *Pr. cora* (?), *Pr. elegans, Pr. giganteus* (selten), *Pr. longispinus, Pr. medusa, Pr. semireticulatus, Pr. undiferus, Spirifer attenuatus, Sp. duplicicostus, Sp. increbrescens, Sp. rockymontanus, Sp. triradialis, Choristites inferus, Martinia glabra, Spiriferina octoplicata, Athyris ambigua, A. papyraceus, A. verbeecki, Bellerophon moravicus, Murchisonia carbonaria.* Mithin ist die Fauna der von C_1 noch recht ähnlich.

Die Unterstufen C_2^5 und C_2^6 (Komitee) = C_2^{2a} und C_2^{2b} LEBEDEFF entsprechen dem oberen Teil der Chrustalsko-Rovenkiserie ZALESSKIS und enthalten seine fünfte Flora (1928). Nach LEBEDEFF unten: *Lingula* aff. *carbonaria, Meekella eximia, Leiopteria,* oben: *Choristites mosquensis, Aviculopecten verbeecki, Pterinopecten subpapyraceus, Anthracosia williamsoni, Phillipsia roemeri.*

Außerdem seien erwähnt (mit * die noch in C_3^1 auftretenden Formen): **Bradyina nautiliformis, Profusulinella aljutovica, Psudostaffella subquadrata, Chaetetes radians, Monopora donaica, *Fenestella veneris, F. virgosa, Orthis uralica, Schizophoria juresanensis, * Enteletes carnicus, * E. lamarcki, * Orthotetes morganiana, * Streptorhynchus tapajotensis, * Derbya biloba, * D. grandis, * Meekella eximia, * Chonetes carbonifera, Ch. uralica, Ch. variolata, Productus aculeatus, * Pr. cora, Pr. elegans, Pr. nebrascensis, * Pr. punctatus, * Pr. pustulosus, * Pr. semireticulatus, Marginifera costata, M. kalmiusi, M. parva, M. pusilla, * M. typica, * M. uralica, Proboscidella genuina, * Pr. kutorgae, Pugnax catoniiformis, * Rhynchonella wynnei, Spirifer condor, Sp. doni, * Choristites inferus, * Spirifer rectangulus, * Sp. strangwaysi, * Sp. supramosquensis, * Sp. trigonalis* var., * *Reticularia lineata, Martinia carinthiaca, * M. corculum, * M. glabra, Spiriferina cristata, * Sp. insculpta, Hustedia remota, *Athyris ambigua, A. planosulcata, Dielasma vesiculare, Bellerophon moravicus, Murchisonia carbonaria, Phillipsia grünewaldti.*

Die Unterstufen C_2^5 und C_2^6 bilden den mittleren und oberen Teil der Chrustalsko-Rovenkiserie ZALESSKIS und enthalten seine fünfte Flora (1928). Neben den auch höher hinaufgehenden *Neuropteris gigantea, N. tenuifolia, N. rarinervis* enthält C_2^5 (mit *

[1] Siehe auch S. 148.

auch C_2^6): *Mariopteris nervosa*, **Linopteris münsteri*, *Alethopteris grandini*, *A. discreta*, *Odontopteris robusta*. C_2^6: *Neuropteris scheuchzeri*, *Mixoneura ovata*, *Linopteris obliqua*, *L. neuropteroides*.

Von Goniatiten n. LIBROWITSCH (1947): In C_2^5: *Anthracoceras aegir*, *Gastrioceras reticulatum*, *Politoceras politum*.

In C_2^6 (und neuerdings C_2^7): *Donetzoceras*, *Homoceratoides* cf. *Kitchini*, *Anthracoceras cambriense*, *Syngastrioceras ukrainicum*, *Eudiscoceras krynkense*.

Die Folge C_2^5 ist dem Westfal C (? und B) oder der tieferen Moskauer Stufe (Wereisk + Kaschir) gleichzustellen; während C_2^6 wohl schon der podolischen Unterstufe entspricht.

Die Folge C_3^1 (C_2^{2c} LEBEDEFF) wird heute auch noch dem Mittelkarbon zugerechnet. Aus der Fauna seien erwähnt (s. auch die bei C_2^5–C_2^6 mit Stern bezeichneten Formen): *Fusulina cylindrica*, *F. minima*, *F. simplex*, *F. obsoleta*[1], *Polypora biarmica*, *P. supracarbonica*, *Fenestella texana*, *F. doni*, *Geinitzella columnaris*, *Orthis pecosi*, *Schizophoria supracarbonica*, *Sch. resupinata*, *Chonetes flemingi*, *Ch. moelleri*, *Productus abichi*, *Pr. anomalus*, *Pr. artiensis*, *Pr. boliviensis*, *Pr. irginae*, *Pr. lineatus*, *Pr. nebrascensis*, *Pr. pseudoaculeatus*, *Pr. punctatus*, *Pr. transversalis*, *Pr. inca*, *Pr. volgensis*, *Pr. inflatus*, *Pr. prattenianus*, *Pr. mosquensis*, *Pr. tenuistriatus*, *Pr. koninckianus*, *Pr. fasciatus*, *Pr. scabriculus*, *Marginifera timanica*, *Squamularia perplexa*, *Ambocoelia planoconvexa*, *Spirifer carnicus*, *Sp. marcoui*, *Sp. postventricosus*, *Sp. sowerbyi*, *Sp. maya*, *Sp. nalivkini*, *Sp. gavorskyi*, *Choristites mjatschkovensis*, *Ch. ivanovi*, *Ch. priscus*, *Ch. holtedahli*, *Ch. panderi*, *Ch. stuckenbergi*, *Martinia semiplana*, *Pugnax granum*, *P. swallowi*, *Spiriferina holzapfeli*, *Athyris pectinifera*, *Dielasma plica*, *D. elongatum*, *D. giganteum*, *Griffithides scitula*.

Floristisch (6. Flora ZALESSKIS 1928) wird die Unterstufe C_3^1 von ZALESSKI als Krasnokutserie ausgeschieden. Neben den oben genannten, bis hier durchgehenden Neuropteriden sind wichtig: *Sphenophyllum emarginatum*, *Asolanus camptotaenia*, *Pecopteris integra*, *P. cyathea*, *P. arborescens*, *Neuropteris scheuchzeri*, *Mixoneura ovata*, *Alethopteris costei*, *Linopteris obliqua*.

Es ist also C_3^1 dem Westfal D und den Mjatschkowoschichten bei Moskau gleichzusetzen. Die Zahl der bauwürdigen Flöze ist noch groß.

Das Oberkarbon enthält die Abteilungen C_3^2 und C_3^3, welche sich faunistisch und floristisch unterscheiden lassen. Die Mächtigkeit erreicht 1500 bis 2000 m.

C_3^2 führt: *Fusulina cylindrica* (?), *Fenestella texana*, *Polypora biarmica*, *P. supracarbonica*, *Geinitzella columnaris*, *Schizophoria subpracarbonica*, *Streptorhynchus halli*, *St. carnicus*, *St. lamarcki*, *Meekella baschkirica*, *Productus curvirostris*, *Pr. humboldti*, *Pr. cora*, *Pr. abichi*, *Pr. cancriniformis*, *Pr. lineatus*, *Pr. pustulosus*, *Pr. inca*, *Pr. inflatus*, *Pr. prattenianus*, *Pr. fasciatus*, *Marginifera timanica*, *Chonetes carbonifera*, *Ch. deplanata*, *Pugnax granum*, *Squamularia perplexa*, *Spirifer strangwaysi*, *Sp. rectangulus*, *Sp. carnicus*, *Sp. postventricosus*, *Sp. trigonalis* var. *lata*, *Choristites holtedahli*, *Ch. panderi*, *Ch. stuckenbergi*, *Ch. jegulensis*, *Ch. jegulinoides*. *Ch. pavlovi*, *Ch. trautscholdi*, *Dielasma elongatum* var., *D. giganteum*, *D. nucleolus*, *Martinia corculum*, *Athyris pectinifera*, *Pseudomonotis radialis*.

Hier sind nur noch 2–3 Flöze vorhanden. Die Menge der Kalklagen nimmt nach oben zu.

C_3^3 führt: *Spirifer musa khailensis*, *Sp. postventricosus*, *Spiriferina nasuta*, *Reticularia lineata*, *Martinia corculum*, *Athyris pectinifera*, *Productus praepermicus*, *Pr. abichi*, *Pr. gratiosus*, *Pr. nebrascensis*, *Pr. semireticulatus*, *Pr. lineatus*, *Pr. cora*, *Mar-*

[1] Eine moderne Bearbeitung der Fusuliniden lag mir noch nicht vor.

ginifera pusilla, M. typica, M. uralica, Chonetes moelleri, Ch. uralica, Orthis uralica, Orthothetes armeniacus, Streptorhynchus pelargonatus, Rhynchonella nikitini, Dielasma bovidens, D. elongatum, D. giganteum, Trachydomia wheeleri, Allorisma subcuneatum, Stenopora hemisphaerica, Geinitzella columnaris, Fenestella doni, Schwagerina princeps(?), *Fusulina longissima, F. alpina* var. *rossica, F. simplex, F. obsoleta.*

Die Fusuliniden bedürfen wohl noch einer Neubearbeitung. Mit Ausnahme von *Schwagerina princeps*, deren Anwesenheit schon darum unwahrscheinlich ist, weil sie auch aus den wesentlich höher liegenden Dolomiten über der hangenden Araukaritenserie angegeben wird, sind die anderen Fusuliniden für das oberste Karbon bezeichnend. Jedenfalls ist eine Parallelisierung mit dem Schwagerinenkalk Ostrußlands nicht ohne weiteres statthaft.

Floristisch scheidet ZALESSKI die Unterstufen C_3^2 und C_3^3 als Luganskserie aus (untergeteilt in Debalzew- und Troizkserie). Unten treten noch *Neuropteris rarinervis, N. scheuchzeri, Mixoneura ovata, Linopteris obliqua, Pecopteris polymorpha* auf. Außerdem bezeichnend: *Asterophyllites equisetiformis, Annularia stellata, A. sphenophylloides, Sphenophyllum oblongifolium, Sph. amadokense, Pecopteris miltoni, P. arborescens, P. cyathea, P. unita, P. lepidorhochis, P. oreopteridia, P. polymorpha, P. feminaeformis, P. grigorjevi, Alethopteris costei, Sphenopteris rossica, Sph. fossorum, Mixoneura ovata, Odontopteris reichi, O. osmundaeformis, Sigillaria brardi, Cordaites borassifolius, C. principalis, Dorycordaites palmaeformis, Abietites toretzensis, Dadoxylon amadokense.*

Das C_3^2–C_3^3 entspricht wohl recht genau dem Stefan und der Gschelstufe. Die im Hangenden folgende „Araukaritenserie" PC wird von ZALESSKI auf Grund der Flora (1938) endgültig dem Perm zugewiesen.

Zur paläogeographischen Stellung des Donezkarbons sei folgendes gesagt: Die Zunahme mariner Horizonte, insbesondere der Kalke nach Osten, macht es wahrscheinlich, daß das offene Meer dort lag. Andererseits ist im Unterkarbon und im Namur eine Verbindung nach Westen (Wolhynien–Gorny Śląsk [Oberschlesien]) nach der Auffindung des Bugkarbons nicht unwahrscheinlich. Die Fazies dürfte sich aber in dieser Richtung ändern; erdölfündige Bohrungen in der Ukraine wurden dahin ausgedeutet, daß dort die Kohlenfazies in eine Erdölfazies übergehe, ähnlich wie das für die zentralen Teile der ostrussischen Senke anzunehmen ist. Allerdings muß berücksichtigt werden, daß die Ölfazies dort nur das Unterkarbon betreffen kann, welches im Donezbecken ja nicht kohlenhaltig ist, so daß die Verhältnisse westlich vom Donezbecken wohl eher an Mittelrußland anschließen.

Nach Norden nimmt die Mächtigkeit des Karbons sehr schnell ab, und die sandig-tonigen, kohlehaltigen Schichten konzentrieren sich dort auf das Unterkarbon, womit ebenfalls eine Annäherung an die Moskauer Verhältnisse gegeben ist. Bei Oskol ist das gesamte (Unter-) Karbon nur 100 m mächtig und liegt unmittelbar auf Präkambrium. Eine Schwelle zwischen Moskauer und Donezbecken scheint damit angedeutet zu sein.

Im Gegensatz dazu nehmen die Mächtigkeiten des Karbons nach Süden bis zum Rande des Asow-Podolischen Blockes nicht ab. Dieser Rand ist zweifellos eine spätere gewaltige Störungszone, und es wird daher vielfach angenommen, daß das Karbon in bedeutender Mächtigkeit noch den alten Block überdeckt hat und erst später, bei seiner Heraushebung, erodiert worden ist. Es fällt auch auf, daß Konglomerate, die für eine Ufernähe sprechen würden, im ganzen Donezkarbon fehlen. Die Materialzufuhr ist dabei wohl kaum von wo anders als von Süden anzunehmen; darauf deutet die Tatsache hin, daß n. TSCHIRWINSKI die mittlere Zusammensetzung der Sedimente der eines verwitterten Gneises oder Granites entspricht; auch die Untersuchung der Schwermineralien (Tatarski) soll das bestätigen. Darauf gründet Schatski die Hypothese, daß nicht das Podolische Massiv, sondern ein südlich davon, etwa im Gebiet der heutigen Steppenkrim gelegenes Bergland der Sedimentlieferer gewesen ist. In diesem mutmaßlichen Bergland vermutet er einen variszischen Gebirgsstrang, zu dem das Donezbecken als Vorsenke gehörte. Positionell und regionaltektonisch stehen einer solchen Deutung aber noch Schwierigkeiten gegenüber, wenn auch der Sedimentcharakter des Donezbeckens in manchen Zügen an den von Saumsenken erinnert. Es ist vor allem zu berücksichtigen, daß im Bereiche der Steppenkrim anscheinend ein Unterbau lagert, der von marinem Unterperm überdeckt ist (Funde von Blöcken im Mesozoikum der Krim). Daraus ergibt sich aber, daß dieses Bergland im Perm schon abgetragen und überdeckt war; als Lieferant von Sedimentmaterial für den jüngeren Teil der Donezfolge kommt es daher kaum in Frage. Mit Archangelski könnte man vielleicht annehmen, daß dieses Bergland in der Nordkrim zwar bestand, aber größeres Alter hatte (? kaledonisch)

Der Sedimentcharakter im Donezbecken wird durch den häufigen Wechsel zwischen Kohle und Schieferton, Sandstein und Kalk bestimmt; erste entsprechen einer Stillstandsphase, der Sandstein einer durch Sedimentation kompensierten, die Kalke einer unkompensierten Senkung. Da der Charakter der Ablagerungen bei der enormen Mächtigkeit von etwa 9000 m flach bleibt, muß mit einer langsamen, im wesentlichen kompensierten Senkung gerechnet werden. Dabei scheint der Senkungsvorgang nicht ganz gleichmäßig gewesen zu sein, da nach Schatski die Mächtigkeit der Sandsteine und Schiefertone in den Mulden größer ist als in den Sätteln, wobei die Mächtigkeitsschwankungen der einzelnen stratigraphischen Horizonte gleichmäßig verlaufen. Die Hauptelemente der Tektonik wären demnach schon frühzeitig angelegt worden; durch Erosion auf den Sätteln und Ablagerung von Sand und Ton in den Mulden wären die entstehenden Niveauunterschiede immer wieder ausgeglichen worden, so daß die Kohlenflöze und auch die marinen Kalke durchgehend und ohne größere Mächtigkeitsschwankungen abgelagert werden konnten. Analoge Erscheinungen sind auch aus deutschen Kohlenbecken bekannt (Westfalen, Dolny Śląnsk [Niederschlesien]). Ein Schluß auf kontinuierliche Gebirgsbildung darf aber hier wie dort daraus nicht gezogen werden, zumal die Amplitude der Falten doch wohl erheblich größer ist als der Unterschied der Sedimentmächtigkeit in Sätteln und Mulden.

Erwähnt sei noch die Feststellung von Tschirwinski, daß die kohlehaltigen Schiefer in den flözarmen Folgen häufiger sind: die in den Flözen konzentrierte organische Substanz scheint also in den übrigen Gesteinen mehr diffus verbreitet zu sein. Daraus und aus einem Vorwalten gasreicher, fetter Kohlen im Westen des Beckens darf allerdings nicht auf einen Übergang der Kohlenfazies in Erdölfazies gegen Westen geschlossen werden, wie das gelegentlich geschehen ist. Zudem ist daran zu erinnern, daß das Erdöl in der Westukraine vermutlich aus dem Unterkarbon stammt.

Die häufig für das Donezbecken gebrauchte Bezeichnung als Geosynklinale ist, wie mir auch erst nach und nach klargeworden ist, nur mit Vorbehalt brauchbar. Um eine Orthogeosynklinale (wie beim Ural) handelt es sich gewiß nicht: es fehlen die geosynklinalen Sedimente, es fehlt der Stamm grüner Laven, es fehlt der zonare Bau. Die Faziesverteilung erinnert eher an eine Außensenke, aber, wie wir gesehen haben, fehlt ein korrelates Gebirge, so daß von einer typischen Molasse auch nicht die Rede sein kann. Vorläufig scheint mir daher die Auffassung als ,,Vorsenke ohne Hinterland" oder als labile Furche innerhalb eines stabilen Schelfes, etwa dem Wichita-Arbuckle-system in Nordamerika vergleichbar, am meisten den Tatsachen gerecht zu werden.

Für die Paläogeographie des russischen Karbons sind einige von Tetjaeff 1912 entwickelte Gesichtspunkte noch heute wichtig. Tetjaeff wies auf ein Alternieren der Fazies im russischen Karbon hin; wenn man von einem mittleren sterilen Streifen ohne Kohle, der durch die Linie Onegasee–Ufa gegeben ist, nach SW und NO wandert, so kommt man in Gebiete, wo die Kohlenablagerungen in jeweils höheren Horizonten auftreten. So liegen sie bei Moskau und im Ural im Unterkarbon; im Donezbecken und in der Kirgisensteppe gehören die Kohlen der Stufe C_2 an; im Kaukasus (Kuban) einerseits, im Petschorabecken und bei Kusnezk (Sibirien) andererseits sind sie teilweise noch jünger (permisch).

Da die Kohlen dem flachen Litoral, die Kalke dem tieferen Neritikum angehören, kam Tetjaeff zu der Vorstellung von weitgespannten (d. h. epirogenetischen), WNW–OSO streichenden Undationen, deren Achsen nach NO und SW wandern. Trotz einiger heute notwendiger Korrekturen und entgegen dem Widerspruch von Lebedeff scheint es mir doch, daß eine gewisse Gesetzmäßigkeit hier nicht zu leugnen ist. Allerdings glaube ich heute, daß der Klimafaktor bei diesem Wandern der Kohlenfazies eine größere Rolle spielt, d. h. daß hier vor allem eine Verschiebung der Klimazonen zur Abbildung gelangt. Dabei ist freilich zu berücksichtigen, daß die Überschneidung günstiger tektonischer und klimatischer Bedingungen die optimalen Verhältnisse der Kohlenbildung liefert.

7. Perm (nebst kontinentaler Untertrias)

Die permischen Ablagerungen konzentrieren sich auf die Ostrussische Senke; westlich der Oka ist nur wenig von ihnen vorhanden. Alles in allem handelt es sich um eine schrittweise Verarmung und schließlich um eine Eindampfung des oberkarbonischen Meeres, die nur durch die Transgression der Kasanstufe unterbrochen wird. Im einzelnen sind allerdings sehr beträchtliche Unterschiede vorhanden, und die fazielle Differenzierung ist wesentlich größer als im älteren Paläozoikum.

Im unteren Perm zeigt sich schon eine deutliche Trennung in die rein marine (Artinsk-) Entwicklung des Uralvorlandes und die binnenmeerische Fazies (Schustowo-Denjatinschichten Sibirzeffs) des Wolgabeckens. Beide Gebiete waren vielleicht sogar durch eine Barre getrennt. Nur der obere Teil des Unterperms im Uralvorland zeigt Anklänge an die westliche Fazies.

Das Unterperm wird ausführlicher beim Ural besprochen. Die marinen Artinskschichten gehen nach oben in die marin-lagunäre Kungurfolge über, welche eine verarmte Fauna enthält; aus der Gegend von Ufa und Tschkalovsk seien erwähnt: *Productus villiersi, Pr. cora, Pr. cancriniformis, Pr. irginae, Pr. gruenewaldti, Pr. timanicus, Pr. fasciatus, Marginifera typica* var., *Chonetes uralica, Rhynchonella pleurodon, Dielasma sacculus, D. elongatum, Astarte permocarbonica, A. vallisneriana, Macrodon kingi, Modiola simplicissima, Modiolopsis pallasi, Schizodus rossicus, Sch. truncatus, Pecten sericeus, Lima permiana, Bakewellia antiqua, B. ceratophaga, Bellerophon, Orthoceras.*

Es handelt sich um eine Folge von Dolomiten und Kalkdolomiten, oft von oolithischer Struktur; durch linsenförmige Einlagerungen von Gips und Salz kann die Folge gelegentlich enorm anschwellen. Im Gebiet von Solikamsk ergaben die Bohrungen auf Kalisalze folgendes Profil:

Junge Decke	2– 30 m
Kalkmergel mit Anthracosien und Ostracoden	7– 80 m
Graue Tonmergel mit Pyriteinsprenglingen	35–100 m
Tone mit Gips	8– 85 m
Decksalz, rötlichgelb, mit Lagen von Anhydrit und Ton	1–120 m
Carnallitzone, orange bis fleischrot, mit Steinsalzlagen	45– 90 m
Sylvinitzone, ziegelroter und weißer Sylvin mit Steinsalzlagen	10– 60 m
Unteres Steinsalz, grau, mit Anhydrit und Ton	260–400 m
Anhydrit mit Ton	380 m
Tone der Artinskstufe mit Ammoneen und Brachiopoden	40– 50 m
Verkieselte Kalke mit Fusuliniden, oben Erdöl in Spalten und Poren	über 100 m

Gegen W nimmt die Folge stark an Mächtigkeit ab (Kuibyschew 50–60 m, Okagebiet 10–15 m). Die Steinsalzlager hören auf, die Folge besteht im wesentlichen aus Dolomiten mit Zwischenlagen von Gips und Anhydrit. Aus der Fauna verschwinden die Bryozoen, Stachelhäuter und Trilobiten; Korallen und Brachiopoden werden selten. Ob diese verarmte Schustowo-Denjatinserie nur dem Kungur oder auch dem Artinsk entspricht, scheint nicht festzustehen.

An der Basis der Schustowo-Denjatinschichten liegen die Schwagerinenkalke, welche noch zum Karbon gestellt wurden, aber im Sinne der beim Ural durchgeführten Einteilung zum untersten Perm, d. h. zur Sakmarastufe zu stellen sind.

Fauna an der Oka: *Schwagerina robusta, Schw. princeps, Pseudofusulina verneuili, P. prisca, Staffella sphaeroidea, Bradyina nautiliformis, Fenestella longatissima, Ascopora nodosa, Geinitzella crassa, G. columnaris, Syringopora parallela, Athyris planosulcata, Chonetes uralica, Productus cora, Pr. punctatus, Pr. boliviensis, Pr. semireticulatus, Meekella striatocostata, Derbya senilis, Orthothetes crenistria, Camarophoria plicata, Dielasma sacculus, Astarte permocarbonica, Edmondia murchisoni, Bakewellia ceratophaga, Macrodon lacordaireanum, M. striatum, Bellerophon decussatus, Loxonema brevis, Phillipsia gruenewaldti.*

Bei Samara enthält die 10–25 m mächtige Kalkfolge neben massenhaften *Schwagerina princeps* und vielen genannten Formen noch: *Quasifusulina longissima, Productus cancriniformis, Macrodon noinskii, Schizodus rossicus.*

Die Fauna der Schustowo-Denjatinschichten ist eigentlich nur eine verarmte Schwagerinenkalkfauna. In der Okagegend wird sie von Archangelski und Jakovleff wie folgt angegeben: *Quasifusulina verneuili, Polycoelia profunda, Geinitzella columnaris, G. crassa, Phillipsia gruenewaldti, Orthothetes crenistria, Athyris planosulcata, Chonetes* cf. *uralica, Productus* cf. *cora, Pr.* cf. *konincki, Dielasma elongatum, Reticu-*

laria clannyana, Bakewellia ceratophaga, B. antiqua, B. sulcata, Modiolopsis pallasi, Pseudomonotics speluncaria, Macrodon argentum, Lima retifera, Schizodus cf. *compressus, Astarte permocarbonica, Edmondia murchisoni, Solemya biarmica, Wortheniopsis kyschertianaeformis, W. denjatinensis, Raphistomella subdecussata, Pleurotomaria praeplatypleura, Pl. sibiretzewi, Portlockia rotundata, Trachydomia wheeleri, Tubercopleura anomala, Promathildia barroisi.*

Weiter im Osten, bei Kuibyschew, wo diese Stufe ebenfalls durch Dolomite und Kalke vertreten ist, fällt eine größere Beteiligung von Foraminiferen, Brachiopoden und Gastropoden auf. Außer den meisten schon genannten Formen sind dort recht bezeichnend: *Quasifusulina longissima, Schwagerina princeps, Productus cancriniformis, Dielasma plica, Cyrtodontarca bakewelloides, Schizodus wheeleri, S. rossicus, Allorisma elegans, Pleurotomaria kingi, Naticopsis netschaevi, Actaeonina minuta, Orthoceras sociale.* Noinski unterscheidet hier petrographisch drei Horizonte: unten weiche, sandige Dolomite, Mitte helle, feste Dolomite, oben ähnlich, oft mit Brekzien.

Im Hangenden des lagunären Kungur liegt eine kontinentale Folge von Konglomeraten, bunten Sandsteinen, Mergeln und Tonen, die Netschaeff 1915 als Ufa-Stufe ausgeschieden hat. Ob es sich um eine selbständige Stufe oder um eine kontinentale Fazies des Liegenden (Oberkungur) oder Hangenden (Unterkasan) handelt, ist noch unentschieden. Die Grenze gegen die Dolomit-Gipsfolge des Kungur ist meist scharf infolge des Überganges von der chemischen zur klastischen Sedimentation; diese Zeit entspricht also jedenfalls einer starken Hebung des Urals mit intensiver Erosion und Bildung detraktiver Sedimente, welche am Uralrande 2000 m Mächtigkeit erreichen. Gegen Westen greift die Folge auf verschiedene Horizonte des Kungur und Artinsk über. Im Wolgagebiet, wo die Serie nur 80 m mächtig ist, sollen Übergänge zum lagunären Kungur vorhanden sein; daneben besteht dort eine deutliche Überlagerung durch die Spiriferenschichten des Unterkasan. Die Flora ist wenig vom Artinsk, aber stark vom Hangenden unterschieden. Die Fauna enthält: *Najadites castor, N. subcastor, N. bicarinata, Palaeomutela subparallela, Anthracosia goldfussiana, Estheria concentrica, Estheriella oblonga,* Labyrinthodonten, primitive Gorgonopsiden (*Rhophalodon*), Deynocephala (*Deuterosaurus*) und Fische, die nicht genau horizontierbar sind. Der petrographische Übergang nach oben ist unscharf, und gegen Osten ist die Ufafolge kaum von dem dort ebenfalls kontinentalen Kasan zu trennen. Neuerdings tritt Tschepikoff (1948) wieder für eine Selbständigkeit der Stufe ein.

Eine weitspannige Einmuldung mit N–S-Streichen leitet nun eine von Norden kommende neue Meeresingression ein, deren Ablagerungen als Kasanstufe oder russischer Zechstein bekannt sind. Diese marinen Schichten, welche im W auf den Schustowo-Denjatin-, im O auf den Ufaschichten liegen, gehen weiter im Osten in kontinentale, bunt gefärbte Ablagerungen über, die nur schwer von den Ufaablagerungen zu trennen sind. Eine direkte Verbindung des Kasanmeeres mit dem deutschen Zechensteinmeer wird heute von den russischen Forschern meist abgelehnt, scheint mir aber doch, wenigens zeitweise, bei der Ähnlichkeit der Fauna nicht ganz ausgeschlossen zu sein. Dagegen ist eine Verbindung nach dem Südmeer wohl kaum je vorhanden gewesen; in dieser Richtung endete das Meer blind, wie der Übergang in eine salinare Fazies gegen Süden zeigt.

Man pflegt die Kasanstufe in die unteren Spiriferen- und die oberen Plecypodenschichten zu gliedern, wobei zu bemerken ist, daß diese beiden Abteilungen nicht den Wert biostratigraphischer Zonen haben, da die obere nur durch Verarmung der Fauna, insbesondere durch Aussterben der Spiriferen (nicht der Brachiopoden überhaupt, welche höher hinauf reichen), von der unteren unterschieden ist. Es scheint auch, daß dieser Übergang an ver-

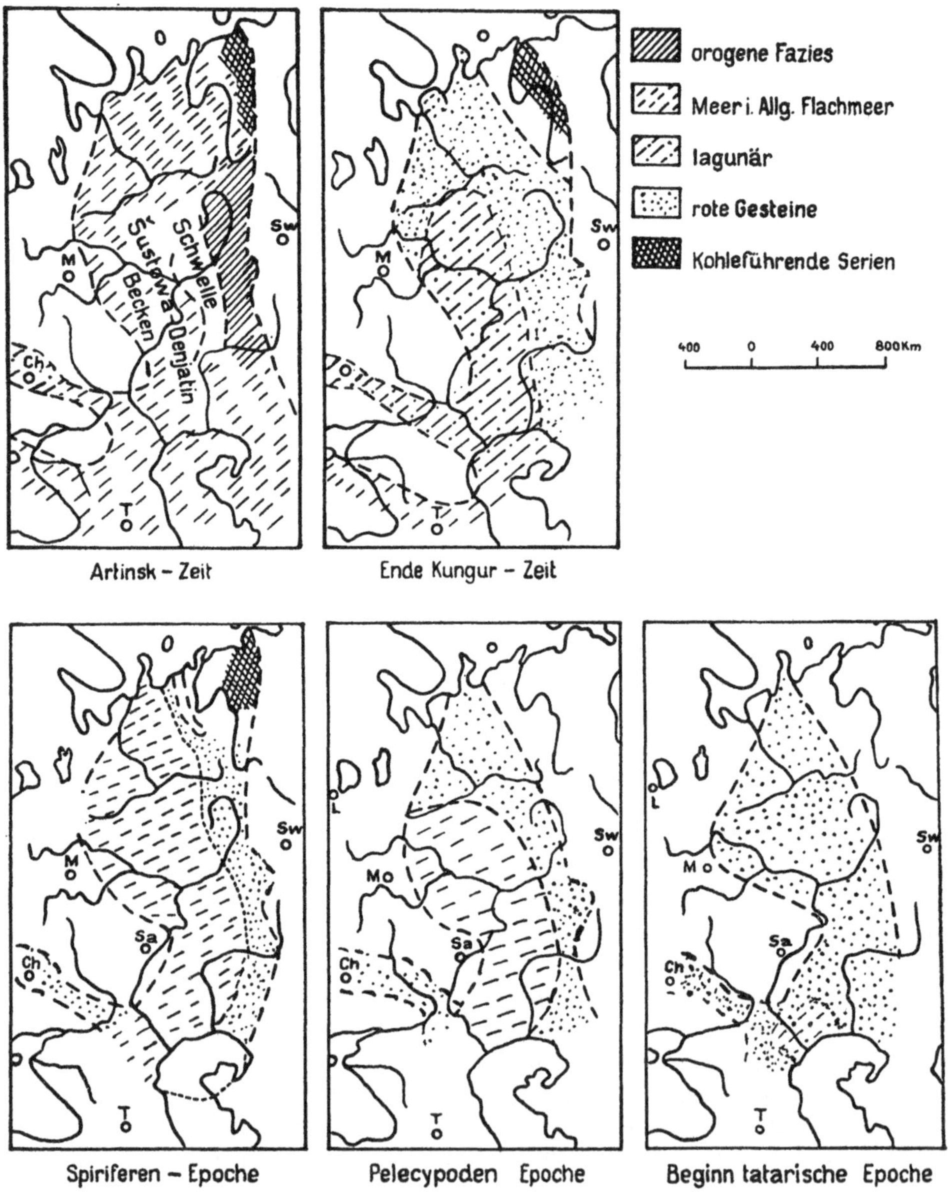

Abb. 39. Paläogeographische Karten des Perms in Osteuropa.
Nach Archangelski, Masarowitsch, Tichwinskaja u. a.

schiedenen Stellen nicht gleichzeitig erfolgt und in Nordrußland die Gliederung überhaupt undeutlich ist.

Die Spiriferenschichten bilden eine im W 15 m (Kuibyschew) bis 60 bis 70 m (Arsamas) mächtige Folge von Dolomiten und dolomitischen Kalksteinen, oben oft mit Gips, die gegen O in eine wenig mächtige tonig-mergelige Folge mit festen oolithischen Kalkbänken und schließlich in sandige Schichten übergehen, welche eng mit den obersten Ufaschichten verknüpft sind. Die Spiriferenschichten liegen demnach im Osten auf den Ufaschichten, sind aber ihrem obersten Teil vielleicht äquivalent. Zu dieser sandigen Fazies des untersten Kasan gehört auch ein Teil der Kupfersandsteine im Uralvorland. Diese Sandsteine enthalten oxydische Kupfererze, deren Anteil gegen Osten auf 2–3,5 % ansteigt und die zweifellos aus der Zerstörung des Urals stammen, vielleicht aber (SAMOILOFF) unter Mitwirkung von Organismen abgelagert wurden. Südwärts nimmt die gipsreiche Fazies dieser Abteilung immer mehr zu.

Obwohl die gegebene Einteilung fast überall durchzuführen ist, sind doch eine Reihe von Formen beiden Unterstufen gemeinsam. Es seien genannt: *Geinitzella columnaris, Fenestella retiformis, Athyris pectinifera, A. royssiana, Productus cancrini, Dielasma elongatum, Strophalosia longa, Str. horrescens, Spiriferina cristata, Camarophoria schlotheimi, Bakewellia ceratophaga, B. antiqua, B. sulcata, Modiolopsis pallasi, Pleurophorus costatus, Pl. simplex, Modiola consobrina, Pseudomonotis speluncaria, Ps. garforthensis, Aviculopecten sericeus, Pecten pusillus, Leda speluncaria, Macrodon kingi, Nucula trivialis, N. beyrichi, Liebea hausmanni, Allorisma elegans, A. kutorgana, Schizodus rossicus, Sch. obscurus, Astarte permocarbonica, Murchisonia multilineata, Straparollus permianus, Natica minima, Capulus permocarbonicus, Naticopsis permica, N. volgensis.* Es ist indessen hervorzuheben, daß von den Brachiopoden keine Form bis in die oberen Teile der Zweischalerstufe persistiert; nur die unteren Horizonte enthalten sie.

In den Spiriferenschichten ist zwar keine scharfe Horizontierung, wohl aber eine Anreicherung einiger Formen oben oder unten nachweisbar; das gilt besonders für den Norden. Entsprechend sind die wichtigsten, in der Weise verteilten Formen weiterhin mit (u) bzw. (o) angegeben.

Polycoelia, Dybowskiella lahuseni, Synocladia virgulacea, Geinitzella crassa, Fenestella elegantissima, Polypora biarmica; Productus haemisphaerium (u), *Pr. tschernyschewi* (u), *Pr. konincki* (u), *Pr. dieneri, Pr. pseudohorridus* (u), *Pr. jojugensis* (o), *Pr.* ex gr. *timanicus* (o), *Pr.* aff. *compressus* (o), *Chonetes carbonifera, Aulosteges wangenheimi, Strophalosia gigas, Str. tholus, Str. fragilis Athyris acutomarginata, Rhynchopora nikitini, Rh. geinitzi, Camarophoria superstes, Spirifer stuckenbergi, Sp. keyserlingi* (u), *Sp. dwinaensis* (u), *Sp. schrenki* (u), *Sp. culojensis* (u), *Sp. curvirostris* (u), *Sp. grewingki* (u), *Sp. lahuseni* (u), *Sp. rugulatus* (o), *Sp. latiareatus* (o), *Sp. blasii* (o), *Sp.* ex gr. *striatus* (o), *Spiriferina subcristata, Dielasma elongatum.* var. *sufflata; Aviculopecten netschaewi, Pteria longa, Lima krotowi, Bakewellia parva, B. longa, Pseudomonotis hawni, Prospondylus noinskii, Stuchburia oblonga, Pleurotomaria batanowkae, Pl. antrina, Pl. kingi, Murchisonia subungulata, M. biarmica, Loxonema fasciata, Conularia, Nautilus vagaensis.* Oben ist auch *Pseudomonotis garforthensis* bezeichnend, welche in die hangende Abteilung hinaufreicht.

Die Spiriferen werden nach oben seltener; eine Einschaltung von Bryozoenriffen ist besonders im Norden häufig und spricht zusammen mit dem Auftreten einer Fauna von etwas altertümlichem Gepräge, die früher sogar tiefer gestellt wurde, für die Verhältnisse eines offenen Meeres von normaler Salinität, damit aber auch für eine Verbindung mit der Arktis.

In den Kupfersandsteinen, welche beiläufig den mittleren Spiriferenschichten entsprechen sollen, findet sich neben Pflanzen (*Calamites kutorgae, C. gigas, Ullmannia biarmica, Callipteris conferta, Noeggerathia*), Anthracosien und Fischen (*Palaeoniscus*) eine Tetrapodenfauna (Kargalinsker Fauna): *Platyops, Zygosaurus, Discosaurus netschaewi, Melosaurus, Chalcosaurus.*

In den hangenden Pelecypodenschichten ist die Faziesanordnung parallel dem Ural und der Übergang zwischen mariner, lagunärer, Süßwasser- und Kontinentalfazies noch wesentlich deutlicher. In normal-mariner, westlicher Ausbildung sind die Pelecypodenschichten eine 60–80 m mächtige Folge von Dolomiten, oolithischen Kalken und sandigen Kalken, in denen sich, besonders gegen oben und gegen Süden und Osten, Gipslinsen finden, die von einer beginnenden Übersalzung zeugen. Während nun die Westgrenze des Beckens eine anscheinend einfach verlaufende Linie ist, besteht im Osten eine breite amphibiotische Region, in der sich die marinen, lagunären und kontinentalen Bildungen verzahnen, wobei stellenweise auch tief ins Land eingreifende Golfe anzunehmen sind. Schon innerhalb der Marinfazies deutet eine dreifache zyklische Wiederholung von a) Kalkdolomiten mit reicher Fauna, b) Plattendolomiten mit Gips ohne Fauna, c) Tonmergeln mit Gips und armer Fauna auf einen gewissen rhythmischen Wechsel von marin-salinar-lagunär, wobei aber im ganzen die Regression und Versalzung fortschreiten. Das ist schon daraus ersichtlich, daß der erste Zyklus noch Formen, wie *Pseudomonotis garforthensis, Athyris royssi, Strophalosia fragilis* führt, der zweite nur spärliche, der dritte überhaupt keine Brachiopoden enthält. Im ganzen ist das Becken im Osten gegenüber der Spiriferenzeit stark geschrumpft, wie aus der häufigen Überlagerung der marinen Spiriferenschichten durch kontinentale Äquivalente der Pelecypodenschichten hervorgeht. Das zu Anfang noch zweifellos einheitliche Flachmeer scheint sich aber dann, im Verlauf der geschilderten Oszillationen, in eine Reihe von Seebecken aufzulösen, in denen teils übersalzenes, teils aber Süßwasser vorhanden war; nur die nördlichsten Gebiete mögen noch mit einem arktischen Meer in Verbindung gestanden haben.

Diese eigenartigen Verhältnisse ergeben sich aus der von Masarowitsch durchgeführten Analyse der östlichen, kontinentalen Äquivalente des höheren Kasan, der sogenannten Belebejeffstufe, in welcher der Genannte zwei Fazies unterscheidet. Die weiter verbreitete und mächtigere Sarbaifazies besteht aus rotbraunen Tonen mit eingelagerten Linsen von schräggeschichteten Sanden und stellt wohl eine fluviatile Ablagerung dar, die sich westwärts mit den marinen Schichten verzahnt. Die in verschiedenen Horizonten, aber meistens oben, in Linsen eingelagerte Sadakfazies besteht dagegen aus hellen Kalken und violetten Tonen mit Süßwassermuscheln (*Palaeomutela, Najadites, Anthracosia*), einigen wohl brackischen Formen (*Liebea hausmanni, Schizodus rossicus*), Bairdien, Estherien und Fischschuppen; das sind wohl Ablagerungen in Lagunen und Seen am Ostsaume des zerfallenden Oberkasanbeckens. Diese kontinentale Folge ist 80–100 m mächtig und enthält am Saume des Urals auch Horizonte von Sandsteinen mit oxydischen Kupfererzen.

Die obere Stufe weist als besondere Formen auf: *Discina konincki, Lingula orientalis, Strophalosia fragilis, Bakewellia sedgwicki, Modiolodon elongatum, Nucula beyrichi, Leda kasanensis, Ambocoelia nucella, Pseudomonotis kasanensis, Modiolopsis teploffi, M. alatus, M. oblongus, Crassatellina plana, Solemya kasanensis, Allorisma lunulata, Murchisonia lata, Loxonema kasanensis, Worthenia.* Es braucht kaum gesagt zu werden, daß das recht indifferente Formen sind, die kaum als Zonenfossilien gelten können, so daß die Charakteristik des oberen Horizontes eigentlich rein negativ ist.

Es ist einfach eine verarmte Fauna des Spiriferenbeckens, in der die Brachiopoden gegen oben ganz verschwinden.

In der kontinentalen Fazies sind neben den schon genannten Süßwasser- und Brackwassermuscheln Pflanzenreste von z. T. gondwanidischem Typus gefunden worden und ferner Reste von Tetrapoden: *Moschops, Deuterosaurus, Titanophoneus, Myctosuchus, Ulemosaurus swijagensis.*

Die im Hangenden der Kasanschichten folgende tatarische Stufe ist eine kontinentale Folge, in der heute ein permischer und ein triadischer An-

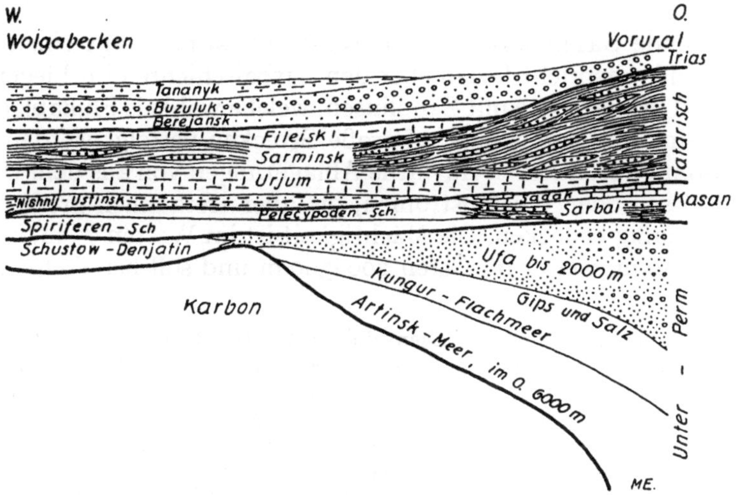

Abb. 40. Stratigraphisches Profil durch das Perm der Ostrussischen Senke. Nach Masarowitsch und Ljutkewitsch.

teil ausgeschieden werden. Es wird daher der untere Teil als tatarische Stufe (im engeren Sinne) oder Chlynowskstufe, der obere als Wetlugastufe unterschieden. Infolge der engen Verknüpfung beider muß hier die untere Trias mit berücksichtigt werden. Im einzelnen ergibt sich folgende Gliederung.

Die tatarische Stufe beginnt im NW der europäischen RSFSR mit den Nishne-Ustinskschichten, einer 50–70 m mächtigen Folge von horizontal oder schräggeschichteten Sanden mit Rippeln, Kriechspuren, rhizokoralliumartigen Gebilden und mit Lagen von gipshaltigen Tonen und Mergeln. Nach Ljutkewitsch sind das Dünen- und Lagunenbildungen am Boden des regredierenden oder austrocknenden Kasanmeeres. Weiter im Osten und Süden scheinen die hangenden Teile dieser Folge in die Suchon- oder Urshumschichten überzugehen, die, anscheinend mit einer kurzen

Unterbrechung, auf die Kasanstufe folgen. Es sind helle Kalke, rote und rosa Tone und rote Mergel, welche eine ziemlich reiche Fauna von Süßwassermuscheln und Schalenkrebsen geliefert haben:

Palaeomutela krotowi, P. umbonata, P. inostranzewi, Najadites castor, N. amalitzkii, N. verneuili und andere, *Anthracosia carbonaria, Estheria eos, E. eichwaldi, Bairdia pyrus* und eine Reihe spezifischer, von SPISHARSKI beschriebener Ostracoden, wie *Suchonella, Suchonellina, Sinusuella, Cytheropteron* und andere. Außerdem kommen vor: *Megalichthys, Palaeoniscus* ex gr. *tuberculatus, Amblypterus, Acrolepis macroderma, A. rhombigera, Platysomus* sp., Stegocephalen und Pelycosaurier.

Die Urshumschichten sind an der Wolga am mächtigsten (60–70 m) und keilen im Transwolgagebiet auf 25 m, dann auf 5 m und schließlich ganz aus. Es handelt sich hier jedenfalls nicht um ein Reliktbecken der Kasanzeit, sondern n. MASAROWITSCH um eine eigenartige ,,Süßwassertransgression", d. h. wohl um eine riesenhafte Seebildung infolge ansteigenden Grundwasserspiegels.

Die hangende Sarminsk- oder Norddwinaserie trägt einen anderen Charakter und entspricht faziell eher den Sarbaischichten im Liegenden. Es sind rote und braune Tone mit Sandlinsen, welche wohl als Flußablagerungen anzusehen sind und manchmal auf große Strecken verfolgt werden können. Es sind also im wesentlichen fluviatile Ablagerungen von aus dem Ural kommenden Flüssen oder Wüstenströmen, die aber erstaunlich große Strecken recht gleichmäßig bedecken. Die Mächtigkeit ist im Westen 75 m, im Wolgagebiet 100–150 m, weiter im Osten 200–300 m und soll bei Tschkalovsk bis 900 m ansteigen.

Für die Sarminskserie sind vor allem die berühmten Tetrapodenfunde AMALITZKIS von der Norddwina kennzeichnend, die sich in Sandlinsen, z. T. als ganze Skelette fanden. Es treten auf: Stegocephalen *(Dwinosaurus, Rhinosaurus, Chalcosaurus, Zygosaurus, Melosaurus)*, Cotylosaurier *(Pareiasaurus karpinskyi* und andere, *Kotlassia, Karpinskyosaurus)*, Theriodontier *(Inostranzevia, Amalitzkia, Permocynodon)*, Dicynodontier *(Dicynodon, Gordonia)* Therocephalier *(Anna petri)*. An anderen Stellen fanden sich *Pareiasaurus* und *Anthodon*. Die ziemlich reiche Fischfauna der oberen tatarischen Stufe führt: *Janassa, Megalichthys, Coelacanthus, Palaeoniscus tscheffkini, Amblypterus orientalis, Pygopterus latus, Acrolepis macroderma* und andere, *Platysomus biarmicus* und andere.

Von Ostracoden nennt SPISHARSKI: *Suchonella* div. sp., *Suchonellina* div. sp., *Ampissites* div. sp., z. T. in denselben Arten wie tiefer. Von Phyllopoden treten auf: *Estheria elongata, E. trapezoidalis, E. angulata, E. lineata, E. cellulata, E. rotunda.* Die Muscheln erfordern eine Neubearbeitung. Von Gastropoden treten auf: *Turbo obtusus, T. lutkevitchi, Omphaloptycha tolstichini, O. malachovi, Loxonema suchonae, L. schmidti, L. aristovi.*

In der Flora sind neben Kalkalgen zu nennen: *Araucarioxylon biarmicum, Pleuromeiopsis suchonensis, Stigmatoderma incisura, Dvinopteridium edemskii, Pursongia angustifolia, Phyllotheca deliquescens, Schizoneura, Glossopteris indica, Gl. angustifolia.*

Die hangende Fileiskserie besteht wieder vorwiegend aus bunten Mergeln mit spärlichen Najaditen. Es sind also wieder lakustre Ablagerungen, einer zweiten Süßwassertransgression entsprechend, die aber auf den Norden Rußlands beschränkt bleibt und also geringere Ausdehnung besitzt als das Urshumbecken. Auch die Mächtigkeit bleibt mit 40 m hinter den Urshumschichten zurück.

Damit endet die tatarische Stufe im engeren Sinne, d. h. der permische Anteil der tatarischen Fazies oder die Chlynowskunterstufe in der Bezeichnung von Masarowitsch. Im Hangenden folgen zwar noch mächtige kontinentale Schichten, aber die transgressive Lagerung, der abweichende petrographische Charakter und auch eine ganz abweichende Fauna zwingen dazu, hier die Grenze zur Trias zu legen. Die hangende Folge, die heute als Wetlugastufe zusammengefaßt wird, liegt teils auf der Fileisk-, teils auf der Sarminskserie, greift aber gelegentlich sogar auf die Ufastufe über. Die Basis bildet die auch nur lokal vorhandene Bereschanskserie, welche z. B. im Transwolgagebiet fehlt. Es sind 40–60 m rote Tone mit Linsen von Sanden und polymikten Konglomeraten, in denen kleine Gerölle metamorpher uralischer Gesteine eine große Rolle spielen.

Weiter verbreitet ist die hangende Busulukserie, eine Folge von schräggeschichteten Sanden von hell- bis dunkelroter Farbe, in die Platten von Konglomerat eingelagert sind; unter den Geröllen erscheinen nun in großer Menge die charakteristischen metamorphen Gesteine der zentralen Uralzonen: Kieselschiefer, Quarzite, Jaspis, Porphyrit. Die Gerölle haben 1–2 cm Durchmesser, doch kommen auch solche bis 10, ja 20 cm vor. Die Mächtigkeit ist am Irgis 20–25 m, im Obschtschi Syrt 30–40 m, bei Tschkalow bis 150 m.

Die Zurechnung zur Trias rechtfertigt sich auch aus der Betrachtung der Tetrapodenfauna: *Gnathoriza pusilla, Thecodontosaurus, Rhinesuchus wolgodwinensis, Trematosuchus jakowlewi, Wetlugasaurus angustifrons, Benthosaurus suschkini.*

Über den Busulukschichten liegen im Transwolgagebiet noch die Tananykschichten: rote Tone mit Sandlagen und ohne Konglomerat, von 3–30 m Mächtigkeit.

Für die stratigraphische Einordnung der Wetlugastufe, die sich auch durch Fehlen karbonatischer Gesteine vom Perm unterscheidet, sind die Profile vom Bogdoberg in der Kaspisenke (Astrachansteppe) von Bedeutung. Hier liegen von oben:

1. Graue Kalke mit Tonen; Reptilknochen. *Dorycranites bogdoanus, D. rossicus, Tirolites smiriagini, T. cassianus, Mytilus dalailamae, M. inflatus, Avicula albertii, Cucullaea nuculaeformis, Pleuromya musculoides.* 25 m.
2. Bunte Tone und Sandstein mit Pflanzenresten. 2 m
3. Bunte Tone mit Steinsalzkristallen. *Mytilus vetustus, Pleuromya musculoides, Hoernesia* aff. *socialis, Daonella, Hybodus plicatilis, Syndesmodon typicus.* 2,5 m
4. Bunte Tone und Mergel. 80 m.
5. Graue und gelbe Sande, unten grob mit Konglomeratlagen. 40–50 m.
6. Gipse mit Kalklagen, fossilleer.

In der Schicht 5 sieht Masarowitsch die Busuluk-, in 4 die Tananykserie. Ob die *Dorycranites*schichten der Seiser oder Campiler Zone der Scythischen Stufe angehören, ist nicht sicher; aber auch im ersten Fall ist eine Zurechnung von 4 und 5 zur untersten Trias durchaus möglich.

Das bezeichnende Merkmal der untersten Trias ist die Vergröberung der Sedimentation, die offenbar mit stark vermehrter Abtragung im Ural zusammenhängt. Es ist daher durchaus nicht unwahrscheinlich, daß im Ural intensivere untertriadische, d. h. pfälzische Bewegungen stattgefunden haben, ja daß in diese Zeit vielleicht eine Hauptphase der Uralfaltung fällt.

Perm und Untertrias der Russischen Tafel stellen eine typische detraktive Folge, eine Molasse dar, welche ohne die Kenntnis des Urals und seines Werdeganges kaum verständlich ist. Auch die typische zonare Dreigliederung der Molasse: Nagelfluh – sandigkalkige, lagunär-marine Mittelfazies – karbonatischer, z. T. limnischer distaler Saum, läßt sich deutlich erkennen. Zweimal – im Kungur und Kasan – besteht ein großes Meeresbecken, von denen das ältere den Charakter eines Reliktmeeres, das jüngere den einer arktischen Ingression trägt. Auch diese marinen Ablagerungen von zyklischer Gliederung gehen ostwärts in limnisch-lagunäre und dann in detritische Schichten über (Ufa, Belebejeffserie), was auch für die dazwischen eingeschalteten limnischen (Sadak-Urshum, Fileisk) und fluviatilen (Sarbai, Sarminsk, Wetluga) Sedimente gilt. Am eigentlichen Uralsaum besteht daher eine ± einheitliche, mächtige kontinentale und grobklastische, bunte Folge von Sandsteinen und Konglomeraten, in denen sich die einzelnen Stufen nur schwer unterscheiden lassen. Die Mächtigkeit dieser von der Ufastufe bis in die untere Trias reichenden Folge ist bei Busuluk 570–600 m, bei Tschkalow 1200 m, an der Sakmara 2700 m, bei Aktjubinsk 3000 m und, da hier die Trias abgetragen ist, primär wohl bis 4000 m.

Während nun im Hauptteil dieser riesigen Vorsenke die weitverbreitete salinare Fazies für vorwiegend aride klimatische Verhältnisse spricht, scheint das nordwärts anders zu werden. Im Petschoragebiet enthält das mächtige Unter- und Oberperm nicht unbeträchtliche Kohlenflöze, so daß wir hier, in einer anderen Klimazone, auch der Kaustobiolithfazies der Vorsenke begegnen.

Im Timan ist die Artinskstufe wenig mächtig und im wesentlichen aus einer Kalkfolge mit Brachiopoden und Bryozoen aufgebaut. Im Petschorabecken liegt über einer wenig mächtigen mergeligen Basis mit reicher Bryozoen-, Korallen- und Brachiopodenfauna eine über 1000 m mächtige Folge von Sandsteinen, Kalken und Tonen.

Die Kungurschichten fehlen im Timan, sind aber östlich davon durch eine bis 1800 m mächtige Folge von Sandsteinen und Tonen mit Kohlenflözen vertreten. Auch die mächtige, sandig-tonige Kasanstufe enthält Steinkohlen. Eine regionale Unterbrechung und Diskordanz besteht n. Einor vor der tatarischen Serie, eine zweite nach derselben und vor der Trias. Die letzte soll für das Petschorabecken grundlegende Bedeutung haben.

Für die Erkenntnis größerer Zusammenhänge ist es bedeutsam, daß die wohl von Norden eingewanderte Fauna der Kasanstufe dem deutschen Zechstein recht ähnlich ist.

Von den hier aufgezählten 112 Arten treten 36 im deutschen Zechstein auf, in dem dann noch weitere 8 Arten des tieferen Perm (Artinsk-Kungur) bekannt sind. Das sind immerhin 24% der gesamten wirbellosen Fauna des deutschen Zechsteins, wobei der Hauptteil auf die Brachiopoden (48%) und Pelecypoden (60%) fällt. Auch die Foraminiferen haben nach Tscherdynzeff viele gemeinsame Arten, was in den hier aufgezählten Faunen nicht zum Ausdruck gekommen ist. Auch die gesamte paläogeographische Entwicklung ist ähnlich. Nun ist es allerdings heute üblich, insbesondere nach den Untersuchungen von CHABAKOFF über die Productiden der *horridus*-Gruppe, einen direkten Zusammenhang beider Becken zu leugnen und nur einen solchen über die Arktis anzunehmen. Für eine Entscheidung sind die Verhältnisse im Südbaltikum zwischen unterem Njemen und unterer Wisla wichtig.

Hier und in Kurland besteht das Perm aus einer unteren Abteilung von löcherigen Dolomiten und dolomitischen Kalken (30–40 m) und den hangenden, leuchtend roten Purmaller Mergeln (130–140 m). Die untere Abteilung enthält *Productus cancriniformis, Pleurophorus costatus, Bakewellia antiqua, Euomphalus pawlowi, Straparollus permianus* var. *rossica* und wurde früher als Zechstein angesehen. Der *Productus* spricht indessen für höheres Alter (Übergangsform zwischen *cancriniformis* und *cancrini*), und auch die Ähnlichkeit der Purmaller Mergel mit den Gesteinen von Lieth in Holstein führte GAGEL und LOTZE dazu, die ostpreußische Permfolge mit dem tieferen Perm, d. h. dem Kungur, zu vergleichen. Im Kungur wäre also noch eine Verbindung zwischen Ost- und Westbecken, bzw. eine Ingression des Ostmeeres nach W möglich gewesen. In der Kasanzeit ist sie wohl nicht beweisbar. Altersmäßig würde das Kasan dem Zechsteinkonglomerat und vielleicht dem unteren Zechstein entsprechen.

Im Donezgebiet liegt eine viergliederige Schichtenfolge des Perm von bedeutender Mächtigkeit vor.

1. Das basale Glied dieser Folge sind die mächtigen (bis 1000 m) Araukaritenschichten (PC_1), die vorwiegend aus Sandsteinen mit Kalk- und Schieferlagen und dünnen Flözen bestehen. Sie wurden früher zum Karbon gestellt, doch ist n. ZALESSKI (1938) die Flora dieser „Kalinovo-Mironovsk“-Serie ausgesprochen permisch.

Neuropteris densinervosa, Odontopteris reichiana, O. brardi, O. naumichana, O. osmundaeformis, O. subcrenulata, Pecopteris mironovana, Arthropitys grigorjevi, Sphenopteris scythica, Samaropsis moravica, Walchia piniformis, Dadoxylon amadokense, Cordaites borassifolius.

Von marinen Fossilien aus den Kalken werden angegeben: *Productus semireticulatus, Pr. nevadensis, Pr. nebrascensis, Pr. inflatus, Pr. cancriniformis, Enteletes carnicus, E. hemiplicatus, Derbya crassa, Marginifera, Athyris royssi, Spirifer supramosquensis* (?), *Notothyris nucleolus, Dielasma hastata, Schizodus wheeleri, Pseudomonotis* aff. *kasanensis, Pleurophorus subcostatus, Nuculana bellistriata, Nucula beyrichi, Myalina swallowi, Lima retifera, Edmondia* aff. *murchisoni, Monopteria* aff. *longa, Allorisma* aff. *elegans, Macrochilina medialis, Naticopsis* cf. *nana, Murchisonia, Loxonema multicosta, Bellerophon pachtussovi, Pseudofusulina verneuili, Ps. longissima.*

2. Die hangenden kupferhaltigen Sandsteine (PC_2) enthalten nur eine Flora: *Walchia piniformis, W. filiciformis, W. hypnoides, Cordaites bairakensis, Dadoxylon amadokense.* Diese Kartamyschserie enthält oxydische Kupfererze mit 2–2,5% Cu.

3. Die hangende dolomitische Serie, welche aus dolomitisierten Kalken mit Ton, Sandstein und Anhydritlagen besteht, führt eine reichere Fauna:

Dielasma elongatum, Meekella striatocostata, Martinia clannyana, Productus konincki, Pr. leplayi, Entolium aviculatum, Streblopteria sericea, Aviculopecten carboniferus, Lima krotovi, Bakewellia cf. *ceratophaga, B. nikitowkensis, Myalina swallowi, Nuculana bellistriata, Macrodon* aff. *striatum, M. naliwkini, Cyrtodontarca bakewelloides, Schizodus wheeleri, Sch. rossicus, Pleurophorus subcuneatus, Pl. oblongus, Astarte permocarbonica, Edmondia nebrascensis, Allorisma elegans, Murchisonia subungulata, Pleurotomaria dimorpha, Naticopsis* cf. *nana, Turbonellina, Temnocheilus, Asymptoceras, Schwagerina princeps.* Die Mächtigkeit erreicht 180 m.

Die Folgen 1–3 dürften im Sinne der heutigen Gliederung als Äquivalente der Sakmarischen Stufe bezeichnet werden, reichen aber vielleicht noch ins Artinsk im engeren Sinne hinauf.

4. Die oberste Permfolge des Donezgebietes besteht aus Tonen und Mergeln mit Gips, Anhyrit und Steinsalz, die wohl am ehesten der Kungurstufe gleichzustellen sind, aber vielleicht auch höher hinaufreichen; Fossilien sind von hier nicht bekannt.

Diese Abteilungen 2–4 haben eine Mächtigkeit von 1500–3000 m. Das Perm des Donezbeckens dürfte als nach Westen vorgeschobener Golf des ostrussischen Unterpermmeeres zu betrachten sein, in welchem sich der Oszillationsrhythmus, welcher schon im Karbon des Gebietes herrschte, nun unter veränderten klimatischen Bedingungen fortgesetzt hat. Im einzelnen bedarf die stratigraphische Parallelisierung aber noch einer Klärung.

8. Jura

Die Trias ist in Osteuropa vorwiegend Abtragungszeit; außer der untertriadischen Wetlugastufe (s. oben) kennt man nur aus dem Donezgebiet in der obersten Trias oder im untersten Lias 50 m bunte Tone und Sandsteine, die fossilleer und daher schwer einzuordnen sind. Sie sind aber schon die Vorläufer der nun einsetzenden Juratransgression, welche mit tektonisch wohl definierten Richtungen von SO, d. h. aus dem Tethysgebiet (Mangyschlak–Kaukasus) einsetzt. Zwei Äste sind zu unterscheiden. Der eine geht nach NW, erreicht schon im Lias den Nordrand des Donezgebietes, im Bathonien die Gegend von Kiew (vielleicht sogar schon das westeuropäische Becken). Das ist die sich neu anlegende Südrussische Senke. Der andere folgt der Wolga, d. h. der uns schon bekannten Ostrussischen Senke, und dürfte im Bathonien schon die Gegend von Uljanowsk erreicht haben. Vom Norden kommt ihm die Überflutung des Petschoralandes entgegen. Dieser nördliche Ast folgt sehr deutlich der Mulde zwischen den permischen Wällen von Oka-Zna und von Wjatka, und auf diesem Wege wird die Arktis erreicht. Von hier ingrediert auch die russische boreale Fauna. Die Ablagerungen sind vorwiegend tonig, und zwar bleiben sie es in dem zentralen, an der Wolga gelegenen Teil des Meeres, wo die Serie auch am vollständigsten ist, während weiter im Westen lagunäre und sogar lakustre Ablagerungen im unteren Callovien bekannt sind (Moskau) und bei Kostroma das ganze Callovien durch sandige Schichten vertreten wird[1]. Hier sind auch einige Unterbrechungen vorhanden: es fehlt in einem Teil des Moskauer Bezirkes das untere Callovien, weiter im Nordosten, bei Kostroma, das obere Callovien. Oxford und Kimmeridge fehlen im südlichen Wolgagebiet und am Obschtschij-Syrt oft teilweise oder sogar ganz. Eine deutliche Unterbrechung ist gewöhnlich im oberen Kimmeridge bemerkbar, desgleichen eine nach Ablagerung der unteren Wolgastufe (Portland). Diese Unterbrechungen haben stets einen sehr eigentümlichen Charakter. Die neue Überflutung wird durch

[1] Auch bei Tschkalow (Orenburg) im Osten besteht eine sandige Uferfazies (s. beim Ural).

eine Phosphoritlage gekennzeichnet, welche Fossilien der fast oder ganz abgetragenen liegenden Schicht enthält; darüber liegen dann Glaukonitsande, bis schließlich die normale Gleichgewichtslage wieder erreicht ist. So ist bei Moskau, Kostroma und Rjasan der obere Kimmeridge überhaupt nur durch eine dünne Phosphoritlage vertreten.

In Nordrußland (Wytschegda, Mesen) beginnt der Jura mit Sanden mit *Macrocephalites ishmae* (Bath), die oben schon ins Callovien übergehen *(Cadoceras, Chamoussetia)*. Auch hier ist die Folge recht vollständig, endet aber mit der unteren Wolgastufe.

Im Callovien wird eine Verbindung dieses Meeres mit dem Westen (Kurland) hergestellt, und auch die N–S-Verbindungsstraße greift im Callovien und Oxford immer mehr über ihre tektonischen Ufer über, während im Kimmeridge oft eine rückläufige Phase einsetzt.

Von der Fauna des Russischen Jura sind die Cephalopoden und zum Teil die Lamellibranchiaten gut bekannt; es sind das auch durchaus die überwiegenden Bestandteile dieser Lebensgemeinschaften. Alles andere tritt stark zurück. Die aus den Arbeiten von NIKITIN, PAVLOV, ILOVAISKI, BORISSJAK u. a. bekanntgewordenen Faunen verteilen sich wie folgt auf die einzelnen Zonen[1]:

Bajocien-Bath. Der nur im Gebiete des Don-Medwedizawalles und östlich davon bekannte tiefere Dogger beginnt mit fossilleren Sanden (5–70 m), über denen dann Sande mit Siderit und mit *Pseudomonotis donetziana, Parkinsonia parkinsoni, Pseudocosmoceras masarowitschi* (20–25 m) folgen; höher liegen feinschichtige, sandig-glimmerige Tone mit *Pseudomonotis donetziana* und *Placunopsis jurensis*, die vielleicht schon in das Callovien hineinreichen. Gegen Norden sind Sande mit *Pseudomonotis donetziana, Parkinsonia* und Pflanzen (*Hausmania, Czekanowskia*) bis Samara bekannt, wo sie von fossilleeren Tonen (18–45 m), der sogenannten Perewolokserie, unterlagert werden (unt. Dogger? Lias?); diese liegen dort einer verkarsteten Oberfläche von jungpaläozoischen Kalken auf.

Callovien. a) Im unteren Callovien kann man eine untere Zone mit Vorherrschaft der Cadoceraten und eine obere mit vorherrschenden Keppleriten unterscheiden. Bis auf das Fehlen der Cadoceraten in der oberen Zone ist die Trennung aber nicht absolut scharf. Fauna: *Cadoceras elatmae, C. modiolare, C. frearsi, C. surense, C. sublaeve, Macrocephalites macrocephalus, M. pila, Kepplerites goweri, K. galilei, Cardioceras chamusseti, Macrodon leskewitschi, M. elatmense.*

b) Mittleres Callovien: *Stephanoceras coronatum, St. renardi, Cosmoceras jason, C. gulielmi, C. duncani, C. castor, C. pollux, C. aculeatum, C. tschernyschevi, Perisphinctes mutatus, P. submutatus, P. annularis, P. orion, P. funatus, P. mosquensis, P. curvicosta, P. euryptychus, P. scopinensis, P. riasanensis, P. wischnjakowi, Cadoceras milaschevici, C. tschefkini, C. schumarovi, C. stenolobum, Harpoceras punctatum, H. lunula, H. brighti, H. nodosulcatum, Aspidoceras diverseforme, A. pseudopunctatum, Kepplerites* div. sp., *Nautilus volgensis, N. calloviensis, N. jenseni, Nucula nina, N. calliope, N. medusa, Macrodon keyserlingi, M. roullieri, M. leskevitschi, M. elatmense, Cuccullaea subcancellata, Dicranodonta pectunculoides, Modiola tulipaea, M. gibbosa, M. subaequiplicata, Oxytoma inaequivalvis, Pseudomonotis subechinata, Pecten fibrosus, Ostrea marshi, Gryphaea dilatata, Posidonomya ornati, Waldheimia umbonella, W. trautscholdi, Rhynchonella varians acuta, Rh. orbignyana, Serpula convoluta.*

[1] Die nachfolgende Zusammenstellung beruht im wesentlichen auf der Arbeit ARCHANGELSKIS über Mittelrußland und umfaßt vor allem die in Mittelrußland auftretenden Arten; grundsätzlich weicht aber die Entwicklung an der mittleren und unteren Wolga kaum davon ab.

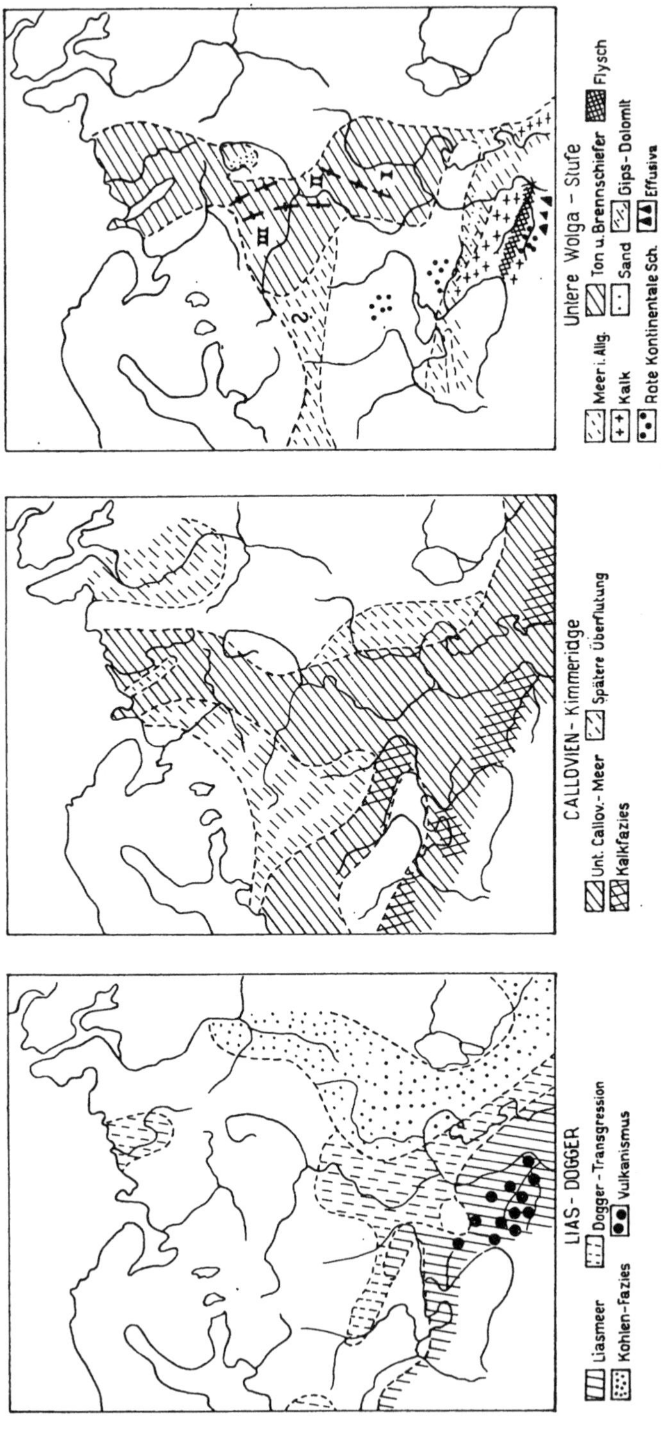

Abb. 41. Paläogeographische Karten des Osteuropäischen Jura.
Nach STRACHOFF.

c) Oberes Callovien: *Cosmoceras ornatum, C. transitionis, C. pollux, C. aculeatum, C. duncani, Quenstedticeras lamberti, Q. mariae, Q. leachi, Q. rybinskianum, Q. mologae, Q. vertumnum, Q. carinatum, Cadoceras tschefkini, Harpoceras brighti, Perisphinctes orion, P. subtilis, P. euryptychus, P. variabilis, Peltoceras athletoides, P. arduennense, P. atletha, Cardioceras goliathum, Cerithium russiense, Pleuromya brogniarti, Avicula okensis, Exogyra spiralis, Gryphaea dilatata.*

Als Formen, die im ganzen Callovien häufig sind, seien erwähnt: *Cosmoceras enodatum, Belemnites subextensus, B. puzosi, B. beaumonti, B. panderi, B. extensus, B. subabsolutus, B. calloviense, Rhynchonella personata.*

Oxford. Eine Zonengliederung des Oxford ist noch nicht durchgeführt; es lassen sich aber zwei Unterstufen unterscheiden.

Unteres Oxford: *Cardioceras cordatum, C. excavatum, Cardioceras vertebrale, C. tenuicostatum, C. rotundatum, C. kostromense, C. roullieri, C. quadratoides, C. zieteni, C. zinaidae, C. vagum, Aspidoceras perarmatum, A. faustum, A. edwardsi, Peltoceras arduennense, P. constanti, P. eugeni, P. athletoides, Perisphinctes balabanovi, P. indogermanus, P. martelli, P. jeremejewi, P. chlorolithicus, P. plicatilis, P. frickensis, P. intercedens, Ochetoceras canaliculatoides, O. goliathum, Belemnites panderi, B. breviaxis, B. zitteli, Gouldia cordata, Gryphaea dilatata, Nucula pseudo-menkei, N. medusae, Macrodon keyserlingi, M. roullieri, M. pictum, M. gagnebini.*

Oberoxford (= Sequan, vielfach noch als Unterer Kimmeridge bezeichnet): *Cardioceras alternans, C. zieteni, C. tuberculato-alternans, C. bauhini, Holcostephanus stephanoides, H. trimerus, Perisphinctes mniovnikensis, P. pralairei, Reineckia fraasiformis, Belemnites panderi, B. beaumonti, B. breviaxis, B. kirghisensis, B. miatschkovensis.*

Kimmeridge. *Holcostephanus cuneatus, Aulocostephanus pseudomutabilis, A. undorae, A. subundorae, A. jasonoides, A. eudoxus, Aspidoceras acanthicum, Cardioceras bauhini, Aucella sollasi, A. mosquensis, Exogyra virgula.*

Untere Wolgastufe. a) Die untere Abteilung der Wolgastufe hat als Leitform *Perisphinctes (Pavlowia) panderi* und *Virgatites scythicus*. Außerdem sind recht häufig: *Perisphinctes dorsoplanus, P. pavlowi, Virgatites quenstedti, V. apertus, V. tschernyschewi, V. zaraiskensis, Aucella mosquensis.*

b) Die obere Zone hat *Virgatites virgatus* als Leitfossil. Bezeichnend sind noch: *Virg. pusillus, V. pallasi, V. sosia, V. schtschukinensis, V. pilicensis, Holcostephanus lomonossowi, H. triplicatus, H. acutocostatus, Aucella russiensis.*

c) Die oberste Zone mit *Perisphinctes nikitini* ist nur in Südostrußland deutlicher ausgeprägt.

Als weitere wichtige Formen der unteren Wolgastufe, ohne Horizontgliederung, erwähne ich: *Perisphinctes lahuseni, P. schtschurowskii, P. bipliciformis, Belemnites mjatschkovensis, B. rouilleri, B. absolutus, Aucella pallasi, A. mniovnikensis, A. rouilleri, A. subovalis, A. gracilis, A. rugosa, A. orbicularis, A. sollasi, A. stantoni, A. abbreviata, A. gabbi, Inoceramus retrorsus, Lima consobrina, Ctenostreon distans, Astarte ovoides, A. voltzi, Lucina fischeri, Gresslya alduini, Rhynchonella oxyoptycha, Rh. fischeri, Rh. loxiae, Waldheimia fischeri, W. royeri, Orbiculoidea maestis.*

Obere Wolgastufe. Die charakteristischen Leitformen der oberen Wolgastufe: *Garniericeras (Neumayria)* und *Craspedites* treten schon gelegentlich weiter unten auf. Im allgemeinen läßt sich indessen die Trennung in drei Horizonte gut durchführen. Es sind das von unten:

a) *Garniericeras fulgens, G. catenulatum.*

b) *Craspedites subditus* (Leitform), *Cr. okensis, Cr. subditoides, Cr. fragilis, Aucella krotovi, A. dilatata, A. syrtensis, A. srtemouchovi, A. lahuseni, A. trigonoides, A. andersoni, A. fischeri, A. curta.*

c) *Garniericeras subclypeiforme* (Leitform), *G. subfulgens, G. catenulatum, Craspedites nodiger* (Leitform), *Cr. kaschpuricus.*

Außerdem seien aus der oberen Wolgastufe erwähnt: *Belemnites russiensis, B. lateralis* (oben), *Aucella unshensis, A. hyatti, A. terebratuloides* var. *regularis, A. fischeri, Inoceramus cuneiformis, Pecten nummularis, Protocardia concinna, Lima consobrina.*

Die gleichmäßige faunistische und fazielle Ausbildung dieses Meeres vom Eismeer bis zur mittleren Wolga ist bemerkenswert; auch die Mächtigkeit bleibt mit etwa 50–100 m sehr gleichmäßig. Es ist zu betonen, daß dieses Meer vorwiegend den beiden geotektonischen Einheiten der Moskauer Schüssel und der Ostrussischen Senke angehört und eine Querverbindung zwischen Eismeer und Tethys schafft, aber auch mit Westeuropa über Kurland in Verbindung tritt. Wo es in andere tektonische Einheiten übertritt, ändert sich der Charakter sofort; das ist z. B. bei dem Kaspibecken deutlich, wo etwa 1000 m lagunäre Jurasandsteine abgelagert wurden, und im Donezgebiet, wo Kalke auftreten (s. unten).

Im Westen der Russischen Tafel ist bei Popilani in der Litauischen SSR, ferner bei Lidzbark Warminski (Heilsberg) in Pomorze Mazowieckie (Ostpreußen) der Jura auch anzutreffen. Das Schichtprofil von Popilani zeigt nach Brinkmann eine deutliche Dreiteilung, die auch aus den Beobachtungen früherer Bearbeiter hervorgeht. Der untere Komplex ist sandig mit Braunkohlenschmitzen und scheint direkt dem Zechstein aufzulagern. Zum Teil mag dieser Komplex noch dem tieferen Dogger angehören, doch reicht er nach Brinkmann jedenfalls in das höhere Callovien hinauf (*Sedgwicki-Reineckia*-Zone nach Wetzel). Im Hangenden folgen z. T. kalkige Sande (*jason*- und *ornatum*-Zone) und darüber dunkle sandige Glimmertone, welche das obere Callovien (*lamberti*-Zone) und den unteren Oxford vertreten. Oberes Oxford ist nicht mehr sicher bekannt.

Die von Krenkel und Boden beschriebene Fauna (vorwiegend Zweischaler und Ammoniten) hat sowohl mit Westeuropa als auch mit Osteuropa viele gemeinsame Züge[1]. Nach Brinkmann kann man annehmen, daß zunächst die Makrocephaliten und Keppleriten nach Osten wanderten, daß dann im mittleren Callovien *Cosmoceras (pollux, gulielmi)* nach Westen vorrückten, zugleich aber Perisphincten gegen Osten verbreitet wurden. Im oberen Callovien wandern *Quenstedticeras* und *Cosmoceras* nach Westen, im Oxford vermittelt *Cardioceras* zwischen Ost und West. Alles in allem herrscht vom Mittelcallovien bis in das höhere Oxford eine recht ungestörte Verbindung der russischen und norddeutschen Meere.

Die Mächtigkeit des Juras bei Popilani ist sehr gering (n. Brinkmann 27 m); im Südwesten (Klaipeda [Memel], Lidzbark Warmiński [Heilsberg]) steigt sie bald auf über 100 m an. Entsprechend ist das Profil dort wesentlich vollständiger. Der Kimmeridge ist noch mit ausgesprochen russischer Fazies in Lidzbark Warmiński (Heilsberg) in Pomorze Mazowieckie (Ostpreußen) erbohrt worden, und die untere Wolgastufe war ebenfalls bis zur Oder verbreitet (Zarnglaff), so daß eine O–W-Verbindung bis in diese Zeit vorhanden gewesen sein muß (*Virgatites, Aucella*).

Starke Abweichungen von der normalen Ausbildung bestehen auch in der Südrussischen Senke (Donezgebiet), wo erstens unterer und mittlerer Jura

[1] Ausführliche Faunenlisten siehe bei Krenkel (Callovien) und Boden (Oxford).

vertreten sind, zweitens im Oxford-Kimmeridge eine oolithische und koralligene Fazies vorhanden ist, die nichts mit dem zentralrussischen, aber sehr viel mit dem westeuropäischen Jura gemein hat (Nerineenkalke des Kimmeridge). Eine Verbindung mit dem westeuropäischen Meer ist nach TEISSEYRE seit dem Bathonien, n. MICHALSKI jedenfalls seit dem Callovien vorhanden. Hier ist die Mächtigkeit auch wieder wesentlich größer (bis 350 m Jura); die faziellen Unterschiede sind bedeutend, was mit dem orogenetisch unruhigen Verhalten des Streifens zusammenhängt, der nach BORISSJAK häufig nur ungleichmäßig überflutet war.

Das Juraprofil des Donezbeckens ist von BORISSJAK und später von ARCHANGELSKI genauer untersucht worden und soll hier wegen seiner Abweichungen von Mittelrußland und wegen seiner eigentümlichen Beziehungen zu Westeuropa etwas eingehender besprochen werden.

Rhät-Lias. Die mesozoische Serie des Donezbeckens beginnt mit etwa 100 m mächtigen Sandsteinen und bunten Tonen, die *Clathropteris meniscoides* und *Dictyophyllum nathorsti* führen; man darf darin eine nicht feiner zu gliedernde subaquatische bzw. lakustre Folge sehen, die aber zum Teil der nachfolgenden marinen Transgression anheimfiel, da sie stellenweise ganz fehlt. Sie erinnert an die Fazies in Polen und Schonen.

Oberer Lias – Unteres Bayeux. Etwa 100 m schieferige Tone mit dünnen Sandsteinlagen von typisch marinem Charakter. BORISSJAK unterscheidet von unten nach oben vier Zonen: a) *Hildoceras* cf. *serpentinum*; b) *Coeloceras* sp., *Belemnites* aff. *compressus, Posidonomya opalina*; c) *Hammatoceras insigne, Hildoceras quadratum,* d) *Lioceras opalinum.* ARCHANGELSKI rechnet hierher auch die von BORISSJAK dem höheren Komplex zugewiesene Zone mit *Whitchellia rossica, W. isjumica, W. kamenka, Belemnites ellipticus, B. aalensis, Cylindrobullina disjuncta*; diese Formen treten zum Teil weiter oben in Geröllen auf.

Bayeux – Unteres Bathonien. Etwa 80 m Tone mit Sideriten und Phosphorit. Eine ziemlich reiche, aber schlecht erhaltene Fauna.

Unten: *Garantiana garanti, G. dubium, Strenoceras subfurcatum, Parkinsonia doneziana, Belemnites subclavatus, B. fusiformis, B. ellipticus, B. aalensis, B. quinquesulcatus, Nucula eudorae* et var., *N. sana, N. maga, N. symmetrica, N. circuliformis, Leda diana, Macrodon verevkinense, M. jakovlevi, M. kovalevskense, Cucullaea corallina, C. goldfussi, C. oblonga, Modiola gibbosa, Pseudomonotis donetziana.* Oben: *Perisphinctes martinsi, Cosmoceras* (?) *michalskii.*

Oberes Bathonien – Unteres Callovien. Unten sandige, oben tonige Serie von 54 bis 55 m Mächtigkeit. An Fossilien nur Pflanzen. Vermutlich lakustre Bildungen.

Die reiche Flora verdient Erwähnung[1]: *Equisetites beani, E. hallei, Sagenopteris phillipsi, S. kamenkensis, Klukia exilis, Gleichenites cycadina, Coniopteris hymenophylloides, Cladophlebis denticulata, C. lobifolia, C. haiburnensis, C. kamenkensis, C. crenata, C. nalivkini, C. williamsoni, Sphenopteris acutiloba, Taeniopteris vittata, T. densinervis, Gingko digitata, G. polaris, Gingkodium nathorsti, Czekanowskia rigida, Elatides münsteri, E. curvifolia, Pythyophyllum longifolium, Abietites densifolius, Schizolepis moelleri, Williamsonia pecten, W. gigas, Otozamites obtusus, O. izjumensis, O. giganteus, Nilssonia compta, N. orientalis, N. inouyei, N. denticulata, Podozamites lanceolatus.*

Oberes Callovien – Oxford-Kimmeridge. Diese obere marine Serie beginnt mit einem deutlichen Transgressionskonglomerat, welches nach oben in Kalksande, mergelige Tone und oolithische Kalke übergeht. Zuweilen beginnt diese Serie mit dem mittleren Callovien, zuweilen aber erst mit dem Oxford. Die Mächtigkeit ist 30–40 m. BORISSJAK unterscheidet die folgenden Faunen:

Mittleres Callovien: *Nautilus calloviensis, Stephanoceras* cf. *coronatum.*

---

[1] Nach einer Zusammenstellung von KRISCHTAFOWITSCH.

Oberes Callovien: *Quenstedticeras lamberti, Q. mariae, Q. vertumnum, Q. carinatum, Peltoceras* sp., *Aspidoceras* cf. *ponderosum, Cosmoceras* cf. *ornatum.*

Unteres Oxford (sandiger Kalk): *Quenstedticeras goliathum, Q. nalivkini, Cardioceras excavatum, C. rotundatum, C. cordatum, C. dieneri, C. quadratoides, C. vertebrale, C. tenuicostatum, C. tenuistriatum, Perisphinctes* cf. *healeyi, Peltoceras* cf. *arduennense* u. a., *Aspidoceras indorossicum, A. nikitini, A. faustum, Belemnites hastatus, Rhynchonella concinna, Rh. badensis, Nerinea eichwaldiana, Chemnitzia heddingtonensis, Arca subpectinata, Modiola aequiplicata, M. internata, M. trigonalis, Lithodomus mixtus.*

Mitteloxford (tonige Kalke): *Terebratula zieteni, T. baltzeri, T. retrocarinata, Rhynchonella varians, Rh. steinbeissi, Rh. lacunosa* var. *arolica, Rh. lutugini, Rh. pectunculoides, Rh. fischeri* var. *planata, Cerithium russiense, C. beani, Nucula nina, Macrodon cepha, Cuccullaea texta, Modiola gibbosa, M. tschernyschewi, M. hannoverana, Lithodomus arcoides.*

Oberes Oxford (Oolithe und tonige Kalke): *Terebratula cincta, T. bauhini, T. gallieni, T. valfinensis, T. immanis* var. *pinguis, T. subrhomboidalis, T. lutugini, T. stutzi, T. gessneri, T. anatina, T. indentata, Waldheimia lugubris, Zeilleria donetziana, Z. egena, Rhynchonella subtilis, Rh. inconstans, Rh. verevkinensis, Rh. pinguis, Rh. trilobata* var. *moeschi, Chemnitzia pollux, Pleurotomaria jurensis, Amberley princeps, Ptychocylindrites coedati.*

Kimmeridge (gelbe Oolithe mit Tonen, z. T. Korallenkalke): *Rhynchonella quadriplicata, Phasianella striata, P. elegans, P. parvula, P. litiuscula, P. isjumensis, Alaria atulia, A. hispida, Ditremaria thurmanni, Amberleya kobyi, Delphinula beaugrandi, Turbo bicinctus, T. trautscholdi, Tornatina kobyi, Arca bourgueti, A. hecabe, A. kobyi, A. nalivkini, Modiola tulipaea, Lithodomus chavattensis, L. mixtus, Mytilus parvus, M. trapeza.*

Oberer Kimmeridge (weiße Kalke): *Nerinea uriscinensis (visurgis), Pseudonerinea fischeri.*

Obere Wolgastufe – Untere Kreide. Sandig-tonige Serie von kontinentalem Ursprung, etwa 30 m mächtig und fossilleer; eine der unteren Wolgastufe entsprechende Unterbrechung ist überall deutlich.

Dieses Profil zeigt eine Entwicklung, welche von der zentral- und ostrussischen erheblich abweicht und viel mehr an Westeuropa erinnert. Zwar sind einige Hauptschwankungen auch hier zu spüren (Regression im Bathonien und in der unteren Wolgastufe, Transgression im Callovien), aber bis auf Callovien und Oxford ist die Fazies des Donezbeckens dem übrigen Osteuropa fremd. Der Gegensatz einer kalkarmen Entwicklung in den Beckenteilen, die polaren Strömungen direkt ausgesetzt waren, und einer kalkigen Entwicklung in den vor polaren Strömungen geschützten Becken bleibt bestehen, was in gewissem Sinne für die alte NEUMAYRsche Klimazonentheorie spricht. Auch die spätere Geschichte zeigt deutlich den Einfluß klimatischer Faktoren, der allerdings wohl komplizierter war, als man ursprünglich annahm. In dem höheren Malm (seit der Unteren Wolgastufe = Portland) scheint nur die nördliche Verbindung (über Kurland) nach Westeuropa bestanden zu haben.

9. Kreide

Faziell und paläogeographisch ist die untere Kreide zunächst dem Jura recht ähnlich. Eine basale Unterbrechung ist gewöhnlich nachzuweisen, und das Meer hat höchstens im Südosten etwa bis zum Gebiet von Rjasan, und im Osten bis zum Petschorabecken, persistiert. Die neue Transgression scheint auch von SO auszugehen und bringt neue, mediterrane Formen bis in das

Moskauer Becken *(Berriasella)*, wo im Infravalendis eine Mischung mit borealen Typen vorhanden ist; bis Nordostrußland sind diese Formen indessen nicht vorgedrungen. Die Transgression des Valanginien verbreitet sich hauptsächlich südlich von Moskau, wo die Phosphorite dieser Stufe z.T. auf Callovien, z. T. sogar auf Devon (Lipezk) liegen. Diese untere Stufe fehlt auch gelegentlich (so bei Saratow) oder ist durch pflanzenführende Sandsteine vertreten. Das mittlere Valanginien (Polyptychitenzone, Aucellensandstein) greift weiter nach Norden über (Kostroma) und ist meist durch lockere Sande gekennzeichnet. Das obere Valanginien und untere Hauterivien ist nicht sicher nachgewiesen. Das obere Hauterivien (*Simbirskites*-Schichten) bezeichnet wohl den Höhepunkt der unteren Kreidetransgression. Im Westen (Moskau, Kostroma) herrschen auch hier sandige Schichten vor, im Osten (Wolga) werden sie durch Tone ersetzt.

Im Barrémien und Apt erfolgt ein starker Rückgang des Meeres; nur im Wolgagebiet werden weiterhin Tone sedimentiert (mit *Ancyloceras* und *Hoplites deshayesi*). Im Westen lagert sich eine terrigene Serie von Sanden mit Pflanzenresten ab, die auf Süßwasserseen und auf Dünenbildung hindeutet. Die boreale Verbindung hört auf. Der Höhepunkt dieses Rückganges liegt im Apt, wo bei Moskau überhaupt keine Sedimentation stattfindet, während im Wolgagebiet sandige Schichten mit Holzresten und Muscheln zum Absatz kommen. Eine Verbindung mit dem mediterranen Becken kann bestanden haben.

Eine Transgression im unteren Alb trägt etwas abweichenden Charakter. Die Verbindung mit dem Norden hat ganz aufgehört. Das Meer hat ausgesprochen äquatorialen Verlauf und erfüllt im wesentlichen die Kaspisenke und den südlichen Teil des Moskauer Beckens. Vielleicht ist dieser Rückgang mit Senkungen im Gebiet der Südrussischen Senke verbunden: im Gebiet des Woronesher Blockes liegen allerdings terrigene Sandablagerungen. Nach einer erneuten schwachen, aber weitverbreiteten Regression setzt dann im oberen Alb eine positive Meeresbewegung ein, als Vorläufer der cenomanen Transgression, welche über Polen auch eine Verbindung mit dem Westmeer schafft.

Die Mächtigkeit der unteren Kreide dürfte bei Moskau 50–60 m erreichen, in der Ostrussischen Senke 140–300 m, im Höchstfall 400 m.

Am Obschtschij Syrt besteht die untere Kreide aus 40 m Ton und 15 m Eisensand darüber. In der Kaspisenke ist ein Sandstein mit sonst fremder, südlicher Fauna bekannt *(Natica, Nerinea, Trigonia, Exogyra)*.

Die Fauna der unteren Kreide kann nach Arbeiten von Pavlov, Nikitin, Archangelski und anderen wie folgt gekennzeichnet werden.

Rjasan Horizont (Berrias-Infravalendis): meist sind zwei Unterzonen deutlich zu erkennen:

a) *Berriasella rjasanensis, B. subrjasanensis, Hoplites swistonianus, H. hospes, H. transfigurabilis, H. inexploratus, Holcostephanus dorsorotundatus, H. analogus, Belemnites russiensis, B. subquadratus, B. lateralis, Aucella subokensis, A. fischeri, A. volgensis, A. mosquensis, A. trigonoides, A. terebratuloides, Unicardium heteroclitum.*

b) *Craspedites spasskensis, C. suprasubditus, C. pressulus, C. subpressulus, Holcostephanus tzikwinianus, H. bidevexus, H. analogus, H. subtzikwinianus, H. clementinus,*

H. simplex, H. unshensis, Tollia stenomphala, Polyptychites craspeditoides, Platylenticeras gevrili, Belemn. lateralis, B. subquadratus, Aucella volgensis, A. inflata, A. surensis, A. andersoni, A. lahuseni, A. bulloides, A. crassa, A. elliptica, A. jasykovi, A. spasskensis, A. subokensis.

Polyptychitenschichten (mittleres Valanginien): *Polyptychites keyserlingi, P. gravesiformis, P. beani, Craspedites leianus, Holcostephanus hoplitoides, H. lgowensis, H. glaber, H. triptychiformis, H. expansus, Aucella crassicollis, A. pyriformis, A. keyserlingi, A. crassa, A. uncitoides, A. solida, A. lamplughi.*

Es sei bemerkt, daß das untere Valanginien fehlt oder zum mindesten paläontologisch nicht nachzuweisen ist; die basale Phosphoritschicht der Polyptychitenschichten, welche auf verschiedene ältere Schichten übergreift, spricht für eine Unterbrechung. Das obere Valanginien und untere Hauterivien scheinen ebenfalls meist zu fehlen, sofern nicht gewisse fossilarme Schichten mit *Bel. subquadratus* des Wolgagebietes hierher zu stellen sind. Im Petschoragebiet sind Tone mit Sideritknollen, in denen Polyptychiten mit Simbirskiten gemeinsam auftreten, in diese Übergangszeit zu stellen.

Die hangenden Simbirskitenschichten wurden bisher ins untere Barrême, höchstens mit Einschluß des oberen Hauterive gestellt. Milanovski betont neuerdings mit Recht (1940), daß sie wohl voll und ganz ins obere Hauterive gehören. Man kann zwei Zonen unterscheiden:

Unten liegen die perisphinctoiden Simbirskiten (Speetoniceras): *Simb. versicolor, S. inversus, S. subinversus, S. coronatiformis.* Außerdem (mit * höher hinauf gehende Arten): *Belemnites pseudopanderi, *B. absolutiformis, *B. jasykowi, Astarte porrecta, *Lima consobrina, *Pecten nummularis, *P. sonarius, *Avicula transilis, Rhynchonella obliterata.*

Oben folgen die umbonaten (*Simbirskites* im engeren Sinne) und discofalcaten (*Craspedodiscus*) Simbirskiten: *S. umbonatus, Simbirskites decheni, S. kowalewskii, S. pseudobarboti, S. elatus, S. umbonatiformis, S. discofalcatus, S. progrediens, S. polivnensis, S. speetonensis, S. barboti, S. phillipsi.* Außerdem: *Belemnites brunsvicensis, B. speetonensis, Inoceramus aucella, In. fragilis, Pecten crassitesta, Avicula cornueliana, Astarte beaumonti, Venulites mordvensis, Cyprina syssolae, Thetironia minor, Panopaea neocomiensis, Corimy aplanata, Goniomya literata, Turbo humilis, T. jasykowi, Ichthyosaurus.*

Barrémien: Hierzu stellt Milanovski (1940) die an der Wolga im Hangenden auftretenden sandig-tonigen Schichten mit *Belemnites brunsvicensis, B. jasykowi, B. absolutiformis, Venulites mordvensis, Pecten crassitesta.*

Aptien (nur im Osten): *Parahoplites deshayesi, P. subfissicostatus, P. consobrinoides, Acanthoceras cornuelianum, Aconeceras trautscholdi, Ancyloceras simbirskense, A. bowerbanki, A. gracile, Crioceras, Pecten crassitesta, Inoceramus fragilis, Pinna robinaldina, Cucullaea glabra, Nucula planata, Turbo, Scalaria, Aporrhais.* Stellenweise auch Mittelapt mit *Douvilleiceras tschernyschevi, D. martini, D. subnodosocostatum.* Bei Saratow lagern darauf 70–80 m grüne Tone und Eisensandsteine mit *Astarte beaumonti*, die als oberes Apt und unteres Alb gelten.

Mittlere Albien: *Hoplites dentatus, H. interruptus, H. auritus, H. benettiae, H. engersi, H. tethydis, H. jachromensis, H. talitzianus, H. dutemplei, Haploceras beaudanti.*

Die obere Kreide weist erheblich abweichende Züge auf.

Das cenomane Meer überflutet in einem schon im oberen Alb angelegten NW–SO streichenden Transgressionszug nicht nur die Kaspisenke und die Südrussische Senke, sondern auch große Teile des asowpodolischen Blockes und wohl auch des Blockes von Woronesh. Im Westen wird der Scythische Wall unter Wasser gesetzt und die Meeresverbindung nach Westeuropa verbreitert. Die Fazies und Mächtigkeit dieses Meeres ist auffallend gleichartig. Es herrschen glaukonitreiche, glimmerige Sande, oft mit Phosphoritknollen an der Basis und im Hangenden. Sowohl im Osten, an der Wolga, als auch im Westen, in Wolynien, wird die Mächtigkeit auf 30 m geschätzt. Die Fauna ist eine verarmte Fauna des westlichen Europas, ohne Ammoniten (die erst weiter im Süden erscheinen). Der nördliche Teil des Moskauer Bek-

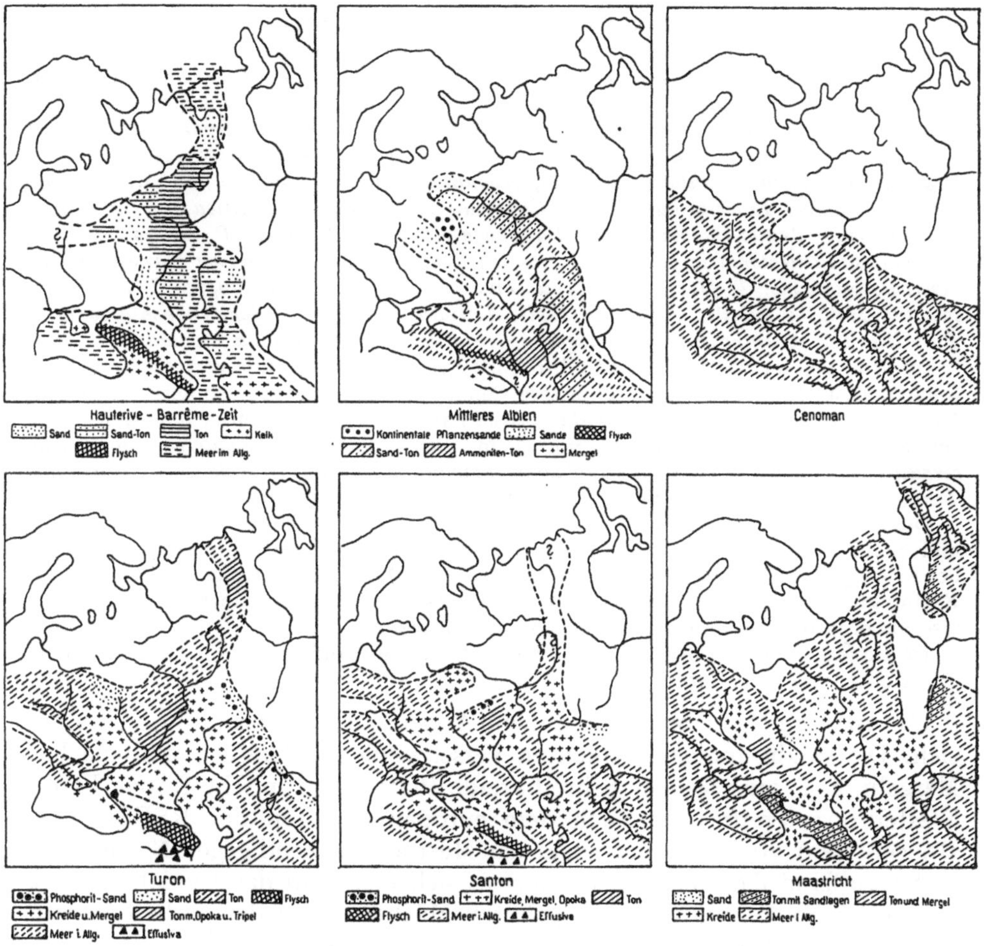

Abb. 42. Paläogeographische Karten der osteuropäischen Kreide. Nach STRACHOFF.

kens und auch die Ostrussische Senke, nördlich von Uljanowsk, bleiben vom Meere frei.

Aus Mittelrußland, d. h. südlich von Moskau und aus dem Oberlauf der Oka und des Dnjepr, sei folgende, von ARCHANGELSKI zusammengestellte Fossilliste des Cenomans angeführt:

Ptychodus latissimus, P. mamillaris, P. decurrens, P. oweni, P. polygyrus, Hybodus eichwaldi, Corax heterodon, Hemipristis plicatilis, Carcharias medius, Otodus brandti, O. crassus, O. renardi, O. basalis, O. subbasalis, Oxyrhina roullieri, Lamna raphiodon, L. subulata, Alopias siwerianus, A. kurskensis, Macropoma mantelli, Squatina milleri,

Saurocephalus lanciformis, S. striatus, Saurodon leanus, Osmeroides affinis, Ichthyosaurus campylodon, Plesiosaurus neocomiensis, P. planus, Polycotylus ichthyospondylus, P. gurgitis, Elasmosaurus kurskensis, Polyptychodon interruptus, Poexilopleuron schmidti; Porospongia quincuncialis, P. regularis, Cribrospongia beaumonti, C. concentrica, Jerea kurskensis, Parasmilia centralis, Terebratula squamosa, T. obesa, T. dutempleana, T. carnea, T. cf. *extensa, T. diphimorpha, T. menardi, T. biplicata, Terebratulina striata, Terebratella kurskensis, Kingena lima, Trigonosema kiprianowi, Rhynchonella latissima, Rh. nuciformis, Rh. uppwarensis, Lingula subovalis, Exogyra conica, E. haliotidea, Ostrea diluviana, O. eburnea, O. ricordeana, O. nikitini, O. canaliculata, O. lesueri, O. hippopodium, Pecten asper, P. membranaceus, P. orbicularis, Neithea quinquecostata, N. aequicostata, Lima multicostata, L. rectangularis, Spondylus striatus, S. serratus, Plicatula striata, P. inflata, Inoceramus striatus, Arca striata, A. costata, A. foeda, A. passyana, Cucullaea carinata, Nucula aequalis, N. genuina, N. siliqua, Trigonia crenulata, Lucina kurskensis, Cyprina quadrata, C. osteolitica, C. ligeriensis, Opis bicornis, Venus rhotomagensis, Panopaea elongata, P. hiulca, P. resima, Anatina kurskensis, Pleurotomaria panderi, P. rossica, Natica geinitzi, Solarium planum, Turbo tuberculatocostatus, T. placidus, Trochus kutorgae, T. insulus, T. longus, T. duodecimcostatus, Helcyon subtilis, Avellana cassis, Actinocamax primus, Schloenbachia varians, Turrilites* sp., *Acanthoceras rhotomagense, Nautilus elegans, Serpula nöggerathi.*

Im Wolgagebiet ist das Cenoman durch bis 33 m mächtige Sande vertreten, die nach Archangelski faunistisch an das untere Cenoman Mitteleuropas erinnern. Unten ist *Exogyra conica,* weiter oben *Lingula krausei* häufig. Außerdem findet man hier neben einigen schon genannten Formen vor allem: *Pteria pectinata, Cucullaea glabra, Inoceramus orbicularis, Pectunculus sublaevis, Trigonia aliformis, Tr. pawlovi, Venus faba, Turbo scobinosus, Schloenbachia varians, Sch. coupei, Serpula gordialis.*

Die baltische Entwicklung ist durchaus ähnlich; auch hier handelt es sich um Sande und Sandsteine, die gemäß ihrer von Noetling untersuchten Fauna keine wesentlichen Abweichungen zeigen. Nach Spulski liegt die Nordgrenze dieses Meeres etwa bei Kaliningrad (Königsberg); eine tiefere Fazies erscheint erst im Odermündungsgebiet, also außerhalb des osteuropäischen Schollenkomplexes.

Im Donezgebiet liegt über den cenomanen Glaukonitsanden eine Phosphoritschicht, die reich an marinen Reptilien ist.

Das turone Meer bringt erhebliche Änderungen in Form und Fazies mit sich. Die sandig-tonigen Schichten verschwinden allmählich und machen Mergeln, z. T. auch weißer Schreibkreide Platz. Die typische turone Fauna Westeuropas greift auch nach dem europäischen Teil der RSFSR über (Inoceramen). An der Wolga rückt das Meer anscheinend gegen Norden vor, in Südrußland dagegen konzentriert es sich mehr auf das Gebiet der Südrussischen Senke, wo auch die größten Mächtigkeiten der Sedimente vertreten sind, während weiter im Norden, am Rande des Moskauer Beckens, kaum einige Meter Schreibkreide oder Kieselton (Opoka) diesen Horizont bezeichnen.

Die Fauna des Turons im Wolgagebiet enthält nach Archangelski: *Terebratula semiglobosa, T. biplicata, Terebratulina striata, Rhynchonella cuvieri, Exogyra lateralis, Ostrea naumanni, O. hippopodium, O. nikitini, Pecten cretosus, Lima hoperi, Spondylus dutemplei, S. latus, Inoceramus lamarcki, I. schloenbachi, I. labiatus, Serpula triangularis.*

Der Emscher ist an der Wolga ebenfalls durch kreidige Mergel vertreten und südlich von Saratow petrographisch vom Turon kaum zu trennen; weiter nördlich bei Uljanowsk ist zwischen beiden aber eine kleine Lücke vorhanden. Die Verbreitung dürfte von der des Turons wenig abweichen, ist allerdings im einzelnen noch nicht geklärt.

In den Mergeln sind nach ARCHANGELSKI gefunden: *Ventriculites radiatus, Rhynchonella plicatilis* form. *mantelliana, Exogyra lateralis, Ostrea nikitini, Pecten cretosus, Inoceramus involutus, I. russiensis, Actinocamax intermedius.* Bei Moskau gehören hierher Sande, die oben ins Santon hinaufreichen *(Inoceramus lobatus, Actinocamax verus)*.

In der südrussischen Senke liegen an der Basis gelegentlich glaukonitische kalkige Sande mit kleinen Geröllen, weiter oben kreidige Mergel von gleicher Fazies und mit einer ähnlichen Fauna wie im Osten; es fällt nur die Häufigkeit von Seeigeln auf, die im Osten fast ganz fehlen (*Ananchytes, Micraster* u. a.)

Das Frühsenon ist anscheinend durch weitverbreitete (subherzynische) Bewegungen charakterisiert, in deren Folge der Voruralstreifen sinkt und das Eismeer wieder einen Zugang zum Südrussischen Becken erhält. Die Folge davon ist, daß im Untersenon die kreidigen Mergel vielfach durch kieselig-tonige Sedimente (Opoka, Gaize) ersetzt werden. ARCHANGELSKI sieht darin den Einfluß der kalten nordischen Strömungen, welche auch eine neue Fauna (Belemnitellen) in das Gebiet brachten. Eine allgemeine Verflachung des Meeres, die bis in die Mucronatenzeit andauert, ist wohl für Südrußland anzunehmen.

Die Gleichgewichtsstörungen in frühsenoner Zeit sind sowohl an der Wolga (vorsenone Abtragung von Turon und Emscher bei Saratow) als auch im Donezbecken nachzuweisen. Bei Woronesh, also am N- bzw. NW-Ufer dieses Meeres, sind sandige Schichten bekannt, die dann weiter nach SO kieseligen und kreidigen Mergeln Platz machen. Dann erfolgt eine neue, weitgehende Überflutung, die die Ostrussische Senke nebst Petschoraland, die östlichen Teile des Moskauer Beckens und die ganze Südrussische Senke nebst einem großen Teil des podolischen Blockes umfaßt. Die Faziesverteilung in der höheren Kreide ist derart, daß in einem mittleren Streifen der Ostrussischen Senke zwischen Saratow und Tschkalow (Orenburg) Schreibkreide und Kreidemergel vorwiegen, zu beiden Seiten im W und O aber eine kieselig-tonige und dann eine sandige, litorale Fazies anschließt. In der Südrussischen Senke erfahren diese Faziesgürtel eine breite Ausstülpung nach WNW.

Im Wolgagebiet liegt das untere Senon transgressiv auf verschiedenen Horizonten der Oberkreide. Es beginnt über einer deutlichen Erosionsdiskordanz mit phosphorithaltigen Mergeln (reich an Schwämmen), die gegen oben in kieselige Mergel und in kalkfreie kieselige Tone (Gaize) übergehen. Die Abnahme des Kalkgehaltes (? boreale Strömungen) ist sehr bezeichnend. Fauna nach ARCHANGELSKI: *Maeandroptychium regulare* u. a., *Ventriculites spinosus* u. a., *Coscinopora quincuncialis, Coeloptychium subagaricoides, Plocoscyphia grandis, Polyscyphia pseudocoeloptychium, Terebratulina striata, Rhynchonella octoplicata, Ostrea naumanni, O. vesicularis, O. wegmaniana, O. nikitini, Exogyra lateralis, Neithea simbirskensis, Pecten cretosus, Lima hoperi, Limatula decussata, Inoceramus pachti, I. cardissoides* (Leitform!), *I. involutus, I. lobatus, Belemnitella praecursor, Actinocamax verus* var. *fragilis, A. propinquus, Ptychodus mamillaris.*

Höher oben liegen Kieseltone mit einer etwas abweichenden Fauna: *Exogyra lateralis, Ostrea wegmaniana, Pteria tenuicostata, Pecten cretosus, Actinocamax verus* var. *fragilis, A. laevigatus, Belemnitella praecursor.* ARCHANGELSKI parallelisiert diese Zone mit der Quadratenkreide Deutschlands; der typische *A. quadratus* fehlt in Rußland.

In der südrussischen Senke ist diese ganze Stufe durch Tone und Mergel vertreten, die unten stark sandig sind; gegen oben folgen kreidige Mergel, die vielleicht schon dem Obersenon angehören. In Nordrußland sind im Ussagebiet santone Kieseltone bekannt. Bei Moskau ist in den hangenden Teilen der Sandfolge *Actin. verus* nachgewiesen.

Im oberen Senon, d. h. in der Mucronatenzeit hörte die unmittelbare Verbindung mit dem Eismeer auf (sie wird wahrscheinlich östlich des Urals beibehalten). Im Zusammenhang damit verschwinden wieder die kieseligen Tone und weiße Schreibkreide erhält eine große Verbreitung. Die Fazies ist jedoch verschieden: bei Uljanowsk sind es glaukonitische Mergeltone, bei Saratow kieselige Tonschiefer, im Kaspigebiet (Eltonsee) weiße Schreibkreide. Das Meer besitzt kaum geringere Verbreitung. Insbesondere bleibt ein großer Teil des podolischen Massivs versenkt, und im Kaspigebiet dauern die Senkungen fort, so daß die Tiefe des Meeres hier nach ARCHANGELSKI über 1000 m gewesen ist.

Diesen Charakter eines räumlich vielleicht etwas beschränkteren, aber lokal recht tiefen Meeres zeigt auch das oberste Senon, das *lanceolata*-Becken (Maastrichtstufe), dessen Gestaltung ARCHANGELSKI geklärt hat. Drei Faziesgebiete sind in diesem Becken zu unterscheiden: sandige Ablagerungen in den Gebieten Saratow und Pensa und am südlichen Ural bezeichnen die westliche und nördliche Grenze. Auf sie folgt nach Südosten eine Zone von blauen Tonen (Kontinentalschlamm 200–500 m), dann, in den tiefsten Teilen des Beckens die Schreibkreide (der Kokkolithschlamm) für welche ARCHANGELSKI aus dem Studium der Foraminiferen eine Tiefe von bis zu 1000 m annimmt (nur ganz fern im Osten – Aralsee – sind benthogene Sedimente in Gestalt von Lithothamnien- und Bryozoenriffen bekannt). Das Becken bildete einen nördlichen Vorsprung des Tethys von der Gestalt und Größe des Golfes von Mexiko.

Die untere Abteilung des Obersenon hat eine verhältnismäßig arme Fauna; aus dem Wolgagebiet erwähnt ARCHANGELSKI: *Gryphaea vesicularis, Actinocamax mammillatus, Belemnitella mucronata.* Aus dem südrussischen Becken erwähnt SCHATSKI noch: *Exogyra canaliculata, Ostrea semiplana, Neithea quinquecostata, Ananchytes* cf. *ovata, Pholadomya esmarki* und andere nicht mit Sicherheit bestimmte Formen. Diese Stufe dürfte den unteren Mucronaten- und den oberen Quadratenschichten Mitteleuropas entsprechen.

Die obere Abteilung (*lanceolata*-Schichten) hat eine sehr reiche Fauna. Aus dem Wolgagebiet erwähnt ARCHANGELSKI: *Terebratula carnea, Terebratulina gracilis, T. striata, Rhynchonella octoplicata, R. limbata, Magas pumilus, Anomia subtruncata, Ostrea vesicularis, O. semiplana, O. praesinzovi* (in der Glaukonitsandfazies), *Pecten campaniensis, P. spathulatus, Neithea simbirskensis, Lima hoperi, Spondylus dutemplei, Cardium fenestratum, Inoceramus balticus, Gyropleura ciplyana, Belemnitella lanceolata, B. langei, Scaphites constrictus, S. tenuistriatus, S. tridens, Baculites knorri, Ananchytes ovata, A. conica, Serpula triangularis, S. gordialis, S. antiquata, Scalpellum maximum, Pollicipes fallax, Parasmilia centralis.*

In der südrussischen Senke weicht die Fauna nur wenig davon ab Das oberste Senon *(Belemnitella americana)* fehlt bis auf zwei Relikte bei Pensa und südlich Saratow in der ganzen europäischen RSFSR. Es sei schließlich noch auf den Foraminiferenreichtum der russischen Schreibkreide hingewiesen; eine eingehende Bearbeitung der Foraminiferen hat ebenfalls ARCHANGELSKI geliefert.

Die dänische Stufe ist im Obschtschij Syrt bekannt. Am Fluß Bolschoj Usenj liegen über Schreibkreide kieselige Mergel mit *Echinocorys sulcata, Gryphaea pitscheri, Spondylus danicus,* Brachiopoden, Bryozoen,

Schnecken, Crinoiden und Korallen. Diese Schichten sollen nach oben allmählich in Kieseltone des Paläozän übergehen.

Aus dem Gebiet der Südrussischen Senke griff das obere Kreidemeer weit nach Nordwesten über; über den Scythischen Wall, fast über das ganze Polen und die Litauische SSR läßt sich die Kreidedecke bis zur Wisla und Oder verfolgen. Die Ausbildung ist überall recht ähnlich. Über dem Cenoman liegen im Bezirk Kaliningrad (Königsberg) 80–100 m Mergel mit Feuersteinen (Turon), die indessen nach Norden bald auskeilen. Der Emscher zeigt abweichende Fazies; in Pomorze Mazowieckie (im südlichen Ostpreußen) liegen hier 20–45 m glaukonitische Mergel, im Bezirk Kaliningrad (ehemalig Heinrichswalde) Tone; gegen Kurland keilen sie aus, in der Litauischen SSR werden sie durch Schreibkreide ersetzt. Das Untersenon ist durch Schreibkreide vertreten, welche der polnisch-litauischen Fazies durchaus gleicht. Das obere Senon greift über ältere Formationen über, besteht aber zwischen Njemen und Wisla aus Kreidemergeln und glaukonitischen kieseligen Kalken, zwischen die sich oben Sandsteine einschalten. Die meisten Kenntnisse gehen hier auf Bohrungen zurück, und deshalb ist der Fossilgehalt nur unvollkommen bekannt. An einem direkten Zusammenhang mit dem Osten bis mindestens in die Mucronatenzeit ist jedenfalls nicht zu zweifeln.

In dem südlichen Teil dieses Verbreitungsgebietes, bei Lublin, liegen über einem Albienkonglomerat Kalke des Cenoman, Fissurinenkalke des Turon und sehr mächtige senone Schreibkreide. Die Verbindung über Wolynien nach Südrußland wurde schon im Albien angelegt.

10. Alttertiär

Der Beginn des Tertiärs brachte einen ganz gewaltigen Rückgang des Meeres mit sich. Eine ganz gleichförmige Auflagerung von Paläozän auf oberer Kreide ist so gut wie nirgends bekannt, da ja das Danien gewöhnlich fehlt und an der Basis des Paläozäns nur eine dünne Schicht von Glaukonitsand auftritt. Eine bedeutende Erosionsphase trennt beide Formationen, und das Paläozän lagert verschiedenen Kreidestufen auf. Eine vollständige Entwicklung des Paläozäns ist eigentlich nur im unteren Wolgagebiet (von Samara abwärts) vorhanden. Sehr bezeichnend ist es nach ARCHANGELSKI, daß hier in den unteren Horizonten die kieseligen Mergel vorherrschen (Opoka), die auf einen Einfluß nordischer Strömungen, mithin auf eine Verbindung mit dem Eismeer östlich des Urals hindeuten, wo solche Schichten ebenfalls vertreten sind.

Aus diesem östlichen Entwicklungszentrum greift das Meer wieder allmählich in das Gebiet der Südrussischen Senke über, wo bei Kiew vielleicht schon die obersten Teile des Paläozäns durch wenig mächtige Glaukonitsande vertreten sind (Sande von Kanew). Die generelle Überflutung der Südrussischen Senke setzt erst im Untereozän ein und erreicht in der Kiewstufe ihren Höhepunkt. Die blauen Spondylustone sind für den tieferen Teil dieses Meeres charakteristisch; sie werden in den küstennahen Teilen, so z. B. am

Rande des zum Teil überfluteten podolischen Massivs und des Donezgebirges durch Sande, zum Teil mit Braunkohlen, ersetzt.

Im Unteroligozän (Charkowstufe) ist das Meer wieder flacher (Glaukonitsande), aber eher noch weiter verbreitet, da nun – ähnlich wie im Senon – eine Verbindung mit Westeuropa über Ostpreußen geschaffen wird.

Die endgültige Regression wird durch eine Schicht mit Pflanzenresten und Bernstein gekennzeichnet, über der dann die kontinentalen Quarzitsande mit Braunkohlen der Poltavastufe lagern.

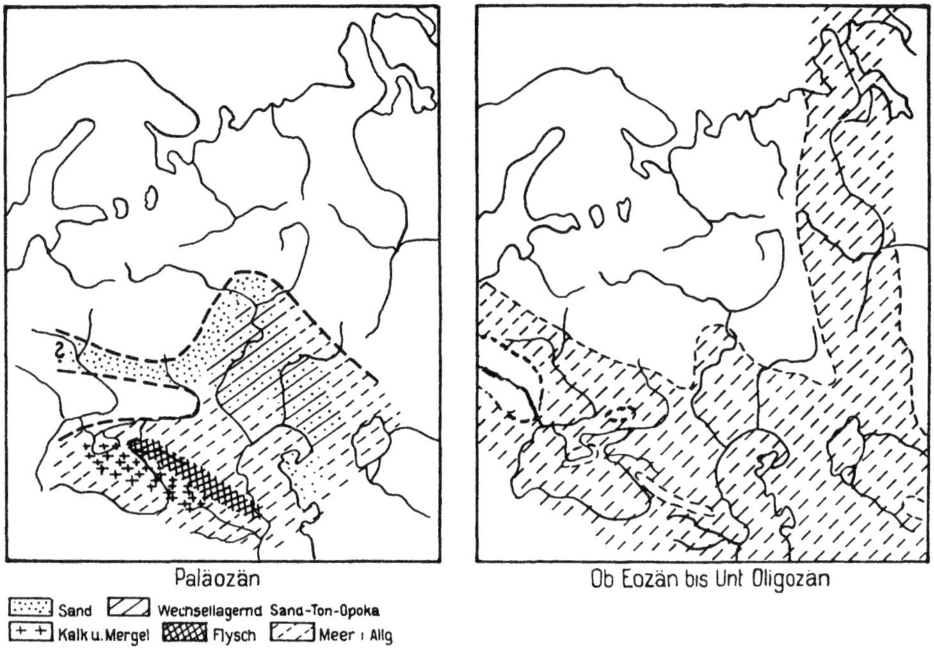

Abb. 43. Paläogeographische Karten des Paläogens in Osteuropa. Nach Strachoff.

Die Fauna des russischen Alttertiärs ist nicht sehr reich; sie weist aber einige bemerkenswerte Anklänge an Mitteleuropa auf.

Das Paläozän wird heute in die Unterstufen Unter- und Obersyzran, Saratow und Kamyschin gegliedert. Die drei ersten gehören faziell und faunistisch enger zusammen.

Das Untersyzran besteht vorwiegend aus Kieseltonen (Opoken) und Tripel. Nur an wenigen Stellen ist eine litorale grobsandige Ausbildung bekannt. Die Mächtigkeit erreicht an der Wolga 30–80 m, nimmt aber nach W sehr schnell ab. Die kleinwüchsige und dünnschalige Fauna ist nicht sehr reichhaltig; sie erinnert an die Kopenhagener Sande: *Nodosaria raphanistrum*, *Trochocyathus calcitrapa*, *Nucula proava*, *N. triangula*, *N. bowerbanki*, *Natica detrita*, *Dentalium rugiferum*, *Scalaria crassilabris*.

Das Obersyzran besteht aus glaukonitführenden sandigen und sandig-tonigen Schichten (10–70 m), die eine grobwüchsige und reichere Fauna enthalten: *Nucula bowerbanki*, *N. dixoni*, *Cucullaea volgensis*, *Pholadomya cuneata*, *Crassatella stuckenbergi*, *Cyprina morrisi*, *Corbula volskensis*, *Cardium semidecussatum*, *Ostrea* aff. *queteleti*, *O. sinzowi* (oben bankbildend), *Scalaria angresiana*, *S. jonstrupi*, *Voluta nodifera*, *Vo-*

luthilites elevatus, Fusus londinensis, F. colbeani, F. cf. *rugosus, Turritella kamyschensis T. leymerii.*

Die Saratowstufe (30 m) besteht im N aus grauen und gelben Sanden mit Pflanzenresten (*Dewalquea, Chamaecyparis, Viburnum*), verkieseltem und angebohrtem Holz und Steinkernen von *Lucina sokolowi, L. netschaewi, Tellina saratovensis, Cardium netschaewi, Turritella kamyschensis, T. montensis.* Im Süden herrschen dagegen glaukonitische Glimmersande mit großen Konkretionen, überfüllt mit *Cardita volgensis, Cyprina morrisi, Pectunculus volgensis, Cucullaea volgensis, Lucina sokolowi, Protocardium edwardsi, Crassatella unioniformis, C. stuckenbergi, Turritella kamyschensis, T. leimeriei, T. circumdata, Voluthilites elevatus, Calyptraea laevigata, Nerita consobrina, Pleurotoma jonstrupi.* Die Fauna ist also der des Liegenden noch recht ähnlich.

Die Kamyschinstufe (früher Obersaratow) beginnt meist mit einem Konglomerat und ist auch vorwiegend sandig (40–50 m); oben enthält sie gut erhaltene Pflanzen: *Quercus diplodon, Dryophyllum dewalkei, D. subcretaceum, Cinammomum lanceolatum, Dewalquea gelindensis, Apocynophyllum lanceolatum.*

Das Eozän im Wolgagebiet wird heute wie folgt gegliedert:

Proleiskschichten: Konglomerat, höher Kieseltone, dann Glaukonitsande, fossilarm. 35–40 m.

Stalingrad- (Zarizyn-) Schichten. Sandstein, darüber Opoken (15 m), dann Glaukonitsande (20–40 m) und tonige Sande (30 m). Neuerdings ist eine Fauna gefunden worden: *Pecten corneus, P. 30-radiatus, Modiola simplex, Cyprina subscutellaria, Pectunculus* cf. *lunulatus, Ostrea* cf. *bellovacina.* Der obere fossilleere Teil wird gelegentlich als Metschetkinserie ausgeschieden.

Kiewstufe: weiße Mergel (5–6 m) mit *Ostrea queteleti* oder hellgraue Tone, oben mit Phosphoriten. Diese Stufe ist hier nur wenig entwickelt.

Das Oligozän ist im südlichen Teil des Wolgagebietes durch die Maikopserie vertreten, dunkle Tone mit Pyrit und Gips. Nördlich Stalingrad ist die Folge 0–18 m mächtig, südlich 30–50 m, bei Krasnoarmeisk 80–100 m, bei Elista 400 m, am Manytsch 800 m. Hier befindet man sich schon in der Vorsenke des Kaukasus. Neben *Meletta* treten hier Pteropoden, *Pleurotoma selysi, Cyprina, Pecten,* Echiniden, Ostrakoden und Foraminiferen auf.

Im Gegensatz zum Wolgagebiet ist in der Südrussischen Senke die Paläozänserie kaum vertreten, dagegen die Eozän-Oligozänfolge wesentlich reicher und mannigfaltiger entwickelt.

Die an der Basis liegenden Kanewschichten. 30 m. Glaukonitsande mit *Cucullaea* und andere sind nur lokal entwickelt; sie entsprechen vermutlich der Kamyschinstufe.

Die Butschakstufe des Dnjeprgebietes besteht aus 70–80 m Glaukonitsand und enthält nach Mayer, Fuchs und Koenen: *Rostellaria rimosa, Terebellum sopitum, T. fusiforme, Fusus scalarinus, Pyrula nexilis, P. elegans, Cassidaria nodosa, Cerithium concinnum, Ostrea flabellula, Pecten corneus, Pinna margaritacea, Modiola nysti, Arca appendiculata, A. biangula, A. decussata, A. planicosta, Pectunculus duboisi, Limopsis auritoides, L. granulata, Cardium hybridum, Cardita sulcata, Mactra semisulcata, M. contradicta, Lucina colderiana, L. gigantea, Cytherea ambigua, Anatina rugosa.* Es ist anscheinend schon Mitteleozän und damit wohl etwas jünger als die Stalingrad- (Zarizyn-) Stufe.

Die Kiewstufe (Spondyluston) besteht aus blaugrünen kalkhaltigen Tonen von 30–40 m Mächtigkeit. Sie greifen stellenweise direkt auf Kristallin über. Die Fauna ist nicht sehr reich: *Nautilus parallelus, Voluta suessi, V. elevata, Ovula gigantea, Harpa mutica, Cassidaria barboti, C. nodosa, Rostellaria ampla, R. marceauxi* aff., *Strombus chersonensis, Conus brevis, Pleurotomaria kadin-keviens, Turritella sulcata, Dentalium grande, Panopaea corrugata, Anatina rugosa, Cardium bonellii, Chama calcarata, Lucina volderiana, L. contorta, Crassatella desmaresti, Arca lingua, Modiola subcarinata, Pecten corneus, P. idoneus, P. reconditus, P. subpartitus, Spondylus buchi, S. radula, S. eich-*

waldi, Ostrea rarilamella, O. flabellula, O. plicatula (= *prona*), *O. gigantica*. Es ist Obereozän. In dem typischen blauen Ton sind eigentlich nur *Pecten, Spondylus* und *Ostrea* häufiger; die anderen Formen entstammen den faziell etwas verschiedenen, aber gleichalterigen weißen Mergeln.

Die unteroligozäne Charkowstufe ist durch Übergänge mit der Kiewstufe verbunden und besteht aus glaukonitischen Sanden (60 m). Über dem podolischen Block sind es nur 10–12 m. Ich führe die Fossilliste Sokoloffs[1] an: *Strombus canalis, Rostellaria ampla, Murex sandbergeri, Triton flandricus, T. expansus, T. multigranus, Cancellaria quadrata, C. evulsa var. minor, C. rugosa, C. lima, C. excellens, Pisanella pyrulaeformis, Ficula crassistria, Latirus funiculosus, Fusus multispiratus, F. scabrellus, F. scalariformis, Cassis ambigua, C. germari, C. quenstedti, Cassidaria tenuis, Ancillaria canalis, Conus beyrichi, Surcula perspirata, Pleurotoma bosqueti, P. perversa, P. odontella, Dolichotoma subcylindrica, D. anodon, D. trachytoma, Drillia semperi, Clavatula subconoidea, Cl. granulata, Cl. semilaevis, Borsonia costulata, Mangelia acuticosta, Raphistoma pfefferi, Voluta suturalis, Lyria decora, Mitra postera, Neritopsis parisiensis, Natica achatensis, N. angystoma, N. hantonensis, N. dilatata, N. epiglottina*, var. *auriformis, Syrnola turricula, Cerithium ampulosum, C.dactylus, Aporrhais speciosa, Turritella crenulata, Cirsotrema incrassata, C. subregularis, Acirsa turris, Solarium dumonti, Tornatella simulata, Hipponyx dilatatus, Capulus distinctus, Emarginula scrobiculata, Xenophora solida, Calyptrea striatella, Bulla intermissa, B. tertiuscula, Dentalium decagonum, D. perfragile, D. exiguum, D. acutum, Ostrea gigantica, O. prona, O. plicata, Vulsella obliqua, V. martensi, V. reflexa, Dimya fragilis, Plicatula dispar, Pecten bellicotenuispina, Sp. buchi, Arca appendiculata, A. biangula, A. pretiosa* (?), *Pectunculus philippi, Pectunculus* cf. *deletus, Leda galeotti, L. perovalis, Limopsis costulata, L. retifera, Chama monstrosa, Astarte henckeliusi, A. dilatata, A. bosqueti, A. sokolovi, Crassatella, Cardium cingulatum, C. hausmanni, Corbula subpisum, C. longirostris, C. cuspidata, Anisocardia pectinifera* var. *postera, Lucina gracilis, L. squamosa, Tellina leviuscula, Thecidium mediterraneum* var. *lattorfensis, Terebratulina nysti*.

Die hangende Poltawastufe (bis 60 m helle Quarzsande), die an der Basis durch Braunkohlen und Bernsteinführung ausgezeichnet ist, hat nur spärliche Pflanzenreste geliefert. Unter diesen tritt *Taxodium distichum* auf, so daß neuerdings Soboleff und Pimenowa ein untermiozänes Alter der Poltawastufe für möglich halten. Die vollkommene Konkordanz mit der Charkowstufe und die im Süden bemerkbare Erosionsdiskordanz gegen das südrussische Sarmatikum wurden früher als Beweis für oligozänes Alter angeführt. Wie wir gleich sehen werden, ist indessen eine Parallelisierung mit den Braunkohlenschichten des Südbaltikums durchaus nicht ausgeschlossen.

Während in Nordwestrußland, im Gebiet des Scythischen Walles, die alttertiäre Serie im wesentlichen durch fossilarme Sande vertreten ist, die nur durch ihren Glaukonitgehalt den marinen Ursprung verraten, begegnen wir im Bezirk Kaliningrad (Königsberg) einer wohlgegliederten unteroligozänen Serie (Samland), welche durch ihre Bernsteinführung eine Berühmtheit erlangt hat. Ob ältere Schichten darunter vertreten sind, dürfte noch nicht vollkommen geklärt sein; die unterlagernden Sande hat Gagel als Paläozän angesprochen, während Tornquist noch ein eozänes Alter für möglich hielt. Kaunhowen nimmt an, daß die grauen Letten, welche unter dem Hauptbernsteinhorizont liegen und gelegentlich auch eine bernsteinführende Lage enthalten, vermutlich dem Eozän angehören und der Kiewstufe entsprechen dürften, die gelegentlich auch etwas Bernstein führt. Die etwa 70 m mächtige, sandige Serie des Unteroligozäns, deren Fauna durch Noetling und

---

[1] Aus den reichen Fundstellen bei Dnjepropetrowsk.

Koenen beschrieben worden ist[1], enthält eine 1–6 m mächtige Lage von festen, tonigen, glimmerführenden Sanden – die „blaue Erde" –, welche als Muttergestein des Bernsteins bekannt ist. Der Bernstein befindet sich darin bekanntlich auf sekundärer Lagerstätte und dürfte eine Einschwemmung aus etwas älteren (eozänen?) Wäldern darstellen. Faunistisch kann diese Ablagerung der Charkowstufe Südrußlands entsprechen. Es ist daher bemerkenswert, daß die reicheren Bernsteineinschwemmungen in dem europäischen Teil der RSFSR einem etwas höheren Horizont angehören (Poltawastufe), in dem auch Braunkohlenlager auftreten. Diese obere Abteilung des Alttertiärs scheint also im Südostbaltikum zu fehlen, so daß sich hier wohl das Meer früher zurückgezogen hat. Es ist indessen zu betonen, daß hier im Miozän wieder eine nicht unerhebliche Sedimentation einsetzt. Diese miozäne Schichtenfolge, die aus Sanden (im Norden) und Tonen (im Süden) besteht, enthält Braunkohlenflöze mit einer Flora, die als Mischung subtropischer und gemäßigter Arten anzusehen ist. Die Mächtigkeit ist im Norden gering (30–50 m), im Süden erheblich größer (60–128 m). Die größte Tiefe des Beckens war also im Süden, und im Samlande liegt der Rand des Beckens vor.

Man könnte, wie schon gesagt, vermuten, daß auch in Westrußland nicht alle braunkohlenführenden Sande zum Oligozän gehören und daß auch hier vielleicht eine lokale Sedimentation im Miozän stattgefunden hat. Andererseits steht auch das miozäne Alter der ostpreußischen Braunkohle nicht ganz fest, so daß z. B. Kaunhowen ein oligozänes Alter und mithin eine Gleichsetzung mit der Poltawastufe für möglich hält.

II. Neogen

Die marine Geschichte des osteuropäischen Schollenkomplexes ist mit dem Alttertiär so gut wie abgeschlossen. Die jungtertiären Überflutungen Südeuropas griffen nur gelegentlich in den Südteil der Ostrussischen Senke ein und gehören eigentlich, ebenso wie die quartäre Geschichte des großen Kaspi, einem anderen Erscheinungskomplex an, da sie als Saumbildungen des Mittelmeeres aufgefaßt werden müssen. Darum sollen sie hier nur kurz erwähnt werden.

Untermiozän (Kozachur- oder Oncophoraschichten) tritt als 60–70 m toniger Glimmersand in den Ergenihügeln auf. Früher als Aktschagyl oder Konkstufe angesehen, wurden diese Schichten neuerdings von Milanovski auf Grund von Funden von *Oncophora socialis*, *Cardium* cf. *cartlicum*, *C.* cf. *goriense* usw. ins Untermiozän verwiesen.

Auch die hangenden Miozänschichten sind nur aus den Ergeni bekannt und reichen kaum viel weiter nach Norden. Es sind das von unten:

Tschokrakschichten:	Dünnschichtige Tone, 140 m
Karganschichten:	Dunkle Tone und Sande mit *Spaniodontella pulchella*

[1] Eine Übersicht der wichtigsten, auch außerhalb dieses Gebietes bekannten Formen hat Kaunhowen, Jahrb. pr. geol. Landesanstalt, 39, 1913, Bd. I, gegeben. Von den dort genannten 80 Arten treten 10 in der Charkowstufe auf.

Konkschichten:

Grobe Sande, oben Mergeltone mit *Pholas, Spirialis, Corbula gibba*

Sarmat:

dreigegliedert

Unten 48 m grauer Ton mit *Cardium gatuevi, Ervilia orientalis, Bulla, lajonkareana* und andere

Mitte 12 m sandiger Ton mit *Cardium gatuevi, Tapes naviculatus* usw.

Oben 15 m detritische Kalke mit Sand- und Konglomeratlagen. *Mactra caspia*

Pliozän ist in der Kaspisenke viel weiter verbreitet und viel reichhaltiger entwickelt. Das Pont greift in mariner Fazies allerdings auch noch kaum über den heutigen Nordsaum des Kaspisees hinaus. An den Ergeni ist es in litoraler Fazies durch Sande und Muschelkalke mit *Monodacna pseudocatillus* und *Dreissensia simplex* entwickelt. Aber es müssen auch weiter im Norden schon Senkungen bestanden haben, als deren Zeugen zahlreiche isolierte Vorkommen von lakustren Tonen und Mergeln mit *Unio, Paludina, Planorbis* usw. gelten. Es ist die sogenannte Kinelfazies des Pont (Masarowitsch). Nach einigen Forschern reichte diese Fazies südwärts bis zu der Apscheronhalbinsel, wo die produktive Serie von Baku dem damals hier befindlichen Wolgadelta entstammen könnte.

Eine viel bedeutendere Senkung leitet die dann folgende Aktschagyltransgres-

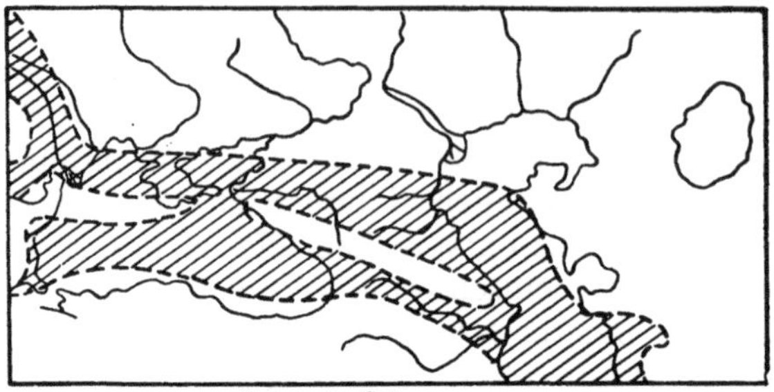

Tschokrak – Zeit

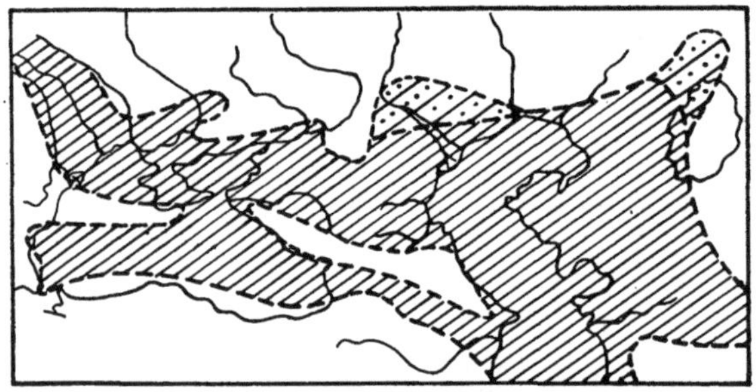

Konka – Zeit und Unter-Sarmat

(dichte Schraffen-beide Stufen, Punkte – nur Konka – Stufe)

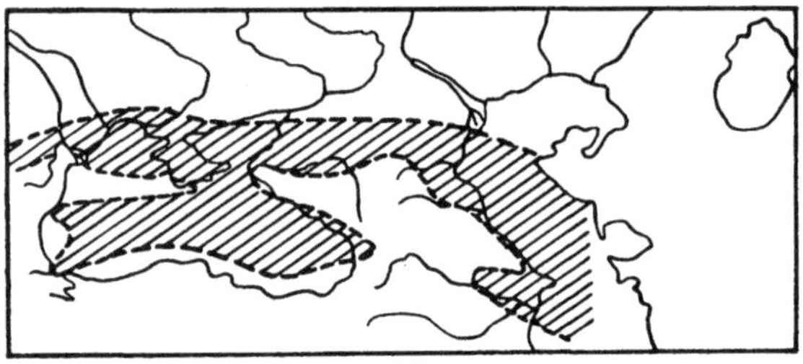

Mäot-Zeit

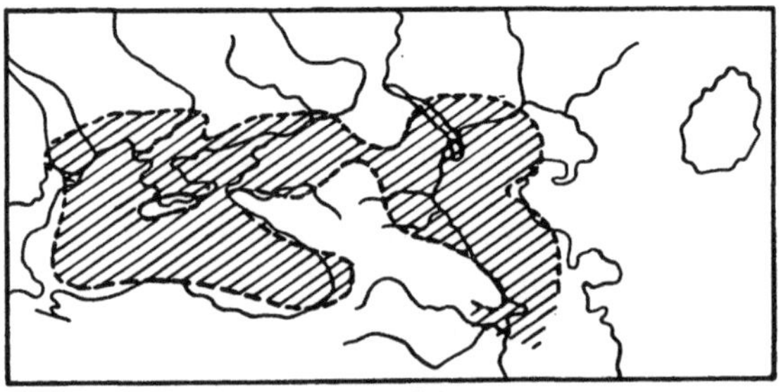

Pont-Zeit

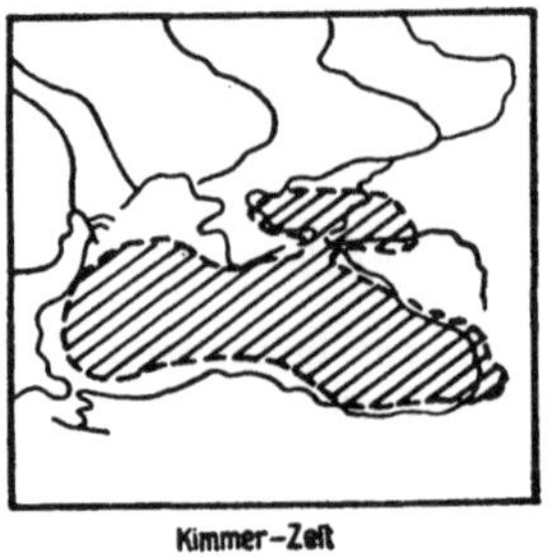

Kimmer-Zeit

Das Jungtertiär des Schwarzmeer-Beckens

Abb. 44. Das Neogen des pontokaspischen Gebietes. Nach Archangelski, 1934.

sion ein, welche das ganze Transwolgagebiet überflutet und noch weit nordwärts in einem Golf bis zur heutigen Kamamündung vordringt. Der Höhenrücken der Samarskaja Luka wurde zu einer Insel; in Limanen drang das Meer in die Täler der Samarka, Irgis, Belaja usw. vor. Die Fazies wechselt: neben weißen Sanden sind dunkle, feinschichtige, glimmerreiche Tone verbreitet, die zuweilen gipshaltig sind und gelegentlich Bitumen führen. Die Folge ist zwischen Samara und Obschtschij Syrt 80–100 m mächtig, in den Talfüllungen meist nur 15–20 m. Sie liegt in sehr verschiedener Höhe (Jeguli bei Samara 80–120 m über NN, Syzran 110 m, Kuibyschew 140 m).

Die Fauna ist von der pontischen ganz verschieden; kleinwüchsige Formen herrschen vor. Bezeichnend: *Cardium dombra, C. pseudoedule, Mactra subcaspia, M. ossokovi, M. karabugasica, Dreissensia angusta, D. polymorpha, Potamides caspius.*

Abb. 45. Das Becken der Aktschagylzeit. Nach KOLESSNIKOFF.

Die hangende Apscheronstufe ist wesentlich weniger verbreitet und auf das südliche Transwolgagebiet beschränkt. Eine erhebliche Regression geht ihr also voran. Es sind litorale Kiese (Bogdo) oder kreuzgeschichtete Sande, die bis 110 m über NN hinaufreichen. Bei Astrachan erreichen sie die enorme Mächtigkeit von 436 m.

Faunistisch sind drei Horizonte zu unterscheiden. Unten: *Dreissensia rostriformis, Dr. carinatocurvata, Apscheronia, Monodacna, Micromelania, Clessinia, Ostracoden, Foraminiferen.* Mitte: *Apscheronia propinqua, A. varicostata, Monodacna bacuana, M. beibatica.* Oben: *Didacna intermedia, Monodacna sjögreni, M. catilloides, M. laevigata.*

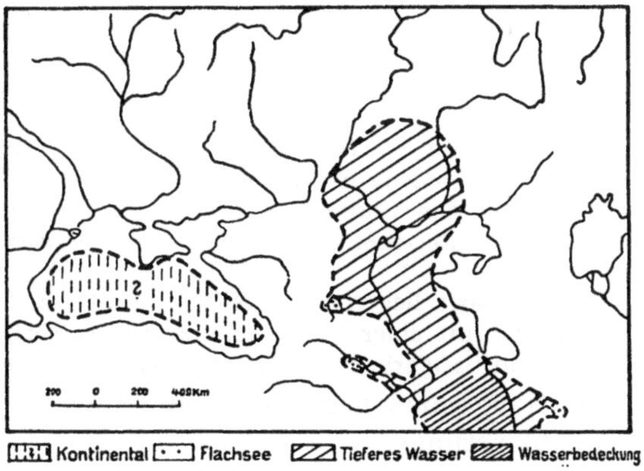

Abb. 46. Die Becken der Apscheronzeit. Nach KOLESSNIKOFF.

Neben diesen marinen Ablagerungen sind kontinentale Pliozänbildungen weit verbreitet:

Die Ergenisande sind eine Folge von Quarzsanden, die mit Konglomeraten beginnt und oben Tonlagen enthält; sie ist auf der Wasserscheide Wolga–Don verbreitet. Die Einstufung steht nicht fest, doch ist wohl ein altpliozänes Alter am wahrscheinlichsten.

Die Domaschkinserie (im Samaraer Transwolgagebiet) besteht aus braunen

Tonen, feinen und groben Sanden und Kiesen von limnischer und subaerischer Entstehung. Sie enthält Unionen und Paludinen. Die unteren Teile wechsellagern mit dem marinen Aktschagyl, die höheren (Gurowtone) entsprechen dem Apscheron und gehen nach oben in die quartären Syrttone über, braunrote limnisch-subärische Bildungen.

Die quartären marinen Schichten sind auf die Kaspisenke beschränkt, wo sie als altkaspische (früher aralokaspische) Folge zusammengefaßt werden. Es handelt sich um ein geschlossenes Becken, welches nur im Altquartär eine gelegentliche Verbindung mit dem Pontus (Manytschstraße) hatte, aber beträchtlichen Schwankungen des Wasserstandes und auch des Salzgehaltes ausgesetzt war. Nach JUKOFF liegen die Verhältnisse so, daß im Bereich des heutigen Nordkaspi eine einheitliche marine altkaspische Serie vorliegt, die sich nordwärts mit fluviatilen und subaerischen Bildungen verzahnt, die im Norden schließlich allein herrschen. Es lassen sich vier Abschnitte unterscheiden (Bakuzeit, Chosarische Zeit, Chwalynische Zeit, Postchwalynische Zeit), von denen jeder durch vier Phasen vertreten ist: 1. Erosionsphase, 2. Marine Phase, 3. Liman- bzw. Flußphase, 4. Subaerische Phase. Die stratigraphische Gliederung zeigt folgendes:

Bakuschichten. Sandig-tonige marine Schichten mit einer Molluskenfauna, welche eine Weiterentwicklung der im Oberpliozän immigrierten Cardiiden und Dreissensien darstellt:

Didacna crassa, D. baeri, D. rudis, D. catillus, Dreissensia polymorpha, Corbicula fluminalis, Paludina fasciata, Clessinia, Micromelania.

Als Kolsumserie wird eine sehr mächtige Folge (200–600 m) von dunklen Tonen und sandigen Tonen bezeichnet, welche der ungegliederten Masse von Baku-, Apscheron- und Aktschagylschichten entspricht.

Als Singilserie bezeichnet man schlickige Sande und Tone von graubrauner Farbe im Hangenden der marinen Bakuschichten mit Holzresten, Süßwassermollusken und Knochen von *Elephas, Cervus, Bos.* Oben stark erodiert.

Die Nordgrenze des Bakumeeres lag wesentlich nördlicher als die des heutigen Kaspi, blieb aber hinter dem Meer der Apscheronzeit zurück.

Chosarische Stufe. Sande von mariner, marin-deltaischer und fluviatiler Entstehung, mit *Didacna* ex gr. *crassa, Monodacna, Dreissensia, Unio, Paludina.* In dem unteren Teil der Chosarischen Schichten werden *Elephas trogontherii, Rhinoceros mercki, Elasmotherium sibiricum, Cervus megaceros, Camelus knoblochi, Felis spelaea* erwähnt.

An der Basis liegen z. T. Konglomerate, z. T. aber die sandig-schlammige Kososchskserie mit einer vorwiegenden Süßwasserfauna, umgelagerten Bakumolluskenschalen und Säugerknochen (*Eleph. antiquus, Rhinoceros etruscus*).

Im Hangenden liegen die Atelischen Schichten, diluviale und alluviale Landablagerungen von Sanden mit Pflanzenresten und lößartigen feinsandigen Tonen mit Gips und mit *Succinea, Limnaeus, Planorbis* und Säugerknochen (*El. primigenius*). Früher wurden die atelischen Schichten als besondere Abteilung ausgeschieden; heute betrachtet man diese Bildungen eines semiariden Klimas als Schlußphase der chosarischen Zeit. Die Verbindung mit dem Schwarzen Meer war nun unterbrochen.

In der nachfolgenden chwalynischen Zeit stieg das Wasser bis 50 m über NN und das Chwalynische Becken hat daher wesentlich erweiterte Umrisse, insbesondere im Norden. Die Folge besteht aus braunen Tonen und grauen Sanden mit *Dreissensia rostriformis, Dr. polymorpha, Didacna protracta, Monodacna caspia, Adacna laeviuscula.*

In der folgenden Nachchwalynischen Zeit fiel der Wasserspiegel um 75 m. Eine Einwanderung von *Cardium edule* ist bezeichnend. PRAWOSLAWLEFF unterschied hier noch drei kleinere Transgressionsphasen (Kemrud, Djordjan, Sarin), die aber nur lokale Bedeutung haben.

Einen anderen Charakter trägt die marine quartäre Überflutung in Nordrußland (Weißmeergebiet und Petschoraland), wo das Meer zweimal – in einer Zwischeneiszeit und in der Nacheiszeit – nach Süden vordrang.

Bei Archangelsk, an der unteren nördlichen Dwina und im Olonezker Bezirk finden sich zwischen Moränen Sande, sandige Tone und Mergel mit ma-

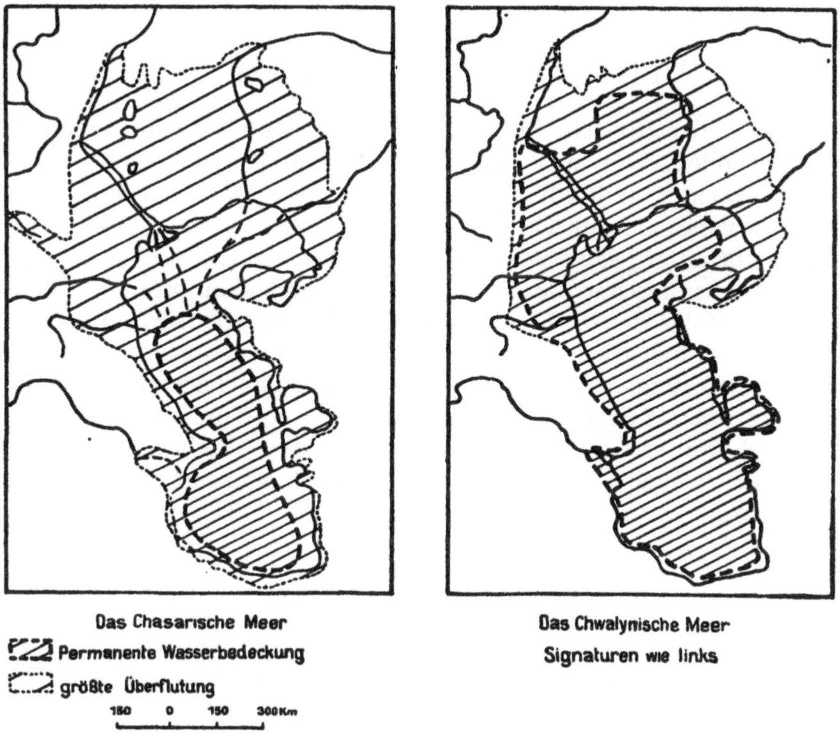

Abb. 47. Der Kaspi im Quartär. Nach JUKOFF.

rinen Mollusken. Es lassen sich zwei Phasen unterscheiden, die durch eine Hebungszeit getrennt sind. Die erste Phase beginnt mit einem wärmeren Meer, welches boreale *(Cardium edule, Mytilus edulis, Pecten islandicus)* und sogar lusitanische *(Cardium paucicostatum, Corbula gibba, Nassa reticulata)* Formen enthält. Später vertieft sich das Becken (Wasserstand 70–80 m über NN), und es erscheinen arktische Formen, die heute dem Weißen Meer fehlen *(Yoldia hyperboraea, Y. arctica, Leda pernula, Cardium ciliatum, Tellina calcarea)*. Das ist die boreale Phase. In der späteren Weißmeerphase liegt der Wasserspiegel nur 40 m über NN; die Sedimente sind sandig, die Fauna entspricht der des heutigen Weißen Meeres.

Da die Wasserscheiden zwischen den Tälern, in denen die marinen Sedimente gefunden wurden, etwa 200 m über NN liegen, müssen die Täler vorquartär sein, und die Überflutung trägt den Charakter einer Ingression.

Postglaziale marine Ablagerungen mit *Yoldia arctica, Tellina calcarea, Cardium groenlandicum, Mya truncata* finden sich n. S. JAKOWLEWA über Staubeckenbildungen bei Leningrad, am Onegasee, bei Segosero und weiterhin bis zum Weißen Meer, so daß eine gelegentliche Verbindung des baltischen Yoldiameeres mit dem Weißen Meer trotz mancher dagegen geäußerter Bedenken noch nicht widerlegt sein dürfte.

Auf die spätquartären Stadien wird Seite 288 und 294 zurückzukommen sein.

II. STRUKTURELLE ÜBERSICHT

In struktureller Hinsicht besteht die Sarmatische Tafel aus einem Komplex von Schollen, die zwar kontinuierlich ineinander übergehen, aber doch, für sich betrachtet, individuelle Strukturtypen besitzen, welche vor allem durch einen verschiedenen Grad der Mobilität ausgezeichnet sind. Dabei ist im Auge zu behalten, daß der Sockel im Nordwesten (Baltischer Schild) und Südwesten (Ukrainischer Block) mit diesem Schollenkomplex eng verknüpft ist und nur infolge der im herausgehobenen Teil möglichen Tiefbauanalyse gesondert behandelt wird. Es erweist sich, daß die strukturelle Gliederung nicht nur in der jüngsten Geschichte und Morphologie Sarmatiens abgebildet ist, sondern daß sie auch in engster Beziehung zu dem Verlauf der Epirogenese steht, wie er sich aus dem vorhergehenden Abschnitt ergibt. Davon wird indessen erst zu sprechen sein, wenn wir die Struktur des sarmatischen Schollenkomplexes und des Ukrainischen Blockes kennengelernt haben.

1. Ostrussische Senke

Im großen läßt sich dieses Gebiet als Vorsenke der Uralfaltung auffassen, welche das tektonische Verhalten eines ziemlich labilen Schelfes besitzt; deutliche Unterschiede der Mobilität lassen aber von Norden nach Süden folgende Untereinheiten unterscheiden:

1. Das Petschorabecken mit weitverbreiteter mesozoischer Decke, im W durch die Falten des Timan von den mittleren, stabileren Teilen Sarmatiens abgetrennt;

2. die Wolga-Kamasenke (ARCHANGELSKI) oder die Ostrussische Senke im engeren Sinne, oberflächlich vorwiegend von Perm bedeckt, welches nur in einzelnen Senken und besonders im SW von Mesozoikum und Paläogen überlagert wird. Die Grenze gegen das mittlere Sarmatien im W ist unscharf.

3. Die Kaspisenke, oberflächlich von neogenen und quartären Sedimenten bedeckt, von der Wolga-Kamasenke im N und vom mittleren Sarmatien im W durch einen Abbruch getrennt. Der östliche Teil (östlich des Uralflusses) gehört schon zu den posthumen Uraliden (s. daselbst).

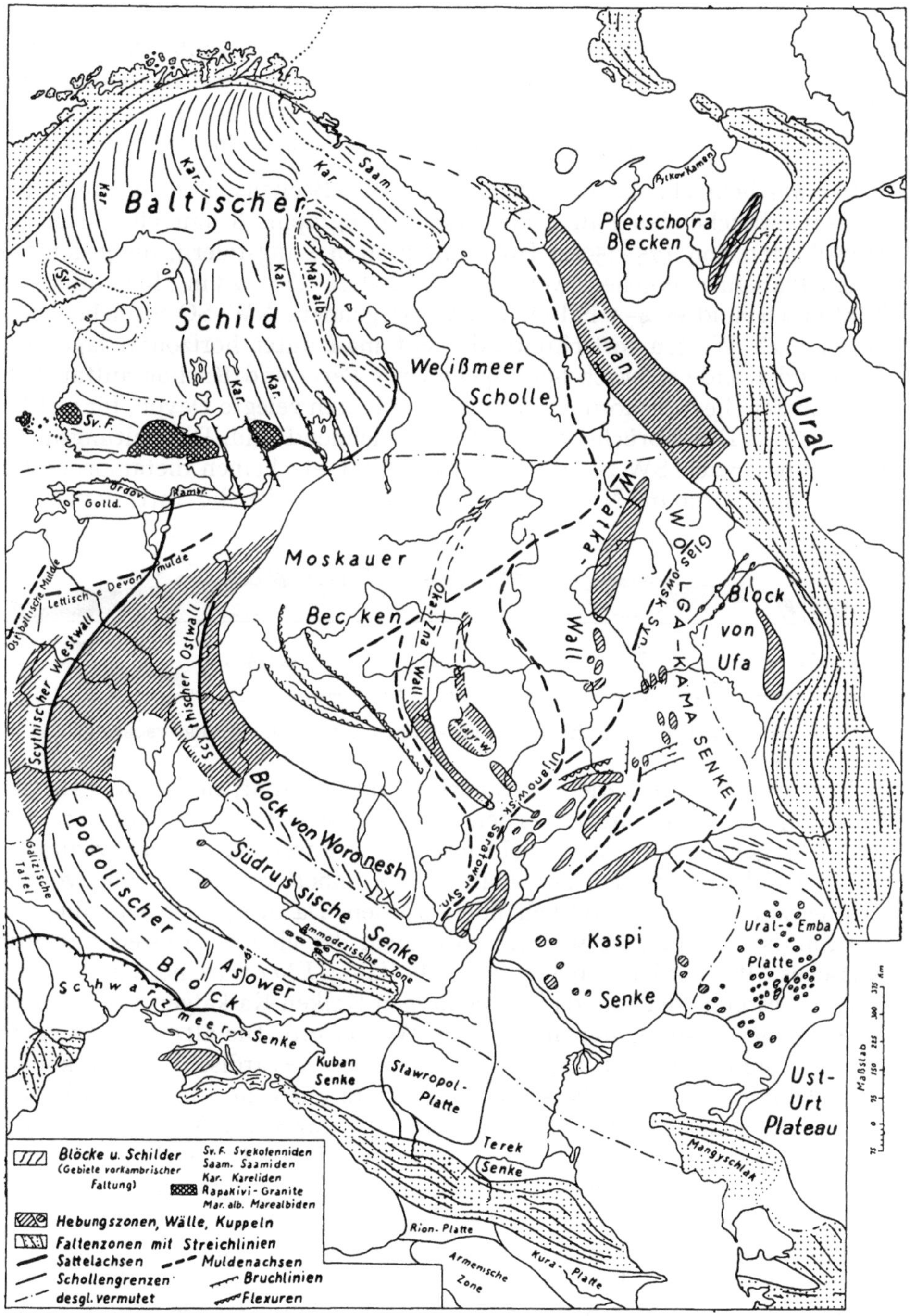

Abb. 48. Strukturskizze der Sarmatischen Tafel.

Die Beckenachse hat sich im Mesozoikum nach Westen verlagert. Als Uljanow-Saratower Synekli:e (ARCHANGELSKI), deren Einheitlichkeit aber noch zur Diskussion steht, bildet sie die Grenze gegen das mittlere Sarmatien.

a) Der Timan und das Petschorabecken

Den westlichen bzw. südwestlichen Saum des Beckens bilden die im großen NW–SO streichenden Falten des Timan. Orographisch handelt es sich um Hügelketten von 175–250 m Höhe mit breiten Längstälern, die gegen SW in ein Plateau übergehen, welches nur lokal zu 280–325 m Höhe aufsteigt. Tektonisch sind es 4–5 Falten von vorwiegendem NW–SO-Streichen. Von Osten nach Westen fortschreitend, sieht man unter horizontal lagernden Jura und Kreide schwach herausgehobenes Perm und Karbon auftauchen; unter diesem liegt diskordant das in flache Falten gelegte Devon, für welches Decken und Durchbrüche von Diabas bezeichnend sind. Die Faltungsintensität nimmt nach SW zu; im Kern der Falten erscheinen metamorphe Gesteine, die weiter im N auf Kanin granitisch-syenitische Intrusionen ent-

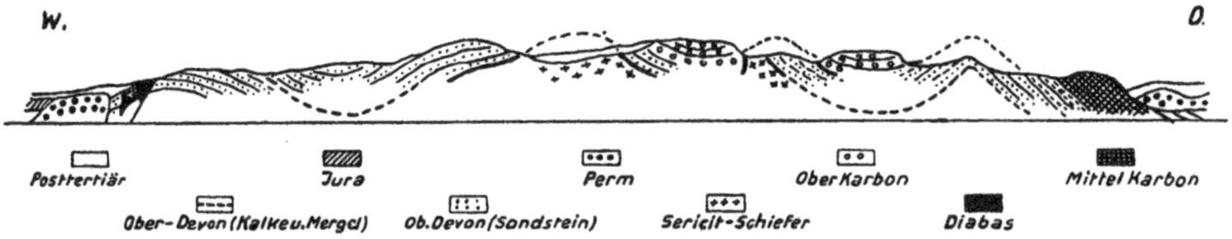

Abb. 49. Profil durch den Timan-Höhenzug. Nach TSCHERNYSCHEFF.

halten. Diese tiefere Serie ist ungleich stärker gefaltet, sie ist älter als Gotlandium, da dieses, durch Fossilien belegt, im Norden diskordant darauf lagert. Das genaue Alter steht nicht fest. Eine Verweisung ins Ordovizium beruhte auf dem Vergleich mit analogen Gesteinen von Kildin und von der Fischerhalbinsel, die S. 68 behandelt wurden. Da diese aber neuerdings als eokambrisch betrachtet werden, wird auch der einzige Hinweis auf ordovizisches Alter der basalen Timanserie hinfällig. Eher wäre noch an ein kambrisches Alter zu denken, da in zugehörigen Kalken Kalkalgen auftreten, die kambrischen Habitus haben sollen (n. WOLOGDIN). Die älteste Faltung des Timan könnte demnach assyntisch, salairisch (= sardisch) oder takonisch sein. Übrigens sind am Westrand des Timan auch die jüngeren Schichten bis einschließlich Perm stärker gestört und sogar von SW-vergenten Überschiebungen betroffen. Eine stärker gestörte Folge Devon-Perm fand sich neuerdings sogar noch weiter im SW bei Sergijevskij Sawod am Fl. Wym (bei Jarensk). Die wichtigsten Faltungsphasen sind also kaledonisch und spätvariszisch, doch sind auch jüngere Bewegungen möglich.

Es wäre sicher nicht richtig (s. v. BUBNOFF, Geol. v. Europa, Bd. I, S. 196), den Timan als einfache Abzweigung des Urals anzusehen. Der Rhythmus der Bewegung ist ein anderer, da die Unterbrechungen vor dem Gotland, im tieferen Devon, vor dem Untervisé und im obersten Perm liegen. Höchstens im Devon gehört der Timan zum Saume einer Geosynklinale; im Jungpaläozoikum tragen die wenig mächtigen Sedimente den flachneritischen Charakter eines Schelfes. Die Fortsetzung in den ähnlich gebauten zentralen Rükken der Halbinsel Kanin ist wohl sicher und das von POLKANOFF betonte weitere Fortstreichen nach Kildin, der Fischerhalbinsel und dem Varangergebiet zum mindesten sehr wahrscheinlich. Damit gehört der Timan aber zu einem frühestens altkaledonischen, wahrscheinlich noch älteren Orogen, welches nicht innerhalb Fennosarmatiens, sondern an seinem NO-Saume, gelegen ist.

Das Vorhandensein eines spätvorkambrisch-frühpaläozoischen Unterbaues im Timan zeigt jedenfalls deutlich, daß der fennosarmatische ältere Tiefbau nicht nach Nordosten in das Gebiet des Petschorabeckens fortsetzt, sondern daß diese labilere Scholle einen ,,nachalgomisch" gefalteten Unterbau besitzt. Im allgemeinen ist man hier über die Struktur noch schlecht unterrichtet.

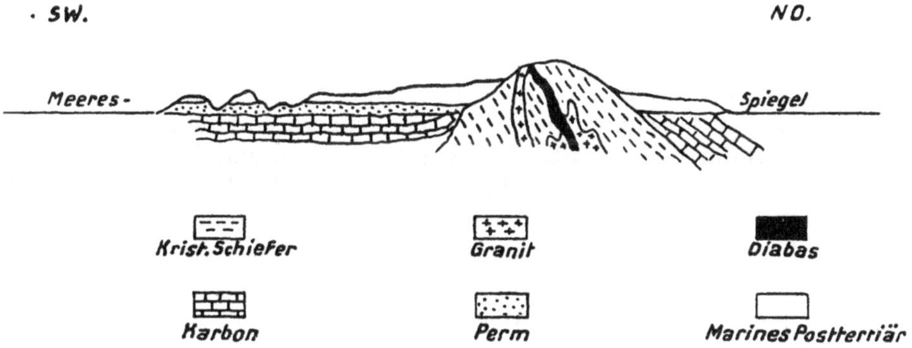

Abb. 50. Profil durch die Halbinsel Kanin. Nach TSCHERNYSCHEFF.

Epirogenetisch gehört das Petschorabecken im Gotlandium, Devon und Unterkarbon einem stärker sinkenden Gebiet als der Timan an. Die Zahl der Unterbrechungen ist geringer, die vorwiegend karbonatischen Sedimente sind (mit Ausnahme des Oberdevons) mächtiger. Das Oberkarbon (Namur–Stefan) ist dagegen lückenhaft, wenig mächtig und durch Abtragungs- und Umlagerungsprozesse der Sedimente gekennzeichnet. Im Unterperm erhält das Gebiet den typischen Charakter einer Vorsenke der uralischen Faltung mit etwa 5000 m vorwiegend detraktiver Sedimente und mit Kaustobiolithen.

Über den Bau des Hauptteiles dieses Gebietes im Westen und im Zentrum der Großlandtundra ist noch wenig bekannt. Hier liegen anscheinend unter mächtigem Quartär vorwiegend horizontale Sedimente von Kreide und Jura. Östlich von der mittleren Petschora, insbesondere an ihren Nebenflüssen (Ussa, Kos-ju, Koshim usw.) erscheinen Hügelzüge mit gefaltetem Paläozoikum, welche das NO–SW-Streichen des polaren Urals besitzen. Die Intensität der Faltung nimmt nach Osten zu. Die bedeutendste unter diesen ,,Parmen" ist der Tschernyschewrücken, welcher im Süden vom Ural abzweigt und im Norden unter der flachen Quartärdecke der Großlandtundra verschwindet, ohne den senkrecht dazu streichenden Pai-Choi-Gebirgszug (s. bei den arktischen Uraliden) zu erreichen. Die von einigen angenommene Umschwenkung des Tschernyschewrückens gegen NW wird von EINOR (1945) bezweifelt. Nach EINOR besteht der Tschernyschewrücken aus einem Bündel von Antiklinalen mit sehr steilen Flanken, welches an bedeutenden streichenden Brüchen horstartig herausgehoben ist. Östlich von einer ONO streichenden Depression (Kos-ju) erscheint der ebenfalls durch stärkere Faltung ausgezeichnete suburalische Streifen, welcher infolge Steinkohlenführung im Perm (Workutabezirk und andere) Beachtung gefunden hat. Die Faltung und Bruchbildung ist vor allem spätvariszisch (vor und nach der tatarischen Stufe); die Bruchbildung ist mit einer Basaltförderung verknüpft. Es ist aber nicht unwahrscheinlich, daß noch Bewegungen im Mesozoikum, und zwar vermutlich im Santon, stattgefunden haben, was auch für den polaren Ural gilt (n. EINOR). Auch diese Phase ist mit Basaltergüssen verbunden.

Der östliche Teil des Petschorabeckens bildet also einen Übergang zur Geosynklinale des Urals. Ob der westliche, niedere Teil einen tektonisch ähnlichen Untergrund besitzt oder ob er zum alten Timan-Kanin Orogen gehört, muß erst die Zukunft erweisen. Die frühere Vorstellung, daß östlich der Petschoramündung ein alter Block mit Phylliten und Glimmerschiefern liegt (Pytkow Kamen), welcher die Virgation von Ural und Timan veranlaßte (KARPINSKI), ist heute aufgegeben. Diese metamorphen Schiefer gehören wohl zu der auch im Kern des Timans auftauchenden jungalgonkischen Folge.

b) Die Wolga-Kamasenke
(Ostrussische Senke im engeren Sinne)

Faßt man den Timan als gefalteten Randsaum des starren archäischen Sockels von Fennosarmatien auf, so ist eine südöstliche Fortsetzung dieser Grenzzone in die große Transversalverschiebung des Uralwesthanges (siehe bei Ural) und in den NO-Rand des stauenden Plateaus von Ufa eigentlich von selbst gegeben, und dieses selbst erscheint folgerichtig als östlicher Vorsprung des starren osteuropäischen Sockels, welcher die Rückbiegung und den enormen Aufstau des zentralen Urals erzwang (s. bei der Uraltektonik). Das war wohl auch die ursprüngliche, auf der alten Konzeption von KARPINSKI aufbauende Auffassung ARCHANGELSKIS, die er dann später, auf den Verlauf der magnetischen Isanomalen verweisend, durch die Hypothese eines unterirdischen altpaläozoischen Gebirgsstranges der „Timano-Wolgiden“ ersetzte (1941), welche, vom Timan ausgehend, in einer weiter im Süden gegen Westen vorbuchtenden Schleife den Sockel der Ostrussischen Senke und des Moskauer Beckens bilden sollen. Es scheint mir, daß die noch auf einem spärlichen Beobachtungsnetz beruhenden, geologisch oft vieldeutigen Isanomalen keine genügende Grundlage für eine so weittragende Umdeutung darbieten; auch die neuen Tiefbohrungen von Moskau, Sysran und Tuimasa, welche den Sockel angefahren haben, zeigten in diesem ein tallines Fundament der Katazone auf, welches weit eher mit dem Archäikum Fennoskandias oder der Ukraine als mit den Gesteinen des Timankernes übereinstimmt. Infolgedessen scheint es mir heute noch wahrscheinlicher, in dem Sockel des mittleren Teiles der Ostrussischen Senke (Wolga-Kama-Senke) einen archäischen Tiefbau zu vermuten, womit auch sein gegenüber dem Petschorabecken stabileres tektonisches Verhalten gut übereinstimmt.

Allerdings ist es ein Schelfstück, welches wohl unter dem Einfluß der Uralfaltung ziemlich tief hinabgedrückt wurde, wobei die Achse dieser Verbiegung, wie Masarowitsch betont, von Ost nach West gewandert ist. Damit hängt es zusammen, daß dieses Gebiet oberflächlich im Osten von sehr mächtigem Perm gebildet wird, während sich im Westen auf das ausdünnende Perm kontinentale Trias, Jura, Kreide und im SW auch Paläogen legen. Zugleich erkennt man, daß die Achse dieser Großmulde gegen S geneigt sein muß, da in dieser Richtung immer jüngere Schichten erscheinen.

Die Westgrenze dieses mittleren Teiles der Ostrussischen Senke ist noch unsicher. Der Timan wird an seiner Südwestflanke von einem Streifen von Trias-Juragesteinen, d. h. von einer mesozoischen Mulde begleitet, die bis zur oberen Wytschegda reicht. Hier schließt ein weiterer, nun NO–SW streichender mesozoischer Streifen an, im NW von der Permlandschaft an der Suchona und Wytschegda, im SO von dem Perm an der Linie Gorki–Kirow begrenzt. Archangelski (1941) nimmt eine Umbiegung an und läßt diese Großmulde weiterhin gegen die Wolga zwischen Gorki und Kasan nach S und SSO abdrehen (an der unteren Ssura) und dann den Lauf der Wolga bis über Stalingrad begleiten. In dieser, nach ihm durchstreichenden „Uljanowsk-Saratower Syneklise", welche der mesozoischen, nach Westen verschobenen Achse der Ostrussischen Senke entspricht, wäre dann bedingt eine Grenze zwischen Zentral- und Ostrußland zu sehen, wobei aber letzteres keine neue Scholle, sondern die vertiefte und erweiterte Fortsetzung des Moskauer Beckens darstellen würde (s. Abb. 48).

Im Gegensatz dazu sieht Schatski (1937, 1948) in dem SW–NO streichenden mesozoischen Zug südöstlich der Suchona–Wytschegda die nordöstliche Fortsetzung der „Moskauer Syneklise", welche gegen den Timan ausklingt, im SO aber von dem Wjatkawall flankiert wird. Dieser Wall ist eine komplexe Hebungszone, welche von Kasan über Kirow in NNO-Richtung zum Timan zieht und von einigen direkt als Abzweigung des letzteren betrachtet wird. Er besteht aus einer gelegentlich gedoppelten Kette von Kuppeln und Kurzfalten, in deren Kern Kasanschichten (im Süden auch Kungur) zwischen tatarischen Schichten auftauchen. Die nördliche Fortsetzung wird in dem noch wenig bekannten Syssol-Wytschegodsker Wall am Timan gesehen; die südlichsten Kuppeln kreuzen die Wolga westlich von Kasan. An diese Hebungszone schließt im Osten wieder eine NNO–SSW streichende Senke an (Glasower Senke Schatskis), die vielleicht in der mit Tertiär gefüllten Wolgasynklinale unterhalb Kasans fortsetzt und damit Anschluß an die Uljanowsk–Saratower Senke im engeren Sinne mit ihrem vorwaltenden NNO–SSW-Streichen erhält.

Man kann also auch sagen: der Hebungsstreifen des Wjatkawalles versinkt axial nach S, so daß die begrenzenden Großmulden der unteren Ssura im W und von Glasovsk im O sich im Süden zu der Paläogensenke vor Uljanovsk vereinen, von der aus die gleichnamige Syneklise nach SSW, über Saratow nach der Stalingrader Gegend zieht.

Weiter im Osten schließt daran in der Gegend von Molotow (Perm) eine weitere NNO streichende Hebungszone an, die als Polasnenski-Krasnokamski-Antikline bezeichnet wird. Auch hier handelt es sich um Ketten von

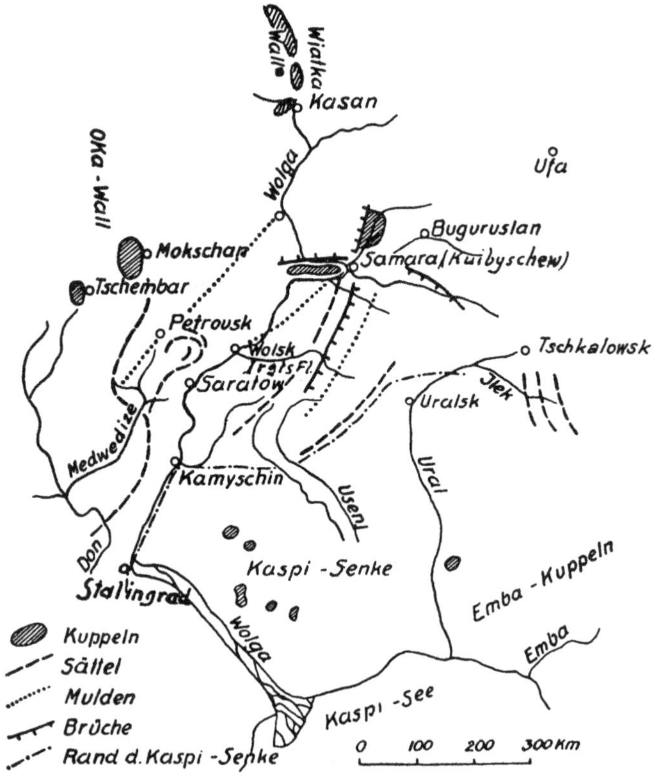

Abb. 51. Schema der Tektonik im mittleren Teil der ostrussischen Senke. Nach Masarowitsch, Kolaeff, Rosanoff u. a.

einzelnen Kurzsätteln, in deren Kern Unterperm oder sogar noch tiefere Schichten erscheinen. Das Gesamtstreichen ist SW–NO bis SSW–NNO; man hat den Eindruck eines Einschwenkens in die uralische Richtung gegen Norden. Auch der S–N streichende Hauptsattel des Ufaplateaus konvergiert nordwärts mit dieser Hebungszone. Bewegungen sind hier durch Lücken bzw. Erosionsdiskordanzen am Ende des Oberkarbons, am Ende des Artinsk, in zwei Phasen im Kungur und nach dem Kasan nachgewiesen (Kowanko, 1947). Ob diese Hebungszone gegen Südwesten in einige kuppelförmige Erhebungen an der Wjatkamündung und am Flusse Sok fortsetzt, soll dahingestellt bleiben.

Während die Auffassung von Archangelski dazu führt, in der Ostrussischen Senke eine östliche Erweiterung und Vertiefung des Moskauer Beckens zu sehen, würde nach Schatski die Ostrussische Senke einer selbständigen Scholle von eigener Dynamik angehören, welche durch tiefreichende

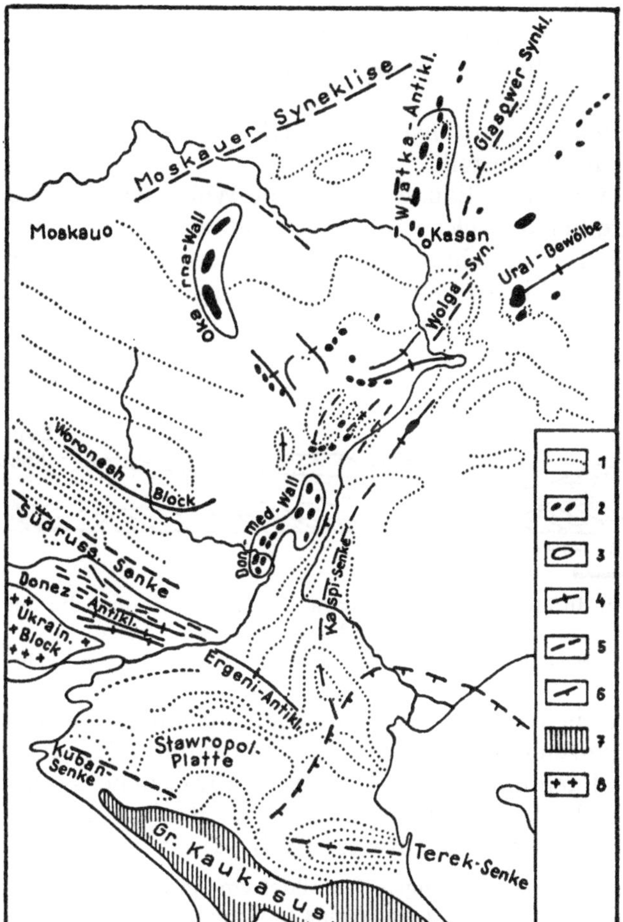

Abb. 52. Schema der Tektonik Ostrußlands. Nach Schatski, 1948.

1: Streichkurven – 2: Salzkuppeln – 3: Wälle – 4: Sattelzüge (Achsen) – 5: Muldenachsen – 6: Bruchlinien – 7: alpidische Falten – 8: kristalline Massive.

Dislokationen des Fundamentes von dem Moskauer Becken getrennt ist. Die Differenz und überhaupt die Schwierigkeit der Schilderung und Deutung dürfte darauf beruhen, daß die paläozoische und die spätere Beanspruchung sich nicht decken und alte und junge Störungen nicht konform verlaufen. Das muß bei der weiteren Betrachtung im Auge behalten werden (Abb. 52).

Jedenfalls bildet die Senkungszone, welche den Mittellauf der Wolga zwischen Kuibyschew (Samara) und Stalingrad in meridionaler Richtung begleitet, eine wichtige strukturelle Grenze. Der Charakter der Tektonik wird im Osten labiler und bekommt ausgesprochen salinaren Typus, die Wälle lösen sich in Kuppelzüge auf. Die Strukturfugen streichen im Westen vorwiegend O–W bis NO–SW, im Osten vorwiegend NNO–SSW. Im Westen haben paläozoische Schichten an der Oberfläche die größte Verbreitung, während im Osten Perm und Meso-Känozoikum vorwiegen; das metamorphe Fundament liegt im Osten tiefer.

Die Verteilung der Störungen im mittleren Wolgagebiet unterhalb Kasans sei nun kurz dargestellt.

Zwischen Kasan und Uljanowsk quert die Wolga jene schon erwähnte, mit Tertiär gefüllte Senke, welche Archangelski als Teil der „Hauptsenke der Russischen Tafel", betrachtet und nordwärts zur unteren Ssura verlängert, während Schatski sie als besondere Wolgasenke bezeichnet, die nordwärts wohl eher mit seiner Glasowsker Synklinale zusammenhängt (s. oben). Weiter im Süden, an der großen Wolgaschleife von Kuibyschew (Samarskaja

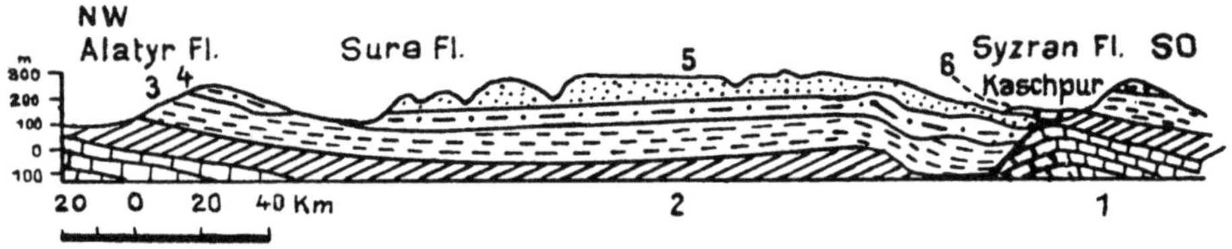

Abb. 53. Profil durch die Uljanovsk-Saratover Syneklise und die Jeguli-Störung. Nach Milanovski.

1: Karbon – 2: Jura – 3: untere Kreide – 4: obere Kreide – 5: Paläogen – 6: Neogen.

Luka) gelangt die Wolga in ein kompliziert gebautes Störungsfeld, welches vielleicht im ganzen in die Fortsetzung der erwähnten Hebungszone Krasnokamsk–Sokfluß gehört, im einzelnen aber abweichendes Streichen besitzt und durch die oberflächliche Beteiligung von Karbon einen auffallend großen Tiefgang der Störungen aufweist (Abb. 51).

Den Angelpunkt dieses Störungsfeldes bildet eine große O–W streichende Heraushebung von Karbon, welche von der Wolga in der engen, 170 km langen Schleife der Samarskaja Luka gequert wird; diese Karbonkuppel wird im Norden von der gewaltigen Jegulistörung abgeschnitten, die im Westen als Flexur entwickelt ist, dann ostwärts in einen Bruch (Karbon gegen Paläogen) übergeht, weiterhin aber links der Wolga bald ausklingt. Nach neuen Angaben wird sie im N von einer parallelen, gegensinnigen Störung begleitet, so daß es sich um einen Graben handeln könnte (Abb. 53).

Nach Sokoloff (1937) sind der Kuppel vier Kluftsysteme zugeordnet (20° Querklüfte, 110° Längsklüfte, 70° und 150° Scherflächenbündel); diese Phase ist pfälzisch oder altkimmerisch. Die jüngere, wohl alttertiäre Jegulistörung ist mit einem um 20° abgedrehten Kluftsystem verknüpft, bei welchem die in 90° streichenden Klüfte klaffen, d. h. der Q-Richtung entsprechen.

Nach Osten verschwindet die Kuppel unter permischen Schichten infolge einer NNO–SSW streichenden Störung, an der hier der Ostflügel abgesenkt ist.

Nach Masarowitsch soll diese Störung nordwärts ihren Sinn verändern und dort im Westen die erwähnten Kuppeln am Sokfluß abschneiden, so daß eine Art Kippschollenkreuzung vorliegen würde. Auch die O–W streichende Jegulistörung könnte ostwärts den Sinn verändern und im Kinelbruch mit abgesenktem Südflügel bis an den Rand des Urals fortsetzen.

Das Gebiet weiter im Osten bis zum Ural, oberflächlich zusammenhängend von Permschichten bedeckt, ist erst in letzter Zeit durch die Salz- und Erdölbohrungen genauer bekannt geworden, zusammenhängend aber noch kaum zu schildern. Es dürften hier noch mehrere kuppelförmige Kurzfalten vorliegen, die z. T. zu meridionalen Hebungsstreifen zusammentreten und damit zu den Vorfalten des Uralwesthanges überleiten.

Besser bekannt ist die Fortsetzung nach Süden, wo südlich der quergestellten Karbonkuppel der Samarskaja Luka die NNO–SSW-Anordnung der Teilelemente wieder zur Vorherrschaft gelangt (Abb. 51).

Zwischen Kuibyschew und dem Irgisfluß tauchen aus einer mesozoischen Decke Kasan-, dann sogar Unterperm- und Oberkarbonschichten auf, die NNO–SSW streichende Permachse des Transwolgagebietes oder den Pugatscheff-Wall bildend. Sie taucht nach Süden, gegen SW abdrehend unter, ist aber nach Rosanoff als Unterkreiderücken zwischen Paläogen noch

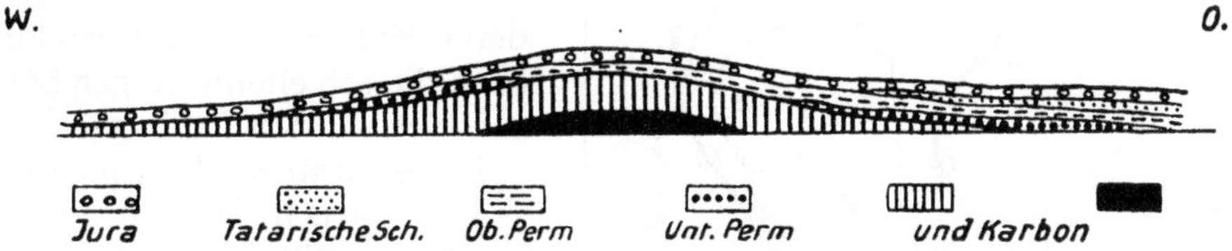

Abb. 54. Profil durch die Transwolga-Achse. Nach Archangelski.

bis zum Rande der Kaspisenke zu verfolgen; einige Forscher (Milanowski) sind geneigt, ihre Fortsetzung in den noch zu besprechenden Don-Medwedizaerhebungen zu sehen. Doch sind hier die Beziehungen noch recht verwickelt.

Infolge des axialen Absinkens des Pugatscheff-Walles gegen SW vereinen sich in dieser Richtung die beiden begrenzenden Mulden – die flache, mit Mesozoikum und Tertiär gefüllte Wolsker Mulde im Westen und die Tertiär führende Useni-Irgissenke im Osten. Der Abfall von der Transwolgaachse nach Osten wird durch einen streichenden Bruch von 200–500 m Sprunghöhe verstärkt. Es ist das vielleicht derselbe Bruch, welcher die Kuppel von Kuibyschew im Osten abschneidet.

Südöstlich von der Useni-Irgissenke liegt eine weitere flache Antiklinale, die den südlichen Randsaum des Obschtschij-Syrtplateaus bildet; ihr Streichen ist mehr gegen WSW–ONO abgedreht, und gegen Osten geht sie in eine Flexur mit abgesenktem Südrande über, welche ostwärts in W–O und dann in NW–SO abdreht. Auf den Bau dieses Grenzstreifens an der Kaspisenke wird später bei der Schilderung der posthumen Uraliden kurz einzugehen sein. Hier ist nur zu erwähnen, daß der Abbruch nach Süden, besonders im Ostteil, durch schmale streichende Gräben (Schreibkreide zwischen Jura) kompliziert wird und daß die großzügige bogenförmige Anordnung von zahlreichen Verwerfungen und Kurzfalten überprägt ist, deren Zusammenhang noch nicht restlos geklärt ist. Die alte Vorstellung (SOKOLOFF) von zwei Bewegungsphasen mit verschiedener Streichrichtung (nachpermisch und tertiär) scheint sich nicht zu bestätigen, vielmehr unterscheiden sich ältere und jüngere Strukturen nur durch den Grad der Neigung der Schichten; es scheint also eine gewisse Konsequenz der tektonischen Richtungen zu bestehen.

Die Wolsker Mulde westlich von dem Pugatscheff-Wall endet im Norden im Winkel zwischen der O–W streichenden Kuibyschewer Kuppel und dem Pugatscheff-Wall. Ihr Streichen ist gegenüber diesem mehr nach SW abgedreht, und infolge des Achsengefälles nach S erweitert sie sich in dieser Richtung. Im Westen wird sie von einem ziemlich verwickelten System von Kurzfalten (Gussicha, Karabuluk) und eigentümlich verbogenen Sätteln (Saratow) umfaßt, die im allgemeinen wohl in NNO–SSW aufgereiht sind, bei Saratow aber eine fast kreisförmige Schleife von fünf Einzelsätteln (SEMICHATOFF) bilden, in deren Kern Jura und sogar Karbon erscheinen. Nach ARCHANGELSKI handelt es sich um eine SW–NO gestreckte Kuppel, deren Kernteil einsank, wodurch eben die schleifenförmigen Sättel gebildet wurden (Abb. 55).

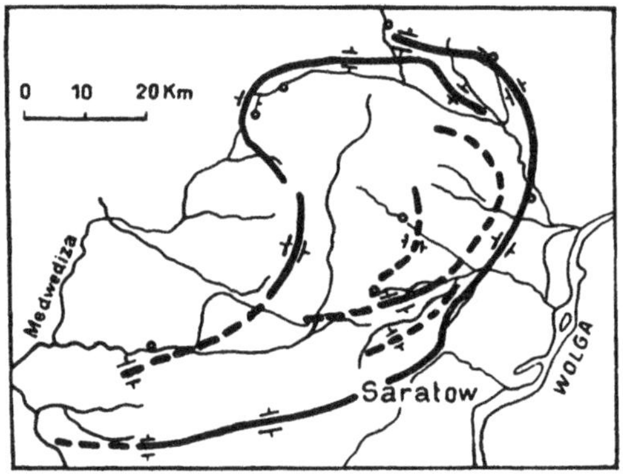

Abb. 55. Die Schleifensättel von Saratow. Nach SEMICHATOFF.

Diese Saratower Störungen setzen südwärts in den „Don-Medwedizawall" fort, eine, wie heute bekannt, ebenfalls recht verwickelte Zone von einzelnen, z. T. stufenförmig verbogenen Kurzfalten von NNO–SSW-Streichen. Man kann hier drei Hauptkuppeln unterscheiden (Linewo-Osersk, Gniluschkinsk, Don), die sich kulissenartig ablösen. Die Störungsbeträge sind recht bedeutend (Schichtneigungen bis 40°), die östlichen Flanken steiler als die westlichen. Am Aufbau sind alle Schichten vom Karbon bis zum Paläogen beteiligt. Einen besonderen Charakter erhält diese Aufsattelung dadurch, daß sie paläogeographisch mehrfach als Hebungszone hervortritt. Schon das Oberkarbon ist hier z. T. abgetragen; ein Teil des Oberjura und der Unterkreide fehlt; die Oberkreide und das Paläogen zeigen Übergänge von mariner zu litoraler Fazies. Man hat also den Eindruck, daß sich hier eine Schollengrenze höherer Ordnung befindet, die bis in jüngere Zeit aktiv war.

Auffallend ist, daß die Hauptwälle im Süden der Ostrussischen Senke fächerförmig gegen NO auseinandergehen (Don–Medwediza W. SSW–NNO, Transwolgaachse SW–NO, Antiklinale am Rand des Obschtschij Syrt WSW–ONO) und damit fiederförmig zu einer Linie Stalingrad-Südrand des Obschtschij Syrt-Südrand des Ufaplateaus stehen, welche man als Südostsaum des stabilen Teiles des osteuropäischen Schollenkomplexes ansehen kann, so wie der Timan seinen Nordostsaum bildet.

c) *Die Kaspisenke*

Der soeben betrachtete bedeutende Abbruch am Südrande der Ostrussischen Senke gegen die Kaspische Niederung verläuft somit bogenförmig bis zur Wolga im Westen, wo er gegen Süden abdreht. Hier wird er auch von mehreren kulissenförmig gestellten Gräben begleitet, die zum Teil noch quartäre Füllung haben, womit das Alter der letzten Absenkungen der Kaspiniederung als Riß-Würm Interglazial festgelegt wird. Auf die Struktur des östlichen Teiles dieser riesenhaften Niederung wird bei der Besprechung der posthumen Uraliden einzugehen sein. Westlich des Uralflusses besteht ein niedrigeres, äußerst flaches Gelände, welches unter Meeresniveau liegt und oberflächlich von einer mächtigen Decke jungtertiärer und quartärer, vorwiegend mariner Sedimente bedeckt ist. Der Betrag der jüngeren Senkung ist daraus ersichtlich, daß die Mächtigkeit allein der Apscheronstufe bei Astrachan über 400 m erreicht, während die Basis dieser Schichten am Bogdoberge bis 100 m über NN ansteigt.

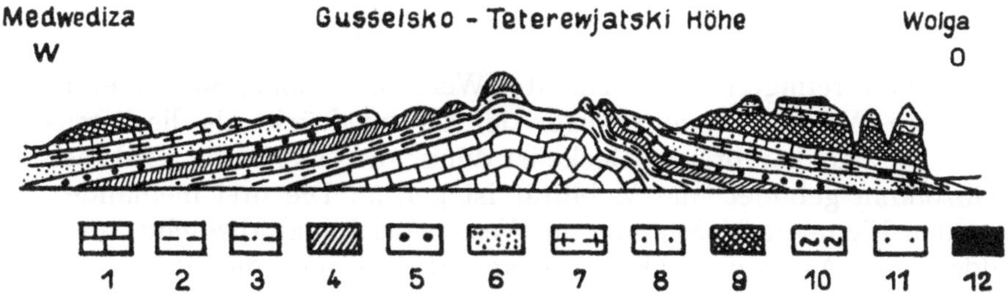

Abb. 56. Profil durch den Medweditzawall. Nach Milanowski.

1: Karbon – 2: mittlerer Jura – 3: Callovien – 4: Neokom – 5: Apt – 6: Alb – 7: Cenoman – 8: Turon – 9: Senon – 10: Syzranstufe – 11: untere Saratowschichten – 12: obere Saratowschichten.

Aus der tischebenen Decke quartärer Schichten in der Kaspisteppe steigen hier und da kuppelförmige Erhebungen empor, so die Berge Großer und Kleiner Bodgo, die Höhen Bistschocho, Tschaptschatschi und Kamennyj Jar, die Umgebung der Salzseen Elton und Baskuntschak. Es handelt sich um oft modellmäßig gebaute Kuppeln mit diapiritischem Salzkern permischen Alters und periklinal einfallender Decke von Jura, Kreide und Tertiär. Unter der quartären Decke liegt also ein Kuppelbau, welcher dem des östlich angrenzenden Embagegebietes durchaus entspricht. Die Salztektonik muß, wohl im Zusammenhang mit den intensiven Absenkungen, noch im Quartär wirksam gewesen sein.

Für den gesamten Bau der Ostrussischen Senke ist also das Vorhandensein einer großen, im wesentlichen NNO–SSW streichenden Senke bedeutsam, zu der die Strukturelemente geringerer Amplitude schief, oft gleichsam fiederförmig stehen. Schatski nimmt an, daß die Hauptsenke selbst quer zu einem NO–SW streichenden Großgewölbe steht, seinem Ural–Wolgagewölbe. Dieses Antiklinorium geht von dem Plateau von Ufa aus und sinkt dann axial nach SW ein, so daß es im Wolgagebiet unter der mesozoisch-tertiären

Decke begraben und nicht mehr verfolgbar ist. Als stehengebliebenes Relikt ragt aus dieser Quersenke die Karbonscholle der Samarskaja Luka hervor. Jenseits der Wolga soll sich n. SCHATSKI das Gewölbe wieder herausheben und zum Ostende des Blockes von Woronesh weiterziehen. Man hätte es hier also mit einem alten Strukturelement zu tun, welches von der jüngeren Uljanowsk–Saratower Syneklise schief geschnitten wird. Diese selbst hat wohl eine Fortsetzung weiter nach Süden, wo, wie noch gezeigt werden wird, die Falten des Donezzuges gegen Osten abbrechen. Auffallend ist, daß im Bereiche dieser Syneklise die Jugend und die Intensität der Störungen nach Süden zunehmen und ferner, daß alle Elemente, die schief in diese Senke hineinstreichen (z. B. der mittelrussische Oka-Wall), sich in Kuppelzüge und Kurzfalten auflösen. Das Synklinorium ist also nicht einfach ein Glied der Uraliden, sondern ein komplexes, z. T. wohl junges (alpidisches) Gebilde, welches, wie man mit SCHATSKI vermuten kann, einer Dislokation von bedeutendem Tiefgang im Sockel entspricht, die oberflächlich in verschiedenen Phasen umgeprägt wurde.

2. Der mittelrussische Schollenkomplex

Die hier vereinigten drei Elemente (Weißmeerscholle, Moskauer Becken, Block von Woronesh) sind weniger tief herabgedrückt als die Ostrussische Senke. Die nachkambrische Decke ist dünn; die Oberfläche wird meist von Paläozoikum gebildet; die Mobilität ist gering. Die drei ineinander übergehenden Elemente bilden eine im Westen periklinal abgeschlossene Großmulde, deren Achse nach Osten geneigt ist. Während die ältere Auffassung (ARCHANGELSKI und andere) ein O–W-Streichen dieser „Moskauer Schüssel" und einen Übergang in die Ostrussische Senke annimmt, sieht SCHATSKI in dem SW–NO streichenden Mesozoikum zwischen Suchona–Wytschegda im NW und Gorki-Kirow im SO die Achse der Moskauer „Syneklise", welche sich in der Nähe des Timans schief mit der unabhängigen, N–S streichenden Achse der Ostrussischen Senke schaart. SCHATSKI nimmt ferner an, daß die Moskauer Syneklise sich westlich der transversalen Aufsattelung des Scythischen (Polessje-) Walles in der Polnisch-Norddeutschen Senke fortsetzt.

a) Die Weißmeerscholle

Infolge des Waldreichtums und der starken quartären Überdeckung ist die Struktur dieser Scholle noch wenig bekannt. Die früher von mir verwandte Bezeichnung als Block ist insofern nicht ganz korrekt, als der präkambrische Tiefbau nirgends zutage tritt und die Scholle gegenüber dem Baltischen Schild als relatives Senkungsgebiet gelten muß. Durch kontinentales Devon, kontinentales oder fehlendes Unterkarbon, mächtiges Perm, lückenhafte, im W überhaupt fehlende jüngere Schichten und durch die marine Transgression im Quartär ist die Scholle aber auch gegenüber den südlichen und östlichen Nachbargebieten gut gekennzeichnet (Abb. 48).

Die Lagerung zeigt eine streifenförmige Verteilung der Schichten mit NNO-Streichen und östlichem Fallen, so daß vom Rande des Baltischen

Schildes gegen Osten Streifen von Devon, Karbon und Perm aufeinander folgen; letzteres nimmt, in nahezu horizontaler Lagerung, den Hauptteil der Oberfläche ein und wird nur im O, am Rande des Timan, von einem schmalen Band von Trias mit Relikten von Jura bedeckt, welches von ARCHANGELSKI als Fortsetzung der Uljanowsk–Saratower Syneklise betrachtet wurde (s. S. 199).

Während also im Inneren die Lagerung sehr einfach zu sein scheint, könnte der Westrand am Saume des Baltischen Schildes stärker gestört sein, obwohl auch hier die Verhältnisse noch nicht als endgültig geklärt gelten können. Die tiefen Furchen des Ladoga- (bis 200 m) und Onega- (bis 100 m) Sees und die Bucht von Kandalakscha am Südrand der Kolahalbinsel werden auf NW–SO streichende Grabenbrüche zurückgeführt, was einige Wahrscheinlichkeit für sich hat, wenn auch die glaziale Ausräumung hier nicht unterschätzt werden darf.

Außerdem läßt sich etwas weiter im SO, vom Südostufer des Ladogasees bis zur Mündung der Pinega in die Norddwina ein Streifen NNO–SSW bis NO–SW streichender gestörter, vorwiegend devonischer Schichten verfolgen, der meist im Sinne eines Abbruches des Baltischen Schildes gedeutet wird. Am auffallendsten sind die Dislokationen am Andomberge SO vom Onegasee, wo mehrere Falten im Devon mit NO-Streichen und mit Fallwinkeln zwischen 20° und 65° vorliegen. Es scheint indessen noch heute unsicher zu sein, ob nicht ein Teil dieser Erscheinungen durch Rutschungen, Schrägschichtung und glazialen Stau zu erklären ist, wenn auch ein Abbruch am Rande des Baltischen Schildes n. ARCHANGELSKI durchaus möglich wäre. Jedenfalls scheint es mir richtiger, die Weißmeerscholle als selbständiges Element und nicht nur als Randsaum bzw. Osthang des Baltischen Schildes zu betrachten.

b) Das Moskauer Becken

Das Moskauer Becken ist eine zwischen der Weißmeerscholle im N und dem Block von Woronesh im S liegende breite und flache Großmulde, die im Westen periklinal geschlossen ist und nach Osten zum Ostrussischen Becken tiefer einsinkt. Entsprechend wird das Innere von bogenförmig ausstreichenden Platten von Devon, Karbon und Perm gebildet; die Bögen sind also nach W konvex, nach O offen. Das Mesozoikum liegt übergreifend. Ob hier, wie schon erwähnt, nur eine Ausstülpung des Ostrussischen Beckens (ARCHANGELSKI) oder eine selbständige, NO–SW streichende „Syneklise" mit Südflanke in der hypothetischen Hebungszone Woronesh–Ufa (Ural–Wolgagewölbe SCHATSKIS) vorliegt, soll dahingestellt bleiben. Es scheint mir nicht ausgeschlossen, daß die Differenz in der Auffassung auf einer Inkonformität der paläozoischen und mesozoischen Baupläne beruht, so daß beide Auffassungen in gewissem Sinne zu Recht bestehen. Die Sehne des Bogens wird von einer meridionalen Hebungszone gebildet, dem Oka-Zna Wall nebst dem nach neuer Auffassung von ihm unabhängigen Alatyrwall.

Der Oka-Zna Wall ist eine breite (25–40 km) und lange (über 200 km) Antiklinale, deren tektonischer Charakter nur daran zu erkennen ist, daß ein axialer Streifen von Mittelkarbon im Osten von Streifen des Oberkarbons und Perms, im Westen von Oberkarbon und Jura abgelöst wird. Die Amplitude des Sattels erreicht n. ARCHANGELSKI kaum 200–300 m. Zwischen Kljasma und dem Oka-Znafluß hat der Sattel meridionales Streichen; südlich der Zna biegt er gegen SO ab, wobei seine Achse südwärts einsinkt, da im Mittelstreifen immer jüngere Schichten erscheinen. Der Charakter der Deformation ändert sich gleichzeitig: an Stelle der geschlossenen Antiklinale erscheinen einzelne kuppelförmige Aufwölbungen, die im Kern aus Cenoman, gelegentlich auch aus unterer Kreide, in den Flanken aus Senon bestehen. Es ist der Kerensko-Tschembarsker Hebungsstreifen, welcher schief von der Uljanowsk–Saratower Syneklise gekreuzt wird. Gegen Norden sinkt die Achse des Walles ein, läßt sich aber bis zur Wolga verfolgen; vermutlich setzt sie noch weiter nach N fort, da bei Soligalitsch nochmals Kasanschichten zwischen tatarischen Ablagerungen erscheinen und sogar noch am Su-

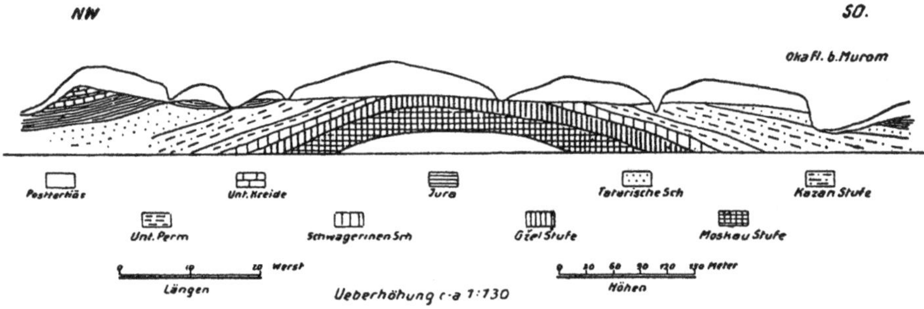

Abb. 57. Profil durch den Okawall. Nach ARCHANGELSKI.

chonfluß eine flache Antiklinale im Oberperm zu sehen ist. Das Streichen dreht dort anscheinend gegen NO ab. Die Gesamtlänge dieser Hebungszone erreicht 350 km.

Der östlich davon gelegene Alatyrwall[1] bildet eine breite schildförmige Aufwölbung karbonischer Schichten, an die sich im Süden, gegen SO abdrehend, ebenfalls eine Zone aneinandergereihter Kuppeln (Jurakerne zwischen Unterkreideflanken) anschließt, die als Sursko-Mokschansker Hebungszone bekannt ist. Auch diese Zone wird schief von der Uljanowsk–Saratower Syneklise gekreuzt. Wie schon früher bemerkt, dürfte diese Diskordanz und die Auflösung in Kuppeln darauf zurückgehen, daß die permische Anlage der Wälle richtungsmäßig nicht mit der späteren mesozoischen oder postmesozoischen Deformation zusammenfällt. Im Norden scheint der Alatyrwall noch vor Erreichen der Wolga auszuklingen, doch befindet sich ungefähr in seinem Fortstreichen an der Wolga bei Putschesh (oberhalb Gorki) ein eigenartiges kleines Störungsfeld, in welchem innerhalb stark verdrückter und verbrochener tatarischer Schichten große Blöcke des Lie-

[1] Die selbständige Bedeutung des Alatyrwalles wird von SCHATSKI angezweifelt, welcher in ihm nur eine kuppelförmige Wölbung an der Südflanke der Moskauer Syneklise sieht.

genden (Kasan, sogar auch Karbon) auftreten. Ob hier salinare Tektonik oder quartärer Eisdruck als bestimmender Faktor angenommen werden muß, steht noch nicht fest. Jedenfalls ist es aber bemerkenswert, daß diese rätselhaften Störungen in der Fortsetzung des Alatyrwalles liegen.

Eine schmale Jurazone – die Rjasan-Kostromamulde – begleitet den Doppelwall im Westen. Unter den Juraschichten kommen dann im Norden

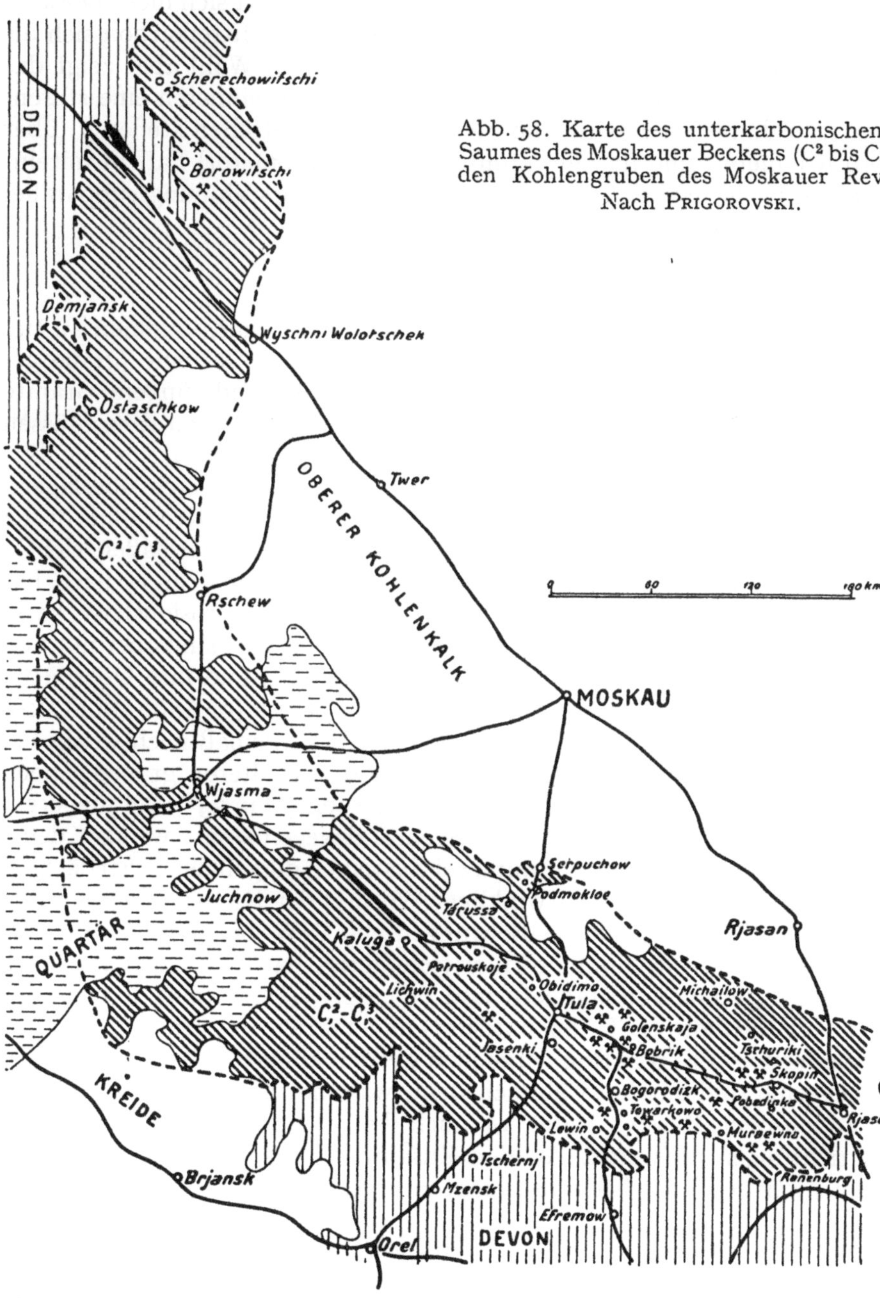

Abb. 58. Karte des unterkarbonischen SW-Saumes des Moskauer Beckens (C^2 bis C^3) mit den Kohlengruben des Moskauer Revieres. Nach PRIGOROVSKI.

(Jaroslaw) permische, weiter im Westen und Südwesten oberkarbonische Schichten zutage, die dann gegen NW, W und SW von Mittelkarbon (bei Moskau), Unterkarbon (Tula-Kaluga-Ostaschkow-Borowitschi) und schließlich vom Devon der Zentralachse im Süden (Orjol–Brjansk) und des devonischen Hauptfeldes im Westen (Smolensk–Lowat) abgelöst werden.

Die ursprüngliche Annahme, daß das Becken im W noch von einem weiteren N–S-Wall (Wyschnij–Wolotschek) gequert wird, hat sich nicht bewahrheitet, da die Vorkommen von Unterkarbon zwischen Mittelkarbon sich als riesige glazial transportierte Schollen erwiesen haben. Wohl aber zeigt das konzentrische Einfallen des Karbons nach dem Beckeninneren eine stufenförmige Anordnung oder schwache Flexuren, indem Streifen steileren (über 1 m pro Kilometer) und flacheren (unter 1 m pro Kilometer) Fallens miteinander abwechseln, wobei diese Streifen der Beckenumrahmung subparallel sind (n. JUKOFF, 1940). Siehe Abb. 48.

c) Der Block von Woronesh

Am mittleren Don, zwischen Pawlowsk und Bogutschar, kommen an tieferen Stellen (bei etwa 50–80 m über NN) kristalline Gesteine (graue geschieferte Diorite bzw. Oligoklasgranite und anscheinend jüngere Granite und Syenite) zutage. Ältere Gesteine liegen nur in Gestalt von Einschlüssen (Hornfelse und Amphibolite mit Magnetit) im Granit und Diorit vor. Sie werden hier von Devon oder stellenweise direkt von Oberkreide überlagert. Gegen Nordwesten ist die Fortsetzung dieses hochliegenden Kristallins durch die berühmten magnetischen Anomalien von Kursk einigermaßen sichergestellt. Der axiale Streifen scheint über Oskol, Tim, Schtschigry nach Fatesh und Kursk zu ziehen. Infolge einer höher liegenden Erosionsbasis kommen hier die kristallinen Gesteine nicht an die Oberfläche, sind aber nur von einer höchstens 150–200 m mächtigen Decke verhüllt, und ihre Oberfläche liegt mithin fast in der gleichen Höhe wie bei Pawlowsk (n. ARCHANGELSKI).

Über den Bau dieses kristallinen Sockels ist naturgemäß noch wenig bekannt. Nach LODOTSCHNIKOFF zeigen im Osten die älteren grauen Gneisdiorite eine NW–SO streichende (145°) Schieferung (Q in 35°), die jüngeren, vielleicht z. T. hybriden Granite und Syenite dagegen eine – weniger deutliche – Teilbarkeit (S) in 35°–78° mit zwei Systemen diagonaler Scherflächen. Demnach hat hier ein fast rechtwinkliger Wechsel der Beanspruchung stattgefunden. Bei Kursk haben die Bohrungen eine NW–SO streichende, steil NO fallende Serie von Glimmer-Chloritschiefern[1], darüber eine feinschichtige Wechsellagerung von Magnetit und „Quarzit“ (Hornstein), ferner Tonschiefer und Marmore (z. T. dolomitisiert) angefahren, welche sehr wohl mit den Gesteinen von Krivoj Rog verglichen werden können. Aber auch die übrigen Gesteine sind durchaus ähnlich dem, was man im Präkambrium des Asow-Podolischen Massivs findet, wo auch die beiden – verschieden alten – Streichrichtungen auftreten. An den Zusammenhängen und am präkambrischen Alter des Sockels ist also nicht zu zweifeln.

---

[1] Gelegentlich mit basalem blastopsammitischem Gneis.

Gegen N versinkt das Kristallin unter einer immer mächtiger werdenden Decke von Devon und Karbon, so daß bei Moskau die Oberfläche des Grundgebirges in 1648 m Tiefe liegt. Das Hangende Mesozoikum liegt flacher, und die Oberkreide greift im Osten bei Pawlowsk direkt auf das Grundgebirge

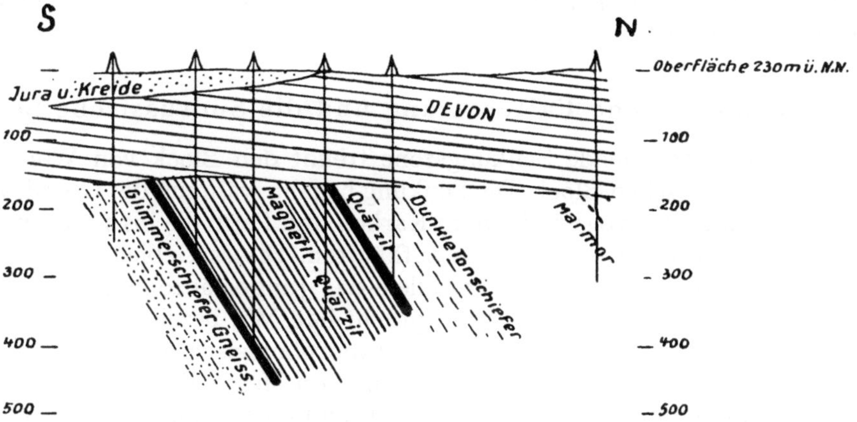

Abb. 59. Profil durch das Gebiet der Kursker magnetischen Anomalien. Aus v. BUBNOFF, 1926.

über. Im Westen, d. h. im Gebiet der Kursker Anomalien, ist das nicht der Fall; dort wird das nordfallende Devon schief von südfallendem Jura und von Cenoman abgeschnitten, über denen dann wieder Turon und Senon die ganze Hebungszone ummanteln. Hier versinkt also der Block relativ rasch unter die mächtigen Sedimentfolgen der Südrussischen Senke.

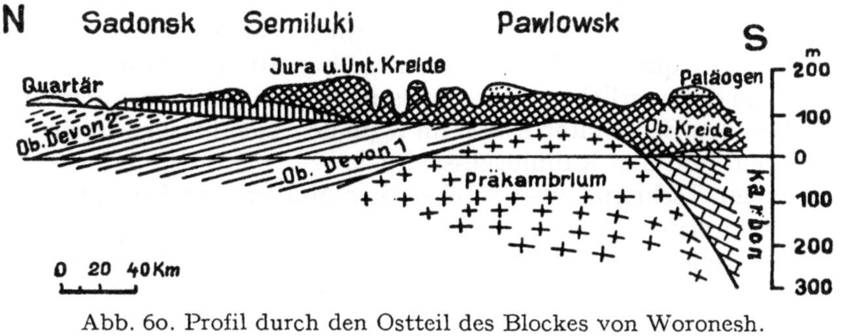

Abb. 60. Profil durch den Ostteil des Blockes von Woronesh. Nach ARCHANGELSKI.

Es ist kaum möglich, die Umrisse des Blockes von Woronesh genau anzugeben. Gegen Norden verschmilzt er mit dem Moskauer Becken, seine südliche aufgebogene Flanke bildend. Gegen Süden sinkt er etwas steiler, aber auch ohne ausgeprägte Randstörung, zur Südrussischen Senke ein. Er bildet also eine breite Aufwölbung, wobei aber zu bemerken ist, daß die früher gebrauchte Bezeichnung devonische Hauptachse insofern inkorrekt ist, als das Devon nur die Nordflanke bedeckt, in der Südflanke aber fehlt, d. h. die sattelförmige Aufbiegung nicht mitmacht – die Südflanke ist jünger. Im Westen scheint der Block, gegen NW und N abdrehend, in der Hebungszone des Scythischen Walles fortzusetzen. Im Osten versinkt er axial unter dem Mesozoikum und Tertiär der Uljanowsk–Saratower Syneklise, soll aber nach SCHATSKI im Ural-Wolgagewölbe, d. h. gegen den Block von Ufa im NO, fortsetzen (s. oben).

3. Der ammodezische Faltenstrang und die Südrussische Senke

Eine WNW streichende Senkungszone trennt den Block von Woronesh vom Asow-Podolischen Block. Die Senkung begann während des Oberdevons im Südteil der Zone, wo sich dann im Karbon und Perm die bis 12 km mächtigen Sedimente des Donezbeckens aufhäuften. Dieses Gebiet wurde dann von einer Faltung betroffen, die vor allem das Jungpaläozoikum, in viel geringerem Maße das Mesozoikum beansprucht hat. Wir bezeichnen mit SOBOLEFF diesen Faltenzug am Donez, welcher morphologisch nur wenig hervortritt, als ammodezischen Faltenstrang. Im Mesozoikum verlagert sich die Achse des Synklinoriums nach Norden, und dieses erweitert sich zu der Südrussischen Senke, die oberflächlich von kaum gestörter Kreide und Eozän eingenommen wird. Aber auch die liegenden Folgen sind hier kaum gefaltet.

Der ammodezische Faltenstrang wird von zwei WNW–OSO streichenden Hauptsätteln gebildet, an die sich im NO und SW flachere Falten mit sekundärer Fältelung anschließen. Die Hauptsättel (Hauptantiklinale und nördliche Antiklinale) haben einen Kern von Unterkarbon. Die dazwischen liegenden Mulden von Oberkarbon zeigen eine axiale Wellung und zerfallen damit in mehrere elliptisch gestreckte Kessel (Bokowski- und Sulinskkessel im N, Tschistjakowsk- und Gruschewskkessel im S der Hauptantiklinale). Insbesondere ist eine Achsenkulmination bemerkenswert, die etwa die Mitte des Höhenzuges quert und alle Faltenzüge betrifft. Die westlichen Mulden gehen infolge der westlichen Achsenneigung in zwei große, von Perm erfüllte Kessel über, den Bachmuter Kessel im N (in dem sich übrigens mehrere Mulden vereinen) und den Kalmiuskessel im S.

Südlich der Tschistjakow–Gruschewsker Muldenzone besteht noch eine ziemlich kompliziert gebaute Aufsattelung (Amwrossiefkuppel) und dann ein Muldenstreifen, mit dem die Donezzone an das Asow-Podolische Massiv grenzt. Diese südlichen Elemente zeigen eine starke Kleinfaltung und eine erhebliche Verbrochenheit. Auf den Querspalten, die Sprunghöhen von einigen 100 m erreichen, sind basische Schmelzen von atlantischem Typus (Monchiquite und Camptonite) aufgedrungen, welche vermutlich mit der Alkali-Intrusiva (Nephelin-Syenite) im Asowschen Block zusammenhängen und jünger als Mittelkarbon sein sollen. Die Längsspalten haben den Charakter von Aufschiebungen von Norden nach Süden.

Der Südrand der Donezzone gegen den Asow-Podolischen Block soll durch große Abbrüche bedingt sein, welche sich anscheinend weit nach OSO, bis in die kaukasischen Steppen, vielleicht bis zur Terekmündung verfolgen assen.

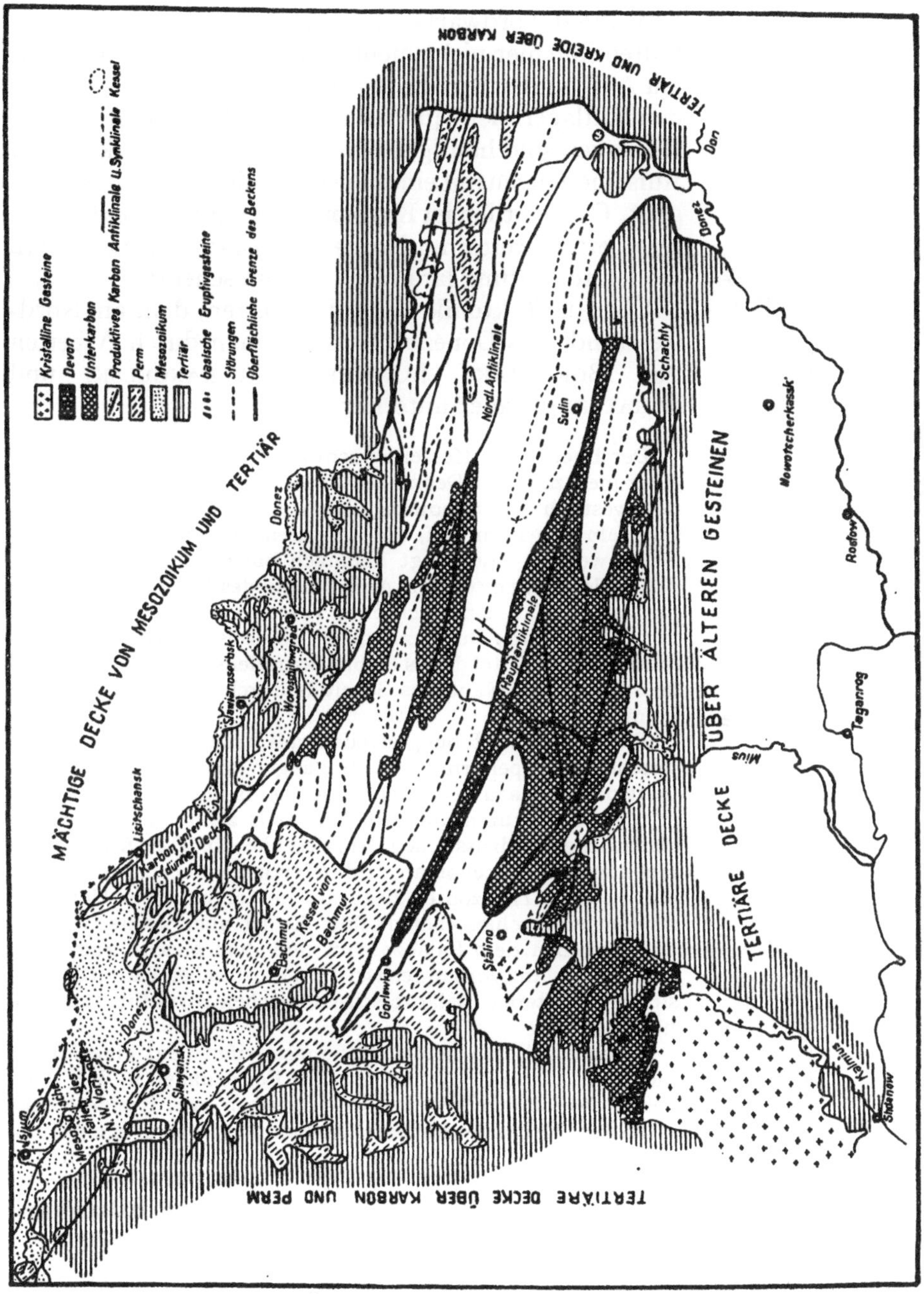

Abb. 61. Übersichtskarte des Donezbeckens. Nach LUTUGIN und STEPANOFF. Maßstab c–o 1 : 2 Mill.

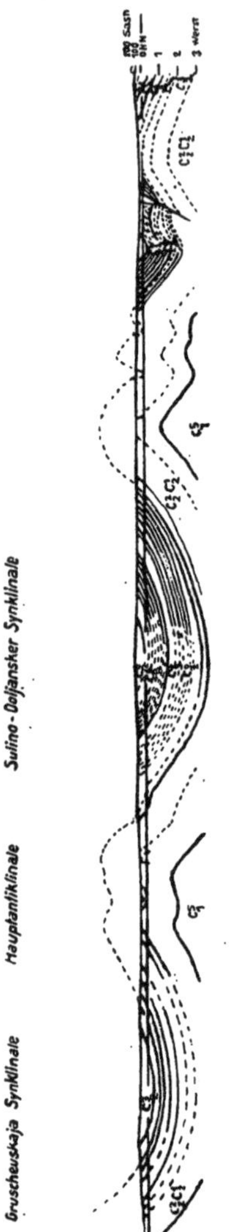

Abb. 62. Profil durch das Donezbecken. Nach LUTUGIN und STEPANOFF.

Nördlich von der nördlichen Antiklinale löst sich die Faltung in Kurzelemente geringerer Spannweite auf und klingt nordwärts allmählich aus. Durchlaufende Falten sind hier nicht mehr vorhanden; das Perm fehlt, am Aufbau der Kurzfalten sind aber auch die – diskordant auflagernden – jüngeren Schichten beteiligt. Längsstörungen sind häufig, sie haben oft den Charakter von Aufschiebungen mit einer Vergenz, die hier nach Norden geht. Gelegentlich ist Karbon auf Kreide aufgeschoben. Das Tertiär weiter im Norden ist nicht gefaltet, so daß die letzte Faltung laramisch zu sein scheint.

Über die Tektonik weiter im Westen, d. h. am Nordwestrande des Donezbeckens, ist man durch Arbeiten von BORISSJAK, JAKOVLEV, ARCHANGELSKI und SCHATSKI genauer unterrichtet.

Der Bachmuter Kessel verschwindet im Nordwesten unter einer mesozoischen Decke; aus dieser tauchen indessen weiter nordwestlich bei Dronowka, Slawiansk und Petrowsk mehrere Kuppeln von Perm auf, die umlaufend von Mesozoikum umgeben werden. Hier liegt demnach ein Hebungsstreifen vor, der vielleicht eine zentrale Aufwölbung des Bachmuter Kessels fortsetzt und aus einer Achse von rhätischen Schichten besteht, mit diskordanten Durchragungen paläozoischer Brachyantiklinalen. Der Scheitel dieses Hebungsstreifens ist flach; die Flanken sind in der Nähe des Scheitels durch streichende Brüche kompliziert.

Ein analoger Hebungsstreifen mit triadischer Achse und selteneren kuppelförmigen Aufragungen von Paläozoikum verläuft parallel dazu weiter im Norden bei Isjum. Im Norden sinkt er teils an Flexuren und Brüchen, teils ziemlich flach zu der eigentlichen südrussischen Kreidesenke ab. Das Alter dieser Hebungen ist präcenoman, da das Cenoman innerhalb derselben auf tieferen Horizonten liegt als in der von den Hebungsstreifen eingeschlossenen Mulde. Es ist aber wahrscheinlich, daß zwischen dem Paläozoikum und dem Mesozoikum auch eine Diskordanz vorhanden ist; die mesozoischen Falten dürften sich einer älteren, paläozoisch-triadischen Struktur angepaßt haben.

Zwischen diesen beiden Hebungsstreifen liegt eine Mulde, die durch spätere, wohl nachsenone Bewegungen in drei streichende Abschnitte geteilt wird; zwischen zwei Kreidestreifen erscheint hier eine mittlere Antiklinale, aus älteren Juraschichten bestehend. Das jüngere Alter dieser mittleren Aufsattelung ergibt sich aus der konkordanten Auflagerung des Cenomans auf die Grenzschichten von Jura und Kreide (die in der nördlichen und südlichen Hebungszone fehlen) und aus einer diskordanten Überdeckung des Ganzen durch das Eozän.

Mithin ist der Nordwestrand des Donezbeckens durch eine mesozoische Kuppeltektonik gekennzeichnet, die sich eng an die älteren Falten anschließt. Es ist sehr wahrscheinlich, daß die Beweglichkeit der liegenden Salzhorizonte zu der Mobilität dieser Tektonik wesentlich beigetragen hat;

die Analogie zum Bau der Kaspisenke und des saxonischen Faltungsfeldes in Mitteleuropa ist auch hier überraschend groß.

Eine Revision des Bewegungsbildes unter dem Gesichtspunkt salinarer Tektonik wäre also nicht uninteressant.

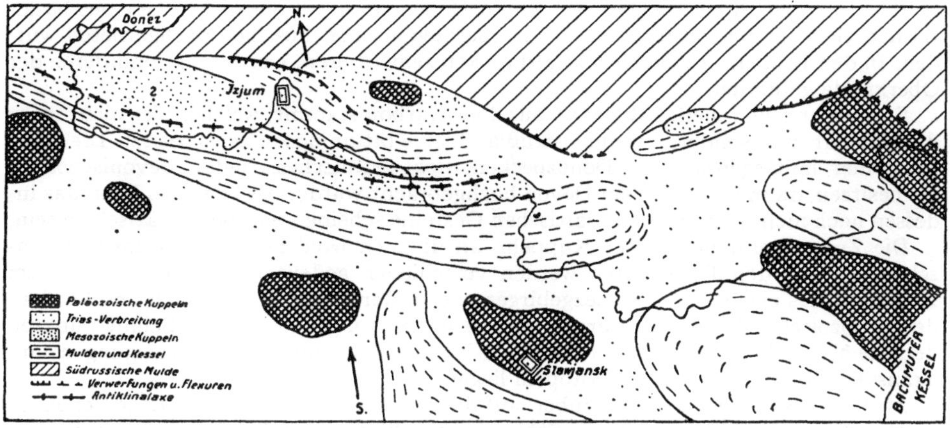

Abb. 63. Karte vom mesozoischen NW-Saum des Donezbeckens. Nach ARCHANGELSKI.

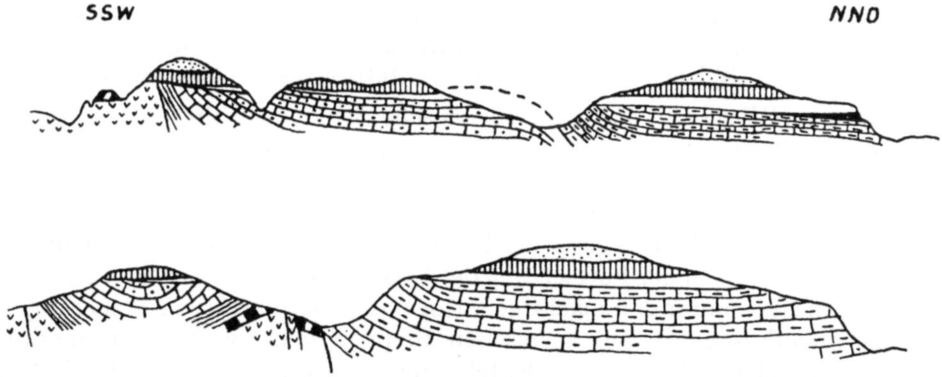

Abb. 64. Profile durch das Deckgebirge am Nordrande des Donezbeckens. Nach SCHATSKI.

Über Karbon (Haken) Oberkreide (Turon und Emscher, Santon, *balticus*-Schichten, *Mucronaten*-Schichten, *lanceolata*-Schichten); darauf diskordant und übergreifend Alttertiär: Bučak St. (Schwarz), Kiev St. (weiß), Charkow St. (Querstriche), Poltawa St. (Punkte).

Ein bedeutendes, auch praktisches Interesse besitzt die Fortsetzung der Donezfalten nach Westen bzw WNW. Die Falten versinken zwar in dieser Richtung axial unter einer ungestörten Decke von Oberkreide und Eozän, aber schon die Fortsetzung eines Schwereüberschusses (Abb. 88, S. 339), welcher subparallel zu der Hauptantiklinale streicht, deutet darauf hin, daß die Faltenzone in irgendeiner Form im Untergrund nach Westen fortsetzt. In letzter Zeit sind die beiden an sich schon lange bekannten Aufbrüche bei

Lubny (Isatschki) und Romny westlich und nordwestlich von Poltawa infolge vorhandener Erdölspuren genauer untersucht worden.

Es handelt sich um steilwandige, z. T. deutlich in WNW verlängerte Salzstöcke, deren Wände aus Paläogen (180 m), Oberkreide (450 m), Oberjura (230 m), bunten Schichten des ? Perm (400 m) und aus karbonischen Tonen bestehen. Als Decke und Umkleidung der Stöcke (cape rock) treten Brekzien auf, in denen Blöcke eines basaltischen Gesteins und Kalkbrocken mit oberdevonischen Fossilien nachgewießen wurden. In den Kalken, welche die Basaltbrocken zementieren, wurden Foraminiferen der Oberkreide gefunden.

Es wird angenommen, daß das Öl aus dem Karbon stammt, welches hier nicht mehr die Kohlenfazies, sondern, wie in Ostrußland, eine bituminöse Fazies besitzt. Die Salze sollen hier, im Gegensatz zum Donezbecken, nicht permisches, sondern devonisches Alter besitzen, da in den Kuppeln Devon hochgebracht wurde. Als bewiesen kann das indessen noch nicht gelten. Die basaltischen Gesteine scheinen voroberkretazisch zu sein.

Die Zusammenhänge dieser Kuppeln, an die sich wohl noch andere im OSO anschließen, mit den Donezfalten werden verschieden gedeutet. Soboleff nimmt am Nordrand des eigentlichen Donezgebirges und in der Achse der nördlich anschließenden mesozoischen Muldenzone große streichende Störungen an; an den Schnittpunkten derselben mit den zahlreich vorhandenen NNO streichenden Querverbiegungen und Transversalbrüchen sollen die Kuppeln liegen.

Archangelski weist demgegenüber auf die Beziehung zwischen der Lage der Kuppeln und der erwähnten positiven Schwereanomalie hin und damit auf ihre gleichsam posthume Stellung über der Zone stärkerer jungpaläozoischer Faltung. Diese zweifellos vorhandenen Zusammenhänge sind aber n. Galuschko eher so zu erklären, daß in der Kernzone der älteren Faltung im Mesozoikum (? kimmerisch, ? subherzynisch) auf neu gebildeten Spalten eine große basaltische Intrusion stattfand, welche eben die Schwereüberschüsse bedingt. Die Achse dieser Intrusion liegt in der Mitte zwischen den beiden Kuppeln. Die Spaltenbildung und Intrusion kann dann den Anstoß zum Salzaufstieg an den Flanken des wohl steilwandigen Intrusivkörpers gegeben haben.

Gegen WNW scheint sich die Südrussische Senke zu schließen bzw. in die Luft auszustreichen, während die Basalte und damit wohl auch die ihren Aufstieg begünstigende Zerspaltung nach Wolynien fortsetzt. Darauf wird noch zurückzukommen sein.

Gegen Osten sinkt das gefaltete Donezkarbon anscheinend an bedeutenden Querbrüchen zu der Fortsetzung der Uljanowsk–Saratower Syneklise ab. Weiterhin ist es unter den mächtigen neogenen und quartären Ablagerungen der nordkaukasischen und kaspischen Steppen verschwunden. Immerhin wurde es durch eine Bohrung bei Kotelnikowo (Stalingrad–Tichorezker Bahn) angefahren, und die erwähnte Schwereanomalie (Abb. 88) ist bis zum Kaspi zu verfolgen, von wo sie angeblich gegen ONO, zur Vereinigung mit dem Ural, abschwenkt. Schwache Störungen im Tertiär am Südrande der Ergenihügel (Tscholon-Chamur) bilden tektonisch ein Bindeglied zwischen dem ammodezischen Gebirge und den Falten auf der Halbinsel Mangyschlak östlich vom Kaspi. Das Karbon tritt dort allerdings nicht zutage. Die Basis bildet eine mächtige, stark gefaltete Folge von Perm und Trias, über der diskordant, aber auch gefaltet Jura folgt. Im ganzen sind zwei bis drei größere Sättel (Karatau und andere) zu unterscheiden, die WNW–OSO streichend und weiter im Osten unter jüngerer flachliegender Bedeckung verschwinden; die Fortsetzung nach Asien steht noch zur Diskussion (s. bei den posthumen Uraliden).

Fassen wir die Angaben über die Südrussische Senke zusammen.

Sie wird angelegt im Oberdevon, wo sie aber nur eine schmale und seichte Bucht darstellt. Im Karbon beginnt, unter Erweiterung nach Norden, die gewaltige Senkung, welche zu einer Anhäufung von etwa 12000 m karbonisch-permischer Sedimente führt. Dabei bleibt der Sedimentationscharak-

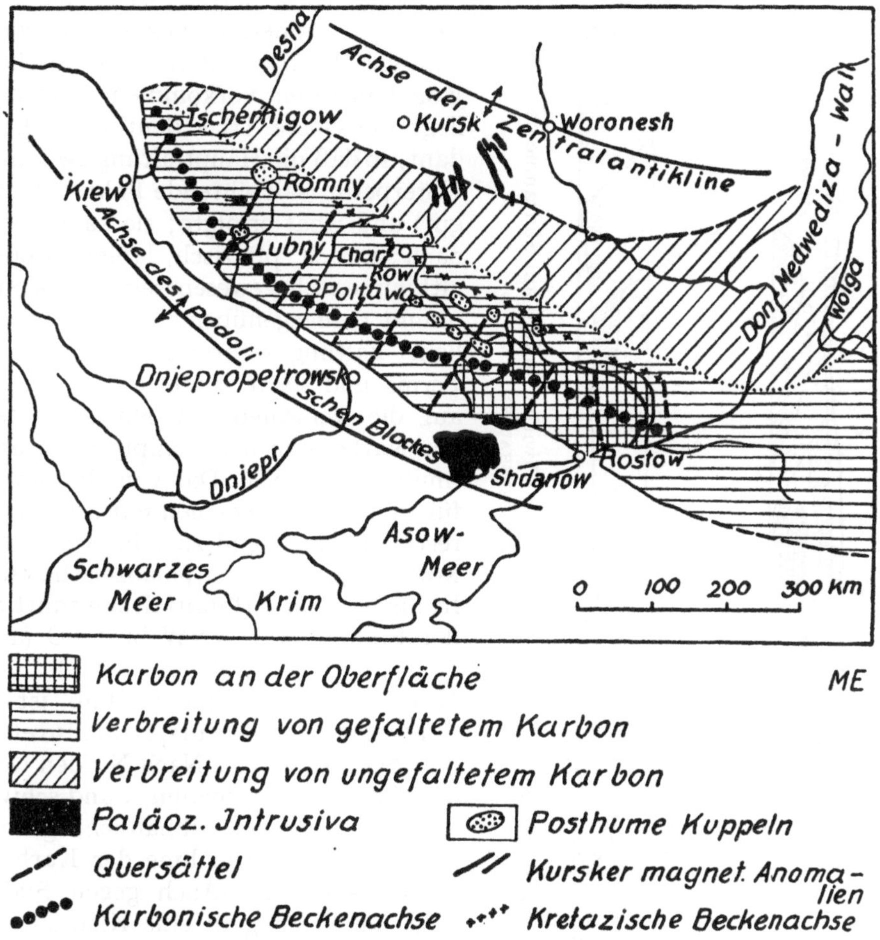

Abb. 65. Tektonische Skizze der südrussischen Senke. Nach Soboleff.

ter flach; die Sedimente sind gut gesondert (Sandstein, Schieferton, Kalk, Kohle) und deutlich zyklisch gegliedert. Es handelt sich also nicht um eine geosynklinale Sedimentation; gegen die Bezeichnung als Geosynklinale (zum mindesten als Orthogeosynklinale) spricht auch das Fehlen des Stammes grüner Laven; die wenigen Gangbildungen mit atlantischen Spaltgesteinen sind natürlich kein Gegenbeweis, da es sich hier wohl nur um Abkömmlinge der weiter im S bekannten nephelinsyenitischen Intrusionen handelt, welche mit einem initialen geosynklinalen Vulkanismus nichts zu tun haben.

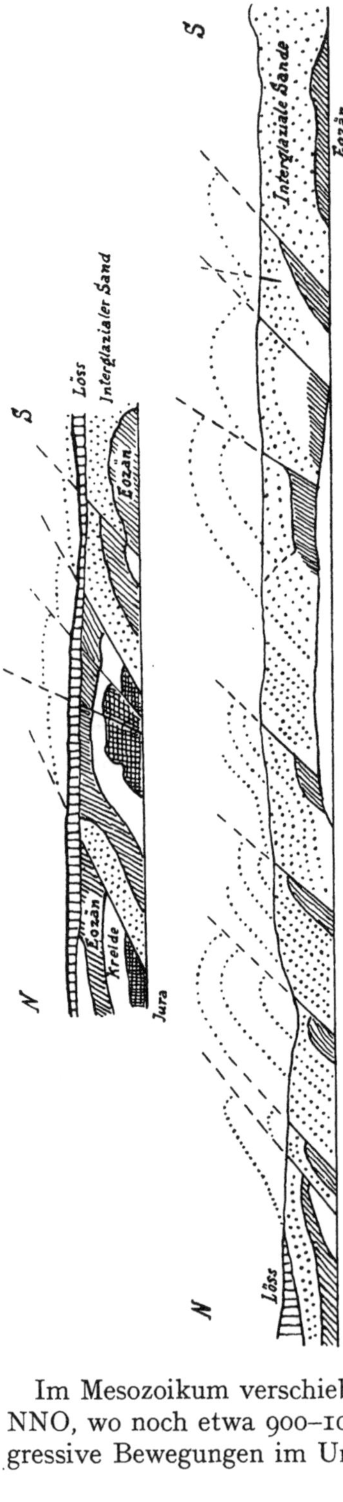

Abb. 66. Junge Störungen bei Kanev (oben) und am Berge Piwicha (unten) am Südsaume der Südrussischen Senke. Nach LUNGERSHAUSEN.

Eine erste tektogenetische Phase scheint nach dem Oberdevon stattgefunden zu haben (bretonisch), dürfte aber nur schwach gewesen sein. Zwischen Karbon und Perm besteht keine Diskordanz, doch wären schwache Bewegungen immerhin möglich, da karbonische Komponenten in permischen Konglomeraten vorkommen. Dagegen liegt die Obere Trias deutlich diskordant, so daß die Hauptfaltung zwischen Unterperm (salzführende Folge-? Kungur) und Rhät erfolgte; sie kann demnach saalisch, pfälzisch, labinisch oder altkimmerisch gewesen sein. SCHATSKI nimmt demgegenüber eine kontinuierliche Faltung während des Karbons, Perms und sogar später an, indem er auf die verschiedenen Mächtigkeiten des Karbons in den Hauptsätteln und -mulden hinweist. Die von ihm angeführten Gründe scheinen mir aber nicht restlos überzeugend zu sein (vgl. BUBNOFF, 1940). Die spätpaläozoische oder frühmesozoische Hauptfaltung führt zu der Bildung von WNW bis OSO (ammodezisch) streichenden Sätteln und Mulden. Der Zusammenschub ist n. STEPANOFF 1 : 0,85, entspricht also etwa dem Schweizer Jura. Nach Norden werden die Falten engspanniger und schwächer und klingen allmählich, gleichsinnig mit der Abnahme der Karbonmächtigkeit, aus. Auch gegen Süden geht die Faltung in eine Kleinfaltung über, und ein Ausklingen nach S ist ebenfalls möglich, da nach SAWENKO in den Flußgebieten der Samara und Orjol, zwischen den ammodezischen Falten und dem podolischen Kristallin das Karbon ungefaltet sein soll; eine Abnahme der Schichtenmächtigkeit in dieser Richtung ist allerdings nicht vorhanden.

Im Mesozoikum verschiebt sich die Achse der Südrussischen Senke nach NNO, wo noch etwa 900–1000 m Jura bis Oligozän abgelagert werden. Regressive Bewegungen im Unteren Dogger und im Unteren Callovien haben den Charakter epirogenetischer Oszillationen. Etwas stärker sind vorcenomane und vorsenone (subherzynische) Bewegungen und dann vor allem laramische Deformationen, welche die Kleinfaltung mit Aufschiebungen am Nordrande zur Folge hatten. Es scheinen aber auch noch etwas jüngere Bewegungen stattgefunden zu haben, da angeblich stellenweise Karbon auf Paläogen aufgeschoben ist.

Diese jüngeren Deformationen haben den Charakter einer germanotypen Kurz- und Bruchfaltung mit deutlicher salinarer Beeinflussung, aber mit ausgesprochener Konsequenz gegenüber den älteren Bewegungen.

Am Südrande der Senke sind schließlich bei Traktemirow, Kanew und am Berge Piwicha starke Störungen von mitteldiluvialem Alter bekannt. Es sind Aufschiebungen und Liegfalten, die gegen das kristalline Massiv im Süden gerichtet sind. Am Aufbau der Schuppen sind interglaziale Sande (Riß-Mindel) und Eozän, seltener Kreide und Jura beteiligt. Diskordant werden die Störungen von Löß und von Rißmoränen überlagert. Die zunächst naheliegende Deutung als glaziale Pseudodislokationen (SOBOLEFF) befriedigt nicht restlos, da n. LUNGERSHAUSEN schon Störungen vor der Eisbedeckung vorgelegen haben müssen, da ferner der Löß unter der Moräne z. T. auch ungestört ist und da schließlich ähnliche Störungen am Südrande des Podolischen Blockes bekannt sind, wo keine Eisbedeckung vorlag. Vielleicht bietet eine Deutung durch eisisostatischen Ausgleich in der alten Störungszone zwischen Block und Senke die geringsten Schwierigkeiten. Diese Auffassung vertritt neuerdings auch RJABUCHIN (1947). Siehe Abb. 66.

SCHATSKI vermutet im Donezgebiet die Vorsenke eines variszischen Gebirgsastes, welcher weiter im Süden gelegen haben soll und zu dem noch ein Teil des Asowschen Blockes gehört haben muß. Die Deutung als Vorsenke paßt zu dem Sedimentationstypus des Donezbeckens besser als die Bezeichnung Geosynklinale (vgl. auch S. 161 und BUBNOFF, 1940, S. 575ff.). Immerhin dürfte sie den tatsächlichen Verhältnissen auch nicht gerecht werden. Die Vergenz der Bewegungen ist am Südrande nach S, am Nordrande nach N gerichtet. Das spricht für eine Selbständigkeit des Faltenstranges mit Scheitelung etwa im Gebiete der Hauptantiklinale, was zu der Vorstellung einer Vorsenke nicht paßt. Sollte sich schließlich die Angabe von SAWENKO über das Vorhandensein von ungefaltetem Karbon über dem Nordsaum des podolischen Kristallins, d. h. südlich vom Ammodezischen Gebirge, bewahrheiten, so würde sich die Deutung als Vorsenke von selbst erledigen (ARCHANGELSKI).

Alles das scheint mir für die Selbständigkeit des ammodezischen Faltenzuges zu sprechen, welcher nach WNW ausklingt, nach OSO aber über Mangyschlak mit den zentralasiatischen Gebirgen zusammenhängt. Der von ARCHANGELSKI später vermutete Zusammenhang mit dem Ural, welcher durch das Vorhandensein einer durchgehenden positiven Schwereanomalie Zentrales Donezbecken – nördlich Kaspi – Südural begründet wird, scheint mir dagegen noch unsicher zu sein. Der Schwereüberschuß im Zentralural und im Donezgebirge kann kaum auf denselben Ursachen beruhen; der Faltungscharakter beider Gebiete ist grundverschieden, zumal im Ural eine echte

Orthogeosynklinale vorliegt. Es kann sich daher höchstens um die Abzweigung einer Zone des Urals handeln, eher vielleicht um eine bogenförmige Anlage labiler Saumgebiete um den stabilen Kern der sarmatischen Scholle.

Es sei noch erwähnt, daß die WNW–OSO-Störungen im Bereiche der Südrussischen Senke oft nach ihrem ersten Erforscher als KARPINSKIsche Linien bezeichnet werden. Die Annahme einer Fortsetzung nach Westeuropa und die Vorstellung von Bindegliedern zwischen asiatischen und europäischen „Altaiden" (E. SUESS) sind heute nur noch bedingt gültig.

4. Scythische Brücke und Ostbaltische Platte

Ein einheitlicher Unterkarbonsaum umgibt das Moskauer Becken im W und NW, z. T. auch morphologisch deutlich als „Karbon-Glint" oder Schichtstufe gekennzeichnet; der hier früher angenommene Wall von Wyschnij-Wolotschek (Unterkarbon zwischen Mittelkarbon) existiert nicht, da es sich nach MOSKWITIN um eine Anhäufung von glazial verfrachteten Schollen handelt. Wohl kommt aber gegen NW und W unter dem Karbon in sehr breitem Ausstrich das Devon zutage, welches hier das „russische Devonhauptfeld" bildet. Dieses Devonfeld gabelt sich gegen Süden, etwa am oberen Dnepr westlich Smolensk, in zwei Zipfel: der eine, östliche, schwenkt gegen SO ab und bildet, z. T. von Kreide bedeckt, den nordwestlichen Mantel des Blockes von Woronesh; der andere, westliche, zieht nach Süden und bildet, südlich der oberen Pripjat, den Nordmantel des Ukrainischen Blockes. Zwischen beiden liegt, etwa in der Gegend zwischen oberer Beresina und Desna, ein Gebiet mit oberer Kreide, welches als Ausstrich der nach Nordwesten ausflachenden Südrussischen Senke gelten kann. Weiter im Westen, in der Litauischen SSR und in Polen, versinkt das Devon wieder unter den jungpaläozoischen und mesozoischen Bildungen der Polnisch-Ostdeutschen Senke. So bildet das Hauptfeld eine Brücke (SOBOLEFF) mit hochliegendem Tiefbau, welche die kristallinen Blöcke Südrußlands mit dem Baltischen Schild verbindet (Abb. 48).

Dieses Gebiet hochliegenden Tiefbaues wird nach KUZNIAR und ARCHANGELSKI als Scythischer oder Polessjewall bezeichnet und hat in den letzten 30 Jahren recht verschiedene Deutungen erfahren. Da die Aufwölbung ziemlich komplexer Art ist und in ihrer Gesamtheit von den bisher betrachteten Wällen Osteuropas größenordnungsmäßig verschieden ist, ziehe ich als Gesamtbezeichnung die SOBOLEFFsche Bezeichnung Brücke vor, wobei ich das Prädikat scythisch eben dieser Gesamterscheinung beilegen möchte und den Namen Polssjewall auf ein gleich zu besprechendes Teilelement beziehe.

In der ursprünglichen Auffassung war die Scythische Brücke eine Aufbiegung, welche von den nördlichsten Vorkommen des podolischen Kristallins am Slutsch nach Norden abschwenkte und etwa zwischen dem Njemen (zwischen Grodno und Kaunas) und dem oberen Dnjepr nordwärts zog, wobei die Achse bei den Kambrosiluraufbrüchen von Rawanitschi (östlich Minsk) gesucht wurde. Weiterhin habe ich zunächst mit der Möglichkeit einer Abschwenkung nach NNO (Lowat, Lagoga) und mit einem Anschluß an die Kareliden Ostfinnlands gerechnet. Zweifellos war eine Quermuldung an der oberen Pripjat vorhanden, wo sich die obere Kreide und das Paläogen Ostdeutschlands mit denen der Südrussischen Senke verbanden.

Spätere Untersuchungen zeigten indessen, daß auch in der Längsrichtung des Walles bedeutendere Komplikationen bestehen. SMIT-SIBINGA (1930) versuchte nachzuweisen, daß in der Litauischen SSR mehrere meridional verlaufende Wälle bestanden, die er als baltische Uraliden zusammenfaßte. Wenn diese Darstellung auch eine nicht unberechtigte Kritik (HALICKI 1934, KRAUS 1937) erfuhr, so ist doch an dem Vorhandensein von engspannigeren Teilverbiegungen im Zuge der „Brücke" heute kaum zu zweifeln.

Insbesondere hat sich gezeigt, daß das Kambrosilur von Rawanitschi vermutlich nicht ansteht, sondern glazige, verfrachtete Schollen bildet, so daß hier keineswegs eine besonders starke Aufbiegung des Tiefbaues vorzuliegen braucht. GIRMUNSKI (1934) wies nach, daß auch weiter im N in der vermeint-

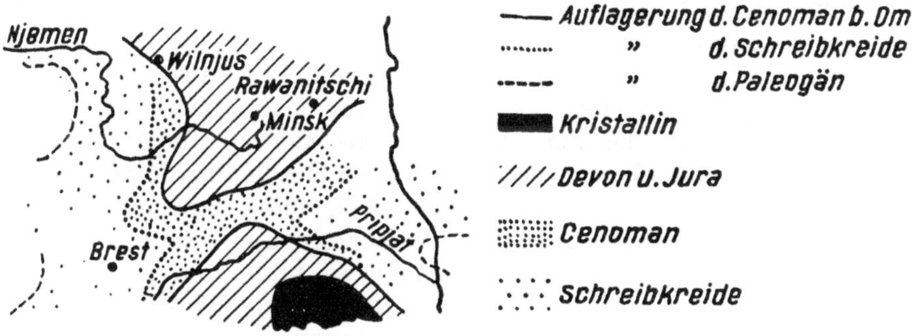

Abb. 67. Ältere Auffassung des scythischen Walles nach KUZNIAR und ARCHANGELSKI.

lichen Axialzone des Walles das Devon bei Polozk tiefer liegt als im O (Witebsk) und W (Drissa). Darin scheint sich eine Längsdepression abzuzeichnen, welche ich als die nach N abgeschwenkte und in die Luft ausstreichende primäre Fortsetzung der Südrussischen Senke betrachte; die Fortsetzung von Kreide und Paläogen nach W quer zur Brücke ist wohl sicher ein sekundärer Zug.

Dagegen besteht westlich davon zweifellos ein Hebungsstreifen, welcher n. HALICKI von Mikaschewitschi am Slutsch (Granit unter Quartär), Beresa Kartuschka (bei Pruschani), Lida (Granit unter Perm), Druskeniki (Granit unter Perm) verfolgt werden kann. Weiter im Norden bzw. NNO zeigen noch Bohrungen bei Wilnjus und Daugavpils (Dünaburg) eine ziemlich hohe Lage des Devons an. Diese Auffassung wird gut bestätigt durch die 1940 von CLOSS und ZWERGER veröffentlichte Schwerekarte von dem damaligen Polen, nach welcher ein zusammenhängender Streifen positiver Schwerewerte (bis + 38 mgl) von Ostrog über Sarny, Pinsk östlich Grodno nach Wilnjus zieht, also genau dem mutmaßlichen Wall entspricht. Im Westen liegen Defizitwerte bis − 40 mgl (Lubliner Senke), im Osten Werte bis − 2 mgl (Minsk), ebenfalls in zusammenhängenden N–S-Streifen. Diesen „Scythischen Westwall" möchte ich nunmehr als Polessjewall bezeichnen. Er schließt deutlich an den Ukrainischen Block im Süden an (Abb. 48 u. 88).

Aber auch östlich von der besprochenen Längssenke am Oberen Dnjepr–Beresina fehlen Anzeichen für eine Aufbiegungszone nicht. Gravimetrisch ist sie vielleicht nicht so deutlich ausgeprägt, wenn sie auch im Verlauf der Isanomalen zur Geltung kommt. Nach magnetischen Anomalien und nach Bohrungen glaubt jedenfalls GIRMUNSKI sie von Brjansk und der Desna über Roslawl, Orscha, Witebsk bis Newel verfolgen zu können. Möglicherweise zieht sie weiter nach NNO zu den Kambrosilurvorkommen an der Polista und Lovat (Polista-Lowatwall von DANILOWSKI), wenn auch deren Natur als Anstehendes bezweifelt wird. Ob es sich hier um einen einheitlichen Wall oder um aneinandergereihte kuppelförmige Aufwölbungen handelt, ist heute nicht zu ersehen, im Prinzip auch gleichgültig. Mir scheint jedenfalls eine solche östliche Aufwölbungszone, die ich als Weißrussischen Wall bezeichnen möchte, recht wahrscheinlich zu sein.

Zusammenfassend kann also gesagt werden, daß die Scythische Brücke als breiter bogenförmiger Hebungsstreifen von im ganzen meridionalem Verlauf die sarmatische Scholle im Westen begrenzt und aus zwei Hebungsstreifen (Polessje- und Weißrussischer Wall) und einer dazwischen gelegenen Einmuldung besteht, die man vielleicht als Beresinamulde bezeichnen könnte. Diese drei Teilelemente bilden die nach Norden bzw. Nordnordosten abschwenkende Fortsetzung der Hauptschollen Südrußlands: Ukrainischer Block, Südrussische Senke, Block von Woronesh. Eine axiale Einmuldung ist im Raume des oberen Pripjat vorhanden; sie bildet den Transgressionsweg der mesozoischen und paläogenen Meere Ost- und Westeuropas; es ist durchaus möglich, daß auch noch weitere Achsenwellungen (Zerfall in Kuppeln) vorliegen, was aber an der einheitlichen Anlage nichts ändern würde.

Da die Beresinamulde gegen Norden ausflacht und in die Luft ausstreicht, ist naturgemäß nördlich einer Linie Daugavpils– (Dünaburg–) Newel die Längsgliederung weniger deutlich, hier auch im quartärbedeckten, z. T. noch ungegliederten Altrotsandstein schwer nachzuweisen. Eine Untersuchung der anschließenden Ostbaltischen Platte in der Estnischen SSR und in der Lettischen SSR liefert aber doch einige Anhaltspunkte.

Die kambrischen und ordovizischen Schichten streichen am Saume des Finnischen Meerbusens in der Steilstufe des Glintes gegen N in die Luft aus. Nach heute vorherrschender Ansicht liegt im Finnischen Golf keine Bruchlinie vor (noch weniger ein Grabenbruch), sondern das Aufsteigen des Kristallins an der finnischen Südküste ist durch normales, vielleicht etwas gesteigertes (Flexur n. GIERE) Südfallen der Oberbauplatte bedingt. Diese Platte von Kambro-Ordovizium streicht also O–W und fällt mit 0° 12′ (4–5 m pro Kilometer) nach Süden. Es treten indessen schon innerhalb des Kambro-Ordoviziums gewisse Unregelmäßigkeiten auf. So liegt bei Koporje die Platysoleniteszone direkt unter Obolensandstein, während im W und O sich höhere Schichten (Volborthellazone bis Fucoidensandstein) dazwischen einschieben (ÖPIK), und bei Kingisepp fehlt lokal der Glaukonitsandstein (n. RÜGER). Eine alte meridionale Wölbung ist also etwa in der Mitte des

Glintes vorhanden. Weiter gegen Süden wird die schiefe Verbiegung noch deutlicher.

Erstens ist das überlagernde Gotlandium auf das Gebiet zwischen der Westküste und dem Tschudskoje- (Peipus-) See beschränkt und fehlt weiter im Osten, teils infolge prädevonischer Erosion, teils wohl schon primär.

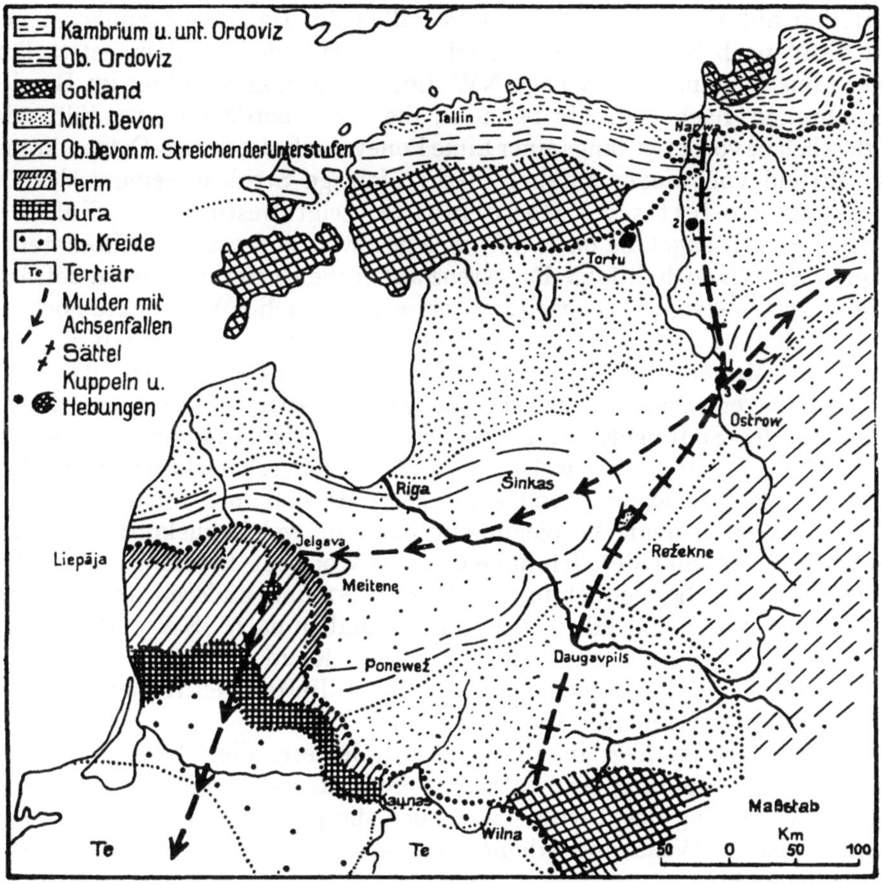

Abb. 68. Strukturskizze des Ostbaltikums. Nach Dalinkevicius, Delle, Öpik u. a.
Mit dicken Punkten sind die Hauptdiskordanzen unter und über dem Devon gekennzeichnet.

Nach Öpik (mündliche Mitteilung) zeigt das Gotlandium am Ostrande eine Tendenz zum Umschwenken gegen SO; da es neuerdings durch Bohrungen bei Daugavpils (Dünaburg) und Wilnjus erbohrt wurde, scheint sich hier der Ostsaum eines gotlandischen Beckens abzuzeichnen, dessen Gegenflügel auf Gotland liegen würde, während die NNO–SSW verlaufende Achse in der Mitte der Ostsee, zwischen Gotland und Saaremaa [Ösel], schon früher von Fr. Schmidt verzeichnet wurde; sie sinkt deutlich gegen SSW ein, wo sich ja auch die tiefere und mächtigere Schieferfazies des Gotlandiums (Bornholm, Leba) einstellt. Wir wollen diese alte gotlandische NNO–SSW-

Senke als Ostseemulde bezeichnen. Aus der Betrachtung des Baltischen Schildes ergab sich, daß sie wahrscheinlich schon eine vorkambrische Anlage besitzt.

Zweitens schneidet das hangende Devon die einzelnen Stufen des Gotland und Ordoviz diskordant ab und streicht im Gegensatz zu den bisher betrachteten Schichten SW–NO, so daß es im Leningrader Bezirk z. T. unmittelbar auf Kambrium lagert. Das Fallen des Devons ist zunächst noch mit 6–10′ nach SO (115–146°) gerichtet, kehrt sich aber dann, etwa längs einer Linie Meitene–Pskow nach NW um, so daß man sich hier im Bereiche einer breiten, flachen Mulde befindet, die von Oberdevon ausgefüllt wird. Südöstlich davon, etwa längs einer Linie Ponewjesch–Reshitza–Ostrow kommt das Mitteldevon wieder zutage. Dieses wichtige Strukturelement des Ostbaltikums, die lettische Hauptmulde, zeigt westlich von Sinkas ein deutliches Achsengefälle nach SW, welches zwar nur 1 m pro Kilometer beträgt, aber sich doch, infolge Persistenz auf große Entfernungen, zu beträchtlichen Werten steigert. Die weitere Fortsetzung nach SW ist heute noch umstritten. KRAUS verlängert die Mulde direkt in die – mehr gegen SSW abgedrehte – Meitener Mulde in Südkurland, wo als Füllung Perm, dann Jura und Kreide erscheinen. Nach DELLE werden aber die einzelnen Devonhorizonte des Südflügels der Lettischen Mulde diskordant und schief vom Perm abgeschnitten, über welches sich dann, mit schwächerer Diskordanz, Jura und Kreide legen. Demnach scheint es sich hier um eine jüngere, NNO–SSW streichende Verbiegung zu handeln, welche diskordant die Lettische Mulde abschneidet. Ich habe dieses tektonische Element 1926 als Ostbaltische Mulde bezeichnet und n. TORNQUIST und anderen angenommen, daß sie mit stetem südsüdwestlichen Achsenfallen nach SSW weiterzieht, so daß längs der Achsenlinie nacheinander Jura, Kreide, Oligozän und schließlich braunkohlenführendes Miozän erscheinen. Im tiefsten Kern würde dann der Poznaner Flammenton liegen.

Nach TORNQUIST liegt innerhalb dieses Gebietes die Oberkreide diskordant auf, die Muldung wäre also präoberkretazisch, doch deutet die erwähnte Verteilung des Tertiärs und auch die große Mächtigkeit des Diluviums zwischen Wisla und Njemen auf – wenn auch schwache – jüngere Bewegungen hin.

Die Achse der Ostbaltischen Mulde läuft parallel der alten Achse des Gotlandiums, ist aber gegen diese nach SO verschoben. In den südlichen Teilen der Baltischen Tafel bildet die Ostbaltische Mulde offensichtlich die westliche Begrenzung der Scythischen Brücke bzw. ihres westlichen (Polessje-) Walles; soweit sind die Verhältnisse bis etwa zur Daugava (Düna) im N klar.

Weiter im Norden ist eine Entscheidung über die Fortsetzung des Polessjewalles schwieriger. Nimmt man mit KRAUS an, daß die Ostbaltische Mulde (im oben erläuterten Sinne) in die Lettische Mulde fortsetzt (etwa entsprechend der Abb. 47 in Geologie von Europa I, 1926), so wäre zu erwägen, ob der Polessjewall nicht auch nach NO abschwenkt, in die „lettgallische Kuppel“ von KRAUS fortsetzt und also die Südbegrenzung der Lettischen Mulde bildet, wobei aber nicht zu vergessen ist, daß die lettgallische Kuppel ein noch unsicher belegtes tektonisches Element darstellt. Nimmt man dagegen, wie hier im Anschluß an Delle dargelegt wurde, an, daß Ostbaltische und Lettische Mulde zwei nicht nur richtungsmäßig, sondern auch zeitlich und damit genetisch verschiedene Einheiten darstellen, so ist eine andere Linienführung wahrscheinlicher. Hierbei ist zu berücksichtigen, daß nach einem unveröffentlichten Manuskript und mündlichen Mitteilungen von A. Öpik die Lettische Mulde im Raume zwischen Sinkas und Ostrow eine recht bedeutende Queraufbiegung erfährt, infolge derer das Mitteldevon in der Achsenlinie nahe an die Oberfläche kommt; das ist aber die unmittelbare nördliche Fortsetzung des Polessjewalles aus der Linie Wilnjus-Daugavpils (Dünaburg). Nach Öpik liegt hier nur ein Teilstück einer Aufwölbungszone oder einer Kuppelreihe vor. Ein anderes Stück soll weiter im Norden liegen in Gestalt einer flachen Kuppel, die von der Glintlinie halbiert wird. Zwischen beiden liegt ein eigenartiges Gebiet, in dem mehrere kuppelförmige Aufwölbungen kleineren Ausmaßes bekannt sind.

Südlich von Pskow beschrieb Bruns aus einem Gebiete der Verbreitung von schwach nach SO geneigten oberdevonischen (Schelon- und Tschudow-) Schichten mehrere Kuppeln von 500–2500 m Durchmesser mit Fallwinkeln der Flügel bis zu 10° und einer Wölbung bis 35 m. Die Kuppeln sind im ganzen längs einer NW–SO-Linie angeordnet, andererseits aber zu je zwei oder drei in SW–NO aneinander gereiht.

Weiter im Norden bei Mischina Gora unweit Gdow am Ostufer des Tschudskoje- (Peipus-) Sees hat Assatkin einen eigentümlichen Aufbruch von Gneis und Kambrosilur inmitten des Devons beschrieben. Es handelt sich um einen N 60° O streichenden Sattel von Kambrosilur mit basalem Gneis, dessen normale Schichtenfolge eine vertikale Verstellung von 650–700 m anzeigen soll. Das Devon ist ungleichförmig aufgelagert, mit Winkeldiskordanzen bis 45° und schwach in NO–SW gewellt. Die Verstellung des Devons soll noch 100–150 m erreichen. Die ganze Folge ist von Störungen und Aufschiebungen durchsetzt (angeblich von S nach N), und die Störungen werden von mächtigen Brekzien begleitet. Assatkin nimmt eine mehrphasige (vorwiegend kaledonische und variszische, nur untergeordnet jüngere) Tektonik an.

Obwohl die Intensität der Störungen innerhalb dieses ganz lokalen Vorkommens vom regionalen Standpunkt schwer begreiflich ist und man geneigt ist, viele Erscheinungen an dieser und den Pskower Kuppeln auf Kosten glaziärer Pseudotektonik zu setzen, so wird eine solche allein der Gesamtheit der Erscheinungen kaum gerecht. Es ist vielmehr wahrscheinlich, daß Aufbrüche älterer Gesteine hier schon präglazial bestanden haben und daß dieselben dann durch das Eis umgeformt worden sind. Bei der Gelegenheit sei bemerkt, daß gleich westlich vom Tschudskoje- (Peipus-) See Öpik und Thamm aus einer Bohrung (Alatskivi) einen Diabas beschrieben haben, der altersmäßig wohl zwischen Gotland und Mitteldevon zu stellen ist; es ist aber möglich, daß hier das Devon unmittelbar dem Kristallin auflagert.

Die Querwölbung der Lettischen Mulde bei Sinkas-Ostrow, die Kuppeln von Pskow, Mischina-Gora, Alatskivi und die alten Aufwölbungen von Kingissep und Koporje am Finnischen Meerbusen liegen nun längs einer SSW–NNO-Linie, welche direkt als Fortsetzung des Polessjewalles bezeichnet werden kann; Öpik (unveröffentlichtes Manuskript) spricht von einem Baltischen Wall und vermutet hier auch schon unmittelbare Zusammenhänge. Daß hier kein einheitlicher Hebungsstreifen, sondern Reihen von kuppelförmigen Einzelerhebungen vorliegen, ändert an der Tatsache des Zusammenhanges nichts und ist leicht erklärlich, wenn man bedenkt, daß das Gebiet von verschiedenen Beanspruchungen nacheinander betroffen wurde. Das zeigt sich auch in der Kleintektonik, da TEICHERT im Kambrosilur von Estland zwei Kluftnetze nachgewiesen hat, von denen das ältere (? variszisch) in NW–SO und NO–SW verläuft, während das jüngere N–S und O–W angeordnet ist. Übrigens scheint im Devon (n. BRUNS) das erstere mehr gegen NNO–SSW und OSO–WNW abgedreht zu sein.

Was den östlichen Wall der Scythischen Brücke (Weißrussischer Wall) angeht, so ist, wie schon gesagt, seine Nordfortsetzung weniger sicher. Es scheint mir indessen noch immer möglich, daß einige Kambrosilurvorkommen an der Lovat nicht glazialen Ursprungs sind; sogar wenn sie es wären, so würde eine Häufung von Kambrosilurschollen doch für einen nicht sehr weit entfernten Aufbruch älterer Schichten sprechen, so daß eine Fortsetzung des Ostwalles bis zum Ilmensee bis zum Beweis des Gegenteils noch durchaus möglich erscheint.

Fassen wir das Gesagte zusammen, so sehen wir, daß eine meridionale Zone verstärkter Hebung im Ostbaltikum eigentlich durch alle Zeitalter durchzuverfolgen ist. Nach mündlicher Mitteilung von Prof. ÖPIK kann man neuen magnetometrischen Messungen und Bohrungen in der Estnischen SSR entnehmen, daß im westlichen Teile des Landes O–W streichende magnetitführende Gneise und basische Gesteine den Tiefbau bilden, welche dem Svionium Finnlands oder der svekofennischen Zone entsprechen; gegen Osten scheinen sie nach SO und S abzuschwenken, und weiter im Osten ist mit einem Granitmassiv (? Rapakiwi) und mit N–S streichenden Gesteinszügen zu rechnen (? Kareliden). In diesem Falle wäre die meridional verlaufende Grenzzone schon im Präkambrium angelegt worden.

Die altpaläozoische Oberbauplatte überdeckt zwar diese Grenzzone diskordant mit O–W-Streichen, doch macht sich das Grenzgebiet im Unterkambrium und unteren Ordovizium als Zone abweichender Sedimentation und Hebung gelegentlich bemerkbar. Im Gotlandium wird es wieder deutlich zum Randsaum des westlich davon gelegenen Sedimentationsbeckens bzw. zur (? kaledonisch) aufgebogenen OSO-Flanke der NNO streichenden gotlandischen Ostseemulde.

Die nachkaledonische Hebung des Baltischen Schildes führt zu einer gewissen Umprägung mit vorherrschendem NO–SW-Streichen und reneganter Anlage der Lettischen Mulde. Es ist möglich, daß diese abgedrehte Deformation mit frühvariszischen (? bretonischen) Bewegungen zusammenhängt und zu der Ausbildung der Kuppeln und Kuppelreihen führt.

Im Perm, vermutlich in saalischer Zeit, verschafft sich der alte Bauplan aber wieder Geltung, indem nun die Ostbaltische, NNO streichende Mulde diskordant zum NO-Streichen des Devons angelegt wird und weiter östlich die parallel zu ihr verlaufende Polessjeaufbiegung quer zur Lettischen Mulde in einem kuppelförmig aufgelösten, aber doch deutlich verfolgbaren Hebungsstreifen bis zum Finnischen Meerbusen durchgreift. Dieser Bauplan regelt dann noch die Verteilung des Jura, ist also mindestens bis in die jungkimmerische Zeit wirksam; vermutlich ist aber noch die äußerst schwache Tektonik von Oberkreide und Tertiär durch ihn bestimmt.

Stärkere Bewegungen sollen dann n. KRAUS noch im Quartär nachweisbar sein und eine Zerlegung in meridional und äquatorial angeordnete Hebungsgebiete und Senkungsstreifen bewirkt haben. Diese „baltische Phase", welche durch ein Zusammenwirken echt tektonischer, eisisostatischer und glaziärer Faktoren die endgültige Formung des ostbaltischen Bodens bewirkte, ist teils deutlich konsequent zu den alten Richtungen, teils aber n. KRAUS durch den Ansatz neuer tektonischer Antriebe ausgezeichnet.

Es ergibt sich daraus, daß der Scythischen Brücke ein uralter Bauplan zugrunde liegt, welcher sich, trotz wechselnder Beanspruchung, immer wieder Geltung verschafft. Heute ist die Brücke daher nicht mehr einheitlich, läßt sich aber doch bis zum Rande Fennoskandias verfolgen und bildet deutlich das Grenzgebiet zwischen dem stabilen osteuropäischen Schelf und dem labileren Ostdeutsch-Polnischen Becken.

III. DIE NUTZBAREN LAGERSTÄTTEN DER SARMATISCHEN TAFEL

Der Gegensatz zwischen dem Erzreichtum des tektonisch durchbewegten und vulkanisch durchsetzten Urals und der Erzarmut des stabilen sarmatischen Schelfes ist ungeheuer auffallend. Nur dort, wo eine orogenetisch und epirogenetisch bewegtere Geschichte vorliegt, wie im Donezbecken, stellen sich reichere Lagerstätten ein (Kohle, Quecksilber, Blei, Salz), und ferner begegnet man ihnen dort, wo der präkambrische Sockel in erreichbarer Teufe liegt (Eisenerze).

Sonst bestimmt der epirogenetische Charakter auch das Lagerstätteninventar. Als Lagerstätten der Transgressionsphasen erscheinen im Mesozoikum die weitverbreiteten Phosphorite. In halb abgeschlossenen Becken spielen Ölschiefer, an den Küstensäumen Kohlenablagerungen gelegentlich eine gewisse Rolle. Die Regressionen werden besonders im Paläozoikum oft durch Salzlager gekennzeichnet (Fazies eindampfender Binnenmeere). In den Emersionsphasen treten Verwitterungslagerstätten in größter Ausdehnung auf, insbesondere sind Eisenerze von diesem Typus eigentlich auf der ganzen Fläche des europäischen Teils der Sowjetunion verbreitet. Daß daneben nutzbare Gesteine: Kalke, Kreide, Tone usw. verschiedentlich in abbauwürdiger Menge und Beschaffenheit verbreitet sind, braucht kaum hervorgehoben zu werden.

Wenn wir uns zuerst dem Donezbecken zuwenden, so sind hier die Steinkohlen an erster Stelle zu nennen. Der Typus dieser Ablagerungen ist sehr charakteristich: im Mittelkarbon und im unteren Oberkarbon hat hier ein dauerndes Pendeln des Meeres um die Uferlinie stattgefunden. Dem Vorgreifen des Meeres entsprechen die dünnen, aber weit ausgedehnten Kalkhorizonte mit reicher Meeresfauna, in Zeiten der Ruhe lagerten sich in dem relativ schmalen Golfgebiet Tone und Kohlenflöze ab, bei der Hebung benachbarter Landstreifen wurden Sande ins Becken geschüttet. Im allgemeinen überwog natürlich die Senkung, da sonst die enorme Sedimentmächtigkeit des Karbons nicht erklärlich wäre.

Entsprechend dieser lange andauernden „Pendelbewegung" ist die Zahl der Flöze ungeheuer groß; man zählt im ganzen etwa 200 Flöze, von denen 100–115 auf die mittlere Abteilung (C_2), 50–70 auf das obere Karbon (C_3), der Rest auf das Unterkarbon und Unterperm entfallen. Doch sind die Flöze meistens wenig mächtig (kaum je über 1,5 m). Die Zahl der bauwürdigen Flöze über 0,5 m kann auf 30–40 veranschlagt werden. Entsprechend der großen Sedimentmächtigkeit ist demnach der Prozentsatz der Kohlenführung niedrig (zwischen 0,7–2,8%). Die mittlere Gesamtmächtigkeit der bauwürdigen Flöze ist in den mittleren Gruppen 15,5 m (auf 2500 m Gestein).

Der Vorrat des Donezgebietes wird auf 69–89 Milliarden t geschätzt. Davon sind jedoch 20,8 Milliarden t Anthrazit und von dem Rest nur etwa 15,6 Milliarden t kokbar. Das ist eigentlich der einzige Vorrat an Kokskohle, den der europäische Teil der Sowjetunion besitzt. Wichtig ist die Tatsache, daß die Steinkohle im Streichen gegen Osten in Anthrazit übergeht. Eine gesetzmäßige Beziehung zwischen der Tektonik und dem Gehalt der Kohle an flüchtigen Bestandteilen ist unverkennbar. Die Förderung betrug vor dem ersten Weltkriege 25 Millionen t, sank dann in den Revolutionsjahren auf 4,4 Millionen t herab und erlebte vor dem zweiten Weltkrieg einen ungeheuren Aufstieg (1938 werden 78,3 Millionen t angegeben).

Erdöl ist neuerdings in den Kuppeln von Lubny und Romny zwischen Kiew und Charkow gefunden worden. Es scheint an das Unterkarbon gebunbunden zu sein. Die wirtschaftliche Bedeutung steht noch nicht fest.

Daneben spielen die Salzlagerstätten im Perm des Westrandes (Kessel von Bachmut) eine ständig wachsende Rolle. Es sind das ja die eindampfenden letzten Rückstände des permo-karbonischen Meeres.

Die Mächtigkeit dieser oberen, salzführenden Stufe des Perms erreicht 500 m. Das Salz liegt zwischen zwei Paketen von gipsführenden Mergeln, und der eigentliche Salzhorizont ist an den Rändern bis 60 m, im Zentrum des Kessels über 200 m mächtig. Es sind hier mehrere, sehr mächtige Steinsalzlager vorhanden, die aber unbeständig sind, d. h. gelegentlich nach den Rändern auskeilen, in der Mitte aber zu großen Salzmassen vereinigt sind, wohl als Folge salinarer Tektonik.

Das Salz wird teils als Sole, teils im Bergbau gewonnen. Im Jahre 1913 wurden etwa 485000 t Steinsalz und 1500000 t Solsalz gefördert; das Becken stand damit an erster Stelle in Rußland und spielt auch heute in der Sowjetunion noch eine hervorragende Rolle. Förderung 1933: Isjum–Artemowsk (Steinsalz) 1120000 t, Slawjansk (Solsalz) 65000 t. Neuerdings wird noch Solsalz bei Novyj Karfagen (Artemowsk) gewonnen; die Jahresproduktion erreicht 350000 t. Die Kuppeln von Lubny und Romny enthalten auch bedeutende Steinsalzvorräte.

Die Eisenerze des Donezbeckens sind heute kaum noch von Bedeutung. Es handelt sich auch hier, wie vielfach im europäischen Teil der Sowjetunion, um eine metasomatische Verdrängung der (karbonischen) Kalke durch Siderit, der an der Oberfläche in Brauneisen übergeht. Die Nester und Lager von Erz sind sehr unregelmäßig und gehen nie in eine größere Teufe hinunter (höchstens 50–60 m). Der Vorrat kann nach Behaghel auf 250000 t geschätzt werden. Die Förderung betrug früher bis zu 100000 t, fiel aber 1913 auf 4500 t und ist gegenwärtig ganz eingestellt.

Von größerer Bedeutung ist die Zinnoberlagerstätte von Nikitovka im Westteil des Beckens. Die Lagerstätte ist gebunden an eine grobsandige Schicht im Liegenden der produktiven Serie C_2^3. Tektonisch gehört sie einer kuppelförmigen Antiklinale an. Der Zinnober erscheint in Spalten, die meist senkrecht oder diagonal zum Streichen stehen, aber selten in das Hangende und Liegende fortsetzen.

Nach Markoff ist wohl anzunehmen, daß der Absatz der Erze aus aszendenten Thermallösungen erfolgte, die sich beim Aufstieg abkühlten, wobei der Zinnober und der begleitende Antimonglanz ausgeschieden wurden. Einige röhrenförmige Spalten, die im Gegensatz zu den anderen in die Unterlage fortsetzen und dabei kaum verarmen, sind vorhanden. Wichtig ist, daß die typischen Faltenverwerfungen des Donezzuges jünger sind als die Erzzufuhr. Der ursprüngliche Quecksilbergehalt der Lagerstätte kann auf etwa 80000 t geschätzt werden; davon sind aber bis zu vier Fünftel abgebaut. Die Förderung beträgt heute etwa 600 t pro Jahr (1938).

Erwähnt seien noch die Gänge von silberhaltigem Bleiglanz im Hügelzug Nagolny am Südrande des Donezgebietes. Die Gänge treten im mittleren Karbon auf und gehen ebenfalls vermutlich auf aszendente Thermallösungen zurück. Neben Bleiglanz, Zinkblende und Quarz erscheinen gelegentlich: Gold, Arsenkies, Ankerit und Burnonit.

Die hydrothermalen Lagerstätten von Nikitowka und Nagolny liegen im Zuge der Hauptantiklinale des Faltenstranges und hängen offensichtlich mit den Alkaliintrusionen im Asowmassiv und ammodezischen Gebirge zusammen, von denen im tektonischen Abschnitt die Rede war.

Ohne praktische Bedeutung war bisher der Kupfersandstein des Unterperms am Westrande des Donezzuges. Die wahrscheinlich syngenetischen Kupfererze (Malachit und Lazur) bilden unregelmäßige Linsen in dem Sandstein und haben einen Kupfergehalt von 1–2½%. Alle Förderungsversuche endeten bisher mit Verlust.

Gegenüber den auf kleinem Raum zusammengedrängten mannigfaltigen Lagerstätten des Donezgebietes weist die eigentliche Russische Tafel eine große Monotonie und Lagerstättenarmut auf. Von Erzen sind eigentlich nur Eisen und Kupfer in wenig bauwürdigen Lagerstätten vorhanden.

Eine gewisse Berühmtheit haben die Magnetitquarzite des Blockes von Woronesh erreicht, die ihre Erschließung den erstaunlich starken magnetischen Mißweisungen bei Kursk verdanken. Die auf Grund magnetischer Aufnahmen von Leyst und Lasareff niedergebrachten Bohrungen haben eine über hundert Meter mächtige Serie von magnetithaltigen Quarziten angefahren, welche petrographisch genau den bekannten Eisenerzen von Krivoj Rog gleichen; der Eisengehalt der zuerst erbohrten Lager war nicht sehr hoch, doch sind später auch reichere Lager gefunden worden, so daß heute mit enormen Vorräten gerechnet wird (bis 200 Milliarden t, wovon aber nur 300 Millionen t als nachgewiesen gelten können). Die Förderung betrug 1938 900000 t. Eisengehalt 30–50%.

An armen Brauneisenerzen und Sideriten besteht in Mittelrußland kein Mangel, wenn auch die Bauwürdigkeit meist zweifelhaft ist. Die meisten unter diesen Erzen sind an die Oberfläche devonischer (Lipezk), karbonischer (Rjasan, Wladimir, Kaluga, Tula) und permischer (Gorki) Kalke gebunden; es sind metasomatische Erze vom Karsttypus.

Bei ungeheurer horizontaler Verbreitung handelt es sich nur um wenig mächtige Ausfüllungen von Taschen und Hohlräumen in den Kalken, die durch lang andauernde Verwitterung und Aufspeicherung der Eisenoxyde ihre Erklärung findet. Der Eisengehalt beträgt 40–50% bei ziemlich hohem Gehalt an Kieselsäure und Phosphor. Die Eisenlösungen sollen gelegentlich den hangenden mesozoischen Tonen entstammen, die zum Teil später wieder abgetragen wurden.

Einen etwas abweichenden Charakter tragen die an die permischen Schichten der ostrussischen Senke gebundenen Eisenerze, die in den Gebieten Wologda, Kirow (Wjatka) und Molotow (Perm) ungeheuer weit verbreitet sind. Sie bilden einen Überzug über den permischen Schichten, der sich dem Oberflächenrelief insofern anschmiegt, als die Erzschicht über den Wasserscheiden am mächtigsten ist und nach den Tälern auskeilt. Diese „Erzerde" stellt eine etwa 4 m mächtige Schicht von bunten sandigen Tonen dar, die von Eisenkarbonaten zementiert werden. Das Erz ist auch eisenarm (bis 35%) und phosphorreich. Es sind typische Verwitterungslagerstätten einer alten Landoberfläche.

Während diese Erze gleichsam Zeugen der uralten stabilen Entwicklung der Russischen Tafel sind, kann eine andere Kategorie von Eisenerzen als typisch für die mesozoischen Faziesverhältnisse gelten. Es sind das Sphärosiderite, die in bankartigen Lagern im Juraton des Gebietes Orjol (Kromy) auftreten und bei 41% Eisengehalt immerhin erwähnenswert sind.

Die Gesamtvorräte dieser armen Eisenerze sind sehr groß. Behaghel gibt bei sehr vorsichtiger Schätzung 500 Millionen t an; andere Schätzungen ergaben 789, ja sogar 1520 Millionen t. Große Bergbauunternehmen sind aber bei der geringen Mächtigkeit der Vorkommen kaum möglich, und so gehört die Blütezeit dieser Eisenindustrie der Vergangenheit an, der Zeit, wo die kleinen Bauernbetriebe nicht mit der Konkurrenz der mächtigen Eisenwerke des Urals und Südrußlands zu rechnen hatten. Die Förderung, welche noch 1900 etwa 300000 t erreichte, fiel später sehr rasch, beträgt aber heute wieder 4–500000 t.

Zu den Verwitterungslagern zählen auch die Bauxite von Tichwin, welche einige Zeit die einzige Aluminiumlagerstätte der Sowjetunion bildeten. Der Bauxit ist an die Emersionsphase im Unterkarbon gebunden. Qualitativ ist er nicht sehr hochwertig: 25–35% Al_2O_3 bei 10–20% SiO_2. Vorrat 10 Millionen t. Förderung 1937 100000 t.

Als Charakteristikum der Ostrussischen Senke können auch die Kupfersandsteine des Perm gelten, die in einem breiten Streifen von der oberen Kama über die Gebiete Molotow (Perm) und Tschkalow (Orenburg) nach Süden ziehen. Sie gehören verschiedenen Permstufen an. Am reichsten sind die Vorkommen der Ufastufe, doch treten auch in der Kasanstufe, in den tatarischen Schichten und sogar im Unterperm Kupfersandsteine auf.

Die Mächtigkeit der Kupfersandsteine wechselt stark, bleibt aber meist unter 1 m. Es handelt sich um Sandsteine und Konglomerate, die von Malachit, Kupferlasur, Rotkupfererz und sulfidischen Erzen imprägniert sind. Der Gehalt ist selten über 2–3½%. Die Gebundenheit an das Vorland des erzreichen Urals und das Fehlen an Brüchen und Klüften, die als Erzbringer in Betracht kämen, macht auch hier eine syngenetische Entstehung der Erze sicher. Die Ausbeute gehört eigentlich der Vergangenheit an, da die Unbeständigkeit im Kupfergehalt immer wieder zum Auflassen des Bergbaues führte. Immerhin darf die Möglichkeit eines späteren Abbaues nicht außer acht gelassen werden.

Eine wesentlich größere wirtschaftliche Bedeutung besitzen die russischen Phosphorite, die dank den Studien von Samojloff und seiner Mitarbeiter heute recht gut bekannt sind. Wie schon erwähnt, können die russischen Phosphorite als Indikatoren der mesozoischen Trans- und Regressionen gelten; sie sind meist an glaukonitische Sandsteine und an kleinere oder größere Schichtlücken gebunden. Diese charakteristische Position macht sie geologisch besonders bedeutsam, und erleichtert auch ihre Auffindung. Die Mächtigkeit der Phosphoritlagen ist meist gering (unter 1 m); reine Lagen sind selten; meist handelt es sich um Phosphoritknollen in einem tauben Medium oder um Sandsteine mit phosphoritischem Zement. Einige wichtigste Vorkommen seien hier genannt:

In dem nördlichen Teile Mittelrußlands lagern die ergiebigsten Horizonte im Neokom (Pensa, Tambow, Uljanowsk), an der Grenze der Wolgastufe gegen das Neokom, d. h. etwa im Rjasanhorizont (Kostroma, Rjasan), an der Grenze der unteren und oberen Wolgastufe (Kostroma, Rjasan), an der Unterkante der unteren Wolgastufe (Moskau), im Kimmeridge (Jaroslaw). Der Gehalt an P_2O_5 wechselt sehr stark; im Mittel kann man wohl 20–25% annehmen, was besonders für die Lagen in der Wolgastufe gilt. Höher steigt er selten; vielfach geht er aber auf 12–14% zurück. Die Produktivität wird nach der Menge (in Pud = 16,38 kg) pro Quadratsaschen (= 4,53 qm) berechnet. Diese Menge ist sehr variabel. Ein mittlerer Gehalt würde 37–70 Pud betragen; die höchsten Werte von 150–200 Pud sind selten; eine geringere Produktivität (20–35 Pud) spielt schon kaum eine wirtschaftliche Rolle.

Im südlichen Teil Mittelrußlands (Orjol, Kaluga, Kursk, Woronesh, Dongebiet) enthält das Cenoman den wichtigsten Phosphorithorizont. Hier ist der mittlere Gehalt an Phosphorsäure nur 12–18%; die Produktivität ist indessen höher und erreicht oft 80–100 Pud.

In den Gebieten Saratow und Stalingrad treten im Neokom (Basis), Gault und Turon (Basis) Phosphorite auf. Der Prozentgehalt an P_2O_5 ist gering (13–22%), die Ergiebigkeit schwankt sehr stark (40–175 Pud).

In den Gebieten Pensa und Tambow kennt man Phosphoritlagen im oberen Albien und im Untersenon; der Prozentgehalt ist gering (13–19%), die Ergiebigkeit bis zu 100 Pud.

Im Gebiet Tschernigow treten gelegentlich Phosphorite im Paläogen auf. Bei 24–25% P_2O_5 haben sie gelegentlich eine Ergiebigkeit bis 300 Pud.

In den Gebieten Kuibyschew (Samara) und Tschkalow (Orenburg) ist dann zuweilen eine Phosphoritschicht zwischen dem Callovien und Oxford von Bedeutung (15–22% bei 40 Pud Produktivität).

Im vorstehenden sind nur die reicheren Phosphoritlager erwähnt. Häufig keilen sie aus und werden unbauwürdig. Im allgemeinen hat man aber den Eindruck, daß in den zentralen und östlichen Teilen der sarmatischen Tafel fast überall Phosphorite lagern. Die Gesamtmenge wird 1927 wie folgt angegeben (einschließlich Podolien und Ural).

12–18% P_2O_5 8944 Millionen t wahrscheinlich
18–24% P_2O_5 6576 Millionen t wahrscheinlich, 73 Millionen t sicher
über 24% P_2O_5 237 Millionen t wahrscheinlich, 7 Millionen t sicher

Die durchschnittliche Ergiebigkeit der brauchbaren Lager beträgt 81 Pud.

Wie die meisten Lagerstätten Zentralrußlands, weisen auch die Phosphorite einige ungünstige Züge auf: bei großer Flächenverbreitung ist die Konzentration relativ sehr gering. Es unterliegt jedoch keinem Zweifel, daß bei rationeller Ausbeute die besseren Lagerstätten gut zu verwerten sind[1]. Bisher war die Produktion allerdings gering (1913 – 25000 t, 1926 – 75000 t, 1930 etwa 480000 t).

Die Salzlagerstätten im Untergrunde der Russischen Tafel sind recht bedeutend, doch ist eine großzügigere Ausbeute nur an wenigen Stellen vorhanden. Meist handelt es sich um salzhaltige Quellen, die nur lokal zu einer Gewinnung von Kochsalz in kleinen Betrieben geführt haben. Die Ursprungs-

[1] Unbedeutende Phosphoritvorkommen finden sich in dem untersilurischen Obolussandstein des Ostbaltikums.

horizonte sind das Obersilur (Ostbaltikum), das Oberdevon (Ostbaltikum, Olonez, Nowgorod, Archangelsk, Petschorabecken, vielleicht auch bei Moskau), das Untere Perm (Wologda), der Ufastufe (Kostroma, Jaroslaw, Archangelsk, Wologda), das Oberperm (Gorki), die tatarischen Schichten (Kirow [Wjatka]). Dem unteren Mitteldevon entstammen angeblich die Salzquellen von Ufa (Usolje) und Kuibyschew (Sheguli).

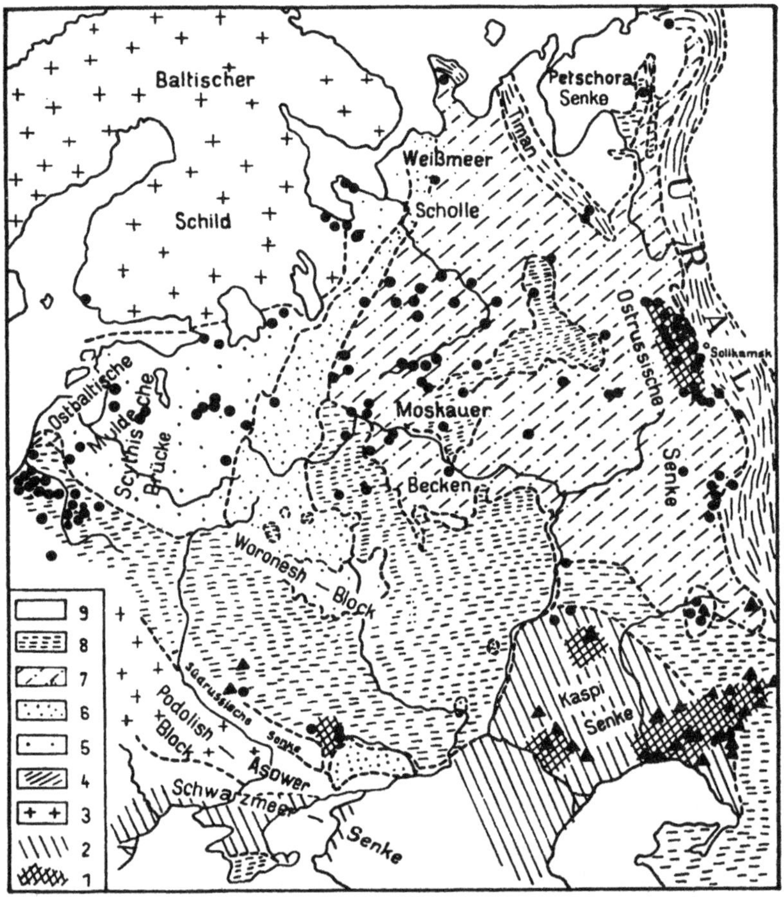

Abb. 69. Die Salzlagerstätten Osteuropas. Nach Lotze.

1: Gebiete mit erbohrtem Steinsalz – 2: Gebiete mit rezenter Salzabscheidung – 3: Präkambrium – 4: Altpaläozoikum der Faltungszonen – 5: Altpaläozoikum ungefaltet – 6: Karbon – 7: Perm und Trias – 8: Jura und Kreide – 9: mächtiges Tertiär und Quartär. Kreise – Solevorkommen, Dreiecke – Salzstöcke.

Wesentlich bedeutsamer sind die Salzvorräte in dem labileren Teil des sarmatischen Schollenkomplexes, d. h. in der Ostrussischen Senke, insbesondere dort, wo sie zur Vorsenke des Urals wird. Von nördlich Tscherdynsk bis südlich Molotow (Perm) zieht sich eine fast zusammenhängende Reihe von Salzquelle, welche den altbekannten Salzsiedereien von Solikamsk zur Grundlage dienen. Nachdem schon früher bei der Salzsiederei ein nicht unerheblicher Kaligehalt (bis 5%) der Laugen aufgefallen war, haben dann Bohrungen 1925 endgültig das Vorhandensein von Kalisalzen neben Steinsalz erwiesen. Das Profil der Kungurschichten, denen die Lager angehören, lautet in gedrängter Übersicht:

Kasanstufe:	Kalksande und Kupfersandstein	0– 25 m
Kungurstufe:	Kalkig-mergelige Folge	0–100 m
	Tonig-mergelige Folge	40–110 m
	Gipsführende Folge	8– 70 m
Salzfolge:	Übergangsschichten: Tone, mit Steinsalz wechsellagernd	0– 80 m
	Decksteinsalz	1– 70 m
	Carnallitzone	20–100 m
	Sylvinitzone	12– 56 m
	Liegendes Steinsalz	250–400 m
	Tonige Anhydritfolge	380– ? m
Artinskstufe:	Tonig-kalige Folge	

Die Kalisalze sind also Sylvin und Carnallit; das Fehlen von Kieserit und überhaupt der Mangel an Sulfaten ist bemerkenswert und für die Düngesalzindustrie störend.

Die Vorräte an Steinsalz lassen sich kaum schätzen und erreichen jedenfalls Milliarden von Tonnen: Die Vorräte an K_2O wurden 1932 auf 3688 Millionen t in der Carnallitzone und 2802 Millionen t in der Sylvinitzone veranschlagt, während 1935 10950 Millionen t angegeben wurden. Davon sind aber kaum mehr als 2000 Millionen t verwertbar, da der Gehalt des Restes unter 10% K_2O ist und z. T. auf Lager unter 1 m Dicke entfällt.

Die Förderung von Kalirohsalz (22% KCl) betrug 1937 1,1 Millionen t (mit 133000 t Reinkali). Die Kochsalzproduktion, welche lediglich durch Versieden von Solen stattfindet, erreicht 260–330000 t pro Jahr.

Es sei daran erinnert, daß der Streifen salzhaltiger Kungurschichten in südlicher Richtung weiterzieht und nach örtlicher Verarmung in das unterpermische Salzbecken am Südural fortsetzt, mit den gewaltigen Steinsalzvorräten am Ural- und Ilekfluß und im Embagebiet (s. bei den posthumen Uraliden). Zu der gleichen Gruppe gehören auch die Salzstöcke der westlicher gelegenen Kaspisenke, unter denen der Berg Tschaptschatschi über besonders hohe Vorräte verfügt (mindestens 96 Millionen t).

Größere Bedeutung haben für die Gewinnung die Salzseen der Kaspisenke, insbesondere Elton und Baskuntschak. Auf den letzteren, der ein vorzügliches Sedimentsalz mit 98–99% NaCl liefert, konzentriert sich heute die Förderung; der Eltonsee liefert auch Glaubersalz.

Der See Baskuntschak bildet eine Art Trichter, welcher bis 50 m Tiefe mit Salz gefüllt ist. Das Wasser erreicht höchstens im Frühjahr eine Tiefe von 20 cm, sonst ist der Boden trocken. Unter einer oberflächlichen Schicht von 2 cm, die sich jeden Sommer umbildet, liegt reines Salz, gelegentlich durch Tonlagen gegliedert. Die Sole wird von Quellen gespeist, welche ihren Salzgehalt aus der Auslaugung primärer Salzlager des Untergrundes beziehen. Die jährliche Salzzufuhr wird auf 920000 t veranschlagt.

Die Vorräte beider Seen werden auf 4–5 Milliarden t geschätzt. Die Gewinnung betrug vor dem ersten Weltkriege 450000 t jährlich; 1924 war sie 322000 t, 1933 etwa 900000 t, was 53–55% der russischen Sedimentsalzgewinnung ausmacht. Der Vorrat der kleineren Seen der Astrachansteppe erreicht 130 Millionen t.

Unter den Kaustobiolithen der Russischen Tafel sind an erster Stelle die unterkarbonischen Braunkohlen des Moskauer Beckens zu erwähnen. Die Kohlen treten vor allem am südlichen und, in geringerer Menge, am westlichen Rande (Borowitschi) der Moskauer Schüssel auf und sind an die sandig tonigen Schichten des Untervisé gebunden; sie liegen teils direkt auf den Kalken der Malevka-Muraevnastufe, teils auf den Upakalken des untersten Karbon. Die Lagerung ist etwas unregelmäßig, da die einzelnen Flöze eigentlich Linsen darstellen, die auskeilen und sich gegenseitig ersetzen. Meistens kann man mit zwei Flözen von 1–4 m Mächtigkeit (selten bis 6 m) rechnen.

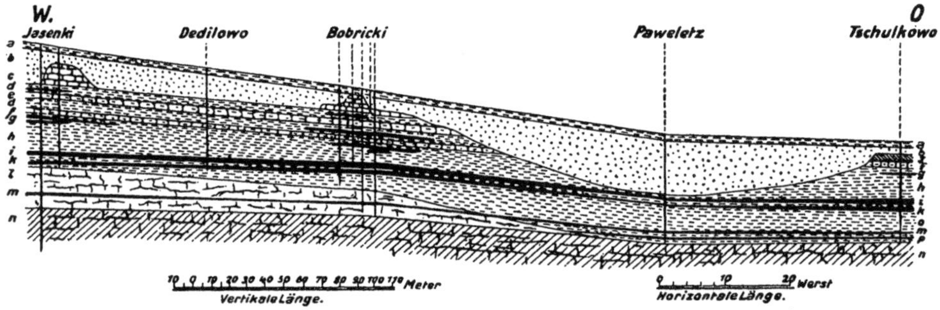

Abb. 70. Lagerung der unterkarbonen Braunkohlen des Moskauer Reviers. Nach Struve.
a Quartär – *b* Sande unbekannten Alters – *c* *striatus*-Schicht = Okastufe – *d* bis *f* Tulaserie – *h* und *o* produktive Serie – *g, i, k, m, p* Kohle – *l* Upakalk – *n* Malevka-Muraevnakalk (Devon).

Die Beschaffenheit der Kohle ist sehr bezeichnend. Entsprechend der geringen Diagenese aller Schichten der Russischen Tafel hat auch die Kohle eine braunkohlenartige Beschaffenheit beibehalten; immerhin ist es wohl nicht ganz richtig, die Kohle schlechthin als Braunkohle zu bezeichnen, da z. B. das Verhältnis $\frac{O + N}{H}$ unter vier ist, was den Steinkohlen entspricht. Auch strukturell-petrographisch steht sie n. Bode der Steinkohle nahe. Wenn die Kohle technisch auch den Braunkohlen gleichwertig ist, so nimmt sie genetisch doch eine Mittelstellung ein. Man kann drei Abarten unterscheiden: die bessere, aber seltenere Bogheadkohle geht n. Zalesski auf das Algenplankton flacher Seen zurück; die schlechtere „rauchende" Kännelkohle soll aus in den Seen zusammengeschwemmten Sporen von Lepidophyten hervorgegangen sein (Faulschlammkohle); schließlich gewöhnliche geschichtete Mattbraunkohle, die zu den Humuskohlen gehört (Bode). Der Vorrat beträgt nach neuerer Schätzung 8337 Millionen t; die Förderung, welche in Zeiten wirtschaftlicher Not sehr steigerungsfähig ist, erreichte früher 600000–700000 t pro Jahr und stieg 1937 auf 7,7 Millionen t. Nach Ansicht von Tetjaeff entsprechen diese Kohlen einem Hebungsstreifen innerhalb des Unterkarbons, der von hier nach ONO zum Ural zieht. Man darf daraus aber sicher nicht schließen, daß zwischen beiden Gebieten überall Kohlen vorhanden sind, da der Küstencharakter der Kohlenablagerungen von Moskau sehr deutlich in Erscheinung tritt. Sie charakterisieren gleichsam den Rand der Moskauer Schüssel gegen die Scythische Brücke und werden anscheinend beckenwärts durch bituminöse Ablagerungen ersetzt (s. unten).

In den letzten Jahren sind die Kohlen des Petschorabeckens etwas besser bekannt geworden. Sie liegen in der NO–SW streichenden Senke zwischen dem Uralwesthang und dem Tschernyschewhöhenzug an der Ussa und werden durch deren Nebenflüsse Workuta, Tschernaja, Koshim und Kossju angeschnitten. Man kennt heute unterkarbonische, unterpermische und oberpermische Kohlen.

Die unterkarbonische Folge am Wuktylfluß (Nebenfluß der Petschora) enthält 17 Flöze, die nach Beschaffenheit und Position denen von Kisel am Westural entsprechen. Von diesen Flözen sind nur zwei über 0,3 m mächtig und nur das oberste wirtschaftlich bedeutsamer.

Die unterpermische Kohle liegt in NO–SW streichenden Mulden an den Flüssen Kossju, Koshim, Tschernaja und Gr. Inta, anscheinend auch weiter im Norden an der Adzwa und Workuta. In der 2000 m mächtigen Artinskserie sind 11 Flöze bekannt mit Mächtigkeiten von 0,3–2,1 m (Gesamtmächtigkeit 9,8 m). Die Kohle ist matt, aschereich und reich an flüchtigen Bestandteilen; sie backt nicht. Die Vorräte könnten recht bedeutend sein. Die dem Alter nach nicht ganz sicheren Vorkommen an der Workuta enthalten 6 Flöze mit z. T. kokbaren bituminösen Glanzkohlen.

Die oberpermischen Kohlen liegen in einem Graben östlich des Tschernyschewhöhenzuges und enthalten dicht übereinander 22 Flöze von insgesamt 7,5 m Mächtigkeit (das Gesamtprofil nur etwa 13 m). Die Kohle steht in der Mitte zwischen Stein- und Braunkohlen.

Die Vorräte des Petschoralandes sind noch nicht genau zu schätzen. Die Angaben schwanken zwischen 7–60 Milliarden t. Eine kleine Förderung begann 1938 (200000 t).

Tertiäre Braunkohlen sind im europäischen Teil der Sowjetunion auf die paläogenen Ablagerungen der Südrussischen Senke beschränkt, wo sie in der Küstenfazies der Butschak- und Kiewstufe bei Tschigirin (Kiew), Cherson und Nishnednjeprowsk gelegentlich in geringer Menge abgebaut wurden. Die Beschaffenheit ist nicht erstklassig, und der bekannte Vorrat erreicht kaum 50 Millionen t; diese Kohlen haben rein lokale Bedeutung.

Da Braunkohlen in geringerer Menge auch an der Basis der mitteloligozänen Poltawastufe, die schon limnischen Charakter trägt, auftreten, so ist eine gewisse Beziehung zu den wenig mächtigen Braunkohlen des Südbaltikums gegeben, die allerdings in das Miozän gestellt werden; wir haben indessen schon gesehen, daß diese Altersbestimmung nicht über alle Zweifel erhaben ist. Diese Braunkohlen sind in der nördlichen, sandigen Fazies des (?) Miozäns wenig mächtig, scheinen aber nach Süden an Mächtigkeit und Güte zuzunehmen; allerdings liegen sie im mittleren Teil dieses Gebietes zum Teil in erheblicher Teufe.

Eine andere deutliche Beziehung der Südrussischen zu der Ostpreußischen Senke kann in dem Auftreten von Liptobiolithen (Bernstein) gesehen werden. Allerdings liegt der Bernstein in Südrußland vorwiegend an der Oberkante des Unteroligozäns, d. h. etwas höher als im Ostseeraum; da es sich aber in beiden Fällen um sekundäre Einschwemmungen und um Harz aus obereozänen Wäldern handelt und da gelegentlich schon in der Kiewstufe Bernstein gefunden wurde, so ist diese Altersver chiedenheit nicht sehr bedeutsam. Übrigens können sich die gelegentlichen Bernsteinfunde in den anderen Gebieten der europäischen RSFSR mit den Vorkommen im Baltikum nicht messen. Die sekundären Lagerstätten im Unteroligozän sind zweifellos ergiebiger als die mehrfach umgespülten, ternären und quaternären Vorkommen in jüngeren Schichten.

Von nicht zu unterschätzender Bedeutung sind die Brandschiefer der Russischen Tafel. Am bekanntesten sind die untersilurischen Vorkommen bei Kukkers in der Estnischen SSR. Sie bilden dünne Lagen im ordovizischen Kalk der Chasmopsstufe und sind wegen ihres hohen Gehaltes an flüchtigen Bestandteilen (38–50%, gelegentlich bis 70%) besonders für trokkene Destillation geeignet. Das Rohölausbringen erreicht 18–20% des Rohgewichtes.

Es treten bis zu 6 Flözen auf mit einer Gesamtmächtigkeit bis 4 m. Die Verbreitung ist recht groß, da die Schiefer im Westen bis Paldiski (Baltischort), im Osten bis Ingermanland reichen, freilich nicht überall bauwürdig sind. Die abbauwürdige Fläche erreicht 2470 qkm, der Vorrat etwa 3,7 Milliarden t. Der Kukkersit ist ein hellbraunes, leichtes, an offener Flamme entzündbares Gestein, welches als Kerogenmergel (Krejci-Graf) zu bezeichnen ist und zu den Gyttjen gehört. Der Bitumengehalt geht n. Zalesski auf Cyanalgen *(Gloeocapsomorpha prisca)* zurück. In einem zusammenfassenden Referat über die Natur und die Entstehungsbedingungen des Kukkersites weist Rüger auf den sehr eigenartigen Charakter dieses Bitumens hin (hoher O-Gehalt, niederer N-Gehalt). Nach ihm kann die fehlende Diagenese, also die Bildung auf einem sehr stabilen Schelf in vollkommener tektonischer Ruhe diese Eigenheiten erklären. Die Förderung erreichte 1936 754000 t; 1939 wurden für das ganze Gebiet (einschließlich Leningrad) 1,9 Millionen t angegeben.

Eine zunehmende Bedeutung erlangen die Brandschiefer des Wolgagebietes, welche an die Tone der unteren Wolgastufe gebunden sind.

Man kann mehrere Verbreitungsgebiete nennen. Nördlich von Uljanowsk (Undor) lagern die Brandschiefer in vier Flözen von 1,1–2,4 m Gesamtmächtigkeit innerhalb 5,8–6 m Gestein. Der Vorrat wird auf etwa 400 Millionen t angegeben. Der mittlere Gehalt an flüchtigen Bestandteilen ist 20–33%, die Ölgewinnung bei der trockenen Destillation etwa 10%. Im Gebiet von Sysran (Kaschpur) lagern 6 Flöze von 1,5 m Gesamtmächtigkeit in einer 3,2 m mächtigen Tonschicht; davon werden 3–4 Flöze ausgebeutet. Qualitativ ist dieses Vorkommen besser; der Gehalt an flüchtigen Bestandteilen steigt bis 40%, die Ölausbringung beträgt 11%. Der sichere Vorrat erreicht 55 Millionen t, der vermutete Gesamtvorrat 180 Millionen t. Die Förderung betrug seit 1930 etwa 120000 t jährlich.

Das reichste Vorkommen liegt am Obschtschij Syrt. Hier kann man vier Flöze von 0,5–2 m unterscheiden. Gesamtmächtigkeit 8–10 m. Der Gehalt an flüchtigen Bestandteilen erreicht 50%; der Aschengehalt ist geringer als in den anderen Revieren. Der Vorrat wird auf 3405 Millionen t sichere und 9880 Millionen t Gesamtreserven geschätzt.

Weitere Vorkommen sind an der Wjatka bekannt. Die Gesamtförderung soll 1936 700000 t erreicht haben.

Die Brandschiefer scheinen, nach dieser großen Verbreitung zu urteilen, auch für bestimmte Episoden in der Geschichte des Russischen Schelfes bezeichnend zu sein. Im Wolgagebiet werden sie unmittelbar von einer Phosphoritlage überdeckt. Das Seichtwerden eines ruhigen Meeresstreifens unmittelbar vor der einsetzenden starken Regression scheint ihre Ablagerung zu begünstigen. Bezeichnend ist ferner, daß der Bitumengehalt sich nur selten bis zu der Bildung echter Öllagerstätten angereichert hat. Auch die schwache Tektonik war der Öllagerbildung nicht günstig. Das gilt besonders für die gelegentlich untersuchten Vorkommen von halbflüssigem Erdöl und Asphaltsandstein im Perm des Gebietes Kuibyschew (Samara), wo die geringe Konzentration eine Ausbeute kaum zuläßt. Nicht viel günstiger sind die bisherigen Ergebnisse im Timan, wo der bituminöse Domanikschiefer des Oberdevon eine Durchtränkung der liegenden Sandsteine veranlaßt hat. Immerhin ist in diesem tektonisch lebhafter gestalteten Gebiete eine gelegentlich stärkere Ölführung der Antiklinale von Uchta bekannt. Die wirtschaftliche Bedeutung ist aber durchaus fraglich.

Entsprechend wurde die Erdölhöffigkeit dieses Gebietes lange skeptisch beurteilt. Soweit es sich um die Juraschiefer als Muttergestein handelt, war die Skepsis berechtigt; es hat sich aber neuerdings gezeigt, daß in der Ostrussischen Senke die tieferen Schichten ölhöffig sind, und zwar in einem Ausmaß, welches zu der Bezeichnung „zweites Baku" geführt hat. Man kann dabei zwei Typen der Ölführung unterscheiden: der eine, in den westlichen und zentralen Teilen der Senke beheimatet, enthält das Erdöl im Untervisé und an der Unterkante des Mittelkarbons; der andere, an die östlicheren Gebiete der eigentlichen Uralvorsenke geknüpft, führt Öl im Oberkarbon und Unterperm. Am Rande des Urals (Kisel) ist schließlich noch Öl im Famenne und in Sandsteinen und Dolomiten zwischen Eifel und Givetstufe bekannt.

Der westliche Typus der Vorkommen ist durch die Vorkommen an der Samarskaja Luka (Sysran, Stawropol), bei Tuimasa (150 km westlich Ufa) und wahrscheinlich auch durch die Bohrungen von Krasnokamsk (bei Perm) und Kujbyschew (Saratow) vertreten. Das Erdöl tritt hier in zwei Horizonten auf: Horizot A (bei Sysran in etwa 650–700 m Tiefe) in den sandig-tonigen Grenzschichten von Unter- und Mittelkarbon; Horizont B im Untervisé bzw. Obertournai, d. h. in den Schichten, welche der kohlenführenden Serie von Moskau entsprechen, die hier also eine bituminöse Fazies aufweisen. Der Horizont B ist der ergiebigere und lieferte zu Beginn fontanierendes Öl mit bis zu 250 t Tagesproduktion. Die Felder von Sysran und Stawropol werden auf einen Vorrat von etwa 35 Millionen t geschätzt (minimal) und lieferten in den ersten Jahren der Erschließung (1935–1938) 83000 t Öl. Die Bohrung von Tuimasa erreichte 1938 den ergiebigen Ölhorizont des Untervisé in 1118,5 m Tiefe (in den ersten Tagen bis 100 t täglich) und hat dann später noch einen tieferen Horizont im Oberdevon (Domanikschiefer) angefahren. Das Vorkommen wird auf 100–184 Millionen t Vorrat geschätzt und lieferte 1938–1939 23600 t Öl. In den Vorkommen von Krasnokamsk und Polasna (bei Perm) tritt das Öl neben dem Unterkarbon (B-Horizont) auch im Unterkungur auf. Die Vorräte beider Vorkommen sollen 300 Millionen t erreichen. Die Förderung war bisher noch gering. Bei Kuibyschew (Samara) sind 1938 durch eine Bohrung neun ölführende Schichten erschlossen worden, welche wohl dem Horizont A von Sysran entsprechen. Es ist zu vermuten, daß die Ölführung im Karbon, besonders im Horizont B, sich noch ziemlich weit nach Osten erstreckt.

Für die zweite, östliche Gruppe von Ölvorkommen ist das Ölfeld von Ischimbaewo kennzeichnend, wo die ersten Springer 1933 erbohrt wurden. Das Öl gehört hier einem besonderen Typus an, da es an die sogenannten „Kalkmassive" des Oberkarbons und Unterperms gebunden ist, d. h. an Riffkalke mit *Quasifusulina longissima* bis *Pseudofusulina lutugini*, vor allem also an die Sakmarastufe (s. bei Ural). Zwei reichere Horizonte in Tiefen von 300–900 m sind bekannt. Die z. T. dolomitisierten Kalke bilden Vorkommen, die in jüngere Schichten hineinragen und teils als Riffe, teils als tektonische Erhebungen gedeutet werden. Ölführend sind besonders die porösen dolomitisierten Kalke mit bis 20% Porenvolumen. Öl tritt aber auch im Hangenden, vor allem in den Gipsen des Kungur und in Sanden der Ufastufe auf. Der Anfangsdruck bei den ersten Bohrungen betrug 70–75 Atm., die Tagesproduktion zu Beginn 100–600 t. Das Vorkommen lieferte 1938 1147000 t. Andere Vorkommen des Revieres lieferten 1938 über 25000 t. Die Vorräte betragen jedenfalls einige 100 Millionen t, zumal noch Öl im liegenden Karbon zu erwarten ist. Einen ähnlichen Typus hat das Vorkommen von Tschussowskie Gorodki bei Perm, wo die Förderung schon 1933 14000 t erreichte, später aber nachgelassen hat.

Im Kungur tritt das Erdöl in dem erwähnten Vorkommen von Krasnokamsk im

Hangenden des ergiebigeren Karbonhorizontes auf, ferner im Gebiete des Wjatkawalles bei Kirow und bei Bugurusslan südwestlich von Ufa (Tschkalowskbezirk). Näher erforscht ist bisher nur der letzte Bezirk, wo das Öl in zwei Horizonten gefunden wurde: in gipshaltigen Dolomiten des Kungur in 350–370 m Tiefe und in Sandsteinen der Ufastufe (Oberer Kungur) in 260–300 m Tiefe. Die Ölvorräte werden auf 40 Millionen t geschätzt. 1938 lieferte das Vorkommen 2400 t Öl. Ein in der Nähe liegendes, 1938 erbohrtes Vorkommen (Nowo-Stepanowka) führt noch Öl in der Kasanstufe.

Die Konzentration des Öles in der Ostrussischen Senke ist wesentlich geringer als in Baku, was z. T. an der geringeren Zahl öflührender Horizonte, z. T. aber auch an der schwächeren Tektonik liegt. Trotzdem müssen die Vorräte bedeutend sein, da die flächenhafte Ausdehnung sehr groß ist, zumal man annehmen kann, daß die tieferen mittel- bis unterkarbonischen Ölhorizonte auch noch in die östlichen Teile der Senke fortsetzen und nur bisher noch nicht erreicht worden sind. Daher ist die Schätzung des Vorrates in Höhe von 2,7 Milliarden t wohl nicht übertrieben. Die Förderung erreichte 1938 1292000 t.

Auf die nutzbaren Gesteine der Sowjetunion kann hier nicht näher eingegangen werden. Im Baltikum spielen die Kalksteine des Silurs, in Mittelrußland die des Karbons eine bedeutende Rolle im Baugewerbe. Im übrigen sind besonders die jüngeren Gesteine infolge ihrer geringen diagenetischen Verfestiung im Baugewerbe oft wenig verwendbar.

Von Tongesteinen finden sich Walkerden bei Ranenburg (Rjasan), Gschel (Moskau), Polowka (Tschernigow); feuerfeste Tone und Kaolin sind aus recht zahlreichen Vorkommen bekannt.

Diese kurze Übersicht zeigt, daß der geologische Charakter der stabilen Russischen Tafel auch in ihren Lagerstätten einen Ausdruck findet. Viele nutzbare Stoffe finden sich hier in ungeheurer Flächenausdehnung und entsprechend großer Menge; man braucht nur an die Eisenerze, Kupfererze, Phosphorite, Salzlager, Kohlen und Brandschiefer zu denken. Ihre epirogenetische Bedingtheit ist meistens sehr deutlich. Aber die Konzentration aller dieser Lagerstätten ist sehr gering. Arme Erze, aschereiche Kohlen und Brandschiefer, magere Phosphorite, wenig mächtige Salzlager herrschen durchaus vor und machen einen großzügigen Abbau unmöglich. Nur an den Rändern, wo sich der tektonische Charakter der Scholle ändert, stellen sich, besonders in den Randsenken, sofort ein größerer Reichtum an Lagerstätten und eine größere Konzentration der nutzbaren Stoffe ein.

Literatur zur Sarmatischen Tafel

1. Stratigraphie

a) Kambrosilur

Bekker, H., The Kuckers stage of the Ordovician rocks of NE Estonia, Dorpat 1921.

Born, A., Über neue Gliederungsversuche im estländischen höheren Silur. Zentralbl. f. Min. 1913.

— Der untersilurische Brandschiefer von Kukkers. Geol. Rundschau, V, 1914.

Hoppe, K. H., Die Coelolepiden und Acanthodier des Obersilurs der Insel Ösel. Paläontographica B. LXXVI, 1931.

KOKEN, E., und J. PERNER, Die Gastropoden des baltischen Untersilurs. Mém. Ac. Sciences Russie, VIII sér. XXXVII Bd., Nr. 1, 1925.

KRAUS, E., Kambrium und Silur in der Tiefbohrung von Dünaburg. Jahrb. d. Preuß. Geol. Landesanst., B. *58*, 1938.

LAMANSKI, W., Die ältesten silurischen Schichten Rußlands. Mém. com. géol. *20*, 1905.

LINDENBEIN, H., La Kuckersite. Étude d'un dépot marin phytogène du silurien inférieur de la Baltique. Compte rendu soc. phys. et d'hist. nat. Genève, *38*, 2, 1921.

LUHA, A., Über Ergebnisse stratigraphischer Untersuchungen im Gebiete der Saaremaa- (Ösel-) Schichten in Eesti. Publ. of the Geol. Inst. Univ. Tartu, Acta et Comm. Univ. Tartuensis (Dorpatensis) A. XVIII, *6*, 1930.

ÖPIK, A., Beiträge zur Stratigraphie und Fauna des estnischen Unterkambriums. Publ. of the Geol. Inst. of the Univ. of Tartu (Dorpat), 1923.

— Die Inseln Odenshom und Rogö. Publ. Geol. Inst. Univ. Tartu Nr. 9, 1927.

— Studien über das estnische Unterkambrium (Estonium). Publ. Geol. Inst. Univ. Tartu Nr. 15, Acta et Comm. Univ. Dorpatensis A, XV, 2, Dorpat 1929.

— Brachiopoda Protremata der estländischen ordovizischen Kukrusestufe (Stratigraphische Tabelle und Erläuterungen). Publ. Geol. Inst. Univ. Tartu Nr. 20, Acta et Comm. Univ. Tartuensis/Dorpatensis, A. XVII, 1, Tartu 1930.

— Über Scolithus aus Estland. Publ. Geol. Inst. Univ. Tartu Nr. 29, Acta et Comm. Univ. Tartuensis/Dorpatensis A. XXIV, 3, Tartu 1933.

— Über Klitamboniten. Publ. Geol. Inst. Univ. Tartu Nr. 39, Acta et Comm. Univ. Tartuensis/Dorpatensis, A. XXVI, 5, Tartu 1934.

— Paläontologie, Arktisforschung und Kontinentalverschiebung. Mitt. der Naturforsch. Ges. Schaffhausen B. XVI, 1940.

ORVIKU, K., Lithologie der Tallinnaserie (Ordovizium, Estland) I. Publ. of Geolog. Inst. Univ. Tartu Nr. 58, Acta et Comm. Universit. Tartuensis (Dorpatensis) A. XXXVI, 1, 1940.

ROSENSTEIN, E., Unregelmäßigkeiten im Einfallen der Untersilurischen Schichten Estlands im westlichen Teil der Pandiverschen Erhebung. Tartu ülik. Loodusuurijate Seltsi Aruanded (Sitzungsberichte der Naturforscher-Gesellschaft Univ. Tartu) B. 47, Tartu 1943.

— Die Encrinurusarten des estländischen Silurs. Ebenda, 1941.

RUEGER, L., Paläogeogr. Untersuchungen im baltischen Kambrium unter Berücksichtung Schwedens. Centr. f. Min. 1923, Nr. 4 und 5.

— Neuere Untersuchungen über den estnischen Kukkersit. Geol. Rundschau, XVII, 1, 1926.

— Die baltischen Länder. Estland, Lettland und Litauen. Handb. d. Regionalen Geologie, B. IV, 4, Heidelberg 1934.

SCHMIDT, FR., Revision der ostbaltischen Trilobiten. Mém. Ac. d. Sciences Petersburg, VII Ser., *30*, 1881–94.

— Über eine neuentdeckte unterkambrische Fauna in Estland. Mém. Ac. de Sciences, Petersburg, 1888.

SCUPIN, H., Ostbaltikum. Die Kriegsschauplätze 1914–1918. Berlin 1928.

SÄVE-SÖDERBERGH, G., Remarks on „Downtonian" and related Problems. Geol. Föreningens Förhandl. B. 63, Stockholm 1941.

TAMMEKANN, A., Untersuchung des Dictyonemaschiefers in Estland nach Alter, Entstehung und Verbreitung. Dorpat 1924.

TEICHERT, C., Stratigraphische und paläontologische Untersuchungen im unteren Gotlandium (Tamsalstufe) des westlichen Estland und der Insel Dagö. N. J. f. Min. usw. Beil. Bd. LX, B. 1928

— Die Cephalopodenfauna der Lyckholmstufe des Ostbaltikums. Paläont. Zeitschrift, B. 12, 1930.

TROEDSSON, G. T., The Ordovician-Silurian Boundary in Europe, mainly in the Scandinavian–Baltic Region, Rep. of XVI, Int. Geol. Congress Washington 1936.

Tschereisky, L. A., Nischnije sloi srednego devona leningradskoi oblasti (Die unteren Schichten des Mitteldevons der Leningrader Oblast). Bull. Moskauer Naturforscher-Gesellschaft, Bd. XII, 1934.

Wyssogorski, J., Zur Entwicklungsgeschichte der Orthiden im ostbaltischen Silur. Zeitschr. deutsche geol. Ges. 1900.

Zans, V., Einige Tiefbohrungen in Lettland. Daba un Zinatne, Riga 1935.

b) Devon

Bekker, H., The Devonian rocks of the Irboska district. Archiv f. d. Naturkunde Estlands, Dorpat 1924.

Bielenstein, H., Stratigraphie des Devon in Nord-Ost-Latgale. Arbeiten des Naturf. Vereins Riga, N. F. XXII, 1938.

Dalinkevicius, J., The stratigraphy of the Devonian deposits and Lower carboniferous transgression in Lithuania. Publ. Geol. Inst. Univ. Kaunas. N. S. *15*, 1939.

Delle, N., Devonablagerungen der Niederung von Zemgal, des Gebietes der Augszeme (Oberkurland) und Litauens. Act. Univ. Latviensis, Ser. II, 5, Riga 1937.

Doss, B., Die historisch beglaubigten Einsturzbeben und seismisch-akustischen Phänomene der russischen Ostseeprovinzen. Beitr. z. Geophysik, X, 1909.

Grewingk, v., Das Bohrloch von Purmallen bei Memel. Sitzb. nat. Ges. Dorpat, IV, 1878.

Gross, W., Die Fische des baltischen Devons. Paläontogr. *79*, 1933.

— Zur Gliederung des baltischen Old Reds. Zeitschr. D. Geol. Ges. *86*, 1934.

— Über das Devon der russischen Tafel. Geol. Rundschau *31*, 7/8, 1940.

— Die Fischfaunen des baltischen Devons und ihre biostratigraphische Bedeutung. Korrespondenzblatt d. Naturf. Ver. Riga LXIV, 1942.

Hecker, R., Zur Paläogeographie des Devons der Russischen Tafel. Bull. soc. geogr. Leningrad *67*, 1934.

— Filipova, Barchatowa, Obrutschew, Deposits of the marin devonian field. I–VII. Trans. Leningrad Geol. a. Prosp. Trust. fasc. *2* und *9*, 1932 und 1935.

Holzapfel, E., Die Cephalopoden des Domanik im südlichen Timan. Mém. com. géol. XII, 3, 1899.

Kraus, E., Die Geschichte des Devons in Lettland. Acta Univ. Latv. Ser. I, Riga 1930.

— Faziesstudien im Alt- und Neurotsandstein. Acta Univ. Latv. Ser. I, Riga 1931.

— Die Gliederung des baltisch-russischen Altrotsandsteins. Zeitschr. D. Geol. Ges. *86*, 1934.

Lebedew, N., Neues über den geologischen Bau des Donezbeckens. Centr. f. Min. 1912.

Markovski, B., und D. Nalivkin, The Zadonsk and the Eletz beds. Trans. Geol. Serv. USSR. 313, 1934.

Nalivkin, D., The Group of *Spirifer anossofi* Vern. and the Devonian of the European Russia. Mém. soc. Russ. Miner. *54*, 1925.

— The Semiluki and the Woronesh beds of the Upper Devonian of Woronesh region. Bull. Geol. Prosp. Serv. USSR *49*, 1930.

— Marines Mitteldevon der russischen Tafel. Probl. Sov. Geol. *7*, 1937.

Nazki, A., Über die Devonablagerungen des Gouv. Orel. Arbeiten Kiever Naturf. Ges. 1911.

Obrutschew, S., Das Devon von Woronesh und die Gruppe des *Spir. verneuili*. Denkschrift. Geol. Abt. Naturf. Ges. Moskau, 1916.

Peetz, G. von, Materialien zur Kenntnis des Malevka-Muraevna Stufe. Arbeiten Naturf. Ges. Petersburg, XXII, 1892.

— Fortschritte in der Kenntnis der Devonablagerungen Rußlands. Annuaire géol. et min. de Russie, V, 1902.

Pistrak, R. M., Palaeogeography of Devonian in Moscow Depression and Neighbouring Districts. Bull. soc. nat. Moscou *46*, 1938.

Schmalhausen, Über devonische Pflanzen aus dem Donezbecken. Bull. com. géol. 8.

STRUVE, A., Geol. Karte des südl. Teiles des Moskauer Steinkohlenbeckens. Petersburg 1895.

TOLL, E. v., Geol. Forschungen im Gebiete der kurländischen Aa. Sitzb. nat. Ges. Dorpat *18*, 1898.

TSCHERNYSCHEFF, Materialien zur Kenntnis der Devonablagerungen Rußlands. Mém. com. géol. I, 3, 1884.

WENJUKOFF, P., Die Devonablagerungen des europäischen Rußland. Arbeiten Petersb. Naturf. Ges. XV, 1884.

— Die Fauna des devonischen Systems im nordwestlichen und zentralen Rußland. Arbeiten Petersb. Naturf. Ges. XVII, 1886.

c) Karbon

BALAEFF, V., The carboniferous Deposits of the Thuimazinsky Oil Field. Bull Ac. Sc. USSR. Sér. Geol. 1940, 5.

BUBNOFF, S. v., Die Kohlenlagerstätten Rußlands und Sibiriens. Berlin 1923.

IWANOFF, A., Mittel- und Oberkarbonische Ablagerungen des Moskauer Gouvern. Bull. soc. nat. Moscou III, 1925.

— Unterkarbonische Ablagerungen des Moskauer Gouvern. Bull. soc. nat. Moscou, VI (1), 1928.

LEBEDEW, N., Bemerkungen über den geol. Bau des Donezbeckens. Ekaterinoslaw, 1911.

— Neues über den geol. Bau des Donezbeckens. Centr. f. Min. 1912.

— Materialien zur Geologie des Donezbeckens. Mitt. Ekaterinoslawer Berginstitut *14*, 1924.

— Über die Zusammenstellung des russischen Karbons mit dem der anderen Gegenden. Mém. Ak. Sc. Ukraine, Cl. Phys.-Math. III, 4, 1926, mit ergänzender Tabelle 1930.

— Über die geol. Gesetzmäßigkeit in der Verbreitung der kohlenführenden Ablagerungen im Karbon und Perm Rußlands. Zeitschr. deutsche Geol. Ges. *80*, 1928.

LIBROWITSCH, L., Goniatitenfaunen des Karbons der USSR und ihre Bedeutung für die Stratigraphie dieser Ablagerungen. Bull. soc. nat. Moscou, XXII, 1947.

LISSIZYN, K., Die Fauna der Kalke von Tschernyschin. Ann. géol. et min. de Russie, 9, 1909.

— Über die Schichtfolge des Unterkarbons im Moskauer Becken und die Parallelisierung des englischen und russischen Unterkarbons. Ann. géol. et min. de Russie, 13, 1911.

— Bericht über geol. Untersuchungen im Donez- und Moskauer Becken. Mitt. Donsches Polytechnikum, I, 2, 1912.

— Übersicht der Einteilung des Unterkarbons von USSR. Isvestja Donskoi Polytechn. Institut i. Nowotscherkassk, XIII, 1929.

LUTUGIN, L., und P. STEPANOFF, Das Donezkohlenbecken. Skizze der Kohlenlager Rußlands, Petersburg, 1913.

MOELLER, W. VON, Die Foraminiferen des Steinkohlenkalkes Rußlands. Mater. z. Geol. Rußlands, 9. 1880.

MÜHLEN, L. VON ZUR, Einige neue Tiefbohrungen im Gebiete der Russischen Tafel und ihre Bedeutung für die Paläogeographie und Erdölgeologie. Zeitschr. deutsch. geol. Ges. *93*, 1941.

NOINSKIJ, M., Samarskaja Luka. Arbeiten Kasansker Naturf. Ges. XIV, 1913.

POLUTOFF, N., Kohlenbecken vom russischen Typus. In Dannenberg, Geologie der Steinkohlenlager Bd. II 2, Berlin 1930.

PRIGOROVSKI, P., Zur Geol. der südl. Bezirke des Gouv. Moskau. Bull. com. géol. 28 1909.

RAUSER-TSCHERNOUSSOWA, D., Baschkirische oder Kajalische Stufe? Bull. USSR Akad. d. Wiss., geol. Serie, 1949, H. 2.

— Zur Paläogeographie der Russischen Tafel in der Kohlenzeit. Bull. Ac. Sc. USSR, 1947.

ROTAI, A., und L. LIBROWITSCH, Neues Schema der Einteilung und Korrelation des Karbons des Donezbeckens. Materialien des Geol. Institutes der Gesamtunion. Allg. Serie 7, 1946.
SCHATSKI, N., Die Entstehung des Donezbeckens. Bull. soc nat. Moscou XV (4) 1937.
SCHELLWIEN, E., Monographie der Fusulinen. Paläontogr. LV, 1908.
SCHWETZOFF, M., Die Untersuchungsergebnisse der Karbonschichten in den Bohrungen von Moskau und Znin durch das Büro f. d. Paläozoikum. Sovetskaja Geologia VIII, 1940, H. 7.
— Die Fortschritte in der Erforschung der Steinkohlenablagerungen des Moskauer Beckens in 20 Jahren. Bull. soc. nat. Moscou, XVI (3), 1938.
SEMICHATOWA, S., Zur Frage der Abgrenzung des oberen und mittleren Karbons. Bull. soc. nat. Moscou, VII (3), 1929.
— Materialien zur Stratigraphie des unteren und mittleren Karbons des europäischen Teiles der USSR. Bull. soc. nat. Moscou, XIV (3), 1936.
— Einige Züge der geolog. Geschichte des Bezirkes der Artschedinsk–Donsker Hebungen. Bull. Ak. d. Wiss. USSR, 1949.
STRUVE, A., Über die Schichtenfolge in den Karbonablagerungen in den südl. Teilen des Moskauer Beckens. Mém. Ac. des Sciences, Petersburg, 7. Ser. XXXIV, 1886.
TSCHERNYSCHEFF, TH., und L. LUTUGIN, Le Bassin du Donetz. Guide exc. congr. géol. 1897.
— Note sur le rapport des dépôts carbonifères russes avec ceux de l'Europe occidentale. Ann. soc. géol. du Nord (Frankreich), 17.
— Die oberkarbonischen Brachiopoden des Ural und Timan. Mém. com. géol. XVI, 2, 1902.
TZVETAEV, M., Die Nautiliden und Ammoneen im unteren Teile des mittelrussischen Kohlenkalkes. Mém. com. geol. 8, 1898.
ZALESSKI, M., Fossile Pflanzen aus dem Karbon des Donezbeckens. Mém. com. geol. 13, 1904.
— Die Brachiopoden der Baschkirischen Schichten der USSR. Arbeiten des paläont. Inst. d. Ac. Wiss. USSR, VI, 1941, Heft 4.
— Beiträge zur fossilen Flora des Donezbeckens. Bull. com. géol. *26*, 1907.
— Skizze zur Frage der Kohlenbildung. Petersburg 1914.
— Essai d'une division du terrain houiller du bassin du Donetz d'après sa flora fossile. Compte rendu Congrès pour l'avancement des études de stratigraphie carbonifère, Heerlen. Liège 1928.
— Sur une division du terrain carbonifère et permien du bassin du Donetz d'après leur flore fossile. Compte rendu deuxième Congrès pour l'av. des ét. de stratigr. carbon. Heerlen. 1938, Bd. III.

d) Perm und Trias

AMALITZKI, W., Diagnoses of the new forms of Vertebrates and Plants from the Upper Permian on North Dvina. Iswestja Ak. d. Wiss. XVI, VI Ser. 1922.
BOGATSCHEFF, I. und K., Neue Daten zur Stratigraphie und Fauna der Zechsteinbildungen im Gebiet der Norddvina. Bull. soc. nat. Moscou, 14, 5, 1936.
BUBNOFF, S. v., Oberperm und Trias der russischen Tafel. Geol. Rundschau, *31*, 1940.
CHABAKOFF, A., Paläogeographische Beziehungen des russischen und westeuropäischen Zechsteins. Geol. Vestnik, VI, 4–6, 1923.
EFREMOFF, J., Fundorte permischer Landwirbeltiere in den Kupfersandsteinen des südwestlichen Uralvorlandes. Iswestja Ak. d. Wiss. 1931.
— Über die Herkunft der permischen Fauna von Landwirbeltieren der USSR, Priroda, 1, 1936.
— und F. KUSMIN, Permo-Trias des nördl. Teiles der russischen Tafel und seine Fundorte von Labyrinthodonten. Arbeiten des Paläozoolog. Inst. der Ak. d. W. I, 1932.
HARTMANN-WEINBERG, A., Pareiasauriden als Leitfossilien. Probleme der Paläontologie, *2–3*, 1937, Moskau.
— Untertriadische Stegocephalen aus USSR. Probleme der Paläontologie *1*, 1936, Moskau.

JAKOWLEFF, N., Das Paläozoikum des Jzjumer Kreises. Mém. com. géol. *42*, 1908.
— Die Fauna des oberen Teiles der paläoz. Ablagerungen im Donezbecken. Mém. com. géol. *79*, 1912.
— Materialien zur Geologie des Donezbeckens. Mém. com. géol. *94*, 1914.
— Das Alter der bunten Serie des Gouv. Wologda und Kostroma auf Grund des Studiums der Wirbeltiere. Geol. Vestnik, *2*, 1916.
— Über die permische Dolomitfolge des Donezbeckens. Bull. Ac. Wiss. USSR, 1940, Heft 1.
KLIMOFF, P., Zur Stratigraphie der roten Ablagerungen im Südosten der Orenburger Steppe. Bull. soc. nat. Moscou, *14*, 1, 1936.
KROTOFF, P., Der Westteil des Gouv. Vjatka. Mém. com. géol. *64*, 1912.
LICHAREFF, W., Übersicht über die Literatur des oberen Perm Rußlands 1910–1919. Petersburg, Geol. Komitee 1920.
— Das Permsystem. Zur Frage seines Umfanges und seiner Stratigraphie. Probleme d. Sovjet. Geologie I, 3, 1934.
LJUTKEWITSCH, E., Die tatarische Stufe der russischen Tafel. Bull. soc. nat. Moscou, *16*, 3, 1938.
MASAROWITSCH, A., Über die Spuren der Trias im Osten der russischen Ebene. Bull. soc. nat. Moscou *6*, 1, 1928.
— Die Stratigraphie der kontinentalen Permbildungen im Becken der Wolga und Wjatka. Bull. soc. nat. Moscou, *12*, 1, 1934.
— Stratigraphie der bunten Bildungen des Oberperm und der Untertrias der russischen Tafel. Bull. soc. nat. Moscou, *17*, 1, 1939.
MILANOWSKI, E., Skizze der Geologie des mittleren und unteren Wolgagebietes. Moskau 1940. Staatsverlag.
NETSCHAEFF, E., Die Fauna der permischen Ablagerungen des östl. Rußlands. Arbeiten Kazaner Naturf. Ges. *27*, 1894.
— Die Fauna der Permablagerungen des Ostens und äußersten Nordens Rußlands. Mém. com. géol. *61*, 1911.
— Kazan- und Ufastufe des permischen Systems. Geol. Vestnik, *1*, 1915.
— Oberperm. Geologie Rußlands. Geol. Kom. 1921.
— Oberperm-Ablagerungen. Geologie Rußlands II, Teil V, Lief. 3, 1931.
NOINSKIJ, M., Skizze der Geschichte der Erforschung des Untergrundes der Tatarischen Republik, Kasan 1932.
RUSCHENZEFF, W., Stratigraphie und Alter der roten Schichten des Aktjubinsker Rayons. Bull. soc. nat. Moscou, 12, 1, 1934.
TSCHEPIKOFF, K., Über das Alter der Ufaschichten. Bull. Akad. d. Wiss. USSR 1948, Nr. 4.
TSCHERDYNZEFF, V., Zur Fauna der Foraminiferen der permischen Ablagerungen im Osten des europ. Rußland. Arb. Naturf. Ges. Kazan, *46*, 1914.
TSCHERNOFF, A., Artinskstufe. Ammoneen der Kosva, Jaiva und Tschusovaja. Bull. soc. nat. Moskau, 1906.
TSCHERNYSCHEFF, TH., Der permische Kalk des Gouv. Kostroma. Gorn. Journal, 1885.
ZALESSKI, M., siehe bei Karbon.

c) Jura

BODEN, K., Die Fauna des unteren Oxford von Popilany in Litauen. Geol. u. paläont. Abhandl. 10, 1911.
BOGOSLOVSKI, N., Der Rjäsanhorizont. Mat. z. Geol. Rußlands, 18, 1896.
BORISSJAK, A., Pelecypoden der Juraablagerungen des europ. Rußland. Mém. com. géol. *11*, 1904; *19*, 1905; *29*, 1906; *44*, 1909.
— Der Donezjura. Geologie Rußlands, Geol. Kom. Petersburg, 1917.
BRINKMANN, R., Der Dogger und Oxford des Südbaltikums. Jahrb. preuß. geol. Land. *46*, 1924.
GALLINEK, E., Der obere Jura von Inovrazlav in Posen. Verh. russ. miner. Ges. *33*, 1897.
JENTZSCH, A., Oxford in Ostpreußen. Jahrb. preuß. geol. Land. 1888.

ILOVAISKI, L'Oxfordien et le Sequanien des Gouv. de Moscou et Rjasan. Bull. soc. nat. Moscou, 1903.
KARIZKI, A., Spuren der Juraperiode auf dem rechten Dnjeprufer im Bezirk Kanev. Mat. z. Geol. Rußlands, *14*, 1880.
KRENCKEL, E., Die Kellowayschichten von Popilani in Westrußland. Paläontogr. *61*, 1915.
KRISCHTAFOVITSCH, N., Obertithonablagerungen Zentralrußlands. Vestnik Estestvosnanja, 1892.
LAHUSEN, I., Die in Rußland vorkommenden Aucellen. Mém. com. géol. *1*, 1883.
MASAROWITSCH, A., Mitteljurassische Ablagerungen des Fl. Ilowlja. Vestnik Mosk. Bergakademie, II, 1923.
MICHALSKI, A., Note sur les couches à Perisphinctes virgatus de la Pologne et leur age probable. Bull. com. géol. *5*, 1886.
— Die Ammoniten der unteren Wolgastufe. Mém. com. géol. *8*, 1891.
NIKITIN, S., Der Jura in der Umgegend von Elatma. Mém. soc. nat. Moscou, XV, 1881 bis 1885.
— Die Juraablagerungen zwischen Rybinsk, Mologa und Myschkin an der oberen Wolga. Mém. Ac. d. Sciences, Petersburg, 28.
— Die Cephalopoden der Jurabildungen des Gouv. Kostroma. Verh. miner. Ges. Petersburg, 1884.
— Les dépôts jurassiques et volgiens de la région de Moscou. Mém. com. géol. 8.
PAWLOFF, A., Sur le système jurassique de l'est de la Russie. Bull. soc. géol. de France, 1883–1884.
— Der Jura von Simbirsk an der unteren Wolga. Verh. geol. Reichsanstalt Wien, 1885.
— Le jurassique supérieur de l'est de la Russie et sa faune. Bull. soc. nat. Moscou, 1889.
— Die Ammoniten der Zone *Aspidoceras acanthicum* Ostrußlands. Mém. com. géol. *2*, 1896.
— Fortschritte in der Kenntnis der Juraablagerungen in Rußland. Ann. géol. et min. de Russie *3*, 1897.
ROSANOFF, A., Zur Frage der Gliederung der sog. Virgatenschichten der Umgebung von Moskau. Ann. géol. et min. de Russie, *8*, 1905/06.
SEMENOFF, V., Über die Möglichkeit des Vorhandenseins von mittlerem Oxford im Jura Mittelrußlands. Arbeiten Petersb. Naturf. Ges. *28*, 1897.
SIBIRZEFF, N., Jurassische Bildungen im Norden des Gouv. Nischnij-Novgorod. Verh. miner. Ges. Petersburg, 1886.
WETZEL, W., Zur Stratigraphie der Juraablagerungen von Popilani. Centr. f. M in. 1919

f) Kreide

ARCHANGELSKI, A., Die oberen Kreideablagerungen im Osten des europ. Rußland. Mater. z. Geologie Rußlands, *25*, 1912.
BESRUKOFF, P., Dänische Stufe der osteuropäischen Tafel. Iswestja Ak. Wiss. USSR, 1936.
KRISCHTAFOWITSCH, N., Lithologisches Gepräge, Fauna, Stratigraphie und Alter der Kreideablagerungen auf dem Gebiete der Gouv. Lublin und Radom. Bull. com. géol. 1898.
LAHUSEN, I., Die Fossilien des Simbirsker Tones. Verh. miner. Ges. Petersburg, *9*, 1874.
LOPUSKI, C., Beiträge zur Kenntnis der Kreidefauna des Gouv. Lublin. Bull. Naturf. Ges. Warschau, 1912.
MASAROWITSCH, A., Über Gault im südl. Wolgagebiet. Bull. soc. nat. Moscou, 1917.
MILANOWSKI, E., Neue Daten zur Stratigraphie der oberen Kreide des mittl. Wolgagebietes. Bull. soc. nat. Moscou, 1928.
— Über das Alter der Simbirskitenschichten und der Belemnitenfolge des Wolgagebietes. Bull. soc. nat. Moscou, *18*, 1940.
MICHALSKI, A., Sur la présence du Wealdien et Neocomien dans la partie nord-oueste de la Pologne. Bull. com. géol. 1902.

NIKITIN, S., Vestiges de la période crétacée dans la Russie centrale. Mém. com. géol. *5*, 1888.
PAWLOFF, A., Voyage géologique par la Volga. Guide excurs. VII congr. intern. 1897.
— Der Emscher Horizont unter den oberen Kreideablagerungen im zentralen und östlichen Rußland und die Küstenfazies des russischen Turon und Senon. Bull. soc. nat. Moscou, 1900.
— Le crétacé inférieur de la Russie et sa faune. Bull. soc. nat. Moscou, *16*, 1901.
— Etude sur les couches jurassiques et crétacées de Russie. Bull. soc. nat. Moscou, 1889.
SCHATSKI, N., Stratigraphie und Tektonik der Oberkreide und Untertertiärschichten am Nordrande des Donezgebirges. Arbeiten der Kommission zur Erforschung der magnet. Anomal. von Kursk. Lief. 5, 1924, Moskau.
SINZOFF, I., Geol. Skizze des Gouv. Saratow. Verh. min. Ges. Petersburg, 1870.

g) Alttertiär

ARCHANGELSKI, A., Paläozäne Ablagerungen des Wolgagebietes und ihrer Fauna. Materialien zur Geologie Rußlands *22*, 1904.
— Fortschritte und Studien der paläozänen Ablagerungen in Rußland von 1905–1911. Annuaire géol. et mineral. Russie 10, 1912.
JENTZSCH, A., Über das Alter der samländischen Braunkohlenformation und der Senftenberger Tertiärflora. Jahr. preuß. geol. Land. *29*, 1908.
— Der tiefere Untergrund Königsbergs. Jahrb. preuß. geol. Land. 1899.
KAUNHOWEN, F., Beobachtungen über Diluvium, Tertiär und Kreide in Ostpreußen. Jahrb. preuß. geol. Land. *28*, 1907.
— Der Bernstein in Ostpreußen. Jahrb. preuß. geol. Land. *34*, 1913.
KOENEN, A. v., Revision der Molluskenfauna des samländischen Tertiärs. Abh. z. geol. Karte v. Preußen, *10*, 1894.
LEONOFF, G., Die paläogenen Ablagerungen des Stalingrader Wolgagebietes und ihre Beziehungen zu entsprechenden Bildungen des Don- und Dnjeprbeckens. Bull. soc. nat. Moscou *14*, 1936.
LICHAREV, B., Geol. Untersuchungen im NO-Teil des Blattes 61 der allg. Karte von Rußland. Bull. com. géol. *34*, 1915.
MILANOWSKI, E., Einige neue Daten über die paläozänen Ablagerungen des Saratowschen Gouv. Geol. Vestnik, IV, 1921.
MUSCHKETOFF, D., Über die untertertiären Ablagerungen des Donezgebietes. Bull. com. géol. *27*, 1908.
NETSCHAEW, A., Fauna der eozänen Ablagerungen an der Wolga zw. Saratow und Zarizyn. Abh. Kasan. Naturf. Ges. *32*, 1897.
NÖTLING, F., Die Fauna des samländischen Tertiärs. Abh. z. geol. Karte v. Preußen, *6*, 1885/86.
SOKOLOW, N., Die untertertiären Ablagerungen Südrußlands. Mém. com. géol. *9*, 1893.

2. Allgemeine und regionale Literatur

ARCHANGELSKI, A., Einführung in die Geologie des europ. Rußland. Moskau, Staatsverlag, 1923.
— Übersicht über den Bau des europ. Rußland. Bd. II Mittelrußland, 1922; Bd. I, Südwestrußland, 1922, Leningrad.
— u. a. Arbeiten der Kommission zur Erforschung der magnet. Anomalien von Kursk. Moskau, Staatsverlag, 1924.
— Fortschritte in der Erforschung des geol. Baues des europäischen Teiles der USSR in 15 Jahren. Bull. soc. nat. Moscou, *10*, 1932.
— und N. SCHATSKI, Schema der Tektonik der USSR. Bull. soc. nat. Moscou, *11*, 1933.

ARCHANGELSKI, A., Geologischer Bau der USSR. Westl. Teil, 2. Aufl. 1934, Moskau.
— A. MICHAILOFF, W. FEDYNSKI, und E. LUSTIG, Geologische Bedeutung der Schwereanomalien in USSR. Bull. Ac. Sc. Leningrad 1937.
— Geolog. Bau und geolog. Geschichte der USSR, Moskau–Leningrad, 1941.
ARMASCHEVSKI, A., Allg. geol. Karte von Rußland, Bl. 64 (Poltava–Charkov), Mém. com. géol. *15*, 1903.
BOGOSLOVSKI, N., Allg. Karte von Rußland, Bl. 73, Mém. com. géol. *16*, 1906.
BORISSJAK, A., und N. JAKOVLEV, Geol. Karte des nordwestlichen Grenzgebietes des Donezrückens. Mém. com. géol. *153*, 1906.
— Kursus historischer Geologie, 4. Auflage, Leningrad–Moskau, 1935.
BUBNOFF, S. v., Der Gebirgsbau Osteuropas, Geol. Rundschau, *15*, 1924.
— Die Struktur Osteuropas. Geol. Rundschau, *31*, 1940.
CLOOS, H., und E. MEISTER, Bau und Bodenschätze Osteuropas. Quellen und Studien Osteuropa-Institut, 1922.
Geol. Komitee. Karte von Rußland in 6 Blättern. Petersburg 1915, 2. Auflage.
Geol. Karte der USSR 1 : 5 000 000. Veröffentl. d. XVII. Intern. Geol. Kongresses, 1937.
EINOR, D., Die Tektonik des Petschorakohlenbeckens. Soviet-Geologie, Bd. 7, 1945.
GERASSIMOFF, J., und K. MARKOFF, Quartärgeologie, Moskau 1939.
INOSTRANZEW, A., Geol. Skizze des Kreises Povenez, Gouv. Olonez. Mat. z. Geol. Rußlands, 7, 1877.
— Geol. Untersuchungen im Norden Rußlands. Arb. Petersb. Naturf. Ges. *3*, 1872.
KARPINSKI, A., Skizzen der geologischen Vergangenheit Rußlands. 2. Auflage 1919.
— Zur Tektonik des europäischen Rußland. Mitt. Ak. d. W. 1919.
KOLENKO, B., Geol. Skizze des Transonegagebietes, Mat. z. Geol. Rußlands, *12*, 1885.
KOVANKO, N., Über die Tektonik des Gebietes der Polasnensko–Krasnokamsker Antiklinale. Bull. soc. nat. Moscou, XXII, 6, 1947.
KRAUS, E., Ostbaltikum II. Teil. Die Kriegsschauplätze 1914–1918, geologisch dargestellt. Heft 10, Berlin, 1928.
LICHAREFF, W., Allg. geol. Karte des europäischen Teiles der USSR, Bl. 61.
MASAROWITSCH, A., Grundlagen der Geologie der USSR. Moskau 1938.
MICHAILOVSKI, G., Historische Geologie, insbesondere Rußlands. Petersburg, 1913.
MILANOWSKI, E., Skizze der Geologie des mittleren und unteren Wolgagebietes. Moskau, 1940.
MUSCHKETOFF, I., Geol. Skizze des Lipezker Kreises. Mém. com. géol. 1, 1885.
NIKITIN, S., Allg. Karte von Rußland. Mém. com. géol. Bl. 56 (Jaroslaw) 1, 1884; Bl. 71 (Kostroma) 2, 1885; Bl. 57, 5, 1890.
Geol. Karte der Umgebung von Moskau. Geol. Komitee, 1897.
NOINSKI, M., Samarskaja Luka. Arb. Naturf. Ges. Kazan, *45*, 1913.
RJABUCHIN, G., Die Kanever Dislokationen des mittleren Dnjeprgebietes. Bull. soc. nat. Moscou, XXII, 6, 1947.
SCHATSKI, N., Zur Tektonik der osteuropäischen Tafel. Bull. soc. nat. Moscou, *15*, 1937
— Skizze der Tektonik des Wolga–Ural-Erdölgebietes und angrenzender Teile des Uralwesthanges. Mater. z. Kenntnis der geol. Struktur der USSR. Moskauer Naturf. Ges. Neue Ser. Lief. 2, 1945.
— Grundzüge des Baues und der Entwicklung der osteuropäischen Tafel. Bullet. Akad. Wiss. USSR, 1946.
— Über tiefe Dislokationen, die sowohl in Tafeln als auch in Faltengebirgen auftreten. Bull. Ak. d. Wiss. USSR, 1948.
— Über die ältesten Ablagerungen des sedimentären Mantels der Russischen Tafel und über ihre Struktur im Altpaläozoikum. Bull. Ak. d. W. USSR, 1952, H. 1.
SCHWETZOFF, M., Allg. geol. Karte des europäischen Teiles der USSR, Bl. 58.
SCUPIN, H., Ostbaltikum I. und III. Teil. Die Kriegsschauplätze 1914–1918 geologisch dargestellt, Heft 9 und 10, Berlin 1928.
SIBIRZEFF, N., Allg. Karte von Rußland. Mém. com. géol. *15*, 1895.

Soboleff, D., und andere, Geologische Beschreibung des Donezflußgebietes. Charkow 1936.
— Das ammodezische Becken, seine geologische Lage und Gliederung. Transact. of the conference on petroleum 1938. Ac. Sc. Ukrainian SSR, Kiew 1939.
Sokoloff, P., und Lutugin, Der Gorlovsche Rayon der Hauptantiklinale des Donezbeckens. Mém. com. géol. *53*, 1910.
— — und Stepanoff, Detailkarte des Donezbeckens. 8 Blätter 1 : 42000, 1912–1915.
Tetjaeff, M., Les grandes lignes de la géologie et de la tectonique des terrains primaires de la Russie d'Europe. Ann. soc. géol. Belgique, *39*, 1912.
Tornquist, A., Geologie von Ostpreußen, Berlin 1910.
Tschernyschev, Th., Neue Daten zur Geologie der Großlandtundra. Bull. Ac. des Sciences, Petersburg, 1907.
— Orographische Skizze des Timan. Mém. com. géol. *15*, 1915.

3. Tektonik

Archangelski, A., Die magnetische Anomalie von Kursk. Moskau 1924.
Asatkin, B., Fragen der Tektonik und das Problem der Intrusionen im westl. Teil des Leningrader Bezirkes. Probl. Sov. Geol. 7, 5–6, 1937.
Bogdanoff, A., Die Salzkuppeln des unteren Transwolgagebietes. Bull. Soc. Nat. Moscou, *12*, 3, 1934.
Bruns, E., Kuppelstrukturen im Devon des Westteiles des Leningrader Bezirkes. Mater. zur Geologie u. Lagerstätten der karelo-finnischen SR, des Leningrader u. Murmansker Bezirkes, *6*, 1940.
Bubnoff, S. v., Neuere Angaben über den scythischen Wall. Geol. Rundsch. *26*, 1935.
— Der ostdeutsche Grenzraum. Geol. Rundsch. *30*, 1939.
— Osteuropäische Beiträge zur Frage der Schichtenstörungen durch Eisdruck. Zeitschr. f. Geschiebeforschung *16*, 1940.
Closs, H., und R. v. Zwerger, Eine Schwerekarte von Polen usw. Öl und Kohle, 1940.
Galuschko, P., Gravimetrie und Tektonik. Trans. Conf. Petroleum. Ak. d. Wiss. Kiew, 1939, S. 187.
Giere, W., Die Entstehung der Ostsee. Schriften d. Albertus-Univ. Königsberg, Naturw. Reihe 1, 1938.
Girmunski, A., Grundzüge der Tektonik Westrußlands. Mitt. Moskauer Abh. des Geol. Kom. 1919.
— Der devonische Hauptwall Nordwestrußlands. Transact. of the geol. and prosp. service of USSR, *49*, 1930.
Halicki, B., Sur la question du parcours des Ouralides en Pologne. Trv. soc. sciences et lettres. Wilno *8*, 1934.
Kaptarenko, O., Über das Alter des Kalkes der Salzkuppel von Romny. Trans. Conf. Petrol. Ak. d. Wiss. Kiew, 1939.
Klimoff, P., Geol. Struktur des Nordteiles des Sol–Ilezk-Gebietes im Mittelwolgabezirk. B. S. D. M. *12*, 3, 1934.
— Disjunktive Mulden im östl. Teil des Gebietes zwischen den Flüssen Ural und Ilek. B. S. D. M. *13*, 2, 1935.
Kraus, E., Die Quartärtektonik Ostpreußens. Jahrb. pr. geol. Land. *45*, 1924.
— Erdkrustenschwankungen in Lettland. Geol. Raksti, Riga 1929.
— Die Quartärunterfläche in Lettland. Zeitschr. D. Geol. Ges. 1937.
— Der Bau des Devons in Lettland. N. J. f. Min. Beil. Bd. *77*, 1937.
Kudinowa, E., Geol. Struktur des Putscheschsk–Tschkalovskgebietes an der Wolga. B. S. N. M. *17*, 4–5, 1939.
Kuzniar, C., Les Ouralides de l'Europe septentrionale et centrale. Bull. serv. géol. de Pologne, 1, 1922.
Kuzyba, A., Materialien zur Geologie der Isatschkisalzkuppel. Trans. Conf. Petrol. Ak. d. W. Kiew, 1939.

Leuchs, K., Der Block von Ust-Urt. Geol. Rundschau *26*, S. 248, 1935.
Lodotschnikoff, W., Zur Petrologie des Woronesher krist. Blockes der russ. Tafel. Mat. zur. Allg. und Angew. Geol. *69*, 1927, Leningrad.
Masarowitsch, A., Geol. Bau des Transwolgagebietes zwischen Kuibyschew und Orenburg. B. S. N. M. *14*, 6, 1936.
Meffert, B., Über die Lagerung ultrabasischer Gesteine im Bezirk Taganrog. Bull. com. géol. *28*, 1909.
Moskwitin, A., Genese und Alter des Walles von Wyschnewolozk-Nowotorshok. B. S. N. M. *16*, 3, 1938.
Nikolaeff, N., Zur Frage der Tektonik und Stratigraphie des Saratower und Samaraer Transwolgagebietes. B. S. N. M. *11*, 2, 1932.
Polutoff, N., Der geologische Bau des Wolga–Embagebietes usw. Kali 1939, Heft 18 bis 20.
Rosanoff, A., Die Grundzüge des geologischen Baues des Saratower Transwolgagebietes im Zusammenhang mit Tiefbohrungen im gasführenden Gebiet. Bull. soc. nat. Moscou, *9*, 1931.
Rushenzeff, W., Grundzüge der Tektonik des Ural–Embagebietes. Bull. Soc. Nat. Moscou, *8*, 1–2, 1930.
Schameka, J., Über die Ölführung der Salzkuppel von Romny und ihrer Umgebung. Trans. Conf. Petrol. Ak. d. Wiss. Kiew, 1939.
Schatski, N., Disjunktive Tektonik des unteren Wolgagebietes. Vestnik Moskauer Bergakademie, 1, 1922
— Die Entstehung des Donezbeckens. Bull. Soc. Nat. Moscou *15*, 4, 1937b.
— Siehe auch Abschnitt 2.
Schumilin, S., Über die Tektonik des Embagebietes. Bull. Soc. Nat. Moscou *11*, 1, 1933.
Schwetzoff, M., Über den geologischen Bau des Gebietes von Putscheschsk–Kutun an der Wolga, der Region des angeblichen Ausklingens des Oka-Zna oder Alatyrwalles. Bull. Soc. Nat. Moscou *12*, 2, 1934.
Semichatow, A., Die Tektonik des Saratower Kreises. Bull. Soc. Nat. Moscou *4*, 1926.
Semichatowa, S., Zur Tektonik des Streifens der Don-Medvediza-Erhebungen. Trudy GGRU, *62*, 1931.
Smit-Sibinga, G., Die baltischen Uraliden. Geol. Rundschau *21*, 1930.
Sofronitzki, P., Zur Frage der südlichen Fortsetzung des Wjatkawalles. Probl. Sov. Geol. 7, 11, 1937.
Sokoloff, W., und A. Missuna, Über den Charakter einiger Dislokationen im Gouv. Twer. Bull. Ges. f. Naturf., Antropol u. Etnogr. *4*, 1915.
Sokoloff, N., Zur Frage der Tektonik der Samarskaja Luka. Bull. Soc. Nat. Moscou *15*, 3, 1937.
Stepanoff, P., Geol. Profil durch das Kohlenbecken des Donez. Bull. com. géol. *28*, 1909.
— und Slawjanoff, Über einige Funde eines Eruptivgesteins im Osten des Donezbekkens. Bull. com. géol. *33*, 1914.
Sujkowski, Einige kritische Bemerkungen zur Arbeit von Smit-Sibinga über die balt. Uraliden. Geol. Rundschau *21*, 1939.
Tschirwinski, P., Allg. Züge der Tektonik in den Gouv. Poltava, Tschernigow und Kursk. Bull. Kiewer naturf. Ges. *20*, 1908 und *23*, 1913.
Welikovskaja, E., Geologischer Bau des NW-Teiles des Saratower Wolgagebietes im Zusammenhang mit der Westgrenze des Paläogens. Bull. Soc. Nat. Moscou *14*, 1, 1936.

4. Lagerstättenkunde

Behaghel, G., Die Eisen- und Manganlagerstätten Osteuropas. Quellen und Studien, Osteuropa-Institut, 1922.
Bogdanovitsch, K., Die Eisenerze Rußlands. Geol. Kom. Petersburg 1911.
Bubnoff, S. v., Die Kohlenlagerstätten Rußlands und Sibiriens. Berlin 1923.
— Der russische Bergbau. Berlin 1927.

FERSMANN, A., I. GINSBURG, I. KURBATOFF, W. UNKOVSKI und D. SCHTSCHERBAKOWA, Lagerstätten der Nichterze. 3 Bände, Leningrad 1926–1927.

— The scientific study of Soviet mineral resources. New York 1935.

FRIEDENSBURG, F., Bodenschätze und Bergbau der Sovietunion. Glückauf *76*, 1940.

— Die Bergwirtschaft der Erde. Stuttgart 1944.

FULDA, E., und N. POLUTOFF, Salzlagerstätten in Rußland und Sibirien. In Beyschlag-Krusch, Die Lagerstätten der nutzbaren Mineralien und Gesteine, Bd. III, Stuttgart 1938.

Geol. Komitee, Die natürl. Produktivkräfte Rußlands, 1919–1924, Bd. IV. Insbesondere: 2. Eisen, 3. Mangan, 7. Kupfer, 8. Silber, Blei, Zink, 9. Quecksilber, 20. Kohlen, 22. Erdöl, 25. Phosphorite, 32. Bauxit und andere Aluminiumerze, 35. Steinsalz.

— Lagerstättenkarte des europ. Rußland. In 6 Blättern. Petersburg 1916.

IWANOFF, K., General charakter of the stratigraphy an the tectonics of the sylvinite zone of the upper Kama deposits in the area of the first mine. Transact. Centr. Geol. prosp. Inst. Leningrad *5*, 1935.

KALIZKI, K., Naphtagebiet von Uchta. Naphta- und Schieferwirtschaft, 1921.

LOTZE, F., Steinsalz und Kalisalze, Berlin 1938.

MIRONOFF, B., Ölhöffigkeit des Ural-Wolgaterritoriums und Aufgaben seiner weiteren Erforschung. Bull. Ac. Sc. USSR, 1947.

MÜHLEN, L. VON ZUR, Die Kalilagerstätte von Solikamsk im Gouvernement Perm. Internationale Bergwirtschaft III, 1928.

— Die Ölschiefer des europ. Rußland. Osteuropa-Institut, Breslau 1921.

POLUTOFF, N., Das neue Erdölgebiet zwischen der Wolga und dem Ural, „Das zweite Baku", Öl und Kohle *36*, 1940.

— Kohlenbecken vom russischen Typus. In DANNENBERG, Gsologie d. Steinkohlenlager Bd. II, 2, Berlin 1930.

PREOBRASHENSKY, P., The Ural Potassium. Gorny Journal, 1927.

SAMOILOFF, J., und andere, Berichte über die Erforschung der Phosphoritlagerstätten, Bd. 1–8, 1909–1918. Daselbst wertvolle stratigraphische Beiträge.

— Phosphoritlagerstätten Estlands. Mém. Inst. scient. de mélioration. Moskau 1923.

Der Ukrainische (Asow-Podolische) Block

I. DAS PRÄKAMBRIUM

1. Gesteinsgliederung

Das große Kristallingebiet im Süden des sarmatischen Schollenkomplexes weist petrographisch und strukturell viele Ähnlichkeiten mit dem Baltischen Schilde auf, ist aber im einzelnen viel weniger bekannt, was zum Teil an der schlechten Erschlossenheit (Lößdecke) und tiefgründigen Verwitterung der Gesteine liegt.

Nachdem schon LASKAREFF eine Gliederung in „Gerüst" und „Füllung" durchgeführt hatte (s. v. BUBNOFF, Geol. v. Europa, I, 1926, S. 283), sind in den letzten 20 Jahren mehrere Versuche einer feineren Einteilung von PJATNIZKI, LUTSCHIZKI, SOBOLEFF und BESBORODKO vorgenommen worden, die aber noch sehr stark voneinander abweichen und schwer auf einen Nenner zu bringen sind. Es soll daher versucht werden, zunächst eine regional-petrologische Übersicht zu geben.

Deutlich abtrennbar sind die (wolynische) Nordwestecke des Blockes (zwischen Slutsch und Teterew) mit magmatischen Intrusionen des jüngeren Präkambriums (jotnisch) und die (asowsche) Südostecke (bei Shdanow [Mariupol]) mit jüngeren (? variszischen) Alkaliintrusionen. Der größere mittlere Teil zerfällt in der Längsrichtung des Blockes in einen nordöstlichen (Dnjeprsystem) Anteil mit ziemlich monotoner Zusammensetzung aus Gneis und Granit, welcher durch die jüngere, N–S streichende Krivoj Rogserie wiederum in zwei Stücke gegliedert wird, und einen kleineren, im wesentlichen dem Bugflußsystem angehörenden südwestlichen Anteil mit komplexer Zusammensetzung.

Mit dem Dnjepranteil beginnend, welcher die größte Fläche innerhalb des Blockes einnimmt (von Radomysl im NW bis fast zum Asowschen Meer im SO), sei zunächst die ziemlich große Homogenität des Gebietes betont. Das Grundgestein ist ein mittelkörniger Biotit-Plagioklasgneis, mit selteneren amphibol- und pyroxenhaltigen Varietäten und ausgesprochener Gneistextur von ader- oder bändergneisartigem Charakter. Nach BESBORODKO handelt es sich um einen echten Orthogneis (Zwenigorodsk–Krementschuger Granodiorittypus), der aber Einschlüsse von feinkörnigem Biotitgneis enthält, die anscheinend auch als Streifen größerer Ausdehnung auftreten und gelegentlich Sillimanit und Graphit enthalten; es sind das also Sedimentgneise, welche BESBORODKO als älteste (wolynische) Serie bezeichnet und welche wohl als Rahmen der Orthogneisintrusion anzusehen sind. LUTSCHIZKI bezeichnet die Dnjeprgneise als Injektionsgneise bzw. Migmatite, was aber meines Erachtens keinen grundsätzlichen Unterschied darstellt, da ja auch BESBORODKO eine starke Durchdringung seiner „wolynischen" Paragneisserie mit dem Zwenigorodsk–Krementschuger Granodiorit annimmt.

Innerhalb dieses älteren „Gerüstes" treten aber noch Reste von Quarziten, Metabasiten, Graphitgneisen usw. auf, die vielleicht etwas jünger sind, aber sich durch höhere Metamorphose von der später zu besprechenden

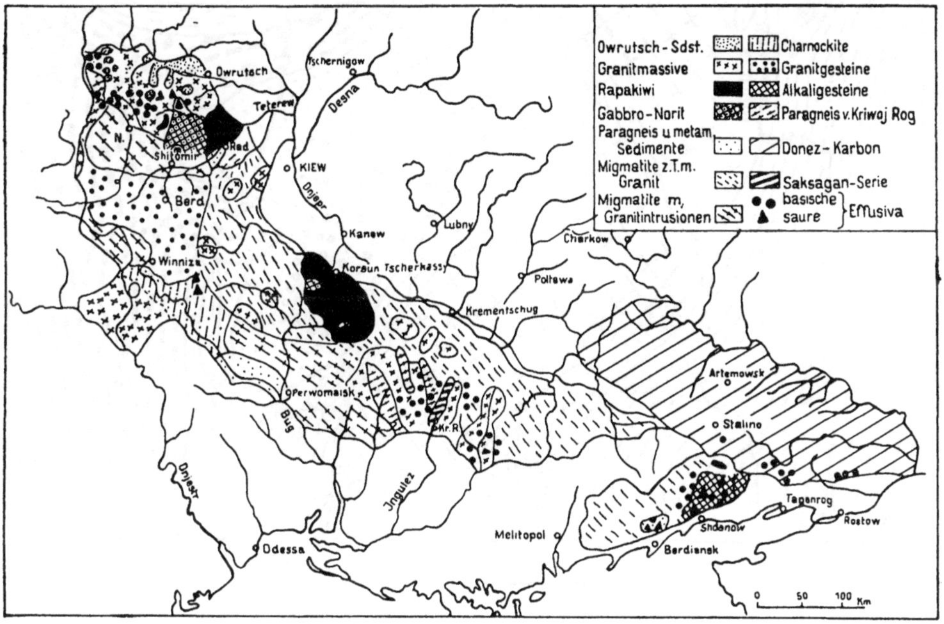

Abb. 71. Petrographische Übersichtskarte des Ukrainischen Blockes. Nach PJATNIZKI.

Krivoj-Rogserie unterscheiden. Außerdem wird das Gebiet von mehreren, teils konkordanten, teils diskordanten, großen und kleineren Granitmassiven durchsetzt, unter denen sich verschiedene Typen befinden. BESBORODKO unterscheidet im wesentlichen zwei Abarten: den älteren mittel- und gleichkörnigen Shitomirtypus (Antonovsktypus LUTSCHIZKIS), der syntektonisch sein soll und n. POLOWINKINA im W von Kriwoj Rog Injektionen Blatt für Blatt und auch Assimilation von Gneisschollen hervorbringt (hierzu Kriwoj-Roger Granodiorit = Dynamogranit) und einen jüngeren porphyrartigen Kirowsk-Boguslawskgranit (Korostyschewgranit LUTSCHIZKIS), der anscheinend teils rot, teils grau gefärbt sein kann. Außerdem unterscheidet POLOWINKINA im Gebiet westlich Kriwoj Rog noch einen feinkörnigen rosa Granit in konkordanten Gängen und größeren Schlieren, der seitlich in Amphibol- und Hypersthengranite (Charnockite) übergeht, unscharf von den Kriwoj-Rog-Granodioriten abgetrennt ist und anscheinend ein regeneriertes, anatektisches Gestein darstellt. Diesen rosa Graniten, welche dem Hangö-Typus Finnlands gleichen sollen, wird von einigen (SOBOLEFF) die Hauptrolle bei der Metamorphose der Dnjeprgneise zugewiesen. Die Übergänge zu Char-

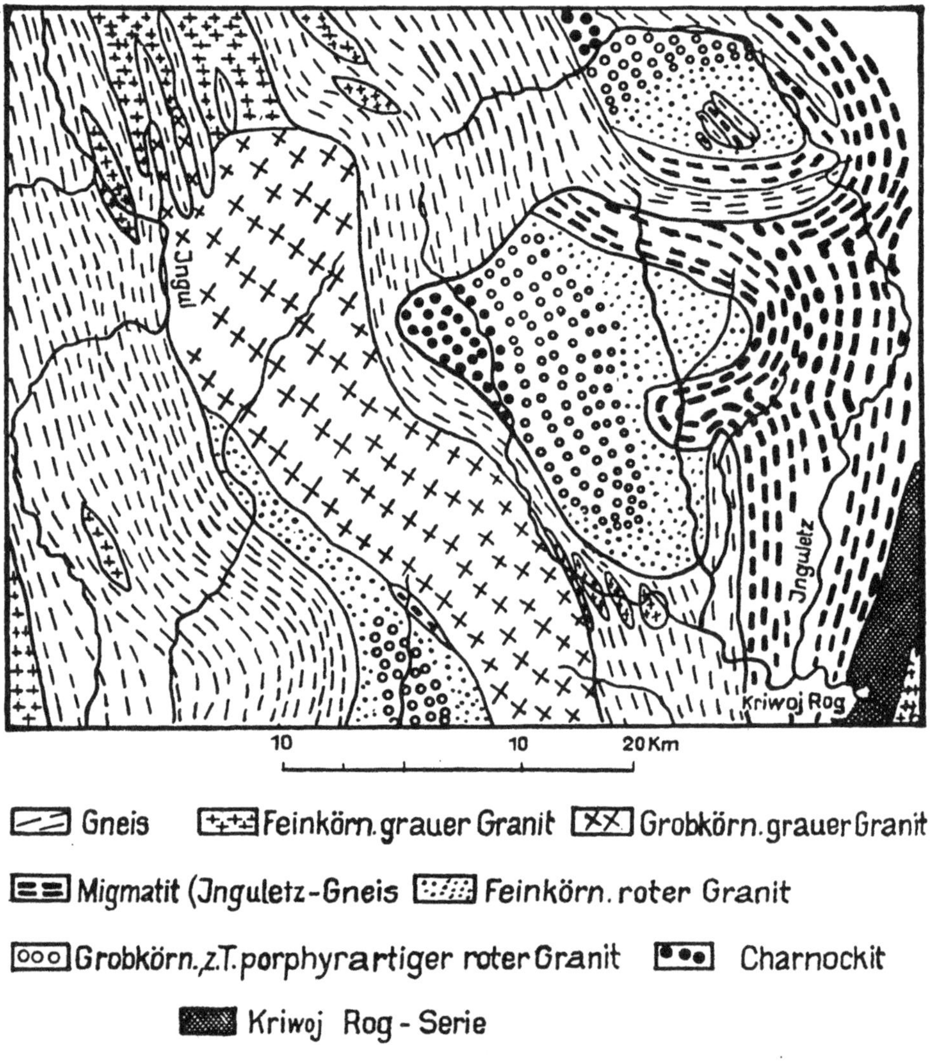

Abb. 72. Migmatitische Gesteinsverbände westlich von der Kriwoj-Rog-Zone. Nach POLOWINKINA.

nockiten machen eine Beziehung zu den typischen Charnockiten des Südwestgebietes wahrscheinlich, die gleich zu besprechen sein werden. Danach hätten wir drei Granite zu unterscheiden, die nach BESBORODKO folgende Reihenfolge zeigen. 1. Rosa Granite und Charnockite, 2. graue mittelkörnige Biotitgranite (Shitomir-Antonowsktypus), 3. graue bzw. rote porphyrartige Granite (Kirowsk-Boguslawsk- bzw. Korostyschewtypus). Es sei indessen bemerkt, daß die Altersunterschiede nicht unbedingt sicher sind und nicht groß zu sein brauchen. Jedenfalls stellt TKATSCHUK fest, daß im Boguslawgranit eine zentrale grobkörnige Abart (Kirowtypus) peripherisch in mittelkörnige gleichkörnige Granite und endlich in rosa aplitische Granite übergeht, von denen letztere fast ganz innerhalb des Rahmens im Injektionsverband mit demselben liegen. Auch TKATSCHOFF findet bei Saporoshje innerhalb einer mächtigeren, schief liegenden Intrusionsmasse im Gneis Übergänge zwischen weißem schieferigen Granit am Dachkontakt (Krivoj Rog-Granodiorit), grauem mittelkörnigem Granit (Shitomirtypus) in der Mitte und schlierigem aplitisch-pegmatitischem rosa Granit an der Sohle; die Gesteine stehen in schlierigem Verband und sind hier anscheinend gleichalterig. Solche wechselnden Altersverhältnisse sind ja in Skandinavien keine Seltenheit, so daß alle drei Gesteine im wesentlichen einer Intrusionsperiode (von längerer Dauer) angehören dürften.

Ehe nun auf die sicher jüngere Kriwoj Rog- (Saksagan-) Serie und auf das noch jüngere Gabbro-Rapakiwimassiv von Korsun eingegangen wird, soll zunächst der südwestliche Anteil des Mittelstückes besprochen werden.

Schon am Westrande des Nordoststückes (am Teterew bei Radomysl), dann aber besonders am Bug westlich Perwomaisk treten echte metamorphe Sedimente auf, die LUTSCHIZKI als Teterew-Bugserie bezeichnet hat.

Am Teterew tritt eine Scholle von Biotitparagneis, Glimmerschiefer, Kalksilikatgesteinen und Marmor auf, die WNW streicht und von feinkörnigem grauen Biotitgranit (Antonowsk-Shitomirtypus) injiziert wird. Am Bug sind Kalke mit einem etwas abweichenden Mineralbestand (Diopsid, Spinell, Serpentin) bekannt, ferner in großer Verbreitung graphitführende Quarzite und schließlich Schichten mit Eisenmanganerzen. Eine metamorphe Sedimentserie von Graphitgneisen und Eisen-Kieselgesteinen, älter als Krivoj Rog, ist auch in kleineren Fetzen von anderen Stellen bekannt (Saksagan-Basalschichten, Shdanow [Mariupol], Berdjansk, ? Nowograd–Wolynsk).

Der größere Teil des Südwestgebietes wird indessen von zwei anderen Gesteinsarten gebildet – den Cordierit-Granatgesteinen und der Charnockit-(Bugit-) Gruppe, welche anscheinend in engem Verbande miteinander stehen.

Die Granat-Cordieritgesteine bestehen aus Quarz, Feldspat, Cordierit, Granat und etwas Sillimanit. Die Textur ist z.T. richtungslos, geht aber in Paralleltextur über, welche sich bis zur Bildung von Granat-Cordieritschiefern (Kinzigiten) steigert. Sie werden von einem granitischen und hypersthen-granitischen Magma durchsetzt. LUTSCHIZKI sieht in diesen Gesteinen die Produkte der Einwirkung eines granitischen (oder charnockitischen) Magmas auf ein tonig-mergeliges Ausgangsgestein, während BESBORODKO darin einen besonderen Typus eines hybridisierten Granites (Tschudno-Berditschewgranit) zu erkennen glaubt. Diese Gesteine nehmen vor allem den Nordwestteil der besprochenen Zone ein und werden gegen SO immer mehr durch die Charnockit- oder Bugitserie ersetzt. Diese Hypersthengranite zeigen n. TKATSCHUK eine ziemlich weitgehende Differentiation, bei der zwei Zweige zu unterscheiden sind: 1. Orthoklasreihe = Monzonite (Quarzmonzonit und Mangerit); 2. Plagioklasreihe = Tonalite-Norite (Katabugit, Diorit,

Pyroxengranit und als sauerstes der Sabarowit, ein Natron-Adamellit). Im Verbande mit ihnen stehen Granat-Migmatite (Winnizite), die auch als Intrusionen des Charnockitmagmas in eine tonig-mergelige Serie aufgefaßt werden. Das Charnockit- (Bugit-) Magma selbst wird von LEBEDEFF durch Einwirkung eines gasreichen granitischen Magmas auf ein primäres gabbronoritisches Gestein angesehen. Möglicherweise zeigt die Intrusion der Charnockite (TKATSCHUK) folgende zonare Verteilung: Außen rosa Granite, Mitte Charnockite, innen basische Gesteine.

Die Charnockitserie wird jedenfalls von den Graniten vom Kirowsk- (Korostyschew-) Typus durchsetzt.

Im Osten, insbesondere im mittleren Teil des Asowschen Gebietes, treten die Biotitgneise zugunsten von Hornblendegneisen zurück, und es fällt der Reichtum an Metabasiten und deren Derivaten auf. Nach FELDMANN (1941) sind hier die ältesten bekannten Gesteine Gabbro-Peridetite, deren ursprünglicher Rahmen unbekannt ist und die infolge nachträglicher Metamorphose und Ultrametamorphose ihre Beschaffenheit stark verändert haben. Sie wurden zunächst von einem granitischen Magma injiziert, welches syntektonisch schieferungsparallel eindrang und sich dabei selbst durch Einschmelzung zu dioritischer Beschaffenheit hybridisierte; die Gabbro-Peridotite wurden hierbei verschiefert und in Metabasite, Amphibolite, Plagioklasamphibolite usw. umgewandelt. Diese erste Granitintrusion ist mit einer richtungsmäßig etwas abgedrehten Dislokationsphase verbunden und förderte einen aplitischen rosa Granit, welcher meist dünne Adern und kleinere Intrusivkörper bildet. Er ist weniger hybridisiert, liefert aber gelegentlich adamellitische und quarzsyenitische Gesteine, welche mit dem Shitomirtypus der Westukraine verglichen werden, während die rötlichen Varietäten dem Dnjeprtypus entsprechen. Auch hier kommt man also zu einer relativen Gleichzeitigkeit der Granite, welche sich nur durch den Grad der Hybridisierung unterscheiden. Das Magma dieser Phase war reich an fluiden Bestandteilen und brachte eine starke Veränderung der umgebenden Gesteine hervor: die Diorite wurden zu migmatitischen Hornblendegneisen umgewandelt, die Metabasite und Amphibolite unterlagen einer Veränderung in Aktinolith –, später in Anthophyllitgesteine, auch einer Chloritisierung, Epidotisierung und Verquarzung. Auch die Eisen-Quarzgesteine dieses Gebietes werden auf eine Metamorphose von Amphiboliten zurückgeführt, so daß primäre Sedimente hier überhaupt nicht vorliegen sollen, was indessen nicht sehr wahrscheinlich ist. Die O–W streichenden Diabasgänge des Gebietes sind jedenfalls nacharchäisch.

Danach könnte man (im wesentlichen nach BESBORODKO und LUTSCHIZKI) das Archaikum der Urkaine wie folgt gliedern (von den ältesten zu den jüngsten Serien):

I Älteste Paragneise (Biotitgneise) = Wolynische Gruppe,

II Orthogneise und Mischgneise von Dnjeprtypus,

III Teterew-Bugserie und Gabbro-Peridotite des Asowgebietes,

IV Intrusion der

1. Charnockite (Bugite), der Tschudno-Berditschew- (granatführenden) Granite, der später hybridisierten Granitdiorite des Asowschen Gebietes.
2. a) Der mittelkörnigen Antoniewsk-Shitomirgranite,
   b) Der porphyrartigen Kirow-Korostyschewgranite.

Die Phasen IV 2a und IV 2b könnten gleichaltrig sein. Unsicher bleibt die Stellung der rosa Granite im Dnjeprgebiet. Es besteht neuerdings bei einigen Autoren die Neigung (SOBOLEFF, POLOWINKINA), die ältesten Paragneise (Gruppe I) mit der Teterew-Bugserie zu identifizieren. Ihre Vergneisung würde dann in die Phase IV zu stellen sein, und die verändernden rosa Granite wären mit IV 2 gleichaltrig. Das würde der erwähnten Feststellung FELDMANNS im Asowschen Gebiet entsprechen. Ganz anders gliedert PJATNIZKI, welcher in vollkommener Umkehrung der hier angeführten Gliederung die Teterew-Bugserie als jüngstes gefaltetes Vorkambrium ansieht (nach Kriwoj-Rogserie), was indessen heute kaum noch Anklang finden dürfte.

Im jüngeren Präkambrium (Algonkium) der Ukraine kann man genau wie im Baltischen Schild eine ältere tektonisch beanspruchte und eine jüngere, ungefaltete bzw. ungepreßte Gruppe unterscheiden.

Zu der älteren Gruppe gehört vor allem die N–S streichende Sedimentmulde von Kriwoj Rog oder die Saksaganserie am gleichnamigen Fluß und am Ingulez, welche durch ihre Eisenerze berühmt geworden ist. Die Schichtenfolge wird n. SWITALSKI wie folgt gegliedert:

Hangende Gruppe: Dachschiefer, kohlige und bunte Tonschiefer, z. T. in feinkörnige Sandsteine übergehend, marmorisierte Kalke.

Erzgruppe: Eisenhornsteine (Jaspilite) mit Eisenerzflözen, 60–140 m. Chlorit-Hornblendeschiefer 105 m..

Liegende Gruppe: Talkschiefer mit Magnesit- und Calcitkristallen 2–21 m.

Phyllite, in Sandsteine übergehend, grobkörnige, z. T. konglomeratische Arkosen.

Basale Gesteine: Grünsteine (Diorit ? Diabas ?), Gneis und Granit.

Es handelt sich danach um einen klar gegliederten sedimentären Zyklus, bei dem die Phase größter Vertiefung anscheinend in die Ablagerungszeit der Erzgruppe fällt. Die hier verbreiteten Kieselgesteine wurden früher als Eisenquarzite bezeichnet, ein Ausdruck, der n. PJATNIZKI unzutreffend ist, da der Quarz nicht klastischer Herkunft ist, sondern sich in feinstkristalliner Form aus kolloidaler Kieselsäure ausgeschieden hat. Die begleitenden Erze sind vorwiegend Martit, in geringeren Mengen Hydrohämatit, Magnetit, Goethit und Siderit, wobei letzterer anscheinend nach der Tiefe zunimmt. Brauneisenerze treten besonders als Hutbildung, aber auch in einigen Lagen außerhalb der eigentlichen Erzfolge auf. Gegenüber der Ansicht von SWITALSKI, daß das Auftreten mehrerer Flöze auf tektonischer Wiederholung beruht, wird neuerdings wieder die Meinung vertreten, daß primär mehrere Flöze vorliegen. Was die Genese der Erze angeht, so sind die verschiedensten Ansichten vertreten worden; vermutlich hat KANIBOLOTZKI (1941) recht, wenn er auf das Zusammenwirken verschiedener Faktoren hinweist. Neben primär sedimentärer Anreicherung des Eisens haben Kontaktmetamorphose und hydrothermale Zufuhr nebst Metamorphose eine wichtige Rolle gespielt, und schließlich ist auch der Einfluß von oberflächlichen Faktoren und vadosen Wässern nicht ganz auszuschalten. Im Zusammenhang mit der Metamorphose und hydrothermalen Zufuhr ist es wichtig, daß neuerdings anscheinend drei Phasen von nachsaksaganischen Intrusionen nachzuweisen sind:

1. Die basalen Grünsteine (Epidiabase) sind nach TANATAR nicht eine primäre Unterlage, sondern entsprechen einer Intrusion auf der Diskordanz zwischen der Saksaganserie und ihrer Unterlage, eine Auffassung, die aber noch nicht allgemein anerkannt ist. Wichtig ist ein nachweisbarer Austausch von Alkalien und Eisen-Magnesia zwischen dem Grünstein und der Sedimentserie.

2. Granitintrusion. Neuerdings hat SEMENENKO (1940) mit guten Gründen wahrscheinlich gemacht, daß einige Granite am Westkontakt der Saksaganserie jünger als diese sein müssen. Sie können also an der Erzzufuhr beteiligt sein.

3. Zweifellos jünger sind die lange bekannten O–W streichenden Diabasgänge, mit denen TANATAR die Martitisierung der Erze in Zusammenhang bringt.

Eisenreiche Quarzgesteine sind in kleineren Vorkommen an verschiedenen anderen Stellen des Blockes gefunden worden (Korsak Mogila usw.). Ob es sich um gleichaltrige oder ältere Sedimente handelt, steht nicht immer fest.

Die jüngere, kaum metamorphe und kaum dislozierte Abteilung des Algonkiums, dem Jotnium des Baltischen Schildes vergleichbar, ist besonders im Nordwestzipfel des ukrainischen Blockes (Wolynien) verbreitet. Das sedimentäre Glied dieser Serie ist der Owrutschsandstein, ein grauer, gelegentlich auch rötlicher oder gelblicher quarzitischer Sandstein, welcher von Quarzporphyren, einem Granit (Osnitzkigranit) und Diabasen durchsetzt wird und sich damit als älteres Gestein dieser Gruppe dokumentiert. Er liegt flach oder ist höchstens in ganz schwache Falten gelegt.

Das Gabbro-Noritmassiv Wolyniens ist altersmäßig gegen den Owrutschsandstein nicht abzugrenzen, aber anscheinend älter als die noch zu besprechende granitische Gruppe. Nach POLKANOFF bildet es einen einfachen Pluton, der aber durch die nachfolgenden Granitintrusionen ganz aus seinem primären Rahmen herausgeschält wurde. Die Struktur ist gleichkörnig bis porphyrartig, die Textur fluidal, mit subparallel gestellten Einsprenglingen und ausgezogenen Schlieren, aber ohne Proto- und Kataklase. POLKANOFF unterscheidet einen Randkomplex (Gabbro, Gabbronorit, Norit, Gabbrosyenit, Labradorit in statu nascendi), mittel- bis feinkörnig, am Rande porphyrartig und einen Zentralkomplex (Gabbro, Gabbronorit, Leukogabbro, Labradorit) mit riesenkörniger Struktur. Im allgemeinen scheint der Zentralkomplex einen jüngeren Nachschub zu bilden (disharmonisches Verhalten der Texturen und Intrusivkontakte beider Komplexe), doch treten auch allmähliche Übergänge bei harmonischem Verhalten der Texturen auf. Die Textur ist im Kern vorwiegend massig, im Randkomplex häufig fluidal mit subparallelem Schlierenbau, aus dem sich die großzügig einfache innere Tektonik ableiten läßt. Die Textur streicht NNW–NW und bildet stellenweise deutlich ein flaches Gewölbe mit Kern aus der Zentralgruppe, während anderwärts ein flaches Fallen nach NO durch das ganze Massiv vorherrscht. Entsprechend läßt sich beobachten, daß der Zentralkomplex teils unter dem Randkomplex liegt, teils aber denselben durchbricht.

Einer späteren Phase gehört die sehr reichhaltige Gangbildung des Gabbromagmas an – Gabbrodiabase, Gabbrosyenite, Quarz-Gabbrosyenite, granitoide Gänge. Die Gänge streichen NO (vereinzelt, dünn) und NW (häufiger und dicker). Die Differentiation, besonders im Schlierenbau festgehalten, erfolgte anscheinend während des Aufstieges und war durch diesen bedingt (Bewegungsdifferentiation).

Unter den jüngeren granitischen Intrusionen kann man die Rapakiwimassive (mit Orthoklasovoiden, granophyrischer Struktur usw.) und rote porphyrartige Granite (Korostentypus) unterscheiden. Beide sind anscheinend ziemlich gleichaltrig. Mit den Granitintrusionen sind auch Gänge verschiedener Art (Granophyre, Quarzporphyre, Orthophyre, Porphyrite) verknüpft, wobei aber zu bedenken ist, daß hier basaltische Magmen noch in viel späterer Zeit zum Austritt kamen (Kreide und Tertiär). Immerhin scheinen hier wie auch bei Kriwoj Rog Olivindiabase das jüngste vorkambrische Gestein zu bilden.

Ein weiteres großes Rapakiwigranitmassiv, ebenfalls mit Gabbronoriten verknüpft, befindet sich weiter im SO, bei Korsun südlich von Kanew. Allen diesen jüngsten vorkambrischen Intrusionen ist das Fehlen von Pressungserscheinungen im Gefüge, also eine posttektonische Kristallisation gemeinsam.

2. Tektonik

In den Grundzügen entspricht die vorgebrachte Gliederung in eine gefaltete und z. T. migmatisierte ältere Serie, eine gefaltete und schwächer metamorphe jüngere Gruppe und eine kaum gefaltete und kaum metamorphe jüngste Serie der skandinavischen Gliederung in Svionium, Karelium und Jotnium, mit den zwei Tektogenesen der Svekofenniden und Kareliden. Ob innerhalb der älteren Serie zwei tektonische Hauptphasen zu unterscheiden sind (Bug- und Dnjeprdiastrophismus Soboleffs) oder ob diese zusammenfallen, aber vielleicht noch früher in einer ältesten Phase ein Teil der Biotitgneise geprägt wurde (marealbidisch?), ist zur Zeit nicht zu entscheiden. Jedenfalls sind die zwei zeitlich unterscheidbaren Hauptphasen im tektonischen Typus und auch in der Richtung verschieden.

Die ältere Phase hat alle typischen Merkmale einer fließenden Tiefentektonik. Zwar ist das vorherrschende Streichen NW (parallel der späteren Umgrenzung des Blockes), aber es zeigen sich häufige Ablenkungen, die, wie Lutschizki bemerkt, mit den Granitintrusionen zusammenhängen. So zeigt sich oft das Bild von Granitkuppeln mit grobem, richtungslos-körnigem Kern und Säumen von geschiefertem Granit, der durch migmatitische Gesteine mit den Rahmengneisen verknüpft ist, ein Bild, welches aus der sveko-

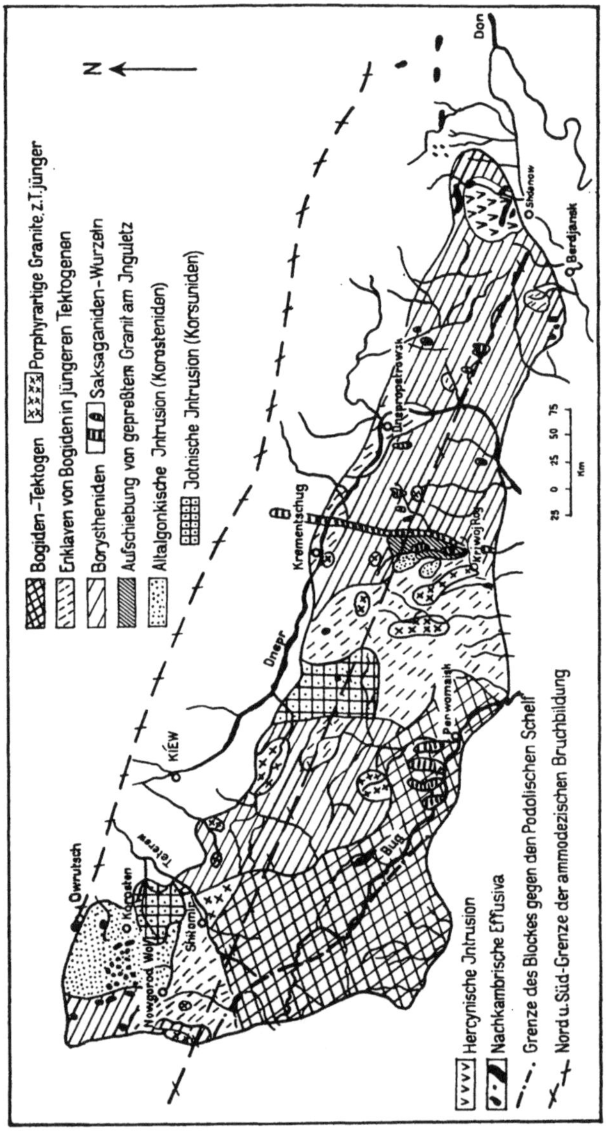

Abb. 73. Tektonische Gliederung des Ukrainischen Blockes. Nach Soboleff.

fennischen Zone Skandinaviens gut bekannt ist. Statt normaler Faltung ist also eine fließende Deformation palingenetischer und neuintrusiver Magmen vorherrschend, wobei das primäre Gerüst und Dach durch Einschmelzung und nachträgliche Abtragung weitgehend verlorengegangen ist (Abb. 72).

Wenn nun auch, trotz mancher örtlicher Abweichungen, ein NW–SO-

Streichen durchaus überwiegt, so läßt sich doch daneben auch eine gewisse, mehr regional verteilte Großverbiegung erkennen.

So ist im NW, in Wolynien, das Streichen der älteren Serie vorwiegend NO; es lenkt dann im mittleren Stück (Kiew–Perwomaisk) in NW–SO bis W–O ab, zeigt dann aber weiter im Osten (Kriwoj-Rog und Dnjeprtal) häufig eine Umbiegung in N–S, und zwar, wie ausdrücklich zu betonen ist, auch schon in den älteren, „vorsaksaganer" Gesteinen, so daß eine alte Anlage der Kriwoiroger Muldenzone (s. unten) keineswegs ausgeschlossen erscheint. Östlich vom Dnjeprdurchbruch wird dann (Lutschitzki nach Milai) eine Art verbogener Großantiklinale in den Gneisen angegeben, welche aus N- und NNW-Streichen im NW in WNW-Streichen im SO übergeht, also gleichsam einem Zurückbiegen aus der Kriwojroger Transversalzone in das normale Generalstreichen entspricht. In den mittleren Teilen des Asower Blockabschnittes gibt dann Feldmann ein älteres NNW-Streichen an, welches später durch O–W, dann durch NW–SO abgelöst wird. Faßt man diese

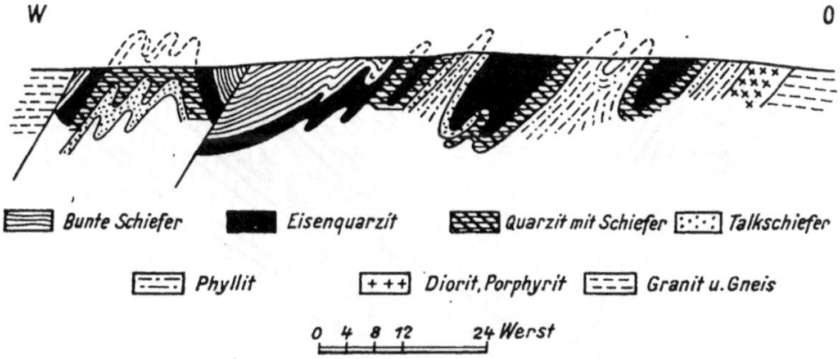

Abb. 74. Profil durch die Kriwoj-Rog-Zone. Nach Switalski, 1924.

Angaben zusammen, so scheint das ältere Gerüst eine doppelte sigmoidale Verbiegung aufzuweisen, dessen Strukturfugen auch in späterer Zeit noch maßgebend sind. In diesem Zusammenhang ist es bemerkenswert, daß Lutschitzki für eine spätere, aber noch vorkambrische Zeit eine Transversalverschiebung von Blockteilen gegeneinander etwa in der Zone Perwomaisk–Krementschug annimmt, durch welche der NW-Teil des Blockes gegenüber dem Südostteil nach SW verschoben wurde. Diese meridionale bis NO streichende Querrichtung kommt dann in der späteren nachkambrischen Tektonik und noch in der Anordnung der Flüsse mehrfach zur Geltung. Darauf wird noch zurückzukommen sein.

Die meridionale Richtung ist aber dann vor allem für die lange Muldenzone der jüngeren (algonkischen) Saksaganserie bezeichnend, welcher die Erze von Kriwoj Rog angehören.

In der Grundgestalt handelt es sich um ein zwischen älteren Gneisen und Graniten eingeklemmtes Synklinorium, welches von Westen aus vom Gneis-Granit überschoben wurde und eine feinere Isoklinalfaltung zeigt, auch mit Vergenz nach Osten. Die Achse des Synklinoriums ist im mittleren Stück nach Norden geneigt, so daß es gegen Süden in die Luft ausstreicht.

Nach der Darstellung von SWITALSKI wurde unter Annahme des Vorhandenseins von nur einem Eisenerzflöz eine mehrfache Überkippung und Verschuppung der Serie angenommen, durch welche das Flöz repetiert an die Oberfläche gelangt. Nach neuerer Darstellung von KANIBOLOZKI (1941) bestehen indessen fünf Hauptflöze, und es lassen sich danach im mittleren Teil des Reviers von W nach O folgende Hauptelemente unterscheiden:

1. Aufschiebung der archäischen Granite mit Förderweite von einigen 100 Metern.
2. Lichmanowskantiklinale, im wesentlichen symmetrisch gebaut, aber z. T. durch die oben genannte Aufschiebung abgeschnitten.
3. Westliche Hauptsynklinale (zweigeteilt), auch symmetrisch aufgebaut, d. h. nicht überkippt.
4. Antiklinale Aufschiebungszone.
5. Östliche Hauptsynklinale, nach Osten überkippt.
6. Archäische Unterlage.

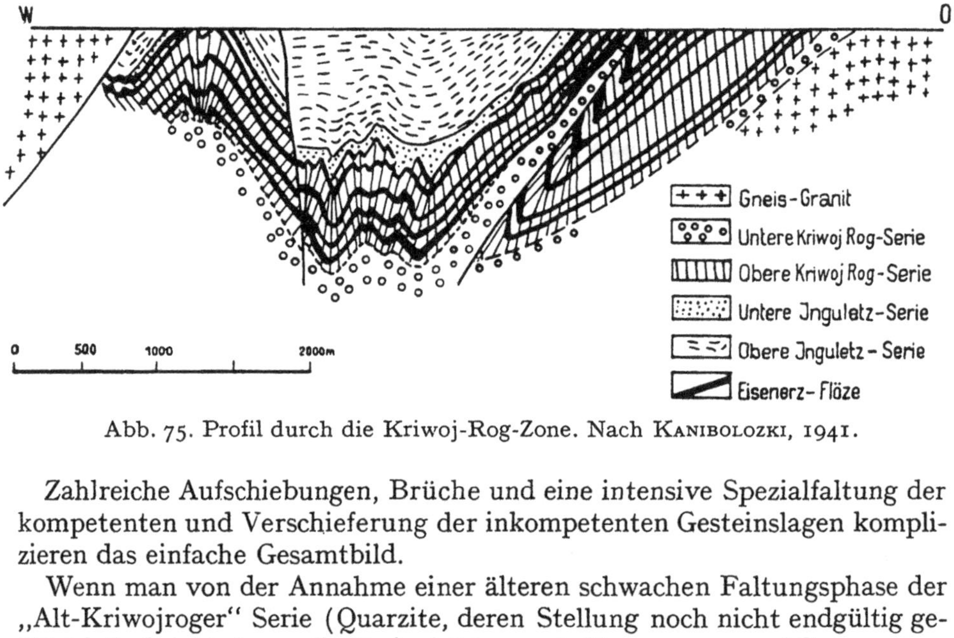

Abb. 75. Profil durch die Kriwoj-Rog-Zone. Nach KANIBOLOZKI, 1941.

Zahlreiche Aufschiebungen, Brüche und eine intensive Spezialfaltung der kompetenten und Verschieferung der inkompetenten Gesteinslagen komplizieren das einfache Gesamtbild.

Wenn man von der Annahme einer älteren schwachen Faltungsphase der „Alt-Kriwojroger" Serie (Quarzite, deren Stellung noch nicht endgültig geklärt ist) absieht, kann die Ereignisfolge nach KANIBOLZKI und SEMENENKO wie folgt dargestellt werden:

1. Isoklinalfaltung, verknüpft mit Aufschiebungen und einer ersten Metamorphose. Klüftigkeit auf Grund schichtparalleler Gleitungen, die auch eine linsenförmige Zerlegung der Hornsteine (Boudinage) hervorrufen. Vielleicht fällt in diese Phase die Intrusion der basalen Grünsteine. Nach KANIBOLOZKI liegt diese Phase zwischen der Ablagerung der Erzfolge und der hangenden Serie, was indessen wohl nicht sicher ist.

2. Hauptfaltung. Bildung der offenen (nicht isoklinalen) Haupt- und Klein-

falten des Gebietes, d. h. der Grundzüge des heutigen Baues. Diese Faltung ist mit der Intrusion der Granite und einer intensiven Metamorphose verknüpft. Bildung der Längsklüftung (Schubklüfte) und Gleitschieferung.

3. Phase der Querdeformation verbunden mit Quer- und Diagonalspalten und mit der Intrusion der Diabasgänge.

4. Phase der großen randlichen Aufschiebungen, verknüpft mit einer schieferungsparallelen Absonderungsklüftung, welche eine Plattigkeit der schon gefalteten Gesteine schafft. Ob die Phasen 3 und 4 tatsächlich zu trennen sind, mag dahingestellt bleiben.

Das Synklinorium von Kriwoj Rog wird gewöhnlich als die Wurzel eines Faltenstranges (Saksaganiden) aufgefaßt, deren übrige Ketten durch Erosion fast restlos entfernt worden sind; letzte Spuren solcher Wurzeln könnten noch an weiteren Stellen (Korsak-Mogila und anderen) vorliegen, sofern es sich dort nicht um ältere Gesteine handelt. Es ist indessen darauf hinzuweisen, daß die Erhaltung des Streifens auch mit der Lage an einer präexistierenden Schwächezone innerhalb des älteren versteiften Dnjepr-Bugorogens zusammenhängen könnte, einer Schwächezone, die während der älteren Tektogenese den Charakter einer Transversalverschiebung, nunmehr aber den einer streichenden Längsfurche hatte. Das Bild ist demjenigen der eingeklemmten algonkischen Sedimentstreifen (Gothiden) am Rande des westschwedischen, z. T. überschobenen Eisengneismassives auffallend ähnlich.

Es sei noch darauf hingewiesen, daß die Kriwoj-Rogserie oder die Saksaganiden (Soboleff) in der nach Sedimentbestand, Metamorphose und tektonischem Charakter ähnlichen Kursker Erzserie des Blockes von Woronesh fortsetzen dürften. Das Streichen ist dort aber nach NW abgedreht.

Die jüngsten jotnischen Gesteine des ukrainischen Vorkambriums liegen im Westen, d. h. im Rücken der Saksaganiden. Dementsprechend haben ihre Sedimente (Owrutsch) und Eruptiva (Gabbronorite, Rapakiwi, Korostengranite und deren Ganggefolgschaft) den Charakter von Innensenkenfüllungen. Die Deformation ist schwach, doch zeigt sich an den Gabbronoriten n. Polkanoff deutlich eine Pressung in ONO–WSW bis NO–SW (NNW- bis NW-Streichen), und ähnliches scheint auch für das östlicher gelegene Rapakiwimassiv von Korsun zu gelten.

II. DIE NACHALGONKISCHE ENTWICKLUNG

1. Stratigraphie und Epirogenesis

Während am NO-Rand des Asow-Podolischen Blockes die jüngere Schichtenfolge erst mit dem Oberdevon beginnt, kann im Westen und Süden schon vorher eine wechselvollere Geschichte beobachtet werden. Der podolische und galizische Anteil des Blockes waren im Obersilur und Unterdevon versenkt, und auch im Jungtertiär kamen die südlichen und westlichen Teile unter Wasser.

In der altpaläozoischen Transgression kann ein Analogon zum Baltischen Schilde gesehen werden; nur ist zu betonen, daß diese Überflutung später einsetzte und länger angehalten hat. Wie weit sie nach Norden und Osten übergriff, läßt sich heute, nach erfolgter Abtragung im kristallinen Gebiete, schwer entscheiden, doch ist anzunehmen, daß die nördlichen Teile des Blockes stets höher gelegen haben; das geht schon aus der flachen Fazies des Altpaläozoikums hervor.

Über dem Präkambrium liegt eine sehr mächtige (einige 100 m) kontinentale Folge, deren Alter infolge Fehlens von Fossilien nicht feststeht. LUNGERSHAUSEN bezeichnet sie (1939) als Mogilewserie. Sie besteht im wesentlichen aus Arkosesandsteinen, deren Komponenten deutlich die Herkunft des Detritus aus dem Kristallin von podolischem Typus zeigen. Dabei muß das Erosionsgebiet im Süden, an der Stelle der heutigen Schwarzmeersenke gelegen haben, und der Materialstrom ging nach Norden, wie aus der Schrägschichtung zu entnehmen ist und auch aus der Verteilung der Fazies. Diese und die Frische des detritischen Materials sprechen für ein kaltes, nach LUNGERSHAUSEN vielleicht sogar glaziales Klima in jener Zeit.

Heute lassen sich innerhalb der Mogilewserie drei Abteilungen unterscheiden. Die untere (Oltschadaeff) liegt unmittelbar auf dem Kristallin und zeigt zwei Faziesgürtel. Die südliche Fazies besteht aus Geschiebebrekzien oder Fanglomeraten mit tonig-sandigem Zement; die kristalline Unterlage ist durch große Kessel ausgezeichnet, in denen oft Riesengerölle bis 70 cm Durchmesser liegen. Die nördliche, peripherische Fazies besteht aus schräg geschichteten, grobkörnigen (fluvioglazialen?) Arkosen mit Geröllhorizonten und Sandstreifen vom Typus der Sandwellen amerikanischer Geologen, die bei größter Stromgeschwindigkeit entstehen.

Die mittlere (Lomosoff) Abteilung der Mogilewserie zeigt auch zweierlei Fazies: im Süden fluviatile Sande, im Norden feinkörnigere Seeablagerungen. Unter Annahme einer glazigenen Entstehung muß man voraussetzen, daß in diesem Stadium das Eis südwärts zurückgewichen war, und daß im Norden eine Barre entstand, welche die Schmelzwässer aufstaute.

Die Arkosen der oberen Abteilung (Jampol) haben den Typus normaler Alluvionen; charakteristisch sind in den obersten Plattensandsteinen Sandblasen, welche oft dichtgedrängt die Schichtflächen bedecken; sie sind wohl sicher anorganischer Herkunft und in statu nascendi an den Flachufern der russischen Ströme auch heute zu beobachten. In Galicja (Galizien) und Westpodolien entsprechen der Mogilewstufe die Arkosen und Schiefer von Horodiscze (n. SUIKOWSKI).

Das Alter der Mogilewstufe ist natürlich unbestimmt; sie wird oben von einer vorzüglich ausgebildeten Verwitterungsrinde von braunroter und schwarzer Farbe abgeschlossen, über der die marinen Bildungen der hangenden ordovizischen Uschitzkiserie lagern. Auch wird sie von Spalten durchsetzt, die nicht in die hangende Serie fortsetzen.

Die hangende Uschitzkiserie besteht aus violetten und grünen monotonen tonigsandigen und serizitischen Schiefern, die in Ostpodolien 280 m, im Westen 500–700 m mächtig sind und mariner Herkunft sein dürften. In Galicja (Galizien) entsprechen diesen Schichten die Arkosen und Tone von Ostrog und die phosphorithaltigen Schiefer und Sandsteine von Chocin (n. SAMSONOWICZ). Am rechten Dnjestrufer liegt die Folge unmittelbar dem Kristallin auf; hier hat VASCAUTZANU folgende Gliederung durchgeführt (von oben):

5. Sandstein von Molodova, dickbankig, grau; Fauna s. unten.
4. Schiefer von Naslavcea, braun und grün, mit Phosphorit und bituminösen Lagen.
3. Sandstein von Atachi, schieferig, mit Komponenten des Liegenden, mit Hieroglyphen und Kreuzschichtung, z. T. nur Randfazies von 4.
2. Grüne, tonige glaukonitische Schiefer.
1. Sandsteine von Cosauti, hellgrau, unten mit granitischen Arkosen.

1–3 sind fossilleer; sie entsprechen n. VASCAUTZANU dem Tremadoc bis Llandeilo; 4 wäre nach ihm Caradoc, entsprechend dem C (Kukkers) des Baltikums; 5 oberes Caradoc bis Ashgill (D bis F_2 des Baltikums). In 5 (Molodovasandstein) ist folgende Fauna vorhanden:

Favosites fibrosa, Streptelasma europaea, Thecia confluens, Thalograptus cf. *ramulus, Esthonipora communis, Palaeocystites bessarabianum, Scolithus, Pholidops* cf. *antiquata, Philhedra mitrata, Orthis calligramma, Dalmanella testudinaria, D. elegantula, Platystrophia biforata, Pl. chama, Plectambonites transversalis, Strophomena imbrex, St. corrugatella, St. asmussi, St. retroflexa, St. semipartita, Modiolopsis incrassata, Goniophora cymbaeformis, Sinuites bilobatus, Murchisonia rudis, Holopea simplex, H reticulata, Cyclonema* cf. *inaequistriatum, Worthenia esthona, Megalomphala contorta, Temnodiscus accola, Trochonema* cf. *perlatum, Ormoceras* cf. *vertebratum, Discoceras antiquissimus, Dawsonoceras annulatum, Asaphus* sp., *Chasmops maximus, Ch. wesenbergensis, Ch. marginatus, Ch. nieszkowskii, Lichas affinis, L. eichwaldi, L. laciniatus, Platylichas cicatricosus, Pl. planifrons, Calymene pulchra, Illaenus angustifrons, I. roemeri, Proetus* cf. *modestus, Pterygometopus.*

Diese Fauna ist ausgesprochen baltisch; zu Böhmen bestehen weniger Beziehungen.

Es scheint mir nicht ganz ausgeschlossen, daß die Mogilewstufe dem 1–3 der Folge am Dnjestr entspricht, wenn sie auch im allgemeinen als älter (Kambrium bzw. Eokabrium) angesehen wird. Jedenfalls beginnt im Tremadoc die Transgression, welche dann zu einer Vertiefung des Podolischen Beckens führt. Die grünen Schiefer zeigen eine weite Verbreitung bis zum Karpathenrand (Blöcke im Flysch), zur Dobrudscha und vielleicht nach Kleinasien. Später beginnt wieder eine Regression und eine Reduktion des Beckens. Da das höhere Orodivizium im polnischen Mittelgebirge und in der Dobrudscha fehlt, bestand wohl nur eine Verbindung nach N zum Baltikum. In takonischer Zeit wurde das Becken zu einem Golf oder sogar zu einer Lagune. Dann erst begann wieder eine Transgression nach Süden. Am Horynfluß liegen auf dem Ordovizium trachytische Tuffite und bunte Arkosen, die von Decken von Basalt und Dolerit überlagert sind. Die Stellung dieser Decken ist noch umstritten; sie werden von Kreide überlagert und wurden bisher für kretazisch angesehen; SUIKOWSKI will (1939) neuerdings darin Zeugen eines ordovizischen Vulkanismus sehen, SAMSONOWICZ (1936 und 1939) Ausfüllungen einer permischen (rotliegenden) Senke.

Das Gotlandium am Süd- und Westrand des Podolischen Massivs weist einen nicht unerheblichen Fazieswechsel auf, woraus zu erklären ist, daß die Gliederungen im ukrainischen, polnischen und moldauischen Gebiet noch gewisse Unstimmigkeiten aufweisen. Am besten geht man von dem am eingehendsten begründeten Gliederungsschema von VASCAUTZANU aus, dem auch die Faunenzusammenstellungen entnommen seien. Wir beginnen von unten:

6. Schichten von Resteu. Graue Tone und Kalke, mit Lagen von bituminösem Schwarzkalk. In Ostpodolien (LUNGERSHAUSEN) K_1-Kalksandsteine mit *Orthis elegantula, Orthoceras* und Bandalgen und K_2-tonige Sandsteine mit Konglomeratlagen, z. T. fehlend. Valentium, 6–7 Norwegens, G–H des Ostbaltikums.

Fauna: *Hallia mitrata, Favosites gotlandica, Halysites catenularia, Heliolites interstinctus, Dinorthis porcata, D. rustica, Orthis* cf. *bouchardi, Rhipidomella hybrida, Dalmanella elegantula, Bilobites biloba, Strophomena* cf. *interstrialis, St. compressa, St. antiquata, Platystrophia biforata, Wilsonia davidsoni, Leptaena rhomboidalis, Plectambonites transversalis, Pl. 5-costata, Pl. aequalis, Triplecia insulans, Atrypa marginalis, A. imbricata, A. hemisphaerica, Cyrtina* cf. *biplicata, Cyrtia exporrecta, Platyceras cornutum, Loxonema* cf. *sinuosum, Subulites, Globospira pillula, Sinuites* cf. *bilobatus, Nucula triangularis, Acidaspis coronata, Calymene blumenbachi, C. spectabilis, C. intermedia, Proetus stockesi, Encrinurus punctatus, Sphaerexochus* cf. *mirus.*

7. Untere Korallen- und Brachiopodenkalke. Kalke und Mergel mit kompakten Kalkbänken, seltener ungeschichtete Kalke. Starker Fazieswechsel zwischen Brachiopodenmergeln mit Strophomeniden und Atrypiden und Korallenkalken mit *Favosites.* In Ostpodolien entspricht diesen Schichten der I. Horizont nach WENJUKOFF, nach LUNGERSHAUSEN K_3–K_4 dunkle Kalke mit Tonschiefern, K_5 Korallenkalke, K_6 Mergelkalke mit Strophomena. Es ist unteres Salopium (Wenlock), I des Ostbaltikums, 1–5 von Gotland, 8 von Norwegen.

Fauna: Gesperrt die auch in den oberen Korallen-Brachiopodenschichten (9) auftretenden Arten: Brachiopodenfazies: *Atrypa grayi, A. thisbe, A. insolita, A. imbricata, A. hemisphaerica, Daya navicula, Hindella* cf. *umbonata, Athyris depressa, Merista hecate, Glassia obovata, Sieberella sieberi, Pentamerus linguiferus, Strophomena studenitzae, Dictyonella capevelli, Rhipidomella hybrida, Spirifer robustus, Sp. togatus, Dalmanella elegantula, Gipidula galeata, Wilsonia davidsoni, W. sphaerica, Retzia barrandei; Aulacophyllum mitratum, Pterinea concentrica, Nucula* cf. *triangularis, Cypricardinia squamosa, Trochus wisbyensis, Poleumites discors, Platyceras cornutum, Loxonema sinuosum, Globospira* cf. *pillula, Dalmania* cf. *caudata, Calymene spectabilis, Bumastus barriensis.*

In beiden Fazies: *Atrypa reticularis, A. marginalis, A. thetis, Merista passer, Glassia compressa, Strophonella euglypha, Leptaena rhomboidalis, Spirifer crispus, Sp. elevatus, Cyrtia exporrecta, Schelwienella praeumbracula*, *Plectambonites transversalis*, *Favosites gotlandica*, *F. forbesi*, *Halysites catenularia*, *Heliolites interstinctus*, *Stromatopora*, *Ambonychia striata*, *Mytilus parens*, *Cypricardia squamosa*, *Dawsonoceras annulatum*, *Proetus concinnus*, *Encrinurus punctatus*, *Calymene tuberculata*, *Acidaspis coronata*, *Sphaerexochus mirus*, *Illaenus bouchardi*.

In der Korallenfazies: *Favosites hisingeri*, *Cyathophyllum pseudodianthus*, *C. pseudoceratites*, *C. articulatum*, *Ptychophyllum truncatum*, *Aulacophyllum mitratum*, *A. angelini*, *Rhizophyllum gotlandicum*, *Holmophyllum holmi*, *Pilophyllum munthei*, *Cystiphyllum cylindricum*, *Palaeocyclus porpita*, *P. fletscheri*, *Nicolsonella curta*, *Syringopora bifurcata*, *S. serpens*, *Pachypora lamellicornis*, *Aulopora* cf. *repens*, *Leperditia hisingeri*, *L. phaseolus*, *Beyrichia*, *Phacops* cf. *latifrons*, *Labechia conferta*, *Dictyostroma undulatum*, *Coenostroma discoidium*, *Clathrodictyon striatellum*; *Crotalocrinus*, *Cornulites serpularis*, *Batostoma*, *Archaeopora*, *Monticulipora*, *Fistulipora*, *Coenites repens*, *Atrypa linguata*, *Camarotoechia bidentata*, *Witfieldia didyma*, *Spirifer schmidti*, *Pleurotomaria alata*, *Euomphalus orinini*, *Murchisonia*.

8. Schichten von Hotin. Hellgraue Mergelkalke und schieferige Kalke, z. T. bituminös und dann dunkler, z. T. dolomitisch. VAZCAUTZANU unterscheidet zwei Horizonte:

Unten dolomitische Kalke mit *Chonetes*, *Atrypa reticularis*, *Wilsonia*, *Leptaena rhomboidalis*, *Camarotoechia nucula*, *Retzia baylei*, *Spirifer elevatus*, *Leperditia*, *Pterinea*.

Oben dunkle Mergelkalke mit *Eurypterus fischeri*, *Leperditia tyraica*, *L. phaseolus*, *Chonetes striatella*.

Der untere Horizont ist vielleicht nur der obere Teil von 7, d. h. Oberwenlock, 5–6 von Gotland, oberer Teil von I im Ostbaltikum. Der obere liegt z. T. direkt auf 7 und dürfte schon dem unteren Ludlow, 7–8 von Gotland, K_1 des Ostbaltikums entsprechen. In Ostpodolien ist es der II. Horizont WENJUKOFFS, n. LUNGERSHAUSEN K_7–K_8; hier herrschen Crinoidenkalke, z.T. durch dolomitische Schiefer mit *Eurypterus* ersetzt. In Nordgalizien gehört dazu der untere Teil der Skalaschichten (Kalke von Skala und Mergel von Dzwingorod).

9. Obere Korallen-Brachiopodenschichten. Im O vorwiegend Mergel mit Brachiopoden und Schnecken, im W kalkig mit Korallen. Es ist oberes Salopian, d. h. oberer Teil des Unterludlow, unteres K_2, des Ostbaltikums, mittleres 9 Norwegens, der untere Teil des III. Horizontes von WENJUKOFF, bzw. K_9–K_{11} von LUNGERSHAUSEN in Ostpodolien, der höhere Teil der Skalafolge in Galicja (Galizien) (Schichten von Tajna).

Fauna: *Heliolites decipiens*, *Cyathophyllum* aff. *manipulatum*, *Acervularia ananas*, *Microplasma gotlandicum*, *Acanthocyclus catinulus*, *Rhizophyllum gotlandicum*, *Aulopora serpens*, *Thecia swinderenana*, *Stromatopora* cf. *constellata*, *Clythrodictyon striatellum*, *Spirorbis* sp., *Tentaculites annulatus*, *T. ornatus*, *Cornulites serpularius*, *Fistulipora* aff. *corticea*, *F.* cf. *clavifrons*, *Monticulipora* aff. *fletscheri*, *Camarotoechia nucula*, *C.* aff. *ancylians*, *C.* aff. *transuralica*, *C. wilsoni*, *Atrypa linguifera*, *A. prunum*, *Meristella tscherny-*

schewi, Meristina tumida, Plectambonites transversalis, Chonetes striatella, Ch. dniestrensis, Dalmanella canaliculata, D. crassa, Spirifer magnus, Cyrtia exporrecta, Pteronitella retroflexa, Pterinea migrans, Mytilus cuneus, Cypricardinia silurica, C. aff. *quadraria, Nucula* sp., *Ilionia prisca, Pleurotomaria planorbis, P. alata, Pl. lloidi, Bellerophon taenia, B.* aff. *sphaera, B.* aff. *uralicus, Horiostoma globosum, Murchisonia compressa, M.* aff. *demidoffi, Lophospira* cf. *bicincta, Orthoceras* sp., *Leperditia tuberculata, Aecmina bovina, Encrinurus obtusus, Acaste downingiae.*

10. Schichten von Ruhotin. Tonige graue Mergel, oben dunkle Tonmergel mit dünnplattigen Kalken.

Fauna: *Atrypa reticularis, A. thetis, A. thysbe, A. linguata, Daya navicula, Merista hecate, Camarotoechia* aff. *princeps, C. tarda, C. nucula, C. hebe, Retzia salteri, Spirifer elevatus, Sp. musca, Sp.* aff. *superstes, Sp. aculeatus, Sp. schmidti, Barrandella linguifera, B. sublinguifera, Conchidium knighti, Leptaena rhomboidalis, Chonetes striatella, Dalmanella canaliculata, D. elegantula, Orthis canalis, Dinorthis* cf. *rustica, Glassia obovata, Nucula triangularis, Grammysia rotundata, Aviculopecten reticularis, Pterinea* sp., *Platyceras cornutum, Pl. disjunctum, Horiostoma heliciforme, Pleurotomaria* aff. *cirrhosa, Tentaculites annulatus, Orthoceras pieteti, O. davidsoni, Dalmania caudata, Beyrichia inornata.*

Nach VASCAUTZANU ist es oberstes Salopian (oberes Unterludlow) bzw. Aymestrykalk von Shropshire; auf Gotland entsprechen dieser Schicht die Ekemergel (9), im Ostbaltikum der mittlere Teil von K_2, in Norwegen der höhere Teil der Etage 9, in Böhmen die Kalke von Dlouhá Gora. In Galicja (Galizien) wäre diese Abteilung der Stufe von Borszow vergleichbar, in Podolien etwa den Schichten K_{12}–K_{13} von LUNGERSHAUSEN, bzw. ein Teil des III. Horizontes von WENJUKOFF.

Die höheren Stufen sind nur im Westen bekannt (Bukowinischer Komplex) und zeigen eine starke Differenzierung mit Übergang zu einer kontinental-lakustrischen Fazies. VASCAUTZANU unterscheidet zwei Stufen, die sich aber teilweise ersetzen dürften:

11. Onutschichten. Im östlichen Teil sind es graugrüne Tone mit kalkigen Zwischenlagen, welche fossilreicher sind. Im Westen liegen an der Basis kompakte Kalke, darüber Tonschiefer, welche in sandige Mergel und rote Sandsteine der höheren Stufe übergehen.

Die unregelmäßig verteilte, auch stratigraphisch und faziell uneinheitliche Fauna enthält folgendes:

Spirophyton; *Favosites hisingeri, Tentaculites ornatus, T.* cf. *tenuis, T.* cf. *annulatus, Monotrypa, Cyclotrypa, Atrypa thetis, Camarotoechia tardu, C. daphne, C. confinis, C. carens, Spirifer elevatus,* var. *inchoans* und andere, *Sp. togatus, Sp. laeviplicatus, Sp. orphanus, Dalmanella canaliculata, D. elegantula, D. gervillei, Orthis praecursor, Plectodonta mariae, Stropheodonta phillipsi, Strophonella dutertrii, Mutationella podolica, Podolella rensselaeriensis, Lingula lowisii, L. cornea, Orbiculoidea rugata, Schizophoria fragilis, Pteronitella retroflexa, Aviculopecten reticulatus, Sanguinolites decipiens, Gram-*

mysia cingulata, Gr. podolica, Gr. complanata, Cucullella aff. *tenuiarata, C. cultrata, C. ovata, Orthonota solenoides, Pterinea* aff. *ventricosa, Nucula* sp., *Bellerophon* aff. *megalomphalus, Pleurotomaria claustrata, Platyceras disjunctum, Cyrtoceras* aff. *nuntius, C. formidandum, Orthoceras explanens, O. grave, O. roemeri, Primitia concinna, Aparchites oblongus, Leperditia tyraica, Beyrichia inornata, B.* cf. *podolica, B.* cf. *buchiana, B. wilckensiana, Dalmania caudata, Dechenella rugulosa, Proetus* cf. *signatus, Homalonotus* aff. *delphinocephalus, Eurypterus, Pterygotus, Palaeaspis simionescui, Cyathaspis sturi, Pteraspis rostratus, Pt. kneri, Pt. podolicus.*

Die Verteilung ist so, daß im Westen die Krustazeen-Cephalopoden-Korallen-Fazies, im Osten die Brachiopodenfazies vorherrscht. Im Gegensatz zu den tieferen Schichten treten neben nordischen auch mediterrane und lokale Elemente in größerer Menge auf. Eine Detailgliederung ist kaum möglich. Die Fauna trägt z. T. silurisch-devonischen Übergangscharakter. Im wesentlichen entspricht sie dem oberen Ludlow (Downton), dem obersten K_2 des Ostbaltikums, 10–12 auf Gotland, oberen 9 bis unteren 10 Norwegens. In Galicja (Galizien) entsprechen dieser Abteilung die bunten Schiefer mit Kalkbänken im W, die grauen Schiefer mit Strophomena im O (n. Siemiradzki).

12. Die Sandsteine von Babin sind bunte tonige und sandige Schichten mit sandigen Mergeln, Wellenfurchen und Insolationskrusten, n. Vascautzanu äolische, aber subaquatisch abgelagerte Sedimente eines Trockenklimas. Die Sandsteine führen: *Cyathaspis* aff. *sturi, Pteraspis rostratus, P. major, P. latifrons, P. kneri, Cephalaspis heintzi, C. bucovinensis, Auchenaspis sp., Phlictenaspis sp., Spirophyton* cf. *eifelensis.* Die Tone: *Lingula cornea, Mutationella podolica, Leperditia tyraica, Beyrichia sp.*

In Galicja (Galizien) ist die Abteilung ähnlich ausgebildet, d. h. im Westen sind bunte schieferige Sandsteine (Pteraspisbank), im Osten Schiefer mit Kalkalgen oder Tone mit Beyrichien vorherrschend. Stratigraphisch ist es wohl noch dasselbe Niveau wie 11, d. h. Oberludlow (Downton), mit dem die Folge durch Übergänge verbunden ist.

Im Hangenden liegt typischer Altrotsandstein (m. *Coccosteus* und *Glyptolemus*) oder bunter Schiefer mit *Cucullella* oder in Galicja (Ostgalizien) Mergel und Kalk mit Unterdevonfauna:

Anarcestes podolicus, Leptodomus laevis, Edmondia podolica, Arca decipiens, Nucula lineata, N. plicata, Cucullella tenuiarata, C. cultrata, Pterinea migrans, P. ventricosa, Pecten densistria, Orthis germana, Argiope podolica, Strophomena interstrialis, S. comitans, S. mimica, Streptorhynchus umbraculum, Spirifer thetidis, Sp. nerei, Sp. robustus, Cyrtia multiplicata, C. heteroclita, Pentamerus sieberi, P. integer, P. optatus, Rhynchonella obsolescens, Rh. nympha var. *pseudolivonica, Rh. daleydensis, Atrypa reticularis, A. aspera, A. thetis, A. linguata, A. sublepida, A. arimaspus, A. semiorbis, Stringocephalus bohemicus, Retzia haidingeri, Merista calypso, Meristella canaliculata, Pseudoharnesa similis, Amplexus aurycalyx, Cyathophyllum caespitosum, Michelinia geometrica, Coenites podolica, Heliolites porosa.*

Nach der starken Reduktion des Meeres am Ende des Ordoviziums, infolge derer das podolisch-galizische Gebiet zu einem Golf oder sogar zu einer Lagune wurde, beginnt im Unteren Gotlandium wieder ein Übergreifen des Meeres von Norden nach Süden (Resteuschichten); die Fauna trägt zunächst rein nordischen Charakter, erst später (Stufe 7) kommen mediterrane Elemente hinzu. Nach VASCAUTZANU drangen diese nicht direkt über die Karpathen und die Dobrudscha ein, wo Gotlandium fehlt, sondern über eine Geosynklinale Kaukasus–Krim–Zentraler Balkan–Böhmen, welche auch eine Verbindung mit dem Uralischen Meere vermittelte. Nach einer negativen Oszillation während der Bildung der Eurypterusschichten (8) kehrt die gleiche Fazies wieder (Stufe 9). Dann erfolgt wieder eine Reduktion zu einem halbgeschlossenen Becken mit Abtrennung vom Norden. Die nordischen Formen bilden sich zu lokalen Typen um und dringen von hier nach W (Böhmen) ein. Die Verbindung nach Süden, zur mediterranen Geosynklinale, hört auch auf. Eine große Ähnlichkeit besteht noch mit dem polnischen Mittelgebirge. Das Becken löst sich zu Beginn des Devons in Golfe und Lagunen auf und zieht sich gegen Westen zurück, wo eine Verbindung mit devonischen Meeren erfolgt.

Sowohl die 200–450 m mächtige gotlandische Folge Podoliens und Wolyniens, als überhaupt das gesamte über 1200 m mächtige Altpaläozoikum tragen faziell den Charakter von Flachwasserablagerungen, sofern es sich nicht überhaupt um kontinentale Bildungen handelt. Die Mächtigkeiten deuten auf eine starke Senkung oder besser Kippung hin, wobei zunächst das sedimentliefernde Festland im Süden, später im Norden und Nordosten lag.

Das Gotlandium Wolyniens und Podoliens hat demnach enge Beziehungen zu der skandinavischen Provinz. Ein Saum flachneritischer Sedimente begrenzt also zusammenhängend den sarmatischen Schollenkomplex im Westen. Zu Ende des Gotlandiums und im Frühdevon ändern sich die Verhältnisse insofern, als die Beziehungen zu Skandinavien aufhören, solche zu Böhmen aber einsetzen. Während dann zu Beginn des Mitteldevons die Podolische Platte aufsteigt und für sehr lange Zeit zu einem Denudationsgebiet wird, bildet sich weiter westlich, in Westwolynien und Galicja (Galizien), wieder eine zusammenhängende nordsüdliche Meeresverbindung aus, d. h. die Podolische Platte erhält nun eine schwache Kippung nach Westen.

Dieses, im wesentlichen auch nur aus Bohrungen bekannte höhere Devon gehört schon eigentlich zu Westeuropa (Schlesisch-Mährische Pforte) und soll daher hier nur kurz erwähnt werden. Über dem z. T. unterdevonischen Altrotsandstein folgen wechselvolle sandig-tonig-kalkige Schichten des Mitteldevons, die nach oben durch Dolomite abgelöst werden. Bei Kamenjarnja und Peltscha wurde eine kleine Fauna gefunden.

In den Kalken bei Kamenjarnja fand SAMSONOVICZ: *Chonetes sarcinulata, Spirifer inflatus, Productella subaculeata, Spirorbis omphalodes, Orthopora regularis, Tentaculites* cf. *sulcatus* und andere nicht sicher bestimmte Formen. Es handelt sich mithin um unteres Mitteldevon.

Bei Peltscha fand sich auch eine etwas höhere Zone: *Cyathophyllum heterophyllum, C. ceratites, C. dianthus, C. bathycalyx, Spirorbis omphalodes, Productella subaculeata, Schizophoria striatula, Spirifer maureri, Sp. inflatus, Cyrtina gürichi, Atrypa reticularis*,

A. desquamata, A. aspera, Paracyclas proavia, Bellerophon striatus, Raphistoma bronni, Cyrtoceras, Orthoceras sp., *Gomphoceras* sp. (nach LASKAREW und SAMSONOWICZ).

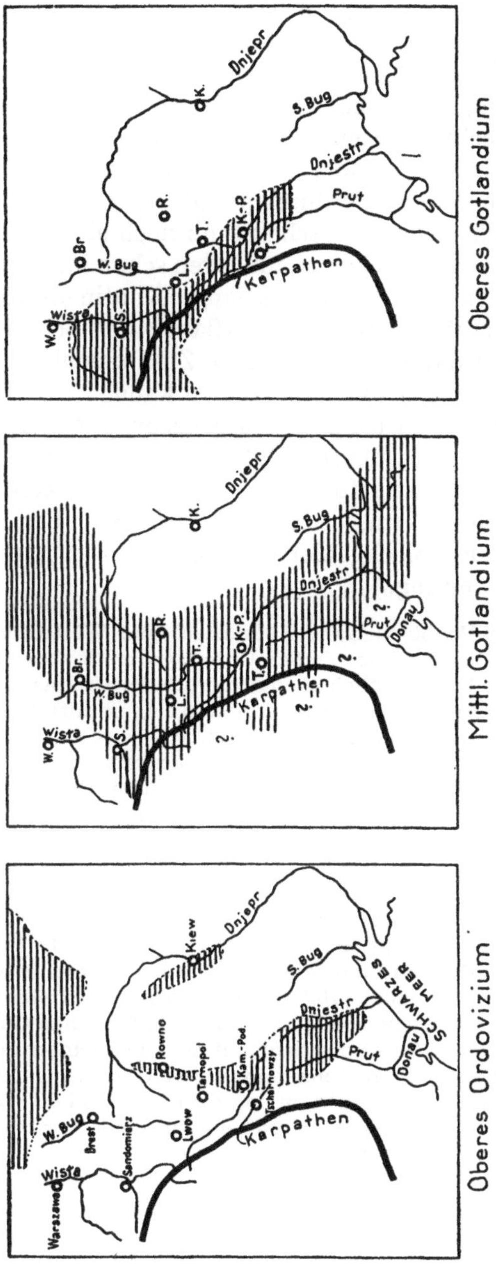

Abb. 76. Paläogeographie des Altpaläozoikums am SW-Rand des Ukranischen Blockes. Nach VASCAUTZANU.

Diese Liste deutet auf oberes Mitteldevon hin. Die Beziehungen zum Westen sind enger als die zum Osten; die Vorkommen gehören ja auch der westlichen Flanke des Podolischen Blockes und der ihn nach Norden fortsetzenden Polessje-Antiklinale an.

Das Oberdevon in Galicja (Galizien) ist auch nur aus Bohrungen bekannt und besteht n. SUIKOWSKI ebenfalls aus marinen Kalken und Mergeln; die Fazies dürfte der Mährens vielleicht in mehr litoraler Ausbildung entsprechen.

Bedeutsam ist, daß, wie zuerst SAMSONOWICZ 1932 vermutete und wie später durch Bohrungen nachgewiesen wurde, im Hangenden noch marines Karbon auftritt, welches vor allem am Bug nördlich von Lwow (Lemberg) nachgewiesen wurde. Nach den neuesten Angaben von SCHWARZBACH (1944) handelt es sich um eine mindestens 360 m mächtige, vorwiegend marine Folge von Schiefern, Mergeln und Kalken, in der sowohl Ober- als auch Unterkarbon vertreten sind. Faziell sind beide nicht grundsätzlich verschieden, nur wiegen unten kalkige, oben sandige Lagen vor. Unbedeutende Kohlenflöze treten in beiden Abteilungen auf, was an die Fazies Osteuropas, insbesondere des Donezbeckens, erinnert. Stratigraphisch läßt sich eine untere Abteilung mit *Gigantella gigantea* und *Phillipsia silesiaca* (Obervisé), eine mittlere mit *Gigantella latissima* (Serpuchowstufe) und eine obere mit *Phillipsia mucronata* (Unternamur) unterscheiden; Brachiopoden-, Crinoiden- und Korallenkalke herrschen vor, Muscheln *(Edmondia, Nuculiden)* sind häufig, desgleichen Orthoceren, während Goniatiten sehr zurücktreten und schlecht erhalten sind. Das Vorkommen wird als Bindeglied zwischen dem gornysląsker (oberschlesischen) und russischen Karbon aufgefaßt. Ob die Verbindung allerdings unmittelbar war oder südlich um den Podolischen Block herumging, scheint mir noch nicht sicher festzustehen.

Nach dem Namur, im Osten schon im mittleren Devon, setzt für das ganze podolische Gebiet eine lange Kontinentalzeit ein; nur im Jura greift das Meer etwas auf die Westflanke des Schildes über (Galizien). Dieses Meer stand indessen in so engem Zusammenhange mit dem Westeuropas, daß es hier unberücksichtigt bleiben kann.

Wichtiger ist die Transgression in der oberen Kreide, welche große Teile des Blockes überflutet hat. Es ist das teils das Meer, welches die Südrussische Senke erfüllt und hierbei auf die kristallinen Gesteine übergreift, teils ein Meeresarm, welcher von Südwesten her, aus der subkarpathischen Senke, das alte Blockgebiet überflutet. Dabei hat das Cenoman wohl die weiteste Verbreitung.

In Podolien, Galicja (Galizien) und Westwolynien bedeckt es große Teile der besprochenen paläozoischen Unterlage, greift aber nur wenig auf die kristallinen Gesteine über. Eine deutliche konglomeratische Uferfazies ist in Russisch-Podolien entwickelt, so daß man annehmen kann, daß eine unmittelbare Verbindung mit der südrussischen Senke jedenfalls nicht bestand. Wie weit das Cenomanmeer im Süden reichte und ob es etwa um den Südrand des Blockes mit der Südrussischen Senke in Verbindung stand, entzieht sich wohl noch der Beurteilung. Petrographisch sind die Cenomanschichten in Russisch-Podolien unten durch glaukonitische Sandsteine, höher durch Mergel mit Hornsteinen und zuoberst durch gelblichweiße Mergel vertreten. In Westpodolien herrschen die flachneritischen, glaukonitisch-sandigen Ablagerungen vor, deren gotlandische Kalkunterlage ganz von Lithodomen zerfressen ist; sie enthalten zahlreiche Holzreste. Weiter im Südosten ist dann eine kreidig-kieselige Fazies mit Schwämmen, Ammoneen und Hornsteinlagen verbreitet. Die Fauna ist arm, weist aber vielleicht auf das untere und mittlere Cenoman hin, während weiter im Süden und Südwesten auch oberes Cenoman *(Actinocamax plenus)* vertreten zu sein scheint. Interessant ist das Vorhandensein von Gaultformen im Cenoman Galicjas (Galiziens); hier war wohl ein dauernder Zusammenhang mit dem Kreidemeer der Karpathen vorhanden, wofür auch die Vertiefung und mannigfaltigere Gliederung der galizischen Cenomanserie sprechen.

Weiter im Norden, in den westlichen Teilen Wolyniens, hat das Cenoman eine ähnliche Ausbildung; es herrschen Grünsande vor, zwischen die sich gegen Westen Mergel mit Hornsteinen einschalten.

Im Gegensatz zu Podolien, wo höhere Kreidehorizonte fehlen[1], sind in Nordwolynien Turon und Untersenon als Schreibkreide und weiße Kreidemergel entwickelt. Heute treten sie vorwiegend in den Senken am Nordrande des kristallinen Blockes auf und überlagern das zum Teil gestörte Cenoman diskordant; die petrographische Beschaffenheit verrät aber keine litoralen Bildungen, so daß eine primäre Überlagerung der nörd-

---

[1] Sie stellen sich erst wieder im Westen, in Galizien, ein, wo sie indessen auch wieder als Grenzbildung der subkarpathischen Senke aufzufassen sind. Sonst liegen über dem Cenoman Quarzsande mit Feuersteingeröllen, die sogenannte podolische Stufe, die, meist als Neogen betrachtet wurde, n. Lungershausen aber auch Oberkreide sein könnte.

lichen Teile des Blockes durch Turon bzw. Untersenon durchaus möglich erscheint. Es sind das die südöstlichen Teile der Lubliner Kreidesenke, welche hier über den scythischen Wall mit der Südrussischen Senke in Verbindung tritt. Eine ausführlichere Behandlung ist im Band II 2 (1935) meiner Geologie von Europa enthalten.

Im äußersten Südosten des Blockes, bei Berdjansk und Shdanow (Mariupol) am Asowschen Meere, überdeckt die obere Kreide in der Tiefe die kristallinen Gesteine und ist auch am Südufer des Donezbeckens vorhanden. Dieses tief versenkte Gebiet kann aber schon als Bestandteil der Randsenke vor dem kimmero-kaukasischen Gebirge angesehen werden.

Die große alttertiäre Transgression in der Südrussischen Senke greift nur wenig auf den kristallinen Block über. Pflanzenführende Sandsteine in Wolynien, nördlich von Shitomir, gehören hierher; ob es sich aber um eine Randfazies der Kiew- bzw. Charkowstufe handelt oder um subaërische Bildungen, etwa der Poltawastufe entsprechend (Laskarew), ist noch ganz ungeklärt. Am Südrand des Blockes, am Unterlauf des Bug und Dnjestr, scheinen Obereozän (Nummulitenkalke) und Oligozän (sandig-kieselige Gesteine mit Muscheln) eine größere Verbreitung zu haben. Sie sind aber nur aus Bohrungen bekannt und gehören eigentlich schon der Schwarzmeersenke an.

Viel bedeutsamer ist für die Geschichte des Blockes die jungtertiäre Überdeckung, welche im Westen und Süden weitverbreitet ist. Wenn auch diese Episode eigentlich zur Geschichte des Mittelmeeres und der Vorsenke des karpathischen und kimmero-kaukasischen Gebirges gehört, so muß doch kurz darauf eingegangen werden, da diese junge Überdeckung für die Entwicklungsgeschichte des Blockes wichtig ist. Man muß hierbei den subkarpathischen (podolischen) und den asowschen Anteil unterscheiden.

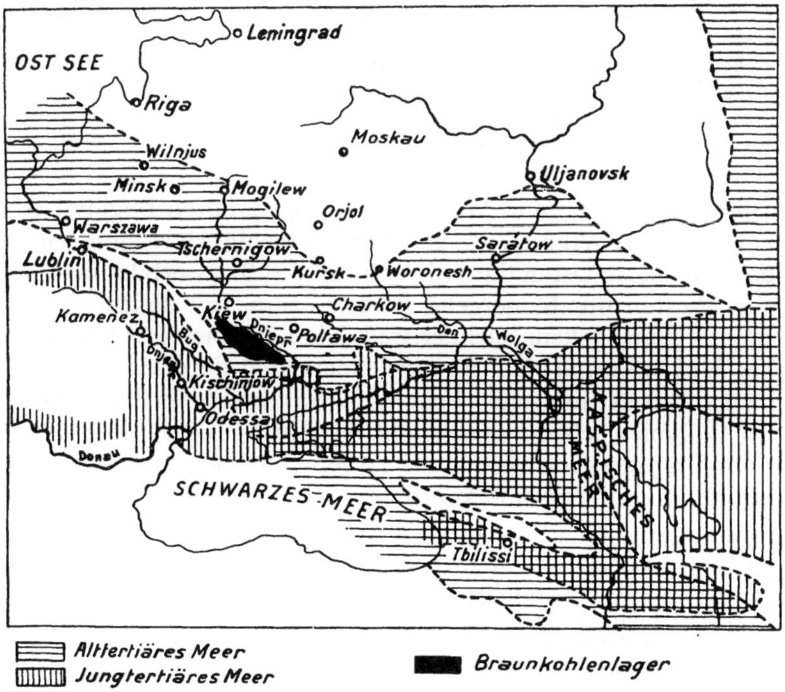

Abb. 77. Schematische Übersichtsskizze der Verbreitung alt- und jungtertiärer Meere in Osteuropa.

In Podolien beginnt die Überflutung in der zweiten Mediterranstufe (Vindobonien). Man kann hierbei, wie LASKAREW betont, Schritt für Schritt verfolgen, wie das jungtertiäre Meer von Westen nach Osten vorrückt. Es ist das ein Wandern der Vorsenke im Anschluß an die Auffaltung der Karpathen. In Galicja (Galizien) ist ja noch die erste Mediterranstufe vertreten. Die zweite Mediterranstufe greift schon beträchtlich über das Plateau hinüber, während die sarmatischen Schichten eigentlich ganz auf dasselbe beschränkt sind und im unmittelbaren Vorland der Karpathen fehlen. Die Karpathenfaltung hat also den westlichen Teil des Blockes gleichsam herabgedrückt.

Innerhalb der zweiten Mediterranstufe kann man eine deutliche Faziesverschiedenheit erkennen. Im Osten läßt sich sowohl in Wolynien als auch in Podolien ein Ufergürtel erkennen, der durch Sande und Tone gekennzeichnet ist. Zuweilen ist er schmal (Podolien), zuweilen breiter (Wolynien, nördlich des Horynflusses). Im letzten Falle treten in diesem alten „Golf" Schmitzen von Braunkohle auf.

Die westliche, tiefere Fazies ist durch die Lithothamnienriffe gekennzeichnet, zu denen auch der bekannte Höhenzug der Miodoboren (Toltren) gehört. Im einzelnen ist hier aber eine große petrographische und fazielle Mannigfaltigkeit vorhanden, die noch dadurch unterstrichen wird, daß die Lithothamnienfazies nach Osten vorrückt und gegen Westen seichteren Ablagerungen Platz macht. Im Osten wird sie daher von sandigen Schichten unterlagert, im Westen dagegen überdeckt. Die Lithothamnien sind auch außerhalb des eigentlichen Riffes als Hauptbildner der Kalke weitverbreitet, so daß man hier eine ausgedehnte Kalkalgenrasenbildung annehmen kann. Die eigentlichen Riffe besitzen anscheinend eine Basis von Bryozoen und Vermetiden, gelegentlich auch von Austernbänken, auf der sich dann die übrige reiche Fauna ansiedelte. Korallen sind, entgegen den früheren Annahmen, sehr selten. Die Fauna der Riffe enthält neben *Lithothamnium Vermetus intortus, Ostrea digitalina, Chama gryphoides, Plicatula ruperella,* die als Hauptbildner gelten, *Cerithium deforme, Turbo mammillaris, Rissoina pusilla, Nucula nucleus, Pecten elegans, Pecten gloria maris* und andere. Am Rande der Riffe sind detritische Kalke weitverbreitet. Die sehr reiche Fauna ist der des Wiener Leithakalks ähnlich.

Über dieser Stufe liegen in Wolynien die sogenannten Buglovkaschichten LASKAREWS, welche in ihrer Verbreitung noch wenig Abweichungen von dem Liegenden zeigen, im Osten durch Brack- und Süßwasserbildungen mit Congerien, im Westen durch mergelig-sandige, zum Teil oolithische Gesteine mariner Entstehung gekennzeichnet sind. Die Fauna ist dort reicher. *Ervilia, Hydrobia, Mohrensternia* sind die bezeichnendsten Formen.

Die hangenden sarmatischen Schichten transgredieren beträchtlich nach Osten. In Wolynien scheint eine erhebliche Abtragung der Buglovkaschichten mit der Transgression verbunden zu sein; in Podolien ist zum Teil eine Unterbrechung, zum Teil eine kontinuierliche Sedimentation vorhanden.

Im unteren Sarmat ist eine große Faziesmannigfaltigkeit vorhanden. Auf den alten Riffkernen der Miodoboren siedeln sich wieder Bryozoen und Serpulae an, so daß die Riffe aufs neue zu wachsen beginnen. In der Umgebung der Riffe liegen lagunäre, sehr feinschichtige Sedimente mit anscheinend jahreszeitlichem Wechsel von kalzitreichen und tonigen Schichten. Demnach läßt sich annehmen, daß die beiden obersten Zonen des Untersarmat 200000 Jahre dauerten. Bei Kremenez und Isjaslaw (Wolynien) liegen Sande und Konglomerate, die auf eine Untiefe hindeuten. Bei Ostrog (Wolynien) kann man eine untere sandige und eine obere kalkig-oolithische Stufe unterscheiden. Bei Proskurow liegen ebenfalls Sande, die zum Teil durch oolithische Kalke überdeckt werden. Die sandige untere Abteilung ist ein Zeuge des Übergreifens des sarmatischen Meeres über die kristalline Unterlage.

Im höheren Untersarmat verschiebt sich die Uferlinie gegen Süden und Osten, und ein zweiter Rücken von Riffablagerungen, parallel den Toltren, wird südöstlich von diesen gebildet (Nordmoldau). Es sei noch erwähnt, daß im Untersarmat Beimengungen von vulkanischen Aschen auf eine effusive Tätigkeit in der subkarpathischen Zone hindeuten.

Die mittelsarmatischen Ablagerungen entsprechen einem Golf, der nun ganz auf den alten Block beschränkt ist und gegen Westen nirgends über den Höhenrücken der Miodoboren hinausgreift. In der unteren Abteilung sind noch Absätze etwas tieferen Wassers (Kalksande und Oolithe) verbreitet, nach oben werden diese durch eine flachneritische sandig-tonige Serie ersetzt, die nach Laskarew als Wattenbildung anzusehen ist. Damit ist die marine Entwicklung beendet, und es beginnt eine allerdings sehr langsame Hebung des Blockes.

Im Obersarmat weicht das brackische Becken nach Süden zurück und wird weiter im Norden von sandigen Bildungen umsäumt, deren liegende Teile aus einer Umlagerung älterer Sedimente hervorgehen, während weiter oben (Mäot) fluviatile und lakustre Bildungen folgen – der sogenannte Baltakomplex.

Die pontische Transgression erfaßt nur einen Rand des Dnjestrunterlaufes. Erst in der Zeit des oberen Odessakalkes dringt ein Flachwassergolf ziemlich weit in die Südwestukraine ein. Am Ende dieser Zeit erscheinen hier die Charakterformen der Faluns von Kamysch-Burun (*Paradacna abichi, Cardium incertum* und andere).

Im mittleren Pliozän breitet sich, nach der rhodanischen Hebung in den Karpathen, eine mächtige Decke fluviatiler grobkörniger Bildungen über die vorkarpathische Ebene aus. Nach Lungershausen handelt es sich um Fluvioglazial, zu einer Gebirgsvereisung in den Karpathen gehörend. Es lassen sich zwei Niveaus unterscheiden: der obere (Kutschurgan) Deckenschotter ist durch 50 m Erosion von dem tieferen feinkörnigen Schotter getrennt. Am Ende des Pliozäns bildet sich bei warmem Klima eine rote Verwitterungsrinde.

Im Südosten, d. h. im unteren Dnjeprgebiet, überflutet das jungtertiäre Meer auch das alte Massiv. Im Gebiet des unteren Dnjepr greift ein Golf des Sarmatischen Meeres bis Dnjepropetrowsk im Norden vor und trennt auf diese Weise den podolisch-ukrainischen und den asowschen Teil des Blockes.

Untermiozäne Ablagerungen sind hier nur in Erosionsrelikten, in Vertiefungen des kristallinen Sockels bekannt. Die sarmatischen Schichten greifen indessen weit vor und sind durch helle, z. T. tonige Kalke vertreten; in den Randzonen herrschen Sande vor, im Gebiete des Golfes von Dnjepropetrowsk Tone mit Gips. Am Ende des Sarmatikums zog sich das Meer weit nach Süden zurück; es erscheinen hier lakustre Bildungen, und die hangenden mäotischen Kalke gehen nur wenig über Nikolajew und den unteren Ingulez nach Norden. Im Gegensatz zum westlichen Gebiet greift aber das Pontische Meer noch ziemlich weit nach Norden über und lagert einen bis zu 15 m mächtigen Kalk ab.

Die quartäre Entwicklung ist insbesondere im Dnjestrgebiet durch eine gut ausgebildete Terrassenfolge festgelegt.

Die älteste fünfte Terrasse (Kolkotowski) liegt mit dem Sockel 90–110 m über der Aue. Ihre Oberfläche liegt 110–130 m über Aue. Die Basis besteht aus fluvioglazialen Kiesen, über denen Sande folgen, welche Paludinen und Säuger von Mosbach-Mauer-Alter enthalten. Die Terrasse zeigt zwei Stufen.

Die vierte Terrasse (Tirasopol) beginnt mit fluvioglazialen (Mindel-) Kiesen, über denen Sande mit *Paludina diluviana* und *Corbicula fluminalis* lagern, entsprechend dem älteren Interglazial. Auch sie ist gestuft. Oben liegen auf den Paludinensanden äolische Sande, ein älterer (präriß) Löß, dann ein fossiler Boden und eine höhere Lößfolge. Auf dem unteren Niveau sind die älteren Horizonte durch Seelehme mit *Gyraulos* und *Stagnicola* ersetzt.

Die dritte Terrasse (Grigoriopol) gehört n. LUNGERSHAUSEN zum Interglazial Riß I–II und zu Riß II.

Die zweite Terrasse (Slobodzeisk) folgt als schmales Band dem Fluß. Sie zeigt auch zwei Niveaus (Würm I–II).

Die erste Terrasse (Parkansk) liegt nur wenig über der Aue und wird von Sanden von flandrischem Alter gebildet.

Die Terrassen 2–5 und die Plateauoberfläche tragen einen mächtigen Lößmantel, der ja große Teile des Podolischen Blockes einhüllt. In vollständigen Profilen lassen sich bis zu acht Lössen unterscheiden.

Die Terrassen haben im N auffallend gleichbleibende Abstände, während gegen Süden die älteren Terrassen ein stärkeres Gefälle erhalten und nach der Mündung konvergieren (Terrassenfächer n. LUNGERSHAUSEN). Die Knickstelle scheint der Südgrenze des homogenen Blockes zu entsprechen.

2. Tektonik

Mit den letzten Phasen der vorkambrischen (? karelidischen) Faltung war der Podolische Block konsolidiert, und die späteren Bewegungen äußern sich in Deformationen größerer Spannweite und in einer Spalten- und Bruchbildung, welche hauptsächlich die peripherischen Gebiete betrifft, aber auch dem Inneren nicht ganz fremd sein dürfte.

Als Ganzes kann der Block vielleicht mit BESBORODKO als unsymmetrische Antiklinale aufgefaßt werden, als ein Glied der Großfaltung, welche den Südrand der Sarmatischen Tafel (Block von Woronesh), die Südrussische Senke, den Podolischen Block und die Schwarzmeersenke umfaßt. Das Streichen der Aufwölbung ist vorwiegend WNW, lenkt aber im W nach Norden um, wo die Antiklinale, nach N untertauchend, in den Polessje-Wall übergeht. Der Nordostsaum folgt bis Krementschug dem mittleren Dnjeprlauf, tritt dann auf sein linkes Ufer über und folgt dem Südrand des Donezkarbons. Stellenweise scheint hier eine direkte Auflagerung des Paläozoikums auf das Kristallin vorzuliegen, doch sind wohl auch bedeutendere Brüche vorhanden, so die altbekannte Karpinskische Linie und im Inneren des Blockes eine ihr parallele WNW-Störung, welche nach TSCHIRWINSKI der Dnjepr-Bugwasserscheide folgt; an ihr sind die jungalkonkischen (Rapakiwi usw.) und paläozoischen Eruptiva aufgereiht.

Die Antiklinale ist insofern unsymmetrisch, als die Oberfläche des Kristallins anscheinend schon vom Nordsaum an eine Neigung nach SW bis W besitzt, was eine Gliederung in zwei Teile zur Folge hat: den kristallinen Hauptteil und den ihm im SW und W aufgelagerten altpaläozoischen Schelf Podoliens.

Der Südsaum ist nicht ganz scharf, da hier die neogene Serie auf den Block übergreift; es scheint aber, daß er nicht durch ein einfaches flaches Untertauchen bewirkt wird, sondern daß zum mindesten streckenweise Brüche (z. B. bei Taganrog) oder eine stärkere Abbiegung (im SW) vorhanden sind.

Im Westen, d. h. in Galizien und Wolynien, ist das Verhalten der Grenze auch unterschiedlich. Der paläozoische Saum besteht hier nach Suikowski aus N–S streichenden Streifen von Silur bis zum Devon (oder sogar Karbon), welche demnach eine ganz flache Neigung nach Westen, gegen die Karpathenvorsenke besitzen; doch sind die jüngeren Schichten, welche diese primäre Anlage bedecken, anscheinend gestört. Man kann drei Abschnitte unterscheiden:

1. Im Süden grenzt der Block anscheinend mit Brüchen an die Tertiärsenke der Moldau und Bukowina.

2. In der Mitte besteht ein horstartiger Vorsprung des Paläozoikums zwischen Kamenez–Podolsk und Tarnopol, so daß hier der Block fast direkt an die Karpathen herantritt. Zwei Querstörungen (Tschernowzy– [Czernowitz–] Perkowze und Kowalewka–Smykowze) begrenzen ihn im Norden und Süden.

3. Im Norden grenzt der Block an die Nordwolynisch-Galizische Senke (Gebiet des westlichen Bug und San), die von Kreide und Tertiär erfüllt ist. Ein System NNW streichender Störungen mit Absenkung nach W ist hier bezeichnend; so die postcenomane Flexur Berdo-Narol und das System der jüngeren opolischen Brüche. Diese Störungen interferieren mit anderen in WNW-Richtung (Peltscha), die vielleicht schon zur Fortsetzung des Polnischen Mittelgebirges und damit zu Mitteleuropa zu rechnen sind.

Was die innere Verformung des Blockes betrifft, so sind vor allem Spaltensysteme in NW- und NO-Richtung zu nennen, die jedenfalls von Verschiebungen begleitet waren, da sie z. T. mit recht kräftiger Mylonitisierung verbunden sind. Sie bilden sich im hydrographischen Netz sehr deutlich ab: so folgen der mittlere Dnjepr, Rossj und Dnjestr dem NW-System, das Durchbruchsstück des Dnjepr, der obere Bug und Rossj, Ingul, Ingulez dem NO- bis NNO-System. Das Einsenkungsgebiet im Durchbruchstal des Dnjepr, welches von einer neogenen Transgression betroffen wurde und den podolischen vom asowschen Teil des Blockes abtrennt, scheint einem NO–NNO streichenden Graben zu entsprechen.

Eine altersmäßige Gliederung der Bewegungsphasen hat vor kurzem Lungershausen versucht. Demnach ist in Podolien im frühen Kambrium (? Eokambrium) die Bildung einer O–W-Schwelle nachweisbar, welche etwa dem oben genannten Horst zwischen Kamenez und Tarnopol in der Lage entsprechen dürfte. Später, aber noch vor dem Ordovizium (Vor-Uschizk) bricht das südliche sedimentliefernde Bergland in Beßarabien und in der Moldau ein, und damit könnten Spalten in NW-Richtung (145°) zusammenhängen, die nicht in die höheren Serien hinaufgehen. Auf schwache takonische Verbiegungen könnte eine leichte Wellung des Ordoviziums zurückzuführen sein, welche im Gotlandium nicht zu beobachten ist. Im übrigen ist zu bemerken, daß die (schon vorkambrisch angelegte) NO-Richtung sich zwar im Umriß des Blockes heute nicht bemerkbar macht, daß aber das

Auftreten parallel streichender Strukturlinien im Block von Woronesh darauf hindeutet, daß im Altpaläozoikum, d. h. vor der Bildung der Südrussischen Senke, beide Blöcke zusammenhingen, d. h. daß damals die Gesamtorientierung der Scholle Nordost-Südwest gewesen sein könnte.

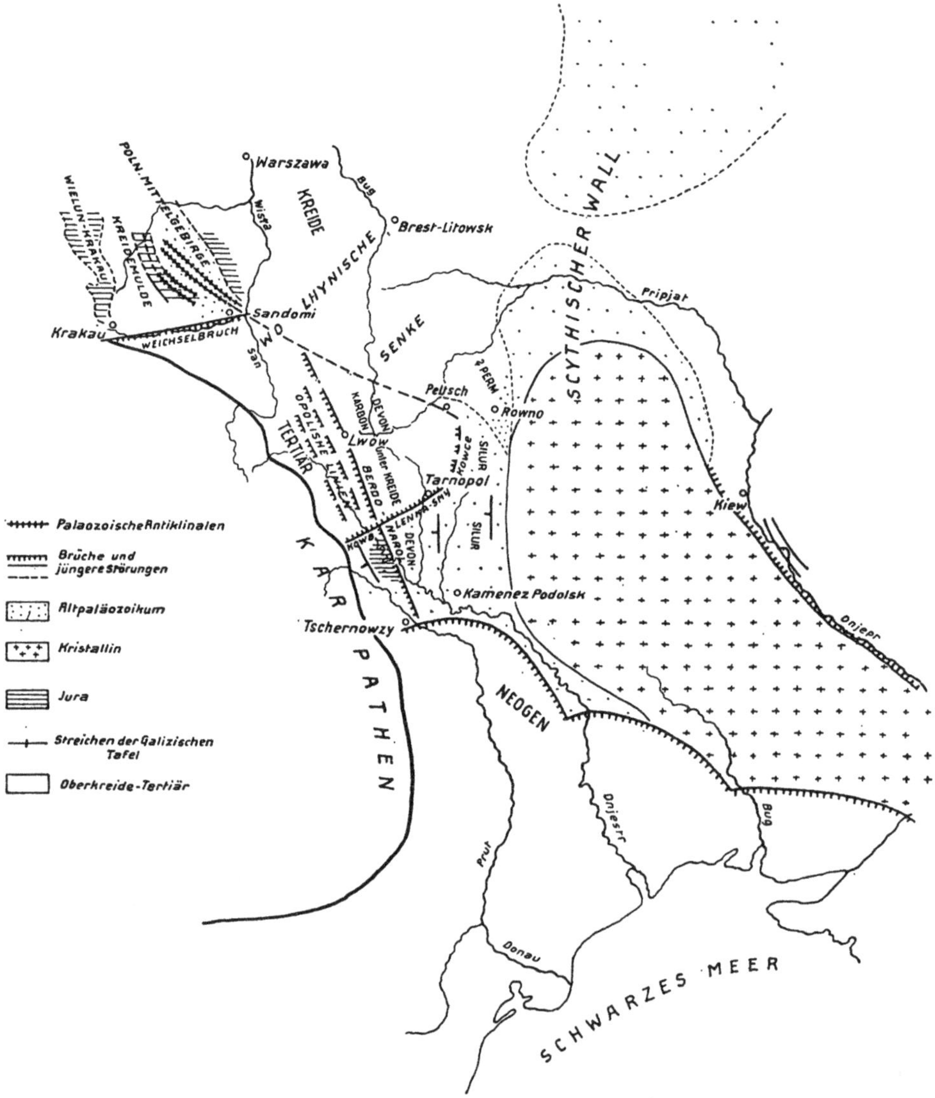

Abb. 78. Jüngere Strukturen am Westrande des Ukrainischen Blockes. Aus v. Bubnoff, 1926.

Die Hauptbewegungsphase des Blockes ist jedenfalls nachgotlandisch und vorcenoman. Eine genauere Datierung ist aus Mangel an entsprechenden Sedimenten nicht möglich, doch wird im allgemeinen ein variszisches Alter angenommen, wobei aber das Vorhandensein schwacher kaledonischer Vorläufer nicht ausgeschlossen ist. Neben der Großverbiegung, von der schon die Rede war und welche dem Block seinen heutigen Umriß einer WNW streichenden Wölbung gegeben hat, sind stellenweise schwache, gleich streichende Wellungen der altpaläozoischen Decke vorhanden. Jünger, aber ebenfalls vorcenoman, ist ein ziemlich dichtes NNW streichendes Spaltennetz, verknüpft mit einer intensiven Bruchbildung und mit Verschiebungen, die sich durch Mylonite, Rutschstreifen usw. kenntlich machen.

Mit dieser vermutlich variszischen Tektonik ist die recht intensive magmatische Tätigkeit im asowschen Teil des Blockes verknüpft, die sich in der Bildung kleiner Massive, Lakkolithe (Subvulkane) und zahlreicher Gänge äußert, welche insgesamt eine Fläche von 1800 km^2 bedecken. Auffallend ist, daß neben Gängen und Lakkolithen von Alkalikalkgesteinen (Basalte, Andesite, Trachyte, seltener Quarzporphyre) vor allem eine Reihe von Alkaligesteinen auftritt, unter denen man eine ältere intrusive und eine jüngere effusive Gruppe (bzw. Gänge) unterscheiden kann. Unter den Tiefengesteinen kennt man gesättigte Granite, Nordmarkite und Alkalisyenite und ungesättigte Nephelinsyenite – Foyaite mit Mikroklin und Mariupolite. Die Nephelinsyenite sind eng verbunden mit basischen (Gabbro) und ultrabasischen (Wehrlite) Gesteinen. Die Gänge zeigen eine große Mannigfaltigkeit; es wiegen Monchiquite und Camptonite vor, doch sind auch Paläoandesite, Porphyrite, Nephelinsyenite usw. bekannt. Die Gänge streichen vorwiegend NW, sind 1–2 m mächtig und oft auf lange Strecken zu verfolgen. Sie dringen in das Karbon (Unterkarbon) des südlichen Saumes des Donezbeckens ein, wodurch eine untere Altersgrenze gegeben ist. Nach Besborodko sind alle Gesteine Produkte der Entwicklung und Differentiation des Nephelinsyenitmagmas; nach Zarovski sind die Mariupolite, welche oft mit Pegmatiten verknüpft sind, extreme Abspaltungen dieses Magmas, mit Anreicherung von Na auf Kosten von K.

Dieser recht intensive Magmatismus unterscheidet den asowschen, anscheinend stärker deformierten Teil des Blockes von dem stabileren podolischen Teil, in dem nur am Nordsaum (Wolynien) die inter- und postkretazischen Basalte auftreten.

Von jüngerem Alter ist das in Podolien auftretende O–W streichende (50–80°) Spaltennetz von z. T. erheblicher Dichte, welches das Cenoman durchsetzt, aber im Paläogen nicht mehr vorhanden ist; bedingt kann es damit als laramisch dem Beginn der alpidischen Gebirgsbildung zugewiesen werden.

Nachsarmatisch sind Störungen mit NNW- bis NW-Streichen im Südwesten des Blockes, d. h. in Bessarabien und im moldauischen Teil des Dnjestrgebietes. Es handelt sich um Spalten und kompliziertere Störungen, vielleicht auch um weitspannigere Verbiegungen, die sich besonders in dem Randgebiet des Blockes auswirken und auf die Kleinmorphologie und das hydrographische Netz eine entscheidende Wirkung ausüben. Sie sind jedenfalls nicht älter als die Grenze Sarmat–Mäot und könnten bedingt der attischen Phase zugerechnet werden. Indessen sind auch die Mäotsande gestört (bis 20–25° geneigt bei OSO-Streichen) und werden diskordant von pontischen Kalken überlagert. Ob das eine jüngere Phase ist oder ob beide zusammengehören, steht nicht fest.

Nachpontisch sind breite flache Falten der pontischen Kalke im äußersten Südwesten des Blockes, der schon der Schwarzmeerumrahmung angehört.

Endlich ist noch an die schon früher (S. 219) erwähnten Dislokationen im Quartär zu erinnern, welche besonders den nordöstlichen Randsaum des Blockes auszeichnen (Kanew, Piwicha, Kalitwa), aber auch im Süden in ähnlicher Form auftreten sollen (Olschanka in Podolien). Es handelt sich um Schuppen und liegende Falten mit Vergenz gegen den Block und mit einer Anordnung zu flachen Bögen. Aus den Beziehungen zu der Dnjeprmoräne, den Terrassen und dem Löß läßt sich auf ein Vor-Riß-Alter (Riß-Mindel-Interglazial) schließen. Anscheinend lassen sich sowohl im N als im Süden ein älteres Faltungs- und ein jüngeres Bruchstadium unterscheiden. Im Gegensatz zu Soboleff, welcher eine rein glaziale Pseudotektonik annimmt, glaubt Lungershausen, daß endogene Ursachen ausschlaggebend sind; die Hebung des Blockes, bzw. das Sinken der angrenzenden Becken führte nach ihm zu Spannungen, welche sich vornehmlich in den am wenigsten stabilen Saumstreifen des Blockes im N und S auswirkten (vgl. Abb. 66 u. 78).

III. DIE LAGERSTÄTTEN DES PODOLISCHEN BLOCKES

Innerhalb des Asow-Podolischen Blockes gibt es nur eine Lagerstätte von überragender wirtschaftlicher Bedeutung – die Hämatite und Magnetite von Krivoj Rog am Saksaganfluß südöstlich von Dnjepropetrowsk. Die Stratigraphie und Tektonik dieser jungarchäischen Serie wurde früher besprochen. Der Hämatit lagert, unregelmäßig angereichert, in den Hornsteinen des mittleren Teiles der Serie, wo alle Übergänge zwischen Erz und eisenschüssigem Hornstein vorhanden sind. Dementsprechend steigt der Eisengehalt bis zu 67%, so daß die Erze unter 57% früher nicht abgebaut wurden.

Genetisch ist vor allen Dingen wichtig, daß sehr häufig Pseudomorphosen von Hämatit nach Magnetit (Martit) vorhanden sind; eine nachträgliche Umwandlung ist also wahrscheinlich. Als primäres Gestein darf man wohl ein eisen- und kieselsäurereiches Sediment, vielleicht des bathyalen Bereiches, annehmen. Dieses wurde indessen später einer erheblichen Metamorphose unterworfen, vermutlich im Zusammenhang mit der Intrusion der jüngeren Eruptiva. Darauf ist schon oben kurz hingewiesen worden. Die Lagerstätte hat jedenfalls eine komplexe, sedimentär-metasomatische Entstehung.

Bei Berechnung der Vorräte muß berücksichtigt werden, daß es sich um wenige, stark gefaltete Flöze handelt. Ein großer Tiefgang der Lagerstätte ist also nicht wahrscheinlich, da die Muldenbasis in dem stark abradierten Gebiet bald erreicht sein dürfte. Immerhin wird der Vorrat auf etwa 1200 Millionen t 57proz. Erze und 21300 Millionen t armer Erze von 30 bis 40% angegeben und ermöglichte schon vor dem Kriege eine jährliche Förderung von 6,3 Millionen t. 1934 war die Förderung 13,3 Millionen t, 1938 16,1 Millionen t.

Außerhalb dieser Lagerstätte liegen in analogen Eisenhornsteinen bei Korsak-Mogila bei Berdjansk am Asowschen Meere kleinere Mengen von ärmerem (meist nur 30–40% Fe) Eisenerz (etwa 0,9 Millionen t), deren wirtschaftliche Bedeutung noch unsicher ist. Es ist möglich, daß das Vorkommen etwas älter ist als Krivoj Rog.

Die Manganerze am Bug und bei Nikopol am unteren Dnjepr, welche zu den bedeutendsten Manganlagerstätten gehören, liegen innerhalb des Tertiärs der Südabdachung des Blockes und gehören damit schon zur alpidischen Vorsenke.

Eine Erwähnung verdienen die Graphite, welche in zahlreichen, aber meist nicht ausbeutefähigen Vorkommen innerhalb der Teterew-Bugserie und im Osten, in Glimmergneisen des Shdanow– (Mariupol–) Berdjansker Bezirkes und in kristallinen Kalken bekannt sind. Anscheinend sind hier auch größere Konzentrationen vorhanden.

Braunkohle findet sich im Paläogen des Nordsaumes, anscheinend an die Uferregion der Butschak- und Kiewstufen gebunden. Die Vorräte sind nicht sehr groß (etwa 20 Millionen t). In Wolynien und Bessarabien sind auch miozäne und pontische Braunkohlen bekannt, meist ebenfalls in kleineren Vorkommen, deren Gesamtvorrat aber über 27 Millionen t erreicht. Die Förderung ist bisher nicht sehr groß.

Wichtiger sind die Phosphorite Podoliens, welche primär im Ordovizium (nicht ausbeutefähig) und sekundär im Basalkonglomerat der cenomanen Glaukonitsande auftreten. Die Qualität ist hoch (31–36% P_2O_5), der Phosphorit ist arm an Beimengungen. Die nutzbaren Vorkommen liegen innerhalb eines muldenförmigen Streifens von 95 km Länge und 15–25 km Breite mit NNW-Streichen zwischen Uschitza und Ljudowa am Dnjestr. Die mittlere Produktivität ist 70–100 kg pro Quadratmeter. Der effektive Vorrat erreicht 95000 t, der wahrscheinliche und mögliche 430000 t. Die Gewinnung betrug 1926 20000 t und dürfte heute wesentlich höher sein.

Zu erwähnen sind noch zahlreiche Lagerstätten von Kaolin im zersetzten und Feldspat (Pegmatite) im frischen Grundgebirge.

Literatur zum Ukrainischen Block

Vorkambrium

Archangelski, A., Die magnet. Anomalie von Kursk. Moskau, Staatsverlag, 1924. (Mit Beitr. von Svitalski über Kriwoj Rog.)

Behaghel, G., Die Eisen- und Manganerze Osteuropas. Quellen und Studien, Osteuropa Inst. 1922.

Besborodko, N., Vulkanische Prozesse des kristallinen Streifens und die Stratigraphie des Vorkambriums der USSR. Geol. Journal Kiew, III, 1, 1936.

Kanibolozki, P., Der tektonische Bau des zentralen Teiles des Kriwoj-Rog-Beckens. Arbeiten (Sbornik) des Geol. Institutes der Universität Dnjepropetrovsk, Bd. 2, 1941.

— Zur Frage der Entstehung der Erze von Kriwoj Rog. Daselbst, Bd. 2, 1941.

Laskarew, W., Notizen zur Tektonik der südrussischen kristall. Tafel. Bull. com. géol. 24, 1905.

LASKAREW, W., Die Fauna der Buglovkaschichten in Wolhynien. Mém. com. géol., 5, 1903.
— Allg. geol. Karte von Rußland, Bl. 17. Mém. com. géol. *77*, 1914.
LEBEDEFF, P., Podolische Charnockitformation. Travaux XVII. Congr. géol. intern. Moskau 1937.
LUTSCHITZKI, W., Fragen der Stratigraphie und Tektonik des ukrainischen kristallinen Blockes. Bull. soc. natur. Moscou *8* (3–4), 1936.
MALKOWSKI, ST., Sur la structure géologique de l'extrémité NW du massif cristallin Volhynio-Ukrainien. Bull. service géol. de Pologne, IV, 1–2, 1927.
MOROZEVITSCH, I., Über die lithologische Beschaffenheit des südrussischen kristallinen Feldes. Bull. com. géol. Russie, 1898.
PJATNIZKI, P., Vorkambrium, Kiew 1933.
— Genetische Altersbeziehungen der metamorphen Gesteine im ukrainischen Vorkambrium. Geol. Jurnal Kiew, V 4, 1938.
POLKANOFF, A., On the genesis of the Labradorites of Volhynia. Geol. Journal Kiew, III 3–4, 1937.
— Der Gabbro-Labradorit Pluton Wolhyniens. Travaux XVII. Congr. géol. intern. Moskau 1937.
POLOWINKINA, J., Migmatisation und Anatexis im Granit-Gneis-Komplex von Krivoj Rog. Travaux XVII. Congr. geol. intern. Moskau 1937.
POPOFF, B., Über den südrussischen Rapakiwi. Arbeiten naturf. Ges. Petersburg, *21*, 1903.
SAWINICH, W., Über die geolog. Beziehungen des Korostengranites und Gabbrolabradorites Wolhyniens. Geolog. Jurnal Kiew, IV, 1, 1937.
SEMENENKO, N., Über die Beziehung der Granite zu der Kriworoger Suite. Arbeiten des Geolog. Institutes der Universität Dnjepropetrovsk I, 1940.
— Klüftigkeit und Klivage in den Gesteinen von Kriwoj Rog. Daselbst II, 1941.
SOBOLEFF, D., Über Stratigraphie und Tektonik der ukrainischen kristallinen Tafel. Travaux XVII. Congr. géol. internat. Moskau 1937.
TANATAR, J., Geochemische Charakteristik des großen Kriwoj Rog im Zusammenhang mit der Genese seiner Erze. Travaux XVII. Congr. géol. internat. Moskau 1937.
TARASSENKO, W., Über granitische und dioritische Gesteine des erzführenden Bezirkes von Kriwoj Rog. Mem. com. géol. *90*, 1914.
TKATSCHUK, L., Boguslawgranit und seine Beziehungen zu den präkambrischen kristallinen Gesteinen. Geol. Jurnal Kiew, IV, 1, 1937.
— Vorkambrische kristalline Gesteine des Oberlaufes des südl. Bug bis zur Mündung des Flusses Ikwa. Geol. Jurnal Kiew, V, 4, 1938.
TKATSHOFF, A., Zur Petrologie der Granite der kristallinen Zone. Geol. Jurnal Kiew, IV, 1, 1937.

Nachalgonkische Entwicklung und Bodenschätze

Akademie der Wissenschaften der USSR. Nichterze, Bd. II, 1927.
ANDRUSSOV, N., Die südrussischen Neogenablagerungen. Bull. soc. miner. Russie, *34*, 1897; *36*, 1899; *39*, 1902.
BEHAGHEL, G., Die Eisen- und Manganerze Osteuropas. Quellen und Studien, Osteuropa Inst. 1922
BUBNOFF, S. v., Das Eisenerzvorkommen Korsak-Mogila am Asowschen Meere (Referat). Zeitschrift Berg- und Hüttenm. Ver. Kattowitz, 1925.
BUJALSKI, B., Dolny cenoman w Niezwiskach i okolicy. Kosmos, *36*, 1911.
LASKAREW, W., Notizen zur Tektonik der südrussischen kristall. Tafel. Bull. com. géol., *24*, 1905.
— Die Fauna der Buglovkaschichten in Wolhynien. Mém. com. géol., *5*, 1903.
— Allg. geol. Karte von Rußland, Bl. 17. Mém. com. géol. *77*, 1914.
LITSCHKOW, B., Über die tektonischen Bewegungen des ukrainischen Streifens und die Etappen der nordukrainischen Mulde. Nachr. Ukrain. Abt. d. Geol. Komit., 1925, Nr. 5.

LOZINSKI, V., Über quartäre Krustenbewegungen im Gebiete der wolhynisch-ukrainischen Granitplatte. Zeitschr. deutsch. geol. Ges. *63*, 1911.
LUNGERSHAUSEN, L., Etappen der Entwicklung der Podolischen Platte und ihres Schwarzmeerhanges. Arbeiten der Erdölkonferenz 1938, Kiew 1939.
— Einige Angaben über die älteste Sedimentfolge Podoliens. Geolog. Jurnal Kiew, Bd. III, 3–4, 1937.
LUTSCHITZKI, W., Der Alkalikomplex von Mariupol. C. R. XVII intern. Geolog. Kongreß, Moskau 1937.
MICHAILOVSKI, G., Mittelmiozäne Ablagerungen von Tomakovka. Mém. com. géol. *13*, 1903.
MOROZEVITSCH, J., Über die lithologische Beschaffenheit des südrussischen kristallinen Feldes. Bull. com. géol. Russie, 1898.
— Über einige Ganggesteine des Bezirkes von Taganrog. Mém. com. géol. Nouv. Série 8, 1903.
— Über ein extremes Glied der Eläolithsyenitfamilie - den Mariupolit und mit ihm verbundene Gesteine des Mariupolbezirkes. Sapiski d. mineralog. Gesellschaft Petersburg, Bd. XXXIX, 2, 1902.
OPPOKOW, E., Physiko-geographische Übersicht der Ukr. SSR. Geolog. Journal, Kiew, Bd. I, 1, 1934.
RADKEVITSCH, G., Über die Kreideablagerungen des Gouv. Podolien. Bull. soc. nat. Kiew, *11*, 1891.
— Über die Kreideablagerungen des Gouv. Wolhynien. Bull. soc. nat. Kiew, *12*, 1892.
SAMSONOVICZ, I., Sur les sediments palaeozoiques des environs d'Ostrog et de Pelca en Wolhynie. Bull. serv. géol. Pologne, *2*, 1923.
— Über das wahrscheinliche Vorkommen von Karbon im westl. Teil Wolhyniens. Bull. Ac. Pol. Sc. Krakau, 1932.
— Die Beziehungen Podoliens und Wolhyniens zum kristallinen Wolhynisch-Ukrainischen Massiv. Kosmos, Lwow *61*, H. 4, 1936.
— Gotland, Ordovik, Skaly Wyllewne na nschadnim Wolyniu. Wydawa Wolynsk tow. prz. nauk. Luck *1*, 1939.
SIEMIRADZKI, I. v., Die paläozoischen Gebilde Podoliens. Beitr. z. Geol. u. Pal. Österr.-Ung. u. d. Orients, *19*, 1906.
SMOLENSKI, I., Über die Genese des nordpolnischen Steilrandes und die morphologische Bedeutung der jüngeren Krustenbewegungen in Podolien. Bull. intern. Acad. de sciences Cracovie, 1910.
SOBOLEFF, D., Skizze der Geomorphologie der Ukraine. Bull. soc. natur. Moscou, VII, 3, 1929.
SUJKOWSKI, Z., Le silurien de Volhynie d'aprés le sondage de Bocianowka. Bull. serv. géol. Pologne, *12*, 1939.
TEISSEYRE, W., Versuch einer Tektonik des Vorlandes der Karpathen in Galizien und in der Bukowina. Verh. Geol. Reichsanst. Wien, *15*, 1903.
— Der paläozoische Horst von Podolien und die ihn umgebenden Senkungsfelder. Beitr. z. Geol. u. Pal. Österr.-Ung. u. d. Orients *15*, 1903.
TSCHIRWINSKI, W., Über einige Effusivgesteine Wolhyniens und über die Bruchzone im NW-Teil des ukrainischen kristallinen Streifens. Westnik Ukrain. Geol. Kom. *11*, 1928.
VASCAUTZANU, TH., Les formations siluriennes de la rive roumaine du Dniester. An. Inst. géol. Roman. *15*, 1931, Bukarest.
WEIGNER, S., Studya nad cenomanem podolskim. Bull. intern. Acad. Cracovie, 1909.
WENJUKOV, P., Die Fauna der silurischen Ablagerungen des Gouv. Podolien. Mater. z. Geol. Rußlands, *19*, 1899.
ZAROWSKI, I., Mariupolite und mit ihnen verbundene Pegmatite. Geol. Jurnal Kiew, Bd. VI, 4, 1940.

Das Gesamtbild Sarmatiens

I. DAS QUARTÄR

1. Übersicht

Es kann heute als feststehend betrachtet werden, daß die Sarmatische Tafel im Quartär drei große Vereisungen erfahren hat, so daß die pleistozänen Ablagerungen in großen Zügen mit denen Mitteleuropas parallelisiert werden dürfen. Die Bezeichnungen sind n. GERASSIMOFF und MARKOFF: Waldai = Würm- bzw. Weichseleiszeit; Dnjepr = Riß bzw. Saaleiszeit; Lichwin = Mindel- bzw. Elstereiszeit. Der Unterschied besteht vor allem darin, daß die älteste, also der Elstereiszeit entsprechende Vereisung eine geringere Verbreitung als in Westeuropa gehabt hat und nur wenig über den

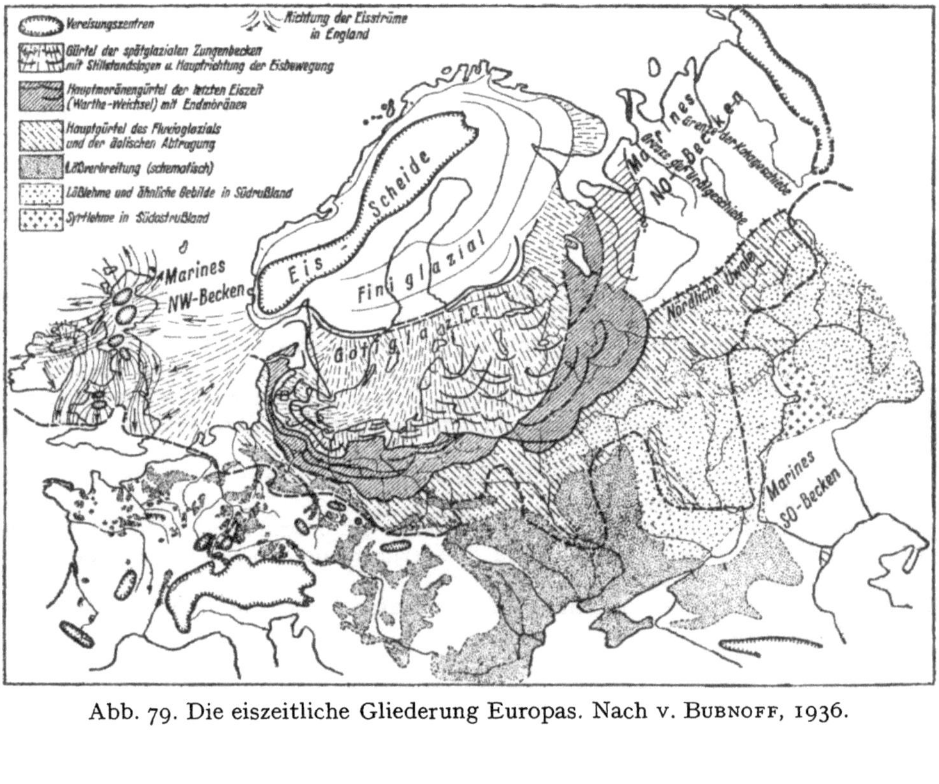

Abb. 79. Die eiszeitliche Gliederung Europas. Nach v. BUBNOFF, 1936.

Bereich der letzten (Weichsel-) Eiszeit hinausging. Diese Entwicklung gestattet folgende allgemeine Gliederung:

A. Glaziale Provinz

1. Bereich vorwiegender glazialer Abtragung. Hierher gehören die vorwiegend außerhalb der Tafel liegenden Teile des Baltischen Schildes innerhalb der Salpausselkämoräne Finnlands und ihrer Fortsetzung nach Osten und Norden, die etwa in der Karelischen SSR bis zum Weißen Meer zu suchen ist. Daneben das sekundäre Vereisungszentrum Novaja Semlja–Nordural im Nordosten. Entspricht im wesentlichen dem finiglazialen Vereisungsstadium Fennoskandias.

2. Bereich glazialer Sedimentation der letzten Vereisung.

a) Gürtel der Zungenbecken und Stauseen, vom Baltikum im Bogen bis zum Weißen Meer reichend. Das Gebiet ist durch einen mehrfachen Wechsel von Erosion und Sedimentation ausgezeichnet und gliedert sich in einzelne Becken (z. T. mit Restseen, wie Tschudskoje- [Peipus-] See, Ilmensee usw.) und bogenförmige Endmoränenstaffeln. Im wesentlichen entspricht es dem gotiglazialen Vereisungsstadium des Westens.

b) Endmoränengürtel der letzten Vereisung, von dem Baltischen Höhenrücken nach den Waldaihöhen und ihrer südlichen Hügelumrahmung ziehend, dann gegen NO und N abschwenkend. Er erreicht wohl zwischen Norddwina und Mesen das Weiße Meer und setzt in den Endmoränen auf Kanin fort, ist aber im nördlichen Abschnitt weniger ausgeprägt.

B. Periglaziale Provinz

1. Gebiet fluviglazialer und äolischer Abtragung während der letzten Eiszeit, z. T. noch vom Eis der vorletzten Eiszeit bedeckt, mit großen Sandrebenen (Sandtundra).

2. Das Gebiet äolischer Sedimentation mit Löß und lößähnlichen Sedimenten (Steppe).

3. Das Gebiet mariner Sedimentation des pontokaspischen Systems im S, der borealen Transgression im N.

Die übliche geographische Gliederung in einen Wald- und Steppengürtel wäre mit dieser Einteilung derartig in Einklang zu bringen, daß die Abteilungen I–II 1 dem Waldgürtel angehören, während der Steppengürtel den Abteilungen II 2–II 3 entspricht. Es ist übrigens hervorzuheben, daß diese Gliederung vor allem für den Westteil (Ukraine) gilt, während sie im SO durch das Zurücktreten äolischer Sedimente nicht ganz scharf durchgeführt werden kann.

Ein bezeichnender Unterschied gegen Westeuropa liegt in dem Fehlen von peripherischen Urstromtälern, bedingt durch die Möglichkeit eines unmittelbaren Abflusses der Schmelzwässer nach Süden, d. h. durch das Fehlen eines stauenden Mittelgebirgsrückens. An Stelle der Urstromtäler entwickeln sich riesige Sandflächen, so besonders im Oberlauf des Dnjeprsystems im Polessje.

Es ist notwendig, hervorzuheben, daß das vorglaziale Relief und das alte hydrographische Netz sich recht erheblich von den heutigen unterschieden. So z. B. ist das Wolgasystem komplexer Art; der Mittel- und Unterlauf ab Kasan gehört zu einer alten einheitlichen Drainage des Urals, zu der als Nebenfluß wohl auch der Uralfluß gehörte; oberhalb Kasan quert die heutige Wolga die alte Wasserscheide gegen das Eismeer, welche von hier über Joschkar-Ola und Sarapul nach NO zog und also wesentlich weiter im SO lag als heute. Der Oberlauf der Wolga war über die Flüsse Nerl und Pronja nach dem Don gerichtet, welcher unterhalb Woronesh durch das Chopertal floß, welches vermutlich über den Nordteil des heutigen Asowschen Meeres und den Siwasch mit der Dnjeprmündung in Verbindung stand; der Dnjepr hat sich im Laufe des Quartärs stark nach SW verlagert; der obere Pripjat floß nach dem westlichen Bug und mithin nach dem Weichselsystem ab. Dieses infolge einer nicht unbedeutenden pliozänen Hebung tief eingeschnittene Talnetz bestimmte die Bewegung des Eises und die Anhäufung seiner Sedimente.

2. Das Gebiet der letzten Vereisung

Die Grenze der letzten Vereisung wird heute von der überwiegenden Mehrheit der Forscher an den Saum des Hauptmoränengürtels gelegt, dort, wo sich aus den Moränen die großen Sandrflächen entwickeln, welche weiterhin in Talterrassen übergehen. Nach MIRTSCHINK können als Wegweiser weitverbreitete interglaziale Torflager mit wärmeliebender Flora *(Brasenia purpurea, Aldrovanda, Trapa natans)* dienen, welche im Gebiet der Vereisung von Moräne bedeckt sind (Samostrelniki, Mikulino, Halitsch), außerhalb derselben aber entweder zutage treten oder nur von Talsand bzw. Decklehm bedeckt sind (Murawa, Odinzovo, Troizkoje). Die Eintragung der einzelnen Fundstellen ergibt zwei Rei' en von Punkten, zwischen denen eben die Vereisungsgrenze liegen muß. Diese Linie zieht von Wilnjus zum Oberlauf der Beresina, verläuft zwischen Witebsk und Orscha, weiterhin bei Rshew und Kaljasin, quert die Wolga bei Pljöss und schwenkt dann nach Norden zur unteren Wytschegda und zur Mesenmündung ab.

Innerhalb dieser Grenze liegt der Hauptmoränengürtel, welcher im Westen, bei Minsk, eng gerafft ist, nach Osten aber zu mehreren Endmoränenzügen auseinandertritt, die besonders im Gebiet der Wasserscheide von Lowat, Wolga und Düna deutlich ausgeprägt sind. Es sind das von außen (SO) nach innen (NW):

1. Der Kalininsche (Smolensk–Moskauer) Hügelzug von Schatsk (südlich Minsk) über die Gebiete Smolensk, Jaroslawl, Moskau bis Kalinin verfolgbar, weiterhin undeutlicher, anscheinend über den Oberlauf des Suchonflusses nach N und NW abbiegend und zur Mesenmündung ziehend. Dieser Zug erreicht Höhen von 210–280 m, zeigt aber schon etwas verwaschene Formen und kann, morphologisch und positionell, etwa mit den Flämingmoränen Ostdeutschlands verglichen werden.

2. Wyschne–Wolozker Hügelzug, zwar auch in Hügel aufgelöst, aber deut-

lich in NO–SW-Reihen angeordnet, mit Höhen bis 300 m. Nach Westen geht er in die moränenbedeckte Ebene im Oberlauf des Dnjepr über.

3. Ostaschkower Hügelzug, parallel dem vorgenannten, aber etwas niedriger. Er schließt mit dem nächsten die Seenplatte der Wolga–Düna-Wasserscheide ein.

4. Waldaihöhen, aus mehreren Hügelreihen bestehend, die bis 321 m aufsteigen. Die Breite erreicht 25–30 km. Anscheinend besteht er, ähnlich wie der Baltische Höhenzug im Westen, aus mehreren enggescharten Stillstands-

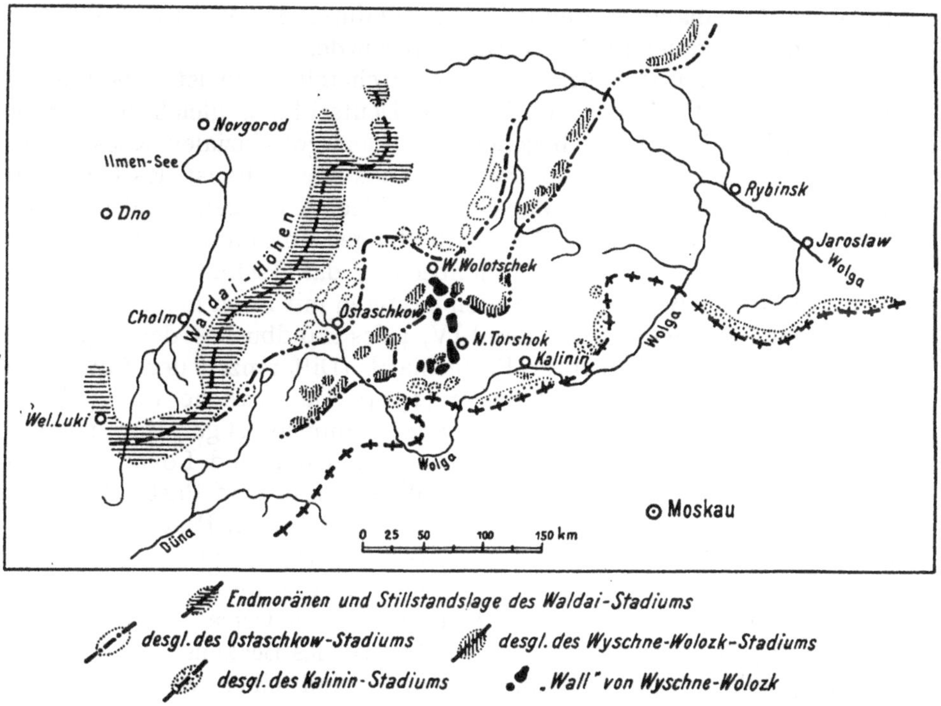

Abb. 80. Die Endmoränen der letzten Vereisung in der Gegend zwischen Nowgorod und Moskau. Nach MOSKWITIN.

lagen, die gegen Westen teils in den Minsker Moränenknoten eingehen, teils sich ablösen und in die Randmoränen der Baltischen Platte einschwenken. Er stellt mithin ein komplexes Gebilde dar. Nur dieser Zug ist gegen O noch einigermaßen deutlich in die Gegend zwischen Ladoga- und Onegasee zu verfolgen.

Im Gebiete zwischen Ilmensee und Kalinin sind die vier Hügelzüge etwa 50–60 km voneinander entfernt; weiter im Osten treten sie stärker auseinander, zeigen aber im allgemeinen einen konformen Verlauf. Insbesondere ist eine Trennung in zwei Loben bei den Orten Wyschnij-Wolotschek und Nowyj-Torschok bezeichnend; im toten Winkel besteht eine Anhäufung von riesigen Schollen von Unterkarbon, die N–S streicht, einen emporragenden Hügelzug von 70 m Höhe bildet und früher als tektonische Aufwölbung

(Wall) gedeutet wurde. Moskwitin zeigte, daß es sich um glaziale Schollen handelt, die von Moräne und horizontal liegendem Mittelkarbon unterlagert werden und vermutlich durch den Gletscher von der Landstufe des Karbons weiter im NW abschürft und an ihre heutige Stelle verfrachtet wurden.

Es besteht mithin eine weitgehende Übereinstimmung zwischen diesen vier Stillstandlagen und der Gliederung der weichselzeitlichen Moränen in Ostdeutschland und Polen (Fläming, Brandenburger, Poznaner und Pommersche Lage), wobei, wie der Verf. annimmt, die enge Raffung der Guirlanden in der Minsker Gegend durch den Scythischen Wall bedingt wird, während das Auseinandertreten im W und O durch den Vorstoß in das Ostdeutsche und Moskauer Becken verursacht wurde.

Wenn man also, was hiernach am wahrscheinlichsten ist, das Waldaistadium mit dem Pommerschen Stadium Deutschlands gleichsetzt, so gehört das nordwestlich davon liegende Land dem gotiglazialen Rückzug an, welcher bis zur Salpausselkämoräne Finnlands reicht. Es ist das Gebiet, in dem sich der rückweichende Gletscher in einzelne Zungen auflöst, so daß man hier drei von deutlichen Marginalbildungen umsäumte Zungenbecken unterscheiden kann: das Lovat-Ilmenbecken, das Tschudskoje- (Peipus-) Becken, das Rigaer Becken. Die beiden letzteren mit ihren mehrfach gestaffelten Moränen hat Rüger im Band IV, 4 des Handbuches der regionalen Geologie auch hinsichtlich ihrer Problematik (Differenzen der Auffassung von Hausen und Philipp) behandelt (1934). Das östliche Lovat-Ilmenbecken besitzt einen deutlichen marginalen Saum hügeliger Moränenlandschaft, welcher sich in der Wasserscheide von Düna und Lovat von dem Waldairücken ablöst, in der Gegend von Welikie Luki und Pustoschka nach W abschwenkt und weiter gegen Noworshew und östlich Pskow nach Norden zurückbiegt, auf diese Weise das Becken des Lovatflusses und des Ilmensees umfassend. Im Westen, zwischen Ostrow und Reshiza, scheint sich dieser Endmoränengürtel mit Hügelzügen am Ostsaum des Tschudskoje (Peipus-) Beckens zu scharen. Im Innern des Beckens liegt eine Geschiebemergelplatte mit Osbildungen im S und einer weitverbreiteten Kameslandschaft weiter im N.

Von der Ilmen-Lovatlage weicht das Eis wohl ziemlich rasch nach N und NW zurück, anscheinend zwei Loben bildend: den westlichen Luga-Lobus und den östlichen Newa-Ladoga-Lobus. Der letztere bleibt einige Zeit stationär an den Moränen von Rambolowo (an der Newa–Wolchow Wasserscheide südlich von Leningrad), und in seinem Vorland entwickelt sich ein Stausee mit Bändertonen und einem Wasserspiegel bei 100 m über NN (G_1-Lage). Ein weiterer Rückzug schließt mit einer Lage am Glintrand ab (G_2), der ein Stausee mit Spiegel in 85 m über NN vorgelagert ist. Bei dem weiteren Rückzug zerfällt der Gletscher in Zungen; der Newa-Lobus dämmt den Newastausee (Fischsee Yakowlews mit *Silurus glanis, Coregonus bergi*) ab, mit Spiegel in 30–50 m über NN; dieser Lobus weicht, wie sich aus Bändertonmessungen ergibt, sehr rasch nach NW zurück (45 km in 80 Jahren), wodurch sich der Stausee nach W erweitert und schließlich in einen analogen Stausee des westlichen (Lugaer) Lobus durchbricht, dessen Spiegel sich dadurch hebt und mit dem Tschudskoje- (Peipus-) See in Verbindung tritt. Dann dürfte sich der Rückzug verlangsamen, denn vom Nordrand der Karelischen Landenge bis zum Salpausselkä hat der Gletscher nach SAURAMO etwa 1500 Jahre gebraucht. Während dieses Stadiums G_3, welches anscheinend kleinere Oszillationen umfaßt, sinkt der Spiegel ständig bis auf 18 m über NN hinab. Eine nachfolgende Transgression mit Salzwasserdiatomeen gehört anscheinend der Yoldiazeit an (subarktisch). In der Folge werden noch drei Regressionen und drei Transgressionen angegeben (Ancylus-Litorinazeit), die durch Schwankungen des Spiegels und Wechsel von marinen und Süßwasserdiatomeen nachzuweisen sind. Der Boden dieser Senken wird von fluvioglazialen Sanden, Bändertonen und Torflagern bedeckt.

Was nun das postpliozäne Gesamtprofil dieses Gebietes angeht, so sind die vollständigsten Schnitte von DANILOWSKI im Lovatbecken beschrieben worden:

11. Postglaziale Sande und Bändertone bis 15 m
10. Rotbraune Moräne, z. T. durch Fluvioglazial geteilt, 8 m
9. Fluvioglaziale Sande, 19 m
8. Bänderton, 1 m
7. Dunkelbraune Moräne, 7,5 m
6. Fluvioglaziale Sande mit *Paludina duboisi*, 17,4 m
5. Dunkle Tone mit Muscheln und Bändertone, 3–5 m
4. Graue Moräne, 8 m
3. Fluvioglaziale Sande, 5 m
2. Braune Moräne, wechselnd
1. Sande, oben mit Torf

In diesem Profil wird 2 der Elster-, 4 der Saaleeiszeit gleichgestellt. Die Schichten 7–10 gehören demnach der (? Warthe und) Weichseleiszeit und ihren Interstadialbildungen an, die auch sonst, z. T. durch Pollenspektra charakterisiert, im Ostbaltikum verbreitet sind, ohne daß bisher eine durchgehende Gliederung geglückt wäre; auch bei Leningrad werden solche Oszillationen des Weichselgletschers beschrieben (Bugry n. ASATKIN). Im allgemeinen zeigt aber das Profil bei Leningrad nur zwei Moränen, die durch einen bis 35 m mächtigen Horizont von Ton und Sand getrennt werden, welcher auch dunkle marine Tone umfaßt, die nach oben in Süßwasserbildungen übergehen (Profil am Fl. Mga, 40 km südöstlich von Leningrad).

Die Tone enthalten *Yoldia arctica, Tellina calcarea, Mytilus edulis, Cardium ciliatum, Anomya ephippium, Litorina litorea* und eine marine Diatomeenflora. Anscheinend identische intramoränale Schichten sind auch weiter im Norden verbreitet (Petrosawodsk, Archangelsk, untere nördliche Dwina) und zeugen von einer Transgression, welche vom Weißen Meer bis zum Finnischen Meerbusen und von hier wohl noch weiter nach Westen reichte. Die genaue Einstufung dieser „Weißmeertransgression" steht indessen noch aus; während sie im allgemeinen meist dem letzten großen Interglazial zugewiesen und mit dem Elbinger Yoldienton und der Skaerumhedeserie parallelisiert wird, äußerten später POKROWSKAJA und SCHESCHUKOWA (1939) auf Grund einer Neubearbeitung der Petrosawodsker Vorkommen gewisse Zweifel an dieser Gleichstellung und erwogen die Möglichkeit, daß man es hier mit jüngeren interstadialen Bildungen zu tun hat. Bei Petrosawodsk sind diese marinen Schichten mit Süßwasserbildungen verknüpft, welche ein typisch interstadiales Pollendiagramm (mit geringerer Schwankungsamplitude) zeigen und anscheinend jünger sind als die typischen letztinterglazialen Bildungen, welche in Nordrußland durch die sogenannte ozeanische Transgression vertreten werden (siehe auch S. 193).

Die Sachlage ist nämlich so, daß an der unteren nördlichen Dwina (und auch wohl bei Archangelsk) über einer unteren Moräne, die nach oben in geschiebehaltige Sande mit marinen Muscheln (? Driftablagerungen) übergeht, Tone liegen, die eine marine Fauna von wesentlich wärmerem Typus enthalten: *Cardium edule, C. echinatum, Mytilus edulis, Pecten islandicus, Mya truncata, Tellina calcarea, Balanus, Leda, Astarte.* Diese zweifellos letztinterglaziale Folge (? Eemschichten) wird mit Erosionsdiskordanz von sandigen Tonen mit Sand und Kies überdeckt, die Torf und Pflanzenreste enthalten, aber auch Lagen mit marinen Fossilien der zweiten (Weißmeertransgression) führen, die wir schon erwähnt haben. Darüber folgt dann die obere Moräne. Offensichtlich bestehen also zwei Transgressionen: die ältere ozeanische oder boreale, welche jedenfalls einem warmen Abschnitt des letzten Interglazials angehört (nach POKROWSKAJA aber vor dem Wärmemaximum liegt, welches schon kontinentale Bildungen aufweist) und eine jüngere, die Weißmeer- oder arktische Transgression, welche entweder einem zweiten kühlen Abschnitt desselben Interglazials oder einem Interstadial der letzten Eiszeit angehört. Jedenfalls sind beide Transgressionen durch eine kalte Phase und durch eine Hebungszeit getrennt.

Die boreale Transgression, deren Spuren in den Unterläufen der nordrussischen Flüsse bis zum Petschorabecken und darüber hinaus verbreitet sind und absolute Höhen von 100–120 m erreichen, verleiht dem Quartär Nordrußlands ein besonderes Gepräge. Typische glaziale Formen sind eigentlich nur bis zum Endmoränengürtel Waldai–Untere Dwina–Kanin und dann wieder am Saume des Nordurals vorhanden. Das dazwischen liegende Gebiet hat ein flacheres Relief und eine eigenartige Ausbildung des oberen Geschiebemergels, welcher gelegentlich geschichtet ist, marine Fossilien enthält und eine eigentümliche Mischung skandinavischer und uralischer Leitgeschiebe zeigt. Es spricht also manches für die Annahme von KULIK, daß dieses mittlere Gebiet vom Gletscher der letzten Eiszeit überhaupt nicht bedeckt worden ist, sondern daß die sogenannte obere Moräne eigentlich eine Driftablagerung darstellt und die eingelagerten Geschiebe aus den im Osten und Westen kalbenden Gletschern stammen und auf abtauenden Eisschollen ins Becken eingeführt wurden. Nur die ältere Vereisung, für deren Beginn ein Hochstand des Landes anzunehmen ist, hätte den Norden Rußlands zusammenhängend überdeckt. Hier läßt sich auch eine deutliche Grenze der skandinavischen Geschiebe (Kola) und der Geschiebe der norduralischen Gebirgsvereisung nachweisen. Eine Senkung und marine Ingression hätte dann zum Schmelzen dieser Eisdecke weitgehend beigetragen, und der skandinavische und norduralische Gletscher der letzten Eiszeit wären stets durch das nordrussische boreale Meer getrennt gewesen, welches eine Art spiegelbildliches Analogon zu der Nordsee zwischen dem skandinavischen Haupteis und der britischen Gebirgsvereisung darstellt (siehe Abb. 79).

3. Das Gebiet der Hauptvereisung (außerhalb der letzten Vereisung)

Es dürfte heute allgemein anerkannt sein, daß die vorletzte Vereisung, welche also der Riß–Saaleeiszeit des Westens entspricht, in Osteuropa die größte Verbreitung gehabt hat. Zusammenhängende Endmoränen sind nicht vorhanden, wenn auch lokal marginale glazigene Akkumulationen – Staumoränen und endmoränenartige Aufschüttungen – nicht ganz fehlen, so z. B. im mittleren Dnjeprgebiet. Die Südgrenze der Vereisung kann daher im wesentlichen nur auf Grund der Verbreitung der Grundmoräne und ihres Überganges in fluvioglaziale Bildungen verfolgt werden. Kennzeichnend ist die Zerlegung des Eises in zwei Riesenzungen, die Dnjepr- und Donzunge, zwischen denen im Gebiet Charkow-Kursk–Woronesh der Eisrand weit nach Norden zurückweicht. Kurz vor Erreichung der Wolga biegt dann der Eisrand längs der Medvediza scharf nach NNO ab, quert die Wolga an der Wetlugamündung (halbwegs zwischen Gorki und Kasan) und schwenkt dann wieder längs der oberen Wjatka nach Osten ab, um etwas nördlich von der Mündung des Tschussowaja in die Kama den Ural zu erreichen. Eine Beziehung dieses Eisrandes zur strukturellen Gliederung Osteuropas ist unverkennbar. Der Vorstoß der Donzunge scheint durch eine starke erosive Ausräumung des Donsystems bestimmt zu sein, welches ja vor der Rißeiszeit auch der oberen Wolga als Abfluß diente.

In diesem Gebiet, d. h. außerhalb der Moränen der letzten Vereisung, sind die glazialen Formen verwischt. Die Landschaft trägt im allgemeinen keinen akkumulativen, sondern einen erosiven Charakter mit reif ausgearbeiteten Tälern. Immerhin fehlen auf den flachen Wasserscheiden zwischen diesen glaziale Reliefzüge keineswegs ganz (n. Borsoff, 1930), so daß man das Gebiet wohl mit den Altmoränenlandschaften Norddeutschlands vergleichen kann.

Was die Zusammensetzung und das Profil angeht, so besteht zwischen dem Gebiet der großen Eisloben (Dnjepr- und Donzunge) und den zwischen ihnen und weiter im Osten liegenden unvereisten Bereichen ein erheblicher Unterschied. Es muß daran erinnert werden, daß in Osteuropa, im Gegensatz zu Norddeutschland, ein direkter, konsequenter Abfluß der Schmelzwässer (nach S) möglich war, so daß an Stelle der marginalen Urstromtäler sich große Sandr entwickelten, welche den Raum der präglazial ausgearbeiteten Depression auffüllen. Nur die Flanken der Eiszungen sind durch marginale, „glaziobsequente“ (Soboleff) Talsysteme gekennzeichnet, wie das System Desna–Sejm–Psjol–Worskla–Orjol am NO-Rand der Dnjeprzunge, der Donfluß am Südrand und Medvediza und Sura am Ostrand der Donzunge.

Innerhalb der beiden großen Zungen besteht eine mächtige fluvioglaziale Serie, welche im Dnjeprgebiet von Löß überlagert wird, der auch in mehr oder weniger großer Mächtigkeit auf die unvereisten Flanken übergreift. Im

Gebiete der Donzunge fehlt echter Löß. Auf den unvereisten Flanken liegt hier wenig mächtiger Lehm und lehmiger Sand, vorwiegend deluvialer Entstehung, dem älteren Gestein auf.

Die beiden Zungen stellen, im großen betrachtet, riesige alluviale „Talsandr-Ebenen" dar, welche dreieckige Gestalt mit der Spitze im Süden besitzen. Es sind zweifellos große, präglazial erosiv ausgearbeitete Hohlformen, in denen, wohl infolge einer Hebung des südlich angrenzenden Gebietes (Podolisches Massiv und Don-Medvedizawall), ein Aufstau und damit die Aufschüttung mächtiger eiszeitlicher und nacheiszeitlicher Alluvionen im Zusammenhang mit den Vorstößen des Gletschers stattgefunden haben.

Diese Talsandr-Ebenen, gleichsam Analogien der deutschen Urstromtäler, in ihrer Besonderheit durch die abweichenden Abflußverhältnisse bedingt, sind terrassiert, und die Analyse der Terrassen erlaubt eine zeitliche Eingliederung und genetische Erklärung der Terrassen.

Die obere, dritte Terrasse des Dnjepr liegt 40 m über der Talaue (etwa 130 m über NN) und nimmt eine gewaltige Fläche ein; bei Kiew erreicht sie die maximale Breite von 120 km und verengt sich dann keilförmig gegen SO (Dnjepropetrowsk). Ihr Profil ist wie folgt zusammengesetzt (von oben):

6. Löß (durch fossilen Boden zweigeteilt, 5–9 m, Würmeiszeit
5. Fossiler Boden (Podsol-Schwarzerde-Podsol)
4. Moräne (Riß) bis 15 m
3. Fluvioglaziale Lehme (lößartig), in Sande übergehend, 20–25 m
2. Fossiler Boden, anmoorig
1. Sande mit Kies (fluvioglazial, vermutlich Mindeleiszeit)

Die untere Terrasse ist anscheinend zweigeteilt: der obere Teil (2. Terrasse) liegt 15–20 m über der Aue, der untere 3–4 m über Aue. Diese Terrasse trägt keinen Löß und ist von fluvioglazialen Sanden gebildet; sie trägt meist Nadelwald (daher oft als Waldterrasse bezeichnet). Ihre größte Breite liegt nördlich von Kiew, und sie nimmt besonders im Polessjegebiet große Flächen ein (insgesamt etwa 60000 km²).

Nach Mirtschink gehen die unteren fluvioglazialen Sande der dritten Terrasse (Horizont 1) nordwärts (Polessje) in die Moränen der ältesten Vereisung über (Lichwin = Mindeleiszeit); die Sande der ersten (unteren) Terrasse sind im Norden mit den Moränen der letzten Vereisung (Waldai = Würmeiszeit) verknüpft; sie liegen im Polessje auf den Moränen der mittleren (Dnjepr = Rißeiszeit) Vereisung, während sie im Süden, d. h. im mittleren Dnjeprgebiet, an sie angelehnt sind. Diese Profile zeigen also eine dreimalige Vereisung an. Auf den Wasserscheiden besteht gelegentlich eine oberste (pliozäne) Terrasse, aus bunten Tonen aufgebaut, über denen ein vielgliederiger Löß lagert. Über die Zahl der hier vorhandenen Löße mit fossilen Bodenhorizonten besteht noch keine unbedingte Sicherheit.

Eine analoge Gliederung scheint im Bereiche der Donzunge zu bestehen. Hierbei ist daran zu erinnern, daß die obere Wolga vor der Rißzeit nach Süden zum Don abfloß, so daß also die mächtige, von fluvioglazialen Sanden aufgebauten Terrassen des Dongebietes der oberen Terrasse des mittleren Dnjeprgebietes entsprechen, während die – hier stärker gegliederten – Sandniederungen der oberen Wolga und Oka weiter im Norden wohl die fluvioglazialen Talsandr-Ebenen der letzten Eiszeit darstellen und also dem Polessjegebiet entsprechen. Die Wolga unterhalb der Kamamündung (zwischen Kasan und Kuibyschew) zeigt drei Terrassen. Die mittlere, welche hier große Mächtigkeiten erreicht und in die Haupteiszeit gestellt wird, hat an der Basis Sande mit einer „Vorriß-Fauna". Die untere wird bei Kuibyschew von oberkaspischen (Chwalynischen) marinen Absätzen bedeckt und soll der letzten Eiszeit entsprechen. Die große Mächtigkeit der mittleren Terrasse geht auf einen erheblichen Stau zurück, welcher durch eine bedeutende junge Hebung an der Samaraer Wolgaschleife (bis 60 m) bedingt wird. Unterhalb dieser Schleife gehen die sandigen Absätze der oberen Terrasse in braune sandig-tonige Bildungen, die Syrtlehme, über. Im übrigen sind die Einzelheiten des Aufbaues der Wolgaterrassen noch nicht restlos aufgeklärt.

Für das glaziale Profil der mittelrussischen Vereisungsregion ist das Profil von Lichwin maßgebend, welches die Flanke einer Terrasse aufbaut, die 35 m über dem Okafluß 60 km südlich von Kaluga liegt. Die erste Beschreibung hat Bogoljuboff (1907) geliefert. Von oben nach unten zeigt sich folgendes (nach Beobachtungen von Gerassimoff und Markoff 1937):

Rezenter Boden;

Lößartiges ungeschichtetes, poröses Gestein, mit Lagen von fossilem Boden und Podsol, 4–6 m;
Fluvioglazialer Kies mit kleinen Geschieben (Steinpflaster) 0,2–0,5 m;
Moräne, oben dicht, braunrot, z. T. geschichtet, unten hellbraun, sandig, 8–14 m;
Geschichteter Sandton, lösartig mit kleinen Geschieben; Fluvioglazial, 2–6 m;
Seeablagerungen, und zwar:

c) dunkle ungeschichtete Tonsande;

b) feinschichtige Mergel mit *Valvata contorta, Neristoma, Lutra vulgaris* und Pflanzen, von denen in der Mitte wärmeliebende *(Fagus, Carpinus, Taxus, Stratiotes, Najas, Trapa)*, oben und unten kalte (Fichte, Tanne, Birke) auftreten;

a) graugrüne Tone mit *Gallenaria ovata, Neristoma pulchra*, unten mit *Valvata contorta. Anodonta* u. a. Insgesamt 8–12 m;

Sande, unsortiert mit kristallinen Geschieben über 3 m. Im Liegenden Devon.

In diesem Gebiete, welches ja außerhalb der Grenzen der letzten Vereisung liegt, bestehen also zwei Moränen, getrennt durch einen Horizont lakustrer interglazialer Ablagerungen. Die oberen lößartigen Gesteine gehen nach Norden allgemein in Sandfelder, dann in die Endmoränen der letzten Vereisung über. Demnach müssen die oberen Geschiebesande der Saale (Riß) oder Dnjeprvereisung, die unteren der Elster (Mindel) oder Lichwinvereisung angehören. Die Profile am Dnjepr zeigen ja, daß die zweite Vereisung höchstwahrscheinlich die größte war. Ähnliche Profile sind auch von anderen Stellen bei Moskau (Odinzowo und andere) bekannt.

Bei Moskau selbst hat neuerdings Moskwitin das Vorhandensein von drei Moränen festgestellt. Die oberste wird heute mit der Warthemoräne Mitteleuropas parallelisiert, da ein Vorstoß der letzten (Weichsel- = Waldai-) Vereisung bis in dieses Gebiet unwahrscheinlich ist. Die Ablagerungen zwischen den oberen Moränen tragen interstadialen Charakter.

4. Das extraglaziale Gebiet

Die quartären Ablagerungen des extraglazialen Gebietes im Raume Osteuropas umfassen drei Gesteinsgruppen:

1. Löße und lößähnliche Ablagerungen;
2. Fluviatile Ablagerungen;
3. Marine Ablagerungen.

Die Verteilung und Stratigraphie dieser Serien sind durch das klimatische und paläogeographische Gesamtbild gegeben und müssen im Zusammenhang mit diesem besprochen werden. Maßgebend ist hierbei besonders die Lage der Erosionsbasis im Ponto-Kaspischen Gebiet und ihre klimatisch und tektonisch bedingten Schwankungen, die zuerst besprochen werden sollen.

Das riesige Binnenbecken der pontischen Zeit, welches die unteren Donauländer, das Schwarze Meer und (über die Manytschsenke) den nördlichen und mittleren Kaspi umfaßte, zerfiel am Ende dieser Stufe in einzelne Becken oder Seensysteme, insbesondere in die drei Gruppen: Dazisches Becken (Donauländer), Pontus und Kaspi. Das letzte Gebiet ist in seiner pliozänen und diluvialen Entwicklung schon früher kurz geschildert worden (Seite 190). Das dazische Becken braucht in diesem Zusammenhange nicht erwähnt zu werden. Das Becken des Schwarzen Meeres war im Pliozän auch abgeschlossen, stand aber gelegentlich in Verbindung mit dem Kaspibecken; sein Umfang war im allgemeinen kleiner als heute. Nach der Fauna und dem durch sie belegten Wechsel im Salzgehalt lassen sich folgende Stadien unterscheiden und mit dem Kaspischen Becken parallelisieren.

Schwarzes Meer	Kaspi
Tschaudabecken	Apscheronbecken
Kujalnikbecken	Aktschagylbecken
Kimmerisches Becken	Produktive Serie von Baku
Pontisches Becken	Pontisches Becken

Als kontinentale Äquivalente der Aktschagylstufe können n. Mazarowitsch die Ergenisande angesehen werden. Als Äquivalente der Apscheronstufe können nach demselben die bunten Gurowtone und die obere Domaschkaserie Pawloffs, vielleicht auch die ästuarinen Babelschichten im NW-Litoral des Pontus gelten. Im allgemeinen sind die pliozänen Becken durch zunehmende Aussüßung, vielleicht im Zusammenhang mit der Abkühlung des Gesamtklimas ausgezeichnet.

Ob die Apscheronstufe und die ihr äquivalenten Bildungen dem Pliozän (im westeuropäischen Sinne) zuzurechnen sind, ist übrigens fraglich. A. Pawloff, dem ich in meiner Darstellung von 1936 folgte, betrachtete den Komplex der Apscheronstufe bzw. der oberen Tschauda- und Babelschichten als vom Villafranchien bis zum Günz-Mindel-Interglazial reichend. Da in Rußland sichere Äquivalente der Günzeiszeit fehlen, so wird die Grenze Pliozän Quartär heute an die Basis der Mindeleiszeit gestellt, die Apscheronstufe also dem Pliozän zugerechnet, was aber die Äquivalenz ihrer oberen Teile mit Ablagerungen der Günzeiszeit Westeuropas nicht ausschließt.

Das folgende wichtige Ereignis im Gebiete der ponto-kaspischen Depression ist die alteuxinische Überflutung des Schwarzmeergebietes und die Bakutransgression im Kaspigebiet. Das alteuxinische Becken hatte im Norden eine größere Verbreitung als das Tschaudabecken und stand über die Manytschstraße in Verbindung mit dem Kaspi; der Faunenaustausch scheint ungehindert gewesen zu sein (Charakterform *Didacna pontocaspia*). Die alteuxinischen Schichten sind durch ein erhebliches Sinken des Salzgehaltes ausgezeichnet, und eine schwache, aber deutliche Veränderung in gleicher Richtung zeigen auch die Bakuschichten des Kaspigebietes. MAZAROWITSCH stellt in die gleiche Zeit eine hochliegende Terrasse mit *Didacna rudis* am Kaspischen Ufer des Kaukasus, die Alluvionen der 100-m-Terrasse des Kubanflusses und die Kiese von Tirasopol an der Dnjestrmündung. Diese Kiese, welche Karpathengerölle führen und 10–40 m über NN lagern, enthalten neben *Corbicula fluminalis* und *Paludina diluviana*, die auch in den alteuxinischen Schichten auftreten, eine Säugerfauna von altdiluvialem Typus: *Alces latifrons*, *Cervus elaphus*, *C. euryceros*, *Bison priscus*, *Rhinoceros etruscus*, *Equus stenonis*, *Elephas antiquus*, *Ursus deningeri*. Die Einfügung in das diluviale Schema ist wohl noch heute unsicher; MAZAROWITSCH stellt sie heute in die Mindel- (Lichwin-) Eiszeit, entsprechend dem basalen Fluvioglazial der Dnjeprzunge. Die Altersangaben schwanken indessen zwischen Günz-Mindel-Interglazial (KROKOS) und Beginn des Mindel-Riß-Interglazials (PAVLOFF).

Die nachfolgende Etappe wird durch den Durchbruch von Bosporus und Dardanellen im Zusammenhang mit einer Senkung der Randgebiete und einem Eindringen der mediterranen Salzwässer in das Schwarze Meer ausgezeichnet. Diese tyrrhenische Phase des pontischen Gebietes zeigt eine von der vorhergehenden wenig abweichende Meeresverbreitung, aber eine durch Wandlung der Fauna deutlich belegte Verbindung mit dem Mittelmeer. Dabei lassen sich zwei Stadien unterscheiden. Im ersten (Usunlarzeit) herrschte eine Mischfauna alteuxinischer und mediterraner Elemente in einem Becken mit noch vermindertem Salzgehalt (*Cardium edule*, *Syndesmya ovata* und andere). Nach einer Hebungsphase scheint eine erneute Senkung der Randgebiete erfolgt zu sein, und die obere Abteilung (Karangatzeit) zeigt eine reine Salzwasserfauna mit mediterranen Elementen: *Retusa truncculata*, *Aporrhais pespelicani*, *Ostrea taurica*, *Pecten varus*, *Modiola adriatica*, *Arca noae*, *Nucula nucleus*, *Tellina nitida*, *Scrobicularia plana*, *Mactra corallina*, *Venus verrucosa*, *Tapes calverti*, *Cardium tuberculatum*.

Als Äquivalente im Kaspigebiet (s. auch S. 192) können gelten (von unten):

Kossoshserie: Beginnt mit transgressivem Konglomerat über Erosionsdiskordanz, unten sandige, höher sandig-schlickige Bildungen mit nach oben abnehmenden kaspischen Mollusken, Zunahme der Süßwasserformen und Beimengung von Sumpfpflanzen.

Chosarische Schichten: An der Basis Konglomerat, darüber Sande mit kaspischer Fauna. Transgressiv.

Atelische Schichten: Kontinental-subaërische sandige Lehme mit Landpflanzen und Resten großer Säuger.

Die beiden älteren Abteilungen enthalten auch Säugerreste von älterem Typus *(Elephas antiquus, Rhinoceros etruscus)*, allerdings z. T. gemischt mit jüngeren Formen, aber doch nach GROMOFF und MIRTSCHINK vom ,,Vorriß"-Typus. Die Klimaverhältnisse werden als kontinental warm angegeben.

Am Südostufer des Kaspi entsprechen diesen Bildungen liegende Sande und Mergel mit *Corbicula fluminalis* und hangende altkaspische Sande mit der normalen Kaspifauna *(Cardium trigonoides)*, aber noch ohne *Cardium edule*.

In dem unteren Wolgagebiet werden die kontinentalen Astrachanlehme und braunen Syrtlehme als Äquivalente aufgefaßt. Es sind kontinental-ästuarine Bildungen, welche mit gelegentlichen Zwischenlagen von altalluvialen Sanden auf den braunroten Tonen des ältesten Quartärs auflagern. Nach GERASSIMOFF und MARKOFF handelt es sich um alte ,,Deltaterrassen", welche den Talsandr-Ebenen der großen Ströme (Urwolga, Don, Dnjepr) zugeordnet sind und Anhäufungen von feinsandig-tonigem Material darstellen, welches über die z. T. gestauten Becken des Eisrandes mit seinen grobsandigen Sandrbildungen nach Süden abgeschwemmt und im Ästuargebiet der pontokaspischen Becken abgesetzt wurde. Zu dem gleichen Typus rechnen die Genannten die lößähnlichen, aber tonreichen Absätze der peripontischen Niederung zwischen Bug und Kuban, welche auf der unregelmäßigen Oberfläche der braunroten altquartären Tone aufliegen, die ihrerseits die oberpliozänen Ablagerungen des Schwarzmeerlitorals überdecken. Diese Ablagerungen, die durch Horizonte fossiler Böden gegliedert sind, werden von anderen als echte Löße angesehen, mit denen sie anscheinend im Westen (Ukraine) durch Übergänge verbunden sind. Darauf wird unten noch einzugehen sein.

Im Schwarzen Meer folgt auf die Karangatzeit mit ihrer freien Verbindung zwischen Pontus und Mittelmeer wieder eine Hebung der Randgebiete, eine Abschnürung des Beckens und eine teilweise Aussüßung. Die Fauna enthält *Adacna plicata, Monodacna pontica, Cardium edule, Dreissensia polymorpha, Dr. rostriformis, Dr. ponto-caspia, Hydrobia caspia*. Diese neueuxinische Epoche, welche als Äquivalent der letzten Eiszeit aufgefaßt wird, zeigt eine Verkleinerung des Beckens. Darauf folgt wieder eine Senkung der Randgebiete und eine erneute Zunahme des Salzgehaltes. Dieses Altschwarzmeerbecken ist durch eine Fauna ausgezeichnet, die mehr euryhaline Formen enthält als die heutige; kennzeichnend: *Mytilus galloprovincialis, Syndesmya ovata, Venus gallina, Hydrobia ventrosa*.

Im Kaspigebiet ist die letzte Eiszeit durch eine erneute Transgression der Chwalynischen Phase ausgezeichnet, welche zu einer Hebung des Meeresspiegels auf 50 m über NN führt. Sie hat eine weitgehende Überflutung der Nordkaspischen Tiefebene zur Folge, in der die chwalynischen Bildungen transgressiv mit konglomeratischer Basis als Deckschichten liegen und zur Bildung von marinen Terrassen am kaukasischen und östlichen Ufer des Kaspi führen, welche bis 75 m über den heutigen Kaspispiegel aufsteigen. Durch diese Transgression ist wiederum eine zeitweilige Verbindung mit dem Schwarzen Meere entstanden, so daß die kaspischen Formen das neueuxinische Becken besiedeln konnten und andererseits *Cardium edule* als Charakterform der jungkaspischen Ablagerungen in das Chwalynische Becken eindrang. Da der Salzgehalt sich hierbei nicht merklich verändert hat, wird angenommen, daß die Transgression nicht auf Wasserzunahme, sondern auf einer tektonischen Hebung des Bodens des Kaspis beruht. Das nachletzteiszeitliche Absinken des Meeresspiegels erfolgte oszillatorisch, mit mehreren kleineren Transgressionsphasen (Kemrud-, Djordjan-, Sarinskphase Prawoslawleffs).

Die extramarinen Ablagerungen des Quartärs in den Randgebieten der Vereisung sind früher schon kurz behandelt worden. Für die Herstellung einer Beziehung und für die Eingliederung der marinen Folge in den eiszeitlichen Ablauf muß hier noch auf einige Einzelheiten eingegangen werden. Es ist besonders zu betonen, daß zwischen dem westlichen Gebiet des Dnjeprsystems und dem östlichen Don–Wolgagebiet gewisse grundsätzliche Unterschiede bestehen, vor allem darin, daß typische Löße eigentlich nur im Westen, d. h. in dem Dnjestr- und Dnjeprgebiet vorkommen und hier auch die größten Mächtigkeiten und die charakteristische Gliederung durch fossile Böden besitzen. Neuerdings wird aber hervorgehoben, daß entgegen der ursprünglichen Ansicht von Krokos nicht jeder fossile Boden den Charakter eines interglazialen Leithorizontes besitzt. Nur echte, stark humose Steppenböden vom Schwarzerdetypus haben diese Bedeutung; andere, insbesondere solche vom Podsolcharakter können sich auch während einer Eiszeit gebildet haben. Auch eine durchgehend äolische Natur der Löße wird noch von einigen sowjetischen Forschern bestritten; ein Teil, insbesondere die erwähnten tonigen lößähnlichen Sedimente in der Umrandung des Schwarzen Meeres, könnte subaquatischen Ursprungs sein. Bezeichnend bleibt jedenfalls, daß in der Westukraine der Löß als Decke das gesamte Relief überkleidet und nur auf den untersten, nacheiszeitlichen Terrassen fehlt, auf den Wasserscheiden aber die größte Mächtigkeit und die reichste Gliederung durch fossile Böden aufweist. Im Don- und Wolgagebiet dagegen tritt auf den Wasserscheiden nur eine dünne Decke von diluvialen Lehmen und lehmigen Sanden auf, während die meist recht tonigen und schweren „lößähnlichen" Ablagerungen auf die Senken beschränkt bleiben. Diese Bildungen, zu denen im weiten Sinne auch die Syrtlehme gehören, sind zum großen Teil wohl sicher subaquatischer Entstehung (lakustrisch oder lagunär), worauf auch ihre oben erwähnte Verknüpfung mit den marinen Absätzen des Kaspigebietes hinweist.

Im Dnjeprgebiet lassen sich, wie erwähnt, über der Aue zwei Hauptterrassen unterscheiden. Die obere liegt etwa 40 m über der Aue und etwa 40 m unter der Wasserscheide. Sie trägt eine Decke von Löß, der durch einen fossilen Boden gegliedert ist, darunter fluvioglaziale Sande, die nach Süden in einen älteren Löß eingekeilt sind, nach Norden in die Moräne der Hauptvereisung übergehen, darunter lehmige Sande bzw. Süßwassermergel und als Basis fluvioglaziale Sande mit kleinen Geröllen, der ältesten (Lichwin- = Mindel-) Eiszeit zugerechnet. Die ganze Folge erreicht 50 m und mehr Mächtigkeit, so daß mit einer sehr bedeutenden altquartären bzw. pliozänen Erosion zu rechnen ist. Die tiefere Terrasse (oft in zwei Stufen gegliedert), liegt mit der Oberkante bei 15–20 m und trägt keinen Löß. Auf den Wasserscheiden sind dagegen mehrere Löße mit fossilen Böden vorhanden. Nach Krokos ist in den dritten (von oben) die Moräne der Hauptvereisung (Riß = Dnjepr) eingekeilt, was aber nicht allgemein anerkannt wird.

Die zeitliche Eingliederung dürfte eindeutig sein. Die Hauptvereisung entspricht anscheinend der Hebung in der Mitte der tyrrhenischen Phase des Schwarzmeergebietes, d. h. das Usunlarstadium würde dem Mindel-Riß-Interglazial, das Karangatstadium dem Riß-Würm-Interglazial entsprechen. Die fluvioglazialen Kiese an der Basis (Mindel- = Lichwineiszeit) entsprechen den Tirasopolkiesen und dem alteuxinischen Stadium, die untere Terrasse und der obere Löß (Würm- = Waldaieiszeit) ist dem neueuxinischen Stadium äquivalent. Im wesentlichen scheinen also die Eiszeiten den Perioden der Abschnürung (von Mittelmeer) und Aussüßung des pontischen Beckens zu entsprechen.

Im Dongebiet unterscheidet Grischtschenko 1940 vier fluviatile Serien, von denen aber nur die zwei oberen morphologische Bedeutung haben. Es ist daran zu erinnern, daß das Talgebiet des Don früher den Hauptablauf der Russischen Tafel darstellte, d. h. den oberen und z. T. auch mittleren Teil des Wolgasystems umfaßte. Die älteste Serie folgt einer intensiven Erosionsphase, die ein breites und bis 100 m tiefes Tal geschaffen hatte. Dieses Tal wurde weitgehend ausgefüllt mit Kiesen, die nach oben in Sande und dann in Tone übergehen. Erwähnenswert sind in dieser Folge Einlagerungen von vulkanischer Asche. Die Folge wird mit den Ergenisanden weiter im Süden parallelisiert (Unterpliozän?, vielleicht noch älter).

Die zweite Folge ist in die vorhergehende eingelagert; ihrer Ablagerung ging wieder eine beträchtliche Erosion voraus, die den Talboden 25–30 m unter das heutige Talniveau vertiefte. Sie beginnt mit Sanden, die eine Kieseinlagerung enthalten, mit örtlichen und aus dem nördlichen Karbongebiet stammenden Geröllen (aber ohne kristalline Komponenten); die Sande werden nach oben feinkörniger und gehen in dunkle, fette Tone über, die nach P. Nikitin (1933) eine Flora des tieferen und mittleren Pliozäns enthalten. Eine Beziehung zu den heutigen Tälern besteht nicht. Grischtschenko möchte diese Folge in die Mindel- (Lichwin-) Eiszeit stellen, d. h. sie mit den fluvioglazialen Ablagerungen an der Basis der oberen Dnjeprterrasse vergleichen. Die daraus zu folgernde Versetzung der Mindeleiszeit ins Pliozän dürfte indessen Bedenken erregen, so daß hier noch weitere Untersuchungen zu erwarten sind.

Nach einer weiteren Erosionsphase, welche die Talböden wieder bis zur Tiefe von 100–105 m über NN, d. h. etwa bis zur Tiefe der Böden des ersten Zyklus, aber über die des zweiten vertiefte, wurde eine dritte Folge abgelagert, welche eine auch morphologisch sichtbare Terrasse 40–50 m über der Dontalaue bildet. Diese Folge beginnt mit fluvioglazialen Sanden und Kiesen (mit kristallinen Geschieben) und geht nach oben wieder in Tone über. Die Folge, bzw. ihr oberer Teil, ist auf den Wasserscheiden mit den Moränen der größten (Riß-Dnjepr-) Vereisung verknüpft. Sie entspricht also, auch in der Höhenlage, der oberen Dnjeprterrasse.

Eine weitere Erosionsphase, welche an Tiefenwirkung die vorhergehenden übertrifft, schließt schon enger an das heutige Relief an. Weitere Alluvionen folgen, deren Oberfläche bis 25 m über das heutige Talniveau hinauf reicht; in sie sind die gegenwärtigen Talauen nacheiszeitlich eingeschnitten. Die Terrasse dürfte also der letzten (Würm- = Waldai-) Eiszeit entsprechen.

Im Wolgagebiet unterscheidet man im Mittellauf über der Aueterrasse (8–10 m über dem Fluß) eine anscheinend zweigeteilte Würmterrasse in 15–20 (bzw. 25–29 m) über dem Fluß, eine Rißterrasse in 40–60 m und eine „Mindelterrasse" in 90–100 m über dem Fluß. Während die untere Terrasse im Gebiet die Wolgaschleife bei Samarskaja Luka ihre relative Höhe über dem Flußniveau beibehält, soll die mittlere (n. Gerassimoff und Markoff) hier stark ansteigen, offensichtlich infolge einer jungen Hebung um mindestens 60 m. Zugleich zeigt sich nördlich davon eine gewaltige Zunahme der Mächtigkeit, da die Basis bis auf 120 m unter das heutige Talniveau absinkt. An der Basis der mittleren Terrasse wurde in sandig-kiesigen Ablagerungen eine reiche Fauna von altquartärem Habitus gefunden: *Elephas trogontherii, Rhinoceros tichorhinus, Elasmotherium sibiricum, Bison priscus longicornis, Cervus megaceros, Saiga, Felis leo spelaea* und andere.

Unterhalb der Samarskaja Luka werden auch 4–5 Terrassen in annähernd gleichen Höhenlagen unterschieden, von denen die „Würmterrasse" in 18 bis 25 m am besten kenntlich ist. In ihren Bestand gehen südlich Chwalynsk die oberkaspischen Sedimente ein. Die Rißterrasse sinkt nach Süden unter die Chwalynische (Würm-) Terrasse ab und verliert ihre morphologische Bedeutung (n. Milanowski 1940). Nach Gerassimoff und Markoff geht sie östlich der Wolga in die Ebene der Syrttone über, in denen aber vermutlich mehrere Komplexe vertreten sind.

Eine endgültige Klärung der quartären Folge im Don- und Wolgagebiet steht demnach noch aus.

Für die Eingliederung des extraglaziären Quartärs sind die neueren paläontologischen Ergebnisse (vor allem von Gromoff) wichtig. Danach kommen in den braunroten scythischen oder Gurowlehmen bei Rostow a. D., welche der Apscheronstufe gleichgestellt werden und der unteren Abteilung der Syrtlehme entsprechen, folgende Formen vor: *Elephas planifrons, Mastodon arvernensis, Equus stenonis, Hipparion* usw. Diese Fauna dürfte demnach noch Pliozän sein.

Die nächstjüngere Fauna ist aus den Kiesen von Tirasopol und aus dem Bakukomplex des Kaspigebietes bekannt; sie enthält: *Elephas wüsti, Bison schoetensacki, Rhinoceros etruscus, Alces latifrons*. Das Auftauchen der Boviden und das Fehlen von *Hipparion* und *Mastodon* charakterisieren die Fauna als Altquartär (= Mindel).

Die nächste Fauna liegt in den basalen Ablagerungen der Wolgaterrassen und in den chosarischen Schichten. Sie enthält: *Elephas trogontherii, Bison priscus* var. *longicornis*, *Camelus knoblochi*, *Elasmotherium sibiricum*, *Rhinoceros mercki*, *Cervus megaceros* var. *germaniae* und andere. Da diese „Wolgafauna" noch keine Spuren einer deutlichen Abkühlung des Klimas zeigt, ist sie wohl dem Mindel-Riß-Interglazial zuzurechnen. Sie fand sich auch entsprechend in den Kanalbauten Moskau–Wolga zwischen zwei glazigenen Komplexen.

Die jüngste quartäre Fauna, genetisch mit der vorhergehenden verknüpft, zeigt dagegen deutliche Spuren eines kälteren Klimas: *Elephas primigenius*, *Rangifer tarandus*, *Ovibus moschatus*, *Rhinoceros tichorhinus*, *Saiga tartarica*, *Bison priscus deminutus*, *Felis spelaea*, *Ursus spelaeus*, *Vulpes lagopus*, *Hyaena spelaea*, *Ursus arctos*. Die Fauna tritt in den Ablagerungen der vorletzten und letzten Eiszeit auf; nur fehlen in der letzteren *Rhinoceros tichorhinus* und *Ursus spelaeus*.

Für die Eingliederung der Profile ist schließlich wichtig, daß Werkzeuge des Moustérien an verschiedenen Stellen unter den Ablagerungen der Rißeiszeit bzw. am Asowschen Meer unter zwei Lößen und über dem liegenden fossilen Boden, welcher seinerseits lakustre Bildungen überlagert, gefunden worden sind. Die Moustierkultur begann demnach im Mindel-Riß-Interglazial und dauerte wohl in der Rißzeit an, wogegen die Reste der Aurignackultur über den Ablagerungen der Rißeiszeit auftreten.

Unter Berücksichtigung der vorstehend vorgebrachten Daten kann die beiliegende Korrelationstabelle aufgestellt werden. Es ist zu betonen, daß eine genaue und genetische Verknüpfung der Eiszeiten mit Transgressionen des Kaspi, der Zwischeneiszeiten mit Regressionen kaum möglich ist. Eher könnten n. ANDRUSSOW im Schwarzen Meergebiet die Zeiten der Aussüßung mit den Eiszeiten, die der Versalzung mit den Interglazialen zusammenhängen. Doch spielt sowohl bei den Veränderungen des Meeresspiegels als auch beim Schwanken des Salzgehaltes auch der tektonische Faktor eine bedeutende Rolle, wie besonders ARCHANGELSKI gezeigt hat.

Was das Klima angeht, so widerspricht die meist in der Sowjetunion angewandte Parallelisierung der Eiszeit mit Transgressionen, der Interglaziale mit Regressionen dem westeuropäischen Rhythmus, da er feuchte Eiszeiten und trockne Zwischeneiszeiten voraussetzt, worauf ich schon 1930 und 1936 hingewiesen habe. Es ist indessen zu berücksichtigen, daß der westeuropäische Rhythmus nicht für das gesamte Gebiet Osteuropas Gültigkeit zu haben braucht. MASAROWITSCH (1940) ist z. B. geneigt, für die erste Hälfte der Eiszeiten ein feuchtes Klima anzunehmen (starke Erosion mit nachträglicher Vermoorung der Täler usw.) und damit teilweise die Erhöhung des Wasserspiegels im Kaspigebiet zu erklären; in der zweiten Hälfte der Eiszeit wäre dagegen eine zunehmende Austrocknung des Klimas wahrscheinlich (Lößbildung). In den Interglazialzeiten hätten nach ihm die klimatischen Verhältnisse in den verschiedenen Gebieten des riesigen osteuropäischen Areals überhaupt stark gewechselt. Nur für Zentralrußland ist ein warmfeuchtes Klima, wie in Westeuropa, anzunehmen; dagegen zeugen die fossilen

Vereistes Gebiet	Westukraine (Dnjeprbecken)	Schwarzes Meer	Donbecken	Wolgabecken	Kaspisenke
Postglazial	Einschnitt in die Talaue und Ausbildung der Aueterrasse	Altschwarzmeerbildungen Salzgehalt zunehmend		Terrasseneinschnitt und alte Alluvionen	Sarinsk, Djordjan, Kemrud } Oszillationen, im allgemeinen regressiv
Würm- = Waldaieiszeit	Aufschotterung der unteren zweistufigen Terrasse und oberer Löß (2 teilig?)	Neuєuxinische Ablagerungen Salzgehalt abnehmend	Untere Terrasse des Don-Fl.	Sande der beiden tieferen Terrassen	Chwalynische Transgression
Riß—Würm-Interglazial	Terrasseneinschnitt und oberer fossiler Boden	Karangatschichten (jungtyrrhenisch) Salzgehalt zunehmend	Erosion	Terasseneinschnitt	Atelische Stufe regressiv
Riß- = Dnjepreiszeit	Moräne, bzw. fluvioglaziale Sande und mittlerer Löß	? Hebung	Tone Obere Terrasse Fluvioglazial Moräne	Sande der mittleren Terrasse	Chosarische Stufe transgressiv
Mindel-Riß-Interglazial	Terrasseneinschnitt und fossiler Boden	Uzunlarschichten (alttyrrhenisch) Salzgehalt zunehmend	Erosion	Terrasseneinschnitt Sande mit altquartärer Fauna Syrtlehme	Wolgafauna Kossoschschichten regressiv
Mindel- = Lichwineiszeit	Bändertone, Fluvioglazial, ältester Löß, Tirasopolkiese	Alteuxinische Ablagerungen Salzgehalt abnehmend	Sande, darunter:	Sande der oberen Terrasse	Bakuschichten, transgressiv
Apscheronstufe (? Günzeiszeit)	Braunrote (scythische) Tone der Schwarzmeerküste u. Babelschichten	Tschaudaschichten	Sand und Kies (sog. pliozäne Serie)	Gurovtone und obere Domaschkaserie	Regression Apscheronschichten transgressiv
Aktschagylstufe (Pliozän)		Kujalnikstufe	sog. Ergeniserie, Tone, darunter Sand u. Kies	Ergenisande	Aktschagylschichten

Schwarzerdeböden im mittleren und unteren Dnjeprgebiet für ein warm-trockenes Steppenklima, die humusfreien Sandtone der Kaspiniederung sogar für ein arides Halbwüstenklima.

Infolge dieses Ineinandergreifens tektonischer, klimatischer und glazigener Faktoren ist also die Beziehung der Vereisungen zu den Schwankungen des Meeresspiegels eine komplexe Erscheinung. Die in der nebenstehenden Tabelle verzeichnete Parallelisierung, die in einigen Zügen von meiner früheren (1930) abweicht, kann daher auch nur als Provisorium betrachtet werden. Insbesondere stellt die Grenze von Pliozän und Quartär ein bis heute noch nicht gelöstes Problem dar, da sich hier deutliche Unstimmigkeiten mit Westeuropa bemerkbar machen, so vor allem betreffs der Stellung der Günzeiszeit. Ferner ist darauf hinzuweisen, daß das DEPERETsche Schema der Mittelmeerterrasse für das Ponto-Kaspische System nicht anwendbar ist.

Literatur

Quartär

BOGOLJUBOFF, N., Über die Phasen der interglazialen Epochen im Gouv. Moskau. Ann. géol. et miner. de Russie, *9*, 1907.

BUBNOFF, S. v., Geologie von Europa, Bd. I, 1926.

— Das Quartär in Rußland. Geolog. Rundschau XXI, 3, 1930.

— Geologie von Europa, Bd. II, 3, 1936.

— Osteuropäische Beiträge zur Frage der Schichtenstörungen durch Eisdruck. Zeitschr. f. Geschiebeforschung *16*, 1940.

DANILOVSKI, J., Geological structure of the basin of the Lovat. Transact. geol. and prospecting service *125*, 1931.

DOCHTUROWSKI, W., Über interglaziale Floren der USSR. Pedology, 1930.

GERASSIMOFF, J., und K. MARKOFF, Quartärgeologie. Leningrad 1939.

GIRMUNSKI, A., Zur Frage der Grenzen der Vereisungen in der russischen Ebene. Bull. com. étude ep. quatern., Nr. 1, 1929.

— Neue Beiträge zur Tektonik, Stratigraphie und Geomorphologie der quartären Ablagerungen der Weißrussischen SSR. Transact. geolog. und prospecting institute, *17*, 1934.

GRISCHTSCHENKO, M., Die neogenen und quartären Terrassen des Donbeckens. Bull. soc. nat. Moscou, XVII, 1939.

GROMOFF, W., Das Problem der Mehrzahl der Vereisungen in Beziehung zum Studium quartärer Säugetiere. Probleme der Sowjetgeologie 7, 1933.

JAKOWLEFF, S., Die Alluvionen und das Relief von Leningrad. Leningrad 1925.

JAKOWLEWA, S., On the connection that existed between the White and the Baltic Seas during the late Glacial transgression. Transact. II. intern. conf. assoc. study Quaternary period. II, 1933.

KRAUS, E., Tertiär und Quartär des Ostbaltikums. Kriegsschauplätze 1914–1918, *10*, 1928.

KROKOS, W., Materialien zum Studium der Böden der Ukraine. Charkow, 1927.

KULIK, N., Das Postpliozän des Nordens. Geol. Vestnik, 1926.

LAVROWA, M., Über die Resultate der geol. Untersuchungen im Weißmeerbecken. Transact. II. intern. Confer. on the study of the quatern. period in Europe, II, 1933.

LICHAREFF, B., Zur Frage der Herkunft der Geschiebetone im Norden Rußlands. Geol. Vestnik, 5, 1926/27.

LITSCHKOFF, B., Über die Terrassen des Dnjepr. Geol. Vestnik, 1927.

— Zur Frage der Dnjeprterrassen I u. II. Vestnik Ukrain. geol. Com. Lief. 9 u. 11, 1926 u. 1927.

LITSCHKOFF, B., Zur Geomorphologie des europäischen Teiles der USSR. Abh. d. Geomorphologischen Instituts Leningrad, 1931.
LUNGERSHAUSEN, L., Etappen der Entwicklung der Podolischen Platte und ihres Schwarzmeerhanges. Arbeit. Erdölkonferenz. Ak. d. Wiss. Ukraine, Kiew, 1939.
MARKOFF, K., und KRASNOFF, A geochronological study of varve sediments in the northwestern region of the USSR. Bull. com. étude quaternaire 1930.
— Development of the relief in the north-western part of the Leningrad district. Transact. Geol. and Prospecting Service USSR *117*, 1931.
MASAROWITSCH, A., Über die eiszeitlichen Ablagerungen des südl. Wolgagebietes. Vestnik Mosk. Bergakademie I, 1922.
— Versuch einer schematischen Zusammenstellung der neogenen und posttertiären Ablagerungen des Wolgagebietes. Bull. Ak. Wiss. Leningrad, 1928.
— Zur Frage der quartären Decke der Russischen Tafel. Bull. soc. nat. Moscou, XVIII, 1940.
MILANOVSKI, E., Skizze der Geologie des mittleren und unteren Wolgagebietes. Wissenschaftl.-technischer Staatsverlag Moskau–Leningrad, 1940.
MIRTSCHINK, G., Die posttertiären Ablagerungen des Gouv. Tschernigow und ihre Beziehungen zu analogen Bildungen Rußlands. Mem. der geol. Abt. Ges. Naturf. Freunde, Moskau *4*, 1925.
— Über die Zahl der Vereisungen in Rußland. Priroda 1928.
— Die Erforschung der quartären Decke in Rußland. Pedology 1928.
— Structure and composition of quaternary deposits in the european part of the USSR. 2. Intern. Bodenkundl. Kongreß Moskau, 1930.
— On the determination of the southern boundary of the glacier of the würmian time. Bull. com. étude quatern, 1930.
— Zwischeneiszeitliche Ablagerungen im europäischen Rußland. Geol. Vestnik, 1930.
— Fortschritte in der Erforschung des Quartärs der USSR. Bull. soc. nat. Moscou, XV, 5, 1937.
— Die Bedeutung der Paläontologie, der Archaeologie und der jüngsten Krustenbewegungen für die Begründung der Stratigraphie und der Lagerungsverhältnisse der quartären Ablagerungen. Bull. soc. nat. Moscou, XVIII, 1, 1940.
MISSUNA, A., Die Vereisungen von Weißrußland und Litauen. Mater. z. Geol. Rußlands, 1902–1904.
MOSKWITIN, A., Über drei Moränen bei Moskau. Bull. Soc. Natur. Moscou, XIV, 4, 1936.
— Genese und Alter des Wyschnevolozk-Nowotorschokwalles. Bull. soc. natur. Moscou, XVI, 1938.
PAWLOFF, A., Die neogenen und posttertiären Ablagerungen Süd- und Osteuropas. Mém. soc. des amis des Sc. Nat. Moscou, *5*, 1925.
POKROWSKAJA, J., und W. SCHESCHUKOWA, On the stratigraphical position of the Petrozawodsk submoraine Sea Deposits. Bull. soc. nat. Moscou, XVII, 1939.
PRAWOSLAWLEFF, P., Zur Legende mariner posttertiärer Ablagerungen. Geol. Vestnik, 1926.
— Das nordwestliche Ufergebiet des Kaspi. Iswestja Zentr. Hydro-meteorolog. Büro *8*, 1929.
— Rezente Bewegungen des Pontokaspischen Gebietes. Taschkent, 1930.
POTULOWA, A., Einige Bemerkungen über die Stratigraphie der quartären Ablagerungen des Gouv. Leningrad. Bull. com. géol. *43*, 1926.
RAMSAY, W., Über die Verbreitung von Nephelinsyenitgeschieben und die Ausbreitung des nordeuropäischen Inlandeises im nördl. Rußland. Fennia, *33*, 1912
ROSANOW, A., Die Grenze der Vereisungen in Zentralrußland. Bull. Com. étude ep. quaternaire *1*, 1929.
RÜGER, L., Die baltischen Länder. Handb. reg. Geol. IV, 4, 1934.
SOBOLEW, D., Die Eiszeitformation Nordeuropas und die morphologische Gliederung der russischen Ebene. Mitt. Ruß. geogr. Ges. *56*, 1925.
— Die polnisch-ukrainische periglaziale äolische Formation. Vestnik ukrain. Geol. Com. 1926.

Sobolew, D., Über die Stratigraphie der quartären Ablagerungen der Ukraine. Bull. Kom. Stud. Quartär, 1930.
— Über die Glazialdislokationen. Transact. II. intern. conf. assoc. study Quaternary period. II, 1933.
Sobolew, N., Materialien zur Erforschung der Fl. Wolchow und seines Beckens. Leningrad 1926.
— Das Relief der Waldaihügel. Priroda 1928.
Wollosowitsch, K., Das marine Postpliozän von Petrosawodsk. Mater. z. Geol. Rußlands, XXIII, 1908.
Zans, V., Das letztinterglaziale Portlandiameer des Baltikums. Comptes Rendus. Soc. geol. Finlande IX, 1936.

II. MORPHOLOGISCHE GRUNDZÜGE

Durch eine großzügig einfache Gliederung und Gestaltung ist Osteuropa vom Westen des Kontinents unterschieden. Den Hauptteil des Gebietes bildet die Russische oder Sarmatische Tafel, im Großbau einem Satz flacher Sedimentschüsseln vergleichbar, unter denen im Nordwesten der vorkambrische Tiefbau im Baltischen Schild, im SW im Ukrainischen (Asow-Podolischen) Block zutage tritt. Eine flachere bogenförmige Aufbiegung der westlichen Peripherie, die Scythische Brücke, verbindet diese beiden höher herausragenden Teile des Sockels. Die Schüssel, deren zentraler Teil als Moskauer Becken bezeichnet wird, ist im übrigen unsymmetrisch, indem in ihrem Ostteil, der Ostrussischen Senke, der Sockel am tiefsten hinabgebogen ist, um dann im jungpaläozoischen Gebirgsstrang des Urals, der Grenzzone gegen Asien, scharf emporzusteigen. Im Südosten fehlt eine sichtbare Aufbiegung überhaupt, und über die Kaspiniederung, den uralten Wanderweg der Meere und Völker, verbindet sich die russische Ebene mit den flachen Halbwüsten Kasachstans. Der südliche Saum ist gleichsam gedoppelt, indem sich zwischen die nördllichere Aufbiegungszone des Blockes von Woronesh und die südliche des Ukrainischen Blockes die Südrussische (Ammodezische) Senke einschaltet. Im Süden sinkt der Ukrainische Block unter die von Tertiär bedeckten Steppen der Vorsenke des alpidischen Kimmero-Kaukasischen Gebirges ab, welches schon zu dem mediterranen System Südeuropas zu rechnen ist und und hier nicht mehr betrachtet werden soll. Im Norden sinkt die Sarmatische Tafel unter das flache Meer des Barentseeschelfes ein, ohne daß hier eine deutliche strukturelle Grenze anzugeben ist.

Innerhalb des so umrissenen Gebietes bildet die Sarmatische Tafel den Kern der Betrachtung. Der vorkambrische Sockel im Nordwesten, d. h. der Baltische Schild, ist schon früher behandelt worden. Dagegen wird der Ukrainische Block im Südwesten, welcher mit der Entwicklung der Sarmatischen Tafel eng verknüpft ist, in die Schilderung einbezogen. Der Darstellung des ganz abweichend gebauten uralischen Gebirgssystems, der Grenze gegen Asien, ist der letzte Abschnitt des Buches gewidmet.

Bekanntlich zeichnet sich Osteuropa durch eine weitgehende Verebnung und durch eine relativ niedrige Lage über dem Wasserspiegel aus. Bei genauerer Betrachtung enthüllt sich aber eine deutliche Gliederung des Reliefs, wenn auch der Unterschied von Berg und Tal in seltenen Fällen über 100 m beträgt. Eine absolute Ebenheit kann daher höchstens für Teile der Kalmückensteppe östlich der Wolga angenommen werden, die aber ein strukturelles Gebiet für sich darstellt und der quartären Meerestransgression ihre heutige Gestalt verdankt.

Für den übrigen Teil Sarmatiens trifft die Annahme einer vollständigen Verebnung nicht zu. Diese Großscholle ist weder ein primär strukturloser Block, der infolge eines vollkommen passiven Verhaltens und nur geringen Schwankens der Erosionsbasis seine Ebenheit bewahrt hat, noch ist sie ein Gebiet alter, durch die Schaffung einer Fastebene verwischter Struktur. Mehr als je muß man sich hier vor Verallgemeinerungen hüten, da ein eingehendes Studium auch heute noch die unbedingte Abhängigkeit der Morphologie vom geologischen Bau zeigt; die scharfe und komplizierte Gliederung der westeuropäischen Schelfe kann und darf hier natürlich nicht erwartet werden, da eben die primär gegebene Struktur absolut einfach und großzügig ist.

Im Mittel steigt die Russische Tafel kaum 200 m über Meeresniveau an. Ihr Rand ist sowohl im Baltischen Gebiet (Glint) als auch am Schwarzen Meer ein Steilufer, welches sich mehrere 10 m über den schmalen Küstenstreifen erhebt. Auf dem Glintsockel baut sich infolge der schwachen S-Neigung der Sedimentplatte das etwas höhere Land teils in Stufen, teils in unmerklichen Übergängen auf. Deutliche Stufen sind besonders für Nordwestrußland bezeichnend; außer dem silurischen Glint bilden die dolomitischen Kalke des Devon eine Steilstufe südlich vom Tschudskoje- (Peipus-) See, und die karbonischen Kalke westlich von Moskau heben sich ebenfalls über das westliche Devonvorland heraus. Im Süden der UdSSR liegen demgegenüber kompliziertere Übergänge vor.

Über die 200-m-Linie erheben sich nur drei bzw. vier Tafelstücke, welche somit eine Gliederung in die Einförmigkeit hineintragen. Es sind das:

1. Das Wolynisch-Podolische Plateau im Südwesten der RFSSR, mit einer mittleren Höhe von 300–350 m, gelegentlich bis 400 m (Kremenezplateau) aufsteigend. Als Fortsetzung dieses Höhenrückens gegen Westen kann die Lubliner Platte in Südpolen gelten.

2. Das Zentralrussische Plateau, von den Waldaihöhen (bis 321 m) nach SSO ziehend und nur durch das Doneztal vom Donezhöhenzug (369 m) getrennt; im wesentlichen wenig über 200 m emporragend. Auch dieses Plateau besitzt in seinem Nordteile eine westliche Fortsetzung, da man die Waldaihöhen eigentlich als Fortsetzung des besonders zwischen Weichsel und Njemen entwickelten baltischen Höhenrückens ansehen kann, der allerdings die 300-m-Kurve kaum erreicht. Genetisch sind Nord- und Südteil dieses Rückens ungleichwertig.

3. Das Wolgaplateau, von Kasan bis zu den Ergenihügeln fortsetzend, kaum über 400 m (bei Chwalynsk), im Durchschnitt wesentlich tiefer.

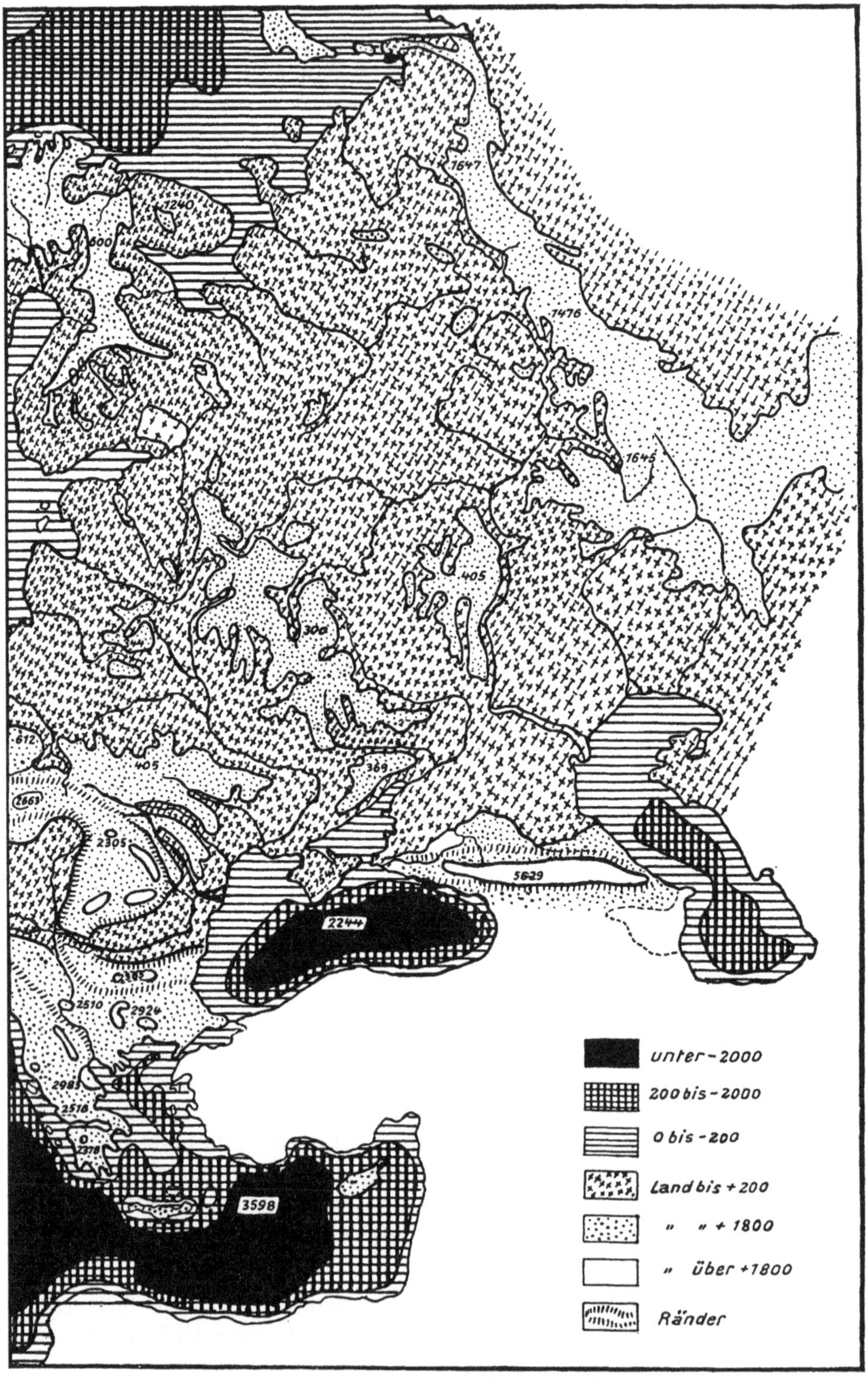

Abb. 81. Die hypsographische Gliederung Osteuropas.

4. Das Voruralgebiet mit dem Plateau von Ufa und Obschtschij Syrt, bis zu 360 m hoch, meist darunter. Dieser Teil verfließt gegen Osten mit dem Ural.

Alles andere, selbst das landschaftlich gut charakterisierte Timan-„Gebirge", hebt sich nicht über 200 m empor. In den Niederungen zwischen diesen einzelnen Höhenzonen liegen die normalen Entwässerungswege der Russischen Tafel, und zwar fließen zwischen 1. und 2. Dnjepr und Donez, zwischen 2. und 3. der Don, zwischen 3. und 4. die Wolga. Diese Flußsysteme, zusammen mit dem z. T. cañonartig die Wolynisch-Podolische Hochfläche durchsetzenden Dnjestrtal, entwässern die Russische Tafel nach Süden (Schwarzes und Kaspimeer), während der Norden und Nordwesten, d. h. der Abfluß zum Eismeer und Baltischen Meer, eine weniger geraffte Zusammenfassung zu Hauptstromsystemen zeigen.

Sehr deutlich lassen sich in Rußland zwei Relieftypen unterscheiden, die ziemlich genau mit den Bereichen des Wald- und Steppengürtels zusammenfallen: die nördliche ausgearbeitete Restebene mit aufgesetztem, vorwiegend glazigenem Relief und das südliche Strukturplateau mit ausgearbeitetem erosivem Talrelief, dessen Schärfe nur durch die ziemlich gleichmäßige Lößdecke gemildert wird (LASKAREFF 1916). LITSCHKOFF (1931) machte darauf aufmerksam, daß das südliche Erosionsrelief morphogenetisch älter ist als das nördliche aufgesetzte Relief, da in ihm noch präglaziale Formen erhalten sind. Man kann, unter Berücksichtigung der eiszeitlichen Verhältnisse, die im vorigen Abschnitt besprochene Gliederung durchführen, welche ausgesprochen zonaren Charakter trägt, aber trotz ihrer klimatisch-exogen bedingten Erscheinungsform doch auch von endogenen Faktoren beeinflußt wird, wie LITSCHKOFF und v. BUBNOFF besonders betont haben. Hierzu ist folgendes zu bemerken (s. Abb. 79).

Das von Skandinavien kommende Eis hat vermutlich dreimal große Teile der Russischen Ebene überflutet. Im Gegensatz zu Westeuropa hat aber die älteste (Mindel- = Elster-) Vereisung eine geringere Verbreitung als die vorletzte (Riß- = Saale-) V. und spielt daher morphogenetisch eine geringe Rolle. Die Riß- (Saale-) Vereisung griff dagegen in zwei gewaltigen Zungen – dem Dnjepr- und Dongletscher – nach dem Süden der UdSSR vor, wobei diese Zungen recht deutlich dem Bereich der Südrussischen Senke und der Uljanowsk–Saratower Syneklise entsprechen. Auch in Einzelheiten prägt sich die Abhängigkeit der Vereisung von strukturellen Bedingungen gut aus. Das gilt auch für die letzte (Würm- = Weichsel-) Eiszeit, deren – im Gegensatz zu der vorletzten – gut ausgebildete Endmoränen weiter im Norden vom Baltischen Höhenrücken bis zu den Waldaihöhen zu verfolgen sind. Ich habe seinerzeit zu zeigen versucht, daß diese Endmoränenzone, welche, ebenso wie in Norddeutschland, aus mehreren Rückzugsstaffeln besteht, in ihrem Verlauf insofern strukturell beeinflußt ist, als sie im Bereiche der Scythischen Brücke eine ungeheure Raffung und Zusammendrängung der einzelnen Endmoränen zeigt, während diese zu beiden Seiten, d. h. in der ostdeutschen Senke im W und im Moskauer Becken im O, girlandenförmig auseinandergehen. Da diese Endmoränen die Südgrenze des aufgesetzten glaziären Reliefs darstellen, so sind also auch hier strukturelle Verhältnisse im letzten Grunde für die Reliefgestaltung maßgebend.

Mit diesem Vorbehalt erhält die im vorigen Abschnitt durchgeführte quartäre Gliederung folgenden morphologischen Sinn:

A. Glazial geformte Zone

1. Subzone. Zentrales Vereisungsgebiet. Liegt im wesentlichen außerhalb des Sarmatischen Schelfes in Fennoskandia. Vorwiegende Glazialerosion, schwache glaziale Überstreuung, Reliefmodellierung im Anstehenden, zahlreiche Rinnenseen, Täler mit unausgeglichenem Relief (Wasserfälle).

2a. Subzone. Peripherisches Vereisungsgebiet. Ostbaltikum, Nordwest- und Nordrußland. Die Grenze von Glazialerosion und Glazialsedimentation geht durch diese Zone hindurch. So zeigt z. B. das Silurgebiet im Ostbaltikum eine nur dünne quartäre Decke (Rischk) über glazigen geformtem Untergrund, während weiter im S, im Devon, die Akkumulation schon beträchtliche Werte erreicht. Der nördliche Teil an der Grenze des zentralen Vereisungsgebietes war in der frühen Nacheiszeit Schauplatz einer starken marinen Überflutung, als deren Reste die (wohl durch Glazialerosion vorgebildeten) Rinnen des Finnischen Golfes, des Ladoga- und Onegasees, z. T. des Weißen Meeres zu betrachten sind (Gürtel der Großen Seen n. SEMENOFF), während später die verstärkte Hebung in den noch unausgeglichenen Tallinien mit Wasserfällen zum Ausdruck kommt.

Im südlichen Teil wiegen demgegenüber große rundliche Seen vor, die peripherisch von Endmoränenbögen abgeschlossen werden und demnach eine Subzone von Zungenbecken der letzten Rückzugsstadien bilden; hierzu gehören Belojesee, Ilmensee, Tschudskoje- (Peipus-) See und auch der Rigaer Golf. Infolge stärkerer glazialer Überstreuung ist das Relief ausgeglichen (ausgestopft) und flach.

2b. Subzone. Hauptmoränengürtel. Von dem Baltischen Höhenrücken, innerhalb dessen schon im Njemengebiet die Endmoränen mehrerer Rückzugsstadien zusammentreten, zieht diese ausgesprochene Schwelle nach dem westrussisch-litauischen Höhenrücken zwischen Wilija und oberer Beresina weiter. In der Gegend von Minsk scharen sich die Endmoränen der Warthe-, Brandenburger, Poznanschen, Pommerschen und noch späterer Stadien, um dann nach NO wieder auseinander zu treten. Im Raume zwischen Ilmensee und oberer Wolga, bei Kalinin, kann man von NW nach SO vier Höhenzüge unterscheiden (s. S. 284).

Der Landschaftscharakter ist der einer typischen Endmoräne mit vielen kleinen Seen und abflußlosen Senken, unregelmäßig welliger Oberfläche und Tälern, welche nach außen eine zunehmende Ausgeglichenheit des Profiles zeigen. Stellenweise ist der Reichtum an glazialen Schollen bemerkenswert, so zwischen Ostaschkow- und Wyschnewolozk-Zug, wo die großen Unterkarbonschollen früher zur Annahme eines tektonischen Walles führten. Sie scheinen weiter im NW vom Karbon-„Glint“ abgeschürft zu sein, wobei dieser, als präexistierende Stufe, wohl einen Einfluß auf den Verlauf der Endmoränen ausgeübt hat.

Die Fortsetzung nach Osten ist nicht ganz sicher. Die drei inneren Moränenzüge (Weichselmoränen) biegen bald nach Norden ab und erreichen zwischen Dwina und Mesen, vielleicht auch erst auf Kanin, das Weiße Meer, Der Kalininzug dürfte dagegen nach NO in die Zone der Uwale fortsetzen, eine Hügelreihe von 180–200 m Höhe, welche die Wasserscheide zwischen dem Wolgabecken und dem nördlichen Talnetz bildet. Zwischen beide schiebt sich in Nordrußland keilförmig das Gebiet der interglazialen marinen Ingression mit einem sehr flachen Oberflächenrelief ein.

B. Periglazial geformte Zone

1. Subzone. Gürtel der Sandrfelder und der Deflation. Vor den Endmoränen breiten sich gewaltige Sandfelder aus, die besonders im Polessje und der Nordukraine und im Don-Okagebiet gewaltige Dimensionen erreichen. Im Dnjeprgebiet bedecken diese fluvioglazialen Sande ein Dreieck von 100 km Basis und 400–500 km Seitenlänge zwischen Pripjat und Dnjepropetrowsk, nehmen mithin eine Fläche von 130000 qkm ein. Auch der Sandr des Würmgletschers, welcher von der Pripjatniederung bis Kiew reicht, bedeckt eine Fläche von 60000 qkm. Ähnlichen Anhäufungen von mächtigen alten Alluvionen begegnet man dann am Don, an der Oka und ihren Nebenflüssen, weiterhin an der Wetluga und im Gebiet jenseits der Kama.

Litschkoff sieht in diesen großen Aufschüttungen Ablagerungen der mäandrierenden Schmelzwässer des Eismarginals, welche den Urstromtälern Deutschlands äquivalent, aber durch abweichende strukturelle Gegegenheiten bedingt sind. Sie bilden sich dort, wo der Eisrand an eine Ebene grenzt, die an sich einen Abfluß zulassen würde, durch Hebung der peripherischen Gebiete aber zu einer Hemmung desselben führt, so daß ein gewisser Stau zum Mäandrieren der Flüsse, zur Bildung von Stauseen (Zastoiki, lacs endigués der polnischen Geologen) führt. Dieser Sandrtypus ist nach ihm ein Zeichen für die eiszeitliche Hebung der extraglazialen Gebiete, welche zonaren Charakter trägt. Dieser zonare Charakter wird auch durch die Wiederholung der Erscheinung im Randgebiet jeder Vereisung kaum verwischt. Nach Soboleff ist dieser Sandgürtel später durch intensive Deflation (äolische Abtragung) ausgezeichnet, so daß er gelegentlich den Charakter einer Wüste trägt, eine von Litschkoff aber entschieden abgelehnte Bezeichnung. Der Streifen hat ausgesprochenen Übergangscharakter zwischen glazialer und periglazialer Zone und gehört pflanzengeographisch noch zum Waldgürtel.

Für die beiden südlichen Subzonen ist die Lößdecke ebenso bezeichnend wie für das nördliche Gebiet die Moräne, mit dem Vorbehalt allerdings, daß der Löß im Osten Rußlands weitgehend durch andere subaërische Verwitterungsprodukte ersetzt wird. Im allgemeinen ist aber sein Nordrand deutlich dem Endmoränengürtel der letzten Vereisung parallel. Man unterscheidet hier:

2. Subzone. Alte Lößsteppe mit Rinnen und komplex gebauten Niederungen. Dieses Gebiet ist vor allem in der Ukraine entwickelt. Kennzeichnend sind die zahllosen, oft trockenen Erosionsrinnen (Owragi oder Balki), die

sich besonders in lockeren Sanden und Tonen ausbilden. Bei Vorhandensein einer komplexen Struktur wird durch junge Erosion gelegentlich, wie im Donezgebiet, ein Miniaturgebirge herausgearbeitet.

3. Subzone. Steppe bis Halbwüste mit jungtertiär-quartären Meeresüberflutungen, vor allem im Südosten (aralokaspisches Gebiet) verbreitet, während sich im SW beide Subzonen überschneiden. Im allgemeinen noch flacheres Gebiet, in welches gelegentlich nur gewisse Sedimentformen eine Abwechslung hineintragen, so die Bugry, Sandhügel der Kaspisteppe oder die Toltren und Mjodoboren Galiziens – 250 km lange und 15–20 km breite Algen- und Bryozoenriffe von sarmatischem Alter, welche bis zu 60 m über ihre Umgebung hinausragen.

Die ganze südliche Steppenzone ist ferner durch Armut an Seen ausgezeichnet. Bis auf den äußersten südlichen Küstenstreifen, in dem die versenkten Flußtäler der Limane für junge aufsteigende Bewegungen des Meeresspiegels sprechen, ist diese Zone ein Hebungsgebiet, und die Stromschnellen des Dnjepr zeugen davon, daß diese Hebung auch heute nicht ganz ausgeglichen ist. Man kann aber LITSCHKOFF beistimmen, wenn er für die Eiszeit einen wesentlich stärkeren Betrag derselben annimmt, im Gegensatz zu der nördlichen Zone, welche in der Eiszeit sinkende, später aufsteigende Tendenzen besitzt. Dafür lassen sich auch die Terrassen der südrussischen Flüsse anführen, die auffallend gleichmäßig ausgebildet sind.

Nach LITSCHKOFF und anderen haben die Terrassen folgende Höhenlagen über dem Flußniveau:

Sereth: 15 m (Würm); 30–33 m (Riß); 50–53 m (Mindel); 100 m (Günz).
Dnjestr: 6–8 m (Neowürm); 17–21 m (Würm); 35–45 m (Riß), 50 m (Mindel); 100 m (Günz).
Bug: 10–15 m (Würm); 36 m (Riß); 50–70 m (Mindel).
Dnjepr: 12 m (Würm); 36 m (Riß).
Donez: 10–15 m (Neowürm); 22–32 m (Würm); 39–45 m (Riß), 67–79 m (Mindel); 79–98 m (Günz).
Wolga: 15 m (Neowürm); 20–30 m (Würm); 40–50 m (Riß); 100–120 m, im Unterlauf 50 m (Mindel).

Die alte Gliederung Osteuropas in ein nördliches und südliches Hochgebiet und in eine mittlere Mulde ist also bis zu einem gewissen Grade noch an dem heutigen Relief und an der Lagerung des Quartärs bis nach Polen zu erkennen.

Nach HAUSEN sind als wichtigste Faktoren der Landschaftsgestaltung Osteuropas zu nennen:

1. die horizontale Schichtenlagerung,
2. die vorquartäre kontinentale Denudation,
3. die tertiären vertikalen Störungen,
4. die quartäre Vereisung, Oszillation und Abtauen der Gletscher,
5. junge marine Transgressionen (Weißes Meer, Baltikum, Kaspi),
6. Lößbildung,
7. nacheiszeitliche Erosion.

Nach einem älteren Schema von PHILIPPSON lassen sich hierbei folgende Stadien unterscheiden:

1. Transgression des jungmesozoischen und alttertiären Meeres über eine alte Denudationsoberfläche.
2. Lange Kontinentalperiode mit Erosion, tektonischen Verschiebungen usw.
3. Ausdehnung der Vereisung.
4. Herstellung einer Denudationsfläche, diskordant über Moräne, ältere Formationen und Brüche übergreifend (200–250 m Plateau).
5. Ansteigen dieser Fläche, Einschneiden der Flüsse.
6. Aufstauung des Kaspis, Erosionsrückgang, 100 - m - Terrasse der Wolga.
7. Erneutes Einschneiden bei negativer Meeresbewegung.

Die ersten drei Stadien dieses Schemas dürften auch heute noch Geltung besitzen. Die Herstellung einer einheitlichen Denudationsfläche am Schluß der Vereisung wird aber durch das vermehrte Tatsachenmaterial nicht belegt, ebenso wie auch die Stadien 5–7 in der Schärfe kaum aufrechtzuerhalten sind. Die Bedingtheit der quartären und nachquartären Formung durch ein präglaziales Relief und durch strukturelle Eigentümlichkeit, ebenso wie ein wechselvolleres differentielles Eingreifen endogener Faktoren bis in das Holozän scheinen auch in diesem stabilen Teil der Erdrinde aus einer vertieften Betrachtung der Einzelbeziehungen der Landschaft und insbesondere der Flußsysteme zur strukturellen Entwicklung hervorzugehen, wie die folgenden Andeutungen zeigen sollen.

.Der Ukrainische Block fällt teilweise mit dem heutigen Podolisch-Wolynischen Plateau zusammen. Wenn sein Südostteil heute erniedrigt erscheint, so ist das die Folge der tertiären Transgressionen, welche hier einen Weg nach Norden gesucht und gefunden haben. Eine junge epirogenetische Kippung des Blockes ist also schon aus diesem Grunde anzunehmen. Der klippenreiche Lauf des unteren Dnjepr an seiner Umbiegung zeigt ja, daß hier noch heute eine nicht restlos überwundene Schwelle besteht. Auch die cañonartigen Täler von Dnjestr und Bug zeigen die junge Hebung an.

Das Relief des kristallinen Hauptteiles zeigt zum Teil wohl schon sehr alte Züge, da dieses Gebiet auf eine sehr lange Denudationszeit zurückblickt. Im wesentlichen entspricht dieses Gebiet dem peneplainisierten Saumland der Südrussischen (Ammodezischen) Senke und ist eine Ebene mit vereinzelten Härtlingen (Owrutschsandstein, jungalgonkische und paläozoische Eruptivgesteine). Die Haupthöhen liegen im W, wo die Oberfläche bis 300 bis 370 m ansteigt, während die zentralen Teile der Hochfläche sich zwischen 200–250 m über NN bewegen. Die von Miozän erfüllte Depression am Dnjeprdurchbruch bei Dnjepropetrowsk liegt wesentlich tiefer, obwohl sie an der allgemeinen jungen Hebung des Blockes teilgenommen hat (Stromschnellen). Am Asowschen Meer ist wieder ein kleines Gebiet etwas höherer Gestaltung vorhanden. So zeigt das Relief eine Großmuldung in der Querrichtung, die sich übrigens auch auf die nördlich angrenzenden Einheiten (Südrussische Senke und Südrand Sarmatiens mit dem Block von Woronesh) übertragen läßt.

Der Podolische Schelf, d. h. der altpaläozoische Saum am Südwestrand des Blockes, ist eine stark abgeschliffene Stufenlandschaft, die wohl als solche, mit subsequenter Dränage, schon vorcenoman angelegt worden ist. Unter den transgressiven Sedimenten der Kreide und dann des Miozäns wurde dieses alte Relief begraben und in ein Plateau umgewandelt, welches nachmiozän eine erhebliche Hebung durchgemacht hat, wie die Lage der Miozänoberfläche bei 400 m und der cañonartige Charakter der tief eingeschnittenen, alt angelegten Täler zeigt (Dnjestr, Bug). Die harten Riffkalke der Miodoboren erheben sich dabei bis 60 m über die Umgebungen und geben Veranlassung zur Ausbildung einer Karstlandschaft. Infolge der nachsarmatischen Hebung des Blockes und seines Saumes zieht sich das Meer gegen S und SO zurück, gefolgt von dem mächtigen Deltaschuttkegel der sogenannten Baltaablagerungen. Die Hebung wird auch bezeugt durch die tiefere Lage des Mäot und Unterpont im Verhältnis zum Mittelsarmat der Schelfumrahmung. Daß daneben die Schwarzmeersenke im Quartär weiter absank, zeigen die Limane, die Lage des Lößes unter dem Wasserspiegel und einige Bohrungen, welche beweisen, daß die quartäre Erosionsbasis erheblich unter die heutige abgesunken war (in der Krim 85–105 m).

Im Norden grenzt das Podolische Plateau mit einer scharf ausgeprägten, bis 130 m erreichenden, aber stark gebuchteten Höhenstufe an die Wolynische Senke. Der Charakter dieser Stufe, ob tektonisch (Teisseyre und Smolenski) oder erosiv mit nur blockartiger Hebung des gesamten Plateaus im Anschluß an die Karpathen (Laskareff), scheint noch nicht sicher festgestellt zu sein. Die im Norden anschließende wolynische Senke ist ein niedriges welliges Gelände, auf dem über dem abradierten Grundgebirge Erosionsrelikte der Kreide, fluvioglaziale Bildungen und postglaziale Dünen liegen. Die Grenze zwischen beiden Gebieten fällt bis zu einem gewissen Grade wieder mit der Grenze von Wald- und Steppengürtel, von glazialer Akkumulations- und Erosionslandschaft zusammen, zumal da die Plateauoberfläche auch, wie im übrigen Südrußland, von mächtigem Löß überkleidet ist.

Das Flußnetz zeigt einige interessante Züge, welche mit der Tektonik des Blockes eng zusammenhängen. Außer dem unteren Dnjepr (unterhalb Dnjepropetrowsk) durchquert kein größerer Fluß den Block; der mittlere Dnjepr folgt seinem NO-Rand, der Bug ist subsequent zum SW-Rand. Die Nebenflüsse sind teils konsequent zu der allgemeinen Südabdachung (im mittleren Teil), teils resequent und nach N gerichtet (im W und O), so daß im mittleren Teil die Wasserscheide nach Norden verschoben ist. Da die allgemeine Abdachung in der Südrussischen Mulde nach Süden gerichtet ist (linke Nebenflüsse des Dnjepr konsequent zu seinem Mittellauf) erscheint der allgemeine (konsequente) Südablauf durch den gehobenen Nordrand des Blockes und das Donezbecken gleichsam in zwei Teile zerbrochen: die Südabdachung der Südrussischen Senke geht bis zu dieser WNW–OSO-Linie, die des Blockes zum Bug bzw. zum Meer. Mittlerer Dnjepr und Bug bilden sozusagen zwei Sammeltrichter, welche diesen konsequenten Ablauf zusammenfassen und abführen, der Dnjepr durch die Röhre des Stromschnellengebietes, der Bug durch den Golf von Odessa. Nach SOBOLEFF läßt sich vermuten, daß die einzelnen konsequenten Adern des südlichen Abflußtrichters ursprünglich eine Fortsetzung der nördlichen bildeten. Man kann also gleichsam einen konsequenten Südabfluß konstruieren, der später durch die Hebung des nordöstlichen Massivrandes und durch das sich im Anschluß daran ausbildende mittlere Dnjeprtal in der Mitte angezapft und in zwei Trichter zerlegt wurde. Es besteht darin eine gewisse Analogie zu dem Flußnetz der gekippten Schrägschollen Böhmens und Mitteldeutschlands, welche das Flußnetz Böhmens (Elbe–Moldau) und Thüringens (Elbe–Saale) auch zu Trichtern zusammenfassen (n. WEIGELT, s. BUBNOFF, Geol. v. Europa, Band II, 3, S. 1202, 1936).

Die im Nordwesten an den Block anschließende Südrussische Senke bildet eine Niederung, welche vom Dnjepr und Donez entwässert wird und in der noch heute das Donezgebirge eine deutliche Schwelle darstellt. Diese Niederung entspricht ja auch der präexistierenden Depression, in der schon der Rißgletscher weit nach Süden vorstieß. Die niedrige Schwelle der Rokitnosümpfe (Polessie), in einer Längsdepression der Scythischen Brücke gelegen, trennt diesen tektonisch bestimmten Streifen von den ähnlich gebauten, aber nach Nordwesten entwässerten Teilen Polens.

Der Block von Woronesh und der Südostteil des Moskauer Beckens entsprechen dem südlichen Abschnitt der mittelrussischen Hochfläche; ihr Nordteil (Waldaihöhen) ist glazialer Entstehung und durch Anhäufung von glazigenem Schutt an einer Schwelle zu erklären, die anscheinend mit der Karbonsteilstufe am Westrand des Moskauer Beckens zusammenhängt.

Das Donsystem entwässert heute den östlichen Teil des Moskauer Beckens nach Süden; präglazial war das überhaupt das Hauptdränagesystem dieses Beckens, da nach MIRTSCHINK das Wolgastück zwischen Mologa- und Unschamündung jung (Nachwürm) ist und die obere Wolga (Ur-Nerl), Ur-Unscha und der – rückläufig gewordene – Wolgateil zwischen Kasan und Gorki vor der Rißzeit über die ebenfalls rückläufige untere Oka nach dem Don flossen. Weiter unten biegt der Don deutlich am Woroneshblock nach SO ab (ebenso wie der Dnjepr am Podolischen Block) und fließt durch die Uljanowsk-Saratower Syneklise, also durch die Depression zwischen Woroneshblock und Medwedizawall, nach der jungtertiären Asowschen Senke ab. Erst der Aufstau durch den rißzeitlichen Dongletscher, welcher derselben Depression folgte, staute die Wässer im Oberlauf dieses Urdon, welche nun bei Kasan überflossen und den Oberlauf mit dem älteren Kamasystem weiter im Osten verbanden.

Die Kama, weiterhin in den nach S gerichteten Mittel- und Unterlauf der heutigen Wolga fortsetzend, ist also das eigentliche Dränagesystem der Ostrussischen Senke, während der obere W–O gerichtete Teil der Wolga ein komplexes Gebilde darstellt, welches z. T. nach Süden, z. T. nach NW entwässert wurde und erst beim Rückzug des Würmgletschers seine heutige Gestalt erhielt. Das geht nach MIRTSCHINK deutlich aus dem Wechsel in der

Tiefe der Lage des Anstehenden im Verlaufe des Wolgabettes hervor. Das heutige mittlere Wolga–Kamasystem ist also das Hauptentwässerungsnetz der Ostrussischen Senke, und der Hauptfluß ist subsequent gegenüber dieser Grcßmulde, dabei deutlich ihrem südlichen Axialgefälle folgend. Er scheint hierbei einer alten Ausräumungsrinne zu folgen, welche von den pliozänen und quartären Meeren mehrfach als Ingressionstraße benützt wurde. Im einzelnen windet er sich zwischen den einzelnen Kuppeln und Hebungsstreifen hindurch und ist durch ihre Anordnung beeinflußt, so besonders deutlich an der Samarskaja Luka (Shegulistörung), wo die große Schleife mit ins Anstehende eingenagtem Strombett auf junge Hebungen bis 60 m hinweist. Südlich Saratow ist die Bindung an den Bruchrand der Kaspisenke deutlich, wobei stets zu berücksichtigen ist, daß das Strombett sich nach W verschoben hat, der Fluß also gleichsam über die strukturellen Unebenheiten diskordant übergreift und damit die tektonische Anlage verwischt.

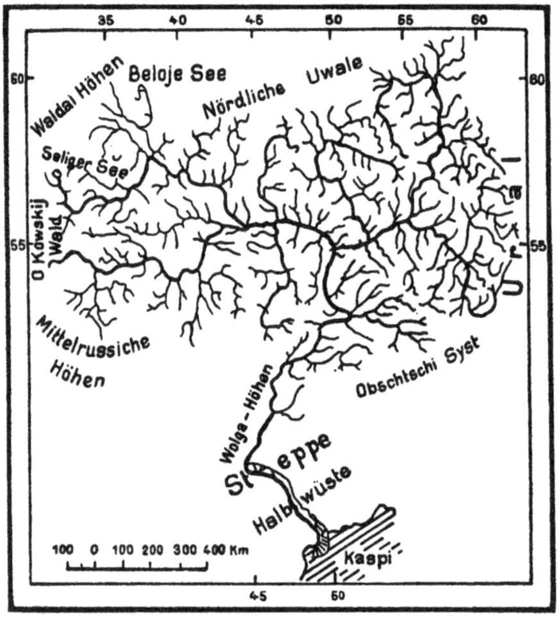

Abb. 82. Das Flußsystem der Wolga. Nach SEMENOFF.

Der Unterlauf der Wolga unterhalb Stalingrad ist deutlich konsequent gegenüber den sich aus der Kalmückensteppe zurückziehenden pliozänquartären Meeren (Apscheron, Baku, Chosarisch, Chwalynisch). Es ist wahrscheinlich, daß das Delta gelegentlich wesentlich weiter im Süden (? bei Baku) lag. Denselben Charakter der Konsequenz tragen auch die anderen Entwässerungsadern der Kaspisenke – Uralfluß und Emba. Die Ablenkung gegen SO mag durch die von Südrußland herüberstreichenden ammodezischen Störungen mitbedingt sein.

Die einheitliche Entwässerung des Petschorabeckens durch den gleichnamigen Fluß ist überaus deutlich, desgleichen dessen konsequente Anlage in bezug auf die später nordwärts zurückweichende quartäre arktische Überflutung. Es ist übrigens zu berücksichtigen, daß die Petschora gelegentlich als marginale Entwässerungsader der Vereisung im Nordural gedient haben kann.

Die Weißmeerscholle liegt zwischen dem skandinavischen und norduralischen Vereisungszentrum, so daß ihre Umgrenzung zum Teil, besonders im W, durch die Marginalbildungen der letzten Eiszeit bestimmt wird. Im letzten Interglazial war das Gebiet Schauplatz der großen arktischen Überflutung, welche die weitgehende Ebenheit des Landes und beim Rückzug den konsequenten Charakter der drei Hauptentwässerungsadern der Scholle – Onega, Norddwina, Mesen – bedingte. Der Onegafluß hat dabei vielleicht noch den Charakter einer marginalen Schmelzwasserrinne, zugleich den einer Randbildung Fennoskandias.

Die Wasserscheide zwischen Arktis und Kaspi ist in ihrer heutigen Lage im wesentlichen durch glaziale Vorgänge bestimmt und fällt damit nicht genau mit der Schollengrenze Weißmeerscholle–Moskauer Becken zusammen; es ist aber doch deutlich, daß die Uwalenzone, d. h. der (? wartheeiszeitliche) Moränenwall, welcher diese Wasserscheide bedingt, der im übrigen nicht sehr scharfen Grenze zwischen den beiden genannten Schollen parallel läuft. Flußverlegungen während der Eiszeit scheinen auch mehrfach vorgekommen zu sein, so daß die Wasserscheide wohl mehrfach ihre Lage gewechselt hat.

Die Scythische Brücke entspricht im großen der Wasserscheide zwischen Baltikum, Schwarzem Meer und Kaspi und bedingt auch die Lage der Würmendmoränen, welche den Verlauf dieser Wasserscheide im einzelnen bestimmen. Ihre tiefste axiale Versenkung im Pripjatgebiet entspricht auch morphologisch einer Niederung, welche durch mächtige fluvioglaziale Anhäufungen ausgezeichnet ist, die, wie LITSCHKOFF betont, damit auch tektonisch bedingt wären.

Die Baltische Scholle besitzt eine vielarmige Entwässerung nach der Ostseerinne (Njemen, Düna, Welikaja, Narowa und viele kleinere Flüsse). Eine strukturelle Bedingtheit in den Einzelheiten ist hier nicht so deutlich, wenn auch Beziehungen zu der mutmaßlichen quartären Tektonik nicht fehlen. Der Entwässerungstypus ist vielmehr der der Norddeutschen Tiefebene, wo die Ströme, welche dem in die Ostseerinne zurückweichenden Eis folgen, sich einen neuen Auslauf nach Norden schaffen und dabei gelegentlich (Oder) sogar die Endmoränengürtel durchbrechen, wie das auch bei der Düna der Fall ist. Im Norden fließen Newa und Swir, im Osten Lowat und Wolchow unmittelbar den Schollengrenzen entlang.

Ein Vergleich des tektonischen Großbaues mit dem hydrographischen Netz führt zu dem Ergebnis, daß jede Großscholle bestrebt ist, ihr eigenes Flußnetz auszubilden. Bei den stabilen Schelfen erreicht die Vereinheitlichung unter Herauspräparierung der alten Struktur den höchsten Grad (Zentralrußland). Wo keine Struktur vorliegt, d. h. wo einfach eine schwach geneigte Platte vorhanden ist, entwickelt sich ein subparalleles Flußnetz (Weißmeerblock). Wo der Bau immer wieder durch junge Störungen umgestaltet wird, zeigt sich auch ein unruhiger, unfertiger Bau der Flüsse (Südrussische Senke).

Eine deutliche Beziehung besteht zwischen den alten Transgressionswegen und dem Flußnetz (Wolga-Kama zu der Ostrussischen Senke, Don zum Ingressionsweg des Jurameeres, Dnjepr zu der kretazischen und oligozänen Transgression). Besonders im Falle des Dnjepr und Donez ist, ebenso wie bei den deutschen Urstromtälern, die Beziehung zum oligozänen Transgressionsweg deutlich. Beide Systeme sind einander spiegelbildlich gleich. Wie bei den Transgressionen, ist natürlich auch hier eine gewisse Unregelmäßigkeit der Grenzen (Oberläufe) vorhanden, die von exogenen Faktoren abhängt. Bei den Transgressionen liegt das an dem jeweiligen Stand des Meeresspiegels zur Uferhöhe, beim Flußnetz an der Moränenaufschüttung und an der rückwärtigen Erosion.

Wo ein Fluß in das Gebiet einer anderen Scholle übertritt, zeigen sich sofort Abweichungen und Änderungen des Laufes. (Wolga–Kaspisenke, Don–Südrussische Senke, Dnjepr–Podolisches Massiv.)

Jedenfalls muß aber betont werden, daß die hydrographische Anlage uralt sein kann, vermutlich schon vor dem Tertiär den gleichen Gesetzen folgte und in deutlicher Beziehung zur strukturellen Schollengliederung steht.

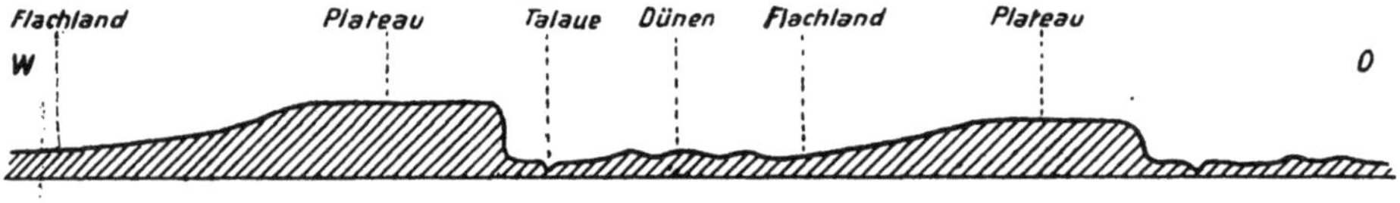

Abb. 83. Schema der Talprofile Südrußlands.

Eine Eigentümlichkeit der russischen Flüsse, die übrigens beide Zonen betrifft, ist die Asymmetrie der Ufer, indem stets der rechte Hang Steilhang, der linke Flachhang ist, also bei den südwärts fließenden (Dnjepr, Donez, Don, Wolga) ist das Westufer steil, bei den nordwärts fließenden (nördliche Dwina und andere) das Ostufer. Nach K. E. von Baer und Babinet handelt es sich um eine durch die Coriolis – Kraft bedingte Erscheinung, die mit der äquatorwärts beschleunigten Rotationsgeschwindigkeit der Erde zusammenhängt. Wenn auch gelegentlich andere Faktoren zur Deutung herbeigezogen wurden, so ist das „Baersche Gesetz" doch wohl nicht widerlegt. An der Tatsache der Verlegung von Wolga, Dnjepr usw. gegen W ist jedenfalls nicht zu zweifeln.

Literatur

Bubnoff, S. v., Das Quartär in Rußland. Geol. Rundschau *21*, 1930.

Hausen, H., Über die Entwicklung der Oberflächenformen in den russischen Ostseeländern und angrenzenden Gouvernements in der Quartärzeit. Fennia *34*, 1913.

— Materialien zur Kenntnis der pleistozänen Bildungen in den russischen Ostseeländern. Fennia *34*, 1913.

Jukoff, M., Geomorphologie des NW-Kaspigebietes. Bull. soc. nat. Moscou, XV, 1937.

Kupffer, Baltische Landeskunde. Riga 1910.

Laskareff, V., Über die geomorphologische Gliederung des europ. Rußlands. Geol. Vestnik, II, 1916.

Litschkoff, B., Über tektonische Bewegungen des ukrainischen kristallinen Gebietes. Iswestja der ukrainischen Abteilung des Geol. Kom. 1925.

— Über die Terrassen des Dnjepr. Geol. Vestnik *5*, 1926–1927.

— Zur Frage der geologischen Natur des Polessje. Iswestja. Ak. Wiss. USSR, 1928.

— Über den Bau der Täler der Ukraine. Iswestja Ak. Wiss. USSR, 1931.

— Einige Züge der Geomorphologie des europäischen Teiles der USSR. Arbeiten des geomorphologischen Instituts der Ak. d. Wiss. USSR, 1931.

— Zur Frage des Alters und Baues der Flußterrassen des Dnjeprbeckens. Iswestja des Hydrolog. Inst. 1932.

MIRTSCHINK, G., Quartäre Geschichte des Tales der Wolga oberhalb Mologa. Arbeiten der Kom. zur Erforschung der Quartärperiode. Ak. d. Wiss. USSR, IV, 1935.
OPOKOFF, E., Physiko-geographische Übersicht der Uk. SSR. Geolog. Jurnal, Kiew, 1, 1, 1934.
PAVLOFF, A., Über das Relief der Ebenen. Zemlevedenie, 1898.
PHILIPPSON, A., Landeskunde des europ. Rußland. Verl. Göschen, 1908.
RUSSLAND, Geograph. Beschreibung. Herausgegeben von SEMENOFF, Petersburg. 19 Bände, 1899–1913.
SEMENOFF, V., Die Landschaftstypen des europ. Rußland und des Kaukasus. Bull. russ. geograph. Ges. *51*, 1915.
SOBOLEFF, D., Die Glazialformation Nordeuropas und die geomorphologische Gliederung der russischen Ebene. Mitt. russ. geogr. Ges. *56*, 1925.
— und andere, Geol. Skizze des Flußbeckens des nördl. Donez. Kiew–Charkow, Staatsverlag, 1936.
— Über die Geomorphologie der Ukraine. Bull. soc. nat. Moscou *7*, 1929.
SOKOLOFF, N., Materialien zur Erforschung des Flusses Wolchow und seines Beckens. Leningrad, 1926.
TANFILIEFF, G., Geographie Rußlands. Bd. II, Lief. 1. Odessa, Staatsverlag, 1922.

III. DIE GRENZE VON OST- UND WESTEUROPA

TORNQUIST hat in einer von Schonen nach dem Polnischen Mittelgebirge ziehenden tektonischen Linie die Grenze der Sarmatischen Tafel gegen Westeuropa zu finden geglaubt. Da beide Gebiete sich epirogenetisch und tektogenetisch verschieden verhalten, ist eine trennende Linie, oder besser Zone, zwischen ihnen wahrscheinlich. In epirogenetischer Hinsicht ist z. B. das Fehlen des Unterdevons und des Lias in Osteuropa ebenso bezeichnend wie die ganz abweichende Ausbildung des Karbons. Orogenetisch ist das Fehlen der variszischen Gebirgsbildung und die stärkere Betonung uralischer Bewegungen im Osten bemerkenswert. Vor allem zeigt aber der Westen nicht das stabile Verhalten Sarmatiens, und der Zerfall in ein Mosaik von Kleinschollen ist dort wesentlich ausgeprägter.

Aus den späteren Untersuchungen scheint mir aber hervorzugehen, daß diese Grenzzone keineswegs den Charakter einer durchgehenden einheitlichen Störungslinie hat und daß sie auch anders zu ziehen ist als in dem ersten Entwurf TORNQUISTS. Das zeigt eine genauere Analyse der sichtbaren Elemente dieser Grenze. Am besten geht man hierbei von den am deutlichsten aufgeschlossenen Teilen aus.

Beginnen wir mit dem Polnischen Mittelgebirge. Epirogenetisch stellt dasselbe in der Tat ein Grenzgebiet dar. Die Sedimentationsfolge ist viel vollständiger als im osteuropäischen Gebiet, weist auch zahlreiche, rein westeuropäische Züge auf, hat aber doch Beziehungen zu Fennoskandia und Rußland, die nicht aus den Augen zu verlieren sind[1].

Das Kambrium ist in drei Stufen entwickelt und weist in seiner Dreigliederung eine bemerkenswerte Ähnlichkeit mit der Lausitz unten, mit Fennoskandia oben auf: Sandsteine und Schiefer mit *Protolenus* und *Microdiscus*, Sandsteine mit *Paradoxides*, darüber eine deutliche Diskordanz (? sardische Phase), Schiefer und Quarzit mit Trilo-

[1] Eine ausführlichere Besprechung ist im II. Band, 1. Teil d. Geologie von Europa, S. 630–643 enthalten.

biten der skandinavischen Zonen 1–5 des Oberkambriums. Das Ordovizium beginnt mit einer Transgression der Sandsteine mit *Obolus siluricus*, ist sehr vollständig und entspricht vielfach vollkommen dem baltischen Profil bis zum Echinosphäritenkalk. Bemerkenswert ist es aber, daß diese tieferen Stufen, soweit sie sandig sind, die Herkunft aus Gneis-Granitmaterial beweisen, also jedenfalls die Nähe des Ufers anzeigen (Asow-Podolisches Massiv). Im höheren Ordovizium besteht lokal eine Lücke, die aber in den zentralen Teilen fehlt und früher überschätzt worden ist. Eine solche Lücke ist ja auch gelegentlich im Ostbaltikum vorhanden. Nun transgrediert aber das obersilurische Meer mit Graptolithenschiefern (*Mon. colonus, bohemicus, Cardiola interrupta*), welche das Gebiet wieder Westeuropa nahebringen und es von der kalkigen (Gotländer) Fazies des Baltikums und auch Podoliens unterscheiden. Während im obersten Silur die Beyrichiensandsteine und Grauwacken wieder eine Annäherung an die skandinavisch-baltischen Verhältnisse zeigen, stellen die unterstdevonische, d. h. jungkaledonische Lücke und der nachfolgende Kljënsandstein (Obere Koblenzstufe) wieder typisch westeuropäische Züge dar. Der Sandstein ist jedoch nur in den nördlichen Teilen des Höhenzuges verbreitet und fehlt zuweilen ganz. Wiederum kommt für kurze Zeit ein östlicher Zug an die Reihe, indem das Mitteldevon z. T. (im Osten) mit Plakodermensandsteinen, d. h. mit Oldred beginnt. Dann allerdings zeigt das mittlere und obere Devon wieder eine Entwicklung, die durchaus an Westeuropa anschließt und sich von der russischen Gliederung radikal unterscheidet. Eine bis ins einzelne gehende Parallelisierung mit dem rheinisch-westfälischen Devon ist hier möglich. Das vor nicht langer Zeit entdeckte Unterkarbon hat an der Basis Visékalke, weiter oben Schiefer und Sandsteine einer kulmartigen Fazies; das sind wieder Verhältnisse, die an Westeuropa, insbesondere an die Sudeten erinnern. Ganz westeuropäischen Charakter trägt auch weiter die oberkarbonische Diskordanz und die Auflagerung des Zechsteins, der bis zu einem gewissen Grade ebenfalls mit Deutschland zu parallelisieren ist. Auch die Trias ist in ihrer Dreigliederung typisch germanisch, dagegen bildet eine Winkeldiskordanz zwischen Oberem Keuper und Rhät einen osteuropäischen Zug (altkimmerisch). Die Doggertransgression ist auch kein spezifisch östlicher, sondern ein weltweit verbreiteter Zug, und der obere Jura ist kalkig-mitteleuropäisch. Die jungkimmerische Faltung ist deutlich. Die Kreide beginnt mit dem Alb und zeigt die normale Fazies, welche dem Westen und Osten gemeinsam ist. Die paläogene Transgression ging weiter im NO durch.

Aus dieser Geschichte geht die Zugehörigkeit des Polnischen Mittelgebirges zu einer Übergangsregion klar hervor; man kann mit Soboleff sagen, daß es oft im Verlaufe der Entwicklung eine Insel dargestellt hat, die sich zuweilen dem Ukrainischen Massiv angliederte. Immerhin zeigt die genauere Betrachtung, daß es mehr Westeuropa als Osteuropa angehört. In den entscheidenden Momenten (Obersilur, Devon, Kulm, Zechstein, Trias, Oberer Jura), die auch sonst beide Gebiete unterscheiden, fällt es voll und ganz in das Gebiet westeuropäischer Entwicklung. Die mit Osteuropa gemeinsamen Ereignisse (Untersilur, Unteres Mitteldevon, Kreide) sind entweder überhaupt weltweit verbreitet oder von ganz kurzer Dauer. Das legt den Schluß nahe, daß die epirogenetische Grenze überhaupt nicht im Mittelgebirge selbst, sondern östlich davon zu suchen ist.

Vergegenwärtigt man sich ferner, daß das schieferige Gotlandium nordostwärts bis ins Weichselmündungsgebiet (Łeba) fortsetzt und daß die Zechstein- und Oberjurasedimente nach Norden bis Kurland reichen, so kann überhaupt gesagt werden, daß die Linie Schonen–Lyssagora epirogenetisch wenig hervortritt. Daß der Buntsandstein im Bereiche dieser Linie bei Czaplinck (Tempelburg) sehr mächtig ist, nach Osten und Südosten aber schnell an Mächtigkeit abnimmt, zeigt, daß seine Isopachyten diese Linie queren.

Der scythische Wall ist in dieser Hinsicht viel bezeichnender, da an ihm Obersilur, Devon, Karbon, Perm, Trias aufhören oder eine Faziesveränderung zeigen. Ebenso greift die mittelkretazische und unteroligozäne Transgression über die TORNQUISTsche Linie über, ohne nennenswerte fazielle Veränderungen zu zeigen.

Wenn wir nun das tektonische Bild des Polnischen Mittelgebirges ansehen, so ergeben sich folgende Züge. Das Gebirge bildet eine Reihe von WNW–OSO streichenden Antiklinalen von paläozoischen Schichten (Kerne), von denen die nordöstlichen gegen SW überkippt sind, während die südwestlichen ziemlich normal gebaut erscheinen. Dementsprechend bilden die kambro-silurischen Sedimente drei Lappen, die von SO nach NW zwischen jüngere Schichten hineinragen. Es scheint also ein allgemeines Achsengefälle von OSO nach WNW vorhanden zu sein, welches indessen nach KUZNIAR und CZARNOCKI durch mehrere Querwölbungen (Moicza) unterbrochen wird. Abgesehen von zwei älteren Phasen (Oberkambrium, Anfang Unterdevon), deren tektonische Bedeutung noch nicht restlos geklärt ist, hat die Faltung nach dem Kulm und vor dem Zechstein stattgefunden.

Die Vergenz im variszischen Tektogen ist demnach hier nach SSW, und das Mittelgebirge wird heute als östlicher Schenkel eines ostvariszischen Bogens aufgefaßt, dessen westlicher Schenkel in den Ostsudeten zu suchen ist. Dieser Bogen umrahmt von N und W das Gornysląśker (Oberschlesische) Karbonbecken. Die von CZARNOCKI und KUZNIAR entwickelte Auffassung als Deckengebirge mit umgekehrter Vergenz nach NNO hat sich nicht bewährt.

Die mesozoischen Sedimente, welche im S und NW das Gebirge umsäumen, sind auch gefaltet, und zwar konform, indem sich alte und junge Sättel und Mulden entsprechen. Der Unterschied besteht bloß darin, daß die jüngeren Falten im NW aus WNW gegen NW umbiegen, so daß sich die äußersten Züge einander nähern. Ein Umfließen der alten Falten, ein Angliedern von neuen Elementen ist daher sichtbar. Diese Tektonik klingt gegen SW allmählich ab und verschwindet in der wenig gestörten Kreidesenke von Miechów (Nida). Der im SW angrenzende Jurazug Kraków–Wieluń zeigt überhaupt keine Faltung mehr, sondern nur NW streichende Brüche. Man sieht, daß die epirogenetische und orogenetische Entwicklung verschiedene Züge aufweisen; besonders im Paläozoikum ist eine große Verwandtschaft mit der westeuropäischen Entwicklung vorhanden. Osteuropäisch mutet eine triadische Phase der Gebirgsbildung an; weiterhin zeigt sich auch im Mesozoikum die Annäherung der Verhältnisse in beiden Kontinentteilen, wobei auch betont werden muß, daß die kimmerische Phase hier intensiver ausgeprägt ist als in Westeuropa.

Das polnische Mittelgebirgssystem streicht also in seinem paläozoischen Anteil WNW, d. h. quer zur TORNQUISTschen Linie, und erhält erst im Mesozoikum eine Umlenkung nach NW. Wo liegt nun die Fortsetzung dieses Systems?

Zunächst muß betont werden, daß die paläozoischen Mittelgebirgsfalten am Weichselbruch gegen SO abbrechen und verschwinden. In der Wolynischen Senke breitet sich Kreide aus, die hier eine große Mächtigkeit erreicht. Diese

Kreide liegt auf Devon bzw. Karbon, welches bei Peltscha (Dubno) in gestörter Lagerung wieder zutage tritt. Das Devon (mit dem neuerdings entdeckten Karbon) füllt auch die Nordgalizisch-Wolynische Senke aus, streicht aber dort NNW bei sehr schwachem westlichen Fallen (vgl. Abb. 78). Eine flexurartige, NO streichende Abbiegung (Linie Kowalewka–Smykowze) trennt die Senke von dem nach W gerichteten Vorsprung des Podolischen Massives (Latyczower Elevation SAMSONOWICZs). Das Paläozoikum bildet hier also die Westflanke des podolischen Antiklinoriums, welches, im N nach Norden abdrehend, in die Scythische Brücke fortsetzt. TEISSEYRE nahm an, daß das Altpaläozoikum ursprünglich noch Teile des kristallinen Blockes bedeckte und früher eine sanfte Neigung nach N und NW besaß. Erst im Jura wäre durch die Entstehung der NW streichenden sudetisch-podolischen Synklinale das Streichen der paläozoischen Platte in N–S verdreht worden. Es ist aber wahrscheinlich, daß dieses Streichen, d. h. die Bildung des podolischen Antiklinoriums und mithin die schwache Westneigung der Galizisch-Wolynischen paläozoischen Platte schon im Paläozoikum angelegt wurde. Das stark gestörte Devon von Peltscha, welches NW–SO streicht, n. SAMSONOWICZ nach Osten überkippte Falten bildet und in ähnlicher Lagerung auch bei Dubno, Luzk und Nieświeź erbohrt wurde, greift daher diskordant in diese ruhig gelagerte Randzone Sarmatiens ein und könnte sehr wohl das östliche Ende des Polnischen Mittelgebirges bilden, indem die Faltung weiterhin ausklingt, so daß jedenfalls im Paläozoikum keine Fortsetzung der TORNQUISTschen Linie über Wolynien hinaus vorhanden ist. Die variszische Faltenzone endet am Podolischen Block. Wenn, wie SAMSONOWICZ 1936 annimmt, die tuffitischen Schichten und Effusiva am Horynfluß (Zdolbunowo) dem Perm angehören, so muß ferner eine etwa NNW–SSO streichende westwolynische Senke Sarny–Rowno–Ostrog angenommen werden, welche das Mittelgebirgssystem vom Podolischen Block trennt. Da nach SIEMIRADZKI (1889) der podolische Jura eine streichende Fortsetzung des Juras östlich vom Polnischen Mittelgebirge bildet, bestand also im Jura auch eine Synklinale, welche das Mittelgebirge vom Block trennte. Die jungkimmerische tektonische Anlage mit NW-Streichen und SW-Vergenz, welche damit wohl eingeleitet wurde und bis an das Gebiet des Blockes und des Scythischen Walles heranreicht, wurde dann im Cenoman bzw. in der höheren Kreide durch die Entstehung der nordwolynischen Senke (Weichselbruch, Linie Kowalewka–Smykowze) unterbrochen, wobei wiederum das Mittelgebirge vom Blockgebiet abgetrennt wurde. Die mit mächtiger Oberkreide erfüllte Senke Lublin–Lwow (Lemberg), welche man als Vorsenke der Scythischen Brücke auffassen kann, unterstreicht noch diese Unterbrechung. Erst die (? oberkretazische) NW–SO-Störung Berdo–Narol und das im Miozän entstehende, gleich streichende System der opolischen Linien (Flexuren) stellen wieder eine gewisse Beziehung zum Mittelgebirge her, stehen aber zugleich in ursächlicher Beziehung zu der nun entstehenden Vorsenke der Karpathen; damit gehören sie eher dem alpidischen als dem mitteleuropäischen (saxonischen) Plan an und sind den Störungen des Polnischen Mittelgebirges nicht einfach äquivalent.

Daraus ergibt sich folgendes: Vor dem Jura ist eine Fortsetzung der TORNQUISTschen Linie nach Südosten überhaupt nicht nachzuweisen. Das Altpaläozoikum Podoliens erscheint direkt als Westflanke des Scythischen Walles, dessen Verbindung mit Skandinavien im Gotlandium östlich vom Polnischen Mittelgebirge stattfand. Die vorjurassische Fortsetzung des Mittelgebirges ist im OSO, bei Peltscha, zu vermuten, aber gleich weiter im

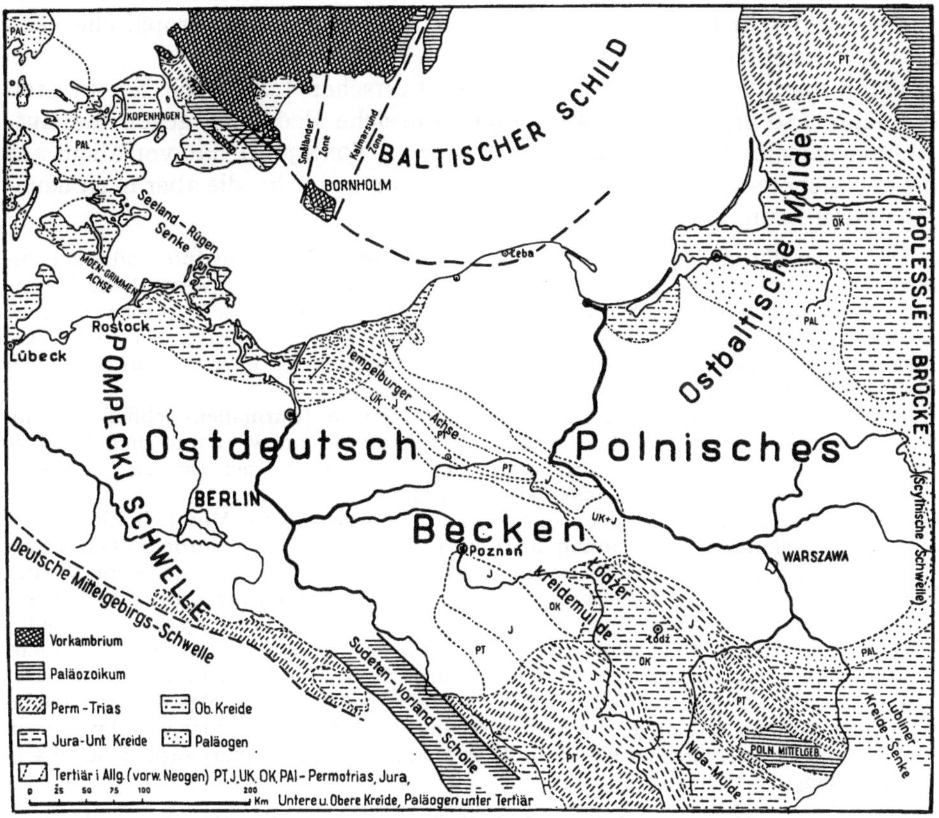

Abb. 84. Das südwestliche Grenzgebiet Fennosarmatiens.

Osten durch das nordpodolische kristalline Massiv abgeriegelt. Es sind keinerlei Anhaltspunkte vorhanden, die erlauben würden, das Mittelgebirgssystem quer zum Podolischen Massiv etwa nach dem Ammodezischen Gebirge hindurch zu ziehen. Die gebirgsbildenden Phasen sind ja auch grundsätzlich verschieden. Ebenso fehlen aber auch Anzeichen für eine eventuelle Fortsetzung im SW des Podolischen Blockes.

Im Mesozoikum ist eine direkte Verbindung nach Osten auch nicht vorhanden, da, wie eben gezeigt wurde, die Mittelgebirgslinien auf die Westseite des Blockes zu streichen und dort das Bild einer ausklingenden schwachen Faltung zeigen. Sie werden damit zu einem integrierenden Bestandteil des sudetisch-saxonischen und vorkarpathischen Störungssystems. Wir können zusammenfassend sagen, daß die „TORNQUISTsche Linie" südlich vom Polnischen Mittelgebirge im Paläozoikum überhaupt nicht in Erscheinung tritt; die epirogenetischen Züge deuten auf eine weiter im Osten verlaufende, N–S streichende Grenze, an der die Tektonik des Mittelgebirgssystems mit OSO-Streichen ausklingt. Im Mesozoikum kann eher von einer Fortsetzung nach SO gesprochen werden; aber auch hier ist die Tektogenese nicht sehr tiefgreifend und deutlich mit dem mitteleuropäischen Beanspruchungsplan verknüpft.

Wenn man die Fortsetzung der TORNQUISTschen Linie nach Nordwesten betrachtet, so ergeben sich auch hier zahlreiche Bedenken gegen die Auffassung derselben als Grenzzone Osteuropas. TORNQUIST hat vor allem auf die epirogenetischen Unterschiede aufmerksam gemacht, die aber nach neueren Daten kaum beweisend sind.

Das Devon Purmallens schließt sich mit einer oberen Sandsteinstufe und einer unteren Dolomitstufe eng an das ostbaltische Devon an und zeigt wesentliche Unterschiede gegenüber Westeuropa. Es ist aber nicht gut möglich, diese Tatsache im Sinne des Bestehens der TORNQUISTSCHEN Linie im Paläozoikum zu deuten, da im SW bei Pisz (Johannisburg) und bei Łeba nach neueren Bohrungen ebenso wie auf Bornholm und Schonen überhaupt kein Devon vorhanden ist.

Das Perm des Gebietes zwischen Wisla und Njemen (Purmallen) schließt sich an die nordwestdeutsche Fazies (Lieth–Elmshorn in Holstein) an, wenn ihm auch die Salze fehlen; es gehört zweifellos zur Randzone des mitteleuropäischen Beckens, und seine Faziesgrenzen haben mit der TORNQUISTSCHEN Linie nichts zu tun.

Die Trias zeigt eine sandig-tonige Fazies mit verkümmertem Muschelkalk; das ist eine allgemeingültige Erscheinung an den Rändern des mitteleuropäischen Triasmeeres (England, Ardennen, Mittelfrankreich, Spanien z. T.), die noch keine scharfe Schollengrenze zu ziehen erlaubt, zumal da nach neueren Bohrungen bei Pisz (Johannisburg) ein verkümmerter Muschelkalk vorhanden ist, bei Łeba dagegen, also weiter im NW, fehlt. Rhät-Lias ist zwischen Wisla und Njemen (Purmallen) mit Sicherheit nicht nachgewiesen; darin zeigt sich ein Unterschied gegen Bornholm und Schonen. Der obere Jura ist im unteren Teil (Oxford) mitteleuropäisch und zeigt erst im oberen Abschnitt östliche Anklänge, die aber bis zum Odermündungsgebiet verfolgt werden können. Die Entwicklung der Kreide und des Alttertiärs erlaubt überhaupt keine scharfe Grenzziehung.

Meistens zeigt sich das Gebiet zwischen Wisla und Njemen als flache Uferzone des westeuropäischen Meeres. Es ist ein nordöstlicher Ausläufer des Ostdeutsch-Polnischen Beckens, mit einer vielleicht schon kaledonischen Anlage als südwestliche Fortsetzung der ostbaltischen Mulde, deren Achse nach SW einfällt.

Was nun die Tektonik anbetrifft, so legte TORNQUIST den größten Wert auf die Feststellung, daß zwischen Wisla und Njemen flache Lagerung und ein einfacher Untergrund im Gegensatz zu der komplizierten Tektonik und dem mannigfachen Untergrund westlich der Linie Schonen–Lysa Góra herrscht. An derselben Linie liegt der Salzhorst von Bydgoszcz (Bromberg)–Inowrocław mit starken nachjurassischen Störungen. Unbedingt gültig ist aber diese Beweisführung nicht. Vor allen Dingen darf man nicht vergessen, daß östlich der unteren Wisla im wesentlichen nur die obere Kreide als Untergrund bekannt ist; wenn dieselbe ungestört ist, so braucht das noch nicht unbedingt für ihr vorkimmerisches Substratum zu gelten. Aber auch die Ungestörtheit der jüngeren Decke ist mehr als fraglich, nachdem P. G. KRAUSE 1926 innerhalb der tertiären Braunkohle des Südbaltikums eine komplizierte Tektonik nachwies, mit vorwiegend NW, aber auch N und NO streichenden Störungslinien. Für eine Fortdauer dieser Bewegungen bis in das Quartär ist besonders E. KRAUS eingetreten.

TORNQUIST hat ferner darauf hingewiesen, daß östlich der Linie Polnisches Mittelgebirge–Schonen besonders starke magnetische Anomalien auftreten, und hat dieselben mit den Anomalien von Kursk im Block von Woronesh verglichen. Aber abgesehen davon, daß dieser Vergleich, was den Charakter der Anomalien betrifft, nicht ganz zutreffend ist, erscheint das Gebiet westlich der genannten Linie magnetisch keineswegs so einfach, wie das die alte Karte von AD. SCHMIDT annimmt. Gerade die neuen geophysikalischen Aufnahmen im Ostdeutsch-Polnischen Becken haben den geologisch-tektonischen Charakter dieses Gebietes weithin zu klären geholfen. Hieraus ergibt sich folgendes:

Die NW–SO streichende Großwölbung des Polnischen Mittelgebirges ist als Streifen positiver Schwerestörungen bis in die Gegend von Inowroclaw zu verfolgen, klingt aber gegen Nordwesten aus, bzw. wird sogar durch negative Werte ersetzt, um dann etwa bei Szubin wieder einzusetzen und als die – auch geologisch belegte – Tempelburger (Czaplineker) Achse (BENTZ und CLOSS 1939) oder mittelpommerisch-kujawische Sattelozne (BUBNOFF 1934)[1] nach NW bis in die Gegend von Kołobrzeg (Kolberg) weiterzuziehen, hier z. T. auch von positiven magnetischen Anomalien begleitet. Wenn also das Polnische Mittelgebirge eine Fortsetzung besitzt, so liegt sie in der Tempelburger Achse, wobei aber zu betonen ist, daß diese Fortsetzung positionell nur mittelbar und tektonisch nicht ganz gleichwertig ist. Die Tempelburger Achse ist aber gewiß keine Schollengrenze erster Ordnung, sondern eine interne Linie des Ostdeutsch-Polnischen Beckens. An der Ostseeküste zwischen Dziwnów (Dievenow) und Kołobrzeg (Kolberg) teilt sich diese Achse. Der Hauptast zieht nach WNW und könnte zu der Grimmer Achse Vorpommerns und zu einer Aufwölbung auf den dänischen Inseln Beziehung haben, der andere könnte an die NNW–N streichende mesozoische Sattelzone im Westen Bornholms Anschluß finden. Aber auch hier entspricht er nicht der eigentlichen Grenzzone Fennoskandias gegen Mitteleuropa; diese verläuft vielmehr WNW bis OSO und streicht im Osten Bornholms ins Meer hinaus. In ihrer Fortsetzung liegt bei Łeba (Leba) ein Streifen starker positiver magnetischer Anomalien, der auch von einem gleich, d. h. WNW–OSO, streichenden Gebiet etwas höherer Schwerewerte begleitet wird. Eine Bohrung hat

[1] 1934 habe ich das Vorhandensein einer mittelpommerisch-kujawischen Hebungszone aus polnischen geophysikalischen Übersichtsaufnahmen gefolgert. 1936 vermutete BROCKAMP eine gravimetrische Schwelle von Falster über Mittelpommern nach dem Polnischen Mittelgebirge. 1939 haben BENTZ und CLOSS auf Grund gravimetrischer Spezialaufnahmen in Mittelpommern den Namen Tempelburger Achse geprägt, den ich aus Zweckmäßigkeitsgründen ohne Rücksicht auf meine Priorität der Namengebung hier beibehalte.

gezeigt, daß hier das Silur auffallend nahe an die Oberfläche herankommt, während es gleich weiter im W und SW unter einer mächtigen mesozoischen Decke begraben ist. Daraus muß der Schluß gezogen werden, daß die Grenze Fennoskandias gegen Mitteleuropa auf Bornholm nach OSO abschwenkt und über Łeba nach der Njemenmündung weiterzieht, also mit der Tempelburger Achse–Achse des Polnischen Mittelgebirges nichts zu tun hat. Die weitere Fortsetzung ist vielleicht daraus zu entnehmen, daß die erwähnte Achse (die ich früher als Kujawische Sattelzone bezeichnete), welche, wie gesagt, einer Zone der Überschwere entspricht, in der Gegend des Weichselknies auffallende Unregelmäßigkeiten zeigt, die sich geophysikalisch als NO streichender Querstreifen geringer (z. T. negativer) Schwerewerte und negativer magnetischer Anomalien kundgibt. Es hat den Anschein, daß die Muldenzone, welche die Kujawische Aufwölbung im NO begleitet, hier nach NO, d. h. in die Achse der Ostpreußisch-Ostbaltischen Mulde einschwenkt. Es ist also anscheinend eine analoge Einschwenkung nach O und NO, wie weiter im Norden, an der fennoskandischen Grenzlinie zwischen Bornholm und Łeba (Leba). Auch daraus ergibt sich also, daß eine durchstreichende Linie oder Zone Polnisches Mittelgebirge–Schonen gar nicht existiert und daß eine solche Zone daher auch nicht die Grenze Osteuropas sein kann. Diese Grenze ist überhaupt keine geradlinig verlaufende Zone, sondern sie setzt sich aus zwei Stücken zusammen: dem NNW bis N streichenden westlichen Randsaum der Scythischen Brücke und dem WNW bis NW streichenden Randsaum Fennoskandias zwischen Łeba (Leba)–Bornholm–Schonen; zwischen beiden Stücken vermittelt die NO–SW streichende Ostpreußisch-Ostbaltische Mulde, welche damit als Ausstülpung des Ostdeutschen Beckens gegen NO erscheint.

Im Grenzgebiet des Baltischen Schildes, d. h. auf Bornholm und in Schonen, sind die Verhältnisse der Annahme einer durchgehenden alten Trennungslinie in NW–SO-Richtung auch nicht unbedingt günstig. Im Präkambrium zeigen weder die N–S streichenden Magnetitgneise Westschwedens, noch die fast O–W streichenden svekofennidischen Gneise Blekinges und Bornholms Andeutungen einer NW–SO verlaufenden Grenze erster Ordnung. Diese Strukturen dürften aber weiter nach Süden fortsetzen, was ja gerade zu der Vorstellung des „Peribaltikums" geführt hat, d. h. zu der Annahme eines stabilen Sockels im Untergrunde Ostdeutschlands. Auch das Kambrium und Ordovizium lassen hier eine Grenzzone vermissen, da die Transgression von S nach N, quer zur Tornquistschen Linie fortschreitet. Erst im höheren Silur zeichnet sich Schonen durch größere Mächtigkeit gegenüber dem Baltischen Schild aus, was auch für Bornholm und Łeba gilt, so daß auch hier wieder die Grenzen O–W, quer zur Tornquistschen Linie verlaufen. Von einem alten Lineament in NW–SO kann daher kaum die Rede sein. Nach dem Silur, vielleicht erst in der variszischen Tektogenese, setzt auf Schonen eine vorwiegend NW–SO streichende Bruchbildung mit Diabasergüssen ein, durch welche Schonen gegenüber Fennoskandia im allgemeinen versenkt wird. Es fehlt hier aber der devonischkarbonische Sedimentationszyklus Westeuropas, so daß zu jener Zeit die Grenzzone eher zu Fennoskandia gehört. Dagegen schließt das neuerdings hier vermutete kontinentale Perm das Gebiet wieder an Mitteleuropa an. Im Mesozoikum (Keuper, litoraler Lias, Senon) ist das Gebiet wieder die deutliche Grenzzone der mitteleuropäischen Scholle.

Die Tektonik ist auch nach dem Jura wieder durch NW streichende Brüche gekennzeichnet, längs denen schmale Schollen von Präkambrium, Silur, Lias und Kreide aneinander grenzen. Auf die dadurch zustande kommenden Kippschollenbewegungen, welche mit Horizontalverschiebungen in NO–SW-Richtung alternieren, haben VOIGT, v. BUBNOFF und WEVERINCK hingewiesen. Bewegungen fanden vermutlich in der jungkimmerischen und subherzynischen Phase statt, aber auch später, wie das in schwache Falten gelegte Senon und die NNO streichenden alttertiären Basaltgänge beweisen. Wenn nun auch eine schwache Faltung der Kreide im SW-Schonen nachzuweisen ist, so weicht doch das tektonische Bild wesentlich von dem des Polnischen Mittelgebirges ab. Der Bewegungssinn an den gleichen Spalten ist in verschiedenen Zeiten zum Teil verschieden gewesen.

Fassen wir diese Ergebnisse zusammen:

Eine alte Anlage einer NW–SO streichenden „TORNQUISTschen Linie" Schonen–Lysa Góra ist durchgehend nicht vorhanden; höchstens auf Schonen zeigt sich im Jungpaläozoikum eine derartige Grenzzone zwischen Fennoskandia und Mitteleuropa. Sonst ist das Streichen der Schollengrenzen entweder O–W (Bornholm) oder N–S (Silur und Devon Podoliens) oder WNW–OSO (Polnisches Mittelgebirge).

Erst im Mesozoikum wird eine NW–SO-Anordnung deutlicher, kann aber auch nicht im Sinne einer geradlinig durchstreichenden Grenzzone gedeutet werden. Das wird verständlich, wenn man sich vergegenwärtigt, daß das Grenzgebiet zwei verschiedenen Beanspruchungsplänen unterliegt: der Baltische Schild zeigt Tendenzen zu einer geschienten Bewegung nach Süden, der Sarmatische Schollenkomplex unterliegt dagegen z. T. einem uralischen Impuls von Ost nach West. Kulissen- oder staffelförmige NW–SO streichende Störungen im Grenzgebiet sind dann, ebenso wie die „schiefe" NO–SW streichende Ostbaltische Mulde, als Resultanten dieser zwei Beanspruchungspläne anzusehen, welche sich nicht nur in einer Grenzlinie, sondern in dem ganzen mobileren Streifen des Ostdeutsch-Polnischen Beckens auswirken, so daß von einer einheitlichen Grenzlinie kaum die Rede sein kann. Die eigentliche, auch epirogenetisch nachweisbare Grenzzone Mittel- und Osteuropas ist die N–S streichende Scythische Brücke bzw. ihre westliche Vorsenke; die Grenzzone Mitteleuropas und Fennoskandias ist der WNW–OSO streichende bogenförmige Streifen Schonen–Bornholm–Łeba; im Winkel zwischen beiden liegt das Ostdeutsch-Polnische Becken mit seinem NO-Ausläufer – der Ostbaltischen Mulde.

Vom oberen Jura an ist eine Vereinheitlichung des Mechanismus zu sehen, eine Vereinheitlichung, die aber nach Osteuropa hineinreicht, da auch dort im Mesozoikum eine wesentlich bessere Übereinstimmung der Bewegungen mit dem Westen zu bemerken ist als im Paläozoikum.

Es scheint mir unverkennbar zu sein, daß das Mesozoikum eine wesentliche Umprägung der Struktur hervorgebracht hat und auch an der Grenze neue, diskordante Strukturlinien schuf. Wenn damit die heutigen Umrisse Osteuropas endgültig festgelegt wurden, so wurde andererseits damit auch ganz Europa bis zum Alpenbogen zu einer Großscholle von zeitlich einheitlicher Reaktionsfähigkeit verschweißt.

Literatur zur Grenze von Osteuropa

Brockamp, B., Zum Bau des tieferen Untergrundes in Nordostdeutschland. Jahrb. Reichsst. f. Bod. *61*, 1941.

Bubnoff, S. v., Geologie v. Europa, Bd. I, 1926, S. 300–308, Bd. II, 1, 1930, S. 630–642; Bd. II, 3, 1936, S. 1135–1153.

— Das ostdeutsch-polnische Becken. Naturwissenschaften, *22*, 1934.

— Der ostdeutsche Grenzraum. Geol. Rundschau, *30*, 1939.

— Der Südrand Skandinaviens. Geol. Rundschau, *34*, 1943.

Czarnocki, I., Le Zechstein dans les montagnes de Sainte-Croix. Bull. serv. géol. Pologne, 2, 1923.

Deecke, W., Geol. Führer durch Bornholm, 1899.

Grönwall, K. A., und V. Milthers, Geolog. Kort over Danmark 1 : 100000. Bl. Bornholm. Danm. geol. Unders. I. R. *13*, 1916.

Gürich, G., Das Paläozoikum im poln. Mittelgebirge. Bull. min. Ges. Petersburg, *32*, 1896.

Hadding, A., Tektoniska och petrografiska Undersökninger inom Fennoskandias södra randzon. Lunds Univers. Årskrift. N. F., Bd. 18, 1922.

Hennig, A., Geol. Führer durch Schonen, 1900.

Kraus, E., Die Quartärtektonik Ostpreußens. Jahrb. Preuß. Geol. Land., *55*, 1925.

Krause, P. G., Beiträge zur Tektonik Ostpreußens. Zeitschr. Deutsche Geol. Ges., *78* M, 1926.

Milthers, V., Bornholms Geologie. Danmarks geol. Unders. V, 1, 1930.

Reich, H., Die magnetischen Anomalien Norddeutschlands und ihre wahrscheinlichen Ursachen. Zeitschr. Deutsche Geol. Ges., *79*, 1927.

— Zur Frage der regionalen magnetischen Anomalien Deutschlands. Zeitschr. f. Geophysik, *4*, 1928.

— Über eine magnetische Anomalie am Lebasee in Ostpommern. Zeitschr. f. Geophysik, *6*, 1930.

Samsonovicz, I., Sur la Stratigraphie du Cambrien et de l'Ordovicien dans la partie orientale des montagnes de Sainte-Croix. Bull. serv. géol. Pologne, *1*, 1920/22.

— Explication de la feuille Opatów. Serv. géol. Pol. Carte géol. 100000, Livr. 1, 1934.

— Die Beziehungen Podoliens und Wolhyniens zum kristallinen Wolhynisch-Ukrainischen Massiv. Kosmos, Lwów, 1936.

Sobolev, D., Über den allg. Charakter der Tektonik im Bergzug Kielce-Sandomir. Bull. Warsch. Polytechn. Inst.; *2*, 1911.

— Notiz über das Kjelcer und rheinische Devon und über die Tektonik Europas. Bull. Warsch. Polytechn. Inst., *3*, 1912.

Stehmann, E., Das Unterkambrium und die Tektonik des Paläozoikums auf Bornholm. Abh. Geol.-pal. Inst. Greifswald, *14*, 1934.

Teisseyre, Versuch einer Tektonik des Vorlandes der Karpathen in Galizien und in der Bukowina. Verh. geol. Reichsanst. Wien, *15*, 1903.

— Der paläozoische Horst von Podolien und die ihn umgebenden Senkungsfelder. Beitr. z. Geol. und Paläont. Österr.-Ung. u. d. Orients, *15*, 1903.

Tornquist, A., Die Tektonik des tieferen Untergrundes Norddeutschlands. Sitzber. Ak. der Wiss. Berlin, *38*, 1911.

— Feststellung des Südwestrandes des baltisch-russischen Schildes. Schrift d. physik.-ökon. Ges. Königsberg, *49*, 1908.

Tornquist, A., Geologie von Ostpreußen. Berlin 1910.
Voigt, E., Der Kippschollenbau der Halbinsel Schonen. Zeitschr. f. Geschiebef., *6*, 1930.
Weverinck, Th., Beiträge zur Tektonik und Morphologie von Schonen. Abh. Geol.-pol. Inst. Greifswald, *17*, 1936.
Zwerger, R. v., Der tiefere Untergrund des westlichen Peribaltikums. Abh. geolog. Landesanst. Berlin, N. F., Heft 210, 1948.

IV. EPIROGENETISCHE GRUNDZÜGE

Im großen betrachtet, lassen sich im osteuropäischen Schollenkomplex vier Zyklen im Paläozoikum unterscheiden, denen sich in Ostrußland noch ein fünfter Teilzyklus im oberen Perm anschließt. Man kann sie graphisch etwa so darstellen:

	I. Zyklus	II. Zyklus	III. Zyklus	IV. Zyklus	V. Zyklus
Transgression	Unteres Kambr.	Unteres Ordoviz	Mittleres Devon	Unteres Karbon	Kasanstufe
Inundation	Unteres Kambr.	Oberes Ordoviz	Frasnestufe	Oberes Karbon	Kasanstufe
Regression	Mittleres Kambr.	Gotland	Famennestufe	Unteres Perm	Tatarstufe
Emersion	Oberes Kambr.	Unteres Devon	Famennestufe	Kungur	Trias

Ein Vergleich mit Westeuropa zeigt, daß die ersten beiden Zyklen dem vorkaledonischen (altpaläozoischen) Großzyklus Westeuropas entsprechen, während die drei späteren dem vorvariszisch-variszischen (jungpaläozoischen) Zyklus des Westens gleichzustellen sind.

Der Verlauf ist, wie Archangelski hervorhebt, bei allen Zyklen sehr ähnlich. Die Serie beginnt mit klastischen Bildungen, die von Kalken abgelöst werden, dann folgen Dolomite mit Reliktfaunen, dann Salze (Chloride und Sulfate) als Absätze eindampfender Binnenmeere, endlich rote Sandsteine terrestrischer Entstehung.

Trotz dieser großzügig einfachen und gleichsinnigen Anlage zeigen die einzelnen Gebietsteile doch erhebliche Unterschiede. Diese werden besonders klar, weil der mittlere Jura diskordant auf verschiedenen Abteilungen des Paläozoikums auflagert. Damit sind die Grundlagen des tektonischen Baues schon im Paläozoikum gegeben.

Die Teilschollen der Sarmatischen Tafel zeigen auch epirogenetrisch ein verschiedenes Verhalten:

Baltischer Schild. Nur der erste und der zweite Zyklus sind in reduzierter Form vorhanden. Die späteren Zyklen fehlen. Stabiles Hochgebiet.

Weißmeerblock. Erster und zweiter Zyklus fehlen; dritter Zyklus in seichter, reduzierter Ausbildung (terrestrisches Oberdevon); vierter Zyklus abgekürzt (beginnt mit Mittelkarbon); fünfter Zyklus in seichter Ausbildung (vorwiegend terrigenes Oberperm).

Petschoraland (Timan). Erster Zyklus fehlt; zweiter Zyklus reduziert; dritter Zyklus tiefneritisch, vierter flacher, fünfter terrestrisch-detraktiv.

Ostbaltische Tafel (Mulde). Erster und zweiter Zyklus deutlich (neritisch); dritter Zyklus seicht; vierter Zyklus fehlt; fünfter Zyklus fehlt ebenfalls, bis auf den äußersten Südwesten (Zechstein in Kurland, Südbaltikum zwischen Njemen und Wisla).

Scythische Brücke. Erster Zyklus vermutlich vorhanden; zweiter Zyklus verkürzt (fehlendes Obersilur); dritter Zyklus seicht terrigen (sandiges Devon); vierter Zyklus fehlt; fünfter Zyklus nicht sicher nachweisbar.

Moskauer Becken. Erster und zweiter Zyklus reduziert oder fehlend; dritter Zyklus flach neritisch; vierter Zyklus tief neritisch, zum Schluß abgekürzt; fünfter Zyklus fehlt zum Teil.

Ostrussische Senke. Erster und zweiter Zyklus fehlend oder reduziert, der dritte Zyklus, der wohl zum Ural überleitet, zeigt tiefere Fazies als bei Moskau; vierter Zyklus tief neritisch; fünfter Zyklus wohlentwickelt.

Nach Beloussoff besteht zwischen der eigentlichen Ostrussischen Senke (Wolga-Kamasenke) und der uralischen Geosynklinale im Devon-Karbon ein meridional streichender Hebungsstreifen, welcher durch reduzierte Mächtigkeiten und z. T. auch durch abweichende Sedimente ausgezeichnet ist. So sind hier z. B. im Givet sandig-tonige Gesteine verbreitet, im Gegensatz zu den Kalken im Westen und Osten.

Block von Woronesh. Erster und zweiter Zyklus fehlen; dritter Zyklus sehr flach; vierter Zyklus abgekürzt; fünfter Zyklus fehlt.

Donezbecken. Erster, zweiter und dritter Zyklus fehlen; das Gebiet trennt sich erst im Oberdevon von den Blöcken im Norden und Süden ab; daher beginnt der vierte Zyklus etwas früher (oberdevonische Transgression) und verläuft abweichend von Mittelrußland (Sandsteine im Mittelkarbon und im obersten Oberkarbon); der fünfte Zyklus fehlt oder ist stark reduziert.

Im Ukrainischen Block ist das Paläozoikum nur am West- und Südwestsaum bekannt. Der erste Zyklus ist höchstens in reduzierter Form vorhanden. Der zweite ist vollständiger und besitzt einen ähnlichen Verlauf wie in der Baltischen Tafel. Vom dritten und vierten fehlen im eigentlichen Blockgebiet sichere Zeugen; am Westsaume ist die Fazies westeuropäisch. Möglicherweise hat sie in reduzierter Form auf das Blockgebiet übergegriffen. Der fünfte Zyklus fehlt ganz.

Die epirogenetischen Bewegungen der Teilschollen stehen in deutlicher Beziehung zueinander und ergeben eine regelmäßige und gesetzmäßige „schachbrettartige" Anordnung. Karpinski hatte schon vor langer Zeit festgestellt, daß die Anordnung der Meere in Osteuropa zwischen äquatorialer (mediterraner) und meridionaler (uralischer) Richtung hin und her pendelt. Trotz mancher später erfolgter Korrekturen scheint mir diese großzügige paläogeographische Konzeption noch heute anwendbar und dahin erweiterbar zu sein, daß die großen Transgressionen in äquatorialer Richtung erfolgen; daß dann aber die Längsachse der Meere in die Nordsüdrichtung abdreht. So bekommen die Zyklen einen epirogenetischen Sinn, entsprechend dem, was ich a. a. O. auch für Westeuropa zu zeigen versucht habe.

Dieser Wechsel wird auch durch die Wandlungen in der Richtung des Sedimenttransportes unterstrichen: In den ersten beiden Zyklen ist der Russische Schollenkomplex in seinem Hauptteil Erosionsgebiet. Das Meer liegt im mittleren Norden und in Fennoskandia. Im Devon kehrt sich das Verhältnis um: Fennoskandia steigt, Sarmatien sinkt, und der Altrotsandstein entspricht einem von dem aufsteigenden Baltischen Schild in die Sarmatische Ebene, d. h. gegen SO, vorgebauten Schuttkegel. Dann aber, im obersten Devon, hört die Sedimentzufuhr von Nordwesten auf; die Scythische Brücke riegelt das Meeresbecken gegen W ab; die Sedimentzufuhr erfolgt zuerst von dort, d. h. von Westen, dann, im höheren Karbon, wohl vorwiegend von Süden, aus dem Bereich des aufsteigenden Ukrainischen Blockes. Am Schluß des Karbons und im Perm wird dagegen der Ural, d. h. der Ostsaum, zum Sedimentlieferanten; von Ost nach West wird hier der Schuttkegel der bunten permotriadischen Molassen in die Ostrussische Senke vorgebaut. Deutlicher könnte das Abdrehen der epirogenetischen Richtungen kaum gekennzeichnet werden.

Dieses Abdrehen und die räumliche Anordnung der Großschollen ergibt den bekannten Schüsselbau der Russischen Tafel; übrigens ist hervorzuheben, daß die Schüssel unsymmetrisch ist. Nur ein Profil von Nord nach Süd ergibt eine flache Mulde; von Westen nach Osten schreitet man gleichsam eine Treppe hinab, da die tiefste Einsenkung in der Ostrussischen Senke liegt. Erst an ihrem Ostrande erfolgt der sehr rasche, jungpaläozoisch gebildete Aufstieg zum Ural.

Die Entwicklung im Mesozoikum und Tertiär zeigt ebenfalls eine deutliche zyklische Gliederung mit verschiedenem Verhalten der Teilschollen, wie die folgende Zusammenstellung zeigt.

	1	2	3
Transgression	Untere-mittlere Lias	Callovien	Untere Wolgastufe
Inundation	Obere Lias	Oxford	
Regression	Bajocien	Kimmeridge	Obere Wolgast.
Emersion	Bathonien	Kimmeridge	Berrias

	4	5	6
Transgression	Valanginien	Albien-Cenoman	Paläozon–unteres Eozän
Inundation	Hauterivien	Turon–Senon	Mitteleozän–unt. Oligozän
Regression	Unterer Aptien	Oberes Senon	Mittl. Oligozän
Emersion	Oberer Aptien	Danien	Oberes Oligozän

Wie im Paläozoikum, so zeigt sich auch hier, daß mehrere Zyklen einem Großzyklus überlagert sind, welcher den in Westeuropa erkannten entspricht. So bilden die Zyklen 1–3 den altmesozoischen, die Zyklen 4–5 den jungmesozoischen Großzyklus, während 6 dem alttertiären, d. h. ersten alpinen

Großzyklus entspricht. Die Hauptphasen der Transgressionen (Callovien, Cenoman, Unteres Oligozän) und Regressionen (Unteres Neokom, Danien, Aquitan) sind in beiden Gebieten die gleichen.

In den einzelnen unterschiedenen Großschollen ist der Verlauf wie folgt:

Baltischer Schild. Alle genannten Zyklen fehlen.

Weißmeerscholle. Nur der 2. und 3. Zyklus zum Teil vertreten; 2 beginnt schon im Bathonien.

Petschoraland. Der 2., 3. und 4. Zyklus vollständig, der 5. zum Teil vertreten.

Ostbaltische Mulde. Der 2., 3., 5. und 6. Zyklus vertreten, aber vorwiegend nur im südlichen Teil der Scholle.

Scythische Brücke. Der 2., 3., 5. und 6. Zyklus vertreten, aber anscheinend ziemlich flach und reduziert. Der 4. Zyklus ist vielleicht reduziert vorhanden gewesen.

Moskauer Becken. Der 2., 3. und 4. Zyklus vollständig, 3 sogar untergeteilt, 5 reduziert, 1 und 6 fehlen.

Ostrussische Senke. 2 beginnt zum Teil im Bathonien, 3 und 4 vollständig, 5 vorhanden, aber verkürzt, 6 nur im Süden. Hier besteht im Süden (Kaspi) noch ein 7. und 8. neogener und quartärer Zyklus.

Block von Woronesh. 1 fehlt, 2 nur flach, 3 abgekürzt, 4 fehlt, 5 deutlich, 6 nur am Südsaum.

Südrussische Senke. 1, 2, 5 und 6 deutlich und tief, 3 kaum entwickelt, 4 fehlt ebenfalls. Es ist das die einzige Scholle, wo 1 deutlich ausgeprägt ist, was damit zusammenhängt, daß die Südrussische Senke, als Erweiterung des Donezbeckens, erst im Trias–Lias angelegt wird.

Ukrainischer Block. Die Zyklen 1–4 fehlen ganz, bis auf peripherische Gebiete im N und W. Der Zyklus 5 hat wohl über große Teile des Blockes übergegriffen, desgleichen am nördlichen Saum der Zyklus 6. Unterscheidend gegenüber den anderen Teilen Sarmatiens ist die weite Überflutung der südlichen Teile des Blockes im Neogen.

Faziell und faunistisch bestehen gegenüber dem Paläozoikum recht erhebliche Unterschiede: es fehlen die mächtigen karbonatischen Sedimentmassen der Inundationsphasen, die gewaltigen Schüttungskegel detraktiver bunter terrigener Sedimente, die salinare Fazies eindampfender Binnenmeere mit damit zusammenhängender Verarmung und Aussterben der Fauna. Faziell wird nunmehr die Verbindung nach der Arktis zu einem beherrschenden Faktor mit ihrer sandig-tonigen (Jura, Neokom) oder kieselig-tonigen (Diatomite und Opoken der Oberkreide und des Paläogen) Fazies und der glaukonit- und phosphoritreichen Basis. Demgegenüber werden die karbonatischen Sedimente von westeuropäischer Verwandtschaft (Kimmeridge des Donezbeckens, Schreibkreide) zu seltenen Einschaltungen.

Es besteht also im Mesozoikum eigentlich keine „Schüssel" mehr, sondern eine ostwärts geneigte, am Ural abgestaute Platte; hier in der Ostrussischen Senke liegt nun das meridionale Hauptmeer, von dem aus bei Senkungen der Platte die Überflutungen ausgehen und in welches die regredierenden Meere sich zurückziehen.

Faunistisch führt der Wechsel zwischen O–W. und N–S-Erstreckung der Verbindungswege zu komplizierteren Beziehungen zwischen Arktis, Mitteleuropa und Tethys, als sie im Paläozoikum herrschten. Im Rhät und Lias, d. h. in dem ersten, nur in der Südrussischen Senke bekannten Zyklus bestehen auffallende Parallelen nach WNW, d. h. nach dem polnisch-pommerisch-südskandinavischen Gebiet, Parallelen, die aber nicht im Sinne einer ununterbrochenen Verbindung zu deuten sind. Die marinen Faunen bis zum Bath stammen vermutlich im S aus der Tethys, im Petschoraland aus der Arktis. Der zweite und dritte Zyklus erhalten durch die arktischen (absolute Belemniten, Aucellen) und asiatischen (Virgatiten) Elemente ihr Gepräge, wobei aber zugleich eine Einwanderung dieser Elemente nach Westeuropa und eine umgekehrte Migration westeuropäischer Formen nach dem Osten auf dem breiten Verbindungswege über die untertauchende scythische Brücke einsetzt, die bis in die Untere Wolgazeit anhält. Es verdient nämlich betont zu werden, was anscheinend in der Sowjetunion oft übersehen wird, daß die Virgatiten und Aucellen der Unterwolgazeit bis nach dem Odermündungsgebiet vordringen. Im Donezbecken bestehen demgegenüber nach wie vor Verbindungen mit der echten mitteleuropäischen Malmfazies (kalkiger Oxford-Kimmeridge).

Die Unterkreide zeigt zunächst mediterrane Beziehungen im Infravalendis *(Berriasella)*. Dann setzt aber wieder die boreale Verbindung durch Ostrußland ein, vielleicht gelegentlich bis zur Tethys verlängert; immerhin sind im Valendis und Hauterive episodische Verbindungen nach Westen möglich, wie die Fauna (Polyptychiten, *Platylenticeras, Simbirskites*) und neuere Funde in Polen (Lewinski) zeigen. Im Apt wird die arktische Verbindung abgeriegelt, und die nach der Tethys besteht zunächst allein. Mit der großen Transgression im Alb-Cenoman setzt dann aber die enge Verwandtschaft mit Westeuropa, d. h. mit dem nordwestlich anschließenden Bereich ein, die nur gelegentlich durch arktische Beziehungen (santone Kieseltone) ergänzt wird. Im Paläogen sind zuerst arktische Beziehungen vorhanden (N–S-Meer östlich vom Ural?), während dann wieder die Verbindung nach dem westlichen Mitteleuropa entscheidend wird. Im Neogen ist schließlich nur der Südteil des Schollenkomplexes gelegentlich in den Vorschelf der Tethys einbezogen.

Im allgemeinen bildet die mesozoische Geschichte eine Annäherung an Westeuropa. Auch dort tritt die NW–SO-Richtung bestimmend im Mesozoikum auf; auch dort wandern gelegentlich (Oberer Jura, Untere Kreide) boreale Typen durch die N–S-Senke östlich von England ein. Auch dort entwickelt sich, am anderen Ende des NW–SO-Gürtels eine tiefere Senke in Norddeutschland (Permsalze, Schreibkreide, Paleozän), die faziell, tektonisch und faunistisch ein Gegenstück der Kaspisenke darstellt. Diese Ähnlichkeit findet noch in der Lage der Urstromtäler eine quartäre Bekräftigung.

Die tektonischen Ergebnisse der epirogenetischen Durchforschung lassen sich wie folgt zusammenfassen.

Jede Teilscholle besitzt ihre besondere Geschichte, die aber verschieden früh anfängt. Diese Geschichte wechselt insofern, als die für das Gesamtgebiet abgeleiteten Zyklen gelegentlich ausfallen. Die altpaläozoischen Zyklen werden nur von den mittleren Schollen, die noch nicht differenziert sind, durchgemacht. Im wesentlichen sind hier also nur drei Elemente: Baltischer Schild, Mittelrußland, Ukrainischer Block erkennbar.

Der devonische Zyklus ergibt eine scharfe Sonderung in O–W-Richtung. Im Norden sondern sich ab: der Weißmeerblock, welcher diesen Zyklus nur schwach mitmacht, und Petschoraland, welches ihn mit voller Amplitude durchläuft. Im zentralen Komplex trennt sich die Scythische Brücke (sandig) vom Moskauer Becken (karbonatisch). Ostrußland östlich des Okawalles ist durch ein offeneres Meer im Famenne unterschieden. Im Süden beginnt mit etwas anderem Rhythmus die Absenkung des Donezbeckens. Damit sind schon mindestens acht Schollen vorgezeichnet.

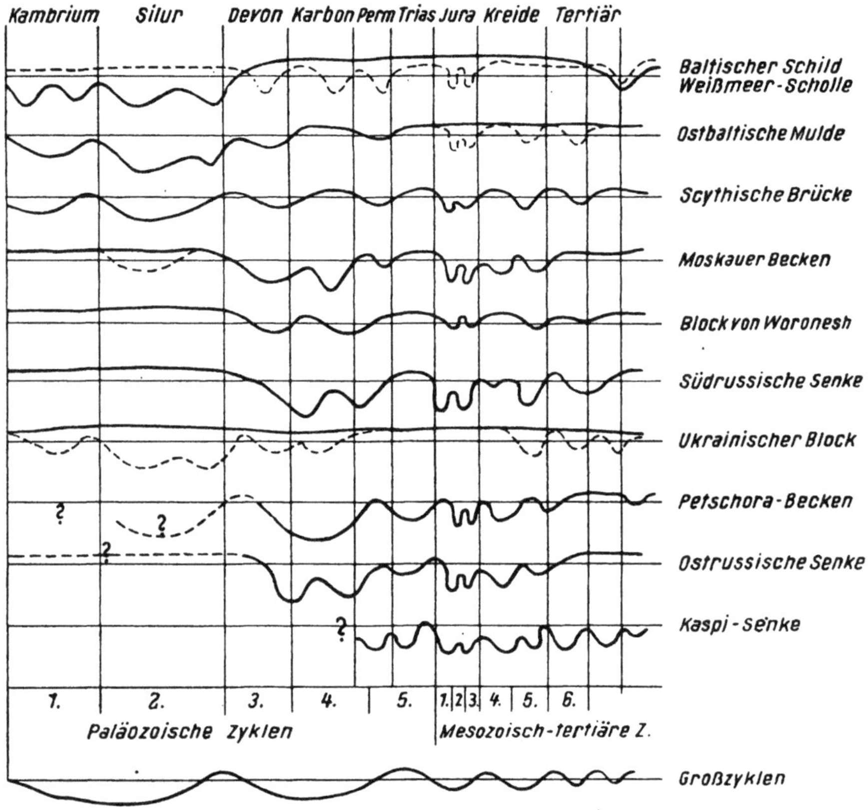

Abb. 85. Oszillogramme der einzelnen Schollen Fennosarmatiens.

Der karbonische Zyklus verfließt im Mittel- und Ostrußland z. T. mit dem devonischen, zeigt aber Unterteilungen (Regressionen im Untervisé, Namur und Oberwestfal), fazielle und Mächtigkeitsunterschiede bei Moskau (400 bis 520) und in Ostrußland (840–1200 m). Das Donezgebiet ist ganz abweichend. Je nach ihrer Höhenlage machen die einzelnen Schollen diesen Zyklus verschieden durch. Wesentlich deutlicher sind die Unterschiede im permischen Zyklus, der nur in der Ostrussischen Senke und in der Weißmeerscholle vollständiger ausgebildet ist, im Moskauer Becken aber stark reduziert, im Donezgebiet auf den unteren Teil beschränkt erscheint.

Damit ist zu Beginn des Mesozoikums die Großgliederung des osteuropäischen Schollenkomplexes geschaffen und der Charakter der einzelnen

Elemente so weit festgelegt, daß jedes gegenüber den späteren Bewegungen seine bestimmte Reaktionsart erhält.

Der Lias-Doggerzyklus ist nur in der Südrussischen Senke vollständig entwickelt, wo seine Sedimentation zu einer wesentlichen Erweiterung dieser Senke nach Norden führt. Im Bereich der Ostrussischen Senke beginnt er erst im Bajocien, wo eine stärkere Senkung im Süden zu der ersten Anlage der Kaspisenke, des tiefsten Teiles dieses meridionalen Senkengürtels führt. Auch der nördliche Abschnitt – das Petschorabecken – wird, in anscheinend etwas abweichendem Rhythmus, im Verlauf des Doggers individualisiert.

Im Malm erfolgt dann eine allgemeine Überflutung, von der nur die nordwestliche Peripherie (Randsaum des Baltischen Schildes) und der Ukrainische Block verschont bleiben. Faziell läßt sich nur die Südrussische Senke (mitteleuropäisch) von dem übrigen Gebiet (boreal) unterscheiden. Auch die Mächtigkeitsschwankungen sind nicht sehr bedeutend, wenn auch der Südteil der Ostrussischen Senke wohl größere Mächtigkeiten besitzt. Der Sonderzyklus des obersten Malm (Zyklus 3) zeigt grundsätzlich die gleichen Verhältnisse, wobei in der Regressionsphase das Meer sich auf die Ostrussische Senke zurückzieht.

Der Unterkreidezyklus ist auf die Ostrussische Senke und das Moskauer Becken beschränkt. Alle anderen Schollen liegen hoch.

Der Zyklus der oberen Kreide erfaßt demgegenüber vor allem die südlichen Schollen: Südrussische Senke und Südteil der Ostrussischen Senke; eine Überflutung (wenn auch kurzfristig) erfahren auch die angrenzenden Teile des Ukrainischen Blockes und des Moskauer Beckens. Kurzfristig dürfte auch die Axialzone der gesamten Ostrussischen Senke überflutet gewesen sein (Santon).

Ähnliches gilt für den paläogenen Zyklus, der aber ganz auf die Südrussische und den Südteil der Ostrussischen Senke (Kaspisenke) beschränkt bleibt. Die neogene Überflutung ist dann überhaupt nur in der letzten und im Ukrainischen Block erkennbar.

Im allgemeinen zeigt also die mesozoisch-känozoische Epirogenese nur eine Betonung der schon früher erfolgten Schollendifferenzierung. Auch die sechs nachpaläozoischen Zyklen dürften den Pulsationen GRABAUS entsprechen und treten, wie gesagt, zu Großzyklen zusammen, wie das in Westeuropa der Fall ist. Wie in Westeuropa, beginnt auch hier die Transgression in N–S-Richtung (Lias-Bath, Neokom, Paläozän), setzt dann in NW-Richtung fort (Callovien, Alb-Cenoman, Eozän), während die eigentliche Inundation eine gegen O–W abdrehende Achse des Gesamtbeckens zeigt (Oxford-Portland, Senon, Unteroligozän) und bei der Regression sich wieder N–S streichende Undationen stärker ausprägen. Durch das Vorhandensein prädisponierter O–W und N–S streichender Senken werden diese allgemeinen Tendenzen zwar gelegentlich etwas verschleiert, aber keineswegs aufgehoben. In den Grundzügen hat das also KARPINSKI schon vor 60 Jahren erkannt.

Das Ergebnis ist also für die ganze Formationsfolge das gleiche: die Großschollen reagieren nach einem einheitlichen Plan, haben aber eine verschiedene Reaktionsfähigkeit und daher eine verschiedene Amplitude der Undation. Die Folge ist zwangsläufig ein verspätetes oder verfrühtes Einsetzen der Phasen, d. h. Phasendifferenzen und Phasendivergenzen. Das ist besonders deutlich an der Beziehung zu den Großzyklen zu erkennen, da stets diejenigen Zyklen besonders reduziert sind, welche in die letzten (regressiven) Phasen eines Großzyklus fallen. Das ergibt scheinbare Phasendivergenzen. Die Sarmatische Tafel bildet also im Mesozoikum eine rhythmisch auf- und abkippende Platte, deren Verhalten sich immer mehr dem Westeuropas nähert.

Die wechselnde Undationsrichtung und das differentielle Verhalten der Schollen können natürlich nur auf weitspannigen (epirogenetischen) Verbie-

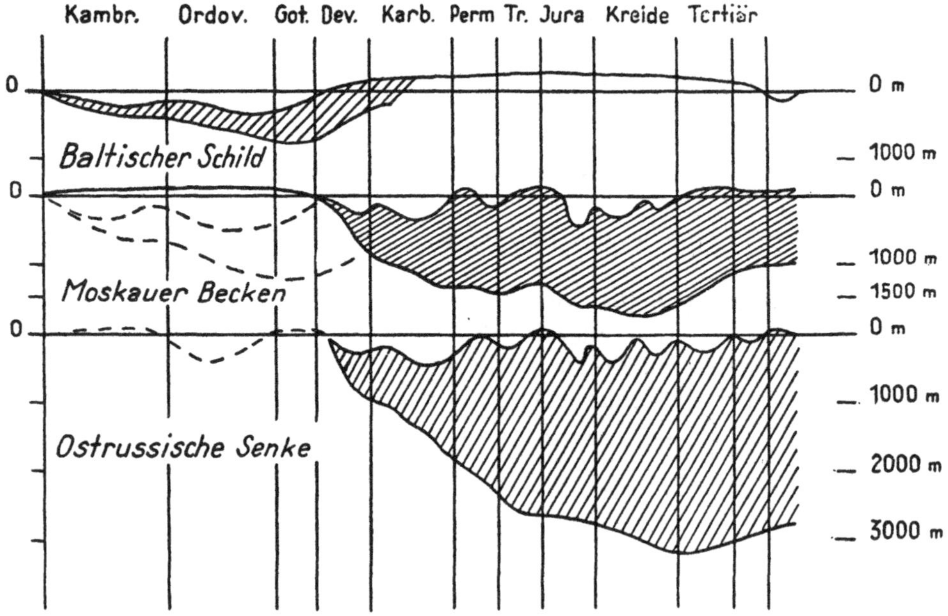

Abb. 86. Epirogenetische Kurven von drei Teilschollen Fennosarmatiens.

gungen beruhen; eine reine Eustasie kommt als Erklärung nicht in Frage. Das ergibt sich auch sehr deutlich aus den Mächtigkeitsverhältnissen des Oberbaues in den einzelnen Schollen.

	Moskauer Becken m	Ostrussische Senke m	Donezbecken (Südruss. Senke) m	Kaspisenke m
Devon	550– 800	540– 540	100– 100	?
Karbon	400– 520	840–1200	5200– 9800	?
Unterperm	0– 140	200–1370	1700– 1800	?
Oberperm	0– 140	300– 630	–	700–2500
Jura	15– 45	20– 120	250– 400	300– 500
Unterkreide	45– 65	205– 325	–	335– 335
Oberkreide	0– 190	130– 240	210– 265	300– 300
Paläogen	–	–	100– 255	65– 190
Gesamt	1010–2260	2235–4425	7560–12620	?
ab Oberperm	60– 300	655–1315	560– 920	1700–3825

In der Ostbaltischen Mulde und am Südsaum des Baltischen Schildes setzt sich der Oberbau etwas anders zusammen:

	Westteil	Ostteil
Kambrium	150	350
Ordovizium	200	190
Gotlandium	220	0
Devon	450	400
	1020	940

Hierzu kommen im Südteil der Ostbaltischen Mulde noch geringe Mächtigkeiten von Perm, Jura und Kreide. Die Scythische Brücke und die Weißmeerscholle dürften größenordnungsmäßig dieselben, vermutlich aber im einzelnen etwas kleinere Mächtigkeiten haben als das Moskauer Becken und das Ostbaltikum. Das Altpaläozoikum fehlt den meisten übrigen Schollen Osteuropas und ist vielleicht nur im Nordteil des Moskauer Beckens in reduzierter Folge vertreten. Dafür spricht die Zunahme der Mächtigkeit von Unterkambrium und Unterordovizium nach Osten.

Wir sehen, daß die stabilsten Teile des Osteuropäischen Schollenkomplexes eine geringere Sedimentmächtigkeit haben, die in der Größenordnung von den mobilen Elementen abweicht. Besonders deutlich wird das, wenn man nur die sicher bekannten Formationen (Oberperm–Tertiär) berücksichtigt. Es ergibt sich dann:

Moskau	60– 300 m
Ostrussische Senke	655–1315 m
Südrussische Senke	560– 920 m
Kaspisenke	1700–3825 m

Es ist höchst bemerkenswert, daß die Ostrussische Senke gleichsam eine Mittelstellung einnimmt, die sich auch unzweideutig aus ihrer tektonischen Geschichte ergibt. Für die übrigen Schollen lassen sich an Hand der heutigen Formationsverteilung ähnliche Resultate erzielen. Die Scythische Brücke hat mit ihrem dünnen Devon, lückenhaften Silur und mit Spuren von Kreide und Oligozän eine noch geringere Mächtigkeit als das Moskauer Becken. Spärlich ist auch die Bedeckung der Weißmeerscholle (lückenhaftes Devon und Karbon, etwas Perm und Jura). In der Baltischen Mulde ist die Sedimentmächtigkeit im Norden ähnlich wie im Moskauer Becken, dürfte aber im Süden höhere Werte erreichen; man braucht sich nur zu vergegenwärtigen, daß bei Lidzbark Warmiński (Heilsberg) das Callovien bei etwa 800 m Teufe liegt und dann noch etwa 100 m unteres Mesozoikum folgen. Hier liegt also ein sedimentärer Typus vor, der zum mindesten der Ostrussischen Senke, wenn nicht einem noch mobileren Komplex gleicht und von den östlichen Grenzschollen – Scythische Brücke und Moskauer Becken – stark abweicht. Daran erkennt man schon die Zwischenstellung, welche der Ostbaltischen Scholle zukommt.

Eine zusammenfassende Darstellung der Epirogenese in der Fennosarmatischen Großscholle und in ihrer Umrahmung hat 1944 BELOUSSOFF gegeben. Als Ausgangspunkt dienen ihm 48 Kärtchen der Faziesverteilung und 25 Kärtchen der Mächtigkeiten in den einzelnen Stufen im behandelten Gebiet. Es scheint mir nicht unwichtig, daß trotz abweichender Methode und trotz einer gelegentlich verschiedenen Definition und Wertung von Einzelheiten, BELOUSSOFF zu Schlüssen kommt, die mit der hier entwickelten Anschauung teils direkt übereinstimmen, teils unschwer in Einklang zu bringen sind.

Nach BELOUSSOFF zeigen die umgebenden Geosynklinalgebiete (Kaledoniden, Ural, Donezbecken, Kaukasus) eine gesetzmäßige, stets wiederkehrende Entwicklung. Auf ein erstes Stadium der Versenkung, welches mit einer detritischen Basis beginnt und nach oben in karbonatisch-pelitische Serien übergeht, folgt ein charakteristisches Moment, das BELOUSSOFF als „Umkehr des geosynklinalen Regimes" bezeichnet: in der Mitte der Geosynklinale entsteht eine Schwelle, die sich fortdauernd auf Kosten der beiden angrenzenden, weitersinkenden Becken verbreitert. Die Becken rücken hierbei nach auswärts. Die Sedimentation wechselt nun vom pelagischen zum detritischen Typus zurück; ihre Quelle liegt aber nun in der Zentralschwelle, während sie in dem ersten Stadium außen zu suchen ist. Die Hebung und Erweiterung der Zentralschwelle dauert an; schließlich bleiben nur schmale Saumsenken übrig, die dann auch aufgefüllt und über das Niveau der Erosionsbasis herausgehoben werden.

Diese gesetzmäßige Entwicklung zeigt in den extrageosynklinalen Schelfen einige nicht unwesentliche Abwandlungen. Solche Bereiche, zu denen also Fennosarmatia gehört, bestehen aus einem Mosaik von Schollen mit vorwaltender Hebungs- oder Senkungstendenz. Diese Schollen bezeichnet BELOUSSOFF als Subgeosynklinalen und Subgeantiklinalen und unterscheidet: 1. die Petschora–Wolga Subgeosynklinale (nebst Kaspisenke); 2. die Moskauer Subgeosynklinale; 3. die Dnjepr–Donetz Subgeosynklinale (im Raume der älteren Donez-Geosynklinale des Paläozoikums; 4. die westliche Subgeantiklinale (von Karelen über das Leningrader Gebiet zur Scythischen Brücke); 5. die Woronesher Subgeantiklinale; 6. eine schmale Subgeantiklinale, welche bis zum Karbon die Ostrussische Subgeosynklinale von der Uralischen Geosynklinale trennt, später aber von der Uralischen Vorsenke aufgezehrt wird und als flache Senke noch im Mesozoikum weiterbesteht. Den Charakter von Subgeantiklinalen tragen ferner der Ukrainische Block und, nach der jungpaläozoischen Orogenese, der Ural; eine Subgeosynklinale bildet endlich die Ostbaltische Mulde.

Es ist ersichtlich, daß es sich um die gleichen Elemente handelt, die auch hier der Darstellung zugrunde gelegt worden sind, und letzten Endes ja auf der Gliederung von ARCHANGELSKI beruhen.

Die Entwicklung dieser Elemente ist außerordentlich beständig, und die Grundtendenz bleibt durch die ganze Erdgeschichte erhalten, derart, daß auch in Senkungszeiten die Subgeantiklinialen schwächer oder überhaupt nicht absinken und daher durch fehlende oder geringmächtige Ablagerungen ausgezeichnet sind. Für die Subgeosynklinale gilt natürlich das Umgekehrte. Diese differentiellen Bewegungen haben einen sehr stabilen Charakter; nur ganz allgemein zeigt es sich, daß die Subgeantiklinalen auf Kosten der Subgeosynklinalen wachsen, aber nicht durch Verdrängung, wie im orthogeosynklinalen Gebiet, sondern durch Aufzehrung der Subgeosynklinalen. Diesen differentiellen Bewegungen sind allgemeine großzyklische Bewegungen überlagert, was zu einer Summierung oder Interferenz der Effekte führt. Das prägt sich besonders in der Fazies aus, wobei eine gewisse Ähnlichkeit der Faziesfolge mit der der Geosynklinalen immerhin zu beobachten ist, wenn man den genannten Differenzen Rechnung trägt. Es ist aber zu berücksichtigen, daß in den Geosynklinalen der Fazieswechsel überhaupt schroffer ist, da dort infolge der schnelleren Senkung und der größeren Meerestiefe ein Ausgleich der Sedimentstreuung, wie er nur über der Basis der Wellenbewegung stattfindet, nicht mehr möglich ist. Der Rhythmus der Bewegungen im Schelf entspricht nach Beloussoff dem in den Geosynklinalen, zeigt aber eine gewisse Verspätung.

Man sieht, daß diese Konzeption grundsätzlich zu demselben Ergebnis der Überlagerung von rhythmischen Bodenbewegungen verschiedener Ordnung führt, wie es im vorhergehenden entwickelt wurde.

Literatur

s. auch Verzeichnis S. 245

Archangelski, A., Geologischer Bau und geol. Geschichte der USSR. Moskau 1941.
Beloussoff, W., Fazies und Mächtigkeiten sedimentärer Serien im europäischen Teile der USSR. Akademie der Wissenschaften der USSR. Arbeiten des Geologischen Institutes, Lief. 76, 1944.
Bubnoff, S. v., Geologie von Europa, Band I, 1926.
— Osteuropa und die zyklische Gliederung der Erdgeschichte. Geologische Rundschau, Bd. 37, 1949.
Karpinski, A., Skizzen der geolog. Vergangenheit des Europ. Rußland. 2. Aufl. Verl. Priroda, 1919.
Masarowitsch, A., Grundlagen der Geologie der USSR. Moskau 1938.
Tetjaeff, M., Les grandes lignes de la geologie et de la tectonique des terrains primaires de la Russie d'Europe. Ann. soc. geol. Belgique, 39, 1912.
— Prinzipien geotektonischer Gliederung des Territoriums der USSR, 1933.
— Die Geotektonik der USSR, 1938.

V. GRUNDZÜGE DER TEKTONIK SARMATIENS

Das Schema des osteuropäischen Baues, welches ich 1924 und 1926 im Anschluß an Archangelski entwickelt habe, hat sich im ganzen gut bewährt. Das Kernstück, d. h. der typische stabile Schelf der Russischen Tafel (Sarmatia Stilles) ist ein flaches Becken, welches Archangelski als eine nach O offene Schüssel, Schatski als NO–SW streichende „Syneklise" deutet. Der Unterschied beider Auffassungen ist vielleicht nicht sehr groß und beruht darauf, daß Schatski ein bestimmtes Teilmoment betont, während die Schüsselform eine Resultante zeitlich getrennter und verschieden gerichteter Impulse ist, die eine mehrfache Achsenverlagerung zur Folge hatten. Diese Schüssel ist das offensichtliche Gegenstück zu der größenordnungsmäßig gleichen, richtungsmäßig entgegengesetzten Durchbiegung des Baltischen Schildes im Nordwesten. Daß sie ein Ergebnis verschiedener Impulse ist, ergab die paläogeographische Analyse des Paläozoikums, mit

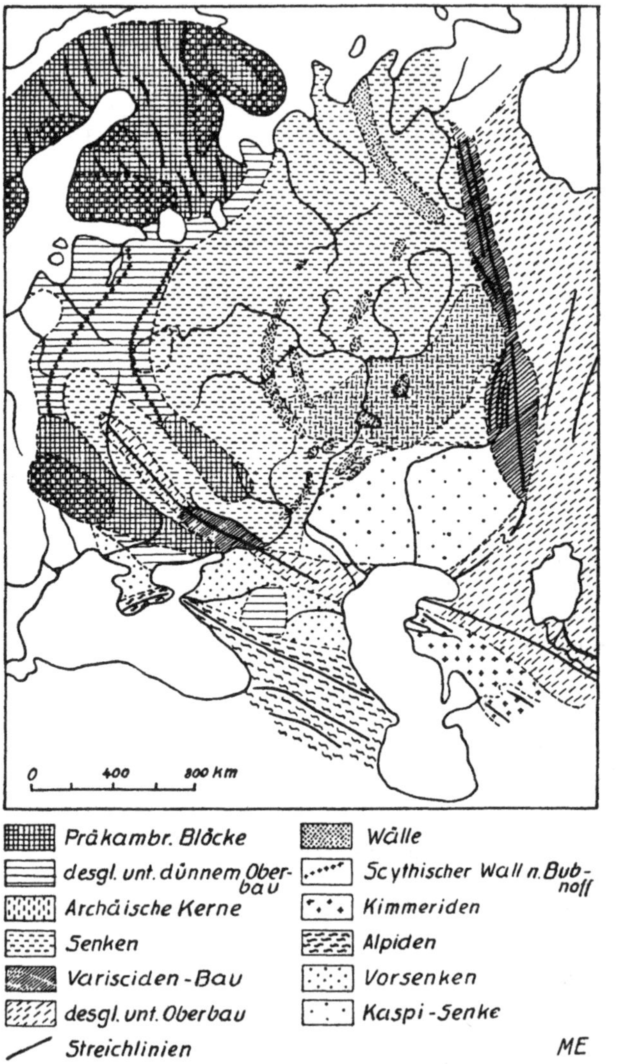

Abb. 87. Das Strukturschema Fennosarmatiens. Nach v. Bubnoff, 1940.

der Feststellung einer wechselnden Sedimentzufuhr aus NW, W, S und schließlich aus Osten. Die neuen Tiefbohrungen ergeben, daß die Anlage schon jungpräkambrisch (assyntisch) sein kann, da im Inneren der Schüssel Eokambrium liegt, welches nach Westen auskeilt (s. Schatski 1952 u. S. 117).

Die innere Struktur des Beckens wird durch die Wälle bestimmt, flache Hebungszonen, die vorwiegend meridionales, d. h. uralisches Streichen haben, sich aber oft, besonders bei salinarem Untergrund, in verbogene Systeme von Kuppeln und Kurzfalten auflösen und den Einfluß verschieden gerichteter Beanspruchungen zeigen (Reihenschwellen). Ihre nachweisbare Haupthebung hat wohl vorwiegend in altkimmerischer Zeit, d. h. gleichzeitig mit der letzten Hauptbewegung im Ural, stattgefunden, doch sind auch ältere (kaledonische, karelidische) Anlagen und jüngere (jungkimmerische, laramische) Beanspruchungen, insbesondere in den gleichzeitig bewegten Randgebieten, nachweisbar.

Diese wechselnden Beanspruchungen ergeben eine ziemlich regelmäßige sechseckige Gestalt des Kernstückes, eine Auffassung, die Soboleff schon vor vielen Jahren vertreten hat. Grundsätzlich zum gleichen Ergebnis kommt Kraus (1937) mit der Hervorhebung von zwei orthogonalen und zwei diagonalen Richtungen innerhalb der Russischen Tafel; in der Begrenzung kommt nämlich die O–W-Richtung, welche schon im Vorkambrium eine bedeutsame Rolle spielt, weniger deutlich zur Geltung. Es ist dabei natürlich zu berücksichtigen, daß die Ränder keine schematisch durchziehenden „Linien" sind, sondern Verbiegungszonen, die bogenförmig ineinander übergehen (Abb. 87).

An die aufgebogenen Schüsselränder grenzen auf sechs Seiten Tröge oder Randsenken, die aber verschiedenes Alter und verschiedenen Baustil haben.

Am wenigsten scharf ist der Nordwestrand, da sich hier der Oberbau der Schüssel allmählich über dem Fennoskandischen Tiefbau herauszuheben scheint; die schärfere Grenze liegt also erst im kaledonisch ausgefalteten Trog Norwegens. Eine gewisse Grenze ist aber doch in der Ostseemulde und der NNO streichenden Ostbaltischen Mulde gegeben, welche ich als Resultante der südwärts gerichteten Impulse Fennoskandias (s. beim Baltischen Schild) und der westwärts gerichteten (uralischen) Impulse Sarmatiens ansehe. Ein Fortbau als großwellige Verbiegung in kaledonischer Zeit wäre aber möglich, so daß man dann mit Schatski annehmen kann, daß die Achse dieser Mulde nach SO, gegen das Kernstück, gewandert ist.

Den Westrand bildet die der Scythischen Brücke vorgelagerte Kreidesenke Kaunas–Lublin–Lwow (Lemberg), welche bogenförmig im Nordosten in die Ostbaltische Mulde, im Südosten in die Transpodolisch-Vorkarpathische Senke übergeht. In dieser Tatsache sehe ich auch einen weiteren Beweis für die von mir angenommene Bogenform des Scythischen Walles. Die Anlage des N–S verlaufenden Teilstückes ist altpaläozoisch (Gotlandium), doch kann über ein eventuelles Wandern der Senkenachse nichts Sicheres gesagt werden. Im südlich anschließenden, SO streichenden Randgebiet ist jedenfalls die Vergenz SW, d. h. von der Tafel fort (Polnisches Mittelgebirge), während die Verteilung von Trias (Gorny Śląsk [Oberschlesien]), Jura (Kraków–Wieluń), Kreide (Lublin) für ein Wandern der Randsenke gegen die Tafel im Mesozoikum spricht, was wohl auf alpin-karpathische Impulse zurückgeht.

Während also die altpaläozoische Randsenke den Ukrainischen Block im Südwesten noch mit umfaßt, bildet sich später, zuerst im Oberdevon erkennbar, die Südrussische oder Ammodezische (Soboleff) Senke als westsüdwestliche Randsenke des sarmatischen Kernstückes aus. Nach meiner Ansicht flacht sie gegen NW aus und schwenkt in eine Längsdepression der Scythischen Brücke ein. Die Verbindung nach Westeuropa, durch Transgressionen der Oberkreide und des Oligozäns gekennzeichnet, ist meines Erachtens eine spätere Erscheinung, die auf einer blockförmigen Südbewegung Fennosarmatiens beruht und die scheinbar durchstreichenden „Karpinskischen Linien" erzeugt. Es sei übrigens bemerkt, daß in Westeuropa diese Linien NW streichende (kimmerische linke Richtung SOBOLEFFS) und WNW streichende (ammodezische Richtung SOBOLEFFS) Strukturfugen umfassen, welche sich dort nicht scharf trennen lassen.

Ich komme zu der Vorstellung, daß der erste, oberdevonische Einbruch der Südrussischen Senke mit einer Dehnung zwischen den Blöcken von Woronesh und Asow zusammenhängt. Ein Auseinanderdriften[1] dieser beiden Schollen erklärt meines Erachtens am besten die bogenförmigen Strukturen des Westsaumes (Umbiegung Podolien–Scythische Brücke), die Verbiegungen der mittelrussischen Wälle und die atlantische Magmenförderung zu Beginn des Karbons, welche vielleicht die Ursache der positiven Schwereanomalien darstellt. Nach einer nicht sehr intensiven Faltung des Troginhaltes (saalisch, pfälzisch oder altkimmerisch) verschiebt sich die Senkenachse gegen N, d. h. wiederum gegen das sarmatische Kernstück; im Zusamenhang damit erscheinen wieder Eruptivgesteine (Diabase), und den Abschluß bildet eine schwache, salinar beeinflußte germanotype Tektonik (vorwiegend laramisch). Die Vergenz scheint zu wechseln: im Paläozoikum ist sie z. T. südlich, später, jedenfalls am N-Rande, nördlich.

Der Südostrand des sarmatischen Kernstückes ist heute noch am schwersten zu definieren. SOBOLEFF zieht eine Grenze vom Ostabbruch des Donezkarbons zum Rand des Obschtschij–Syrt und weiter nach NO zum Rand des Plateaus von Ufa. In dieser Form ist diese Zone (SOBOLEFFS kimmerische Rechte) sicher jung (Jungtertiär); sie könnte aber, wenn ARCHANGELSKIS ursprüngliche Annahme vom archäischen Tiefbaublock zwischen Ufa und dem Südteil des Okawalles zu Recht besteht, auf sehr alten Anlagen beruhen. Ob das freilich der primäre Südostrand der Russischen Tafel ist, erscheint fraglich. Nimmt man ARCHANGELSKIS Deutung der Schwereüberschüsse zwischen den Mugodscharen und dem NO-Kaspisee an, so würde dort im Karbon der Randsaum der Tafel gelegen haben, also parallel der kimmerischen Rechten SOBOLEFFS, aber weiter im Südosten. Die Randsenke hätte sich also nach NW, d. h. auch hier gegen das sarmatische Kernstück, verschoben. Es fragt sich nur, ob sie nicht früher noch weiter im Südosten gelegen hat und ob nicht im Ust-Urt vielleicht doch ein älterer Kern besteht, der, ebenso wie Podolien, vor dem Devon zur Tafel gehört hat. Dann wäre der Nordteil der Kaspisenke doch nur ein Stück der Tafel, welches in den jungpaläozoischen und mesozoischen Zyklen besonders stark abgebogen wurde, da es an der Kreuzungsstelle der ost- und südrussischen, abwärts ge-

[1] Richtiger vielleicht wäre es, von einem drehenden Auseinanderklappen wie bei einer Schere zu sprechen, mit Scharnier am Nordrand des Podolischen Massivs. Zu einer ähnlichen Vorstellung kommt auch KRAUS (1937).

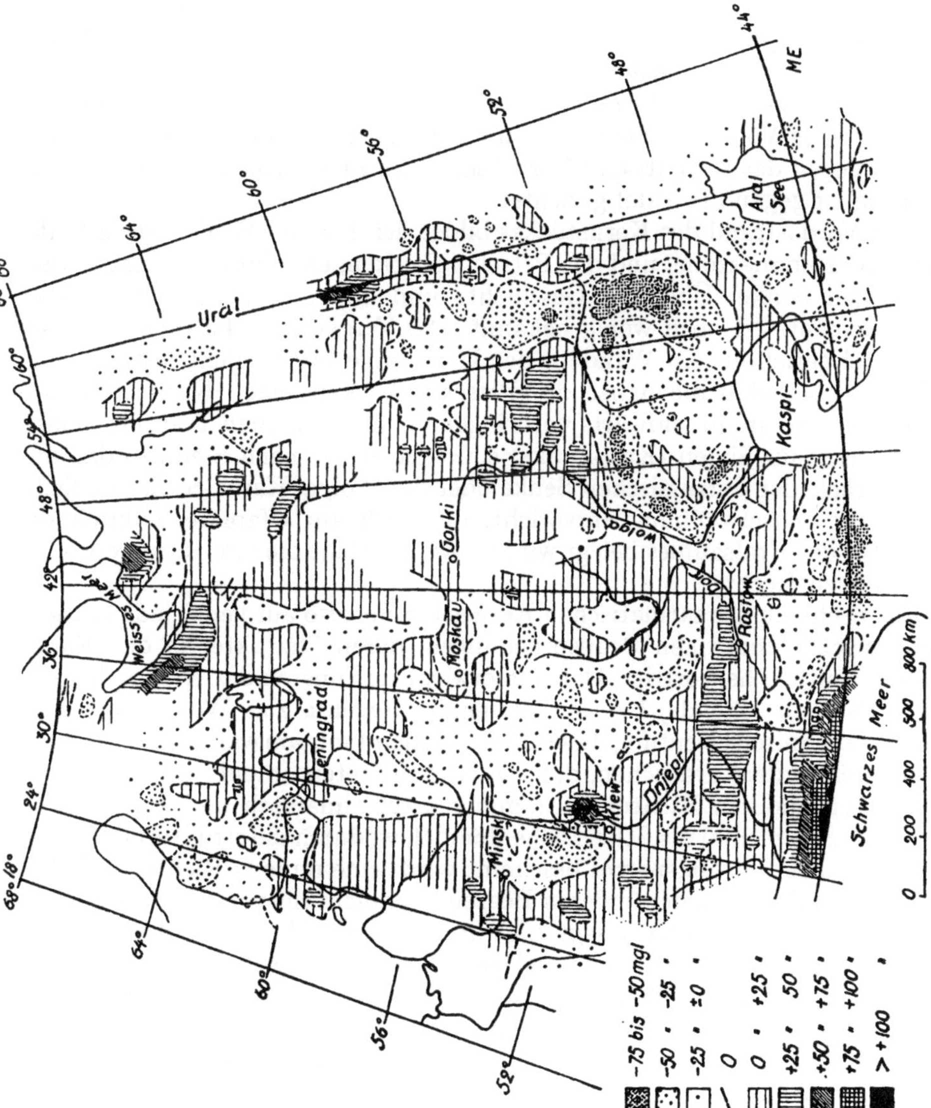

Abb. 88. Gravimetrische Skizze von Fennosarmatia in Bouguerschen Werten. Nach Archangelski, 1937, im Westen mit Ergänzungen nach Closs und Zwerger.

richteten Undationen lag. Die Deutung der Südrussischen Senke als eines in einer Inzision des südlichen Tafelrandes blind endigenden Altaidenstranges bleibt jedenfalls bestehen.

Ehe wir auf die Mechanik dieses Prozesses eingehen, seien noch die übrigen Grenzen besprochen. Die Ostgrenze des sarmatischen Kernstückes ist die uralische Geosynklinale, ein wohl schon altpaläozoisches Gebilde. Die Haupt. faltung ist nicht nur saalisch, sondern, wie heute feststeht, in den letzten Aufschuppungen des Westrandes altkimmerisch. Die Ostrussische Senke ist eine typische Vorsenke, die sich vom Perm bis zum Jura nach W, d. h. wiederum gegen das sarmatische Kernstück, verschiebt. Auch die Vergenz der Faltung ist gegen die Tafel gerichtet.

Den Nordostrand des Kernstückes bildet der Timan-,,Wall", eine altkaledonische Hebungszone, und das Petschorabecken, eine Fortsetzung der Ostrussischen Senke. Über die Geschichte und den tektonischen Stil dieser Randelemente ist noch wenig bekannt. Die Vergenz der Faltung ist gegen die Tafel gerichtet, ein Wandern der Randsenke bisher nicht festzustellen. Vermerkt sei, daß die Achse des Petschorabeckens nach N einsinkt, wie schon aus den an ihr südwärts vordringenden mesozoischen Transgressionen hervorgeht; im Süden (Kaspisenke) sinkt die Achse nach S ein, so daß das Mittelstück der Ostrussischen Senke oder die Wolga–Kama-Senke tatsächlich einer Achsenwölbung entspricht, die auch am Ufaplateau durch die Struktur des Uralsaumes belegt wird; soweit besteht die alte Karpinskische Deutung zu Recht.

Das Sechseck des sarmatischen Kernes beruht also auf verschiedenartigen und verschiedenaltrigen Beanspruchungen, deren Charakter in den Randsenken deutlich hervortritt. Dabei überwiegt im Inneren des Kernes die uralische (N–S streichende) Beanspruchung, im Gegensatz zu Westeuropa. Folgende mechanische Deutung dieser Anlage scheint mir am wahrscheinlichsten:

Gegenüber dem uralischen, d. h. O–W gerichteten Impuls verhalten sich die beiden anderen Richtungen (ammodezisch-timanisch und kaledonisch-kimmerisch -- rechts) als Scherflächenbündel, wodurch die strukturelle Sechseckanlage des Störungsnetzes bestimmt wird; eine reine O-Richtung (O–W) ist selten und tritt in der äußeren Begrenzung nicht hervor, aber die ammodezische Richtung (WNW) liegt z. T. im Dehnungssektor, was die Eruptivgesteine der zugehörigen Zonen erklärt. Daß der Beanspruchungsplan periodisch-rhythmisch gewechselt hat, wurde von Karpinski schon vor Jahrzehnten erkannt und klar ausgesprochen; ich habe dann diese Auffassung zu der Hypothese der zyklisch abdrehenden Beanspruchung erweitert. Bei einem derartigen Abdrehen der Deformations-Ellipsoides vertauschen natürlich periodisch die drei Hauptrichtungen ihren mechanischen Charakter, d. h. die ammodezische und wohl auch kaledonische Richtung liegen gelegentlich in der Längsachse des Deformationsellipsoides. Diese Formulierung scheint mir heute zutreffender, als meine frühere (1926) Annahme einer zeitlichen Gegensätzlichkeit plikativer und distraktiver Bewegungen in den ammodezisch-kaukasischen und uralischen Trögen, welche in dieser unbedingten Schärfe kaum besteht.

Eine solche Deutung stimmt gut mit den kleintektonischen Beobachtungen überein; sie löst auch am besten die Schwierigkeiten bei der Erklärung des Südostrandes und macht die Struktur der Wälle und Kuppelzüge verständlich, die auf primären Störungen angelegt wurden und dann, bei wechselnder Beanspruchung und besonders bei salinarem Untergrund, zu Reihenschwellen umgewandelt wurden. Die Frage, ob die Impulse von den Randgebieten ausgehen (spätere Auffassung KARPINSKIS) oder ob die Tafel ihre Eigentektonik besitzt (ältere Auffassung KARPINSKIS, neuerdings von SCHATSKI aufgegriffen), wird dabei gegenstandslos, da die mobilen Randzonen und das stabile Kernstück beide, nur in verschiedener Form, auf dieselben tiefer liegenden Impulse aus der Fließzone reagieren. Man könnte höchstens von einer größeren Aktivität der Randzonen oder des Kernes sprechen, und diese scheint örtlich zu wechseln. Sofern die Randsenken gegen das Kernstück wandern und auch die Vergenz ihrer Falten zentripetal ist, spricht das für eine stärkere Aktivität der Randzonen (z. B. östlicher [uralischer] und nordöstlicher [timanischer] Rand); sofern ein umgekehrtes (Westrand-Scythische Brücke) oder wechselndes (südwestlicher, ammodezischer Rand) Verhalten vorliegt, könnte das für schnellere Bewegung der zentralen Stabilscholle sprechen. Daraus wäre im allgemeinen eine stärkere Aktivität der Randzonen und nur eine gelegentliche Tendenz des Kernes zu W- bzw. SW-Wandern abzuleiten, was die Vorherrschaft der uralischen Streichrichtung erklärt.

Es ist wichtig, daß KRAUS 1937 trotz vieler tatsächlicher Abweichungen und anders gruppierter Unterlagen zu dem gleichen grundsätzlichen Ergebnis gelangt, indem er den Motor der Bewegung auch in die subkrustale Fließzone verlegt und zwischen Epeirophorese (schnellere Bewegung der Stabilscholle) und aktiver Bewegung in den randlichen geosynklinalen Erweichungsgürteln unterscheidet. Ich stimme auch darin mit ihm überein, daß die Deformation des Oberbaues auf einer passiven Übertragung aus der Fließzone beruht, wobei aber zu betonen wäre, daß die alten präkambrischen Deformationen des Tiefbaues eine konsequente Abbildung erfahren. Daß die Übertragung der Beanspruchung nicht durch den diagenetisch kaum verfestigten Oberbau stattfinden konnte, habe ich schon 1926 (Geol. von Europa I, S. 216) betont.

In den gleichen Gedankenkreis gehört die Feststellung, daß die stabilen Schollen abgeschlossene Elemente darstellen, während die mobilen Randzonen sich als unendliche Bänder (Erweichungsgürtel KOSSMATS) darum schlingen. Sofern zwei oder mehr stabile Kernteile durch Faltung verschweißt werden, reagieren sie später auf neue Beanspruchungen einheitlich, was dann in den angrenzenden Mobilzonen einheitliche, durch mehrere Struktureinheiten durchstreichende Elemente vortäuscht. So erklärt sich das scheinbare Durchstreichen der „Karpinskischen Linien" von Ost- nach Westeuropa unter dem Einfluß jungkimmerischer (S gerichteter) und alpidischer (N gerichteter) Impulse, welche aber für die Gestaltung Westeuropas entscheidender sind als die den sarmatischen Kern begrenzende uralische Richtung.

Die bogenförmig angelegten, unter dem Einfluß jüngerer Beanspruchung mehr linear gereihten Randsenken zeigen dort Achsenaufstieg, wo sie ursprüngliche Stabilgebiete kreuzen, wie z. B. die Scythische Brücke zwischen der Norddeutschen und Südrussischen Senke und das Ufaplateau zwischen Petschora- und Kaspibecken. Wo zwei Senkenzüge sich kreuzen, entstehen tiefere Depressionen, wie die Kaspisenke, welche sogar an der Kreuzungsstelle von drei Senkengürteln liegt (ostrussische, südrussische und voralpinkaukasische Randsenke). Solche Kreuzungspunkte sind auch praktisch bedeutsam, da die Senkengürtel Speicherzonen von Kaustobiolithen sind und an den Kreuzungspunkten eine Steigerung der Brennstoffansammlung eintritt; der Erdölreichtum der Kaspisenke ist in dieser Hinsicht bezeichnend.

Die Eurasiatische Grenzregion

I. DER URAL

1. Stratigraphie

a) Präkambrium

Ein Teil der früher dem Vorkambrium zugerechneten metamorphen Schichten des Urals hat sich später als Altpaläozoikum herausgestellt. Wie anderwärts, ist also auch hier der Grad der Metamorphose kein Alterskriterium und zonar wechselnd: ganz allgemein ist die Metamorphose in den zentralen Zonen stärker. Andererseits hat aber die Auffindung von fossilführendem Kambrium gezeigt, daß es im Liegenden desselben mächtige Sedimentfolgen gibt, welche durch eine Erosionsdiskordanz vom Kambrium getrennt sind und meist auch gegenüber diesem etwas höhere Metamorphose zeigen.

Am besten durchforscht und am reichhaltigsten entwickelt ist das Vorkambrium im Südural, wo sich auch eine sedimentäre Folge des Westhanges von einer stark vulkanogen durchsetzten Folge des Zentralurals unterscheiden läßt; zwischen beiden bestehen indessen Übergänge. Nach Angaben von Lwow (1940) läßt sich die Folge von oben nach unten wie folgt darstellen:

Awsjanstufe (Juresanstufe). Die von vermutlich kambrischen klastischen Gesteinen überlagerte Serie endet oben mit einer Erosions- und Winkeldiskordanz, wobei die obersten Teile oft zerstört sind. Die Mächtigkeit erreicht 1000 m und mehr. Im Westen unterscheidet man:

4. Revetfolge, helle dickbankige kristalline Dolomite und Kalke mit Zwischenlagen von grünen und dunkelvioletten Tonschiefern.
3. Bläuliche und grüne Quarz-Chlorittonschiefer, Serizit-Chloritschiefer, Glaukonitschiefer und kieselige Chloritschiefer mit grauen Sandsteinen.
2. Sandig-tonige Folge von dunkelgrauen Arkosesandsteinen und schwarzen, kohlereichen Schiefern.
1. Kalkig-schieferige Folge von dunkelgrauen Kalken und Dolomiten mit dunklen bis schwarzen phyllitisierten Schiefern.

Die Mächtigkeit der Serie erreicht im Westen 1000–1500 m. Im zentralen Ural sind Einlagerungen primärer Vulkanite häufig.

Zigazin-Komarowstufe. Im wesentlichen feinschieferige serizitische und chloritische Schiefer, im W 650–1500 m.

Oben: graugrüne und braune sandige Bändertone mit dunkelgrauen glimmerigen Tonschiefern und quarzitischen Sandsteinen. Die Serie führt Eisenerze.

Mitte: hellgrüne Quarz-Chlorit-Serizitschiefer und glimmerige Tonschiefer mit Lagen von feinschichtigen hellen Sandsteinen, z. T. auch Arkosen.

Unten: schwarze glimmerige Tonschiefer mit schwarzen, kohligen, quarzitischen Sandsteinen.

Im zentralen Ural sind in dieser Folge dunkle Phyllite, Albit-Epidot-Aktinolithschiefer und andere grüne vulkanogene Schiefer herrschend.

Zigalgastufe. Die Serie wechselt stark in Ausbildung und Mächtigkeit (250–1500 m), ist aber vor allem durch klastische Schichten, d. h. Sandsteine und Quarzite mit basalen Konglomeraten vertreten. Südlich von Bakal nehmen phyllitische Schiefer zu, doch sind auch dort dickbankige helle Sandsteine mit Trockenrissen und Rippeln herrschend. Oben sind überall schwarze, kohlige Quarzite und Schiefer vorhanden, die mit verkieselten Dolomiten abschließen.

Im Zentralen Südural (Iremel, Ural-tau) entsprechen dieser Serie Glimmerquarzite und Graphitquarzite.

Unterhalb der Folge ist eine Lücke mit Erosion und Winkeldiskordanz vorhanden. Lokal wird sie durch eine konglomeratisch-quarzitische Folge (Musdakgruppe, bis 2000 m) überbrückt.

Bakalstufe. Infolge der Zugehörigkeit der wichtigen Eisenerze ist die Folge im Detail gut studiert worden. Bei Bakal 1250–1300 m, Awsjano-Inser 1000–1100 m, im Zentralural 800 m.

Der obere Teil beginnt bei Bakal oben mit fleckigen, vielfarbigen Tonschiefern mit Sandsteinlagen; diese Folge ist z. T. durch Erosion zerstört, und die hangenden Quarzite greifen auf verschiedene Horizonte über. Darunter folgen graue Kalke und Dolomite mit Schieferlagen und Erzführung. Tiefer liegen graue Kalkschiefer, dann wieder graue Dolomite und dolomitische Kalke mit Erzführung, dann grünlichgraue sandige Schiefer, zuunterst hellgraue, feinkörnige Kalke. Im Awsjan-Insergebiet weicht die Ausbildung im einzelnen etwas ab.

Der untere Teil besteht aus dunkelgrauen und schwarzen, phyllitisierten sandigen und tonigen, z. T. kalkhaltigen Schiefern.

Im Zentralen Südural entsprechen dieser Folge vermutlich Glimmer-Staurolith-Granatschiefer mit Glimmer-Quarzitschiefern und Quarziten.

Satkinskstufe. Eine im wesentlichen karbonatische Folge von 1500–1600 m (Inser-Awsjan) bis 2300 m (Satkinsk) Mächtigkeit. Unter den Karbonaten finden sich auch Lager kristalliner Magnesite bei Satkinsk. Man kann hier unterscheiden (von oben):

4. Dunkelgraue bis schwarze bituminöse Dolomite, oben in reine Kalke übergehend. Brekziöse Struktur häufig.

3. Oben grünlichgraue und schwarze Schiefer, z. T. kalkig und meist feinschichtig, unten sandige und tonige Dolomite, in karbonatisierte Sandsteine übergehend. Gelegentlich mit Brauneisenlagern.

2. Dunkelgraue und schwarze tonige und sandige Schiefer mit Kohlepartikeln. Gelegentlich Einlagerung dunkler Dolomite (Satkinsk) und feinkörniger Glimmersandsteine (z. T. pyritisiert).

1. Hellgraue Dolomite und dolomitische Kalke mit klastischen Beimengungen, mit Einlagerungen phyllitisierter Schiefer und mit Kieselkonkretionen. Im Nordteil (Kusinsk) bis 1000 m mächtig, im Süden weniger.

Im Zentralen Ural (Slatoust) entspricht dieser Serie die sogenannte karbonatische Folge von Glimmerschiefern mit Marmorlagern. Hier sind es die tiefsten oberflächlich vertretenen Schichten.

Ajskistufe. Nur im westlichen Südural bekannt, in den Kernen großer Antiklinalen. Mächtigkeit nicht unter 2000 m. Die Folge ist durch klastische Gesteine ausgezeichnet. Unten liegen polymikte Konglomerate (mit Quarzit, Arkosen, Gneis), wie solche auch höher als Einlagerungen erscheinen und dort auch Granitgerölle enthalten. Den Hauptteil der Folge bilden hellgraue kataklasierte Quarzite und braune metamorphe Sandsteine mit Lagen von glimmerigen, chlorit-serizitischen und ottrelithischen Schiefern. Stellenweise sind Einlagerungen von Amphiboliten vorhanden, die vermutlich auf metamorphosierte Spilitergüsse zurückgehen. Oben sind schließlich schwarze kohlige Tonschiefer mit Kalkschiefern und sandigen Lagen verbreitet. An der Basis liegt eine große Lücke und eine Winkeldiskordanz. Das Liegende sollen die metamorphen Gesteine des Uraltau darstellen.

Überschaut man das Vorkambrium des Südurals im Zusammenhang, so erkennt man ein 8000–9000 m mächtige Folge von relativ geringer Metamorphose, die wohl dem Algonkium zuzurechnen ist. Früher wurde sie z. T. als unterdevonisch betrachtet (Bakalerze!). Charakteristisch ist ganz allgemein die dunklere Färbung der vorkambrischen Gesteine, welche z. T. auf kohlige Lagen, z. T. aber auf Biotit- und Amphibolführung zurückgeht und sie von den jüngeren Serien unterscheidet. Die Mächtigkeiten scheinen am Westhang größer zu sein, die Fazies ist im Zentralural tiefer und durch vulkanische Einlagerungen gekennzeichnet. Man kann, wie die obige Beschreibung zeigt, recht gut zwei Großzyklen der Sedimentation erkennen, welche durch eine Diskordanz getrennt sind und oben mit einer weiteren Diskordanz abschließen.

Weiter im Norden sind die Kenntnisse über das Präkambrium geringer. Im westlichen Nordural (Petschoraural) könnte eine Folge von Quarziten und Konglomeraten, die sicher vorsilurisch ist, ins Algonkium hinabreichen (n. TSCHERNOW 1937). Indessen wird sie anderwärts (Soswa) von hellen Dolomiten unterlagert, die gelegentlich auch ausfallen, so daß, wie im Süden, die obere klastische Serie direkt auf einer tieferen Schieferfolge liegt (LWOW 1940). Die Erosionsdiskordanz mag daher auch dort der subkambrischen Lücke entsprechen.

b) Eokambrium und Kambrium

Fossilführendes Kambrium ist 1931 im Südural entdeckt worden. Auf petrographisch-stratigraphischer Basis konnte dann eine ähnliche Schichtenfolge auch in den anderen Teilen des Gebirgszuges nachgewiesen und gegliedert werden. Wie bei den älteren Schichten, handelt es sich auch hier um Vorkommen in der westlichen und in der zentralen Zone, welche sich faziell und durch den Grad der Metamorphose voneinander unterscheiden. Die Gliederung weist noch Unsicherheiten auf. 1937–1940 unterschieden WOLOGDIN und LWOW von oben:

Aschinskserie (S_1). Diese Serie liegt diskordant, d. h. mit Lücke und gelegentlicher Winkeldiskordanz verschiedenen älteren Serien auf und gehört zum großen Teil wohl schon dem Ordovizium (Tremadoc) an, könnte aber ins obere Kambrium hinabreichen. Am Westhang handelt es sich um graugrüne und dunkelviolette, feinschichtige Sandsteine, Arkosen und Grauwacken mit sandigen Schieferlagen. Unten liegen helle grobkörnige Arkosen, in der Mitte tritt oft ein konglomeratischer Horizont (mit Granitgeröllen) auf, oben herrschen braune Sandsteine und kalkige Schiefer mit ordovizischen Brachiopoden und Cystideen *(Mesocystis jaekeli)*. Mächtigkeit 1000–1400 m. Im zentralen Ural sind Äquivalente in Gestalt der stärker metamorphen Katralinsk- oder Phyllitserie bekannt, die auch grobklastische Einlagerungen und zu Amphiboliten umgewandelte Effusiva enthält. Die Serie liegt diskordant auf der erodierten Oberfläche der liegenden, z. T. abgetragenen Folgen auf und wird von ordovizischen (Tremadoc-) Sandsteinen überlagert.

Minjarserie (Cm_2^m). Eine recht beständige Folge grauer Dolomite und Kalke, mit Feuersteinlagen. Im zentralen Teil sind die Kalke kristallin. Oolithische und schalige Einlagerungen mit Kalkalgen *(Collenia buriatica, Osagia)*, Fadenalgen (*Epiphyton, Anomas* und andere) und *Archäocyathus* (?) sind verschiedentlich gefunden worden.

Hierher rechnet Wologdin Kalke des Sakmarabezirkes, wo leider die stratigraphische Folge infolge tektonischer Störungen und Einlagerung der Kalke in eine vulkanogene und tuffogene Serie nicht ganz feststeht; nach Wologdin sind die zugehörigen Serpentine und Tuffe aber eng mit den Kalken verknüpft. Von Archäocyathiden treten auf: *Protopharetra ertschakense, Spirocyathella kyslartauense, Dictyocyathus bourcarti, Archaeocyathus subtilis, A. schinensis, A. facilis, Bicyathus angustus, Coelocyathus kidrjassovensis, C. regularis, Coscinocyathus bedfordi, Rhabdocyathus nalivkini, R. kusnetzkii.* Außerdem ist *Kutorgina perugata* gefunden worden. Diese spricht für tiefes Mittelkambrium, während Wologdin die Hauptmasse (Orsker Horizont) ins mittlere Mittelkambrium stellt. Die Mächtigkeit der Folge wechselt stark, zumal da sie oft durch direkt folgende Erosion z. T. oder ganz entfernt wurde.

Inserserie (Cm_2^i). Grüne, feinkörnige Arkosesandsteine mit Schiefern, welche oben vorwiegen. Bemerkenswert ist ein Glaukonitgehalt, im Osten treten hämatitreiche Schiefer auf. Mächtigkeit zwischen 200 und 1200 m schwankend. Im zentralen Südural ist die Metamorphose stärker (Phyllite), und es sind vulkanogene grüne Schiefer eingeschaltet.

Katawserie (Cm_2^k). Eine gut erkennbare Serie von hellrötlich gefärbten feinkörnigen Kalken mit feiner Bändertextur. Enthält: *Collenia compacta, C. buriatica, C. ferrata, Cenophyton lituus, Gymnosolen sibiricus.* Im W 300 m, im O 80–100 m. Nach O geht die Folge in glimmer-chloritische Kalkschiefer und marmorisierte Kalke über.

Zilmerdakserie (Cm_1^z). Diese Schichten wurden von D. Sokolow 1947 ins Präkambrium gestellt. Der Charakter ist vorwiegend detritisch, die Mächtigkeit schwankt zwischen 750–2800 m. Die Folge liegt diskordant der erodierten Oberfläche des älteren Präkambriums (Werchneawsjanserie) auf. Unten (1) herrschen quarzitische Arkosen von roter Farbe mit konglomeratischen Lagen. Darüber (2) folgen rote und violette Schiefer, dann (3) helle Quarzite mit nur mikroskopischem Feldspat, im W mit Schrägschichtung und Rippeln. Zuoberst (4) liegt eine sandig-schieferige Folge, die nach oben in Mergel mit Dolomitlagen übergeht. Im Zentralen Ural entsprechen dieser Folge Glimmerquarzite mit Konglomeratlagen.

Die Serien Zilmerdak bis Minjar werden als Karatauserie zusammengefaßt.

Es scheint, daß Schichtkomplexe ähnlicher Fazies auch in den westlichen und zentralen Teilen des mittleren und nördlichen Urals eine sehr weite Verbreitung besitzen. Insbesondere im letzteren (Narodnajaberg und Ljapinskbezirk) sind Schichtenfolgen bekannt, die sich ohne Schwierigkeit mit dem obigen Grundschema vergleichen lassen und in den karbonatischen Serien auch Kalkalgen führen.

Betrachtet man die Karatau-Serie als Ganzes, so ist eine Gliederung in Zyklen erkennbar. Der erste beginnt mit einer deutlichen Transgression und führt über grobklastische, dann feinklastische Schichten zu Schiefern und dann zu Kalken (Cm_1^z–Cm_2^k). Dann erscheinen wieder Arkosen, die höher in Schiefer und in Karbonate übergehen (Cm_2^i–Cm_2^m). Nach einer Erosionslücke, die mit Winkeldiskordanzen (Salairphase? = sardische Phase) verknüpft ist, folgt die transgressive klastische oberstkambrisch-unterordovizische Serie S_1. Es ist hervorzuheben, daß das Kambrium des Pai-choi, von Waigatsch und Nowaja Semlja abweichende Fazies besitzt. Insbesondere treten hier mehr Trilobiten auf, und das Oberkambrium ist vertreten; die salairische Lücke scheint also zu fehlen.

Nach einer Darstellung von EGOROFF (1948) ist die Zugehörigkeit der Karatau-Serie zum Kambrium heute fraglich. *Collenia* geht durch einen großen Teil der präkambrischen Folge hindurch und es besteht die Möglichkeit, daß die *Archacocyathus*-Kalke vom Sakmara falsch eingegliedert wurden. Es liegt daher nahe, die Karatau-Serie über den Timan mit dem Eokambrium der Fischerhalbinsel (Kola, s. S. 68) zu vergleichen und darin spät vorkambrische Saumbildungen Fennosarmatiens zu sehen. Das Kambrium wäre z. T. einer späteren (? sardischen) Faltung zum Opfer gefallen.

Faziell ist bemerkenswert, daß die Gesteinsfolge am Westhang größere Mächtigkeiten und eine grobklastischere Beschaffenheit hat; Schrägschichtung, Rippelmarken und andere Erscheinungen des Litorals sind verbreitet. Die schieferig-kalkige Fazies des Zentralurals ist demgegenüber durch vulkanogene und tuffogene Einlagerungen ausgezeichnet und zeigt einen höheren Grad der Metamorphose, der aber auch kaum den Typus der Mesozone erreicht.

WOLOGDIN (1937) macht darauf aufmerksam, daß in Sibirien die Fazies der *Archäocyathus*-Riffe mit Fadenalgen eng an die an submarinem Vulkanismus reiche kaledonische Geosynklinale geknüpft ist, während die stromatolithischen Algenkalke für die stabilen Schelfregionen kennzeichnend sind. Es scheint demnach, daß die geosynklinale Fazies im Südural (Orsk) und auch im Nordural vorwiegt, während in einigen Zwischengebieten die Schelffazies vertreten wäre. Eine genaue Abgrenzung ist aber z. Z. infolge der unsicheren Stratigraphie noch kaum möglich, vielmehr läßt sich lediglich vermuten, daß der Ural schon damals an der Grenze von geosynklinalem und Schelfbereich lag und daß also schon vor dem Kambium mobile Verhältnisse vorlagen. Der Fazieswechsel von W nach O legt ferner die Vermutung nahe, daß die altpaläozoischen Geosynklinalfurchen schon meridionale Richtung hatten.

SCHATSKI faßt das Präkambrium des Urals mit der Karatau-Serie zu einer Ripheischen Formation (Ripheus-Ural) zusammen, die nach (1948) EGOROFF in gleicher Fazies in Kasakstan vertreten ist. Ob das Kambrium darin enthalten ist und ob das Ripheikum Eokambrium, Jotnium oder sogar noch Karelium umfaßt, scheint heute noch nicht festzustehen.

c) *Silur*

Das Ordovizium des Urals schließt sich faziell noch ziemlich eng an die liegenden Serien an. Ob es von der oben behandelten Aschinskserie (Oberes Kambrium-Tremadoc) durch eine Unterbrechung getrennt ist, scheint noch nicht festzustehen. Dagegen besteht oft eine Lücke, bzw. sogar Diskordanz, zwischen Ordovizium und Gotlandium, und auch die stärkere Metamorphose des Ordoviziums spricht für takonische Bewegungen; das Gotlandium geht aber ohne scharfe Grenze ins Unterdevon über.

Wenn man vom polaren Ural absieht, finden sich die fossilreichsten und damit am besten gegliederten Vorkommen im nördlichen Abschnitt, in den Flußgebieten der Petschora, Wischera und Tschussowaja. Faziell ist bemerkenswert, daß hier nach Norden die Kalke zunehmen, während im Süden sandig-schieferige Schichten vorwiegen. Ein Sammelprofil zeigt folgendes (n. NALIVKIN, G. M. 1940), von oben:

Gotlandium. 4. Schieferige Kalke, wechsellagernd mit Schiefern und Sandsteinen. Vorwiegend *Favosites gotlandica* var. *basaltica*, *F. aspera*, *F. cristata*, *Cyathophyllum*, *Cyathophylloides*, *Spongophyllum*, Brachiopoden, Gastropoden; Nautiliden seltener.

3. Mächtige Kalke mit Riesenmuscheln *(Megalomus)* und einer Brachiopoden- und Tabulaten Fauna: *Pentamerus striatus*, *P. taltiensis*, viele *Favosites*, *Heliolites*, *Syringopora*, *Amplexus*, *Cystiphyllum*.

2. Graue und rötliche Schiefer mit Sandsteinlagen, oben mit Kalk *(Halysites*, *Cystiphyllum*, *Heliolites*, *Orthoceras*, Trochiten).

1. Dolomite, hell oder bituminös dunkel. Trochiten und Tabulaten, seltener *Atrypa marginalis* und *Orthoceras* sp.

Im Süden (Tschussovaja) sind die Kalke weniger entwickelt und treten nur als dünne Zwischenlagen in der sandig-tonigen Serie auf. Die Mächtigkeit des Gotlandiums erreicht einige 100 m.

Ordovizium. 2. Helle marmorartige Kalke mit reicher Fauna. Vorwiegend Trilobiten: *Sphaerexochus angustifrons*, *Illaenus linnarsoni* var. *avus*, *Cheirurus* sp. Seltener *Bellerophon* und *Halysites*. Wohl oberstes Ordovizium (Ashgill). Im Süden auch schieferig-sandig.

1. Mächtige grünlichgraue Kalksandsteine und dunkle Serizitkalkschiefer. Eine charakteristische Fauna von Brachiopoden und Trilobiten ist bekannt: *Orthis parva*, *O. calligramma*, *O. testudinaria*, *O. christianiae*, *Orthisina inflexa*, *Raphinesquia expansa*, *Plectambonites sericeus*; *Nileus armadillo*, *Asaphus*, *Phacops*, *Cheirurus*. Seltener sind Bryozoen, Leperditien und Orthoceren. Es ist unteres Ordovizium vom Arenig bis unteres Caradoc, das obere Caradoc ist faunistisch nicht belegt.

Weiter im Süden, im Oberlauf der Tschussowaja und Ufa, ist die Gliederung ähnlich und Kalke im Gotlandium wieder vorherrschend:

Gotlandium. Oberes Ludlow. Einige 10 m reine, meist helle Kalke, ins Unterdevon übergehend. Brachiopoden (besonders *Atrypa marginalis*).

Unteres Ludlow. 800–1000 m. Oben Dolomite, unten sandige Dolomite. Spärlich *Halysites*, *Favosites*, *Leperditia*.

Wenlock: Oben 25 m schieferige Kalke und Tonschiefer mit Leperditien (Riesenformen), tiefer 50–70 m schieferige graue Kalke mit *Spirifer elevatus*, *Protathyris didyma*, *Lissatrypa camelina*, *Favosites*, unten entweder Kalke und Dolomite von 200 bis 300 m oder eine Wechsellagerung von Kalk, Schiefer und Sandstein von einigen 10 m mit einer Fauna von Tabulaten und Rugosen, seltener von Trilobiten, Brachiopoden und Muscheln.

Llandovery: Noch nicht sicher nachgewiesen, vermutlich Sandstein und Schiefer.

Ordovizium. Mächtige Folge von quarzitischen Sandsteinen und etwas metamorphen Schiefern mit sehr spärlichen Fossilresten.

Weiter im Süden, zwischen Ufa und Belaja, ist am Westhang nur eine vorwiegend klastische und tonige Folge bekannt, die lediglich in einigen spärlichen Kalklagen Trochiten von vermutlich gotlandischem bis unterdevonischem Alter enthält. Rippeln und Trockenrisse sprechen für litorale bis kontinentale Fazies. Dieses Gebiet entspricht etwa dem im W vorgelagerten Block von Ufa.

Im südlichen Westural ist demgegenüber die marine Ausbildung wieder allgemein verbreitet. Das Ordovizium besteht wieder aus klastischen und schieferigen Folgen, die 1000 m Mächtigkeit erreichen. Unten ist die Folge gelegentlich konglomeratisch, mit *Obolus, Acrothyra, Euloma* und anderen Tremadocformen. Höher folgen grünliche und gelbe Sandsteine mit Orthiden und Strophomeniden, höher braunrote und weiße grobe Sandsteine mit Trilobiten, Cystideen und Trochiten.

Das Gotlandium beginnt mit einer sandig-schieferigen Folge von etwa 500 m mit *Spirifer* ex gr. *crispus, Calymene blumenbachi* und Graptolithen: *Monogr. leintwardinensis, M. chimaera, M. nilssoni* (Ludlow). Höher folgen an der Belaja massive helle Riffkalke, die in den mittleren Teilen schon devonisch sind, unten aber noch gotlandische Formen *(Atrypa marginalis)* enthalten.

Am Osthang des Urals ist fossilführendes Ordovizium seltener; im wesentlichen scheint es hier auch durch sandige Schichten mit spärlichen Brachiopoden und Trilobiten und von ziemlich bedeutender Metamorphose vertreten zu sein. Dagegen ist das Gotlandium von der nördlichen Soswa bis fast zum Südende des Gebirges weitverbreitet und z. T. recht fossilreich. Dabei treten unten häufig kieselige Schiefer, dunkle bitumenreiche Kieselschiefer und helle Jaspise mit Graptolithen auf: bei Orsk *Mon. argenteus, M. fimbriatus, Rastrites longispinus, Climacograptus scalaris* (Zone 19–22), am Tobol *Mon. nodifer, M. undulatus, Retiolites geinitzianus, Cyrtograptus grayi* (Obervalentium). Doch sind gelegentlich auch Ludlowformen *(M. nilssoni* und *bohemicus)* gefunden worden. Im allgemeinen ist allerdings das höhere Gotlandium auch hier durch Kalke vertreten, die im Wenlock rötlichgrau gefärbt sind *(Pentamerus striatus, P. taltiensis, Atrypa linguata)* oder brekziöse Struktur haben *(Atrypa marginalis, Spirifer kushvensis, Pasceolus exilis)* oder aus dunklen Schichten mit *Conchidium pseudoknighti, C. vogulicus* und Korallen. Trilobiten *(Encrinurus punctatus, E. beaumonti, Cheirurus sternbergi)* und Bryozoen sind nicht selten. Besonders kennzeichnend ist, daß die Kalke Zwischenlagen von basischen Tuffen und Ergüssen enthalten oder auch ganz durch vulkanogene Schichten ersetzt werden. Im Gegensatz zum Westhang ist hier die vulkanische Fazies vorherrschend; in den tuffitischen Sandsteinen findet sich gelegentlich eine Fauna, so daß es sich anscheinend um submarinen Vulkanismus handelt. Es sind zwei Typen bekannt: basaltische und andesit-basaltische Porphyrite mit reichlicher Tufförderung und Spilite, Diabase, Plagioklasporphyrite und Albitophyre mit wenig Tuffen. Die Hauptförderung beginnt im Wenlock – die älteren Effusiva sollen auf untergotlandischen Kieselschiefern liegen, doch sind auch ordovizische Effusiva im Südural bekannt. Die Spilite und Diabase sind gotlandisch; die saureren Varietäten beginnen später. Der gesamte Vulkanismus reicht ins Unterdevon hinauf, so daß auch in dieser Hinsicht die Grenze unscharf ist.

Die Faziesverteilung von West nach Ost, der detritisch terrigene Charakter des westlichen Saumes und die vulkanische Fazies des Ostens bilden gut die geosynklinale Versenkungsphase des uralischen Orogens im Silur ab.

d) Devon

Das Devon entspricht, wie schon seit langem bekannt, im ganzen Ural einer ausgesprochenen Inundationsphase. Nur im äußersten Westen ist eine Annäherung an die Verhältnisse in Mittelrußland vorhanden. Sonst gemahnen die faunistischen und faziellen Gegebenheiten mehr an Westeuropa, und der Zyklenverlauf ist auch anders als in Mittelrußland. Die Transgression beginnt hier früher, das Meer ist meist tiefer, und am Ende des Oberdevons fehlt die durchgreifende Regression, die nur durch kleinere Teilbewegungen angedeutet ist.

Eine erschöpfende Aufzählung der Fossilien kann hier nicht erfolgen; es sollen aber die für die europäischen Beziehungen bedeutsamen Verhältnisse hervorgehoben werden, wobei insbesondere die grundlegenden Arbeiten von Tschernyscheff und die Feinstratigraphie des Oberdevons von Perna als Unterlage dienen.

Im ganzen Devon (D_1 bis D_3) verbreitet: *Cyrtina heteroclita, Atrypa aspera, A. reticularis, Pentamerus galeatus, Strophomena rhomboidalis, Orthothetes umbraculum, Waldheimia whidbornei.*

Im unteren Devon (D_1) allgemein: *Rh. princeps, Pentamerus procerulus, P. sieberi, Stropheodonta stephani*; außerdem viele Muscheln, Gastropoden *(Hercynella!)*, Tabulaten, Rugosen, Stromatoporen.

Unteres Unterdevon = Gedinne — Siegener Stufe (Belaja Kalke D_1^1); Fauna mit *Karpinskya conjugula; Hercynella bohemica, Platyceras newberryi, Pl. spirale, Turbo laetus, Euomphalus subalatus; Spirifer uraloaltaicus, Karpinskya conjugula, Atrypa granulifera, Pentamerus glaber, Chonetes verneuili, Bilobites biloba.*

Oberes Unterdevon = Koblenzstufe (Kalke der oberen Juresan D_1^2) Fauna mit *Karpinskya consuelo; Cyphaspis hydrocephala; Platyceras selcanum, Cyclonema guilleri, Loxonema pexata; Conocardium crenatum, Cardiola sexcostata, Posidonomya oblonga, Actinopteria boydi; Spirifer cicer, Sp. aviceps, Sp. indifferens, Sp. thetidis, Karpinskya consuelo, Atrypa kuschvensis, A. margaritata, Rhynchonella nympha, Rh. amalthoides, Rh. palumbina, Pentamerus fasciculatus, P. brevirostris, P. optatus, P. integer, P. janus, P. biseptatus, Reticularia infinens, Waldheimia juvenis.*

Im mittleren und oberen Devon (D_2 bis D_3): *Phanerotinus serpula; Spirifer canaliferus, Sp. pachyrhynchus, Sp. undiferus, Sp. tenticulum, Gruenewaldtia latilingua, Athyris concentrica, Atrypa desquamata, Atr. arimaspus, Atr. alinensis, Reticularia urii, R. lineata, Rhynchonella acuminata, Productus subaculeatus, Schizophoria striatula, Dielasma sacculus; Spirorbis omphalodes; Actinostroma clathrata, Stromatopora, Amphipora, Cyathophyllum caespitosum.*

Im unteren Mitteldevon = Eifelstufe (D_2^1): *Leperditia barbotana, L. moelleri; Isochilina bienensis, Dechenella romanovskii; Anarcestes lateseptatus; Spirifer superbus, Sp. pseudopachyrhynchus, Pentamerus baschkiricus, P. acutolobatus, P. nova, P. ovatus, Stropheodonta uralensis; Cyathophyllum ceratites, Cystiphyllum vesiculosum, Alveolites suborbicularis, Favosites goldfussi.*

Im oberen Mitteldevon = Givetstufe (D_2^2): *Dipterus marginalis; Orthoceras, Gyroceras; Agoniatites vanouxemi; Bronteus; Pleurotomaria melnikovi, Pl. delphinilaeformis, Pl. alaica, Bellerophon tuberculatus, Platyschisma uchtensis. Pl. kirchholmiensis, Raphistoma bronni; Actinopteria boydi, Pterinea subspinosa, Aviculopecten exacutus, Lucina proavia; Stringocephalus burtini, Athyris helmerseni, Spirifer jeremejevi, Sp. aperturatus, Sp. subumbonus, Sp. elegans, Sp. subcomprimatus, Spiriferina cristata* var. *octoplicata, Rhynchonella livonica, Rh. meyendorffi, Rh. primipilaris, Rh. procuboides, Rh. acuminata, Rh. implexa, Camarophoria megistoma, Pentamerus glaber, P. biplica-*

tus, P. baschkiricus, P. pseudobaschkiricus, Productus hallanus, Orthis bistriata, Strophomena interstrialis, Stropheodonta uralensis, Strophalosia productoides; Cyathophyllum hexagonum, C. ceratites, Cystiphyllum, Calceola sandalina, Microcyclus, Actinocystis, Favosites gotlandica, Pachypora cervicornis.

Im Oberdevon (D_3) allgemein: *Entomis serratostriata; Buchiola retrostriata, Posidonomya venusta; Spirifer barumiensis, Sp. disjunctus, Sp. verneuili, Productus praelongus; Favosites goldfussi; Clathrodictyon; Actinostroma.*

Im unteren Oberdevon = Frasnestufe (D_3^1): *Scutellum granulatum; Manticoceras intumescens, M. ammon, M. bisulcatum, Tornoceras simplex, Gephyroceras keyserlingi, Timanites acutus, Bactrites carinatus; Gomphoceras* cf. *rex, Cyrtoceras angustum, Orthoceras subflexuosum, O. helmerseni; Pleurotomaria baschkiriensis, Murchisonia* aff. *angulata, Euomphalus serpula, Bellerophon lineatus, Porcellia primordialis, P. bifida, Turbonitella inflata, Styliola fissurella, Tentaculites tenuicinctus; Actinopteria wurmi, Mytilarca uncinata, Avicula meglitzkii, A. antipovi, Leptodesma aviculoides, Megalodon crassum, Myophoria deltoidea, Myalina intumescens; Dielasma elongatum, Merista plebeja, Meristella barrisi, Retzia tulensis, R. koltubanica, Kayseria lens, Spirifer zickzack, Sp. bifidus, Sp. archiaci, Sp. conoideus, Sp. simplex, Sp. bouchardi, Sp. asper, Sp. katavensis, Sp. deflexus, Sp. anossofi, Sp. subumbonus, Sp.* aff. *dombroviensis, Reticularia curvata, Cyrtia murchisoni, Martinia glabra, Athyris angulifera, Atrypa duboisi, A. bifidaeformis, A. katavensis, A. uralica, Anatrypa zigasa, Rhynchonella pugnus, Rh. reniformis, Rh. limitaris, Rh. cuboides, Rh. triplex, Rh. ascendens, Rh. acuminata, Rh. triangularis, Rh. pentagona, Rh. semilaevis, Rh. parallelipipeda, Camarotoechia neapolitana, Camarophoria formosa, C. rhomboidea, C. microrhyncha, Leiorhynchus pavlovi, L. quadricostatus, L. rhomboidalis, Pentamerus biplicatus, P. brevirostris, P. globus, Productus münsteri, Pr. sericeus, Pr. murchisoni, Chonetes sarcinulata, Ch. plebeja, Orthis ivanovi, O. eifeliensis, Strophalosia productoides, Str. sericea, Crania obsoleta, Lingula subparallela; Phillipsastraea hennahi; Aulopora serpens.*

Oberes Oberdevon = Famennestufe (D_3^2), zunächst ohne zonare Gliederung: *Orthoceras laterale, O. regulare, Gomphoceras emaciatum, Phragmoceras suessi; Tornoceras simplex, T. sandbergeri, Brancoceras sulcatum, Sporadoceras mamelliferum, Imitoceras, Dimeroceras; Macrochilus ventricosus, Pleurotomaria elegans, Knochia dispar; Spirifer archiaci, Sp. posterus, Leiorhynchus mesacostalis, L. baschkiricus, L. polonicus, Camarophoria subreniformis, Athyris globularis, Productus productoides, Pr. biplicatus, Chonetes nana, Ch. hardrensis, Monticola collinensis.*

Perna hat diese Famennestufe in mehrere, dem westeuropäischen Devon entsprechende Zonen gegliedert und gibt für sie folgenden Fossilinhalt an (von unten):

Cheilocerenzone: *Cheiloceras subpartitum, Ch. sacculum, Ch. circumflexum, Ch. latilobum, Ch. verneuili, Sporadoceras inflexum, Tornoceras costatum, T. planum, T. dorsatum* var.; *Euomphalus articulatus, Murchisonia angulata, M. tschernyschevi, M. conula, Bellerophon lineatus, Loxonema nexilis, L. netschaewi, Zygopleura gracilis, Pleurotomaria devonica; Trimerocephalus ocellatus, Denckmannia limaria, D. revertens, Cyrtosymbole crebra, C. planifrons, C. incerta; Rugosae.*

Prolobiteszone: *Clymenia pompeckji, Cl. angustiseptata, Cl. stuckenbergi, Cl. involuta, Cl. angelini, Cl. karpinskii, Cl. subflexuosa* und var., *Cl. flexuosa,* var., *Cl. pinnata, Cl. cycloptera, Cl. hexagona, Cl. krasnopolskii, Prolobites delphinus, Pr.* cf. *mirus, Sporadoceras münsteri, Tornoceras planidorsatum, T. rotundatum, T. fundifer, T. kochi, T. drevermanni, T. obliquum; Rhynchonella pleurodon; Trimerocephalus coecus.*

Annulatazone: *Clymenia annulata,* var. *correcta,* var. *rustica, Cl. ducia, Cl. placida, Laevigites laevigata; Spirifer aperturatus* var. *cuspidata; Aviculopecten janischevskii, Posidonomya, Conocardium aliforme, Phacops granulatus, Trimerocephalus anophtalmus.*

Wocklumeriazone: *Synwocklumeria baschkirica, Cymaclymenia euryomphala, Imitoceras* sp.

Höher oben liegen Sandsteine mit Pflanzenresten (*Sphenophyllum tenerrimum, Archaeosigillaria prima, Bothrodendron*). Danach scheint im unteren Teil des D_3^2 eine Brachiopoden-, im oberen eine Cephalopodenfazies vorzuherrschen, was mit einer Vertiefung des Oberdevonmeeres bis zur Annulatastufe zusammenhängt. Eine kurze kritische Revision der PERNAschen Cephalopodenbeschreibungen hat SCHINDEWOLF veröffentlicht, der mit Recht betont, daß jede einzelne Zone von D_3^2 etwa dem D_3^1 gleichwertig ist[1].

Die Faziesverteilung des Devons spiegelt sehr deutlich die Lage am Saume der uralischen Geosynklinale wider, da sie einen deutlich zonaren Charakter trägt: die westlichsten Profile zeigen noch die Verhältnisse des osteuropäischen Schelfes mit fehlendem Unterdevon; weiter im O, aber noch im Bereich des Westhanges, herrscht eine litorale bis neritische Fazies teils mit sandiger Basis über der basalen Lücke (Ufernähe), teils mit kalkigem, lükkenlosem Übergang zum Silur (Uferferne); die Mächtigkeiten erreichen einige 100 m. Am Osthang herrscht dagegen vulkanische Fazies mit bathyal-abyssischen Schiefern, Radiolariten und starkem Fazieswechsel; die Folge erreicht 6000 m Mächtigkeit und ist typisch geosynklinal.

Die zonare Verteilung schließt nicht aus, daß im Streichen des heutigen Gebirgszuges, besonders am Westhang, recht erhebliche Unterschiede auftreten; das dürfte damit zusammenhängen, daß die Fazieszonen gelegentlich das tektonische und morphologische Streichen überqueren; so greift in der Gegend der Ufa die Vorschelffazies ziemlich weit nach Osten vor. Die faziellen Übergänge sind übrigens nie schroff (mit Ausnahme eingelagerter Riffkalklinsen). Das Devon des Westhanges bildet einen zusammenhängenden Streifen, während am Osthang nur isolierte Vorkommen auftreten.

Das Unterdevon ist im westlichen Nordural (Petschoragebiet) kalkig, und zwar liegen unten massige helle Kalke mit *Karpinskya conjugula* und anderen Brachiopoden (Gedinne-Siegen) ,darüber fossilleere Kalke und Tonschiefer mit sandigen Lagen. Die sandige Fazies greift weiter im Süden auch nach unten über, so daß zwischen Wischera und Tschussowaja das gesamte Unterdevon durch 1000–2000 m bunte und graue tonige Sandsteine und Schiefer vertreten ist, die unten in das Silur hinabreichen und dann Graptolithen führen. Es ist das also als terrigen-detritischer Vorstoß des Litorals nach O zu werten, der weiter im S (Njasepetrowsk) aber wieder der reinen Riffkalkfazies Platz macht; hier handelt es sich um einige 100 m „Herzyn"-Kalke mit den beiden charakteristischen Faunen. Dagegen fehlt dann weiter im Süden, in den Bezirken des Fl. Ai, im Karatau und bei Sterlitamak, d. h. in der östlichen und südlichen Umrahmung des Ufablockes, das Unterdevon ganz, und die Folge beginnt mit sandig-schieferigen litoral-neritischen Serien der Eifel- oder sogar der Givetstufe. Erst weiter im S, im Gebiete der Belaja, erscheint wieder die typische „Herzyn-Fazies" des Unterdevons mit hellen massigen Riffkalken, den Karpinskyen, *Pentamerus sieberi* und zahlreichen Stromatoporen, Tabulaten und Hercynellen. Südlich der Belaja wird dagegen das ganze Devon wieder sandig (s. unten).

Im Osthang herrschen im Nordural im Unterdevon Kalke, im nördlichen Soswagebiet mit *Atrypa oriens*, an der Loswa mit der typischen *Karpinskya conjugula*-Fauna; diese Kalke wechsellagern mit Augitporphyriten, Albitophyren und anderen Tuffen und können auch ganz durch sie verdrängt sein. Ob die Koblenzstufe in dieser bis 900 m mächtigen Folge noch vertreten ist,

[1] Senckenbergiana IV, Heft 6, 1922.

steht nicht fest; im Hangenden, unter dem Mitteldevon, treten Bauxite auf, die für eine Emersions- oder Verflachungsphase sprechen. Weiter südlich, im Pyschma-Rjeschgebiet des mittleren Ural sind beide Faunen in den Kalken bekannt (unten neben *Karpinskya conjugula* vor allem *Pentamerus sieberi* und *Rynch. nympha*). Effusiva und Tuffe von Porphyrit und Albitophyr ersetzen hier auch große Teile der Kalkfolge. Die Mächtigkeit ist sehr groß. Im Südural schließlich ist die Folge typisch geosynklinal: der Vulkanismus beginnt mit basaltischen und andesitbasaltischen Spaltenergüssen und Tuffauswürfen, später folgen saurere trachytische und liparitische Magmen. Mit ihnen vergesellschaftet sind Kieselschiefer und Radiolarite (Jaspise), die aber stellenweise noch Herzynkalke umschließen (? Untiefen). Am Ende des Unterdevons ist der Vulkanismus schwächer.

Zusammenfassend kann man sagen, daß im Unterdevon am Rande des sarmatischen Hochgebietes eine detritische Zone besteht, die ostwärts von einer Kalkzone, dann von einer Vulkanitzone abgelöst wird. Am Plateau von Ufa sind die Zonen nach O ausgebuchtet. Die gleiche Anordnung zeigt noch die Eifelstufe.

Im Mitteldevon des Westhanges zeigt im Norden (Petschora bis Tschussowaja) die untere Eifelstufe eine Verflachung, da sie aus – z. T. grobkörnigen – Sandsteinen und Konglomeraten von bunter Farbe und mit Schrägschichtung besteht (Psilophytonflora); stellenweise treten Kalklinsen mit Korallen und *Conchidium tenuicostatum* auf; die Eifelstufe kann 300 bis 400 m erreichen. In der Givetstufe herrschen dann Kalke vor, mit reicher fazieller Differenzierung: im Petschoragebiet einige 10 m dunkle Korallen-Stromatoporenkalke oder schieferige Kalke mit *Dechenella, Spir. undifer* und anderen; im Wischera-Tschussowajagebiet, wo die Givetstufe 150–200 m erreicht, liegen unten Kalke und Mergel mit Stromatoporen, Tabulaten, *Stringocephal. burtini*, *Pentam. pseudobaschkiricus*, *Stropheodonta uralensis*, oben entweder auch Kalke oder eine Tonsandsteinserie mit oolithischen und konglomeratischen Eisenerzen. Im Süden herrschen dann Sandsteine und Dolomite vor und erreichen 900 m Mächtigkeit. Weiter im Süden (Njasepetrowsk) gehen die unterdevonischen Herzynkalke direkt in dunkle Kalke der Eifelstufe mit Brachiopoden und Riesenleperditien über, auf denen faziell wechselnde Givetkalke mit der genannten Fauna liegen.

Weiter südlich, im Gebiet des Aiflusses folgen auf die sandig-schieferige Aschinskserie (Kambrosilur) unmittelbar graue Kalke, die meist fossilleer sind und nur gelegentlich Leperditien (Riesenformen) enthalten. Es fehlt hier also das ganze Unterdevon. Über den der Eifelstufe zugehörenden Leperditienkalken zeigt die Givetstufe folgendes Profil (von oben):

helle schieferige Brachiopodenkalke mit *Stringocephalus burtini*	30 m
dunkle bituminöse Kalke mit Rugosen, Tabulaten und Brachiopoden (*Str. burtini*)	70 m
dunkle schieferige Kalke mit *Pentamerus baschkiricus*	130 m

Das Fehlen des Unterdevon ist für die Ost- und Südumgrenzung des Ufablockes bezeichnend. Im Karataugebiet besteht die auf der Aschinskserie liegende Eifelstufe aus fossilleeren grüngrauen Sandsteinen, bei Sterlitamak fehlt sie überhaupt. Die Givetstufe ist im Karataugebiet auch sandig mit Psilophytonflora (Iwanowskisandstein), bei Sterlitamak kalkig, aber wenig mächtig (50–55 m).

Das Untergivet beginnt mit Sandsteinen *(Psylophytales)* und Tonen, über denen dunkle schieferige Kalke *(Leperditia moelleri)* lagern; darüber folgen Kalke und Dolomite mit grobrippigen Pentameren *(Conchidiella baschkirica, pseudobaschkirica)* und *Stropheodonta uralensis*. Das Obergivet besteht aus massiven Riffkalken mit *Spirifer pseudopachyrhynchus, Meganteris damesi* (unten) und *Atrypa desquamata, Stringocephalus, Dechenella romanovskii* (oben).

Weiter im Süden, im Silair-Belajagebiet, ist die Devonfolge wieder vollständiger; auf den „Herzyn"-Kalken liegt eine faziell wechselnde Eifelserie, meist aus dunklen schieferigen Kalken mit *Stropheodonta uralensis* und *Pentam. pseudobaschkiricus* oder aus fossilarmen Kalken mit Leperditien bestehend. Im Givet folgen dunkle, massive oder geschichtete Kalke mit Korallen, Stromatoporen und mit der üblichen Brachiopodenfauna. Die Mächtigkeit des Mitteldevon ist hier 150–200 m. Südlich der Belaja ist auch das Mitteldevon sandig.

Am Osthang des Urals ist das Mitteldevon auch vulkanogen beeinflußt und sehr mächtig; nach einer Abschwächung in der Koblenzzeit setzt also der Vulkanismus erneut ein, zeigt aber nun ein Vorwiegen von festen Explosionsprodukten über Laven und eine Wandlung von saureren liparitisch-trachytischen Magmen unten zu basischen andesitisch-dazitischen bis basaltischen Produkten oben. Im Nordural sind den Diabasen und Tuffen oft Konglomerate und Schiefer mit Pflanzenresten und gelegentlich Kalke *(Cyath. ceratites)* eingeschaltet (nördlich Soswa 1500 m). Im Loswagebiet erreicht die Mitteldevonfolge 2500 m und enthält unten zwischen tuffogenen Sandsteinen und Schiefern Porphyrite, Keratophyre und Kalklinsen mit *Schizophoria striatula*; oben herrschen Andesitporphyrite und Tuffe mit Kieselschiefern, Tonschiefern (*Agoniatites*, Tentakuliten) und Kalken (*Stringocephalus*). Bei Kisel wird Ölführung von Sandsteinen und Dolomiten zwischen Eifel- und Givetstufe erwähnt. Im Mittleren Ural ist grundsätzlich eine ähnliche Gliederung vorhanden: Porphyrite und Albitophyre mit Tuffen und Kalken *(Anarc. lateseptatus)* unten, basische Effusiva mit Tuffen und Kalken *(Stringocephalus, Pentamerus pseudobaschkiricus)* oben. Auch Kiesel- und Tonschiefer und Konglomerate, reich an tuffogenen Bestandteilen, sind oft der Folge eingeschaltet. Im Südural schließlich besteht die Ulutauserie (1500 m) ganz wesentlich aus Tuffen (oben andesit-dazitisch, unten liparitisch-trachytisch); Effusiva sind seltener. Oben sind gelegentlich Kalke mit reicher Givetfauna vorhanden, die zuweilen von Kieselschiefern (Jaspis) bedeckt oder ganz ersetzt sein können. Es ist die Tiefenfazies der Geosynklinale.

Bezeichnend ist, daß die im Unterdevon herrschenden Spaltenergüsse nun fehlen und durch örtliche Eruptionen mit vorwiegender Feststofförderung ersetzt sind.

Im Oberdevon gleichen sich die Verhältnisse von Ost- und Westhang stärker an, im Zusammenhang damit, daß die vulkanische Fazies nunmehr aufhört.

Im Westural zeigt im Norden die Frasnestufe noch sehr wechselnde, aber vorwiegend karbonatische Fazies: Brachiopodenkalke *(Rhynch. cuboides, Pentamerus galeatus)*, Stromatoporen-Amphiporenkalke, Korallenkalke *(Cyathophyllum, Phillipsastraea)* wechseln auf kurze Entfernung miteinander ab. Oben ist häufig (aber nicht immer) der „Domanik", ein bituminöser schieferiger Goniatitenkalk *(Mantoc. intumescens)* zu beobachten s. S. 139). Mächtigkeit 50–200 m. Die Famennestufe besteht meist aus dunklen Kalken mit *Spir. archiaci, Prod. praelongus,* zuweilen mit Einlagerung von Kieselschiefern (etwa 50–60 m). Bei Kisch ist die Famennestufe ölführend.

Während im Njasepetrowsker Gebiet Gliederung und Fazies ähnlich sind, zeigen sich im Gebiet des Flusses Ai weiter im S Abweichungen, die von NO nach SW zunehmen, indem im SW eine litoral-terrestrische Folge eingreift. Die Folge beginnt oft mit Eisenerz enthaltenden Sandsteinen und Bauxiten. In der Frasnestufe (etwa 200 m) herrschen bituminöse Kalke mit Amphiporen und *Spir. anossofi,* aber ohne Goniatiten (Anklänge an die russische Schelffazies). Höher oben folgen (von oben):

Kieselschiefer und bunte Schiefer mit Kalksandstein, seltene Clymenien, einige 10 m.
Gelbliche, feinschichtige knollige Kalke, unten mit *Cheiloceras, Dimeroceras, Imitoceras, Posidonomya venusta,* 30 m.
Gelblichbraune dickbankige dolomitisierte Kalke mit spärlicher Fauna. *Spirifer archiaci,* 8 m.

Im Karataugebiet geben DOMRATSCHEFF und andere 1948 folgendes Profil an:

Oberfrasne. Kalke mit *Sp. anossofi, Hypothyris cuboides,*
Kalke und Dolomite mit *Sp. katovensis, Schlüteria ernsti, Amphipora,*
Sandstein und Ton mit Bauxit und Chamosit; *Schlüteria ernsti, Coccosteus, Archaeopteris.*

Unterfrasne. Kalke, z. T. Riffe; *Sp. bifidus, Hypothyris cuboides, Camarotoechia livonica,*
Domanik. Bituminöse Kalke und Schiefer. *Sp. pachyrhynchus, Liorhynchus pavlovi, Timanites acutus, Gephyroceras,*
Tonige Kalke; *Atrypa timanica, Spirifer murchisoni.*
Sandsteine und Tone mit Kalklagen. *Atrypa douvillei, Psylophytales.*

Eine Zweigliederung mit zweimaliger Verflachung bzw. Emersion ist also deutlich. Die Mächtigkeit ist nur 20–30 m. Die Famennestufe ist im Karatau durch dickbankige gelbgraue Kalke mit spärlicher Brachiopodenfauna von großer Mächtigkeit (250–400 m) vertreten. Bei Sterlitamak zeigt die Famennestufe folgende Gliederung (von oben):

Im Hangenden Kalke mit *Wocklumeria* und Tournaibrachiopoden	
Graue fossilarme Kalke, gelegentlich *Laevigites*	12,5 m
Knollenkalke mit *Prolobites*	1,0 m
Amplexus-Kalk (mit *Cheiloceras subpartitum, lagoviense*)	1,25 m
Cyrtiopsis-Kalk (mit Brachiopoden und *Cheiloceras*)	1,50 m
heller *Monticola*-Kalk mit armer Fauna (*Cheiloceras*)	3,00 m

Im übrigen wechselt hier das ganze Oberdevon zwischen Goniatitenfazies (etwa 45 m) und Brachiopodenfazies (80–100 m).

Im Silair-Belajagebiet weiter südlich sind zunächst in der Frasnestufe noch Kalke vertreten (dunkle Goniatitenkalke, helle „Koltuban"-Kalke mit Brachiopoden und Krinoiden, dünnplattige Amphiporenkalke), die aber nach Süden in grüngraue Sandsteine und Schiefer übergehen. Die Famennestufe ist im Westen noch kalkig (*Sp. archiaci*) und hat 85–100 m Mächtigkeit, geht aber nach Osten in die mehrere 100 m mächtige Silairserie über, eine sandig-tonige Folge mit Tufflagen, Pflanzenresten und Einlagerungen von Clymenienkalk[1]. Südwärts wird, wie gesagt, das ganze Devon klastisch-terrigen. Im Oberdevon bestehen Konglomerate, die außer tieferem Devon auch Silur und Präkambrium als Komponenten enthalten. Eine Insel im Südural ist in dieser Zeit wahrscheinlich.

Am Osthange des Urals sind im Norden in der Frasnestufe noch Effusiva (Diabase und Spilite) mit Tuffen häufig, denen klastische Schichten (Soswa) oder Kalke (Loswa) mit typischer Brachiopodenfauna (*Sp. verneuili, Rhynch. cuboides*) eingelagert sind. Die Famennestufe besteht aus Konglomeraten, Tuffen, Kalken, Sandsteinen und Schiefern mit Brachiopoden oder mit Clymenien, gelegentlich oben mit Pflanzenresten. Mächtigkeit des Oberdevons: Nördlich Soswa 3500 m, Loswa 800–1000 m. Im Mittleren Ural herrschen in beiden Abteilungen des Oberdevon Schiefer mit Brachiopoden, oben dunkle Schiefer mit *Buchiola retrostriata, Entomis serratostriata* usw., die ohne scharfe Grenze in das kohlenführende Unterkarbon übergehen. Im Südural besteht die Frasnestufe aus den Kalken der Koltubanserie mit *Manticoceras intumescens* und *Rhynch. cuboides*, die oben in kalkige Konglomerate mit Komponenten von Effusiva und Jaspis übergehen; im Streichen werden sie häufig durch sandig-schieferige und tuffitische Bildungen ersetzt. Oben sind Tuffe und andesitisch-dazitische Laven vorhanden. Die Famennestufe besteht aus der schon genannten Silairfolge von Grauwacken und Tonschiefern mit selteneren Tuffen, mit Pflanzen, Brachiopoden, z. T. auch mit Goniatiten und Clymenien. Die Mächtigkeit des Oberdevons erreicht im Südural 1000–1500 m.

e) *Karbon*

Entsprechend der vorwiegenden Ausbildung als Kohlenkalk ist das uralische Karbon auf Grund der Brachiopoden, z. T. auch der Korallen gegliedert worden, während höher oben die Foraminiferen wichtig werden. Goniatiten treten nur im Südural gelegentlich häufiger auf. Als Grenzschicht gegen das Devon werden Kalke mit Übergangsfauna angesehen (Etroeungt), in denen z. B. *Sp. barumensis* und *Sp. marionensis* gemeinsam auftreten. Die Grenze von C_1 und C_2 verläuft über dem letzten *Prod. striatus* und unter

[1] Ojiganoff (1937) fand in kalkigen Einlagerungen der Silairfolge eine Brachiopodenfauna, welche für ein größeres (? Frasne) Alter wenigstens eines Teiles derselben spricht.

dem ersten *Choristites* (*Sp.-mosquensis*-Gruppe)[1]. Das C_3 beginnt mit dem ersten *Sp. uralensis*.

Unterkarbon allgemein: *Schizophoria resupinata, Orthothetes crenistria, Productus corrugatus, Pr. margaritaceus, Pr. pectinoides, Pr. pustulosus, Pr. undatus, Chonetes laguessiana, Ch. dalmaniana, Ch. papilionacea, Reticularia lineata, Spirifer subrotundatus, Rhynchonella pleurodon, Athyris expansa, A. globulina, A. planosulcata; Euomphalus catilliformis, E. dionysi; Syringopora gracilis* und andere.

Tournai allgemein: *Rhipidomella michelini, Productus semireticulatus, Pr. mesolobus, Chonetes buchiana.* Es werden drei Unterstufen unterschieden:

Ilimschichten = Übergangsschichten = Etroeungt im alten Sinne: *Schizophoria chouteaunensis, Sch. striatula, Dalmanella interlineata, Schelwienella umbraculum, Productus lacrimosus, Pr. multituberculatus, Pr. sampsoni, Pr. praelongus, Pr. vlangalii, Productella subaculeata, Chonetes sarcinulata, Eudoxina danaica, Spirifer jeremejewi, Sp. laminosus, Sp. superstes, Sp.* ex gr. *verneuili, Sp.* ex gr. *tornacensis, Sp. elegans, Sp. distans, Sp.* aff. *archiaci, Sp. pyxidatus, Sp. strunianus, Sp. julii, Camarophoria medioplicata, C. quadriplex, C. panderi, Thylothyris laminosa, Dielasma oliva, Liorhynchus kellogi, L. mesocostalis, Phacops accipitrinus, Imitoceras subbilobatum, I. substriatum, I. intermedium, Pericyclus vodoresovi, P. divisus, Muensteroceras sphaeroidale, M. dombarovense, Protocanites* cf. *lyoni, Gattendorfia uralica.*

Kynowschichten = Unterer Tournai: *Eudoxia kynensis, E. media, E. danaica, E. inflata, Productus panderi, Pr. scabriculus, Pr. niger, Pr. gorskyi, Pr. tornacensis, Pr. laevicostatus, Chonetes praeuralica, Ch. kynovensis, Spirifer laminosus, Sp. distans, Sp. alatau, Sp. ranovensis, Sp. medius, Ambocoelia unionensis, Retzia tulensis, Athyris gigas, Martiniopsis waschkuricus, Cliothyris royssii, Cl. laminosa.*

Als charakteristisch gelten besonders *Productus niger* und *Spirifer medius.*

Kiselowskschichten = Oberes Tournai, mit sehr reicher Fauna: *Leptaena analoga, Productus silimi, Pr. pyridiformis, Pr. sareili, Pr. carringtonensis, Pr. kisilicus, Pr. aculeato-costatus, Pr. laevicosta, Pr. praemargaritaceus, Pr. petrenki, Pr. burlingtonensis, Pr. ovatus, Pr. subelegans, Pr. humerosus, Pr. textilis, Pr. taidonensis, Pr. christiani, Pr. elegans, Pr. rugatus, Pr. interruptus, Pr. eximius, Pr. garvoodi, Pr. aculeatus, Pr. insculptus, Pr. minimus, Pr. lichwini, Pr. hyperboraeus* (= *mesolobus*), *Parapachyrhynchus acuminatus, Chonetes tuberculata, Ch. comoides, Ch. hardrensiformis, Ch. hemisphaerica, Ch. troilii, Reticularia elliptica, R. temirica, Verneuilina oceani, V. gemma, Athyris ussuilense, Squamularia elegans, S. areata, Spiriferina octoplicata, Cyrtina silimica, Spirifer konincki, Sp. princeps, Sp. suborbicularis, Sp. petrenki, Sp. attenuatus, Sp. novomexicanus, Sp. kisilicus, Sp. tornacensis, Sp. acutus, Sp. integricosta, Sp. praeplanatus, Sp. subcinctus, Martiniopsis lata, M. glaberrima, Martinia davidsoni, Camarotoechia acutirugata, Pugnoides cordiformis, P. pulchella, Dielasma pentagonum, D. kingi, D. pilula.* Als leitend gelten *Pr. hyperboraeus, Sp. konincki* und das reichliche Auftreten von *Sp. tornacensis.* Auch die übrige Fauna ist reich:

Fenestella paeckelmanni; Pterinopecten granosus, Aviculopecten exquisitus, Edmondia lyelli, E. tenuilineata, Cardiomorpha, Modiola semiradiata, M. baschkirica, M. uniformis, Streblopteria cellensis, Str. uralica, Parallelodon squamosus, P. intermedius, P. walciodorensis; Euomphalus calyx, Straparollus altus, Str. placidus, Chemnitzia acuta, Platyschisma glabrata, Pl. tiara, Naticopsis, Capulus, Patella, Loxonema; Münsteroceras ex gr. *ovatum, M. sphaeroidale, Pericyclus nikitini, P. princeps, Merocanites; Phacoceras oxystomum; Phillipsia gemmulifera, Ph. derbyensis, Ph. pustulata, Ph. carinatoides, Ph. truncatula, Brachymetopus maccoyi, Proetus ussuilensis; Caninia cylindrica, Syringopora capillacea, S. parallela, S. ramulosa, S. conferta, S. reticulata, S. gigantea, Uralinia multiplex, Clisiophyllum conispetum.*

Visé allgemein: *Productus giganteus, Pr. latissimus, Pr. striatus, Pr. striatosulcatus, Pr. hemisphaericus, Pr. tenuistriatus, Pr. pseudomargaritaceus, Pr. maximus, Pr. gigantoides, Pr. concinnus, Pr. punctatus, Spirifer duplicicosta, Dielasma sacculus;*

---

[1] Das Namur wird zum Unterkarbon gestellt.

Fenestella plebeja; *Lithostrotion junceum, L. irregulare, Cyathophyllum murchisoni, Dibunophyllum, Chaetetes radians*; *Archaeodiscus karreri*. Auch hier läßt sich, allerdings weniger scharf, eine Dreiteilung vornehmen:

Untervisé. *Productus giganteus* vorwaltend; außerdem: *Pr. mirus, Pr. corrugato-hemisphaericus, Pr. acuticostatus, Pr. globosus, Pr. subpustulosus, Pr. altenensis, Pr. undiferus, Pr. sulcatus, Pr. fimbriatus, Marginifera viseana, Chonetes crenistria, Squamularia perplexa, Davisiella llangolensis, Athyris ambigua, Dielasma attenuata, Schuchertella bituminosa, Spiriferina imbricata*; *Fenestella rimosa*; *Mytilomorpha rhomboidea*; *Bellerophon excavatus, B. propinquus*; *Dibunophyllum, Carcinophyllum, Lithostrotion portlocki, L. affine, L. basaltiforme, L. martini, Lonsdaleia floriformis, Amplexus multiplex, Syringopora parallela, S. ramulosa, S. conferta.*

Zu dieser Abteilung gehören auch die Kohlenlager des westlichen Nordurals, die folgende Pflanzenreste führen: *Adiantites bradyana, Sphenopteris rutaefolia, Sph. uralica, Aneimites nanus, Neuropteris heterophylla, N. parvula, Astrophyllites karpinskii, Sphenophyllum schlotheimi, Lepidodendron glincanum, L. acuminatum, Ulodendron comutatum, Stigmaria ficoides.*

Mittelvisé. *Productus giganteus* mit zurücktretendem *Pr. striatus*. Außerdem: *Pr. leptaenoides, Pr. simplex, Pr. varians, Pr. continentalis, Pr. defensus, Pr. frechi, Pr. gruenewaldti, Pr. longispinus, Pr. spinulosus, Pr. scabriculus, Chonctes hardrensis, Spirifer acutus, Sp. attenuatus, Sp. bisulcatus, Sp. striatus, Sp. gorskyi, Athyris rotundata, A. lamellosa, Dielasma subfusiforme*; *Entolium aviculatum*; *Loxonema acuminatum, L. sulcatum, L. breviconis, Naticopsis globosa, Platyschisma helicoides, Pl. ovoidea, Bellerophon propinquus*; *Beyrichoceras castletonense, B. cf. hoddrense, B.* cf. *umbilicatum, B.* cf. *micronotum*; *Fenestella lescheviensis*; *Lithostrotion caespitosum, L. affine, Lonsdaleia.*

Oberes Visé. Vorherrschen von *Pr. striatus*. Durch das Vorkommen von *Goniatites sphaerico-striatus, G. crenistria, G. uralensis, G. fimbriatus, G. obtusus, G. striatus, G. mutabile* und anderen, *Gastrioceras karpinskii, Pronorites cyclolobus, Praedaraelites calmiensis, Gyrtioceras discus, G. brunigianum, Aganides rotatorius, Proshumardites kyzylicus, Prolecanites serpentinum,* im wesentlichen als Zone III β (? und γ) definiert (sogenannte Chabarnojefauna). Außerdem: *Nomismoceras frechi, N. vittigarum, Beyrichoceras obtusum.*

Von anderen Fossilien: *Productus antiquatus, Pr. schartimensis, Spirifer trigonalis, Sp. striatus, Cyrtina carbonaria, Athyris gregaria, A. variabile, A. expansa, Seminula subtilita*; *Platyschisma glabrata*; *Zaphrenites enneskilleni, Dibunophyllum matlockense, Tetrataxis conica*; *Staffella struvei, Hyperammina vulgaris, Endothyra globula*; *Typhloproetus aequalis.*

Namur. Eine ausführliche Durcharbeitung steht noch aus; immerhin läßt sich die Stufe gut charakterisieren, vor allem, da im Südural Goniatiten auftreten, und zwar in folgenden Horizonten von unten:

Homoceras beyrichianum, Cravenoceras arcticus und andere. *Eumorphoceras ornatum, Goniatites. inostranzewi*-Zone IV α oder III δ. Außerdem von Aktjubinsk: *Stenopronorites antiquus, Goniatites kentuckiensis, G. irtyschensis, Paragoniatites subcircularis, P. caneyanus, Dombarites tectus, Ferganoceras dombarense* (n. Librowitsch, 1947).

Reticuloceras reticulatum, R. verneuili, Homoceras barbotanum, Pronorites ferganensis, Pr. uralensis, Pr. minus, Proshumardites uralicus, Pr. karpinskii, Goniatites inostranzewi, Gastrioceras marianum, Homoceratoides divaricatum, H. suranense, Zone IV β.

Reticuloceras bilingue, R. superbilingue, Gastrioceras cancellatum, G. martini, Proshumardites karpinskii, Zone IV γ.

Von Brachiopoden fehlen *Pr. giganteus* und *Pr. striatus*, sonst: *Pr. semireticulatus* var. *hermosanus, Pr. boliviensis, Pr. gruenewaldti, Pr. tenuistriatus, Pr. porrectus, Pr. schartimiensis, Spirifer baschkiricus, Sp. bisulcatus, Pugnax acuminata, Martinia glabra.*

Viele Trilobiten: *Cyrtosymbole antonowi, Phillipsia derbyensis, Ph. cliffordi, Griffithides claviger, Gr. burliensis, Gr. seminiformis, Brachymetopus uralicus.*

Von Korallen: *Amplexus nodulosus, A. coralloides, Densiphyllum, Cyathaxonia ruchiana, Michelinia minima.*

Gelegentlich sind Kieselschwämme häufig (*Uralonema*).

Wichtig werden nun Foraminiferen: *Archaeodiscus baschkiricus, Staffella pseudostruwei, St. antiqua, Endothyra globula, E. omphylota, Hyperammina vulgaris.*

Mittelkarbon C_2 = Moskaustufe = Westfal. Kennzeichnend sind vor allem die Choristiten (*Spirifer* ex gr. *mosquensis*). Es werden zwei, gelegentlich auch drei Abteilungen unterschieden, von unten:

Baschkirische Serie, der wohl weiter im N der Martianowhorizont entspricht. Diese Abteilung enthält noch ziemlich viel unterkarbonische Formen:

Foraminiferen. *Staffella struwei, St. antiqua, St. confusa, St. dagmarae, St. ozawai, Endothyra boromani, Archaeodiscus baschkiricus, Profusulinella librowitschi, Schubertella magna.*

Korallen: *Thysanophyllum tschernovi, Meniscophyllum kansaense.*

Cephalopoden: *Reticuloceras superbilingue, Gastrioceras martini, G. rurae, G. listeri, Pronorites uralicus, Stenopronorites karpinskii, Syngastrioceras orientale, S. evolutum, Domatoceras mesquense.* Es sind im wesentlichen also die Horizonte IVδ bis Vβ.

Brachiopoden: die Trennung ist wohl nicht so scharf, doch treten vorwiegend unten auf: *Linoproductus ovatus, L. cora, L. koninckianus, Productus weyprechti, Pr. schellwieni, Pr. transversalis, Pr. semireticulatus, Pr. defensus, Pr. gruenewaldti, Pr. longispinus, Pr. punctatus, Pr. fimbriatus, Pr. subelegans, Pr. moelleri, Pr. undatus, Pr. curvirostris, Pr. tenuisulcatus, Pr. semiglobosus, Pr. inflatus, Pr. aagardi, Pr. wolgensis, Pr. corrugatus, Pr. spinulosus, Pr. scabriculus, Eomarginifera lobata, Marginifera schartimiensis, M. timanica, Meekella striatocostata, Enteletes pentamerus, Enteletoides subrossicus, Squamularia perplexa, Squ. rostrata, Chonetes carbonifera, Ch. variolaris, Spirifer striatus, Sp. bisulcatus, Sp. strangwaysi, Sp. attenuatus, Sp. moelleri, Sp. incrassatus, Choristites trautscholdi, Ch. lebedevi, Ch. bisulcatiformis, Ch. obrotundus, Ch. mansuyi, Martinia semiglobosa, M. uralica, M. glabra, Hustedia remota, H. grandicosta, Camarophoria verneuiliana, Dielasma attenuata, D. supracarbonaria.*

Die Muscheln und Schnecken sind zahlreich, dürften aber größtenteils höher hinaufgehen: *Modiola consobrina, Myalina lamellosa, Parallelodon latus, P. tenuis, P. comoides, Edmondia globularis, E. m'coyi, E. nebrascensis, E. transversa, E. elegantula, Cypricardella pumila, C. transversa, C. rectangularis, Schizodus subrossicus, Sanguinolites angulatus, S. roxburgensis, S. parallela, Allorisma tenuistriata, Aviculopecten occidentalis, A. neglectus, A. exoticus, A. nobilis, A. perradiatus, A. intermedius, Leiopteria benediana, L. lunulata, Entolium aviculatum, Pterinopecten dumontianus, Pseudoamussium ellipticum, Streblopteria laevigata, St. schartimiensis, St. cellensis, St. lineata, St. pullus, Eumicrotis ovalis, Palaeolima simplex, Lima krotovi; Bellerophon hiulcus, Straparollus minimus, Ptychomphalus striatus, Pleurotomaria minima, Platyschisma glabrata, Portlockia semicancellata, Naticopsis verneuilina, N. ovoidea, N. eichwaldi, Trachydomia wheeleri, Macrochilina uralica, Platyceras ermanni.*

Cypridina, Cypridella, Cypridinella, Polycope div. spec., *Phillipsia derbyensis, Brachymetopus uralicus, Griffithides weberi.*

Die mittlere Moskauer Stufe (Vereisk- und Kaschirschichten) ist am Ural schlecht entwickelt, ja meist fehlt sie überhaupt. Gewöhnlich liegen die oberen Moskauer Schichten diskordant und mit grobdetritischer Basis dem Baschkir oder tieferen Schichten auf.

Mjatschkowo- und Kujbyschew- (Samara-) Horizont, oft zusammen auch als Moskaustufe im engeren Sinne bezeichnet. Sie sind faunistisch ärmer, infolge abweichender fazieller Verhältnisse; daher ist es durchaus möglich, daß ein Teil der erwähnten Fauna hier hinaufreicht. Nach Foraminiferen kann man unterscheiden:

unten (Mjatschkowohorizont): *Fusulinella praecursor, F. collanii, F. pulchra, F. bocki, F. pseudobocki, Fusiella typica, Fusulina cylindrica, F. samarica, F. minima, Staffella angulata, St. bradyi, St. moelleri, St. sphaeroidea*;

oben (Samarahorizont): *Fusulinella deprati, Wedekindella uralica, W. dutkewitchi, W. excentrica.*

In beiden: *Bradyina nautiliformis, Staffella sphaeroidea, Fusulina samarica, F. elegans, Tetraxis conica, Schubertella lata, Girtyina cylindrica, Fusulinella ozawai.*

Von anderen Tiergruppen (nicht nach Horizonten geschieden): *Choristites priscus, Ch. inferus, Ch. mosquensis, Ch. trautscholdi* (auch Ob. K.), *Ch. fischeri, Ch. pavlovi, Ch. sowerbyi, Ch. uralicus, Ch. rodygini, Ch. holtedahli, Ch. mansuyi, Ch. lebedevi, Ch. mjatschkovensis, Ch. weberi, Munella amalitzkii, M. nalivkini, Waagenoconcha humboldti, W. irginae, Chonetes carbonifera, Ch. variolaris, Echinoconchus tschernyschewi; Bothrophyllum pseudoconicum, B. simplex, Meniscophyllum kansaense, Chaetetes radians, Lithostrotionella stylaxis, Michelinia, Clisiophyllum.*

Oberkarbon. Die Obergrenze ist noch heute umstritten, da die Schwagerinenkalke heute ganz oder teilweise ins Perm gestellt werden. Eine ganze Reihe von Arten ist auch tatsächlich dem Oberkarbon und Unterperm (= Sakmarastufe neuerer Fassung) gemeinsam. Es sind das (mit Stern bis Artinskstufe im engeren Sinne):

*Aulosteges dalhousi, *Productus semireticulatus, *Pr. lineatus, *Pr. uralicus, *Pr. cora, *Pr. boliviensis, *Pr. tataricus, *Pr. punctatus, *Pr. fasciatus, *Pr. gruenewaldti, *Pr. moelleri, *Pr. weyprechti, *Pr. pustulatus, *Pr. pseudoaculeatus, *Pr. multistriatus, Pr. elegans, *Pr. longus, Pr. tschernyschewi, *Pr. timanicus, Pr. pseudomedusa, Pr. peruvianus, *Pr. wallacei, Pr. tuberculatus, *Pr. scabriculus, *Marginifera typica, *M. uralica, *M. timanica, M. involuta, Squamularia perplexa, Squ. rostrata, *Spirifer cameratus, *Sp. fasciger, *Sp. rectangulus, *Sp. lyra, Sp. nikitini, Spiriferina expansa, Athyris pectinifera, *Camarophoria pentameroides, *C. mutabilis, *C. crumena, *Rhynchopora variabilis, *Rh. nikitini, *Reticularia lineata, *Hustedia remota, Dielasma elongatum, D. curvatum, *D. moelleri, D. plica, D. bovidens, D. millepunctatum, *Schizophoria juresanensis, Rhipidomella pecosi, Streptorhynchus halli, *Chonetes uralica; Fenestella veneris* und andere; *Pseudamussium krasnoufimskensis, Entolium articulatum, Placunopsis kolwae, Pterinopecten serdobowae, Conocardium uralicum, Lima duplicostata, Aviculopecten subclathratus, *Palaeaplisina laminaeformis* (oft gesteinsbildend).

Vorwiegend im Oberkarbon treten dagegen auf: *Productus curvirostris, Pr. lobatus, Thomasia mammata, Marginifera schellwieni, M. involuta, Derbya crassa, Spirifer marcoui* (selten auch höher), *Sp. postventricosus, Sp. ufensis, Sp. fritschi, Sp. panduriformis, Sp. tastubensis, Choristites trautscholdi, Athyris planosulcata, Chonetes variolata, Meekella exima, M. uncitoides, M. baschkirica, M. ufensis, Rhipidomella uralica, Enteletes kayseri, Aulacothyris uralica; Marginipora uralica, Fistulipora labiata, Dybowskiella waageni; Aviculopecten toulai, A. elegantulus, A. ufensis, Entolium aviculatum, Lima retifera; Syringopora parallela, Caninia lonsdalei, Pleurophyllum artiense, Petalaxis portlocki, P. timanicus, Columnaria solida, Verbeekiella rothpletzi.*

In dem höheren Teil treten folgende Amoneen auf: *Eoasianites angulatus, Pronorites* sp., *Neopronorites* sp., *Daixites, Prouddenites, Uddenites sakmariensis, Uralites orenburgensis, Prothalassoceras* cf. *welleri, Vidrioceras* cf. *uddeni, Marathonites, Agathiceras, Glaphyrites* div. spec., *Shumardites librowitschi, Sh. compressus, Neodimorphoceras* cf. *lenticulare, Gastrioceras* ex gr. *listeri, Schistoceras uralense, Artinskia* (selten), *Metadaraelites* sp. , *Emilites plummeri, Aristoceras tschkalovi, Glaphyrites* sp.

Kennzeichnend sind vor allem die Foraminiferen, unter denen *Triticites* hier überwiegt: *Triticites montiparus, Tr. noinskyi, Tr. incisus, Tr. ventricosus; Tr. umbonoplicatus, Tr. arcticus, Tr. parvulus, Fusulinella praecursor, F. uswae, F. chaoi, F. parva, Fusiella paradoxa, Staffella angulata, Quasifusulina longissima.*

In dieser Fassung entspricht das Oberkarbon der Gshelstufe; die im Hangenden auftretende Zone mit *Triticites plummeri, Tr. beedei, Pseudofusulina stabilis, Ps. sokensis, Rugosofusulina aktjubensis, Pseudoschwagerina fusulinoides* wird schon zum Schwagerinenkalk, also nach neuer Fassung zum Perm gestellt. Mit diesem Vorbehalt gelten obige Faunenlisten.

Im polaren Ural und im Petschorabecken ist die Tournaistufe kalkigmarin (250 m); am Ende des Tournai erfolgt eine Verflachung, und zwar im

O bis zur Bildung von kohlenführenden sandig-tonigen Schichten, im W bis zur Ablagerung von Flachwassersedimenten mit Eisenerzen. Noch im unteren Visé *(Pr. giganteus)* erfolgt ein neue Transgression und die Bildung von mächtigen Kalken. Das Mittelkarbon ist durch brekziöse Bryozoenkalke gekennzeichnet, deren Trümmerstruktur mit weitspannigen Hebungen (Gleitungsbrekzien) zusammenhängen soll; im Ostteil der Großlandtundra führten diese Hebungen zu einer Landwerdung, so daß Oberkarbon fehlt und erst Unterperm wieder übergreift. Im Kossjugebiet ist aber kalkiges Oberkarbon vorhanden.

Grundsätzlich ähnlich ist die Gliederung am Westhang weiter im Süden in den kohlenführenden Gebieten von Wischera, Kisel und Tschussowaja. Der Übergang vom Devon zum Karbon ist hier unscharf, Etroeungt und Untertournai (Kynowstufe) sind durch faziell stark wechselnde, meist dunkle Kalke (*Sp. archiaci* unten, *Pr. gorskii* oben) vertreten, die 15–200 m mächtig sind. Das Obertournai (Kiselowskstufe) besteht aus Kalken, die stellenweise in Tone und Kieselschiefer, auch in sandige Tone übergehen, auch wohl ganz fehlen können. *Pr. hyperboraeus* ist bezeichnend; diese 200 m erreichende Folge leitet zur Verflachung und Emersion des Untersisé über, d. h. zur Bildung der sandigen Kohlenserie (vorwiegend Sandstein, seltener Schieferton), die 200–300 m erreicht und einige bauwürdige (2–7) Flöze enthält; oben erscheinen darin kalkige Lagen mit *Dibunophyllum*. Darüber folgen wieder Kalke von 400–450 m Mächtigkeit, und zwar unten dunkle Kalke mit Stockkorallen und *Pr. giganteus*, dann helle massige Kalke mit *Pr. striatus*, schließlich brekziöse Kalke mit *Sp. bisulcatus*, die ins Namur gestellt werden. Nun folgt eine Erosionsdiskordanz; das Mittelkarbon (etwa 225 m) beginnt mit Kalkkonglomeraten, die z. T. direkt auf dem Giganteuskalk liegen. Es folgen geschichtete Kalke und Dolomite (z. T. durch Sandschiefer ersetzt, dann Mergelsandsteine mit *Choristites mosquensis* und Staffelen, oben mit *Chor. fischeri*. Das Oberkarbon besteht unten (Gshelstufe 200–500 m) aus faziell wechselnden Kalken und Dolomiten mit Foraminiferen, Hydractinienkalken und Bryozoen-Brachiopodenriffen. Der heute zum Perm zu rechnende oberste Teil (Tschernoretschenskschicht) besteht vorherrschend aus Fusulinenkalk (200–370 m).

Am Osthang des Urals ist im Soswagebiet nur Tournai näher bekannt und besteht vorwiegend aus Kalken, denen unten und in der Mitte basische Effusiva eingeschaltet sind; über der oberen Lavenzone liegen gelegentlich Konglomerate und Sandsteine.

Etwas weiter südlich am Osthang (Alapaewsk bis Fl. Sinara) sind dagegen Tournai und Untervisé durch eine sandig-tonige, z. T. konglomeratische Serie mit Tuffitlagen und Kohlenflözchen vertreten, deren untere Teile noch dem Devon angehören können. Oben erscheinen Kalklinsen mit Untervisé-fauna (150 bis einige 100 m). Das höhere Visé (mit *Gigantella*) ist vorwiegend kalkig und sehr mächtig (1000–1500 m). Seine obersten Teile enthalten Kalkkonglomerate, stellenweise auch Kalke mit Kieselschwämmen und massige Kalkbrekzien. Damit beginnt die Regression, die im Mittelkarbon weitere Fortschritte macht; die Mosquensisstufe enthält grobe Konglomerate (Jaspis- und Porphyritgerölle) und Sandsteine, die Pflanzen führen; die kalkigen Zwischenlagen enthalten Brachiopoden und Foraminiferen. Höheres Karbon ist hier mit Sicherheit nicht bekannt (Sandsteine mit Unterpermflora).

Im Gebiete des Ufabogens und südlich davon (Sterlitamak) besteht das Untertournai am Westhang auch aus Kalken, die oft dolomitisch und im allgemeinen fossilarm sind (etwa 30 m). Das obere Tournai (bis 130 m) ist teils kalkig (Ussolskikalk mit *Sp. konincki* und reicher Fauna), teils in der sogenannten Alataufazies entwickelt; es sind das braungelbe Tone, Kalkschiefer, dünnplattige Kalke und Sandsteine mit Brauneisenerzen (Flöze von 2–3 m); in den Kalken ist eine reiche Fauna (*Pr. silimi*) enthalten. An der Grenze gegen das Visé besteht hier meist kein deutlicher Fazieswechsel. Meist ist das Visé durch massige Kalke oder dolomitische Kalke vertreten. Am Fl. Usuili unterscheiden PETRENKO und KIPARISSOWA von oben:

Dolomite, in der Mitte Kalke	
Productus striatus, große *Athyris*	100–120 m
Kalke und dolomitische Kalke	
Productus giganteus, seltener *Pr. striatus* .	160 m
Dunkle und helle Kalke mit Kieselknauern	
Productus giganteus	180 m

Eine sichere Abtrennung des Namur liegt hier bisher noch nicht vor; vielleicht gehören dazu fossilleere zuckerkörnige Dolomite im oberen Teil der Viséserie. Das Mittelkarbon hat Mächtigkeiten von 180 m (Sterlitamak) bis 350 m (Ufabogen) und besteht auch vorwiegend aus Kalken. THEODOROWITSCH unterscheidet am Silim:

C_2–7	Dunkel- bis hellgraue Kalke und Kalkschiefer mit Kalkoolith, *Productus cora* und *Chonetes* häufig	25–30 m
C_2–5 und 6	Wie 7 mit *Choristites mosquensis* und *Fusulinella praecursor*	30–35 m
C_2–3 und 4	Graue Kalke mit Kieselkalklagen, *Choristites trautscholdi*, *Spirifer bisulcatus*	70 m
C_2–1 und 2	Graue Kalke und Dolomite mit umgelagerten Viséforaminiferen, häufig die Alge *Donezella*, *Pr. ovatus*, *Sp.* ex gr. *striatus*	55 m

Im Süden des Ufagebietes gibt NALIVKIN 1949 eine detailliertere Gliederung an. Über Kalken mit Striatiferen des Obervisé folgen zuerst Kalke mit namurischen Foraminiferen ohne Choristiten ex gr. *bisulcatiformis*. Darüber liegen die Baschkirischen Schichten mit mittelkarbonischen Profusulinellen, Ozawainellen und sphärischen Parastaffellen. Diese Schichten sind im allgemeinen kalkig, gehen aber nach Osten in terrigene Sedimente über. Im Hangenden liegt eine Unterbrechung mit Erosion, der Vereisk- und Kaschirunterstufe entsprechend; die Basis des Obermoskau enthält Konglomerate mit Geröllen baschkirischer Kalke. Nur an der Peripherie dieses Gebietes sind terrigene Schichten dieser Zeit (Martianowfolge) bekannt. Das Obermoskau (Podolsk–Mjatschkowo) ist als Taschlinskserie mit Foraminiferen der Mjatschkowozeit bekannt. Diese Folge ist im Osten sandig-tonig mit basalen Konglomeraten und bis 1400 m mächtig; gegen West geht sie in tonig-kieselige Schichten und dann in Kalke über, welche eine nur geringe Mächtigkeit haben.

Spuren einer Erosionsdiskordanz befinden sich also an der Basis des Obermoskau. Ob diese Diskordanz mit Recht als sudetisch bezeichnet wird, ist fraglich, da sie über dem Namur liegt (? erzgebirgisch). Das obere Karbon ist teils durch kieselige Kalke mit umgelagerten Foraminiferen und Choristiten des Mittelkarbon, teils durch Tonschiefer mit Kalk- und Konglomeratlagen mit Foraminiferen vertreten; die Mächtigkeit erreicht 100–110 m.

Am Osthang, im Raume zwischen Slatoust–Tscheljabinsk und Werchneuralsk, d. h. in ungefähr derselben Breite wie das besprochene Westgebiet, beginnt das Unterkarbon mit basischen und sauren Effusivgesteinen; nach einer Erosionsdiskordanz setzt das Visé mit einem Kalkkonglomerat ein; darüber folgen vorwiegend Kalke, unten mit *Pr. giganteus*, höher mit *Sp. gracilis* und *Posidonia venusta*, oben mit *Reticuloceras verneuili*, *Gastrioceras marianum* und anderen, anscheinend namurischen Goniatiten. Höheres Karbon ist nicht sicher bekannt. Die Folge ist oft, besonders wo sandig-tonige Einschaltungen auftreten, stark metamorph.

Im südlichen Ural sind am Westhang stark abweichende fazielle Verhältnisse vorhanden; neben der normalen Kalkfazies treten mächtige sandig-tonige Folgen mit Konglomeraten auf, die als Karbonflysch bezeichnet werden. Das Nebeneinander ist z.T. tektonisch bedingt, und ein Teil der „Flyschserien" könnte von Osten überschoben sein. Im übrigen ist aber der Fazieswechsel von N nach Süden auch deutlich. Das Tournai ist hier noch im einzelnen wenig bekannt, doch treten gelegentlich in tonigen Lagen innerhalb einer Kalk-Dolomitfolge Clymenien (Übergangsschichten) und höher (sehr selten) *Pericyclus* auf. Im Süranbecken unterscheidet KRESTOWNIKOFF darüber eine untere schieferig-kalkige Serie A mit mehreren Goniatitenhorizonten, von unten: *Goniatites striatum*, *Homoceras barbotanum*, *Proshumardites karpinskii*, *Reticuloceras reticulatum*, also IIIγ bis IVγ, d. h. im wesentlichen oberes Visé bis Namur. Darüber liegt eine Serie B von vorwiegend sandig-toniger Zusammensetzung (600 m), die noch gelegentlich Goniatiten der Zonen IV δ bis V γ, also Obernamur bis Unterwestfal enthält; in zwischengelagerten Kalkschichten finden sich Fusulinen und mittelkarbonische Brachiopoden. Gegen Osten herrschen dunkle Schiefer und helle Kieseltone vor (Flyschfazies). Höhere Horizonte treten hier nicht auf.

Im Gebiet des südlichen Baschkirien und Kasakstans unterscheidet CHVOROVA über nicht näher erforschtem Tournai folgende Unterkarbonfolge (von oben):

C_1n: feste Tone mit Kalklagen mit Foraminiferen; im N 250–300 m, an der Sakmara 200–100 m, am Uralfluß 20–10 m, dann 0 m, noch weiter südlich wieder mächtiger, aber in Ammonitenfazies mit namurischen Goniatiten.

C_1v 4: oben Kalk, tiefer kieselige Kalke und Tone (Argyllite), entspricht dem Serpuchow-Horizont, d. h. Oberstvisé, etwa 300 m.

Cv_1 3: tonig-kieselige und kalkig-kieselige Schichten, fossilleer, 500–550 m.

Cv_1 2: feste Kieselkalke und Schiefer, fossilleer, 300 m.

Cv_1 1: graue, oben dickbankige, unten plattige Kalke mit Brachiopoden und Korallen des Untervisé, 250 m.

Auch hier geht also die unterkarbonische Folge nach oben in flyschartige Schichten über, die aber stellenweise so reduziert sind, daß mit einer teilweisen Emersion im Namur zu rechnen ist; diese Emersion schreitet im Mittelkarbon südwärts vor, so daß z. B. am Uralfluß die tieferen Mittelkarbonschichten (sandig-tonig) überhaupt fehlen (Baschkirische Stufe), in der Moskaustufe sich aber ein fazieller Übergang von Konglomeraten am Uralfluß zu Kalkbrekzien an der Sakmara und fossilführenden Kalken weiter im Norden (Assel-Fl.) vollzieht. Man kann demnach in der Moskaustufe zwei Kalkhorizonte (bzw. Brekzien und Konglomerate) und dazwischen zwei sandig-tonige Folgen von $\pm$ konstanter Fazies unterscheiden. Die Unterbrechung im Süden umfaßt also Namur und Unterwestfal.

Im Oberkarbon des Tschkalower Bezirkes unterscheidet Ruschenzeff (1937) von oben:

Orenburger Horizont. Schieferige Tone und plattige Sandsteine von grauer Farbe; im Osten Konglomeratlagen. In den Tonen kommen mergelige Konkretionen und Kalklinsen mit gut erhaltener Ammoneenfauna vor. Unter den Foraminiferen: *Triticites incisus, jegulensis, beedei, plummeri* (neben einigen älteren), *Pseudofusulina prisca, sokensis*. Mächtigkeit bis 500 m.

Ziantschurinskhorizont. Faziell stark wechselnd: Riesenbrekzien mit Komponenten von Untermittelkarbon (300–550 m), Brekzien in Wechsellagerung mit Schiefertonen und Kalksandsteinen (300 m), Karbonate mit zurücktretenden detritischen Gesteinen (300 m). Foraminiferen sind reichlich, insbesondere *Triticites montiparus, arcticus, noinskyi*; erste *Pseudofusulina (prisca)*.

Absanovskhorizont. Kalke, mit sandig-tonigen Schichten wechsellagernd; flyschartig. Faunistisch nur Foraminiferen bedeutsam: *Fus. usvae, Triticites noinskyi, schwageriniformis*, daneben auch ältere Arten und viele umgelagerte Formen des Visé und Namur. Mächtigkeit 400–550 m.

Geht man weiter nach Osten, so sind am mittleren Uralfluß (Uralosthang) die klastischen Schichten noch mehr vorherrschend. Über der Siliairserie des Devon liegen gelegentlich Konglomerate mit Clymenienkalkgeröllen; eine Andeutung bretonischer Bewegungen ist hier also, im Gegensatz zum Westen, vorhanden. Dann folgt die Beresowskajaserie, eine bis 1000 m mächtige Folge von Effusivdecken verschiedener Art (Keratophyre, Spilite, Diabase) mit zwischengeschalteten Tuffen, die in normale Sedimente (Kieselschiefer, z. T. kohlenführende Sandsteine, Schiefer, Kalke) übergehen; Tuffe und Sedimente enthalten eine Tournaifauna von Brachiopoden und Korallen. Das Visé beginnt wieder mit sauren und basischen Ergußgesteinen und wird 1400 bis 1800 m mächtig; die Ausbildung ist kalkig, doch wechselt die Fazies: die Kisilskajafazies besteht aus z. T. massigen Kalken mit Korallen, Brachiopoden und Foraminiferen, über denen nochmals basische Effusiva und Tuffe folgen; die mehr oder weniger altersgleiche Gussichinfazies beginnt mit dunklen Productuskalken, über denen helle Kalke mit Cephalopoden und dann Kalksandsteine mit Foraminiferen folgen.

Im Mittelkarbon folgt über der Kisilskserie die Urtarimserie (700–1000 m), die aus Schiefern und hellen Kalken mit Foraminiferen und Brachiopoden, auch (höher) aus Kalksandsteinen und Konglomeraten mit Foraminiferen und Pflanzenresten besteht. Über der Gussichinserie folgt die faziell sehr wechselnde Kordailowskserie, aus Kalksandsteinen mit Pflanzen und dunklen Trümmerkalken mit Foraminiferen, *Productus, Choristites* und zahlreichen Cephalopoden *(Stenopronorites karpinskii)* bestehend. Die Stellung der hangenden sandig-tonigen gipsführenden Schichten ist noch unsicher.

Noch weiter östlich, am Tobolfluß, nehmen die Klastika noch mehr zu. Das Unterkarbon beginnt mit Arkosen und Konglomeraten; höher liegt die kohlenführende Serie mit Pflanzenschiefern, selteneren Sandsteinen, aber mit vulkanischen Einschaltungen. Das Visé besteht aus Kalkschiefern und verkieselten Kalken, das Mittelkarbon aus Konglomerat, Kalksandstein und Fusulinenkalklagen. Höhere Schichten fehlen, das Untere Karbon ist z. T. stark metamorph (Kohle in Graphit umgewandelt). Offenbar befindet man sich hier schon im Litoralgebiet.

Betrachtet man die karbonische Entwicklung als Ganzes, so sieht man, daß der Übergang zwischen Devon und Karbon meist allmählich ist und die Grenze oft unscharf erscheint. Spuren einer altbretonischen Diskordanz sind höchstens im Ostural vorhanden. Das Tournai ist am Westhang vorwiegend kalkig, mit Ausnahme der lokalen Alataufazies mit Eisenerzen und hat 100 bis 400 m Mächtigkeit. Am Osthang herrscht schon hier eine wechselvolle, zum Teil sehr mächtige Folge mit basischen und sauren Effusiven und Tuffen (bis 100 m), also wohl eine geosynklinale Bildung. Sehr verbreitet ist die Regression zu Beginn des Visé, die nur stellenweise im Südural fehlt; diese Phase ist mit Kohlenbildung und wohl mit nicht unerheblichen Bewegungen verknüpft; auf sie folgt eine weitverbreitete Transgression, die sich durch zunehmende Einschaltung von Kalklagen (mit *Productus giganteus*) im oberen Teil der kohlenführenden Serie anzeigt und dann zu einer mächtigen Kalkbildung (400–1800 m Visé und Namur) führt, welche im Westen auch im höheren Karbon anhält. Im oberen Visé sind die Verhältnisse am Ost- und Westhang ziemlich gleich; es handelt sich um ein flaches Meer, und nur der – nun auch abnehmende – Vulkanismus im Osten bildet einen Unterschied. Während aber im Westen die Verhältnisse im Namur ziemlich stabil bleiben und nur im südlichen Ural auch sandig-tonige Schichten zum Absatz kommen, nimmt im Osten schon jetzt die Beteiligung detritischer Schichten und grober Konglomerate zu; das Meer verflacht hier bald, im Mittelkarbon bilden sich schon Sandsteine mit Pflanzenresten, später höchstens noch Sedimente geschlossener Becken mit Gips. Am Westhang dagegen zeigt sich erst zu Beginn des Mittelkarbons eine meist recht deutliche Erosionsdiskordanz, die von Konglomeraten überlagert wird. Es ist wohl kaum angängig, diese nachnamurische Diskordanz als sudetisch zu bezeichnen; eher wäre an die erzgebirgische Phase zu denken (s. o.). Im übrigen sind auch am Westhang die Verhältnisse im Mittelkarbon unruhig, und die stärkste Heraushebung erfolgt teils zu Beginn (Kisel, Tschussowaja), teils zu Ende des Mittelkarbons. Nur im Sakmaragebiet im Süden geht auch im Mittelkarbon die Bildung flyschartiger sandig-toniger Serien weiter. Man kann daher mit Gorskij annehmen, daß die Bewegungen am Osthang begannen und sich dann gegen Westen verlagerten. Während aber zum Schluß des Mittelkarbons der Osthang schon Land wurde und hier mithin die Gebirgsbildung im Mittelkarbon anscheinend erhebliche Intensität erreicht, ist im Westen das Oberkarbon eine ruhigere Zeit mit karbonatischen Absätzen, die mittelkarbonische Unruhe also nur eine vorübergehende Episode; wiederum mit Ausnahme des Sakmarabezirkes mit seinen detritischen Absätzen. Im übrigen Teil des Westurals erfolgt der Faziesübergang zu klastischen und tonigen Sedimenten erst am Ende des Oberkarbons im Zusammenhang mit den nun einsetzenden Hauptbewegungen des Westhanges. Diese Zeit war weiter im Osten, in dem hier anzusprechenden Landgebiet durch die gewaltige Intrusion der basisch-ultrabasischen Tiefengesteine ausgezeichnet, welche Viséschichten metamorphisieren, in Artinskschichten als Gerölle auftreten und durch starke Druckschieferung eine Erstarrung vor dem tektonischen Paroxysmus anzeigen. Die sauren Intrusionen sind jünger, aber z. T. wohl auch unterpermisch; ein altkimmerisches Alter einiger Granite wäre allerdings durchaus möglich.

f) Perm

Das Perm im Ural gewinnt besonderes Interesse durch die Tatsache, daß in diese Zeit die Hauptfaltung des Gebirges fällt. Entsprechend rückt nun der Ural aus der Sedimentations- in die Erosionszone hinein, und die Sedimente konzentrieren sich immer mehr auf die Westgrenze des Gebirges (Vorsenke). Im Zusammenhang damit ist das untere Perm teils ein typisch orogenes Sediment, ein „Flysch", ohne deutliche Zyklengliederung, mit einem ziemlich regellosen Wechsel von Kalk, Ton, Sandstein und Konglomerat, mit scharfen faunistischen Unterschieden und mit sehr wechselnden Lagerungsverhältnissen, teils eine echte „Molasse" mit detraktiven Sedimenten. Die Einzelgliederung weist daher noch viele Unklarheiten auf. Die großen Züge bleiben dagegen am ganzen Westhang die gleichen.

Wie schon erwähnt, steht heute die Grenze von Karbon und Perm noch nicht ganz fest, da die alte petrographische Grenzziehung zwischen „Bergkalk" und „Pfeffersandstein" sich als falsch erwiesen hat, indem zum mindesten ein Teil der „Schwagerinenkalke" heute zum Perm zu rechnen ist. Die ältere Zweiteilung des Unterperm in Artinsk und Kungur wird heute immer mehr zugunsten einer Dreiteilung aufgegeben, indem das Untere Artinsk als Sakmarastufe (Ruschenzeff) abgetrennt wird. Wenn auch diese Einteilung in der Sowjetunion noch nicht allgemein anerkannt ist, so steht sie doch in so auffallender Übereinstimmung mit der westeuropäischen und nordamerikanischen Gliederung (Rattendorfer Schichten = Wolfcamp = Sakmarastufe), daß sie hier zugrunde gelegt werden darf. Die genauen zonaren Grenzen sind damit freilich noch nicht festgelegt. In der Sowjetunion werden drei Möglichkeiten erwogen:

1. Ruschenzeff legt die Permbasis am tiefsten, zwischen den letzten häufigen *Triticites* und die ersten Schwagerinen (Pseudofusulinen); damit hängt auch der Wechsel der Ammoneenfauna zusammen, und diese Grenze entspricht dem westeuropäischen Schema.

2. Rauser-Tschernoussowa legt die Grenze zwischen die Zonen der *Pseudofusulina moelleri* und *Ps. anderssoni*.

3. Gorski und andere legen sie noch höher, an das erste massenhafte Auftreten von *Pseudo-* (? *Para-*) *fusulina lutugini*. Nach westeuropäischem Schema würde das schon der Grenze Sakmara-Artinskstufe (im engeren Sinne) entsprechen.

Die ganze Gliederung beruht auf folgender zonarer Verteilung der Fusuliniden (von oben):

9. Irginaserie: *Pseudofusulina lutugini* (massenhaft), *Ps. verneuili*; *Ps. tschussovensis*, *Triticites minutus*.
8. Burzewskserie: *Ps. juresanensis*, *Ps. schellwieni*, *Ps. kultkanensis*, *Ps. lutugini* (selten).
7. Schichten mit *Ps. concavutas*, *Ps. schellwieni*, *Ps. kultkanensis*.
6. Sterlitamakserie: *Ps. urdalensis*, *Ps. plicatissima*, *Ps. anderssoni*.
5. Horizont mit *Ps. moelleri*, *Ps. blochini*, *Ps. verneuili*, *Ps. tastubensis*, *Ps. sulcata*, *Ps. ischimbaevi*, *Ps. composita*, *Ps. baschkirica*, *Ps. lutuginiformis*, *Rugosofusulina latioralis*, *R. serrata*, *Paraschwagerina*.
4. Obere Schwagerinenschichten: *Schw. moelleri*, *Schw. pavlovi*, *Rugosofusulina serrata*, *R. latioralis*, *R. moderata*, *Pseudofusulina uralica*, *Ps. gregaria*, *Ps. paragregaria*, *Ps. decurta*, *Ps. paramoelleri*.
3. Untere Schwagerinenschichten: *Schw. moelleri*, *Sch. pavlovi*, *Sch. robusta*, *Sch. muongthensis*, *Triticites plummeri*, *Pseudofusulina krotowi*, *Ps. gregaria*, *Ps. paragregaria*, *Ps. decurta*, *Ps. paramoelleri*.

In 3–4 noch: *Staffella struvei*, *St. preobrashenskii*, *St. ivanovi*, *St. dagmarae*, *St. pseudosphaeroidea*, *St. matildae*, *St. bradyi*.

2. Pseudofusulinenschichten: *Triticites plummeri*, *T. beedei*, *Rugosofusulina prisca*, *R. aktjubensis*, *R. stabilis*, *Pseudofusulina sokensis*, *Ps. gallowayi*, *Ps. alpina*, *Schwagerina fusulinoides*.
1. Triticitenschichten: *Triticites montiparus*, *Fusulinella uswae*, *Stafella angulata*, *Quasifusulina longissima*; wohl sicheres Oberkarbon (s. daselbst).

Wichtig ist, daß die Schichten 1–5 durch die Bryozoengattung *Ascopora* gekennzeichnet sind, während in 9 *Hexagonella* neu erscheint.

Die neue Ammonitenfauna erscheint n. Ruschenzeff in der Schicht 2 (sein Asselśkhorizont). Die für die Sakmarastufe kennzeichnenden Formen sind:

Neopronorites praepermicus, *Epipronorites* sp., *Sakmarites postcarbonarius*, *Propinacoceras sakmarae*, *Artinskia* sp., *Thalassoceras gemellaroi*, *Prostacheoceras juresanense*, *Popanoceras lahuseni*, *Agathiceras uralicum*, *Crimites* aff. *krotowi*, *Paragastrioceras jossae*, *P. ellipsoidale*, *Uraloceras burtiense*, *Eoasianites subhanieli*, *E. beluensis*, *Metalegoceras* sp., *Neoshumardites* sp., *Medlicottia* cf. *orbignyana*.

6 Gattungen sind gemeinsam mit dem Oberkarbon, 13 mit der Artinskstufe im engeren Sinne. Die wichtigsten Formen in der letzteren sind:

Neopronorites permicus, *N. urmensis*, *Artinskia artiensis*, *Medlicottia orbignyi*, *Propinacoceras*, *Daraelites elegans*, *Thalassoceras*, *Popanoceras sobolewskyanum*, *P. hanieli*, *Marathonites invariabilis*, *M. timorensis*, *Stacheoceras krasnopolskii*, *Agathiceras uralicum*, *Adrianites frederichsi*, *Paragastrioceras jossae*, *P. suessi*, *P. karpinskii*, *P. ellipsoidale*, *Uraloceras fedorowi*, *Metalegoceras tschernyschewi*, *M. sogurense*, *M. sundaicum*, *M. ajadaralense*, *M. jacksoni*, *M. evolutum*, *Riphaeites aktubensis*, *R. kargalensis*, *R. pseudomeneghini*, *Eothinites aktastensis*, *Neoshumardites*.

Es erscheinen demnach neu in der Artinskstufe im engeren Sinne: *Daraelites*, *Adrianites*, *Stacheoceras*, *Riphaeites*; an Stelle von *Eoasianites* tritt *Metalegoceras*, an Stelle von *Agathiceras Adrianites*, von *Marathonites Stacheoceras*. Gemeinsame Arten sind nur wenig vorhanden. Die Artinskfauna erscheint in dem oben angeführten Horizont 6 (Sterlitamakserie mit

Pseudofusulina anderssoni). Demnach könnte die Untere Artinskgrenze auch hierher (nicht in 9, *Pseudofusulina lutugini*) gelegt werden.

Die übrige Fauna der Sakmarastufe im Ural bedarf wohl noch der Revision; mit diesem Vorbehalt und unter Hinweis auf die oben gegebene Liste gemeinsamer karbonisch-permischer Formen sei folgende Zusammenstellung für die Sakmarastufe gegeben (mit * bis ins Artinsk im engeren Sinne):

Productus inflatus, **Pr. juresanensis*, *Pr. porrectus*, **Pr. konincki*, **Pr. aagardi*, *Pr. gratiosus*, *Pr. subpectinatus*, **Pr. simensis*, **Pr. irginae*, **Pr. cancriniformis*, *Pr. elegans*, *Pr. sterlitamakensis*, *Thomasia pseudoartiense*, *Proboscidella genuina*, *Squamularia perplexa*, *Squ. rostrata*, *Marginifera timanica*, *M. typica*, *M. schellwieni*, *Chonetes alata*, **Ch. variolata*, *Ch. trapezoidalis*, *Scacchinella gigantea*, *Meekella uralica*, *M. striatocostata*, *Tegulifera deformis*, **Derbya grandis*, *Spirifer striatus*, *Sp. ravana*, **Sp. tibetanus*, *Sp. interplicatus*, *Sp. condor*, *Spiriferina holzapfeli*, *Sp. ornata*, **Sp. cristata*, **Sp. saranae*, *Munella nikitini*, *Martinia orbicularis*, *M. uralica*, *M. triquetra*, *M. corculum*, **M. semiplana*, *M. simensis*, *Ambocoelia planoconvexa*, *Mentzelia simensis*, **Streptorhynchus pelargonatus*, *Hustedia indica*, **Athyris royssiana*, *Camarophoria verneuiliana*, **C. sella*, **C. kutorgae*, **C. plicata*, *Rhynchonella granulata*, *R. hofmanni*, *Pugnax uta*, *P. osagensis*, *P. swallowi*, *P. connivens*, *Notothyris nucleolus*, *N. uralica*, *Dielasma gillingense*, *D. itaitubense*, *D. elongatum*.

Edmondia subrotundata, *Myophoria praecox*, *Streblopteria ufensis*, *Str. eichwaldi*, *Str. pusilliformis*, *Macrodon semilaeve*, *M. obsoletum*, *Lima laticostata*, *L. krotovi*, *Pseudoplacunopsis saranensis*, *Placunopsis uralica*, *Pecten praetextorius*, *P. keyserlingi*, *P. wilczekiformis*, *Pterinopecten elegantulus*, *Aviculopecten bouei*, *Pseudomonotis kolwae*, *P. gigantea*, *Bellerophon rossicus*, *Pleurotomaria marcousana*, *Straparollus minimus*, **Griffithides gruenewaldti*, *Gr. roemeri*, *Pinnatopora*, *Synocladia*, *Phyllopora*, *Polypora martis*, *Ascopora nodosa*, *Fenestella plebeja*, *F. veneris*, *F. bifida*, *F. virgosa*, *F. pulcherrima* und andere, **Geinitzella columnaris* und viele andere Bryozoen; *Orionastraea campophylloides*, *O. stuckenbergi*, *Protowentzelella* ex gr. *simplex*, *Wentzelella elegans*, *Lonsdaleiastraea gerthi*, *L. kargalensis*, *L. dentireticulata*, *Cystophora longiseptata*, *Stylidophyllum volzi*.

Die Artinskstufe hat sehr viele Formen mit dem Sakmara und sogar mit dem Oberkarbon gemeinsam, wie die Zusammenstellungen auf S. 360 und S. 368 zeigen, wo die betreffenden Arten mit einem Stern bezeichnet sind. Außerdem seien genannt:

Productus tastubensis, *Pr. kuliki*, *Pr. orientalis*, *Pr. volkovi*, *Pr. humboldti*, *Pr. spinulosus*, *Pr. noinskyi*, *Pr. stuckenbergi*. *Pr. tenuistriatus*, *Pr. praepermicus*, *Pr. spiralis*, *Pr. purdoni*, *Pr. asperulus*, *Pr. tundrae*, *Pr. waageni*, *Chonetes flemingi*, *Ch. tenuistriatus*, *Ch. transitionis*, *Ch. brama*, *Ch. uralicus*, *Chonetina minima*, *Ch. sinuata*, *Marginifera septentrionalis*, *M. tuberculatiformis*, *Derbya regularis*, *Spirifer waageni*, *Sp. alatus*, *Sp. quadriradiatus*, *Spiriferina laminosa*, *Spiriferella drachei*, *Sp. expansa*, *Martinia uralica*, *M. simensis*, *Athyris planosulcata*, *A. semiovalis*, *Camarophoria sella*, *C. biplicata*, *Rhynchonella hoffmanni*, *Dielasma elongatum*, *Goniomya artiensis*, *Nucula ufimskiana*, *Edmondia nebrascensis*, *Aviculopecten kutorgae*, *Bakewellia*, *Straparollus variabilis*, *Pleurotomaria dimorpha*, *Wortheniopsis orientalis*; *Orthoceras verneuili*, *O. siphocentrale*, *Temnocheilus posttuberculatus*; *Fenestella*, *Polypora*, *Monobranchiocrinus oviformis*, *Hemistraptracon abrachiatum*, *Timoroblastus wanneri*, *Tachylasma*, *Cyathaxonia rhusiana*, *Plerophyllum*, *Meniscophyllum* cf. *minutum*, *Timania* cf. *schneidti*, *Caninophyllum* sp., *Caninia* sp.; höher, vielleicht schon im Kungur, treten noch folgende Korallen auf: *Timania schmidti*, *Petalaxis timanicus*, *Corwenia densicolumella*, *Wentzelella* cf. *elegans*, *Pemmatides arcticus*, *P. artiensis*, *Helicoprion bessonowi* (vorwiegend oben, leitend), *Parahelicoprion clerei*.

Von Pflanzen treten im Südural auf: *Noeggerathia expansa*, *Paracalamites kutorgae*,

Sphenopteris erosa, Pecopteris anthriscifolia, Psygmophyllum expansum, Tylodendron, Walchia piniformis, Haidingera cordata.

Eine biostratigraphische Gliederung der Artinskstufe ist bisher noch nicht durchgeführt; es wird noch heute im wesentlichen nach petrographischen Merkmalen gegliedert, wobei man im unteren, meist kalkigen Teil die drei Horizonte: Irgina, Sarga und Krassnoufimsk unterscheidet, die durch das Vorherrschen einiger der genannten Brachiopodenarten ausgezeichnet sind. Darüber folgt die mächtige sandig-tonige, stellenweise ammoneenreiche obere Artinskfolge, in der man gelegentlich die Utkinsk-, Baskinsk- und Schalinskserien trennt, von denen die mittlere durch *Helicoprion* ausgezeichnet ist, während die obere z. T. reich an Brachiopoden ist. Ob aber die genannten sechs Serien wirklich eine stratigraphische Folge bilden oder ob sie nur Fazies sind, die ineinander greifen, dürfte noch nicht geklärt sein. Nach Rauser-Tschernoussowa entsprechen die Schichten mit *Pseudofusulina anderssoni* dem Irginahorizont, die Schichten mit *Ps. lutugini* dem Sargahorizont. Im Tschkalower (Orenburger) Bezirk dagegen trennt Ruschenzeff ein Unterartinsk mit *Ps. anderssoni* (karbonatische und sandigtonige Serie) und ein Oberartinsk mit *Ps. lutugini* (konglomeratisch-karbonatische Serie). Auch daraus ergeben sich die noch bestehenden Unsicherheiten der Detailgliederung. Jedenfalls scheinen ganz allgemein die Helicoprionmergel dem oberen Artinsk anzugehören.

Kungur. Die Fauna des Kungur ist stratigraphisch noch kaum genauer ausgewertet. Die Brachiopoden tragen vielfach noch karbonisch-unterpermischen Charakter, doch treten schon Übergangsformen zum Oberperm auf, und bei den Muscheln sind diese oberpermischen Beziehungen noch deutlicher. Die Ammoneen sind verschwunden; bei den Foraminiferen fehlen nun auch die großen Fusuliniden, die ja schon im Artinsk spärlicher geworden sind. Da die Kungurstufe im wesentlichen schon dem Vorlande angehört, seien unter Hinweis auf die Besprechung daselbst (S. 162) hier nur einige wichtige Formen genannt:

Productus cancrini, Pr. irginae, Pr. inflatus, Pr. timanicus, Pr. noinskyi, Pr. aagardi, Pr. sterlitamakensis, Pr. cora, Pr. cancriniformis, Pr. gruenewaldti, Pr. fasciatus, Pr. villiersi, Chonetes uralica, Marginifera typica, M. uralica, M. septentrionalis, M. spitzbergiana, Spirifer rugulatus, Sp. cameratus, Spiriferina expansa, Sp. cristata, Rhynchopora nikitini, Rhynchonella pleurodon, Dielasma elongatum;

Bakewellia ceratophaga, B. antiqua, Astarte permocarbonica, Lima permiana, Pecten sericeus, Schizodus rossicus, Modiola simplicissima; Bellerophon; Orthoceras.

Das Unterperm ist nur am Westsaum des werdenden Uralgebirges mit Sicherheit bekannt, wo es aber einen zusammenhängenden Streifen mariner Gesteine bildet; weiter im Osten sind nur einzelne Vorkommen kontinentaler Schichten nachzuweisen, die z. T. floristisch dem Perm zuzurechnen sind und wohl Füllungen von Innenbecken darstellen. Wir betrachten zunächst die Sakmara- und Artinskstufe.

Die Sakmarastufe schließt faziell noch meist eng an das Oberkarbon an, d. h. ist gewöhnlich kalkig entwickelt und geht ohne scharfe Grenze aus dem Oberkarbon hervor; eine Diskordanz ist hier also kaum nachweisbar. Die Kalkfazies hält übrigens auch noch im tiefsten Artinsk an. Nur im Südural, wo das Oberkarbon schon detritisch-tonige Flyschfazies hat, setzt diese direkt ins Perm fort. Im tieferen Artinsk beginnt nun die stärkere Heraushebung des Zentralen Ural, und im Zusammenhang damit wechselt die Fazies der Artinskstufe meist scharf und unvermittelt zu einem detritischen, sandig-tonigen Typus über. Es ist auffallend, daß eine deutliche Winkeldiskordanz nur selten zu finden ist; wohl aber liegen die klastischen Artinskschichten verschiedenen Horizonten vom Unterartinsk bis zum Unterkarbon auf und auch die polygenen Konglomerate beweisen die starke Erosion der Zentralketten. Ganz allgemein läßt sich zeigen, daß im Osten eine grobdetritische Fazies vorherrscht, die nach Westen in mächtigere sandig-tonige Schichten mit Kalklagen übergeht, während weiter im Westen die Kalklagen zunehmen und, bei starker Reduktion der Mächtigkeit, sich die Kalk- bzw. Kalksandsteinfazies des Vorlandes entwickelt. Es ist die typische Gliederung eines Molassebeckens, d. h. einer Vorsenke, deren innere Teile später aber noch weiterer Faltung unterlagen.

Fazies und Mächtigkeit wechseln allerdings auch im Streichen des Gebirges, d. h. von Nord nach Süd, recht beträchtlich, so daß man einige Hebungszentren bzw. Erosionsmittelpunkte unterscheiden kann.

So wurde im polaren Ural und im Pai-choi eine Auflagerung des tonig-kalkigen Artinsk auf verschiedene Viséhorizonte festgestellt; Mittel- und Oberkarbon fehlen durchweg, anscheinend durch nachträgliche Erosion. Dagegen ist im Petschorabecken das Karbon vollständig, und die Artinskstufe liegt konkordant darauf, wenn auch mit deutlichem Faziesumschlag. Die Mächtigkeit des Artinsk erreicht (Kossju-Fl.) 2500–3000 m, nimmt aber dann wieder nach SW auf 500–700 m (Ilytsch) ab. Im südlichen Nordural (Kolwa, Uswa) scheint man sich wieder in der Nähe eines Hebungs- und Erosionszentrums zu befinden. Auf den kalkigen Sakmaraschichten, welche hier schwer vom Karbon zu trennen sind, liegt zunächst noch kalkiges Unterartinsk: unten die Irginaschichten, gut geschichtete, meist verkieselte Kalke mit Bryozoen, Kieselschwämmen und großen Fusuliniden *(Ps. anderssoni)*, 150–250 m mächtig, oben die meist massiven, gelegentlich brekziösen Sargakalke mit vorwaltenden Brachiopoden und *Ps. lutugini* (etwa 100 m). Diese Unterartinskserie ist aber nicht überall vertreten; besonders im Osten kann sie ganz oder teilweise erodiert sein, und dann liegen die höheren detritischen Artinskschichten unmittelbar tieferen Horizonten auf. Die Basis bilden häufig steilwandige Klötze von Bryozoenriffen (bis 200 m mächtig), welche seitlich durch Tone und feinkörnige Sandsteine mit Artinskammoneen ersetzt werden. Das typische Profil an der Uswa zeigt unten 30–40 m Mergel und Tonschiefer mit spärlichen Brachiopoden und Ammoneen *(Paragastrioceras fedorowi)*. Darüber folgen wechsellagernde Sandsteine und Schiefer (60–70 m), die unten in Sandsteinlinsen *Pronorites* cf. *praepermicus* enthalten, während oben in Kalklinsen die reiche und typische Ammoneenfauna liegt *(Artinskia artiensis, Medlicottia orbignyi, Daraelites elegans, Paragastrioceras jossae, P. suessi* usw.). Darüber folgen Konglomerate (80 bis 200 m), dann grobkörnige Sandsteine mit spärlichen Ammoneen und Pflanzenresten (100 m), endlich Mergel und Kalksandsteine mit Pflanzenresten (300–400 m). Die ganze Artinskfolge ist hier also nur 700–800 m mächtig. Die Konglomerate führen schon viele ältere Komponenten bis zum Altpaläozoikum.

Südlich davon, bei Tschussowskie Gorodki, zeigt sich eine weitere, für den Westsaum typische Reduktion der Serie. Auf kalkigem Oberkarbon liegen 295 m bituminöser Fusulinenkalke, dann 240 m Korallenkalke, die der Sakmarastufe zuzurechnen sind. Darüber folgen 200 m kieseliger Kalke mit Schwämmen und Fusulinen und 70–90 m Bryozoen-Crinoiden-Mergelkalk (Irginaschichten). Im Hangenden folgt wieder ein bis 350 m mächtiges Bryozoenriff, seitlich durch mergelige Plattenkalke mit Sandstein (40–60 m) ersetzt. Über beide greift direkt gipsführendes Kungur über. Während also hier die Folge 350–650 m mächtig ist, wird sie weiter im Osten 700–800 m, besteht dort aus Sandstein und Konglomerat und liegt unmittelbar älteren Schichten auf.

Weiter im Süden sind die Veränderungen des Profils von West nach Ost ebenso deutlich:

Krassnoufimsk (W)	Staroutkinsk (O)
Schalinskhorizont: tonige Mergel, etwa 100 m.	Schalinskhorizont: feinkörnige Sandsteine, Mergel und Schiefer mit reicher Brachiopodenfauna, 250 m.
Diwijhorizont: feinkörnige Mergel mit *Helicoprion bessonovi*, *Paragastrioceras suessi*, *P. jossae*, 40–100 m.	Baskinskhorizont: Konglomerate und Sandsteine mit *Helicoprion*, 300–500 m.
Utkinskhorizont: Tone mit Crinoiden und Brachiopoden, etwa 25 m.	Utkinskhorizont: Kalksandsteine mit *Medlicottia*, Schiefertone mit Linsen von Kalk und Konglomerat. Mächtigkeit sehr wechselnd.
Bryozoenriffe, nur lokal erhalten. Erosionsrelikte oder fazielle Vertretung des Unterartinsk.	Zum Teil direkt auf älteren Schichten.

Die Mächtigkeit nimmt also von über 750 m im Osten auf 225 m bei Krasnoufimsk, ja auf wenige Meter weiter im Westen ab. Dieses Auskeilen nach Westen ist auch weiter im Süden bemerkbar. Während in dem Gebiet NO vom Juresanfluß das Artinsk bis 1700 m mächtig ist und vorwiegend aus groben Konglomeraten besteht, denen nur im mittleren Teil Sandschiefer mit Pflanzen und darüber Brachiopodenkalke eingelagert sind, zeigt sich weiter im SW (Mjassogut am Fl. Ai) folgendes Profil:

Dolomit und Kalk mit Brachiopoden = Kungurstufe, Ungleichförmigkeit.

Mergel und Sandstein mit *Pecopteris anthriscifolia*, bis 40 m.

Tonige Schiefer und Plattenkalke, oben und unten von gipsführenden Sandsteinen (mit Pflanzen) und kavernösen Dolomiten begleitet, bis 100 m.

Sandstein und Konglomerat mit Schieferton und Kalk, mit Brachiopoden und Ammoneen (*Artinskia artiensis*, *Paragastrioceras jossae*, *P. suessi*) bis 300 m.

Kieselkalk, Sandstein, Schiefer, Kalkbrekzien mit *Productus cancriniformis* und gelegentlich mit Ammoneen (*Paragastrioceras fedorovi*), bis 140 m.

Bituminöse Ockerschiefer mit Kalksandstein und Brachiopoden, bis 100 m.

Diese etwa 700 m mächtige Folge nimmt westwärts schnell auf 70–100 m ab. Die Konglomerate werden in dieser Richtung durch sandig-tonige

Schichten ersetzt, zwischen denen dann zunehmend und die anderen Schichten ersetzend Pakete von Brachiopodenkalk erscheinen.

Im Südural kann entsprechend den Profilen der Tschkalower (Orenburger) Steppe nach RUSCHENZEFF folgendes Richtprofil des unteren Perm aufgestellt werden.

Artinskstufe:

3. Baigendschinhorizont. Petrographisch stark wechselnd. Von Foraminiferen: *Pseudofusulina lutugini, Ps. schellwieni, Ps. concavutas.* Reiche Ammoneenfauna: *Artinskia, Paragastrioceras, Medlicottia, Metalegoceras, Riphaeites, Popanoceras sobolewskianum* und andere. Auch *Helicoprion bessonovi* kommt vor, so daß der Horizont den Helicoprionmergeln weiter im N entsprechen dürfte.
2. Sterlitamakhorizont. Sandig-tonig. *Pseudofusulina anderssoni, Ps. plicatissima, Ps. urdalensis.*
1. Sterlitamakhorizont, unterer Teil. Sandig-tonig mit Karbonaten.

Sakmarastufe:

3. Kasmarskserie. *Pseudofusulina moelleri, Ps. verneuili.*
2. Kurmainskserie. *Pseudofusulina sulcata, Ps. uralica, Schwagerinen, Neopronorites praepermicus.*
1. Aselskserie. Meist brekziös. *Pseudofusulina sokensis, Ps. krotowi, Schwagerina fusulinoides. Eoasianites, Agathiceras frechi.*

Oberkarbon: Mit Riesenbrekzien. *Triticites.*

Besondere Erwähnung verdienen die im Oberkarbon und im untersten Perm besonders im Osten auftretenden Konglomerate und Brekzien mit Riesenkomponenten von mehreren Kubikmetern Größe. Diese stammen aus den Kalken der unmittelbar liegenden Zonen. Sie sind z. T. wohl auf subaquatische Gleitungen in der Litoralzone zurückzuführen. Die gelegentlich versuchte glazigene Deutung dürfte auf Schwierigkeiten stoßen.

Die petrographisch-fazielle Ausbildung zeigt einen sehr starken Wechsel, wobei man aber n. RUSCHENZEFF (1948) eine gesetzmäßige Verteilung in N–S streichenden Zonen annähernd parallel der Uraltau-Antiklinale erkennen kann. Von Osten nach Westen lassen sich folgende Fazieszonen unterscheiden (s. Abb. 89 und 90):

I. Alimbetzone. Über mächtigem terrogenem Karbon liegen über 3500 m Unterperm mit vielen grobklastischen Einlagerungen. Im einzelnen:

Artinsk. Sehr wechselnd, sandig-tonig mit Konglomerat und Karbonaten. Oben Gips. 1300 m.

Kasmarsk-S. P_1s_3. Sandig-tonig mit Konglomeraten. Foraminiferen, stellenweise Ammoneen und Korallen. 800–1200 m.

Kurmainsk-S. P_1s_2. Polymikte Konglomerate, in Sandsteine übergehend. Fusulinen. 530–750 m.

Assel-S. P_1s_1. Tone und Sandsteine mit Mergeln. Konglomeratlinsen. Fusulinen. 530 m.

II. Sakmarazone. An der Basis im N wenig mächtiges (110 m) kalkiges, im Süden mächtiges (4500 m) detritisches Karbon. Das Unterperm ist noch bis 2800 m mächtig, aber feinkörniger. Die Konglomerate verschwinden, in verschiedenen Niveaus treten Karbonate auf.

Im einzelnen:

Baigendschin-H. P_1a. Sehr wechselnd. Oben Ammonitenkalk, tiefer sandige Kalke mit Konglomerat. Pflanzendetritus.

Sterlitamak- (Taslar-) H. P_1a. Tone mit Sandstein.

Kasmarsk-S. Oben Karbonate mit Bryozoen, Crinoiden und Fusulinen, unten Tone mit Sandstein.

Kurmainsk-S. Feste bituminöse Kalke mit Mergel und Ton. Fusulinen, Ammoniten.

Asselsk-S. Tone und feinkörnige karbonatische Sandsteine, auch Mergel, z. T. organogen-detritische Kalke. Foraminiferen.

III. Belskizone. Gesamtmächtigkeit nur 1500 m.

Im einzelnen:

Artinsk, Kasmarsk } wie in der Zone II.

Kurmainsk, Assel } wenig mächtige (100 m) Kalke.

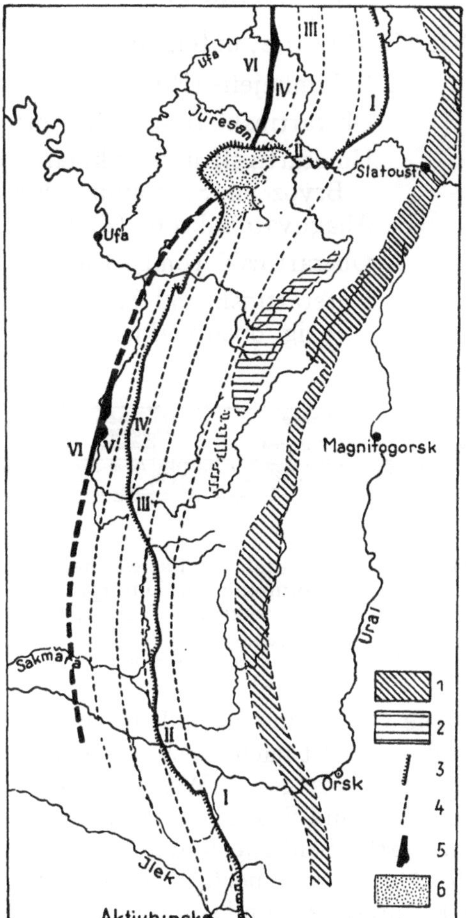

Abb. 89. Fazieskarte des Unterperm im Südural. Nach Rushenzeff.

1: Uraltau (Kristalline Zone) – 2: Jamantau – 3: Außenrand der Uralfalten – 4: Zonengrenzen – 5: Zone der Riffe – 6: Karatau-Fazies. I: Alimbot-Zone, II: Sakmara-Zone, III: Belski-Zone, IV: Seleuk-Zone, V: Depressions-Zone, VI: Ukski-Zone.

IV. Seleukzone. Gesamtmächtigkeit 600 m (im N) bis 900 m (im S).

Artinskstufe P_1a, mächtig und detritogen.

Sakmarastufe P_1s_{1-3}, wenig mächtig, karbonatisch.

V. Depressionszone. Gesamtmächtigkeit 200 m. Keine terrigen-detritischen Sedimente. Im einzelnen:

Artinsk. Oben dunkle schichtige Mergel mit Pyrit, unten tonige Kalke. Ammoniten, Spongiolithe, Fischschuppen, Pflanzendetritus.

Sakmara. Organogen-detritische Kalke und Dolomite. Fusuliniden vorherrschend.

VI. Ukskizone, untergeteilt in

A. Ischimbajeff- (Riff-) Zone. Bis 1200 m.

Oberartinsk. Tonige Dolomite und Kalke. Ammoneen.

Unterartinsk und Sakmara. Helle Riffgesteine, häufig Dolomite. Bryozoen, Schwämme, Fusulinen.

B. Allaguvatowskzone (Z. geschichteter Kalke). Bis 800 m.

Oberartinsk. Tonige Kalke.

Unterartinsk und Sakmara. Geschichtete Kalke, dolomitisch und tonig, oben verkieselt. Krinoiden, Fusulinen.

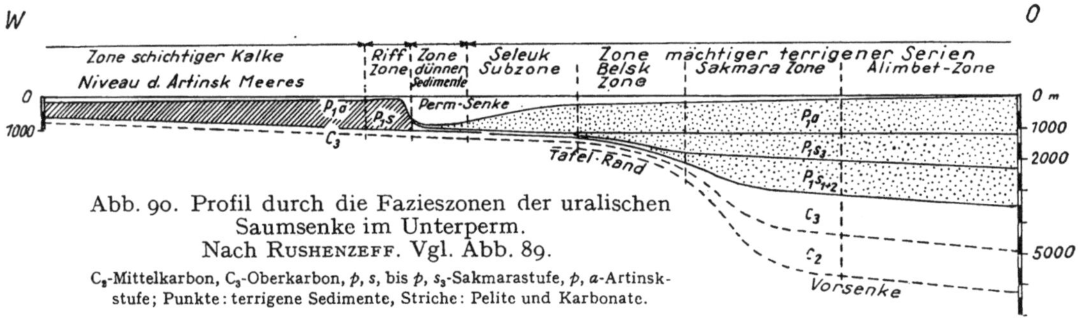

Abb. 90. Profil durch die Fazieszonen der uralischen Saumsenke im Unterperm. Nach RUSHENZEFF. Vgl. Abb. 89.

C_2-Mittelkarbon, C_3-Oberkarbon, p, s, bis p, s_3-Sakmarastufe, p, a-Artinskstufe; Punkte: terrigene Sedimente, Striche: Pelite und Karbonate.

Die Gliederung zeigt deutlich ein Wandern der Orogenese und der Vorsenke von Ost nach West, ausgeprägt vor allem im Übergreifen der detritogenen Fazies gegen Westen. Man kann n. RUSCHENZEFF sagen, daß die Alimbet- und Sakmarazone der eigentlichen Vorsenke angehören, in welche die starke Senkung durch Sedimentation kompensiert wurde. Dabei zeigt die Alimbetzone noch die grobklastische Ausbildung (Nagelfluh) im gesamten Unterperm (und schon im Oberkarbon), während westwärts, in der Zone von Sakmara sich fortschreitend, von unten nach oben, die feinklastische „Molasse"-Fazies durchsetzt, mit zunehmenden karbonatischen Einschaltungen. Diese Wanderung der Vorsenke nach W wird in den Zonen von Belsk und Seleuk noch deutlicher. Die detritische Fazies ist in Zone IV schließlich auf das Artinsk beschränkt, während darunter schon normale karbonatische Schelffazies liegt. Insofern ist es wohl berechtigt, die Zonen III und IV schon dem Tafel- (Schelf-) Rand zuzurechnen. Die Senkung schreitet im Laufe des Artinsk noch weiter nach Westen fort; sie verflacht zwar, wird aber nun in der Zone V nicht mehr durch terrigene Zufuhr kompensiert, so daß wir dort zu der tiefsten Reliefabsenkung mit wenig mächtigen Sedimenten tieferen Meeres gelangen. Diese tiefere Furche bezeichnet also die Grenze der Saumabsenkung gegen den stehengebliebenen oder sogar gehobenen Epikontinentalrand der Tafel mit seinem Riffsaum, dessen Parallelität zum Hauptstrang des Uraltau auffallend ist.

Das Unterperm des Südural stellt nach dieser Klärung durch RUSCHENZEFF direkt eine modellmäßig entwickelte Vorsenke dar, und diese gesetzmäßige Gestaltung wird auch durch örtliche Faziesabweichungen, die in differentiellen Schollenbewegungen begründet sind, nicht beeinträchtigt. So sind z. B. fazielle Abweichungen mit Sonderausbildung des Unterperms im Bereiche des Karatau am Palateau von Ufa erkennbar.

Nach RUSCHENZEFF haben die tektogenetischen Phasen vor allem am Ende der Sakmarazeit (Kargalinskphase) und zwischen Unter- und Oberartinsk (Kijnskphase) stattgefunden. Diese Bewegungen machen sich sogar im Vorschelf (Zone VI) an veränderter Sedimentation und Verflachung bemerkbar.

Es ist bemerkenswert, daß der Rand der Uralfaltung nicht mit den geschilderten Zonen zusammenfällt, sondern sie mehrfach schneidet. So liegt z. B. der Faltenrand zwischen Aktjubinsk und der Sakmara (Abb. 89) in der Zone II, d. h. in der Vorsenke. Weiter im Norden greifen die Falten westwärts bis in die Zone IV, ja im Karatau bis in die Zone VI vor, während sie dann, nördlich der Juresan, bis in die Zone I zurückgestaut erscheinen. Hier prägt sich anscheinend der Einfluß des Ufablockes aus. Im Norden ist also nicht einmal die ganze Vorsenke gefaltet. Der Charakter der Falten zeigt deutliche Abhängigkeit von dem epirogenetischen Element (d. h. der sedimentären Zone), in der die Falten auftreten.

Kungur. Sowohl paläontologisch als auch lithologisch ist die Grenze zum Artinsk nur bedingt zu führen. Das Verschwinden der Ammoneen und das Auftreten von Dolomiten und chemischen Sedimenten ist bezeichnend, aber natürlich keine scharfe Grenzmarke. Eine Erosionslücke ist durchaus nicht überall vorhanden; eine schwache Winkeldiskordanz besteht mit Sicherheit nur in der Umrahmung des Ufaplateaus.

Im nördlichen Ural hat das Kungur (Ussinskserie) eine ganz abweichende, kontinental-paralische Ausbildung mit Kohlenflözen. Die klastischen Sedimente enthalten mächtige Konglomerate und erreichen 1500 m Gesamtmächtigkeit. Die salinare, typische Fazies beginnt erst südlich vom Kolwa-Wischeragebiet. Es ist zu bemerken, daß wir es nun mit einem Bekken zu tun haben, welches vorwiegend dem Vorland angehört und schon im Abschnitt über die Sarmatische Tafel betrachtet wurde, so daß hier eigentlich nur der Ostsaum eingehend zu besprechen ist. Die Fazies wechselt nämlich von Ost nach West sehr stark. Im Osten liegen grobdetritische Ablagerungen, die nach Westen in Gipsanhydritfolgen übergehen; diese wieder gehen nach W, in den zentralen Beckenteilen, in Steinsalz (z. Z. mit Kalisalz) Kalk und Dolomit über. Es kann auch der untere Teil des Kungur durch grobe terrigene Schichten, der obere durch bunte klastische Ablagerungen ersetzt sein; die letzten werden heute mit der Ufastufe vereinigt (s. S. 163).

Die mächtigeren Steinsalzlager sind an Depressionen des alten Reliefs geknüpft; man kann beobachten, daß z. B. auf den Riffen des Artinsk eine reine Anhydritfolge liegt, an ihrem Saume eine Wechsellagerung von Anhydrit und Dolomit, in den Senken zwischen den Riffen aber Steinsalz angereichert ist. Es scheint im wesentlichen eine Zweiteilung des salinaren Bekkens zu bestehen: das nördliche mit Zentrum in Solikamsk reicht bis zur Belaja-Ufawasserscheide und enthält nur chloridische Salze in der Kaliserie; das südliche, von Sterlitamak bis zum Embagebiet, führt in der Kaliserie auch Sulfate.

Im Kolwa-Wischeragebiet und an der Tschussowaja ist eine Zweiteilung der 200–450 m mächtigen Folge vorhanden: unten herrschen Gipse, oben Sandstein und Ton vor. An der Tschussowaja werden die unteren Salze z. T. durch Tone und dolomitische Kalke (mit Brachiopoden) ersetzt, über denen noch Sandsteine folgen; dann erst kommt die obere Serie. Eine ähnliche Gliederung besteht auch bei Solikamsk, wo aber, wie überall bei mächtigerer Salzeinschaltung, die Mächtigkeit anschwillt (700–1200 m).

Bei Kungur liegt transgressiv auf verschiedenen Horizonten des Artinsk ein Konglomerat, und dann erst folgt eine Serie brekziöser oder kavernöser oolithischer Dolomite mit Gips- und Anhydritlagen (140–160 m). Der obere Teil der Folge ist aus Dolomit, Sandstein und Ton zusammengesetzt und geht nach Osten in eine kontinentale Fazies mit Pflanzen und Insekten über (Berdinskhorizont).

Zwischen Sylwa-Fl. und Belaja-Ufawasserscheide läßt sich nur allgemein eine deutliche Mächtigkeitsabnahme nach W beobachten. Im Osten erreicht die Mächtigkeit 400 m, im Westen sinkt sie auf 50–70 m herab. Die Profile sind recht wechselnd, doch sind an der Basis meist kavernöse und brekziöse Dolomite und Kalke (z. T. mit Übergangsfauna zwischen Artinsk und Kasan), gelegentlich auch Sandsteine vorhanden, die nach oben in Mergel und Tonschiefer mit Gips übergehen. Im Hangenden sind teils Kalke, teils Sandsteine vorhanden. Das obere Kungur scheint stellenweise transgressiv auf Artinskschichten zu liegen. Wiederum herrscht im Osten sandige Fazies vor. In dem ganzen Bereich des Ufaplateaus ist die mächtigere salzführende Fazies sehr weit nach Westen abgedrängt. An der Belaja und ihren Nebenflüssen (Silim und anderen) beginnt die 140–200 m mächtige Kungurfolge mit Sandstein oder grauem Ton, darüber folgt Gips und Anhydrit, oben liegen mergelige Dolomite und Kalke. Dann ist die mächtigere Salinarfazies wieder dem Ostsaum genähert; bei Sterlitamak erreicht das Kungur 800 m. Es beginnt z. T. diskordant und inkonform über Artinsk oder Oberkarbon mit Kalken und gipsführenden Dolomiten, darüber folgen Gipse mit Lagen von pflanzenführendem Sandstein und Ton, oben liegen wieder Kalke und Dolomite mit Gips. Das Steinsalz erscheint in Linsen von 50–250 m Mächtigkeit zwischen den Gipsen und Sandsteinen, und zwar vor allem in den Mulden zwischen den Artinskriffen; über diesen selbst keilt es aus. Zwischen Ural und Sakmara besteht das Kungur aus Gipsen (160 m) unten, darüber aus Sandstein und Konglomerat (30 m), oben aus rosa Dolomit und Ton (20 m). Westlicher werden die Gipse durch Mergel und Dolomit ersetzt. Südlich vom Uralfluß erreicht die Mächtigkeit 460 m. Hier befindet man sich am Ostsaum des gewaltigen Salzbeckens des Südurals, welches bis zum Embagebiet reicht. (Hierzu die riesigen Salzlager bei Ilezk, Mertwyje Soli usw.) Bei Aktjubinsk beginnt das Kungur mit mächtigen bituminösen Kalken, darüber folgen Gips und Salz, dann Tone, Sandsteine und Mergel; die Folge erreicht hier 700–1000 m, westlich davon, wo die Salze anschwellen, wohl beträchtlich mehr. Bei Aktjubinsk besteht zwischen Artinsk und Kungur ein allmählicher Übergang. Die Lage der Gipse ist stratigraphisch unbeständig; teils gehören sie nur dem Unterkungur an, teils dem ganzen Kungur und teils dem Artinsk. An der Grenze gegen Oberperm liegen Konglomerate.

Das obere Perm des Uralvorlandes braucht hier nicht näher betrachtet zu werden, da es schon bei Besprechung der Sarmatischen Tafel behandelt worden ist. Am Ostsaum ist eine Gliederung kaum durchführbar, da hier meist eine Serie von roten und bunten Tonen, Konglomeraten und Sandsteinen lagert, die vom oberen Kungur bis ins oberste Perm (tatarische Stufe), ja in die Trias reicht und nur weiter im Westen durch Einschaltung der marin-lagunären Kasanschichten genauer gegliedert werden kann. Am Ostsaume ist die Trennung in Ufastufe (Oberkungur oder Unterkasan), Kasanstufe und tatarische Stufe nicht immer möglich; einigermaßen erkennbar ist der Horizont der (syngenetischen) Kupfersandsteine und zugehörigen Mergel und Tone mit einer gut erhaltenen Flora und Fauna von Ganoiden, Amphibien (*Platyops, Zygosaurus*) und Reptilien (*Rhopalodon, Wenjukovia, Deuterosaurus*) von zweifellos oberpermischem (Kasan-) Alter. Die Mächtigkeit der roten permischen Serien wurde auf einige 1000 m angegeben,doch haben geophysikalische Messungen gezeigt, daß die Kungursalze unter der einseitig nach W geneigten Folge flach in 750–1500 m lagern, so daß die Neigung nach W wohl als Deltaschichtung zu betrachten ist und die Mächtigkeit nicht aus einfacher Summierung abzuleiten wäre. Die rotsandige Ufaserie ist vor allem im Gebiet des Ufaplateaus und südlich davon entwickelt, während weiter im Norden die lagunären Verhältnisse der Kungurzeit auch am Westsaum länger anhalten. Die Kupfersandsteinfazies mit mergeligen Plattensandsteinen und Gips als Saumbildung des Kasanmeeres ist dagegen am ganzen Westhang des Urals verbreitet und wird dann durch die rein kontinentalen Streukegel der tatarischen Zeit ersetzt (s. S. 167).

Das Perm ist also im ganzen die Zeit der Heraushebung des Urals und der synorogenen Sedimentation weiter im Westen. Es ist dabei auffellend, daß durchgehende Winkeldiskordanzen eigentlich ganz fehlen. Die Bewegungen haben zweifellos schon im Karbon begonnen, die Bezeichnung uralische Phase ist indessen zeitlich noch nicht ganz scharf definiert. Jedenfalls waren die Verhältnisse in der Artinskzeit, d. h. nach der Sakmarazeit (oder sogar nach dem unteren kalkigen Artinsk) recht instabil, und das höhere Artinsk hat den Charakter orogener Sedimente oder riesiger Schüttungskegel von Molassetypus, wobei die Hauptabtragung im Süd- und Nordural stattfand, im Bereiche des Ufaplateaus aber geringer war. Das Kungur lagert transgressiv und z. T. mit Winkeldiskordanz (Ufaplateau) auf. Im Vorland wechselt die Fazies nun zu halb abgeschlossenen Lagunen über, deren salinar-chemische Füllung ostwärts in klastische Serien übergeht. Oberkungur und unteres Oberperm (Ufastufe) entspricht im Süd- und Mittelural wieder einer Vergröberung der Sedimentation, also einer weiteren Hebungsphase. Ob die saalische Phase hier oder an der Basis des Kungur liegt, ist ungewiß. Die Kasanzeit entspricht einem Ausgleich und ruhigeren Verhältnissen. Eine neue Zufuhr von grobklastischen Sedimenten und der Übergang zu rein kontinentalem Regime kennzeichnen den Beginn der tatarischen Zeit im Vorland. Die untere Trias ist im Vorlande wieder konglomeratisch und liegt z. T. diskordant auf der Ufastufe (pfälzische Phase). So bildet sich der Werdegang des Urals in den Vorlandsedimenten ab.

g) *Mesozoikum und Tertiär*

Eine zusammenhängende Meeresbedeckung hat der Ural seit dem Perm nicht erfahren. Einige Ereignisse der späteren epirogenetischen Geschichte verdienen aber hervorgehoben zu werden.

Der oberen Trias und vielleicht dem untersten Lias werden die am Osthang verbreiteten braunkohlenführenden Ablagerungen von Tscheljabinsk, Elkino und Bogoslowsk (auch einige kleinere) und die zentraler gelegenen Vorkommen in Nischni-Tagilsk zugerechnet, welche in grabenförmigen meridionalen Innensenken liegen, z. T. (Tscheljabinsk) nicht unerheblich gefaltet sind und dann diskordant von kontinentalem Jura überlagert werden. Die Folge erreicht 1000 m, n. Gorski sogar 3500 m Mächtigkeit und besteht unten aus Konglomerat (100–300 m), darüber aus sandig-tonigen Schichten mit dünnen Flözchen (200 m), oben aus der produktiven kohlig-tonigen Serie mit 5–10 Braunkohlenflözen (bis 500 m). Eine reichere Rhät-Liasflora, daneben Insekten, Ganoiden, Ostrakoden, ist nur oben vorhanden; die basalen Teile könnten demnach vorrhätisch sein. Die Lagerung spricht für eine recht kräftige altkimmerische Bewegung. Am Westhang fehlen für diese Belege. Diskordant darüber liegen die „Beliki" (s. unten), eine Folge kontinentaler Sande und Tone mit Eisenerzen und Laterit-Bauxiten des Oberen Jura bzw. der Unteren Kreide.

Das Jurameer tritt im mittleren Callovien an den Westhang des Urals heran, greift nach einigen Schwankungen in der unteren Wolgazeit am weitesten gegen Osten vor (wobei die südliche Fortsetzung des Gebirges überflutet wird) und erleidet in der oberen Wolgazeit einen Rückzug; auch das Unterkreidemeer ist zunächst nach W zurückgedrängt, und erst im Aptien erfolgt wieder ein Vorstoß. Am Osthang ist nur im Norden eine stärkere Überflutung im Unteren Kimmeridge vorhanden, über der eine ziemlich vollständige marine Serie liegt, die in die untere Kreide hinaufreicht (nördlich Soswa); eine Hebung erfolgt hier erst im Barrême bzw. Apt.

Das Gebirge selbst unterlag im Jura einer fortschreitenden Einebnung mit Plombierung der Reliefhohlformen durch kontinentale Juraablagerungen. Es scheint übrigens, daß posthume Bewegungen mit N–S-Streichen auch im Jura vorlagen, denn die kontinentalen Schichten sollen in den alten Mulden oft mächtiger sein.

Der kontinentale Jura am Osthang liegt meist einer lateritisch verwitterten Oberfläche der älteren Gesteine auf und ist in zahlreichen Vorkommen bekannt, die eine gewisse Gleichmäßigkeit der Profile zeigen. An der Basis liegen gelegentlich Kiese und (goldführende) Sande, zum Teil aber direkt auf verkarstetem Kohlenkalk bunte Sande und rote Tone mit Brauneisenerz, Bohnerzen und Lateritlinsen, gelgentlich auch kohlenführende Tone. Im Südural enthält diese bis 200 m mächtige Chaibullinserie eine reichere Liasflora. Im Hangenden sind meist deutliche Zeichen einer Erosion und Zerstörung vorhanden, und die nachfolgende Serie (im Südural Ziran-Agatsch Serie) beginnt mit Konglomeraten, weißen Sanden und sandigen Tonen (Belik); in analogen Gesteinen bei Aktjubinsk fand sich eine reichere Doggerflora. Höher oben folgen wieder lakustre Tone mit Bohnerz, Siderit- und Bauxitlinsen, die z. T. direkt auf Paläozoikum übergreifen und dem Oberen Jura bis zur Unteren Kreide angehören können.

Am Westhang des Urals unterlagert kontinentaler Jura auch an vielen Stellen marines Callovien und füllt Depressionen der Oberfläche aus. Der Wechsel von sandig-kiesiger und toniger Fazies läßt auf Ströme schließen, die vom Gebirge ausgingen und in (z. T. N–S orientierte) Seen des Vorlandes mündeten. Eine basale lateritische Verwitterungsschicht des Paläozoikums fehlt hier aber meist; höchstens ist eluvialer Gehängeschutt im Liegenden erkennbar. Eine Zweiteilung ist aber auch hier deutlich: die untere Serie, welche nach Florenfunden an der Belaja ins Vorrhät hinabgehen kann, enthält neben kohligen Tonen feuerfeste weiße und bunte Tone mit Siderit; darüber folgt wieder eine Erosionsphase mit inkonformer Auflagerung von groben Sanden und Kiesen, die gelegentlich wieder von bunten Tonen mit Bohnerz überlagert werden. Darüber liegt dann marines Callovien. Auch südlich des Uralflusses ist die Zweiteilung mit einer Hebungsphase zu Beginn des Doggers und einer Kiesschüttung danach gut erkennbar, doch liegen hier im Gegensatz zum Norden die bunten Tone unten, die kohlenführenden Tone oben.

Die Juraschichten der uralischen Peripherie sind oft schwach gestört, und die auflagernde Kreide zeigt kleine Winkeldiskordanzen.

In der Kreide scheint die Einebnung des Gebirges sehr weit vorgeschritten gewesen zu sein, doch sind seine zentralen Teile nie ganz vom Meere überwältigt worden, wenn auch die Oberkreideüberflutung von Westen und von Osten recht tief in den alten Gebirgszug eindrang.

Am Osthang sind kontinentale Kreideablagerungen sehr weit verbreitet; es handelt sich um Sande, lignitische und feuerfeste Tone, die einige 10 m Mächtigkeit erreichen können und von mariner Oberkreide überdeckt werden. Die Flora deutet bei den meisten auf Cenoman, bei einigen vielleicht auf Apt-Alb. Nur im Norden, an der Loswa, sind Tone mit einer obersenonen bis dänischen Flora bekannt.

Von mariner Oberkreide ist am Osthang vor allem wenig mächtiges sandig-toniges Mucronatensenon und darüber übergreifendes, mergelig-toniges Maastricht vorhanden. Danach zieht sich hier das Meer zurück.

Im Gebiete des Westhanges zeigt sich im Süden eine beträchtliche jungkretazische Transgression, die im Cenoman beginnt, im Turon zu einer Meeresingression in die zentralen Uralteile bis etwa Orsk führt (Sande mit grünen Tonen, im Süden Schreibkreide), im Emscher indessen eine Regression zeigt. Im Bereiche des mittleren und nördlichen Vorurals fehlen im Westen diese tieferen Teile der Unterkreide. Das Untersenon ist transgressiv und gelegentlich sogar schwach diskordant; doch dringt das Meer nicht in den durch die vorhergehenden (subherzynischen) Bewegungen abgeschlossenen turonen Golf des zentralen Südurals ein. Dagegen bildet sich nun weiter im Westen eine meridionale Senke, welche eine Verbindung nach Norden bis zum arktischen Meere schafft.

Das Santon beginnt mit phosphorithaltigen Kiesen, über denen glaukonitische Sande folgen. Das Campan, meist aus grünen Tonen mit phosphoritischer Basis und Glaukonitsanden oben bestehend, dringt im Südural weiter ostwärts vor, während im mittleren und nördlichen Teil des Westhanges nunmehr das Meer wieder verschwindet. Die Maastrichtstufe zeigt im Südural eine noch weitere Verbreitung und Vertiefung, so daß hier sogar die Schreibkreidefazies erscheint, die nur am östlichen Litoral in Mergel, tonige Mergel und Sande übergeht. Nach oben wird das Sediment reicher an klastischem Material; das Obermaastricht mit *Belemnitella americana* zeigt eine geringere Meeresverbreitung und besteht aus Glaukonitsanden. Danien fehlt.

Die Fauna der Oberkreide ist im W und O so verschieden, daß eine Verbindung selbst zur Zeit der größten Transgression nicht anzunehmen ist; die Verknüpfung lag erst südlich vom Mugodschargebirge.

Das Paläogen ist am Westhang des Urals nur in Erosionsrelikten im Süden bekannt; es hat geringere Verbreitung als die Kreide.

Es besteht aus folgenden Schichten (von oben):

Kontinental-äolische Schichten (Quarzsande) mit Flora eines Trockenklimas (lokal) – Eozän.

Glaukonitsande (10 m) im W in Gipstone übergehend – Eozän.

Kieselton (Opoka) mit armer Muschelfauna (5–22 m) – Obersaratowstufe.

Plastische Tone mit Glaukonitsand und Muschelfauna (10–22 m) – Ober-Syzranstufe.

Kieseltone (Opoka) mit reicher Fauna von Muscheln, Schnecken und Korallen – Unter-Syzranstufe (5–10 m).

Basaler Sandsteine mit Phosphoriten und Turongeröllen.

Es sind also zwei Überflutungen und zwei Regressionen nachweisbar; im Hangenden sind nur kontinentale Schichten des Eo- und Oligozän an wenigen Stellen bekannt.

Demgegenüber nehmen die paläogenen Schichten am Osthang einen gewaltigen Raum ein, sind vom Eismeer bis zum Aralsee verbreitet und durch alle drei Abteilungen vertreten. Das paläogene Meer hatte wohl noch weitere Verbreitung als das der Kreide, zeigt aber an dem Fuße des Gebirges keine Abrasion, sondern greift in Golfen zwischen das Paläozoikum ein. Im Süden sind Spuren einer schwachen Winkeldiskordanz gegen die Kreide gegeben. Das Paläozän ist auch hier durch zwei Folgen von Kieseltonen mit Sanden dazwischen vertreten, während das Eo- und Oligozän aus Tonen besteht, die nach oben in Sande übergehen.

Von jüngeren Sedimenten sind im Ural noch kontinentale rote Sandtone des Untermiozän und sarmatische Süßwasserschichten mit Flora bekannt. In nachsarmatischer Zeit scheint die Gliederung der uralischen Fastebene und die Bildung des heutigen Reliefs zu erfolgen. Das Aktschagylmeer dringt dann, z. T. den neu geschaffenen Tälern folgend, ziemlich weit in die Täler des Urals, der Belaja und Sakmara ein, und die zugehörigen Tone haben in den Tälern beträchtliche Mächtigkeit, während sie auf den Wasserscheiden stark reduziert sind. Nach oben gehen sie in Sande über. Diese Transgression war mit einer bedeutenden Erhöhung der Erosionsbasis und einer Versumpfung der Taloberläufe verbunden, wo sich nun lakustre Sedimente – Tone mit Torfbraunkohle und Sapropelit – bilden, die unter das Niveau der heutigen Flüsse hinabgehen. Das Ende des Pliozän (Apscheronzeit) ist durch eine Wiederbelebung der Erosion ausgezeichnet.

In den nördlicheren Teilen des Uralsaumes sind neogene Ablagerungen kaum bekannt.

2. Die Struktur

a) Der zonare Bau

Ein Blick auf die geologische Karte des Urals genügt, um die außerordentlich scharfe Zonenfolge zu erkennen. Die einzelnen Zonen lassen sich leicht im Streichen vom Eismeer im Norden bis zum Uralfluß, ja bis zu den Mugodscharen im Süden verfolgen. Dabei ist zu berücksichtigen, daß die östlichen Zonen im Norden von der tertiären Transgression schief abgeschnitten sind und gegen Süden kulissenartig aus jüngerer Bedeckung emportauchen. Man kann folgende Zonen von Westen nach Osten unterscheiden (Abb. 108):

I. Sedimentzone des Westhanges; in dieser ist wieder eine Gliederung in
   1. Unterpermzone,
   2. Karbonzone,
   3. Devon- und Silurzone durchzuführen.

II. Zone der kristallinen Schiefer, in der Sowjetunion oft als M bezeichnet, morphologisch gewöhnlich der Wasserscheide entsprechend. Im Süden scheint sie in zwei Teile gespalten zu sein, welche die beiden folgenden Zonen umsäumen, doch ist die stratigraphische Identität des östlichen und westlichen Astes nicht sicher (im O vielleicht z. T. metamorphes Karbon).

III. Zone der basischen Tiefengesteine (Gabbrodiorit-Dunit). Im nördlichen Ural bildet sie einen ziemlich einheitlichen Zug, im mittleren zerfällt sie in mehrere schmale Streifen, die beiderseits die nächstfolgende Zone flankieren, im südlichen ist sie meist, bis auf schmale Serpentinstreifen, ausgepreßt.

IV. Zone der basischen Ergußgesteine, Tuffe und kontaktmetamorphen Sedimente von bathyal-abyssischem Charakter. Im Norden und Süden ist diese Zone recht breit, im mittleren Ural kann sie dagegen fast ganz auskeilen (durch Ausquetschung).

V. Zone der Gneise und Granite. Diese Zone tritt erst im mittleren Ural aus der Ebene heraus, ist dann aber eigentlich ohne Unterbrechung bis in die Mugdodsharen zu verfolgen. Im mittleren Ural wird sie im Westen noch von einem Zuge intrusiver Alkaligesteine (Eläolithsyenite und andre) begleitet.

VI. Zone der stark gefalteten, verbrochenen und injizierten Sedimente des Ostrandes. Sie weist eine gewisse Ähnlichkeit mit der Zone IV auf, hat aber einen flacheren Charakter der Sedimente. Sie tritt nur lükkenhaft aus der tertiären Ebene Sibiriens hervor.

Bei allgemein meridionalem Verlauf zeigt der Ural doch eine deutliche Bogengliederung mit mehreren nach W vorspringenden Loben. Wenn man zunächst von dem arktischen Sonderbogen Nowaja Semlja-Paichoi (arktische Uraliden, s. unten) absieht, sind folgende Teilstücke zu unterscheiden:

1. Der nördliche Uralbogen, am Konstantinow Kamen bei 68°29′ n. Br. beginnend; das Streichen ist zunächst NO–SW, dreht zwischen 65 und 64° in N–S ab, um bei 60° in NW–SO abzubiegen.

2. Der mittlere Ural zwischen 60 und 55° n. Br. mit dem im W vorgelagerten Plateau von Ufa und ziemlich scharfer Rückbiegung des Westrandes nach Osten.

3. Der südliche Uralbogen bis zum Knie des Uralflusses bei Orsk, einer starken Verbreiterung des Stranges und einem scharfen lobenförmigen Vorsprung nach W entsprechend.

4. Das meridional gerichtete Mugodshargebirge südlich vom Uralfluß, welches sich in den Kasakstansteppen verliert.

Es sei jeder dieser Abschnitte für sich besprochen.

1. Am Konstantinow Kamen tritt die metamorphe Zone zum letzten Male zutage, um nordwärts unter dem Quartär des Karischen Golfes zu verschwinden; eine Umlenkung derselben in NW, d. h. in den Pai-choi, scheint nicht stattzufinden, da diesem eine metamorphe Achse fehlt und er eher als Abzweigung der westlichen Zone I anzusehen ist (s. unten).

Etwas weiter südwestlich ist dann am Oberlauf der Ussa und östlich davon schon eine vollständigere Folge zu sehen; von Westen: Zone I 1 – Unterperm, Zone I 3 – Devon-Silur, Zone II – metamorphe Schiefer, Zone IV – Diabase, ? Zone V – Granit. Auffallend ist das Fehlen des Karbonstreifens I 2; Mittel- und Oberkarbon könnten z. T. primär fehlen, doch ist es wahrscheinlicher, daß der Streifen hier, wie auch stellenweise weiter im S, durch Aufschiebung von I 3 auf I 1 unterdrückt ist. Die Zone III tritt noch nicht deutlich in Erscheinung.

Weiter südlich im Gebiete des Flusses Kossju und östlich davon, unterscheidet Tschernoff im Westen eine Großmulde mit mächtiger (mindestens 7 km) Füllung von Perm, Karbon, Devon, Silur, im Osten zwei etwas nach W überliegende Antiklinalen der metamorphen Zone mit zwischenliegender altpaläozoischer Synklinale. Die östlicheren Zonen sind hier kaum sichtbar. Den Westrand der Großmulde bildet der von meridionalen Brüchen umrahmte Tschernyscheffhöhenzug mit silurischem Kern, der eigentlich schon zum System der Vorlandfalten der Großlandtundra gehört. Nach TSCHERNOFF ist noch das obere Perm konkordant mitgefaltet, so daß sich für den Westsaum hier im Norden ein frühestens pfälzisches Alter der Faltung ergibt.

Weiter südlich, wo im Oberlauf der Petschora und ihrer Nebenflüsse Ilytsch und Schtschugor das Streichen nach S abdreht, ist die Zone I in isoklinale Falten gelegt, die nach W überkippt sind.

Noch weiter südlich, im Gebiet der oberen Unja, Kolwa, Wischera und Koswa ist man durch die Arbeiten von TSCHERNOFF, DUPARC und FEDOROFF schon vollständiger über den Bau unterrichtet. Die Zone I hat hier ebenfalls deutliche Westvergenz und einen bis zur Schuppenbildung gesteigerten Faltenbau. Darüber hinaus scheinen auch größere Überschiebungen vorzuliegen; so deutet jedenfalls ARCHANGELSKI die Tatsache, daß die Teilzonen der Zone I gegen Süden von der Zone II abgeschnitten werden, so daß diese an der Kolwa unmittelbar an die Zone des Unterperm (I a) grenzt. Es handelt sich nicht um Brüche, da weiter im S die Zone II wieder gegen O zurückweicht und unter ihr Silur herauskommt, welches übrigens auch weiter im O fensterartig unter den metamorphen Schiefern heraustreten soll. Das Silur (und Unterdevon) ist seinerseits gegen W auf paläozoische Quarzite unbekannten Alters aufgeschuppt, diese aber auf das Karbon (Zone I b) des Westhanges. Es scheinen hier also, neben dem Spezialschuppenbau der Teilfalten, folgende tektonische Einheiten vorzuliegen (vom W nach O):

1. Autochthon des Westhanges,
2. Schuppe altpaläozoischer Quarzite,
3. Schuppe des Silur und Unterdevon,
4. Metamorphe Schiefer der Zone II.

Der Betrag der Horizontalverfrachtung ist wohl noch unsicher; ARCHANGELSKI veranschlagt ihn auf 50 km, was reichlich hoch erscheint.

Die Zone II ist in 4–5 große Antiklinalen gelegt, deren Kern aus Quarziten gebildet wird, die von Quarzglimmerschiefern und Grünschiefern ummantelt werden. Der relativ einfache Spezialfaltenwurf (n. DUPARC) zeigt häufig eine Steilstellung und Auswalzung der westlichen Sattelschenkel.

Es sei übrigens erwähnt, daß die ältere Karte dieser Gegend von DUPARC und TICHONOWITSCH (Abb. 91) sich mit der obigen tektonischen Ausdeutung nicht ganz deckt, was wohl an einer stratigraphischen Umdeutung der zusammensetzenden Serien liegt.

Etwas weiter im Süden, bei den Kohlenlagerstätten von Kiselowsk, ist das tektonische Bild der Zonen I und II prinzipiell das gleiche, die Faltungsintensität ist aber nicht sehr bedeutend. DUPARC unterscheidet eine Vorzone aus ziemlich weitspannigen, gelegentlich schwach nach Westen übergelegten Falten von Unterperm, Karbon und Devon (vgl. Abb. 86 und 87), dann eine Zone von Devonfalten mit isoklinalem Fallen nach Osten. Eine diskordante Auflagerung unterkarbonischer Quarzite auf Unterdevon ist hier bemerkenswert und beweist devonische Bewegungen. Es folgt eine Zone metamorpher

Schiefer und Konglomerate vorunterdevonischen Alters, aus breiten, weitspannigen Gewölben und schmalen Synklinalen bestehend, dann eine überschobene Mulde von Unter- und Mitteldevon (Tepylzone), die vielleicht als Fenster zu deuten ist, endlich wieder eine isoklinal gefaltete, nach Osten einfallende Serie kristalliner Schiefer. An der Westgrenze der Tepylzone tritt ein porphyrartiger, vordevonischer Granit auf (Troizk). Die Falten zeigen

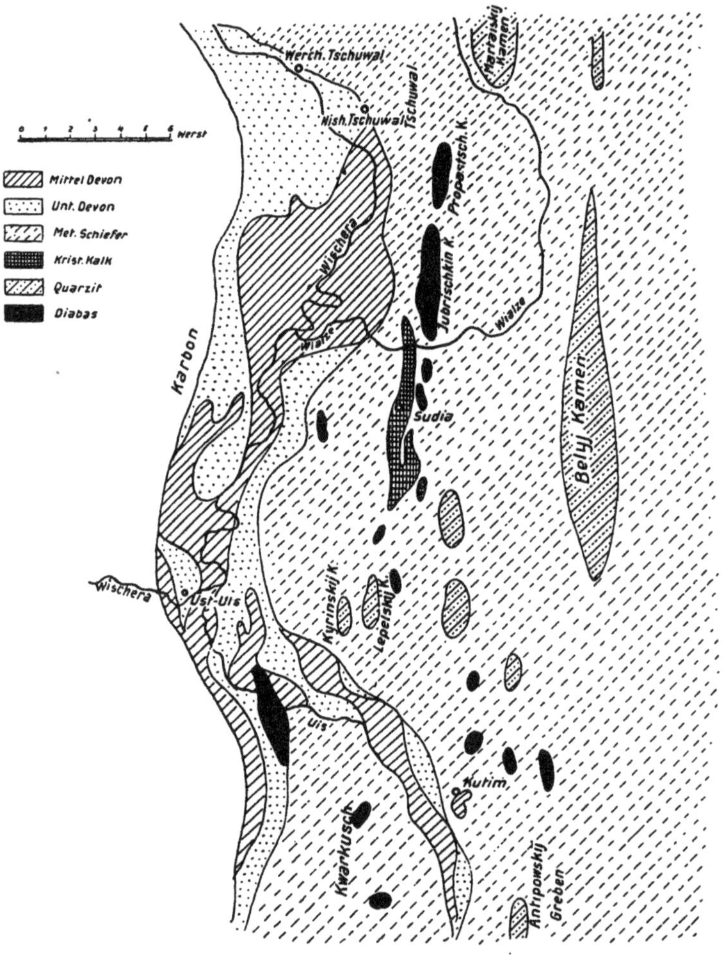

Abb. 91. Karte des Wischera-Gebietes im Nordural.
Nach Duparc und Tichonowitsch.

zwar deutliche Tendenz zur Überkippung nach W, über einen mäßig starken Schuppenbau geht aber die Tektonik nicht hinaus.

Somit zeigen hier die zwei westlichen Zonen den einheitlichen Bau eines westvergenten bewegten Faltengebirges; die Amplitude der Bewegungen ist deutlich vom Material abhängig. Eine devonische und eine (? spät-) permische Faltungsphase können als sichergestellt gelten.

Die weiter im Osten folgende Zone basischer Tiefengesteine (III) ist eigentlich das charakteristischste Merkmal des Urals. Während man im mittleren Ural zwei oder mehr parallele Bänder des gleichen Charakters erkennen kann, sieht man im Norden im wesentlichen nur einen, den westlichen Streifen, der zugleich geologisch und wirtschaftlich der bedeutsamste ist. Die Gesteine, welche ihn zusammensetzen, sind außerordentlich mannigfaltig, aber sämtlich durch Übergänge miteinander verbunden. Die wichtigsten Typen sind:

Gabbrodiorite, mit uralitischer Hornblende, zum Teil in Quarzdiorite, zum Teil in Olivingabbro übergehend.

Gabbro, von mannigfaltigster Zusammensetzung (normaler Gabbro, Biotitgabbro, Hypersthengabbro, Amphibolgabbro usw.). Durch Zunahme von Hypersthen entstehen Norite, durch Zunahme von Olivin Troctolite, durch Zunahme von Augit Pyroxenite.

Pyroxenite und Koswite, letztere durch Vorherrschen von Olivin und Magnetit gekennzeichnet.

Peridotite und Dunite, letztere besonders wichtig als Muttergesteine des Platins. Die Dunite (Olivin + Chromit) treten nur in der Zone III auf, die Peridotite (mit Pyroxen), Wehrlite, Harzburgite usw. sind auch, meist stark serpentinisiert, in Intrusionen der Zone IV vertreten.

Serpentine, die aus der Umwandlung der Pyroxenite und Peridotite hervorgegangen sind.

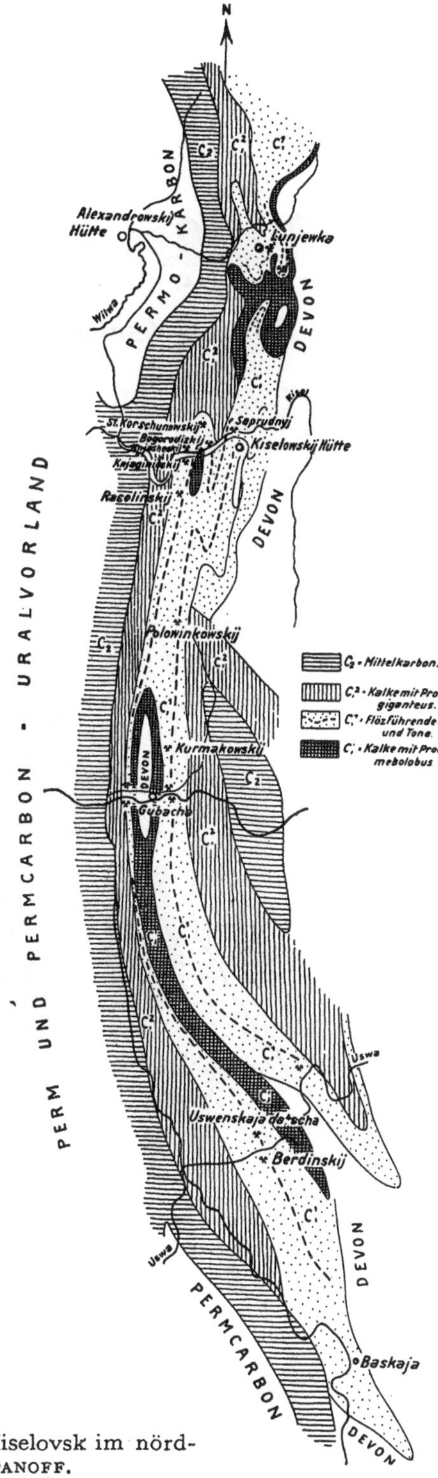

Abb. 92. Karte des Kohlengebietes von Kiselovsk im nördlichen Ural, Zone I. Nach STEPANOFF.

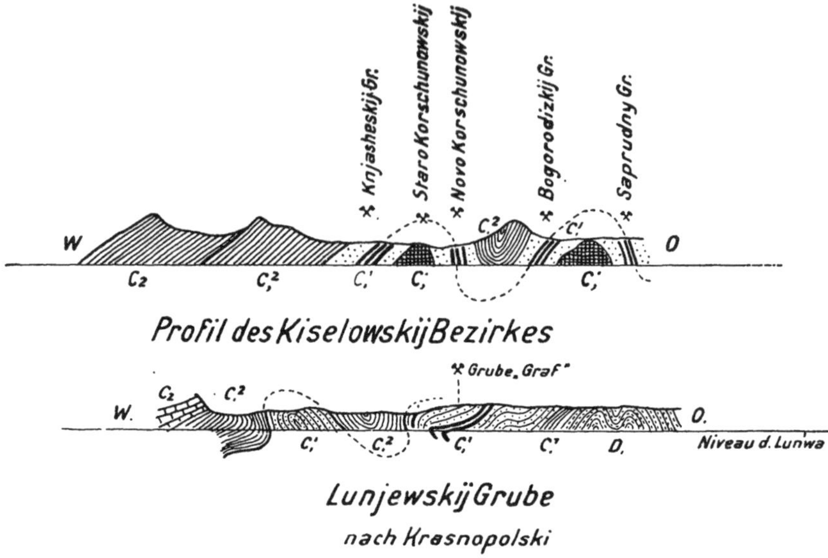

Abb. 93. Profile durch die Falten im Kohlengebiet von Kiselovsk, Zone I.

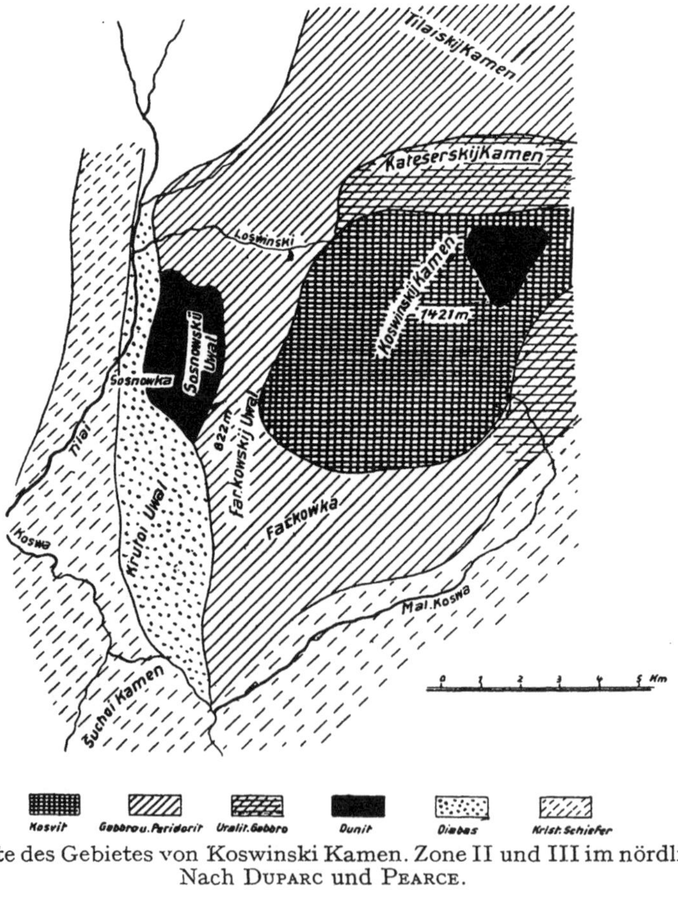

Abb. 94. Karte des Gebietes von Koswinski Kamen. Zone II und III im nördlichen Ural. Nach Duparc und Pearce.

Selten sind alle diese Gesteine in dem ursprünglichen, frischen Zustand erhalten; meist haben sie eine weitgehende Metamorphose durchgemacht. Sehr oft erscheinen sie stark geschiefert, so daß sie früher direkt als Gneise (Syenitgneise FEDOROFFS) bezeichnet wurden.

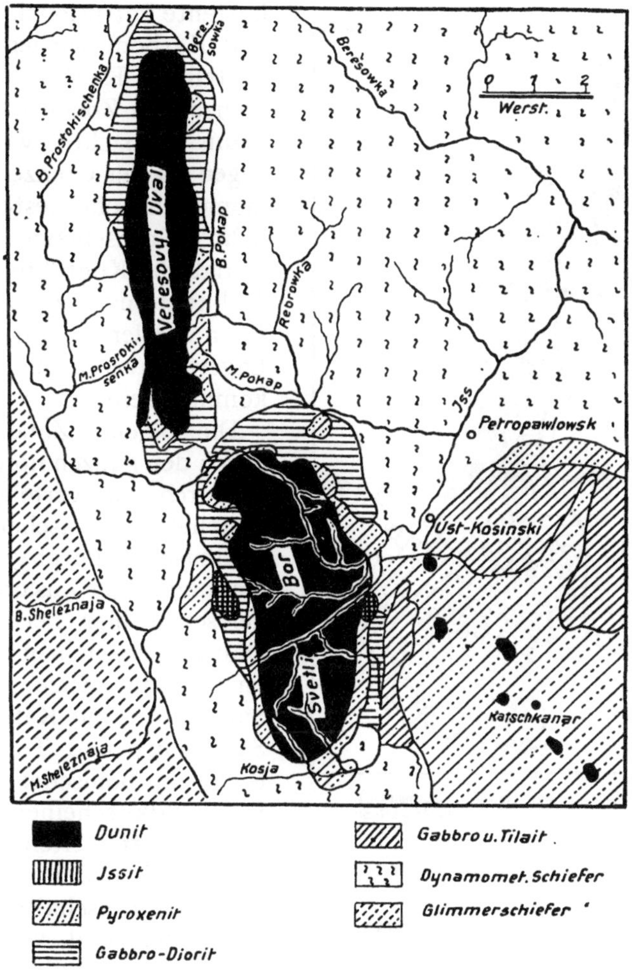

Abb. 95. Karte der Zone basischer Tiefengesteine (III) am Iss-Fluß (Nordural). Nach WYSSOZKI.

Die Verteilung ist außerordentlich charakteristisch. Der Hauptzug wird stets von den saureren Gliedern der Reihe gebildet. In diese sind linsenförmig Massen von Pyroxeniten eingeschaltet, in denen wieder kleinere Linsen der ultrabasischen Dunite liegen. Die dunitischen Zentren erscheinen daher als elliptische Massen, umgeben von einer mehr oder weniger breiten Pyroxenitschale, deren Reste sich auch oft im Dach des Dunites wiederfinden. Die Dunitmassive liegen meist exzentrisch im Verhältnis zum Gesamtzug, und zwar gewöhnlich seiner Westgrenze genähert. Die Intrusionsfolge geht vom sauren zum basischen Pol: die Dunite sind die jüngsten Gesteine der Reihe, werden aber ihrerseits von Gängen verschiedenster Art durchsetzt. Das genaue Zeitalter der Intrusion ist auch nicht sichergestellt. Vermutlich sind große Teile der Zone karbonisch, doch wäre es nicht unmöglich, daß zwei rekurrente Intrusionsfolgen (Devon und Karbon) vorliegen. Der unmittelbare Kontakt mit den angrenzenden Zonen ist auch noch kaum beobachtet worden. Meist liegen an der Grenze stark dynamometamorphe Gesteine (Amphibolite, Grünschiefer, Serpentine), so daß die Kontakte zum großen Teil tektonisch zu sein scheinen. Beim mittleren Ural wird auf die Lagerungsverhältnisse zurückzukommen sein.

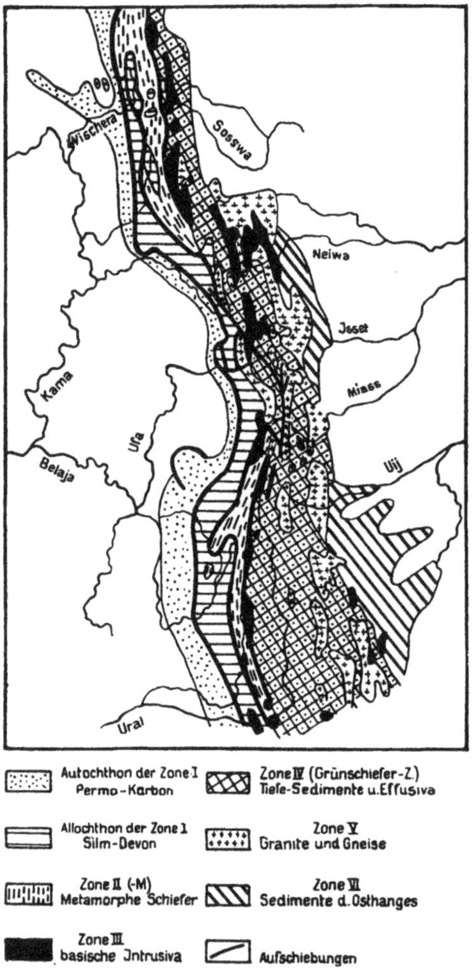

Abb. 96. Übersichtskarte des mittleren Urals. Nach ARCHANGELSKI.

Die folgende Zone IV ist auch durch den ganzen nördlichen Ural hindurch zu verfolgen. Ergußgesteine von basischem Charakter (Diabase und Porphyrite) und sehr mannigfaltiger Zusammensetzung herrschen hier bei weitem vor. Daneben erscheinen Schollen und streichende Züge devonischer Sandsteine und Kalke und auch Sandsteine und Tone von vielleicht karbonischem Alter. Die Devonkalke scheinen zum Teil den Diabasporphyriten aufzuliegen. Noch bedeutsamer ist in diesem Zuge die Einschaltung von Porphyrtuffen und von mit ihnen verbundenen Radiolarienhornsteinen. Diese Gesteine können direkt als leitend für die mittlere Zone angesehen werden. Daneben sind auch schon hier Tiefen- und Ergußgesteine von granodioritischen Magmen beobachtet worden, allerdings meist in kleineren Vorkommen von meist ungeklärter Lagerung. Wenn man die Zone der Tiefengesteine als Heraushebung betrachtet, so würde die eben besprochene Zone IV als Einsenkung zu deuten sein. Wir werden noch weiter im Süden erkennen können, daß ihr in der Tat der Charakter einer Großmulde zukommt. Weiter nach Osten läßt sich das Profil im Nordural nicht verfolgen. Man gelangt hier teils an die ungestörte Decke des sibirischen Alttertiär, teils an die schwach gefalteten mesozoischen Sedimente von Bogoslowsk, die demnach eine posttriadische, wahrscheinlich altkimmerische Bewegung anzeigen.

2. Der zentrale Ural weist eine Reihe stark abweichender Züge auf. Es ist das die Region, welche durch das Umfließen des im Westen vorgelagerten Plateaus von Ufa einen ganz eigentümlichen Bau erhält. Das Plateau von Ufa selbst ist ein breiter, N–S streichender Sattel von Oberkarbon zwischen permischen Schichten, dessen Schenkel zum Ural steil, gegen die Russische Ebene flach einfallen. Nach Karpinski muß man annehmen, daß hier eine störende, starre Masse im Untergrunde verborgen ist, welche die Uralfalten zwingt, gegen Osten auszuweichen. Neuere Arbeiten stützen diese Auffassung, welche auch im Schwereüberschuß des Ufaplateaus eine Bestätigung findet. Man kann das Plateau danach wohl auch als östlichen Vorsprung des hochmetamorphen archäischen Sockels der stabilen Russischen Tafel bezeichnen. Die erzwungene Auslenkung beeinflußt nicht nur die Sediment-

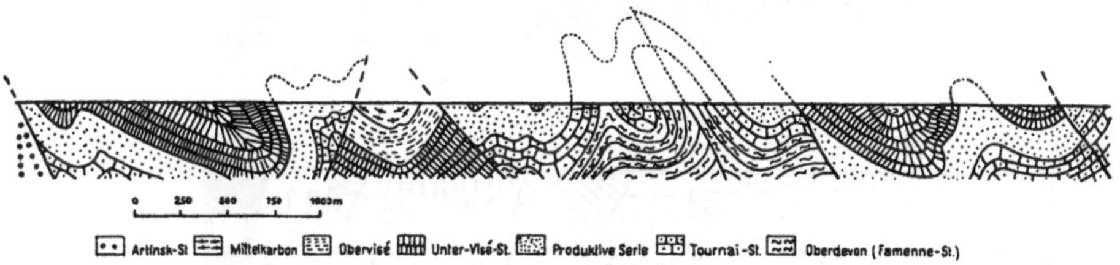

Abb. 97. Profil durch das Grubengebiet von Kynovsk, mittlerer Ural, Zone I. Nach Einor. Westen links.

zonen des Westhanges, welche hier besonders stark zusammengestaut sind, sondern prägt auch den inneren Zonen ihren Stempel auf. Sehr bezeichnend ist hierbei die außerordentliche Verschmälerung und das teilweise Auskeilen der Zonen II–IV.

Südlich von Kiselowsk, etwa an dem Tschussowajafluß, beginnen die Falten der Zone I nach SSO abzuschwenken. Wenn auch die von Fredericks in diesem Gebiet vermutete Deckenbildung sich nicht bestätigt hat, so ist doch an einer starken Verschuppung aller Sedimente des Westhanges mit Westvergenz nicht zu zweifeln; die Profile Abb. 97 und 98 zeigen das deutlich. Bei Bilimbai und im Oberlauf der Utka sind auch größere Überschiebungen vorhanden. Nach Kusnetzoff und Litwinowitsch fallen die Artinskschichten ostwärts unter Devon und Gotland ein, kommen dann aber weiter im O wieder fensterartig zutage. Über dieser tieferen Schuppe liegt aber noch eine zweite, aus einem kambrosilurischen Kern mit gotlandischen Flanken bestehend; infolge einer späteren antiklinalen Aufpressung im Zusammenhang mit der unten zu erörternden Transversalverschiebung kommt diese Schuppenstruktur hier deutlich zum Ausdruck (Abb. 99). Auf die obere Schuppe sind dann noch die Gesteine der metamorphen Zone II westwärts aufgeschoben.

Die metamorphe Zone II selbst, welche normalerweise mehrere Kilometer breit ist, verdünnt sich nun südwärts auf 200 m und reißt dann ganz ab, um

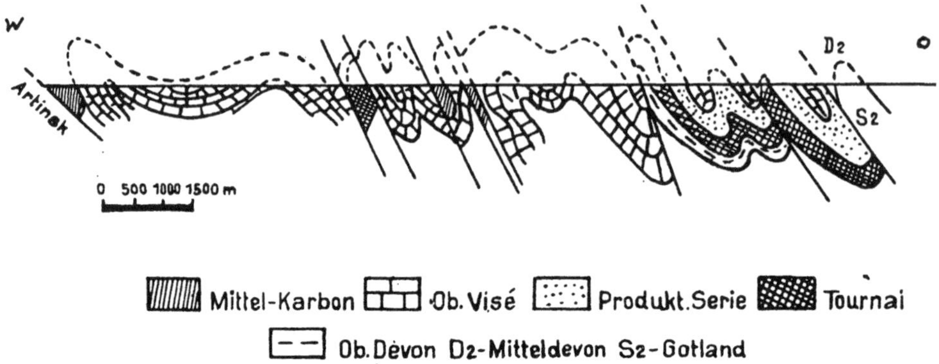

Abb. 98. Spezialprofil bei Bilimbai durch die externen Teile der Zone I im mittleren Ural. Nach KUSNETZOFF.

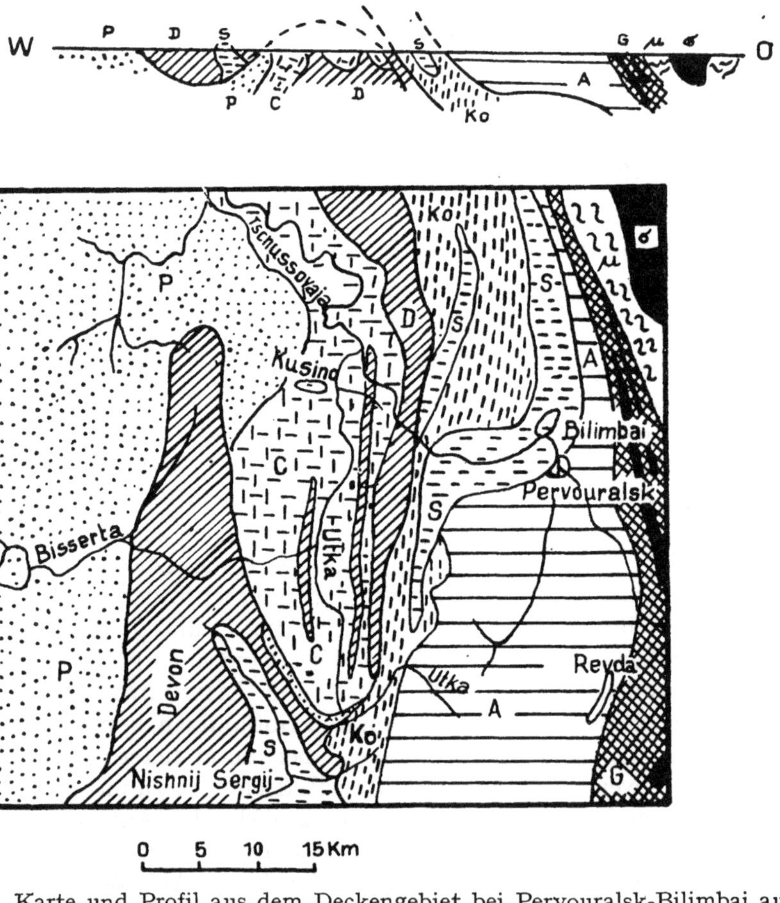

Abb. 99. Karte und Profil aus dem Deckengebiet bei Pervouralsk-Bilimbai aus der Zone I des mittleren Urals. Nach KUSNETZOFF und LITWINOWITSCH.

erst bei Pervouralsk wieder zu erscheinen; damit tritt man in das Gebiet der eigenartigen Transversalverschiebung des mittleren Urals ein. Ehe wir dieselbe erläutern, müssen aber die Zonen III und IV, welche hier auch eine erhebliche Veränderung erleiden, etwas genauer besprochen werden.

Die kristallinen Schiefer der Zone II fallen im Gebiet von Nischnij-Tagil mit 37–40° ostwärts unter die basischen Tiefengesteine der Zone III ein; dasselbe Fallen zeigen am Kontakt die Schieferungsflächen der amphibolitisierten Gabbros. Weiter im Osten wird das Fallen der Schieferungsflächen steiler und kann schließlich bis 80° W betragen, so daß die Schieferungsflächen fächerförmig angeordnet sind. Es ist nun bemerkenswert, daß die ultrabasischen Massen hier nicht zentral innerhalb des Gabbromassivs liegen, sondern dem Westrand genähert sind. Gravimetrische Messungen zeigen, daß die Dunitmassive in einer Tiefe von 1,5 km aufhören, also lakkolithartigen Bau besitzen. Aus diesen Beobachtungen schließt KUSNETZOFF, daß das Gabbromassiv in den letzten Phasen seiner Erstarrung westwärts etwas auf die Zone II aufgeschoben wurde und dabei einer Amphibolitisierung unterlag, die am Westrand am stärksten ist. Da die ultrabasischen Kerne keine stärkere dynamische Veränderung zeigen, muß ihre Intrusion nach der Amphibolitisierung und konform zu den Strukturfugen der Gabbroamphibolite erfolgt sein. Es sind die nach oben gepreßten letzten Differenziate des basischen Stammagmas; in der Tiefe von 1,5 reißt die Linse ab, ist also mit der Wurzel am Boden des Magmaherdes nicht mehr verbunden (vgl. Abb. 94). Südwärts greift eine sehr starke Serpentinisierung der ultrabasischen Glieder um sich, vermutlich im Zusammenhang mit der nach Süden zunehmenden tektonischen Beanspruchung aller Zonen, die schließlich zu einer vollständigen Beseitigung der Zone III bzw. zu einer Auflösung in einzelne Serpentinlinsen führt.

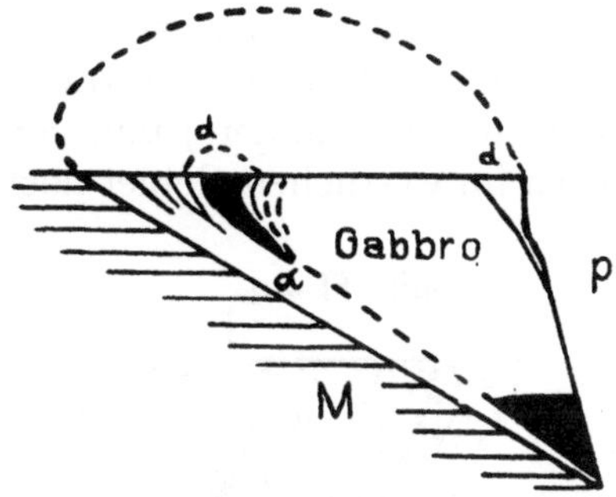

Abb. 100. Lagerungsschema der ultrabasischen Massive (*d*) der Zone III. Nach KUSNETZOFF.

M: Metamorphe Serie der Zone II, p-Sedimente und Effusiva der Zone IV, α: Amphibolitfazies.

Die Zone IV hat im Norden im wesentlichen synklinalen Bau, richtiger den Charakter von zwei Synklinalen, die durch einen Sattel getrennt werden; in diesem kommen wieder die basischen Tiefengesteine, meist als Serpentin, zutage. Die Zone besteht aus silurisch-unterdevonischen Diabasporphyriten und Albitophyren, unterdevonischen Andesiten und mitteldevonischen Keratophyren und Syenitporphyren nebst deren Tuffen; dazu kommen noch – zurücktretend – Kalke des Gotland und Devon und devonische Kieselschiefer. Dieses Synklinorium der Zone IV ist im W den anschließenden Zonen aufgeschoben und wird im O von Granit durchbrochen. In den zentralen Sattel intrudierten syenitische Schmelzen, die als wichtige Erzbringer zu gelten haben; auf dem Intrusionsplan liegen die riesigen Magneteisenlagerstätten der Berge Wyssokaja Gora und Blagodat, umgeben von den aus der Metamorphose durch die Syenite hervorgegangenen Skarngesteinen (Granat-Epidotfelse). Aber noch in anderer Richtung waren die Syenite bedeutsam.

Auch in der Zone IV nimmt südwärts die tektonische Beanspruchung zu. Das führt zunächst zu der Ausbildung von einzelnen Mylonit- und Diaphtoritstreifen, die meist steil ostwärts fallen und aus Chlorit- und Serizitschiefern bestehen; eine starke hydrothermale Tätigkeit, die wohl ebenfalls auf die Syenite zurückgeht, führte zu einer Mineralisierung dieser Mylonitstreifen, die nun als Kieszonen entwickelt sind. Insbesondere in der östlichen Synklinale im Bereiche des Nischnij- und Werchnij-Tagilsker Reviees sind diese Kupferkiesvorkommen von wirtschaftlicher Bedeutung (Krasnouralsk, Olchowka, 3. Internationale, Gorbunowsk, Kalatinsk, Belaja Retschka und andere) und verteilen sich auf 2–3 Mylonitzonen; doch tritt auch im westlichen Gebiet noch mindestens ein produktiver Streifen auf, in

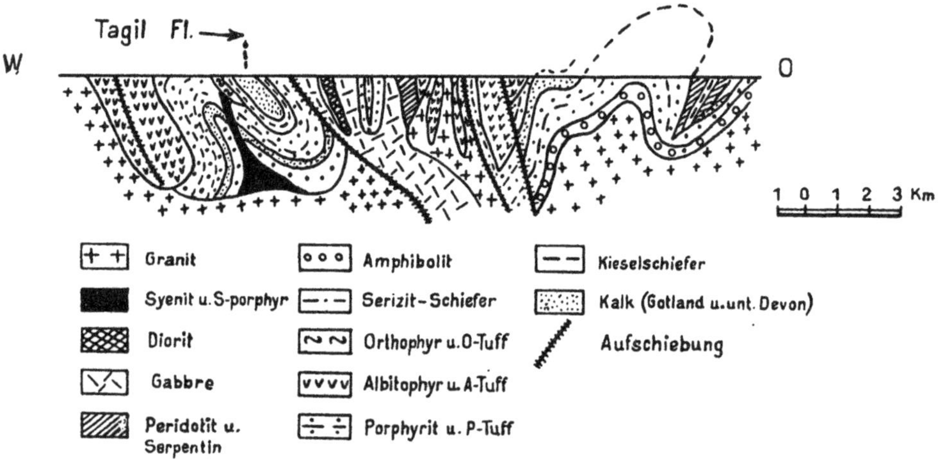

Abb. 101. Profil durch die Zone IV im Bereiche von Werchne Tagil bis Kirowgrad im mittleren Ural. Nach KUSNETZOFF, 1939.

der Nähe, aber nicht am unmittelbaren Kontakt mit dem ostfallenden Gabbro der Zone III, welcher bei der Bewegung anscheinend als Basalschutz gedient hat.

Die nach Süden zunehmende Beanspruchung führt schließlich dazu, daß nicht nur einzelne Streifen, sondern die ganze Zone IV der Verschieferung unterliegt und zu dem zentralen Grünschieferstreifen des Urals wird: die Porphyrite werden zu Chloritschiefern, die Albitophyre und Syenitporphyre zu Serizitschiefern. Bei der Spärlichkeit normaler Sedimente ist die Einzeltektonik dieser Folge kaum noch zu entziffern; im allgemeinen dürfte Westvergenz vorwiegen, bei gelegentlich mehr fächerförmiger Zusammenpressung. Eine Gliederung in zwei Streifen mit zentraler Zone serpentinisierter basischer Gesteine bleibt aber durchweg zu erkennen; gelegentlich tritt noch ein dritter, östlicher Grünschieferstreifen hinzu, durch granodioritische Intrusionen von den westlichen Partien getrennt. Die im N bis 40 km breite Zone IV verschmälert sich im Süden zu einem 2 km breiten Grünschieferstreifen; die intrudierten basischen Gesteine sind gelegentlich in Serpentinbrekzien umgewandelt.

Während Granitintrusionen gelegentlich, mehr oder weniger im Streichen angeordnet, schon in der Zone IV, ja sogar in II (im Süden, Massiv des Zentralural) auftreten, ist östlich der Zone IV ein fast zusammenhängender Streifen von Graniten und Granitgneisen zu beobachten (Zone V). Die Granite haben teils den Typus konkordanter Intrusionen in Antiklinalenkerne mit starker Blatt-für-Blatt-Injektion und Migmatitbildung (Massive von Syssertsk, Zentralural und andere), teils den Charakter diskordanten Aufdringens mit Schollenauflösung des Daches und Übersichbrechen. (Massive von Werchne-Issetsk, Tscheljabinsk und viele andere Massive des Osthanges.) Die Intrusion erfolgte in eine Sedimentfolge, deren Alter noch nicht sicher feststeht; früher sah man in ihr Äquivalente der Zone II, also Präkambrium, doch scheint es, daß wesentlich jüngere Gesteine, einschließlich Unterkarbon, am Aufbau beteiligt sind, so daß man wohl eher an Äquivalente der östlichen Sedimentzonen des Urals (Zone VI) zu denken hat.

Jedenfalls aber erreicht in dieser Zone der Aufstau die höchsten Werte, wiederum vor allem südlich von Swerdlowsk, d. h. gegenüber dem Plateau von Ufa. Kusnetzoff hat gezeigt, daß vom Gebiet Kasli-Kyschtym südwärts eine gewaltige, NNO–SSW streichende Aufschiebungszone besteht: die Granitgneiszone ist hier westwärts relativ flach über die Grünschieferzone geschoben, die von N mit SSO-Streichen ankommt und unter dem Einfluß der Aufschiebung nach SSW abdreht, sich dabei durch Auskeilen der einzelnen zusammensetzenden Streifen auf einen so minimalen Wert verschmälernd, daß die Granitgneise fast direkt an die Zone II herantreten.

Mit dieser intensiven, auch wieder dem Plateau von Ufa vorgelagerten Aufschiebung steht auch die eigenartige alkalische Intrusion der Miaskite (Nephelinsyenite) in Zusammenhang, in der Kusnetzoff die stärkste Herauspressung des tiefsten Untergrundes sieht. Die Intrusion beginnt im Norden im Massiv der Kirschberge (Wischnewyje Gory), wo die Miaskite in eine nach Osten überkippte Antiklinale von Granitgneis eindringen, und zwar als geschlossene Intrusion in den Kern und als schichtparallele Injektionen in die westliche Flanke. Gegen Süden werden die Flanken der Granitgneisantiklinale steil, fast vertikal, während sie im N mit flachem Fallen den Miaskitkern periklinal umfassen. Die Schieferung des Miaskites ist den Gneisen parallel. Daneben besteht aber eine lineare Paralleltextur, NNW streichend und durchweg N fallend (10° im S, 20–30° im N); mit ihr sind Querklüfte normal dazu verkoppelt (n. Worobjewa 1947).

Der Gefügeplan der Miaskite steht im Zusammenhang mit einem Axenanstieg des Sattels und mit der Ausbildung der oben besprochenen Aufschiebung. Die Miaskitintrusionen werden nun zu schmalen streichenden Gängen. Erst weiter im Süden, in den Ilmenbergen, erweitern sie sich wieder zu einer Sattelkernintrusion, die aber nun nach Westen übergelegt ist. Der Intrusionsplan der Miaskite zeigt also eine Torsion mit starker Verschmälerung des zentralen vertikalen Teiles, in dem die herausgehobenen Wurzeln der Intrusivmasse zu suchen sind; die starke Migmatitbildung in diesem Gebiet deutet auch auf das Bestehen eines besonders tiefen Bereiches hin. Vermutlich hat auch hier eine – heute der Erosion zum Opfer gefallene – Aufblähung des Mjaskitmassives nach oben bestanden, eine Herauspressung unter dem Einfluß der großen geschilderten Aufschiebung (Abb. 105).

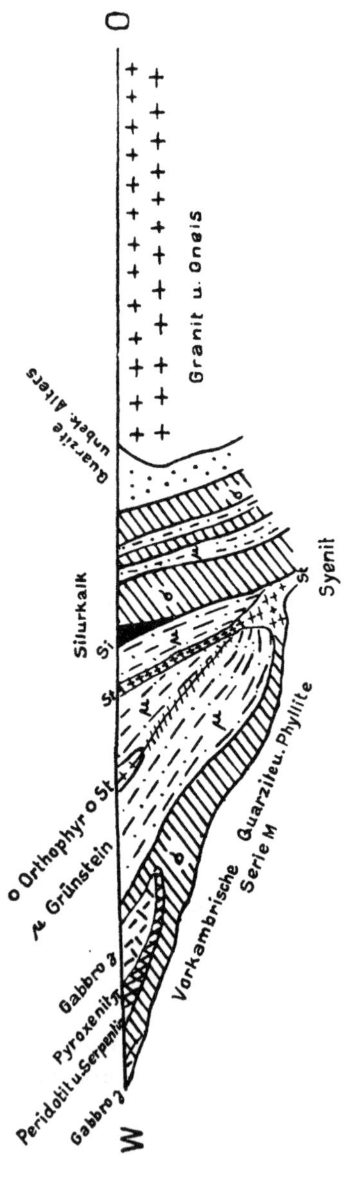

Abb. 102. Profil durch die Zonen IV und V bei Ufalei im mittleren Ural. Nach KUSNETZOFF, 1939.

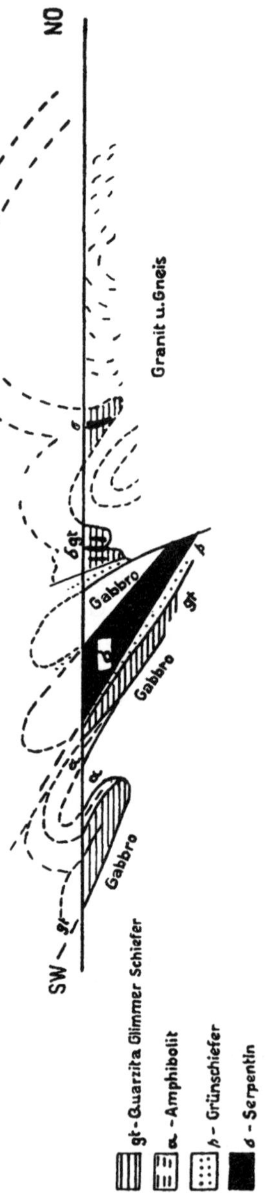

Abb. 103. Profil durch den südlichen Teil des Ufaleibezirkes. Nach KUSNETZOFF.

Das unter dem Einfluß des Blockes von Ufa zwischen Kisel und der Tschussowaja beginnende Abbiegen der Zonen I–IV gegen SO findet nicht vollkommen kontinuierlich statt, sondern ist wie schon erwähnt mit einer gewaltigen Querzerreißung verbunden. Diese von KUSNETZOFF festgestellte eigenartige Transversalverschiebung streicht NNW–SSO, d. h. ist etwa 16° gegen das Streichen der angrenzenden Gesteine abgelenkt. Von Wissimo-Schaitanks südwärts kann man beobachten, wie die einzelnen meridionalen Gesteinsstreifen und Falten nacheinander in die Verschiebungszone ein-

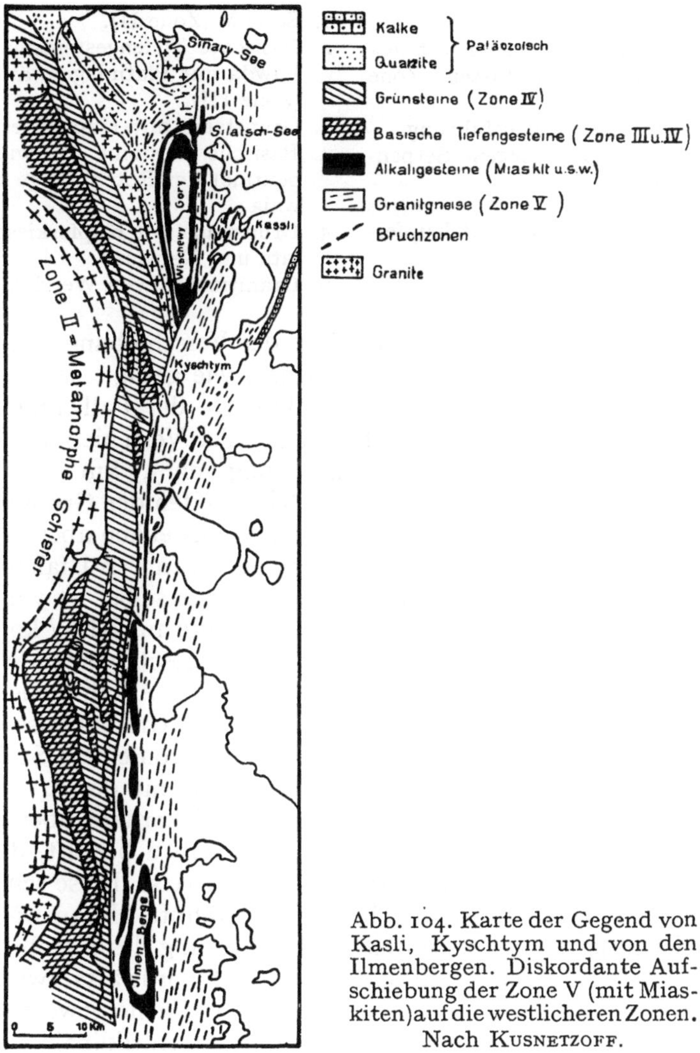

Abb. 104. Karte der Gegend von Kasli, Kyschtym und von den Ilmenbergen. Diskordante Aufschiebung der Zone V (mit Miaskiten) auf die westlicheren Zonen. Nach Kusnetzoff.

schwenken und dabei vollständig verdrückt und verwalzt werden, so daß die Verschiebungszone eine etwa 2 km breite Riesenbrekzie bildet, in der man verschliffene und verdrückte Blöcke aller angrenzenden Gesteine finden kann. Die festeren unter diesen (z. B. die Serpentine) bilden große, von Gleitflächen umgebene Linsen, die weicheren sind dazwischen eingeschmiert. Die Beobachtung erweist, daß längs dieser Verschiebungszone der nordöstliche Flügel nach NNW geglitten ist. Die an der Verschiebung unterbrochene Gesteinsfolge kehrt im SW-Flügel 75–80 km südlicher im Streichen der Verschiebung wieder, wie folgende Zusammenstellung zeigt (Abb. 105):

Von W nach O folgen aufeinander:

Südwestlich der Verschiebung	Nordöstlich der Verschiebung
1. Serie M (Zone II).	1. Serie M (Zone II).
2. Rewdinsker basisches Tiefengesteinsmassiv mit Platinlagerstätten (Zone III).	2. Basisches Tiefengesteinsmassiv Tagil-Pawda mit Platinlagerstätten (Zone III).
3. Grünsteine mit Kupferkiesführung.	3. Grünsteine mit Kupferkiesführung.
4. Basische Gesteine (vorwiegend Serpentine) von Ufalei.	4. Basische Gesteine (vorwiegend Serpentine) der Roten Berge und Jeshewaja.
5. Grünsteine von Kasslinsk mit Kupferkiesführung.	5. Grünsteine mit Kupferkiesen von Kalata und Neiwinsk.
6. Granitmassiv von Arakul.	6. Granitmassiv von Werchisset.

Die Zonenfolge ist also zu beiden Seiten der Verschiebung identisch. Die oberflächlich sichtbare Verschiebung beträgt, wie gesagt, 75 km, die Verschiebung senkrecht zum Streichen 21,5 km. Da der Fallwinkel der Verschiebung 80° beträgt, wäre die wahre Größe der Verschiebung auf 81 km zu schätzen, bei einer vertikalen Heraushebung von 3,5 km.

Die früher geschilderten mylonitischen Kiesstreifen der Grünschieferzone liegen fiederförmig zu der Hauptverschiebung, schwenken aber in sie ein.

Gegen SSO läßt sich die Verschiebungszone bis in den Ufaleibezirk und bis zum Granitmassiv von Arakul verfolgen; dieses selbst ist von ihr nicht mehr betroffen; hier, im Kaslinskbezirk, werden die aus NNW kommenden, verdrückten Streifen der Zone IV von der früher geschilderten, NNO streichenden Kyschtymsker Aufschiebung mit ihren Alkaliintrusionen abgeschnitten. Die Verschiebung setzt also nicht in die Granitgneiszone fort.

Bemerkenswert ist ferner, daß die Verschiebung von einem Streifen antiklinaler Aufwölbung begleitet wird, welcher nicht mit der ursprünglichen Tektonik konform geht, sondern dieselbe etwas diskordant überlagert und, da sie in der Zone I schon den fertigen Schuppenbau betrifft, das jüngere Alter der Verschiebung gegenüber der Faltung beweist. Diese schon bei der Schilderung der Verhältnisse bei Bilimbai erwähnte Herauswölbung mit NNW-Streichen ist besonders durch Herauspressung des Kambrosilurs der altpaläozoischen Schuppe kenntlich und nimmt nordwärts zwischen Wissimo-Schaitansk und Paschija den Charakter eines Fächergewölbes an; noch weiter im Norden, an der Koswa, scheint aber die Antiklinale auszukeilen. Was hier im Norden aus der Transversalverschiebung wird, ist noch nicht restlos aufgeklärt. Ihr Streichen weist direkt auf die Abzweigung des Timan hin; andererseits lassen neu gefundene mylonitische Kiesstreifen im Wischerabezirk ein Abdrehen der Störung aus NNW nach N möglich erscheinen (Kusnetzoff 1937), was dann so gedeutet werden könnte, daß sie im Norden den Charakter einer Transversalverschiebung verliert und zu einer Aufschiebung der Zone II auf die Zone I wird.

Die Transversalverschiebung erscheint damit als Scherungszone, als diagonales Ausweichen vor dem Hindernis des starren Ufablockes. KUSNETZOFF betont, daß vom nördlichen nach dem mittleren Ural ein gewaltiger axialer Aufstieg stattfindet, der in dem Emporpressen der katazonalen hybriden Gesteine des Alkalistreifens in der Zone V und im Auftauchen der granitischen Unterlage in der Zone II deutlich in Erscheinung tritt. Zwischen beiden ist die Zone III auf schmale Serpentinlinsen reduziert und die Zone IV zu Grünschiefern diaphtorisiert und auf schmalsten Raum zusammengepreßt.

Westlich von Zone II, unmittelbar vor dem Ufablock, setzt der schon bei Bilimbai erkennbare Überschiebungsbau verstärkt fort. Wie schon dort erkennbar, lassen sich auch weiter südlich über dem autochthonen Permokarbon eine untere Schuppe von Devon-Gotlandium und eine obere von Untersilur erkennen (NEUMANN-PERMJAKOWA), die flach übereinander liegen und auf die als dritte Schuppe die metamorphe Zone II aufgeschoben ist. Nordwärts konnten nun aber die oberen Krustenteile der von Osten wirkenden Pressung gegen Westen ausweichen, so daß es hier zur

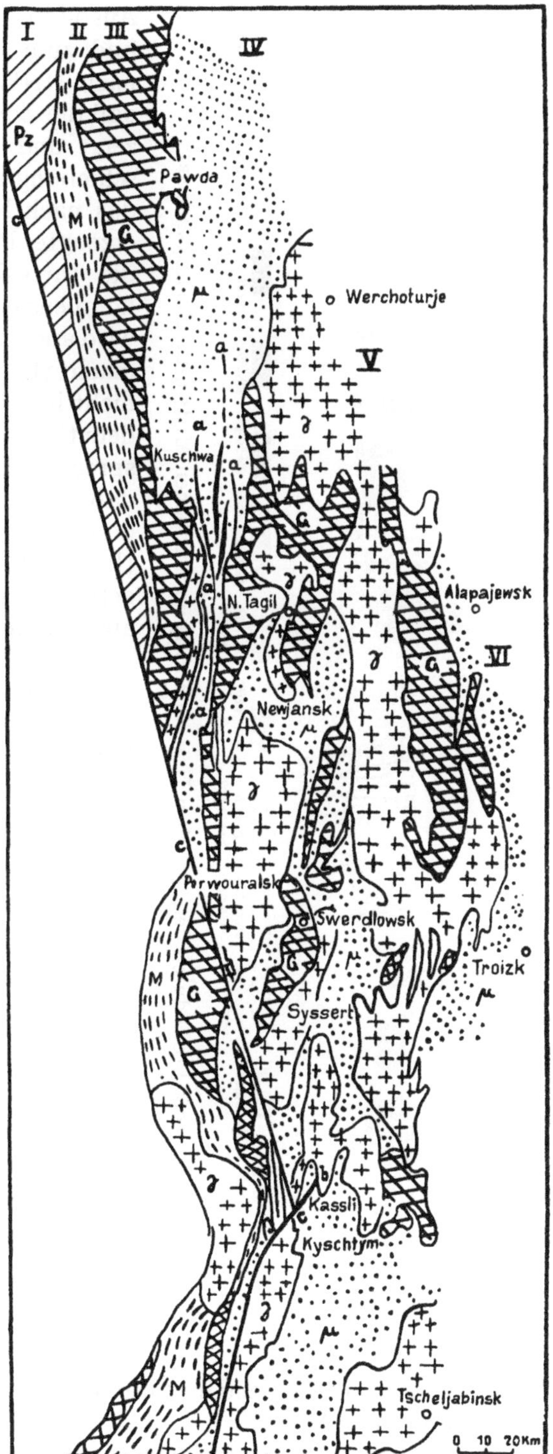

Abb. 105. Die große Transversalverschiebung im mittleren Ural. Nach KUSNETZOFF.

Pz: Paläozoikum, M: metamorphe Zone, G: Gabbro und basische Tiefengesteine, μ: Grünsteine und Devonkarbon in bathyaler und metamorpher Fazies, α: Mylonitstreifen, γ: Granite.

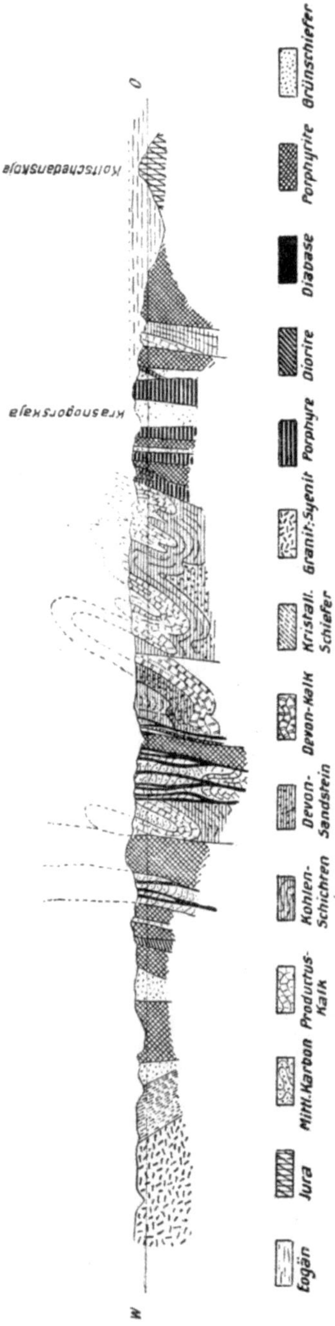

Abb. 106. Profil durch den östlichen Ural (Zone VI) im nördlichen Mittelural. Nach KARPINSKI.

Ausbildung der transversalen Zerreißung und zum Abschwenken der Zonen I–IV nach NNW kam. Es ist bemerkenswert, daß die Zone V dieses Abschwenken nicht zeigt und daß auch die Transversalverschiebung in sie nicht fortsetzt. Die durch das nach Norden divergierende Streichen erzeugte Raumvergrößerung wird durch die Intrusion der großen Granitmassive kompensiert; denkt man sich diese fort, so wird auch die Verschiebung rückgängig gemacht (KUSNETZOFF). Da die Verschiebung nicht in die Gneisgranite fortsetzt, welche dem tiefsten erschlossenen Krustenteil entsprechen, hält es KUSNETZOFF füi möglich, daß sie nur den oberen Krustenteil betrifft, dessen Mächtigkeit durch die Zonen II + IV (Präkambrium + Kambrosilur–Devon) gegeben ist und auf mindestens 5 km zu veranschlagen wäre. In dem liegenden „granitic layer" wäre keine Verschiebung mehr vorhanden. So fügen sich alle Daten gut in die Vorstellung einer erzwungenen Ausbiegung am Block von Ufa.

Die östliche Zone VI tritt im mittleren Ural im Raume von Alapajewsk zum erstenmal aus der jüngeren Bedeckung hervor. An ihrem Aufbau sind Sedimente des Devon und Karbon, außerdem Diabas, seltener Porphyrite und Porphyre beteiligt. Gegenüber den Zonen I und IV besteht aber ein durchgreifender Unterschied. In dem westlichen paläozoischen Streifen haben die gelegentlichen Diabasvorkommen Stock- oder Lagergangcharakter. Sie sind dort silurischen und devonischen Alters – gleichaltrig mit einigen Sedimenten bis zum Oberdevon aufwärts. In der zentralen Zone IV liegen vorwiegend submarine Deckenergüsse vor. In der östlichen Zone handelt es sich dagegen um streichende steile Gangsysteme, welche nach einer karbonisch-permischen Faltungsphase gebildet wurden, anscheinend im Anschluß an eine nachplikative Bruchtektonik von erheblichem Ausmaß.

Im Gegensatz zu den westlichen Zonen sind hier die paläozoischen Schichten in Falten von sehr engem Radius gelegt, die vorwiegend nach Osten überhängen, so daß ein isoklinales Westfallen die Regel darstellt. Nach der Faltung ist dieses Gebiet durch streichende Brüche (Transuralbrüche) in eine ziemlich regelmäßige Folge N–S streichender Schollen zerlegt worden. Diese Bruchlinien bilden die Intrusionswege der Ergußgesteine, unter denen die Porphyre die jüngsten zu sein scheinen. Die Diabase sind zum Teil durch nachträgliche Bewegungen in Grünschiefer umgewandelt worden. Ein an Intensität zonar wechselnder Metamorphismus der Sedimente ist bezeichnend. Vor allem ist hier die unterkarbonische Steinkohle in Anthrazit, ja zum Teil in Graphit umgewandelt. Eine Gesetzmäßigkeit in Gestalt etwa einer Abnahme des Metamorphismus gegen Osten oder einer Konzentrierung der jüngeren Sedimente auf den Ostrand ist kaum, höchstens in ganz großen Zügen, zu beobachten. Man darf darin wohl ein Zeichen sehen, daß diese Zone noch ein beträchtliches Stück unter der tertiären Ebene fortsetzt.

Diese Zone ist bis zu dem südlichen Ende des Ural zu verfolgen, obwohl stellenweise unter junger Bedeckung verschwindend. Im Südural ist in ihren westlichen Abschnitten die Lagerung flacher, trägt aber doch Spuren starker tektonischer Beanspruchung.

3. Südlich von Slatoust schwenken die Falten der Zone I wieder nach SW bis W ab, was zu einer ungeheuren Verbreiterung dieser Zone führt; auch hier umfließen also die Falten den Block von Ufa und lenken erst weiter im Süden wieder nach S ab (Abb. 108).

Die westlichste, vordere Kette (Karatau) beginnt mit SO fallendem Unterdevon, welches hier an schwach nach SO fallendes Oberkarbon des Vorlandes grenzt. Eine Überschiebung des Randes ist durchaus möglich; es folgen zwei ziemlich regelmäßige Synklinalen von Unterperm mit zwei Unterdevonantiklinalen dazwischen. Dann herrscht weithin SO-Fallen; der Aufbau der Kämme, die treppenartig hintereinander aufsteigen und immer wieder aus unterdevonischen Quarziten bestehen, auf der Ostseite aber mitteldevonische Bedeckung besitzen, ist daher weniger das Ergebnis einer normalen Faltung als das zahlreicher Störungen, bei denen man aber nicht an Repetitionsverwerfungen, sondern eher an Schuppenbau zu denken hat, wie Zawaritzki 1923 annahm und ich 1926 (Geol. von Europa, Bd. I) ohne Kenntnis seiner Arbeit auch vermutet habe. Die Komplikationen sind aber wohl noch stärker, wie aus einer Arbeit von Blochin (1932) hervorgeht. Der genannte Autor unterscheidet südlich der Belaja vor allem auf Grund der Fazies einen westlichen autochthonen und einen östlichen allochthonen Streifen. Insbesondere ist bemerkenswert, daß die gotlandisch-unterdevonische Folge im W durch litorale Sandsteine, im O durch Graptolithenschiefer und „Herzyn"-Kalke vertreten ist und daß im Karbon im W Kalkfazies, im O aber schieferige „Flyschfazies", d. h. eine Art Kulm, herrscht. Der Fazieswechsel ist plötzlich und in allen Gliedern gleichzeitig. Das spricht für eine tektonische, nachträgliche Annäherung beider Gebiete, d. h. für eine Decke. Ihr Ausstrich ist in einem hügelig herausragenden Streifen von tektonischen Brekzien mit Schollen von Karbonkalken aller Stufen zu sehen. Die Tektonik des westlichen, autochthonen Streifens ist ziemlich regelmäßig und zeigt sechs Antiklinalen, die im N N–S streichen, dann gegen SW abbiegen. Die drei westlichen haben Kerne von Karbon, Devon und Gotland, während die Mulden dazwischen Artinskschichten enthalten; die drei östlichen haben Kerne von Kambrosilur, in den Mulden liegt als jüngste Bildung Visé. Daraus ergibt sich schon ein Ausklingen der Faltung nach Westen. Die Sättel haben meist einen steileren Westflügel und sind von westvergenten Aufschiebungen betroffen. Ein deutliches Axengefälle nach S ist zu bemerken. Der westlichste Streifen der permischen Schichten ist viel ruhiger gelagert, zeigt aber noch gelegentlich diapiritische Durchragungen der Kungurgipse durch rote Ufaschichten. Die letzten Phasen der Bewegung sind also nachunterpermisch.

In dem aufgeschobenen östlichen Teil ist keine regelmäßige Faltung vorhanden, sondern ein Schuppenbau mit monoklinalem Fallen nach O und starker Zertrümmerung der Gesteine, die häufig als Schollen in verkehrter Lagerung auftreten (Untersilur auf Karbon).

Ob weiter im O die kristallinen Schiefer des Uraltau (Zone II) wiederum auf das Allochthon von Zone I aufgeschoben sind, oder, wie ältere Angaben besagen, dessen Unterlage bilden und ein regelmäßiges weitspanniges Gewölbe mit steilerem Ostschenkel darstellen, ist noch nicht vollkommen klar.

Weiter im Osten liegt die Zone IV, d. h. ein bei Slatoust beginnender Streifen von Diabasen, Tuffen und bathyal-abyssischen Devon-Karbonsedimenten. Die Zone III, d. h. die basischen Tiefengesteine, sind auf intermittierende Vorkommen am West- und Ostrande der Zone IV beschränkt. Immerhin ist ihr Zusammenhang mit dem östlicheren Zug basischer Tiefengesteine des nördlichen Urals deutlich. Der Bau des Gebietes zwischen Werchneuralsk und Magnitnaja zeigt nach Perna und Zavaritzki von Westen nach Osten folgende Grundzüge:

Zone II: kristalline Schiefer des Uraltau – etwa 20 km breite Zone.

Zone IV: Kieselschiefer, Jaspis und Porphyrit, zunächst noch als ein hoher Rücken (Krykty), dann als eine hügelige Niederung am Uralfluß. In dieser herrscht NO streichender, ziemlich normaler Faltenbau oberdevonischer und karbonischer Sedimente. Meist sind die Antiklinalen tief abgetragen und erscheinen als Senken zwischen den als Hügel herausragenden Mulden. Die unmittelbare Unterlage des Karbon bildet hier ein Porphyrerguß. Bemerkenswert ist, daß die westlichen Schenkel der Synklinalen meist steiler sind als die östlichen. Östlich von diesem abgetragenen Faltenland erscheint ein breiter Streifen devonischer Radiolarite mit Diabasen und Diabastuffen, auf den dann weiter im Osten Glimmerschiefer und Granitgneise der Ural-Toboler Wasserscheide (Zone V) folgen. Im großen betrachtet, besitzt also auch hier die Zone IV synklinalen Bau: die Flanken werden von Glimmerschiefer aufgebaut, darauf liegt die abyssisch-bathyale Devonserie, darauf das Karbon. Im einzelnen ist ein nicht sehr intensiver Faltenwurf mit Längsbrüchen bemerkenswert.

Ferner sind in diesem Gebiet noch die jüngsten Intrusionen eines granodioritischen Magmas bemerkenswert, die besonders in der Gegend des Berges Magnitnaja von Bedeutung sind. Die Intrusion erfolgte hier in den Kern einer karbonischen Antiklinale. Wenn diese auch äußerlich unsymmetrisch erscheint, so entsprechen die Streckung und die Schlieren doch vollkommen dem allgemeinen Streichen. Die Verhältnisse erinnern an die Lagerung des Syenitzuges von Tagilsk; dort wie hier ist die reiche Magnetitführung an den Kontakt der Kalke mit dem granodioritischen Magma gebunden. Granat-Augitgesteine begleiten hier wie dort das Erz und müssen wohl als Kontaktprodukte gedeutet werden.

Der Charakter bleibt nun bis zur Linie Tschkalowsk–Orsk im wesentlichen der gleiche. Die Zonen I–V sind in beträchtlicher Breite vertreten. Auch die Zone VI tritt gelegentlich in erheblicher Breite unter der tertiären bzw. kretazischen Bedeckung hervor.

4. Auch im Mugodschargebirge südlich des Uralflusses ist der tektonische Typus der gleiche, wenn auch die Faltungsintensität nachläßt. In dem westlichen Teil beschreibt Janschin wieder Überschiebungen von Karbon auf Artinsk und Unterdevon auf Oberdevon. Die Achsen fallen nach S, und die Sedimente des Perm greifen weit nach Osten bis zum Rande der Zone IV über. Den Kern der Zone IV bildet eine von streichenden Störungen komplizierte Mulde von sandigem Unterkarbon mit Kohlenflözen. Diese Mulde wird im Westen und Osten von antiklinalen Streifen basischer ? (silurischer) Effusiva begleitet, die südwärts axial einfallen, so daß das Karbon sich nach S verbreitert und wohl mit dem des Westhanges verbindet; weiter im Osten (Hauptantiklinorium der Mugodsharen) folgen kristalline Schiefer und Gneisgranite, die hier dem Vorkambrium zugerechnet werden und eigentlich nicht mehr der jungpaläozoischen Faltung unterliegen. So versinken die Uralfalten nach Süden und klingen zugleich aus. Auf ihre posthume Fortsetzung wird später einzugehen sein.

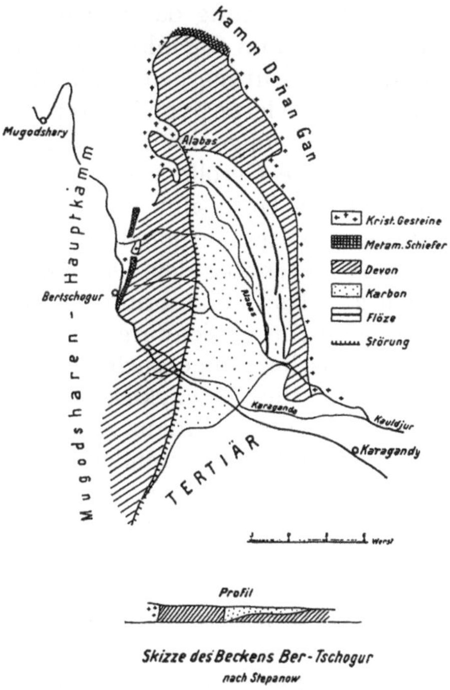

Abb. 107. Karte des Mugodshar-Gebirges. Nach Stepanoff.

Wie groß die Überschiebungsbeträge in der westlichen Zone sind, steht noch nicht fest. Während Blochin anscheinend an eine bedeutende Förderweite wenigstens der einen Hauptdecke denkt, glaubt Janschin weiter im Süden nur an kleinere Bewegungen von 2–3 km Förderweite.

b) Die Entwicklungsgeschichte

Für die Feststellung der Reihenfolge der Ereignisse ist neben den im Ural auffallend undeutlichen Winkeldiskordanzen die Eruptionsfolge von Bedeutung. Wenn hier auch viele Einzelheiten noch unsicher sind, so ist doch die große Entwicklungslinie deutlich und recht aufschlußreich.

Das Vorkambrium, welches erst in den letzten Jahren eingehender erforscht worden ist, unterscheidet sich durch die gewaltige Mächtigkeit der z. T. sicher marinen Serien, durch einen geringeren, höchstens der Mesozone entsprechenden Metamorphismus und durch nur schwach ausgeprägte Diskordanz gegen das Kambrium von dem hochmetamorphen Sockel der osteuropäischen Tafel. Ob es sich hier um Äquivalente der Karelischen Serien oder, was mir wahrscheinlicher ist, auch um eine Geosynklinalfazies des Jungalgonikums (= Jotniums) und Eokambriums handelt (beltotyp n. STILLE 1944), muß vorläufig dahingestellt bleiben. Jedenfalls ist aber sicher, daß der Ural schon im Algonkium von dem Charakter des stabilen Fennosarmatias in der Richtung geosynklinaler Entwicklung abwich und sogar schon eine Faziesgliederung von Westen nach Osten, ähnlich wie in späteren Zeiten, aufwies. Ob einige im Algonkium auftretenden Gabbroamphibolite und Granite sowie Gerölle von solchen Gesteinen (Mikroklingranite) und von Effusiven im Untersilur einer vorkambrischen oder einer späteren magmatischen Phase angehören, bleibt noch unsicher. Ein Sprung in der Metamorphose gegenüber dem Ordovizium und eine Beschränkung tektonischer Linien auf das Präkambrium werden zwar erwähnt, aber um eine stärkere Faltung scheint es sich nirgends zu handeln, und zudem ist die Abgrenzung der kambrischen Folge auch noch nicht sicher durchgeführt. Zu betonen ist aber die deutlich zweizyklische Entwicklung des sicheren Algonkiums, ohne stärkere Winkeldiskordanz zwischen beiden Zyklen.

Das neuerdings aufgefundene Kambrium ist anscheinend nur durch seine untere und mittlere Stufe vertreten; alle Spuren von Oberkambrium fehlen. Das Ordovizium scheint zum Teil mit Winkeldiskordanz überzugreifen. Sehr wahrscheinlich ist daher das Vorhandensein einer kräftigeren vorordovizischen Bewegung – der Salairphase, die vielleicht der sardischen Phase STILLES entspricht. Es ist möglich, daß einige ältere Granite (Troizk) hierher gehören und nicht kaledonisch sind, wie man früher annahm.

Das mächtige und vorwiegend klastische Ordovizium ist weniger metamorph wie die älteren Schichten und enthält, wenn auch spärlich, Effusiva und Tuffe von vorwiegend saurem Chemismus. Die Metamorphose ist aber doch deutlich stärker als im Gotlandium, und die Tuffe des letzteren liegen inkonform auf, so daß Spuren takonischer Bewegung jedenfalls vorhanden sind.

Mit dem Gotlandium beginnt die deutliche Entwicklung zur eigentlichen jungpaläozoischen Geosynklinale und die zonare Faziesgliederung in einen westlichen litoralen und neritischen Saum und in eine östliche (bzw. zentrale) bathyale Zone, die vielleicht zeitweise sogar zum Abyssikum herabsinkt (Radiolarite und Jaspise). Letztere ist zugleich auch durch gewaltige Entwicklung zum Teil sicher submariner Ergüsse und durch enorme Mächtigkeit der abgelagerten Gesteine ausgezeichnet, dürfte doch die Mächtigkeit der obersilurisch-devonischen Serie im Osten 5000–9000 m, gegen 2000 bis 3000 m im Westen erreichen.

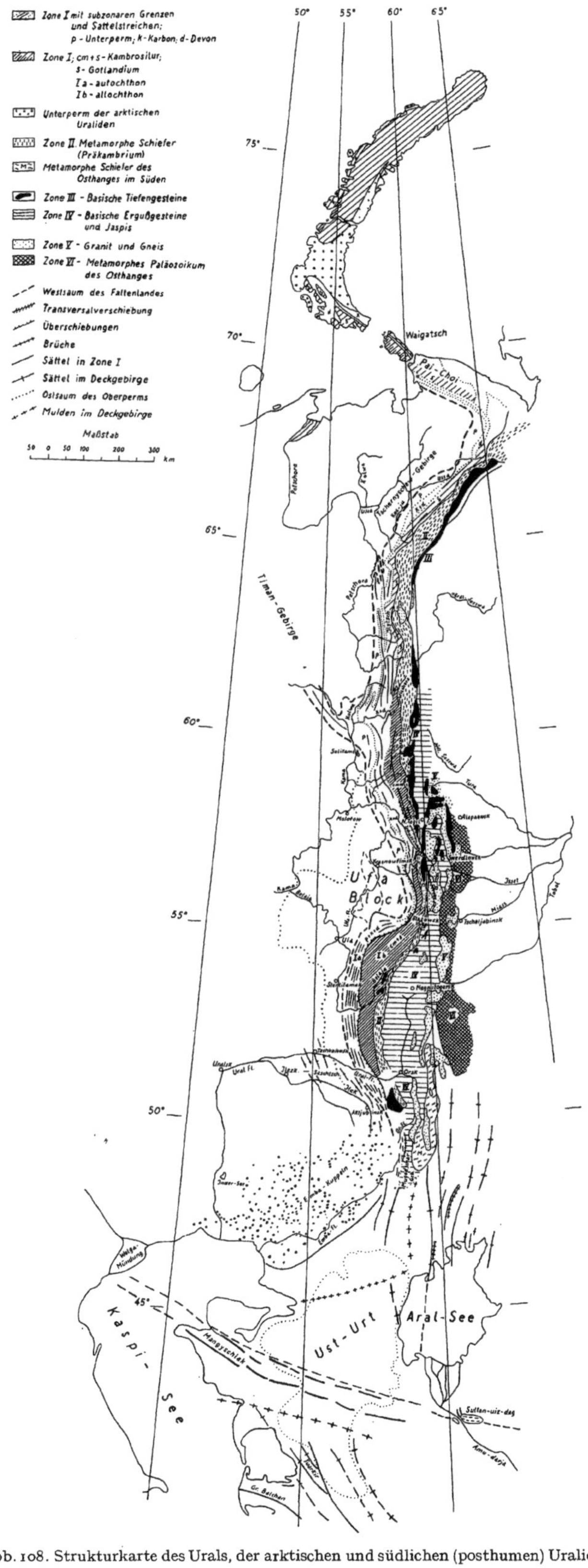

Abb. 108. Strukturkarte des Urals, der arktischen und südlichen (posthumen) Uraliden.

Es ist bemerkenswert, daß der Übergang zwischen Silur und Devon ohne scharfe Grenze erfolgt; eine sicher belegte jungkaledonische Faltung fehlt im eigentlichen Ural; die gelegentlich dafür angeführte Unterlagerung des Mitteldevon durch Bauxite spricht nur für eine jüngere, nachunterdevonische Bewegung, auf die gleich zurückzukommen sein wird. Das oberste Gotlandium und untere Devon ist mithin eine Zeit intensiver Absenkung und großer Effusionen. Diese beginnen im Wenlock mit Ausbrüchen von Diabasporphyriten und deren Tuffen, die bis in Ludlow anhalten; im Ludlow kommen Spilite hinzu, dann Albitophyre (ohne Tuffe), die in das untere Unterdevon fortsetzen. Im oberen Unterdevon läßt die Eruptionstätigkeit nach, um im Mitteldevon wieder aufzuleben, mit nun vorwiegend sauren Gesteinen (zuerst liparitisch-trachytisch, dann andesitisch-dazitisch). In der Frasnezeit erlischt der Vulkanismus ganz.

Noch nicht ganz geklärt ist die Frage devonischer Bewegungen und Intrusionen. Die Betrinskschichten (Oberer Unterdevon bis Mitteldevon) enthalten Gerölle von chromithaltigem Serpentin und auch von sauren Intrusiven (Plagiogranite), das tiefere Mitteldevon fehlt z. T., das höhere beginnt gelegentlich mit Konglomeraten. Eine frühdevonische (Nach-Siegener) Bewegungsphase wäre also durchaus möglich. Es wird entsprechend auch angenommen, daß einige Gabbros und Hyperbasite schon unterdevonisch sind; etwas jünger, aber noch demselben Intrusivzyklus angehörend, wären einige Plagiogranite, vielleicht die Syenite von Tagilsk und die Quarzdiorite von dem Turjafluß. Andererseits sind auch Gerölle von Mitteldevon im Oberdevon bekannt, so daß auch eine voroberdevonische Bewegung möglich erscheint. Im Zusammenhang damit ist daran zu erinnern, daß im mittleren Ural die Zone IV keine jüngeren Schichten als Mitteldevon enthält. Es wäre also durchaus denkbar, daß in dieser Zone die Tektogenese und Heraushebung schon im Devon größere Intensität erreicht hat.

Anzeichen für eine bretonische Phase fehlen im Ural; zwischen Devon und Karbon besteht Kontinuität, auch darin, daß der neue Effusivzyklus innerhalb der östlichen Fazies im Famenne beginnt, im Tournai die Hauptintensität erreicht und im Visé erlischt. Oberdevon bis Mittelkarbon ist also die Zeit einer kontinuierlichen Senkung, mit einer kurzen, aber weitverbreiteten rückläufigen epirogenetischen Hebung im Untervisé (Kohlenserie). Dabei bleibt aber die Fazies nun im wesentlichen neritisch, und nur im Südural könnte der „Karbonflysch" einer stärkeren Absenkung entsprechen.

Mit dem Mittelkarbon beginnt die Zeit der Haupttektogenese. Das Namur ist zwar stellenweise detritisch, doch ist eine Winkeldiskordanz erst an der Basis des Westfal (= Moskaustufe) bekannt. Dabei ist im Ostural die Bewegung zu Beginn des Mittelkarbons (erzgebirgisch), im Westen aber zu Ende desselben deutlicher (asturisch), so daß ein Wandern der Gebirgsbildung von Osten nach Westen wahrscheinlich ist. Dabei heben sich nunmehr die östlichen Teile des Orogens endgültig über das Meeresniveau; Oberkarbon und Artinsk fehlen dort bzw. sind auf Innensenken mit terrestrisch-lagunärer Füllung beschränkt, während im Westen zum Teil sogar eine Kontinuität der

Sedimentation bis in das Unterperm besteht. Daher sind die jüngeren Hauptphasen der Bewegung überhaupt nur im Westteil genauer zu datieren.

Es fällt nun auf (NALIVKIN), daß im Ural überhaupt die Einzelphasen geringe Intensität zeigen und daß Winkeldiskordanzen selten sind; es besteht eine Art Kontinuität mit Wandern der Gebirgsbildung nach Westen. Die Sedimentationszone wird ebenfalls nach Westen verlegt, und das Unterperm hat z. T. schon den Charakter einer Vorsenkenfüllung (Molasse). Ein deutlicher Sedimentationswechsel besteht an der Grenze Sakmara/Artinsk; gelegentlich liegt auch das Artinsk winkelig-diskordant auf (Plateau von Ufa) und enthält Gerölle von Oberkarbon (Kargalinskphase n. RUSHENZEFF). Innerhalb der Artinskschichten sind aber auch gelegentlich Diskordanzen beobachtet worden, auch aufgearbeitete ältere Artinskgesteine in jüngeren. So unterscheidet RUSCHENTZEFF eine Kijsker Phase zwischen Unter- und Oberartinsk. Diese beiden entsprechen wohl der sogenannten uralischen Phase. Recht deutlich ist aber eine Bewegung am Ende der Kungurstufe (Aufschiebungen von Artinsk auf Kungur), von der jedenfalls auch noch die Ufaschichten betroffen werden. Gelegentlich liegt aber auch Kungur diskordant auf Artinsk, so daß man jedenfalls eine recht große Zahl von Einzelrucken annehmen muß.

Die jüngeren Bewegungen sind meist nur indirekt erschließbar, da das gesamte Gebirge im mittleren Perm aus der Sedimentationszone herausrückt. Im Nordural nimmt jedenfalls TSCHERNOFF eine Hauptbewegung am Ende des Oberperm an und glaubt sogar mit Sicherheit sagen zu können, daß dort ältere Phasen fehlen. Eine solche Bewegung, die man als pfälzisch bezeichnen könnte, ist auch aus dem Sedimentationswechsel im Perm abzuleiten, wobei sowohl die Grenze Kasan/tatarisch als auch die Grenze tatarisch/Wetluga (Untere Trias) deutlich hervortritt.

Eine beträchtliche Bedeutung kommt im Ural den altkimmerischen Bewegungen zu, welche durch die ziemlich starke Faltung und Überschiebung der kontinentalen obertriadischen Schichten von Nischnij-Tagilsk, Tscheljabinsk, Balanasch usw. belegt sind. Es handelt sich um lokale, aber sehr mächtige Folgen, die den Charakter von Innenmolassen besitzen, in grabenartigen Senken liegen und in westvergente Falten gelegt sind. Die Grabenränder sind oft von Ost nach West überschoben. ARCHANGELSKI war sogar geneigt, dieser Phase eine Hauptrolle bei den großen Überschiebungen und Intrusionen zuzusprechen. Nach GORSKI (1948) trifft das nicht zu. Die Westvergenz dieser Bewegungen steht in deutlichem Gegensatz zu der Ostvergenz des Paläozoikums, welche hier im Osten entscheidend ist. Gegen Westen nehmen die altkimmerischen Bewegungen deutlich an Intensität ab. Die Bindung an die während der Uralfaltung gebildeten Innensenken ist auch deutlich. Es dürfte sich also um eine Nachphase handeln, welche vor allem die labileren Streifen des Osthanges betrifft und anscheinend nordwärts an Intensität zunimmt. Möglicherweise hängen aber die meridionalen Transuralbrüche und die mit ihnen verknüpften Diabase mit dieser Nachphase zusammen.

Zusammenfassend kann man sagen, daß die Hauptbewegung im Mittelkarbon (erzgebirgisch) einsetzt und nach Westen wandert. Die Faltung dürfte hier im wesentlichen zwischen Oberkarbon und Kasanstufe, d. h. uralisch und saalisch erfolgt sein. Jünger sind die Überschiebungen, die nachträgliche Stauchung der Schuppen, die Ausbildung der Transversalverschie-

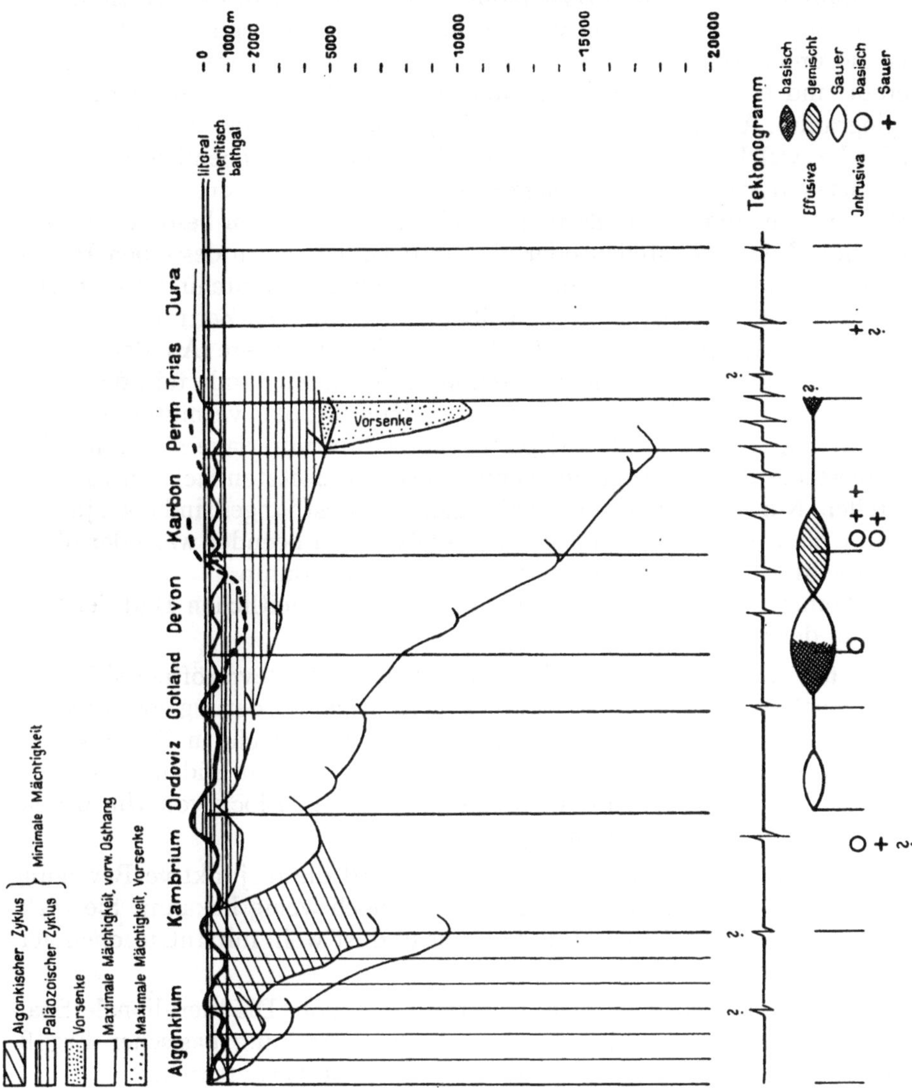

Abb. 109. Oszillogramm, epirogenetische Kurve, Tektonogramm und magmatisches Schema des Urals.

bung am Ufaplateau und die meridionalen Transuralbrüche im Osten; diese Bewegungen reichen jedenfalls bis in die pfälzische und altkimmerische Phase.

Eine genaue Datierung der Intrusionen ist dementsprechend auch noch nicht möglich; relative Altersfeststellungen können aber gemacht werden:

Die großen Gabbromassive der Zone III sind noch intrusiv in Visé, und ihre Gesteine treten als Komponenten im Artinsk auf. Ihre Form deutet darauf, daß sie unter Druck intrudierten, also wohl im Zusammenhang mit der Bildung der großen Längsfalten. Jedenfalls erfolgte auch die Differenzierung des Magmas unter dem Einfluß des tektonischen Druckes. Dabei zeigt aber die Amphibolitisierung und Dynamometamorphose, insbesondere an der Basis, daß die Erstarrung schon vor der intensivsten Bewegung einsetzte, daß aber die unmetamorphen Hyperbasite (Dunite und andere) später emporgepreßt und erstarrt sind. Dann folgen, ebenfalls noch unter Druck, die Plagiogranite, Augitdiorite, Quarzdiorite, Syenite, d. h. die saureren Glieder der Reihe, welche aber auch noch von den großen streichenden und diagonalen Mylonitstreifen (Bewegungszonen) durchsetzt werden.

Die Granite sind jedenfalls jünger, sei es, daß sie einen besonderen magmatischen Zyklus darstellen oder als saure Differenziate desselben Hauptzyklus aufzufassen sind. Da man unter ihnen konkordante und diskordante Massive findet, so dürften sie sich über einen längeren Zeitraum, von der Hauptorogenese bis zu ihren letzten Stadien verteilen. An den großen Überschiebungen nahmen sie z. T. schon in festem Zustande teil, die Transversalverschiebung klingt an ihnen aus. KUSNETZOFF vermutet, daß der Massentransport z. T. noch auf plastischer Granitunterlage stattfand. Die Alkaligesteine, d. h. die Nephelinsyenite, dürften die letzten Tiefenintrusionen darstellen. Nur die streichenden Diabasgänge des Osthanges sind noch jünger. Ob nun diese ganze Intrusionsfolge im Oberperm beendet war oder ob sie bis in die altkimmerische Phase reicht, steht noch dahin.

Wir kommen auf diese Weise zu einem recht einheitlichen Bild der Orogenese in der uralischen Geosynklinale.

1. Erste Vorbereitungsphase: Im Gotland und Unterdevon öffnen sich meridionale Spalten, zwischen denen, unter gleichzeitiger Förderung von basischen Effusiven und Tuffen, ein schmaler Streifen der Oberfläche in die abyssische Region versenkt wird. Die Breite dieses Streifens ist im Süden (Orsk) und im Norden am größten; in der Mitte scheint er am Block von Ufa primär schmäler oder nachträglich ausgepreßt zu sein.

2. Erste Faltungsphase. Im Mitteldevon wird die disjunktive Bewegung durch eine plikative ersetzt. Ihr Ausmaß ist noch wenig bekannt. Sie wirkt sich vor allem in den Zonen II und IV aus und ist wohl mit Intrusionen verbunden gewesen.

3. Zweite Vorbereitungsphase. Untermittelkarbon. Die meridionale Spaltenbildung setzt wieder ein; desgleichen die Förderung basischer Ergußgesteine und Tuffe; das Meer im zentralen Streifen vertieft sich.

4. Zweite (Haupt-) Faltungsphase: Oberkarbon–Ende Perm (? Trias). Intensive plikative Gebirgsbildung: am Westhang werden überliegende Falten gebildet. Die Faltung der Zentralzone beginnt früher und ist mit der Ausbildung von Mylonitstreifen verbunden. Im mittleren Gebiet, hinter dem Plateau von Ufa, findet eine starke Auspressung des schmalen zentralen Streifens statt (Umwandlung der Serpentine in Grünschiefer), verbunden mit Überschiebungen und Transversalverschiebungen der starreren und durch Intrusion konsolidierten Schollen. Am Ostrand herrscht intensivste Klein-

faltung mit Tendenz zur Überschiebung nach Osten. Es ist übrigens bezeichnend, daß diese Zone auch nur in dem mittleren, das Ufaplateau umsäumenden Streifen bekannt ist, wo auch weiter im Westen die Faltung stark ist. Es mag hier eine lokale, keine regionale Erscheinung vorliegen. Die Intrusion der basischen, später der sauren Tiefengesteine ist für diese Phase bezeichnend.

5. Bruchphase. In dem östlichen Streifen treten dann wieder meridionale Brüche auf, an denen Diabase gefördert werden. Diese Phase gehört wohl einem jüngeren Zyklus an. Die Tektonik der östlichen Zonen ist durch die tertiäre Bedeckung zu sehr verhüllt, um einwandfrei geklärt zu werden. Die altmesozoischen Braunkohlen lagern sich dann in Senken des in Zerstörung begriffenen Gebirges ab, entsprechen also den permischen Innensenken des variszischen Gebirges in Mitteleuropa.

Die paläozoische Geosynklinale des Urals entwickelte sich im Raume zwischen dem Baltischen und Sibirischen Schild, welcher schon durch eine jungalgonkische (ripheische SCHATSKI, vielleicht gleich assyntische STILLE) Faltung stabilisiert wurde. Sie liegt also (PEIWE 1948) im Zwickel zwischen dem karelidischen Saume Fennosarmatiens und dem jungalgonkisch stabilisierten Saume des Angaralandes. Nach PEIWE lassen sich im Südural drei Teiltröge von gewaltiger streichender Ausdehnung (bis 1000 km), aber geringer Breite (50–150 km) unterscheiden, und zwar von Westen ausgehend: Silair-Trog (entsprechend Zone I), Grünstein-Trog (Zone IV) und Tobolsker Trog (Zone VI); zwischen diesen Trögen liegen als schmale Geantiklinalen die kristallinen Schieferstreifen des Uraltau (Zone II) und der Mugodsharen (Zone V).

Für diese Tröge ist eine bestimmte Schichfolge kennzeichnend, und zwar von unten:

Submarine basische Effusiva (Spilit-Keratophyre) und Jaspise (Radiolarite)
Terrigene graue marine Sedimente
Riffe und pelitomorphe Kalke
Flysch
Molasse

Der westliche Randtrog (Silair-Trog) unterscheidet sich durch die (freiere) Tektonik, eine geringere Metamorphose und spärlichen Magmatismus von den beiden inneren Trögen. Die ihm vorgelagerte Saumsenke hat eine ganz abweichende Paragenese von Sedimenten; von unten:

Karbonate
Kohlensedimente
Salinare Sedimente
Terrigene rote Kontinentalbildungen
Molasse

Diese Einteilung entspricht letzten Endes der hier durchgeführten zonaren Gliederung und zeigt bemerkenswerte Analogien zu den anderen großen Orogenen. So kann man die Zone I (Silair) mit den Externiden KOBERS, d. h. mit dem Rheinischen Trog der Varisziden oder mit dem Helvetischen Trog der Alpiden vergleichen, den Grünstein-Trog (Zone IV) mit der saxothüringischen bzw. penninischen Zone. Die Geantiklinale des Uraltau entspricht der Spessart–Ruhla-Schwelle und vielleicht den westalpinen Zentralmassiven, die Antiklinale der Mugodsharen (Zone V) der Erzgebirgsschwelle.

Die Vergenz ist in den Zonen I–IV nach Westen gerichtet, in der Zone V wechselnd, in der Zone VI, jedenfalls in den älteren Phasen, nach Osten gekehrt. Die Zone V würde also eine Art Scheitelung darstellen.

Diese Betrachtungsweise ist fruchtbar, weil sie exterpolierende Schlüsse auf die östliche Fortsetzung des Urals unter der westsibirischen Niederung nahelegt. Peiwe weist darauf hin, daß den durch die genannten Gesteinsparagenesen und durch den tektonischen Stil ausgezeichneten Geosynklinalen ein anderer Typus gegenübersteht, den er als „brachygeosynklinal" bezeichnet. Hier sind die Teiltröge breiter (50–500 km) und kürzer, d. h. ovalbeckenförmig gestaltet und durch schmale Hebungszonen voneinander getrennt. Die Gesteinsparagenesen lauten von unten:

Terrigene graue marine Bildungen
Terrestrische Effusiva, vorwiegend sauer
Terrigene rote Kontinentalbildungen
Organogen-detrische Kalke
Kohlensedimente.

Die Reihenfolge dieser Sedimenttypen kann hier aber wechseln, und einige Glieder können fehlen. Auch diese Serien, deren Entwicklung zuweilen ganze Ären überdauert, liegen diskordant auf älterem Fundament. Die Faltungsintensität ist geringer als in den Geosynklinalen.

Dieser Typus ist in der Kasachischen SSR und im nördlichen Tiën-Schan eindrucksvoll entwickelt, besitzt aber in dem einer Beobachtung zugänglichen Teil des Urals (Westen) kein Analogon. Dieser setzt dagegen in typischer Prägung mit demselben Charakter der Teiltröge in den südlichen Tiën-Schan und den Erz-Altai fort, während der nördliche Tiën-Schan über die Kasachische SSR in das tertiärbedeckte östliche Vorland des Urals fortsetzen dürfte. Hier würde also eine brachygeosynklinale Folge auf der spätalgonkisch konsolidierten Basis liegen. Ob hierbei die Zone VI (Tobolsker Trog) noch zum geosynklinalen Typus gehört oder eine Randbildung der geoantiklinalen „Zwischengebirgsmasse" darstellt, soll hier nicht diskutiert werden. Vielleicht läßt sie sich als Ganzes mit dem Unterostalpin der Alpen vergleichen.

Im Variszischen Orogen hat der brachygeosynklinale Typus auffallende Analogien im Moldanubikum. Insbesondere das Barrandien, d. h. das Prager Synklinorium mit seiner relativ schwachen paläozoischen Faltung, mit der altpaläozoischen Schelffazies und mit der Auflagerung auf einen jungalgonkisch gefalteten Sockel liefert überraschende Analogien zu dem brachysynklinalen Typus Peiwes.

Bemerken möchte ich, daß meines Erachtens der Name Geosynklinale für die Gesamtheit des orogenen Troges vorzubehalten ist und daß die dazwischen liegenden Teiltröge und Schwellen (Kordilleren) Erscheinungen einer geringeren Größenordnung darstellen. Daß sie von tiefen, durch die ganze

Sialhülle reichende Störungszonen begrenzt werden, möchte ich mit PEIWE als wahrscheinlich annehmen.

Neben der zonaren Gliederung weisen auch andere Merkmale auf weitgehende Analogien zu den kaledonischen, variszischen und alpidischen Orogenen hin, so das Wandern der Gebirgsbildung, die magmatische Folge, die Metamorphosenverteilung, der tektonische Charakter, die Transversalverschiebungen usw. Auch die Beeinflussung des Verlaufes und der Intensität des Zusammenschubes durch störende Vorlandsmassen ist eine oft wiederkehrende Erscheinung. So bedingt der Block von Ufa eine Gliederung in zwei gewaltige, nach Westen konvexe Bögen, denen sich im Norden noch eine dritte Ausbuchtung nach Westen anschließt (Pai-Choi bis Nowaja Semlja). Ob diese freilich durch eine altversteifte Vorlandsmasse bedingt ist (Pytkow Kamen) ist unsicher.

Die Faltungsintensität scheint mir dagegen im Ural geringer zu sein als in vielen anderen Orogenen; insbesondere eine Deckenbildung alpinen Ausmaßes ist bisher nicht erwiesen. Im Hinblick darauf habe ich 1926 den Faltungsstil mit dem des Faltenjuras verglichen, in dem ja Schuppenbildung und Überschiebungen weitverbreitet sind. Ich möchte aber ARCHANGELSKI darin recht geben, daß im Hinblick auf die Gesamtheit des Gebirges der Vergleich nicht statthaft ist, da der Ural ein zonar gegliedertes Orogen, der Jura nur die Abzweigung einer Zone bildet und in bezug auf Faltungstiefgang, Metamorphose und Magmatismus ein viel oberflächlicheres Gebilde darstellt. Die Geschichte des Urals ist die eines selbständigen Orogens, besonders den Varisziden Westeuropas verwandt, von denen ihn nur eine einfachere Linienführung, eine geringere Verbrochenheit und ein etwas abweichender zeitlicher Verlauf unterscheiden; es scheinen nämlich den Faltungsphasen des Urals Bruchphasen der Varisziden und umgekehrt zu entsprechen. Im Zusammenhang mit der fast rechtwinkligen gegenseitigen Anordnung beider Faltenstränge könnte diese Feststellung allgemeinere Bedeutung haben. Über die Beziehung zu den zentralasiatischen Gebirgen wird noch später einiges zu sagen sein.

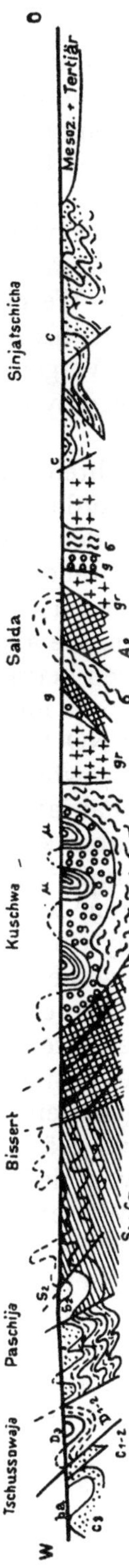

Abb. 110. Schematisches Sammelprofil durch den mittleren Ural. Nach KUSNETZOFF.

A_2: metamorphe Schiefer; s_1 + Cm: Kambrosilur; C_{1-3}: Karbon; g: Gabbro; δ: Serpentin und Peridotit; S_2: Gotlandium; D_{1-3}: Devon; μ: Grünschiefer; gr: Granit; ba: Artinsk.

3. Äußere Gestaltung und Morphogenie

Im Gegensatz zu dem nur fragmentarisch erhaltenen variszischen Gebirge Westeuropas ist der Ural als zusammenhängender Gebirgszug über 20 Breitengrade, d. h.

über eine Lange von 2400 km erhalten. Er ist damit eher dem kaledonischen Gebirge Norwegens vergleichbar, unterscheidet sich von ihm allerdings durch die geringere Höhe und Reliefenergie, kann man doch einige Gebiete des Mittelural kaum noch als Gebirge ansprechen. Ferner ist zu berücksichtigen, daß in dem morphologisch herausragenden, im Süden 150 km, im Norden nur 50 km und weniger breiten Berggürtel lediglich der Westsaum eines viel umfassenderen Gebirgssystems vorliegen könnte, dessen gänzlich abradierte östliche Ketten unter den tertiären und quartären Sedimenten Westsibiriens begraben sein könnten. Ob dieses Gebirgssystem tatsächlich bis zum Enissej reichte, ist, wie wir sahen, fraglich; die Tatsache, daß der Vergenzwechsel schon früher einsetzt und die Möglichkeit eines „brachygeosynklinalen" Baues in Westsibirien (s. oben) sind zu berücksichtigen.

Betrachten wir zuerst die Längsgliederung. Der nördliche Ural beginnt bei 68° 29′ nördlicher Breite im Konstantinow Kamen (430 m); eine Fortsetzung nach Norden ist höchstens geologisch erfaßbar. Vielleicht liegt eine Virgation vor; während aber die streichende Fortsetzung nach NO (? nach Taimyr) hypothetisch ist, kann der nach NW abbiegende, nur durch eine schmale Tundrenzone abgegliederte Pai-Choi (300 m) als Fortsetzung der westlichen Uralzonen betrachtet werden. Er setzt weiterhin über Waigatsch nach Nowaja Semlja fort (s. unten). Der nördliche Ural bis zum 65° nördlicher Breite streicht NO–SW; sein nördlichster Teil (Minissejgebirge) ist nur 640 m hoch (Kusnetzowberg). Dann gliedert er sich in ein bis drei parallele Bergketten, die im Pai-jar 1457 m Höhe erreichen, weiter nach Süden aber bis zum 65° wieder absinken, so daß dort die Wasserscheide gelegentlich nur bei 340 m liegt. Am 65° dreht das Gebirge gegen Süden ab. Im Westen erscheinen hier Vorketten, wie das hohe Massiv der Sablja (1648 m) und der niedrigere Tschernyschewhöhenzug, welcher die Uswa kreuzt und sich in der Großlandtundra verliert. Diese isolierten, aber im Streichen des Gebirges angeordneten Parmen sind für den Ural ungemein kennzeichnend. Das eigentliche Gebirge besteht nun aus zwei Kämmen, die bis zu den größten Höhen des Gebirges ansteigen. Am Tölpos-is (1680 m) haben sich bis heute kleine Gletscher gehalten. Die mittlere Gebirgshöhe wechselt noch mehrfach; meist sind zwei Kämme vorhanden, im Westen von kleinen Parmenketten, im Osten von niedrigen Hügelzonen (Uwalen) begleitet.

Die Wasserscheide wird von dem hohen Massiv des Pojassowyi Kamen gebildet (bis 1400 m), welches in den mittleren Ural mit meridionalem Streichen fortsetzt. Den Beginn des letzteren pflegt man in den Gipfel Kanjakowskij Kamen zu setzen (60° nördlicher Breite). Unter den begleitenden westlichen Kulissen, welche gleiche Höhe erreichen, sei der Poludowkamm erwähnt, welcher die Abzweigung nach dem Timan darstellt. Südwärts nehmen dann die Höhen ab, und bei Swerdlowsk, wo der Bahnübergang bei 475 m liegt, die Wasserscheide sogar bis 300 m herabsinkt, verliert sich der Gebirgscharakter überhaupt.

Mit dem Berge Jurma (1029 m), wo wieder das Gebirgsland einsetzt, läßt man den südlichen Ural beginnen (etwa bei 56° nördlicher Breite). In drei parallelen Kämmen (Urenga bis 1200 m, Uraltau 600–1072 m, Ilmenberge bis 748 m), von denen der westlichste der höchste ist, zieht das Gebirge nach SSW, um dann gegen SW und WSW umzubiegen. Zugleich schalten sich im Westen hohe neue Bergkulissen ein (Sigalga 1373 m, Jamantau 1646 m, Nurgusch 1430 m), wodurch das Gebirge an Breite bis zu 150 km zunimmt. Die Umbiegung ist eine Folge des oben besprochenen Ausweichens vor dem im Westen vorgelagerten Plateau von Ufa. Dann dreht das Streichen wieder nach Süden ab, das Gebirge wird niedriger, die Breite geringer, und nur eine niedere Hügellandschaft quert am 51° nördlicher Breite den O–W streichenden Mittellauf des Uralflusses. In dem Sporn des Mugodschargebirges (bis 430 m) verschwindet dann der Ural unter den jungen Ablagerungen der Kaspisenke.

Quer zum Streichen, d. h. von Westen nach Osten, kann man eine deutliche Gliederung in vier Typen der Formengemeinschaft unterscheiden, welche den geschilderten geologischen Zonen durchaus konform verlaufen.

1. Im Westen liegt die Zone der Vorhöhen und Parmen, selten über 600 m hoch, meist allmählich in die Russische Ebene übergehend. Geologisch entspricht sie den Perm-Karbonfalten der Zone I.

2. Weiter östlich liegen die Hauptketten, häufig über 1000 m Höhe erreichend und hoch über den westlichen Vorketten emporsteigend. In dieser Zone liegt die Hauptwasserscheide, doch ist sie oft nicht an die höchste Kette gebunden. So ist im nördlichen Ural der Wasserscheide eine östliche (Vorural-) Kette vorgelagert, in der die größten Höhen liegen und die von den Flüssen des asiatischen Hanges durchbrochen wird. Im südlicheren Ural wird dagegen die Wasserscheide von dem kristallinen Schieferrücken des Uraltau gebildet (700–800 m), dem im Westen mehrere, weit höhere (bis 1400 m) Devonrücken vorgelagert sind.

Geologisch gehört dieser Abschnitt dem Devonstreifen der Zone I, ferner den Zonen II und III an. In den beiden letzten liegt meist die Wasserscheide; diese folgt meist auf lange Strecken einem bestimmten Zonenstreifen, um dann auf den nächsten überzuspringen.

Im nördlichen Teil des nördlichen Urals trägt diese Zone den Charakter einer ausgeprägten Gebirgslandschaft mit scharf ausgearbeiteten glazigenen Formen. Südwärts erfolgt, noch im Bereich des Nordurals, ein allmählicher Übergang zu einer reiferen waldbedeckten Mittelgebirgslandschaft, über die einzelne petrographisch bedingte Restberge hinausragen. An die flachen Kämme schließen oft große Schuttfelder an. Hier ist der Hauptbereich der später zu erwähnenden hohen Terrassen. Im mittleren Ural ist das Gebirge noch mehr erniedrigt und trägt gelegentlich den Charakter einer schwach gehobenen Fastebene. In den anschließenden Teilen des Südurals erwirbt er wieder ein gebirgiges Gepräge, mit der Entwicklung zahlreicher hoher Seitenkämme, auf deren Gipfeln und Hängen eine intensive mechanische Verwitterung und die Entwicklung riesiger Blockhalden auffällt, anscheinend begünstigt durch die weite Verbreitung der harten paläozoischen Quarzite; dagegen zeigt die Wasserscheide (Uraltau), aus kristallinen Schiefern der

Zone II zusammengesetzt, niedrigere und weichere Formen. Östlich davon sind hier noch einzelne höhere Kämme innerhalb der Zonen IV–V entwikkelt (Ilmenberge usw.). Nach Süden geht dann, auch im Westen, der gebirgige Charakter immer mehr verloren, und der Ural erhält wieder, wie in seinem mittleren Abschnitt, die Formen einer schwach gehobenen Fastebene, ehe er als Gebirge endgültig in der Niederung der Kaspischen Steppen verschwindet.

3. Hügelstreifen (Uwale). Im Osten ist ein wechselnd breiter Streifen mit stark fortgeschrittener Abtragung vorhanden, der gelegentlich auch fehlen kann und der geologisch der Zone IV und den nachfolgenden Zonen (zum Teil) entspricht.

Dieser Streifen geht ostwärts und südwärts in ein weitgehend eingeebnetes flachwelliges Gebiet über, in dem man vielleicht eine Piedmontfläche sehen kann. Von der östlich anschließenden westsibirischen Niederung ist diese Fläche durch eine deutliche Stufe von 20–30 m Höhe getrennt. Vielleicht kann man die starke Einebnung der Gebirgszone im mittleren und südlichen Ural als eine westliche Verbreiterung dieser Fläche betrachten.

4. Ebene. Diese entspricht der alttertiären Transgression über einen gänzlich abgetragenen Gebirgsstreifen in Sibirien. Sehr zahlreiche Seen, deren Geschichte gelegentlich bis in das Tertiär verfolgt werden kann, begleiten diese Landschaft. Der Übergang zum Gebirge wird teils durch die Hügelzone vermittelt, teils erfolgt er ziemlich unmittelbar.

Während mithin die zonare Folge der tektonischen Struktur gut entspricht, zeigt die Höhengliederung eine asymmetrische Heraushebung, welche mit dem Bau der Zonen nicht unbedingt übereinstimmt. Die Tatsache, daß die wichtigsten Flüsse als breite isoklinale oder synklinale Täler beginnen, um dann in Schluchten und Klusen die zum Teil wesentlich höheren Randketten zu durchbrechen, sprechen für eine differenzielle Heraushebung gewisser Gebirgsteile in jüngerer Zeit, d. h. nicht nur für Epigenese, sondern auch für Antezedenz der Quertäler. Versuchen wir, die Angaben darüber etwas zu präzisieren.

Zunächst ist daran zu erinnern, daß Bewegungen alt- und jungkimmerischen Alters im Bereiche des Urals und seiner Umrahmung nachgewiesen sind, und daß später, d. h. in der Kreide und im Tertiär, mit posthumen Heraushebungen größerer Spannweite durchaus zu rechnen ist.

Einen wichtigen Hinweis auf solche Bewegungen bilden auch die hohen Terrassen, welche Duparc im nördlichen Ural festgestellt hat. Hier sind fast alle Gipfel gleichsam treppenförmig in Stufen zerlegt. Die Terrassen können auf weite Strecken verfolgt werden, entsprechen sich gewöhnlich vorzüglich an beiden Talhängen und bilden heute ebene, von periglazialem Schutt überdeckte Flächen. Oft ist an einzelnen Bergen eine ganze Folge solcher Terrassen in Abschnitten von 10–40 m zu erkennen. Eine Beziehung zur heutigen Morphologie ist nicht vorhanden. Diese Terrassierung dürfte älter sein als die tertiäre Transgressions- und Abtragungsphase der peripherischen Gebirgsteile und entspricht wohl einem Zyklus der mesozoischen Heraushebung.

Nach KUZNIAR[1] ist außerdem im nördlichen Ural eine flache antiklinale Aufwölbung einer alten Einebnungsfläche zu beobachten; die Achse würde dem heutigen höchsten Kamm entsprechen. Es ist also durchaus möglich, daß hier Piedmontflächen verschiedenen Alters vorliegen, die älter sein müssen als die Fastebene der Zone der Uwale im Osten und mithin auch älter als die Auflagerungsfläche des westsibirischen Paläogens.

Im südlichen Ural sind die hohen Terrassen nicht so gut zu verfolgen, da hier die Verwitterung viel intensiver gewirkt hat. Immerhin sind auch hier alte Verebnungsflächen vorhanden. Eine solche alte Verebnungsfläche haben GULLIVER bei Slatoust und PHILIPPSON auf der Strecke Minjar–Bakal festgestellt. Die letzte beginnt in den westlichsten Ketten in einer Höhe von etwa 600 m und steigt dann nach Osten bis auf 800 m an, wobei sie ohne Unterschied über devonische Sättel und permische Mulden hinweggeht. Demselben Höhenniveau gehören auch der wasserscheidende Kamm des Uraltau und das Ilmengebirge an, wo aber schon ein Einfallen der Fläche nach Osten zu beobachten ist. Diese flache Aufwölbung wird unterbrochen durch die hohen Devonrücken (Urenga, Sigalga usw., bis 1400 m), durch welche sich die Uralflüsse meist ein schluchtenartiges Querbett gegraben haben; da diese Kämme durch Verwerfungen voneinander abgetrennt sind, liegt der Gedanke nahe, daß hier differentielle, in bezug auf die alte Vererbungsfläche jüngere Heraushebungen vorliegen. Es ist wahrscheinlich, daß diese vor dem Paläozän angelegt wurden.

Der zweite Beweis für eine junge Hebung liegt in einer Terrasse, welche ebenfalls im westlichen Teil des mittleren und südlichen Urals zu beobachten ist. Diese Terrasse liegt nach PHILIPPSON (a. a. O.) und KRASCHENINNIKOFF[2] 100–150 m über den heutigen Talböden. Im Westen dient ihr die altdiluviale Denudationsfläche der Russischen Tafel als Erosionsbasis. Andererseits trägt diese Fläche am Rande als jüngstes Sediment das Untersenon. Im Osten würde ihr die Transgressionsebene des alttertiären Meeres entsprechen. Man kann daraus schließen, daß diese alte Ebene sich im Zeitraum Senon–Vorpleistozän allmählich ausgebildet hat. Während des Diluviums haben sich dann die Flüsse tiefer eingeschnitten; es lassen sich an beiden Hängen des Gebirges 2–3 Flußterrassensysteme unterscheiden, die 6–12 m bzw. 15–20 m über dem heutigen Flußniveau liegen; die höchste, dritte Terrasse in 20 bis 25 m Höhe ist undeutlich und nur sporadisch vertreten. Im Bereiche des Ufaplateaus ist noch eine Terrasse mit Schottern in 40–60 m über dem Flußniveau bekannt.

Es ergibt sich aus diesen noch sehr lückenhaften Angaben, daß wir mit einem vielleicht mehrphasigen, nachpermischen Wechsel von Einebnung und Heraushebung des Gebirges zu tun haben. Seine heutige Gestalt, insbesondere seine Asymmetrie, hängt jedenfalls von diesen posthumen Bewegungen mehr ab als von dem permischen Faltungsparoxysmus, worauf auch die unfertigen Quertäler hinweisen. Das heutige Gebirgsbild ist eine Folge posthumer Prozesse. Da im Ural jüngere Sedimente fehlen, können

[1] Sprawozdania polskiego instytutu geologicznego, Bd. I, 1920–1922.

[2] Geologitscheskij Westnik, 1917, Bd. III, Nr. 1–6.

diese Vorgänge zeitlich nicht präzisiert werden; weiter im Süden ergeben sich aber einige wichtige Anhaltspunkte.

4. Die nutzbaren Lagerstätten

Dieser Abschnitt kann und will auf Vollständigkeit keinen Anspruch machen; er bezweckt nur, zu zeigen, wie eng die Mineralisation dieses lagerstättenkundlich so begünstigten Erdstreifens mit seiner Geschichte und mit seinem zonaren Aufbau zusammenhängt; tatsächlich kann der Ural als Schulbeispiel für die Verknüpfung der Mineralisierung mit Sedimentation, Tektonik und Magmatismus angesehen werden, da er fast alle hier denkbaren Möglichkeiten erschöpft. Vorgreifend muß noch bemerkt werden, daß die Häufung der Lagerstätten im mittleren Ural weder als Zufall noch als Ausdruck geringerer Erschlossenheit der übrigen Gebirgsteile zu gelten hat, sondern eindeutig mit der Position am Block von Ufa und der dadurch bedingten strukturellen Komplikation zusammenhängt, die auch zur Verwirklichung mannigfaltiger lagerstättenkundlicher Möglichkeiten geführt hat.

Die Schilderung erfolgt am besten in zonarer Folge, wobei ich im Osten beginne.

Zone VI. Sedimentzone mit Diabasdurchbrüchen des Osthanges.

An Erzen ist diese Zone verhältnismäßig arm; immerhin spielen sedimentäre und metasomatische Brauneisenerze innerhalb des Streifens karbonischer Kalke in den nördlicheren Abschnitten eine gewisse Rolle, sind aber natürlich dem zonaren Bau gegenüber epigenetisch. Als Typus kann die Lagerstätte von Alapajewsk gelten. Es handelt sich um eine Platte und um Nester von Brauneisen und etwas Eisenspat, die an der Basis des kontinentalen Jura und diskordant über den gefalteten karbonischen Kalksteinen liegen und über dem Wasserspiegel dem Typus der Karsterze entsprechen, während in der Tiefe eine Infiltration und Verdrängung der karbonischen Kalke stattgefunden hat. Das Erz hat einen Eisengehalt von 43–50% und bildet 7–8 m mächtige, lagerartige Massen. Der wahrscheinliche Vorrat kann nach BOGDANOWITSCH 100 Millionen t betragen.

Bezeichnender für diese Zone sind die unterkarbonischen Kohlen, welche infolge der starken Faltung und magmatischen Durchtränkung einen stark metamorphen Habitus haben, meist in Anthrazit, gelegentlich in Graphit umgewandelt sind. Die Kohle ist z. T. älter als am Westhang, d. h. die Kohlenführung beginnt schon im Tournai.

Das Hauptgebiet bildet einen 0,5–2 km breiten Streifen, der sich über 160 km von Alapaevsk–Egorschino im N bis Kamensk (a. d. Sinara Fl.) im Süden erstreckt. Die nördlichen Gruben, unter denen Egorschino mit 10 Flözen die wichtigste ist, haben anthrazitische, die südlichen, vor allem Kamensk, kokende Kohle. Der Aschegehalt ist hoch, das Aushalten der Flöze infolge starker Faltung unbeständig. Die Vorräte an Anthrazit betragen 30–39 Millionen t, an Kokskohle etwa 350000 t.

Südlich von Kamensk verschwindet die Kohle unter starker junger Bedeckung, taucht aber dann auf der Breite von Troizk im Südural wieder auf. Hier, im Poltawo-Bredinskirevier, sind 11–20 Flöze bekannt, aber recht unbeständig; die Kohle ist stark metamorph, oft graphitisiert. Der mögliche Vorrat erreicht 21 Millionen t.

Die Förderung, welche 1913 nur 2629 t betrug, stieg nach der Revolution (1926/27) auf 105563 t; bei den geringen Vorräten hat die Kohle aber nur lokale Bedeutung.

Zone V. Zone der sauren Tiefengesteine.

Als „Leiterz" dieser Zone kann das Gold angesehen werden, welches zwar als primärer Goldgehalt auch den basischen Eruptivgesteinen gelegentlich eigen ist, eine wirtschaftliche Bedeutung aber vor allem innerhalb der sauren Tiefengesteine und ihrer Apophysen in die benachbarten Zonen erhält. Es ist dabei nicht eigentlich der Goldgehalt der Granite selbst, der wirtschaftlich von Bedeutung ist, sondern der der begleitenden Quarzgänge, welcher zu der blühenden Goldindustrie des Urals geführt hat. Als Typus können die Beresitgänge von Beresowsk bei Swerdlowsk (Ekaterinburg) gelten, propylitisierte Aplite und Granitporphyre in der meist aus zersetzten (listwenitisierten) basischen Gesteinen bestehenden Dachregion der Granite; diese Gänge werden in mehr oder weniger regelmäßigen Abständen von Goldquarzgängen durchsetzt. Der Goldgehalt beträgt im Mittel 13 g pro Tonne. Einige andere, zum Teil primäre Erze (Pyrit, Bleiglanz, Kupferkies, Fahlerz usw.) sind daneben akzessorisch vertreten. Im Zusammenhang mit den Granitintrusionen stehen auch die Kupfererzvorkommen, die aber in der nächsten Zone häufiger und typischer sind. Neben diesen mesothermalen Lagerstätten sind auch hypothermale von etwas abweichendem Typus vorhanden: so die Spaltenfüllung in den Massiven selbst, ebenfalls mit zersetzten Salbändern, wobei man noch den tiefer temperierten Kotschkartypus von Quarz-Pyritgängen (mit Pyrit, Arsenopyrit, Bleiglanz, Kupferkies) und den höher temperierten, echt hypothermalen Tscheljabinsker Typus von Quarz-Scheelitgängen mit goldhaltigem Arsenopyrit und gediegenem Gold unterscheiden kann. Dieser Typus vermittelt zu den meist in die Dachgesteine eingeschlossenen Quarz-Wolframit und Quarz-Scheelitgängen, die neuerdings für Wolframgewinnung wirtschaftliche Bedeutung erlangen. Da unter diesen auch solche mit Feldspat vorkommen, mag ein Teil dieser Gänge nicht mehr hydrothermalen, sondern magmatischen Ursprungs sein. Die Gewinnung von Gold aus Gangerzen betrug vor dem ersten Weltkrieg 6400 kg pro Jahr.

Neben Gold und Wolfram, gelegentlich auch kleineren Vorkommen von Ilmenit und Molybdänglaz, ist für die pegmatitische Phase der Granitintrusionen und der der gleichen Zone angehörenden Alkaligesteine der Reichtum an Edelsteinen und Halbedelsteinen bezeichnend. Es seien folgende Zentren genannt:

Mursinka-Schaitanka: Topas, Beryll, Aquamarin, verschiedenfarbige Turmaline, Amethyst, Bergkristall, Zitrin, Rubin, Saphir.

Aduï: Pegmatite mit Beryll, Amethyst, Bergkristall.

Smaragdgruben: In Biotit-Phlogopitsäumen am Salband von Pegmatiten gegen metamorphe basische Gesteine: Smaragd, Alexandrit, Fluorit, Beryll.

Ilmenberge: Topas, Beryll, Kryolith, Amazonenstein und andere.

Sanarsko-Kamenskirevier: Vorwiegend in Goldseifen, aber auch anstehend in Pegmatit, Granit und metamorphem Karbon (Kalk und Schiefer): Rosa Topas, Aquamarin, Chysoberyll, Rubin, Amethyst, Turmalin, Monazit.

Es sei noch erwähnt, daß mit den Granitintrusionen auch eine Reihe von Korundvorkommen verbunden sind.

Zone IV. Zone der basischen Ergußgesteine und kontaktmetamorphen Tiefensedimente.

Dieser „abyssische Streifen", die primäre Achse der uralischen Geosynklinale, wird vor allem durch die „Leiterze" Magnetit und Kupferkies charakterisiert. Der Kontakt der bathyal-abyssischen Sedimente mit den hier intrudierten Granodioriten (Plagiograniten) und Syeniten ist für die Genesis der meisten Vorkommen dieser Region von ausschlaggebender Bedeutung, wobei die magmatischen Emanationen neben der Bereitstellung der besonders von den Kalken absorbierten Erzlösungen auch als Katalysatoren bei der Skarnbildung dienten. Ob daneben auch unmittelbare magmatische Ausscheidungen auftreten, ist unsicher; zu diesem Typus sollen einige Lagerstätten von Nishnij-Tagilsk (Lebjashinsk) und auch einige Erze (Wespenerz) des berühmten Erzberges Blagodat nach BOGDANOWITSCH gehören. Häufiger findet man die Erzstöcke am Kontakt syenitischer und granodioritischer Gesteine mit devonischen und karbonischen Kalken; in enger Verbindung mit ihnen treten dann fast stets geschieferte Epidot-Augit-Granatgesteine, d. h. Skarne, auf. Die wichtigsten Vorkommen dieser Art, die einen Eisengehalt von 50–60% haben, sind: Bogoslowsk im Nordural (1,5 Millionen t), Wyssokaja und Blagodat bei Nishnij-Tagil (89 Millionen t), Lebjashinsk bei Nishnij-Tagil (0,1 Millionen t), Magnitnaja bei Werchneuralsk (500 Millionen t). Nach neuen Schätzungen sind demnach die Magnetitvorräte dieses Streifens ganz enorm, da noch kleinere Lagerstätten (Newjansk und andere) hinzukommen. 1938 schätzte man den Eisengehalt dieser letzteren auf 355 Millionen t. Außer diesen wichtigsten Eisenerzlagern werden noch an verschiedenen Stellen dieser Zone (Newjansk, Werch-Issetsk, Kyschtymsk usw.) Brauneisenerze abgebaut, die meist kleine epigenetische Nester an der Grenze unterdevonischer Kalksteine gegen metamorphe Schiefer darstellen. Diese Vorkommen treten indessen auch in den anderen Zonen auf und sind daher nicht unbedingt charakteristisch.

Wesentlich wichtiger und bedeutsamer sind für diese Zone die genetisch miteinander eng verbundenen Lagerstätten von Schwefelkies und Kupfererzen, die in mancher Beziehung auch an das Vorkommen der Eisenerze erinnern. Schon auf einer Lagerstättenkarte fällt die geradlinige Nordsüdanordnung aller dieser Vorkommen auf. Im wesentlichen handelt es sich um die Grenze der granodioritischen Gesteine im Osten der Zone gegen die devonisch-karbonischen Sedimente und die ihnen eingelagerten Tuffschichten des Streifens. Die Bildung der Lagerstätten ist zweifellos mit der Intrusion dieses granodioritischen Magmas verbunden, wobei aber drei verschiedene Typen der Einwirkung zu unterscheiden sind:

a) In einem Fall erscheinen die Erze unmittelbar am Kontakt, in den schon erwähnten Skarnen. Sie entsprechen einer zweiten Phase der Kontaktmetamorphose (in die erste gehörte die Magnetitbildung) und bilden physikalisch-chemisch schon einen Übergang zu den hydrothermalen Prozessen. Die Vergesellschaftung des Kupferkieses mit Magnetkies, Epidot und Chlorit ist bezeichnend. Hierher gehört die Gruppe der Turjinskgruben im Bogoslowsker Kreise, die Lagerstätte Mednorudjansk bei Nishnij-Tagil und Lagerstätten im Verchne-Issetsker Bezirk. Der Kupfergehalt beträgt 2–4%.

b) Hydrothermalen Ursprungs sind die zahlreichen N–S angeordneten Linsen und Imprägnationszonen in den Grünsteinen des mittleren Urals, welche an die oben geschilderten Mylonitzonen dieses Gebietes geknüpft sind. In die verschieferten Diaphtorite drangen die sulfidischen Erzlösungen ein, welche n. Zacharoff vor allem aus dem plagiogranitischen Magma, d. h. den sauren Differenziaten der gabbrodioritischen Schmelze stammen. Meist ist eine deutliche Phasenfolge erkennbar:

1. Arsenkies und Pyrit mit Quarz, Chlorit, Apatit, Turmalin, Albit.
2. Sphalerit, Kupferkies, Bleiglanz, Fahlerz, Quarz, Baryt.
3. Gold, Bleiglanz, Fahlerz, Baryt, Quarz.
4. Fahlerz und Baryt.

Nach der Teufe ist eine Zunahme von Zinkblende beobachtet worden.

Die Lagerstätten zeigen alle Übergänge von tauben Schiefern zu solchen mit sulfidischer Imprägnation, deren Steigerung zu schieferigen und schließlich zu massigen Erzen führt, was als Beweis für eine Erzmetasomatose angesehen wird.

Unter den zahlreichen Lagerstätten, die eine der wichtigsten Kupferbasen der Sowjetunion bilden, seien genannt: Krasnouralsk, Olchowsk, Kalatinsk, Beloretschensk, Degtjarsk, Sysselsk, Syssertsk, Kyschtymsk, Karabasch. Dazu zu rechnen sind im Südural die Bljawinsklagerstätte und die Lager von Tanalyk-Baimak mit Kupferkies, Zink- und Bleierzen und Gold.

Der Kupfergehalt dieser Erzgruppe erreicht 25% (Syssertsk).

c) Den dritten Typus stellen die Erze von Murzinsk (Blagodat) dar; welche am Kontakt der gänzlich „vergreisten" basischen Tiefengesteine mit jüngeren Porphyren auftreten. Die „Listwenitbildung", d. h. die Umwandlung der Serpentine und Pyroxenite in ein Gemenge von Karbonaten, Talk, Glimmer und Quarz, ist eine Folge der mit der Granitintrusion verknüpften Pneumatolyse, welche auch für die Zufuhr der Erzlösungen verantwortlich zu machen ist.

Der Vorrat des Urals an Kupfer wird auf 2,4 Millionen t Cu veranschlagt; die Gewinnung betrug 1937 72000 t Cu. Bemerkenswert ist der Goldgehalt vieler Kupfererze; auch hier sind die Granite die Goldbringer. Viele Goldseifen sind an diese Zone gebunden.

Einiges Interesse verdienen noch die Manganlagerstätten dieses Streifens, unter denen man zwei Typen unterscheiden kann.

a) Die einen, hauptsächlich im Südural (Faizullin, Urasowo, Koltuban), seltener im Mittelural (Sedelnikowo) verbreitet, sind deutlich mit den der Zone IV eigentümlichen Radiolariten und Kieselschiefern verknüpft, indem entweder in diesen eine Anreicherung von Rhodonit auftritt, oder reine Rhodonitschichten und -linsen dem Jaspis eingelagert sind. Es ist möglich, daß diese Erze sedimentären Ursprungs sind. Der Rhodonit wird nur als

Schmuckstein verwendet, die Mangangewinnung konzentriert sich auf die Verwitterungszone mit Konzentration konkretionärer Manganoxyderze. Ein gelegentliches gangförmiges Auftreten der Manganerze spricht für eine Migration der primären Manganausscheidungen auf Spalten unter dem Einfluß der Metamorphose der Sedimente.

b) Die anderen (Sopalsk bei Nishnij-Tagilsk) sind an devonische Kalke gebunden, in die sie metasomatisch eingedrungen sind; als Erzbringer gilt heute ein zur Gabbrofolge gehörender Syenit, der bis 1% Mn enthält.

Die Vorräte an Mangan sind aber nur klein und genügen kaum der einheimischen Industrie.

Erwähnt werden müssen noch die Schmucksteine, welche in diesem Streifen beheimatet sind: die an die Kupferkieslagerstätten gebundenen beträchtlichen Massen von Malachit, die dem abyssischen Sedimentationsraum angehörenden Radiolarite, welche als verschiedenfarbig gefärbter Jaspis in der sowjetischen Schleifindustrie eine bedeutsame Rolle spielen, und der soeben genannte Rhodonit (als Schmuckstein unter dem Namen Orlez bekannt).

Kohlenlagerstätten sind diesem zentralen, tiefen Sedimentationsraum im allgemeinen fremd. Nur im südlichsten Ural, d. h. in den Mugodsharen, wo sich die uralische Geosynklinale überhaupt verflacht, tritt eine noch kaum ausgebeutete Kohlenmulde in unterkarbonischem Sandstein auf. Ihre Vorräte werden heute auf etwa 100 Millionen t geschätzt.

Zone III. Zone der basischen Tiefengesteine

Als „Leiterze" dieser Zone sind die typischen magmatischen Ausscheidungen der ultrabasischen Tiefengesteine – Platin und Chrom – anzusehen. Das Platin als primäre Ausscheidung ist dabei streng an das äußerste Glied dieser Gesteinsreihe – den Dunit – gebunden, während der Chromit auch in den saureren Typen, vor allem allerdings in den Serpentinen, auftritt. Es ist bemerkenswert, daß der Platingehalt vor allem an den westlichen Streifen basischer Gesteine, d. h. an die eigentliche Zone III, geknüpft ist, während die innerhalb der Zone IV auftretenden Peridotite und Serpentine platinfrei sind. Während die primären Platinausscheidungen kaum eine wirtschaftliche Bedeutung haben, da ihre Verteilung im Dunit keiner feststellbaren Gesetzmäßigkeit unterliegt, haben die primären Chromitlagerstätten des Urals immerhin einen Wert, obwohl der unter 40% liegende Gehalt unter dem Durchschnitt der großen Weltlagerstätten liegt. Es seien die Gruben von Kolsk (Bogoslowsk), Archangelo-Paschijsk, Nishnij-Tagilsk (Sarnowsk), Werchne-Neiwinsk und Schaitansk erwähnt.

Die Förderung betrug 1913 26000 t, 1929 53000 t und soll 1937 220000 t erreicht haben.

Beachtenswerte Bedeutung erlangen auch die Nickelerze des Urals, welche eine Anreicherung von Nickelsilikaten und -sulfiden in Serpentinen darstellen, die einer hydrothermalen oder oberflächlichen Zersetzung unterlagen. Wichtig sind die Vorkommen des Ufaleisker, Rewdinsker und Bilimbajewsker Revieres und die von Chalilowo im Südural. Der Nickelgehalt ist zwischen 0,8 und 1,4%, die Vorräte an metallischem Nickel überschreiten insgesamt 100000 t. Die Gewinnung von metallischem Nickel erreichte 1938 2000 t.

Daneben treten in dieser Zone auch Anreicherungen anderer Erze auf. So sind in den Gabbros am Magnetberg (Perwouralsk), bei Swerdlowsk (Schaitansk) und Kussinsk magmatische Ausscheidungen von Titaneisen bedeutsam, und der Magnetit wird stellenweise von Anreicherungen von Kupfersulfiden begleitet (Wolkowsk, Goroblagodatsk, Laisk). Auch Vanadium ist neben Eisen und Titan für den metallogenetischen Charakter der Gabbros bezeichnend.

Erwähnenswert sind in dieser Zone noch die Umwandlungsprodukte der basischen Tiefengesteine, vor allem Magnesit und Asbest. Die Magnesitgewinnung des Urals betrug vor dem Kriege 27000 t jährlich und hat heute wohl die zehnfache Höhe erreicht. Die wichtigsten Vorkommen liegen im südlichen Teil der Zone (Kalkan, Satkinsk, Sürünschak), während weiter im Norden die Magnesitbildung nur in geringerem Maße im Zusammenhang mit hydrothermalen Prozessen auftritt (Listvenitisierung der Gabbro-Peridotite bei Blagodat).

Die Serpentinasbeste finden sich in zahlreichen Lagerstätten der Gebiete Molotow (Perm) und Tschkalow (Orenburg), und wenn die Qualität auch der der kanadischen Asbeste nachsteht, so stand Rußland doch vor dem ersten Weltkriege mit einer jährlichen Förderung von etwa 16000 t, die vorwiegend aus dem Ural stammten, an zweiter Stelle unter den Weltproduzenten. 1938 war die Gesamtförderung der Sowjetunion 86000 t.

Zone II. Zone der kristallinen Schiefer.

In diesem Streifen, zu dem man neben den vorkambrischen Serien bedingt auch das metamorphe Altpaläozoikum rechnen kann, sind vor allem die Siderite und Brauneisenerze vom Typus Bakal und Zigazinsk-Komarowo bezeichnend, welche früher in das Unterdevon gestellt wurden, aber nach den neueren Untersuchungen zu den mächtigen, oben besprochenen vorkambrischen Serien, und zwar zu den karbonatreichen Gruppen innerhalb derselben gehören. Die Siderite werden meist als Produkte einer hydrothermalen Verdrängung angesehen, obwohl neuerdings auch die Möglichkeit einer sedimentären Entstehung erwogen wird. Die Brauneisenerze und die technisch besonders wertvollen hydratarmen Turijte sind wohl durch nachträgliche oberflächliche Umwandlung entstanden. Die Vorräte sind enorm: für Bakal werden 49–65 Millionen t, für Zigazinsk-Komarowo 20 Millionen t angenommen; dazu kommen noch viele kleinere Vorkommen.

Einige Bedeutung haben ferner die Lagerstätten von Magneteisen und Eisenglaz, unter denen man verschiedene Typen unterscheiden kann. Magneteisen tritt auf: 1. als Kontaktprodukt zwischen Hornfelsen und Granit bei Troizk (Kiselowsk); 2. als gangförmige Linsen zwischen Chlorit und Hornblendeschiefern bei Bilimbajewsk und Ufaleisk; 3. lagerförmig zwischen Quarziten bei Ufaleisk. Eisenglanz, zum Teil mit Magnetit, ist in linsenförmigen Lagern vor allem bei Kutimsk und Bilimbajewsk bekannt. Ein Teil dieser Lagerstätten geht wohl zweifellos auf eine Metamorphose primärer sedimentärer Einlagerungen zurück, während andere mehr einen metasomatischen Habitus besitzen. Brauneisenerze als Verwitterungsprodukte sind in kleineren Nestern und Taschen in der ganzen Zone verbreitet.

Erwähnt muß noch werden, daß die in diesem Streifen vorhandenen granitischen Intrusionen ebenfalls von einer Goldzufuhr begleitet waren, vorwiegend in Gestalt goldhaltiger Kiese in beresitisierten Gängen. Ausgebeutet werden aber nur die goldhaltigen Seifen.

Zone I. Zone der nichtmetamorphen paläozoischen Sedimente des Westhanges.

In dieser Zone ist wieder eine größere Menge nutzbarer Stoffe enthalten. Erwähnung verdienen die Eisenerze, wobei weniger die normalen sedimentären Roteisenoolithe im Devon (Paschijsk) als die zahllosen metasomatischen Lagerstätten von Brauneisen und Siderit in den karbonischen und devonischen Kalken eine überragende Bedeutung erlangt haben. Im Karbon ist der viele Kilometer lange Streifen von Kiselowsk bemerkenswert, wo die Brauneisenerze an der Grenze von unterkarbonischem Sandstein und Productuskalk in Linsen und Lagern auftreten und vermutlich das Produkt einer Verdrängung des Kalkes durch Oberflächenwässer darstellen.

Bedeutung erlangen ferner neuerdings die Bauxite, welche vor allem im Grenzgebiet von nördlichem und mittlerem Ural als Streifen in der Basalregion des mittleren Devon auftreten (Iwdelsker, Nadeshdinsker, Lobwinsker, Nishne-Turijnsker Reviere). Sie bilden Lager über einer erodierten Oberfläche von Kalken, deren oberste Horizonte vom Gotland bis zum oberen Unterdevon reichen. Die Qualität soll ausgezeichnet sein; der Al_2O_3-Gehalt ist 36%, im besten Revier Krassnaja Schapotschka sogar 56%. Der Vorrat erreicht über 6 Millionen t. Die Förderung war 1937 etwa 130000 t.

Neben den Eisenerzen haben die Kohlen des Westhanges bei Kiselowsk eine gewisse Bedeutung. Die flözhaltigen Sandsteine und Schiefer liegen im unteren Karbon zwischen dem liegenden Kalk mit *Productus mesolobus* und dem hangenden Kalk mit *Pr. giganteus*, haben also Unterviséalter. Es sind 3–4 Flöze von etwa 1 m Mächtigkeit vorhanden; die Kohle ist zwar z. T. kokbar, aber aschereich; der Vorrat wird heute auf 8 Milliarden t geschätzt. Ausgebeutet wird eigentlich nur das Kiselowskrevier.

Die vorwiegend permischen Kohlen des Petschoragebietes gehören schon dem Vorlande an und wurden bei diesem erwähnt.

Das gleiche gilt für die Erdöllagerstätten. Zwar sind schon im Oberdevon feste Bitumina (Analogie zum Domanik des Timans) vorhanden, flüssiges Erdöl tritt aber erst im Karbon und Perm des Nord- und Mittelurals auf, und zwar vor allem außerhalb des eigentlichen paläozoischen Faltungsraumes, so daß diese Vorkommen nur in weiterem Sinne zur Vorsenke zu rechnen sind und daher bei der Besprechung der Ostrussischen Senke behandelt worden sind. Nur die neuerdings erbohrten Vorkommen von Tschussowskie Gorodki, Ischimbajewsk (bei Sterlitamak) und Krasnokamsk, welche aus verschiedenen Horizonten von der Sakmarastufe bis zum

Kungur stammen und anscheinend sehr bedeutsam sind, gehören der Vorsenke im engeren Sinne an.

Zur Vorsenke sind schließlich in gewissem Sinne auch die aus der Zerstörung des Urals stammenden weitverbreiteten Kupfersandsteine des höheren Perm und die riesigen Lager von Steinsalz und neuerdings auch von Kalisalz in den Kungurschichten (Solikamsk) zu rechnen, welche ebenfalls im Zusammenhang mit der Ostrussischen Senke besprochen worden sind.

Die nicht zonar gebundenen Lagerstätten des Urals

Hier sind an erster Stelle die Flußablagerungen zu nennen, welche durch ihren Platin- und Goldgehalt seit alters her ein Objekt der Erzwäsche darstellen. Bei den Platinseifen ist die Bindung an die Flußläufe, welche im Gebiete der primären Dunitlagerstätten entspringen, leicht nachzuweisen. Es sind das die Flüsse Tagil, Wyja, Iß und Tura.

Die Ausbeute betrug vor dem ersten Weltkrieg 7700 kg, dürfte aber infolge Erschöpfung der schon mehrfach durchgewaschenen Seifen heute geringer sein. 1935 wurde sie auf 4000 kg geschätzt.

Die Goldseifen gruppieren sich im wesentlichen auch um das östliche Abflußland der genannten primären Lagerstätten, doch ist der Ursprungsort des Goldgehaltes nicht immer nachweisbar. Die Goldwäsche hat heute eine größere Bedeutung als die Gewinnung aus den Gängen.

Von anderen Erzen sind vor allem die sedimentären und Verwitterungseisenerze zu nennen, welche an der Basis der Juraformation an verschiedenen Stellen, besonders im Ostural, auftreten. Die Lager von Alapajewsk, die eine Bindung an die verkarsteten Karbonkalke besitzen, wurden schon oben genannt. Auch weiter im Süden sind Brauneisenerze an der Basis des Jura bekannt, meist Bohnerze lakustrer Entstehung, auf eine Verwitterung von Serpentinen und Abschwemmung der Witterprodukte zurückgehend. Ein Chrom- und Nickelgehalt ist bezeichnend.

Bauxite sind am Osthang vor allem an die Auflagerungsfläche der Unterkreide gebunden und im Zusammenhang mit Eisenerzen von einer gewissen Bedeutung.

Ferner sind die kleinen Vorkommen von Mangansumpferzen bei Marsjat (Bogoslowsk) zu erwähnen. Sie liegen am Rande der tertiären Meeresbedekkung des Osturals in Sandsteinen und sind als Verwitterungsprodukt manganhaltiger Eruptivgesteine aufzufassen.

Eine gewisse Bedeutung haben noch die rhätisch-liassischen Braunkohlen von Tscheljabinsk und die wohl auch mesozoischen Braunkohlen von Bogoslowsk, die in letzter Zeit intensiver abgebaut werden. Die Vorräte betragen etwa 17–18 Mill. t und werden im Tagebau gewonnen. Ihre Ablagerungsart ist die von Innensenken innerhalb des fertigen und der Erosion verfallenen Gebirges.

Endlich sei der Phosphoritreichtum des Juras im Tschkalowskgebiet (südlicher Westural) erwähnt. Die Phosphorite gehören der Basis des unteren Kimmeridge an und haben einen Gehalt bis 16% P_2O_5.

Literatur

Nördlicher Ural

BACKLUND, H., Die Reise der Expedition der Brüder Kusnetzoff in den polaren Ural. Denkschr. Ak. d. Wiss. Petersburg, 28, 1911.

DUPARC, L., et F. PEARCE, Recherches géol. et petr. sur l'Oural du Nord dans la Rastesskaja et Kiselovskaja Datcha. Mém. soc. phys. et d'hist. nat. Genf, 34, 1902–1905.

— et L. MRAZEK, Le minerai de fer de Troizk. Mém. com. géol. 15, 1904.

— Le bassin de la haute Vischera. Mém. soc. phys. et d'hist. nat. Genf, 36, 1909.

— et A. GROSSET, Recherches géol. et petrogr. sur le district de Nicolai-Pawda. Genf 1920.

FEDOROFF, E., Syenitgneise des Nordural. Bull. com. géol. 7, 1880.

— Geol. Untersuchungen im nördl. Ural. Bergjournal, 1889 und 1890.

JAKOVLEFF, N., Zur Geologie des Solikamsker Urals. Mém. com. géol. 123, 1915.

KARPINSKI, A., Geol. Untersuchungen und Steinkohlenforschung am Osthang des Urals. Bergjournal, 1880.

KJAER, The norweg. north-polar Expedition. Scientifical results, 1904.

KRASNOPOLSKI, A., Blatt Perm-Solikamsk der allg. Karte v. Rußl. Mém. com. géol. 11, 1889.

— Geol. Untersuchungen am Osthang des Urals in der Verchne- und Nischne-Turinski Datscha. Bull. com. géol. 9, 1890.

— Geol. Skizze der Umgebung der Hütten Verchne- und Nischne-Turinsk und des Berges Katschkanar. Mém. com. géol. 52, 1909.

TSCHERNOFF, A., Die Geschichte der paläozoischen Geosynklinale am Westhang des polaren Ural. Bull. soc. nat. Moscou, XV (2), 1937.

Mittlerer Ural

DOMRATSCHEFF, S., W. MELESCHTSCHENKO und N. TSCHOTSCHJA, Die Stratigraphie der devonischen Ablagerungen am Westhang des Urals im Bereiche des Amphitheaters von Ufa und des Karatau. Bull. Ac. Sc. USSR, 1948.

DUPARC, L., und H. SIGG, Les gisements de cuivre de la Syssertskaja datcha dans l'Oural. Mém. com. géol. 101, 1014.

JAKOVLEFF, N., Geol. Skizze der erzführenden Syenite im Nischnij-Tagilsker Kreise im Ural. Bull. com. géol. 25, 1906.

KRASNOPOLSKI, A., Der östliche Teil des Bergrevieres Nischnij-Tagilsk. Mém. com. géol. 41, 1901.

— Geolog. Skizze der Tschernoistotschenskaja datscha des Nischnij-Tagilsker Bezirkes. Bull. com. géol. 23, 1904.

— Geol. Beschreibung des Bergrevieres Newjansk. Mém. com. géol. 25, 1906.

KUSNETZOFF, E., und A. ZACHAROFF, Zur Tektonik des Osthanges des Urals. Bull. soc. nat. Moscou IV (1–2), 1926.

— Zur Tektonik des Osthanges des Mittelurals. Bull. soc. nat. Moscou XI (2), 1933.

— Geologie der Grünsteinzone des östl. Hanges des mittl. Ural. Akademie der Wiss. USSR, Geolog. Institut, 1939.

LOEWINSON-LESSING, E., Über die Magneteisenlagerstätte Wyssokaja im Ural. Ann. Inst. Polyt. Petersburg, 1906.

NEUMANN-PERMJAKOWA, O., Die silurischen Ablagerungen des Westhanges des mittleren Ural. Iswestja glawnago geolog.-raswed. Uprawl. 50, 1931.

NIKITIN, W., Geol. Untersuchungen der zentralen Gruppe der Verch-Issetskaja datscha, der Revdin-datscha und des Mursinskibezirkes. Mém. com. géol. 22, 1907.

NIKOLAEFF, D., Geol. Untersuchungen in der Kyschtymskaja datscha. Mém. com. géol. 19, 1902.

SAIZEFF, A., Allg. geol. Karte von Rußland. Mém. com. géol. 4, 1887.

SUSCHTSCHINSKI, P., Geol. Beobachtungen in der Besitzung Kasli im Bergrevier Kyschtym. Mater. z. Geologie Rußlands, 22, 1905.
WYSSOZKI, N., Die Platinlagerstätten des Iß- und Nischni-Tagilbezirkes. Mém. com. géol. 15, 1913.

Südlicher Ural

BACKLUND, H., Die petrographische Provinz der Ilmenberge. Geol. Vestnik, 3, 1917.
CHVOROWA, J., Mittelkarbonische Schichten des Uralwesthanges im Bereich des südl. Baschkirien und des Orenburger Bezirkes. Bull. soc. nat. Moscou XV, 6, 1937.
— Unterkarbone Ablagerungen des Uralwesthanges im Bereiche des südl. Baschkirien, des Tschkalovskbezirkes und des nördl. Kasakstan. Bull. soc. nat. Moscou XVII, 2–3, 1939.
FREDERICHS, G., Die oberpaläozoische Fauna der Umgebung von Krasnoufimsk. Mém. géol. 109, 1915.
KONJUSCHEVSKI, L., und P. KOVALEV, Bakal. Mém com. géol. 6, 1903.
— Geol. Untersuchungen im Bergbezirk der Archangelskiwerke. Mém. com. géol. 30, 1908.
KOSSAGIN, J., Stratigraphie und Fazieswechsel im Kungur des Akjubinskbezirkes. Bull. Ac. Sc. USSR, 1940, Heft 4.
KRASNOPOLSKI, A., Bakal, Inzer, Belorezk, Avsjano-Petrovsk und Zigazinsk-Lagerstätten von Eisenerz im südl. Ural. Bull. com. géol. 20, 1901.
KRESTOWNIKOFF, W., Neue Daten über die Etroeungtfauna im Profil des Fl. Sigan im Südural. Bull. soc. nat. Moscou, XI, 4, 1933.
— Zur Stratigraphie des Goniatitenkarbons im Süranbecken des Südural. Bull. soc. nat. Moscou XIII, 1, 1935.
MOROZEVICS, J., Le mont Magnitnaja et ses alentours. Mém. com. géol. 18, 1901.
NALIVKIN, W., Mittelkarbon im S des Ufa-Amphitheaters. Bull. Ac. Sc. USSR, 1949, Heft 2.
PERNA, E., Das Palaeozoikum am Osthange des Ural zwischen Verchneuralsk und Magnitnaja Staniza. Bull. com. géol. 31, 1912.
— Die oberdevonischen Trilobiten der Umgebung von Verchneuralsk. Mém. com. géol. 138, 1915.
— Die Ammoneen des oberen Neodevon des südl. Ural. Mém. com. géol. 99, 1915.
PETRENKO, A., und L. KIPARISSOVA, Stratigraphie des Unterkarbons des Flusses Usuili (Südural). Bull. soc. nat. Moscou XV, 6, 1937.
PRIGOROVSKI, M., Kurze Skizze der Mugodsharberge. Bull. com. géol. 33, 1914.
RUSCHENZEFF, W., Die grundlegenden Fazieszonen des Sakmara-Artinskkomplexes im südl. Ural. Bull. Akad. d. Wiss. USSR, 1948, Nr. 1.
— Sur quelques Ammonoidea du Permien inférieur provenant de la région d'Aktjubinsk. Bull. soc. nat. Moscou XI, 2, 1933.
STRACHOFF, N., und S. OSSIPOFF, Bituminöse Serien des Fl. Juresan. Bull. soc. nat. Moscou XIII, 1, 1935.
THEODOROWITSCH, G., Zur Geologie des mittl. und ob. Karbons am Westhang des südl. Urals. Bull. soc. nat. Moscou XIII, 1, 1935.
TSCHERNYSCHEFF, TH., Der Zentralural und der Westhang. Bl. 139 der allg. geol. Karte von Rußland. Mém. com. géol. 3, 1889.
WOROBJEWA, O., Strukturelle Grundzüge der Alkaliintrusionen der Wischnewyi Gory (Kirschberge). Bull. Ac. Sc. USSR, 1947.
ZAVARIZKI, A., Le mont Magnitnaja et ses gisements de fer. Mém. com. géol. 18, 1922.

Allgemeines

ARCHANGELSKI, A., Geologischer Bau und geologische Geschichte der USSR. Moskau-Leningrad 1941.
— Zur Frage der Deckentektonik des Ural. B. Soc. nat. Moscou X, 1932, H. 1.

[1] Siehe bei Geological Map etc.

Blochin, A., Neue Daten über den geolog. Bau des südl. Ural. B. Soc. nat. Moscou X, 1932, H. 1.
Chabakow, A., Permablagerungen des Urals in: GM 1940.[1]
Duparc, L., et M. Tichonowitsch, Le platine et les gîtes platinifères de l'Oural et du monde. Genf 1920.
Egoroff, A., Ripheische kohlige Serien des Kasachstan. Bull. soc. nat. Moscou, 1948, XXIII.
Fredérichs, G., Fragen der Tektonik des Urals. Westnik geol. Komit. Nr. 4, 1927
Geological Map of the Ural, scale 1 : 500000. Explanatory note. Moskau–Leningrad 1940. Sammelwerk verschiedener Verfasser. Die im Text angeführten Verfasser stehen im Verzeichnis mit der Bezeichnung GM 1940.
Gorskii, J., und L. Librowitsch, Karbonablagerungen des West- und Osthanges des Urals in: GM 1940[1].
— Kurze geologische Geschichte des Urals. In: GM 1940.[1]
— Altkimmerische tektonische Bewegungen im Ural und ihre Bedeutung für die Strukturbildung des Urals und seine Kohlenlager. Bull. Akad. d. Wiss. USSR, 1948, Nr. 4.
Guide des excursions du VII. congrès internat. Petersburg, Nr. III–X Tschernyscheff, Karpinski, Krasnopolski und andere, 1897.
Karpinski, A., Über die Ammoneen der Artinskstufe. Mém. Akad. des sciences, Petersburg, 37, 1889.
Kirilin, G., und andere, Ural und Umgebung. Aus Rußland von Semenoff-Tjan-Schanski. Geogr. Beschreibung, Bd. 5, 1914.
Kusnetzoff, E., Die Entwicklung der Ansichten über die Tektonik des Urals von Karpinski bis zu unseren Tagen. Iswestja Akad. d. W. der USSR. Geolog. Serie Nr. 4, 1937.
Librowitsch, L., Die Devonablagerungen des Urals. In: GM 1940.[1]
Lwoff, K., Die vorkambrischen und unterpaläozoischen Ablagerungen des Urals. In: GM 1940.[1]
Mühlen, L. von zur, Der Ural im Lichte der neuesten russischen Forschung. Geol. R. XXXI, 7/8, 1940.
Nalivkin, D., und L. Librowitsch, Die Silurablagerungen des Urals. In: GM 1940.[1]
Oschiganoff, D., Über das Alter des Uralgebirges und die vulkanischen Zyklen des südl. Urals. Probleme der Sovjet-Geologie, Bd. VII, Nr. 3, 1937.
Peiwe, A., Typen und Entwicklung paläozoischer Strukturen des Ural-Tjanshanschen Geosynklinalgebietes. Bull. Ak. d. W. USSR, 1948.
Philippson, A., Geogr. Reiseskizzen aus dem Ural. Sitzb. niederrh. Ges. f. Naturf. u. Heilkunde, 1898.
Rauser-Tschernoussowa, D., und M. Mirtschink, Konferenz über das Studium der Permablagerungen in USSR. Bull. soc. nat. Moscou XV, 5, 1932.
— Über das unterpermische Alter der Ablagerungen mit *Pseudofusulina lutugini* am Westhang des Urals. B. soc. nat. Moscou XIII, 1, 1935.
— Über Fusuliniden und die Stratigraphie des Karbons und der Artinskstufe des Uralwesthanges. Bull. soc. nat. Moscou XV, 5, 1937.
— Zur Frage der stratigraphischen Bedeutung der oberpaläozoischen Foraminiferen. Bull. Ac. Sc. USSR, 1936.
Ruschenzeff, W., Kurze Skizze der Stratigraphie des Oberkarbon und Unterperm des Orenburger Bezirkes. Bull. soc. nat. Moscou XV, 3, 1937.
— Probleme des Karbon und Perm. Bull. soc. nat. Moscou XV, 5, 1937.
Sergievski, W., Die effusiven Zyklen des Urals. In: GM 1940.[1]
Tolstichina, M., und andere, Die Geomorphologie und die quartären Ablagerungen des Urals. In: GM 1940.[1]
Semichatowa, S., Moskauer Stufe am Uralwesthang und Besonderheiten ihrer Fauna. Bull. Ac. Sc. USSR, 1947.

[1] Siehe bei Geological Map etc.

SOKOLOW, D., Unkonformität und Lücken innerhalb der Ripheischen Gruppe im Katav-Ivanovsker Rayon. Bull. soc. nat. Moscou XXII, 1947.
TSCHERNYSCHEFF, TH., Materialien zur Kenntnis der devonischen Ablagerungen in Rußland. Mém. com. géol. 1, 1884.
— Die Fauna des mittleren und oberen Devons am Westhang des Urals. Mém. com. géol. 4, 1887.
— Das Unterdevon am Osthang des Urals. Mém. com. géol., 4, 1893.
— Die oberkarbonischen Brachiopoden des Ural und Timan. Mém. com. géol. 16, 1902.
WOLOGDIN, A., Über das Kambrium des Urals. Bull. Acad. Sc. USSR. Cl. Sc. math. et nat. Série géolog. 1937, Nr. 4.
ZAVARITZKI, A., Zur Tektonik des Urals. Iswestja Geol. Komit. 42, Nr. 2, 1923.
— Die magmatischen und metamorphen Gesteine des Urals. In: GM 1940.[1]

Literatur zu den nutzbaren Lagerstätten des Urals

BEHAGHEL, G., Die Eisen- und Manganerze Osteuropas. Quellen und Studien des Osteuropa-Instituts in Breslau (Teubner), 1922, H. 5.
BEHREND, F., Die Kupfer- und Schwefelerze Osteuropas. Daselbst, Heft 3.
BUBNOFF, S. v., Die Kohlenlagerstätten Rußlands und Sibiriens. Berlin 1923 (Borntraeger).
DUPARC, L., et TICHONOWITSCH, Le platine et les gites platinifères de l'Oural et du monde. Genf 1920.
FRIEDENSBURG, F., Die Bergwirtschaft der Erde. Stuttgart 1942.
Geol. Komitee, Petrograd, Karte der nutzbaren Lagerstätten des europ. Rußlands in 6 Blättern, 1916.
Die natürlichen Produktivkräfte Rußlands, Band IV, herausgegeben vom Geol. Komitee in Petrograd (1917–1919). Abschnitte: 2. Eisen, 3. Mangan (BOGDANOWITSCH), 4. Chrom (ZAVARIZKI), 7. Kupfer (BOGDANOWITSCH), 10. Gold (BOGDANOWITSCH), 19. Schwefelkies (SAMOILOFF), 20. Kohlen (versch. Verfasser), 27. Asbest (PREOBRASCHENSKI und TSCHURAKOFF), 31. Magnesit (ZAWARIZKI), 11. Platin (WYSSOZKI).
WYSSOZKI, N., Die nutzbaren Lagerstätten des Urals. In: GM 1940[1].
ZACHAROFF, E., Metallogenetische Skizze des Urals. Arbeiten des Geolog. Instituts der Ak. d. W. der USSR, Bd. VIII, 1938.

II. NOWAJA SEMLJA (ARKTISCHE URALIDEN)

Wie schon gesagt, erreicht der nördliche Ural in der Tundra am Konstantinow Kamen sein sichtbares Ende, während gegen Nordosten, jenseits einer 45 km breiten Tundraniederung am Fluß Kara, ein ziemlich selbständiger niedriger Hügelzug abzweigt – der Pai-Choi (bis 300 m über NN). Dieser setzt sich aus einem Kern silurischer Schiefer und aus einem devonischen und jüngeren Mantel zusammen. Über die aus Silur aufgebaute Insel Waigatsch kann dieser Gebirgszug nach den beiden Inseln von Nowaja Semlja verfolgt werden, wo er morphologisch wieder viel stärker hervortritt, geologisch aber eine wesentlich kompliziertere Gestalt erlangt.

Die Erforschung von Nowaja Semlja ist durch neue Arbeiten von HOLTEDAHL, MILORADOWITSCH und YERMOLAEFF erheblich gefördert worden, nachdem früher TSCHERNYSCHEFF, RUSSANOFF und andere schon einige Grund-

[1] Siehe bei Geological Map etc.

züge erkannt haben. Trotz mancher Analogien mit dem Ural bestehen hier stratigraphisch und tektonisch einige sehr wesentliche Abweichungen.

Die ältesten Gesteine von Nowaja Semlja sind in der sogenannten Pomorskaja-Serie enthalten, welche heute aufgegliedert werden kann. Der kambrische Anteil, nur aus der Gegend des Matotschkin Schar bekannt, besteht aus Konglomeraten und Sandsteinen, die von metamorphen Schiefern mit kalkigen Konkretionen und mit einer artenarmen *Paradoxides*-Fauna überlagert werden. Dieses mittlere Kambrium hat eine Mächtigkeit von 600 m. Im Pai-Choi hat eine Folge von Tuffiten, Porphyriten und Quarzsandsteinen vielleicht unterkambrisches Alter (n. KUSNETZOFF und ASTATSCHENKO), könnte aber auch jünger sein.

Nach einer Unterbrechung, welche das ganze Oberkambrium umfaßt und mit der Salairphase parallelisiert wird, folgt das Ordovizium in Gestalt von Konglomeraten und Kalksandsteinen mit (im S) tuffogenen Einlagerungen. Es ist eine litorale Folge mit terrigenem Material und einer Flachwasserfauna von Brachiopoden und Trilobiten, die einen Lokalcharakter tragen, nach WALCOTT dem Lower Ozarkian entsprechend. Auf Waigatsch tritt ein „Tetradiumkalk" auf, welcher dem entsprechenden Horizont im Hekla-Hoek der Bäreninsel entspricht. Anscheinend ist vor allem unteres Ordovizium vertreten. Die Mächtigkeit erreicht 3000 m. Im Norden können metamorphe Schiefer an der Basis des Gotlandium hierzu gehören. Im Pai-Choi werden Schiefer, von Kalk und Dolomit überlagert, ins Ordovizium gestellt.

Von wichtigen Vertretern seien genannt: *Lingulella arctica, Billingsella holtedahli, Eoorthis sabus, Agnostus pisiformis, A. septentrionalis, Koldinia typa, Acrocephalites vigilans, Solenopleura arctica, Irvingella (Chariocephalus) septentrionalis, Kaninia (Anomocare) lata, Orlovia (Anomocare) arctica, Pesaia (Euloma) exsculpta, Dolgaia megalops*.

Das Gotlandium ist viel reicher vertreten als früher angenommen worden ist, da dasselbe früher mit dem Unterdevon verwechselt wurde. Es liegt mit basaler Lücke, aber ohne deutliche Diskordanz dem Ordovizium auf und zeigt raschen Fazieswechsel; im Pai-Choi sind neben Kalken bituminöse Schiefer und Quarzite herrschend, auf Waigatsch und weiter nördlich sind hauptsächlich Tonschiefer und algenführende Flachwasserkalke vertreten. Auf Nowaja Semlja lassen sich heute Valentium (mit *Favosites* und *Pentamerus borealis*), Wenlock (mit *Monograptiden* und *Leptaena*) und Ludlow + Downton unterscheiden.

Dem letzten gehört anscheinend eine von NORDENSKIÖLD an Kap Grebenj (Waigatsch) gesammelte, früher ins Unterdevon gestellte Fauna an: *Proetus waigatschensis, Lichas lindströmi, Leperditia nordenskiöldi, Leptodomus borealis, Spirifer parvulus, Whitfieldia didyma, Atrypa reticularis, A. aspera, Favosites forbesi, Syringopora fenestrata*. Die Fazies des Kambrosilurs schließt sich enger an die kaledonische Geosynklinale als an den Ural an; erst im Devon beginnt die weitgehende Annäherung an den letzteren.

Während im Pai-Choi, wenigstens am SW-Hang, noch eigenartige kohligkieselige Schiefer bekannt sind, die dem Unterdevon angehören, fehlt nach neueren Erkenntnissen an seinem NO-Hang und überall weiter im Norden des Unterdevon völlig. Die Lücke, die aber ebenfalls mit keiner Winkeldiskordanz verbunden ist, reicht in der südlichen Nowaja Semlja bis zum oberen Mitteldevon, sonst bis zur Frasnestufe. Im Pai-Choi ist das Mitteldevon noch sandig-tonig, und die *Calceola*-Stufe ist vertreten. Auch im N beginnt das Devon meist mit sandigen Schichten (*Bothriolepis, Lingula*), welche aber bald einer karbonatischen Folge Platz machen, die im S tiefere, im N flachere Fazies aufweist. Vulkanische Agglomerate, Tuffe und submarine Lavaergüsse sind vorhanden. Frasne- und Famennestufe lassen sich ausscheiden. Faziell und faunistisch ist nun die Ähnlichkeit mit dem Ural so groß, daß sich ein weiteres Eingehen auf Einzelheiten erübrigt.

Auf das Oberdevon folgt anscheinend wieder eine kleine Lücke, die der bretonischen Phase entsprechen würde; doch kann sie nur kurz sein, da über der konglomeratischen Basis Stromatoporenkalke mit Etroeungtfauna und Tabulatenkalke des Tournai folgen. Die Viséstufe beginnt im S vielleicht mit einer terrigenen Fazies (wie im Ural), enthält aber höher eine ziemlich reiche Brachiopodenfauna, welche an kompakte graue Kalke gebunden ist und eine große Übereinstimmung mit dem Ural aufweist.

Aus den Listen von Kbuglovski, Lee und Carruthers seien angeführt (zitiert nach Holtedahl): *Endothyra globula, Cribrostomum gracile, Archaeodiscus karreri, Fusulinella struvei, Dielasma lenticulare, D. gillingense, Spirifer convolutus, Spiriferina insculpta, Sp. octoplicata, Spirifer triradialis, Reticularia lineata, Camarophoria crumena, Schizophoria resupinata, Chonetes papilionacea, Productus giganteus, Pr. edelburgensis, Pr. antiquatus, Pr. longispinus, Pr. margaritaceus, Pr. scabriculus, Pr. elegans, Pr. spinulosus, Pr. punctatus, Pr. undatus, Aviculopecten dissimilis, A. clathratus, Conocardium rostratum, C. alaeforme, Murchisonia archiaciana, Bellerophon hiulcus, Nautilius crassiventer, Orthoceras salutatum, Glyphioceras striatum, G. diadema, Phillipsia eichwaldi, Portlockia lacordaireana, P. parallela, Cytherella inflata.* Es handelt sich also um die typischen *giganteus*-Schichten Osteuropas.

Im Hangenden der Visékalke ist neuerdings auch ein mächtiges (500 bis 600 m) Namur ausgeschieden worden, gekennzeichnet durch ältere *Choristites*-Arten und durch Ammoneen, welche einen Vergleich mit Westeuropa ermöglichen.

Das mittlere Karbon ist nur im nördlichen Teil von Nowa Semlja als wenig mächtiger Kalk mit *Choristites mosquensis* vorhanden. Im Süden liegt, stellenweise, ebenso wie im Pai-Choi, Unterperm unmittelbar auf Visékalken, so daß dort auch das Oberkarbon fehlt. Ob im Norden Oberkarbon vorhanden ist, steht nicht ganz fest; n. Frebold ist es möglich, daß hierzu eine mächtige (1400–1800 m) Folge von sandigen Kalken und Kalksandsteinen gehört, die im Liegenden des typischen Unterperms auftritt und eine Brachiopodenfauna enthält, die nicht mit Sicherheit auf Karbon oder Perm festzulegen ist.

Das Unterperm (Artinsk) hat eine weite Verbreitung und über 1000 m Mächtigkeit. Neben einförmigen dunklen sandigen Schiefern (Glasowfazies) tritt auch eine organogene kalkige Fazies mit grobklastischen Einstreuungen (Barentsfazies) auf, die eine reiche Gastropoden-, Bryozoen- und Brachiopodenfauna beherbergt. Neben vielen oberkarbonischen Formen treten typische Artinsk-Ammoneen, wie *Medlicottia* und *Popanoceras*, auf, so daß das Alter feststeht. Das Altersverhältnis beider Faziesgebiete ist noch nicht restlos geklärt.

Eine ausführliche Fauna von den Barentsinseln hat Toula 1875 veröffentlicht. Seine Liste fällt vor allem durch den karbonischen Einschlag der Fauna auf, in der sogar Formen wie *Spirifer mosquensis* auftreten. Holtedahl erwähnt als typisch die von ihm gesammelten Formen: *Polypora macropora, P. subquadrata, P.* cf. *kolwae, Archimedes stuckenbergi* (= *wortheni* stuck.), *Rhynchopora variabilis, Streptorhynchus tapajotensis, Chonetes* cf. *flemingi, Productus irginae, P. cora, P. yakovlevi, Phillipsia eichwaldi* und andere spezifisch neue oder nicht bestimmbare Formen.

Im Pai-Choi ist die Artinskstufe aus sehr mächtigen Tonschiefern und Sandsteinen mit *Medlicottia* und *Paragastrioceras* zusammengesetzt. Darüber folgt eine limnische Serie (Kungur) mit Kohlen, *Noeggerathiopsis* und *Pecopteris*, die schon oberpermische Anklänge besitzt. Diese obere Folge ist auf Nowaja Semlja nicht mehr vertreten. Die Mächtigkeit des unteren Perms im Pai-Choi erreicht 5000 m. Hier ist auch eine sehr mächtige Folge der Kasanstufe von Molassecharakter (Konglomerate, Sandsteine, Tone) bekannt.

Das Mesozoikum von Nowaja Semlja ist eigentlich nur aus Geschieben bekannt. Es sind Callovien, Kimmeridge, Portland (?), Valanginien und Hauterivien nachgewiesen. Die Fazies entspricht ganz dem osteuropäischen (borealen) Jura. Im Apt-Alb scheint eine weit reichende Heraushebung stattgefunden zu haben, die auch aus anderen Teilen der Arktis bekannt ist. Holtedahl glaubt, daß die Inseln im Mesozoikum nie durchgehend vom Meere bedeckt waren, sondern daß die Fundplätze nur in den Küstenstreifen zu suchen sind.

Aus dieser kurzen Zusammenstellung ist vor allem ersichtlich, daß im Altpaläozoikum erhebliche Abweichungen gegenüber dem Ural vorhanden sind und sich eine Annäherung an die kaledonische Geosynklinale bemerkbar macht. Erst mit der Vertiefung des Meeres im Oberdevon und mit dem typisch osteuropäischen Karbon und Perm beginnt eine Annäherung an den Ural, die bis zur Identität gesteigert ist.

Die Tektonik der arktischen Uraliden ist einfacher als die des Urals, und die Anordnung weist eine gewisse, allerdings nur qualitative Symmetrie auf. Es ist schon gesagt worden, daß die metamorphe Zone (II) des Urals nicht nach NW abschwenkt, sondern vom Konstantinow Kamen und der Baidaratz bucht gegen N und NO weiterzieht und vielleicht auf Jalmal eine Fortsetzung hat (s. Abb. 108).

Der Pai-Choi, welcher sich nordwestlich von einer mit Devon erfüllten axialen Depression am Flusse Kara heraushebt, ist ein komplexes, aber mehr oder weniger symmetrisches Antiklinorium von NW-Streichen. Er kann schon deshalb nicht als abgebogene Fortsetzung des zonar, also asymmetrisch gebauten Gesamturals gedeutet werden, sondern höchstens als Abzweigung aus der Westzone, also etwa analog dem Timan. Den Kern bildet Altpaläozoikum (vorwiegend Silur), die Flanken Devon, welches im SO periklinal den Kern umsäumt. Im NO und SW wird der Pai-Choi von Senken mit Karbon und sehr mächtigem Perm (bis 8000 m) begleitet. Insbesondere die

Senke im SW hat den Typus einer Vorsenke, die sich gegen SO, d. h. gegen den Ural, periklinal heraushebt, gegen S und SW aber in die Vorsenke des Urals fortsetzen könnte. Charakteristisch ist das kohlenführende Kungur und das z. T. grobdetritische Oberperm. Die südwestliche Vorsenke (Karataichafluß) bildet eine Mulde mit flachem südwestlichen und steilem bis überkipptem östlichen Rande. Die Senke im NO zeigt eine enge Kleinfältelung. Längs der unteren Kara soll das Perm (Ketsch-Pelskserie) des Uralsaumes von Ost nach West auf die Flanke des Pai-Choi aufgeschoben sein, so daß man mit Einor (1945) von einer Aufschiebung des Urals auf den Pai-Choi sprechen kann. Einor unterscheidet vier tektogenetische Phasen:

1. Bildung der Uralischen (NO–SW bis N–S) Falten
2. Bildung der Pai-Choi- (NW–SO) Falten
3. Aufschiebung des Urals auf den Pai-Choi
4. Absenkung der Ränder des Pai-Choi im NO und SW.

Nach Einor haben die stärksten Bewegungen zu Beginn der tatarischen Stufe und an der Wende Perm-Trias (also pfälzisch) stattgefunden. Die Obergrenze steht aber nicht fest. Eine diskordante Auflagerung des Oberjura läßt auch altkimmerische Bewegungen möglich erscheinen, und schließlich ist noch das Santon im Mündungsgebiet der Kara gestört, so daß als Jüngstes hier und im Petschorabecken subherzynische Bewegungen möglich wären. Es ist aber kaum wahrscheinlich, daß die Auffaltung des Pai-Choi ins Mesozoikum fällt. Schatski bezweifelt überhaupt einen Altersunterschied zwischen dem Uralischen und dem Pai-Choi-System. Die ältesten Bewegungen gehören übrigens n. Kusnetzoff der Salairphase an (Ordovizium diskordant auf Kambrium).

Im wesentlichen haben die Insel Waigatsch und der Südteil von Nowaja Semlja, der an die Karastraße anschließt, ähnlichen Bau, doch ist dieses Antiklinorium in sich kompliziert gestaltet. Holtedahl hat hier fünf Subzonen unterschieden:

1. Im Westen liegen nichtmetamorphe jungpaläozoische Sedimente, innerhalb derer drei Stufen (von West: Artinskkalke, Artinskschiefer, Karbonkalke) zu unterscheiden sind. Die Gebirgsbildung ist recht intensiv, wobei die Artinskschiefer mehr eine Kleinfaltung zeigen, die Karbonkalke dagegen weit ausgreifende Falten.

2. Die zweite Zone, vorwiegend aus Devon und Gotlandium bestehend, zeichnet sich schon durch stärkere Metamorphose aus. Das Fallen geht durchweg nach Osten, so daß ein weit ausgreifender Schuppenbau wahrscheinlich ist. Sehr bezeichnend ist das Vorhandensein eines Granites, dessen Intrusion heute in die kaledonische Zeit gestellt wird, und die Anwesenheit zahlreicher intrusiver Diabase, die jünger sind. Sie hängen vermutlich mit dem intensiven oberdevonischen Vulkanismus zusammen.

3. Die dritte Zone, welche zum größten Teil aus den ältesten Serien aufgebaut wird, hat im großen eine Fächerstruktur, wenn auch die Einzelheiten sehr verwickelt zu sein scheinen. Eine Reihe flacher Überschiebungen wurde festgestellt. Die Metamorphose ist recht bedeutend.

4. Die vierte Zone wird wieder von Oberdevon zusammengesetzt und besitzt wechselndes Fallen. Die Metamorphose ist noch unverändert stark.

5. In der fünften, östlichsten Zone liegen wieder karbonische und permische Sedimente, die hier nach Osten fallen, und zwar wenig metamorph, aber intensiv gefaltet sind.

Im mittleren Teil der Südinsel versinkt das Antiklinorium axial nach Norden unter das hier allein sichtbare Unterperm, um sich dann nordwärts wieder (noch vor Erreichung der Matotschkinstraße) herauszuheben. Die nördliche, weniger gut durchforschte, im Inneren weitgehend vergletscherte Insel hat im großen einen analogen antiklinalen Aufbau.

Das Streichen bildet einen großen Bogen: im Pai-Choi, auf Waigatsch und im Südteil der Südinsel ist es NW, an der Matotschkinstraße S–N, im Norden NO bis O. Die Vergenz ist durchweg nach außen, d. h. nach SW, W und NW gerichtet.

Die Faltung ist nach dem Unterperm erfolgt und dürfte damit mit einer Hauptfaltungsphase des Urals gleichzeitig sein, wenn auch eine Begrenzung nach oben nicht sicher möglich ist. Dagegen werden die Unterbrechungen in takonischer und jungkaledonischer Zeit heute als epirogenetisch aufgefaßt, wenn auch bemerkenswert ist, daß die zweite mit einer Granitintrusion zusammenhängt.

Die arktischen Uraliden weisen zwei magmatische Zyklen auf. Der erste beginnt mit basischen submarinen Effusiven im Ordovizium, zu denen auch stark metamorphe Tuffe und weniger veränderte Ganggesteine gehören, und endet mit den schon erwähnten sauren Granitintrusionen, welche vielleicht schon in takonischer Zeit einsetzen, aber ihren Höhepunkt erst in jungkaledonischer Zeit erreichen. Der zweite beginnt mit den submarinen basischen Eruptionen (Diabase, Spilite, Mandelsteine, Tuffe), die dem Oberdevon eingeschaltet sind, und scheint auch mit einer sauren Phase abzuschließen, deren Magma aber oberflächlich nicht bekannt ist und nur aus der Albitisierung der basischen Effusiva und der z. T. recht starken pneumatolythisch-hydrothermalen Mineralisierung erschlossen wird. Jedenfalls sind auch magmatisch ein älterer (kaledonischer) und ein jüngerer (uralischer) Entwicklungszyklus nachzuweisen.

Mit den sauren Intrusionen sind einige Vorkommen von polymetallischen Erzen (Magnetkies, Kupferkies, Zinkblende, Bleiglanz) verknüpft, mit den Diabasen Vorkommen von Kupfererzen und gediegenem Kupfer. Der praktische Wert der Lagerstätten scheint noch nicht sicher erwiesen zu sein.

Die weitere Fortsetzung der Uraliden nach Norden und Nordosten ist noch ganz ungeklärt. Holtedahl verbindet sie über das nördlichste Ostsibirien mit Alaska. Meines Erachtens käme eine Verbindung mit dem Gebirgsbogen von Werchojansk, also ein Umfließen des nordsibirischen Blokkes, auch sehr wohl in Frage.

Morphologisch unterscheidet Grønlie eine äußere, von Fjorden zerschnittene Strandterrasse in etwa 100 m Höhe, die von Grundmoränen bedeckt wird und wohl interglazialer Entstehung ist. Gegen innen liegt ein höheres Plateau in 250–600 m Höhe, eine nach Grønlie durch das Eis geschaffene

Fastebene. Der mittlere Teil der Südinsel und die Nordinsel steigen dann noch höher empor (Wilczekspitze 1186 m). Im Innern ist ein Netz von Talgletschern vorhanden, die nach der Küste zusammenfließen und sich in die Fjorde ergießen.

Die Inseln sollen in der Eiszeit eine sehr mächtige Eisdecke gehabt haben (11–1200 m) und sind dann nach dem Rückgang des Eises stark gehoben worden. Die letzten Hebungen sind sehr jung, da bearbeitetes Treibholz in Terrassen 20 m ü. M. liegt. Angeblich hat die letzte Hebung zwischen 1770 bis 1820 stattgefunden. (Zitiert nach O. WILCKENS, Geol. Rundschau XVI, H. 5, 1925, S. 401–403.)

Literatur

EINOR, O., Die Tektonik des Petschorakohlenbeckens. Sowiet-Geologie, Sammelheft 7, 1945.

— Wechselbeziehung zwischen Ural und Pai-Choi. Mat. wiss.-geol. Forschungs-Institut. Allg. Ser. Bd. 7, 1946.

FREBOLD, H., Der geologische Bau Nowaja Zemljas und seine Beziehung zu anderen Gebieten im Lichte neuerer Forschungen. Geol. Rundschau *31*, 1940, H. 7/8.

GRØNLIE, O. T., Contributions to the Quarternary Geology of Novaja Zemlya. Reports of the scient. results of the norwegian expedition to Nov. Zem. 1921, Nr. 22, Kristiania 1924.

HOLTEDAHL, O., On the rock formations of Novaja Zemlya. Daselbst.

KRUGLOVSKI, M., Beiträge zur Geologie der nördlichen Insel von Nowaja Zemlja. Mater. z. Geol. Rußl. 26, 1913.

KUSNETZOFF, E., und K. ASTASCHENKO, Geol. Aufbau des Nordwestteiles des Bergzuges Pai-Choi. Mitt. (Iswestja) der Akad. d. Wiss. Geol. Serie, Nr. 4, 1938.

LAWROW, M., Geolog. Resultate der Nowaja Zemlja-Expedition 1921. Bull. Acad. sciences, Russie, 1922.

LEE, G. W., A Carboniferous fauna from Novaja Zemlya. Transact. R. soc. Edinburgh, XLVII, 1909.

MILORADOWITSCH, B., Geological outline of the North-Eastern Coasts of the Northern Island of Novaja Zemlya. Transact. Arct. Inst. 38, Leningrad 1936.

MUTAFI, N., Die vulkanischen Zyklen und die Metallogenie von Nowaja Zemlja. Probleme der Sowiet-Geologie VII, 1937, Nr. 3.

RUSSANOFF, V., Sur les terrains paléozoiques de la Nouvelle Zemble. Comptes rendus Ac. d. Sciences, Paris, 149, 1909.

— Sur la Faune à goniatites du Carbonifère et du Dévonien supérieur, trouvée en Nouv. Zemble. Daselbst, 152, 1911.

SCHATSKI, N., Über die Beziehungen zwischen Ural und Pai-Choi. Bull. Ac. Sc. USSR, 1948, Nr. 1.

SOKOLOV, D., Über die Fossilien der erratischen Blöcke von Nov. Zeml. Arbeiten des Geolog. Museums Petersburg, VII, 1913.

TOULA, F., Eine Kohlenkalkfauna v. d. Barentsinseln. Sitz.-Ber. Ak. d. Wiss. Wien 1875.

TSCHERNYSCHEFF, T., Den ryska expeditionen till Novaja Semlja, 1895, 3.

— und N. YAKOVLEFF, Die Kalksteinfauna des Cap Greben auf der Waigatschinsel und des Flusses Nechatova auf Now. Zem. Verh. miner. Ges. Petersb., XXXVI, 1899.

WOLKOFF, S., und N. JACJUK, Abriß der Geologie des Polarurals. Arct. Inst. Leningrad, *87*, 1937.

YERMOLAEFF, M., Stratigraphy of Palaeozoic Deposits on Novaya Zemlya. Int. Geol. Congress, XVII. Session, Leningrad, 1937.

— Geologischer Abriß von Nowaja Zemlja. Arct. Inst. *87*, Leningrad, 1937.

III. DIE FORTSETZUNG DES URALS NACH SÜDEN (NORDKASPISCHE STEPPENREGION)

Im Mugodschargebirge taucht das paläozoische Faltungsgerüst des Urals südwärts unter eine wesentlich jüngere und nur schwach gestörte Decke unter. Daß es im Untergrund aber noch weiter fortsetzt, ergibt sich aus dem Gefüge der angrenzenden Streifen, die, obwohl jünger, eine deutliche Beeinflussung durch die uralische Struktur aufweisen. Obwohl nun diese Gebiete teils, wie das Embagebiet, der westlichen Vorlandscholle angehören, teils, wie die Steppe zwischen Mugodscharen und Aralsee schon dem asiatischen Bereich zuzurechnen sind, muß hier auf sie eingegangen werden, um den Zusammenhang des Urals mit den europäischen und asiatischen Gebirgen zu erläutern.

1. Morphologie

Während im Ural selbst die nachpermischen Bewegungen nur aus der Morphologie des Gebirges andeutungsweise zu erschließen waren, ergänzt das im Süden und Südwesten angrenzende Gebiet die geologische Geschichte der europäischen Grenze von dem Zeitpunkte ab, wo die deutlichen Dokumente im Ural fehlen.

Dieses Gebiet, dessen tiefste Teile vom Kaspi- und Aralsee eingenommen werden, hat während des Mesozoikums, Känozoikums und zum Teil sogar bis heute den Charakter einer ausgesprochenen Senke beibehalten und im Zusammenhang damit Spuren recht intensiver und höchst charakteristischer tektogenetischer Bewegungen hinterlassen.

Die Grenzen des Gebietes sind morphologisch und tektonisch deutlich: im Süden geht es in das Kaspische Meer über; im Westen kann der N–S-Zug der Ergenihügel und weiter nördlich der Bruchrand an der Wolga zwischen Kamyschin und Saratow als Grenze betrachtet werden. Im Norden bildet das 150–190 m hohe Plateau des Obschtschij Syrt die tektonisch wohl definierte Grenze; es ist zugleich das Steilufer des posttertiären kaspischen Beckens. Im Osten bilden die Mugodsharen die Grenze, während weiter südlich die Sandwüste mit gleichbleibendem Charakter noch weit über den Aralsee nach Osten fortsetzt. Das Gebiet westlich der Mugodsharen zerfällt in zwei deutlich unterschiedene Teile: die westliche, zum Teil unter Meeresniveau liegende Ebene zwischen Ergeni und Uralfluß, und das östliche Embaplateau. Die westliche Ebene ist fast durchweg von den pliozänen und pleistozänen horizontalen Ablagerungen des Kaspischen Beckens verhüllt.[1] Es ist eine ermüdend flache, öde Salzsteppe, die zum Teil unter Meeresniveau liegt und aus der nur hier und da kleine Hügel älterer Gesteine herausragen. (Großer Bogdo 153 m, Kleiner Bogdo 28 m, Bistschocho 60 m). Zahlreiche Salzseen (Elton, Baskuntschak, Inder) sind bemerkenswert wegen ihrer wirtschaftlichen Bedeutung; sie liegen meist unmittelbar an den Aufragungen älterer (permischer?) salzführender Gesteine. Sonst unter-

[1] Siehe auch S. 190, 205 und 293.

brechen nur die Sanddünen (Barchane) und eigentümliche in W–O gestreckte Hügel (Bugry) die Monotonie der Landschaft. Die Entstehung der letzten ist noch nicht restlos erklärt; nach JUKOFF handelt es sich um ein durch Rinnen zerschnittenes, später trockengelegtes Delta nacheiszeitlicher Flüsse.

Das östliche (Emba-) Plateau ist etwas höher und wurde daher von den quartären Überflutungen nicht überdeckt. Es wird von den Flüssen Ural, Sagiz und Emba zerstückelt. Der Plateaucharakter ist im östlichen Teil am stärksten ausgeprägt, während gegen Südwesten eine mannigfaltigere Gliederung und Zerstückelung zu beobachten ist, die in deutlicher Abhängigkeit von der intensiven Tektonik steht.

Weiter im Osten dehnt sich zwischen den Mugodscharen im N und dem 150 m emporsteigenden Ust-Urtplateau bzw. dem Aralsee im S eine sandige, flach hügelige Niederung. Diese und das Embaplateau sind hier Hauptgegenstand der Betrachtung. Die eigentliche Kaspisenke im W wurde schon früher besprochen (S. 205).

2. Stratigraphie und Epirogenese

Die älteren Schichten kommen nur am Ostrande zutage, wo bei Aktjubinsk die Artinskstufe bis 3000 m erreichen soll; weiter im Westen kommt sie nicht mehr an die Oberfläche, dürfte aber auch bald an Mächtigkeit stark abnehmen. Das hangende, konkordant gelagerte Kungur besteht aus einer unteren Gipsfolge (80–100 m) und einer oberen Kalkmergelfolge (?50–400 m). Nach Osten, wo diese Stufe die tiefste ist, welche in den Kernen der Kuppeln zutage kommt, nehmen die chemischen Sedimente, zu denen sich auch das Steinsalz gesellt, zu, die übrigen ab. Die gelegentlich erbohrte enorme Mächtigkeit von Steinsalz (2000 m) geht aber auf die stockförmige Lagerung zurück. Darüber liegt, wieder konkordant, das kontinentale Perm, von der Ufastufe bis zur Triasgrenze reichend. Unten überwiegen grüne sandige, oben rote tonige Schichten. Lagunäre Einschaltungen der Kasanzeit sind vorhanden, insbesondere im W. Die Mächtigkeit erreicht 700–800 m, im O gibt KLIMOFF sogar 2500 m, MASAROWITSCH über 3000 m an[1].

Mit einem Konglomerat beginnt darüber die Trias, welche im Osten kontinental ist, im W aber über einer kontinentalen Basis graue Tone mit Kalklagen enthält (160 m). Am Bogdoberg ist seit langem eine kleine Fauna mit *Tirolites cassianus*, *Dorycranites bogdoanus* und anderen scythischen Arten bekannt. Myophorien sind neuerdings darin noch am Indersee weiter im O gefunden worden (s. S. 169).

Auf diese kurzfristige, von Süden kommende Transgression folgt eine lange kontinentale Zeit. Höhere Trias und tieferer Lias fehlen, anscheinend im Zusammenhang mit der pfälzischen oder altkimmerischen Tektogenese. Im oberen Lias oder im Dogger beginnt östlich vom Uralfluß die Bildung einer kontinentallagunären, braunkohlenführenden Serie, die bis zum Callovien oder sogar Oxford reicht.

Westlich vom Uralfluß ist der Jura von Callovien oder (im N) sogar vom

[1] Die genaue Beschreibung des Vorlandperms siehe oben S. 161–170.

Bath an marin. Die kontinentalen Schichten beginnen mit Konglomeraten, über denen Sande und Tone (Dossorserie) liegen. Hier sind Kohlen, Doggerpflanzen und bituminöse Schiefer vorhanden. Die Sande sind im Embagebiet ein wichtiger Ölspeicher; das Öl stammt aber anscheinend aus tieferen Schichten. Die Mächtigkeit des lagunären Jura ist im Embagebiet am größten und übersteigt hier 500 m. Am Indersee (Uralfluß) ist sie nur noch 105 m, weiter im Westen an der Wolga, bei Samara, nur einige Meter. Sehr bezeichnend ist es, daß diese Fazies ganz regelmäßig von Süden nach Norden wandert. Im Lias und im unteren Dogger herrscht diese Ausbildung auf Mangyschlak, im Dogger vertieft sich dort das Meer, die Lagunenfazies greift auf das Gebiet des Ural- und Embaflusses über und bleibt hier bis zum Malm bestehen; weiter im Norden (westliches Uralvorland, Turgaibezirk, Samara) begegnen wir lagunären Einlagerungen in die marine Malmserie bis zur Wolgastufe. Hier beginnt die marine Folge teils mit dem mittleren Callovien, teils erst mit einem Phosphorithorizont des Oxford, welcher weiter im S fehlt. Das Meer greift stetig gegen Norden vor; die dauernde Senkung wird aber zum Teil durch intensive Sedimentation kompensiert; zum Teil scheint auch ein Pendeln der Uferregion stattzufinden.

Eine etwas vollständigere Serie der marinen Juraformation findet man bei Tschkalowsk; sie stand vermutlich gegen Westen und Südwesten mit dem Jura des Wolgagebietes in Verbindung. Als Charakteristikum dieses ostrussischen Juras sei hier die Fauna nach einer Zusammenstellung von Sokoloff erwähnt:

Mittleres Callovien: *Belemnites beaumonti, B. puzosi, Cosmoceras goweri, C. dunkani, C. gülielmi, C. jason, Cadoceras tschefkini, Stephanoceras coronatum, Proplanulites koenigi, Perisphinctes euryptychus, Turbo wisinganus, Cerithium syssolae, C. tussiense, Pleuromya tenuistriata, Pholadomya ovulum, Goniomya V-scripta, Panopaea peregrina, Lyonsia alduini, L. meniscus, Protocardia concinna, Isocardia nitida, Unicardium laevigatum, Astarte striato-costata, Nucula ornati, Pinna pseudolanceolata, Pecten demissus, P. fibrosus, Oxytoma inaequivalvis, Gryphaea dilatata, Pseudomonotis echinata, Ps. uralensis, Rhynchonella personata, Rh. varians.*

Oberes Callovien: *Belemnites beaumonti, B. puzosi, Quenstedticeras lamberti, Astarte buchi, A. depressoides, Lucina fischeri, L. inaequivalvis, Aucella lata.*

Unterer Oxford: *Cardioceras cordatum, Pleurotomaria buchi* und einige Lamellibranchiaten und Brachiopoden.

Mittlerer Oxford: *Serpula thermarum, Belemnites panderi, Bel. kirghisensis, Cardioceras cordatum, C. zieteni, Pleurotomaria buchi, Turbo puschi, Cerithium asperum, Fusus haccanensis, Cyprina cancrini, Protocardia concinna, Anisocardia tenera, Gouldia cordata, Lucina fischeri, L. inaequalis, Macrodon keyserlingi, M. pictum, M. rhomboidale, Modiola vicinalis, Gervilleia goldfussi, Aucella bronni, A. lata, A. volungensis, Pseudomonotis radiata, Pecten vitreus, P. subfibrosus, Lima proboscidea, Gryphaea dilatata, Acanthothyris lenticosa, Rhynchonella sparsicosta, Rh. pseudopersonata.*

Oberer Oxford: *Cardioceras alternoides, C. zenaidae, Perisphinctes martelli.* Die übrige Fauna entspricht dem vorgenannten Horizont, ist aber ärmer und enthält keine Lucinen.

Sequan: *Cardioceras alternans*; die gleichen Belemniten wie im Oxford, unten viele Mytiliden, weiter oben *Aucella bronni* und *Auc. kirghisensis.*

Kimmeridge: *Aulacostephanus eudoxus, A. undorae, Aspidoceras liparum, Perisphinctes virguloides, P. crussoliensis, P. lacertosus, Bel. kirghisensis, Bel. magnificus, Aucella pallasi.*

Untere Wolgastufe: Sokoloff unterscheidet darin vier Horizonte:

a) Vetljanzone: *Perisphinctes scythicus, P. contiguus, Kossmatia richteri, Aucella pallasi, A. rugosa, Belemnites magnificus.*

b) *Perisphinctes dorsoplanus, P. pavlovi, P. quenstedti, P. schtschourovskii, Aucella scythica, A. rugosa.*

c) *Belemnites roullieri, B. absolutus, Holcostephanus virgatus, H. sosia, H. pusillus, H. kukjaricus, Perisphinctes zarajskensis, Ostrea deltoidea, Pecten vitreus, P. zonarius, Lima pectiniformis, Avicula interstriata, Aucella russiensis, A. fischeri, A. lahuseni, Pholadomya multicostata, Ph. canaliculata, Orbicula maeotis, Rhynchonella oxyoptycha, Rh. fischeri, Rh. planata, Terebratula normalis, Waldheimia royeri, Serpula lachensis.*

d) der oberste Horizont ist hier fossilleer.

In der oberen Wolgastufe beginnt mit einer Phosphoritlage die gleichmäßigere Überdeckung eines tieferen Meeres. Jedoch bleibt das eine mehr episodische Erscheinung: Im wesentlichen sind nur die Schichten mit *Belemnites lateralis, Bel. corpulatus, Holcostephanus okensis* vertreten. Die Folge ist tonig und 30–35 m mächtig.

Nach NIKITINA (1948) fehlt stellenweise die obere Unterwolgastufe, die Oberwolgastufe und häufig das Valendis. Mit dieser örtlichen jungkimmerischen Heraushebung beginnt eine unruhige Zeit.

Das Valendis beginnt mit phosphorithaltigen Grünsanden, die nach oben in sandige graue Tone mit Polyptychiten übergehen. Es wird bis 70 m mächtig, fehlt aber oft auf den Salzkuppeln; die lokale Salztektonik scheint also schon jungkimmerisch begonnen zu haben.

Das Hauterive-Barrême wird über 300 m mächtig. Es beginnt mit tonig-mergeligen Pelecypodenschichten, die im Osten in sehr flache sandige Ablagerungen übergehen; darüber liegt eine sandig-tonige Folge, dann eine Serie von Sanden und schließlich eine Folge von bunten ästuarinen Schichten, die als Träger von Erdöl bekannt sind, aber nur im Süden des Gebietes auftreten und von dort nach Mangyschlak fortsetzen. Die Mächtigkeitskurven zeigen deutlich eine nördliche O–W streichende Hebungszone, auf der vielleicht das Neokom fehlt und eine südlichere (Nordemba-) Senke mit borealer Fazies. Das Hauterive-Barrême entspricht also einer deutlichen Verflachung, die mit einer Heraushebung und anscheinend mit einer nicht unbedeutenden tektonischen Phase (Embaphase) endet. Das Apt liegt transgressiv und diskordant über einer peneplainisierten Oberfläche und besteht aus basalen Sanden und darüber aus dunklen Tonen, die auf kalte Strömungen und Beziehungen zum Nordmeer hinweisen. Im Oberapt setzt wieder eine Verflachung ein, gekennzeichnet durch sandige Tone mit Gips. Das Embagebiet bildet nun den Ostsaum einer Senke und wird herausgehoben; das untere Albien (Clansayshorizont) fehlt. Die Albserie beginnt mit basalen Konglomeraten, sandig-glaukonitischen Schichten und besteht darüber aus dunklen Tonen. Die Senkung setzt im Mittelalb fort in einer weitverbreiteten Transgression. Das obere Alb ist sandig-tonig. Die Albserie wird 130 m mächtig.

Neben dem oberen Barrême zeigt das untere Apt (sekundäre) Ölführung.

TICHONOWITSCH erwähnt aus dem tieferen Neokom: *Panopaea neocomiensis, P. weinhaueri, P. schroederi, P. prevostii, Pholas koeneni, Ostrea leymerii, Trigonia caudata, Tr. nodosa, Aucella keyserlingi* u. a. m., *Anatina agassizi.* Das gelegentlich fossilleere Apt enthält an anderen Stellen: *Crioceras bowerbanki, Douvilleiceras cornuelianum, Parahoplites dechyi, Neohibolites sublongus, Barbatia aptiensis, Cucullea cornueliana* u. a. m.

Aus dem Alb werden erwähnt: *Cucullaea glabra, C. carinata, Nucula pectinata, Trigonia aliformis, Aporrhais bicarinatoides, Natica gaultiana, Leymeriella tardefurcata, Desmoceras dutemplianum.* Außerdem treten hier gelegentlich schon die cenomanen Formen *Pecten orbicularis* und *Inoceramus cripsi* auf (TICHONOVITSCH).

Mehrfach bezeichnen Phosphorithorizonte kleine Unterbrechungen der Sedimentation. Eine größere Diskordanz folgt der Turon-Senongrenze. Die Oberkreide ist recht vollständig entwickelt.

Das bis 150 m mächtige Cenoman ist im Süden durch marine Sande und Eisensandsteine vertreten, die nach Norden in litorale und dann in kontinentale Schichten mit Laubpflanzen *(Asplenium, Credneria)* übergehen. Für die Fauna sind bezeichnend: *Schloenbachia varians, Pteria pectinata, Ostrea hippopodium, O. nikitini, Exogyra lateralis, Inoceramus cripsi, Pecten orbicularis* und südliche Formen, wie *Placenticeras* und einige Austern.

Turon und Emscher treten nur im Süden des Gebietes auf und sind hier durch 15 bis 20 m Mergel vertreten. Im Norden liegt unmittelbar auf Cenoman ein untersenoner phosphoritreicher Transgressionshorizont, der auch weiter im S verbreitet ist und mit einer subherzynischen Diskordanz zusammenzuhängen scheint.

Das Untersenon wird von Kieselkalken (Opoken) und Mergeln von 40 m Mächtigkeit mit *Pteria tenuicostata* gebildet. Im Campan folgen Tone (im N) oder Kreidemergel (im S) mit *Belemnitella mucronata, Actinocamax verus* var. *fragilis, Gryphaea vesicularis, Terebratula carnea.* Im Maastricht liegt im S ebenfalls Schreibkreide, die nach N in Mergel und Glaukonitsande mit Phosphoriten (40–65 m) übergeht; unten ist *Belemnitella lanceolata,* oben *B. americana* vorhanden. Östlich vom Uralfluß ist auch – als einziger Fall in Rußland – das Dan vertreten, und zwar als Bryozoenkalk mit *Echinocorys sulcata.* Es ist bemerkenswert, daß in Astrachan durch Bohrungen ein Übergang der Oberkreide in Flyschfazies nachgewiesen wurde.

Vom Paläogen sind im Embagebiet das Paläozän als grauer Ton mit Foraminiferen, z. T. auch mit Gips (35–50 m) und Oligozän als Ton mit Kieselkalklagen und Fischfauna (30–140 m) vertreten. Weiter im Osten scheint das Eozän im Orsker Ural überzugreifen; seine Fazies ist hier marin und vor allem durch glaukonitführende Kieseltone ausgezeichnet, zwischen die sich allerdings Kalkbänke mit Korallen einschalten. Südwärts gehen diese in Nummulitenkalke über, welche am Aralsee direkt auf Kreide liegen. Das Obereozän entspricht nach JANSCHIN einer sehr trockenen Zeit, die auch, wenn auch abgeschwächt, im Oligozän andauert. Zugleich beginnen verstärkte Bodenbewegungen, die anscheinend im Oligozän andauern und posthum zum alten uralischen Bauplan erfolgen. Sie sind mit Hebungen, mit Aufschiebungen und Verwerfungen verbunden. Im Zusammenhang ist das Oligozän z. T. klastisch und durch Konglomerate mit roten Tonen vertreten; erst weiter im Süden ist es marin *(Ostrea ventilabrum, Triton flandricus)* und besteht aus Tonen, die nach oben in sandig-tonige pflanzenführende Schichten übergehen.

Im Miozän bestand im Orsker Ural ein Süßwassersee, dessen Sedimente auf ein feuchtwarmes Klima hindeuten. Aus dem Pliozän sind im gleichen Raume ebenfalls Seesedimente bekannt, die aber auf ein trockeneres Klima hinweisen (JANSCHIN, 1948).

Weiter im Süden ist das Neogen durch die oberen Teile (Sarmat, Aktschagyl, Apscheron) und durch die Sedimente der quartären Kaspisee vertreten. Weiter im Osten (östlich des Uralflusses) fehlen diese Sedimente oder sind nur lückenhaft; hier bestand also ein höheres Gebiet. Südlich der Mugodscharen ist dagegen am Steilrand des Ust-Urtplateaus ein recht vollständiges Profil erhalten, welches von der ersten Mediterranstufe bis in das Sarmat reicht, welches die Plateauhöhe bildet.

Der epirogenetische Charakter der Gegend ist dadurch gut definiert: es handelt sich um den meridional verlaufenden Verbindungsstreifen zwischen der Tethys und dem Eismeer, und zwar im Embagebiet um seine östliche, ufernahe Partie. Charakteristisch dafür ist eine fast stetige Senkung, die aber im allgemeinen stets durch Sedimentation kompensiert wird. Infolgedessen häuft sich eine enorme Mächtigkeit von Sedimenten an (Oberperm-Quartär zwischen 2600–4500 m), die aber durchweg einen sehr ufernahen Charakter besitzen; dadurch unterscheidet sich das Gebiet von der eigentlichen Geosynklinale des Urals. Es ist zu vermuten, daß hier unter dem Perm noch eine mächtige paläozoische Schichtfolge vorhanden ist, so daß die ganze Sedimentfolge schon den Verhältnissen des Donezbeckens nahekommt. Das Gebiet ist instabil, mit stetiger Senkungstendenz, aber ohne den Charakter einer selbständigen orogenetischen Zone. Die Lagunenserie des Jura ist eigentlich ein Analogon der Mittelkarbonfazies im Donezbecken. Während aber dort vorher und nachher eine tiefere Fazies erreicht wird, bleibt hier das flache Litoral der Gegend treu. Die flachen Überflutungen werden durch Phosphoritlager angezeigt, was für diese Art der Sedimentation in bewegtem Wasser bezeichnend ist.

Spiegelbildlich betrachtet, verhält sich das Ural-Embagebiet zum Plateau des Obschtschij-Syrt wie in Mitteleuropa die Niedersächsische Senke zum Hessischen Bergland. Wir werden sehen, daß dieser Vergleich auch tektonisch einen tieferen Sinn hat.

3. Tektonik

Wie schon erwähnt, läßt sich dieses ganze Gebiet als ein ziemlich stetig sinkender und äußerst instabiler Streifen definieren. Der Westrand scheint längs dem Wolgalauf zwischen Saratow und Stalingrad ziemlich deutlich den Charakter eines Bruchrandes zu besitzen. Der Ostflügel des westlich von der Wolga gelegenen Don-Medwedizawalles (s. S. 204) ist hier durch zahlreiche Brüche und Gräben kompliziert, die nach SCHATSKI eine großzügige Bogenanordnung parallel dem Wolgalauf zeigen; die Konkavität ist nach Osten gekehrt. Durch Fortschreiten der Erosion der Wolga nach Westen liegt ein Teil dieser komplizierten Bruchzone heute in der Wolganiederung begraben. Das Alter der Bruchbildung ist zum Teil nachpliozän. Von diesem Teilgebiet war schon früher die Rede.

Im Norden kann in dem Rand des Obschtschij-Syrtplateaus die Grenze gesehen werden.

Dieser Rand bildet einen nach N konvexen Bogen, dessen westliche, SW bis NO streichende Flanke einer antiklinalen, zum Teil in Kuppeln aufgelösten Hebungszone entspricht. Im Osten scheint das Streichen gegen SO abzudrehen, und die Saumstörung des Plateaus besitzt eher den Charakter einer Monoklinale oder Flexur, wobei die Zone stärkeren Fallens n. MASARO-

WITSCH durch schmale streichende Gräben von Schreibkreide zwischen Jura und Trias ausgezeichnet ist. Es scheint sich also im Norden um den durch verschiedene Bewegungen komplizierten Abbruch des Plateaus gegen die Kaspisenke zu handeln.

Im Osten, bei Aktjubinsk und weiter gegen NW am Ilek, der Utwa und bis Tschkalow (Orenburg) sind durch RUSCHENZEFF, KLIMOFF und andere Bündel von Falten nachgewiesen worden, die zum Teil aus einzelnen Kuppelreihen bestehen und bei Aktjubinsk fast N–S streichen, gegen N aber fächer-

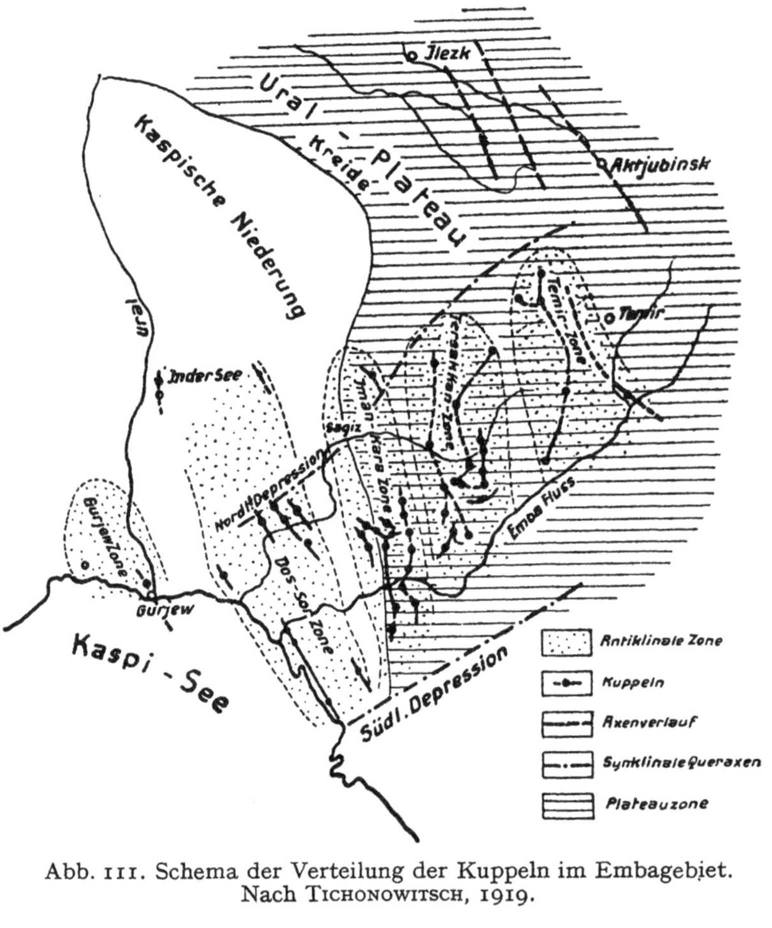

Abb. 111. Schema der Verteilung der Kuppeln im Embagebiet.
Nach TICHONOWITSCH, 1919.

förmig nach NW auseinander gehen. Diese Faltung erfolgte jedenfalls vor dem Jura, vermutlich altkimmerisch, und dürfte als Randfaltung der letzten großen Uralphase aufzufassen sein. In den Schichten über dem Kungur trägt sie nun im Vorland ausgesprochen salztektonischen Charakter mit Durchspießungen, Salzstöcken, Kurzfalten usw., wobei aber die regionale Anordnung konform zum Uralorogen deutlich gewahrt bleibt.

Eine Eigentümlichkeit des Ostsaumes sind die zum erstenmal von RUSCHENZEFF beschriebenen „disjunktiven Mulden", eigenartige Streifen von jüngeren Gesteinen (Jura-Senon), welche im Streichen dem Kern (seltener der Flanke) der aus Perm bestehenden Falten folgen. Ihre Ränder zeigen steiles Fallen, gelegentlich durch Brüche kompliziert, der Boden ist flach. Es scheint, daß das Senon nur ganz flache Synklinalen bildet. Während RUSCHENZEFF die Erscheinung durch einen tektonischen Einbruch der Gewölbekerne erklären wollte, denkt KLIMOFF an eine verstärkte Auslaugung der Salzgesteine dieser Kerne nach der ersten Faltung und an ein Einsinken der erosiv geschwächten Gewölbefirsten über einer in der kontinentalen Juraphase entstandenen Karstlandschaft. Auffallend ist, daß die Jurabraunkohlen vor allem an diese disjunktiven Gräben gebunden sind, ähnlich wie die deutschen subherzynischen Braunkohlen an den Salzspiegel des Zechsteins.

Während also am Ostrande ein deutlicher richtungs- und stilmäßiger Zusammenhang der Vorlandstruktur mit der Uralfaltung nachzuweisen ist, ja diese wahrscheinlich noch im Untergrunde nach Westen zu weiter verbreitet ist, ist für den eigentlichen Embabezirk weiter im W bis zum Uralfluß dieser Zusammenhang heute noch nicht so klar. Das Charakteristikum des Gebie-

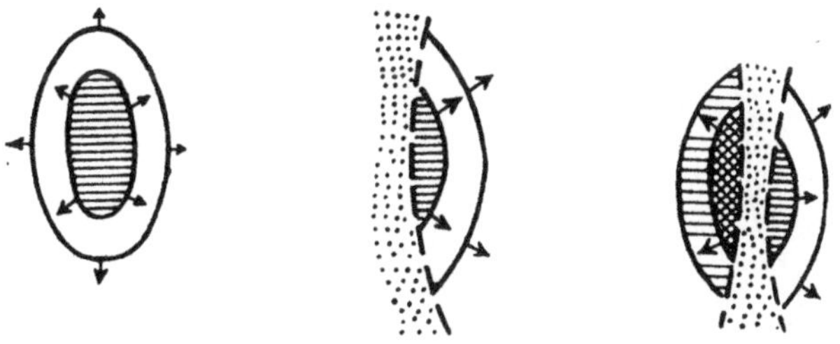

Abb. 112. Typen der Kuppeln im Embagebiet. Nach MIRONOFF.

tes ist die dichte Verteilung von Salzstöcken bzw. von Kuppeln mit direkt oder geophysikalisch nachweisbarem Salzkern. Die Zahl dieser Kuppeln ist sehr groß: 1933 waren schon 360 bekannt; da durchschnittlich auf der Fläche von 500000 km² je ein Salzstock auf 300–310 km² kommt, wäre es möglich, daß die Gesamtzahl der Kuppeln 1500–1600 beträgt.

Die Kuppeln bedecken eine Fläche von höchstens 50–100 km²; zwischen ihnen liegt ungestörtes Mesozoikum, welches nach Angaben von SCHUMILIN in den Senken wesentlich größere Mächtigkeiten besitzt, als auf den Kuppeln, wo schon das Oberperm z. T. erheblich abgetragen ist.

Unter den Kuppeln unterscheidet MIRONOFF drei Typen:

1. Makattypus = regelmäßige Kuppeln ohne Bruch.
2. Dos-sor-Typus, und zwar entweder
   a) Kuppel mit einem Kernbruch, an dem der höhere Flügel periklinal verbogen ist, der tiefere aber ganz flach lagert.
   b) Kuppeln mit stark verbogenem Kernbruch, an dem der höhere Flügel lineares Streichen zeigt, während der tiefere wiederum flach lagert.
3. Imankaratypus = Kuppeln mit einem Scheitelgraben.

Diese Typen sind natürlich durch Übergänge verbunden, und, wie SCHU-

MILIN betont, meist von einem engen Netz von kleineren Störungen durchzogen. SCHUMILIN betont wohl mit Recht, daß die Kuppeln leichter durch Hebung der höheren als durch Senkung der tieferen Flanke zu erklären sind. Damit rücken sie aber in den Bereich typischer salinarer Tektonik und haben

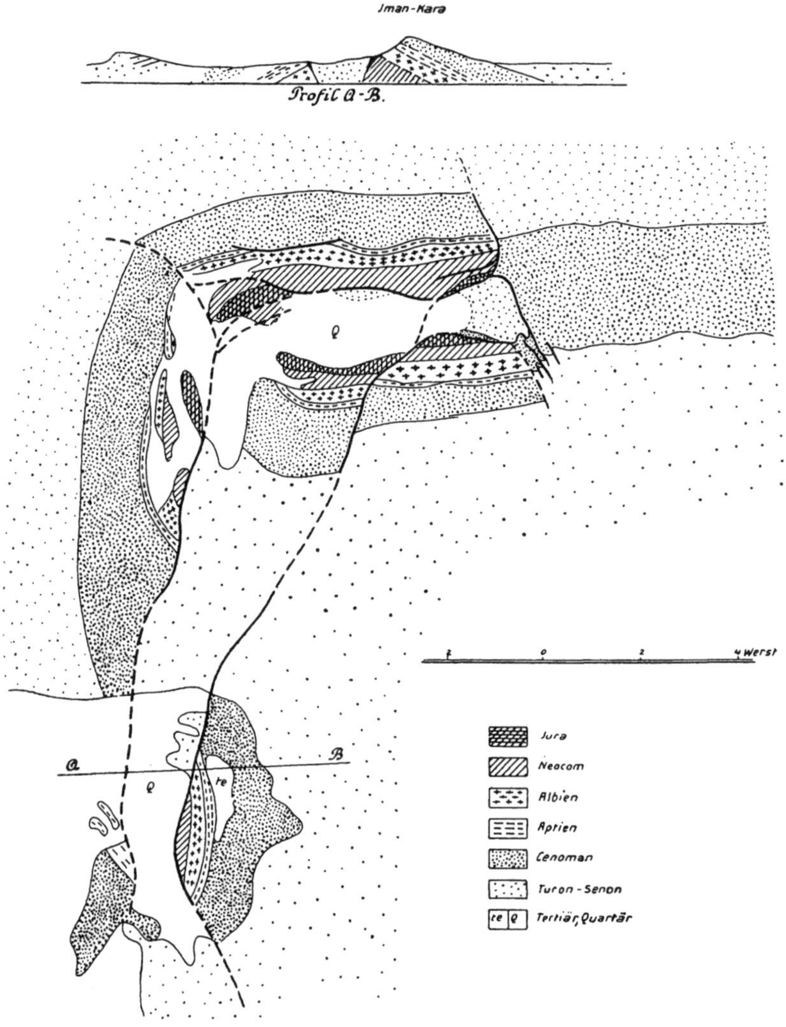

Abb. 113. Kuppel von Iman-kara. Nach TICHONOWITSCH.

sehr deutliche Analoga im saxonischen Faltungsfeld. Die starke Belastung in den Mulden durch Sedimente und die Entlastung der Kuppeln durch Erosion scheint den Salzaufstieg wesentlich begünstigt zu haben, da es sich n. SCHUMILIN um eine Differenz bis 1450 m Gestein handelt. Eine andere Frage ist, ob die ganze tektonische Anlage eine strengere Gesetzmäßigkeit aufweist und zur Uralfaltung in genetischer Beziehung steht. TICHONOWITSCH hatte früher fünf etwa N–S streichende Kuppelzonen unterschieden, welche in rosenkranzartiger Anordnung nebeneinander stehen und Besonderheiten aufweisen; so sind am Bau der östlichen auch mesozoische Schichten beteiligt, während im SW (Gurjewzone) nur Perm vorliegt, woraus auf eine Intensitätszunahme der Faltung nach O geschlossen wurde. Außerhalb der fünf Zonen liegen östlich vom Uralfluß noch die zwei klassisch schön ausgebildeten Brachyantiklinalen am Indersee.

Nachdem heute über 360 Kuppeln bekanntgeworden sind, erscheint die Konstruktion von Tichonowitsch etwas willkürlich, da offenbar zwischen

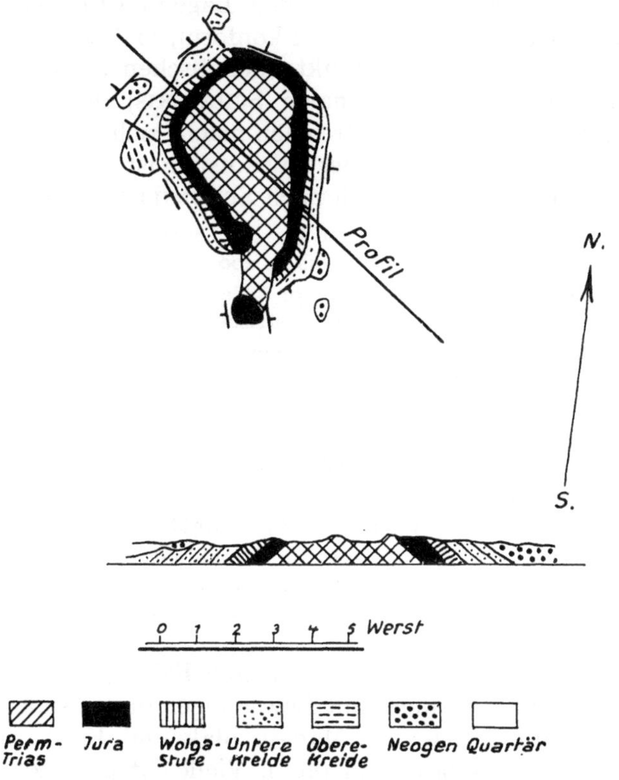

Abb. 114. Kuppel am Indersee. Nach Zamjatin.

so vielen Punkten beliebig streichende Verbindungen denkbar sind und die Daten für eine Kontrolle zunächst nicht ausreichen. Immerhin haben Ruschenzeff und Schumilin betont, daß gelegentlich eine Reihenanordnung der Salzstöcke an Sattelzonen oder auch an Bruchlinien nachgewiesen werden kann, wobei dann ein N–S-Streichen vorwiegt, aber gegen W in NNW abdrehen dürfte. Infolgedesesen hat ein Zusammenhang der Tektonik mit der Uralfaltung, besonders unter Berücksichtigung der Verhältnisse bei Aktjubinsk, doch manche Wahrscheinlichkeit für sich.

Auch die Tatsache, daß zwischen Trias und Jura eine deutliche Diskordanz vorhanden ist, legt einen solchen Zusammenhang nahe. Es ist daher möglich, daß schon in altkimmerischer Zeit ein System von ± meridional streichenden flachen Falten, evtl. auch von Brüchen entstand, welches Leitlinien des Salzaufstieges und der späteren Bewegungen lieferte.

Die Hauptbewegungen sind allerdings jünger. Nachdem schon im Jura die verstärkte Senkung viel zur Mobilisierung der Salzmassen beigetragen hat, kommt der Entwicklung in der Unterkreide jedenfalls eine erhebliche Bedeutung für die Strukturgestaltung zu. Nach KOSSYGIN, SCHWEMBERGER und NIKITINA kann in einer tiefen Unterkreidesenke von meridionalem Streichen (Baitschunasgebiet) zwischen Makat und Kaspi eine besonders große Häufung von Kuppeln beobachtet werden. Lage und Intensität der Kuppelbildung sind der Kreidesenke durchaus konform, so daß sich hier die genetischen Beziehungen zwischen der diktyogenetischen Senke (Syneklise) und den Teilantiklinalen (Plakantiklinalen SCHATSKIS) durchaus belegen lassen. Das meridionale, uralische Streichen macht sich also auch noch in den späteren Phasen bemerkbar, und der Salzaufstieg ist gewiß nicht rein atektonisch. Folgende Phasen lassen sich nach SCHUMILIN nachweisen:

1. Die jungkimmerische Phase, meist nur als Erosionsdiskordanz erkennbar (Abtragung des Juras in einer Mächtigkeit bis zu 200 m).

2. Zwischen Neokom (Barrême) und Apt, gelegentlich auch als Winkeldiskordanz sichtbar, aber weniger weit verbreitet (? austrisch).

3. Vor dem Albien, durch mächtige Brekzien bezeugt, aber noch weniger verbreitet; entspricht eher der austrischen Phase.

4. Nach dem Cenoman und nach dem Santon; es ist nicht ganz sicher, ob es sich hier um zwei Bewegungsphasen handelt; hauptsächlich scheint allerdings eine nachturone Phase vorzuliegen, welche der subherzynischen entsprechen würde.

5. Laramisch, nach der Kreide.

6. Nacholigozän, vorsarmatisch (? savisch). Endgültige Formung der Salzstöcke.

7. Zwischen Sarmat und Aktschagylstufe: Bruchbildung, gefolgt von einer starken Absenkung des westlich angrenzenden nordkaspischen Streifens, die bis in das Quartär andauerte. Die Salzkuppelbildung soll aber zu Beginn des Neogens abgeschlossen gewesen sein.

Es ist durchaus möglich, daß die jüngeren Faltungsphasen nicht mit der Tektogenese des Urals, sondern mit Bewegungen in den südlich anschließenden jüngeren Faltenzonen, wie Mangyschlak und Kaukasus, zusammenhingen, wo dieselben Phasen auftreten. Vielleicht geht sogar der komplizierte „brachyantiklinale" Charakter der Struktur im Embagebiet darauf zurück, daß – in kimmerischer Zeit – die vom Ural ausgehende Beanspruchung durch die fast senkrecht dazu wirkende Beanspruchung von seiten der nordmediterranen WNW–OSO streichenden Teilorogene (Donez-Mangyschlak, Krim-Kaukasus) ersetzt wurde. Parallelen zu einem solchen „Umbruch" bestehen ja auch z. B. im Niedersächsischen Becken.

Der östliche Abschnitt zwischen den Mugodsharen und dem Aralsee, d. h. die eigentliche südliche Fortsetzung des Urals, ist neuerdings durch die Arbeiten von JANSCHIN näher bekanntgeworden. Danach ist die mesozoisch-tertiäre Tafel, welche sich im Süden auf die Ausläufer des Urals legt, keineswegs ganz ungestört, sondern in flache, N–S streichende Falten gelegt. Diese Falten sind dem uralischen paläozoischen Bau konform und können als konsequent im Sinne SCHWINNERS bezeichnet werden. Epirogenetisch zeigen sie eine größere Mächtigkeit der mesozoisch-tertiären Folge in den Mulden; tektogenetisch ist eine mehrfache Wiederholung der Bewegungen bezeichnend. So haben die Sattelflanken im Jura ein Fallen von 6–10°, in der Kreide von 2–3°, im Tertiär von 1–2°.

Die räumliche Verteilung ist so, daß an die Zone salinarer Tektonik, welche das Uralvorland nach Süden in das Gebiet zwischen Ural und Emba fortsetzt, ein Streifen vollkommen flach gelagerten Mesozoikums folgt, welcher über der eigentlichen Saumsenke des Urals liegt; erst weiter östlich beginnen die jungen Falten, welche den N–S streichenden Großelementen der inneren Uralzonen aufgesetzt sind (Abb. 108).

Der westlichste liegt in der Fortsetzung der Zone II (kristalline Schiefer) des Urals, bzw. der großen Überschiebung derselben über die Zone I. Er hat einen Kern von kontinentalem Albien, welcher auf den Flanken von Oberkreide und Paläozän bedeckt wird. Der nächste nach Osten (Tschuschkakulsattel) schließt an den westlichen Hauptkamm der Mugodsharen an, sein Kern wird auch von kontinentaler Unterkreide gebildet. Diese beiden westlichen Sättel tauchen im Süden unter das kontinentale Neogen des Ust-Urtplateaus unter. Der letztere soll aber am Westufer des Aralsees in einem höheren Vorgebirge mit meridionalem Streichen noch einmal auftauchen. Die dritte Antiklinale ist bis auf die Halbinsel Kulandy und die Inseln des westlichen Aralsees verfolgbar; hier bilden mitteleozäne Sande den Kern. Der Sattel ist z. T. in Brachyantiklinalen aufgelöst. Im Osten schließt sich nach einer schmalen Mulde eine bedeutende, ebenfalls N–S streichende Verwerfung an. Auch die nächstöstliche, vierte Antiklinale hat einen Kern von eozänen Sanden. Weiter im Norden, bei Irgis, wurde darunter in 60 m Tiefe Diorit erbohrt.

Weiter im Osten ändert sich der Charakter der Faltung insofern, als wieder ein Kurzfaltenbau vorwiegt.

Die uralischen Strukturen setzen also fraglos mit gleichem Streichen bis zum Ust-Urt und Aralsee fort und äußern sich noch im Paläogen. Diese flachen Sättel sind also zweifellos „posthume Uraliden" und bilden den intensiveren Faltenbau des Unterbaues ab.

Fassen wir diese Ergebnisse zusammen:

Im Bereiche des Uralvorlandes (d. h. der Kaspisenke) ist der charakteristische tektonische Bau schon im Nordosten, am Oberlauf des Ilek, zu erkennen. Hier sind jedoch die Antiklinalen länger, d. h. die Achsen sind nicht so intensiv verkürzt. Am Aufbau der N–S streichenden Falten beteiligen sich Perm und Trias. Weiter im Südwesten, im Ural-Embagebiet, beobachtet man, wie gesagt, den brachyantiklinalen Bau und eine zunehmende Intensität der Tektonik mit Fortschreiten nach Südwesten. Zugleich scheinen die Zonen gegen NW abzuschwenken, doch bedarf das noch genauerer Untersuchung. Bezeichnend ist zugleich die nach SW zunehmende Mächtigkeit der Sedimente. Am Aufbau der Kuppeln nimmt auch Mesozoikum teil. Dadurch entsteht das Bild mehrerer, nicht unbedingt konsequenter Faltungsphasen. Noch weiter im O liegen über den inneren Zonen des Urals flache, konforme und lange Antiklinalen vom Mesozoikum und Tertiär.

Der epirogenetische Senkungscharakter des Gebietes, die Bruchfaltentektonik, das häufig wechselnde Streichen der Zonenachsen legen einen Vergleich mit der saxonischen Tektonik Norddeutschlands nahe; auch die Mehrphasigkeit der orogenetischen Geschichte ist bezeichnend. Die Analogie mit dem gerahmten Felde Niedersachsens (STILLE) ist überraschend. Folgendes verdient jedoch hervorgehoben zu werden: die ersten Impulse der Faltung standen jedenfalls unter dem Einfluß der ausklingenden Uraltektonik; diese flachen meridionalen Wellen, welche bis zum Indersee verfolgt sind (erste Zonenanlage), zeichneten im frühen Mesozoikum die Richtung vor. Wenn aber der weitere Verlauf nicht in einer einfachen Verstärkung dieser Anlage, sondern in einem Verbiegen und Brechen der Achsen bestand, so liegt das daran, daß man sich hier mit Fortschreiten nach Südwesten dem NW–SO orientierten ammodezischen Faltenbündel nähert, welches seine Ausgestaltung im Mesozoikum und Tertiär erfahren hat. Auf diese wohl wiederholten Bewegungsimpulse von Süden konnte das meridional streichende „Wellblech" der Embazonen nur durch Bruchbildung reagieren. Der kuppelförmige Durchspießungscharakter der Embafalten erhält so eine einfache Erklärung. Das Ural-Embagebiet liegt eben in der Nähe der Drehachse, an der die östliche und südliche Umwallung der Russischen Tafel ineinander übergehen. Im Prinzip, nicht in der Intensität, zeigt die Russische Tafel ein ähnliches Bild. Die Schweremessungen (s. unten) unterstützen diese Deutung. Ob die Bewegungen von Süden und Osten gleichzeitig waren oder in Wechselwirkung standen, ist zwar noch nicht mit Sicherheit zu sagen, doch ist das letztere wahrscheinlicher. Jedenfalls sind aber Bewegungen mit uralischem Streichen bis zum Senon zu verfolgen; von hier aus ergeben sich Beziehungen zu den alten Abtragungsflächen und zu den mesozoischen Bewegungsphasen des Urals, die wir früher besprochen haben.

Das östliche Gebiet zwischen Emba und Aralsee, d. h. die südliche Verlängerung des Urals zeigt in dem sehr flachen, durchstreichenden Faltenbau eine weniger mobile Tektonik, im wesentlichen nur eine Abbildung der Unterbaustrukturen in einem wenig gestörten Oberbau, der mehr den Charakter eines stabilen Schelfes trägt. Es muß berücksichtigt werden, daß über dem eingeebneten Ural keine salinare Zone vorhanden ist, welche die Plastizität des Oberbaues erhöhen könnte. Auch darin kann man nahe Analogien zur Gestaltung des saxonischen Feldes finden.

4. Die Bodenschätze

Im Zusammenhang mit der Struktur des Landes und im Gegensatz zum Ural wiegen hier, in der Vorsenke, die sedimentären Lagerstätten, vor allem Erdöl, Salz, auch Phosphorite vor.

Das Erdölgebiet von Emba ist verhältnismäßig spät in den Kreis der industriell wichtigen Petroleumfelder Rußlands getreten. 1910 begann die erste Bohrung in Dos-sor zu fontanieren, und damit war das Schicksal des Reviers entschieden. Eigentlich produktiv ist nur die Süßwasserserie des mittleren Jura (Dos-sor-Suite), welche mehrere ergiebige Horizonte enthält.

Das Öl dürfte indessen aus tieferen primären Lagern (Artinsk) eingewandert sein. Es gehört der Paraffinreihe an.

Nach der Lagerung unterscheidet man Scheitellager in der Firste der Kuppeln und Kontaktlager im Kontakt des durchbrechenden Salzes mit der senkrecht dazu stehenden ölführenden Schicht.

Die Förderung, welche vor dem ersten Weltkrieg ganz auf die Antiklinale Dos-sor beschränkt war, ist heute auf über 10 Förderzentren erweitert worden. Sie stieg von 18000 t im Jahre 1911 auf 274000 t 1935. Der nachweisbare Vorrat wird 1937 auf 30,6 Millionen t, der wahrscheinliche und mögliche auf 1160 Millionen t veranschlagt.

Als Salzproduzent spielt das besprochene Gebiet mit die erste Rolle in der sowjetischen Wirtschaft. Das Salz tritt in zwei genetisch verschiedenen Formen auf. An erster Stelle sind die Steinsalzlager zu nennen, die z. B. in Sol-Ilezk bei Tschkalow (Orenburg) gewaltige Dimensionen erreichen. Das sehr reine, nur von einem Gipshut begleitete Steinsalzvorkommen (99% NaCl) tritt im Kerne einer Antiklinale von permischen Schichten auf und soll nach MUSCHKETOFF einen schon heute nachgewiesenen Vorrat von mindestens 1638 Millionen t enthalten. Vermutlich sind die Vorräte noch wesentlich größer. Die Salze treten in mächtigen weißen Felsen am Ufer des Ilek zutage. Die Förderung war noch nie sehr hoch. Vor dem Kriege betrug sie 30000–40000 t, im Jahre 1925 etwa 73000 t.

An zweiter Stelle steht das sedimentäre Salz der Seen in der Astrachaner Steppe (Kaspisenke) und im Embagebiet. Darauf ist schon S. 233 eingegangen worden. Die Vorräte in den Seen des Embagebietes werden auf eine halbe Milliarde t geschätzt.

Phosphorite sind in dem ganzen Gebiete weit verbreitet. Die Phosphoritlagen treten, wie überall in der sarmatischen Tafel, an stratigraphischen Unterbrechungen auf, so daß sie direkt als Leitgesteine der Transgressionen und Regressionen zu betrachten sind. Aber abgesehen von einigen wenig ergiebigen Lagen im oberen Jura und Paläogen sind eigentlich nur drei Schichten von wirtschaftlicher Bedeutung: an der Basis des Kimmeridge im Tschkalower Bezirk am Ilek (mit etwa 2000 kg 16prozentiger Phosphorite pro Quadratmeter), zwischen Cenoman und Untersenon (Diskordanz des Turon) und innerhalb des Obersenon. Gegen Norden vereinigen sich die beiden letztgenannten Schichten. Der Gehalt an P_2O_2 in den Phosphoriten der beiden letzten Vorkommen ist zwischen 16 und 21%. Die Produktivität dieser Schichten beträgt etwa 1 t auf 45,3 qu. SAMOILOV gab für sie einen ungefähren Vorrat von 5–6 Millionen t Phosphorit und einen Inhalt von etwa 828000 t P_2O_2 darin an; durch Auffindung der Kimmeridge-Phosphorite dürfte sich der Vorrat erheblich gesteigert haben.

5. Die Beziehungen des Urals zu Asien und Europa

Es scheint ziemlich sicher zu sein, daß die Faltungsintensität des Urals nach Süden abnimmt. Da aber südlich der Mugodsharen alle älteren Gesteine unter mesozoisch-tertiärer Bedeckung verschwinden, ist eine unmittelbare Verfolgung der Uraliden nicht möglich, und alle Schlüsse erscheinen heute noch hypothetisch. ARCHANGELSKI hat als erster versucht, diese Zusammenhänge zu rekonstruieren (Abb. 108 u. 115).

Von den flachen Sätteln, welche den Ural im Süden in den Oberbau fortsetzen, ist einer (Kulandy) über die Inseln des Aralsees als Kreideaufbruch zwischen Tertiär zu verfolgen. Im Mündungsgebiet des Amu-Darja erscheinen dann im Kern des Hügelzuges Sultan-uiz-dag kristalline Schiefer, Marmore und Quarzite mit Durchbrüchen von Serpentin, Porphyrit und Granit. Sie streichen im Nordteil des Hügelzuges N–S, lenken aber dann im Süden nach OSO um, und auch die darüberliegende flache Kreidefalte streicht in gleicher Richtung in die monoklinalen Hügelzüge der Kisil-Kum weiter. Im Inneren liegen hier mit gleichem Streichen ähnliche kristalline und metamorphe Gesteine, wie im Sultan-uiz-dag, welche faziell stark an die Zone IV des Urals erinnern. Im Sinne dieser Deutung würde das uralische System gegen Osten abdrehen und in den O–W streichenden Bergen Bucharas (Gissar, Karategin usw.) fortsetzen.

Diese Deutung im Sinne eines Zusammenhanges des Urals mit den Altaiden kann dadurch gestützt werden, daß die faziellen Verhältnisse des Jungpaläozoikums in Buchara die engste Verwandtschaft mit dem Ural aufweisen. Kungur, Artinsk und Oberkarbon treten dort in derselben Ausbildung auf; die Diskordanzen liegen in den gleichen Zonen, so daß man von einem einheitlichen Bogen Ural-Gissar sprechen könnte. Die faunistischen Beziehungen des Urals zu Zentralasien sind im Jungpaläozoikum enger als zu der europäischen Tethys. Die Ursachen für das Abschwenken der Altaiden sah ARCHANGELSKI in dem Vorhandensein einer starren Masse im Untergrund des Ust-Urtplateaus zwischen Kaspi und Aralsee. Dieses Plateau wird von fast ungestörtem Miozän (Sarmat) gebildet, erscheint aber mehrfach epirogenetisch als Barre, orogenetisch als störende Masse. An seinem Westrand sollen die Falten der Mangyschlakhalbinsel gegen SSO in die Tuarkirzone am Kara-Bugas abdrehen; am Nordrand klingen die Embafalten aus; im Osten biegen die Uraliden nach NO ab; im Süden wird das Plateau von den tertiären Falten des Kopet-dag umflossen. So erscheint das Ust-Urplateau als Fortsetzung des langen Zuges zentraler Massive, die von Franko-Podolien bis zur östlichen Fergana (Serindien) und bis zum Sinischen Block ganz Eurasien durchsetzen. Am Ust-Urtblock fände als eine Spaltung der asiatischen Altaiden in einen uralischen und einen ammodezisch-kaukasischen Ast statt.

Neuere Untersuchungen haben diese Deutung allerdings in Frage gestellt; die Zusammenhänge sind jedenfalls komplizierter! Zuerst hat ARCHANGELSKI 1937 darauf hingewiesen, daß eine Zone positiver Schwereanomalien, welche den mittleren Ural begleitet, von den Mugodsharen nach SW abschwenkt und in dieser Richtung bis zum nördlichen Kaspi (südlich der Embamündung) verfolgt werden kann; hier kommt ihm ein anderer Streifen positiver Anomalien entgegen, welcher von der Wolgamündung nach dem Donezbecken streicht (vgl. Abb. 88). Es ist daher naheliegend, beide zu verbinden und daraus auf einen Ural-Donezbogen zu schließen, welcher die

Russische Tafel im SO umfließt. Diese Folgerung, die also gerade das Gegenteil der ursprünglichen Verknüpfung Ural-Altai darstellt, hat ARCHANGELSKI 1941 etwas eingeschränkt und die Möglichkeit erwogen, daß nur die äußeren Zonen des Urals nach SW abschwenken, die inneren aber, entsprechend der früheren Annahme, nach SO, d. h. gegen den Altai, weiterziehen.

Indessen hat das neue, von JANSCHIN zusammengestellte Tatsachenmaterial auch diese Deutung, welche den Ust-Urtblock gleichsam als Virgationsknoten des Urals bestehen läßt, in Frage gestellt. Zwei Feststellungen sind dabei wesentlich:

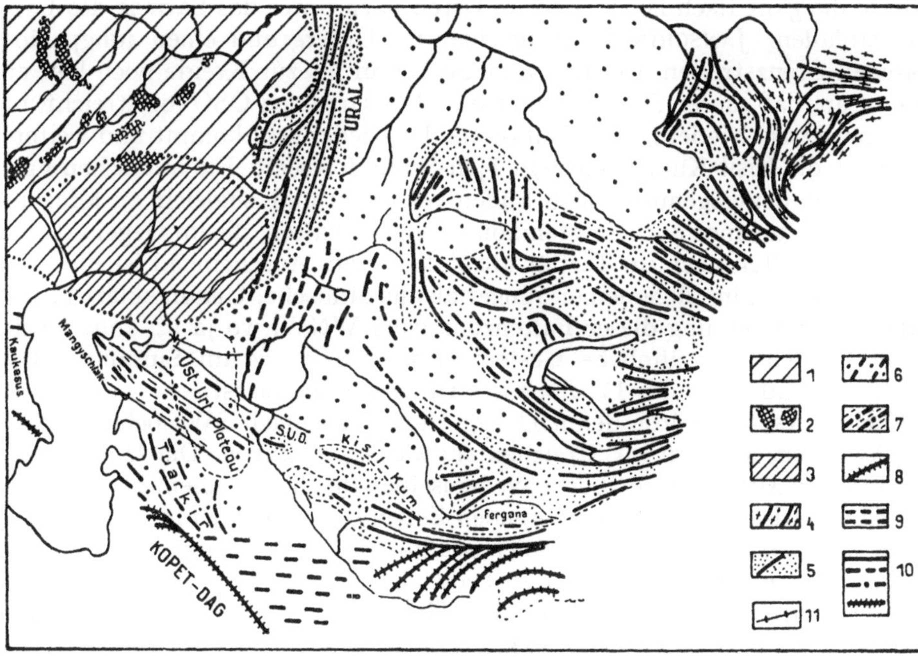

Abb. 115. Die Beziehungen des Ural zu Asien.
Nach ARCHANGELSKI, JANSCHIN u. a.

1: Sarm. Tafel – 2: Wälle in 1 – 3: Kaspisenke – 4: Kaledoniden – 5: Uralo-Altaiden a. d. Oberfläche – 6: desgl. unter Tertiär – 7: Ammodeziden – 8: Alpiden – 9: alpidische Vorsenke – 10: Streichen der Falten versch. Alters, S. U. D. – Sultan-uiz-dag.

1. Das N–S-Streichen im nördlichen Sultan-uiz-dag hängt mit einer Querstörung zusammen und ist eine lokale, keine regionale Erscheinung, da westlich des Amu-Darja wieder O–W-Streichen zu beobachten ist.

2. Die Falten des Mangyschlak setzen nach Osten unter dem Neogen des Ust-Urt fort und finden sogar in den sarmatischen Schichten noch eine schwache, konsequente Abbildung. Damit wird die Deutung der Ust-Urt als störendes Massiv aufgehoben. Hierzu sei noch ergänzend folgendes vermerkt:

Zwischen dem Nordkaspi und den südlichen Ausläufern des Urals liegt im Norden die Zone der saxonischen salinaren Kuppeltektonik von Emba. Südlich von diesem Fluß wechselt der tektonische Stil, indem man hier in den Bereich des Ust-Urtplateaus mit seinem aus Sarmat aufgebauten Steilrand tritt. Nach JANSCHIN liegt im Norden eine annähernd O–W streichende, sehr flache Großmulde, die mit einer mächtigen, lückenlosen Folge von Paläogen und Miozän gefüllt ist; der Muldenbau ist noch in den Verbiegungen der chwalynischen Terrassen erkennbar. Diese Mulde, in der JANŚCHIN den jungen Fortbau einer gleich zu besprechenden jungpaläozoischen Faltenzone (Busatschi) sieht, läßt sich bis zum Nordaral verfolgen, wo sie die westliche der posthumen uralischen Falten (Tschuschkakul) quert. Im Süden folgt auf der Halbinsel Busatschi (Kaspi) ein anscheinend ganz anders gebautes, WNW–OSO streichendes Gebiet mit hochliegender Oberkreide und Eozän, die ganz flach lagern und im Osten flach unter das Sarmat des Ust-Urt einfallen. JANSCHIN vermutet hier im Untergrund einen jungpaläozoischen Grenzstreifen, welcher vom Oberperm bis zur Kreide hoch lag; er nimmt an, daß dieser Streifen unter dem Ust-Urt nach OSO fortstreicht, in der Amu-Darja Niederung im Sultan-uiz-dag wieder hochkommt und weiterhin über die Kisil-Kum nach dem Tjen-Schan fortsetzt. Die uralischen Falten würden demgegenüber nach Süden versinken und zugleich ausklingen, ebenso wie die ihnen aufgesetzten konsequenten Falten, die im Gegensatz zu den O–W-Falten noch im Tertiär abgebildet sind. Anscheinend ist die uralische Richtung im allgemeinen jünger als die altaische. Unaufgeklärt bleibt dabei die Fortsetzung dieser Faltenzone nach WNW, wo ja im ammodezischen Bereich eine ähnliche Gesteinsgemeinschaft wie im Sultan-uiz-dag fehlt, während sie in der IV. Zone des Urals vorhanden ist.

Nach JANSCHIN würde demnach der Ural weder nach SW noch nach SO abschwenken, sondern im Streichen südwärts ausklingen. Die Umschwenkung in den Altai könnte aber nach demselben für die östlichen, heute unter der westsibirischen Ebene verborgenen Zonen des Urals gelten, da am Ostrande der Turgainiederung ein solches allmähliches Umschwenken (Alatau, Karatau) eigentlich unmittelbar zu beobachten ist.

Wenn mithin der Nordteil des Ust-Urt nicht als alter vorkambrischer Block betrachtet werden kann, so gilt das für die südlichen Teile noch mehr. Die Faltenzüge von Mangyschlak, welche mit WNW–OSO-Streichen an den genannten, hypothetischen Faltenstrang Busatschi–Sultan-uiz-dag anschließen, haben kimmerisches Alter und betreffen eine bis 9000 m mächtige Folge von Oberperm und Trias, auf welcher der Jura diskordant aufliegt. Die jüngeren neogenen Schichten bis zum Sarmat zeigen aber hier schwache konsequente Verbiegungen, welche den Großfaltenbau nachzeichnen mit Amplituden bis 450 m. Diese Falten verschwinden ostwärts unter dem sarmatischen Plateau des Ust-Urt; zwei flache Antiklinalen streichen aber auch hier in ihrer Verlängerung durch das ganze Plateau hindurch und dürften in den südlichen Kisil-Kumhügeln fortsetzen. Jedenfalls liegt hier eine Zone vor, die südlich vom Sultan-uiz-dag durchstreicht. Die Mangischlakfalten schwenken also nicht, wie bisher angenommen wurde, nach SO in die Tuarkirfalten ab, so daß auch dieses Argument für die Annahme eines Blockgebietes im Ust-Urt wegfällt.

Die in NW–SO streichenden Tuarkirfalten scheinen danach wieder einer anderen Zone anzugehören, in der unter dem Jura unmittelbar Paläozoikum (gotlandische Schiefer, grüne Effusiva, Granite) liegt, als Zeuge einer weiteren variszischen (herzynischen) Zone, die auch von konsequenten jungen Falten überlagert wird und südostwärts unter die Vorsenke des tertiär-alpidischen Kopet-dag verschwindet. Im Norden klingen die Tuarkirfalten nach JANSCHIN in einer schief dazu verlaufenden Senke aus, welche mit WNW–OSO-Streichen den Südrand der Mangyschlakzone begleitet. Es fällt aber auf, daß die Nordwestenden der Tuarkirfalten, besonders der östlichen, ein Umschwenken in die meridionale, uralische Richtung zeigen, von den posthumen Uraliden des Aralseegebietes allerdings durch die „Altaiden" von Busatschi und Mangyschlak getrennt werden.

Die Deutung der Beziehungen des Urals zu Zentralasien ist durch diese neuen Feststellungen und durch die Auflösung des Ust-Urtblockes nicht einfacher geworden. Für eine bogenförmige Verbindung spricht nach wie vor die Faziesverteilung im Jungpaläozoikum (Faziesgleichheit im Permokarbon des Westurals und Altais). In orogenetischer Hinsicht zeigt der Bogen der inneren Zonen (Alatau-Karatau) das gleiche. Auch das Abbiegen der Nordenden der Tuarkirfalten in meridionales Streichen spricht für Verbindungen nach dem Ural. Andererseits ist das Durchstreichen „altaischer" Zonen durch den Ust-Urt und das Ausklingen des Urals nach Süden kaum zu leugnen (Mugodsharen). Dieses Ausklingen scheint mit einem Auftauchen des Präkambriums verknüpft zu sein; da aber im Inneren des Ust-Urt variszische und kimmerische Falten liegen sollen, kann hier kaum ein alter Block angenommen werden.

So endet die Besprechung des Grenzgebietes Europa-Asien heute noch mit einer offenen Frage. Indessen scheint es mir nicht unmöglich, daß die alte Auffassung doch nicht so abwegig war, wie es heute zunächst erscheinen mag. Es ist meines Erachtens nicht undenkbar, daß in dem Ust-Urtgebiet früher ein alter Block bestand, welcher durch die variszische und kimmerische Faltung zerlegt wurde, wie das z. B. auch für die Sinische Masse angenommen wird und wie es vielleicht für die kleineren Blöcke des zentralen Eurasiens allgemein zutrifft. Insgesamt haben aber diese stabilen Teilschollen auch die spätere Gestaltung beeinflußt, so daß die Uraliden und Altaiden teils allmählich ineinander übergehen, teils scharf winkelig aneinander absetzen.

Literatur

ARCHANGELSKI, A., Einführung in die Geologie des Europ. Rußland. Moskau, Staatsverlag, 1923.

— und andere, Geologische Bedeutung der Schwereanomalien in USSR. Bull. Ac. Sc. USSR, 1937.

— Geologischer Bau und geologische Geschichte von USSR. Moskau 1941, 3. Auflage.

BOGDANOWITSCH, K., Skizze der Lagerstätten von Erdöl und anderer Bitumina. Petrograd 1913.

JANSCHIN, A., Über begrabene Herzyniden östlich vom Kaspischen Meer. Bull. Soc. nat. Moscou XX, 1945.

— Geolog. Geschichte des Orsker Urals in der Tertiärzeit. Bull. Ak. d. Wiss. USSR, 1948.

— Methoden des Studiums begrabener Faltenstrukturen am Beispiel der Klärung der Beziehungen zwischen Ural, Tjen-Schan und Mangyschlak. Bull. Ak. Wiss. USSR, 1948.

Klimoff, P., Geol. Struktur des Nordteiles des Sol-Ilezker-Gebietes im Mittelwolgabezirk. Bull. soc. nat. Moscou 12, 3, 1934.
— Disjunktive Mulden im östlichen Teil des Gebietes zwischen den Flüssen Ural und Ilek. Bull. soc. nat. Moscou 13, 2, 1935.
Kossygin, J., Schwemberger und J. Nikitina, Über einige Gesetzmäßigkeiten der Lage von Salzkuppeln im südl. Embagebiet. Bull. soc. nat. Moscou 1948.
Leuchs, K., Der Block von Ust-Urt. Geol. Rundschau 26, 1935.
Mazarowitsch, A., Geol. Bau des Transwolgagebietes zwischen Kuibyschew und Orenburg. Bull. soc. nat. Moscou 14, 6, 1936.
— Grundlagen der Geologie der USSR. Moskau 1938.
Mironoff, S., La région petrolifère d'Ouralsk. Mursa-Adyr, Dungalyk-Sor, Dos-sor, Tersakkan, Kiakty-sai. Mém. com. géol. N. S., Lief. 142, 1915.
— Das Erdölgebiet des Urals und die Bedingungen seiner Entwicklung. Öl- und Schieferwirtschaft 1–3, 1932.
Muschketoff, D., Über die Lagerstätten von Steinsalz des Ilezker Rayons im Gouvern. Orenburg. Poverchnost i nedra Bd. II, 1917, Nr. 2–3.
Nikitina, J., Paläogeographische Bedingungen der Sedimentanhäufung in der Unterkreidezeit im Embaer Ölgebiet. Bull. soc. nat. Moscou XXII, 1948.
Polutoff, N., Der geol. Bau des Wolga-Embagebietes. Kali, 1939, H. 18–20.
Prigorovski, G., Geolog. Beobachtungen in der Kirgisensteppe. Geol. Vestnik, I, 1916.
Ruschenzeff, W., Grundzüge der Tektonik des Ural-Embagebietes. Bull. soc. nat. Moscou *8*, 1–2, 1930.
— Stratigraphie und Alter der roten Serien des Aktjubinsker Rayons. Bull. soc. nat. Moscou *12*, 1934.
Samoilov, J., und A. Archangelski, Phosphorite. In: natürl. Produktivkräfte Rußlands, Bd. IV, Nr. 25, 1920.
Schatski, N., Die disjunktiven Dislokationen des südl. Wolgagebietes. Vestnik Moskauer Bergakademie, Bd. I, 1922.
Schumilin, S., Über die Tektonik des Embagebietes. Bull. soc. nat. Moscou *11*, 1933.
Sokoloff, D., Der Orenburger Jura. Geologie Rußlands. Petersburg, Bd. III, T. II, Lief. 8, 1921.
Tichonovitsch, N., Das Erdölgebiet von Uralsk. Makat, Bljauli, Tschingildy. Mém. com. géol., N. S., Lief. 105, 1914.
— La région petrolifère d'Ouralsk. Koi-Kara, Iman-Kara, Kizil-Kul. Mém. com. géol. N. S., Lief. 119, 1915.
— Das Erdölgebiet von Uralsk. Natürl. Produktivkräfte Rußlands, Bd. IV, Nr. 22, S. 100ff., 1919.
Zamjatin, A., Der Indersee und seine Umgebung. Bull. com. géol., Bd. 33, Nr. 7, 1914.

Bei Fragen zur Produktsicherheit wenden Sie sich bitte an:
If you have any questions regarding product safety,
please contact:

Walter de Gruyter GmbH
Genthiner Straße 13
10785 Berlin
productsafety@degruyterbrill.com